빵·과자 백과사전

Encyclopaedia dictionary
of Bread and Cake

파티씨에 편집부 편저

(주) 비앤씨월드

머 리 말

우리나라에 빵과 양과자가 전래된 지도 어언 100여년 흘러 이제 국내 제과제빵산업도 국제화 시대에 걸맞는 규모와 형태로 발전되어 가고 있습니다.

무릇 어느 특정 분야의 발전정도는 그 분야에 손쉽게 접근할 수 있도록 도와주는 정보체계가 잘 갖추어져 있느냐의 여부로 판단할 수 있다고 생각합니다. 특히, 그 분야가 학술적인 성격을 강하게 띠고 있을 경우 더욱 더 그러한 정보체계가 필요하고, 그 중에서도 가장 기본이 되는 자료인 그 분야의 사전이 존재하느냐 하는 것으로 그 발전도를 가늠할 수 있습니다. 예를 들어 금속공학 사전, 컴퓨터 용어 사전, 식품 사전 등이 이에 속한다고 하겠습니다.

그런데 컴퓨터보다 훨씬 더 오랜 역사를 가지고 있고 늘 우리 일상생활에 가까이 해온 빵·과자에 대한 자료들은 10여년 전만 해도 국내에서 거의 찾아볼 수 없었고, 대부분의 전문 기술 서적들은 외국 자료에 의존할 수 밖에 없었습니다.

따라서 일반인, 학생은 물론 현직에 종사하는 전문인들조차 폭넓고 깊이 있는 공부를 위해서는 많은 시간과 노력을 투자해야만 하는 고충을 감내해야 했었고, 기술 전수 또한 이론적이고 체계적이기보다는 그저 경험적인 방법을 전수받는 데에 그칠 수 밖에 없었던 것입니다.

그러나 국내 제과제빵산업이 발전되어 감에 따라 우리의 독자적인 자료들이 필요하게 되었고, 관련 종사자들의 깨인 의식속에서 이제는 우리 과업계도 사회적으로 인정받는 전문 분야로서의 몫을 찾고 스스로의 위상을 정립하기 위한 노력을 기울여야 한다는 자성과 함께 구체적인 움직임들을 보이기 시작했습니다. 최근에 발간되었거나 추진중인 제과 관련 서적들과 의욕있는 제과인들의 높은 학구열, 그리고 각 대학과 교육기관에서 보여주는 관심도의 증대 등이 이를 증명하고 있습니다.

우리 제과인들은 이러한 긍정적인 여러 움직임에도 불구하고, 또 실무와 열의면에서 어느 분야에도 뒤지지 않는다고 자부하면서도 업계의 발전 속도에 비해 상대적으로 늘 전문서적과 체계적인 정보의 부족을 느껴 왔습니다. 이러한 국내 제과인들의 여망에 부응하기 위해 1988년 제과제빵관련 종합 전문지《월간 제과제빵》을 창간한 바

있는 본사는 잡지 창간과 동시에 제과제빵에 관련된 모든 사항이 한 권에 집약된 《빵·과자 백과사전》을 발간키로 하고, 지난 4년여에 걸쳐 산고를 겪어 왔습니다.

본 《빵·과자 백과사전》은 세계 각국에서 발행된 제과제빵 관련 사전류와 각종 전문 서적, 그리고 일반 백과사전에 이르기까지 모든 관련 자료들을 수집, 보완, 정리하여 우리실정에 맞게 재집필하고, 이를 다시 어문학적인 측면에서 알기 쉬운 말들로 다듬고 가나다순으로 배열한 세계 어디에 내 놓아도 손색이 없는 제과제빵 관련 사전을 만들기 위해 최선을 다한 저작물입니다.

한편 《빵·과자 백과사전》이 빛을 보게 된 현 시점에서 돌이켜 보면 그러한 시도와 과정들이 결코 순탄치만은 않았습니다. 가장 첫째로 꼽을 수 있는 어려움은 용어의 통일이라는 측면이었습니다. 제품은 물론이고 기술, 도구명에 이르기까지 국적 불명의 용어와 명칭들이 어느새 굳어져 있었기 때문입니다. 그 다음으로 부딪친 어려움은 누구나 이해하기 쉽고 직접 실습해 볼 수 있도록 최대한 객관화 시켜야 한다는 점이었습니다. 이상의 문제점들에 주력하여 전자에 대하여는 기존의 통용어를 크게 변형시키지 않으면서 맞춤법 개정안에 따라 바로잡고자 했으며, 후자에 대해서는 우리 감각에 맞는 자료들을 수집·이용하고 각종 도표, 그림, 사진을 최대한 활용하여 이해를 돕도록 했습니다.

이제 저희 임직원 일동은 잘 부풀어 오른 빵 반죽을 오븐에 넣고 다갈색의 맛있는 제품으로 완성되기를 기다리는 심정으로, 미흡하나마 여러분 앞에 《빵·과자 백과사전》을 조심스럽게 선보입니다. 본 《빵·과자 백과사전》이 제과제빵인 여러분의 지적 욕구를 충족시키고 제과제빵 기술이 발전하는 데 다소나마 도움이 될 수 있다면 본사로서는 더 없는 보람이 될 것입니다.

국내 제과업계의 무궁한 발전을 기원하면서, 끝으로 이 사전을 내기까지 직·간접으로 협조를 아끼지 않으신 모든 분들과 본사 이진희 대리, 특히 업계에 꼭 필요한 사전을 만들겠다는 일념으로 사전의 뼈대를 만들고 살을 붙이는 그 어려운 작업을 밤을 낮삼아 묵묵히 완수해낸 강숙현, 구한나 두 직원께 깊이 감사드립니다.

발행인 장 상 원

$$\boxed{\text{일 러 두 기}}$$

본 사전에서는 총 1만여장에 달하는 초고(草稿)를 집필함에 있어 전문적 지식을 다각
도로 수렴하면서도 내용전달이 쉽도록 하기 위하여 독자의 입장에서 수정·보완 작업
을 거듭하였다.
또한, 어떤 항목을 정식항목으로 보내는 지시에는 ⇨, 관련항목의 지시에는 →의 참조
표시를 기입하여 전체적으로 활용할 수 있도록 하였다.
무엇보다 주목할 사실은 제과제빵시 알아두어야 할 기초지식과 관련 전문상식에서부터
각국의 전통적·현대적 제품의 제조과정에 이르는 총 3,000여 항목을 선별, 수록했다
는 점이다.

그 표기 기준은 다음과 같다.

○ 항목의 표기 기준

1. 분류항목 표시

原 : 원·부재료, 장식재료, 향료·음료·크림류·식품 첨가물 등.

빵 : 빵(완제품), 빵 반죽, 빵 제조시 일어나는 현상 등.

菓 : 과자(완제품), 과자 반죽 등.

技 : 제과·제빵법, 장식기술, 제과용어, 제과 제빵 공정에서 일어나는 물리·화학적
　　 변화(현상) 등.

試 : 실험, 실험용 기구, 계측기 등.

機 : 빵·과자 제조용 기구·도구·기계, 장식도구 등.

化 : 식품 화학, 화학 변화(현상), 영양 등.

生 : 생물, 영양 등.

物 : 물리적 성질·변화·현상 등.

其 : 제과 관련 인명(人名), 빵·과자 이외의 요리나 식품, 기타 관련 사항.

※ 빵과 菓에서는 대표적인 프랑스와 독일제품을 위주로, 우리의 전통적 한과와 일
본의 화과자, 영·미 대륙의 제품에 이르기까지 전통적·현대적 배합과 만드는 법을
소개하고자 하였다.

2. ① 한글은 고딕체로 표기하며 해당 한자와 함께 각국의 원어(原語)를 영어, 프랑
스어, 독일어 등의 순서로 병기(竝記)하였다. 이때 원어가 항목명과 일치할 경우 ○

에 넣어 표시했다.
　보기 1) **무화과**[無花果] 果 (영 Fig　프 Figue)
　보기 2) **멜론** 果 (영 Melon　프 Melon　독 Melone)
② 항목의 로마자 표기시 빵과 과자, 즉 제품의 경우에만 두문자(頭文字)를 대(大)문자로 표기했다(고유명사 즉, 지명·인명 예외).
　보기) **민스 파이** 菓 (영 Mince Pie)
　　　　면실유[綿實油] 原 (영 Cottonseed oil　프 Huile de coton)
3. 항목명 표기시 외국어나 한자어, 우리말 등이 병기될 때는 다음과 같이 축약·처리했다.
　보기) **무염 버터**[無鹽—]
4. 항목명의 한글 표기 부분에는 한글 이외의 로마자나 아라비아 숫자 등을 노출하지 않았다.
　보기) FAO → 에프 에이 오
　　　　2차 발효 → 이차 발효
　　　　CMC → 시엠시
5. 지시한 참고항목에서 2항목 이상을 나열할 때는 쉼표(,)를 사용하였다.
　보기) **브루법** → 아드미법, 액종법
　　　　자연발효법 → 사워 도, 자연발효
6. 소항목 중 [배합]과 [만드는 법]은 [ ]로 표시하며 그외 다른 소항목은 〈 〉로 표시했다.

○ 내용의 표준 기준

1. ① 학명(學名)을 밝혀줄 필요가 있는 동·식물의 경우 내용의 앞부분에 이탤릭체로 표기하였다.
　보기) **밀** 原 (영 Wheat　프 Blé　독 Weizen)
　　　　학명은 *Triticum aestivum*.
② 영어의 철자는 미국식으로 표기하였다.
　보기) colour → color
　　　　flavour → flavor
2. 어떤 항목전체를 정식항목으로 보낼 경우에는 ⇨, 참고항목을 지시할 경우에 내용설명 끝에 →로 표시하였다. 단, 내용 중의 참고표시는 *, 주(註) 표시는 주)로 했다.
　보기 1) **쉬르프리즈풍** → 오랑주 쉬르프리즈
　보기 2) **슈거** ⇨ 설탕

　　　　슈거 파우더 ⇨ 분설탕
　보기 3) 크리밍성*이 우수하다.
 3 . 내용 가운데 하나의 괄호 안에서 한자어와 외국어를 동시에 나열할 때는 쉼표
(,)를, 같은 뜻의 2 가지 이상의 외국어를 나열할 때는 세미콜론(;)을 사용했다.
단, 한자어나 영문표기와 함께 뜻을 상술(詳述)할때는 콜론(:)을 썼다.
　보기 1) 가수(加水, tempering ; conditioning)
　보기 2) 볼(bowl : 용기)
 4 . 서적·잡지 등의 제명에는 《 　》, 논문은 〈　 〉로 표시했다.
 5 . 가운뎃점(·)은 쉼표(,)와 구별하여 대등한 관계의 열거를 나타낼 때 썼다.
　보기) 온·습도
　　　　경수·연수
　　　　V자형, 소시지·튜브형, …
 6 . 원어 앞에 표기하는 각국 명칭은 다음과 같이 약자를 썼다.
　(영) 영·미국어　　　　　　　　(에) 에스파냐
　(프) 프랑스어　　　　　　　　(이) 이탈리아어
　(독) 독일어　　　　　　　　　(스) 스웨덴어
　(일) 일본어　　　　　　　　　(러) 러시아어
　(네) 네덜란드어　　　　　　　(체) 체코어
　(포) 포르투갈어
 7 . 국명으로서의 스페인은 '에스파냐'로, 소련은 '구(舊)소련'으로 표기했다.
 8 . 크리스도교는 '기독교'로, 카톨릭은 '가톨릭'으로 표기했다.
 9 . 검(gum)은 원료에 해당할 때는 '검'으로, 제품일 경우에 '껌'으로 표기했다.
　보기) 검 페이스트, 트래거캔스 검, 스위트껌, 풍선껌
　※ 추잉 검→껌
10. 내용 중의 서양인명 가운데 특별히 밝힐 필요가 있는 경우에는 괄호(　) 안에 생
몰년(生沒年)과 함께 처리하고, 그 외에는 두문자(頭文字)와 성(姓)만 표기했다.
　보기) 레벤후크(A. V. Leeuwenhoek : 1632~1723)
　　　　　L. 파스퇴르
11. 체제의 편의상 다음 몇가지 개념은 뒤의 항목명으로 포함시켰다.
　앙꼬빵→단팥빵
　어니언 롤→양파 롤, 어니언 브레드→양파 빵
12. 체제의 편의상 다음 몇가지 명칭은 2가지 모두 인정, 병행하여 통용하되 위의 것
을 우선하였다.
　① Mandarine （영） 만다린
　　　　　　　　（프） 망다린

② Omelet(te)　(영) 오믈렛
　　　　　　　　(프) 오믈레트
③ Tart(e)　　　(프) 타르트
　　　　　　　　(영) 타트
④ Tartlet(te)　(프) 타르틀레트
　　　　　　　　(영) 타틀릿
⑤ Kirsch　　　(영) 키어시
　　　　　　　　(프)(독) 키르슈
⑥ Marzipan　　(영) 마지팬
　　　　　　　　(독) 마르치판
⑦ Croquette　(영) 크로켓
　　　　　　　　(독) 크로케트
⑧ Caramel　　(영) 캐러멜
　　　　　　　　(프) 카라멜

13. 화학명은, 개정(1988. 1 현재)된 한글 맞춤법 통일안에 따라 다음과 같이 표기하였다. 앞의 것은 기존에 쓰이던 한자관용명이며 뒤의 것이 개정된 용어이다.
① 개미산→ 포름산 formic acid
② 구연산→ 시트르산 citric acid. 단, 본서에서는 구연산으로 표기했다.
③ 낙산→ 부티르산 butyric acid. 단, 본서에서는 낙산으로 표기했다.
④ 동(銅)→ 구리
⑤ 사과산→ 말산 malic acid
⑥ 수산(蓚酸)→ 옥살산 oxalic acid
⑦ 스타치 starch→ 녹말. 단, 본서에서는 전분(澱粉)과 스타치(예 : 콘스타치)를 혼용하였다.
⑧ 안식향산→ 벤조산 benzoic acid
⑨ 엽산→폴산 folic acid, 단, 본서에서는 엽산으로 표기했다.
⑩ 유당(乳糖)→ 젖당, 락토오스 lactose
⑪ 유산(균)→ 젖산(균), 락트산 lactic acid
⑫ 중탄산소다, 중탄산나트륨→ 탄산수소나트륨. 단, 본서에서는 중조(重曹)와 혼용하였다.
⑬ 초산, 식초산→ 아세트산 acetic acid, 관용명으로 식초산 인정.
⑭ 취소산칼륨→ 브롬산칼륨
⑮ 호박산→ 숙신산 succinic acid
※ 다음은 관용명이 허용되는 것이다.
⑯ sucrose 수크로오스, 설탕. 단, 본서에서는 자당(蔗糖)과 혼용하였다.

⑰ maltose 말토오스, 엿당. 단, 본서에서는 맥아당(麥芽糖)과 혼용하였다.

⑱ fructose 프룩토오스, 과당.

⑲ glucose 글루코오스, 포도당.

○ 외래어의 한글 표기

1. 원칙적으로 문교부의 〈외래어 표기법〉(1987. 11)에 따른다.

한편 원칙에 어긋나는 예는 자체의 약속을 따로 두어 표기하였다.

(1) 받침에는 'ㄱ, ㄴ, ㄹ, ㅁ, ㅂ, ㅅ, ㅇ'만을 쓴다.

　　보기) garnet　　가닛

　　　　　popcorn 팝콘(팦콘 ×)

　　　　　biscuit　비스킷(비스퀼 ×)

(2) 파열음 표기에는 된소리를 쓰지 않음을 원칙으로 한다.

즉, 유성 파열음은 'ㅂ, ㄷ, ㄱ'으로,

　　무성 파열음은 'ㅍ, ㅌ, ㅋ'으로.

　　보기) gâteau　　㊨ 가토(가또 ×)

　　　　　doughnut　㊇ 도넛

　　　　　pâtisserie ㊨ 파티스리(빠티쓰리 ×)

　　　　　キョウト　㊀ 교토(교오또 ×)

　　예외) 다음의 (3)항 참고.

(3) 이 사전의 표기에서 〈외래어 표기법〉과 크게 다른 점은, 제과 제빵 분야에서 이미 굳어진 외래어의 경우 관용명을 존중하여 그 범위와 용례를 따로 정한 점이다(P.13의 '바로잡기' 참고, 괄호 안은 원래 표기).

　　cider　　　㊇ 사이다(사이더)

　　pain　　　㊨ 빵(팽)

　　cognac　㊨ 꼬냐(코냑)

　　curacao ㊨ 큐라소(퀴라소)

　　liqueur　㊇ 리큐르(리쾨르)

　　アンコ　　㊀ 앙꼬(안코)

　　モチ　　　㊀ 모찌(모치)

　　ヨウカン ㊀ 요깡(요칸)

(4) 원어에서 떼어 쓴 말은 한글 역시 떼어 썼다.

단, 독일어는 붙여 쓰더라도 우리 귀에 익숙치 않은 말은 모두 떼어 썼다.

　　보기) Angel Food Cake ㊇ 에인젤 푸드 케이크

　　　　　Crème pâtissière ㊨ 크렘 파티시에르

> Lebkuchen　　⑧ 레브쿠헨
>
> Kaiserkuchen　⑧ 카이저 쿠헨

2. 〈외래어 표기법〉 중 각별히 주의할 점은 다음과 같다(⑨ ⑧ ㉕ ㉑ 순서).

(1) 영어의 한글 표기

① 어말의 [ʃ]는 '시'로 적고, 자음 앞의 [ʃ]는 '슈'로, 모음 앞의 [ʃ]는 뒤따르는 모음에 따라 '샤', '섀', '셔', '셰', '쇼', '슈', '시'로 적는다.

보기) kirsch[kíərʃ] 키어시

　　　sherbet[ʃə́ːrbət] 셔벗

　　　piroshki[piróʃki] 피로슈키

② 장모음의 장음은 따로 표기하지 않는다.

보기) margarine[màːgəríːn] 마가린(마아가린 ×)

　　　cheese[tʃiːz] 치즈

③ 중모음([ai], [au], [ei], [ɔi], [ou], [auə])

　중모음은 각 단모음의 음가를 살려서 적되 [ou]는 '오'로, [auə]는 '아워'로 적는다.

보기) bowl[boul] 볼(보울 ×)

　　　dough[dou] 도(도우 ×)

　　　sour[sáuər] 사워

④-1. 반모음 [w]는 뒤따르는 모음에 따라 [wə], [wɔ], [wou]는 '워' [wa]는 '와', [wæ]는 '왜', [we]는 '웨', [wi]는 '위', [wu]는 '우'로 적는다.

보기) walnut[wɔ́ːlnət] 월넛

　　　wedding[wédiŋ] 웨딩

④-2. 자음 뒤에 [w]가 올 때에는 두 음절로 갈라 적되, [gw], [hw], [kw]는 한 음절로 붙여 적는다.

보기) wheel[hwiːl] 휠

　　　whey[hwei] 훼이

④-3. 반모음 [j]는 뒤따르는 모음과 합쳐 '야', '얘', '여', '예', '요', '유', '이'로 적는다. 다만, [d], [l], [n] 다음에 [jə]가 올 때에는 각각 '디어', '리어', '니어'로 적는다.

보기) durum[djúrəm] 듀럼

(2) 독일어의 한글 표기

①-1. 자음 앞의 [r]는 '으'를 붙여 적는다.

보기) Torte[tɔ́rtə] 토르테

　　　Kirsch[kirʃ] 키르슈

　　　Marzipan[martsipáːn] 마르치판

①-2. 어말의 [r]와 '-er[ər]'는 '어'로 적는다.

보기) Butter[bútər] 부터

①-3. 복합어 및 파생어의 선행 요소가 [r]로 끝나는 경우는 ①-2의 규정을 준용한다.

보기) Blätterteig[blɛtərtaik] 블레터타이크

　　　Frankfurter Kranz[fráŋkfurtər krants] 프랑크푸르터 크란츠

② 어말의 파열음은 '으'를 붙여 적는 것을 원칙으로 한다.

보기) Biskuit[biskví:t] 비스크비트

　　　Gebäck[gəbɛ́k] 게베크

③ 철자 'berg', 'burg'는 '베르크', '부르크'로 통일해서 적는다.

보기) Nürnberg[nýrnbɛrk] 뉘른베르크

④-1. 어말 또는 자음 앞의 [ʃ]는 '슈'로 적는다.

보기) Stollen[ʃtólen] 슈톨렌

　　　Kirsch[kirʃ] 키르슈

④-2. [y], [ø] 앞에서 [ʃ]는 'ㅅ'으로, 그 밖의 모음 앞에서는 뒤따르는 모음에 따라 '샤, 쇼, 슈' 등으로 적는다.

보기) Schaumkrem[ʃaumkre:m] 샤움 크렘

　　　Schokoladenmasse[ʃokolá:dənmasə] 쇼콜라덴마세

(3) 프랑스어의 한글 표기

①-1. 파열음([p], [t], [k] ; [b], [d], [g])은 어말에서는 '으'를 붙여서 적는다.

보기) crêpe[krɛp] 크레프

　　　croquette[krɔkɛt] 크로케트

①-2. 구강 모음과 무성 자음 사이에 오는 무성 파열음('구강 모음＋무성 파열음＋무성 파열음 또는 무성 마찰음'의 경우)은 받침으로 적는다.

보기) absinthe[apsɛ̃:t] 압생트

② 어말과 자음 앞의 [ʃ], [ʒ]는 '슈', '주'로 적는다.

보기) ganache[ganaʃ] 가나슈

　　　fromage[frɔma:ʒ] 프로마주

③-1. 어말과 자음 앞의 [ɲ]는 '뉴'로 적는다.

보기) champagne[ʃãpaɲ] 샹파뉴

③-2. [ɲ]가 '아, 에, 오, 우' 앞에 올 때에는 뒤따르는 모음과 합쳐 각각 '냐, 네, 뇨, 뉴'로 적는다.

보기) pignon[piɲɔ̃] 피뇽

　　　beignet[bɛɲɛ] 베녜

④-1. 반모음[j]가 어말에 올 때에는 '유'로 적는다.

보기) Vanille [vanij] 바니유

coquille [kɔkij] 코기유

④-2. 모음 사이의 [j]는 뒤따르는 모음과 합쳐 '예, 옝, 야, 양, 요, 용, 유, 이' 등으로 적는다. 단, 뒷 모음이 [ø], [œ]일 때에는 '이'로 적는다.

보기) sabayon [sabajɔ̃] 사바용

pastillage [pastija:ʒ] 파스티야주

④-3. 그 밖의 [j]는 '이'로 적는다.

보기) conversation [kɔ̃vɛrsasjɔ̃] 콩베르사시옹

palmier [palmje] 팔미에

⑤ 반모음 [w]는 '우'로 적는다.

보기) croissant [krwasɑ̃] 크루아상

bavarois [bavarwa] 바바루아

(4) 일본어의 한글 표기

① 촉음(促音)[ッ]는 'ㅅ'으로 통일해서 표기한다.

보기) アマナット 아마낫토

② 장모음은 따로 표기하지 않는다.

보기) センベイ 센베(센베이 ×)

トウキョウ 도쿄(東京, 도오꾜오 ×)

③ [ン]은 'ㄴ'으로 통일해서 표기한다.

보기) マンジュウ 만주(饅頭)

センベイ 센베

단, 본서의 예외규정에 따라 다음 몇가지는 'ㅇ'으로 표기한다.

보기) アンコ 앙꼬

ヨウカン 요깡

바 로 잡 기

본 란에서는 흔히 잘못 쓰이기 쉬운 용어와 일반적으로 잘못 통용돼 오던 제과용어나 제품명, 그 밖의 명칭 등을 한글 맞춤법 규정(1988.1 현재)에 따라 바로잡고자 하였다. 단, 예외 규정을 두어서 통용이 너무 굳어져 맞춤법 규정에 따를 수 없는 차용어는 그 대로 사용하되 비고란을 활용, 최대한 설명을 기하였다.

분류	잘못된 표기	바로잡은 표기	원어	비고
ㄱ	가나시, 가나쉬	가나슈	프 ganache	
	가나페	카나페	프 canapé	
	가또	가토	프 gâteau(x)	케이크, 과자.
	가레트	갈레트	프 gallette	
	갈바도스	칼바도스	프 calvados	애플 브랜디.
	개스, 까스	가스	영, 독 gas	
	게백	게베크	독 gebäck	
	고규	코키유	프 coquille	
	고로께	크로켓	영 croquétte	프랑스어로는 크로케트.
	꼬르네	코르네	프 cornet	
	구찌가네	노즐, 파이핑 튜브	영 nozzles, piping tube	모양깍지.
	그랑 마니에	그랑 마르니에	프 grand marnier	오렌지 리큐르의 상품명.
	그레나딘	그레너딘	영 grenadine	프랑스어로는 그르나딘.
	글루타민산	글루탐산	영 glutamic acid	대개의 카르복시산은 영어명의 어미 '-ic'를 떼어낸 나머지 부분을 로마자 음대로 적고, 끝에 '산'을 붙인다.
	글리서라이드	글리세리드	영 glyceride	
	기지, 씨트, 시이트	시트	영 sheet	얇은 종이·천.
	낑깡, 금감	금귤	金橘	감귤류의 하나.
ㄴ	나이아신	니아신	영 niacin	
	나빠주, 나빠쥬	나파주	프 nappage	
	넛	너트(츠)	영 nut(s)	단독으로 쓰일 경우는 너트(츠), 명사 앞뒤

분류	잘못된 표기	바로잡은 표기	원어	비고
ㄴ				에 붙을 경우 넛으로 (예 : 피넛).
	넛맥, 너트메그	넛메그	영 nutmeg	
	노와제트	누아제트	프 noisette	헤이즐넛.
ㄷ	다리욜	다리올	프 dariole	
	다이	대(臺)	일 台, だい	작업대.
	다쿠와즈	다쿠아즈	프 dacquoise	
	다테(떼) 믹서	수직 믹서	일 たてミキサー	
	더취 케익(잌)	더치 케이크	영 dutch cake	네덜란드풍의 과자.
	데니쉬 페스츄리	데니시 페이스트리	영 danish pastry	
	데불스 후드 케익(잌)	데블스 푸드 케이크	영 devil's food cake	
	데코레이션 케익(잌)	데커레이션 케이크	영 decoration cake	
	데포지타	디포지터	영 depositor	
	델리카트슨 베이커리	델리커테슨 베이커리	영 delicatessen bakery	
	도나쓰, 도우넛 도너츠	도넛	영 doughnut	
	도우	도	영 dough	빵 반죽.
	도우콘, 도우컨디셔너	도 컨디셔너	영 dough conditioner	
	드로프스	드롭스	영 drops	캔디의 하나.
	디솔비톨	디소르비톨	영 d-sorbitol	감미료의 하나.
ㄹ	라스베리	라즈베리	영 raspberry	
	라이 사와	라이 사워	영 rye sour	
	라이신	리신	영 lysine	
	랙크, 랙	래크	영 rack	
	레몬에이드	레모네이드	영 lemonade	오렌지 에이드.
	로라	롤러	영 roller	
	로얄 아이싱	로열 아이싱	영 royal icing	
	리놀레인산	리놀레산	영 linoleic acid	
	리쿠르	리큐르	영, 프 liqueur 독 likör	'리쾨르'(프, 독) 또는 '리큐어'(영)가 굳어진 말.
ㅁ	마가롱	마카롱, 마카룬	프 macaron 영 macaroon	
	마데이라	머디러	영 madeira	와인의 하나.
	마드레느, 마들렌느	마들렌	프 madeleine	
	마론	마롱	프 marron	밤.
	마마레드	마멀레이드	영 marmalade	과일잼의 하나.

분류	잘못된 표기	바로잡은 표기	원어	비고
ㅁ	마스타드	머스터드	영 mustard	겨자가루.
	마쓰빵	마스팽	프 massepain	건과의 하나.
	마아가린	마가린	영 margarine	유지의 하나.
	마저럼	마조람	영 marjoram	조미료의 하나.
	마지빵, 마지판	마지팬	영 marzipan	독일어로는 마르치판.
	마카다미아넛	머캐더미어넛	영 macadamia-nut	견과의 하나.
	매쉬	매시	영 mash	
	매시멜로	마시맬로	영 marshmallow	
	메론, 멜롱	멜론	영 melon	
	멤바	밀대, 롤러	일 メンボウ(棒) 영 roller	
	모노그리세라이드	모노글리세리드	영 mono-glyceride	유화제의 하나.
	모치	모찌	일 モチ	원칙은 '모치'. 모찌로 굳어진 말.
	몰다	몰더	영 molder	유화제의 하나.
	무쓰	무스	프 mousse	
	미로와(르)	미루아르	프 miroir	
	미린	미림	일 ミリン(味醂)	
	미셀	미셀	프 micell	생물 용어.
	믹샤, 믹서기	믹서	영 mixer	혼합·반죽기.
	밀크 쉐이크	밀크 셰이크	영 milk shake	
	밀페유	밀푀유	프 mille-feuille	
ㅂ	바나, 빠나	버너	영 burner	가열 도구.
	바바로와	바바루아	프 bavarois	
	바우므쿠헨	바움쿠헨	독 baumkuchen	
	베르무트, 베르무드	베르뭇	프 vermout(h) 독 wermut	
	벤춰 타임	벤치 타임	영 bench time	중간발효.
	벨지엄 페스츄리	벨지언 페이스트리	영 belgian pastry	
	보메다	보메 비중계	프 baumé-	당 농도 측정기.
	보울	볼	영 bowl	혼합용 그릇.
	보이겔	보위겔	독 beugel	
	부페	뷔페	프 buffet	식사의 한 형태.
	불란서빵	프랑스빵		
	붓쉐, 붓셰, 붓세	부세	프 bouchée	
	붓슈 드 노엘	뷔슈 드 노엘	프 bûche de noël	
	브랑망제, 브랑만제	블랑망제	프 blanc manger	
	브렌드	블렌드	영 blend	'섞다'의 뜻.
	브룸	블룸	영 bloom	

분류	잘못된 표기	바로잡은 표기	원어	비고
ㅂ	브류법	브루법	영 brew—	액종 반죽법의 하나.
	브리첼, 프리첼	브레첼	독 brezel	
	비스켓, 비스케트	비스킷	영 biscuit	
	비타	비터	영 beater	반죽 날개의 하나.
ㅅ	사라다	샐러드	영 salad	사라다는 일본어명.
	사바란	사바랭	프 savarin	
	사바이용, 사바이옹	사바용	프 sabayon	～소스.
	사와	사워	영 sour	
	사이더	사이다	영 cider	원칙은 '사이더', 사이다로 굳어진 말.
	사커 토르테, 자하 토르테	자허 토르테	독 sachertorte	
	생지, 기지	반죽	일 生地, キジ	특히 빵 반죽을 가리키는 용어.
	샤롯트	샤를로트	프 charlotte	
	샤벳, 샤베트	셔벗	영 sherbet	
	샤브레	사블레	프 sablé	
	설타나	설타너	영 sultana	건포도의 하나.
	센베이, 센뻬	센베	일 センベイ	
	센타	센터	영 center	충전물.
	소보루	소보로	일 ソボロ	토핑 재료의 하나.
	소세지	소시지	영 sausage	
	손가락생지	비스퀴 아 라 퀴이예르	프 biscuits à la cuillère	
	손가루, 테분	덧가루	일 手粉, テコナ	
	솔베	소르베	프 sorbet	
	쇼코라	쇼콜라	프 chocolat	영어로는 초콜릿.
	슈가	슈거	영 sugar	설탕.
	슈크레	쉬크레	프 sucrée	'설탕을 더한～'의 뜻.
	스켓파, 스크레파	스크레이퍼	영 scraper	
	스테아린산	스테아르산	영 stearic acid	
	솔비톨	소르비톨	영 sorbitol	
	스텐레스	스테인리스	영 stainless	
	스톨렌, 시토렌, 쉬톨렌	슈톨렌	독 stollen	
	스트로젤	슈트로이젤	독 streusel	소보로.
	스트루들	슈트루델	독 strudel	
	스파테라	스패튤러	영 spatula	주걱.
	스폰지 케익(일)	스펀지 케이크	영 sponge cake	

분류	잘못된 표기	바로잡은 표기	원어	비고
ㅅ	스프, 스푸	수프	영 soup	
	스프레, 스푸레	수플레	프 soufflé	
	슬라브	슬래브	영 slab	작업대의 하나.
	슬라이샤	슬라이서	영 slicer	빵 절단기.
	시나몬	시너먼	영 cinnamon	
	시보리, 파이핑빽	파이핑 배그	영 piping bag	짤주머니.
	시본 케익, 쉬폰 케익(잉)	시폰 케이크	영 chiffon cake	
	시트로넨	치트로넨	독 zitronen	'레몬의~'라는 뜻.
	시트론	시트롱	프 citron	레몬.
ㅇ	아라장	아르장테	프 argentée	'아라장'은 일본어명.
	아스콜빈산	아스코르브산	영 ascorbic acid	빵 개량제의 하나.
	아스파라가스	아스파라거스	프 asparagus	
	아스파라긴산	아스파르트산	영 aspartic acid	
	아와	기포	일 泡, アワ	
	아이스 워터	워터 아이스	영 water ice	
	아(애)프리코트	에이프리콧	영 apricot	살구.
	아펠 스트루들	압펠 슈트루델	독 apfelstrudel	
	알류메트	알뤼메트	프 allumette	
	앙글레이즈	앙글레즈	프 anglaise	'영국의~'라는 뜻.
	앙뜨르메	앙트르메	프 entremets	
	앙토낭(앙또낭) 카렘	앙토냉 카렘	프 antonin carême	
	에멜죤, 이멀션	에멀션	영 emulsion	
	에클레어	에클레르	프 éclair	에클레어는 에클레르의 영어명.
	엑기스, 에키스	익스트랙트, 엑스	영 extract	추출물.
	엔젤 케익(잉)	에인젤 케이크	영 angel cake	
	엣센스	에센스	영 essence	
	옐로우 케익(잉)	옐로 케이크	영 yellow cake	
	오므렛	오믈렛	영 omelet(te)	프랑스어로는 오믈레트.
	오븐 후레시	오븐 프레시	영 oven fresh	
	올레인산	올레산	영 oleic acid	
	와리	레시피	일 分, ワリ	배합표.
	와시	워시	영 wash	
	완 로프	원 로프	영 one loaf	
	요칸	요깡	일 ヨウカン	원래 발음은 '요칸'. 양갱, 요깡으로 굳어진 말.
	요쿠르트	요구르트	독 joghurt	유산균 음료의 하나.

분류	잘못된 표기	바로잡은 표기	원어	비고
ㅇ	웨하스	웨이퍼(스)	영 wafer(s)	웨하스는 웨이퍼의 일본어명.
	월넛	월넛	영 walnut	호두.
	유산지(硫酸紙)	황산지(黃酸紙)		
	이스빠다	이스파다	영 yeast powder	이스트 파우더.
	인벨타제	인베르타아제	영 invertase	효소의 하나.
ㅈ	쟈스민	재스민	영 jasmin(e)	
	쟈포네(즈)	자포네	프 japonais	
	제노와즈	제누아즈	프 genoise	버터 스펀지 케이크.
	제리, 쩨리	젤리	영 jelly	
	쥬스, 주우스	주스	영 juice	
	젤	겔	영, 독 gel	
	쨈	잼	영 jam	
	줄레, 질레	즐레	프 gelée	젤리.
ㅊ	찰리우드	촐리우드	영 chorleywood˙	~제빵법.
	체다 치즈	체더 치즈	영 chedda cheese	영국의 체더산 치즈.
	초코렡, 쵸코렛, 초콜렛	초콜릿	영 chocolate	프랑스어로는 쇼콜라.
	츄잉 껌	추잉 검	영 chewing gum	껌.
ㅋ	카르복실산	카르복시산	영 carboxylic acid	
	카스타드 크림	커스터드 크림	영 custard cream	
	카스테라	카스텔라	포 castella	
	카제인	카세인	영 casein	
	카타	커터	영 cutter	절단기, 형틀.
	캐비어	캐비아	영 caviar	
	캐시어	카시아	영 cassia	
	커런츠	커런트	영 currant	
	커버튜어	커버추어	영 coverture	프랑스어로는 쿠베르튀르(couverture).
	케잌(익), 케키.	케이크	영 cake	과자.
	케찹	케첩	영 ketchup	
	코냑	꼬냑	프 cognac	원칙은 '코냑', 꼬냑으로 굳어진 말로 브랜디의 하나.
	코리앙	코리앤더	영 coriander	
	코앵트로, 콴트로	쿠앵트로	프 cointreau	큐라소의 하나.
	코코아 빈	카카오 빈	영 cacao bean	코코아는 카카오 가루.
	콘베아	컨베이어	영 conveyor	

분류	잘못된 표기	바로잡은 표기	원어	비고
ㅋ	콘소메	콩소메	프 consommé	묽은 수프.
	콤파운드	컴파운드	영 compound	
	콤피즈리	콩피즈리	프 confiserie	당과.
	쿠겔호프	구겔호프	독 gugelhof	
	쿠그로프	쿠글로프	프 kouglof	
	쿠민, 큐민	커민	영 cumin	
	쿠킹 호일	쿠킹 포일	영 cooking foil	
	쿼라소	큐라소	프 curaçao	원칙은 '쿼라소', 큐라소로 굳어진 말.
	쿰멜	퀴멜	독 kümmel	리큐르의 하나.
	크래카	크래커	영 cracker	
	크렘 다만드	크렘 다망드	프 crème d'amandes	아몬드 크림.
	크렘 파티쎄르	크렘 파티시에르	프 crème pâtissière	커스터드 크림.
	크렙	크레프, 크레이프	프 crêpe, 영 crepe	크레프로 통일.
	크로와상(쌍)	크루아상	프 croissant	
	크로칸트	크로캉(트)	프 croquant(e)	
	크리스탈	크리스털	영 crystal	설탕 결정.
	크림 어브 탈탈	크림 오브 타르타르	영 cream of tartar	주석영.
	키로그램	킬로그램	영 kilogram, Kg	
ㅌ	타르트레트	타르틀레트	프 tartelette	영어로는 타틀릿(tartlet).
	타타르산	타르타르산	영 tartaric acid	
	탄 브루 탄	탕 푸르 탕	프 tan pour tan	TPT.
	탈트	타르트	프 tarte	영어로는 타트(tart).
	탑핑, 톱핑	토핑	영 topping	
	테프론	테플론	영 teflon	
	템파링	템퍼링	영 tempering	초콜릿의 온도 조절.
	튀이르	튀일	프 tuile	
	튜티 프뤼티	투티 프루티	프 tutti fruti	
	트라가간트(트라칸트)검	트래거캔스 검	영 tragacanth gum	
	티라미스	티라미 수	이 tirami su	티라미스(일본식 발음)로 더 잘 알려져 있다.
ㅍ	파레트 나이프	팔레트 나이프	영 palette knife	
	파리지엥	파리지엔	프 parisienne	'프랑스의'라는 뜻.
	파스티야지	파스티야주	프 pastillage	
	파우다	파우더	영 powder	가루.

분류	잘못된 표기	바로잡은 표기	원어	비고
ㅍ	파이 로라	파이 롤러	영 pie roller	
	파티쓰리, 빠티쓰리	파티스리	프 pâtisserie	페이스트리.
	파파이아	파파야	영 papaya	
	판초네트	팡초네트	프 fanchonnette	
	팔미어	팔미에	프 palmier	
	팔미틴산	팔미트산	영 palmitic acid	
	팦콘	팝콘	영 popcorn	
	팽	빵	프 pain	빵. 원칙은 '팽', 빵으로 굳어진 말.
	페스츄리	페이스트리	영 pastry	
	페스츄리 필	페이스트리 휠	영 pastry wheel	
	페티포	프티 푸르	프 petit four	소형 과자.
	폰 누후, 퐁 누프	퐁 뇌프	프 pont-neuf	
	푀유타지, 휘타쥬	푀이타주	프 feuilletage	
	풀만 브레드	풀먼 브레드	영 pullman bread	사각 식빵.
	퓨레	퓌레	프 purée	퓨레는 퓌레의 영어명.
	프라리네, 프라리느	프랄리네	프 praliné, 독 praline	
	프락토오스	프룩토오스	영 fructose	과당.
	피난세	피낭시에	프 financier	
	피클릿	파이클렛	프 pikelet	
	필로시키	피로슈키	영 piroshki	어원은 러시아어의 piroschki.
ㅎ	할로윈 케익(잌)	핼로윈 케이크	영 halloween cake	
	허스 브레드	하스 브레드	영 hearth bread	
	호도	호두	胡桃	
	호라이존틀 믹서	호리존틀 믹서	영 horisontal mixer	수평 믹서.
	호이루	호이로	일 ホイロ	이차 발효실.
	호이른헨 롤	회른헨 롤	독 hörnchen roll	
	혼당, 펀던트	퐁당, 폰던트	프, 영 fondant	퐁당으로 통일.
	후라이팬	프라이팬	영 fry pan	
	후람보와즈	프랑부아즈	프 framboise	라즈베리.
	후레쉬	프레시	영 fresh	'신선한~'의 뜻.
	후레이버, 홀레바	플레이버	영 flavor	
	후로마쥬	프로마주	프 fromage	치즈.
	후르츠, 프루트	프루츠	영 fruit(s)	과일.
	히타	히터	영 heater	가열·난방장치.

가나슈 菓 (영, 프 Ganache 독 Ganasche, Pariser Krem) 초콜릿 크림의 하나. 끓인 생크림에 초콜릿을 섞어 만든다. 기본 배합은 1:1이지만 6:4 정도의 부드러운 가나슈도 많이 사용된다. 양주나 프랄리네를 더해 풍미가 서로 다른 가나슈를 만들어 봉봉 오 쇼콜라의 센터(center : 충전물)로 하거나 앙트르메·그랑 가토·프티 가토의 샌드용, 윗면 코팅용으로 쓴다. 생크림과 초콜릿의 기본재료만으로 만든 가나슈에 바닐라 향을 낸 것이 가나슈 바니유(ganache vanille)이고, 또 노른자를 더해 풍미를 낸 것이 가나슈 오 죄(aux oeufs), 화이트 초콜릿을 쓴 것이 가나슈 블랑슈(blanche), 캐러멜을 더한 것이 가나슈 카라멜(caramel)이다.

[배합] 생크림 200cc, 초콜릿 200g.

[만드는 법] ① 생크림을 끓인다 ② 불에서 내리고, 다진 초콜릿을 더해 녹이면서 식힌다.

가닛 밀 原 (영 Garnet wheat) 캐나다 밀의 하나. 일찍 서리가 내리는 캐나다 북쪽 초원지대에서 서리 내리기 전, 다른 밀보다 짧은 시일에 자라나는 밀이다. 가닛 밀을 제분한 밀가루는 그 반죽에 신전성(伸展性)이 없어 빵 만들기에 적합치 않다. →캐나다밀

가노코 菓 (일 鹿ノ子, カノコ) 화과자(和菓子)의 일종. 규히(求肥) 또는 요깡(ヨウカン)을 둥글려서 그 표면에 꿀에 절인 팥을 붙인 것. 팥 대신에 밤 설탕 조림을 이용하기도 한다. 가정에서는 규히나 요깡 없이 만들기도 한다.

가당연유 [加糖煉乳] 原 (영 Condensed milk) 우유 용적의 1/3이 될 때까지 농축시킨 뒤, 설탕 또는 포도당 44%를 첨가해서 세균번식을 억제한 가공품. 이 제품은 열처리 과정없이 다양한 후식류를 만드는데 이용된다. 무당연유보다 보존성이 높으나 유아 영양제로는 적합치 않다. 왜냐하면 설탕함량이 높아서 단맛 중심으로 희석할 경우 다른 영양성분이 묽어질 우려가 있고, 시유(市乳)농도로 해도 설탕함량이 높아져 소화불량을 일으킬 수 있기 때문이다.

가당중종법 [加糖中種法] 技 과자빵용 중종법. 표준 중종법과 비교하면, 중종에 설탕을 3~5% 더 넣고 중종온도를 2℃ 높인 26℃로 하는 것 이외에 중종 발효시간도 2시간~2시간 30분으로 단축한 제빵법이다. 특히 이 제법은 당분이 많은 과자빵 반죽에 적당하고 발효력을 강화시킬 수 있다. 반대로 발효력이 너무 강하기 때문에 분할과 성형 소요시간을 줄여야 하는 결점이 있지만 최근에는 과자빵의 제조법으로서 널리 이용되고 있다.

[배합] 〈중종〉 밀가루가 70%일 때, 이스트 2.5, 이스트 푸드 0.1, 설탕 5, 물 40, 반죽 온도 26℃, 발효시간 2시간. 〈본반죽〉 밀가루 30, 설탕 25, 소금 0.7, 유지 5, 계란 4, 이스트 1, 물 적당량. 반죽 온도 28℃, 플로어타임 40분, 벤치타임 15분, 2차 발효 60분, 굽기 10분(220℃).

가든 파티 其 (영 Garden party) 정원을 파티 장소로 이용하는 파티. 고급스런 샌드위치, 카나페, 한 입에 넣을 수 있는 양과자 등으로 상을 차린다.

가루유지 [-油脂] 原 (영 Powdered fat) 케이크용 프리믹스에 섞기 쉽도록 유지를 가루로 만든 것. 일반적으로 고체 유지에 단백질, 탄수화물, 유화제를 알맞게 섞

어 유화시킨 것을 열풍 분무·건조시켜 만
든다.

가르니튀르 菓 (영 Filling, Garnish 프
Garniture 독 Füllung) 충전물. 요리에
서는 육류나 생선요리에 곁들이는 것을 가
리키며 제과에서는 푀이타주*나 반죽형 파
이 반죽 속에 채우는 혼합물, 혹은 반죽을
가리키는 명칭이다.

가소성 [可塑性] 物 (영 Plasticity) 어
떤 고체에 탄성(彈性) 한계 이상의 힘을 주
어 변형시킬 때 그 고체가 점성(粘性)이 큰
유동체와 같은 성질을 띠며, 또 그 힘을 없
애도 앞서 변형시킨 모양이 그대로 남는 성
질. 빵 만드는 과정에서 가소성이 문제되는
것은 빵 반죽과 유지이다. 반죽은 가소성
있는 고체로서 고체가 갖는 탄성과 액체가
갖는 점성을 모두 갖추고 있기 때문에 다양
하게 모양을 만들 수 있다. 반죽의 가소성
은 약 30%이다. 유지 역시 가소성이 커야
한다. 빵과 케이크에 쓰이는 유지는 보통
24~29℃에서 가소성을 발휘해야 하며, 파
이·데니시 페이스트리·퍼프 페이스트리
등에 쓰이는 것은 저온에서 가소성을 발휘
해야 한다. 가소성이 알맞은 쇼트닝을 만들
려면 부드러운 기름을 경화유와 섞거나 수
소를 넣으면 된다.

가수분해 [加水分解] 化 (영 Hydrolys-
is) 어떤 물질이 물과 반응하여 일으키는
분해반응. 금속염은 수용액 속에서 물과 반
응하여 이온성분이 다른 이온 또는 분자로
바뀐다. 그 결과 수소 이온 또는 수산 이온
이 생겨 수용액은 산성 혹은 알칼리성을 띤
다. 유기 화합물의 가수분해는 유기물의 종
류에 따라 다른 명칭으로 불린다. 즉, 에스
테르가 가수분해되는 반응을 '비누화'라 하
고 자당의 가수분해를 '전화', 녹말의 가수
분해를 '당화'라 한다. 그리고 동물체, 특
히 사람의 소화기 속에서 이루어지는 소화
역시 가수분해 현상으로서 여러 가지 가수
분해 효소의 촉매작용을 받아 촉진된다.

가스 발생력 측정기기 [—發生力測定器
機] 試 취모타시그래프, 익스팬소그래프,
퍼멘토그래프, 트리클레그래프 등.
→취모타시그래프

가스빼기 技 (영 Punch 프 Romp-
re 독 Stoßen) 펀치. 1차 발효를 끝낸
반죽에 압력을 가해 탄산 가스를 빼는 일.
가스빼기를 하는 이유는 ①반죽의 상태를
고르게 하고 전체 반죽의 온도를 일정하게
하며 ②반죽 속에 생긴 탄산 가스를 빼고
산소를 공급함으로써 이스트를 활성화시켜
글루텐의 신축성을 높이기 위함이다. 가스
빼기가 끝난 상태에서 2차발효 시키면 빵의
결이 고와진다.

가스 오븐 機 (영 Gas oven) 가스를
연료로 사용하는 오븐. 금속판 위에 가스파
이프가 2~4개 놓여 있어, 그 위에 철판을
얹고 굽는다. 불의 세기 조절이 가능하며
주로 화과자(和菓子) 제조에 많이 사용한
다.

가용성 녹말 [可溶性綠末] 化 (영 Sol-
uble starch) 덱스트린*의 하나. 녹말이
가수분해 되어 생기는 최초의 생성물로 녹
말에 매우 가까운 덱스트린이다. 원래 녹말
은 물에 잘 녹지 않으나, 가용성 녹말은 뜨
거운 물에 잘 분산되어 투명한 콜로이드 용
액을 만든다.

가토 菓 (영 Cake 프 Gâteau) 과자
의 프랑스어 명칭. 보통 비스퀴, 제누아즈,
머랭, 슈, 푀이타주, 사블레 반죽을 구워
여기에 크림, 과실, 초콜릿, 견과류, 퐁당
등을 곁들인 과자를 통틀어 가토라 한다.
그랑 가토(grand gâteau : 대형 과자), 프티
가토(petit gâteau : 소형 과자), 데커레이션,
행사용 과자, 프티 푸르가 여기에 속한다.

각설탕 [角雪糖] 原 (영 Cube sugar, L-
ump sugar 프 Sucre en cube) 그라뉴당
과 소량의 그라뉴당액을 건조시켜 굳힌 정
육면체 설탕. 큐브 슈거라고도 한다. 습
도·기온이 높은 여름철에는 각설탕에 취기

(臭氣 : 좋지 못한 냄새)가 옮기 쉽다. 그러므로 냄새를 강하게 풍기는 물건 옆에 두지 않는다. 또, 벌레가 모여들기 쉬우므로 과실이나 과자와 함께 보관해서도 안된다. 각설탕은 커피, 홍차 등에 감미료로 쓰이며 1개의 분량이 정해져 있어, 제과용으로 쓰기에도 편리하다. 단, 사용할 때 결정이 녹기 쉽도록 수분과 열을 가해야 한다.

간장[-醬] 原 (영 Soy) 우리 나라를 비롯하여 중국, 일본 등지에서 사용하는 독특한 짠맛의 조미료. 간장을 만드는 방법에 재래식과 개량식이 있다. 재래식은 가정에서 만드는 방법으로서, 여러 종류의 세균과 곰팡이가 번식하여 간장의 맛이 좋지 않은 경우가 많다. 이에 비해 개량식은 황곡균을 분리 배양하여 만든 누룩으로 메주를 쑨다. 이 메주를 발효시켜 재래식과 같은 방법, 즉 12월쯤에 메주를 자연발효 시켜 다음 해 소금물에 담가 1～2개월 정도 두면 점차 숙성해서 적갈색이 된다. 이것을 걸러서 얻은 액체를 끓인다. 이 때 응고된 단백질을 제거한 것이 간장이다. 간장의 소금 농도는 18~20% 정도이다. 간장은 일반 식품에 조미료로서 뿐만 아니라 과자류에도 사용할 수 있다.

갈락토오스 化 (영 Galactose) 6탄당(六炭糖, hexose)의 하나. 갈락토오스는 유리 상태로 존재하는 예는 거의 없다. 동물계에서 젖당·당지질·당단백질의 구성 단당류로 존재하고, 식물계에서 라피노오스·스타키오스·헤미셀룰로오스의 구성 성분으로 존재한다. D-갈락토오스는 젖당을 가수분해했을 때 생기는 물질이다.

갈레트 菓 (프 Gallette) 발효 반죽·푀이타주·사블레 반죽 등을 동그랗고 납작하게 만들어 구운 과자. 과자 형태를 갖춘 것으로서는 가장 오래되었다고 하며, 신석기시대에 뜨거운 돌 위에서 곡식가루 반죽을 구운 것이 갈레트의 시초이다. 프랑스에는 지방마다 특색을 살린 갈레트가 있다.

그 중의 하나가 갈레트 데 루아(Gallette des Rois), 갈레트 브르통(Gallette Breton)이다.

갈레트 데 루아 菓 (프 Galette des Rois) '임금님 갈레트'란 뜻의 과자. 1월 6일 주현절*(Epiphanie)에 먹는 과자이다. 주현절에 관련되어 만들어지는 과자는 지방에 따라 여러가지가 있다. 파리에는 갈레트 푀이테가 있다. 이것은 파트 푀이테를 이용해 만든 반죽에 크렘 다망드나 프랑지판을 싸고 속에 페브(fève : 누에콩)라는 도제(陶製) 인형을 넣어 구운 제품으로 잘라 먹을 때 그 자리에서 인형이 나온 사람이 남성이면 임금이, 여성이면 여왕이 된다. 종이로 만든 금색 왕관을 쓰고 주위 사람들로부터 축복을 받는다. 또한, 스위스에는 발효 반죽을 이용한 과자, 독일에는 스펀지 케이크로 만든 쾨니히스 쿠헨*이 있다. 페브를 넣는 기원은 고대 로마시대로 거슬러 올라간다. 로마에는 투표 방법으로서 누에콩을 이용하여 수확제 때 이것을 뽑은 사람이 임금이 되는 관습이 있었다. 그 뒤 기독교가 널리 퍼지면서 이러한 풍습이 주현절 과자에도 응용되었다. 여기서 누에콩은 그리스도를 상징하며 과자 속에 숨겨져 있다. 그러다가 200여년 전부터 누에콩을 그리스도에 비유함은 적절치 않다는 이유로 도제 인형을 대신 넣었다. 지금은 종교적 의미가 많이 퇴색하여 페브도 종교적인 것 이외에 동물·배·테니스 채 등의 구체적인 모양과 추상적인 모양으로까지 변하였다. 파리의 갈레트 데 루아 만드는 법은 다음과 같다. [만드는 법] ① 푀이타주*(파트 푀이테)를 3mm 두께로 밀어 펴서 둥글게 자른다 ② 럼을 더한 크렘 다망드* 또는 프랑지판*을 ①의 중앙에 소복히 얹는다 ③ 속에 페브를 하나 숨긴다 ④ 가장자리에 계란칠을 하고 푀이타주를 한장 더 덮어 씌운다 ⑤ 윗면에 노른자를 바르고 칼로 무늬를 새겨 중불 오븐에서 굽는다 ⑥ 금색의 종이 왕관을 얹는다.

갈레트 브르톤 菓 (프 Galette Bretonne)
프랑스의 브르타뉴(Bretagne) 지방에 전해 내려오는 둥글납작한 과자. 브르타뉴에는 브르통인이라 불리는 사람들이 살고 있으며 그들 나름의 문화를 형성하고 있다. 갈레트 브르톤은 이 곳에서 자주 만들어지는 과자 중의 하나이고 건과자에 가까운 반생과자이다. 이 갈레트는 주현절*뿐만 아니라 1년 내내 즐기는 과자이다.
[배합] 버터 500 g, 분설탕 300 g, 소금 · 바닐라 향료 각 소량, 노른자 5 개, 아몬드 가루 60 g, 밀가루 500 g, 베이킹 파우더 5 g.
[만드는 법] ① 버터를 녹이고 분설탕, 소금, 바닐라를 더해 섞는다 ② 노른자를 풀어 더하고 아몬드 가루를 섞는다 ③ 밀가루와 베이킹 파우더를 더해 섞고 하룻밤 놔둔다 ④ 밀대를 이용해 1 cm 두께로 밀어 펴고 둥근 틀을 이용해 모양을 찍어 낸다 ⑤ 윗면에 계란칠을 하고 포크로 선을 긋는다 ⑥ 다시 ④의 틀에 넣고 굽는다.

감 菓 (영 Persimmon) 감은 동양 특유의 과수(果樹). 감의 종류는 맛에 따라 단감과 떫은감으로 나눌 수 있다. 단감은 일본에서 건너온 품종이며 재래종은 대개 떫은감이다. 감은 주로 그대로 먹거나 말려 먹는다. 떫은감은 가공식용으로 알맞다.

감람나무 열매[橄欖—] 菓 (영 Olive) ⇨올리브

감미[甘味] 生 (영 Sweetness) 단맛. 미각*의 4 대 요소 중 하나. 혀의 부위 중 단맛을 가장 잘 느끼는 부분은 앞부분이다. 당도가 같은 감미성분이라도 온도가 낮고 혀 위에서 빨리 녹는 것일수록 더 달다.

감미도[甘味度] 試 (영 Relative sweetness) 자당(설탕)의 감미를 100으로 보았을 때 사람의 미각으로 느낄 수 있는 단맛의 정도를 숫자로 나타낸 값(〈표〉 참고). 당류는 분자량이 많을수록 침투율이 낮고 맛도 좋지 않다. 포도당을 사용하면 쉽게 스며든다. 또, 분자량이 클수록 가역성이

〈표〉 감미물질과 감미도

명 칭	감 미 도
설 탕	100
젖 당	16
맥 아 당	32
전 화 당	123
포 도 당	74
과 당	175
갈 락 토 오 스	48
소 르 비 톨	54
만 니 톨	45
사 카 린 염	70,000
(둘 친)	(30,000)

주) ( )는 사용 금지된 감미료

나쁘다. 그러므로 비스킷 반죽 등에는 기름과 같은 양의 설탕은 쓰지 않고, 대신 분말 포도당을 사용한다. 한편 당도가 같을지라도 온도의 높고 낮음에 따라 감미도는 달라진다(〈그림〉 참고).

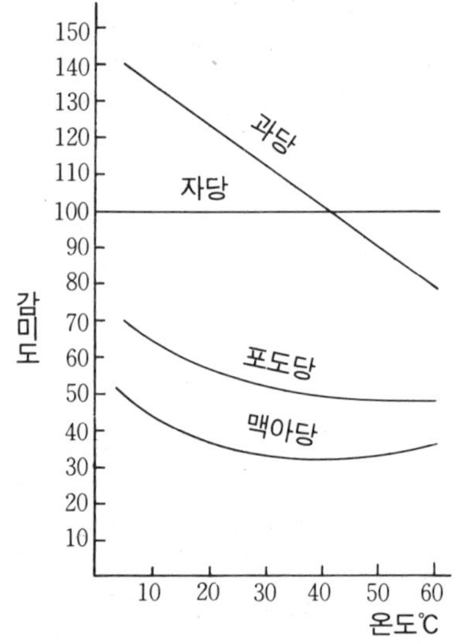

〈그림〉 온도에 따른 당류의 감미도 변화

설탕의 단맛이 좋은 것은 함유율 10% 전후의 용액이고, 20% 이상이면 쓴맛이 나며

5 % 이하이면 단맛이 거의 없다. 또, 같은 설탕이라도 감자당('설탕'항 참고)과 첨채당이 다르며, 같은 정제당이라도 종류에 따라 감미가 다르다. 설탕 대신 전화당을 쓰면 감미도가 높아진다.

감미료[甘味料] 原 (영 Sweetners) 단맛을 내는 첨가물. 설탕을 중심으로 포도당·과당·맥아당 등이 속하는 천연 감미료와 화학 합성물인 인공 감미료가 있다. 보통 감미료라 하면 인공 감미료를 가리킨다. 인공 감미료는 일반적으로 ① 설탕에 비해 단맛이 강하고 ② 값이 싸고 ③ 칼로리원이 되지 않고 ④ 갈변하지 않으며 ⑤ 미생물에 의해 발효될 염려가 없고 ⑥ 운반·보관·취급이 간단하다. 그러나 설탕만큼 보습성이 크지 않고, 밀가루 글루텐의 신전성(伸展性)을 키워 연화(軟化) 시키는 작용이 없기 때문에 제품의 탄력성이 떨어진다는 결점이 있다. 따라서 단독으로 사용하지 않고, 천연 감미료나 다른 인공 감미료와 섞어서 사용한다. 감미료는 감미도*도 중요하지만 화학구조에 따라 생기는 독성에 주의해야 한다. 따라서 첨가물로 허용하는 감미료는 매우 적다(〈표〉 참고).

감염형 식중독[感染型食中毒] 生 (영 Infection type food poisoning) 세균성 식중독의 하나. 음식물과 함께 섭취된 세균이 체내에서 증식하기 때문에 생기는 병이다. 감염형 식중독을 일으키는 병원균은 살모넬라·장염비브리오·웰치·병원대장균이다. 이 세균들은 가열로써 멸하므로 음식물을 충분히 익혀 먹으면 식중독을 예방할 수 있다.

감자 原 (영 Potato 프 Pomme de terre) 가지과(科)에 속하는 식물. 녹말이 주성분이고, 열에 강한 비타민 C가 포함되어 있다. 원산지는 남미의 안데스 산맥 고지. 16세기 에스파냐 사람이 유럽에 전파한 후 세계 각지로 퍼져 나갔다.

〈보존법〉 단기간 보존할 때는 10~15℃의 어두운 곳에, 장기간일 때는 5℃의 어두운 곳에 보관한다. 밝은 곳에 두면 독성 물질인 솔라닌이 생기기 쉽다. 이것은 어린 싹이나 녹색 부분에 있다. 솔라닌의 생성을 막기 위해서는 발아한 싹을 즉시 잘라 버리고, 껍질의 녹색 부분은 두껍게 깎아낸다. 또, 싹을 틔우지 못하게 하는 데는 사과의 향이 효과적이다.

〈표〉 허용 감미료의 사용 기준

첨 가 물 명	사 용 기 준
사카린나트륨 (saccharin sodium)	식빵, 이유식, 흰설탕, 포도당, 물엿, 벌꿀 및 알사탕류에 사용해서는 안된다.
글리시리진산이나트륨 (disodium glycyrrhizinate) 글리시리진산삼나트륨 (trisodium glycyrrhizinate)	된장과 간장 이외의 식품에 사용해서는 안된다.
D-소르비톨(D-sorbitol)	
아스파탐 (aspartame)	가열조리가 필요치 않은 식사대용 곡류 가공품(이유식제외), 껌, 청량음료, 다류(茶類 : 분말 청량음료 포함), 아이스크림, 빙과(셔벗 포함), 잼, 주류, 분말 수프, 발효유, 식탁용 감미료 이외의 식품에 사용해서는 안된다.
스테비오시드 (stevioside)	식빵, 이유식, 흰설탕, 포도당, 물엿, 벌꿀, 알사탕, 우유 및 유제품에 사용해서는 안된다.

〈요리법〉 감자를 얇게 썰어 기름에 튀기고 소금이나 스파이스를 묻혀 포테이토 칩을 만든다. 감자, 양파, 계란을 믹서로 섞고 밀가루와 혼합하여 프라이팬에서 익히면 포테이토 팬케이크가 된다. 그리고 감자를 으깨어 우유, 노른자, 설탕과 섞고 오븐에서 익히면 감자 수플레가 된다.

감자당[甘蔗糖] 原 (영 Sugar cane) 사탕수수의 줄기에서 뽑아낸 당분을 원료로 한 설탕. 사탕수수의 줄기에 들어있는 당분은 결정체와 비결정체, 두 종류로 나뉜다. 전자가 사탕수수당, 즉 감자당으로서 제당 과정에서 쉽게 결정을 이루어 설탕이 된다. 후자는 결정이 되지 않는 액체상태의 당분이다. 주산지는 쿠바, 인도, 자바, 대만, 멕시코, 아르헨티나 등이다.
⇨첨채당

강낭콩 原 (영 French bean) 콩과(科)의 1년생초. 원산지는 남미이다. 현재는 전세계에 걸쳐 널리 재배되며 품종도 1,000여종에 이른다. 흰색 또는 연한 자주색 꽃이 피고, 가늘고 긴 깍지 속에 흰색, 황갈색 또는 검은색의 콩이 10개 가량 들어 있다. 콩자반이나 콩밥, 앙금('앙꼬'항 참고) 등에 사용한다.

강력분[強力粉] 原 (영 Hard flour 프 Farine de force) 단백질이 많고(11.5~13.5%), 점·탄성(粘·彈性)이 있는 반죽을 만드는 데 알맞는 제빵용 밀가루이다.
〈특성〉 물을 더해 반죽했을 때 글루텐의 양이 많이 생기고 점·탄성이 큰 반죽을 만든다. 이 글루텐은 이스트가 발효함에 따라 생기는 가스를 잘 보유하여 팽화하고, 구워냈을 때 식감이 졸깃졸깃한 빵을 만든다. 빵용 최고급 강력분은 캐나다산(産) 매니토바라 불리는 적색 경질밀이다. 어느 빵에나 모두 같은 강력분을 쓰는 것은 아니다. 영국식 식빵, 미국식 식빵에는 강력분 중에서도 특히 반죽할 때 글루텐이 잘 형성 되는 것을 쓴다. 롤빵이나 과자빵에는 준강력분을 쓰고, 프랑스 빵에는 중력분을 사용한다.
〈**글루텐 형성에 필요한 조건**〉 ① 밀가루의 글루텐 양과 질 ② 물을 더하는 방법과 온도 ③ 반죽법(강도, 속도) ④ 첨가물(소금, 설탕, 유지, 계란, 우유 등).
물은 단백질에 흡수되어 글루텐 형성의 기초를 이루고, 전분 입자에 흡수되어 점성을 만든다. 물의 필요량은 단백질 양에 비례한다. 보통 강력분의 63~65%가 필요하다. 계란, 우유를 더할 때는 그만큼 물의 양을 줄인다. 수질(水質)도 글루텐 형성에 영향을 미치는데, 연수보다 경수*가 적당하다. 연수일 때는 이스트 푸드를 더해 경수로 조절한다. 물의 온도는 글루텐 형성과 반죽의 발효에 영향을 끼치는데 따뜻한 쪽이 글루텐 형성에 더 좋다. 반죽은 시간을 두고 충분히 해야 함이 원칙이다. 첨가물 중에서 소금은 글루텐 형성을 촉진시키고 반죽에 힘을 준다. 설탕은 탄력성을 떨어뜨리는 반면 안정성을 키운다. 유지는 반죽의 신전성(伸展性)을 높이고 계란, 우유는 수분의 역할뿐만 아니라 반죽에 매끄러움을 준다. 강력분은 전분 입자가 크고 거친 가루이기 때문에 다른 반죽을 밀어펼 때 덧가루로 쓴다.
〈**보관**〉 직사광선을 피해 10℃에서 보관한다. 온도가 높으면 단백질의 성질이 바뀌어 글루텐이 잘 만들어지지 않는다. 그리고 지질이 산패하여 풍미가 나빠진다.

강정 菓 유과*류의 하나. 찹쌀로 만든 반죽을 튀겨내어 꿀을 바른 뒤 고물을 묻힌 과자. 고물에 따라 깨강정, 세반강정(細飯 : 찹쌀가루를 말려 튀긴 뒤 빻은 가루), 계피 강정 등으로 구분한다.
[**배합**] 찹쌀 4컵, 흰콩 1큰술, 물 1컵, 소주 2큰술, 설탕 1큰술, 녹말가루 1컵. 〈담금용 꿀〉 설탕 1컵, 물 1컵, 꿀 3큰술. 〈고물〉 세반 2컵, 흰깨·흑임자·잣가루 각 1/2컵.

[만드는 법] ① 찹쌀은 씻어서 물을 붓고 골마지(물기 있는 식료품의 겉에 생기는 흰색 물질)가 피도록 여름에는 1주일, 겨울에는 2주일 정도 삭힌다 ② 삭힌 찹쌀을 건져서 헹군 뒤 소금을 넣고 빻아서 체친다 ③ 콩은 불려서 물과 함께 믹서에 갈아 체에 거른다 ④②에 술, 설탕, ③을 넣고 뭉친 뒤 찜통에 넣고 찐다. 찌는 도중에 뒤집어서 고루 익힌다 ⑤ 찐 떡은 그릇에 넣고 방망이로 치댄다 ⑥ 치댄 떡을 0.5cm 두께가 되게 녹말가루를 뿌리면서 밀대로 민다. 강정은 길이 4cm 너비 1cm, 산자는 가로·세로 모두 4cm, 빈사과는 잘게 썬다 ⑦ 이것을 따뜻한 곳에 붙지 않게 늘어놓고 2~3일간 말린다 ⑧⑦을 110℃의 온도에서 튀겨내되 모양이 반듯하게 부풀게 하기 위해 양끝을 누르면서 튀긴다 ⑨ 부풀어 오른 것을 다시 150~160℃의 기름에 잠깐 넣어 갈색이 되게 한 뒤 건져 낸다 ⑩ 튀긴 것을 담금용 꿀에 담갔다가 고물에 묻혀 낸다. 담금용 꿀은 물과 설탕을 넣고 끓여 시럽을 만든 뒤 다시 꿀을 넣고 섞어서 만든다.

주) 최근에는 찹쌀을 삭히지 않고 잘 치대서 만든다. 말릴 때에도 하루정도 말리고 약간 덜 말랐을 때 랩에 싸서 냉장고에 보관한다.

강화[强化] 化 (영 Fortification) 식품이 본래 갖고 있는 풍미나 색을 바꾸지 않으면서 비타민, 무기질, 아미노산을 첨가해 영양가를 높이는 일. 이 때 첨가하는 비타민류, 무기염류, 아미노산류를 통틀어 강화제*라고 한다.

강화빵[强化一] 빵 (영 Enrich Bread) 빵에 흔히 부족되기 쉬운 영양소를 첨가한 빵. 건강빵*의 하나이다. 보통 비타민류, 섬유소, 칼슘, 리신(lysine)등을 첨가하여 만든다. 다음은 멸치를 사용하여 칼슘을 첨가한 빵이다.

[배합] 강력분 3,000g, 이스트 90g, 이스트 푸드 3g, 소금 30g, 설탕 450g, 쇼트닝 180g, 탈지 분유 90g, 멸치 600g, 마늘 45g, 메이스 6g, 물 1,500~1,650cc.

[만드는 법] ① 쇼트닝, 멸치, 마늘을 제외한 재료를 믹서에 넣고 저속에서 3분, 중속에서 5분간 반죽한다 ② 쇼트닝을 ①에 넣고 다시 반죽한다 ③②에 으깬 마늘과 소형 멸치를 넣는다. 이 때 멸치는 내장을 제거하고 건조시켜 사용한다 ④ 반죽 온도 27℃, 1차 발효 60~90분(온도 27℃, 습도 70~75%), 중간 발효 10~15분, 성형은 원하는 모양과 크기로, 2차 발효 40~45분(온도 35~38℃, 습도 85%), 굽기 200~210℃에서 15~30분간.

강화식품[强化食品] 其 (영 Enriched food) 영양가를 강화*한 식품. 강화하는 영양소는 비타민, 무기질, 아미노산이다. 비타민은 A, B₁, B₂, 니아신(니코틴산), C, D를 강화한다. 무기질은 칼슘(Ca), 철(Fe)을 강화한다. 아미노산은 비타민에 비해 소요량이 훨씬 많고 값이 비싸므로 아직은 강화하지 않지만 현재 고려대상이 되는 것은 리신, 메티오닌, 트립토판, 트레오닌이다. 특히 우리 나라 사람들은 쌀과 보리가 주식이기 때문에 비타민 B₁, 니아신, 칼슘 등의 영양소가 결핍되기 쉽다. 강화는 국민 전체의 건강향상의 측면에서 이루어져야 한다. 그러므로 일반 국민이 먹는 식품을 골라 강화하는 것이 바람직하다. 우리 나라나 일본은 쌀, 밀가루, 된장, 간장, 야채가공품, 식용유지, 유제품, 과자에 강화하고 있다.
→강화제

강화제[强化劑] 原 (영 Enriched agents, Nutrient supplements) 식품의 영양가를 높이기 위해 첨가하는 식품첨가물. 비타민, 아미노산, 무기염류 등이 여기에 속한다. 보통 식품 중에 이들의 영양소가 함유되어 있으나 제조, 가공, 조리 등에 의해 파괴되거나 편식으로 완전 섭취가 어려우므로 이들의 영양소를 첨가하여 식품의 영양가를 높여줄 필요가 있다(〈표〉 참고).

<표> 강화제의 종류·결핍증·사용법

종　류	결　핍　증	용　도·사　용　법
〈비타민 A〉 ① 비타민 A유(油) ② 비타민 A 분말 ③ 유성 비타민 A 지방산 　에스테르	발육부전, 전염병의 감염성 증대, 야맹증, 건조성 안염 (각막, 결막 건조·각화)	· 비타민 A유는 미리 수용성 유화제로 만들어 쓴다. · 마가린, 소시지, 된장.
〈비타민 B〉 ① 비타민 B₁ 염산염 ② 비타민 B₁ 질산염 ③ 디벤조일티아민 ④ 비타민 B₁ 티오시안산염 ⑤ 비타민 B₁ 프탈린-1, 5- 　디술폰산염 ⑥ 비타민 B₁ 나프탈린-2, 　6-디술폰산염 ⑦ 비타민 B₁ 프탈린염 ⑧ 비타민 B₁ 라우릴황산염	각기	· 밀가루에 더하고자 할 때는 미리 제이인산칼슘을 섞는다. · 우유에 더하고자 할때는 수용성 B₁을 살균하기 전에 더한다. · 곡류, 된장, 간장, 캐러멜, 비스킷, 유제품, 청량음료, 액체 식품에 많이 사용한다.
〈비타민 B₂〉 ① 비타민 B₂ ② 비타민 B₂ 인산에스테르 　나트륨	발육부전, 구내염, 위장장해	· 비타민 B₁과 거의 같다.
비타민 B₆	피부염, 습진, 빈혈, 위장장해, 발육부전	· 여러 식품에 쓴다. 　특히 조정분유에 쓴다.
엽산	빈혈, 만성 설사	· 여러 식품에 강화된다.
니코틴산 니코틴산 아미드	피부염(펠라그라병) 중추신경 장해	· 우유, 과자에 쓴다. 니코틴산 아미드를 많이 쓴다.
판토텐산 ① 판토텐산나트륨	영양장해 신경장해	· 판토텐산칼슘의 사용 기준량은 1% 이하. · 판토텐산나트륨의 사용기준은 없다.
〈비타민 C〉 ① 비타민 C ② L-아스코르브산 나트륨	괴혈병, 전염병의 감염성 증대	· 주스, 우유, 잼, 과일 통조림, 아이스크림에는 혼합할 때 넣는다. · 산화방지제로도 쓴다.
〈비타민 D〉 ① 칼시페롤(비타민 D₂) ② 콜레칼시페롤(비타민 D₃)	곱사병	· 물에 녹지 않고, 유기용매에 녹는다. · 비타민 A와 같다.
용성 비타민 P (메틸헤스페리진)	혈관성 자반병	· 주스 강화용, 비타민 C와 함께 쓰면 효과적이다.
〈칼슘제〉 ① 탄산칼슘 ② 젖산칼슘	골치부전, 유아의 성장정지, 신경~체액부전	· 1% 이하 사용. · 과자류에는 비타민 B₁과 같이 원료에 섞어 쓴다.

무
기
염
류
	③ 제이인산칼슘
	④ 제삼인산칼슘
	⑤ 판토텐산칼슘
	〈철제〉
	① 시트르산철
	② 시트르산철암모늄
	③ 인산철
		빈혈	· 밀가루, 조정분유, 비스킷에 더한
			  다.
			· 보통, 밀가루 100 g 에 3mg, 비스킷
			  100 g 에 2mg 넣는 것이 좋다.

아
미
노
산
류
	DL-트레오닌, L-발린,
	L-트레오닌, DL-트립
	토판, L-페닐알라닌,
	L-리신염산염, DL-메
	티오닌, L-메티오닌,
	L-이소류신, L-히스티
	딘염산염, L-트립토판,
	L-시스틴
		체단백질의 구성 불완전	· 수용성이므로, 액상식품과 고형식
			  품의 구별없이 첨가.
			· L-리신염산염은 특히 빵, 밀가루에
			  많이 이용한다.

개량제[改良劑] 原 (영 Conditioner)
⇨밀가루 개량제, 반죽 개량제

거들 스콘 菓 (영 Girdle Scones) 밀
가루, 베이킹 파우더, 계란, 라드, 설탕, 우
유로 만든 반죽을 둥글게 밀어 펴 4 등분하
고 철판 위에서 구운 부채꼴 모양의 스콘.
'거들'이란 과자를 굽는 철판을 뜻한다.

거미줄곰팡이 生 (영 Rhizopus Nigrica-
ns) 조균류 털곰팡이목(目)의 하나. 흔히
식품에서 볼 수 있는 곰팡이로 특히 딸기처
럼 감미가 있는 과실에 잘 발생한다. 균사
가 거미줄처럼 퍼져 번식하고 전분 당화력
은 크며 알코올 발효력은 약하다. 고구마
연부병(軟腐病)의 원인균이기도 하지만, 젤
라틴을 빨리 용해시키고 젖산, 푸말산을 생
성하는 성질이 있어 그 생산에 응용한다.
발육하기에 적당한 온도는 32~34℃ 이다.

거품 化 (영 Foarm) 액체 속에 공기
가 섞여 들어가, 속이 비어 둥글게 부푼 방
울. 계란을 풀어 거품기로 휘저으면 생긴
다. 처음에는 굵은 방울이 생기다가 차츰
거품이 작아져 눈에 보이지 않고, 전체의 부
피가 커진다.
⇨기포

거품기 機 (영 Whisk 프 Fouet 독
Schneebesen) 생크림, 흰자 또는 스펀지
반죽을 휘저어 거품내고, 또 서로 다른 반
죽을 합쳐 섞을 때 쓰는 용구. 대개가 스테
인리스 제품이고 수십 개의 철사가 함께 묶
여 있다. 이것이 없던 시대에는 버드나무,
싸리나무의 가는 가지를 다발로 묶어 사용
했다고 한다.

거품내기 技 (영 Whip, Beat) 액체에,
또는 액체 · 고체의 혼합물 속에 기체를 섞
는 일. 즉, 기체를 포함시켜 거품을 일으키
는 작업이다. 흰자 또는 생크림을 거품낸다
함은 거품기 혹은 믹서의 휘퍼로 휘저어 공
기를 포함시켜 기포를 만드는 작업인 셈이
다. 휘프* 또는 비트*라고도 한다.

거품형 케이크 菓 (영 Foam Type Cake) 계란의 기포성을 살려 만든 케이크. 이스트나 화학 팽창제가 아닌 거품(기포)으로 부풀린다.
⇨폼 타입 케이크

건강빵[健康—] 빵 (영 Health Bread) 인간의 영양과 건강을 위해서 부족한 영양소를 첨가하거나 정제하지 않은 곡류를 그대로 사용해 만든 빵. 강화빵*, 호밀빵, 통밀빵, 꿀 또는 밀겨를 배합해 넣은 빵, 무색소빵 등이 있고 그 밖에 저감미·저칼로리 등 식이 조절을 위한 빵도 이에 속한다.

건부[乾麩] 原 (영 Dry gluten) 건조 글루텐. 습부*를 건조기에 넣고 수분을 뺀 글루텐이다. 건부가 13% 이상인 밀가루를 강력분이라 하고 10~13%를 중력분, 10% 이하를 박력분이라 한다.

건성유[乾性油] 化 (영 Drying oil) 식물 유지 중에서 건조성이 강한 것이다. 건조성이란 유지가 공기 중의 산소를 흡수하여 산화, 중합, 축합되어 점성을 일으키며 점차 굳어지는 성질을 말한다. 건조성은 지방산의 이중결합 수에 비례하며 요오드값으로 분류할 수 있다.

건습구 습도계[乾濕球濕度計] 試 (영 Psychrometer) 건구(乾球, dry bulb)와 습구(濕球, wet bulb)를 함께 세워 놓고 대기 또는 실내의 습도를 측정하는 기구. 건구는 보통의 온도계이고, 습구는 물을 빨아 올리는 천으로 구부(球部)를 감싼 온도계이다. 천의 한쪽 끝을 물그릇에 담가 빨아올린 물이 계속 온도계의 구부에서 증발하도록 한다. 이 때 건구와 습구가 가리키는 눈금과 그 눈금차를 측정한다.

건조과일[乾燥—] 原 (영 Dried fruits) 과일의 수분을 없애 미생물이 번식할 수 없도록 만든 것. 주로 살구, 무화과, 감, 포도, 사과를 말려 제과 원료로 쓴다.

건조기[乾燥機] 機 (영 Dryer) 원·부재료나 제품(특히 과자)을 건조시키는 기계. 건조기의 종류는 건조방법에 따라 아래 〈표〉와 같이 나눈다.

건조란[乾燥卵] 原 (영 Dry egg) 가공란 중의 하나. 계란 전체 또는 흰자와 노른자를 나누어 건조시킨 것. 먼저 살균하고 분무건조시킨 뒤 밀봉한다. 이것을 케이크에 쓰면 맛은 좋지만 기포성은 좋지 않다.

건조 발효[乾燥醱酵] 技 (영 Dry proof) 건조 발효란, 보통의 2차 발효보다 습도를 낮추어 발효시키는 것을 가리킨다. 일반적으로 발효실 습도는 80~90%, 온도는 40℃ 전후인데 비해 건조 발효실의 습도는 70%이고 온도는 23~32℃이다. 일반적인 발효는 반죽 표면이 약간 촉촉한 반면, 건조 발

〈표〉 건조방법과 건조기의 종류

방	법	종 류
가압(加壓)	가열→가압→분출	
상압(常壓)	자연환기	
	열풍(송풍·통풍)	터널·로터리·투기·기류·벨트식 건조기
	분무	원심 분무 건조기
	피막	드럼·벨트식 건조기
	포말	
	건조제	
	고주파	
	초음파	
진공(眞空)	진공	진공분무·피막·벨트·교반식 건조기
	동결	선반식·교반식 건조기

효는 반죽 표면이 끈끈하지 않으며, 마르기 직전의 매끈한 상태를 유지한다. 프랑스 빵 같은 유럽식 식빵, 데니시 페이스트리, 크루아상, 브리오슈 등을 성형하고 발효시킬 때 이용하는 방법이다.

건조 사과[乾燥沙果] 原 (영 Dried apple) 잘 익은 사과의 껍질과 씨를 뺀 나머지를 얇고 둥글게 잘라 건조시킨 것. 이 때 당도 높은 사과를 쓰는 것이 좋다. 말리기 전에 3%의 식염수에 담가 색이 변하지 않도록 한다. 건조는 햇볕이나 화력으로 하는데, 화력으로 할 경우에는 60~70℃에서 10시간 건조시킨다. 건조사과를 저장할 때는 습기에 닿지 않도록 깡통에 넣어 보관한다. 이것은 젤리, 마멀레이드, 콩포트 등을 만들 때 쓴다.

건조실[乾燥室] 機 (영 Drying room) 온도·습도를 조절하여 제품을 건조시키는 방. 비스킷, 쿠키, 크래커 등을 만들 때 사용한다. 이들 과자는 구워낸 뒤 바로 식히지 말고, 습도는 낮으나 온도가 40℃ 이상인 건조실에서 1시간 정도 건조(수분을 6% 이하로) 시킨다.

건조 유장[乾燥乳漿] 原 (영 Dried whey) 치즈의 훼이*를 건조시킨 것. 성분은 수분 4%, 락토오스 73%, 단백질 12%, 무기질 11%이다. 탈지 분유의 대용품으로, 빵·비스킷에 쓴다. 빵 반죽에 넣으면 빵의 부피가 커지고 결이 고우며 빵 속의 탄력성이 커진다. 또, 맛과 향도 좋아진다.

건조 효모[乾燥酵母] 原 (영 Dry yeast) 신선한 생이스트를 가루로 만들어 저온에서 건조시킨 것. 활성 건조효모라고도 한다. 생이스트 1파운드는 건조 효모 110g에 해당한다. 사용시, 미지근한 물에 풀어 설탕과 밀가루를 조금 넣고 30~45분쯤 예비발효시킨다. 질 좋은 건조 이스트는 빵맛을 좋게 하는 효과가 있다.
→압착 효모

건지 고시 菓 (영 Guernsey Gauche) 이스트 반죽으로 만든 영국식 케이크.
[배합] ① 강력분 569g, 소금 10g, 이스트 28g, 우유 340cc ② 버터 227g, 넛메그 가루 3.4g ③ 밀가루 227g, 라드 113g ④ 구즈베리 681g, 과일 껍질(다진 것) 113g.
[만드는 법] ①의 배합으로 바탕이 되는 반죽을 만든다. 여기에 ②를 더한다. 또, ③을 더해 섞으면서 ④를 넣는다. 이 반죽을 성형하고 60~90분간 휴지시킨다. 뒤집어 15~20분 놔둔 뒤, 193℃에서 90분간 굽는다.

건포도[乾葡萄] 原 캘리포니아산(産) 레이즌*과 그리스산 커런트*가 있다.

건포도 빵[乾葡萄-] 빵 (영 Raisin Bread) 레이즌, 설타너, 커런트 등의 건포도를 반죽에 섞어 넣고 구운 빵. 건포도를 많이 배합한 빵일수록 고급이다. 배합률은 최저 20%에서 최고 80%까지이다. 건포도는 27℃의 물에 하룻밤 담갔다가 사용하면 마르지 않고 씹는 느낌도 부드럽다.
⇨레이즌 브레드

검 原 (영 Gum)
⇨고무

검당계[檢糖計] 試 (영 Saccharimeter) 설탕액의 농도를 측정하는 계기. 사카리미터(당농도계*), 당편광기(糖偏光器)라고도 한다. 원리는 보통의 편광기와 같다. 즉, 편광된 빛을 광학 활성물질에 쬐여 검광자(檢光子, analyser)의 회전각으로 그 물질의 선광도*를 검출하고, 이 때 선광각의 정도로 당의 농도를 알 수 있도록 되어 있다. 굴절 검당계가 대표적이다.

검사용 기구[檢査用器具] 試 제조과정, 제품의 질을 관리하기 위해 필요한 기구. 종류는 계량기, 자, 온도계, 습도계, 비중계, 점도계 같은 일반적인 것부터 정밀기기에 이르기까지 다양하다.
〈종류〉 ① 천칭류 : 직시 천칭저울. ② 수분계 : 적외선 건조 수분계. 이것은 적외선을 이용하여 수분을 증발시킨 뒤 바늘로 수분의 수치(%)를 읽어낸다. ③ pH계 : 유리전극 pH미터, 리트머스 종이. 제품의 pH는 저장성·맛에 영향을 준다. ④당도계(굴절계) : 굴절 검당계. 당액의 농도를 측정하는 기구. ⑤점도계 : 모세관 점도계(점도가 낮은 용액용), 동심원 이중 원통형 점도계(점도가 높은 용액용), 보스트위크 점도계(배터 반죽의 유동성·점조도를 측정). ⑥경도계 : 굳기와 부드러움의 정도를 측정하는 기구로, 잼·젤리 시험기, 베이커즈 컴프레시미터, 프러스트 미터, 파쇄 시험기 등이 있다. ⑦비색계 : 광전 비색계, 분광 비색계. 이들은 투과된 빛을 측정하여 색을 숫자로 나타낸다. ⑧측색계 : 물체의 반사광을 측정하여 색을 숫자로 나타내는 기구. 보급형을 비롯하여 분광 광도계를 겸한 것과 완전 자동식 색차계가 있다.

검페이스트 菓 (영 Gum Paste 프 Pastillage) 분설탕에 흰자를 섞고, 젤라틴·검류를 더해 만든 세공용 반죽. 공예과자*에 사용한다.
⇨파스티야주

겉보리 原 (영 Hulled barley) 쌀보리에 상대해서 일컫는 명칭. 껍질이 알과 매우 밀착되어 있어 빻아도 껍질이 잘 벗겨지지 않는다.
→보리

게리베너타이크 菓 (영 Short paste unsweetened 프 Pâte à foncer 독 Geriebenerteig) 비스킷 반죽의 하나. 단맛이 없는 반죽형 파이 반죽이다.

게바케네스 아이스 菓 (영 Baked Alaska 프 Omelette Surprise 독 Gebackenes Eis) 비스퀴 반죽 위에 아이스크림을 소복히 얹고 두껍게 머랭을 바른 뒤 가스 버너로 구운색을 들인 것. 표면만 보아서는 구워 낸 것 같지만 속에 아이스크림이 들어 있어 먹는 이로 하여금 뜻밖의 놀라움을 갖도록 하는 과자이다. 프랑스에서는 오믈레트 쉬르프리즈*, 영어로는 베이크트 알래스카*라 한다.

게초게너 추커 菓 (프 Sucre tiré 독 Gezogener Zucker) 쉬크르 티레(sucre tiré)의 독일어명. 조린 당액을 잡아 늘여 광택을 내고 여러 모양으로 세공하는 작업을 가리킨다.
→엿 세공

겔 化 (영, 프, 독 Gel) 콜로이드 용액(sol, 졸*)이 일정농도 이상으로 진해져 튼튼한 망사조직을 이루며 굳어진 것. 한천, 두부 등이 그 예이다. 이들은 콜로이드 입자의 망사조직 사이에 용매(물 따위)가 들어가 굳어진 것으로서 다시 온도를 높이면 원래의 유동상태인 졸로 된다.
→졸

겨자 原 (영 Mustard) 겨자의 종자(씨앗)를 가루로 만든 것. 이것과 물을 혼합하여 개면 매운맛이 나는데, 그것은 효소의 기능 때문이다. 또, 이것을 버터와 섞어 빵 표면에 바르면 조리빵이 된다. 동양에서는 황겨자를, 서양에서는 백겨자 또는 흑겨자를 향신료로 사용한다.

견과[堅果] 果 (영 Nut 프 Noix 독 Nuß) 단단하고 굳은 껍질과 깍정이에 1개의 종자만이 싸여 있는 나무열매의 총칭. 너트 또는 각과(殼果)라고 한다. 프랑스에서는 호두만을, 미국에서는 아몬드·코코넛(야자열매)·밤·호두를 견과라고 한다. 〈제과용 견과의 종류〉 ①아몬드 : 스위트와 비터 2종류가 있고 제과용에는 스위트 견과를 쓴다. ②헤이즐넛 : 흡습성이 크고 지방 함유량이 많아 변질되기 쉽다. ③호두 : 케이크 반죽에 배합하거나 장식용으로 사용한다. ④코코넛 : 야자열매의 배(胚)를 건조시킨 코프라에서 지방을 뺀 것. ⑤피스타치오 : 옅은 녹색이고 아몬드와 같은 향을 지닌 것. 그린 아몬드(green almond)라고도 한다. 고급 케이크, 아이스크림에 장식한다. ⑥땅콩 : 아몬드 대신 이용한다. 그 밖에 피칸이나 캐슈넛, 머캐더미어넛 등이 있다.

〈표〉 견과자의 분류

대 구 분	소　구　분	과　자　명
누가 (nougat)	화이트 누가 브라운 누가	누가 드 몽텔리마르 (nougat de montélimar) 피에스 몽테(pièce montée)
마지팬 과자	프뤼이 데기제(fruit déguisé) 봉봉 캉디(bonbon candi) 가공품	뤼베커(lübecker) 마지팬(marzipan)
드라제 (dragée)	하드 드라제 아르장테(perle argentée) 리큐르 드라제	아몬드 드라제 아몬드 프랄리네 초콜릿 드라제 아르장테

→과실

견과자[堅菓子] 菓 당과(糖菓)의 하나. 설탕과 견과를 섞어 가공한 과자이다(위의 〈표〉 참고).

결 빵 (영 Grain) 빵 속의 기공조직의 크기, 모양, 분포상태를 총칭하여 결이라 한다. 그레인, 내상(內象)이라고도 한다. 결은 빵의 품질을 평가할 때 10~15점(100점 만점)의 비중을 차지하는 것이다. 속결이 좋다 함은 기공의 모양이 작은 타원이고 기공벽이 얇은 상태를 가리킨다.

〈빵의 결이 나쁜 원인〉 ① 박력분을 썼을 때 ② 지나치게 단단한 반죽으로 만들었을 때 ③ 반죽이 질게 되었을 때 ④ 지친 반죽을 썼을 때 ⑤ 발효가 부족한 반죽을 썼을 때 ⑥ 성형작업이 잘못 되었을 때 ⑦ 빵 틀의 크기에 비해 반죽량이 적었을 때 ⑧ 오븐의 온도가 너무 낮았을 때 빵의 결이 나쁘다.

결정화[結晶化] 技 (영 Crystallization) 과포화 설탕액에 과실을 담가 표면에 결정을 석출시키는 일.

결합수[結合水] 原 (영 Bound water, Bonding water) 자유수(free water)에 대응하는 용어. 어떤 조직에 들어 있는 물이 그 조직과 단단하게 결합하고 있을 때 그 물을 결합수라 한다. 예를 들어 밀가루 반죽에서 결합수는 녹말과 단백질 표면에 단단하게 물 분자층을 이루고 있어, 녹말·단백질의 일부분처럼 보인다. 이 물은 다른 무엇을 녹일 수 있는 힘이 약할뿐 아니라 어는점까지 온도를 낮추어도 얼지 않는다. 빵 반죽에서 점성을 결정하는 것이 자유수이고, 단단함을 결정하는 것이 결합수이다.

→자유수

결혼식용 케이크[結婚式用-] 菓 (영 Wedding Cake)

⇨웨딩 케이크

경구전염병[經口傳染病] 生 병원체가 음식물이나 음료수를 통해서 사람의 입, 소화관으로 들어가 일으키는 전염병. 소화기계 전염병이 대부분인데, 이 중에서 법정전염병은 이질, 장티푸스, 파라티푸스, 콜레라 등이다. 또, 인축공통전염병에는 결핵, 부루셀라증, 야토병 등이 속한다. 이들 병원체는 대부분 환자나 보균자의 손이 닿은 식기와 식품을 통해서 입으로 전파된다.

경도 정량법[硬度定量法] 試 (영 Hardness quantitative process) 제품의 굳기를 수치로 나타낸 것. 각각의 제품에 요구되는 굳기가 다르므로 경도는 제품의 질을 판정하는 요소 중의 하나이다. 흔히 기계로 측정한다. 양갱용 카드텐션미터, 잼·젤리용 강도실험기, 초콜릿 봉봉용 플러스트미터, 하드캔디용 파괴 강도실험기 등이 있다.

경수[硬水] 原 (영 Hard water) 센물. →물

경지백당[耕地白糖] 原 설탕의 원료인 사탕수수, 사탕무에서 당밀(糖蜜)을 분리하

고, 이것을 그대로 소비용으로 만든 설탕 결정. 경지백당은 원래 갈색이지만, 물로 씻으면 희어진다.
→설탕

경화유[硬化油] 原 (영 Hydrogenated oil, Hardened oil) 어유(魚油)나 콩기름 등의 액상 기름에 수소를 첨가하여 굳힌 백색의 인조 지방. 수소첨가유라고도 한다. 원료인 지방유는 불포화 지방산의 글리세리드(glyceride)를 많이 함유하고 있다. 여기에 수소를 첨가하면 불포화 부분에 수소가 결합하여 포화 지방산이 글리세리드화(化) 하므로, 결국 액체상태이던 기름이 고체 지방으로 바뀐다. 경화유는 원료유에 비해 냄새가 없고 녹는점이 높으며 비누화값과 요오드값이 떨어져 안정된다. 수소를 첨가할 때 촉매제로 쓰는 것은 니켈(Ni), 그 양은 아주 적어 인체에 해롭지 않다. 원료유로 쓰이는 것은 어유·콩기름·면실유·야자유·올리브유·땅콩기름 등이고, 이 경화유를 원료로 하여 마가린*을 만든다.

계란 原 (영 Egg 프 ŒEuf 독 Ei) 달걀(닭의 알).
〈구조〉 껍질, 흰자, 노른자로 구성되어 있다. 비중은 껍질이 10~12%, 흰자가 55~63%, 노른자가 26~33%이다. 계란의 크기가 클수록 흰자의 비율이 높다.
〈성분〉 계란에는 12.3%의 단백질, 11.2%의 지방이 포함되어 있다(〈표1〉 참고). 그리고 비타민 C와 섬유질 이외의 모든 영양소가 들어 있다. 반면 흰자와 노른자에 함유되어 있는 성분은 크게 다르다. 흰자의 주성분은 단백질(10.4%), 지방은 없고 비타민 B_2가 조금 많다. 무기질로는 나트륨과 칼슘이 들어 있다. 특수 성분으로서 살균작용이 있는 라이소자임(lysozyme)은 계란의 신선도를 유지시키는 역할을 한다. 노른자는 흰자보다 수분이 적고, 단백질 15.3%, 지방 31.2%를 함유하고 있다. 노른자의 색소이기도 한 레티놀(retinol, 비타민 A)과 비타민 B_1·B_2와 칼슘·인·철 등의 무기질이 포함되어 있다. 또, 특수 성분으로서 지방의 하나인 레시틴이 있다. 레시틴은 유화제로 쓰일 만큼 유화성이 높은 물질로서, 노른자의 특성을 이루는 성분 중 하나이다.
〈조리특성〉 ① 기포성 : 흰자의 단백질인 글로불린에 의해 교반하면 거품이 일어나는 성질. 흰자에 기포성이 두드러지게 나타나는 이유는 지방처럼 기포성을 저해하는 물질이 없기 때문이다. 노른자에는 기포성이 없지만, 전란(全卵)으로는 기포를 만들 수 있다. 즉, 노른자에 많은 지방이 레시틴에 의해 수분 속에 유화 분산되기 때문에 기포가 직접 지방구에 닿지 않는다. 계란의 기포성을 이용해 만든 과자류는 머랭, 무스, 수플레, 마시맬로, 스펀지 케이크 등 그 응용범위가 넓다. ② 유화성 : 노른자 속의 레시틴 작용에 의해 나타나는 성질. 노른자로 만들 수 있는 에멀션*의 대표적인 제품은 마요네즈이다. 즉, 레시틴의 유화력이 식초와 기름을 결합시켜 주고 있다. 그러나 노른자의 유화력은 레시틴을 포함하고 있는 리포프로테인(lipoprotein)에 의해서 변화한다. 리포프로테인은 불안정 단백질로 노른자 단백질의 주성분인데, 동결란·건조란의 유화력이 떨어지는 이유는 리포프로테인

〈표1〉 계란의 성분

100 g 당 분류	열량 (kcal)	수분 (g)	단백질 (g)	지질 (g)	당질 (g)	칼슘 (mg)	비타민 A (IU)
계란 전체	162	74.7	12.3	11.2	0.9	55	640
흰자	48	88.0	10.4	—	0.7	9	0
노른자	363	51.0	15.3	31.2	0.8	140	1,800

〈표 2〉 흰자를 거품내는 시간과 기포의 상태

시간	기포의 상태	특　　　　징	용　도
↓ 장 시 간	굵은 거품 （foamy）	기포가 물거품처럼 크고 투명하다.	찌꺼기 제거
	젖은 기포 （wet peak）	기포는 작고 희며 윤기가 흐른다. 거품기로 떠올렸을 때 끝이 자연스레 굽는다.	부드러운 머랭
	단단한 기포 （stiff）	최적상태이다. 아주 작은 기포로서, 안정적이 다. 거품기로 떠올리면 끝이 뾰족하게 선다.	단단한 머랭
	마른 기포 （dry）	탄력성이 없어지고, 마른 느낌이 든다. 힘이 없 어 부서지기 쉽다.	

이 변했기 때문이다. ③열응고성：단백질이 열에 의해 굳는 성질. 가열속도, 온도, 재료배합에 따라 응고상태가 바뀐다. 커스터드 푸딩처럼 반죽 상태로도 만들 수 있다. ④구운색：멜라노이딘 반응에 의해 생기는 빛깔. 빵 반죽 표면에 계란칠을 하여 구우면, 당분과 아미노산이 화학변화하여 갈색 물질을 만든다. ⑤영양·풍미：계란은 양질의 단백질원. 그리고 계란 자체에 특수한 맛은 없지만 다른 재료의 맛을 살린다. 생계란 이외에 업소용 가공란으로서의 액란(液卵：계란의 내용물), 동결란, 건조란이 있다.

〈거품내는 방법〉 ①흰자만을 쓰는 방법. ②별립법(別立法)：흰자와 노른자를 따로 거품낸 뒤 합한다. ③공립법(共立法)：계란 전체를 거품낸다. 계란의 기포성에 영향을 주는 조건에 계란의 신선도·온도·교반방법·첨가물 등이 있다. 신선한 계란을 냉장고에서 꺼내 실온(20~30℃)으로 되돌린 다음 쓴다. 거품내기는 저온에서 어렵고, 고온에서 쉽지만 안정성이 떨어진다. 샐러드유나 버터 같은 유지는 흰자의 기포를 깨뜨리는 작용이 있다. 그러므로 거품낼 때 유분이 섞이지 않도록 조심해야 한다. 스펀지 반죽에 녹인 버터를 더할 때도 마지막에 섞도록 한다. 유지류와는 반대로 설탕은 흰자의 기포성을 높여 안정되고 고운 기포를 만들 수 있다. 또, 레몬 즙·주석영을 쓰면 계란의 pH는 낮아지고 단백질의 기포성은 커진다. 단, 산의 종류나 사용량에 신중을 기할 필요가 있다(〈표2〉 참고).

계량 스푼 機 （영 Measuring spoon 프 pour mesurer 독 Meßlöffel） 분말·과립·액상 물질을 계량하는 숟가락. 재는 방법은 물질을 스푼으로 떠서 깎아낸다. 즉, 2스푼은 깎아서 두 숟가락을 잰 것이다. 용적은 2.5~30mℓ가 있고, 그 중에서 15mℓ는 큰 스푼(TS), 5mℓ는 작은 스푼(ts)으로 통용된다. 보통, 1TS, 1ts, 1/2ts, 1/4ts의 4개가 1세트로 이루어져 있다. 1TS은 1ts의 3배이다.

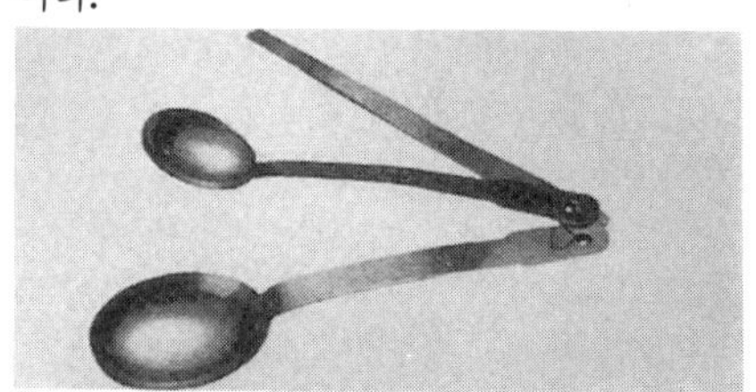

계량 컵[計量—] 機 （영 Measuring cup 프 Verre gradué 독 Meßbecher） 액상

15

물질의 용적을 측정하기 위한 눈금이 표시된 컵. 물·우유·생크림·시럽 등의 양을 잴 때 편리하게 사용되는 것으로, 스테인리스·유리·플라스틱 제품이 있다. 표준 용량은 200㎖, 500cc, 1,000cc이다.

계면활성제[界面活性劑] 原 (영 Surface active agent) 어떤 액체에 녹였을 때 그 액체의 표면장력*을 줄일 수 있는 물질. 계면활성제는 세척, 삼투, 기포, 유화, 분산 능력을 갖고 있다. 그 중에서 유화능력이 뛰어난 것이 유화제이고, 식품첨가물로 이용하는 유화제는 모두 비이온성 계면활성제이다. 계면활성제를 빵 반죽에 더하면, 반죽의 기계내성(機械耐性)이 향상되고 빵의 부피가 커지며 쉽게 노화하지 않는다. 빵 반죽 속에서의 계면활성제의 작용을 보면 다음과 같다. ① 녹말의 친수성을 낮춰 아밀로오스·아밀로펙틴의 고리를 이음으로써(미셀 구조형성), 빵의 노화를 막는다. ② 반죽 속의 유지가 잘 분산되도록 하고, 물이 녹말과 결합하려는 힘을 떨어뜨린다. 수용성 녹말이 방출되지 않도록 하기 때문에 반죽 속의 불안정한 물(자유수*)은 거의 글루텐을 수화시킨다. 이 때 글루텐의 탄성·신전성(伸展性)이 커져 빵의 부피도 커진다. ③ ②의 결과, 반죽에 물기가 적어져 끈적거리지 않고 기계내성이 좋다.

계피[桂皮] 原 녹나무과(科)의 상록수 껍질을 벗겨서 말리거나, 벗기지 않고 건조시킨 향신료. 산지에 따라 실론산, 중국산, 한국산 계피가 있다. 산지에 따라 원식물이 조금씩 다르지만, 이것을 말리면 향이 거의 비슷하다. 쓴맛·매운맛이 강렬하다. 〈종류〉 ① 실론계피 : 실론(Ceylon)·인도산(産) 계수나무의 껍질을 24시간 발효시킨 뒤 속껍질을 분리하여 말린 것. 이것은 시너먼*으로 잘 알려져 있다. 그리고 이 계피를 수증기로 증류하여 정유(시너먼유)상태로 만들어 쓰기도 한다. ② 중국계피 : 세계에서 가장 오래된 향신료로서 시너먼보다

향과 단맛이 약하다. 카시아(Cassia) 계피(肉桂)라고도 한다. ③ 한국산 계피 : 중국에서 건너온 계수나무의 껍질을 벗겨서 말린 것. 한방에서 한약재로 쓰고, 이것을 빻아 여러 음식에 향신료로 첨가한다. 향기는 시너먼과 카시아보다 약하다.

고결 방지제[固結防止劑] 原 (영 Anticaking agent) 분말 식품이 덩어리지지 않도록 첨가하는 약제이다. 설탕에 넣는 인산나트륨무수물·식용 소금에 더하는 규산알루미늄, 규산칼슘이 여기에 속한다.

고구마 原 (영 Sweet potato 프 Patate) 메꽃과(科)의 다년생초. 뿌리가 비대하다. 〈특징〉 줄기는 덩굴 상태, 잎은 하트 모양이며 메꽃과 비슷한 꽃이 핀다. 주성분은 녹말인데, 이 전분질에 비타민 C가 싸여 있다. 따라서 구워도 열에 약한 비타민 C가 파괴되지 않는다. 또, 칼슘과 칼륨이 함유되어 있어 알칼리성 식품으로 우수하다. 그 밖의 영양소로서 섬유질이 많기 때문에 장(腸)운동을 도와 변비를 예방한다. 원산지는 남아메리카의 열대 지역으로 알려져 있지만, 지금은 열대·온대를 막론하고 세계 어디에서나 재배가 가능한 작물이다. 아메리카 대륙에서 유럽으로 고구마를 전파한 사람은 콜럼버스(C. Columbus)였고, 그 후 에스파냐·포르투갈 사람에 의해 전세계에 퍼졌다. 〈선택·보존법〉 표면에 움푹 패인 부분이 없고, 매끄러운 것이 질이 좋은 것이다. 얼룩이 있거나 구멍 뚫린 것, 검은 반점이 있는 것은 피한다. 품질에 따라 크기는 다르지만, 가늘고 긴 것이 섬유소가 풍부하다. 고구마는 수확 직후보다 오랫동안 보존했던 것이 더욱 달다. 보존조건은 13℃이상 15℃ 전후가 가장 바람직하고, 저온에 약하므로 냉장고에는 넣지 않도록 한다. 〈사용법〉 고구마의 감미를 살려서 과자에도 많이 이용하고 있다. 매시(mash) 상태인 고구마에 버터·설탕·노른자 등을 넣어 섞

고, 오븐에서 구운 스위트 포테이토는 특히 유명하다. 또한 고구마는 강판에 갈아서 스펀지 케이크에 이용하거나, 체에 으깨어 푸딩·수플레 등에 사용하기도 한다. 고구마는 껍질을 벗기거나 자른 채 방치해 두면 변색하므로, 즉시 물에 담가야 한다.

고단백 밀가루[高蛋白—] 原 (영 High-protein flour) 정백(精白) 밀가루에 대두 단백을 더한 것. 20% 이상의 단백질이 들어 있어, 이 밀가루 반죽의 흡수율은 75~80%로 높다. 이 가루로 만든 빵은 당뇨병 환자의 식사에 좋다.

고단백빵[高蛋白—] 빵 (영 High-protein Bread) 단백질을 강화한 빵. 영국의 고단백빵은 단백질 함량이 24% 이상이어야 한다. 강화용으로 쓰이는 단백질은 글루텐, 대두단백, 생선가루 등이다. 한편, 보통 빵에 비해 단백질 함량을 25% 이상 줄인 것이 저단백빵(low-protein bread)이다. 저단백빵은 저단백 밀가루를 써야 하지만, 저단백 밀가루는 품질이 좋은 빵을 만들지 못하므로, 대신 빵용 밀가루에 유지를 많이 배합해 만든다.

고대 양과자[古代洋菓子] 菓 이집트, 그리스, 로마 시대에 만들어진 과자. 밀을 주재료로 한 가공품에 빵과 과자가 있다. 지구상의 인류가 밀을 재배하기 시작한 것은 기원전으로 거슬러 올라간다. 기원전 5,000년경 티그리스·유프라테스 강 유역에서 처음 재배된 밀은 차츰 미음→죽→납작한 빵→발효빵·과자 순으로 가공·발전되어 왔다. 이렇게 과자는 빵을 원조로 하여 갈라져 나온 것이다. 즉, 그 옛날에는 빵과 과자의 명확한 구분이 없었다. 과자가 비로소 출현한 때는 고대 로마시대이다. 이집트 시대의 빵·과자는 신(神)에게 바치는 제물(祭物)이었다. 이집트에 이어 그리스는 기원전 8세기부터 발효빵을 만들었고, 기원전 2세기에는 감미원으로서 꿀벌과 과실을 썼다. 그 뒤를 잇는 로마시대에 비로소 빵

과 케이크가 분리·독립하게 되었다. 그 당시의 과자는 일부 특권계급만이 먹을 수 있었고 특별한 의식 또는 잔치에만 내놓았다. 〈종류〉 1. 고대 그리스의 과자—① 트리용(Trryon : 플럼 푸딩의 원형) ② 고프르 ③ 타르틀레트의 원형 ④ 밀가루와 꿀을 위주로 한 과자 ⑤ 틀에 넣어 구운 과자. 2. 고대 로마의 과자—① 우블리(Oublie) ② 플라생타(Placenta), ③ 크루트(Croûte) ④ 투르트(Tourte) ⑤ 베네(Beignet) ⑥ 크림의 원형 ⑦ 돌치아(Dolcia : 누가의 원형).

고로케 菓 (프 Croquette)
⇨크로켓

고무 原 (영 Gum 프 Gomme 독 Gummi) 검. 크게 나누면, ① 탄성 고무(rubber) ② 합성 고무(synthetic rubber) ③ 천연 고무(gum)로 구분된다. 이 중 제과 제빵에 쓰이는 것은 천연 고무이고, 이것을 그냥 검이라 부른다. 고무는 식물의 분비물에서 얻은 무정형 물질로 탄소, 수소, 산소가 결합된 화합물이다. 물에 녹아 교질(膠質) 용액을 만들고, 알코올에는 녹지 않는다. 아라비아 검*, 트래거캔스 검 등이 여기에 속한다. 이들은 페이스트, 점결제(粘結劑)로 제과 제빵시에 사용하고 풀·잉크·그림물감에도 사용한다.

고배합빵[高配合—] 빵 (영 Rich Bread) 설탕·유지·계란 등의 배합 비율이 높은 빵. 다시 말하면 빵의 기본 재료인 밀가루·물·소금 이외의 재료, 즉 계란·설탕·유지 등을 많이 배합해 만든 빵을 가리킨다. 리치 브레드*라고도 한다. 한편 짠맛을 위주로 한 빵, 즉 설탕·유지·계란은 거의 넣지 않고 밀가루·물·소금만으로 만든 빵이 저배합빵이다. 흔히 린 브레드라 불리는 것이다.
→저배합빵

고속 믹서[高速—] 機 (영 High-speed mixer) 반죽 날개가 빠른 속도로 회전하는 믹서. 보통 1분에 35~70회 돌아간다.

최근에 나온 고속 믹서는 저속에서 고속으로, 고속에서 저속으로 자유롭게 바꿀 수 있는 2단변속 방식이다. 고속 믹서로 반죽하면 반죽 상태가 좋고, 반죽의 흡수율도 높아진다. 최근에는 수평 믹서를 고속 믹서화 하는 추세이다.
→수평 믹서

고정 오븐[固定-] 機 (영 Peel oven) 구움대가 고정되어 있는 오븐. 필 오븐이라고도 한다.
⇨필 오븐

고주파 오븐[高周波-] 機 (영 High-frequency oven) 양전극·음전극을 이용하여 빵을 굽는 오븐. 즉, 양·음전극 사이에 빵 반죽을 끼우고 고주파 전류를 보내면 빵 반죽 속에 유도 전류가 흐름으로써 열이 발생하여 빵이 구워진다. 이 오븐은 반죽 전체에 열을 고르게 가하면서 짧은 시간에 구울 수 있는 이점이 있다.
→오븐

고초균[枯草菌] 生 (영 Bacillus subtilis) 호기성 간균(杆菌)의 하나. 편모를 갖고 있어 활발히 운동하며 공기, 마른 풀, 하수, 흙 속 등에 널리 분포한다. 쌀밥을 부패시키는 원인균 중의 하나로서, 당(糖)을 분해하여 산(酸)을 만들고 단백질을 분해하여 암모니아를 생성한다. 생육 온도는 35℃이고, 포자는 100℃에서 3시간만에 사멸한다.

고프르 菓 (영 Waffle 프 Gaufre 독 Waffel) 흔히 고프리에(gaufrier)라 하는 양면 철제 틀에 반죽을 흘려 부어 구운 과자. 기다란 자루 끝에 2장의 철판이 붙어 있고, 모양은 격자 무늬 또는 종교적 그림이 부조되어 있다. 구워진 것에 잼·버터를 발라 먹거나 분설탕을 뿌려 먹는다. 12세기 말에 쓰여진 시(詩) 속에도 고프르라는 명칭이 등장할 만큼 역사깊은 과자이다.
[배합] 우유 175+125cc, 버터 50g, 밀가루 125g, 계란 200g, 생크림 125cc, 설탕 80g.

[만드는 법] ①우유 175cc를 가열하여 따뜻해지면 버터를 넣고 끓인다 ②①을 불에서 내려 체친 밀가루와 섞는다 ③②를 다시 불에 올려 섞는다. 수분이 증발해 나무 국자에 들러붙지 않을 정도가 되면 가열을 멈춘다 ④따로 계란을 풀어 ③에 조금씩 더하면서 매끄러운 상태의 반죽을 만든다 ⑤볼(bowl)에 우유 125cc와 생크림, 설탕을 넣고 섞는다. 이것을 ④에 더한다. ⑥고프리에 틀을 데우고 버터를 바른다 ⑦⑤를 ⑥의 틀에 흘려 부어 양면을 굽는다.

고형분[固形分] 原 (영 Solid component) 단단하고 일정한 모양과 부피를 가지는 것이다. 예를 들어, 우유의 무지유(無脂乳)고형분이라 함은 우유에서 지방과 수분을 뺀 나머지 부분을 가리킨다.

고형 크림[固形-] 原 (영 Clotted cream) 응고유. 우유를 24시간 실온에 놓아 둔다. 이것을 천천히 85℃까지 가열하면 우유 표면에 얇은 막이 생긴다. 이 때 불에서 내려 그대로 뚜껑을 덮어 두면 고형 크림이 된다. 보존성이 높다. 흔히 디저트나 과자에 곁들인다.

골든 시럽 原 (영 Golden syrup) 자당과 전화당을 물에 녹이고 약산(弱酸)을 더하여 호박색이 날 때까지 끓인 시럽이다.

골든 웨딩 케이크 菓 (영 Golden Wedding Cake) 결혼 50주년이나 금혼식을 축하하기 위해 만드는 데커레이션 케이크. 이 케이크는 단층에서부터 여러 층이 쌓여 있는 것까지 종류가 다양하다. 만드는 법은 아몬드 페이스트를 묻히고 로열 아이싱을 표면에 바른 뒤 장식한다. 장식은 웨딩 케이크*와 같다. 단, 장식용세공 황금색 잎을 덧붙이거나 황금색 아이싱으로 잎 모양을 짜내어 장식하는 점이 다르다.

골든 케이크 菓 (영 Golden Cake) 구워 낸 케이크의 윗면에 틈이 벌어져, 황금빛의 속 내용물이 보이는 버터 케이크. 주로 박스 케이크(Box Cake) 모양으로 만든다.

골든 타트 菓 (영 Golden Tart) 골든 시럽, 빵가루 그리고 레몬 즙을 혼합하고 스위트 쇼트 페이스트를 깐 샌드위치 틀 (18cm 크기)에 담아 구운 것. 반죽의 농도는 흘러내릴 정도가 좋다. 또한, 스위트 페이스트를 길고 가느다랗게 잘라 격자무늬로 걸쳐 얹고, 129℃에서 굽는다.
→스위트 쇼트 페이스트

곰팡이 生 (영 Filamentous fungi, Microfungi) 균류(菌類) 중에서 진균류(眞菌類)에 속하는 미생물의 속칭. 보통, 본체가 아주 가는 사상(絲狀)의 균사(菌絲)로 이루어진 사상균을 가리킨다. 곰팡이는 조균류(藻菌類), 자낭균류(子囊菌類), 담자균류(擔子菌類), 불완전균류의 4강(綱)에 걸쳐 널리 분포한다. 버섯을 형성하는 담자균류와 자낭균류 일부를 뺀 나머지가 곰팡이이므로 그 종류만 해도 3만여종에 이른다.

〈종류〉① 조균류 : 가장 원시적인 진균류. 균사에 가로막이 없고 여러 개의 핵을 갖고 있으며 물 속에 서식하는 미생물이 많다. 물 속에 서식하는 곰팡이는 포자에 편모가 달려 있다. 포자낭에서 접합 포자를 만들어 번식한다. 물곰팡이, 털곰팡이, 거미줄곰팡이가 대표적이다. ② 자낭균류 : 균사에 가로막이 있고 자낭에서 자낭포자를 만들어 번식한다. 누룩곰팡이, 푸른곰팡이가 대표적이다. ③ 담자균류 : 균사에 가로막이 있고 가로막에 꺽쇠연결을 가지는 것이 많으며 담자기에서 담자 포자를 만든다. 버섯·깜부기병균, 녹병균이 대표적이다.

〈생식〉 유성 생식과 무성 생식을 통해 포자가 발아하여 균사를 만든다. 조균류의 생식 과정을 한 예로 들면 다음과 같다. ① 균사가 자라 포자낭을 만든다. ② 포자낭에서 편모가 달린 운동성 포자가 생긴다. ③② 의 포자는 일단 편모를 잃고 휴식한 뒤 다시 발아하여 운동성 포자가 된다. ④③의 포자는 또 휴식·발아하여 균사로 된다. ⑤ ④의 균사는 환경이 나빠지면 2개의 생식기관(장정기와 장란기)을 만든다. ⑥ 장정기의 정자가 수정관을 통해 장란기의 난세포에 들어가 수정한다. 이 수정체가 분열·발아하여 균사로 된다. ①~④가 무성생식 단계이고 ⑤~⑥이 유성생식 단계이다. 이러한 생식 단계를 거쳐 번식하는 곰팡이는 스스로 유기물을 형성하지 못하므로 다른 유

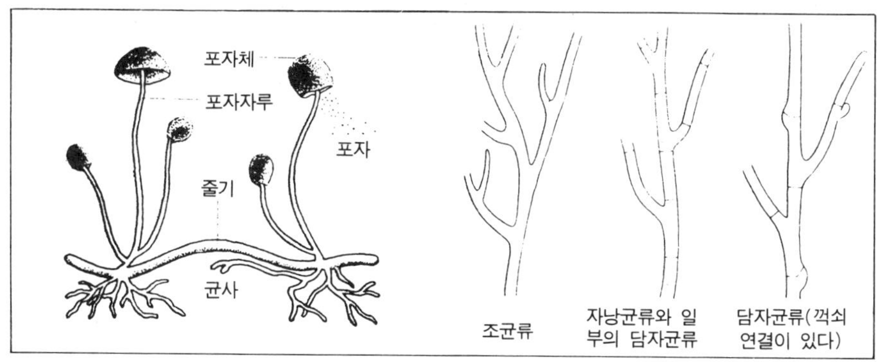

기체에 기생하면서 영양분을 얻는다. 즉, 동·식물, 다른 균류, 죽은 생물, 배설물, 식품, 공업제품 등에 기생한다.
〈곰팡이 생성 방지법〉 곰팡이가 생육하기 쉬운 환경(온도 : 25~30℃, 수분, 영양분)을 만들지 않는 방법이 최선이다. 물론 곰팡이의 종류에 따라 5~8℃인 냉장고 속에서, 또는 45~53℃의 고온에서 번식하는 곰팡이도 있다. 식품에 곰팡이가 피지 않도록 미리 가공처리하는 방법으로 설탕절임, 소금절임, 냉장, 통조림, 병조림 등이 있다.
〈이용법〉 갖가지 효소를 갖고 있는 곰팡이는 유기물의 분해자로서 많은 식품 공업에 이용된다. 녹말을 당으로 분해하고 발효하는 누룩곰팡이, 당을 분해하고 알코올을 만드는 효모균 그리고 녹말을 당으로, 당을 알코올로 분해하는 거미줄곰팡이 등이 자주 쓰인다. 또는 푸른곰팡이는 페니실린이라는 의약품을 만드는 데 이용된다.

곰팡이 방지제[一防止劑] 原 (영 Chemical mold inhibitors) 곰팡이와 로프균의 발생을 막기 위해 식품에 첨가하는 물질. 현재 가장 널리 쓰이는 것에 프로피온산염과 소르브산염이 있다.
→프로피온산염

공립법[共立法] 技 ① 계란의 흰자와 노른자를 함께 거품내는 방법('계란'항 참고). ② 노른자, 흰자와 설탕을 함께 휘핑한 다음, 그 밖의 재료를 첨가하는 방법('스펀지 케이크'항 참고). 공립법은 함께 거품낸다는 뜻의 일본 한자어이다. 별립법*과 함께, 폼 타입(거품형) 케이크* 반죽법 중의 하나이다.

공예과자[工藝菓子] 菓 과자로 만드는 공예작품. 생활 속에서 서로 즐거움을 나누는 것 중의 하나가 과자라면, 생활의 단면을 형상화시킨 것이 공예과자이다. 예로부터 이 분야에 종사해온 제과인들은 맛있고도 아름다우며 더욱 화려하게 만들기 위해 많은 노력을 기울여 왔다. 그 결과 생겨난 많은 기법(技法)을 장르별로 나누면 다음과 같이 분류할 수 있다.

1. 마지팬 세공
마지팬 특유의 점토와 같은 감촉, 가소성(可塑性)을 이용하고 여러가지 색을 들여 꽃이나 동물 등을 사실적으로 만드는 기술. 섬세한 부분에는 적당하지 않지만 다른 소재로 표현할 수 없는 따뜻한 감촉이 있다('마지팬 세공'항 참고).

2. 검 페이스트 세공
설탕을 흰자로 반죽하고 젤라틴을 넣은 파스티야주를 사용해서 여러 가지 모양으로 만드는 기술. 작은 것부터 큰 것까지 폭넓게 만들 수 있다('파스티야주'항 참고).

3. 엿 세공
조린 당액을 이용해서 아직 뜨거울 동안에 여러가지 모양을 만들어 작품으로 완성시키는 기술('엿세공'항 참고).

4. 누가 세공
누가라 불리는 것 중에서 갈색으로 단단한 누가를 사용하여 만드는 기술. 누가도 조린 당액과 마찬가지로 뜨거울 동안에는 성형이 가능하고, 식으면 굳는다. 이 성질을 이용해서 펴거나 구부리기를 할 수 있다.

5. 초콜릿 세공
초콜릿은 온도에 따라 녹거나 굳기도 한다. 이 성질을 이용해서 만드는 것이 초콜릿 세공이다. 예를 들어 녹인 초콜릿*을 각종 틀에 흘려 붓고 굳으면 떼어낸다. 또 각각의 초콜릿을 접착제를 이용해 서로 조화시켜 붙일 수 있으며 꽤 큰 작품도 만들 수 있다. 이 밖에 깎아서 코포*를 만들거나 물엿과 섞어서 초콜릿 플라스틱을 만들 수 있다.

6. 비스킷 세공
비스킷이나 쿠키 반죽은 굽기 전에는 점성이 있어 어느정도 모양을 만들 수 있다. 또 구우면 보형성(保形性 : 형태를 유지하려는 성질)이 생긴다. 비스킷 세공은 이러한 성질을 이용해서 여러가지 모양으로 자르거나 형틀로 찍어서 굽고 이것을 조화롭게 마무리 하는 세공기법이다. 또 일부분은 반죽을 짜고 나머지 부분은 모양을 만들어 세공하는 경우도 있다. 소재의 성질상 너무 자잘한 부분은 불가능하지만 전체적으로 부드러운 작품을 만들 수 있다. 성·집 모양, 과자점의 특별 행사용 전시제품이 그 예이다.

7. 머랭 세공

흰자를 휘핑해서 설탕을 넣고 만든 머랭은 크림 상태이므로 글라스 루아얄*, 버터 크림 등과 같이 바르거나 짜는 작업이 가능하다. 또 건조시켜 구우면 단단해지고 오랫동안 모양을 유지시킬 수 있다. 이 밖에 착색도 가능하며 마지팬 세공에서 볼 수 있는 입체구조도 가능하다. 반면에 보습성이 높아 습한 곳에 두면 표면이 녹아 없어지므로 주의할 필요가 있다.

8. 빵 세공

빵 반죽으로 여러가지 모양을 만드는 기술. 반죽의 성질상 정교함은 떨어지지만 빵 특유의 따뜻함을 표현할 수 있다.

[배합] 강력분 125g, 박력분 125g, 이스트 5g, 설탕 15g, 소금 5g, 버터 12g, 물 160~165cc.

[만드는 법] ① 이스트에 소량의 물과 소량의 설탕을 넣어 발효시킨다 ② 강력분, 박력분, 설탕, 소금을 섞어 체쳐서 ①에 섞는다 ③ 물 1/5을 남기고 넣는다 ④ 반죽 상태를 보면서 남은 물을 천천히 넣는다 ⑤ 반죽을 한 뒤 작업대에서 치댄다 ⑥ 유지를 바른 볼(bowl)에 넣고 젖은 헝겊을 씌워 발효시킨다 ⑦ 2배로 부풀면 가스를 빼고 필요한 만큼씩 떼어내 세공한다.

9. 얼음 공예

얼음을 소재로 하여 모양을 만드는 기술. 영어로는 아이스 컷(ice cut)이라 부르는 테이블 데커레이션의 하나이다. 보통 공예과자는 일정한 모양이 없는 소재로 어떠한 형태를 만들어 가지만 얼음 공예는 한 개의 큰 덩어리를 조각하여 모양을 만드는 작업이다.

10. 버터 공예

테이블 데커레이션으로 이용하는 기술의 하나. 한 개의 덩어리로 조각한다는 점은 얼음 공예와 같다. 먹는 것 보다는 눈으로 즐기는 것을 목적으로 한다. 큰 덩어리의 버터가 있으면 조각해 나가는 형식으로 모양을 만들지만 그렇지 않을 경우에는 심지를 만들어 그 주위에 계속해서 버터를 돌려가며 발라 굳힌 뒤 조각한다. 심지는 발포 스티로폴(styropor)로 만든다.

11. 드라제 공예

드라제를 모으거나 잘 조화시켜 한 개의 모양을 만드는 기술. 드라제 중 특히 아몬드 드라제는 부케(bouquet)에 자주 이용된다. 유럽 과자업계의 훈련원이나 판매기술의 교육에는 반드시 드라제 공예가 속해 있다.

과당[果糖] 化 (영 Fructose) 프룩토오스. 단과일, 꿀 등에 많이 들어 있는 6탄당(六炭糖, hexose)의 하나. 포도당과 결합한 자당의 형태로 존재한다. 과당은 당질 대사에 중요한 역할을 하며, 당류 중 가장 빨리 소화·흡수된다. 당류 중에서 감미도가 가장 크지만, 가열하면 1/3로 낮아진다. 과당은 포도당을 섭취해서는 안되는 당뇨병 환자에게 감미료로서 사용하며 카스텔라, 스펀지 케이크 등에 보습 효과를 주는 재료로 사용한다.

과발효[過醱酵] 技 (영 Superfermentation) 발효시 적정 수준을 넘어선 상태. 이 때 반죽은 유연성·신전성이 떨어지므로, 가스를 품어 부풀기도 전에 찢어진다. 그리고 점착성이 적고, 오히려 마른 느낌이 든다. 이렇게 과발효된 상태의 반죽을 지친 반죽*이라고 한다. 이에 반해 점착성이 지나치게 많은 것이 발효부족·미숙성한 반죽으로, 어린 반죽*이라고도 한다.
→일차 발효

과산화물가[過酸化物價] 化 (영 Peroxide value) 유지(油脂) 1kg에 포함돼 있는 과산화물의 밀리그램 당량수. 즉, 유지의 자동산화 초기에 생성되는 과산화물량을 숫자로 나타낸 값이다. 유지의 산패도를 알 수 있는 지표 중의 하나이다.
→유지

과실[果實] 原 (영, 프 Fruit 독 Frucht, Obst) 종자 식물의 꽃의 일부가 수정(受精)한 뒤 발육하여 성숙해진 열매. 과실 중에서 수분이 많은 장과류(漿果類)를 가리켜 과일이라 한다. 과실을 과육이 발달한 형태에 따라 분류하면 다음과 같다.

1. 인과류(仁果類)—화탁(花托 : 꽃턱)이 발달하여 과육으로 된 것. 사과, 배, 모과, 비파 등.

2. 준인과류(準仁果類)—씨방이 발달하여 과육으로 된 것. 감·감귤류가 여기에 속한다. 라임, 시트론, 레몬, 오렌지, 감, 귤 등.

3. 핵과류(核果類)—내과피(內果皮)가 핵으로 된 것. 핵 속에는 씨가 들어 있고, 중과피가 과육을 이룬다. 복숭아, 자두, 살구, 체리, 매실(梅實), 앵두 등.

4. 장과류(漿果類)—화탁이 두꺼운 주머니 모양이고 육질이 부드러우며 즙이 많은 과실. 포도, 무화과, 대추, 석류, 올리브, 키위, 딸기, 라즈베리, 블랙베리, 듀베리, 구즈베리, 블루베리, 오디 등.

5. 견과류(堅果類)—단단하고 굳은 껍질과 깍정이에 싸여 종자가 1개 들어 있는 과실. 각과(殼果)라고도 한다. 은행, 밤, 호두, 헤이즐넛, 아몬드, 피칸, 피스타치오, 캐슈넛, 잣 등.

6. 열대 과실류—바나나, 파인애플, 대추야자, 야자, 파파야, 망고, 망고스틴, 두리언, 패션프루츠 등.

〈사진〉 여러 가지 건과실

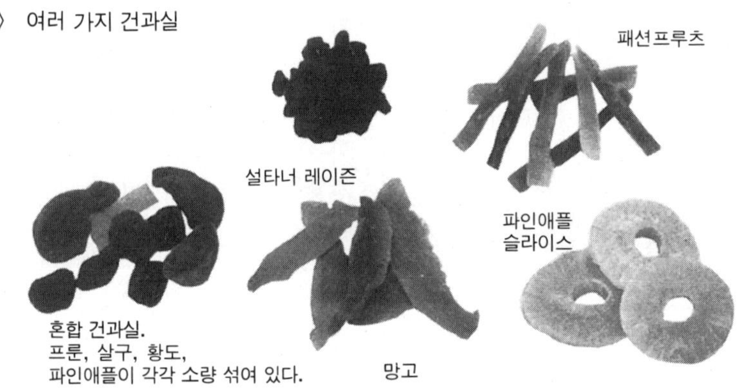

〈표〉 과실 속에 들어있는 유기산의 종류

과 실	양(%)	종　　　　　　　　류
감귤류	1.0	구연산, 말산(조금), 숙신산, 아세트산, 주석산, 포름산
사과	0.5	말산, 주석산(조금), 구연산, 젖산, 숙신산, 우론산, 글루탐산
포도	0.3~1.3	주석산, 말산, 구연산(조금), 숙신산
딸기	0.7~1.2	말산, 구연산, 주석산, 숙신산
파인애플	0.4	구연산, 말산(조금), 주석산
복숭아	0.8	구연산, 말산
체리	0.1~0.8	말산, 구연산
배	0.1	구연산, 말산

〈제과용 과실의 가공품 종류〉 1. 잼·젤리류—① 잼 : 으깬 과실에 설탕을 더해 조린 것. 과일 속의 산·펙틴이 당(糖)과 결합하여 젤리화 한다. 일반용, 업소용이 있다. ② 프리저브 : 과육을 충분히 으깨지 않아 과일조각이 그대로 남아 있는 잼. ③ 프루츠 젤리 : 섬유질을 뺀 과즙을 젤리화 한 것. ④ 마멀레이드 : 펙틴 추출액, 설탕, 과즙에 얇게 썬 과실 껍질을 더해 조린 것. 2. 통조림 제품—과실의 껍질을 벗기고 씨를 도려낸 뒤, 남은 과육을 깡통에 넣는다. 여기에 시럽을 붓고, 공기빼기→밀봉→가열·살균→냉각한다. 3. 건조 제품—① 탈수 과실(dehydrated fruit) : 함수량을 10% 이하로 낮춘 것. 여기에 물을 더하면 신선도·맛·육질이 생과실에 가깝다. ② 건과실(dried fruit) : 말린 과실. 이것은 가수(加水)하여 복원할 목적이 아니라, 말리는 동안에 과실의 성분을 바꿔 생과실과는 다른 맛을 내도록 하기 위함이다. 당·유기산의 농도가 높아져 제품의 함수량은 20~25%이지만, 저장성이 높다(〈표〉 참고). 4. 냉동제품—과실을 동결시키면 호흡작용이 멎어, 처음의 신선함을 유지할 수 있다. 단, 0℃ 이하에서도 산소 작용이 일어날 수 있으므로 다음과 같이 한다. -40℃ 이하에서 급속냉동시키고, -20℃ 이하에 저장한다. 해동은 자연해동이 좋다. 5. 과실음료—① 천연 과즙 : 설탕만을 더한 과실즙. ② 과즙음료 : 과즙 10~45%, 당도 12~14, 유기산 0.3~0.4%인 음료. ③ 넥타 : 과육 속의 펄프가 많이 든 음료. 점조성(粘稠性)이 크다. ④ 농축 과즙 : 보통의 과즙을 1/5로 농축한 음료.

과실 음료[果實飮料] 原 (영 Fruit drinking water) 과실을 갈아 만든 즙, 또는 과실 퓌레를 원료로 한 음료의 총칭. 과실 음료의 종류는 과즙, 과실 퓌레, 농축 과즙, 과즙 음료, 과실을 넣은 청량음료, 과육음료 등이다. 과실 음료는 대부분 감귤계 (귤·네이블 오렌지·레몬)이고, 그 나머지는 파인애플, 복숭아, 포도로 만든다. 흔히 양과자에 곁들여 마신다.

과실 향료[果實香料] 原 (영 Fruit flavor) 과실의 껍질이나 열매에서 뽑아낸 향료. 대개 갓 거둔 과실을 원료로 한다. 그 밖의 향료에는 꽃 향료, 풀 향료, 나무 향료, 동물 향료, 합성 향료 등이 있다.
→향료

과열 증기[過熱蒸氣] 物 (영 Superheated steam) 과열은 액체가 끓는점 이상의 온도에서도 끓지 않는 상태이다. 과열 증기는 보일러 안에서 발생한 증기를 같은 압력에서 가열하여 열량을 높인 것이다. 이 증기를 빵 오븐에 불어 넣으면 오븐의 효율이 높아진다.
→비등

과자[菓子] 菓 정식 식사 이외에 먹는 기호 식품. '실과(實果)'나 '조과(造果)'라는 원래의 명칭에서도 알 수 있듯이, 생과일 또는 말리거나 찐 과일을 가리키던 것이 지금은 곡식가루를 위주로 하여 갖가지 감미료를 섞어 만든 것을 과자라 한다. 즉, '果'는 천연의 과실을 뜻하는 실과와 가짜 과일이란 뜻의 조과로 나뉜다. 여기서 조과는 실과를 본떠 갖가지 재료를 가공처리하여 만든 것으로 지금의 과자와 동격이다. 또한 옛 중국의 문헌에 따르면 '菓子'를 '果子'로 혼동해 썼음을 알 수 있는데, 그 이유 역시 같은 맥락에서 살펴볼 수 있다. 과자는 기호품이므로 시대의 변천에 따라 정의도 바뀐다. 시시각각 변하는 식생활 속에서 과자의 모양, 맛 역시 변화를 거듭한다. 과자는 크게 한과*(韓菓)와 양과자(洋菓子)·화과자*(和菓子 : 일본 과자)·중화과자*(中華菓子 : 중국과자)로 나뉜다. 한과는 한국 전통의 과자이고, 이에 대응하여 외국, 특히 서양에서 받아들인 과자를 양과자라 한다.

〈종류〉 1. 한과(조과)—① 병이류 : 시루

떡, 치는 떡, 지지는 떡 등 ② 과정류 : 유밀
과, 다식, 강정류, 밀전과류, 숙실과류, 과
편, 각색엿, 엿강정 등.

2. 양과자—계통적으로 세분하면 다음과
같다.

〈표〉 양과자의 분류

분류·제법 대구분	반죽 또는 형태에 따른 분류	만드는 법·사용법	제 품 례
파티스리 (생과자· 구운과자류)	제누아즈 비스퀴 (거품형 반죽)	공립법 별립법 응용 ┌ 코코아 넣은 것 ├ 아몬드 가루 넣은것 └ 버터 반죽	쇼트 케이크, 데커레이션 케이크, 롤 케이크, 소형 생과자, 각종 앙트르메 비스퀴 아 라 퀴이예르 초콜릿 케이크 프랄리네 마스코트 파운드 케이크, 마들렌, 피낭시에, 카트르 카르
	버터 슈 (가열 반죽)	굽기 삶기 튀기기	슈 아 라 크렘, 에클레르, 파리 브레스트, 퐁 뇌프, 를리지외즈, 생토노레 뇨키 베네 수플레, 페 드 논
	파트 아 퐁세 (파이 반죽)	파트 쉬크세 ┐ 따로 굽거나 파트 아 퐁세 │ 충전물을 파트 브리제 ┘ 채워 굽는다.	타르트, 타르틀레트, 플랑
	푀이타주 (접기형 파이 반죽)	푀이타주 푀이타주 라피드(즉석법) 사용법 ┌ 플레인 ├ 함께 굽기 └ 따로 굽기	 팔미에, 파피용 피티비에, 애플파이, 타르트, 타르틀레트, 콩베르사시옹, 쇼송 오 폼므 부세, 타르트, 타르틀레트, 코르네
	머랭 (흰자를 주재료로 만든 반죽)	냉제 온제 보일드(이탈리안 머랭) 응용 ┌ 쉬크세 ├ 자포네 └ 프로그레	바슈랭, 외 아 라 네주, 므랭그 샹티이, 소형 생과자나 앙트르메의 기본재료 로세 소형 생과자와 앙트르메의 크림 소형 과자, 앙트르메, 구운과자 〃 　〃 　〃 〃 　〃 　〃
	파트 르베 (발효 반죽)	중종법 직접법 접어밀기	사바랭, 브리오슈, 쿠글로프 사바랭, 바바 크루아상, 슈톨렌, 데니시 페이스트리
	앙트르메 쇼(가열 처리한 앙트르메) 앙트르메 프루아 (차갑게 식혀 굳힌 앙트르메)		수플레, 고프르, 푸딩, 크레프 젤리, 바바루아, 무스, 블랑망제, 푸딩, 크레프
	프티 푸르 (한 입 크기의 과자)	프티 푸르 프레 프티 푸르 글라세 프뤼이 데기제	프티 슈, 퐁포네트 스펀지 반죽, 크림 또는 과실을 퐁당·초콜릿으로 씌운 것 과일·견과, 마지팬에 설탕옷 입힌 것 설탕옷(당의)은 당액 또는 설탕 결정이다.

		프티 푸르 세크 또는 푸르 세크(쿠키)	사블레, 모렌콜프, 랑그 드 샤, 시가레트, 튀일, 플로랑탱, 마카롱, 팔미에, 로셰, 쉬크세
콩피즈리 (당과)	설탕 가공품		퐁당, 엿, 드롭스, 리큐르 봉봉, 캐러멜, 태피, 드라제, 아르장테
	과일 가공품		퓌레, 과즙, 잼, 마멀레이드, 파트 드 프뤼이, 과일 통조림
	견과 가공품		마지팬, 누가, 프랄리네, 잔두야, 드라제
	초콜릿류 초콜릿 가공품		스위트·밀크·화이트 초콜릿, 카카오 버터, 파트 아 글라세, 비터 초콜릿 봉봉 오 쇼콜라, 드라제
글라스 (빙과)	아이스크림	프리저에서 교반·동결 틀에 채워 얼리기	글라스 아 라 크렘, 글라스 오 프뤼이 파르페 글라세, 무스 글라세, 수플레 글라세 봉브 글라세, 카사타, 비스퀴 글라세
	셔벗	응용 소르베류	소르베 오 프뤼이, 마르키즈 글라세, 스품, 그라니테
공예과자	마지팬 세공 파스티야주 세공 엿 세공	쉬크르 티레, 쉬크르 수플레, 쉬크르 쿨레, 쉬크르 필레, 쉬크르 로셰	
	누가 세공 초콜릿·머랭·쿠키·빵·버터·얼음·드라제 세공 등	누가 뒤르, 누가 몽텔리마르	
트레투르 또는 뷔페 (출장 요리· 가벼운 식사)	조리		뇨키, 파테, 피자, 코키유 생 자크, 샌드위치, 카나페
	음료		프루츠 주스, 칵테일, 요구르트, 커피, 홍차

※ 양과자에 쓰이는 크림류와 부재료의 종류는 다음과 같다.
① 크림류 : 크렘 오 뵈르(버터 크림), 크렘 파티시에르(커스터드 크림), 크렘 샹티이(휩트 크림), 크렘 다망드(아몬드 크림), 크렘 레제르, 크렘 무슬린, 크렘 생토노레, 프랑지판, 머랭.
② 소스 : 소스 아 랑글레즈(앙글레즈 소스), 소스 아 라 바니유(바닐라 소스), 소스 오 쇼콜라(초콜릿 소스), 소스 오 럼(럼 소스), 소스 오 카라멜(캐러멜 소스), 소스 사바용.
③ 가나슈 : 가나슈 바니유(바닐라 가나슈), 가나슈 오 레(우유 가나슈), 가나슈 오 죄(계란 가나슈), 가나슈 블랑슈, 가나슈 카라멜, 가나슈 모카, 가나슈 오 테.
④ 기타 부재료 : 글라스 루아얄(로열 아이싱), 글라스 아 로(워터 아이싱), 시럽, 파트 아 봉브.

3. 화과자—생과자, 반생과자, 건과자.
4. 중화과자—천연의 과실과 돼지기름을 많이 사용하는 것이 중국 과자의 특징이다. 한편 케이크류, 파이, 카스텔라, 과자빵 등 을 생(生)과자라 하고 비스킷류, 초콜릿, 캔디, 껌(추잉 검) 등을 건(乾)과자라 하며 온·냉과(溫·冷菓)를 디저트 과자로 분류 하기도 한다. 그리고 법률상 규정된 과자류

는 빵, 케이크류, 비스킷류, 초콜릿, 캔디, 껌, 잼을 포함하고 있다(식품위생법 제 7 조 제 1 항, 제 9 조 제 1 항과 제10조 제 1 항의 규정).

과자의 실습 현상[菓子－失濕現狀] 菓 →과자의 흡습 현상

과자의 흡습 현상[－吸濕現狀] 菓 과자가 바깥 공기에 닿아 수분을 흡수하는 현상. 실습·흡습현상은 과자의 성분조성, 조직구조에 따라 다르나 일정한 수분·온도에서 일정한 흡습성을 나타낸다. 이때의 수분을 평형수분이라 하고, 공기 중의 습도를 평형관계습도라 한다. 과자에 흡습 현상이 일어나면, 공기 중의 수분이 과자 표면에 들러붙어 자유수가 된다. 그에 따라 과자의 녹말이 노화하고 단백질의 성질이 변하며 조직도 바뀐다. 또, 맛이나 영양가에도 영향을 주며, 수분의 양이 많아져 미생물이 빠르게 번식한다. 특히, 설탕 같은 수용성 물질이 많이 든 과자에 흡습 현상이 일어나면 수용성 물질이 녹아 액화 현상까지 뒤따른다. 이러한 과자는 상품가치가 떨어진다. 반면, 온도가 낮으면 시간이 흐름에 따라 과자의 수분이 날아가는 실습(失濕)현상이 나타난다. 실습 현상이 계속되면 녹말이 노화하고 단백질 성분이 변한다. 동시에 촉촉한 상태였던 과자 표면이 말라서 갈라지거나 굳어버린다. 이를 막기 위한 방법은

첫째, 흡습성이 큰 전화당이나 보습성이 풍부한 소르비톨을 사용하고

둘째, 통기성이 적은 방습 필름이나 금속박으로 포장한다.

과정[菓飣] 菓 한과*의 하나. 곡류가루에 꿀, 엿, 설탕 등을 넣고 반죽하여 기름에 지진 것. 또는 천연의 과일을 꿀·설탕에 절이거나 조린 것.

〈종류〉 ① 유밀과(油蜜菓) : 밀가루에 꿀과 참기름·술 등을 넣고 반죽하여 기름에 튀긴 것. 튀겨 내 꿀을 묻힌다. 약과, 매자과

가 대표적이다. ② 유과(油菓) : 찹쌀가루에 콩물과 술을 넣어 만든 반죽을 삶아, 이것을 얇게 밀어 말린 뒤 기름에 튀긴 것. 갖가지 고물을 묻힌다. 강정, 산자가 대표적이다. ③ 정과(正果) : 생강·인삼·도라지 등을 꿀·조청·설탕으로 조린 것. 생강정과·인삼정과·도라지정과 등이 있다. ④ 다식(茶食) : 곡식가루와 꿀로 반죽하고, 다식판에 눌러 넣어 모양을 만든 것. 깨다식·콩다식·밤다식·송화다식 등이 있다. ⑤ 숙실과(熟實果) : 과일을 꿀에 버무리거나 조려서 익힌 것. 밤·대추를 꿀에 조린 것이 밤초·대추초이고, 익힌 과일을 다져서 꿀과 버무려 동그랗게 빚은 것이 율란·조란·생강란이다. ⑥ 과편(果片) : 신맛 나는 앵두·모과·살구의 과육을 설탕에 조려서 굳힌 뒤 네모꼴로 자른 것. 앵두편, 살구편 등이 있다. ⑦ 엿강정 : 볶은 깨·콩, 호두·잣·땅콩 등을 엿과 함께 버무려 굳힌 것.

과편[果片] 菓
⇨과정

광저기 原 (영 Cowpea) 콩과(科)에 속하는 1년생 덩굴식물. '동부'라고도 한다(세계 각지에서 널리 재배되고 있다). 원산지는 인도에서 카스피해 연안에 이르는 지역이다. 식용 두류(豆類)로서, 덜 익은 것은 콩깍지가 부드러워 야채로 식용하며 익은 것은 앙금이나 과자를 만드는 데 사용한다.

교반[攪拌] 技 (영 Stir) 휘저어 한데 섞는 일. 특히 액체와 액체 또는 액체와 고체를 섞는 일을 가리켜 교반이라 한다. 즉, 노른자와 흰자를 함께 휘저어 섞는 일, 계란에 설탕을 더해 휘젓는 일을 모두 포함해 교반이라 한다.
→혼합

교반기[攪拌器] 機 (영 Stirrer) 소형 케이크용 믹서. 넓게는 거품기도 교반기에 해당한다.
→믹서

교반 날개[攪拌—] 機 (영 Stir wing)
⇨반죽 날개

구겔호프 菓 (프 Kouglof 독 Gugelh-opf) 프랑스 알자스(Alsace) 지방의 명과 (銘菓). 레이즌을 넣은 브리오슈 반죽을 구겔호프 틀에 채워 구운 과자를 가리킨다. ⇨쿠글로프

구다 原 (Gouda) 네덜란드산(産) 경질 치즈. 에담과 사용방법이 같다. 가루로 만들어 과자에 섞거나 끼얹어 이용한다. →치즈

구르트 구겔호프 菓 (오 Gourt Gugelh-upf, Hof-gugelhupf) 이스트 반죽으로 만든 오스트리아 케이크.
[배합] 밀가루 560g, 버터 180g, 아이싱 슈거 160g, 이스트 30g, 노른자 360g, 계란 100g, 흰자 180g, 소금 8g, 우유 200cc, 레몬 껍질 1/2개 분량.
[만드는 법] ① 밀가루 60g에 우유, 이스트를 더해 반죽 종(種)을 만든다 ② 버터를 크림 상태로 하고, 여기에 간 레몬 껍질과 소금, 노른자, 계란을 차례로 더해 넣는다 ③ ②에 미리 만들어 놓은 반죽 종과 밀가루 1/4을 넣고 잘 섞는다. 흰자와 설탕을 마저 섞어 단단한 반죽을 만든다. 마지막으로 남은 밀가루를 더한다 ④ 반죽을 빵 틀에 담고 발효시킨 뒤, 200℃ 오븐에서 1시간 동안 굽는다.

구스 菓 (독 Guß) 계란, 생크림, 설탕, 밀가루로 만든 소스 상태의 반죽. 다른 반죽을 깐 틀 또는 철판에 과실을 채운 뒤 구스를 부어 굽는다.

구연산[枸櫞酸] 原 (영 Citric acid) 수산기를 가지는 다염기(多鹽基) 카르복시산 중의 하나이다. 시트르산의 구용어이다. 구연은 시트론(citron)의 한자어이다. 시트론을 비롯한 감귤류에 많이 들어 있어 구연이란 이름을 딴 것이다. 주석산과 함께 과즙·청량음료에 더하거나 의약품·이뇨성 음료에 넣어 신맛을 낸다. 그리고 분석시약으로도 쓴다. 어떤 종류의 미생물을, 당류를 기질(基質)로 하여 배양하면 배양액 속에 시트르산이 축적된다. 그 현상이 시트르산 발효이다. 현재 생산되는 시트르산은 이 발효법으로 만든다. 시트르산 발효를 일으키는 미생물은 검정곰팡이이다.

구운빵의 비타민 손실 技 반죽을 오븐에서 구울 때 반죽 속의 비타민은 손실된다. 비타민 중에서 가장 손실률이 높은 것은 비타민 B_1이고, 비타민 B_2와 비타민 A는 비교적 열에 강하다.

구운색 技 (영 Color of crust) 구워 낸 빵껍질의 색, 또는 과자의 겉표면 색깔. 빵껍질 색은 오븐의 온도, 반죽 속의 설탕량에 따라 좌우된다. 설탕량이 많을수록 짙은 흑갈색을 띠고 적을수록 청백색, 회백색을 띤다. 설탕량이 많은 과자빵은 너무 높거나 낮은 온도에서 구우면 좋지 않다. 따라서 굽기 전 과자빵 반죽 표면에 계란칠이나 버터칠을 한다. 과자 중에서 파이와 카스텔라 역시 구운색이 중요하다.

구제르 菓 (프 Gougere) 치즈 풍미를 낸 슈*. 속에 아무 것도 채우지 않고 그대로 먹는다. 물 대신 우유를 사용한 슈 반죽에 20~25%의 그뤼에르(gruyère) 치즈를 다져 넣고 섞는다. 둥근 모양깍지를 끼운 짤 주머니에 채워서 고리 모양으로 짜 내고 계란을 바른 뒤 각지게 자른 치즈를 얹어 굽는다. 원래는 차갑게 식혀 먹는 것이지만 따뜻할 때 오르 되브르*로 먹어도 좋다.

구즈베리 果 (영 Gooseberry 프 Gro-

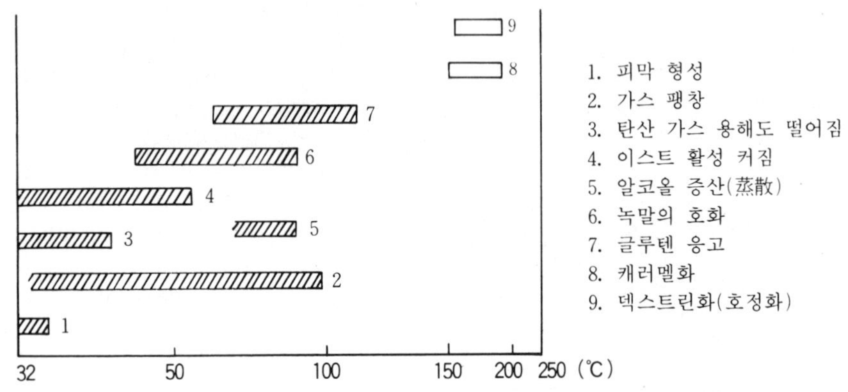

〈그림〉 굽는 동안에 일어나는 반죽의 반응

seille) 구즈베리류(범의귀과의 낙엽관목 열매)에 속하는 대표적인 품종이다. 원산지는 서남 아시아, 지중해 연안, 영국이다. 열매의 크기는 지름 3cm 정도이다. 처음에는 연한 초록색을 띠다가 열매가 익어감에 따라 노란빛으로 변한다. 구즈베리는 향이 좋고 펙틴 성분이 많아, 잼과 젤리 만들기에 알맞다.
→베리류

구페 其 (프 Gouffé) 프랑스의 요리인(1807~1877). 카렘(A. Carême)의 제자로 활약하면서 누가를 이용한 과자를 개발하였다. 1840년부터 15년간 생 말로(Saint Malo)라는 곳에서 레스토랑을 경영하였고 1867년 조키 클럽(Jockey Club)의 요리장으로 일하였다. 저서로는 《요리 안내서(Livre de cuisine)》(1872), 《보존식(Livre de conserves)》(1872), 《수프와 포타주 Livre des soupes et des potages)》(1875) 등이 있다.

굽기 技 (영 Baking 프 Cuisson 독 Gebäk) 반죽하고 발효시킨 반죽을 오븐에 넣고 익혀 모양을 고정하는 일. 굽기의 순서는 다음과 같다(위의 〈표〉〈그림〉 참고).
오븐 스프링→열전도→구운색 들이기.
1. 오븐 스프링*—반죽 표면의 녹말이 호화하여 굳기까지, 짧은 시간(3~10분) 동안

〈표〉 오븐 속에서의 반죽의 반응

물리적 반응	화학적 반응
피막 형성	이스트 작용
가스 팽창	탄산 가스 생성
가스 용해도 떨어짐	녹말의 호화
알코올 증산(蒸散)	글루텐의 경화
	당의 캐러멜화
	갈변 작용

에 반죽은 급격하게 부푼다. 그 현상을 가리켜 오븐 스프링이라 한다. 오븐 스프링에 의해 제품의 모양은 균형이 잡히고, 껍질과 속의 기포막은 얇게 늘어나 제품에 부드러움을 준다. 그러므로 오븐 스프링의 강도는 크고 힘있어야 한다. 이것은 반죽의 숙성·굳기·반죽 정도에 따라 크게 달라진다. 그러므로 반죽을 최적의 숙성 상태로 유지해야 하고 충분히 반죽해야 한다.
〈오븐 스프링의 원인〉 ① 반죽 속의 이스트가 가스를 발생하기 때문(60~65℃까지). ② 반죽 속에 녹아 있던 탄산이 가스로 바뀌기 때문(40℃까지). ③ 반죽 속의 갖가지 가스류가 열팽창(100℃까지) 하기 때문이다.
2. 열전도—열전도(열이 반죽 속까지 스며드는 일)로 인하여 반죽 속의 녹말이 호화된다. 55~60℃에서 제1차 호화가 일어나

고, 마지막은 98~100℃에서 일어난다. 녹말이 호화하면서 글루텐으로부터 수분을 많이 빼앗아 오기 때문에, 이 때 글루텐의 응고도 함께 일어난다.

3. 구운색 들이기—구운색은 반죽 표면의 당분, 질소 화합물이 열변화하기 때문에 생긴다. 붉은빛이 도는 갈색으로 구워진다. 당분은 그 자체가 캐러멜화하여 빵에 구운색을 들이고, 또 밀가루·우유·계란에 들어있는 단백질, 아미노산과 반응하여 갈변('메일라드 반응*'항 참고)하며 빵의 풍미에도 관계한다. 따라서 빵의 풍미는 주로 구운색에 따라 정해진다. 구운색을 곱게 들이는 원료는 설탕, 분유, 대두가루이다. 그 중에서도 분유는 젖당(乳糖)과 유단백(乳蛋白)을 갖고 있어 구운색을 개량할 뿐 아니라 빵에 향을 주기도 한다.

굽기 손실[—損失] 技 (영 Baking loss) 베이킹 로스. 빵이 만들어지기까지는,

     ①   ②   ③   ④

반죽→ 발효 → 분할·성형 → 굽기→ 냉각, 이들 4단계를 거쳐야 한다. 이 때 각 단계마다 중량의 손실이 생기는데 ①을 발효 손실, ②를 분할 손실, ③을 굽기 손실, ④를 냉각 손실이라 한다. ③의 굽기 손실은 분할·성형을 끝낸 반죽을 오븐에 넣고 구울 때 일어나는 중량 손실만을 가리키기도 하고, 넓게는 ①~③까지를 통틀어 말한다. 굽기 손실은 반죽의 총중량—구워낸 빵의 중량 값이고, 손실비율(반죽 총 중량—빵 중량)은 반죽 총 중량이다. 굽기 손실의 정도는 반죽의 성질과 오븐의 상태에 따라 다르다. 흔히 굽기 손실이 커지는 이유는 ①오븐의 온도가 부적당하거나 ②오븐 속의 습도가 낮거나 ③굽는 시간이 지나치게 길거나 ④반죽의 발효가 충분치 않거나 ⑤ 반죽의 흡수가 알맞지 않기 때문이다. 오븐의 온도가 고르고 표준 시간대로 빵을 충분히 구우면 손실값이 적어진다.

굽기 온도[—溫度] 技 (영 Baking tem-perature)

〈빵〉 빵을 구워내는 데 필요한 표준 온도는 220~230℃. 220℃ 이하는 저온, 240℃ 이상은 고온으로 간주한다. 대부분의 베이커리 제품은 220~230℃를 중심으로 하여 조금 높이거나 낮춰 굽는다. 예외 제품을 빼면 200℃ 이하에서, 또는 240℃ 이상에서 굽는 경우는 거의 없다. 굽기시간은 크게 나누어 다음과 같다. 소형 빵은 7~12분(단시간)이고, 대형 빵은 30~40분(장시간)이다. 이상은 표준 온도 시간일 뿐 제품의 종류, 발효 조건, 배합 재료에 따라 그 온도와 시간은 달라질 수 있다. ①보통 중량이 많이 나가는 반죽에는 온도를 조금 낮추어 시간을 두고 충분히 열을 가한다. 반대로 중량이 적은 반죽은 온도를 높여 빠른 시간 내에 굽는다. ②발효를 길게 한 반죽은 높은 온도에서 빨리 굽는다. 그래야 반죽 속이 타지 않으면서도 표면에 껍질이 생기고, 그 색이 짙다. 만일 온도가 낮으면 오븐 스프링*이 늦어져 속결이 거칠고, 표면이 말라 껍질색이 좋지 않다. ③호밀빵과 하드 롤은 조금 높은 232℃에서 증기를 쏘이며 굽는다. ④ 스위트 롤처럼 당분이 많은 반죽은 껍질색이 검어지지 않도록 조금 낮은 온도에서 굽는다. ⑤일반적으로 설탕과 우유를 적게 넣은 반죽은 온도를 높여 빨리 굽는다. 반대로 설탕, 우유를 많이 넣은 반죽은 온도를 낮추어 오래 굽는다. 설탕, 우유는 굽기 온도가 높으면 캐러멜화(갈변)가 빨라져 빵속이 익기도 전에 껍질색이 짙어진다. 그런데 같은 형식의 오븐이라 해도 각각 설계가 다르고, 열의 분포·증기 상태가 다르기 때문에 굽기 온도를 확실히 정할 수는 없다. 그러므로 실제 빵을 구울 때에 오븐의 상태를 잘 알아 두고 배합 재료, 발효 조건, 빵의 크기에 따라 알맞은 온도를 정한다.

〈케이크〉 배합 재료, 케이크 틀의 크기, 반죽의 수분량에 따라 케이크의 굽기온도와 시간이 다르다. ①설탕을 많이 넣은 반죽

은 163~177℃, 조금 넣은 반죽은 177~205℃에서 굽는다. 이 때 시간은 온도에 반비례하므로 온도가 높을수록 시간은 짧아진다. ② 하얀 레이어 케이크는 177~182℃, 노란 레이어 케이크는 149~182℃, 파운드 케이크는 144~179℃, 폼 케이크는 163~177℃, 프루츠 케이크는 177~182℃에서 굽는다. 여기서 파운드 케이크와 프루츠 케이크의 온도 범위가 넓은 이유는 이들 케이크의 무게가 450~1,350g까지 다양하기 때문이다. 무거울수록 높은 온도에서 오래 구워야 한다.

귀리 原 (영 Oat 프 Folle avoine) 연맥(燕麥)이라고도 한다. 학명은 *Avena sativa*. 벼과(科)의 2년생초이다. 열매인 귀리 낱알은 밀알의 크기와 비슷하다. 단백 조성은 글로불린, 프롤라민, 글루텐이고 지방은 비중이 작은 저급 지방산이 많다. 영양가는 밀보다 낮다. 귀리는 오트 밀(우유와 함께 삶은 것)로 만들어 먹는다. 또 알코올, 과자의 원료, 가축 사료로 쓰며 과자 반죽에 변화를 주고 싶을 때 외에는 제과용으로 거의 사용하지 않는다.

규히 菓 (일 求肥, ギュウヒ) 찹쌀가루에 설탕과 물엿을 넣고, 반죽한 떡의 하나이다. 순백색으로 부드러우며, 옛날에는 소 가죽과 비슷하여 '牛皮'라고도 하였다. 그러나 그 후 불교사상의 영향으로 육식을 금하면서 '求肥'로 불리게 되었다. 규히의 배합과 만드는 법은 다음과 같다.
[배합] 찹쌀가루 100g, 설탕 200g, 물엿 20g.
[만드는 법] 규히를 만드는 방법은 찌는 것, 데쳐서 반죽하는 것, 불 위에서 반죽하며 익히는 것 등이 있다. 찌는 것은 찹쌀가루를 물에 넣고 반죽한 뒤 찌고 나서 설탕과 물엿을 이겨서 넣고 매끄럽게 만든다. 대량 생산에 적합하다. 데쳐서 반죽하는 방법은 찹쌀가루에 물을 넣고 경단 모양으로 반죽한 뒤 작게 떼어 둥글려서 손바닥으로 눌러 평평하게 한 뒤 뜨거운 물에 삶는다. 이것을 그릇에 넣고 나무 주걱으로 으깨듯 반죽하여 덩어리지지 않게 되면 설탕을 조금씩 넣고 다시 잘 섞는다. 그리고 마지막에 물엿을 넣고 얼레짓가루를 체쳐 놓은 곳에 꺼내어 굳힌다. 불 위에서 익히며 반죽하는 방법은 냄비에 먼저 찹쌀가루와 물을 소량 넣고 저으면서 끓인다. 익어서 반투명 상태가 되면 설탕을 조금씩 넣고 잘 반죽한다. 약간 단단해지면 물엿을 넣는다. 손으로 조금 비벼보아 끈적거리지 않으면 불에서 내려 얼레짓가루를 뿌려 놓은 판 위에 꺼내 놓는다. 규히는 하부타에모찌(羽二重餅)와 같이 그대로 떡으로 이용하고, 또 반죽으로 이용하여 앙꼬를 싸거나(규히 만주) 양갱을 싸기도(기누타) 한다.

그라뉴당 原 (영 Grannulated sugar, Caster sugar 프 Sucre cristallisé) 분밀당* 이면서 쌍목당의 하나. 감자당과 첨채당 모두에서 채취한다. 순도가 높고, 결정의 크기는 0.25~0.55mm이다. 그라뉴당은 맑은 광택이 있고 녹기 쉬우며 깨끗한 맛이 나므로 제과에 널리 쓰이는 설탕이다. 특히 캔디, 드롭스, 통조림, 청량음료에 즐겨 쓰고 그 밖에 식탁용, 식품 공업용으로 사용한다.

그라니테 菓 (영 Frappé 프 Granité 독 Granit-Eis) 셔벗*보다 단맛이 덜한 빙과. 과즙이나 알코올류에 당도가 낮은(보메 12~14도) 시럽을 더해 만든다. 이것은 셔벗처럼 많이 젓지 말고 성글게 마무리 한다.

그라니테 리쾨르 "찰스톤 폴리즈" 菓 (프 Granité Liqueur "Charleston Follies") 각종 과실을 넣은 리큐르로 만든 그라니테.
[배합] 찰스톤 폴리즈(각종 과실로 만든 리큐르) 400cc, 설탕 150g, 물 400cc, 레몬 즙 적당량.
[만드는 법] ① 냄비에 물과 설탕을 넣고 끓여 시럽을 만든다 ② ①을 식힌 뒤 각진 그

릇에 옮기고 찰스톤 폴리즈를 더해 섞는다 ③ 레몬 즙을 섞는다 ④ 냉동고에 넣고 굳으면 포크로 휘젓는다 ⑤④의 작업을 2~3회 되풀이 한다. 이것을 차가운 포도주 잔에 담는다.

그라스미어 진저 브레드 菓 (영 Grasmere Gingerbread) 캠브리어(Cambria : 잉글랜드 북부) 그라스미어 지방의 진저 브레드*.

[배합] 밀가루 1,020 g, 황설탕 425 g, 버터 795 g, 생강가루 14 g, 메이스 가루 · 시너먼 가루 각 3.4 g.

[만드는 법] ① 밀가루에 설탕, 스파이스*를 더하고 버터를 넣어 잘 비벼 섞는다 ② ①의 반죽을 6mm 두께로 밀어 펴서 철판에 얹는다. 살짝 눌러 평평하게 한다 ③ 240℃ 오븐에서 15분간 굽는다 ④ 일단 오븐에서 꺼내어 칼끝을 이용해 직사각형으로 자른 다음 다시 오븐에 넣고 굽는다. 식힌 뒤 철판에서 떼어 낸다.

그라탱 菓 (프 Gratin) ① 열 작용으로 요리의 표면에 생기는 얇은 피막. ② 그라탱을 만드는 조리방법. 보통 그라탱 요리라 함은 소스, 파이 반죽, 수플레 반죽으로 덮은 재료를 그 표면에 피막이 생길 때까지 오븐에서 구운 따끈한 디저트를 가리킨다.

그라탱 접시

그라탱 오 바난 菓 (프 Gratin aux Bananes)

[배합] 〈소스〉 우유 150cc, 생크림 70cc, 노른자 1개, 분설탕 60 g, 크림 파우더 5 g,

바닐라 1/3개, 흰자 2개 분량, 소금 · 아몬드 리큐르 · 럼 각 적당량. 바나나 5~6개, 버터 50 g, 분설탕 · 그랑 마르니에 각 적당량, 블랙 체리 100 g, 크레프(가늘게 자른 것) 5~6장 분량.

[만드는 법] ① 소스 앙글레즈('크렘 앙글레즈'항 참고)를 만든다. 순서대로 소스를 만들어 머랭과 합친다 ② 바나나를 세로로 4등분하여 버터 소테*를 만든다. 여기에 분설탕과 그랑 마르니에를 더한다 ③ 가늘게 자른 1/2분량의 크레프를 그라탱 접시에 깔고 ②를 담는다 ④ 블랙 체리를 넣고 나머지 크레프를 얹고, ①의 소스를 붓는다 ⑤ 고온의 오븐에서 그라탱*이 생길 때까지 굽는다.

그랑 마르니에 原 (프 Grand Marnier) 오렌지를 원료로 한 큐라소라 불리는 리큐르 중 오렌지 큐라소의 대표적인 상품명. 베이스인 꼬냑으로는 그랑 샹파뉴만을 사용한다. 그대로 마심은 물론 과자의 재료로도 이용한다. 가나슈, 사바랭 시럽에 향을 내고, 타르트에 충전할 커스터드 크림, 초콜릿을 사용한 케이크, 커스터드 푸딩, 크레프 소스, 냉제 수플레 등에 쓰인다.

그레너딘 시럽 菓 (영 Grenadine syrup 프 Sirop de grenadine 독 Granatapfelsirup) 석류향을 들인 빨간 시럽. 색이 고와 칵테일 베이스로 쓰고 제과에서도 젤리 · 빙과류에 사용하여 색과 향을 들인다.

그레이엄 밀가루 原 (영 Graham flour) 통밀가루. 정제하지 않고 통째로 제분한 검은 밀가루. 전립분(全粒粉) 또는 홀 휘트 밀(whole wheat meal)이라고도 한다. 미국의 그레이엄(S. Graham : 1794~1851) 박사가 처음으로 영양가 높은 가루라고 추천 · 장려했기 때문에 붙여진 명칭이다. 원래 그레이엄 밀가루는 정제하지 않은 밀을 제분한 것이었지만, 지금은 정제 밀가루와 밀겨를 알맞은 비율로 섞어 만든다. 열량면에서 보면 정제 밀가루에 못미치지만 밀겨에 풍

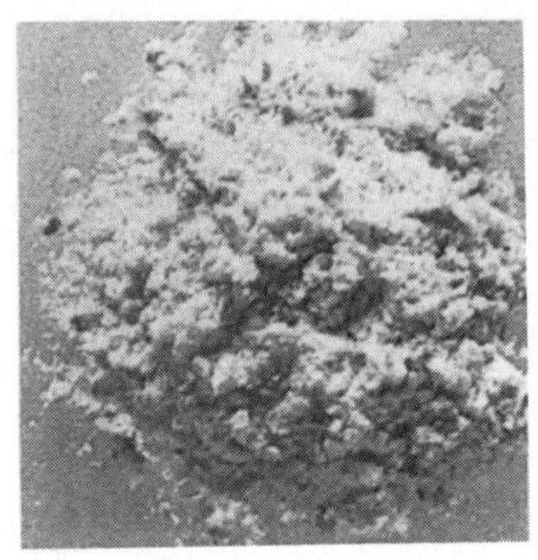

부한 단백질, 비타민이 포함되어 있어 영양가가 높다.

그레이엄 브레드 🍞 (영 Graham Bread) 그레이엄 밀가루*로 만든 빵.

[배합—원 로프식]

〈표〉 배합표

구　　분	재료 I	재료 II
그레이엄 밀가루	50.0(%)	60.0(%)
밀가루	50.0	40.0
물	60.0	65.0
소금	2.2	2.25
이스트	2.0	4.0
설탕	2.0	4.0
당밀	2.5	—
맥아	2.25	1.00
쇼트닝	2.5	3.0
탈지분유	—	4.0
이스트 푸드	—	0.5

[만드는 법] 반죽 온도 : ① 24℃ ② 26℃/발효시간 : ① 120분, 30분 ② 90분, 30분/원 로프식.

그레이엄 비스킷 🍪 (영 Graham Biscuits) 그레이엄 밀가루*로 만든 비스킷.
[배합] 그레이엄 밀가루 992g, 콘스타치 992g, 버터 397g, 벌꿀 149g, 중조 64g, 우유 596cc, 소금 5.4g.
[만드는 법] 위의 재료로 비스킷 반죽을 만든다. 이것을 밀어 펴서 타원형틀로 찍어낸 뒤 철판에 올려 중불 오븐에서 굽는다.

그레이엄 크래커 🍪 (영 Graham Cracker) 그레이엄 밀가루*로 만든, 단맛이 강한 크래커. 이스트 반죽과 화학 팽창제 반죽이 있는데, 대부분 후자를 만들어 쓴다.

그레이프 🍎 (영 Grape)
⇨포도

그레이프 프루츠 🍎 (영 Grapefruit 프 Pamplemousse) 감귤류. 원산지는 서인도 제도의 발바도스 섬이다. 현재 미국의 플로리다, 캘리포니아 등지에서 재배되고 있다. 그레이프프루츠라는 명칭은, 한 가지에 수십 개의 열매(fruit)가 포도송이(grape)처럼 열리는 데에서 비롯하였다. 그레이프프루츠는 레몬만큼 시지 않고 귤만큼 달지 않으나 과즙이 풍부하다. 이 과즙으로 주스, 젤리, 셔벗, 무스 등을 만든다. 과육은 잼으로 만들거나 케이크 장식에 쓴다.

그레인 🍞 (영 Grain)
⇨결

그레인 위스키 原 (영 Grain whisky)
⇨위스키

그로제유 🍎 (영 Currant 프 Groseille 독 Johannisbeere) 구즈베리류의 열매를 총칭. 구즈베리·검은 커런트·붉은 커런트가 여기에 속한다(다음 페이지 〈표〉 참고).
→베리

그뤼에르 原 (프 Gruyère) 우유를 원료로 한 스위스의 경질 치즈. 에멘탈 치즈처럼 내부에 기공이 있고, 그 크기는 더 작다.

그리모 드 라 레뉘에르 其 (프 Grimod de la Reynière) 프랑스의 유명한 요리 평론가(1758~1838). 본업은 변호사였다. 1808년에 마뉘엘 데 장피트리용《Manuel des amphitryons》을, 1812년에 식품 연감《Almanachs des gourmands》을 출판하여 세계의 요리 평론가를 계몽하고자 노력했다.

그리시니 🍞 (이 Grissini) 가는 막대 모양의 이탈리아빵. 프랑스의 롱게(Longue-

〈표〉 그로제유의 분류와 명칭

나라별 명칭 구즈베리류	프랑스어권	영어권	독일어권
커런트	그로제유 아 그라프 groseille à grappes	커런트 currant	요하니스베레 Johannisbeere
붉은 커런트	그로제유 루주 groseille rouge	레드 커런트 red currant	〃
흰 커런트	그로제유 블랑슈 groseille blanche	화이트 커런트 white currant	바이세 요하니스베레 Weiße Johannisbeere
검은 커런트	그로제유 누아르 groseille noire(카시스)	블랙 커런트 black currant	슈바르체 요하니스베레 Schwarze Johannisbeere

t)와 비슷하다. 수분 함량이 적다. 설탕, 우유, 향료 등을 조금씩 더 첨가하기도 한다. [배합] 〈중종〉 밀가루 500 g, 이스트 25 g, 맥아 엑스 5 g, 물 250cc. 〈본반죽〉 밀가루 500 g, 물 250cc, 우유 50cc, 소금 15 g, 이스트 50 g. 〈기타〉 포도당 10 g, 맥아 엑스 10 g, 분설탕 40 g, 바닐라 향료 · 쇼트닝 각 소량.

[만드는 법] ① 중종을 만든다. 이것을 헝겊에 싸서 22~27℃에서 90분간 발효시킨다 ② 본반죽을 만든다. 믹서 볼에 ①의 중종과 밀가루, 물, 우유, 소금을 넣고 저속으로 반죽한다. 여기에 이스트를 소량의 물로 녹여 더한다 ③ 따로 기타 재료를 섞어 크림 상태로 만든 뒤 ②의 반죽에 더해 15분간 저속으로 반죽한다 ④ 막대 모양으로 성형한 다음 철판에 얹어 잠시동안 발효시킨다(온도 32~35℃, 습도 65~70%에서) ⑤ 증기가 충분한 220℃의 오븐에서 12~15분간 굽는다.

그리스 原 (영 Grease) ① 케이크 틀과 철판에 기름칠을 하는 일. ② 기계 접촉 부분에 사용하는 윤활유. 소다 소프트 그리스, 라임 소프트 그리스의 2종류가 있다. 전자는 -20~-70℃에서 쓸 수 있으며 수분의 흡수력이 강하다. 후자는 0~45℃에서 쓸 수 있으며 수분의 흡수력이 약하다.

그린피스 原 (영 Grean peas 프 Petits pois) 덜 익은 완두의 콩깍지 속에 든 콩. 완두는 콩과(科)의 1년초이다. 다 익은 콩을 말린 것이 완두콩, 덜 익은 완두를 깍지째 먹는 것이 깍지완두, 깍지 속의 콩만을 먹는 것이 그린피스이다. 깍지완두와 그린피스는 야채의 부류에 속하고, 완두콩은 건조물(乾燥物)에 속한다. 그린피스는 영양가가 높다. 단백질이 많고 비타민 B_1 · B_2 · C도 상당량 함유되어 있다. 병조림 · 통조림 · 냉동 제품으로 가공하며, 특히 프랑스 요리에 자주 쓴다. 포타주를 비롯해서 돼지고기, 양파와 함께 찐 프티 푸아 아 라 프랑세즈(petit pois à la Française), 프티 푸아 아 라 앙글레즈가 있다. 또, 소금물에 삶아 퓌레 상태로 만든 뒤 버터, 생크림과 섞어 소스로 만들기도 한다. 그 밖의 용도로, 그린피스가 갖고 있는 산뜻한 녹색을 살려 요리에 장식하기도 한다.

그릴 其 (영 Grill) 조수육(鳥獸肉) · 어패류를 석쇠 위에서 굽거나, 꼬치에 꿰어 직접 불에 굽는 방법. 또한 이렇게 구운 고기나 생선을 그릴이라 한다. 뿐만 아니라 가리비 조개껍질에 음식물을 담아 찐 것도 그릴에 속한다.

그릴라게 菓 (독 Grillage) 당과의 하나. 크로캉트(krokant)의 다른 명칭이다. ⇨크로캉트

그릴리렌 其 (독 Grillieren) 아몬드나 헤이즐넛을 냄비에 넣고 설탕을 더하여 센 불에서 볶아 견과 표면에 얇은 설탕옷을 입

히는 일을 가리키는 제과용어이다.

근대의 양과자[近代 - 洋菓子] 菓 18세기부터 20세기에 이르는 시기에 만들어진 양과자. 산업혁명을 계기로 가내 수공업에서 기계생산 형태로 옮아 감으로써 대량생산의 기틀이 마련되었다. 과자 역시 대량생산되어 비스킷, 초콜릿, 설탕 과자 등이 널리 퍼졌다. 대형 데커레이션 케이크가 등장하였고 19세기 말에는 현대의 양과자가 출현한다. 또, 20세기에 들어서면서 첨채당이 개발됨으로써 설탕이 비로소 대중화되었고 쌀가루, 물엿, 녹말의 공급도 늘어났다. 〈종류〉 1. 18세기의 과자―① 피에스 몽테(pièces montées : 데커레이션 케이크)② 앙트르메류.
2. 19세기의 과자―① 마들렌 ② 머랭 ③ 바슈랭 ④ 프랄리네.
3. 20세기의 과자―① 앙트르메 ② 아이스크림 ③ 당과(특히 초콜릿). 이 시기에 과자의 분업화가 더욱 진전되었다.

근세의 양과자[近世 - 洋菓子] 菓 14세기부터 17세기에 걸쳐 만들어진 과자. 14~16세기의 서양인은 아시아와 신대륙으로부터 다량의 설탕과 향료를 가져가 이때부터 설탕 과자를 비롯한 당과를 만들어내기 시작했다. 그리고 1533년 이탈리아 메디치가의 카트린(M. Catherine)이 프랑스 앙리 2세(Henri Ⅱ)와 결혼하면서, 프랑스로 제1급 요리사와 빵·과자 기술자 다수를 데리고 갔다. 당시 이탈리아 요리는 고대 로마의 전통을 이어받은 것으로서 그들의 결혼을 통해 파리로 전해졌다. 오늘날 세계 제일로 꼽히는 프랑스 요리, 프랑스 빵·케이크는 바로 그때의 기술을 바탕으로 개량·변형된 것으로 볼 수 있다. 〈종류〉 1. 14~16세기(르네상스 시대)의 과자―당과가 주류를 이룬다. ① 에쇼데 ② 라통(Raton : 치즈 타르틀레트) ③ 카스뮈조(Cassemuseau : 아몬드와 흰치즈로 만든 것) ④ 갈레트 ⑤ 가토 푀이테 : 푀이타주로 만

든 과자 ⑥ 마스팽(Massepain : 마지팬의 원형) ⑦ 다리올 : 다리올 틀에 접기형 파이반죽을 깔고 크렘 프랑지판을 채워 구운 것 ⑧ 마카롱 : 아몬드에 설탕, 흰자를 더해 만든 쿠키 ⑨ 푸플랭(Poupelin : 플랑의 하나) ⑩ 투르트 ⑪ 플랑 ⑫ 고이에르(Gohiere : 플랑의 하나) ⑬ 탈무즈(Talmouse : 치즈 넣은 파이) ⑭ 봉봉 ⑮ 드라제.
2. 17세기의 양과자―① 크렘 샹티이 ② 데커레이션 앙트르메 ③ 브리오슈, 쿠글로프 등의 이스트 과자 ④ 빵 데피스 ⑤ 아이스크림류 ⑥ 소르베류 ⑦ 드라제 ⑧ 누가. 이 중에서 당과와 빙과는 이탈리아에서 왔다. 특히 근세에 발달한 과자는 ① 밀가루 과자(pâtisserie) ② 앙트르메(entremets : 요리과자) ③ 당과(confiserie) ④ 빙과(glace)이다. 이때부터 과자 만드는 일이 전문화·분업화되기 시작했다.

글라사주 技 (영 Icing 프 Glacage) 퐁당, 로열 아이싱, 초콜릿 같은 설탕옷의 총칭. 퐁당, 워터 아이싱, 시럽, 초콜릿, 잼, 젤리 등을 바르고 분설탕을 뿌리는 이유는 과자의 풍미·광택·장식·건조방지를 위함이다.

글라세 技 (영 Icing 프 Glacé 독 Glasiern) ① 과자의 표면에 퐁당·로열 아이싱 등을 묻혀 얇은 막을 씌우는 일. 마롱 글라세, 프티 푸르 글라세가 대표적인 사용례이다. ② 글라세는 본래 의미대로 '얼린'의 뜻이다. 즉, 무스 글라세(얼린 무스)·파르페 글라세(얼린 아이스크림) 등으로 쓰인다.

글라스 菓 (프 Glace) 프랑스 과자 중 빙과*를 뜻하는 명칭. 생과자·구운 과자의 파티스리, 초콜릿 봉봉 같은 당과(콩피즈리)와 나란히 과자의 한 분야를 차지한다. 글라스 범주에는 아이스크림류와 셔벗류가 포함된다. 〈분류〉 1. 프리저(동결기)로 교반 동결시키는 것―① 글라스 아 라 크렘(Glace à la crème) : 바닐라 아이스크림. ② 글라스 오 프뤼이(Glace aux fruits) : 과실을 더한 아이스크림.

2. 틀에 채워 얼리는 것－① 파르페 글라세(Parfait glacé) : 생크림, 계란, 설탕, 시럽을 위주로 만들어 각종 리큐르로 풍미를 낸 파르페류('파르페'항 참고). ② 무스 글라세*(Mousse glacée) : 과일 퓌레, 이탈리안 머랭, 생크림을 이용한 무스류. ③ 수플레 글라세*(Soufflé glacé) : 수플레는 원래 온과(溫菓)인데, 이 모양과 비슷하게 만든 빙과라 해서 붙여진 명칭. 과실을 넣지 않은 파르페나 무스로 마무리할 경우 수플레 글라세 아 라 크렘이라 하고, 과일 넣은 것은 수플레 글라세 오 프뤼이라 한다. ④ 사바용 글라세(Sabayon glacé) : 파르페 글라세처럼 틀에 채워 얼린다. 반드시 와인을 더한다. ⑤ 소르베*(Sorbet) : 셔벗*. 과실을 넣은 소르베 오 프뤼이*가 대표적이다.
3. 응용 제품－아이스크림·파르페를 비스퀴·머랭 등과 함께 어우러지게 만든 것. 생크림 등으로 장식한다. ① 봉브 글라세(Bombe glacé) : 봉브 모양의 틀에 채워 얼린 것. ② 비스퀴 글라세(Biscuit glacé) : 아이스크림을 비스퀴·제누아즈에 바르거나 샌드한 빙과.

글라스 루아얄 菓 (영 Royal icing ㉛ Glace royale 독 Eiweißglasur) 분설탕과 흰자를 섞은 혼합물이다. 각종 과자에 덧씌우고 장식으로 짜 놓는 데 이용한다. 표준 배합은 흰자 1개, 분설탕 150 g , 레몬 즙 3 방울이다. 분설탕을 체쳐서 흰자와 잘 섞는다. 레몬 즙 또는 아세트산을 2~3방울 더한다. 흰자의 양은 용도에 따라 다르다. 예를 들어 바르기용은 묽은 것이 좋으므로 흰자를 조금 많이 넣는다. 짜내기용은 오히려 단단하게 만든다. 아세트산을 넣는 이유는 더욱 하얗게 만들고 빨리 건조시키기 위함이다.

글라스 아 라 바니유 菓 (프 Glace à la Vanille) 바닐라 아이스크림. 가장 기본적인 글라스로서, 이것을 바탕으로 하여 갖가지 과실 퓌레와 견과를 더해 다른 글라스를 만들 수 있다.
[**배합**] 우유 500cc, 노른자 6개, 설탕 110 g , 바닐라 스틱 1개, 생크림(유지방 48%), 150cc, 바닐라 에센스 적당량.
[**만드는 법**] ① 냄비의 안쪽에 물을 묻히고 우유와 바닐라 스틱을 넣는다. 끓기 바로 전까지 데우고 불에서 내린다 ② 볼*에 노른자와 설탕을 넣고 잘 섞는다 ③①을 ②에 조금씩 부으면서 섞는다 ④③을 냄비에 옮겨 약한불에 올린다. 냄비 바닥이 타지 않도록 나무 국자로 천천히 저으면서 걸쭉해질 때까지 가열한다 ⑤④를 나무 국자로 떠서 국자 표면에 막이 생길 정도로 걸쭉해지면 불에서 내린다 ⑥⑤를 체에 거르면서 볼에 옮긴다. 볼 바닥에 찬물을 대고 표면에 막이 생기지 않도록 나무국자로 저으면서 식힌다 ⑦ 생크림을 ⑥과 같은 정도로 걸쭉하게 거품낸다. 그리고 ⑥에 더해 섞는다 ⑧ 바닐라 에센스를 더한다 ⑨ 빙과 제조기에 넣고 굳힌다 ⑩ 보관할 때는 차가운 그릇에 옮기고, 표면이 공기에 닿지 않도록 비닐 종이를 씌워 냉장고에 넣어 둔다.

글라스 아 로 菓 (영 Water icing ㉛ Glace à l'eau 독 Wasserglasur) 분설탕을 물에 녹인 것. 과자의 표면에 발라 얇은 설탕옷을 입히기 위해 쓴다. 표준 배합은 분설탕 1,000 g , 물 250cc이다. 분설탕을 체치고 물과 섞어 녹인다.

글라스 오 프뤼이 菓 (프 Glace aux fruits) 갖가지 과실을 더한 아이스크림*. 과실은 날것을 그대로 퓌레로 만든 것이나 설탕과 조린 것을 쓴다. 그리고 이 과실에 보메(°Bé) 17~18도인 시럽을 더한다. 그러나 일반적으로 당도를 보메 36도로 만들고, 반으로 묽히어 쓴다.

[**배합**] 시럽(보메 36도), 물 각 1,000cc, 과일 퓌레 1,000 g , 생크림 200~300cc.

[만드는 법] ① 위 재료를 한꺼번에 섞는다 ② 프리저에 넣고 교반·동결시킨다.
→글라스

글레이즈 技 (영 Glaze 프 Nappage, Dorer) 과자류 표면에 광택을 내는 일, 또는 표면이 마르지 않도록 젤리 등을 바르는 일. 그 재료로 자주 사용하는 것이 실구잼(타르트·파운드 케이크 등에), 젤라틴 젤리(프루츠 타르트 등에), 계란 푼 것(쿠키·빵 등에) 등이다. 그리고 프루츠 젤리, 시럽, 퐁당, 커버추어도 이용한다.
→나파주

글로불린 化 (영 Globulin) 물에 녹지 않고 묽은 염류 용액에 녹는 단백질. 열에 응고한다. 알부민과 함께 동·식물의 조직과 체액 속에 존재한다. 흰자의 오보글로불린, 혈장의 혈청 글로불린, 우유의 락토글로불린, 대두의 글리시닌, 삼(麻) 종자의 이데스틴이 여기에 속한다.

글로스 其 (영 Gloss) ① 온도를 정확하게 조절하여 만든 초콜릿의 표면에 보이는 광택. ② 퐁당 표면이 거울처럼 반들거리는 상태.

글로스터 라디 케이크 菓 (영 Gloucester Lardy Cake) 이스트 반죽으로 만든 영국풍(風) 케이크. 옥스포드 라디 케이크*와 같은 반죽에 건포도 340g, 구즈베리 113g을 첨가한 것이다. 여기에 라드와 적설탕 각 340g, 스파이스 3.4g을 더한다. 이렇게 만든 반죽을 직사각형으로 밀어 편 뒤 스위스 롤식으로 만다. 이것을 6등분 하여 라드를 바른 철판에 얹고 216℃에서 굽는다.

글루코오스 化 (영 Glucose)
⇨포도당

글루콘산 발효[-酸醱酵] 化 (영 Gluconic fermentation) 포도당을 산화시켜 글루콘산으로 만드는 발효, 발효원(源)은 아세트산균, 누룩곰팡이, 푸른곰팡이 등이다. 글루콘산은 신맛이 나므로 청량음료에 젖산(乳酸), 시트르산 대신 쓰기도 한다.

글루테닌 化 (영 Glutenin) 쌀의 오리제닌(oryxenin)과 함께 글루텔린(glutelin)에 속하는 밀 단백질. *글루텐 중에 절반을 차지하는, 탄성이 강한 단백질이다. 밀가루 반죽의 점·탄성(粘·彈性)과 밀접한 관계가 있다.

글루텐 化 (영, 프, 독 Gluten) 밀 단백질 중 글리아딘과 글루테닌이 서로 결합하여 생긴 단백질. 그리고 이것은 지질을 포함하는 인단백질(리포프로테인)이다. 밀가루에 물을 더해 반죽하면 물에 녹지 않는 단백질(글리아딘, 글루테닌)이 수화(水和)하여 지질과 결합한다. 밀가루 속의 녹말과 단백질은 모두 친수성 고분자이므로 물을 부어 반죽하면 물 분자를 흡착하는 성질이 있다. 글리아딘과 글루테닌은 물을 충분히 흡수하여 서로 당겨서 가는 실같이 된다(사상구조). 이것이 평행으로 또는 교차해서 그물 조직을 만든다. 즉, 밀가루 입자 속에서 떨어져 있던 글루테닌과 글리아딘 분자가 물로 인해 결합하여 글루텐을 만드는 것이다. 단백질량이 적은 밀가루보다 단백질량이 많은 밀가루에 더 두꺼운 글루텐 막이 형성된다. 이 때는 특히 많은 물과 긴 시간이 필요하다.

〈표〉 글루텐 조성표

단백질	81~85(%)
지질	11~8
회분	1~0
탄수화물	4~6

글루텐 브레드 빵 (영 Gluten Bread) 밀가루에 글루텐을 강화시켜 만든 빵. 영국의 글루텐 브레드는 단백질이 16% 이상 들어 있어야 한다. 당뇨병·비만·소화불량 환자나 고단백을 필요로 하는 사람에게 알맞은 특수빵이다.
[배합] 글루텐 강화 밀가루 100, 물 50, 이

스트 4, 소금 2.5.
[만드는 법] 조금 부드러운 반죽을 만든다.
발효는 120분 : 60분, 성형은 막대 모양, 휴
지시간은 짧게 한다.

글루텐의 양과 질의 측정 試 밀가루와
반죽의 제빵성을 알아보는 방법 중의 하나.
1. 글루텐량의 측정법―습부량(濕麩量)이
곧 글루텐량이다. 〈습부 만드는 법〉 ① 시
료(試料)인 밀가루 25 g 을 컵에 담고, 이 밀
가루의 흡수율에 상당하는 물을 더한다 ②
밀가루와 물을 잘 섞어 실온에서 1시간 물
속에 담가둔다 ③ ②의 반죽을 흐르는 물로
주무르면서 녹말과, 그 밖의 가용성 물질을
씻어 내린다(37℃의 물에 12분간 씻어 내는
것이 표준) ④ ③의 글루텐을 물 속에 1 시
간 넣어 둔 뒤 물기를 뺀다. 이것이 습부이
고, 그 양이 습부량이다. 습부를 오븐에 넣
어 100℃까지 건조시키면 건부가 된다. 건
부량(乾麩量)은 습부량의 1/3이다.
2. 글루텐의 질 측정법―화학적 측정법과
물리적 측정법이 있다. ① 화학적 측정법 :
산성 용액 속에서 단백질 분자가 팽윤하는
성질을 이용하는 방법. 밀가루의 침강실험
법, FY반응형 실험법이 있다. ② 물리적 측
정법 : 반죽의 물리적 특성을 기계로 측정하
는 방법. 패리노그래프, 믹소그래프, 익스
텐소그래프, 알베오그래프로 측정·기록한
다.

글루텔린 化 (영 Glutelin) 식물의 씨
에 들어 있는 단순 단백질의 하나. 묽은 염
류 용액과 70%인 에탄올에 녹지 않고, 묽
은 알칼리 용액과 묽은 산 용액에 녹는다.
프롤라민과 함께 곡류단백질의 주성분을 이
룬다. 오리제닌(oryzenine : 쌀), 글루테닌
(glutenin : 밀)이 대표적이며 특히 밀의 글
루테닌은 글리아딘(gliadin)과 함께 글루텐
을 만들어 빵의 골격을 형성한다.

글리세롤 化 (영 Glycerol)
⇨글리세린

글리세린 原 (영 Glycerin) 지방족 3

가 알코올 중의 하나. 글리세롤이라고도 한
다. 시성식은 CH₂OHCH(OH)CH₂OH이다.
녹는점 18℃. 끓는점 290℃. 글리세린은 무
색·투명하고 단맛이 나며 끈기있는 액체이
다. 흡습성이 강해 물에 잘 녹는다. 지방산
과의 에스테르로서 유지나 지질의 형태로
동·식물계에 널리 분포한다. 빵 반죽이 알
코올 발효했을 때 생긴다. 글리세린은 구워
낸 과자, 스펀지 케이크, 카스텔라 등에 건
조방지제·광택제로 사용된다.

글리세린지방산 에스테르 原 (영 Gly-
cerine fattyacid ester) 글리세린과 지방산
의 에스테르. 유화제 중 하나. 여기에는 모
노글리세리드, 디글리세리드, 트리글리세
리드의 3 종류가 있다. 모노글리세리드는
글리세린에 1개의 지방산이, 디글리세리드
는 2개의 지방산이, 트리글리세리드는 3개
의 지방산이 결합한 형태이다. 이 중에서
보통 유화제로 사용하는 것은 모노글리세리
드(모노에스테르)이다.
→모노글리세리드

글리아딘 化 (영 Gliadin) 프롤라민
중 하나. 밀 단백질 중 40%를 차지하는 것
으로서 글루텐을 구성하는 주요 성분이다.
흡수하면 점착성이 커지고, 소금을 넣으면
더욱 증가한다. 글리아딘을 이루고 있는 아
미노산에는 프롤린, 글루탐산, 류신이 많
다. 한편 밀 단백질 중에는 리신, 트립토판
같은 중요 아미노산이 부족하다. 그 때문에
리신을 첨가하는 빵 강화법이 생겨났다.

글리코겐 化 (영 Glycogen) 동물의
체내에 저장되는 단일 다당류 중 하나. 에
너지원으로서 근육(0.5~1%), 간(5~6%)
등에 포함되어 있고, 동물체가 죽으면 급속
히 소비되어 식품 속에 남아 있는 양은 적
다. 글리코겐은 글루코오스가 α-1, 6 결합
으로 복잡하게 이어져 구상(球狀)을 이루고
있다. 글리코겐은 아밀라아제의 작용을 받
아 말토오스와 덱스트린으로 분해된다.

글리코시드 化 (영 Glycoside)

⇨배당체

금귤[金橘] 果 운향과(科)의 상록활엽 관목으로서, 감귤류에 속하는 품종. 학명은 *Fortunella japonica* var. *margarita*이며 원산지는 중국이다. 과실은 아주 작고, 그 껍질은 조금 두껍다. 단맛이 있고 향기도 강하다. 이것은 과피도 달아 껍질째 먹거나 설탕절임, 꿀절임하여 저장해 두었다가 과자에 넣기도 한다. 금귤은 일본 말로 긴칸(きんかん)이라 하며 보통 '낑깡'으로 통용된다.

금속계 포장재료[金屬系包裝材料] 其 ① 양철 캔 : 튼튼해서 부풀지 않는다. ② 알루미늄 캔 : 아주 가볍다. 값이 비싼 양과자에는 쓰지 않는다. ③ 에어졸 캔 : 내용물이 변질되지 않는다. 휩트 크림(whipped cream), 버터 크림 포장에 쓴다. ④ 알루미늄 박 : 은빛의 광택과 완전한 방습성, 보향성, 내광성, 단열성을 갖추고 있으며 인쇄·착색하기도 쉽다. 그리하여 샌드위치, 양과자 포장 재료에 사용한다.

금속 온도계[金屬溫度計] 機 (영 Metal thermometer) 고온 측정시 사용한다.

⇨온도계

급속동결[急速凍結] 技 (영 Quick freezing) 최대얼음결정 생성대를 급속히(15분 이내에) 통과시켜 동결시키는 일. 보통 -30 ~-50℃에서 냉각·동결시키고, 또 액체 질소를 이용하여 -196℃에서 동결시키기도 한다. 식품이 얼기 시작하는 온도는 -1~-2℃이다. 더욱 냉각하여 -5℃가 되면 식품 속의 수분 70~80%가 얼어 겉보기에는 전체가 동결 상태인 것처럼 보인다. 이 때 -1~-5℃까지의 온도 범위에서 얼음 결정이 생긴다 해서 그 범위를 최대얼음결정 생성대라 부른다. 그리고 -20℃에 이르면 96~99%가 얼어 붙는다. 식품의 수분이 어는 상태는 냉각 속도에 따라 다르므로 급속동결시키면 미세한 얼음 입자가 세포내에 균일하게 퍼져 식품의 질이 거의 손상되지 않는다.

기계적 반죽법[機械的 -法] 技 (영 Mechanical dough development) 기계의 힘을 빌어 반죽을 숙성시키는 방법. 1차 발효를 생략하거나 그 시간을 줄일 수 있다. 브라이멕 제빵법과 촐리우드 제빵법이 여기에 속한다. 이에 반해 기계 대신 화학약품을 써서 반죽을 숙성시키는 방법을 화학적 반죽법이라 한다. 이 두 방법은 노 타임 반죽법*의 결점을 보완하기 위해 고안된 것이다.

기름 原 (영 Fat, Grease, Oil 프 Graisse, Huile)

⇨유지

기름칠 技 (영 Pan greasing) 성형한 반죽을 틀에 넣기 전, 빵과 틀 표면에 기름을 칠하는 일. 틀의 크기에 맞는 붓을 사용하여 칠한다. 칠하기용 기름은 식용유이고, 그 양은 반죽 무게의 0.1~0.2%로 한다.

기초대사[基礎代謝] 生 (영 Basal metabolism) 생명을 유지해 나가는 데 필요한, 최소한의 에너지 교체(대사). 대사란, 생물이 양분을 흡수하고 노폐물을 배출하는 작용인데, 이 작용으로 생물체는 생명을 유지할 수 있다. 전날 저녁 식사 후에 아무 것도 먹지 않은 채, 다음날 아침 누운 상태에서 측정한 열량을 기초대사량이라고 한다. 그 수치는 나이·성별에 따라 다르다. 남자는 여자보다, 어린이는 어른보다 많은 열량이 필요하다. 대개 성인 남자(동양인)의 기초 대사량은 하루 1,400kcal 안팎이다.

기포[氣泡] 化 (영 Foam) 액체 속에 퍼져 들어가 섞여 있는 기체의 존재상태, 즉 거품*. 일본어로 아와(あわ)라 한다. 예를 들어 계란을 거품기로 휘저으면 거품이 생긴다. 처음에는 굵은 거품이 일어나고, 시간이 지날수록 작고 균일해져 모양을 유지할 수 있다. 한편, 빵 반죽 속에는 이스트로 인해 탄산 가스가 생긴다. 그 가스가 기포로 존재하고, 이 기포가 빵의 결을 만든다. 반죽 속에 기포가 골고루 퍼져 있어야 빵의 결이 곱다.

기포성[氣泡性] 化 (영 Foaming quali-ty) 액체 속에 기체가 퍼져, 많은 수의 기포를 만드는 성질. 액체 속의 기체는 확산상(擴散相)이고, 액체는 연속상(連續相)이다. 기체는 액체 속에 거품의 형태로 확산해 있다. 이것이 기포이다. 또, 기포를 갖고 있는 액체는 기포벽을 만드는 얇은 막으로 존재한다. 그러므로 아주 적은 액체로도 표면적을 크게 할 수 있다. 어떤 액체가 기포를 만들 때는 그에 비례해서 액체의 표면장력*이 높아진다. 그 현상을 막기 위해 액체에 표면활성 물질을 녹여 둔다. 기포를 만들 액체는 표면장력이 낮고 비휘발성이어야 한다. 만일, 연속상의 액체가 휘발성이 강하면 기포가 파괴된다. 이러한 조건에 잘 맞아 떨어지는 것이 단백질 용액이다. 단백질은 기포막에 응축하여 얇은 막을 형성한 이 막은 액체의 증발을 막아주는 역할을 한다. 즉 단백질을 갖고 있는 액체는 기포성이 크다. 거품낸 크림은 에멀션(유탁액) 상태이면서 기포이다. 천연 크림에서 단백질은 기포 주위에 보호막을 쳐서 기포를 안정시킨다. 계란 흰자의 단백질 역시 같은 역할을 한다. 기포성은 스펀지 케이크, 머랭, 마카롱을 만들 때 꼭 필요한 성질이다.

기포제[氣泡劑] 原 (영 Foaming agent) 용매(溶媒)에 녹아서 거품을 잘 일게 하는 물질이다. 제과에 쓰이는 기포제는 유화제, 안정제의 성능을 갖고 있으면서 거품을 일으키는 보조제이다. 천연 재료이면서 자주 쓰이는 기포제는 계란의 흰자이다. 합성품은 슈거 에스테르, 소르비탄에스테르, 모노글리세리드가 포함되어 있어, 보통 SP라고 한다. 이것을 첨가하면, 거품내는 시간이 짧아지고 기포의 크기가 균일해지는 이점이 있다.

기하학적 모양[幾何學的—] 其 (영 G-eometric pattern) 직선, 원, 타원, 포물선, 쌍곡선과 같이 기하학에서 다루는 선(線)을 서로 짜 맞추어 만든 모양. 이것은 꽃, 잎, 동물 등 자연의 모습을 띠지 않고 기하학 선을 이용해 간결한 추상미를 갖는다. 주로 데커레이션 케이크 장식에 이용한다.

긴교쿠토 菓 (일 錦玉糖, キンギョクトウ) 일본 반생과자(半生菓子)의 하나. 표면이 반짝반짝 빛나며 투명감이 있다. 한천에 설탕과 물엿을 섞어 굳혀서 만든다. 표면에 그라뉴당을 뿌리되, 속은 투명하다. 꽃이나 물고기 모양으로 찍어내어 색다르게 표현할 수도 있다.

[배합] 한천 1개, 설탕 300~400 g, 물엿 적당량, 물 2컵.

[만드는 법] ① 한천은 충분히 물에 불린 뒤 물기를 빼고 다시 물(2 컵) 속에 넣고 끓인다 ② 여기에 설탕을 넣고 끓인 뒤 체나 천에 걸러 매끄럽게 만든다 ③ 냄비에 ②를 다시 담고 약한 불에서 서서히 조려서 큰 기포가 작아지고 젓가락을 넣었다 빼어 10cm 정도의 실과 같이 되면 물엿을 넣는다 ④ 여기에 페퍼민트, 치자열매 등을 이용하여 착색해도 좋다. 틀에 넣고 굳히거나 기호에 맞게 예쁜 모양의 틀로 찍어 모양을 낸 뒤 그라뉴당을 뿌려 건조시킨다. 보존성이 좋은 것이 특징이다.

깨엿강정 菓 엿강정의 하나. 볶은 깨를 엿으로 버무려서 네모지게 뭉친 과자이다. 엿강정은 엿물이 가장 중요하다. 왜냐하면 물엿만으로 엿물을 만들면 잘 굳지않고 설탕만으로 만들면 결정화가 되어 부스러지기 때문이다. 그러므로 엿물은 설탕, 물엿을 잘 배합하여 만들어야 한다.

[배합] 흰깨 1 컵, 검정 깨 1 컵, 설탕 1/2 컵, 물엿 1/2컵, 식용유·참기름 각 적당량.

[만드는 법] ① 흰깨와 검정깨를 씻어서 볶는다 ② 냄비에 물엿, 물, 설탕을 넣고 약한 불에서 젓지 말고 끓인 뒤 도중에 찬물에

조금 떨어뜨려 보아 흩어지지 않으면 불을 끈다 ③ 흰깨, 검정깨를 ②와 버무려 참기름을 바른 도마에 얹는다 ④ 밀대에 기름을 바르고 식기 전에 0.7cm 두께로 민다 ⑤ 굳기 전에 2~3cm로 썰어서 그릇에 낸다.

꼬냑 原 (프 Cognac) 프랑스의 꼬냑 지방에서 만들어진 브랜디. 정식 명칭은 오 드 비 드 꼬냑(eau-de-vie de cognac)이다. 크림류, 가나슈, 바바루아, 무스에 향을 낼 때 쓴다. 그리고 프루츠 케이크의 시럽, 과실 플랑베*에도 쓴다.

꿀 原 당분이 많이 함유된 식품, 즉 봉밀벌꿀(蜂蜜：자연꿀)과 당밀(糖蜜：인공꿀)이 있다. 벌꿀은 오랜 옛날 자연에서 얻은 인류 최초의 식품 중 하나이다. 당밀은 사탕수수나 사탕무에서 설탕을 만들 때 생기는 정제 당밀과, 얼음설탕(氷糖)을 만들 때 생기는 얼음 당밀이 있다.
→벌꿀

나무딸기 果 (영 Berry) 장미과(科)에 속하는 열매. 라즈베리, 블랙베리가 여기에 속한다. 달고 신맛이 나며 즙이 많다. 날로 먹기도 하고 잼, 젤리, 푸딩, 주스, 시럽을 만든다.
→베리류

나이프 機 (영 Knife 프 Couteau 독 Messer) 서양식 칼이다. 제과 제빵에서 사용하는 나이프에는 빵 자름용 칼, 팔레트 나이프, 프티 나이프, 조리용 칼이 있다. ①빵 자름용 칼 : 구워 낸 스펀지 케이크를 얇게 자르거나 완성된 케이크를 같은 크기로 자를 때 사용한다. ②프티 나이프 : 나이프 중에서 가장 작은 장식용 나이프. 오렌지·레몬 껍질에 선을 긋고 과육에서 씨를 도려낼 때 쓴다. 또, 반죽 표면에 칼집을 내고 구운 제품에 모양을 새기기에 알맞다. ③팔레트 나이프 : 나이프의 부류에 속하기는 하지만, 이것은 자름용이 아니라 크림이나 반죽을 펴 바를 때 이용한다('팔레트 나이프'항 참고). ④조리용 칼 : 단단하고 두꺼우며 칼끝이 날카롭다. 과실·견과류를 자르고 다질 때 이용한다.

빵 자름용 칼. 길이는 36~44cm가 보통이다.

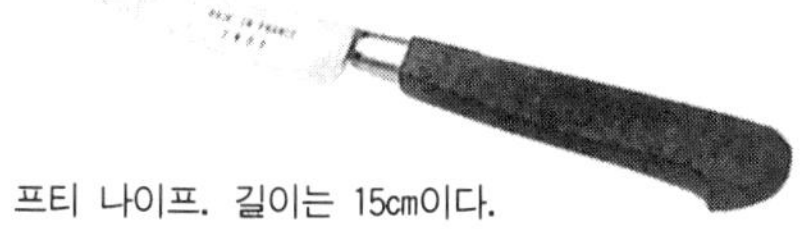

프티 나이프. 길이는 15cm이다.

나파주 原 (영 Glaze 프 Nappage) 살구잼 또는 구즈베리 젤리를 체에 걸러 펙틴을 더한 것. 케이크, 과자의 표면에 광택을 내기 위해 사용하는 젤리로서 광택제의 하나이다. 한천 역시 이러한 용도로 쓰이지만 나파주보다 안정성과 보존성이 적어 케이크의 맛을 오래 유지시킬 수 없는 단점이 있다. 원래 나파주는 살구에서 추출한 천연의 펙틴만을 가리켰다. 펙틴이란 세포간질과 세포벽 사이에 있으면서 세포를 지탱하는 물질로서 감귤류, 살구, 카시스, 사과, 딸기 등에 많이 포함되어 있다. 지금은 천연의 펙틴을 가공하여 각각의 용도에 맞는 가공품을 만들어 광택용이나 단맛을 줄인 디저트류에 쓴다.
〈사용 목적〉 케이크에 사용하면 다음과 같은 이점이 있다. ①광택이 오랫동안 변하지 않아 그만큼 맛의 신선도를 유지시킬 수 있다. ②광택이 나므로 시각적인 효과를 높여준다. ③단맛이 적어 제품의 맛에 영향을 주지 않는다. ④스펀지 시트나 과실에 쉽게 밀착되므로 케이크를 예쁘고 깨끗이 잘라 나눌 수 있다.
〈용도·사용법〉 애플파이, 각종 타르트, 사바랭, 무스, 치즈 케이크, 샤를로트 등 여러 가지 케이크류에 광택을 내는 데 쓰고, 구운 파트 쉬크레에 발라 충전물의 수분이 스며들지 않도록 한다. 사용할 때는 소량의 물로 개어 조린 뒤 사용한다. 케이크류에는 따뜻할 때 바르고, 스펀지 시트에 샌드할 때는 완전히 식혀서 바른다. 살구로 만든 황금색 나파주와 붉은 과실로 만든 나파주가 있으므로 각 제품에 맞는 것을 골라 쓴다.

나페 技 (프 Napper) 시럽, 크림, 초콜릿, 젤리 등을 과자의 표면에 바르는 일 또는 소스를 끼얹는 일. 한편 나페한 것 위에 다시 덧바르거나 덧씌워 마무리 하는 작업을 마스케*라 한다.

나폴레옹 菓 (프 Napoléon) 제누아즈 사이에 밀푀유와 크림을 샌드하고 윗면에 딸기를 충분히 얹은 것.

[배합] 〈제누아즈〉 계란 4개, 상백당·밀가루 각 112g, 버터 55g, 바닐라 에센스 소량. 〈크림〉 버터 크림 1,000g, 초콜릿 프랄리네 200g, 럼 500cc. 〈초콜릿 띠〉 스위트 커버추어 200g, 카카오 버터 15g, 화이트 초콜릿 150g. 〈기타〉 밀푀유 500g, 파트 쉬크레 800g, 럼으로 풍미를 낸 시럽·딸기·피스타치오 각 적당량, 딸기 펙틴 400g.

[만드는 법] ① 제누아즈를 만들어 2cm 두께로 슬라이스한다 ② 밀푀유를 구워서 ① 보다 조금 작은 크기로 자른다 ③ 프랄리네 초콜릿, 럼, 버터 크림을 섞어서 크림을 만든다 ④ ①에 시럽과 ③의 크림을 소량 바른다 ⑤ ④ 위에 ②의 밀푀유를 포개고 ③의 크림을 바른다 ⑥ 그 위에 제누아즈를 포갠다. ⑦ 같은 크림으로 전체를 씌운다. ⑧ 커버추어를 중탕하고 카카오 버터를 섞어 초콜릿 띠를 만든다(⑦의 높이 만큼) ⑨ ⑧의 초콜릿 띠에 옆으로 몇 개의 선을 그어 홈을 내고 화이트 초콜릿을 채워서 흑·백의 초콜릿띠를 만든다 ⑩ 초콜릿 띠로 ⑦을 싼다 ⑪ 파트 쉬크레 위에 ⑩을 얹고, 윗면에는 딸기와 딸기 펙틴을 바른다 ⑫ 피스타치오를 얇게 잘라서 장식한다.

나폴리탱 菓 (프 Napolitain) 여러 가지 의미가 있으나 모두 중세에 번영했던 이탈리아의 나폴리 항에서 비롯된 명칭이다. ① 색과 풍미가 다른 3종류의 아이스크림을 서로 포개어 굳힌 뒤 작은 벽돌 모양으로 자른 것. 나폴리탄 아이스크림이라고도 한다. ② 원통형 또는 육각형의 대형 과자. 아몬드를 넣은 비스퀴 여러 장에 잼을 바르고 포개어 가운데에 속을 파낸 뒤 살구 등

의 잼을 채우고, 파트 다망드와 설탕에 절인 과실을 장식한 것. 현재는 아몬드 가루를 넣은 파트 쉬크레를 원형으로 구워 버터 크림이나 잼을 발라서 포갠다. ③ 작은 틀에 넣어 만든, 쓴맛 나는 판 초콜릿. 커피와 함께 제공한다.

낙산[酪酸] 化 (영 Butyric acid 프 Acide butyrique 독 Buttersäure) 화학식은 C_3H_7COOH. 부티르산의 구용어이며 포화 카르복시산 중의 하나이다. 천연의 지방(脂肪)을 구성하는 산(酸) 중에서 탄소 수가 가장 적은 유기산으로 노르말낙산과 이소낙산의 두 구조 이성질체가 존재한다.

① 노르말낙산 : 일명 부탄산이라 한다. 화학식은 $CH_3CH_2CH_2COOH$. 버터 썩는 냄새가 나는 무색의 휘발성 액체이다. 이것은 글리세린 에스테르의 형태로 버터나 동물의 유지방(乳脂肪) 속에 함유되어 있고, 그 밖의 식물 정유(精油)에서도 발견된다. 그리고 젖산이 낙산균에 의해 발효할 때 이 낙산이 생성된다('낙산 발효'항 참고). ② 이소낙산 : 일명 디메틸아세트산이라 한다. 화학식은 $(CH_3)_2CHCOOH$. 발효에 의해 생성되지 않는다. 노르말낙산과 마찬가지로 불쾌한 냄새가 나는 액체이다. 유리(遊離) 또는 에스테르 상태로 식물 속에 존재한다. 보통 발효한 빵 반죽에는 젖산과 아세트산이 미량 존재하고 낙산은 생성되지 않는다. 그러나 발효가 지나친 산성 반죽에는 낙산의 흔적이 보인다. 낙산은 젖산이 발효하여 만들어진 것인데, 이는 휘발성이므로 반죽을 굽는 동안에 날아가 버린다.

낙산균[酪酸菌] 生 (영 Butyric acid bacteria) 당질(糖質)을 발효시켜 다량의 낙산(부티르산)을 만드는 일군의 세균. 혐기성(嫌氣性 : 세균의 산소 기피 성질)·운동성 간균(杆菌)이며, 비병원성 세균이다. 포자를 형성하며 젤라틴을 액화하지 않는다. 그리고 산에 대해서도 민감한 반응을 보인

다. 낙산균은 혐기성 세균이므로, 식품에 낙산취(버터 썩는 냄새)가 나기 시작하면 통풍시켜 포자의 생육·번식을 막을 수 있다. 이 포자는 내열성(耐熱性)이 강하기 때문에 통조림 등의 식품을 판정하는 지표균(指標菌)으로 삼고 있다.

낙산 발효[酪酸醱酵] 化 (영 Butyric fermentation 프 Fermentation butyrique 독 Buttersäuregärung) 낙산균*의 작용에 의해 탄수화물에서 낙산*을 생성하는 발효현상. 이 발효는 산성에서 억제되고 알칼리성에서 활발히 진행한다. 그러므로 제빵시 반죽물이 알칼리성이 강한 경수(硬水)라면, 필요치 않은 낙산 발효를 막기 위해 반죽에 식초나 젖산을 소량 넣도록 한다.

낙화생[落花生] 原 (영 Peanut 프 Cacahouète)
⇨피넛

난방장치[煖房裝置] 其 (영 Heating) 추울 때 일정한 물체나 실내의 온도를 높이는 기계 장치. 화로, 스토브 등도 일종의 난방 장치로서 난방할 수 있는 범위가 작은 국부적 난방기이다. 빵·과자 공장에는 주로 공장내 온도나 발효실의 온도를 높이는 전체적 난방기가 필요하다. 이러한 장치는 공장의 한 장소에서 더운물이나 데운 증기, 공기 등을 공장의 각 부분의 방열기로 보내 실내의 공기를 따뜻하게 한다.

난백[卵白] 原 (영 Egg white 프 Blanc d'oeuf 독 Eiweiß) 알의 흰자위.
⇨계란

난백계수[卵白計數] 試 계란의 신선도를 나타내는 계수의 하나. 계란을 평평한 판 위에 깨뜨리고, 다음과 같이 난백계수를 구한다.

$$난백계수 = \frac{농후\ 난백의\ 높이}{농후\ 난백의\ 지름}$$

일반적으로 신선한 계란의 난백계수는 0.14~0.17이고, 오래된 계란일수록 그 수치가 낮다.

난황[卵黃] 原 (영 Yolk 프 Jaune d'oeuf 독 Dotter) 알의 노른자위.
⇨계란

납프쿠헨 菓 (독 Napfkuchen) 쿠글로프 틀을 이용해서 구운 발효반죽 과자. 로덴쿠헨*이라고도 한다.
[배합] 이스트 80g, 우유 500cc, 밀가루 1,000g, 소금 10g, 설탕 250g, 계란 250g, 버터 350g, 설타너 400g, 아몬드 100g, 레몬 필 100g 럼·레몬 즙·바닐라 향·메이스·카더먼 각 소량.
[만드는 법] ①이스트를 우유에 녹여 밀가루, 소금, 설탕, 계란, 버터, 설타너, 아몬드, 레몬 필을 섞는다 ②①에 럼, 레몬 즙, 바닐라, 메이스, 카더먼 등을 넣고 틀에 붓는다 ③중불의 오븐에서 굽는다.

내발효성[耐醱酵性] 技 (영 Fermentation tolerane) 빵 반죽이 숙성된 상태를 유지할 수 있는 힘, 또는 제빵시 원하는 특성을 지속하려는 반죽의 성질. 내발효력이라고도 한다. 즉, 반죽의 탄력성이 오랜 시간 계속되는 경우 내발효성이 좋다고 한다. 반죽의 내발효성을 좌우하는 것은 글루텐의 양과 질이다. 그리고 발효방법의 영향도 받는다. 일반적으로 낮은 온도의 반죽과 이스트량이 적은 발효 반죽은 내발효성이 크다. 그리고 직접법보다 중종, 수종, 노면법으로 만든 반죽의 내발효성이 더 크다.

내배유[內胚乳] 原 (영 Endosperm) 밀 낟알의 약 85%를 차지하며 가루가 되는 부분. 나머지 15%는 껍질이나 배아(胚芽)부분으로서 체에 걸러져 밀겨가 된다.

내상[內象] 빵 (영 Grain) 빵의 속결.
⇨결

냄비 機 (영 Pan 프 Bassine 독 Kasserolle) 소스·시럽 등을 조리는 그릇. 재질은 철·동·알루미늄, 스테인리스 같은 금속 이외에 내열성 유리·도기가 있다.

모양에 따라 나누면 양손잡이 냄비와 한손잡이 냄비가 있다. 한손잡이 냄비는 프라이팬과 같은 모양이고 바닥이 양손잡이 냄비만큼 깊다. 냄비는 재질에 따라 열전도의 강약이 다르므로 용도에 맞는 것을 골라 쓴다.

냉각[冷却] 物 (영 Cooling) 높은 온도를 낮은 수치로 내리는 일. 그리고 이러한 일을 담당하는 장치를 냉각기라 한다. 좁게는 상온 이하, 어는점 이상의 온도 범위까지, 넓게는 상온 이하의 모든 온도 범위까지 낮추는 것이 냉각이다. 후자의 편에서 보면 냉각은 냉동을 포함하는 말이다. 냉각기에는 구조에 따라 공랭식(空冷式)과 수랭식(水冷式) 2가지가 있다. 그리고 기능에 따라 냉장고, 냉동고, 쇼케이스* 등이 있다. 이 중 냉장·냉동고는 상품의 진열효과가 없는 반면, 쇼케이스는 상품을 냉장함과 동시에 진열효과가 있어 판매용 냉각장치로서 널리 보급되어 있다.

냉각 손실[冷却損失] 技 (영 Cooling loss) 구워 낸 빵의 중량이 냉각·건조·저장 등에 의해 감소하는 현상. 일반적으로 구워 낸 빵은 시간이 지남에 따라 수분이 증발하기 때문에 중량이 감소하게 된다. 그 감소율은 구워 낸 뒤 2시간 경과 후 0.4~0.7%, 4시간 경과 후 3% 정도이다. 일반적으로 포장하지 않은 2파운드의 빵은 6~7일 사이에, 여름철에는 12.41%의 수분이, 겨울철에는 10.25%의 수분이 증발한다. 또, 저장하는 장소에 따라 수분 증발에 의한 중량감소가 달라지며, 냉각이나 저장 방법에 따라서도 크게 달라진다. 빵의 중량 감소를 막는 유력한 방법은 포장인데, 한 실험 결과에 의하면, 포장한 2파운드 빵에는 6~7일 사이에 약 0.85%의 중량감소만이 있었다고 한다. 빵의 중량 감소는 중량을 재서 판매할 때 매우 중요한 문제가 된다.

냉과[冷菓] 菓 (프 Entremets Froids 독 Eiskuchen) 차가운 상태에서 먹는 앙트르메*. 식히는 단계를 거치는 젤리나 바바루아가 여기에 속한다. 젤라틴을 쓰는 것에만 한하던 시대도 있었지만, 지금은 앙트르메 쇼(따뜻한 것), 글라스(빙과), 파티스리*를 제외한 냉장고에서 마무리하는 모든 과자를 냉과라 한다.

〈종류〉① 젤리 : 액체를 젤라틴으로 굳힌 것. 과즙과 와인 같은 알코올을 바탕으로 하고, 젤라틴 대신 한천을 쓰기도 한다. ② 바바루아 : 독일 바바리아(Bavaria) 지방의 음료를 19세기 초에 앙토냉 카렘(Antonin Carême)이 지금과 같은 모양으로 완성했다. 크렘 앙글레즈에 젤라틴, 생크림을 더하는 것이 기본이다. 여기에 과실 퓌레를 더하여 맛과 풍미를 달리한다. ③ 블랑망제 : 아몬드 밀크*를 기본으로, 젤라틴과 생크림을 더해 만든다. ④ 무스 : 크렘 앙글레즈 또는 쇼콜라, 과실 퓌레가 바탕이 되고 휘핑 크림, 머랭, 노른자, 젤라틴으로 굳힌다. ⑤ 크렘 랑베르세 : 커스터드 푸딩. ⑥ 푸딩 : 바바루아나 크렘 앙글레즈에 과실, 빵 등으로 조화를 맞춘 것이 주류이다.

냉동[冷凍] 技 (영 Refrigeration) 식품을 냉각·동결시키는 일. 완만한 냉동법과 급속 냉동법이 있다. 전자가 장시간에 걸쳐 서서히 얼리는 방법이라면, 후자는 단시간에 얼리는 방법으로서 흔히 -40℃ 이하에서 급속동결시킨다. 최근에는 액체 질소(-196℃)를 이용하기도 한다. 급속냉동의 이점은 급속히 동결시켰기 때문에 식품의 세포나 조직 중에 생기는 얼음 결정이 미세하여 세포와 조직을 파괴하지 않는 점이다. 그래서 원래 식품의 조직이 거의 완전하게 유지되고 해동(解凍)만 잘 시키면 드립주)(drip)이 생기는 일도 없다. 식품을 냉동시키는 도구로써 흔히 사용되는 것이 냉동기**이다.** 그 밖의 냉동법에, 한제·드라이아이스 등 냉동기에 의하지 않고 얼리는 방법이 **있다.**

주) 드립 : 동결 식품을 해동했을 때 분리되어 나오는 식품의 용액.

→냉동식품

냉동 계란[冷凍鷄卵] 原 (영 Frozen egg)

⇨동결란

냉동기[冷凍機] 機 (영 Refrigerating machine) 밀폐된 용기 속의 온도를 그 주위의 온도보다 낮게 하기 위해 기계적인 작업을 하거나 열을 흡수하여 냉동하는 기계. 냉동 촉매(冷媒)로 암모니아, 이산화탄소, 염화메틸을 사용했으나 최근에는 이들 대신 프레온을 사용하고 있다. 냉동기는 이와같이 기화하기 쉬운 냉매를 액체로 만들고, 그것이 기화할 때 주위의 열(기화열)을 빼앗아 온도를 낮추는 원리를 이용한 것이다. 냉동기의 종류에 ① 증기 압축식 ② 흡수식 ③ 열전자 냉동식 등이 있다. 냉동기를 응용한 것이 가정용 전기 냉장고를 비롯한 식품 냉동고, 쇼케이스 등이다.

→냉각

냉동기에 의하지 않은 식품냉동 技 냉동기를 사용하지 않고 한제·드라이 아이스·액체 질소를 이용해 식품의 열을 빼앗아 냉동시키는 방법. 그 밖의 방법으로 진공냉각법이 있다. ① 한제에 의한 냉동법 : 얼음에 무기 염류를 섞은 혼합물은 0℃ 이하에서 녹으면서 다른 물체로부터 열을 빼앗아간다. 이 혼합물을 기한제(起寒劑) 또는 한제(寒劑)라고 한다. 이것으로 얻을 수 있는 온도는 혼합하는 무기 염류의 종류, 염류·얼음의 비율에 따라 다르다. 한제가 온도를 낮출 수 있는 것은 얼음이 녹아 물이 될 때에 흡수하는 융해의 잠열과, 물에 무기 염류가 녹을 때 흡수하는 용해열이 겹쳐 흡수량이 커지기 때문이다. 냉동기가 보급되기 이전에 아이스크림이나 셔벗을 얼리던 방법이다. 한제를 만드는 데 쓰이는 가장 보편적인 무기 염류는 소금이며, 그 밖에 염화마그네슘·염화칼슘 등이 있다. ②

드라이 아이스에 의한 냉동법 : 드라이 아이스(dry ice)는 식품의 저온수송에 자주 사용된다. 드라이 아이스란 액화 탄산 가스(CO_2)를 동결·고화시킨 것으로 냉동력이 얼음보다 2배나 크다. 그리고 드라이 아이스는 -80℃에 가까운 저온을 얻을 수 있고, 녹았을 때 물이 생기지 않아 깨끗하며 녹은 탄산 가스가 식품의 보존성을 높이는 장점이 있다. ③ 액체 질소에 의한 냉동법 : 액체 질소의 증기잠열과 감열을 이용하여 식품을 동결시킨다. 액체 질소가 증발하여 가스가 되는 원리는 드라이 아이스와 같으며, 액체 질소를 사용하면 드라이 아이스보다 훨씬 낮은 온도(-196℃)를 얻을 수 있다.

냉동 반죽[冷凍—] 技 (영 Frozen dough) 발효를 억제시키고 단시간에 제품을 얻기 위하여 어는점 아래로 동결시킨 반죽. 빵·케이크 반죽 모두에 사용할 수 있다. 〈빵 반죽〉 반죽을 냉동시킬 때 염두에 두어야 할 것은 효모의 안정성이다. 냉동기간이 길면 해동시간도 길어져 팽창력이 약해지기 때문에 정상적인 제품이 만들어지기 어렵다. 따라서 냉동 반죽을 만들 때는 효모의 사용량을 보통 때보다 2배 늘리고 직접법으로 반죽하여 발효시키지 않은 채 얼린다. 그러면 100일 동안 효모의 안정성이 지속된다. 조금이라도 발효한 반죽을 얼리면 녹인 뒤에 부풀림이 무발효 반죽보다 못하다. 냉동시킨 빵반죽의 특징은 첫째, 공정면에서 발효시간이 단축된다는 점인데, 그러면 단시간에 최종제품을 얻을 수 있다. 둘째, 품질면에서는 빵의 용적이 커지며 결이 고와진다. 또한 향기가 좋아지고 빵의 노화가 억제된다.

〈케이크 반죽〉 케이크 반죽을 냉동시킬 때는 보통의 케이크 반죽보다 당(糖)과 쇼트닝의 비율을 높이고, 팽창제와 유화제의 양도 늘린다. 쇼트닝을 사용한 반죽을 구울 때는 실온에서 해동시킨 뒤 굽고, 에인젤 케이크나 시폰 케이크의 반죽은 얼린 상태 그대로 굽는다. 이 때 오븐 온도는 표준보다 11~14℃ 정도 낮추고 굽기시간도 조정한다. 파이의 과일 충전물을 냉동시킬 때는 안정성이 높은 녹말을 섞는다.

〈냉동·해동시의 주의사항〉 ①냉동 반죽은 새 반죽을 사용한다. ②급속 동결시킨다. 왜냐하면 냉동 속도가 빠를수록 얼음 결정이 작아 제품의 조직을 파괴시키지 않고, 해동할 때에도 제품 속에 수분이 적게 남기 때문이다. ③냉동시간이 너무 길면 풍미와 향이 떨어진다. ④냉동시켜 저장할 때는 반죽을 계통적으로 보관한다. ⑤냉동장치의 습도는 80%가 좋다. ⑥온도가 21.1~29.4℃일 경우 해동시간은 냉동시간과 거의 같다. ⑦온풍을 이용하면 해동시간은 줄일 수 있다. 온풍은 온도 37.8℃, 습도 50%가 표준이다. ⑧노화를 막기 위해서는 가능한 한 빨리 온도를 21.1~23.9℃까지 높인다.

냉동반죽법[冷凍—法] 技 (영 Frozen dough method) 빵·케이크 반죽을 -23~-30℃에서 냉동 저장하면서 필요에 따라 꺼내 빵·과자를 만드는 방법. 냉동 속도가 더디면 큰 얼음 결정이 생겨 주위의 수분을 모으기 때문에 반죽의 조직이 상한다. 그러므로 급속 냉동시켜야 한다. 반죽뿐만 아니라 제품을 냉동시킬 때에도 마찬가지이다. 빵·케이크는 버터의 사용량에 따라 냉동이 잘 될 수도, 그렇지 않을 수도 있다. 냉동제품은 주로 고배합 반죽으로 만든 데니시 페이스트리, 크루아상, 스위트 도, 버터 롤 등이다.

냉동 빵[冷凍—] 技 (영 Frozen Bread) 빠른 시간에 구운 빵을 동결시킨 것. 이렇게 하여 저장하면 빵의 노화방지와 계획생산이 가능하다(굽고 나서 즉시 빵을 -18℃에 냉장하면 1년 동안 변질되지 않는다). 빵의 노화(老化, staling)는 50℃ 이상에서, -30℃ 이하에서 일어나지 않는다. 한편 -1~-3℃에서는 노화의 속도가 빠르다. 그렇기 때문에 빵을 동결시킬 때에는 이 온도의 범위를 재빠르게 통과시켜야 한다. 이 때 동결을 끝낸 제품의 온도는 적어도 -10℃가 되어야 한다. 그리고 오랫동안 냉장할 때는 -20℃ 이하로 낮춘다.

〈조작〉 ①식빵의 동결점은 -6℃. 급속 동결시켜야 한다. ②구운 뒤에 바로 냉각시킬 준비를 한다. ③구운 뒤 3~4시간 이내에 빵의 온도를 -10℃ 이하로 낮춘다. ④여기서 온도를 더 낮춰 -18~-20℃로 한 다음 냉장한다. ⑤빵을 동결시키기에 알맞은 장치는 송풍 동결장치이다. ⑥냉장 온도가 높으면 빵의 품질이 나빠진다. 내용은 다음 〈표1〉, 〈표2〉와 같다(장기간 냉장은 -20~-25℃, 7~10일 냉장은 -15℃가 표준).

〈표 1〉 냉장과 크럼*의 압축도

| 냉 | 장 | 압축도의 증가(g) |
온도(℃)	시간(일)	
- 9.4	3	27
-12.2	24	14
-17.8	24	0
-23.3	24	0

주) 빵속의 압축도가 증가함은 빵이 노화하고 있음을 뜻한다.

〈표 2〉 동결속도와 크럼*의 압축도

동결시간	압축도	동결시간	압축도
30분	19 g	3시간	57 g
90분	32 g	7시간	71 g

⑦해동 역시 급속해동이 바람직한데, 포장빵은 50~60℃의 바람을 쏘이고, 2~3시간 안에 실온으로 올려야 한다. 반면 포장하지 않은 빵은 습도가 낮으면 표면이 마르므로, 습도는 60%로 하고 천천히 바람을 불어넣는다.

냉동 식품[冷凍食品] 技 (영 Frozen food) 식품을 냉동*하여 오래 보존할 수 있도록 가공한 저장 식품 중의 하나. 식품을 냉동하면 미생물의 번식과 효소작용이 정지되어 부패와 변질을 막을 수 있기 때문에,

장기간 식품의 신선함을 유지한다.
〈종류〉크게 나누어 과실류, 채소류, 축산물, 수산물, 조리 식품 등 5가지가 있다 (〈표〉 참고).

〈표〉 냉동 식품의 종류

식품군	식 품 명
과실류	딸기·밀감·복숭아·배·사과·파인애플·과일주스·농축 과일주스·과일 칵테일 등
채소류	아스파라거스·당근·시금치·녹색 완두·토란·옥수수·송이버섯·양송이·호박 등
축산물	쇠고기·돼지고기·닭고기·칠면조고기·농축 우유·계란 등
수산물	생선 필릿 및 스테이크·새우·게·조개류·식용 개구리 등
조리식품	수프·파이·햄버거 스테이크·튀김 식품·꼬치구이 등

〈품질변화 방지책〉 냉동 식품을 저장하는 동안에 품질이 변하지 않도록 하는 방법. ① 온도 : 급속 동결시켜 최대얼음결정 생성대를 15분 이내에 통과하도록 한다('급속동결'항 참고). 그리고 저장하는 동안 온도를 일정하게 유지한다. ② 공기차단 : 저장 중 식품 표면의 얼음이 승화해서 다공질로 된다. 이러한 식품에 공기(산소)가 닿으면 변색, 산화하기 쉬우므로 플라스틱 필름 등으로 포장해 둔다. ③ 세균의 오염도 줄임 : 저온에서도 저온 세균은 계속 작용한다. 그러므로 냉동하기 전에 세균을 감소시키는 것이 좋다. ④ 첨가물 이용 : 동결하는 동안 단백질의 변성을 막기 위해 당류, 아미노산류 또는 알코올을 첨가한다. 그리고 식품 속에서 세균이 작용하지 않도록 보존료*를 사용한다.
〈해동〉 ① 고기나 생선은 원형 그대로 또는 부분으로 나누어 냉동시키고, 5~10℃에서 천천히 자연해동(自然解凍)시킨다. ② 채소류는 데치기(수증기로 가열) 한 뒤 얼리고,

그것을 그대로 가열하여 해동시킨다. ③ 과실류는 날것으로 얼리고, 반해동 상태에서 먹거나 얼린 채 주스로 만든다. ④ 조리 식품은 오븐 또는 전자 레인지로 해동시킨다.
〈보존〉 장기간일 때에는 -30℃ 이하, 단기간일 때에는 -15℃ 이하에서 보관한다. 마찬가지로 판매할 때에도 -15℃ 이하로 보존한다. 왜냐하면 저온일수록 식품의 변화가 적고, -15℃ 이상에서 얼음 결정이 커지기 때문이다.

냉동 조리식품[冷凍調理食品] 技 (영 Frozen mixing food) 반조리한 식품 또는 완제품을 냉동, 즉 동결·저장한 식품. 베이커리 제품으로서 파이나 그 밖의 케이크, 빵, 샌드위치 등이 있다. 조리 식품은 여러 가지 재료를 섞어 만든 것이기 때문에 냉동하고 해동했을 때 일어나는 변화가 아주 복잡하다. 그러므로 냉동·해동하는 동안에 잘 견딜 수 있는 것이 냉동 식품으로 알맞다. 조리 식품의 냉동 온도와 보존 기간은 다음 〈표〉와 같다.

〈표〉 냉동 조리식품의 동결·냉장표

냉동온도(℃)	보존기간(개월)
- 9.4	3
-12.2	6
-15.0	9
-18.0	12
-23.5	24
-29.0	36

냉장반죽법[冷藏-法] 技 (영 Retard dough method, Refrigerator method) 발효 반죽을 0℃ 전후, 즉 동결 직전의 온도에서 냉장하고 필요에 따라 꺼내어 쓸 수 있는 방법. 주로 이스트 반죽에 이용한다. 번즈, 페이스트리를 성형한 뒤 냉장할 수도 있다. 미국에서는 흔히 사용하는 냉장 장치는 도 리타더(dough retarder : 냉장상자)이다.

냉제 머랭[冷製—] 菓 콜드 머랭, 스위스 머랭. 가장 기본이 되는 머랭이다. 온제 머랭에 비해 설탕을 적게 넣는다. 용도는 바슈랭*용인 머랭 셸을 비롯해서 광범위하다.

[배합] 흰자 100 g, 설탕 200 g.

[만드는 법] ① 흰자에 설탕을 40~50 g 더하고 천천히 젓는다 ② 거품이 조금 일기 시작하면 힘을 주어 젓는다 ③ 60%까지 거품을 낸 뒤, 계속 교반하면서 남은 설탕을 몇 번에 나누어 더하고 단단한 머랭을 만든다 ④ 이렇게 만든 머랭은 베이킹 시트나 실리콘 종이 위에 짜 넣고 오븐에 넣는다. 속까지 구워지도록 아주 약한불에서 2시간 동안 굽는다. 너무 오래 구우면 머랭 속의 기포가 합쳐져 커지고 제품이 부서지는 수가 있다.

너츠 레브쿠헨 菓 (영 Nuts Lebkuc-hen) 견과류를 넣어 만든 페이스트에 레브쿠헨용 스파이스를 배합해 만든 케이크. 누스(Nuß) 레브쿠헨이라고도 한다.

[배합] 잘게 썬 갈색의 헤이즐넛 900 g, 설탕 1,500 g, 레몬 필·오렌지 필 각 200 g, 흰자 900 g, 밀가루 250 g, 레브쿠헨용 스파이스 60 g, 탄산암모늄 5 g.

[만드는 법] ① 헤이즐넛, 설탕, 필, 흰자를 섞고 가열해서 페이스트 상태로 만든다 ② 밀가루, 스파이스, 탄산암모늄을 ①과 혼합한다 ③ 지름 10cm의 와플 틀이 따뜻할 동안에 ②를 넓게 바른다 ④ 3~4시간 건조시킨 뒤에 약한불에서 20분간 굽는다.
→레브쿠헨

너츠 볼 菓 (영 Nuts Balls)

[만드는 법] ① 스펀지 시트에 너트 버터 크림을 샌드한다 ② 살구 퓌레를 ①의 표면에 바른다 ③ 볶아 잘게 썬 헤이즐넛 속에 ②를 넣고 굴린다 ④ 너트 리큐르로 풍미를 낸 화이트 퐁당에 ③을 담갔다가 꺼내 종이 케이스에 얹는다.

너츠 브레드 빵 (영 Nuts Bread)

[배합] 밀가루 100, 물 64, 이스트 2.5, 이스트 푸드 0.2, 소금 2, 설탕 6, 쇼트닝 7, 맥아 시럽 1, 탈지 분유·노른자 각 5, 견과류 15, 대추야자 10.

[만드는 법] ① 견과류와 대추야자를 뺀 나머지 재료로 빵 반죽을 만든다 ② 견과류와 대추야자를 잘게 썬다 ③ ①의 반죽이 부드러워지면 ②와 섞는다 ④ 반죽 온도는 26.7℃, 발효시간은 90분 ; 45분 ; 15분 ⑤ 232℃의 오븐에서 20분간 굽는다.

너츠 비스킷 菓 (영 Nuts Biscuits) 견과류를 이용한 비스킷. 사용할 수 있는 견과류에는 호두, 땅콩, 아몬드, 캐슈넛, 헤이즐넛 등 여러 종류가 있다.

[배합] 버터·설탕 각 50 g, 계란 1/4개 분량, 우유 10cc, 레몬 3 g, 밀가루 100 g, 견과류 50~100 g.

[만드는 법] 반죽을 만드는 방법은 버터 비스킷*과 같다 ① 견과류 중 1/10분량을 남기고(이것은 장식으로 위에 얹을 것이므로 얇게 썰어 놓는다), 나머지 견과는 잘게 썰어 놓는다 ② 반죽을 만든 뒤에 마지막 단계에 ①을 넣어 혼합한다 ③ 기름을 두른 철판 위에 반죽을 짜고 그 위에 남은 견과를 얹는다 ④ 185℃의 오븐에서 13분간 굽는다.

너츠 케이크 菓 (영 Nuts Cake) 견과류를 넣은 케이크. 종류에는 호두 케이크, 아몬드 케이크, 캐슈넛 케이크, 땅콩 케이크, 헤이즐넛 케이크 등 여러 가지가 있다.

[배합] 버터·계란 각 100 g, 설탕 150 g, 밀가루 180 g, 팽창제 4 g, 바닐라 3 g, 우유 30cc, 럼 7.5cc, 견과류(잘게 다진 것) 120 g, 잼 50 g.

[만드는 법] ① 위의 재료로 반죽을 만들어 파운드 틀에 넣는다 ② 180℃의 오븐에서 40분 동안 굽는다 ③ 뜨거운 상태에서 잼을 바르고 견과류로 장식한다.

너츠 쿠키 菓 (영 Nuts Cookies) 반죽에 호두가루를 뿌리고 구워 낸 과자.

[배합] 밀가루 1,700 g, 설탕 1,125 g, 버터

450 g , 주석영 28 g , 우유 900cc, 노른자 220cc, 중조 15 g , 바닐라 향 적당량.

[만드는 법] ① 위의 재료로 반죽을 만든다 ② 이것을 짤주머니에 넣고 둥근 모양깍지를 끼워서 작은 공 모양으로 철판 위에 짜 놓는다.(이 때 일정한 간격을 두고 짜야 한다) ③ 철판에 가득 차면 호두가루를 뿌리고 250℃의 오븐에서 굽는다. 호두 대신에 넛메그나 피칸 등을 사용해도 좋다.

너츠 크래커 機 (영 Nuts cracker) 호두 껍질을 벗기는 도구. 손으로 잡을 수 있는 2개의 철 막대가 한쪽 끝을 버팀점으로 하여 붙어 있다. 이 2개의 철 막대 사이에 호두를 넣고 추의 원리를 이용하여 단단한 호두 껍질을 부순다.

너츠 팬시 菓 (영 Nuts Fancies) 화려하게 장식한 소형 과자.

[만드는 법] ① 바닥이 깊은 커스터드용 소형 컵에 스펀지 반죽을 3/4정도 채운다 ② 204℃의 오븐에서 구워 낸 뒤 식힌다 ③ 수평으로 잘라서 바닐라 버터 크림을 샌드한다 ④ 윗부분과 옆면에도 같은 크림을 바른다. 그리고 옆면에 가볍게 볶은 견과류를 붙인다 ⑤ 윗면에는 크림으로 장미꽃을 짜고 그 위에 이등분한 호두를 얹어 장식한다.

너트 果 (영 Nut)
⇨견과

너트 드롭 쿠키 菓 (영 Nut Drop Cooky)
[배합] 버터 30 g , 설탕 45 g , 계란 1/2개, 우유 15cc, 밀가루 100 g , 팽창제 2 g , 견과류 70~100 g .

[만드는 법] 레이즌 드롭 쿠키*와 같다.

넛메그 原 (영 Nutmeg 프 Muscade, Noix de muscade 독 Muskat) 육두구과 (科)의 상록활엽교목의 종자를 건조시킨 것. 원산지는 인도네시아의 몰루카 제도(M-olucca 諸島)이다. 1개의 종자에서 2종류의 향신료, 즉 넛메그·메이스를 얻는다. 5cm 크기의 종자는 검은 갈색이고, 빨간 그

물 모양의 껍질에 싸여 있다. 이 중에서 검은 종자를 1~2개월 건조시키면 넛메그가 되고, 그물 모양의 빨간 껍질을 건조시키면 메이스가 된다. 넛메그는 육류 요리와 과자에 많이 이용되는데, 특히 육류 요리나 스튜(stew)에 꼭 필요한 향신료 중의 하나이다. 그리고 애플 파이, 밀크 푸딩 수플레는 물론 크림류에까지 다양하게 이용된다. 이 밖에도 두통, 소화, 발열, 설사 등에 효과적이라하여 브랜디에 넛메그를 담근 넛메그 브랜디를 따뜻한 우유에 몇 방울 떨어뜨려 마시기도 한다. 넛메그는 알갱이 상태와 가루 상태로 가공되는데, 사용할 때마다 일일이 가루로 빻아서 쓰는 것이 향이 짙다. 또 깨뜨렸을 때 안쪽에 기름기가 많은 것이 양질이다.

→메이스

네리키리 菓 (일 練リ切リ, ネリキリ) 네리가시(練リ菓子)의 하나인 생과자. 대표적인 화과자라 할 수 있다. 네리키리는 네리키리 앙금을 여러가지 모양이 새겨진 틀로 찍거나 곱게 세공하여 만들기 때문에 매우 아름답다. 색채도 다양해 예로부터 축하연에 이용되었다. 네리키리 앙금은 흰앙금에 설탕을 넣고 가열하면서 잘 반죽한 뒤 찰기를 주기 위해 규히(求肥)나 참마, 미심분(味甚粉 : 참쌀을 쪄서 가루로 만든 것)을 넣어 만든다. 이들 재료는 적당한 점성을 주기 때문에 세공하기 쉽고 부드러움을 오래 유지시켜 준다.

→화과자

노던 봄밀 原 (영 Northern spring wheat) 미국에서 생산되는 붉은 색의 경질 봄밀. 다크 노던 봄밀(dark northern spring wheat)과 노던 봄밀로 나뉘며, 제1급에 속하는 강력밀이다. 미국의 중북부 지방인 미네소타(Minesota), 몬태나(Montana) 등 여러 주에서 재배되고 있다. 4월에 파종해서 8월에 수확하며 평균 수분이 11%, 단백질이 12%이고 불순물이 적어 제분·제빵에 모두 사용된다. 매니토바 밀*과 함께 제빵용 밀가루 중 가장 우수한 품질에 속한다.

노르망드 菓 (프 Normande) 프랑스 과자에 붙는 명칭의 하나. 노르망드풍이라는 의미이다. 이 단어앞에 à la를 붙여 아라 노르망드라고도 한다. 프랑스의 노르망드 지방은 미식(美食)풍속이 있는 지방으로 과수 재배가 활발하다. 특히 양질의 사과가 잘 알려져 있어서 사과를 이용한 과자에 이 명칭이 주로 붙는다. 즉, 사과를 채운 타르트 노르망드(Tarte Normande) 이외에 갈레트 노르망드(Galette Normande), 사블레 노르망드(Sablé Normande) 등이 그것이다.

노르웨이 특수빵 빵 (영 Norway Special Bread) 노르웨이에서 크리스마스 때나 부활절에 즐겨 먹는 과자빵. ① 율 케이크 ② 하콘왕 커피 케이크 ③ 렌텐 번즈가 있다. 노르웨이의 식빵은 호밀빵, 흰 롤빵, 러스크, 커피 케이크, 샌드위치 등이다. 〈종류〉 1. 율 케이크(Jule Kake)—스웨덴의 율 카게와 비슷하다. [배합] 밀가루 700 g, 우유(따뜻한 것) 480cc, 이스트 85 g, 설탕 80 g, 버터 135 g, 계란 1 개, 커런트 95 g, 시트론(잘게 썬 것) 140 g, 카더먼 가루 1 g, 소금 적당량. [만드는 법] ① 우유, 설탕, 버터, 소금을 섞는다 ② 물(또는 우유)에 녹인 이스트, 밀가루 1/2분량을 더해 반죽한다 ③ ②의 반죽을 발효시키고, 2 배로 부풀었을 때 가스빼기 한다 ④ ③에 나머지 재료를 더해 반죽하고 발효시킨 뒤 다시 한번 반죽한다 ⑤ 300 g 씩 분할·둥글리기한 다음 벤치타임을 갖는다 ⑥ 타원으로 성형, 틀에 채워 2 차 발효 시킨다 ⑦ 220℃의 오븐에서 10분간(또는 180℃에서 30분간) 굽는다.

2. 하콘왕 커피 케이크(King Haakons Kaffekake)—러스크와 비슷하다. [배합] 밀가루 450 g, 팽창제 12 g, 설탕 65 g, 계란 4개, 녹인 버터 135 g, 레몬 즙 4방울, 카더먼 가루 1 ts. [만드는 법] ① 설탕과 계란을 섞는다 ② ①에 버터, 레몬 즙, 카더먼을 더하고, 이어서 밀가루와 팽창제를 넣고 잘 반죽한다 ③ ②의 반죽을 4 개로 분할하고 막대 모양으로 성형한다 ④ 기름칠 하고 가루 뿌린 철판에 성형 반죽을 얹어 220℃ 오븐에서 20분 이상 굽는다 ⑤ 윗면에 갈색이 살짝 들면 꺼내어 슬라이스한 뒤 다시 오븐에 넣고 4~5분간 굽는다.

3. 렌텐 번즈(Fastelavnsballer)—부활절과 사순절 사이에 먹는 디저트 혹은 간식. [배합] 밀가루 390 g, 이스트 28 g, 우유(따뜻한 것) 330cc, 설탕 85 g, 녹인 버터 150 g, 계란 1 개, 건포도 30~40개, 카더먼 가루 1 g. 〈충전물〉 우유 240cc, 설탕 35 g, 버터 55 g, 카더먼 가루 1 g. [만드는 법] ① 이스트는 우유로 녹여 둔다 ② 밀가루와 설탕을 함께 체치고 카더먼 가루와 섞는다 ③ 우유, 버터를 ②에 섞는다. 마지막으로 ①의 이스트를 더하고 반죽한다 ④ 30분간 발효시킨 뒤 번즈 모양으로 성형한다. 윗면에 건포도를 1 개씩 얹어 굽는다 ⑤ 수평으로 반 나눠 충전물을 샌드한다. 충전물은 우유, 설탕, 버터를 함께 가열하여 농축시킨 뒤 불에서 내려 카더먼을 넣고 잘 섞는다.

노면법[老麵法] 技 (영 Sour dough method)
⇨산성반죽법

노즐 機 (영 Forcing nozzles 프 Douille) 흔히 모양깍지라고 한다.
⇨모양깍지

노크 백 技 (영 Knock back) 기계가 아닌 손으로 반죽하는 작업.

노타임 반죽법 技 (영 No-time dough method) 1차 발효를 생략하고 숙성이 덜 된 반죽을 분할·성형하는 방법. 직접법의 일종으로 무발효 반죽법이라고도 한다. 〈특징〉① 1차 발효 과정을 생략하므로 제빵 시간이 단축된다. ② 발효를 거치지 않아 빵의 풍미가 떨어진다. ③ 숙성이 덜 된 반죽으로 만들었기 때문에 빵이 쉽게 마르고 노화한다. 그러므로 서둘러 빵을 만들어야 할 때가 아닐 경우에는 사용하지 않는 편이 좋다.
[배합] 밀가루 100, 설탕 5, 유지 4, 소금 2, 품질 개량제 0.1, 이스트 3, 물 64.
[만드는 법] 모든 재료를 함께 섞고 조금 지나치다 싶을 정도로 충분히 반죽한다. 반죽 온도 29~31℃, 플로어타임 30분. 벤치타임 이후는 직접반죽법과 같다.

노펀치 반죽법 技 (영 No punch dough method) 직접법의 하나. 1차 발효 후 가스빼기를 하지 않고 그대로 분할하는 방법이다. 껍질이 부드러운 풀먼 브레드를 만들 때, 비교적 저단백의 밀가루를 써서 노펀치 반죽법으로 만들면 좋은 결과를 얻을 수 있다.

노화 방지제[老化防止劑] 原 (영 Anti staling agent) 노화를 막기 위한 약제. 주로 유화제, 포수제(抱水劑)를 쓴다. 그 밖에 모노글리세리드, 레시틴, 폴리옥시에틸렌 모노스테아레이트, CMC, 대두가루, 내열성 아밀라아제 등이 노화 방지에 효과적이다.

녹말[綠末] 原 (영 Starch 프 Amidon 독 Stärkemehl) 곡류에서 추출한 탄수화물의 하나. 화학식은 $(C_6H_{12}O_6)n$ 이다. 포도당 분자들로 이루어진 다당류로서, 전분 또는 스타치라고도 한다.
1. 구조 — 2개의 기본 형태로 이루어져 있다. ① 아밀로오스*(amylose) : 요오드 실험에서 청색 반응, 포도당 분자가 모인 사슬 형태, α-1, 4 결합. ② 아밀로펙틴*(amylopectin) : 요오드 실험에서 적자색 반응, 포도당 분자가 화학적으로 결합한 가지 형태, α-1,4, α-1,6 결합.
곡류나 근경류(根莖類)의 종류에 따라 녹말 입자의 크기와 아밀로오스, 아밀로펙틴의 함량이 달라진다(〈표〉 참고).
2. 성질 — ① 무미, 무취의 흰색 가루. 물에 녹지 않고 가라앉는다. ② 60℃ 이상에서 호화*한다. ③ 산 또는 효소에 의해 쉽게 가수분해되어 최종 산물인 포도당과 맥아당이 된다. 즉, 녹말＋산(또는 효소)→작은 분자들→덱스트린→맥아당→포도당. ④ 보통 녹말을 제일 처음 분해하는 효소가 디아스타아제*로서 녹말을 덱스트린과 맥아당으로 나눈다.
3. 제과 제빵에 미치는 녹말의 중요성 — 밀

〈표〉 식품의 종류에 따른 녹말 입자의 크기와 함량

종　류	입자의 크기(μ)	아밀로오스(%)	아밀로펙틴(%)
밀	2~ 38	25	75
쌀	2~ 10	20	80
보　　　리	25~ 50	27	73
감　　　자	15~100	23	77
고　구　마	15~ 55	20	80
참　　　쌀	—	0	100
옥　수　수	4~ 26	26	74
타 피 오 카	5~ 36	18	82

녹말은 밀가루의 약 70%를 차지하고 있다. 이러한 밀가루로 만든 반죽이 발효하면 녹말은 당류로 변하여 가스를 생성하며 제품의 부피를 향상시킨다. 또, 이 때 생성된 맥아당과 포도당은 빵에 단맛을 주고 껍질색을 좋게 한다.

4. 호화―녹말을 물에 풀어 63~71℃ 정도로 가열했을 때 녹말 입자가 물을 흡수, 팽윤하여 풀이 되는 현상. 녹말 입자는 온도가 올라가 최고 온도에 도달할 때까지 물을 흡수한다. 녹말이 완전히 호화하면 그 전체에 점성(粘性)과 유동성(流動性)이 증가하여 반투명한 콜로이드 상태를 형성한다.

5. 노화―호화하여 α형이 된 녹말 분자가 다시 미셀 구조를 만들어 β형으로 되돌아가는 현상. 노화 속도는 녹말의 종류, 저장온도, 수분함량 그리고 pH의 영향을 받는다. ① 종류 : 밀·옥수수 녹말이 가장 노화하기 쉽고, 찹쌀 녹말은 거의 노화하지 않는다. ② 저장 온도 : 10℃ 이하에서 노화가 빠르고, -18℃로 급랭(急冷)하면 수분이 동결하여 노화가 전혀 일어나지 않는다. ③ 수분량 : 30~60%에서 가장 빠르고, 10% 이하에서 억제된다. ④ pH : 산성이 강할수록 빠르다.

녹차[綠茶] 原 (영 Green tea) 발효시키지 않은 찻잎(茶葉)을 원료로 하여 만든 차. 처음 생산·사용하기 시작한 곳은 중국과 인도이다. 그 후 아시아 각지로 전파되었으며 오늘날에는 중국에 이어 일본이 녹차의 으뜸가는 생산국으로 자리를 굳히고 있다. 차는 제조 과정 중의 발효 여부에 따라 녹차, 홍차(black tea), 우롱차(烏龍茶)로 나뉘는데 어느 차나 차나무(tea plant) 잎을 원료로 하여 만든다. 녹차를 만들때 중요한 점은 따낸 잎을 바로 가열함으로써 산화효소를 파괴하여 녹색을 유지시켜야 함이다. 녹차는 음료용 이외에도 과자·메밀국수 등에 넣어 향료·착색료로 사용할 수 있다.

농축 우유 原 (영 Condensed milk) ⇨연유

농파레유 菓 (영 Nonpareil 프 Nonpareille) 과자를 장식할 때 쓰는 과립상태의 착색 설탕, 또는 작은 드라제를 가리키는 명칭이다.

뇨키 菓 (프, 이 Gnocchi) 각종 반죽을 둥글려 삶은 요리. 발상지는 이탈리아로, 이 나라의 뇨키는 밀가루 등의 반죽할 가루에 계란, 감자 퓌레를 섞어서 경단 모양으로 만들어 익힌 뒤 그라탱*한 요리이다. 다음은 슈 반죽으로 만든 프랑스의 뇨키이다.
[배합] 슈 반죽 적당량, 밀가루 150g, 버터 100g, 우유 100cc, 물 200cc, 부용 퀴브(bouillon cube)주) 적당량, 넛메그·후추 소량, 그뤼에르 치즈·머시룸* 각 100g, 퓌이타주·뿌리는 그뤼에르 치즈 적당량, 파슬리 소량.
[만드는 법] ① 슈 반죽을 짤주머니에 넣고 짜 낸 뒤 칼로 잘라서 끓는 물에 넣어 익힌다 ② 밀가루와 버터를 약한 불에서 섞는다 ③ 우유와 물로 부용 퀴브를 녹여서 ②에 넣고 넛메그, 후추, 그뤼에르 치즈, 머시룸 등을 섞는다 ④ ①의 뇨키를 ③의 소스에 넣는다 ⑤ 퓌이타주를 얇게 펴서 타르틀레트 틀에 깔고 미리 구워서 케이스를 만들고 ④를 소복히 담는다 ⑥ 치즈를 뿌리고 오븐에서 살짝 굽는다 ⑦ 잘게 썬 파슬리를 제품 중앙에 조금 뿌려 장식한다.
주) 부용 퀴브―부용이란, 영어로 스톡(stock)이란 의미. 즉 고기와 야채를 물에 넣고 끓인 즙의 하나로, 부용 퀴브는 이를 고체화시킨 것이다.

누가 菓 (영, 프, 독 Nougat) 설탕, 꿀, 그 밖의 감미료와 호두, 아몬드 같은 견과를 배합해 만든 당과(糖菓). 흰자를 넣어 공기를 함유한 하얀 누가와, 그렇지 않은 갈색의 누가가 있다. 후자는 일명 누가틴* 또는 프랄리네 누가라 불리는 것이다. 요즘은 견과류뿐만 아니라 과일도 배

합해 넣는다. 레몬을 첨가한 누가 시트롱의 배합례를 들면 다음과 같다.

[배합] 흰자 300g, 설탕 150g, 시럽 (145℃) 2,000cc, 물엿 600g, 꿀 1,000g, 레몬 껍질 8개 분량, 아몬드 900g, 헤이즐넛 900g, 피스타치오 200g, 레몬 설탕절임·말린 살구 각 300g.

→누가 몽텔리마르

누가 드 파리 菓 (프 Nougat de Paris) 공기를 포함하지 않은, 짙은 갈색의 누가. 누가 누아르(Nougat Noir), 누가 파리지앵 (Nougat Parisien)이라고도 한다.

[배합] 설탕 738g, 아몬드 슬라이스 511g, 레몬 즙 적당량.

[만드는 법] ① 냄비에 설탕 1/2분량과 레몬 즙을 넣고 젓는다 ② 설탕이 녹은 뒤 나머지 설탕을 조금씩 더하면서 젓는다 ③ 볶은 아몬드를 ②에 넣고 섞는다 ④ 기름칠을 한 대리석 위에 쏟아 놓고 식힌 뒤 밀대로 밀어 편다.

누가 몽텔리마르 菓 (프 Nougat Montélimar) 프랑스 몽텔리마르시(Montélimar 市)의 향토 과자. 견과를 많이 넣고 흰자로 거품내어 공기를 포함시킨 흰색의 누가*이다.

[배합] 꿀 150g, 물엿 100g. 〈머랭〉 흰자 3개, 설탕 20g. 〈시럽〉 설탕 200g, 물엿 75g, 물 75cc. 〈기타〉 아몬드 200g, 피스타치오 75g, 헤이즐넛 75g, 콘스타치 적당량.

[만드는 법] ① 꿀과 물엿을 120~125℃까지 조린다 ② 흰자와 설탕으로 머랭을 만든다. 여기에 ①을 흘려 붓고 볼(bowl) 주위를 데우면서 더욱 휘핑한다 ③ 시럽의 재료를 섞어 150℃까지 조린다 ④ ③의 시럽을 ②에 조금씩 넣으면서 섞는다. 반죽이 굳지 않도록 계속 볼 주위에 열을 가한다 ⑤ 때때로 찬물에 떨어뜨려 굳기를 알아보고 알맞은 굳기가 될 때까지 반죽한다 ⑥ 아몬드와 헤이즐넛은 껍질을 벗겨 볶고, 피스타치오는 껍질을 벗겨 말린다 ⑦ ⑥의 견과가 식기 전

에 ⑤와 섞는다 ⑧ 철판에 ⑦의 반죽을 놓고 일정 높이의 나무 막대 2개를 양옆에 둔다. 콘스타치를 덧가루 삼아 뿌리고 막대 위로 밀대를 굴려 누가 반죽을 평평하게 고른다 ⑨ 알맞은 크기로 자른다.

누가틴 菓 (프 Nougatine) 슬라이스한 아몬드(또는 헤이즐넛), 캐러멜 상태로 조린 당액을 함께 섞어 얇게 밀어 편 것. 여러 가지 모양으로 잘라 케이크, 아이스크림, 무스 등에 장식하고 누가 세공에 이용하며 크로캉부슈에 시트로 사용한다. 누가틴 만드는 배합례 2가지를 들면 다음과 같다.

[배합1] 그라뉴당 1,000g, 다진 아몬드 500g, 레몬 즙 소량.

[배합2] 설탕 750g, 물엿 75g, 다진 아몬드 375g.

→누가

누룩 原 누룩곰팡이를 배양·번식시켜 장류(醬類), 주류(酒類)에 이용하는 발효제. 쌀·보리·콩 같은 전분질 식품을 쪄서 누룩곰팡이가 피도록 띄운다. 그 재료에 따라 쌀누룩, 보리누룩(맥국), 콩누룩 등이 된다. 누룩을 만드는 균류는 녹말을 액화 당화시키는 누룩곰팡이와 거미줄곰팡이, 알코올 발효에 필요한 효모(사카로미세스 코리아누스, *Saccharomyces coreanus*)이다. 누룩에는 알코올 분해력이 강한 것, 약한 것, 그리고 아예 없는 것이 있다. 강한 것은 술을 만들 때, 그 밖의 것은 된장과 간장을 만들 때 사용한다. 누룩은 가정에서 온돌방에 메주를 띄우듯 재래식으로 만들 수도 있으나, 최근에는 대부분 공장에서 대량 생산된다.

누룩곰팡이속[一屬] 生 (영 Aspergillus) 자낭균류(子囊菌類)인 누룩곰팡이목 (目)에 속하며 식품, 발효 공업에 중요한 역할을 하는 곰팡이. 균사는 솜털같고 색은 흰빛을 띠며, 포자는 자라면서 노랑색에서 황록색으로 변하고 성숙하면 바람을 타고 전파된다. 토양, 식품, 공업 제품 등에 널리 분포하는데 누룩곰팡이속의 곰팡이들은

아밀라아제, 프로테아제의 활성이 강하여 주류(청주), 감주(甘酒), 장류(된장·간장) 등의 양조에 또는 의약품이나 효소제 생산에도 이용되고 있다. 누룩곰팡이속에 포함되는 곰팡이는 지금까지 약 50여종으로 알려져 있다. 그 중에는 쌀·기타 녹말을 당화시키는 누룩곰팡이(A. oryzae), 강력한 효소를 지닌 검은곰팡이(A. nigar) 등 유용한 균도 있는 반면 아스페르길루스 병을 일으키는 유해균도 있다. 생육 온도는 37℃.

누스 케메 菓 (독 Nuß kämme) 독일식 접기형 파이 반죽에 아몬드 풍미의 크림을 싸서 머리빗 모양으로 성형한 독일과자. [배합] 〈블레터타이크〉 버터 500g, 박력분 300g, 강력분 200g, 찬물 270~300cc, 소금 6g. 〈충전물〉 버터·설탕 각 40g, 로마지팬 200g, 노른자 2개, 헤이즐넛 가루 100g, 시너먼 가루·럼 각 소량. 〈기타〉 계란 푼 것·살구잼·퐁당·아몬드 슬라이스 각 적당량. [만드는 법] ① 블레터타이크를 만든다('블레터타이크'항 참고). 3겹 접어밀고 휴지시키기를 6회 되풀이 한다 ② 충전물을 만든다. 먼저 버터와 로마지팬을 커드로 섞는다 ③②를 볼에 옮기고 설탕을 더해 거품기로 섞는다. 여기에 노른자를 넣고 섞은 뒤 헤이즐넛 가루, 시너먼 가루, 럼을 전부 더해 섞는다 ④③을 냉장고에 넣어 굳힌 뒤 33cm 길이의 막대 모양으로 만든다 ⑤①의 반죽을 3mm 두께로 늘이고 잘 식혀 11×33cm 크기로 자른다. 그 표면에 물을 바른다 ⑥④의 충전물을 ⑤의 중앙에 엎고 자기 앞쪽의 반죽을 들어올려 2겹으로 잘 맞춘다. 맞닿은 부분을 손가락으로 꼭꼭 누르고 냉장고에서 굳힌다 ⑦11cm 길이로 잘라 계란칠을 하고, 반죽끼리만 포개진 부분을 1cm 간격으로 세로로 자른다. 그 틈이 벌어지도록 조금 구부려 철판에 엎고 200℃에서 굽는다 ⑧⑦에 살구잼을 바르고 말린 뒤 따뜻한 퐁당을 칠한다. 아몬드 슬라이스를 볶아 엎고 오븐에 넣어 살짝 표면을 말린다.

누스 크로칸트 菓 (독 Nußkrokant) 불 위에서 녹인 설탕에 헤이즐넛, 호두 또는 아몬드를 넣은 것. 뜨거울 때 성형하여 쓰고 식어서 굳으면 빻아 과자 반죽에 섞거나 표면에 묻히는 용도로 사용한다. 설탕과 견과류의 기본 비율은 1 : 1이다.

누아 果 (프 Noix) 너트의 프랑스어명. 호두만을 말하기도 한다.
⇨견과, 호두

누아제트 果 (프 Noisette) ① 헤이즐넛의 프랑스어명. ② 헤이즐넛 색(갈색)이 될 때까지 태운 버터.

누아제틴 菓 (영 Hazelnut Cake 프 Noisettine) 향긋한 헤이즐넛의 풍미를 살린 프랑스의 소형 과자. [배합— 7×51cm, **높이** 5cm] 〈바움쿠헨— 39×51cm, 철판 3장 분량〉 계란 800g, 설탕 425g, 액체 쇼트닝 187.5cc, 안정제 15g, 생크림 135cc, 밀가루 160g, 콘스타치 250g, 베이킹 파우더 3g, 버터 187.5g, 바닐라 에센스 소량. 〈크림〉 버터 크림 750g, 초콜릿 프랄리네 100g, 프랑젤리코 리쾨르(frangelico liqueur : 헤이즐넛에 갖가지 베리류 열매와 꽃잎 추출액을 섞은 리큐르), 아니제트 리큐르·프랑젤리코 리쾨르로 풍미를 낸 시럽·헤이즐넛 슬라이스·캐러멜화한 피칸 각 적당량. [만드는 법] ① 바움쿠헨을 굽는다. 여기에 프랑젤리코 리쾨르로 풍미를 낸 시럽을 발라 흡수시킨다. 그 위에 크림을 바르고 여러 겹 포갠다 ②①을 7cm 너비로 자른다. ①에서 남은 크림을 표면에 바른다 ③ 볶은 헤이즐넛 슬라이스를 다져 표면에 붙인다. 캐러멜화한 피칸을 장식한다.

뉴매틱 컨베이어 機 (영 Pneumatic conveyor) 원료나 화물을 연속적으로 운반할 수 있는 장치의 하나.
⇨컨베이어

니더 機 (영 Kneader 프 Pétrin 독 Kn-

etmaschine) 비교적 된반죽을 만드는 반죽기. 빵 반죽용 수평 믹서와 같다. 유럽(영국)에서 케이크용 믹서와 구별해서 빵용 믹서를 가리키는 명칭이다.
→믹서

니아신 原 (영 Niacin) 비타민 B 복합체 중의 하나. 탈수소 효소의 조효소 구성분이며 동물의 간장, 효모, 곡류 등 생체에 널리 존재한다. 니코틴산(nicotinic acid)이라고도 한다. 이것은 무색의 결정 분말로 알칼리에 불안정하며 더운물과 알코올에 녹는다. 인체내에 니아신이 결핍되면 소화기·중추신경계 증세를 수반하는 피부변화, 펠라그라 병을 일으킨다. 성인의 니아신 필요량은 1일 13~17mg이다. 주요 함유식품은 효모·육류·어패류·두류이다.

다당류[多糖類] 化 (영 Polysaccharide) 2개 이상의 단당류가 글리코시드 결합에 의해 탈수 축합되어 큰 분자를 이루고 있는 당류의 총칭. 그 중, 일반적으로 단당류 2분자에서 10분자 정도까지 축합한 것을 소당류*(올리고당류)로 따로 구분한다. 다당류는 생물체의 구성성분으로 또는 에너지 저장체로 존재하고, 세포 표면의 특수한 구조를 만드는 데에 관여한다. 다당류를 화학적으로 분류하면 단일 다당류(homopolysaccharides)와 복합 다당류(heteropolysaccharides)로 나뉜다. ① 단일 다당류 : 한 종류의 단당류로 구성. 녹말, 글리코겐, 덱스트린, 셀룰로오스 등. ② 복합 다당류 : 두 종류 이상의 단당류로 구성. 펙틴, 한천, 알긴산, 글루코만난 등이 있다.

다르투아 菓 (프 Dartois) 프랑스의 고전적인 과자. 피티비에*나 갈레트 데 루아*와 같은 계통으로 푀이타주*에 크렘 다망드*나 프랑지판*을 얹고 위에 다시 푀이타주를 씌워서 구운 것. 어원은 후에 프랑스 국왕 샤를 10세(Charles X)가 된 아르투아(Artois) 백작의 이름에서 유래한다.
[만드는 법] ① 푀이타주를 2 mm 두께인 직사각형으로 2장 만든다 ② 1장을 바닥으로 사용하여 중앙에 럼 또는 바닐라로 맛을 낸 크렘 다망드 또는 프랑지판을 짠다 ③ 테두리에 계란 또는 물을 약간 바르고 남은 1장의 푀이타주를 덮는다 ④ 윗면에 노른자를 바르고 나이프로 칼집을 넣어 모양을 낸다 ⑤ 양끝에 아몬드 슬라이스를 붙이고 센불 오븐에서 굽는다 ⑥ 다 구워지기 직전에 분설탕을 뿌리고 다시 오븐에 넣어 색을 낸 뒤 적당한 크기로 자른다.

다리올 菓 (프 Dariole) 원통형의 작

은 틀. 바바 틀이라고도 한다. 커스터드 푸딩 만들기에 사용한다. 한편 틀 안쪽에 푀이타주를 깔고, 키어시 또는 다른 리큐르를 더한 프랑지판을 채워 구워 내고 바로 설탕을 뿌려 먹는 옛 과자의 명칭이기도 했다. 지금은 틀의 명칭으로만 남아 있다. 또, 중세의 과자를 가리키기도 한다. 이것은 훗날 푀이 다무르(puits d'amour)로 이어져 명맥을 유지한다.

다리올 틀

다식[茶食] 菓
⇨과정

다이어베틱 브레드 빵 (영 Diabetic Bread) 당뇨병 환자를 위한 빵. 당뇨병 환자에게는 설탕과 녹말 섭취가 부담스러우므로 제한해야 한다. 따라서 환자용 빵에는 설탕을 넣지 않고, 가능하면 녹말의 함량도 적게 한다. 그러기 위해서는 밀가루 대신에 호밀가루, 배아가루, 콩가루, 밀겨 등을 사용하고 설탕 대신에 소르비톨과 같은 감미료를 사용해서 만든다.

다이어트 식품[－食品] 其 (영 Diet food) 비만(肥滿)방지를 목적으로 먹는 음식. 한천과 같이, 영양가는 없고 먹음으로써 만복감을 얻을 수 있는 음식이어야 한다.

다쿠아즈 菓 (프 Dacquoise) 프랑스 랑드(Lande)지방의 닥스(Dax)에서 유래한 케이크이다. 다쿠아즈 반죽(거품낸 흰자에 아몬드 가루, 설탕, 밀가루 더한 것)을 구워 갖가지 향의 크림을 샌드한 것. 다음은 꽃 모양으로 구운 다쿠아즈 사이에 커피 풍미의 크림을 샌드한 케이크이다.
[배합] 〈다쿠아즈〉 흰자 500 g, 그라뉴당 250 g, 박력분 30 g, 아몬드 가루 280 g, 그라뉴당 160 g, 바닐라 슈거 소량, 분설탕 적당량. 〈크림〉 크렘 파티시에르·생크림 각 적당량, 인스턴트 커피 소량. 〈기타〉 아몬드 슬라이스·분설탕 각 적당량.
[만드는 법] ① 다쿠아즈를 만든다. 먼저 흰자와 그라뉴당을 거품내어 단단한 머랭을 만든다 ② 그라뉴당, 아몬드 가루, 박력분, 바닐라 슈거를 함께 체친다 ③ ①의 머랭에 ②를 넣고 섞는다 ④ ③의 다쿠아즈 반죽을 12mm 크기의 둥근 모양깍지를 사용해 철판에 꽃모양으로 2장 짜 놓는다. 분설탕을 듬뿍 뿌리고 170~180℃ 오븐에서 16분간 굽는다 ⑤ 생크림을 거품내어 같은 양의 크렘 파티시에르와 섞는다 ⑥ 뜨거운 물(소량)에 녹인 커피를 더하며 샌드할 크림을 마무리한다 ⑦ ④의 다쿠아즈 2장 사이에 ⑥의 크림을 짜 넣고 샌드한다 ⑧ 윗면 중앙에 아몬드 슬라이스를 여러 개 붙이고 분설탕을 뿌린다.

다크 푸르츠 케이크 菓 (영 Dark Fruits Cake) 크리스마스 케이크의 하나. 레이즌, 체리, 파인애플, 시트론, 오렌지, 레몬 퓌레 등 각종 과일을 다량 배합한 헤비 타입 케이크이다.

다테 믹서 機 (일 たてミキサー) 수직 믹서의 일본어 명칭.
⇨수직 믹서

단과자빵 빵 (영 Sweet Dough Bread) 설탕, 유지, 계란 등의 배합량이 식빵류보다 높은 제품. 모양, 충전물, 토핑 재료에 따라 명칭이 달리 붙는다. 일본식 과자빵은 앙금빵(단팥빵), 크림빵, 잼빵이고 서구식은 미국의 스위트 도 제품(스위트 롤, 커피

케이크)과 데니시 페이스트리이다. 다음은 일본식 과자빵의 한 예이다.
[배합] 〈표〉와 같이 배합한다.

〈표〉 일본식 단과자빵의 배합

재료 ＼ 배합 정도	보통	고배합	→
밀 가 루 (강 력)	100	70	70
밀 가 루 (중 력)	－	80	30
설 탕	20	25	30
소 금	1	0.8	0.5
이 스 트	3	4	4.5
쇼 트 닝	5	5	3
계 란	10	20	25
이 스 트 푸 드	0.2	0.2	0.2
물	적당량	적당량	적당량

[만드는 법] ① 직접법, 중종법 또는 냉동·냉장법으로 반죽한다 ② 30~40 g 씩 분할·둥글리기 하고 벤치타임을 가진 뒤 둥글게 밀어 편다 ③ ② 위에 충전물 25~35 g 을 얹어 원형 또는 타원형으로 감싼다 ④ 2차 발효 후 굽는다. 일반적으로 소형은 205~210℃에서 10~14분간, 대형은 200~205℃에서 10~14분간 굽는다 ⑤ 구워 낸 뒤 표면에 워시*한다.

단당류[單糖類] 化 (영 Monosaccharide) 당질(糖質)* 중 가장 간단한 단위의 당질. 가수분해를 더 이상 받지 않는다. 모두 최저 2개의 수산기(−OH)와, 알데히드기(−CHO)나 케톤기(−CO)를 가지고 있다. 즉, 수산기에 붙는 기(基)의 종류에 따라 알도오스, 케토오스로 나뉜다. 알도오스의 대표적인 예가 포도당이며 케토오스의 대표적인 예가 과당이다. 또 단당류는 탄소수에 따라 3탄당(triose), 4탄당(tetrose), 5탄당(pentose), 6탄당(hexose)으로 분류한다. 이 중 천연에 존재하는 것이 5탄당과 6탄당이다. 〈특징〉 ① 분자내에 수산기가 많아서 물에 잘 녹고, 알코올·에테르에는 거의 용해되지 않는다. ② 수용액은 환원성이 있어

중금속이온을 환원시킨다. ③단맛을 띤 당(糖)이 많다. ④효모에 의해 발효, 알코올과 유기산을 생성한다. ⑤당을 190~200℃로 가열하면 캐러멜화 현상이 일어난다.

단백질[蛋白質] 化 (영 Protein 프 P-roteine) 모든 생물의 몸을 구성하는 고분자 유기물(有機物). 당질(糖質), 지질(脂質)과 함께 3대 영양소의 하나이다. 영어의 프로테인(protein)이란 그리스어인 프로테이오스(proteios : 중요한 것)에서 유래한 용어이다. 단백질은 수많은 아미노산이 펩티드 결합으로 연결되어 있는 형태이고, 산이나 효소가 분해하면 아미노산*이 된다. 따라서 단백질을 폴리펩티드라고도 하는데, 보통 분자량이 큰 쪽을 단백질, 작은 쪽을 폴리펩티드라 한다. 단백질은 탄소 50~55%, 질소 15~18%, 산소 19~24%, 수소 6~7%, 황 0.3~0.4%로 구성되어 있다.

〈구조〉 단백질을 구성하는 아미노산은 20종. 이 20종의 아미노산이 몇 개씩, 어떤 순서로 연결되느냐에 따라 단백질의 구조가 달라진다. ①1차 구조 : 단백질에서 아미노산의 배열 순서를 해명한 것. ②2차 구조 : 1차 구조로 형성된 단백질이 일정한 각도로 굽어지고 꼬여서 특정 형태를 갖추고 있는 것. α 나선(螺旋) 구조와 β 구조, 불규칙 나선 구조가 있다. ③3차 구조 : α 나선 구조, β 구조, 불규칙 나선 구조로 된 폴리펩티드 사슬이 더욱 복잡해진 구조. 수소 결합, 이황화물 결합, 정전기적 상호작용, 소수성 결합, 쌍극자 상호작용이 관여한다. 이 3차 구조에 의해 단백질의 형태가 결정된다. ④4차 구조 : 3차 구조를 가진 단백질이 둘 이상 모여 하나의 집합체를 이루는 구조.

〈분류〉 1. 단순 단백질―아미노산만으로 이루어진 단백질의 총칭. ①구상 단백질 : 알부민*, 글로불린, 글루텔린, 프롤라민*이 여기에 속한다. ②섬유상 단백질 : 2차 구조이고 섬유상 모양이며 물에 녹지 않는다. 케라틴, 피브로인, 콜라겐, 엘라스틴이 여기에 속한다. 2. 복합 단백질―아미노산과 그 밖의 화합물로 이루어진 단백질. 핵단백질, 당단백질, 색소단백질, 인단백질이 여기에 속한다. 3. 유도 단백질―①1차 유도 단백질 ②2차 유도 단백질 (〈표〉 참고).

〈표〉 단백질의 분류

분　　　　류		특　　　　징	종　　　류
단순단백질	알　부　민	황산암모늄 포화로 염석. 물·염·묽은산·묽은알칼리에 녹는다.	혈청 알부민 난백 알부민
	글　루　텔　린	묽은산·묽은알칼리에 녹는다. 물·염 용액에 녹지 않는다.	글루테닌(밀) 오리제닌(쌀)
	글　로　불　린	물에 녹지 않는다. 황산암모늄 포화로 염석, 열에 응고한다.	혈청 글로불린 난백의 라이소자임
	프　로　타　민	물·묽은산에 녹는 강 염기성 단백질이다.	살민(연어) 클루페인(청어)
	프　롤　라　민	묽은산·묽은알칼리에 녹고 70~90% 에탄올에 녹는다.	글리아딘(밀) 제인(옥수수)
	히　스　톤	물·묽은산에 녹는 염기성 단백질이다.	흉선 히스톤 적혈구 히스톤
	경　단　백　질	보통 용매에 녹지 않는다.	콜라겐·엘라스틴 케라틴·명주피브로인

복합단백질	리 포 단 백 질	지질을 함유한다.	리포 비텔린
	색 소 단 백 질	금속·유기색소를 함유한다.	헤모글로빈·시토크롬C. 여러 가지 산화환원효소(리포플라빈을 함유) 헤모에리슬린(김)
	핵 단 백 질	핵산을 함유한다.	뉴클레오히스톤, 뉴클레오프로타민 담배 모자이크 바이러스
	인 단 백 질	인산을 에스테르로 함유한다.	카세인(유즙)
	당 단 백 질	당과 그 유도체를 함유한다.	오보무코이드(단백), 오보무선(난백), 혈청 α_1·산성 당단백질
유단백도질	1차유도단백질	천연 단백질이 약간 변화한 것.	젤라틴
	2차유도단백질	1차유도 단백질 분해가 더 진행된 것.	프로테오스 펩톤

〈기능〉 ① 생물체의 구성성분이다. 세포의 핵이나 미토콘드리아와 같은 세포의 구성성분으로서 세포막, 원형질에 다량 존재한다. ② 세포 내에서 촉매 역할을 한다. 즉, 생물체 내에서 촉매 역할을 하는 효소의 성분이다. ③ 항체(抗體)를 형성하여 외부에서 들어오는 항원(抗原)을 물리친다. ④ 세포막 내외의 체액(體液)의 분포는 전해질에서 일어나는 삼투압과 단백질에서 오는 압력에 따라 조절된다. ⑤ 단백질은 산 또는 알칼리 이온과 결합할 수 있어서 그에 대한 완충작용으로 체성분을 중성으로 유지시켜준다. ⑥ 1 g의 단백질은 4 kcal를 공급한다. 식사에서 당질과 지질로 충분한 열량을 얻지 못하면 섭취한 단백질이나 신체 조직의 단백질이 소모된다. 제과·제빵에서의 단백질 기능은 빵과 케이크의 발효·팽창·조직형성 등이고, 이 기능을 담당하는 재료는 밀가루의 글루텐이나 계란의 단백질이다.

단시간 발효[短時間醱酵] 技 (영 Short fermentation) 발효시, 시간을 단축시키는 작업. 직접법과 중종법에 있어 방법의 차이는 있지만, 보통 이스트량을 늘리고 밀가루와 물의 분량을 조절하며 온도를 약간 높여준다. 직접법인 경우 단시간 발효의 극단적인 방법은 노타임 반죽법이다. 단시간 발효시켜 구운 빵은 풍미가 좋은 제품이 될 수 없다. 좋은 빵을 얻을 수 있는 최소한의 발효 시간은 2 시간이다. 단시간 중종법으로 2 시간 이내에 완성시킨 중종을 영국에서는 플라잉 스펀지(flying sponge)라고 한다.

→노타임 반죽법, 플라잉 스펀지법

단위[單位] 物 (영 Unit) 어떤 물리량의 크기를 나타낼 때 비교의 기준이 되는 크기. 계량 단위라고도 한다. 단위에는 기본 단위, 유도 단위, 보조 단위, 특수 단위가 있다. 과거 한국은 고유의 척관법(尺貫法)과 미터법(MKS, 단위계)을 혼용했으나 1961년에 제정된 계량법에 따라 미터법으로 통일·사용하고 있다.

〈기본 단위〉 ① 미터(m : 길이) ② 킬로그램(kg : 질량) ③ 초(S : 시간) ④ 켈빈(K : 온도) ⑤ 칸델라(cd : 광도) ⑥ 암페어(A : 전류).

〈유도 단위〉 기본 단위를 물리 법칙 또는 그 정의에 따라 조합했을 때 유도되는 단위(〈표1〉 참고). 미터법은 미터, 킬로그램을 기본으로 한 십진법의 국제 도량형 단위계. 1790년 도량형 통일을 위해 파리 과학아카데미가 정부의 위탁을 받아 만든 것으로서,

〈표1〉 유 도 단 위

시 간	1 분(m)=60초(s) 1 시(h) =60분(m) 1 일(d)=24시(h)
속 도	cm/s m/s 1 노트(kt, kn)=해리/시=0.5148m/s 1 마하≒1,230km/h
가 속 도	cm/s² m/s² 표준 중력가속도=980.665cm/s= g
밀 도	g/cm³ kg/m³
힘	1 뉴턴(N)=1kg의 물체에 작용하여 1m/s²의 가속도를 생기게 하는 힘 1 다인(dyn)=1 g 의 물체에 작용하여 1cm/s²의 가속도를 생기게 하는 힘 1 g중=980dyn 1 뉴턴(N)=10⁵dyn
압 력	dyn/cm² 1 밀리바(mb)=1,000dyn/cm² 1 기압(atm)=1,013mb=760mmHg≒1kg중/cm²
일	1 에르그(erg)=1 dyn의 힘으로 물체를 힘의 방향으로 1cm 이동했을 때 한 일 1 g중·cm(1kg중·m)=1 g 중(1kg중)으로 물체를 힘의 방향으로 1cm(1m) 이동했을 때 한 일 1 줄(J)=1 N의 힘으로 물체를 힘의 방향으로 1cm 이동했을 때 한 일 1 줄(J)=10⁷erg 1 킬로와트시(kwh)=3.6×10⁵J
일 률	1 와트(W)=1 초 동안에 1 J의 일률. 1 킬로와트(kW)=1,000W 1 kg중·m/s=매초 1 kg중·m의 일을 하는 일률 1 마력(HP)=735.5 W=75kg중·m/s
온 도	섭씨(℃) 0℃=1 기압하에서 용해중인 얼음의 온도 100℃=1 기압하에서 끓는물의 온도 절대온도(°K) 0°K=273.15℃
비 열	1cal/g ℃=물질 1 g 의 온도를 1℃올리는 데 필요한 열량. J/kg·K
열 량	1 칼로리(cal)=물 1 g 을 14.5℃에서 15.5℃까지 올리는 데 필요한 열량 1cal≒4.186J 1 킬로칼로리(대칼로리, 1 kcal, Cal)=1,000cal=427kgm=1,860kWh
광 속	1m(루멘). 광도 1cd의 광원으로부터 모든 방향으로 균일하게 나가는 광속이 4π루멘
조 도	1 럭스(lx)=1lm의 광속으로 1lm²의 면을 균일하게 비출 때의 조도
전기저항	1 옴(Ω)=0℃·14.4521 g ·길이 106.3cm의 수은주의 저항. 1 메가옴(MΩ)=10⁶Ω
전 기 량	1 쿨롬(c)=1 암페어(A)의 전류로 1 초 동안 수송되는 전기량
전 압	1 볼트(V)=저항 1 Ω의 도선에 1 A의 전류가 흐를 때의 양끝의 전위차. 1 kV=1,000V
전기용량	1 패럿(F)=1 c의 전기량에 의해 1 V의 전압으로 충전된 축전기의 전기용량 1 마이크로패럿(μF)=10⁻⁶F
전 력	1 와트(W)=1 V의 전압인 두 점 사이를 1 A의 전류가 흐르는 전력. 1 kW=1,000W
자 기	1 가우스(G)=1cm²의 면적을 통과하는 자속이 1 맥스웰(Mx)인 때의 자속밀도. 에르스텟(Oe)
유 량	m³/s kg/s
주 파 수 진동수	헤르츠(Hz) 1 Hz=1 c/s
소 음	폰(phon) 회화소리는 40폰, 비행기의 폭음은 120폰(80폰 이상의 소음은 사람의 신경을 자극한다)
점 도	푸아즈(P) 1 푸아즈=1 g/cm·s

〈표2〉 길이·질량·면적·부피의 단위

	미 터 법	야드·파운드법	척 관 법	기 타
길 이	1 옹스트롬(Å)=10⁻¹⁰m 1 밀리미크론(mμ)=10⁻⁹m 1 미크론(μ)=10⁻⁶m 1 밀리미터(mm)=0.001m 1 센티미터(cm)=0.01m 1 미터(m)=1 m 1 킬로미터(km)=1,000m	1 인치(in)=1/12 ft 1 피트(ft)=0.3048m 1 야드(yd)=3 ft 1 체인(ch.)=22 yd 1 마일(mil)=1,760 yd 1 해리 영=6.080 ft / 미=6.086 ft	1 리=0.001자 1 푼=0.01자 1 치=0.1자 1 자=0.303m 1 간=6 자 1 정=60간 1 리=36정	1 광년=빛이 1년 동안 통과한 거리 (0.946702×10¹³km)
질 량	1 감마(γ)=0.000001 g 1 밀리그램(mg)=0.001 g 1 그램(g)=0.001kg 1 킬로그램(kg)=1,000 g 1 톤(t)=1,000kg	1 그레인(gr)=1/7,000 lb 1 온스(oz)=1/16 lb 1 파운드(lb)=0.4536kg 1 톤(t) 영=2,240 lb / 미=2,000 lb	1 돈=10푼 1 냥=10돈 1 근=0.16관 1 근=160돈 1 관=3.75kg	1 캐럿=200mg

면 적	1 제곱센티미터(cm^2) 1 세곱미터(m^2) 1 아르(a)=100m^2 1 헥타르(ha)=100a	1 에이커(acr)=4,840제곱야드 1 제곱마일=640acr	1 홉=0.1평 1 평=36제곱자 1 묘=30평	
부 피	1 세제곱센티미터(cm^3)=cc 1 리터(ℓ)=1,000cm^3	1 쿼터(qt.)=1/4(gal) 1 갤런(gal) {영=4.545ℓ / 미=3.785ℓ}	1 작=0.1홉 1 홉=0.1되 1 되=1.804ℓ 1 말=10되 1 섬=10말	세제곱평 = 6 자 세제곱

〈표 3〉 미터법·척관법·야드·파운드법 대조표

센티미터	치(寸)	인 치	제곱미터	평(坪)	제곱야드	리 터	되(升)	갤 런
1	0.33000	0.39370	1	0.30250	1.19599	1	0.55437	0.26418
3.03030	1	1.19303	3.30579	1	3.95369	1.80391	1	0.47654
2.54000	0.83820	1	0.83613	0.27641	1	3.78543	2.09846	1

미 터	자(尺)	피 트	아 르	묘(畝)	에 이 커	그 램	근(斤)	온 스
1	3.3000	3.28084	1	1.00833	0.02471	1	0.00166	0.03527
0.30303	1	0.99419	0.99174	1	0.02450	600	1	21.1620
0.30480	1.00584	1	40.468	40.806	1		0.04725	1

미 터	간(間)	야 드	세곱킬로미터	방리(方里)	제곱마일	킬로그램	관(貫)	파운드
1	0.5500	1.09361	1	0.06484	0.38610	1	0.26667	2.20462
1.81818	1	1.98839	15.423	1	5.95500	3.7500	1	8.26733
0.91440	0.50294	1	2.58999	0.1679	1	0.45359	0.12096	1

킬로미터	리(里)	마 일	세제곱센티미터	입 방 치	세제곱인치	톤	관(貫)	톤(英)
1	0.2546	0.62137	1	0.03593	0.06102	1	266.667	0.98421
3.92727	1	2.44029	27.8265	1	1.69807	0.00375	1	0.00367
1.60934	0.40979	1	16.3871	0.58890	1	1.01605	270.95	1

그 뒤 1875년에 비로소 국제적인 미터 조약이 성립되어 세계적으로 널리 쓰이게 되었다. 한편 미터법 이전에 사용하던 국제 단위는 야드·파운드법이다. 이것은 앵글로 색슨 제국(Anglo Saxon 諸國 : 주로 영·미국)에서 사용하는 도량형 단위계이다. 미터법과는 달리 십진법으로 되어 있지 않다. 이제는 이들 국가에서도 미터법을 사용하고 있다(〈표 2〉, 〈표 3〉 참고).

단팥빵 🈐
⇨양금빵

담금질 技 (영 Quenching) 금속을 높은 온도로 가열한 뒤 바로 기름이나 물 속에 담가서 급랭(急冷)시키는 일. 한편 제빵에서 담금질이라 하면 새로 구입한 빵 틀과 철판을 오븐에 넣고 가열하여 표면에 얇은 산화막을 생기게 하는 일을 가리킨다. 이렇게 함으로써, ① 오븐의 복사열 반사가 방지되고 ② 빵 틀의 수명이 연장되며 ③ 녹(綠)이 슬지 않고 빵에 금속 냄새가 배지 않는다. 또, 담금질을 하면 그 틀이 열을 많이 흡수하게 되어, 반죽이 들러붙지 않고 착색이 잘 되며 얼룩지지 않는다.

〈**새로 구입한 빵 틀·철판을 담금질 하는 방법**〉 ① 표면을 마른 수건으로 깨끗이 닦아 먼지와 기름을 제거한다(물에 씻지 않는다). ② 담금질을 끝낼 때까지는 틀에 기름칠을 하지 않는다. ③ 구움판의 온도가

220℃를 넘지 않는 오븐 속에 틀을 넣는다 (232℃ 이상의 오븐에 넣으면 주석을 사용한 빵 틀일 경우 녹을 염려가 있다). ④구울 때 오븐의 문과 조절판을 열어 놓는다. ⑤틀 색을 보면서 3~4시간 가열한다. 만약, 이 시간이 지나도 틀에 적당한 색이 나지 않으면 오븐의 열이 알맞지 않은 증거이다. ⑥담금질을 끝낸 빵 틀은 오븐에서 꺼내 약 90분간 냉각하고, 녹인 라드를 깨끗한 헝겊에 묻혀서 칠한다. ⑦뒤집어서 래크(rack) 위에 늘어놓는다.

당과[糖果] 原 과실을 당액(糖液) 속에서 조려 과실의 조직 안에 당을 침투시킨 뒤 탈수한 것. 이렇게 하는 이유는 미생물이 활동·번식하지 않도록 하기 위함이다. 주된 당과는 ①드레인드 체리 ②마라스키노 체리 ③마롱 글라세 ④무화과 당과 ⑤감귤류 껍질의 당과 등이다. 이들은 양생과자에 널리 이용된다.

당과[糖菓] 菓 (영 Confect 프 Confiserie 독 Konfekt) 설탕을 기본으로 하여 가공한 과자의 총칭.
〈역사〉 고대 당과의 감미원(甘味源)은 과실과 꿀이었다. 이것들로 맏든 대표적인 과자가 로마 시대, 누가의 전신인 돌치아(Dolcia)이다. 중세 말기에 이르러서는 설탕이 감미원으로 등장해 누가, 드라제, 봉봉 등이 만들어졌다. 그 뒤 18세기에 들어서면서 감자당*(甘蔗糖)에 첨채당(甜菜糖)이 덧붙여져 당과는 벼약적으로 발달했다. 누가, 캐러멜, 봉봉, 초콜릿, 드라제가 있고 잼, 마멀레이드, 과일 설탕 절임, 과자 글라세, 과실 글라세도 여기에 속한다. 한편 20세기 당과 분야의 특색은 이들 당과를 담을 용기, 포장에 눈을 돌린 점에 있다.
〈종류〉 당과는 크게 4 가지로 분류한다. ①설탕 과자 : 캐러멜, 퐁당 과자, 엿세공품. ②초콜릿 과자 : 프랄리네(봉봉 오 쇼콜라), 판 초콜릿. ③견 과자* : 누가, 마지팬 과자, 드라제. ④과실 과자 : 설탕절임 과

일, 엿을 씌운 과일, 드라이 프루츠, 젤리.

당농도계[糖濃度計] 試 (영 Saccharimeter) 당(糖)의 농도를 측정하는 기기. 검당계*, 보메 비중계* 등이 있다. ①검당계 : 선광성 물질인 당의 선광도를 측정하여 그 농도와 성질을 알 수 있는 것. ②보메 비중계 : 비중 측정용 부칭(浮秤). 보메도가 눈금으로 매겨져 있다. 액체의 비중과 그 측정값에서 액체의 농도를 알 수 있다. 보메도(°Bé)는 보메 비중계를 액체에 띄웠을 때 나타나는 눈금의 수치이다.
→당도

당도[糖度] 試 (영 Sugar degree) 당의 농도. 즉 설탕 용액 속의 당분 함량을 당도라 한다. 당도를 측정하는 도구에 굴절 검당계와 보메 비중계가 있다. 이 중 굴절 검당계로 측정하여 나타나는 값은 브릭스도(°Bx)로 표시한다. 브릭스도는 자당만이 아니라 각종 당류나 유기산까지 동시에 나타내므로 자당의 올바른 수치를 나타내기 어렵다.
⇨당농도계, 브릭스도

당도계[糖度計] 機 (영 Syrup hydrometer 프 Densimètre, Pèse-sirop 독 Zuckerwaage) 액체의 비중을 재는 기구. 비중계 또는 밀도계라고도 한다. 당액인 경우 g/cm³라는, 부피에 해당하는 당액의 중량에 의해 설탕의 함량을 잰다. 이 때 사용하는 것이 보메 비중계이다.
⇨당농도계, 당도

당밀[糖蜜] 原 (영 Molasses 프 Mélasse 독 Melasse) 사탕무, 사탕수수에서 얻어지는 결정되지 않은 시럽 상태의 물질. 수분과 비결정 설탕과 무기질을 함유하고 있다. 색은 원료에 따라 다르지만, 짙은 황색, 적갈색, 검정색 등 3종류로 나닌다. 사탕무의 당밀은 쓴맛이 나기 때문에 증류·정제해서 알코올을 제조하거나 가축 사료로 이용한다. 사탕수수의 당밀은 사탕무의 당밀보다 풍미가 좋아 식용하고, 럼 제조에 사용된다. 당밀은 자당 이외의 포도당과 과당

이 혼합돼 있어 독특한 냄새가 나고, 이들이 이스트의 먹이(영양분)가 되므로 이스트 제조에 이용된다. 외국에서 케이크에 당밀을 많이 사용하고 있는데, 그 효과는 ①특유의 단맛이 생기고, ②케이크를 오래 촉촉하게 보존할 수 있으며, ③특수 향료와 잘 조화된다는 점이다.

당밀 케이크[糖蜜 −] 菓 (영 Molasses Cake) 당밀을 배합해 만든 케이크. 색은 흑갈색이며, 종류는 레이어 케이크·슬래브 케이크·프루츠 로프·컵 케이크 등 다양하다.

당액의 캐러멜화[糖液−化] 化 (영 Caramelization) 자당(蔗糖)을 가수분해하면 전화당(轉化糖)이 되고, 전화당을 가열하면 쉽게 착색된다. 당액의 가열온도가 150℃에 이르면 전화당이 증가하고 착색도 잘 된다. 그리고 가열온도가 200℃ 이상이 되면 흑갈색의 무수당(無水糖) 중합체인 캐러멜이 생성된다. 또, 당을 pH 8 ～13의 알칼리성 상태에서, 또는 철 냄비에서 가열해도 착색이 잘 된다. 한편 당액의 배합 재료 중 아미노산과 환원당이 반응해서 착색될 수도 있는데 이것을 메일라드 반응*(maillard reaction)이라고 한다.

→설탕의 성질

당의 소금 첨가 효율 試 설탕에 소금을 첨가하면 설탕의 감미(甘味)가 강하다. 아래 〈표〉는 설탕에 대한 소금 첨가율에 따른 감미도를 실험한 결과이다. 설탕에 신맛과 쓴맛을 더하면 감미가 줄어든다.

당질[糖質] 化 (영 Glucide) 단당류(單糖類)를 비롯한 당유도체의 총칭. 열량원으로서 1 g 당 4kcal의 에너지를 내며, 하루 섭취 에너지의 65%를 차지한다. 당질의 대부분이 탄소, 수소, 산소로 이루어져 있고, 그 일반식은 $C_n(H_2O)_m$이다. 그런데 젖산 $[C_3(H_2O)_3]$이나 에탄산 $[C_2(H_2O)_2]$ 처럼 일반식은 같지만 당질이 아닌 물질도 있다. 그러므로 분자 내에 1 개 이상의 알코올기($-CH_2OH$)와, 1 개 이상의 알데히드기($-CHO$) 또는 케톤기($-CO$)를 갖고 있는 화합물만을 당질이라 함이 더 정확한 정의이다. 뒷 페이지 〈표〉는 가수분해에 따른 당질의 생성물과 그 유도체를 분류한 것이다.
→탄수화물

당초 무늬[唐草−] 其 (영, 프 Arabesque) 덩굴이 구부러진 모양. 아라비아에

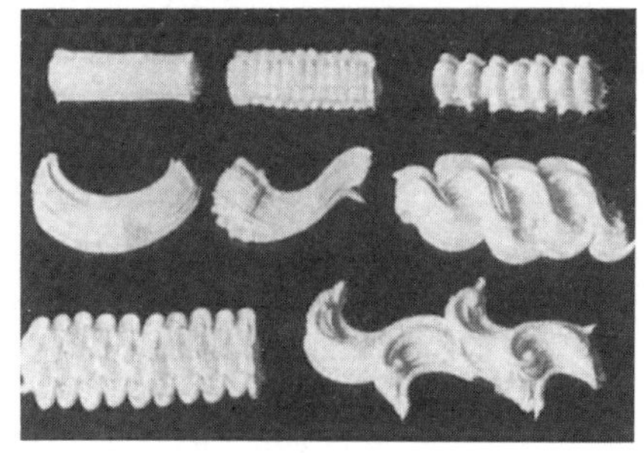

〈표〉 설탕에 대한 소금 첨가율과 감미의 세기

설탕에 대한 소금의 첨가율(%)	20%설탕용액의 감미세기와 풍미의 순위
0	6
0.1	5
0.3	3
0.5	1(가장 감미가 강하고 맛이 좋다)
0.7	2
1.0	4
1.2	7(감미는 나지 않는다)
1.5	8(약간 짠맛이 난다)

<표> 당질의 분류

분 류	명칭	화학식	탄 수 화 물 명
단당류	3 탄당	$C_3H_6O_3$	
	4 탄당	$C_4H_8O_4$	
	5 탄당	$C_5H_{10}O_5$	리보오스, 아라비노오스
	6 탄당	$C_6H_{12}O_6$	포도당(글루코오스), 갈락토오스, 만노오스, 과당(프룩토오스)
소당류	이당류	$C_{12}H_{22}O_{11}$	젖당(락토오스), 맥아당(말토오스), 자당 (수크로오스)
	삼당류	$C_{18}H_{32}O_{16}$	라피노오스
	사당류	$C_{24}H_{12}O_{21}$	스타키오스
단일 다당류		$(C_5H_8O_4)_n$	펜토산
		$(C_6H_{10}O_5)_n$	녹말(전분), 덱스트린, 글리코겐, 셀룰로오스(섬유소) 등
복합 다당류			펙틴, 알긴산, 한천(아가로오스), 글루코만난, 검
당유도체			당산, 우론산, 당알코올, 당 에스테르, 아미노당 등

서 만든 장식품에 많이 쓰이던 무늬로서, 이것이 세계로 퍼져나가게 되었다. 그래서 아라베스크(arabesque : 아라비아풍의 물건이라는 뜻)라고도 부른다. 데커레이션 케이크의 테두리 장식에 자주 사용한다. 보통 물결 모양처럼 꼬불꼬불한 곡선을 둥근 모양깍지(또는 종이 짤주머니)로 짜낸다. 여기에 휘고 가는 잎을 별 모양깍지로 띄엄띄엄 짜 놓는다.

당화[糖化] 化 (영 Saccharification) 당질(糖質), 특히 녹말·섬유소를 산 또는 효소의 작용을 이용해 단당류나 이당류로 분해하는 일이다. 즉, 녹말은 아밀라아제에 의해 글루코오스나 말토오스로, 섬유소는 셀룰라아제에 의해 세로비오스 ($C_{12}H_{22}O_{11}$)로 분해된다. 이 때 당화에 필요한 효소를 당화 효소라 하고, 그 효소의 당화 정도를 당화력*이라 한다. 예전에는 산당화(酸糖化)가 주류였지만, 이 때 가역반응이 일어나 쓴맛을 지닌 부산물이 생기기 때문에 물엿 제조에만 사용한다. 그리고 글루코오스 제조에 α-아밀라아제와 글루코아밀라아제를, 말토오스 제조에 이소아밀라아제와 β-아밀라아제를 병용하는 효소법이 있다.

당화력[糖化力] 試 (Diastatic activity) 효소가 녹말을 당화*시킬 수 있는 힘. 특히 밀가루 자체에 함유돼 있는 당화 효소의 당화 정도를 가리킨다. 주로 말토오스가*로 표시한다.

대두[大豆] 原 (영 Soy-bean, Soya-bean) 콩과(科) 대두속(屬) 식물. 대두란 팥의 한자어인 소두(小豆*)에 대응하는 명칭이다. 품종은 1,000여종에 달한다. 줄기는 60~70cm로 간혹 2m 이상이 되는 것도 있다. 뿌리는 지표면(地表面) 가까이에 뿌리혹을 가지고 있으며, 잎은 3개의 작은 잎으로 계란 모양이다. 꽃은 작은 나비 모양으로, 이 중 몇개가 열매를 맺어 성숙한 콩깍지 속에는 1~3개의 종자가 들어 있다. 대두는 동아시아의 작물로서, 전체 생산량의 90% 이상을 차지하고 있다. 최근 유럽에서의 재배가 급격히 늘어나 각종 식품과 사료의 원료로 사용되고 있다. 대두는 떡잎의 색에 따라 종자의 색도 달라 푸른콩, 노란콩, 검은콩 등이 있다.

〈영양가〉 대두는 단백질·지질의 공급원. 특히 대두 단백질은 동물성에 가장 가까운 양질의 단백질이다. 또, 지질은 동물성과 달리 리놀레산(linoleic acid)과 레시틴(lecithin)이 풍부하여 동맥경화를 예방해 준다. 비타민도 다른 곡류에 비해 B_1·B_2·B_6가 풍부하다. 덜 익은 대두에는 비타민 C가 다량 존재한다.

대두분[大豆粉] 原 (영 Soy flour) 대두*(콩)가루. 생대두분, 탈지 대두분, 황분이 있다. 황분은 붉은 대두를 가루로 만든 것이다. 한편 냄새와 쓴맛을 제거한 탈취 대두분이 있어 케이크나 빵에 사용하는데, 빵에는 밀가루의 약 10%를 사용하는 것이 좋다. 생대두분은 두부나 두유 제조시, 또는 스튜에 사용하면 편리하다. 탈지 대두분도 밀가루에 섞어서 케이크나 빵 제조에 사용할 수 있다. 그리고 황분은 떡이나 경단에 사용한다. 대두분은 밀가루에 부족한 각종 아미노산을 함유하고 있어서 세계 각국에서 밀가루의 영양소 보강을 위해 사용하는 식품이다. 대두는 빵의 영양가를 높이고 맛과 구운색을 향상시켜서, 결국 전체적으로 보았을 때 품질을 향상시킴과 동시에 오랫동안 신선함을 유지시켜 준다. 단, 대두분은 밀가루보다 흡수율이 높아 물에 닿으면 눅눅해지고 성질이 변한다. 그러므로 처음에는 조금씩 넣으면서 반죽을 만든다.

대두유[大豆油] 原 (영 Soybean oil 프 Huile de soja) 대두에서 착유(搾油)한 식용유, 즉 콩기름. 대두유의 우수성은 액체유라는 점, 레시틴(lecithin)이 많다는 점, 발연점이 183~210℃로 비교적 높다는 점에 있다. 대두는 20%에 가까운 지방이 함유되어 있어서 대두유의 원료가 된다. 정제하기 전의 대두유는 색이 진하고 냄새가 강하지만, 정제함에 따라 양질의 튀김 기름·샐러드유가 된다. 샐러드유는 정제도가 높아 뒷맛이 없고 풍미가 좋아 튀김 기름으로 쓰기에도 알맞은 것이다. 그 밖의 용도로 쇼트닝이나 마가린의 원료유로 이용되고 있다.
→샐러드유

대장균[大腸菌] 生 (Escherichia coli) 사람을 포함한 포유 동물의 대장(大腸)에 기생하는 호기성 세균. 보통 대장균은 장속에서 병원성을 나타내지 않으나, 장 이외의 부위에서는 방광염, 복막염 등을 일으킬 수 있다. 한편 어떤 종류의 대장균은 전염성 설사를 일으키는데, 이것을 특히 병원성 대장균이라고 한다. 대장균의 존재 여부는 오염 유무의 지표가 되므로 중요하다. 특히 조리빵의 경우 대장균 수가 자주 거론되고 있으므로 가공·취급시 주의해야 한다.

대추 果 (영 Date 프 Jujube) 갈매나무과(科)에 속하는 대추나무의 열매. 한국·중국을 비롯한 아시아, 유럽 등지에 분포한다. 모양은 타원형이고, 이것이 적갈색으로 익으면 단맛이 난다.

〈용도〉 그대로 생식하기도 하고 말려서 먹거나 말린 것을 익혀서 먹기도 한다. 설탕에 절여서 요리에도 이용하고 그 말린 것은 중국의 과자로 사용한다. 또, 가늘게 잘라서 케이크나 쿠키 반죽에 혼합할 수도 있다. 그 밖의 용도로서 한방에서 이뇨(利尿)·강장(强壯)·완화제(緩和劑)로 사용한다.

대추단자[-團子] 菓 빚는 떡의 하나. 찹쌀가루에 곱게 다진 대추를 넣고 찐 뒤, 채로 썬 밤과 대추를 섞어 만든 고물을 묻힌 떡이다.
[배합] 찹쌀가루 4컵, 대추 10개, 물, 꿀 각 3큰술, 밤 10개.
[만드는 법] ① 찹쌀을 깨끗이 씻어 불린 뒤 가루로 빻는다 ② 대추(5개)는 씨를 빼고 곱게 다져서 물로 비벼가며 ①과 섞는다 ③ 젖은 헝겊을 깔고 ②를 찐다 ④ 남은 대추

5 개는 씨를 빼내고 곱게 채 썬다. 밤도 껍질을 벗기고 곱게 채 썬다 ⑤ 찐 떡은 절구에 넣고 치댄 뒤 적당한 크기로 썰거나 손으로 떼어내 꿀을 바르고, ④를 묻힌다.

대추야자 果 (영 Date 프 Datte 독 Dattel) 야자나무과(科)의 상록교목이다. 열매는 3~5cm의 원형 또는 타원형으로, 녹색에서 노랑색을 거쳐 빨갛게 익는다. 과육은 달고 영양가가 풍부하다. 거대한 대추야자나무는 80~100년 동안에 연간 70~90kg의 열매를 생산한다. 그리고 늙은 나무일 경우 그 수액(樹液)을 받아 발효시키면 야자술이 되고, 이것을 증류시키면 아라크*가 된다.

대형 양과자의 종류 菓 대형 양과자를 크게 나누면 일반적인 대형 케이크, 보존성이 좋은 대형 케이크, 장식용 케이크로 구분할 수 있다.
1. 일반적인 대형 케이크―파이류, 이스트 케이크류 등이며 각각의 종류는 다음과 같다. ① 파이류 : 플랑 오 레, 콩베르사시옹, 타르트 오 프뤼이, 레몬 파이, 압펠 토르테. ② 이스트 케이크 : 브리오슈 아 테트(무슬린), 사바랭, 쿠글로프, 슈톨렌, 파네토네. ③ 기타 스펀지, 슈 등으로 만든 케이크류 : 보통의 토르테류, 자허 토르테, 쇼트 케이크, 에인젤 푸드 케이크, 데블스 푸드 케이크, 파리 브레스트.
2. 보존성이 좋은 대형 케이크―파운드 케이크, 던디 케이크, 플럼 케이크, 바움쿠헨, 체리 케이크.
3. 장식용 케이크―행사 케이크, 모조 케이크가 있다. ① 행사 케이크 : 크리스마스 케이크, 웨딩 케이크, 생일 케이크, 슈톨렌 등. ② 모조 케이크 : 프로마주 블랑, 다미에 등.

댐즌 原 (영 Damson) 서양 자두의 한 종류. 다른 어떤 과일보다 펙틴이 풍부하기 때문에(약 1.5%) 잼으로 만들기에 알맞다. 댐즌 잼은 맛이 좋고 향이 독특하여 주로 서양의 많은 나라에서 애용되고 있다.

댐퍼 機 (영 Damper) 조절판. 기체나 액체의 통로에 자리한 가림판을 가리킨다. 댐퍼의 열린 정도에 따라 유량(流量)이 조절된다. 오븐에 설치된 댐퍼는 환기와 증기의 발산을 조절한다.

더블 크림 菓 (영 Double cream 프 Crème double 독 Doppelrahm) 수분이 적고 농도가 짙은 생크림이다. 30% 이상의 유지방을 함유하고 젖산균이 포함되어 있다. 과자・요리를 만들 경우 생크림의 풍미와 수분이 적은 크림이 필요할 때 쓴다.

더비 비스킷 菓 (영 Derby Biscuit) 쇼트 브레드 틀로 구워서 만든 영국의 단맛나는 비스킷. 소형 부활절 케이크로 적당하다. 보통 커런트를 배합하거나, 넛메그로 풍미를 낸다.
[배합] 박력분 1,800 g , 버터・설탕 각 900 g , 커런트 342 g , 우유 144cc.
[만드는 법] ① 위의 재료로 반죽을 만들어 두께 0.3cm로 밀어 편다 ② 테두리가 물결 모양인 지름 9 cm의 형틀로 반죽을 찍어 낸다 ③ 표면에 계란을 바르고 설탕을 뿌린다 ④ 종이를 깐 철판 위에 ③을 놓고 200℃ 오븐에서 굽는다.

더치 러스크 빵 (영 Dutch Rusk) 프랑스의 비스킷보다 고배합으로 만든 네덜란드풍의 러스크. 밀가루, 설탕, 유지, 계란, 시너먼, 소금, 이스트 등을 섞은 것에 러스크 반죽('비스코트'항 참고)을 더하여 틀에 넣어 구운 뒤 식힌다. 이것을 수평으로 이등분하고 자른 면이 위로 가게 철판에 늘어놓고 굽는다.

더치 로프 빵 (영 Dutch Loaf) 긴 타원형의 네덜란드빵. 윗면에 칼집을 넣는 것이 특징이다.
[배합] 밀가루 4,500 g , 물 2,200cc, 소금 90 g , 이스트 90 g , 탈지분유 150 g , 버터 75 g , 설탕 30 g .

[만드는 법] ① 직접법으로 반죽한다. 반죽 온도 26℃. ②①의 반죽을 3시간 발효시킨 뒤 분할한다 ③ 긴 타원형으로 성형하고, 윗면의 세로 중심선에서 좌우 양쪽에 수직으로 몇 군데 칼집을 낸다 ④③의 성형 반죽을 2차 발효 시키고 굽는다.

더치 마카룬 菓 (영 Dutch Macaroons)
[배합] 마지팬, 설탕 113 g, 흰자 199 g, 살구잼 적당량.
[만드는 법] ① 소량의 흰자로 마지팬을 부드럽게 풀고, 여기에 남은 흰자와 설탕을 넣고 중탕시키면서 반죽의 온도를 32℃로 올린다 ② 기름칠 한 종이를 베이킹 시트에 깐다 ③②에 둥근 모양깍지를 끼운 짤주머니를 이용하여 ①을 타원형으로 짠다 ④ 몇 시간 경과한 뒤에, 날카로운 칼로 세로 방향으로 한 번 칼집을 낸 뒤 162℃ 오븐에서 굽는다 ⑤ 식으면 종이의 뒷면을 적셔서 벗겨내고, 그 자리에 살구잼을 발라서 다른 하나와 포갠다. 이 때 살구잼 대신에 프랑부아즈 잼이나 초콜릿을 샌드하기도 한다.

더치 케이크 菓 (영 Dutch Cake) 미국식 비스킷 반죽 위에 복숭아, 사과를 여러 조각 얹고 설탕, 스파이스, 버터를 얹어 구운 프루츠 케이크 중 하나이다.

더치 크런치 原 (영 Dutch Crunch) 쌀가루에 설탕, 유지, 소금을 조금 섞고 같은 양의 물에 녹인 것. 토핑*재료의 하나이다. 이것을 빵 반죽에 토핑한 뒤 구우면 보기좋은 균열이 생기고 바삭바삭해져 씹는 맛이 좋은 빵이 된다.

던디 케이크 菓 (영 Dundee Cake) 흑설탕과 과실을 충분히 넣어 독특한 맛을 낸 케이크. 스코틀랜드의 동해안에 위치한 던디(Dundee) 지방에서 처음 만들어졌다 한다. 영국에는 예로부터 향이 진한 홍차와 집에서 만든 케이크를 먹으며 즐거운 시간을 보내는 애프터눈 티(afternoon tea) 습관이 있었다. 이와 함께 비스킷, 머핀, 스콘, 버터 케이크 등 여러 가지 전통있는 과자가 만들어지게 되었는데, 버터 케이크 중에서 대표적인 것이 던디 케이크이다.
[배합] 〈반죽〉 버터 100 g, 쇼트닝 50 g, 흑설탕 150 g, 계란 3개, 밀가루 200 g, 베이킹 파우더 2 g, 럼 30cc, 럼에 절인 레이즌 100 g, 오렌지 필 100 g, 캐러멜 적당량. 〈기타〉 아몬드·쌍목당 각 적당량.
[만드는 법] 〈반죽〉 ① 버터와 쇼트닝을 부드럽게 푼다 ②①에 흑설탕을 넣고 섞은 뒤 캐러멜을 넣는다 ③ 계란을 풀어서 조금씩 ②에 넣는다 ④ 밀가루와 베이킹 파우더를 섞어 함께 체치고 ③에 섞는다 ⑤ 오렌지 필을 레이즌 크기로 썰어 럼, 럼에 절인 레이즌과 함께 ④에 넣어 섞는다 ⑥ 종이를 붙인 틀에 위의 반죽을 넣는다 ⑦ 아몬드는 껍질을 벗기고 반 나눠 ⑥의 위에 뿌린다. 쌍목당도 뿌린다 ⑧ 180℃ 오븐에 넣어 구운 뒤 틀에서 빼낸다.

덤플링 빵 (영 Dumpling) 찜 과자. 스위트 도*를 그대로 둥글리거나 충전물을 싸서 중탕으로 쪄 내고, 녹인 버터와 분설탕을 뿌려 먹는다. 영국의 서퍽 덤플링(Suffolk Dumpling)이 유명하다.

덧가루 原 (영 Dusting flour) 빵 반죽을 분할·둥글리기·성형할 때 반죽이 손이나 작업대에 들러 붙지 않도록 사용하는 가루. 주로 밀가루를 사용하지만 쌀가루나 옥수수가루 등을 사용하기도 한다. 반죽의 마무리에 사용하는 덧가루는 될 수 있는 한 적게 사용하는 편이 좋다. 성형기에서 나오는 반죽이 달라붙는 정도이면 덧가루 한줌을 회전중인 롤러에만 뿌린다. 단, 롤러에 덧가루가 너무 많으면 성형한 반죽의 이음매가 잘 붙지 않을 뿐만 아니라, 완성된 빵에 지저분한 가루를 뿌린 것처럼 껍질이 생기고 다 구워진 빵이 갈라지거나 내부의 색이 얼룩져 버린다. 또, 딱딱한 덩어리가 생기기도 한다. 덧가루의 색은 반죽과 달라서는 안된다. 덧가루로 사용하는 분량은 반죽 무게의 1~1.25%가 표준이고 그 이상 넘지 않도록 한다.

데기제 菓 (프 Déguiser) 생과일, 견과류 또는 과실의 모양을 본뜬 마지팬에 엿 또는 퐁당을 씌우거나 시럽에 담가 설탕 결정을 입혀 모양을 변형시킨 것이다. 특히 과일을 가공한 프뤼이 데기제가 유명하다. 데기제 본래의 의미는 '변장시키다, 숨다, 위장하다'의 뜻이다. 데기제에 주로 사용되는 과일·견과류는 체리, 딸기, 프룬, 파인애플, 포도, 오렌지, 살구, 대추야자, 호두, 아몬드 등. 마지팬 세공 데기제로는 딸기, 오렌지, 바나나, 복숭아 모양이 많이 만들어진다.

데니시 링 빵 (영 Danish Ring 독 Plunderkranz) 독일풍(風)의 이스트 반죽 케이크.

[배합] 〈반죽〉 이스트 50 g, 밀가루 511 g, 우유 199cc, 설탕 50 g, 버터 298 g, 계란 50 g, 건포도 57 g, 구즈베리 57 g, 잘게 썬 아몬드·레몬·소금 각 소량. 〈충전물〉 마지팬 255 g, 흰자 99 g.

[만드는 법] ① 위의 〈반죽〉 재료로 반죽을 만든다 ② ①을 227 g으로 분할해서 밀어 펴고 세로로 자른다 ③ 양쪽을 꼬아서 고리를 만든다 ④ 발효시킨 뒤 200℃에서 굽는다 ⑤ 살구 퓌레를 바르고 퐁당 아이싱을 씌운다 ⑥ 얇게 잘라서 아몬드를 뿌린다.

데니시 페이스트 菓 (영 Danish paste 프 Pâte levée feuilletée 독 Plunderteig) 발효 반죽으로 버터를 싸서 푀이타주*와 똑같이 접어밀기 한 반죽. 과자 타입의 빵, 데니시 페이스트리를 만들 수 있다.

데니시 페이스트리 빵 (영 Danish Pastry 프 Pâte levée feuilletée Danoise 독 Dänischerplunder) 발효 반죽에 유지를 끼워 접어밀기한 것을 성형하고 갖가지 충전물을 얹어 구운 과자빵이다. 덴마크의 비엔나 브로트(Wiener Brod), 독일의 플룬더 게베크(Plundergebäck)에 해당한다. 이는 오스트리아의 빈에서 비롯되어 북유럽으로 퍼

졌다. 특히 덴마크에서 9월 수확기를 맞이하여 즐겨 만드는 제품이다.

[배합] 〈데니시 페이스트〉 중력분 1,000 g, 소금 12 g, 계란 250 g, 버터·설탕 각 80 g, 생이스트 60 g, 우유 450cc, 롤 인용 버터 1,000 g. 〈아몬드 크림〉 로마지팬 200 g, 설탕·버터·계란 각 200 g, 박력분 50 g. 〈과일 통조림〉 서양배·살구·파인애플·다크 체리·비터 체리 각 적당량. 〈기타〉 분설탕·살구잼·퐁당·계란 푼 것·덧가루 각 적당량.

[만드는 법] ① 데니시 페이스트(발효 반죽)를 만든다. 먼저 우유에 이스트를 녹여서 넣는다 ② 중력분을 체로 쳐서 믹서 볼에 넣고 ①과 설탕, 소금, 계란, 버터를 넣어 저속에서 2분, 중속에서 3분간 반죽한다 ③ 비닐에 ②를 싸서 냉장고에 넣고 3~18시간 둔다 ④ 롤 인용 버터에 덧가루를 뿌리면서 두들겨 균일하게 만들고, 정사각형으로 늘인다 ⑤ ③의 반죽을 ④의 버터와 똑같은 크기로 밀어펴고 그 중앙에 버터를 대각선 모양으로 놓고 감싼다 ⑥ ⑤를 파이 롤러로 밀어 펴고 3겹으로 접은 뒤 -20℃의 냉장고에서 30분간 휴지시킨다. 다시 4겹, 3겹 접어펴기를 반복하면서 한번 더 냉장고에서 30분간 휴지시킨다 ⑦ 반죽을 두께 3mm, 너비 38cm로 펴고 9cm의 정사각형으로 자른다 ⑧ 아몬드 크림을 만든다. 버터를 녹여서 볼(bowl)에 넣고, 마지팬을 잘게 잘라 넣으면서 섞는다 ⑨ 설탕을 ⑧에 넣고 충분히 섞은 뒤 계란을 조금씩 넣으면서 다시 섞는다. 또, 박력분은 체쳐서 넣고 섞는다 ⑩ ⑦의 반죽을 여러 모양으로 성형하고 30℃의 발효실에서 약 30~40분간 발효시킨다 ⑪ ⑩의 표면 전체에 계란 푼 것을 바르고 ⑨의 아몬드 크림을 짠다 ⑫ 서양배, 파인애플은 슬라이스하고 살구, 다크 체리, 비터 체리는 즙을 짜서 ⑪에 각각 얹는다. 속에 크림을 채울 경우에는 발효시키기 전에 크림을 짜고 계란 푼 것을 바른뒤 싼다. 단단히

싸서, 발효실에 넣고 다시 계란을 바른다 ⑬ 220℃의 오븐에 넣고 약 15분간 굽는다 ⑭ 표면에 살구잼과 퐁당을 바르고 분설탕을 뿌린 뒤 마무리 한다.

〈성형할 때 주의점〉 1. 스트링형(string type)－반죽(데니시 페이스트)을 3 mm 두께로 밀고 한쪽 방향으로 말아 끝을 봉한 뒤 잘라 성형하는 방법 : ① 말아 감을 때 팽팽해지지 않도록 자연스럽게 만다. ② 층이 위로 보이므로 3겹 접기 2회만 실시한다. ③ 2차 발효실 온도는 조금 낮게 유지한다. ④ 굽기 온도는 약간 높되 아랫불이 높지 않도록 주의한다. 2. 폴데드형(fall dead type)－반죽을 3mm 두께로 밀어서 3겹으로 접어 알맞게 잘라 성형하는 방법 : ① 자른 너비가 좁지 않게 한다. ② 충전물은 적게, 아이싱과 토핑을 위주로 한다. ③ 굽기 온도는 조금 낮게 한다. ④ 오븐의 아랫불 온도는 조금 세게 한다. 3. 스퀘어형(square type)－반죽을 2~2.5mm 두께로 밀어서 정사각형, 직사각형, 삼각형으로 성형하는 방법 : ① 구울 때 모양을 균일하게 하기 위해 성형시 충전물은 많지 않게 한다. ② 2차 발효 온도는 조금 낮게 한다. ③ 오븐의 아랫불 온도는 처음에 세게, 나중은 약하게 한다. ③ 오븐 온도는 다른 형(型)에 비해 조금 낮게 한다. 4. 트위스트형(twist type)－얇게 밀어편 반죽을 6 mm 너비로 잘라 꼬는 방법 : ① 길이는 15~20cm 정도가 적당하다. ② 성형은 천천히 한다. ③ 충전물은 마른 것이 좋다. ④ 2차 발효실 온도는 조금 낮게, 시간은 조금 짧게 한다.

데드 도 原 (영 Dead dough) 이스트를 전혀 사용하지 않고, 또는 사용해도 극소량 사용하여 만든 무발효 반죽. 아주 섬세한 세공을 필요로 하는 빵에 사용한다. 데드 도는 시간이 지나도 발효할 염려가 없기 때문에 인형·동물과 같은 복잡한 형태의 세공빵 제조에 알맞은 반죽이다. 그리고 저온에서 냉동시켜 이스트의 발효를 정지시킨 반죽도 데드 도라고 한다.

데블스 푸드 케이크 菓 (영 Devil's Food Cake) 미국식 초콜릿 케이크*. 유럽식과는 달리 분유와 쇼트닝을 사용하고 베이킹 파우더를 배합한다. 데블(devil)은 '악마'를 뜻하는 용어로, 초콜릿 색과 풍미를 갖고 있어 하얀 에인젤 푸드 케이크*와 대조적이기 때문에 붙여진 명칭이다.
[배합] 밀가루 243 g, 쇼트닝 243 g, 설탕 525 g, 농축 우유 206cc, 베이킹 파우더 15 g, 중조 7.5 g, 밀가루 168 g, 코코아 94 g, 계란 375 g.
[만드는 법] ① 밀가루 243 g 과 쇼트닝을 잘 섞고 농축 우유를 조금 넣고 젓는다 ② 이어서 설탕을 더해 섞고, 중조는 물에 풀어 넣는다 ③ 코코아, 베이킹 파우더, 밀가루 168 g 을 체쳐 넣고 잘 섞은 뒤 계란을 조금씩 나누어 넣으면서 섞는다 ④ ③의 반죽을 틀에 붓고 윗면을 평평하게 한 뒤 110℃ 오븐에서 80분간 굽는다.

데세르 菓 (영, 프 Dessert) 식후에 먹는 과자, 과일의 총칭. 디저트의 프랑스어명이다.

데즈디모너 菓 (영 Desdemonas) 스펀지 시트에 향료를 더한 생크림을 샌드하고 키어시 풍미의 흰 퐁당에 담근 과자.

데커레이션 技 (영 Decoration 프 Décoration 독 Dekoration) 아이싱을 끝낸 케이크 표면에 착색한 아이싱을 여러 가지 모양으로 짜 내고, 갖가지 모양의 세공품을 장식하는 일. 이러한 작업을 통해 완성된 과자를 데커레이션 케이크라 한다. 크리스마스 케이크, 웨딩 케이크, 생일 케이크가 여기에 속한다. 짜내기용 아이싱의 종류는 로열 아이싱, 버터 크림, 퐁당, 워터 아이싱, 머랭 등이고 세공품은 마지팬, 마카롱, 검(gum) 페이스트, 머랭, 슈거 페이스트로 만든 것이다. 그리고 데커레이션의 모양이나 그림 내용은 케이크의 용도에 따라 다르다. 예를 들어 크리스마스 케이크에는 산타

클로스·양말·별 등을, 웨딩 케이크에는 신랑·신부·마차·하트 등을 부활절용 케이크에는 계란·병아리·토끼 등을 장식한다.

데커레이션 케이크 菓 (영 Decoration Cake) 일본에서 파생된 제품명으로서 스펀지 케이크 위에 버터 크림, 생크림, 퐁당 등으로 장식한 양과자. 장식 재료로 안젤리카, 레몬 필, 오렌지 필, 플럼, 은박 구슬*, 땅콩, 호두, 프루츠 등을 쓴다. 대표적인 것이 크리스마스 케이크, 생일 케이크, 웨딩 케이크 등이다.

데커레이트 技 (영 Decorate) ①제품을 오븐에 넣기 전, 장식을 목적으로 과일·설탕 등을 첨가하는 일. 오븐 데커레이트라고도 한다. ②구워낸 제품에 장식하는 작업. 데커레이션*과 같은 뜻으로 쓰인다.

덱스트로오스 당량[-當量] 試 (영 D-extrose Equivalent) 녹말을 가수분해했을 때 덱스트린, 포도당, 맥아당 등이 얼마나 형성되었는지를 나타낸 수치. 환원당을 모두 포도당으로 환산하여 그 건조 고형분에 대한 백분율(%)로 나타낸다. 그러므로 그 값이 클수록 환원당이 많고 덱스트린이 적음을 알 수 있다. 포도당과 시럽의 덱스트로오스 당량은 약 30~60%이다.

덱스트린 化 (영 Dextrin) 녹말을 산, 효소, 열 등으로 가수분해할 때 이당류인 맥아당으로 분해되기까지 만들어지는 중간 생성물. 호정(糊精)이라고도 한다. 녹말의 호화 정도는 요오드 반응을 통해 알 수 있다. 녹말에 가까운 덱스트린일수록 푸른색을 띠고 맥아당에 가까울수록 무색을 띤다. 덱스트린은 결정화하기 어렵고 수용성이며 보통의 녹말보다 소화가 잘 된다.
→녹말

덱스트린가[-價] 試 (영 Dextrin value) α-아밀라아제의 활성도를 나타내는 수치. 밀가루 현탁액에 가용성 전분(可溶性澱粉)을 넣고 24시간 방치한 다음 여과한다. 여과액에 요오드액을 넣어서 나타난 색을 표준색판과 비교해서 알아본다. 빵용 밀가루의 덱스트린가 12 전후가 가장 적당하다.

덴마크 빵 빵 (영 Denmark Bread) 덴마크빵은 비엔나 브로트(Wiener Brod), 일명 데니시 페이스트리*로 유명하다. 그 밖의 빵에 스뫼레 브뢰트(Smörre Bröd)라는 오픈 샌드위치*가 있다. 비엔나 브로트는 파트 르베 푀이테*로 만든 과자빵이고, 이것이 미국으로 건너가 데니시(덴마크풍) 페이스트리가 되었다. 대표적인 데니시 페이스트류에 코펜하겐 비엔나 브로트와, 데니시 크라운이 있다. 코펜하겐 비엔나 브로트는 데니시 페이스트(프랑스의 파트 르베 푀이테)로 초승달 모양을 만든 것이고, 데니시 크라운은 같은 반죽에 아몬드 크림과 설타너를 섞고 왕관 모양으로 만든 것이다.

델리커테슨 베이커리 其 (영 Delicatessen Bakery) 빵·과자를 즉석에서 조리 가공하여 손님들이 식사 대용으로 먹을 수 있게끔 준비한 베이커리. 일명 레스토랑 베이커리라고도 한다.

도 빵 (영 Dough) 빵 반죽. 반죽의 종류는 도 이외에 배터, 페이스트가 있다.
⇨반죽

도넛 菓 (영 Doughnut 독 Berliner pfannkuchen) 발효 반죽으로 만든 튀김 과자. 둥근 고리 모양, 즉 링 도넛이 일반적이고, 그 밖에도 원형·타원형·트위스트형이 있다. 표면에 분설탕을 뿌리고 따끈할 때 먹는다. 기원지는 독일, 스칸디나비아이고 미국, 캐나다에서 더욱 발달했다.
〈종류〉①케이크 도넛 : 미국식 도넛. 팽창제 반죽을 성형하여 튀긴 것으로 노화가 느리다. ②이스트 도넛 : 이스트 반죽으로 만든 도넛. 이스트의 팽창 작용과 발효(1·2차)를 거쳐 풍미가 뛰어난 반면, 케이그 도넛보다 노화가 빠르다. ③반죽 속에 시너먼(향신료)을 더하거나 레이즌, 견과를 섞어 만든 것도 있다.
〈충전물〉잼, 커스터드, 크림류, 과실, 견

과, 민스 미트, 팥 앙금 등.
〈아이싱〉 그라뉴당, 분설탕, 퐁당, 시너먼 슈거, 초콜릿 등.
〈토핑〉 장식물, 견과, 코코넛, 슈트로이젤, 슈거 코팅, 크런치 토핑, 사탕 부순 것 등.

도넛 프라이어 機 (영 Doughnuts fryer) 도넛을 기름에 튀기는 도구. 종류는 프라이 팬처럼 간단한 것에서부터 자동식까지 다양하다. 도넛용 기름 온도는 180~195℃가 적온. 그 온도를 자동으로 유지시켜주는 프라이어도 있다.

도레 技 (영 Wash 프 Dorer) 계란 칠, 또는 시럽 바르기. 빵·과자 반죽의 표면에 교반한 계란이나 계란·우유의 혼합액을 발라 구우면 갈색빛이 든다. 그리고 구워 낸 빵·과자에 시럽을 바른다.
➪워시

도 리프트 機 (영 Dough lift) 축 처져 들어 올리기 어려운 무거운 반죽을 분할기 호퍼(hopper)에 5~9분마다 한 번씩 넣는 작업을 보완하기 위해서 고안된 기계. 단추만 누르면 8초 사이에 반죽을 호퍼에 밀어 넣을 수 있는 기계이다.

도미노 菓 (프 Domino) 도미노 게임에서 쓰는 패(牌)와 같은 모양의 소형 프랑스 과자. 원래 도미노란, 가톨릭 수도승이 입는 두건 달린 검은 옷(法衣)이었다. 그러다가 의미를 확대시켜 무도회용 가면, 카드와 주사위 놀이도 도미노라 했다. 과자 도미노는 얇게 구운 아몬드 페이스트 2장 사이에 버터 크림을 샌드하고 작은 직사각형으로 자른 뒤 흰 퐁당을 씌워 굳히고, 그 표면에 초콜릿으로 도미노 게임의 무늬를 짜 놓은 것이다.

도 믹싱 技 (영 Dough mixing) 본반죽.
→종

도보스 토르테 菓 (영 Dobos Cake 독 Dobostorte) 코코아 풍미의 크림을 사용해 만든 토르테*. 발상지는 헝가리이고, 요즘

에는 오스트리아·독일 등지에서 흔히 볼 수 있는 토르테이다. 10세기경 헝가리의 라이욘 도보시라는 사람이 처음 만들어 그의 이름을 땄다고 한다. 또, 모양이 큰북(헝가리어로 dob)과 닮았다 하여 이러한 명칭이 붙었다는 설(說)도 있다. 제1차 세계대전이 끝나는 1918년까지 오스트리아와 헝가리는 모두 합스부르크 가(家)의 지배를 받는 나라들이었다. 따라서 오스트리아에서는 헝가리 과자나 헝가리와 관련된 명칭이 붙은 과자를 흔히 볼 수 있다.
[배합] 〈스펀지 케이크〉 계란 3개, 설탕·밀가루 각 105g, 버터 60g. 〈초콜릿 크림〉 버터 300g, 코코아 100g, 카카오 버터 30g, 계란 5개, 설탕 250g, 바닐라 소량. 〈기타〉 럼 넣은 시럽·캐러멜 각 적당량.
[만드는 법] ① 스펀지 반죽을 만든다. 먼저 계란과 설탕을 더해 중탕하면서 거품낸다 ② 밀가루를 섞는다 ③ 버터를 녹여 섞는다 ④ 둥근 틀에 흘려 붓고, 중불 오븐에서 굽는다 ⑤ 초콜릿 크림을 만든다. 먼저 버터와 코코아를 섞는다 ⑥ 녹인 카카오 버터를 더한다 ⑦ 계란에 설탕, 바닐라를 섞어 37.5℃ 정도까지 데우고, 식을 때까지 믹서로 교반한다 ⑧ ⑥을 ⑦에 더해 섞어 초콜릿 크림으로 마무리 한다 ⑨ ④의 스펀지 시트를 5장 자른다 ⑩ 4장의 시트를 럼넣은 시럽으로 촉촉히 적시고 ⑧의 크림을 발라 포갠다 ⑪ 표면 전체에 같은 크림을 바르고, 다진 아몬드를 묻힌다 ⑫ 남은 1장의 스펀지 시트 위에 뜨거운 캐러멜을 붓고, 버터 바른 칼로 12등분 한다. 캐러멜이 굳으면 자르기 어렵다 ⑬ ⑪위에 방사선으로 초콜릿 크림을 12개 짜 놓는다 ⑭ 부채꼴로 자른 ⑫를 1개씩 초콜릿 크림 옆에 비스듬히 세워 얹는다.

도 시터 機 (영 Dough sheeter) 과자·빵 반죽을 압연하는 기계. 회전하는 2개의 롤러 사이로 반죽을 통과시킨다. 3단 롤러를 갖춘 시터는 도 브레이커(dough breaker)라 부른다.

도 컨디셔너 原 (영 Dough condition-er) 반죽 개량제. 반죽의 콜로이드성에 직접 작용하는 물질.
⇨반죽 개량제

도코더 機 (영 Docoder) 브라벤더의 패리노그래프의 믹서 부분을 파도쿨 장치에 덧붙인 연속 제빵용 시험기. 반죽 내성(耐性)을 알아보는 기기(機器)이다.

도킹 技 (영 Docking 프 Coupe) ① 반죽을 오븐에 넣기 전 표면에 작은 구멍을 내는 일('피케'항 참고). ② 칼집을 내는 일('쿠프'항 참고). ③ 쿠키 표면에 모양틀(압형)을 찍어 눌러 무늬를 새기는 일.

독소[毒素] 生 (영 Toxin) 생물체가 만들어 내는 독성(毒性)이 강한 물질. 동물성·식물성 독소가 있다. 특히 온혈동물(溫血動物)의 혈액 속에 들어가 유독성, 항원성(抗原性)을 띠는 것에 한하여 일컫는 경우가 많다. 또, 화학적 또는 물리적으로 처리하여 유해성분(有害成分)을 없앤 독소를 톡소이드(toxoid)라 하는데, 이것은 동물체에 면역성을 갖게 하므로 질병의 예방·치료에 이용된다.

독소형 식중독[毒素型食中毒] 生 (영 Toxin type food poisoning) 세균성 식중독의 하나. 섭취한 음식물 속에서 세균이 번식하여 독소나 인체에 해로운 대사 물질을 생성하여 일어나는 병이다. 독소형 식중독을 일으키는 세균은 보툴리누스·포도상구균이다. 감염형 식중독이 가열에 의해 예방될 수 있는 반면, 독소형의 예방법은 미리 식품 속에서 세균이 번식하지 못하도록 막는 수밖에 없다. 왜냐하면 이미 만들어진 독소는 열에 강해서 이것을 가열해도 별 효과가 없기 때문이다.

독일빵 빵 (독 Deutsche Brot) 하드류에 속하는, 경질밀로 만든 빵. 호밀가루를

〈표1〉 종류에 따른 독일빵의 제법

분류 호밀함유량 제법	바이첸 브로트		바이첸 미슈 브로트		로겐 브로트	
	호밀 10 : 밀 90		호밀 50 : 밀 50		호밀 80 : 밀 20	
초기반죽	밀가루	1,000 g	호밀가루	2,000 g	호밀가루	3,200 g
	물	600 g	물	1,600 g	물	2,560 g
	사워 종	50 g	사워 종	40 g	사워 종	640 g
	28℃에서 15시간 방치후 사용		27~28℃에서 15~20시간 방치후 사용			
반죽구성 배 합 비	밀가루	8,000 g	호밀가루	3,000 g	호밀가루	2,800 g
	호밀가루	1,000 g	밀가루	5,000 g	밀가루	2,000 g
	사워 종	300 g	사워 종	3,600 g	사워 종	9,760 g
	물	7,000cc	이스트	170 g	이스트	140 g
	이스트	200 g	물	4,800cc	소금	180 g
	소금	200 g	소금	180 g	물	2,240cc
	기름	100 g				
조 건	반죽 온도	24℃	반죽 온도	27℃	반죽 온도	27℃
	플로어타임	30분	1차 플로어타임	20분	1차 플로어타임	20분
	분할중량	1,150 g	분할중량	1,100~1,150 g	분할중량	1,150 g
	오븐온도	270℃	2차 플로어타임	20분	2차 플로어타임	20분
	굽기시간	45분	스팀	90초	스팀	1분
			오븐온도	260℃	오븐온도	260℃
			굽기시간	50분	굽기시간	55분

〈표2〉 종류에 따른 독일빵의 형태와 중량

명　　　　칭	형　　태	중　　　　량
브로트(brot)	대형	500 g 이상
클라인게베크(kleingebäck)	소형	250 g 이하
브뢰트헨(brötchen)	소형(식탁용)	35~50 g 정도, 지방 함량이 적다
베켈(weckel)	중형, 막대 모양	250 g, 방추형
베켄(wecken)	소형, 막대 모양	80 g
슈탕겐(stangen)	막대 모양	250 g, 베켄보다 가늘고 길다
슈탕겔(stangerl)	가는 막대 모양	
슈투텐(stuten)	굵은 막대 모양	
제멜(semmel)	소형	35~50 g, 브뢰트헨보다 고배합이다
라이프(laib)	대형, 둥근 모양	
라이플(laibl)	소형, 둥근 모양	
회른헨(hörnchen)	소형, 각진 모양(뿔)	
쿠헨(kuchen)	보통 과자	
블레터타이크 게베크 (blätterteig gebäck)	파이 반죽으로 만든 과자	
페테 게베크(fette gebäck)	튀김과자(도넛류)	

섞는 것이 특징이다. 모양은 프랑스빵보다 짧고 통통한 것과 원형·타원형이 있다.

〈종류〉 호밀가루의 첨가량에 따라 ① 바이첸 브로트(Weizen Brot) ② 바이첸 미슈 브로트(Weizen Misch Brot) ③ 로겐 브로트(Roggen Brot) ④ 로겐 미슈 브로트(Roggen Misch Brot)로 나뉘고, 그 밖의 빵으로 ⑤ 볼코른 브로트(Vollkorn Brot : 통밀빵) ⑥ 프랑크푸르터 롤(Frankfurter Roll) 등을 들 수 있다(〈표1〉, 〈표2〉 참고).

이 중 ①, ②는 색이 희며 부드럽고 노화가 빠르다는 특징이 있다. 또한 ③, ④는 흑색이며 보존성이 높은 것이 특징이다.

돌 오븐 機 (영 Stone oven) 돌로 만든, 빵 굽는 가마 형태의 오븐. 로마 시대부터 계속 쓰여져 왔다. 보온성이 크고 가마 속의 열이 고루 퍼지기 때문에 직접 구이 빵에 알맞다.

돌체 菓 (이 Dolce) 이탈리아어로 '과자' 또는 '달다'라는 뜻을 갖는 용어이다.

돌체 투티 프루티 菓 (이 Dolce Tutti Frutti) 여러 가지 과실을 사용한 과자. 과실에 따라 이름이 달리 붙는다. 만드는 법은 다음과 같다.

[배합] 노른자 5 개, 설탕 200 g, 밀가루 125 g, 흰자 5 개, 기호에 맞는 리큐르, 생크림·딸기·오렌지·서양배·블루베리·체리 각 적당량.

[만드는 법] ① 노른자에 설탕 50 g 을 섞고 밀가루를 넣는다 ② 흰자에 설탕 150 g 을 넣고 거품내어 머랭을 만들어 ①과 섞는다 ③ ②의 반죽을 짤주머니에 넣어 소라 모양으로 3 장 짜서 굽는다 ④ 가장 위에 얹을 돔(dome) 모양의 반죽을 따로 구워 놓는다 ⑤ ③에 기호에 맞는 리큐르를 뿌리고 생크림을 바른 뒤 딸기를 얹고 3 장을 포갠다 ⑥ 윗단에 오렌지, 서양배, 블루베리, 체리, 딸기 등을 나열하여 장식한다 ⑦ 과실 위에 살구잼이나 광택나는 젤리를 바른다 ⑧ 구운 ④를 맨 위에 얹는다.

동결란[凍結卵] 原 (영 Frozen egg) 계란을 깨뜨려 -18℃ 이하의 온도에서 급속 동결시킨 가공란의 하나. 살균한 뒤 동결시키고 -15℃에서 저장한다. 계란 전체는

73

-30℃ 이하에서, 흰자와 노른자는 각각 -15~-25℃에서 얼린다. 그리고 흐르는 물 속에서 또는 실온에서 해동(解凍)시킨다.

동결 케이크 반죽 技 (영 Frozen cake dough) 케이크 반죽과 빵 반죽의 차이점은 다음 2가지이다. ① 빵 반죽은 발효한 것이지만, 케이크 반죽은 팽창제를 이용한 무발효 반죽이다. ② 빵 반죽에 비해서 케이크 반죽은 배합률이 높기 때문에 반죽의 어는점이 더 낮다. 또한, 보통의 케이크 반죽과 동결한 반죽의 차이점을 살펴보면, ① 동결 케이크의 반죽에는 보통 반죽보다도 약간 많은 팽창제를 이용한다. ② 동결 반죽의 굽기온도는 보통 반죽보다 14℃ 정도 낮춘다(대신 굽기시간을 늘린다). ③ 반죽시 동결 반죽이 보통 반죽보다 공기를 충분히 함유하게 된다. ④ 동결 케이크의 반죽을 해동(解凍)한 뒤에 구울 것인지, 동결 상태 그대로 구울 것인지는 케이크의 종류에 따라 다르다. 즉, 쇼트닝을 사용한 버터 케이크는 해동 후가 좋고, 쇼트닝을 사용하지 않는 스펀지 케이크는 동결된 상태 그대로 구워야 좋다. 또, 전란이나 노른자를 넣은 반죽은 동결 냉장 중에 과산화물이 많아져 풍미가 떨어지므로 항산화제가·들어 있는 레몬 즙을 넣어주는 것이 좋다.

동물빵 빵 (영 Animal Bread) 과자빵 반죽으로 만든 동물 모양의 빵. 게, 나비, 금붕어, 코끼리 모형 등이 일반적이다.
① 게 모양의 빵 : 과자빵 반죽을 50 g 씩 분할하고 타원형으로 밀어 편다. 표면에 버터를 바르고 반으로 접는다. 스크레이퍼나 칼로 게의 다리 모양을 자르고 게의 등딱지 부분을 밀대로 펴서 흰 앙금 20 g 을 얹고 반죽으로 씌운다. 게 모양으로 성형하고 건포도로 눈을 만든다. 표면에 계란을 바르고 발효시킨 뒤 굽는다.
② 나비 모양의 빵 : 과자빵 반죽을 원하는 대로 잘라서 타원형으로 편다. 중심이 되는 곳에 흰 앙금을 얹는다. 반죽을 반으로 접는다. 그 주위를 스크레이퍼로 자르고 나비 모양으로 편다. 머리가 되는 부분에 건포도를 1개 놓고, 날개 부분에는 잼이나 크림 등을 적당한 모양으로 넣어 발효시킨 뒤 굽는다.
③ 금붕어 모양의 빵 : 과자빵 반죽을 50 g 으로 분할하고 둥글게 밀어 편다. 잼을 얹고 반으로 접는다. 머리 부분은 둥글게 굽어진 양철판으로 누른다. 철판에 놓고 발효시킨 뒤 발효가 끝나면 꼬리 부분에 크림을 짜고 그 위에 그라뉴당을 뿌려서 굽는다.

된장 原 (영 Salted soy paste) 삶은 콩을 으깨어 메주를 쑨 뒤 소금물을 붓고 만든 장(醬). 이 때 발효재로 사용하는 누룩은 보리로 만든 것도 있지만, 대개는 쌀로 만든다. 된장은 간장과 함께 한국의 주된 조미료임과 동시에 채식 위주의 국민에게 단백질 보급원으로서 중요한 것이다.

두 메이커 機 (영 Do-maker) 연속 제빵식 기계 장치명. 미국의 워레스 앤드 타이난사(社) 제품이다.

두 메이커법 技 (영 Do-maker process) 두 메이커를 이용한 연속 반죽법. 액종법이고, 이 때 쓰는 액종*을 브로스(broth)라 한다.

두 번 반죽법 技 (영 Twice dough method) 직접법의 변형이다. 물 또는 설탕, 소금을 뺀 재료로 먼저 반죽하고 발효시킨 뒤 나머지 재료를 넣고 다시 한 번 반죽한다. 중종법에 의한 반죽처럼 기계내성(機械耐性)이 좋아지고 결이 균일한 빵을 만들 수 있다. 여기에는 리믹스 메소드*와 딜레이드 슈거법*이 속한다.

두아 드 페 菓 (프 Doigt de Fée) 머랭으로 만든 프티 푸르 세크이다. 말뜻은 '선녀의 손가락, 요정의 손가락'이다.
[배합] 흰자 180 g , 설탕 360 g .
[만드는 법] ① 흰자에 설탕을 넣고 거품내어 단단한 머랭을 만든다 ② 철판에 둥근 모양깍지로 가늘고 길게 짜서 굽는다.

주) 기호에 따라 여러가지 향이나 맛, 색을 내어도 좋다.

두유[豆乳] 原 (영 Soy milk) 두부를 만들 때 사용하는 비지 즙. 콩(大豆)을 하룻밤 물에 담가 불린 뒤 곱게 빻아 끓여서 거즈로 밭인 액체가 두유이고, 남은 건더기가 비지이다. 저칼로리·고단백질 식품이고 비타민 B_1이 풍부하다. 지방의 질(質)은 우유에 비해 떨어지지만 비타민 A와 함께 섭취하면 우유와 비슷해진다.

둘친 原 (영 Dulcin) 자당(蔗糖)의 약 250배 감미(甘味)를 갖는 감미료. 무색의 결정체로 찬물에는 녹기 어려우나 따뜻한 물에 잘 녹으며 내열성(耐熱性)이 강하다. 1883년 독일에서 발견되었다. 처음부터 독성이 있는 것은 알려졌지만, 1인당 하루 0.5g 이하의 섭취량이라면 해롭지 않다는 결론 아래 허용되었다. 하지만 점점 식량 사정이 좋아지고 설탕의 공급도 풍부해짐에 따라 사용이 금지되었다. 둘친은 간종양(肝腫瘍)이나 간암(肝癌) 등을 일으키는 독성이 있다.

둥글리기 技 (영 Rounding) 분할한 뒤 성형하기 전의 작업. 분할한 반죽을 둥글리는 목적은 다음 2가지이다. ①분할에 의해 잘린 반죽의 단면을 봉하고 둥글려 그 표면에 얇은 막을 만들어 가스의 발산을 막으며 ②반죽의 모양을 다듬고 반죽 속의 결에 일정한 방향과 기준을 주기 위함이다.

뒤발 其 (프 Duval) 프랑스의 요리점 주인(1811~1870). 정육점을 하다가 1860년 파리에서 삶은 고기와 부용(bouillon : 고기와 야채를 넣고 끓인 즙)만으로 정식(定食)을 제공하는 부용 뒤발(Bouillon Duval)이라는 식당을 열어 호평을 받았다. 또한 처음으로 웨이트리스(waitress)를 채용한 사람이기도 하다.

뒤셰스 菓 (프 Duchess) '여자 공작(公爵)', '공작 부인'이라는 뜻을 가진 쿠키의 하나이다. 한편, 배·감자를 이용한 요리를 가리키기도 한다. 과자로서의 뒤셰스는 아몬드 가루를 넣은 반죽을 짤주머니로 짜 내어 굽고 2개를 1쌍으로 하여 프랄리네 버터 크림을 샌드한 것이다.

[배합] 밀가루 80 g, 탕 푸르 탕* 240 g, 흰자 5개, 우유 100cc, 버터 80 g, 프랄리네·버터 크림·초콜릿 각 적당량.

[만드는 법] ①밀가루, 탕 푸르 탕(설탕과 아몬드 가루가 1 : 1로 섞인 것)을 섞는다 ②흰자를 거품내어 ①과 섞는다 ③버터를 우유에 녹여 ②에 넣고 섞는다 ④둥근 모양 깍지를 끼운 짤주머니에 ③의 반죽을 넣고 철판에 작고 둥글게 짜 놓은 뒤 센불에서 살짝 굽는다 ⑤프랄리네, 버터 크림, 초콜릿을 섞은 크림을 샌드한다.

듀럼밀 原 (영 Durum wheat) 주로 지중해 연안, 러시아 남부, 미국, 캐나다 등지에서 자라는 밀. 듀럼밀은 보통의 밀과 식품학상 품종이 다르다. 또한 듀럼밀에는 경질 듀럼과 적색 듀럼 등 여러 종류가 있다. 경질 듀럼은 우동, 마카로니, 스파게티, 세몰리나 등의 제조에 사용되고, 적색 듀럼은 주로 가축의 사료로 이용된다. 미국에서 듀럼밀을 생산하는 주요 산지(産地)는 미네소타주(Minnesota 州)이다. 일반적으로 듀럼 밀가루는 짙은 황색을 띠고 있으며, 단맛이 나고 그 녹말에는 디아스타아제의 작용을 받기 쉬운 성질이 있다.

드라이 밀크 原 (영 Dry milk)
⇨분유

드라이 솔트법 技 (영 Dry salt method) 현재 영국의 제빵업계에서 널리 쓰이고 있는 독특한 제빵법. 중종법으로 빵을 만들 경우 본반죽을 하기 직전에 중종 표면에 알갱이 상태의 소금을 얹는다. 드라이 솔트법은 영국이 제2차 세계대전 중에 저급 밀가루로 빵을 만들어야 했기 때문에, 그 밀가루를 개량하는 방법으로 고안되었다. 이 방법에 의하면 반죽의 안정성이 높아지고 구워진 빵의 내부 색도 좋아진다. 이 방법은 밀가루의 질이 높아지면 곧 쇠퇴하리라 여겼으나 고급 밀가루를 사용하는 지금까지 존속되고 있다. 그 이유는 소금을 사용하면 밀가루의 질에 상관없이 반죽의 안정성과 글루텐의 내성(耐性)이 높아지고 구운색이 잘 들기 때문이다.

드라이 아이스 其 (영 Dry ice 프 Glace sèche, Neige carbonique 독 Trockeneis) 기체인 이산화탄소(CO_2)를 압축하여 고체 이산화탄소로 만든 냉각제(冷却劑). 고체탄산이라고도 한다. 생과자나 빙과류를 보존하는 데 이용한다. 이산화탄소 속에 함유되어 있는 수분·기름 등을 분리시킨 다음 저온에서 가압하여 급격히 냉각시키면 액체 이산화탄소가 되고, 그 일부분을 증발시키면 남은 열에 의해 고체 이산화탄소, 즉 드라이 아이스가 된다.

드라이어 原 (영 Drier in cake relipes) 케이크 재료 중에서 수분을 흡수·유지시키거나 찰기를 유지시키는 역할을 하는 재료. 밀가루, 분유, 녹말 등이 그것이다.

드라이 케이크 菓 (영 Dry Cake) 수분 함량을 낮춘 과자. 생과자류와 달리 오래 보존할 수 있기 때문에 변질·부패하기 쉬운 여름철에 많이 제조되고 있다. 러시아 케이크, 쿠키, 머랭 등의 제품이 여기에 속한다.

드라제 菓 (프 Dragée) 견과, 마지팬, 초콜릿 등에 설탕옷을 입힌 과자의 총칭. 특히 아몬드에 연분홍·파랑·흰색 등으로 착색한 당의를 씌운 것이 아망드 드라제이다. 흔히 드라제라 하면 이것을 가리키며,

그 밖의 재료로 헤이즐넛·피스타치오, 리큐르, 초콜릿, 마지팬 등을 당의로 싼 것이 있다. 드라제의 기원은 고대 로마 시대로 거슬러 올라간다. 그 당시에는 아몬드에 꿀을 묻혔다고 하며, 현재와 같이 착색한 당의를 입히기 시작한 때는 13세기경부터이다. 유럽에는 갓난아기의 탄생·세례·약혼·결혼식 때 드라제를 선물하는 관습이 있다.

드럼 몰더 機 (영 Drum molder) 반원의 가압판(加壓板)으로 반죽을 눌러 성형하는 기계. 고정 플랜지(flange) 드럼식과 조정 플랜지 드럼식 2종류가 있다. ①고정식 몰더 : 일정한 크기의 빵 틀에 넣을 수 있도록 일정 길이의 반죽을 성형한다. 이보다 길게 하고자 할 때는 익스텐더(extender)를 달아 길이를 조절한다. ②조정식 몰더 : 드럼의 플랜지 거리를 조절하여 반죽의 길이를 원하는 만큼 늘일 수 있다. 갖가지 너비의 가압판이 쓰인다.
→성형기

드레시렌 技 (독 Dressieren) 제과용어. 짤주머니를 이용하여 반죽을 짜내거나 모양을 만드는 일.

드레싱 技 (영 Dressing) 일반적으로 요리 윗면에 바르는 재료와 그 작업. 특히 마요네즈 소스를 가리키는 경우가 많다. 또 오픈 샌드위치 표면에 얹는 걸쭉한 재료도 드레싱이라고 한다.

드레인드 체리 菓 (영 Cherry drained, Candied cherry 프 Ceriese glacée, Bigarreau rouge) 설탕절임 체리*. 흔히 빨강·초록색으로 착색, 판매되고 있다. 영국에서의 명칭은 캔디드 체리 또는 체리 드레인드이다. 한국에서 캔디드 프루츠*라 함은 설탕절임 후 설탕과 함께 조려, 과실 표면에 설탕 결정을 입힌 것을 가리킨다. 한편 드레인드 체리는 처음에는 낮은 당도의 당액에서부터 차츰 당도를 높여 설탕절임한 뒤 그 당액을 뺀 체리를 가리킨다. 체리는 나

폴레옹종(種)·비가로종을 쓰고, 그 과육을 일단 표백한 다음에 빨갛게 혹은 초록으로 물들인다.

→설탕절임

드롭 技 (영 Drop of dough) 발효 중인 빵 반죽의 표면이 우묵하게 들어간 상태. 보통 표면의 결이 고른 경우는 반죽이 최대한 부푼 상태이고, 반죽 덩어리의 가운데가 높고 주위가 낮으면 아직 부푸는 중이다. 또, 팽창이 지나치면 반죽 중앙이 수축하여 오목해지는데 이런 상태를 드롭이라 한다. 이 현상은 발효할 때에 생기는 산(酸)이 글루텐을 연화시켜 반죽의 탄력을 없앤 결과이고 반죽이 노화하기 시작함을 알리는 신호이다. 직접법으로 빵을 만들 때는 드롭하기 전에 가스빼기를 해야 한다. 그리고 중종법의 경우에는 빵의 종류에 따라, 중종이 드롭하기 전에 믹서에 넣거나 중종이 드롭할 때까지 발효시킨다. 중종의 드롭은 중종이 얼마나 발효했는가를 알리는 지표이다.

드롭스 菓 (영 Drops) 하드 캔디의 하나. 언제부터 만들어졌는지는 확실치 않다. 설탕만을, 또는 설탕과 물엿을 섞어 조려 캐러멜 상태로 만든다. 적당한 크기로 자르거나 원하는 모양을 새긴 콘스타치 틀에 흘려 넣고 식혀서 굳힌다. 각종 향료와 색소에 따라 여러 가지 다양한 제품이 나올 수 있다. 드롭스를 만드는 방법에는 설탕만으로 만드는 크림 타르타르(cream tartar)법과, 설탕과 물엿을 섞어서 만드는 글루코오스(glucose)법이 있다. 설탕만으로 만든 제품은 그렇지 않은 것보다 우수하지만 설탕이 재결정되어 불투명해지고 깨지기 쉽다. 이러한 설탕에 물엿을 더하면 물엿이 설탕의 재결정을 막아주고 점조성(粘稠性)이 커져 쉽게 깨지지도 않는다. 또한, 가격면을 보더라도 물엿을 넣은 쪽이 더 저렴하다. 만드는 법은, 냄비에 설탕과 물을 넣고 끓인 뒤 걸러서 중주석산칼륨(주석영, 크림 오브

타르타르)을 넣고 115℃까지 조린다. 설탕의 20% 정도의 물엿을 넣고 다시 150~160℃까지 조린다. 잘 반죽하면서 110℃ 정도로 식으면 향료와 착색료를 넣고 섞는다. 철판에 얇게 붓거나, 콘스타치로 좋아하는 모양의 홈을 파고 흘려 넣은 뒤 차게 식혀 굳힌다.

드롭 케이크 菓 (영 Drop Cake) 물방울처럼 동그랗게 떨어뜨려 구운 비스킷의 하나. 밀가루에 설탕, 유지, 우유, 스파이스, 과실 등을 배합해 만든 반죽을 철판 위에 짜 놓고(또는 숟가락으로 떠 놓고) 중불에서 구운 과자이다. 대표적인 배합례 2가지를 보면 다음과 같다.
[배합1] 설탕 900 g, 라드 450 g, 계란 12개, 우유 1,000cc, 암모니아계 팽창제 28 g, 박력분 1,800 g, 팽창제 56 g.
[배합2] 설탕 450 g, 라드 337 g, 계란 5개, 당밀 270cc, 우유 450cc, 중조(녹인 것)·생강·시너먼 가루 각 28 g.

드링크 믹서 機 (영 Drink mixer) 청량음료에 시럽을 섞는 기구. 한편 음식을 섞는 것을 푸드 믹서(food mixer)라 하고, 반유동 상태의 과실을 섞는 것을 블렌더(blender) 또는 스쿼시(squash)라 한다.

디너 其 (영 Dinner) 정찬(正餐). 서양요리에서 정오(正午)부터 오후 9시 사이에 하는, 정식 메뉴에 의한 식사를 가리킨다. 특히 점심을 오찬(午餐), 저녁을 만찬(晩餐)이라고 한다. 디너에는 여러 가지 요리가 차례로 나오는데 그에 따르는 예절을 지켜야 한다. 최근에는 디너 파티(dinner party)가 연회(宴會)의 주류를 이루고 있다.

디디티 原 (영 DDT) 디클로로 디페닐트리클로로에탄(dichloro-diphenyl-trichloroethan)의 약칭. 살충제로 사용한다. 무색 결정으로 그 가루가 곤충에 묻으면 입이나 다리를 통해 몸 속에 들어가 신경계를 마비시켜 죽인다.

디바이더 機 (영 Divider)

〈표〉 디소르비톨의 제과시 사용목적과 사용량

종 류	사 용 목 적	사용량(%)
양생(洋生)과자	풍미개량, 보습(保濕), 노화방지, 저장성 개량	5~10
도넛	풍미개량, 보습, 노화방지, 저장성 개량	5~10
캐러멜	저장성 개량	2~5
누가	풍미개량, 저장성 개량	5~15
마시맬로	결을 곱게 한다. 풍미개량, 저장성 개량	6~15
초콜릿속의 충전물	충전물의 수분이 밖으로 흘러 나와 초콜릿 쪽으로 가지 않도록 예방	4~10
추잉 검(껌)	청량감을 주고 유연성을 개량	0.5~1.0
비스킷	파손방지, 씹는 느낌의 향상	0.5~1.0
구운과자	씹는 느낌 향상, 품질 개량, 저장성 개량	1~5
엿	저장성 개량, 색과 윤기를 향상시킴	
만두	표면에 윤기를 주고 노화 방지	5.0

⇨분할기

디벨롭먼트 단계 技 (영 Development stage) 반죽의 발달단계 중 세번째 단계.
⇨반죽하기

디소르비톨 原 (영 D-Sorbitol) 포도당의 환원체. 동·식물에 널리 분포하며 해조류에도 많이 함유되어 있다. 하지만 보통 공업적으로 포도당을 환원해서 제조하기 때문에 화학적 합성품으로 취급받는 감미료* 이다. 백색의 분말로 냄새가 없으며 부드럽고 시원한 단맛을 낸다. 감미도는 설탕의 50~70% 정도이다. 물에 잘 녹고 위장에서 흡수 속도가 느려 당뇨병, 비만증 환자에게 알맞는 감미료이다.
〈**용도 및 사용법**〉 식품의 건조방지, 중량감소의 방지, 당(糖)과 소금의 결정화 방지, 녹말의 노화방지를 위해 사용한다. 그리고 포도당이나 설탕과는 달리 메일라드 반응* 에 의한 갈변이 일어나지 않아, 특히 제과에 많이 사용한다. 위의 〈표〉는 제과에 사용하는 디소르비톨의 목적과 사용량이다.

디아세틸 化 (영 Diacetyl) 설탕이 발효했을 때 생기는 아세틸메틸카비놀이 산화되어 만들어지는 지방족 물질. 연두색의 액체이고, 버터 등의 유제품의 향 성분이다.

디아스타아제 生 (영 Diastase) 아밀라아제. 특히 α-아밀라아제와 β-아밀라아제를 총칭하는 용어이다.
⇨아밀라아제

디저트 菓 (영, 프 Dessert 독 Nach-speise) 식후에 먹는 치즈·단맛의 앙트르메·과일의 총칭. 디저트용 과자, 즉 단맛의 앙트르메에는 푸딩·수플레 등의 뜨거운 것, 아이스크림·셔벗·바바루아·무스 등의 찬 것 또는 케이크라 이름 붙는 파티스리 등 거의 모든 과자가 포함된다. 프랑스어의 데세르는 다 먹은 뒤 접시를 내린다는 뜻의 데세르비르(desservir)에서 유래한 것이고, 영어의 디저트는 데세르를 차용하여 영어식 발음으로 읽은 것이다.

디저트 스푼 機 (영 Dessert spoon)
⇨스푼

디저트용 소스 菓 (영 Dessert Sauce) 식후에 나오는 디저트*에 단맛을 내기 위해 더하는 소스. 이러한 목적으로는 소스 이외에도 시럽, 퓌레, 프루츠, 주스를 사용한다. 냉과용 찬 소스와 앙트르메 쇼(entremets chaud : 데워 먹는 앙트르메)용 따뜻한 소스가 있다. 한 예로 레몬 소스를 들면 다음과 같다. ① 따뜻한 레몬 소스 : 커스터드 크림에 레몬 제스트를 잘게 썰어 넣고 생크림과 레몬 즙을 더한다. ② 찬 소스

: 가열한 복숭아 450 g, 레몬 8개, 시럽 570cc, 포도당 55 g. 레몬 껍질을 잘게 썰어 찬물에 넣고 끓인 뒤 다시 찬물에 헹구어 으깬다. 여기에 시럽을 더하여 끓이고, 또 복숭아와 포도당을 더해 끓인 뒤 식힌다. 그 밖의 소스에 오렌지 소스, 딸기 소스가 있다.

디퍼 機 (영 Dipper) 국자 겸용의 소형 냄비. 디퍼의 안벽에 눈금이 새겨진 것도 있다.

눈금이 새겨진 디퍼.

디페너 機 (영 Depanner) 틀에 넣고 구워 낸 빵을 틀에서 꺼내는 기계. 디페너는 자동이기 때문에 기계화 공장에서 많이 쓰고 있다. 디페너의 모양은 여러 가지이지만 그 원리는 모두 같다. 구워 낸 빵이 들어 있는 빵 틀이 컨베이어로 옮겨지면 디페너의 위쪽으로 움직이는 선반에 올려져 정상에 도달한 후, 수평으로 이동하면 빵 틀이 횡봉(橫棒)에 부딪히게 된다. 그 진동으로 틀 속의 빵이 흔들려 역전활강(逆轉滑降) 장치에 의해서 빵이 컨베이어 위에 떨어져 냉각기로 운반된다. 최근에는 롤이나 번즈를 철판에서 꺼내는 디페너도 발달했다. 이 롤·번즈용 디페너의 엘리베이터에 철판이 하나씩 올려지면 그 윗부분에 위치한 진공식 제거기를 통해 롤·번즈가 철판에서 컨베이어로, 다시 냉각기로 옮겨진다.

디포지터 機 (영 Depositor 프 Entonnoir à fondant) 시럽, 소스, 가나슈 또는 묽은 반죽을 자동으로 일정량씩 흘러 나오

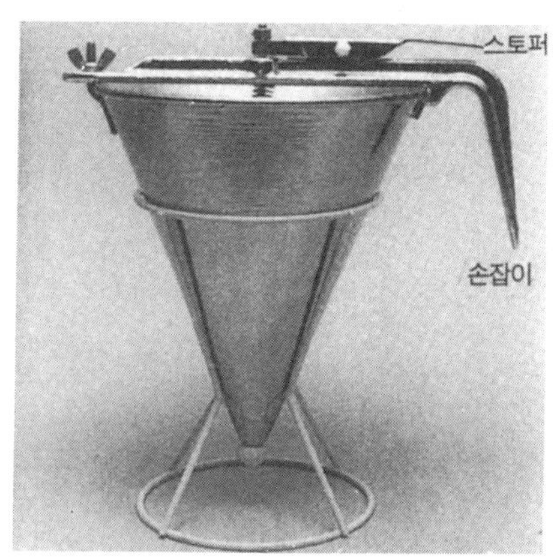

디포지터

도록 하는 기구. 본체는 원뿔형이다. 손잡이를 잡고 그 위에 있는 스토퍼(stopper)를 엄지 손가락으로 누르면 내용물이 흘러 나온다. 리큐르 봉봉* 처럼 녹말 속에 계속해서 흘려 넣어야 하는 작업에 꼭 필요한 기구이다.

디프 프리즈 機 (영 Deep freeze) 빵·케이크 반죽 또는 그 제품을 급속히, 어는 점 이하로 냉동시키는 기계. 해동(解凍)하면 원래의 상태로 회복된다.

디플로마트 菓 (이 Diplomate) ①앙트르메. 즉, 잘게 자른 브리오슈, 설탕절임 과일로 만든 빵 푸딩. ②비스퀴 아 라 퀴이예르, 설탕절임 과일을 틀에 채우고 바바루아 반죽을 부어 식힌 푸딩. 여기에 크렘 앙글레즈, 과일 소스 등을 곁들인다. ③빙과. 즉, 설탕절임 과일을 재료로 한 봉브 글라세. 이 중에서 ②의 비스퀴 아 라 퀴이예르 속에 커피 풍미의 바바루아를 채운 것을 예로 들면 다음과 같다.

[**배합**] 〈비스퀴 아 라 퀴이예르〉 노른자·흰자 각 5개, 그라뉴당·박력분 각 125 g. 〈바바루아〉 우유 500cc, 커피(고운 가루) 60 g, 그라뉴당 200 g, 노른자 4개, 젤라틴 20 g, 바닐라 1/2개, 생크림 400cc, 럼 소량.

〈기타〉소스 앙글레즈(우유 250cc, 노른자 3개, 생크림 65cc, 그라뉴당 65 g, 바닐라 스틱 1/2개)·분설탕 각 적당량.
[만드는 법] ① 비스퀴 아 라 퀴이예르를 만든다. 재료를 순서대로 섞어서 반죽을 만들고, 지름 1cm의 둥근 모양깍지를 끼운 짤주머니에 채워 오븐 철판에 10cm 길이의 막대 모양으로 짠다. 위에는 분설탕을 뿌린다 ② 230℃ 오븐에 넣고 약 5분간 구워 옅은 갈색을 낸 뒤, 망 위에서 식힌다 ③ 틀 주위에 ②를 붙인다 ④ 바바루아를 만든다. 냄비에 우유와 바닐라를 넣고 끓인다 ⑤ 커피가루를 ④에 넣고 30분쯤 놔둔 뒤, 체에 밭이면서 노른자와 그라뉴당 섞은 것에 넣고 섞는다 ⑥ ⑤를 중불에서 조린 뒤, 불에서 내려 물에 불린 젤라틴을 넣는다 ⑦ 생크림을 거품내어 ⑥에 넣은 뒤 럼을 넣고 섞는다 ⑧ ③의 속에 ⑦을 흘려 넣고 냉장고에 식혀 굳힌다 ⑨ 앙글레즈 소스를 만든다('크렘 앙글레즈'항 참고) ⑩ ⑧의 푸딩을 틀에서 빼 내어 그릇에 담고 그 주위에 ⑨를 붓는다.

디히드로초산[—醋酸] 原 (영 Dehydro acetic acid, DHA) 보존료의 하나. 디히드로아세트산의 구용어. 백색 가루, 맛과 향이 없다. 물에 녹지 않으나 아세톤, 에테르 등의 유기용매(有機溶媒)에 잘 녹는다. 디히드로초산은 철, 구리 등의 금속염과 만나면 색이 바뀌므로 이것을 녹일 때에는 금속제 용기를 사용하지 않는다. 첨가량은 치즈, 버터, 마가린 등에 1,000 g 당 0.5 g 까지 사용할 수 있다. 특히 치즈에는 숙성 과정 중 소금과 함께 첨가한다.
→보존료

딜레이드 슈거법 技 (영 Delayed sugar process) 단시간 제빵법의 하나. 딜레이드 솔트법이라고도 한다. 설탕과 소금을 뺀 나머지 재료를 혼합하면 발효시간이 단축된다. 즉, 설탕과 소금을 빼고 나머지 재료를 가볍게 반죽, 발효시킨다. 그 후에 설탕과 소금을 넣고 한번 더 반죽한다. 이때는 충분히 믹싱한다.
→두 번 반죽법

딸기 原 (영 Strawberry 프 Fraise 독 Erdbeere) 장미과(科)의 다년초 열매. 딸기는 씨방과 연결된 부분이 발육한 열매와 달리, 꽃턱(花托)이 비대해진 것이다. 그래서 씨는 과실 속에 있지 않고 열매의 표면에 깨알처럼 붙어 있다.
〈취급방법〉딸기는 상처나기 쉬우므로 필요할 때마다 사서 쓰는 것이 좋다. 보존할 때는 꼭지를 따지 않고 공기에 닿지 않도록 비닐 종이에 꼭 싸서 냉장고에 넣어 둔다. 꼭지를 따면 과실 속의 수분이 증발한다. 그리고 한번 물에 담그면 바로 곰팡이가 피거나 썩는다. 씻을 때는 꼭지를 떼지 않고 소금물에서 재빠르게 씻는다. 30초 이상 물에 담가두면 비타민 C가 유출돼 버린다.
〈용도〉그냥 먹기도 하는데 잼으로 가장 많이 가공한다. 그리고 퓌레로 만들어 생크림에 섞기도 하고 셔벗, 아이스크림에도 이용한다. 한편 모양이 흐트러진 것은 딸기술을 만들어 젤리에 사용한다.

땅콩 原 (영 Peanut 프 Cacahouète) 낙화생.
⇨피넛

떡 菓 한과*의 하나. 멥쌀·찹쌀가루를 위주로 하여 쪄낸 것. 예로부터 집안의 잔치나 명절 때 만들어 먹던 음식이다. 재료와 만드는 법에 따라 찌는 떡, 치는 떡, 지지는 떡, 빚는 떡 등으로 나눈다.
〈종류〉① 찌는 떡(甑餠) : 곡식가루를 시루에서 찐 것. 백설기가 대표적이다. 이것은 쌀가루에 물 또는 꿀물을 섞어 촉촉하게 찐다. ② 치는 떡(搗餠) : 곡류를 가루나 알갱이째 찐 다음 나무판에 쳐서 만든 떡. 인절미, 절편이 대표적이다. ③ 지지는 떡(油煎餠) : 곡식가루를 반죽하여 기름에 지진 떡. 전병이라고도 한다. ④ 빚는 떡 : 찹쌀가루를 익반죽하여 동그랗게 빚은 떡. 그 중의 송편은 콩·깨·밤 등의 소*를 충전하여 찐 것이고, 단자(團子)는 동그랗게 빚은 반죽을 삶은 뒤 콩·팥고물을 묻힌 것이다.

⑤ 기타 : 약식과 증편이 있다. 약식(藥食)은 약밥이라고도 하는, 단맛 나는 밥이다. 찹쌀밥에 참기름·간장으로 간을 하고 밤·대추·잣 등을 섞어 버무려 찐다. 증편은 멥쌀가루를 막걸리로 반죽, 발효시킨 뒤 찜통에서 찐 떡으로 흔히 기주떡·술떡·벙거지 떡이라 불린다.

라드 原 (영 Lard 프 Saindoux 독 Sc-hweine schmalz) 돼지기름(豚脂). 돼지의 지방조직을 분리해서 정제한 것. 돼지의 지방조직 중 식용할 수 있는 양질의 것은 배와 등의 피하지방과, 신장(腎臟) 주변의 지방이다. 라드는 상온에서 백색의 고형지방으로서 녹는점이 낮고 입에서 녹기 쉬우며 풍미가 좋다. 그리고 녹는점은 원료로 쓴 지방의 부위와, 배합한 다른 유지에 따라 다르다. 예컨대 배와 등의 지방은 28~30℃, 신장 주변의 지방은 35~40℃에서 녹는다.

〈조리특성〉 쇼트닝성과 가소성(可塑性)이 뛰어난 반면 크리밍성과 산화(酸化)에 대한 안정성이 약하다. 전자의 장점을 이용해 일찍이 미국에서 파이용 유지로 사용하였다. 그리고 쇠기름(牛脂)을 섞어 크리밍성을 높이고, 산화방지제를 첨가해 산화에 대한 안정성을 키우고 있다.

〈사용・보존법〉 중국요리와 중국과자에 자주 사용하고 다른 여러 튀김과자에 이용한다. 그 밖에 쇼트닝이나 마가린 그리고 비누의 가공원료로 쓰기도 한다. 녹는점이 낮으므로 저온에 저장하고, 산화되기 쉬우므로 한 번 사용한 것은 오래 보존하지 않도록 한다.

라 바렌 其 (프 La Varenne) 17세기 프랑스의 요리인(1618~78)이다. 원명은 프랑수아 피에르 드 라 바렌(François Pierre de la Varenne). 왕의 신임을 얻어 말년에는 고위 관직에도 올랐다고 한다. 《프랑스의 요리인(le Cuisinier françois)》(1651)과 《프랑스의 제과인(le Pâtissier françois)》(1653)을 저술하였다.

라스티가이 빵 (영 Rastigai) 러시아특유의 조리빵이다. 빵 반죽에 양파를 넣고 고기나 생선으로 만든 충전물을 넣고 감싸 구운 것으로서 모양은 원형 또는 타원형이다. 밀가루 100에 대해 설탕 5, 마가린 5, 소금 1, 물 45로 반죽을 만들어 발효시킨 뒤 얇게 펴서 원형 틀로 찍는다. 그 위에 고기나 생선으로 만든 충전물을 얹고 반죽 가장자리에 계란을 바른 뒤 싼다. 따뜻한 곳에서 계란액을 발라 광택을 내고 중불에서 굽는다. 윗면에 버터를 바르고, 생선을 충전한 것에는 생선 수프를, 고기를 충전한 것에는 고기 수프를 곁들여 먹는다.

라우트 비스킷 菓 (영 Rout Biscuit) 마지팬을 시트로 하여 만든 영국의 프티 푸르. 라우트는 '대야회(大夜會)'란 뜻으로, 그러한 모임에 처음으로 이 과자가 등장했다고 한다.

[만드는 법] ① 마지팬에 흰자 또는 계란을 소량 더해 부드럽게 섞는다 ② 여기에 원하는 향과 색을 들이고 손으로 조금 떼어 내 갖가지 모양으로 성형한다. 아몬드 같은 견과 또는 과일을 눌러 박아 장식하기도 한다 ③ 표면에 노른자를 바르고 오븐에서 굽는다. 식혀서 초콜릿으로 줄을 그어 장식해도 좋다.

라운더 機 (영 Rounder) 분할 반죽의 상한 부위를 봉함과 동시에 표면을 매끈하게 마무리하는 기계. 라운더로 상처받은 부위를 둥글리면 그 표면에 매끈한 막이 형성된다. 이 반죽을 휴지시키면 가스가 발생하여 성형작업이 손쉽게 끝날 수 있다. 라운더에는 절구형(bowl type)・우산형(umbrella type)・드럼 형(drum type)이 있다.

라이 사워 빵 (영 Rye Sour) 이스트(효모균)보다도 젖산균이나 아세트산균을 이용해 발효시킨 종. 이 중종으로 본반죽하여 구우면 호밀빵의 독특한 풍미가 난다.
→사워 도

라이스 原 (영 Rice 프 Riz)
⇨쌀

라이스 케이크 菓 (영 Rice Cake). 밀가루 대신 쌀가루로 만든 케이크.
[배합] 〈반죽〉 버터 70 g, 설탕·계란·쌀가루 각 150 g, 팽창제 4.5 g, 레몬 즙 1/2개 분량. 〈기타〉 버터 15 g, 그라뉴당 30 g, 레몬 껍질 1/2개 분량.
[만드는 법] 버터 케이크*와 같은 방법으로 반죽을 만들어 굽는다. 구워 낸 시트에 버터를 바르고 레몬 껍질을 잘게 썰어 얹은 뒤 그라뉴당을 뿌린다.

라이스 푸딩 菓 (영 Rice pudding 프 Pudding au riz) 쌀을 사용해 만든 푸딩.
[배합] 쌀 125 g, 우유 500cc, 계란 2 개, 설타너·말라가산(Málaga 産) 건포도 각 50 g, 럼(리큐르 잔으로) 1 잔.
[만드는 법] ① 3 분간 쌀을 씻고 물기를 뺀다 ② 끓인 우유를 ①에 붓고 약 20분간 끓인다 ③ 불에서 내려 건포도, 럼, 계란 2 개를 넣고 섞는다 ④ 버터를 바른 도자기 그릇에 담고, 센불에서 25분간 굽는다 ⑤ 그대로 식탁에 내놓는다.

라이터 타입 케이크 菓 (영 Lighter type Cake) 헤비 타입 케이크*에 대응하는 명칭. 팽창제를 사용하고 재료를 가벼운 크림 상태로 해서 만든다. 로프 케이크, 박스 케이크, 레이어 케이크, 컵 케이크 등이 여기에 속한다. 이러한 케이크를 만들 때는 글루텐의 양은 적고 탄력성이 강한 밀가루를 쓴다.

라이헤르트 마이슬가[-價] 試 (영 Reichert meissel value) 유지 5 g을 분해하여 생성하는 수용성·휘발성 지방산을 중화하는 데 쓰이는 0.1N-KOH(0.1 노르말 농도의 수산화칼륨)의 ㎖ 수. 즉, 휘발성·수용성 지방산의 양을 측정하는 데 그 목적이

있다. 각 유지의 라이헤르트 마이슬가는 다음과 같다. ① 식물성 기름 : 대두유(극소량), 면실유(0.4~1.0), 옥수수기름(0.3~2.5), 참기름(1.2), 유채씨기름(0.2~0.4), 땅콩기름(0.5~1.6), 올리브유(0.3~0.6). ② 식물성 지방 : 팜유(0.5~2.0), 야자유(5.5~9.0). ③ 동물성 지방 : 고래기름(0.7~2.4), 쇠기름(0.25~0.5), 돼지기름(0.3~1.0), 버터(26~33), 마가린(0.5~5.5).

라임 原 (영, 프 Lime 독 Limette) 운향과(科) 식물의 열매. 원산지는 인도, 인도차이나 반도 부근으로 알려져 있는데 현재는 지중해 연안과 멕시코, 미국 등지에서 생산하고 있다. 인도, 이란에서는 레몬*과 라임을 구별없이 라임으로 부르고 있다. 라임의 모양은 계란형이고, 표피는 얇고 하얀 스펀지 층이 거의 없다. 익어도 촉감이 단단하고 노랗게 익으나 녹색을 띠는 것도 많다. 과육의 색은 껍질의 색에 따라 노랑색을 띠기도 하고 옅은 녹색이 들기도 한다. 라임은 비타민 C가 풍부하여 주스로 만들면 신맛·쓴맛이 강해진다. 당분(糖分)은 레몬보다 많다. 그리고 라임의 껍질은 향이 좋아 요리에 향을 내기에 알맞다. 〈고르는 방법 및 보존법〉 과피(果皮)가 매끄럽고 싱싱한 것을 선택한다. 노란색 품종이 녹색보다 감미가 있다. 보존할 때는 물에 적신 신문지로 싸서 냉장고에 넣어 보관한다.
〈사용법〉 과즙을 낼 때는 과육을 손바닥으로 굴리듯이 짜면 잘 짜진다. 주스는 그대로 마시는 것보다 다른 종류의 주스와 섞어서 마시면 훨씬 맛이 난다. 레몬의 대용품으로 자주 이용하지만, 레몬보다 산미(酸味)와 향이 부드럽다. 양과자 중 셔벗, 무스, 아이스크림 등에 사용한다.

라즈베리 菓 (영 Raspberry 프 Framboise) 장미과(科)의 나무딸기. 원산지는 유럽, 북아메리카, 아시아이다.
〈특징〉 다년생의 식물로, 가시가 많은 가지

에 과실이 열린다. 과실이 익는 시기는 7월경이지만 9~10월경에 완숙되는 것도 있다. 꽃은 작으나 과실은 지름이 1.5~2cm 정도이다. 과실의 색은 적색, 황색, 백색 등이며 적색 계통이 가장 많다. 과실은 즙이 많고 신맛과 단맛이 잘 조화를 이루고 있으며 향도 좋다. 그냥 먹기도 하고, 주스나 퓌레 등의 통조림, 병조림으로 가공하여 널리 이용한다.

〈사용법〉 날것 그대로 케이크에 장식하거나, 잼으로 만들어 타르트나 파이의 충전물로 사용하기도 한다. 과즙은 젤리·무스·소스에도 사용한다. 또 콩포트로 만들어서 케이크의 장식으로 이용해도 좋다.

라즈베리

라즈베리 키스 菓 (영 Raspberry Kisses) 구운 머랭에 라즈베리 크림을 샌드한 것. 철판에 냉제(冷製) 머랭을 작은 손가락 모양으로 4개 짜 놓는다. 이것을 182℃ 오븐에서 굽고 식힌 뒤에, 4개를 한 쌍으로 하여 라즈베리 크림을 샌드한다. 굳으면 양끝을 초콜릿에 담근다.

라캉 其 (프 Lacam) 프랑스의 요리·제과인. 피에르 라캉(Pierre Lacam : 1836~1902). 많은 프티 푸르·케이크를 창작했고 이탈리안 머랭을 쓴 앙트르메의 일인자였다. 저서로는 《프랑스와 외국의 새로운 과자·빙과(Nouveau pâtissier glacier français et étranger)》(1865년), 《제과의 역사와 지리적 기념서(Memorial historique et géographique de la pâtisserie)》(1890년) 등이 있다.

라 팔마 캉베르주 가토 菓 (프 La Palma Canneberge Gâteau) 소량의 키어시로 풍미를 낸 크렘 앙글레즈*를, 평평하게 구운 파트 쉬크레(pâte sucrée) 위에 얹는다. 버터 스펀지 시트의 한가운데를 도려내고, 구운 파트 쉬크레 위에 올린 뒤 키어시 시럽으로 가볍게 적신다. 뚫린 구멍에는 소량의 디플로마트 크림과 약간 단맛을 낸 월귤('크랜베리'항 참고)을 채운다. 연한 분홍색으로 착색한 머랭을, 월귤을 제외한 가토 전체에 씌우고 오븐에서 살짝 굽는다.

락타아제 化 (영 Lactase) 젖이나 우유 속에 많이 들어있는 락토오스(lactose : 젖당 또는 유당)를 글루코오스(glucose : 포도당)와 갈락토오스(galactose)로 분해하는 효소.

락토오스 化 (영 Lactose)
⇨ 젖당

람플라덴 菓 (독 Rahmfladen) 스위스의, 생크림을 사용해 만든 플랑*.
[배합] 생크림 500cc, 밀가루 100 g, 소금·후추 각 소량, 빵 반죽·꿀 각 적당량.
[만드는 법] ① 생크림을 하룻밤 동안 오븐 가까이에 두고 발효시켜 신맛을 띠게 한다 ② 밀가루, 소금, 후추를 ①에 섞는다 ③ 세르클 틀에 버터를 칠하고, 빵 반죽을 얇게 밀어펴서 깐다 ④ ③ 속에 ②를 흘려 붓는다 ⑤ 180℃ 오븐에서 30~40분간 굽는다 ⑥ 꿀을 끼얹어 먹는다.

랑그 드 샤 菓 (프 Langue de Chat 독 Katzenzungen) 프티 푸르 세크*의 하나. 버터, 설탕, 밀가루, 바닐라를 섞어 만든 반죽을 얇고 둥그스름한 직사각형으로 구워 낸 과자. 원래 '랑그 드 샤'는 고양이의 혀라는 뜻으로, 과자의 테두리에 구운색이 연하게 든 것과 구워진 모양이 고양이 혀와 닮았다 해서 붙여진 명칭이다.

[배합] 버터·분설탕·흰자·박력분 각 70 g, 바닐라 에센스 소량.
[만드는 법] ①버터를 포마드상태(pomade : 유지만을 녹여 풀어 걸쭉한 상태)로 만든다. 여기에 바닐라 에센스, 분설탕을 넣고 거품기로 섞는다 ②①에 흰자를 조금씩 더하면서 섞고, 또 밀가루를 더하여 섞는다 ③②의 반죽에 젖은 수건을 씌워 휴지시킨다 ④버터를 바른 철판에 둥근 모양깍지(6호)로 7 cm 길이의 반죽을 짜 놓는다 ⑤④의 철판을 작업대에 몇 번 부딪쳐서 충격을 줌으로써 반죽을 평평하게 퍼뜨린 뒤 180℃ 오븐에서 구운색이 들 때까지 굽는다.

래디시 原 (영 Radish) 일반적인 무. 채소의 하나이다. 보통, 래디시라고 하면 껍질이 빨갛고 속은 하얀 것을 가리킨다. 매실(梅實) 정도의 크기로 빨갛고 깨끗하기 때문에 흔히 장식 재료로 사용한다.

래크 機 (영 Rack) 빵 틀이나 틀에 채운 반죽 또는 빵 등을 얹는 목제·철제 선반. 고정 래크와 이동 래크가 있다. 이동 래크는 대개 철제이고, 바퀴가 달려 있어 손쉽게 옮길 수 있다.

래크 오븐 機 (영 Rack oven) 바퀴가 달린 래크*를 통째로 넣고 빼낼수 있는 오븐. 래크선반 위에 반죽을 얹어 굽는다. 또 굽기 외에도 발효실로 이용할 수 있는 오븐이다. 가열방법은 간접식이다.

래핑 머신 機 (영 Wrapping machine) ⇨자동 포장기

러스크 菓 (영 Rusk 프 Biscotte 독 Zwieback) 두 번 구운 빵이다. 보통은 발효 반죽으로 만든 빵을 얇게 썰어서 토스트한 것을 말하지만, 프랑스나 독일에서는 러스크 제조용 특별 반죽을 만들어 빵으로 굽고 식힌 뒤 다시 슬라이스해서 철판에 구운 것을 가리킨다. 러스크는 보존성이 좋고 소화가 잘 되므로 가벼운 식사, 간식, 휴대용 식사에 이용한다. 단 것, 달지 않은 것, 소

금을 넣은 것, 넣지 않은 것 등 여러 가지가 있다. 프랑스의 비스코트*, 독일의 츠비바크*에 해당한다.

러시아 마카룬 菓 (영 Russian Macaroon) 비스킷과 마카롱을 잘 조화시킨 과자.
[배합] 〈시트〉 버터 25 g, 설탕 50 g, 계란 1/4개, 우유(물) 15cc, 밀가루 100 g, 팽창제 3 g. 〈마카롱〉 땅콩 60 g, 설탕 60 g, 흰자 30 g.
[만드는 법] ①시트는 비스킷 반죽. 이것을 4 mm 두께로 밀어 펴서 지름 5 cm인 형틀로 찍는다 ②①을 철판에 놓고 170℃에서 15분간 살짝 굽는다 ③마카롱은 땅콩, 설탕, 흰자를 냄비에 넣고 약한 불에서 교반하면서 조린다 ④③을 ②의 비스킷에 한 숟가락씩 얹고 물 묻힌 나이프로 모양을 가다듬는다 ⑤170℃ 오븐에서 마를 때까지(20분간) 굽는다.

러시아 믹스 마카룬 빵 (영 Russian Mix Macaroon)
[배합] 〈시트〉 버터 35 g, 설탕 45 g, 계란 1/4개, 우유 15cc, 밀가루 100 g, 팽창제 2 g, 레이즌 소량.
〈마카롱〉 땅콩 40 g, 레이즌 20 g, 설탕 60 g, 흰자 30 g.
[만드는 법] ①비스킷처럼 시트를 만들어 두께 4 mm로 밀어 편 다음 러시아 케이크 틀로 찍어낸다 ②①을 철판에 늘어놓고 170℃에서 15분간 살짝 굽는다 ③마카롱 재료를 냄비에 담고 교반하면서 조린다. 이것을 ②의 비스킷 위에 얹어 나이프로 가다듬는다. 가운데에 레이즌을 얹고 170℃에서 20분간, 마를 때까지 굽는다.
주) 땅콩 대신 호두, 레이즌 대신 오렌지 필·레몬 필로 바꾸어도 좋다.

러시아 빵 빵 (영 Russian Bread) 러시아는 산성 반죽으로 만든 흑빵과 피로슈키가 유명하다. 또, 캐비아를 먹을 때 곁들이는 브리니스(메밀가루를 섞어 만든 파이)는

러시아만의 독특한 빵이다. 대도시의 국영 빵 공장에서 갖가지 빵을 집중생산하고 있으며 과학적 연구가 그것을 뒷받침하고 있다.

러시아 커스터드 菓 (영 Russian Custard) 러시아풍(風)의 커스터드 반죽 튀김. [배합] 〈반죽〉 밀가루 830 g, 계란 40 g, 설탕 30 g, 소금 15 g, 이스트 25 g, 물 830cc. 〈기타〉 튀김용 기름 90~120 g.
[만드는 법] ① 직접법으로 부드러운 반죽을 만든다 ② 기름칠 한 뜨거운 프라이팬(또는 철판)에 ①을 숟가락(또는 짤주머니)으로 150 g씩 떠 넣어 튀긴다 ③ ②의 커스터드에 버터(10~20 g), 사워 크림*(20~30 g), 꿀 또는 잼(15~30 g)을 곁들여 내기도 한다. 그 밖에 레이즌을 넣은 커스터드, 사과를 넣은 커스터드가 있다.

러시아풍 푸딩 菓 (영 Russian Pudding) [배합] 〈반죽〉 밀가루 720 g, 계란 40 g, 설탕 30 g, 마가린 30 g, 소금 15 g, 이스트 30 g, 물 1,150 cc. 〈기타〉 튀김용 기름 50 g.
[만드는 법] ① 직접법으로 반죽을 만든다 ② 기름을 두르고 뜨겁게 데운 프라이팬에 ①의 반죽을 얇게 깐다. 조금 굽고 나서 뒤집어 굽는다. 생선과 계란을 넣은 푸딩(1개 20~30 g)을 구울 때는 생선살을 5~10 g씩 저며 자르고 지진다. 계란은 완숙시켜 다진다. 이들 재료를 기름 두른 뜨거운 프라이팬에 넣고, 여기에 푸딩 반죽을 부어 굽는다. 푸딩에는 버터, 사워 크림, 이크라(ikra : 연어나 송어의 알을 분리하여 소금물에 절인 식품)를 곁들인다.

런던 티 케이크 菓 (영 London Tea Cake) 이스트 반죽으로 만든 영국풍 케이크. 레몬을 배합한 식빵 반죽을 57 g씩 분할하고, 지름이 7.5cm인 원형으로 밀어 편다. 여기에 계란을 바르고 발효시킨 뒤 227℃에서 굽는다. 반쯤 굽고 나서 뒤집어 다시 굽는다.

런천 其 (영 Luncheon) 런치*보다 약간 격식을 차린 점심 식사.

런치 其 (영 Lunch 프 Déjeuner 독 Mittagessen) 아침과 저녁 사이의 점심 또는 정식 만찬 사이에 있는 가벼운 식사(도시락에 해당). 미국에서는 보통 샌드위치나 핫도그에 음료(콜라)를 곁들여 먹는다.

럼 原 (영, 독 Rum 프 Rhum) 사탕수수를 원료로 한, 서인도 제도 특산의 방향성이 강한 증류주(蒸溜酒).
〈역사〉 럼의 발상지는 서인도 제도. 콜럼버스(C. Columbus)가 서인도 제도를 발견한 이후 에스파냐 사람들이 감자당(甘蔗糖)을 얻기 위해 사탕수수를 재배하기 시작하면서 럼이 생겨났다. 즉, 럼은 사탕수수에서 설탕 결정을 분리하고 남은 엑스에 물을 더해 발효시킨 뒤 정류(精溜 : 액체를 기화·분류시켜 불순물을 없앰)한 스피리츠를 나무통에 담아 숙성시킨 것이다. 16세기부터 프랑스, 영국 등 유럽의 열강(列强)은 식민지 쟁탈전과 노예무역을 조장해갔다. 그리고 세계 곳곳에 사탕수수 농장과 제당 공장을 세웠다. 사탕수수 재배에 필요한 흑인 노동력을 설탕, 향신료, 과실, 럼, 목화 등과 맞바꾸어 해결했다. 더욱이 17~18세기 유럽이 근대화의 길에 접어들어서도 그 노예제도를 존속시킴으로써 아시아, 아프리카, 중남미의 농장을 경영할 수 있었다. 그리고 여기서 만들어진 럼은 유럽 여러 나라에 들어가 많은 인기를 끌었다. 럼이란 명칭은 이 술을 처음 마신 어느 섬 원주민이 '너무 취해서 흥분(당시 영어로 rumbullion)되었다'하여 여기서 'rum'을 따서 붙인 것이라고 한다(16세기 식민지 기록에서 인용).
[만드는 법] 일반적으로 럼의 생산 방식에는 2 가지가 있다. 사탕수수의 줄기를 압착해서 얻어진 액을 그대로 가수(加水)하여 발효·증류하는 방법과, 제당공장의 시스템에 연결된 장치에서 만들어지는 방법이

있다. 그 짠 액(엑스)을 석회유 등으로 청정(淸淨)한 뒤 가열·비등시키면 수분이 증발하고, 원심분리기 작용으로 결정 성분은 결정화하여 설탕이 된다. 그리고 남은 비결정 성분인 당밀(糖蜜: 포도당과 과당을 함유한 성분)에 물을 넣고 발효시켜 정류(精溜)하면 무색의 스피리츠, 럼이 된다.
〈종류〉 럼은 색과 풍미에 따라 몇몇 종류로 나뉜다. 1. 색에 따른 분류―① 화이트 럼(white rum): 무색 혹은 엷은 색의 럼. 실버 럼이라고도 한다. ② 다크 럼(dark rum): 진한 갈색의 럼. 자메이카산(產)이 많다. ③ 골드 럼(gold rum): 화이트 럼과 다크 럼의 중간색으로 위스키에 가까운 색이다.
2. 풍미에 따른 분류―① 라이트 럼(light rum): 럼 중에서 가장 부드러운 풍미를 지니고 있다. 일반적으로는 화이트 럼이 많고 쿠바산(產)이 유명하다. ② 헤비 럼(heavy rum): 풍부한 맛과 짙은 향이 특징인 럼. 자메이카산이 유명하다. 색은 짙은 갈색이다. ③ 미디엄 럼(medium rum): 풍미는 헤비 럼에 가깝다. 라이트 럼과 헤비 럼을 섞어서 만든 것이 많고, 대중품으로 소비량도 높다.
〈사용법〉 양과자에 사용하는 럼의 수요는 많다. 사바랭처럼 구운 과자를 담글 시럽이나, 프루츠 케이크에 사용할 드라이 프루츠를 불릴 액체로 쓴다. 이 때에는 다크 럼이 자주 쓰인다. 또, 화이트 럼은 마들렌, 치즈 케이크, 커스터드, 푸딩의 풍미를 내는 데 사용된다. 럼은 크림류에 잘 어울리기 때문에 휘핑 크림에는 화이트 럼을, 버터 크림에는 화이트 럼과 다크 럼을 사용한다.

레 原 (영 Milk 프 Lait 독 Milch) 우유. 원래 동물의 젖을 뜻하지만 제과에서는 우유를 가리킨다. 그리고 우유와 비슷한 상태의 물질에도 '레'를 붙인다. 예를 들어 레 다망드(아몬드 밀크)는 아몬드에서 짜낸 하얀 즙을, 레 드 코코(코코넛 밀크)는 야자나무 열매를 곱게 갈아 우유와 더해 헝겊에 싸서 짜 낸 즙이다.

레 다망드 菓 (프 Lait d'amandes) ⇨아몬드 밀크

레드 윈터 휘트 原 (영 Red winter wheat) 미국산(產) 적색 겨울밀. 이것은 다시 하드 레드 윈터 휘트와 소프트 레드 윈터 휘트로 나뉜다. 하드 레드 윈터 휘트(hard red winter wheat)는 미국의 밀 규격 4급에 해당하는 경질밀. 이 밀을 제분한 가루는 붉고 딱딱하며 수분은 11.5%. 반면 단백질의 양은 비슷하다. 소프트 레드 윈터 휘트(soft red winter wheat)는 미국의 밀 규격 5급에 해당하는 연질밀. 이것은 부드럽고 연하며 수분 12~14%, 단백질 10%를 포함하고 있다. 이 밀로 만든 가루는 빵 만들기에는 맞지 않지만 색이 희어 케이크, 페이스트리, 쿠키의 가루 혼합(混合)용으로 이용하고 있다.

레드 커런트 菓 (영 Red currant) 붉은 커런트. 범의귀과(科)의 구즈베리류에 속하는 열매. 이것은 온대에서 한대에 걸쳐서 자라는, 높이 1~1.5m의 작은 나무에서 열린다. 봄에 녹색이나 보라색을 띠는 꽃이 핀다. 그 뒤에 지름 1cm의 둥근 열매가 7~8cm로 포도송이처럼 매달린다. 7월에는 열매가 익어 빨간 색이 된다. 맛은 달콤새콤하다. 신맛이 있기 때문에 잼으로 만들거나 파이, 타르트에 충전하기에 알맞다. 설탕에 조린 것을 걸러 시럽, 소스로 만든다. 과즙은 젤리, 무스에 쓰고 생과실은 케이크의 생크림 위에 올려 장식하면 좋다.
→커런트

레드 플라워 原 (영 Red flour) 적색 밀로 만든 가루. 이것은 흰 밀가루보다 단백질량이 많아 제빵용으로 알맞다.

레뤼켄 菓 (독 Rehrücken) 노루의 등을 연상시키는 독일의 대표적 과자. 구워 낸 케이크 표면에 물결 무늬가 새겨져 있다. [배합] 〈반죽 1〉 버터 175 g, 설탕 175 g,

계란 3개, 아몬드 가루 175 g, 레몬 껍질·
레몬 즙 각 1/2개 분량. 〈반죽 2〉 흰자
120 g, 설탕 120 g, 코코아 20 g, 박력분
20 g, 아몬드 슬라이스 120 g. 〈기타〉 아몬
드 슬라이스·버터·분설탕 각 적당량.
[만드는 법] ① 물결 무늬의 레뤼켄 전용 틀
에 버터를 바르고 아몬드 슬라이스를 뿌려
둔다 ② 반죽 1 을 만든다. 버터와 설탕을
섞고, 계란과 아몬드 가루를 번갈아 가며
조금씩 섞는다. 여기에 레몬 껍질 간 것과
레몬 즙을 더해 섞는다 ③ 그리고 오븐에서
굽는다 ④ 반죽 2 를 만든다. 흰자와 설탕으
로 머랭을 만들고 아몬드 슬라이스, 코코
아, 박력분을 더해 섞는다 ⑤ ④의 반죽을
①의 안쪽에 두께 1 cm로 바르고 구운 뒤
③을 채워 다시 180℃ 오븐에서 굽는다 ⑥
틀에서 빼내고 분설탕을 뿌린다.

레모네이드 原 (영 Lemonade) 레몬
과 에이드(천연 과즙에 설탕과 물을 섞었다
는 뜻)의 복합어. 즉, 레몬 즙을 찬물이나
얼음물에 타고 설탕으로 단맛을 낸 것이다.
여기에 계란 흰자를 넣어 섞기도 한다. 찬
물 대신 탄산수를 넣은 것을 레몬 스쿼시
(lemon squash)라고 한다.

레몬 果 (영 Lemon 프 Citron 독
Zitrone) 감귤류 중의 하나이다. 주산지는
미국의 캘리포니아, 이탈리아의 시칠리아
섬이다. 레몬과 같은 모양·크기이면서 과
육이 녹색인 것이 라임*이다. 껍질의 색도
둘 다 노랗기 때문에 겉으로는 구별하기가
어렵다. 이 둘을 잘라 보았을 때 껍질이 얇
은 것이 라임이고 두꺼운 것이 레몬이다.
그리고 레몬은 껍질뿐만 아니라 과즙에도
향이 있는 반면 라임은 껍질에만 독특한 향
이 있다. 레몬은 생으로 먹기보다 그 향과
신맛을 살려 각종 요리, 양과자에 이용한
다. 즙을 짜서 식초 대신 더해 드레싱을 만
들고 생선, 고기, 그 밖의 요리에 이용한
다. 또, 사과나 바나나처럼 색이 쉽게 변하
는 과일에 그 즙을 쳐 두면 갈변을 막을 수

있다. 과즙은 무스, 젤리, 셔벗을 만들기에
알맞다. 딸기잼을 만들 때 조금 첨가하거나
생크림에 섞어 거품내면 안정된 기포를 만
들 수 있다. 껍질을 잘게 썰어 스펀지 반죽
에 섞으면 레몬의 신맛과 향을 살린 케이크
가 된다.

레몬 비스킷 菓 (영 Lemon Biscuit)
[배합] 버터 30 g, 설탕 50 g, 계란 10cc,
레몬즙 15cc, 레몬 껍질 1 개 분량, 밀가루
100 g, 팽창제 1 g, 그라뉴당 30 g.
[만드는 법] ① 레몬 껍질을 얇게 벗긴다.
그 껍질을 5×5mm 크기로 10개 자르고(위에
얹을 것), 나머지는 잘게 썬다. 껍질을 벗
긴 레몬으로는 즙을 짠다 ② 레몬 즙과 잘게
자른 껍질을 반죽(비스킷의 기본 반죽)에
섞는다. 이 반죽을 얇게 밀어 펴고 형틀로
찍어낸 뒤, 표면에 물을 묻히고 그라뉴당을
뿌린다 ③ ②의 반죽을 철판에 얹고 레몬 껍
질을 붙인 다음 175℃에서 15분간 굽는다.
레몬 껍질 대신 레몬 필을 얹어도 되고, 레
몬 즙 대신 레몬 에센스를 써도 좋다.
→비스킷

레몬 에센스 原 (영 Lemon essence)
레몬유(油)를 알코올에 녹인 향료. 휘발성
이므로 가열하면 증발한다. 이것은 가열하
지 않는 식품, 즉 아이스크림·청량음료 등
에 쓴다.

레몬유 [－油] 原 (영 Lemon oil) 신
선한 레몬 껍질을 압착하여 얻은 탄화수소유
(炭化水素油). 노란 빛을 띠는 액체로, 레
몬 특유의 상쾌한 향과 쓴맛이 난다. 가열
하지 않는 식품에는 레몬 에센스*를 더하
지만, 가열한 식품에는 이 레몬유를 쓴다.

레몬 커드 原 (영 Lemon Curd) 레몬
파이 등을 만들때 충전하는 레몬 크림. 커
드란 산(또는 효소)의 작용을 받아 굳은 상
태의 물질을 가리킨다. 설탕, 노른자, 레몬
즙을 섞어 만든다. 오렌지 커드도 있다.
[배합] 설탕 240 g, 콘스타치 60 g, 노른자
5개, 물 360cc, 레몬 즙 1 개 분량, 레몬향

료 소량.

[만드는 법] ① 설탕과 콘스타치를 함께 체쳐 노른자와 섞고 물을 더한다 ② 가열하면서 타지 않도록 섞는다 ③ 굳기 시작하면 불에서 내리고 레몬 즙과 향료를 넣고 섞는다.

레몬 케이크 菓 (영 Lemon Cake) 레몬 풍미를 낸 파운드 케이크의 하나이다. 〈배합〉 〈1〉 케이크용 특제분 1,134 g, 분설탕 1,361 g, 소금 21 g, 버터 1,134 g. 〈2〉 계란 361 g, 물 199cc. 〈3〉 레몬 커드* 567 g, 레몬 주스 57cc, 물 794cc, 글리세린 85 g. 〈4〉 케이크용 특제분 1,134 g, 팽창제 85 g.

[만드는 법] ① 〈1〉을 잘 혼합한다. 여기에 〈2〉를 넣어 5~7분 동안 천천히 교반한다 ② ①에 잘 저어 둔 〈3〉을 반만 더해 몇 분간 섞은 뒤 〈4〉를 더한다. 마지막으로 〈3〉의 나머지를 넣고 섞는다 ③ 틀에 종이 케이스를 깔고 ②의 반죽을 225 g씩 나누어 넣는다. 평평하게 한 뒤 그 위에 레몬 커드를 격자 무늬로 짜 놓고 187℃에서 굽는다.

레몬 크림 菓 (영 Lemon cream) 가토, 페이스트리에 자주 이용하는 레몬 향의 크림.
〈배합〉 설탕 340 g, 계란 4~5개, 레몬 껍질 2개 분량, 레몬 즙 3개 분량, 버터 170 g.

[만드는 법] ① 설탕, 계란을 섞는다 ② ①에 레몬 껍질·즙, 버터를 더해 가열한다. 혼합물이 굳을 때까지 젓는다 ③ ②를 불에서 내린 뒤 철제 그릇에 옮긴다. 이것이 식을 때까지 놓아 둔다. 이 크림은 향이 강해서 다른 크림과 섞어 쓰면 더욱 좋다.

레몬 파이 菓 (영 Lemon Pie) 레몬의 산뜻한 신맛을 살린 파이.
[배합─1개 분량] 〈레몬 무스〉 노른자 45 g, 설탕 15 g, 레몬 껍질·레몬 즙 각 1개 분량, 젤라틴 8 g, 흰자 70 g, 설탕 45 g, 파이 반죽·크렘 샹티이 각 적당량.

[만드는 법] ① 레몬 무스를 만든다. 노른자와 설탕을 섞는다. 레몬 껍질 간 것과 과즙을 더해 섞는다 ② 물에 불린 젤라틴을 ①에 더하고 중탕시키면서 잘 섞어 체에 거른다 ③ 흰자와 설탕으로 머랭을 만들어 ②와 섞는다 ④ 파이 반죽을 두께 1mm로 밀어 펴고 피케*한 뒤 지름 21cm인 틀에 깐다. 넘치는 반죽은 잘라 내고, 굽는다 ⑤ ③을 ④ 속에 채우고 식혀 굳힌다. 표면에 크렘 샹티이를 바르고 그 위에 격자 무늬로 같은 크림을 짜 놓는다.

레몬 필 菓 (영 Candied lemon peel 프 Écorce de citron 독 Kandierte zitrone) 설탕절임한 레몬 껍질. 레몬의 주산지는 이탈리아이다. 과일을 설탕절임하면 오래 보존할 수 있다. 그래서 여러 가지 과일 설탕절임이 생겨났다. 프랑스어로 프뤼이 콩피*라 하며 과자에 포함시킨다.

레브쿠헨 菓 (독 Lebkuchen) 꿀 넣은 쿠키의 하나. 꿀의 역사만큼 꿀 넣은 과자의 역사도 유구하다. 그런데 레브쿠헨이라는 이름으로 불리게 된 때는 14~15세기라 한다. 호니히쿠헨*이라고도 한다. 호니히는 꿀이라는 뜻. 밀가루 같은 곡식 가루에 꿀과 과일을 첨가한 과자는 기나긴 세월을 거치며 여러 형태의 과자로 발달하였다. 레브쿠헨도 그 중의 하나이고, 지금도 밀가루와 같은 양의 꿀을 섞어 오래 저장했다가 굽는 방법은 옛 방식을 그대로 이어 받은 것이다. 레브쿠헨이 발달한 곳은 수도원이었다. 당시 수도원에서는 양봉(養蜂)이 이루어졌고, 그 꿀을 이용해 레브쿠헨을 만들었다. 그리고 수도원을 찾는 신도들에게 친근한 과자가 되었다. 그 결과 레브쿠헨의 무늬는 성서에 등장하는 장면이나 성인들의 초상이 많아졌다.
[배합] 꿀 1,250 g, 설탕 500 g, 강력분·박력분 각 925 g, 정향 8 g, 아니스·올스파이스·코리앤더 각 2.5 g, 암모니아계 팽창제 25 g.

[만드는 법] ① 꿀, 설탕을 가열, 80℃까지 녹여 섞는다 ②①을 식혀 하루 이틀 둔다 ③ 강력분과 박력분을 ②에 더해 섞는다. 단단한 경우 물을 조금 넣는다. 이것을 용기에 담아 1개월간 보존한다 ④ 정향, 그 밖의 스파이스류와 팽창제를 더해 섞는다. 탄산칼륨을 더하기도 한다 ⑤ 원하는 만큼 밀어 펴고 무늬를 찍어 굽는다.

레시틴 原 (영 Lecithin 프 Lécithine 독 Lezithin) 인지질(燐脂質)의 하나. 노른자, 콩기름, 간장(肝臟), 뇌(腦) 등에 들어 있다. 알코올, 에테르에 녹으며 물과 섞이면 에멀션(유탁액)을 만든다. 또, 유화성이 강하고 가열하면 기포성이 커진다. 지금 시판되고 있는 레시틴은 콩기름(大豆油)이나 옥수수기름에서 뽑은 것이며 버터, 마가린과 함께 쓰면 효과적이다. 쇼트닝과 마가린의 유화제로도 쓰인다. 케이크에 쓰는 쇼트닝에 1~2%의 레시틴을 더하면 케이크의 색, 결, 풍미가 좋다. 또, 빵 반죽에 넣으면 탄성이 커지고 겉껍질이 연해진다. 광택과 결도 좋아지고 빵의 저장성도 높아진다.

레시피 技 (영 Recipe 프 Recette) 재료의 분량을 기록한 배합표에 따른 조리법. 단순히 배합표를 뜻하는 경우가 많다.
⇨배합표

레이디 핑거 菓 (영 Lady Finger 프 Biscuit à la Cuillère) 비스퀴 반죽을 길쭉하게 짜 내어 구운 과자이다. 구워 냈을 때 표면이 매끄럽고 옆면이 갈라져 있다.
⇨비스퀴 아 라 퀴이예르

레이어 케이크 菓 (영 Layer Cake) 제누아즈를 몇 개 포개고 크림, 초콜릿, 아몬드 페이스트를 씌운 케이크이다. 그 밖의 재료를 써서 장식할 수도 있다. 크기는 바텐부르크*와 같다.
[만드는 법] 1. 초콜릿 제누아즈 4장을 겹치고 바닐라 버터 크림을 샌드한다. 아몬드 페이스트를 얇게 밀어 펴서 윗면과 옆면에 덮어 씌우고 초콜릿 퐁당을 묻힌다. 이것이 굳으면 윗면에 가는 곡선을 이어서 비스듬히 짜 놓고, 다시 수직으로 같은 모양을 짜 낸다. 그 가운데에 다진 피스타치오, 작게 부순 그린 아몬드를 세로로 한 줄 얹는다. 2. 초콜릿 제누아즈 2장 사이에 월넛(walnut) 제누아즈를 1장 끼우고 럼으로 풍미를 낸 버터 크림을 샌드한다. 위, 옆면에는 얇게 초콜릿 아몬드 페이스트를 씌우고 초콜릿을 입힌다. 호두를 반 나누어 한 줄로 늘어놓고, 그 사이에는 별 모양깍지로 옅은 녹색의 버터 크림을 짜 놓는다.
3. 아몬드 스펀지 4장 사이에 피스타치오로 풍미를 낸 옅은 녹색의 버터 크림을 샌드한다. 위, 옆면은 옅은 녹색의 아몬드 페이스트로 싸고, 다시 피스타치오 풍미를 낸 옅은 녹색 퐁당을 입힌다. 윗면에 초콜릿으로 격자 무늬를 짜 놓고 피스타치오를 쭉 늘어 놓는다. 4. 월넛 스펀지 4장을 겹치고, 잘게 다진 호두를 섞은 바닐라 버터 크림을 그 사이에 바른다. 위, 옆면에 얇은 아몬드 페이스트를 씌우고 바닐라 풍미를 낸 흰 퐁당을 입힌다. 반 나눈 호두를 얹고 초콜릿을 짜 놓는다. 5. 핑크 제누아즈 4장을 겹치고, 키어시로 풍미를 낸 버터 크림에 체리를 다져 섞어 제누아즈 사이에 바른다. 위, 옆면에는 분홍빛의 얇은 아몬드 페이스트를 씌우고, 키어시로 풍미를 낸 분홍색 퐁당을 또 입힌다. 그 위에 체리를 반 나누어 세로로 한 줄 늘어놓고 체리 사이에는 연분홍색 퐁당을 별 모양으로 짜 놓는다.

레이즌 果 (영, 프 Raisin 독 Rosine) 잘 익은 포도를 말린 것이다. 넓게는 건포도 전체를 가리키지만, 품종에 따라 명칭이 다르다. 검붉은 색의 레이즌, 작고 검은 커런트, 연한 갈색빛이 나는 설타너가 있다. 건포도용 품종으로는 알이 작으면서도 씨가 없고 산도(酸度)가 낮은 것이 좋다. 건포도는 그대로 먹기도 하고 제과 제빵의 원료로 쓰기도 한다. 특히 럼과 잘 어울린다. 레이즌의 주산지는 미국 캘리포니아이다.

레이즌 드롭 쿠키 菓 (영 Raisin Drop Cooky)
[배합] 버터 30 g, 설탕 40 g, 계란 1/2개, 우유 15cc, 밀가루 100 g, 팽창제 2 g, 레이즌 50~89 g.
[만드는 법] 레이즌(검은색 건포도)은 반 자른다. 반죽을 만드는 법은 버터 비스킷*과 같다. 기름칠을 한 철판 위에 반죽을 놓고, 그 가운데에 레이즌을 얹어 180℃에서 15분간 굽는다. 모양은 원형·타원형이며, 장식은 바꾸어도 좋다.

레이즌 브레드 빵 (영 Raisin Bread)
레이즌을 배합해 만든 빵. 건포도 빵의 하나이다.
[배합] 밀가루 1,000 g(중력분 500 g + 강력분 500 g), 생이스트 28 g, 설탕 80 g, 소금 15 g, 유염 버터 60 g, 계란 300 g, 우유 200cc, 물엿 10 g, 건포도 500 g, 물 100~150cc.
[만드는 법] ① 반죽을 만든다. 저속에서 4분, 중속에서 14분간 반죽한다. 반죽 온도는 28~29℃로 하고 실온에서 1시간 발효시킨다 ② 20분간 벤치타임을 갖고 성형한 뒤 35~37℃에서 40분간 2차발효 시킨다 ③ 굽기 전에 계란칠을 하고 170℃ 오븐에서 30~40분간 굽는다.

레이즌 슬라이스 菓 (영 Raisin Slice 독 Rosinen Schnitten) 독일의 이스트 반죽 케이크.
[배합] 쿠헨용 반죽 1,000 g, 건포도 200 g, 버터 130 g, 아몬드 슬라이스 150 g, 레몬 껍질 1개 분량, 시너먼 2 g, 설탕 200 g, 계란 3개.
[만드는 법] 반죽을 60×40cm로 밀어 편다. 약한불에 살짝 구운 뒤 식을 때까지 놔 둔다. 이것을 다시 200℃에서 구운 다음 원하

는 크기로 자른다.

레이즌 케이크 菓 (영 Raisin Cake)
[배합] 버터 454 g, 분설탕 681 g, 계란 454 g, 밀가루 1,134 g, 팽창제 21 g, 우유 511cc, 씨없는 건포도 907 g, 바닐라 향료.
[만드는 법] 허니 월넛 케이크와 같은 반죽을 만들고 454 g의 빵 틀에 종이를 깐다. 틀 안에 425 g의 반죽을 채우고 193℃에서 굽는다.

레인보 케이크 菓 (영 Rainbow Cake) 색이 다른 스펀지 케이크 시트를 4~5장 겹쳐 작게 자른 것. 프티 푸르에 자주 쓴다.

레케를리 菓 (독 Leckerli) 꿀, 밀가루, 스파이스, 과실 등을 배합해 섞어 납작하게 구워 낸 스위스 바젤시(Basel 市)의 명과. 바젤러 레케를리라고도 한다.
⇨바젤러 레케를리

레케를리 아이싱 菓 (영 Leckerli icing) 설탕과 물을 조려 만든 아이싱. 설탕과 물의 혼합 비율은 퐁당처럼 3 : 1로 한다. 이 액은 퐁당보다 낮은 온도인 109℃가 상한(上限)이다. 맑은 아이싱을 만들고자 할 때는 포도당을 조금 더한다. 또, 아이싱에 광택을 내고자 할 경우에는 아라비아 검액을 더한다. 이 아이싱은 레케를리(독일의 호초과자)에 쓴다. 그 사용 방법은 다음과 같다. ① 레케를리가 따끈할 때 : 솔로 아이싱을 냄비 주위에 묻혀 보아 우유빛(乳色)이 되면 곧바로 레케를리 위에 바른다. ② 레케를리가 식었을 때 : 아이싱을 레케를리 위에 바르며 이것이 희어질 때까지 계속한다.

레터스 原 (영 Lettuce) 양상추. 상추와 같으나 양배추처럼 결구성(結球性)이다. 이것은 주로 샐러드 재료로 사용된다.

렛 다운 단계 技 (영 Let down stage) 반죽의 발달단계 중 다섯번째 단계.
→반죽하기

로덴쿠헨 菓 (독 Rodenkuchen) 쿠글

로프 틀을 이용해서 구운 고배합의 발효과자. 납프쿠헨이라고 한다.
⇨납프쿠헨

로마세 菓 (독 Rohmasse) 독일식으로 마지팬을 만들 때 밑반죽(base)이 되는 아몬드 페이스트. 정식 명칭은 마르치판로마세이고 흔히 로마지팬이라 한다. 아몬드와 설탕을 2:1로 섞고 롤러에 갈아 페이스트 상태로 만든다. 과자의 주재료・부재료로서 널리 이용된다.
→마지팬

로마지팬 菓 (영 Raw Marzipan)
⇨마르치판로마세, 마지팬

로세 菓 (프 Rocher) 바위 모양의 과자. 아몬드 넣은 머랭으로 만든 것이 로세 오 자망드이고 건포도(레이즌) 넣은 것이 로세 오 레쟁이다. 그리고 한 입 크기의 로세 오 프랄린이 있다.
〈종류〉 ① 로세 오 자망드(rocher aux amandes) : 견과 넣은 머랭 과자. 거품낸 흰자 1에 설탕 2를 더해 만든 머랭에 아몬드 슬라이스(또는 기타 견과)를 섞고 숟가락으로 떠서 철판에 얹는다. 저온의 오븐에 넣어 건조 시킨다. ② 로세 오 프랄린(rocher aux pralines) : 다진 아몬드를 넣은 초콜릿으로 감싼 한 입 과자. 프랄리네 넣은 가나슈를 다진 아몬드 섞은 초콜릿에 담근다.

로 슈거 原 (영 Raw sugar) 조당(粗糖 : 막설탕). 정제하지 않아 불순물(不純物)이 많은 설탕이다. 이것은 정제당의 원료가 되며 풍미가 있어 사탕, 캐러멜에 사용한다.
⇨조당

로스 技 (영 Loss) 빵을 만드는 동안 생기는 제품의 중량 손실. 발효 로스('발효 손실'항 참고)는 보통 1~2%, 베이킹 로스('굽기 손실'항 참고)는 10~12%이다. 이 밖에 냉각 로스가 있다. 냉각 로스('냉각 손실'항 참고)는 보통 구운 뒤 4시간이 지나면 4~5%이고, 하루에 1% 비율로 손실

량이 늘어난다.

로스트 其 (영 Roast) 고기를 튀기는 일, 또는 오븐에 구운 고기. 로스터(roaster)는 고기 굽는 기구, 로스트 치킨(roast chicken)은 오븐에 구운 닭고기, 로스트 비프(beef)는 구운 쇠고기, 로스트 포크(pork)는 구운 돼지고기, 로스트 머튼(mutton)은 구운 양고기이다.

로열 아이싱 原 (영 Royal icing 프 Glace royale 독 Eiweißglasur) 웨딩 케이크나 크리스마스 케이크에 고급스런 순백의 장식을 위해 사용하는 새하얀 아이싱이다. 흰자나 머랭 가루를 분설탕과 섞고 여기에 색소・향료・아세트산 등을 더한다. 대표적인 배합례를 들면 다음과 같다.
[배합] 흰자 4~5개, 분설탕 900 g , 빙초산 5 방울.
[만드는 법] ① 흰자를 볼에 넣고 분설탕 1/2 분량을 더해 섞는다 ② ①에 나머지 설탕을 넣고 저으면서 빙초산을 떨어뜨린다. 나무 주걱으로 5분간 젓는다. 짤주머니에 채워 짜 낼 것은 단단하게 만들고 케이크 전체에 프로스팅*할 것은 부드럽게 만든다. 흰자 대신 머랭 가루를 쓸 때는 머랭을 물에 녹여 설탕 1/3 분량을 더해 젓는다. 끝으로 나머지 설탕을 조금씩 더해 가면서 마무리 한다.

로제트 技 (영, 프 Rosette) 크림으로 꽃 모양을 짜 내는 일을 가리키는 제과용어. 짤주머니에 별 모양깍지를 끼우고 크림류를 채워 꽃처럼 짜낸다. 그 모양이 장미꽃과 같다 하여 붙여진 명칭이다.

로즈메리 原 (영 Rosemary) 자소과(科)의 관목으로 잎과 나무 모두에 향기가 있어 향료로 쓴다.

로즈 오일 原 (영 Rose oil) 장미꽃잎에서 뽑아 낸 방향성 유지. 크림색을 띠며, 물에 타면 장미향이 난다.

로즈 워터 原 (Rose water) 장미꽃잎

에서 로즈 오일을 뽑아 낼 때 생기는 물질. 크리스마스용 케이크의 감미료, 빙과의 향료로 쓴다.

로터리 오븐 機 (영 Rotary oven) 회전 오븐. 구움대는 원반 모양의 트레이이고 수평으로 천천히 움직인다. 이 트레이 위에 빵 틀을 올려 놓고 회전시키면서 굽는다. 로터리 오븐은 굽는 동안 트레이가 움직이므로 열분포가 균일하다.

로티 빵 (인 Roti) 파키스탄인의 주식. 인도의 차파티*와 비슷하다. 팽창제, 이스트를 쓰지 않고 구운 납작한 빵이다.

로프 빵 (영 Loaf) ① 틀에 넣거나 한 덩어리로 뭉쳐 구운 빵. 구워 낸 빵의 모양은 윗면이 볼록한 산형(山型)이다. ② 파운드 틀에서 구운 프루츠 파운드 케이크. ③ 반달 모양으로 만든 푸르츠 케이크·빵. ④ 빵의 개수를 세는 단위.

로프 브레드 빵 (영 Loaf Bread) 빵틀에 반죽을 넣어 구운 식빵. 모양에 따라 원로프, 이봉형, 삼봉형으로 나눈다.

로프 케이크 菓 (영 Loaf Cake) 네모꼴, 산형(山型), 또는 고리 모양으로 만든 대형 케이크. 이것은 슬라이스해서 먹는다. 표면에 아이싱을 하거나 호두, 아몬드, 과일로 장식한다. 또, 아이싱을 하지 않은 플레인 로프 케이크도 있다.

록 슈거 原 (영 Rock sugar) 장식용 설탕. 갖가지 색채의 록 슈거가 있다. 만드는 법은 138℃까지 가열한 설탕 용액에 로열 아이싱을 조금 넣고 젓는다. 그러면 기포에 열이 더해져 부풀고 흰자는 굳으며 수분이 날아가 설탕은 결정으로 된다. 이것을 식혀 필요한 크기로 잘라 쓴다.

록 케이크 菓 (영 Rock Cake) 밀가루 반죽을 바위(rock) 모양으로 만들어 구운 케이크라 하여 붙여진 명칭이다. 주재료는 밀가루 또는 콘스타치, 설탕, 버터, 계란이고 여기에 주로 설타너, 커런트, 호두, 소보로*를 더해 만든다.

[표준배합―18개 분량] 밀가루 200g, 팽창제 2g, 버터 80g, 설탕 80g, 레이즌 100g, 계란 2개, 우유·바닐라 각 5cc.
[만드는 법] ① 레이즌을 반 나누어 뜨거운 물 또는 럼에 담근다 ② 밀가루와 팽창제를 체 쳐 볼(bowl)에 넣는다 ③ ②에 버터를 넣고 나이프 2개로 자르면서 섞는다 ④ ③에 ①과 설탕을 섞는다 ⑤ 우유와 계란을 섞어 ④의 반죽에 더한다 ⑥ 철판에 기름칠을 하고 그 위에 반죽을 큰스푼으로 가득 떠 놓는다 ⑦ 철판을 190℃의 오븐 윗단에 놓고 15분간 굽는다. 아몬드 록 케이크는 록 케이크의 응용품으로서, 레이즌과 바닐라 대신 아몬드를 쓴 것이다.

롤 빵 (영 Roll, Roll Bread) 소형 빵의 총칭. 롤빵이라고도 한다. 원래는 반죽을 길게 늘이고 그 끝에서부터 말아 성형한 것을 일컫던 명칭이다.
〈종류〉 저배합의 하스 브레드*인 하드 롤과 고배합의 소프트 롤이 있다. ① 하드 롤 : 카이저 롤, 프렌치 롤, 비엔나 롤, 브뢰트헨, 솔트 스틱, 치즈 스틱, 브레첼. ② 소프트 롤 : 크루아상, 브리오슈, 크레센트 롤, 치즈 롤, 핫도그 롤, 버터 롤, 파커 하우스 롤, 스위트 롤*.

롤러 機 (영 Roller 프 Broyeuse 독 Walze) 견과를 작게 부수거나 곱게 부수어 페이스트 상태로 만드는 기계이다. 석제·철제가 있고 회전롤이 2개, 3개, 그 이상인 것이 있다. 그 간격은 용도에 맞추어 조절할 수 있다.

롤링 머신 機 (영 Rolling machine) 파이 반죽을 압연하는 기계.
⇨파이 롤러

롤 샌드위치 빵 (영 Rolled Sandwich) 샌드위치 빵에 충전물을 얹고 만 것. 풀먼 브레드(샌드위치용 식빵)의 껍질을 떼고 얇게 썬다. 위에 버터를 바르고 부드러운 충전물을 펼쳐 얹는다. 이것을 스위스 롤처럼 말아 이쑤시개를 꽂거나 파라핀 종

이에 싸서 식힌다. 먹을 때는 가볍게 굽는
다. 베이컨 롤, 프랑크 푸르터 롤, 치킨 롤
등이 있다.

롤 센터 機 (영 Roll center) 빵 공장
안에 롤·번즈를 만들기 위해 마련한 장소
또는 그 장치. 처음에는 손으로 만들었지만
최근에는 거의 기계화되었다.

롤인 도 빵 (영 Roll-in dough) 커피
케이크와 데니시 페이스트리용 반죽. 접기
형 파이 반죽처럼 이스트를 넣은 스위트 도
에 유지를 펴 발라 접어 포갠 것이다.

롤인용 쇼트닝 原 (영 Roll-in shorteni-
ng) 롤인 도*에 쓰는 쇼트닝. 신전성(伸
展性)이 좋고, 냉장 온도에서도 얇게 펴지
는 특성이 있다.

롤 케이크 菓 (영 Roll 프 Roulé 독
Roulade) 각종 스펀지 시트에 잼, 크림
또는 가나슈를 바르고 말아 올린 과자의 총
칭. 스위스 롤*이라고도 한다. 롤 케이크용
스펀지 반죽은 말기 쉽도록 얇고 조금 부드
럽게 구워야 한다. 구워 낸 시트를 그만한
크기의 종이(또는 헝겊) 위에 놓는다. 반죽
전체에 시럽을 발라 흡수시킨 뒤 그 위에
크림을 바른다. 밑에 깐 종이를 들어 올려
롤 상태로 만다. 종이를 만 채 냉장고에서
휴지시킨다.

→스위스 롤

뢰펠비스크비트 菓 (독 Löffelbiskuit)
⇨레이디 핑거, 비스퀴 아 라 퀴이예르

뢰펠비스크비트마세 菓 (독 Löffelbisk-
uitmasse) 독일의 비스퀴 반죽으로 만든
과자. 프랑스의 비스퀴 아 라 퀴이예르와
같다.

[배합] 노른자 5개, 계란 2개, 설탕 75 g,
흰자 3개 분량, 설탕 75 g, 박력분 90 g.

[만드는 법] ① 볼(bowl)에 노른자, 계란,
설탕 75 g 을 넣고 거품기로 잘 젓는다 ② 다
른 볼에 흰자를 담고 남은 설탕을 몇 번에
나누어 더하면서 머랭을 만든다. 이것을 ①
에 더해 섞는다 ③ 박력분을 체치고 ②에 더

한다. 나무 국자로 섞는다 ④ 지름 9mm의 둥
근 모양깍지를 단 짤주머니에 ③을 넣고 철
판에 9cm 길이의 막대 모양으로 비스듬히
짜 놓는다(표면에 그라뉴당을 뿌리기도 한
다) ⑤ 200~220℃의 오븐에서 굽는다.

루쿨크렘 菓 (독 Lukullkrem) 버터 크
림의 하나로 프레시 버터* 이외의 유지를
넣은 크림이다. 버터만을 쓴 크림은 부터
크렘이라 한다. 루쿨크렘에는 프랑스풍과
독일풍 2가지가 있다.

1. 독일풍의 루쿨크렘
[배합] 우유 500cc, 노른자 25 g, 콘스타치
50 g, 설탕 100 g, 소금 0.3 g, 바닐라 향료
소량, 버터 280 g, 쇼트닝 70 g.

[만드는 법] ① 우유 소량, 노른자, 콘스타
치를 섞는다 ② 남은 우유에 설탕과 소금을
넣고 데운다 ③ 불에서 내려 ①을 넣고 다시
가열한다 ④ 크림 상태가 되면 불에서 내리
고 바닐라를 더한다 ⑤ 다른 그릇에 옮겨서
분설탕을 뿌리고 식힌다 ⑥ 버터와 쇼트닝
을 거품내어 ⑤와 합친다.

2. 프랑스풍의 루쿨크렘 : 독일풍 크림보다
보존성이 낮다.

[배합] 계란 300 g, 설탕 200 g, 소금 0.
3 g, 버터 300 g, 쇼트닝 150 g, 럼(또는 키
어시) 적당량.

[만드는 법] ① 계란에 설탕, 소금을 넣고
중탕하면서 거품낸다 ② 식을 때까지 교반
한다 ③ 버터와 쇼트닝을 거품내고 ②와 섞
는다 ④ 럼이나 키어시로 풍미를 낸다.

룰레 菓 (영 Roll 프 Roulé 독 Rou-
lade) 롤 케이크*. 스펀지 계통의 시트에
크림·잼류를 발라 말은 과자이다. 넓게는,
말은 과자를 총칭이다. 레몬 풍미의 크림을
발라서 말은 것이 룰레 오 시트롱(Roulé au
Citron)이고 오렌지 풍미의 크림을 바른 것
이 룰레 오 로랑주(Roulé aux l'Oranges)이
다.

를리지외즈 菓 (프 Religieuse) 크림
을 채운 대형 슈 위에 작은 슈를 얹고, 당의

(糖衣)를 입히고 버터 크림을 짜 내어 장식한 원뿔형 케이크. 원래 를리지외즈란 '수녀'라는 뜻으로서 이 과자가 베일을 쓴 수녀의 모습을 연상케 한다고 하여 붙여진 명칭이다. 또, 크고 작은 2개의 둥근 슈를 만들어 위·아래로 포개고 크림으로 장식한 소형 를리지외즈도 있다.

[배합] 〈버터 슈〉 버터 120 g, 물 300cc, 소금 소량, 박력분 150 g, 계란 5~6개. 〈커피로 풍미를 낸 크렘 파티시에르〉 크렘 파티시에르*, 인스턴트 커피·럼 각 적당량. 〈초콜릿으로 풍미를 낸 크렘 파티시에르〉 크렘 파티시에르·비터 초콜릿·그랑 마르니에에 각 적당량. 〈기타〉 퐁당·인스턴트 커피·비터 초콜릿·누가틴·캐러멜·버터 크림 각 적당량.

[만드는 법] ① 버터 슈를 만든다. 냄비에 버터, 물, 소금을 넣고 불에 올려 놓는다 ② 버터가 녹고 혼합물이 끓으면 불에서 내린다 ③ 박력분을 체쳐 한번에 넣고 뭉치지 않도록 재빨리 섞는다 ④ 완전히 섞이면 다시 불에 올려 놓고 충분히 데운 뒤 볼에 옮긴다 ⑤ 계란을 3~4번에 나누어 잘 섞으면서 넣는다 ⑥ 짤주머니에 ⑤를 채워 에클레르 모양, 도넛모양, 작고 둥근 모양을 짜낸 뒤, 오븐에서 굽는다 ⑦ 구워 낸 슈바닥에 구멍을 뚫고 그 각각에 커피 풍미의 파티시

에르와 초콜릿 풍미의 파티시에르를 짜넣는다 ⑧ 퐁당에 인스턴트 커피와 비터 초콜릿을 각각 더한다. 이 퐁당을 ⑦의 같은 풍미의 슈에 바른다 ⑨ 누가틴을 만들어 망케 틀('틀'항 참고)에 채워 성형한다. 그 위에 ⑧의 서로 다른 풍미의 에클레르를 교대로 세워 캐러멜로 붙인다 ⑩ ⑨ 속에 작고 둥근 소형 슈를 넣는다 ⑪ 버터 크림에 인스턴트 커피로 풍미를 내어 ⑩의 이음매에 짜낸다 ⑫ ⑩ 위에 도넛모양의 슈 2개를 얹고 둥근 슈를 꼭대기에 얹는다. 퐁당은 ⑧과 같은 방법으로 바른다 ⑬ ⑪과 같이 크림을 세로 방향으로 짠다(아래 〈사진〉 참고).

리믹스 메소드 技 (영 Remix method) 직접법의 변형. 8%의 물을 제외한 나머지 재료를 중종법과 같은 요령으로 반죽한다. 25~28℃에서 2~2.5시간 발효시킨 뒤 가스빼기를 하지 않은 채 믹서에 넣는다. 남은 8%의 물을 더해 한번 더 반죽한다. 그리고 15~30분 정도 플로어타임을 갖는다. 이와 같이 만든 반죽은 중종법에 의한 반죽처럼 기계내성(機械耐性)이 좋고 질(質)이 균일하고 플레이버가 좋다.

[표준배합] 밀가루 100, 이스트 2~2.5, 소금 1.8~2, 설탕 3~5, 쇼트닝 2~5, 이스트 푸드 0.5, 물 적당량.

→두 번 반죽법

리버풀 번 로프 빵 (영 Liverpool Bun Loaf) 영국 리버풀산(産) 번즈. 틀에 넣어 굽는다.

[배합] 〈중종〉 우유(38℃) 340cc, 계란 227 g, 설탕 113 g, 이스트 28 g, 밀가루 227 g. 〈본반죽〉 밀가루 681 g, 팽창제 21 g, 소금 14 g, 버터 340 g, 적설탕 397 g, 스파이스 가루 14 g, 넛메그 가루 7 g, 계란 113 g, 흑당밀 227 g, 구즈베리 681 g, 건포도 454 g, 혼합 필 다진 것 113 g.

[만드는 법] ① 중종을 만들어 30분간 발효시킨다 ② 버터와 설탕을 합해 크림 상태로 만들고 계란, 당밀을 섞어 교반한다 ③ ②

에 ①의 종을 더해 반죽한다. 마지막으로 과실을 넣는다 ④454g씩 분할하고 표면에 계란칠을 한 뒤 907g의 타원형 틀에 넣는다. 발효시킨 다음 204℃에서 1시간 동안 굽는다.

리보플라빈 原 (영 Riboflavin) 비타민 B₂. 밀가루의 배아, 밀겨에 많이 함유되어 있다. 성장촉진 성분 중의 하나로, 특히 발육기의 유아·소아에게 필요한 영양소이다. 결핍증은 소화장애, 신경침체, 신체이상 등이 나타날 수 있다. 빵에 리보플라빈을 첨가한 것이 영양강화 빵의 하나이다.

리보핵산[－核酸] 化 (영 Ribonucleic acid) 핵산의 하나. 보통 RNA라고 한다. 핵산은 뉴클레오티드(nucleotide)라고 하는 수많은 단위 물질이 길게 연결된 고분자 유기물(高分子有機物)이다. 이 뉴클레오티드는 염기, 펜토오스(pentose), 인산(燐酸)이 각 1분자씩 연결된 물질인데 그 구성성분 중에서 펜토오스의 당(糖)이 리보오스(ribose)일 때 RNA라 하고, 디옥시리보오스(deoxyribose)일 때 DNA(deoxyribonucleic acid)라고 한다.

리솔 菓 (프 Rissole) 푀이타주나 브리오슈 반죽을 둥글게 펴서 잼이나 크렘 파티시에르*등을 바르고 반으로 접어서 튀긴 과자. 설탕을 뿌리거나 과일 소스를 곁들여서 먹는다. 다음은 프뤼이 리솔 만드는 법이다.

[배합] 퍼프 페이스트* 400g, 잼 250~300g.

[만드는 법] ①퍼프 페이스트를 두께 3mm로 늘인 뒤 지름 7cm의 둥근 형틀로 찍는다 ②①의 가장자리에 물을 축이고 한가운데에 잼이나 과일 퓌레를 놓는다 ③이것을 반으로 접고 테두리를 눌러 붙인다 ④기름에 튀긴 뒤 아이싱 슈거를 뿌린다.

리슐리외 菓 (프 Richelieu) 아몬드 가루를 넣은 비스퀴로 만든 앙트르메*. 리슐리외는 루이 14·15세 때 한 궁정 귀족의

이름이다. 아몬드 가루를 넣은 비스퀴에 마라스키노를 더해 굽는다. 살구잼과 프랑지판을 번갈아 발라 포개고 표면에는 마라스키노 향을 들인 퐁당을 바른 뒤 안젤리카를 장식한다.

리신 化 (영 Lysine) 필수 아미노산의 하나. 리신은 밀 단백질에 약 3% 들어 있는데 그 양은 영양적으로는 부족하다. 더욱이 리신은 밀의 제한 아미노산주)이기 때문에 다른 필수 아미노산의 양이 아무리 많아도 리신의 양이 적으면 그만큼만 흡수되고 나머지는 쓸모 없어져 버린다. 따라서 최근에는 밀가루 속에 리신의 첨가를 시도하고 있다. 주로 식빵(식사용)에 강화하려 하지만 가격상 문제가 있고, 열에 약하여 영양이 손실되며 메일라드 반응*을 일으키는 등 또 다른 문제점도 많아 보편화되기에는 아직 이르다.

주) 제한 아미노산 : 체내에 섭취된 단백질의 흡수율을 결정하는 인자. 어떤 식품 속의 아미노산 중 그 양이 가장 적은 것으로서 다른 아미노산의 효율성을 떨어뜨린다. 즉, 다른 아미노산이 아무리 많아도 제한 아미노산의 양만큼만 흡수된다.

리 아 랭페라트리스 菓 (프 Riz à l'Impératrice) 귀족풍의 라이스 케이크.
[배합] 쌀 125g, 우유 500cc, 분설탕·각종 필 각 125g, 노른자 4개, 젤라틴 8g, 키어시 적당량, 생크림 150cc.
[만드는 법] ①쌀을 익혀서 끈기가 없도록 녹말을 제거한다 ②우유 250cc를 ①에 붓고 뚜껑을 덮은 뒤 천천히 끓인다 ③이것과 병행하여 별도로 분설탕, 노른자, 끓인 우유, 물에 불린 젤라틴, 키어시를 섞어서 크렘 앙글레즈*를 만든다 ④②에 ③과 거품낸 생크림, 주사위 모양을 한 과일 설탕절임을 섞어 찬 곳에서 굳힌다 ⑤식탁에 낼 때에는 과일 젤리를 곁들인다.

리치 브레드 빵 (영 Rich Bread) 설탕, 유지, 계란 등을 풍부하게 사용한 고배

합빵*. 최근에는 이것 뿐만이 아니라 비타민, 영양 강화제 등을 첨가한 인리치 브레드*(Enrich Bread)도 리치 브레드라고 하는 경우가 있다. 리치 브레드에 대응하는 빵은 린 브레드(Lean Bread)로, 짠맛이 위주인 빵이다. 보통 미국 등지에 리치 브레드가 많고 유럽에는 린 브레드가 많다.

리케차 生 (영 Rickettsia) 세균보다 작고 바이러스보다 큰 미생물. 성질도 그 중간이다. 일반 세균과 달라 살아 있는 세포 내에서만 증식하고 인공적인 배지(培地)에서 배양할 수는 없다. '리케차'라는 명칭은 이 병원체를 연구하던 중에 불행히도 여기에 감염되어 쓰러진 미국의 병리학자 H. T. 리케츠(1871~1910)의 이름에서 유래한다. 리케차는 사람에게 일으키는 병에 따라 발진티푸스군·홍반열군·양충병군·큐열군의 4군으로 나뉜다. 여러 가지 흡혈성 절지 동물(吸血性 節肢動物)에 기생하므로 리케차 병은 절지 동물에 의하여 매개된다.

리코딩 도 믹서 試 (영 Recording dough mixer) 믹소그래프*와 같은 목적으로 사용하는 실험 기기. 이것은 밀가루의 글루텐 질을 측정한다. 이 때 기록되는 그래프를 믹소그램(mixogram)이라 한다.

리코타 原 (이 Ricotta) 우유로 치즈를 만드는 과정에서 나오는 유장(乳漿, whey)의 응고 성분으로 만드는 이탈리아산(産) 치즈.

리큐르 原 (영 Liqueur, Liquor 프 Liqueur 독 Likör) 증류주(스피리츠)에 과실, 과즙, 약초, 향초 등을 배합하고 설탕 같은 감미료와 착색료를 더해 만든 술. 리큐르는, 그냥 마시는 것 외에 제과용이나 칵테일용으로도 널리 이용되고 있다.

〈어원·역사〉 리큐르의 어원에 대해서는 2가지 설(說)이 있다. 하나는 라틴어로 액체란 뜻의 리쿠오르(liquor), 또 하나는 녹인다는 뜻의 리쿠에파세레(liquefacere)에서 파생되었다는 주장이다. 이 중에서 더 유력한

설이 후자이다. 라틴어로 아쿠아 비타이(aqua vitae : 생명의 물)라 불리는 증류주가 약술(藥酒)이었던 것과 마찬가지로, 이 증류주에 각종 약초를 녹여 약효를 높였다는 점에서 보면 리큐르의 어원은 리쿠에파세레에 더 가깝다. 리큐르 제조 기술은 연금술사들이 개발하고 수도원 승려들이 계승·발전시켰다. 중세 수도원이 독자적으로 약초와 향료를 배합·조정하여 의약적 효과를 높였다. 그 명맥을 이어 지금도 약초계 리큐르가 다수 존재한다. 근세에 들어서면서 지리상의 발견과 더불어 대항해시대가 열렸다. 이 때부터 리큐르의 원료가 다양해졌다. 신대륙·아시아산(産)의 설탕과 식물이 유럽으로 전해졌기 때문에 리큐르의 풍미에도 변화가 생겼다. 18세기 이후에는 약초·향초계 리큐르보다 과일의 향과 맛을 위주로 한 리큐르가 각광을 받았다. 약초·향초계 리큐르가 뒷전으로 밀린 이유는 의술이 발전함에 따라 술에서 의약적 효과를 얻을 필요가 없어졌을 뿐더러 맛을 즐기려는 경향이 대두하였기 때문이다. 리큐르는 유럽 상류층 부인들에게 큰 인기를 모았다. 한때 리큐르가 '액체 보석'이라 불렸던 이유는 여인들의 의상·보석 색깔과 리큐르 색을 조화시키는 풍조가 유행했기 때문이다. 그 흐름에 맞추어 여러 가지 색깔의 리큐르가 등장하게 되었다.

[만드는 법] 리큐르에 향 성분을 넣는 방법에는 증류법, 추출법, 에센스법 등이 있다. 그에 따라 얻을 수 있는 향 성분액에 물, 알코올, 당, 색소 등을 넣고 제품화한다. 당원(糖原)은 설탕 또는 포도당이고 색소는 캐러멜, 체리 엑스, 클로로필, 사프란, 바닐라 엑스 등 식물성 색소를 이용한다. 향 물질은 여러 가지인데 그 중 대표적인 것이 캐러웨이, 계피, 아니스, 정향, 회향, 생강, 레몬, 박하, 사프란, 파인애플, 딸기, 라즈베리, 바닐라, 카카오, 커피, 복숭아, 살구 등이다. 그 밖의 재료로 여러 가지 정

유(精油)나 방부제도 사용한다. 앞서도 밝혔듯이 리큐르는 여러 가지 재료를 배합한 술로서, 단일 원료로 만들어진 것이 아니므로 주체적으로 사용한 재료에 따라 분류하면 다음과 같다.

〈종류〉1. 약초·향초계(藥草·香草系) 리큐르—리큐르 중에서 가장 오래된 것. ① 아니제트(anisette) : 아니스 종자를 주원료로 하여 각종 스파이스를 배합한 리큐르. ② 샤르트뢰즈(chartreuse) : 샤르트뢰즈 수도원에서 처음 만들어진 리큐르. 초록색(알코올 도수 55), 노랑색(알코올 도수 40) 그리고 VEP(숙성주)가 있다. ③ 페퍼민트 리큐르(peppermint liqueur) : 박하를 주원료로 한 리큐르. 대표적인 것에는 프리조민트(freezomint), 크렘 드 망트(crème de menthe)가 있다. ④ 퀴멜(kümmel) : 캐러웨이 종자를 주원료로 하고 코리앤더, 쿠민 등으로 풍미를 낸 리큐르. ⑤ 에리카(erika) : 벨기에에서 만들어진 리큐르.

2. 과일계 리큐르—과실을 주체로 한 리큐르. 주원료로 사용한 과실 이름을 붙인다. ① 오렌지 리큐르(orange liqueur) : 오렌지껍질을 이용해서 만든 리큐르. 큐라소라고도 한다. ② 만다린 리큐르(mandarine liqueur) : 만다린 오렌지의 껍질을 이용해서 만든 리큐르. ③ 레몬 리큐르(lemon liqueur) : 알코올과 설탕을 섞은 것에 레몬을 담가서 만든 리큐르. ④ 체리 리큐르(cherry liqueur) : 무색 투명한 마라스키노, 적갈색의 체리 브랜디가 있다. ⑤ 에이프리콧 리큐르 : 살구를 원료로 해서 브랜디 등에 담가 만든 리큐르. ⑥ 트로피컬 프루츠 리큐르(tropical-fruit liqueur) : 새로운 타입의 리큐르로 여러 가지 과실을 원료로 해서 만들었다.

3. 너트, 종자계 리큐르—과실의 씨나 견과를 이용한 리큐르. ① 아마레토(amaretto) : 살구씨를 원료로 한 리큐르. 향이 아몬드와 비슷하여 아몬드 리큐르라고도 한다. 실제로 아몬드를 사용한 것도 있다. ② 누아

제트(noisette) : 헤이즐넛 향을 낸 리큐르. ③ 가카오 리큐르(cacao liqueur) : 카카오 빈을 원료로 해서 향을 낸 리큐르. 초콜릿 리큐르라고도 한다. ④ 바닐라 리큐르(vanilla liqueur) : 향이 짙은 바닐라로 만든 리큐르. 크렘 드 바니유(crème de vanille)가 여기에 속한다.

4. 특수한 리큐르—원료의 다양화와 식품공업 기술의 발전으로 새롭게 만들어진 리큐르. ① 크림 리큐르(cream liqueur) : 여러 가지 알코올에 크림을 배합한 리큐르. 옛날에는 리큐르와 크림의 배합이 어려웠지만 지금은 기술의 발달로 가능하다. ② 브랜디 리큐르(brandy liqueur) : 브랜디에 감미를 더해서 만든 리큐르.

〈사용법〉리큐르의 원료와 똑같은 재료를 사용해서 만든 과자에 잘 어울린다. 무스, 바바루아 등에 풍미를 내거나 크림류에 향을 낼 때 럼과 섞어서 사용한다. 뒷 페이지의 〈표〉는 각 원료 분류에 따른 양과자와 리큐르의 배합례이다.

리큐르 봉봉 菓 (영 Liqueur Bonbon)
⇨봉봉 아 라 리쾨르

리큐르 초콜릿 菓 (영 Liqueur Chocolate) 초콜릿 봉봉('봉봉'항 참고)의 하나로 리큐르 봉봉에 초콜릿을 입힌 것.
⇨봉봉 아 라 리쾨르

리타더 機 (영 Retarder) 반죽 냉장장치. 리타더에는 냉장기능 뿐만 아니라, 냉장중에 반죽이 마르지 않도록 온도를 조절할 수 있는 장치도 갖추어져 있다.

리타드 도 技 (영 Retard dough) 냉장 반죽. 발효 반죽을 냉장고 또는 리타더*에 넣고 냉장시켜서 발효를 억제한 반죽이다. 수시간 혹은 1~2일 정도 저장한다. 적정 온도는 1.7℃, 습도는 85%이다. 발효를 억제하기 위해서 ① 반죽의 배합으로 만들고 ② 냉장고에 넣을 때의 반죽 온도, 반죽 두께를 알맞게 하며 ③ 냉장고의 냉장능력이 적절해야 한다. 이 방법은 주로 스위트 도

〈표〉 양과자와 리큐르의 배합례

양과자의 종류	향초계 리큐르	과실계 리큐르	너트·종자계 리큐르	특수한 리큐르
케이크·쿠키	아니제트	오렌지 큐라소 체리 브랜디 마라스키노	바닐라 리큐르 커피 리큐르 크렘 드 카카오	
크림	페퍼민트 리큐르	오렌지 큐라소 화이트 큐라소 마라스키노 코코넛 리큐르	바닐라 리큐르 커피 리큐르 크렘 드 카카오 아마레토	크림 리큐르
시럽	페퍼민트 리큐르	오렌지 큐라소 화이트 큐라소 마라스키노	바닐라 리큐르 아마레토	
젤리	페퍼민트 리큐르	오렌지 큐라소 마라스키노 피치 리큐르 스트로베리 리큐르	커피 리큐르	
바바루아·무스	아니제트 퀴멜	오렌지 큐라소 화이트 큐라소 마라스키노 체리 브랜디	바닐라 리큐르 커피 리큐르 아마레토 누아제트 리큐르	크림 리큐르
소스	페퍼민트 리큐르	에이프리콧 브랜디 라즈베리 리큐르	바닐라 리큐르 크렘 드 카카오	
아이스크림·셔벗	페퍼민트 리큐르 아니제트	오렌지 큐라소 화이트 큐라소 마라스키노	바닐라 리큐르 커피 리큐르 크렘 드 카카오 아마레토	크림 리큐르 에그 리큐르
과일	페퍼민트 리큐르	오렌지 큐라소 화이트 큐라소 마라스키노	바닐라 리큐르	

냉장에 이용된다.

리테일 베이커리 其 (영 Retail bakery) 제조, 판매가 동시에 이루어지는 곳. 규모는 1개의 점포만을 갖는 단독 리테일 베이커리에서부터 몇 개의 체인점을 조직하는 베이커리까지 다양하다.

1. 단독 리테일 베이커리―개인 베이커리. 한 가게 안에서 생산·판매가 동시에 이루어지고 가족이 노동의 주체인 곳.

2. 다점포 체인 베이커리―중앙 공장을 두고 몇 개의 소규모 체인점을 조직하는 곳. 체인점에는 직영 체인점과 프랜차이즈 체인점 2가지가 있다. ① 직영(直營) 체인점 : 중앙 공장으로부터 일정 범위 안에 들어오는 점포로서 본사가 그곳의 생산·판매는 물론, 경영·재무관리까지 도맡아 하는 곳. 생산·판매 형태는 프랜차이즈 체인점과 같다. ② 프랜차이즈 체인점 : 본사와 계약을 맺고 제품, 경영·기술 정보를 제공받는 곳 (加盟店). 생산방식은 주로 베이크 오프식을 취하고 있다. 베이크 오프식이란, 중앙 공장에서 냉동 반죽을 공급받고 가게에서 구워 파는 방법으로서 설비의 주체는 냉동·냉장고와 오븐이다. 개중에는 제빵 설

비 일체를 갖추어 놓고 종류에 따라 처음부터 굽기까지의 모든 생산 공정을 거치는 온 프레미스 방식을 취하는 곳도 있다('오븐 프레시 베이커리'항 참고).

리트머스 試 (영 Litmus) 리트머스 이끼에서 추출한 자줏빛 색소. 리트머스 이끼는 지중해 연안의 바위에 착생(着生)한다. 리트머스는 산에 닿으면 붉어지고 알칼리에 푸르게 변색한다. 이러한 성질을 이용하여 산성, 알칼리성을 판별해 내는 지시약으로 사용하고 있다. 그 중의 하나가 리트머스 시험지이다. 이것은 리트머스 액에 담근 시험용 종이로서 빵 공장에서 실험에 꼭 필요한 것이다.

리파아제 化 (영 Lipase) 중성 지방(단순 지질)을 지방산과 글리세롤로 가수분해하는 효소. 리파아제는 동물의 소화효소로서 위액, 췌장액, 장액 속에서 분비되고 밀, 아주까리, 콩 등의 종자와 곰팡이, 효모, 세균 등에 널리 존재한다. 동물성 리파아제는 pH 7~9, 식물성 리파아제는 pH 4.5~5가 가장 적당하다.

리프트 機 (영 Lift) 동력을 이용하여 화물대를 아래 위로 움직일 수 있는 기계. 소형 엘리베이터라고도 한다.

리프트 카 機 (영 Lift car) 이동식 리프트. 50~500kg의 중량을 위로 들어올려 나를 수 있다.

린 브레드 빵 (영 Lean Bread)
→저배합빵

린처 토르테 菓 (프 Tarte Linzer 독 Linzer Torte) 오스트리아 린츠(Linz) 지방의 명과(銘菓)이다. 모양은 타르트와 같으며 오래 전부터 전해져 내려오는 과자이다. 시너먼 풍미를 낸 깔개 반죽을 타르트 틀에 깔고 라즈베리 잼을 채운 뒤, 같은 반죽을 격자 무늬로 덮어 굽는다. 린처 토르테는 깔개반죽 사이에 잼을 샌드하여 굽는다는 면에서 지금의 토르테*의 시초라 할 수 있다. 외국에서 들어온 부드러운 반죽(제누아즈, 비스퀴 등)이 깔개 반죽을 대신하면서 지금과 같은 토르테가 형성되었다. 실제로 토르테라 불리는 과자류는 거의 잼이나 크림을 샌드한 형태이다.

[배합] 〈반죽〉 버터·설탕 각 500g, 계란 4개, 헤이즐넛 가루·아몬드 가루 각 50g, 밀가루 1,000g, 시너먼 25g, 베이킹 파우더 10g. 〈기타〉 라즈베리 잼 적당량.

[만드는 법] ① 버터와 설탕을 섞는다 ② 계란을 조금씩 더해 섞는다 ③ 헤이즐넛 가루와 아몬드 가루를 섞는다 ④ 밀가루, 시너먼, 베이킹 파우더를 ③에 넣고 섞는다 ⑤ 반죽을 냉장고에서 휴지시킨다 ⑥ 두께 3mm로 늘이고 타르트 틀에 깐다 ⑦ 피케*하고 라즈베리잼을 채운다 ⑧ 띠 모양으로 자른 같은 반죽을 격자 무늬로 걸치고 테두리에도 띠 반죽을 놓는다 ⑨ 200℃ 오븐에서 굽는다 ⑩ 원하면 윗면에 라즈베리 잼을 바르고 피스타치오를 얹어 장식한다.

린트너가 [-價] 試 (영 Lintner value) 당화력* 측정 단위. 그 밖의 단위로 말토오스가*가 있다. 린트너가는 맥아처럼 당화력이 큰 것을 측정하기에 적당하다. 린트너가가 60 이상일 때 당화력이 큰 맥아라 할 수 있다. 말토오스가 200은 린트너가 50과 같다.

릴 오븐 機 (영 Reel oven) 낙차 오븐. 구움대를 물레방아처럼 회전시키면서 증기를 뿜어내 굽는 방식의 오븐. 열분포가 균일하고 오븐 속의 공기가 잘 식지 않는다. 단, 오븐의 크기가 커서 연료가 많이 드는 단점이 있다.

링컨셔 플럼 로프 菓 (영 Lincolnshire Plum Loaf) 영국산(産) 이스트 반죽 케이크. 네덜란드 북부 지방에서 즐겨 만들어 먹는다.

[배합] 〈기본 반죽〉 강력분 1,020g, 라드·설탕·이스트 각 57g, 소금 14g, 우유 567cc. 〈첨가 재료〉 설탕·라드 각 170g, 스파이스 가루 3.4g, 구즈베리 567g, 건포

도 227 g, 과일껍질 85 g. 〈기타〉 시너먼 가루 적당량.

[**만드는 법**] ① 기본 반죽을 만들어 21℃에서 1시간 발효시킨다 ② ①에 첨가 재료를 넣고 24℃에서 20분간 휴지시킨다 ③ ②에 설탕과 시너먼 가루를 넣고 혼합한다 ④ 반죽을 분할·성형하고 10분간 2차발효 시킨다 ⑤ 가스빼기를 하고 틀에 넣는다. 틀에 기름을 바르고 설탕을 뿌린다 ⑥ 반죽을 틀에 가득 채우고 216℃ 오븐에서 황금색이 들도록 굽는다.

링 쿠키 菓 (영 Ring Cooky)

[**배합**] 버터 45 g, 설탕 60 g, 노른자 18 g, 레몬·밀가루 각 100 g, 건포도 15 g, 코코아 3 g.

[**만드는 법**] ① 버터, 설탕, 계란을 섞어서 크림 상태로 만든다 ② ①에 밀가루를 넣고 반죽한다 ③ 이 반죽의 45 g 에 코코아를 섞는다 ④ ③의 남은 반죽에 잘게 썬 건포도를 섞는다 ⑤ ③의 반죽을 지름 3cm의 막대 모양으로 만든다 ⑥ 코코아 반죽은 막대 모양의 반죽을 감을 수 있을 정도의 길이와 너비로 밀어 편다 ⑦ ⑥의 반죽에 물을 바르고 ⑤의 반죽을 얹어 돌돌 만다. 이음매에도 물을 바른다 ⑧ 파라핀 종이에 싸서 냉장고에 넣고 굳으면 50mm의 두께로 자른다 ⑨ 자른 면에 그라뉴당을 묻히고 철판에 나열하여 170℃ 오븐에서 타지 않도록 15분간 굽는다. 건포도 대신에 체리, 오렌지 필을 이용해도 좋다.

마가린 原 (영, 프, 독 Margarine) 천연 버터의 대용품. 인조 버터라고도 한다. 정제한 동·식물성 기름과 경화유*를 알맞은 비율로 배합하고 여기에 유화제, 향료, 색소, 소금물, 발효유 등을 더해 유화시킨 뒤 버터 상태로 굳힌 지방성 식품이다. 마가린은 1869년 나폴레옹 3세(Napoléon Ⅲ) 때 메주 뮈리에즈(Mège Mouriès : 1817~1880)가 버터의 대용품으로 처음 만들어 특허를 낸 것이다. 고래기름 같은 생선기름(魚油)의 경화유를 사용하던 것이 이제는 식물성 기름을 많이 쓴다. 그리고 발효유로써 풍미를 조절하고, 비타민 A·D를 강화한다. 성분 조성은 지질 80~82%, 수분 15%, 소금 1.5~2%이다.

〈종류〉 ① 성분에 따른 분류 : 강화, A급, B급. ② 용도에 따른 분류 : 업소용, 가정용. 업소용 마가린에는 제과 일반용, 빵 반죽용, 퓌이타주용, 데니시 페이스트리용, 버터 케이크용, 슈 반죽용, 버터 크림용 등이 있다.

마니오크 原 (영 Cassava 프 Manioc) ⇨카사바, 타피오카

마들렌 菓 (프 Madeleine) 비스킷 반죽을 조개 모양으로 구운 소형 과자. 프랑스의 대표적인 과자 중 하나이다.

[배합—60개 분량] 박력분 250 g, 베이킹 파우더 8 g, 분설탕 300 g, 계란 250 g, 레몬 껍질 2개 분량, 버터 250 g, 바닐라 에센스 적당량. 〈기타〉 버터·밀가루·분설탕 각 적당량.

[만드는 법] ① 계란, 분설탕, 레몬 껍질, 바닐라 에센스를 넣고 분설탕이 녹을 때까지 중탕시키면서 잘 섞는다 ② 박력분과 베이킹 파우더를 함께 체 치고 ①에 섞는다 ③ 녹인 버터를 ②와 섞는다 ④ 냉장고에 20분간 넣어 둔다 ⑤ 버터를 바르고 밀가루를 뿌린 마들렌 틀에 ④를 짜 놓는다. 220℃ 오븐에서 굽는다 ⑥ 반죽이 부풀면 다시 160℃ 오븐에 넣고 굽는다 ⑦ 틀에서 떼어내 분설탕을 뿌린다.

마들렌 틀

마라스키노 原 (영, 독 Maraschino 프 Marasquin) 체리 리큐르. 유고슬라비아산(産)의 마라스카종(블랙 체리)을 사용한다. 달고 강렬한 풍미가 특징이다.

〈용도〉 체리를 절이는 데에 사용하거나 물과 설탕을 섞은 시럽에 이용한다. 또, 초콜릿이나 버터 크림을 사용하여 구운 과자, 가나슈, 각종 크림과 소스, 바바루아, 체리잼, 젤리 등의 풍미를 내는 데에도 이용된다.

마로니에 菓 (프 Marronnier) 헤이즐넛 머랭과 마롱 무스, 제누아즈 등을 조화 있게 쌓아서 6층으로 만든 앙트르메. 이밖에 밤을 사용한 앙트르메나 프티 가토에 이 명칭이 많이 붙는다.

[배합] 〈므랭그 오 누아제트〉 흰자 5개, 설

탕 325 g, 분유 13 g, 헤이즐넛 가루 75 g.
〈무스 오 마롱〉 마롱 페이스트 500 g, 버터
175 g, 생크림 200cc, 럼 50cc. 〈제누아즈 오
자망드〉 계란 250 g, 설탕 200 g, 밀가루
125 g, 아몬드 가루 65 g, 버터 38 g. 〈기
타〉 마롱 페이스트·밀크 초콜릿·마지
팬·럼·시럽(보메 20도) 각 적당량.
[만드는 법] ① 므랭그 오 누아제트(Mering-
ue aux Noisettes : 헤이즐넛 머랭)를 만든다.
흰자와 설탕 250 g 섞어서 거품내어 머랭을
만든다 ② 분유, 헤이즐넛 가루, 설탕 75 g
을 섞고 ①과 합친다 ③ ②를 철판 위에 소
라 모양으로 짜고 100℃ 오븐에서 굽는다
④ 무스 오 마롱(Mousse aux Marron : 마롱
무스)을 만든다. 마롱 페이스트에 버터를
섞고 럼을 넣어 교반한다 ⑤ 생크림을 거품
내어 ④와 섞는다 ⑥ 제누아즈 오 자망드(G-
enoise aux Amandes : 아몬드를 넣은 제누아
즈)를 만든다. 계란과 설탕을 거품낸다 ⑦
아몬드 가루와 밀가루를 함께 체쳐서 ①과
섞는다 ⑧ 버터를 녹여서 ①에 섞고 틀에 부
어 굽는다 ⑨ 세르클 틀('세르클'항 참고)
바닥에 종이를 깐다 ⑩ 무스 오 마롱을 소라
모양으로 짠다 ⑪ 얇게 자른 제누아즈 오 자
망드를 얹고 럼을 넣은 시럽을 뿌린다 ⑫ 한
번 더 무스 오 마롱을 짜고 그 위에 머랭 오
누아제트를 얹는다 ⑬ 세르클 틀 테두리까
지 무스 오 마롱을 짜고 팔레트 나이프*로
평평하게 만든 뒤 식혀 굳힌다 ⑭ 세르클 틀
을 떼어 내고 밀크 초콜릿을 씌운다 ⑮ 같은
초콜릿으로 마로니에(marronnier)라는 글자
를 그린다 ⑯ 마롱 페이스트로 만든 밤을 초
콜릿으로 씌워서 윗면에 얹고 마지팬으로
만든 잎을 곁들인다.

마롱 菓 (영 Chestnut 프 Marron 독
Kastanie) 밤의 프랑스어명.
⇨밤

마롱 글라세 菓 (프 Marron Glacé)
밤을 이용한 당과이다. 굵은 밤을 당액에
담가 조리고 전체에 퐁당 또는 로열 아이싱

을 씌운 것이다. 루이 14세(Louis XIV) 때
프랑스의 밤 산지인 아르데슈(Ardeche)에서
만들어진 것이 시초이다.
[만드는 법] ① 밤의 껍질을 벗긴다 ② 바닐
라와 럼으로 풍미를 낸 시럽에 ①을 넣고
약한 불에서 뭉근히 조린다 ③ 하룻밤 놔
두면 밤이 시럽을 흡수하게 된다 ④ 계속해
서 시럽을 조린다 ⑤ ③과 ④의 작업을 되풀
이한 뒤 밤을 10일간 시럽에 재워 두면 시럽
이 모두 스며든다 ⑥ 광택을 내는 당액(糖
液 : 시럽)을 넣고 건조시킨다. 처음부터 진
한 시럽을 쓰면 밤이 갈라질 수 있다. 마롱
글라세는 설탕절임이므로 보존성이 좋지
만, 가능한 한 직사광선을 피하고 온도 변
화가 적은 곳에 보관한다. 봄·가을·겨울
에는 약 2개월, 여름에는 1개월 보존이 가
능하다.
〈용도〉 그대로 먹거나 과자의 장식에 이용
한다. 또, 제조 과정에서 모양이 부서진 것
은 크림이나 반죽에 섞어 쓴다. 마롱 글라
세로 만들 수 있는 밤은 알맹이가 작고 단
맛이 강한 것이 좋다.

마롱 오 크렘 菓 (프 Marrons au Crè-
me) 브랜디의 향을 살린 밤 크림을 초콜릿
으로 싸고 마롱 글라세*로 장식한 제품.
[배합] 〈크림〉 밤 페이스트 200 g, 밤 크림
200 g, 버터 80 g, 생크림 400 g, 판 젤라틴
10 g, 브랜디 80cc, 머랭(흰자 1개, 설탕
10 g), 밤 100 g. 〈기타〉 화이트 커버추어·
밀크 커버추어·초콜릿 제누아즈·마롱 글
라세 각 적당량.
[만드는 법] ① 주위를 감쌀 초콜릿을 만든
다. 온도 조절한 화이트 커버추어를 셀로판
종이 위에 가는 선으로 짜 낸다 ② ①이 굳
으면 그 위에 온도 조절한 밀크 커버추어를
얇게 바른다 ③ ②가 굳으면 세르클 틀 안쪽
벽에 둘러 붙인다. 바닥에는 두께 7 mm의
초콜릿 제누아즈를 깐다 ④ 크림을 만든다.
먼저 부드러운 버터, 밤 페이스트, 밤 크림
을 같이 섞는다 ⑤ 80% 정도로 거품낸 생크

림을 ④에 섞고 물에 불린 젤라틴을 넣고 작게 자른 밤과 함께 브랜디를 넣는다 ⑥ 흰자에 설탕을 조금씩 넣고 거품내어 머랭을 만들고 ⑤에 섞은 뒤 ③의 틀에 넣고 냉장고에서 굳힌다 ⑦⑥이 굳으면 틀에서 떼어내고 윗면에 마롱 글라세로 장식한다.

마르멜로 果 (영 Quince 프 Coing 독 Quitte 포 Marmelo) 장미과(科)의 낙엽 소교목의 열매. 그리스·로마 시대부터 재배해 오던 것으로서 주산지는 이탈리아, 남프랑스, 에스파냐, 포르투갈이다. 열매는 타원형이고 딱딱하며 노랗게 익는다. 마르멜로를 설탕에 절인 것이 마멀레이드이다. 그 밖의 용도로 젤리, 잼, 시럽으로 만들며 리큐르를 만드는 데 쓴다.

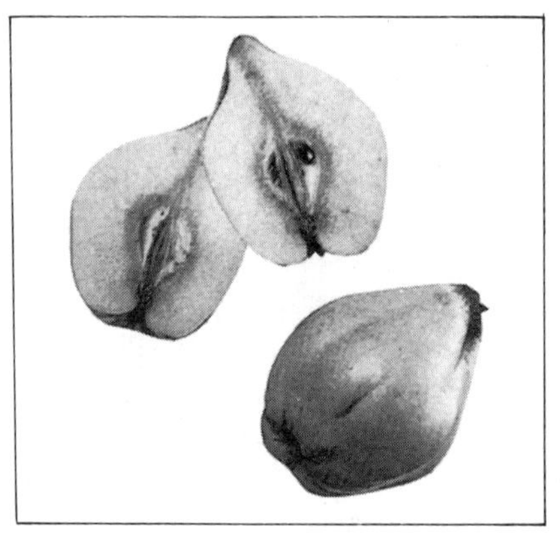

마르졸렌 菓 (프 Marjolaine) 프랑스의 요리인 페르낭 푸앵(Fernand Point : 1895~1955)이 고안한 과자. 가나슈, 거품낸 생크림, 프랄리네를 넣은 생크림 등 3종류의 크림을 층층이 바르고 쌓아 올린 케이크이다.

[배합] 〈반죽〉 아몬드 가루 150g, 헤이즐넛 가루 50g, 설탕 200g, 밀가루 20g. 〈머랭〉 흰자 250g, 설탕 100g. 〈크렘 샹티이〉 생크림 500cc, 분설탕 40g, 녹인 버터 40g. 〈프랄리네를 넣은 크렘 샹티이〉 생크림 500cc, 프랄리네 80g, 녹인 버터 40g.

〈가나슈〉 생크림 200cc, 초콜릿 220g. 〈기타〉 초콜릿 썬 것·분설탕 각 적당량.
[만드는 법] ① 반죽을 만든다. 아몬드 가루, 헤이즐넛 가루를 가볍게 볶아 설탕과 섞는다. 체 친 밀가루도 섞는다 ② 흰자와 설탕을 거품내어 머랭을 만들고 ①과 섞는다 ③ 대형 철판에 두께 2~3mm가 되게 위의 재료를 붓고 200℃ 오븐에서 굽는다 ④ 구운 즉시 10×50cm로 잘라 5장을 만든다 ⑤ 크렘 샹티이를 만든다. 생크림에 분설탕을 넣고 거품낸 뒤 녹인 버터를 넣는다 ⑥ 프랄리네를 넣은 크렘 샹티이를 만든다. 생크림을 거품내어 프랄리네와 녹인 버터를 넣는다 ⑦ 가나슈를 만든다. 생크림을 끓여 불에서 내린 뒤 초콜릿 썬 것을 섞는다 ⑧ ④의 5장 중 1장 위에 1/2의 가나슈를 바르고 다시 1장을 포갠다. 같은 식으로 또 하나 만들어 냉장고에서 굳힌다 ⑨ ⑧의 하나에 프랄리네를 넣은 크림을 바르고 ⑧에서 남은 1장을 얹은 뒤, 다시 그 위에 크렘 샹티이를 바른다. 그 다음 ⑧에서 만든 또 하나를 얹어 냉장고에서 굳힌다 ⑩ 굳으면 냉장고에서 꺼내어 양끝을 잘라 모양을 다듬은 뒤 주위에 초콜릿을 뿌린다 ⑪ 윗 부분에는 각각의 베이커리를 상징하는 마크가 새겨진 형지를 대고 나머지 부분에는 분설탕을 뿌린 뒤 종이를 떼어낸다.

마르치판 菓 (독 Marzipan) 마지팬. 마지팬의 종류는 만드는 법에 따라 독일식 마지팬(즉 마르치판)과 프랑스식인 파트 다 망드*가 있다. 독일식은 먼저 마르치판로마세(일명 로마지팬)를 만들어 여기에 설탕을 더해 아몬드와 설탕의 비율을 1:1로 마무리 한다. 반면, 프랑스식은 처음부터 아몬드와 설탕의 비율을 1:2로 하여 만든다.
·마르치판로마세;
[배합] 껍질 벗긴 아몬드 1,000g (667g), 설탕 500g (333g).
주) 괄호 안의 숫자는 1kg의 로마세를 만드는 배합이다.

[만드는 법] ① 아몬드를 볶아 껍질을 벗기고 물에 담갔다가 물기를 빼 둔다 ② 설탕 1/2 분량을 더해 롤러에 간다 ③ 남은 설탕을 조금씩 더하면서 2~3회 롤러를 통과시킨다. 아몬드가 건조한 듯 하면 시럽 또는 흰자를 소량 섞는다 ④ 반죽의 결이 고와지면 냄비에 넣고 중탕하면서 기름기가 잘 섞이도록 나무 국자로 교반한다 ⑤ 반죽이 말라 냄비에서 떨어지면 중탕을 그만둔다 ⑥ 대리석 작업대에 평평하게 펼쳐서 식힌다. 이것을 보존할 때는 한덩어리로 뭉쳐 소량의 시럽을 더해 비닐 봉지에 넣어 둔다.

· 마르치판 ;
위의 로마세에 설탕(분설탕을 이용)을 더해 마무리 한다. 흔히 아몬드와 설탕의 비율이 1 : 1이 되도록 한다.
[배합] 〈마르치판로마세 1,500 g〉 아몬드 60 %(600 g), 물 5 %(50cc), 설탕 35 %(350 g), 분설탕 250 g.
[만드는 법] 이미 아몬드 600 g에 설탕 350 g이 포함되어 있으므로 분설탕 250 g을 더해 1 : 1로 만든다. 규정에 의해 전체의 68 %까지 설탕을 더할 수 있으므로 용도에 따라 가감한다. 세공용 마지팬의 경우 설탕이 아몬드의 2배인 1,200 g이 필요하므로 850 g의 설탕을 더한다. 굳기는 보메 28도의 시럽으로 조절한다.
→마지팬

마르치판로마세 菓 (독 Marzipanrohmasse) 아몬드 2에 대해 설탕 1의 비율로. 만든 반죽. 로마세라고도 한다. 독일에서는 2 : 1로 만들도록 정해 놓고 있다.

마르키즈 菓 (프 Marquise) '후작부인(侯爵夫人)'이라는 뜻으로, 갖가지 앙트르메나 아이스크림에 붙는 명칭이다. 예를 들면 앙트르메는 소라 모양으로 짜서 구운 시트를 기본으로 하고 가나슈를 넣은 생크림을 샌드한 뒤 전체에 똑같은 크림을 바르고 코포*를 뿌린다. 글라스*는 봉브 틀에 파르페와 기타 아이스크림을 채워 얼린 뒤 틀에서 빼내고, 플라스틱으로 만든 상반신 인형을 위에 얹는다. 그리고 밑부분은 치마 모양으로 디자인한다. 이렇게 마르키즈가 붙은 대부분의 과자는 머랭, 무스, 크림 등을 사용해서 마무리 한다. 대표적으로 마르키즈 오 쇼콜라*가 있다. 마르키즈라고 하는 음료는 쌉쌀한 맛이 나는 흰색 와인에 설탕, 탄산수를 섞고 레몬을 얇게 썰어서 넣은 음료이다. 이 밖에 과즙이 많고 단맛이 많이 나는 서양배를 가리키기도 한다.

마르키즈 오 쇼콜라 菓 (프 Marquise au Chocolat) 슈 반죽과 비스퀴 사이에 초콜릿 무스를 샌드한 과자.
[배합] 〈슈 반죽〉 버터 200 g, 물 400cc, 소금 소량, 박력분 280 g, 계란 600 g. 〈비스퀴 아 라 퀴이예르〉 노른자 160 g, 상백당 100 g, 흰자 240 g, 그라뉴당 150 g, 박력분 180 g, 콘스타치 600 g. 〈무스 오 쇼콜라〉 스위트 초콜릿 600 g, 버터 100 g, 계란 240 g, 물 360cc, 인스턴트 커피 48 g, 설탕 100 g, 럼에 절인 레이즌 400 g, 케이크 크럼 300 g, 생크림 600cc. 〈가나슈〉 스위트 초콜릿 400 g, 생크림 200cc. 〈기타〉 피스타치오 적당량.
[만드는 법] ① 별 모양깍지를 사용, 슈 반죽을 그물 모양으로 짜서 구운 뒤 표면에 가나슈를 바르고 나무로 만든 틀 바닥에 깐다 ② 무스 오 쇼콜라를 만든다. 초콜릿과 버터를 중탕시켜서 녹인다 ③ 계란, 물, 인스턴트 커피, 설탕을 끈기 생길 때까지 끓이고, 식으면 ②와 럼에 절인 레이즌, 케이크 크림, 생크림을 넣어 섞는다 ④ ① 속에 ③의 무스를 붓고, 구운 비스퀴 아 라 퀴이예르를 포갠다. 냉장고에서 식혀 굳힌다 ⑤ 무스가 굳으면 나무 틀을 벗기고 적당한 너비로 자른 뒤 피스타치오 썬 것을 얹어 장식한다.

마리냥 菓 (프 Marignan) 발효 반죽으로 만든 앙트르메. 사바랭 반죽을 바르케트 틀에 채워 굽고 시럽을 적신다. 옆에서 수평으로 칼집을 넣고 그 뚜껑을 열어 마리 냥풍의 머랭(키어시나 마라스키노를 넣어 조린 당액으로 만든 머랭) 또는 크렘 샹티이를 채운다. 윗면에 살구잼을 바르고 뚜껑이 반쯤 열린 상태로 마무리 한다. 원래 '마리냥'이란 이탈리아 북부의 지명이다.

마리 앙투아네트 其 (프 Marie Antoinette) 조제프 잔 마리 앙투아네트(Joséphe Jeanne— : 1755~93). 오스트리아 태생이다. 1770년에 루이 16세(Louis ⅩⅥ)와 결혼, 프랑스로 옮겨간 뒤 쿠글로프와 크루아상의 제법이 프랑스에 전해졌다. 그리고 조부(祖父)인 스타니슬라스* 렉친스키(S. Leczinski)로 부터 머랭 만드는 법을 전수받았다는 유명한 일화도 전해진다. 1793년 국고낭비죄라는 죄명으로 처형당했다.

마멀레이드 原 (영 Marmalade 프, 독 Marmelade) 오렌지나 레몬과 같은 감귤류의 과육과 과피를 설탕에 조려서 만든, 쓴맛이 나는 잼의 하나이다. 원래는 마르멜로로 만들었기 때문에 마멀레이드라고 하는 이름이 붙여졌다. 감귤류의 껍질 내측인, 흰 부분에 응고제의 기능을 하는 펙틴이 많이 포함되어 있으므로, 그것을 껍질에 붙인 채 잘게 썰거나 흰 것만을 떼어 내 거즈에 싸서 과육과 함께 조린다. 단, 하얀 부분이 너무 많은 감귤류를 그대로 사용하면 쓴맛이 강해지므로 조금 제거하고 만들어야 풍미가 더 좋다. 마멀레이드는 그대로 토스트빵에 발라 먹거나 과자를 만들 때 살구잼처럼 구운 반죽, 타르트 등에 바른다. 감귤류에는 여러 품종이 있기 때문에 사용하는 과일에 따라 풍미가 달라진다. 기본적인 오렌지 마멀레이드 만드는 방법은 다음과 같다.
[배합] 오렌지 과육 4개 분량, 오렌지 껍질 2~3개 분량, 설탕 400g, 레몬 즙 50cc, 물 적당량.
[만드는 법] ① 오렌지를 씻어 물기를 뺀다 ② ①의 껍질을 잘게 썰고, 과육을 대충 잘라 둔다 ③ 냄비에 물과 ②의 껍질을 넣고

조린 뒤 소쿠리에 밭이고 물 속에서 비비며 씻어 내린다 ④ 냄비에 과육과 ③의 껍질, 설탕을 넣고 놔두면 수분이 빠져 나온다 ⑤ 레몬 즙을 ④에 넣고 저으며 센 불에서 조리다가 다시 약한 불에서 40~50분간 조린다. 이 때 타지 않도록 도중에 몇 번 바닥까지 젓는다.

마무리 공정[—工程] 技 (영 Make up) 1차 발효를 끝낸 반죽을 2차 발효실에 넣기까지의 조작. 즉, 분할→둥글리기→중간 발효→성형→팬닝 과정의 총칭이다.

마블대[—臺] 機 (영 Marble center 프 Marbre 독 Marmor) 대리석으로 만든 작업대. 버터를 배합한 반죽을 식히고 성형할 때 유용하다. 작업대 아래에 냉동 장치를 마련해 놓기도 한다.

마블 스펀지 菓 (영 Marble Sponge) 스펀지 케이크의 하나.
[만드는 법] ① 스펀지 반죽 중 2/3는 그대로 사용하고 1/3은 코코아 가루를 섞는다 ② 철판 또는 틀에 코코아 가루를 넣어 섞은 반죽을 양쪽에 나누어 넣는다 ③ 흰 반죽은 그대로 위에 넣는다 ④ ③을 가볍게 저어서 구우면 표면이나 단면이 대리석과 같은 모양으로 된다.

마블 아이싱 技 (영 Mable icing 프 Marbrage) 대리석 무늬를 새기는 작업이다. 예를 들어 과자의 표면에 커버추어를 바르고 이어서 퐁당을 씌운 뒤 이들이 굳기 전에 가늘고 뾰족한 대꼬챙이로 그림을 그려 나가는 방법이 있다.

마블 제누아즈 菓 (영 Marble Genoise) 흰 반죽에 코코아를 배합해 만들어 대리석 표면의 무늬를 연상시키는 제누아즈.
[배합] 〈반죽〉 계란 150g, 설탕 120g, 밀가루 100g, 팽창제 3g, 우유 15cc, 럼 5cc, 버터 40g, 코코아 12g. 〈기타〉 판 초콜릿 100g.
[만드는 법] ① 스펀지 케이크*와 같은 방법으로 반죽을 만든다 ② ①의 1/4을 파운드

틀에 넣고 코코아 1/3을 넣는다 ③ 남은 ①의 반죽에서 1/2만을 떼어 ②에 넣는다. 그리고 나서 남은 ①의 반죽과 코코아를 마저 넣는다 ④ 젓가락으로 ③의 반죽을 상하좌우로 섞는다 ⑤ 170℃ 오븐에서 40분간 굽는다 ⑥ 식으면 녹인 판 초콜릿 액을 짤주머니에 채워 넣고 케이크 위에 가는 선으로 짜 놓는다.

마블 케이크 菓 (영 Marble Cake) 케이크 표면에 대리석 무늬를 내거나 코코아 풍미의 검은 반죽과 보통의 흰 반죽을 가볍게 섞어서 알록달록하게 구운 케이크.

[배합] 박력분 270 g, 설탕 200 g, 버터 200 g, 노른자 3 개, 흰자 3 개, 코코아 8 g, 바닐라 에센스·베이킹 파우더·소금 각 소량, 커버추어·퐁당 각 적당량.

[만드는 법] ① 실온으로 녹인 버터와, 설탕을 각각 1/2씩 섞는다 ② ①에 노른자를 조금씩 섞는다 ③ 흰자, 소금, 남은 설탕으로 머랭을 만들어 ②와 가볍게 섞는다 ④ 박력분, 베이킹 파우더 섞은 것을 체치고 ③에 넣어 잘 섞는다 ⑤ ④에서 1/5만 따로 떼어 물에 녹인 코코아와 섞는다 ⑥ ④와 ⑤를 가볍게 섞어 틀에 붓는다. 150℃ 오븐에서 40분간 굽는다 ⑦ 틀에서 떼어 내어 녹인 커버추어를 윗면에 아이싱하고, 퐁당을 바른다. 이들이 굳기 전에 대꼬챙이로 모양을 그려서 마무리한다.

마세 菓 (독 Masse) 유동상태의 과자 반죽. 한편 마세보다 되직하고 모양을 유지할 수 있는 반죽을 타이크(teig)라 한다.

마세도니아 菓 (프 Macédoine de Fruits 이 Macedonia) 이탈리아의 프루츠 펀치. 프랑스어는 마세두안 드 프뤼이이다.

[배합] 멜론 3/4개, 복숭아 2개, 바나나 2개, 머스캣* 280 g, 레이즌 100 g, 설탕 40 ~50 g, 레몬 즙 1/2개 분량, 와인·브랜디·마라스키노 중 한 가지 적당량.

[만드는 법] 큰 과일은 작은 정육면체로 썰어 섞고 레몬 즙, 설탕과 와인·브랜디·마라스키노 중 기호에 맞는 양주와 섞어서 그릇에 담는다.

마세두안 技 (프 Macédoine) 여러 가지 과실이나 야채를 1cm 정도로 써는 일을 가리키는 제과용어. 마세두안의 어원은 옛날 알렉산더(Alexander : BC 356~323년) 대왕이 죽은 후 통일국가가 분열하여 수많은 민족에 의해 지배되었던 마케도니아(Macedonia)로부터 유래한다. 여러 가지 과일을 1cm 크기로 썰어 만든 것이 마세두안 드 프뤼이(Macédoine de Fruits)이다.

→마세도니아

마스카르포네 原 (이 Mascarpone) 이탈리아산(産) 치즈*. 생크림이 조금 굳은 듯한 느낌이 난다. 이탈리아 과자, 티라미수* 제조에 필수적인 재료이다.

마스케 技 (프 Masquer) '가면을 씌워 숨기다'의 뜻으로 녹인 초콜릿, 가나슈, 크림, 파트 다망드, 잼 등을 과자의 표면에 덧바르거나 마지팬을 덧씌우는 일을 가리키는 제과용어이다.

→나페

마스팽 菓 (프 Massepain) 아몬드, 설탕, 흰자를 주재료로 해서 만든 프랑스식 건과(乾菓) 중 하나. 보통 소형으로 만든다. 아몬드 이외의 다른 견과를 사용하기도 하고 과일을 혼합하기도 하여 여러 가지 종류로 만들 수 있다.

[배합] 아몬드 가루 250 g, 설탕 700 g, 흰자 7 개.

[만드는 법] ① 아몬드 가루와 설탕을 섞는다 ② ①에 흰자를 넣고 부드러운 반죽을 만든다 ③ ②를 짤주머니에 넣는다 ④ 기름을 바르고 덧가루를 뿌린 철판 위에 ③을 지름 3 cm로 둥글게 짜 내고 중불 오븐에서 굽는다. 한편 '마스팽'은, 스위스의 프랑스어권에서 사용하는 용어로서 여기서 차용되어 아몬드 이외의 견과로 만든 페이스트를 가리키게 되었다. 호두를 이용한 것이 마스팽 오 누아(Massepain au Noix)이다.

→마지팬

마시맬로 菓 (영 Marshmallow) 오래
전 프랑스에서 마시맬로라는 식물의 뿌리에
서 추출한 에센스에 설탕, 꿀, 시럽, 흰자,
천연 검(gum)을 더해 만들었다는 약제(藥
劑). 그 뒤 과자로 발전하여 마시맬로 에센
스는 쓰이지 않게 되었지만 그 이름은 남았
다. 이 과자는 유연하며 모양을 유지하기에
충분한 탄력성이 있는 스펀지 상태의 조직
을 갖고 있다. 수분 함량은 12~25%이다.
모양을 유지하도록 젤라틴을 위주로 한 젤
리화제나 기포제를 사용한다. 젤라틴 이외
에도 흰자, 한천, 아라비아 검을 제품의 용
도에 맞추어 사용한다.

마요네즈 原 (영, ㅍ Mayonnaise) 프
랑스에서는 18세기에 처음 만들어진 소스의
하나. 정제한 식물성 기름, 노른자, 식초를
기본 성분으로 하는 유화(乳化)의 반고체
식품이다. 이 때 기름과 식초를 엉기게 하
여 유화시키는 주체는 노른자의 지단백질이
다. 노른자의 유화 작용을 이용하여 식초와
기름을 더해 저으면서 만든다. 비율은 노른
자 1개에 식초 1 TS, 기름 1 컵이다. 이
때 주의할 점은 ① 처음부터 기름을 한꺼번
에 넣으면 분리되므로 조금씩 넣으면서 섞
을 것 ②신선한 계란을 사용할 것 ③기름
이 냉각되면 섞이지 않으므로 적당히 가온
(加溫)할 것 등이다. 한편 노른자의 양을
줄이고 올리브유, 와인, 소금, 후추, 식초,
허브(herb) 다진 것 등을 상대적으로 늘린
것을 프렌치 드레싱(french dressing)이라 한
다. 샌드위치나 조리빵 등에 사용한다.

마일렌더타이크 菓 (독 Mailänderte-
ig) 독일 과자의 반죽형 파이 반죽. 타르트
에 깔개용 반죽으로 사용한다.
[배합] 버터 220 g, 계란 80 g, 분설탕
150 g, 박력분 35 g, 베이킹 파우더 8 g, 소
금·바닐라, 레몬 에센스 각 적당량.
[만드는 법] ①버터를 크림 상태로 녹인다
②①에 계란, 분설탕, 소금을 섞고 2종류

의 에센스도 더한다 ③ 박력분과 베이킹 파
우더를 함께 체쳐 동그랗게 테두리를 만들
고, 그 안에 ②를 넣고 가볍게 섞어 뭉친다.

마조람 原 (영 Marjoram 프 Marjolai-
ne) 상쾌하고 단 향과 쌉쌀한 맛을 내는
스파이스. 꿀풀과(科)의 다년초인 마조람
풀(Majorana hortensis)의 잎을 말린 것. 지
중해 연안과 칠레 등지에서 생산된다. 마조
람 풀은 예로부터 향초(香草) 중에서도 특
히 향이 강한 것으로 알려져서 향료·약용
식물로 재배되어 왔다. 소스, 케첩의 재료
로 쓰이고 생선·육류 요리의 향 성분으로
쓰인다.

마지팬 菓 (영 Almond paste 프 Pâte
d'amandes 독 Marzipan) 설탕과 아몬드
를 갈아 만든 페이스트. 독일어인 마르치판
을 영국식 발음으로 마지팬이라 한다. 독일
어로는 마르치판 이외에 마르치판마세, 만
델마세라고도 한다. 프랑스에서는 아몬드
이외의 견과를 사용할 경우 마스팽*(masse
pain)이라는 용어를 쓴다. 이를 차용하여 호
두를 이용한 페이스트를 마스팽 오 누아
(Massepain au Noix)라 한다. 그리고 이와
구별하여 아몬드 페이스트를 파트 다망드라
한다. 유럽은 마지팬의 성분에 대해 일정한
규격을 정해 놓고 있다. 나라마다 조금씩
차이를 보이는데, 일반적인 규격은 당분
68% 이하(10% 이하의 전화당 첨가는 허
용), 수분 12.5%이다. 아몬드의 함량이 전
체의 1/3 이하인 페이스트는 마지팬이라 부
르지 않는다. 마지팬이 갖는 부드러움이 꼭
점토(粘土) 같고 색들이기도 쉽기 때문에
꽃·동물의 조형(造形)을 비롯한 여러 가지

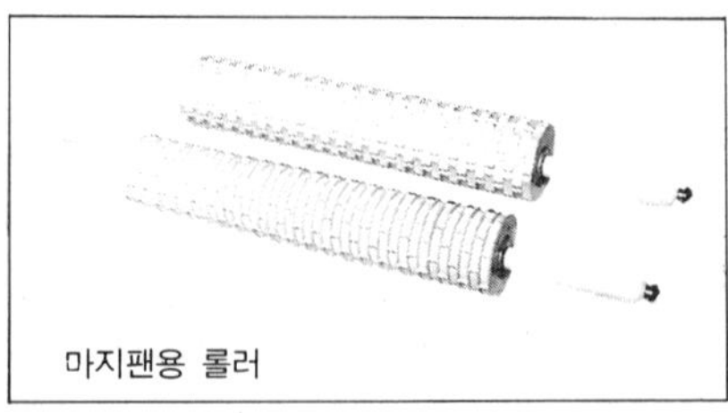

마지팬용 롤러

조형이 가능하다. 배합은 마지팬을 굽는 과자에 이용할 경우 아몬드와 설탕의 비율 1 : 1이 기본이고, 세공용인 경우 설탕량을 늘려 1 : 2로 한다. 기본적인 제법은 독일식·프랑스식 2가지가 있다. 독일식에 의하면 먼저 마르치판로마세(Marzipanrohmasse, 줄여서 로마세. 일명 로마지팬)를 만든다. 그리고 나서 설탕을 섞어 기준 배합비율로 마무리 한다('마르치판' 항 참고). 반면 프랑스식 마지팬은 처음부터 아몬드와 설탕의 비율을 1 : 2로 하여 만든다('파트 다망드' 항). 독일식에 비해 프랑스식은, 아몬드·설탕의 결합이 치밀하고 결이 고우며 색이 희다. 그래서 향과 색을 들이기도 더 수월하다. 그러나 아몬드 함량을 높일 경우 마르치판로마세를 만들 수밖에 없다.

마지팬 비스킷 菓 (영 Marzipan Biscuit) 마지팬 또는 아몬드 가루에 설탕, 계란을 섞은 반죽을 비스킷 모양으로 성형하여 구운 과자. 라우트 비스킷이라고도 한다. 라우트(rout)라는 명칭이 붙은 이유는, 예전에 라우트라는 큰 야회(夜會)에 디저트로 쓰인 과자였기 때문이다. 여러 가지 배합례 중 2가지를 들면 다음과 같다.
[배합례 1] 마지팬 450 g, 설탕 788 g, 흰자 188 g.
[배합례 2] 마지팬·설탕 각 450 g, 노른자 6 개.
→영국식 라우트 비스킷

마지팬 세공[─細工] 菓 (프 Marzipan d'art) 마지팬을 이용한 세공 과자. 마지팬은 반죽의 굳기가 점토와 같아서 손끝을 이용하여 쉽게 모양을 만들 수 있고 착색하기

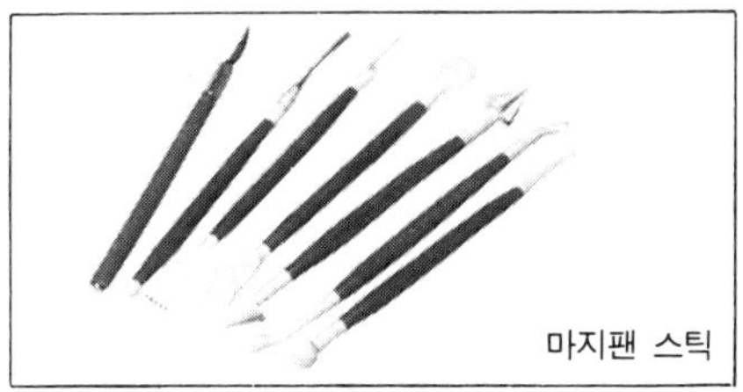
마지팬 스틱

쉬워 과자의 장식용에서부터 베이커리·파티의 전시용, 프뤼이 데기제*, 공예 과자*에 이르기까지 다양하게 이용된다. 착색 방법에는 ① 미리 마지팬에 색소를 넣어서 반죽하는 방법 ② 모양을 만든 뒤에 분무기로 뿜어서 색을 들이는 방법 ③ 붓으로 그리는 방법이 있다. 대부분 손끝으로 만들 수 있지만, 아주 세밀한 곳의 세공은 마지팬 스틱을 이용한다. 이렇게 하여 만든 각각의 부분을 붙일 때는 손가락으로 마지팬을 눌러서 간단하게 처리하고, 대형 세공이나 완벽하게 붙여야 하는 세공에는 흰자나 시럽을 이용한다.

마카롱 菓 (영 Macaroon 프 Macaron 독 Makrone) 프티 푸르 세크*의 하나. 흰자, 설탕, 견과를 섞어 작고 둥글게 짜 내어 굽는다. 견과 중에 아몬드를 가장 많이 쓰고 그 밖의 헤이즐넛, 호두, 코코넛도 이용한다. 발상지는 이탈리아이고 원형(原型)은 꿀, 아몬드, 흰자로 만든 마카롱이다. 이것이 프랑스에 전해진 시기는 메디치가(家)의 카트린(Catherine)이 프랑스 앙리 2세(Henri Ⅱ)와 결혼한 이후이다. 카트린이 데려간 요리사가 퍼뜨렸으며 그 뒤 프랑스 곳곳에 퍼져 그 지방의 명과(銘菓)로 남게 되었다. 그 중에서 낭시(Nancy) 지방의 마카롱, 즉 마카롱 드 낭시(Macarons de Nancy)가 가장 유명하다. 독일어로는 마크로네*라 한다. 다음은 마카롱 드 낭시 만드는 법이다.
[배합] 아몬드 가루 500 g, 설탕 850 g, 흰자 ¨7 개, 분설탕 60 g, 물 30cc.
[만드는 법] ① 아몬드 가루와 750 g 의 설탕을 섞고 흰자를 더한다. 흰자는 조금 남겨둔다 ② 분설탕에 남은 흰자를 더하여 로열 아이싱을 만든다 ③ 설탕 100 g 에 물을 더하여 115℃까지 조린다 ④③을 ②에 더해 섞는다 ⑤④와 ①을 짜내기에 알맞은 묽기로 섞는다. 이것을 냉장고에 넣고 휴지시킨다 ⑥ 종이 위에 둥글게 짜 놓고 160℃의 약한

불 오븐에서 굽는다.

마카롱 리스 菓 (프 Macaron Lisse)
표면이 매끄럽고 볼록하게 솟은 모양의 마
카롱*. 흔히 마카롱 2개에 바닐라·레몬·
딸기·초콜릿·커피 풍미를 낸 버터 크림이
나 잼을 바르고 맞붙인다.
[배합] 아몬드 가루 250 g, 분설탕(콘스타
치 넣지 않은 것) 500 g, 흰자 6개, 버터
크림(또는 잼) 적당량.
[만드는 법] ①아몬드 가루와 분설탕을 체
친다 ②볼(bowl)에 넣고 흰자 3개를 더해
손으로 섞는다. 이 때 원하는 향료를 더한
다 ③흰자 3개(조금 남기고)를 단단하게
거품내어 ②에 더한다 ④광택을 내기 위해
③에서 남긴 흰자를 넣고 살짝 섞는다 ⑤철
판에 오븐 시트를 깔고 그 위에 동그랗게
짜 놓는다 ⑥오븐에 넣는다. 이 때 밑에 철
판을 1장 더 넣고 표면을 280℃에서 3분
간 구운 뒤 180℃ 오븐에서 15분간 굽는다
⑦원하는 풍미를 낸 버터 크림이나 잼을 샌
드한다.

마카룬 타트 菓 (영 Macaroon Tart)
아몬드, 설탕, 흰자로 만든 마카롱* 반죽을
타르트 틀에 짜 넣고 구운 케이크.
[만드는 법] ①아몬드 페이스트 450 g, 설
탕 500 g, 흰자 8개로 마카롱 반죽을 만든
다 ②①을 짤주머니에 채우고 모양깍지를
끼워서 종이 깐 틀에 동심원으로 짜 놓는다
③② 위에 얹을, 같은 크기의 시트를 짜 내
고 표면에 격자 무늬를 새긴다 ④②와 ③을
구워서 종이를 떼 내고, 잼이나 크림을 샌
드한다. 그리고 ③의 벌어진 틈새에 과일잼
을 채워 장식한다.

마카룬 페이스트 菓 (영 Macaroon pas-
te 프 Pâte à macaron 독 Makronenmas-
se) 아몬드 가루(또는 마지팬), 설탕, 흰
자를 섞어 만든 반죽. 아몬드 대신에 다른
견과류를 사용하는 경우도 있다. 이 반죽으
로 만든 마카롱은 원래 프랑스 제품이지만
독일이나 그외 지방에도 들어와 정착하게

되었다. 독일에서는 마크로네(Makrone)라
한다. 프랑스에서는 프티 푸르 세크*의 하
나로서, 단독제품으로 취급하는 경우가 많
으며 낭시 지방의 마카롱(Macarons de
Nancy)이 가장 유명하다.

만다린 果 (영 Mandarin 프, 독 Ma-
ndarine) 운향과(科)의 작은 교목이나 관
목에 열리는 귤 종류의 총칭. 주황색 만다
린과 주홍색 탠저린(tangerine)이 있다. 중
국과 코친차이나(cochin china : 지금의 남
베트남)가 원산이며 일본, 유럽 남부 그리
고 미국 남쪽에서 많이 재배되고 있다. 한
국에서 귤(온주귤*)이라 부르는 것은 사쓰
마(Satsuma, 薩摩 : 일본의 지방명) 만다린
또는 사쓰마 오렌지에 해당한다.

만다린 리큐르 原 (영, 프 Mandarine
liqueur) 만다린*의 껍질을 원료로 해서
만든 리큐르. 큐라소와 같은 오렌지계 리큐
르의 하나로 향이 약간 중후하고 원료 과실
의 풍미를 잘 살린 것이 특징이다. 브랜디
를 기본으로 사용하는 경우가 많다. 양과자
에는 큐라소와 용도가 같지만 큐라소보다
풍미가 강하므로 사용량에 주의해야 한다.
→큐라소

만델 原 (독 Mandel) 아몬드의 독일
어명.
⇨아몬드

만델마세 菓 (독 Mandelmasse) 아몬
드에 당액(糖液)을 부어 섞은, 독일식 과자
반죽. 프랑스의 파트 다망드에 해당하며,
마지팬이라고도 한다. 껍질 벗긴 아몬드를
볶아 건조시킨 것에 시럽을 조금씩 부으면
서 섞는다. 전체가 하얗게 당화되어 굳으면
식혀 빻아 가루로 만든다. 여기에 다시 시
럽을 더하여 페이스트(아몬드 : 설탕=1 : 2
~1 : 1.5) 상태로 마무리 한다. 또, 시럽 대
신 설탕과 섞어 부수고 마지막에 흰자를 더
해 페이스트 상태로 만든 것(일명 로마지
팬)도 있다.
→마지팬

만델밀히 菓 (독 Mandelmilch)
⇨아몬드 밀크

만델슈플리터 菓 (독 Mandelsplitter)
아몬드 풍미의 쿠키. 또는 아몬드에 초콜릿을 씌운 초콜릿 봉봉이다.
[**쿠키 만드는 법**] ①아몬드 슬라이스, 분설탕, 오렌지 필, 체리, 밀가루, 흰자 등을 함께 넣고 섞어서 살짝 볶는다 ②이것을 철판에 스푼으로 작게 떠서 중불에서 굽는다.
[**초콜릿 봉봉 만드는 법**] ①잘게 자른 아몬드에 녹인 초콜릿을 부어 묻힌다 ②한줌씩 뭉쳐서 종이 위에 놓고 굳힌다.

만델아이바이스마세 菓 (독 Mandeleiweißmasse) 흰자를 충분히 거품내고 설탕, 아몬드 가루를 섞은 반죽. 프랑스의 쉬크세, 자포네와 같은 계열에 속한다.
→머랭

만델 크렘 菓 (영 Almond cream 프 Crème d'amandes 독 Mandelkrem) 아몬드 가루, 버터, 설탕, 계란을 섞은 크림. 만들어 두고 쓸 수 있되 반드시 익혀서 쓴다.
⇨크렘 다망드

만델호니히슈니테 菓 (독 Mandelhonigschnitte) 꿀과 아몬드를 넣은 과자이다. 꿀, 생크림, 가늘게 썬 아몬드를 조려 뮈르베타이크에 펴 바르고 구운 뒤 직사각형으로 자른다. 아랫면과 옆면에 초콜릿을 씌우기도 한다.
[**배합**] 뮈르베타이크 800 g, 꿀 80 g, 설탕 160 g, 버터 120 g, 생크림 200cc, 가늘게 썬 아몬드 320 g.
[**만드는 법**] ①뮈르베타이크*를 50×30cm로 밀어 펴서 철판에 깔고 공기 구멍을 낸 뒤 살짝 굽는다 ②꿀, 설탕, 버터, 생크림을 함께 가열하여 110℃까지 조린다 ③가늘게 썬 아몬드를 ②에 더한다 ④뮈르베타이크 위에 ③을 펴 바르고 200℃오븐에서 굽는다 ⑤식으면 직사각형으로 자른다. 초콜릿을 묻힐 경우 녹인 초콜릿에 1개씩 담가서 아래와 옆면에 묻힌다.

만성절[萬聖節] 其 (영 All-Saint's Day) 기독교의 모든 성자(聖者)들을 기리는 날(매해 11월 1일)이다. 그 전야가 핼로윈 데이이다.
→핼로윈 케이크

만주 菓 (일 饅頭, マンジュウ) 일본 과자(和菓子)중 생과자(生菓子)의 하나. 밀가루·쌀가루로 만든 반죽에 앙금(팥소)을 넣고 싸서 찌거나 구운 과자이다. 만주가 일본에 전파된 경로에 대해서는 몇가지 설(說)이 있다. 나라 시대(奈良時代, 710~784)에 건너온 도가시(唐菓子) 중 곤톤(餛飩)이 만주의 원조(元祖)라고 하는 설과 남북조시대(南北朝時代)에 일본에 귀화한 중국인 임정인이 만든 나라만주(奈良饅頭)가 처음이라는 설이 있는데, 이 중 후자쪽이 더 유력하다. 그의 손자가 만든 시오제만주(塩瀨饅頭)는 출생지인 시오제(塩瀨)의 지명을 딴 명칭이다. 중국의 만두(饅頭)는 육류를 사용한 충전물을 채워 넣는 것인데, 이것이 일본으로 건너가 콩·팥으로 만든 앙금을 채운 만주로 정착하였다. 앙금은 팥앙금 이외에 노른자, 밤, 호두, 건포도 등을 첨가해 다양하게 만든다. 일본에서 고기 대신 콩·팥을 썼던 이유는 당시 불교 사상의 영향을 받아 육식을 피했기 때문이다. 그 후 기술면에서의 원조인 시오제 만주를 능가하는 여러 가지 만주가 나왔다. 그 중에서 유명한 것이 사케만주(酒饅頭)이다. 이것은 밀가루에 감주(甘酒)를 넣고 발효시켜서 부풀린 반죽을 껍질로 이용한 것이다. 한편, 에도 시대(江戸時代, 17~19세기 중엽) 이후 겉반죽과 앙금에 대한 연구가 활발히 진행되었다. 겉 반죽으로는 밀가루 반죽과 멥쌀가루 반죽이 기본이고 여기에 갖가지 재료를 섞어 색다른 맛의 만주를 만든다. 그리고 익히는 방법에 따라, 밀가루·쌀가루 반죽에 앙금을 넣고 싸서 찐 것이 찜만주(무시만주)이고 구운 것이 구움만주(야키만주)이다.

말라코프 菓 (체, 오 Malakoff) 체코 슬로바키아, 오스트리아 등 중부 유럽이나 그 주변 지역에서 즐겨 먹는 과자. 리큐르를 넣은 과즙으로 비스퀴를 촉촉히 적시고 버터 크림을 샌드한 뒤 똑같은 크림으로 전체를 바른다. 말라코프란 러시아 장군의 이름에서 유래한 명칭이다.

말타아제 化 (영, 프, 독 Maltase) 탄수화물 분해효소 중의 하나. 효모, 맥아, 침 속에 존재하며 맥아당을 가수분해하여 포도당을 생성한다. 말타아제는 효모의 발효를 촉진하는 효소로서도 잘 알려져 있다.

말토오스 化 (영, 프, 독 Maltose)
⇨맥아당

말토오스가[-價] 試 (영 Maltose value) 녹말의 당화력 정도를 나타내는 수치. 10 g 의 밀가루 현탁액(30℃)에서 1 시간 동안에 생기는 맥아당의 양을 mg으로 표시한다. 말토오스가는 빵 반죽의 발효력과 깊은 관계가 있다. 이 값이 너무 높아도(3.5∼4.0 이상) 또는 너무 낮아도(2.2 이하) 좋지 않다. 한편, 말토오스 넘버(maltose number)란 밀가루 100 g 으로 생기는 말토오스의 그램 (g)수이다.

말트 原 (영 , 프 Malt)
⇨맥아

망고 果 (영, 독 Mango 프 Mangue) 남아시아를 원산지로 하는, 옻나무과(科)의 상록거목의 열매. 오늘날에는 열대 지방 전역에서 재배되고 있다. 망고 나무의 가지에 열리는 계란형의 과실은 길이 5∼25cm, 너비 3∼10cm 크기이고, 익으면 황록색이 된다. 이 과실은 매우 달아 대부분 날로 먹지만 때로는 말려서 과자처럼 사용하기도 한다.
〈고르는 **방법**〉 과피에 상처나 얼룩이 없는 것을 고른다. 손으로 들어 보아 부드러운 느낌이 나고 표면에 희미하게 주름이 있는 것이 좋다. 덜 익은 것을 그대로 실온에서 익히면 물렁물렁해진다.

〈**용도**〉 날것 그대로 케이크 장식에 이용하거나 얇게 썰어서 파이 속에 넣고 구우며, 가늘게 썰어서 스펀지 반죽에 섞는다. 또, 퓌레로 만든 것은 아이스크림이나 무스에 이용한다.

망고스틴 果 (영 Mangosteen 프 Mangoustan) 물레나무과(科)에 속하는 열대성 상록거목의 열매. 지름이 6 cm 정도인 둥근 과일로 향과 맛이 뛰어나다. 껍질은 흑자색이고 두꺼우며 단단하다. 망고스틴은 신맛과 단맛이 적당하며 향이 고급스러워 입맛을 돋우는 과일이다. 날것 그대로 혹은 과실주로 만들어 제과에 이용한다.

망케 菓 (프 Manqué) 비스퀴(스펀지 케이크)의 하나. 망케란, 프랑스어로 '실패한', '망친'의 뜻이다. 19세기 파리의 한 유명 제과점의 펠릭스(Félix)라는 사람이 비스퀴 드 사부아를 만들고 있을 때 흰자가 충분히 거품나지 않아 반죽에 덩어리가 생

겼다. 그것을 본 제과점 주인이 '이건 실패군(Le gâteau est manqué)!'이라 말하였다. 펠릭스는 그 반죽에 버터를 더하여 다시 만들고 표면에 프랄리네*를 뿌려 보았다. 이것을 가게에 선보였을 때 반응이 무척 좋았다. 이렇게 하여 망케가 세상에 알려지게 되었다. 처음에는 브리오슈 틀에 채워 구웠으나 그 뒤 망케 전용 틀이 등장했다.

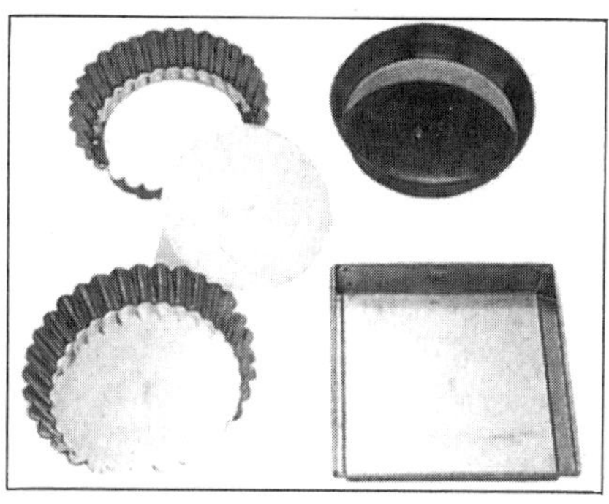

[배합] 분설탕 1,000 g, 밀가루 750 g, 버터 360 g, 노른자 28개(560 g), 흰자 28개 (840 g).
[만드는 법] ① 노른자와 분설탕 750 g 을 거품낸다 ② 밀가루를 섞는다 ③ 녹인 버터를 더한다 ④ 흰자를 거품내고 남은 분설탕을 섞는다 ⑤ ③과 ④를 합친다 ⑥ 틀에 흘려 붓고 중불 오븐에서 굽는다.

매니토바 밀 原 (영 Manitoban wheat) 캐나다의 매니토바 주(Manitoba 州)를 비롯한 인근의 지역에서 생산되는, 세계적으로 유명한 강력밀. 밀알은 작고 둥글며 초자질(硝子質)이다. 미국의 노던 봄밀과 비슷하지만 이보다 더 강력하다. 단백질의 함유도와 낟알의 완전도에 따라 적어도 8등급으로 나눌 수 있다. 매니토바 하드 1 호가 최상으로서 잘 성숙된 것이며 이물질(異物質)이 섞이지 않은 것이다. 하드 1 호의 평균 단백질 함량은 13.9%이고 수분은 11%이다. 6호는 평균 단백질 함량이 11.5%이고 수분이 13%이다. 매니토바 밀은 종종 디아스타아제*가 부족한 경우가 있는데, 하급품은 보통 발아밀이 섞여 있기 때문에 부족하지 않다. 메니토바 밀의 강력도와 디아스타아제성은 해마다 달라질 수 있다.
→캐나다 밀

매시 原 (영 Mash) 야채를 으깨어 끓여서 걸쭉하게 만든 것. 매시드 포테이토 (mashed potato)는 익혀서 으깬 감자를 뜻한다.

매자과[－菓] 菓 유밀과*의 하나. 타래과라고도 한다. 밀가루에 생강을 넣고 반죽하여 네모나게 썰어서 칼집을 넣고 꼬아서 모양을 낸 뒤 튀겨 꿀에 담근 과자이다.
[배합] 밀가루 1컵, 소금 1/2 작은술, 생강 20 g, 물 3큰술. 〈담금용 꿀〉 설탕 1컵, 물 1컵, 꿀 2큰술, 계피가루 1/2 작은술. 〈기타〉 기름 3컵, 잣가루 2큰술.
[만드는 법] ① 밀가루에 소금을 넣고 체친다 ② 생강은 껍질을 벗겨서 곱게 갈아 물과 함께 ①에 섞어서 잘 반죽한 뒤 젖은 헝겊으로 30분간 덮어 둔다 ③ 담금용 꿀은 먼저 설탕, 물을 냄비에 넣고 중불에서 끓인 뒤 꿀, 계피가루를 섞는다 ④ ②의 반죽을 두께 0.3cm, 길이 5cm, 너비 2cm로 네모나게 잘라 가운데에 천(川)자로 칼집을 넣은 뒤 가운데로 한 끝을 넣고 뒤집어서 리본 모양을 만든다 ⑤ 150℃의 튀김온도에서 튀겨낸 뒤 담금용 꿀에 담가 망에 건진다 ⑥ 그릇에 담아내고 잣가루를 뿌린다.

맥국[麥麴] 原 보리를 원료로 한 누룩.
⇨누룩

맥아[麥芽] 原 (영, 프 Malt 독 Malz) 겉보리에 수분, 온도, 산소를 작용시켜 발아시킨(최적 온도 : 17~20℃) 보리의 낟알. 몰트 또는 말트라고도 한다. 맥주·위스키·물엿 제조에 쓰이고 맥아당(麥芽糖, 말토오스)의 제조에 원료로 이용된다. 맥아에는 녹말의 당화 효소(아밀라아제)와 단백질 분해효소(프로테아제)가 있다. 이들 효소의 분해력은 길이에 따라 다르다. 길이가 길수록 녹말 분해력이 크다. 싹튼 보리를 말려(이것이 엿기름) 가루로 만든 것이 맥아가루이다. 이것을 50~60℃의 물에 담가 두면 녹말이 아밀라아제의 작용을 받아 덱스트린과 말토오스로 분해된다. 이 때 녹지 않은 찌꺼기를 거르고 남은 액이 맥아즙, 즉 이것을 발효시키면 맥주가 되고 맥아즙에 다시 녹말을 더해 아밀라아제에 의한 분해가 일어나면 엿이나 말토오스가 된다. 맥아가루를 빵 반죽에 넣으면 $\alpha \cdot \beta$ 아밀라아제가 녹말을 맥아당으로 분해하여 이스트 발효가 촉진되고, 빵 껍질색이 알맞게 든다.

맥아당[麥芽糖] 原 (영 Malt sugar 프 Maltose) 포도당 2개가 결합된 이당류의 하나. 엿당 또는 말토오스라고도 한다. 감미(甘味)는 설탕의 40%이다. 이것은 녹말에 디아스타아제나 맥아*의 엿기름을 작용시키면 생기고, 산(酸)이나 말타아제의 작용에 의해 2분자 포도당이 된다. 이것은 설탕처럼 녹말의 노화를 방지하는 효과와 보습효과가 있다. 그리고 설탕에 비해 달지는 않지만 결정화가 더디기 때문에 캔디용 감미료로 자주 쓴다. 양과자의 노화를 막고 보습을 겸한 감미료로도 이용한다.

맥아 엑스 原 (영 Malt extract) 맥아가루(엿기름 가루)를 당화시켜 걸러낸 액. 맥아 가루와 물을 섞어 50~60℃에서 오래 놓아 두면 당화한다. 맥아 엑스를 말린 것이 건조 맥아 엑스이다. 이들은 발효를 촉진시키는 힘이 있어 제빵시에 부재료로 쓰인다. 단, 이것을 박력분 반죽에 넣으면 글루텐의 힘이 약해진다.
→맥아

맥아 엿 原 (영 Malt syrup) 몰트 시럽. 녹말을 맥아(엿기름)로 당화(糖化)* 시켜 만든 물엿. 몰트 시럽이라고도 한다. 디아스타아제 등의 효소를 포함하는 맥아와 물, 녹말을 섞어 55~60℃에서 당화시키고 농축시킨 연노랑빛의 투명한 반유동 물질이

다. 구성 성분은 맥아당 45~70%, 덱스트린 45~50%, 수분 10~35%, 단백질 1%이다. 이것은 산당화('당화'항 참고) 물엿에 비해 흡습성(吸濕性)이 적다. 과자류에 사용하는 목적은 설탕(캐러멜·잼·캔디·젤리 등)의 결정화 방지와 보습(빵·케이크) 효과를 내기 위함이다.

맥주 原 (영 Beer 프 Bière 독, 네 Bier) 보리, 홉, 물을 원료로 하여 만드는 양조주(釀造酒). 맥주가 만들어진 역사는 기원전 4,200년경으로 거슬러 올라간다. 고대 바빌로니아에서 이미 여섯줄보리(六條大麥)가 재배되었으며 이 때부터 맥주가 만들어졌다고 전해진다. 그 뒤, 보리가 이집트로 전해져 이집트 제4왕조 때부터 맥주를 만들었으며 그 방법이 그리스·로마를 거쳐 유럽으로 전파되었다. 특히 두줄보리(二條大麥)의 산지인 영국·독일에서 발전하였다. 홉을 더한 것은 10세기부터이다. 한국에 맥주가 들어 온 것은 1930년대, 일본으로부터이다. 맥주는 제과에서 플레이버(향료)로 쓰일 때가 많고, 크리스마스용 민스미트를 만들 때 다른 양주와 섞어 쓰기도 한다.

머디러 原 (영 Madeira 프 Madére 포 Madeira) 대서양의 포르투갈령인 마데이라(Madeira)섬에서 생산되는 달콤한 와인을 말한다. 독특한 향과 달콤한 풍미가 있으면서도 강한 맛이 나는 게 특징이다. 머디러 케이크*, 무스, 바바루아, 각종 앙트르메 등에 널리 이용된다.

머디러 케이크 菓 (영 Madeira Cake) 밀가루에 설탕, 유지, 계란, 우유 등을 대량으로 배합해서 만든 고급 플레인 케이크. 처음에 머디러 술(포도주의 일종)을 사용했다 해서 붙여진 명칭이다. 하지만 지금은 바닐라나 레몬으로 향을 내고 아몬드, 설타너, 필, 커런트 등을 넣은 것이 많다.
[배합] 설탕·계란 각 1,125 g, 버터 675 g, 유지 225 g, 밀가루 1,575 g, 우유 450cc, 팽

창제 22 g, 바닐라 향료 적당량.
[만드는 법] ① 위의 재료로 반죽을 만든다
② ①에 아몬드, 설타너, 커런트 등을 넣고
반죽의 굳기(硬度)를 우유로 조절한다 ③
로프 케이크 틀에 ②를 넣고 무게 337~
900 g 의 케이크를 구워 낸다.

머랭 菓 (영, 프 Meringue 독 Merin-
genmasse, Baisermasse) 계란에 설탕을
더해 거품낸 것. 모양깍지로 짜 낸다. 구우
면 푸르 세크가 된다.
〈분류〉 ① 냉제(冷製) 머랭, 온제(溫製) 머
랭, 이탈리안 머랭. 냉제는 바슈랭 셸에 쓰
고 온제는 세공품을 만드는 데 알맞다. 이
탈리안 머랭은 크림, 무스 등 굽지 않는 과
자에 쓴다. 기본적인 머랭 반죽에 향료, 커
피 가루, 초콜릿, 프랄리네 페이스트, 양주
등을 더하여 맛과 향을 달리할 수 있다. ②
굽지 않는 머랭, 건조 머랭, 굽는 머랭. 굽
는다 해도 다른 반죽처럼 고온에서 굽는 것
이 아니라 낮은 온도의 오븐에 넣어 둘 뿐
이다. 냉제 머랭과 온제 머랭은 대개 건조
시키거나 굽는 반면 이탈리안 머랭은 거의
굽지 않은 채 쓴다. 건조는 구운색을 들이
고 싶지 않을 때 쓰는 방법이다. ③ 헤비 머
랭, 라이트 머랭. 헤비는 흰자 540 g 에 설탕
1,125 g 이상이고 라이트는 그 이하의 배합
으로 만든 것이다(뒷 페이지 〈표〉 참고).
〈흰자의 기포성을 높이는 재료〉 흰자는 중
성이나 약산성에서 기포력이 높아진다. 약
알칼리성인 흰자에 주석영(주석산칼륨), 구
연산, 레몬 즙 등의 산을 더하면 기포력이
커진다. 단, 제품에 따라서 산을 더할 수 없
는 경우도 있다. 산을 더한 머랭은 습기가
생기기 쉽다. 그러므로 며칠 보존해야 할
머랭에는 산 대신 탄산수소암모늄을 더한다
(흰자에 0.2%). 그리고 흰자에 더하는 설
탕은 기포의 안정성을 높인다. 왜냐하면 설
탕의 보수성이 교반 과정에서 생긴 기포의
표면을 마르지 않도록 하기 때문이다. 이것
은 기포가 꺼지기 어려움을 뜻한다. 그런데

흰자의 단백질이 기포를 만들려고 하면 설
탕은 그 작용을 막는다. 그래서 머랭을 만
들 때는 처음부터 설탕을 넣지 않는다.

머랭 록 菓 (영 Meringue Rock) 바
닐라로 풍미를 낸 헤비 타입(heavy type)의
이탈리안 머랭*을 만들어 철판 위에 바위
와 같은 모양으로 짜 놓는다. 한가운데에
각각 조그마한 구멍을 만들고 살짝 굽는다.
아주 얇게 자른 아몬드를 그 구멍에 넣고
121℃ 오븐에서 굽는다. 이 머랭은 하얗게
구워야 한다.

머랭 비스킷 菓 (영 Meringue Biscui-
ts) 머랭을 비스킷 모양으로 성형해서 건조
시킨 것.
[배합] 흰자 2,700cc, 설탕 5,625 g, 주석영
15 g.
[만드는 법] ① 설탕 2,250 g 과 흰자를 믹서
볼에 넣고 고속으로 휘핑하여 단단하고 안
정된 거품을 낸다 ② ①에 주석영을 넣고 설
탕 2,250 g 을 조금씩 더해가며 젓다가 단단
해지면 남은 설탕을 넣는다. 이 때 믹서 속
도를 중속으로 바꾼다 ③ ②의 머랭 반죽을
적당한 비스킷 모양으로 만들어 철판 위에
놓는다 ④ 오븐에서 30분간 구운 뒤 철판을
건조용 선반에 옮겨 하룻밤 이상 건조시킨
다.

머랭 세공[−細工] 菓 (프 Meringue
d'art 독 Baisermassarbeit) 머랭을 사용
하여 여러 가지 모양을 만든 세공 과자. 주
로 동물이나 인형 모양이 많다. 사용할 목
적에 따라 착색료를 넣기도 한다.

머랭 셸 菓 (영 Meringue Shell) 타원
형으로 짜 내어 구운 머랭. 라이트 타입의
냉제 머랭('머랭'항 참고)을 1.6cm의 둥근
모양깍지를 끼운 짤주머니에 채워 철판에
타원으로 짜 놓는다. 표면에 분설탕을 뿌리
고 121℃ 오븐에서 굽는다. 식으면 한가운
데를 눌러 패이게 한 뒤 쟁반에 채우고 따
뜻한 곳에서 건조시킨다.

머랭 팬시 菓 (영 Meringue Fancy)

〈표〉 머랭류의 배합례

종　류	설탕	흰　자	기타 첨가물	만드는 법
므랭그 오르디네르	500	180~360	레몬 즙	냉제
므랭그 스위스	500	180~240	(아세트산 미량)	냉제
므랭그 쉬르 르 푀	500	180		온제
므랭그 이탈리엔	500	240	물 150	당액 사용
므랭그 오 프뤼이	500	300	물, 프루츠 퓌레	125℃ 까지 조린 당액에 퓌레를 더하고 단단하게 거품낸 흰자를 섞는다.
므랭가주 아 프루아	500	300		냉제
므랭가주 아 레스파뇰	500	240		온제
쇼콜라덴 베제	500	180	물 250, 초콜릿 50	115℃ 까지 조린 당액을 거품낸 흰자에 더하고 식힌 뒤 녹인 초콜릿을 섞는다.
자포네 I	500	480	아몬드 가루 300	40%의 설탕을 흰자에 더해 거품내고 남은 설탕과 견과를 섞어 더한다.
자포네 II	450	480	아몬드·헤이즐넛의 탕 푸르 탕 1,000, 밀가루 100	흰자에 150 g 의 설탕을 넣고 거품내어 다시 300 g 의 설탕을 더해 섞는다. 그리고 체친 탕 푸르 탕과 밀가루를 섞는다.
자포네 III	500	360	아몬드 가루 215	⅓의 설탕과 흰자를 거품내고 단단해지면 ⅓의 설탕을 더해 섞는다. 끝으로 남은 설탕과 아몬드 가루를 넣는다.
파트 아 쉬크세 I	500	480	아몬드 가루 500	자포네와 같이 만든다.
파트 아 쉬크세 II	400	720	탕 푸르 탕 1,000 밀가루 250 노른자 240, 우유 250	탕 푸르 탕과 밀가루, 노른자와 우유를 잘 섞어 합친다. 흰자에 설탕을 더해 거품내고 앞서 만든 혼합물과 섞는다.
파트 아 쉬크세 III	750	510	탕 푸르 탕 500 우유 100	탕 푸르 탕과 우유를 섞는다. 흰자에 150 g 의 설탕을 넣고 거품낸 뒤 다시 600 g 의 설탕을 더한다. 그리고 두 혼합물을 합친다.
파트 아 프로그레	100	360	탕 푸르 탕 500 밀가루 50	흰자를 거품내고 설탕을 넣는다. 탕 푸르 탕과 밀가루를 함께 체친다. 이 둘을 합친다.

※ 자포네, 쉬크세, 프로그레는 머랭과 같은 재료이면서 배합을 달리 한 것.

기본 머랭에 변화를 준 것이다. 기름종이를 철판에 깔고 머랭을 작은 덩어리로 짜 놓는다. 코코아 가루를 살짝 뿌리고 121℃ 오븐에서 갈색이 들도록 굽는다. 그리고 가나슈를 샌드한다.

머랭 핑거 菓 (영 Meringue Finger) 손가락 모양으로 짜낸 머랭을 구운 것이다. 냉제 머랭('머랭'항 참고)을 철판에 손가락처럼 짜 내고 121℃ 오븐에서 굽는다. 잘 건조시킨 뒤 크림을 샌드한다. 굽기 전에 코코넛을 뿌리기도 한다.

머스캣 菓 (영, 프 Muscat 독 Muskat) 포도의 한 품종. 이것으로 만든 뱅 드 뮈스카(Vin de Muscat)는 단맛이 나는 와인이다. 포도알에 퐁당을 묻혀 프티 푸르 글라세*를 만들거나 타르트·타르틀레트 등에 사용한다.

머스터드 原 (영 Mustard) 겨자씨를

빻아 가루로 만든 것.
⇨겨자

머시룸 菓 (영 Mushroom 프, 독 Ch-ampignon) 버섯을 뜻하는 용어로서, 제과에서 먹을 수 있는 소재로 만든 버섯을 가리킨다. 과자에 장식재료로 쓰고, 특히 프랑스의 크리스마스 케이크인 뷔슈 드 노엘*에 머랭으로 만든 버섯을 장식한다.
[머시룸 머랭 만드는 법] ① 단단히 거품낸 머랭으로 버섯의 머리와 자루가 될 부분을 짤주머니로 짜고 굽되, 버섯 머리에 코코아를 뿌리고 굽는다 ② 자루 부분에 접착제로서 크림을 묻혀 머리를 붙인다.

머시룸 롤 빵 (영 Mushroom Roll) 서양버섯을 충전물로 하여 말아서 만든 프랑스 조리빵이다.
[배합] 슬라이스 빵 8 장. 〈충전물〉 양송이 버섯 110 g, 쇼트닝 20 g, 밀가루 20 g, 사워 크림 55 g, 소금·고춧가루 각 소량.
[만드는 법] ① 양송이 버섯을 가늘에 잘라서 쇼트닝과 섞는다 ② 약한 불에서 3 분간 볶는다 ③ ②에 밀가루를 넣고 섞는다 ④ 이어서 사워 크림과 조미료(소금과 고춧가루)를 넣고 2~3분쯤 저으면서 볶은 다음 식힌다 ⑤ 슬라이스 빵에 얇게 버터를 바르고 그 위에 충전물을 얹는다 ⑥ ⑤를 말아서 원통 모양으로 만든다 ⑦ 띠로 묶어서 모양을 바로잡고 젖은 천으로 싸서 냉장고에 넣어 둔다 ⑧ 롤이 완전히 고정되면 냉장고에서 꺼내어 센불 오븐에서 굽는다 ⑨ ⑦의 띠를 풀고 적당한 너비로 자른다. 또는 그대로 먹기도 한다.

머위 原 (영 Butterbur) 국화과(科)의 다년생초. 학명은 *Petasites japonicus*이다. 줄기와 잎은 식용하며 줄기는 설탕절임한다. 이 설탕절임은 데커레이션 케이크에 안젤리카를 대신하여 장식되기도 한다.
→안젤리카

머캐더미어넛 果 (영 Macadamianut 프 Noix de macadam) 오스트레일리아산(産)

견과의 하나이다. 프로테아과(proteaceae) 상록교목의 종자로서 딱딱한 껍질에 싸여 있다. 머캐더미어넛은, 그대로 먹기보다 살짝 볶아 술안주나 제과에 이용한다. 하와이에서 대규모로 재배되며 이것을 밀크 초콜릿으로 감싼 머캐더미어넛 초콜릿이 유명하다. 그 밖의 재배 지역으로 오스트레일리아와 동남 아시아가 있다.

머캐더미어넛 쿠키 菓 (영 Macadamia nut Cookies) 머캐더미어넛을 이용한 미국 쿠키.
[배합] 버터 300 g, 설탕 300 g, 소금 2 g, 바닐라 향료 소량, 계란 2개, 밀가루 160 g, 머캐더미어넛 가루 150 g, 썬 머캐더미어넛 400 g, 베이킹 파우더 4 g.
[만드는 법] ① 버터와 설탕을 잘 섞는다 ② 소금, 바닐라를 섞는다 ③ 계란을 조금씩 넣는다 ④ 체친 밀가루, 머캐더미어 가루, 썬 머캐더미어도 넣고 섞는다 ⑤ 베이킹 파우더를 넣는다 ⑥ 20 g 씩 나누어 둥글린 뒤 철판에 나열한다 ⑦ 160℃ 오븐에서 15분간 굽는다.

머튼 原 (영 Mutton) 양고기. 머튼 춉 (mutton chop)이란, 양고기를 두툼하게 잘라 구운 요리를 가리킨다.

머핀 빵 (영 Muffin) 이스트 또는 베이킹 파우더로 부풀린 부드러운 반죽을 구워 만든 빵. 따뜻할 때 버터, 잼, 마멀레이드, 꿀 등을 곁들여 먹는다. 팽창제를 사용하는 미국식과 이스트를 사용하는 영국식 머핀이 있다. 배합은, 저배합부터 고배합까지 다양하다. 구울 때 미국식은 컵 케이크 틀에 넣어 오븐에서 굽고 영국식은 핫 케이크처럼 양면을 철판에서 굽는다.
[배합] 설탕 7g, 이스트 22g, 물 570cc, 버터 7g, 밀가루 800g, 소금 14g.
[만드는 법] ① 물 70cc에 설탕과 이스트를 넣고 녹인 뒤 중탕으로 발효시킨다 ② 버터를 녹여 ①에 넣는다 ③ 물 500cc를 데워 ②에 넣는다 ④ 밀가루와 소금을 함께 체치고 여기에 ③을 넣고 섞은 뒤 다시 발효시킨다 ⑤ 70g씩 분할하고 둥글린다 ⑥ 틀을 사용할 경우 ⑤의 반죽을 머핀용 틀에 채워 중불 오븐에서 굽는다. 구울 때는 ⑤를 납작하게 만들어 철판에 얹어 굽는다. 한면이 구워지면 뒤집어 굽는다.
→잉글리시 머핀

멀베리 菓 (영 Mulberry) 익은 뽕나무의 방향성 열매이다. 자줏빛을 띠며 단맛이 난다. 날로 먹기도 하고 잼이나 젤리로 만들어 먹기도 한다. 또, 으깨어서 즙을 내고 당액(糖液)과 섞어서 시럽을 만든다. 이 시럽을 양주나 양과자에 더하여 맛과 향을 향상시킨다.

메뉴 其 (영, 프 Menu 독 Speisekarte) 식단표 또는 차림표.

메도크 原 (프 Médoc) 메도크산(Médoc産) 와인. 메도크산 적포도주는 조금 떫으며 붉은색이다.

메디시널 原 (영 Medicinal) 물엿을 설탕과 동일한 성질로 변화시키는 약제(藥劑). 과거 설탕 공급이 달리던 시대에 설탕을 대신하여 양과자나 화과자에 두루 사용하였던 것이다. 이것으로 물엿을 당화*(糖化)시키면 설탕과 같은 효과를 얻을 수 있다. 사용법은 물 3,750cc를 냄비에 넣고 불에 올려 놓은 뒤 45~46℃ 정도로 데우고 불에서 내리고 메디시널을 약 30g 넣고 잘 섞으면 물엿은 차츰 백색이 되며 끈기가 없어지고 당화된다. 단, 주의해야 할 점은 물엿의 가열 온도가 지나치게 높거나 낮으면 당화작용은 일어나지 않는다는 것과 일단 당화시킨 것은 40분 이내에 사용해야 된다는 점이다.

메밀 原 (영 Buckwheat 프 Sarrasin, Blé noir 독 Buchweizen) 마디풀과(科)의 1년초. 원산지는 중앙 아시아라고 전해진다. 종자를 빻아서 가루로 국수제조에 이용한다. 제과에서는 메밀가루를 넣은 크레프, 즉 크레프 사라쟁(Crêpe Sarrasin)이 유명하다. 이것은 메밀 특유의 맛과 풍미로 가벼운 식사나 디저트로서 인기가 높다.

메스실린더 試 (영 Measuring cylinder) 액체의 부피를 측정하는 도구. 유리로 만든 원통형이고 바닥이 평평하여 안정적인 용기(容器)이다. 이것을 수직으로 세우고 액체를 부은 뒤 액면(液面)의 높이를 원통면에 새겨진 눈금으로 읽어 부피를 잰다. 메스실린더는 물리·화학 실험에서뿐만 아니라 빵 공장에서도 이스트의 성능을 실험하고 팽창제의 양을 측정할 때 필요한 도구이다.

메이드 오브 오너 菓 (영 Maid of Honour) 치즈 풍미의 타르트, 타르틀레트. 헨리 8세(Henri Ⅷ)가 특별히 이름 붙였다고 한다. 현재 우유와 생크림에 레닌(응유 효소)을 쓰고 있다.
[배합] 우유 1,135cc, 레닌 20g, 노른자·계란 각 285g, 설탕 560g, 버터 455g, 아몬드 가루 340g, 레몬 껍질 4개 분량, 레몬즙 3개 분량, 넛메그 3.5g, 생크림 140cc, 브랜디 70cc, 파트 쉬크레(또는 푀이타주) 적당량.
[만드는 법] ① 우유와 레닌을 섞고 따뜻한 곳에 두어 굳힌다 ② ①의 물기를 빼고 잠깐 둔다 ③ 계란, 노른자, 넛메그, 설탕을 거품 내고 녹인 버터를 더해 교반한다 ④ ③이 굳기 시작하면 데우면서 저어 매끄러운 상태로 만든다 ⑤ 레몬 껍질과 과즙, 아몬드 가루, 물기를 뺀 ②를 ④에 섞는다 ⑥ 가볍게 거품낸 생크림과 브랜디를 더한다 ⑦ 파트

쉬크레 또는 푀이타주를 깐 타르틀레트 틀에 ⑧을 붓고 중불 오븐에서 굽는다.

메이스 原 (영 Mace) 넛메그의 종자(種子)를 싸고 있는 빨간 껍질을 말린 것. 원산지는 향료의 섬이라 불리우는 몰루카 제도(Molucca 諸島)이고 최대산지는 인도네시아의 반다(Banda) 섬이다. 건조시키면 선홍색에서 오렌지색으로 바뀌고 이것을 가루로 빻으면 황오렌지색이 된다. 메이스와 넛메그는 같은 식물에서 채집되는 것으로 2가지 모두 요리에 사용하나, 메이스쪽이 쓴맛이 적고 값이 더 비싸다. 단맛 나는 요리에 주로 사용하는데 메이스와 넛메그는 다른 스파이스*류와 마찬가지로 요리용 이외에도 약효가 있어 우유나 브랜디에 넣어 마시면 소화기능이 향상된다. →넛메그

메이크 업 技 (영 Make up) 빵 반죽의 마무리 단계. 넓게는 발효한 반죽의 분할에서부터 갓 구워 낸 빵의 포장에 이르기까지 연속된 일련의 작업을, 좁게는 반죽의 분할·둥글리기·성형·발효의 4가지 작업을 뜻한다. 현재 이들 4가지 작업은 모두 기계로 행한다. 즉, ① 분할기는 발효한 다량의 반죽을 예정된 크기만큼 분할함과 동시에 반죽의 밀도를 평균화시킨다. ② 라운더*는 분할된 반죽을 둥글림과 동시에 얇은 막을 생기게 하여 탄산 가스의 누출을 막는 작용을 한다. ③ 중간 발효는 분할과 둥글리기 사이에 반죽이 받은 충격을 회복하기 위해 짧은 시간 동안 휴지시키는 것이다. ④ 성형기는 반죽에서 가스를 제거함과 동시에 최종의 빵 모양으로 정돈시킨다. 메이크 업된 반죽은 틀에 넣어 2차 발효를 거친 뒤 오븐에 넣어 굽는다.

메이플 슈거 原 (영 Maple sugar) 단풍설탕.
➪메이플 시럽

메이플 시럽 原 (영 Maple syrup 프 Sirop d'érable) 사탕단풍(砂糖丹楓)나무인 메이플(maple, *Acer saccharum*)의 수액을 농축한 당액(糖液)이다. 질 좋은 단맛과 독특한 풍미가 있으며, 색깔은 농축하여 일부 캐러멜화했기 때문에 밝은 갈색이다. 이 시럽을 정제·결정화한 것이 메이플 슈거(maple sugar)이고, 이것을 메이플 시럽에 섞어 크림 상태로 만든 것이 메이플 슈거 크림이다. 그리고 메이플 시럽의 풍미를 내는 합성 향료인 메이플 플레이버가 있다. 이것을 설탕물을 끓인 액에 넣으면 메이플 시럽이 된다. 이들은 각각의 형태에 맞추어 핫 케이크, 마들렌, 쿠키, 무스, 아이스크림 등에 더해 풍미를 낸다.

메일라드 반응 化 (영 Maillard reaction) 아미노산과 환원당(還元糖 : 포도당·과당·맥아당 등을 포함)이 작용하여 멜라노이딘(melanoidin)을 만드는 반응. 프랑스의 화학자 메일라드(L. C. Maillard)가 발견했다 하여 붙여진 명칭으로 화학적 명칭은 아미노카르보닐(aminocarbonyl) 반응이다. 아미노산의 아미노기(基)와 환원당의 카르보닐기(基)가 결합하여 생긴 화합물이 변화를 일으켜 갈색의 복잡한 중합체인 멜라노이딘을 만든다. 식품의 조리·가공·저장중에 황갈색으로 착색되는, 일명 갈변현상이 메일라드 반응의 결과이다. 이렇게 되면 식품의 외관, 냄새, 영양가가 떨어질 수도 있지만 반대로 독특한 풍미가 생길 수도 있다. 빵을 한 예로 들면, 갈색의 표피와 특유의 풍미는 반죽 속의 환원당이 구워지는 동안 아미노산과 작용하여 멜라노이드 반응을 일으킨 것이다.

메주 뮈리에즈 其 (프 Mége Mouries) 프랑스의 학자(1817~1880). 나폴레옹 3세(Napoléon III) 때 버터의 대용품으로 보존성이 좋은 지방을 개발하여 특허를 따내고 마가린이라 명명하였다. 그 뒤 마가린은 식물유를 원료로 한 제품으로 발전하게 되었다.

메주 콩 原 메주를 쑤는 콩. 가을에 열

리는 콩을 주로 이용한다.
→콩

메탄 化 (영 Methane) 화학식은 CH₄. 메탄계 탄화수소의 하나이다. 탄소수가 가장 적으며 무색, 무취인 가연성(可燃性) 기체이다.

메티오닌 化 (영 Methionine) 필수 아미노산*의 하나. 1922년에 처음으로 카세인(casein)에서 추출되었다. 고기, 계란, 우유에 많고 밀가루, 쌀에도 상당량 함유되어 있다.

멜론 果 (영 Melon 프 Melon 독 Melone) 박과(科)의 덩굴성 1년초이다. 전체에 거센 털이 있다. 원산지는 북아프리카, 중앙 아시아, 인도 등이다. 현재 가장 많이 재배되는 멜론은 구미(歐美)의 3계통이다. ①네트 멜론(net melon) : 열매의 겉이 그물처럼 갈라져 있다. ②칸탈로프(cantaloupe) : 그물은 없고 세로홈이 패여 있다. ③겨울 멜론(winter melon) : 열매의 겉은 그물이나 세로홈 없이 밋밋하다. ④머스크 멜론(musk melon) : 향기가 짙다. 초록색·노란색·흰색 등의 표면에 그물 무늬가 있다. 멜론은 온실재배와 노지재배(露地栽培)의 2가지 방법으로 재배된다.
〈용도〉 멜론은 파티 요리에 꼭 필요한 과실 중의 하나이다. 그대로 케이크의 장식에 이용하거나 주스, 셔벗, 무스 등에 이용하기도 한다. 또, 퓌레로 만들어 리큐르를 조금 넣어서 디저트나 샐러드에 첨가하기도 한다.

멜론빵 빵 (영 Melon Bread) 비스킷 반죽으로 스위트 도*를 감싸 구운 것. 표면에 격자 무늬가 새겨져 있다.
[배합] 스위트 도 적당량. 〈비스킷 반죽〉 박력분 100, 설탕 60, 버터 10, 노른자 30, 물 5, 황색 색소·멜론 향료 각 소량.
[만드는 법] ①비스킷 반죽을 조금 단단하게 만든다 ②①의 반죽을 20~30 g씩 분할하여 둥글고 얇게 밀어 편다 ③②의 반죽에 알맞은 크기로 둥글린 스위트 도를 얹고 감싼다 ④표면에 그라뉴당을 뿌려 얹고 철판에 나열한다 ⑤④의 표면에 스크레이퍼로 1 cm 간격을 두고 선을 긋는다 ⑥건조 발효시킨 뒤 굽는다. 오븐의 윗불은 약하게 한다.

멜리렌 技 (독 Melieren) 갖은 재료를 섞는 작업을 일컫는 제과용어이다. 반드시 나무 국자를 사용한다. 예를 들어 거품낸 계란과 설탕에 거품낸 흰자, 밀가루, 아몬드 가루 또는 녹인 버터를 섞는 일을 멜리렌이라 한다.

면실가루[綿實─] 原 (영 Cottonseed flour) 목화씨에서 기름을 짜내고 정제한 가루. 단백질이나 비타민을 많이 함유하고 있어 콩가루나 땅콩가루와 마찬가지로 빵에 넣어 품질을 향상시킴과 동시에 노화를 방지한다.

면실유[綿實油] 原 (영 Cottonseed oil 프 Huile de coton) 목화씨에 함유되어 있는 기름을 착유(搾油), 정제한 것.
〈특징〉 영양상 중요한 리놀레산(linoleic acid)이 56%나 들어 있고 팔미트산(palmitic acid), 올레산(oleic acid)도 각 23%, 17%가 함유되어 있다. 마요네즈, 샐러드유의 원료유로 사용되며 제과에서 튀김기름으로 쓰기에 적당하다. 또한 크리밍성*이 우수하기 때문에 양질의 쇼트닝 원료유로 사용된다.

면역성[免疫性] 生 (영 Immunity) 체내에 생긴 항원(抗原)에 대하여 항체(抗體)가 만들어져, 같은 항원으로서는 다시 발병하지 않는 성질. 면역에는 전염병을 겪고 난 뒤에 얻어지는 병후면역(病後免疫) 외에 병원체(病院體) 또는 그 독소의 주사를 맞는 예방접종에 의해서 얻게 되는 인공면역이 있다. 이들 모두는 후천적으로 얻어지므로 후천면역, 획득면역이라 하여 선천면역·자연면역과 구별한다. 자연면역은 종속(種屬)·인종·개체·연령 등에 따라 차이가 난다. 즉, 사람은 닭의 결핵에 걸리지 않으며 사람 이외의 동물은 매독에 대한 면역을 갖고 있다.

멸균[滅菌] 技 (영 Sterilization) 미생물, 특히 세균·균류를 완전히 죽여서 무균상태로 만드는 일.
▷살균

명반[明礬] 原 (영 Alum) 황산알루미늄과 알칼리 금속, 암모늄, 탈륨 등 황산염이 만드는 복염이다.
▷백반

명자나무 열매 果 (영 Quince 프 Coing 독 Quitte 포 Marmelo)
▷마르멜로

모나카 菓 (일 最中, モナカ) 일본과자(和菓子) 중 반생과자(半生菓子)의 하나. 찹쌀가루 반죽을 쪄서 얇게 펴고 적당한 모양으로 잘라서 구운 뒤, 이것을 껍질 삼아 앙금을 넣고 싼 과자이다. 모나카는 양질의 앙금과, 입에 넣으면 부드럽게 녹아들고 향긋함을 주는 껍질이 맛을 결정한다. 모나카가 처음 등장한 시기는 헤이안 시대(平安時代, 8세기 말~12세기 말)이며, 상품으로 일반인에게 선보인 것은 에도 시대(江戶時代, 17세기~19세기 중엽)부터라 한다. 처음에는 보름달과 비슷한 원형의 모나카만을 만들었기 때문에 모나카 노 쓰키(最中の月 : 보름달)라 하였다. 이후 모양이 다양해져 원형뿐만 아니라 사각형·타원형·꽃모양의 모나카가 등장, 시중의 화과자점에도 널리 보급되었다.

모노글리세리드 原 (영 Monoglyceride) 글리세린지방산 에스테르의 대표적인 물질. 색은 원료 지방산에 따라 달라지고 성상(性狀)도 지방산의 종류에 따라 액체 상태, 페이스트 상태, 가루 상태 등이 된다. 맛은 거의 없고 모노글리세리드의 한 종류인 모노라우릴산 에스테르(monolaurate)가 약간 쓴맛을 지닌다. 계면활성제로서 식품을 유화, 분산시키고 유화 식품을 안정시킨다. 또, 과자나 빵의 노화를 늦추고 간

장이나 이스트 제조시 소포제로도 이용한다.

〈유화 식품과 그에 따른 첨가방법〉① 마가린 : 유화가 목적이다. 먼저 유지를 서서히 녹이고 40℃ 정도에서 유화제를 혼합한 뒤 60℃까지 올린다. 사용량은 유지에 대해 0.2~0.5% 정도이다. ② 아이스크림 : 유화가 목적이다. 아이스크림 원료에 0.2~0.5% 첨가한다. 먼저 65~70℃의 더운물, 기름에 유화제를 섞어서 유화시킨 액을 혼합한다. 보통 자당지방산 에스테르와 섞어 사용한다. 아이스크림에 모노글리세리드를 사용하면 지방구가 균일해지고 열 충격에 대한 저항력이 생겨 성형·포장이 쉽다. ③ 초콜릿 : 유화제의 첨가량은 지방 함량에 따라 달라지나 보통 제품에 대하여 0.2~1.0% 정도이다. 카카오 버터의 결정이 뭉그러지지 않게 하여 제품의 모양을 유지하고 설탕이나 지방이 분리되지 않도록 한다. 이 밖의 용도로 캐러멜, 누가, 버터 볼 등에 기계·포장지·치아에 달라붙지 않고 수송·판매 도중에 녹지 않도록 하기 위해 첨가한다. ④ 빵 : 밀가루에 대해 0.3~0.5% 첨가한다. 물로 녹인 뒤 밀가루와 반죽한다. ⑤ 케이크 : 유지량의 5%를 첨가한다. 먼저 유지와 섞어 녹인 뒤 원료와 섞는다.

모더리트 오븐 機 (영 Moderate oven) 중불 (177℃) 오븐.
→오븐의 온도

모던 만주 菓 잘게 썬 호두나 잼으로 표면을 장식한 타원형 만두. 일본 과자의 하나로, 현대적인(mordern)만주이다.
[배합] 〈만두 껍질〉 밀가루 750 g, 흑설탕 525 g, 버터 37.5 g, 계란 2개, 중조 11.25 g, 물 180cc. 〈기타〉 앙금·호두·잼 각 적당량.
[만드는 법] ① 용기에 곱게 부순 흑설탕, 물을 넣고 가열한다. 설탕이 녹으면 체에 밭여 식힌다 ②①에 버터와 계란을 넣고 잘 섞는다 ③ 체친 밀가루와 중조를 ②에 넣고

반죽한다 ④③의 반죽을 23 g 씩 분할, 둥글리기 한다. 그 각각에 30 g 씩의 앙금을 싸서 타원형으로 성형한다 ⑤④를 철판 위에 늘어놓고, 표면에 잘게 썬 호두나 잼을 장식한다 ⑥ 주위에 노른자액을 칠하고 215℃ 오븐에서 굽는다.

모디파이드 라드 原 (영 Modified lard) 라드*를 화학적으로 처리하여 그 조직을 바꾼 것. 그에 따라 라드의 품질이 균일해지고 유화성, 크리밍성이 높아졌다. 파이는 물론 빵류에도 사용한다.

모렌콥프 菓 (영 Othello Moor's Head 독 Mohrenkopf) 독일, 스위스에서 자주 만들어지는 과자. 모렌콥프라는 명칭은 완성된 과자의 모양이 아프리카 모르(Mohr : 무어인 또는 흑인)의 머리를 닮았다 해서 붙여졌다고 한다. 무어스 헤드라고도 한다. 보통 모렌콥프 틀을 사용해서 만들지만 이 틀이 없으면 원하는 모양을 만들어 구운 뒤 속을 파내고 크림을 채운다.
[배합] 〈비스퀴 반죽〉 노른자 8 개, 물 50cc, 박력분 120 g, 흰자 12개, 설탕·고구마 녹말 각 125 g, 소금·바닐라 에센스 각 소량. 〈바닐라 크림〉 우유 250cc, 바닐라 1 개, 노른자 3 개, 설탕 60 g, 커스터드 가루 20 g. 〈기타〉 살구잼(+물엿·설탕·물), 키어시바서·커버추어 각 적당량.
[만드는 법] ①모렌콥프 틀에 버터를 바르고 밀가루를 뿌려 둔다 ②풀어 놓은 노른자, 물, 바닐라 에센스를 믹서로 섞는다 ③②에 박력분을 더하고 글루텐이 끊어질 때까지 섞는다 ④흰자, 설탕, 소금을 섞어 머랭을 만든다. 여기에 고구마 녹말을 더해 균일하게 섞는다 ⑤③에 ④의 일부를 섞고 남은 머랭도 섞는다 ⑥지름 15mm의 모양깍지를 사용하여 ① 위에 ⑤의 기본 반죽을 짜 놓고 200℃ 오븐에서 굽는다 ⑦바닐라 크림*을 만들고 키어시바서를 더한다. 이것을 ⑥에 채우고 2 개씩 포갠다 ⑧⑦의 표면에 살구잼을 바르고 커버추어를 입힌다.

모렌콥프 틀

모세관현상[毛細管現象] 生 (영 Capillarity, Capillary phenomenon) 액체 속에 모세관을 넣었을 때 관 속의 액면(液面)이 밖의 액면보다 높거나 낮아지는 현상. 흡수지(吸水紙)나 천 조각을 물에 담가 두면 젖어드는 일, 식물의 뿌리가 흡수한 양분과 수분이 위로 올라가 줄기·가지·잎 등 식물체 전체에 퍼지는 일 따위가 그 좋은 예이다.

모스 비스킷 菓 (영 Moss Biscuit) 엷은 녹색으로 착색한 로마지팬을 굵은 체에 걸러내어 철판에 얹어 218℃ 오븐에서 구운 과자이다.

모양깍지 機 (영 Piping tube 프 Douille 독 Tülle) 짤주머니 끝에 달아 장식용 크림이나 머랭을 짜거나 부드러운 반죽을 철판에 짜 놓을 때 쓰는 기구. 파이핑 튜브라고도 한다. 별·장미꽃·동그라미·물결·잎 모양 등의 모양깍지가 있다.

모자이크 쿠키 菓 (영 Mosaic Cookey)
흰반죽과 검은반죽을 이용한 바둑판 무늬
의 쿠키.

[배합] 〈흰반죽〉 버터 300 g, 설탕 250 g,
노른자 3개, 소금 5 g, 바닐라 에센스 2
cc, 중력분 500 g. 〈검은반죽〉 버터 180 g,
설탕 165 g, 노른자 3개, 소금 5 g, 코코아
40 g, 중력분 260 g.

[만드는 법] ① 흰반죽과 검은반죽을 각각
만들어 같은 크기로 밀어 펴 둔다 ② 흰반죽
에 계란액을 바르고 검은반죽을 얹어 굳힌
다 ③ ②를 같은 크기로 잘라 바둑판 무늬처
럼 흑·백을 교차시키면서 계란액을 발라
붙인다 ④ ①에서 만들고 남은 흰반죽을 밀
어편다. 그 위에 ③을 얹어 감는다 ⑤ ④를
냉장고에 넣고 굳혀서 적당한 크기로 자른
다 ⑥ 철판에 늘어놓고 그대로, 또는 설탕
을 뿌려 180~190℃ 오븐에서 15~20분간 굽
는다.

모찌가시 菓 (일 餅菓子, モチガシ)
떡을 원료로 한 과자류의 총칭이다. 재료로
서 찹쌀가루뿐 아니라 밀가루, 칡가루 등이
광범위하게 사용된다. 모찌가시가 떡에 가
깝게 사용되었던 시기는 기원전 2~3세기경인
야요이 시대(彌生時代)부터로 추정된다. 그
당시 일본인들은 태양, 대지, 물 등 자연 현
상에 각각 신(神)이 있다고 믿었기 때문에
제사를 많이 지냈다. 그 때문에 제삿상에
올릴 곡물이 필요하게 되었으며 따라서 모
찌가시도 모찌(餅)의 하나로 바치게 되었
다. 그리고 떡의 가공품으로 독립해서 발달
하기 시작한 것은 나라 시대(奈良時代)부터
이다. 이때부터 과자류의 떡이 만들어지게
되었다. 모찌가시는 크게 2가지로 분류할
수 있다. 다이후쿠(大福), 가시와모찌(カシ
ワ餅), 사쿠라모찌(桜餅)와 같이 앙금을 모
찌로 싼 앙꼬모찌와 규히(求肥), 기리잔쇼
(切りザンショウ)와 같이 모찌에 설탕을 넣
어 맛을 낸 것이 있다. 모찌가시는 지방마
다 행하는 독특한 행사와 깊은 관계가 있

다. 지금도 남아 있는 것으로 3월의 히시모
찌(ヒシ餅)와 5월의 지마키(チマキ), 가시
와모찌(カシワ餅)가 그 예이다.
→화과자

모차르트 토르테 菓 (독 Mozarttorte)
독일의 음악가인 모차르트의 이름을 딴 초
콜릿 케이크. 빈(Wien)의 쉰브룬 궁전의
이름을 따서 쉰브룬 토르테라고도 한다. 자
허 토르테보다 좀더 묽은 반죽으로 만든다.
둘레에 초콜릿을 입히고 윗면에 초콜릿 코
포를 뿌리거나 마지팬으로 만든 바이올린
또는 초콜릿으로 그려 굳힌 높은음자리표를
장식한다.

[배합] 〈반죽〉 버터 50 g, 설탕 115 g, 녹인
초콜릿 50 g, 노른자·흰자 각 4개, 밀가루
100 g, 꼬냑 넣은 시럽 적당량. 〈캐러멜 크
림〉 설탕 25 g, 생크림 150cc, 버터 20 g.
〈가나슈〉 스위트 초콜릿·밀크 초콜릿 각
40 g, 생크림 120cc. 〈기타〉 코포 적당량.

[만드는 법] ① 먼저 버터와 설탕을 40 g 씩
섞고 초콜릿 녹인 것과 노른자를 넣어 섞는
다 ② 흰자에 설탕 75 g 을 조금씩 더하면서
머랭을 만들어 ①과 합친다 ③ 밀가루를 더
하고 틀에 부어 굽는다 ④ 4등분하고 그 각
각에 꼬냑 시럽을 뿌린다 ⑤ 캐러멜 크림을
만든다. 먼저 설탕을 가열하여 캐러멜색을
들이고 따로 생크림과 버터를 섞어 합친다
⑥ ⑤의 크림을 ④의 각각에 바르고 포갠다
⑦ 스위트 초콜릿과 밀크 초콜릿을 다져서,
끓인 생크림에 더하여 가나슈를 만든다. 이
것을 ⑥의 전체에 바른다 ⑧ 초콜릿 코포를
윗면에 뿌린다. 높은음자리표나 바이올린
을 장식한다.

모카빵 빵 (영 Mocha Bread) 모카 커
피*를 이용하여 만든 빵. 커피 빵이라고도
한다. 모카빵의 특징은, 커피를 첨가하고
윗부분에 비스킷을 씌운다는 점이다. 이 빵
은 커피의 고소한 맛과 빵의 부드러움, 비
스킷의 단맛을 동시에 느낄 수 있다.

[배합] 〈빵 반죽〉 강력분 1,000 g, 물 440cc,

이스트 4.5g, 이스트 푸드 2g, 소금 20g, 설탕 160g, 분유 30g, 계란 150g, 버터 130g, 건포도 150g, 커피 13g. 〈비스킷 반죽〉 우유 50cc, 커피 5g, 버터 100g, 설탕 200g, 계란 100g, 박력분 100g, 베이킹 파우더 7.5g.

[만드는 법] ① 빵 반죽을 만든다. 먼저 건포도를 건포도 무게의 12%에 해당하는 물(27℃)에 담가 둔다 ② 커피는 사용할 물 일부에 녹여 둔다 ③ 버터와 건포도를 제외한 재료를 넣고 직접법으로 반죽하되 ②의 커피는 물과 함께 넣는다 ④③에 버터, 건포도를 차례로 넣고 혼합한다 ⑤ 반죽 온도 27~28℃, 1차 발효 70~80분, 400g 씩 분할한 뒤 10~15분간 중간발효 시킨다 ⑥ 비스킷을 만든다. 먼저 미지근한 우유에 커피를 녹인다 ⑦ 버터와 설탕을 섞고 계란을 조금씩 더하면서 크림 상태로 만든다 ⑧ 박력분과 베이킹 파우더를 체쳐서 섞은 뒤 ⑦에 넣고 혼합한다. 비스킷은 빵 반죽을 1차 발효 시키는 동안에 준비한다 ⑨ 비스킷 반죽 230g을 밀어 펴서 0.4cm 두께의 직사각형으로 만든다. 빵 반죽 표면에 물을 뿌리고, 비스킷 반죽으로 싼다 ⑩ 철판에 놓고 2차 발효(30~40분) 시킨다. 200℃에서 35~40분간 굽는다.

모카 스퀘어 菓 (영 Mocha Square) 헤비 타입의 스펀지에 모카 커피 풍미의 버터 크림을 샌드하고 정사각형으로 자른 것. 옆면에 아몬드를 묻히고 커피 크림으로 장미꽃 모양을 짜 놓는다.

모카 커피 原 (영 Mocha coffee) 모카는 아라비아 남단, 예멘(Yemen) 남서 해안의 항구 도시로, 여기서 출하(出荷)하는 커피를 모카 커피라 한다. 커피를 생산하는 곳은 예맨 지방에 한정되어 있어 그 양도 적다. 이 커피가 세계적으로 명성을 얻고 있는 이유는 열매가 한창 익었을 때 나무에 올라가 가지를 흔들어 떨어뜨려서, 충분히 익은 것만을 수확하기 때문이다.

모카 케이크 菓 (영 Mocha Cake) 아라비아산(產) 모카 커피로 풍미를 낸 케이크. 모카 가토라고도 한다. 모카 케이크 이외에 모카, 모카 슬라이스, 모카 타르트도 있다. 최근에는 모카 커피 대신 초콜릿을 쓰는 경향이 있다.

몬쿠헨 菓 (독 Mohnkuchen) 깔개용 반죽으로 헤페타이크(이스트 발효 반죽) 또는 뮈르베타이크(파트 쉬크레)를 철판에 깔고, 양귀비씨를 듬뿍 배합한 충전물을 발라 포개어 구운 과자. 몬은 '양귀비씨'를, 쿠헨은 '과자'를 뜻한다.

[배합] 뮈르베타이크(또는 헤페타이크)·살구잼 각 적당량. 〈충전물〉 우유 850cc, 설탕 225g, 양귀비씨가루 200g, 세몰리나* 가루 125~130g, 오렌지 필 50g, 레이즌 25g, 흰자 75g, 부터 슈트로이젤 적당량.

[만드는 법] ① 뮈르베타이크* 또는 헤페타이크*를 3mm 두께로 밀어 펴고 철판에 깐다 ② 살구잼을 바른다 ③ 우유에 설탕 75g을 넣고 끓이다가 양귀비씨가루, 세몰리나 가루를 더한다 ④ 불에서 내리고 오렌지 필, 레이즌을 더한다 ⑤ 흰자에 설탕 150g을 더해 거품내고 ④와 섞는다 ⑥⑤를 ② 위에 담고 고루 펼친다 ⑦ 부터 슈트로이젤*을 뿌리고 220~230℃ 오븐에서 굽는다 ⑧ 알맞은 크기로 자른다.

몰더 機 (영 Molder)
⇨성형기

몰드 技 (영 Mold) ① 모양을 만드는 일. 손 또는 기계를 이용해서 반죽을 성형하는 작업을 말한다. ② 움푹 패인 틀에 마지팬, 아몬드 페이스트, 슈거 페이스트, 비스킷 반죽 등을 채워서 성형하는 일, ③ 판 초콜릿을 초콜릿 틀에 부어 모양을 만드는 일도 몰드라 한다.

몰라세스 原 (영 Molasses 프 Mélasse 독 Melasse) 폐당밀(廢糖蜜). 설탕을 제조하는 과정에서 생산되는 최종 산물로서 시럽 상태의 당액이다. 독특한 방향이 있고 이것을 과자에 쓰면 짙은 풍미가 난다.

몰트 原 (영 Malt) 맥아. 보리, 조, 콩 등의 곡류를 잘 씻어 청결한 발아통에서 발아시킨 것. 이 발아에 의해 아밀라아제가 많이 함유되기 때문에 곡류 속의 녹말이 당화하여 발효가 쉬워진다. 이것을 건조시켜 볶거나 가루로 만들어 맥주 양조나 엿제조 원료로 사용한다.
⇨맥아

몽모랑시 菓 (프 Montmorency) 파리를 중심으로 한 지역에서 재배되는 체리의 한 품종. 현재는 품종에 관계없이 체리를 쓴 앙트르메에 이 명칭을 붙인다. 다음은 타르트 몽모랑시 만드는 법이다.
[배합] 〈충전물〉 흰자 450 g, 설탕 300 g, 아몬드 가루 150 g, 밀가루 60 g, 키어시 60cc, 스위트 초콜릿 120 g, 키어시에 절인 체리 적당량. 〈반죽〉 파트 아 퐁세.*
[만드는 법] ① 충전물을 만든다. 먼저 흰자와·설탕 150 g 으로 머랭을 만든다 ② 아몬드 가루, 밀가루, 설탕 150 g 을 섞고 ①의 머랭과 합친다 ③ 키어시를 섞고 잘게 다진 초콜릿을 섞는다 ④ 파트 아 퐁세를 두께 3mm로 밀어 펴서 타르트 틀에 깐다. 가장자리를 팽세*로 집는다 ⑤ 키어시에 절인 체리를 ④의 바닥에 늘어 놓는다 ⑥ ③의 충전물을 담는다 ⑦ 분설탕을 가볍게 뿌리고 중불 오븐에서 굽는다.

몽블랑 菓 (프 Mont-Blanc) 알프스의 최고봉(峯)인 몽블랑을 본떠서 만든 케이크. 마롱 페이스트, 크렘 샹티이, 럼 등을 사용해서 만든다. 그 모양은 만드는 사람에 따라 다르다.
[배합] 〈밤 페이스트〉 밤 1,200 g, 그라뉴당·무염 버터 각 240 g, 럼 10cc, 바닐라 에센스 소량. 〈기타〉 머랭·시럽에 조린 밤·생크림·스위트 초콜릿·분설탕·버터 슈로 만든 나뭇잎 각 적당량.
[만드는 법] ① 밤 페이스트를 만든다. 찐 밤을 체에 으깬다 ② 냄비에 ①과 그라뉴당

을 넣고 불 위에 올려 나무 주걱으로 저으면서 수분을 증발시킨다. 손으로 만져도 끈적거리지 않을 정도가 되면 불에서 내려 식힌다 ③ ②에 버터, 럼, 바닐라 에센스를 넣고 섞는다 ④ 지름 6 cm로 구운 머랭에 스위트 초콜릿을 바르고 중앙에는 시럽에 조린 밤을 1 개 얹는다 ⑤ 생크림을 거품내어 ④의 주위에 짠다 ⑥ ③을 짤주머니에 넣고 ⑤의 윗면에 가늘게 짠다. 전체에 분설탕을 뿌린다 ⑦ ③으로 밤 모양을 만들어, 녹인 초콜릿을 씌워 윗면에 얹고 버터 슈로 만든 나뭇잎을 장식한다.

몽타네 其 (프 Montagné) 프랑스의 요리인. 프로스페르 몽타네(Prosper Monta-gné : 1865∼1948). 프랑스 곳곳의 유명 레스토랑을 거쳐 파리의 일류 레스토랑 요리장(長)을 역임하였다. 요리인으로서의 재능과 기술을 높이 평가받고 카렘 이후의 전통을 계승, 발전시킨 사람이다. 저서로《라루스 요리 백과사전(Rarousse gastronomique)》(1938)이 있다.

무교병[無酵餠] 菓 (영 Matzo;Matzoth) 밀가루와 물만으로 만든 서양의 납작한 과자. 팽창제나 이스트는 사용하지 않는다. 대표적인 것이 유월절에, 즉 이스라엘 민족이 하나님의 가호(加護)로 이집트에서 탈출한 날을 기념하는 봄의 축제에 먹는 무발효빵*이다.

무기물[無機物] 化 (영 Inorganic compound) 무기화합물. 물, 공기, 광물류 및 이들을 원료로 하여 만든 물질의 총칭이다. →유기물

무기산[無機酸] 化 (영 Inorganic acid) 염소, 황, 질소, 인 등 비금속을 함유하는 산기(酸基)가 수소와 결합하여 생긴 산. 유기산과 대응하는 것으로 염산(HCl), 황산(H_2SO_4), 질산(HNO_3), 인산(H_3PO_4) 등이 있다.

무기질[無機質] 化 (영 Mineral) 미네랄. 식품이나 생물체 속에 들어 있는 물

질로서 당질, 지질, 단백질, 비타민과 함께 5대 영양소 중 하나이다. 당질, 지질, 단백질, 비타민 등의 유기질 형태와는 달리 무기질은 탄소, 수소, 산소, 질소를 제외한 나머지 원소로 이루어져 있다. 칼슘*, 칼륨, 나트륨, 마그네슘, 인, 황, 염소, 철, 구리, 요오드, 망간, 코발트, 아연 등이 그 예이다.
〈특징〉 ① 칼슘과 인은 뼈의 조직을 형성한다. ② 생리적으로 중요한 화합물이다. 즉 혈색소, 핵단백질, 보조효소의 중요 성분이 된다. ③ 체액 속에서는 이온 형태로 존재하며 삼투압, pH의 기능을 조절한다. 또, 근육이나 신경을 수축시키기도 홍분시키기도 한다. ④ 소화액 분비, 배뇨작용과도 관계가 있다.

무기 푸드[無機-] 原 (영 Mineral yeast food) 무기 염류를 적당한 비율로 혼합해 만든 이스트 푸드. 이것은 이스트의 활력을 증가시키고 발효를 조절하며 글루텐을 개량하는 효과가 있다. 배합은 제품에 따라 다르나 대부분의 경우 염화암모늄을 중심으로 황산칼슘, 소금, 브롬산칼륨 등을 첨가한다. 무기 푸드를 빵 반죽에 사용하면 다음과 같은 효과가 나타난다. ① 이스트의 영양인 질소와 인을 보급하므로 이스트의 발효력이 증가한다. ② 글루텐의 신전성(伸展性)과 빵의 부피가 커지고 빵의 결이 고와진다. ③ 반죽의 흡수율이 증가하므로 빵의 저장성이 커진다. 무기물의 사용량은 보통 이스트의 2~3%, 밀가루의 0.2~0.5%이며 그 이상은 제품에 해로운 영향을 미친다. 무기 푸드는 소금·설탕과 함께 풀어서 밀가루에 섞는 것이 보통이며, 염분을 다량 함유하고 있으므로 이스트와 함께 풀어 사용해서는 안된다.

무기 호흡[無氣呼吸] 生 (영 Anaerobic respiration) 산소가 직접 관여하지 않는 호흡. 분해호흡, 무산소 호흡 또는 혐기성 호흡이라고도 한다. 생물이 생활활동에 산소의 도움없이 유기물을 분해하여 필요한 에너지를 얻는 호흡이다. 효모균의 알코올 발효, 젖산균의 젖산균 발효가 그 좋은 예이다. 즉, 알코올 발효가 진행되는 동안 당은 산소없이 효소의 촉매작용으로 분해되고 이 때 생기는 에너지가 미생물의 활동을 지속시킨다. 이처럼 무산소 호흡을 행하는 세균이 혐기성 세균이고, 이와는 반대로 유기 호흡(산소 호흡)을 해야 하며 산소없이는 생존번식할 수 없는 것이 호기성 세균이다. 무기호흡에 의해 생기는 에너지 효율은 산소 호흡보다 낮다.

무단변속 믹서[無段變速-] 機 (영 Stepless speed change mixer) 3단(저속·중속·고속)으로 구분되어 있는 보통의 혼합기와는 달리, 저속에서 고속으로 연속하여 변화시킬 수 있는 믹서.

무당연유[無糖煉乳] 原 (영 Evaporated milk) 전유(全乳)를 진공상태로 가열해서 그 중의 수분 60%를 제거하고 농축한 것. 이것은 통조림으로 살균처리된다. 전유의 농도로 만들기 위해서는 같은 양의 물을 부어 희석한다. 운반이나 보존이 편리하며 일반 시유(市乳)가 체질에 맞지 않을 경우 이용하기도 한다.

무발효빵[無醱酵-] 빵 (영 Unfermented Bread) 발효시키지 않은 밀가루 반죽을 구워 만든 납작한 빵. 발효 빵이 보급되기 전, 즉 이집트 이전의 시대에 만들어졌다. 굵게 빻은 곡식가루로 반죽을 만들어 동글납작하게 성형한 뒤 돌 위에서 구웠다. 그리고 지금도 중동(中東) 여러 나라에서 만들어지는 빵은 그 전통을 이어받은 것으로서 이란의 눈, 인도의 차파티*, 유태인들이 유월절에 먹는 무발효빵('무교병'항 참고)이 그 예이다.

무스 菓 (영, 프 Mousse 독 Schaum) 거품 상태의 가벼운 과자. 부드러운 퓌레 상태로 만든 재료에 거품낸 생크림 또는 흰자를 더해 가볍게 부풀린 과자이다.

원래 무스란 '거품'을 뜻하는 프랑스어이다. 완성된 무스는 표면이 마르기 쉬우므로 젤리를 씌운다. 무스는 만드는 법이 바바루아와 별 차이가 없으나 바바루아보다 가벼운 과자이다. 흔히 무스를 가리켜 미루아르(miroir : 거울)라고도 하는데 그 이유는 무스 표면에 바른 젤리의 광택이 얼굴을 비출 정도이기 때문이다.

무스 글라세 菓 (영 Iced mousse 프 Mousse glacée 독 Halbgefrorene) 빙과의 하나. 틀에 채워 얼리는 무스이다.
→글라스

무스 도랑주 菓 (프 Mousse d'Orange) 산뜻한 오렌지 향이 감도는 오렌지 모양의 무스*.
[배합] 〈오렌지 요구르트 무스〉 크림 치즈 75 g, 그라뉴당 100 g, 요구르트 300 g, 오렌지 과즙 125cc, 레몬 과즙·오렌지 리큐르 각 20cc, 젤라틴 12 g, 생크림 300cc. 〈오렌지 젤리〉 그라뉴당 200 g, 젤라틴 20 g, 오렌지 과즙 120cc, 오렌지 리큐르 30cc, 물 60cc. 〈기타〉 초콜릿·박하잎 각 적당량.
[만드는 법] ① 무스를 만든다. 크림 치즈에 그라뉴당을 넣고 서로 비빈다. 요구르트, 레몬 즙, 오렌지 즙, 오렌지 리큐르를 넣고 섞는다 ② 물에 불린 젤라틴을 중탕으로 녹여서 ①과 섞는다 ③②가 들어 있는 볼(bowl)을 얼음물에서 식히고, 생크림과 섞는다 ④ 오렌지 젤리를 만들어 틀에 넣고 찬물에 식혀 주위가 3 mm 정도로 굳으면 굳지 않은 속을 파내고 슬라이스한 오렌지를 붙인다 ⑤③을 ④에 넣고 냉장고에서 굳힌다 ⑥ 그릇에 ⑤를 엎어 놓고 작게 자른 젤리를 주위에 얹은 뒤 초콜릿과 박하잎으로 장식한다.

무스 오 쇼콜라 菓 (프 Mousse au Chocolat) 초콜릿 특유의 광택을 살려서 마무리 한 무스.
[배합] 〈무스〉 스위트 초콜릿 190 g, 생크림 150 g, 코코아 15 g, 판 젤라틴 5 g, 노른자 2 개, 생크림 220 g, 초콜릿 리큐르 50cc, 흰자 1 개, 설탕 10 g. 〈초콜릿 시럽〉 스위트 초콜릿·설탕 각 100 g, 물 100cc, 초콜릿 리큐르 50cc, 판 젤라틴 5 g. 〈기타〉 초콜릿 제누아즈·커버추어·금박지 각 적당량.
[만드는 법] ① 무스를 만든다. 스위트 초콜릿을 가늘게 썰어, 코코아와 섞는다 ② 생크림 150 g 을 냄비에 넣고 끓인 뒤, 불에서 내려 ①에 넣는다 ③①의 초콜릿이 녹으면 물에 불린 판 젤라틴과 섞고 노른자를 넣는다 ④ 체에 거른다 ⑤ 220 g 의 생크림을 80% 정도 거품내어 체에 거르고 리큐르에 넣는다 ⑥ 흰자와 설탕을 휘핑하여 ⑤에 섞은 뒤, 7 mm 두께로 자른 초콜릿 제누아즈를 깔은 틀에 흘려 넣고 식혀서 굳힌다 ⑦ 초콜릿 시럽을 만들어 ⑥의 윗면에 바른다 ⑧⑦을 틀에서 빼내고 커버추어(굳은 것)를 얇게 옆면에 붙이고 금박지로 장식한 뒤 마무리 한다.

무스 오 코코 菓 (프 Mousse au Coco) 코코넛을 전체에 뿌려서 새하얗게 마무리한 무스. 은은한 단맛이 뛰어나다.
[배합] 〈무스〉 우유 1,500cc, 코코넛 퓌레 500 g, 코코넛 600 g, 판 젤라틴 30 g, 코코넛 리큐르 380cc, 레몬 즙 1/2개 분량, 흰자 200 g, 설탕 250 g, 생크림 760 g. 〈기타〉 비스퀴 아 라 퀴이예르* 1 장, 시럽·코코넛 각 적당량.
[만드는 법] ① 무스를 만든다. 냄비에 우유와 코코넛 퓌레를 넣어 섞고 불에 올려 끓인다 ②①에 코코넛을 넣어 섞고 끓인 뒤 천으로 거른다 ③ 판 젤라틴을 물에 불려서 ②에 넣어 섞고 코코넛 리큐르, 레몬 즙을 더해 섞은 뒤 식힌다 ④ 흰자에 설탕을 넣고 거품내어 머랭을 만든다 ⑤ 생크림을 거품내어 ④의 머랭과 섞는다 ⑥③과 ⑤를 가볍게 섞는다 ⑦ 세르클 틀 바닥에 비스퀴 아 라 퀴이예르를 깔고 시럽으로 촉촉히 적신다. ⑥을 흘려 붓고 냉장고에 부어 식혀 굳

힌다 ⑧ ⑦의 세르클 틀을 벗기고 전체에 코코넛을 뿌린다.

무슬린 菓 (프 Mousseline) ① 기본분량보다 버터를 많이 넣은 브리오슈 반죽을 원통 모양으로 구운 것. ② 거품낸 크림을 사용한 소스나 요리에 붙이는 명칭. ③ 작게 만든 무스를 가리킨다.

무시가시 菓 (일 蒸シ菓子, ムシガシ) 재료를 쪄서 만드는 화과자(和菓子)의 하나. 사케만주(酒マンジュウ), 이나카만주(田舎マンジュウ) 등의 무시만주(蒸シマンジュウ)류와 무시요깡(蒸シヨウカン), 가루칸(カルカン), 우이로(ウイロウ) 등이 여기에 속한다. 만주는 밀가루나 메밀가루로 만든 반죽에 앙금을 넣고 쪄서 만들며 무시요깡이나 우이로 등은 재료를 잘 섞어서 틀에 담고 쪄서 만든다.

무염 버터[無鹽-] 原 (영 Unsalted butter) 소금을 더하지 않고 만든 버터. 이것은 짠맛이 필요치 않은 제과에 주로 쓰인다. 버터에서 소금의 역할은 풍미와 보존성 향상이다. 제과에서 짠맛은 소량 아니면 거의 필요가 없으므로, 과자에는 무염 버터가 알맞다.
→버터

무화과[無花果] 菓 (영 Fig 프 Figue) 유사 이전부터 이중해 연안에서 재배되었다고 전하는 과실이다. 고대 그리스인이 소아시아(아시아 대륙의 서쪽 끝 : 흑해·에게해 주변)에서 지중해 연안으로 전파시킨 무화과는 다시 인도, 중국을 거쳐 한국에 전해졌다. 무화과란, 꽃이 안쪽에 숨어 있어 겉으로 보이지 않는다 해서 붙여진 명칭이다. 무화과의 색깔은 품종에 따라 노란색, 갈색, 초록색, 검정색이 있고 크기도 가지가지이다. 수분이 많고 달아 그대로 식용하지만, 잘 익지 않은 것을 먹으면 입 속에 염증을 일으킬 수가 있다. 보존기간이 짧으므로 잼으로 만들고 시럽에 절이거나 말려 사용한다. 적포도주와 함께 조려 콩포트로 만

들고 통째로 베녜*를 만들며 타르트의 충전물로도 이용한다. 무화과에 어울리는 소스는 크림계와 초콜릿계이고 콩포트 시럽은 시너먼, 정향처럼 향이 강한 향신료로 풍미를 낸다.

문단[文旦] 果 (영 Shaddock 프 Pamplemousse)
⇨자봉

물 原 (영 Water 프 Eau 독 Wasser) 산소와 수소의 화합물. 분자식은 H_2O이다. 무색 무취의 액체이며 100℃에서 증기(기체)가 되고 0℃ 이하에서 얼음(고체)이 된다. 물은 생물의 생존에 없어서는 안되는 것이면서, 빵 반죽에도 꼭 필요한 재료 중의 하나이다. 제과 제빵에 사용하는 물은 무색, 무미, 무취여야 한다.
〈분류·종류〉 물에 함유된 유·무기물의 종류와 양에 따라 경수와 연수, 산성 물과 알칼리성 물로 나뉜다. ① 경수·연수 : 칼슘과 마그네슘 이온의 양에 따른 분류. 물 100cc 중 칼슘·마그네슘염류가 20mg 이상인 것이 경수(센물 : 바닷물·광천수·온천수 등), 10mg 이하인 것이 연수(단물 : 증류수·빗물)이다. 그리고 탄산수소 이온이 들어 있는 경수는 끓이면 연수가 되므로 이를 일시경수라 하고, 황산 이온이 들어 있는 것은 끓여도 연수가 되지 않으므로 영구경수라 한다. 반죽에 경수를 사용하게 되면 빵·케이크의 조직은 섬세해지지만 반죽이 질어지고 발효가 더디다. 그러므로 이 때는 발효시간을 늘리거나 발효온도를 높이도록 한다. 반면 연수는 글루텐을 연화시켜 반죽

을 끈적거리게 하고 완성된 빵·케이크에 촉촉함을 준다. ② 산성·알칼리성 물 : 물에 용해되어 있는 물질이 산성이면 산성 물, 알칼리성이면 알칼리성 물이라 한다. 이스트 발효에는 산성 물이 알맞다. 단, 그 정도가 지나치면 좋지 않다. 알칼리성 물은 반죽을 부드럽게 하지만, 너무 지나치면 탄력성이 떨어지고 이스트의 발효를 방해하며 빵을 노랗게 만든다. 탄산염류를 다량 포함하고 있는 경수는 강알칼리성을 띠므로 인산칼슘을 함유하는 이스트 푸드를 넣어 중화시켜야 한다.

물 機 （영 Mold 프 Moule 독 Form） 틀의 프랑스어명.
⇨틀

물라주 技 （영 Molding 프 Moulage） '모양뜨기'를 뜻하는 제과 용어. 예를 들어 여러 가지 모양의 틀에 녹인 초콜릿을 흘려 붓고 굳으면 틀에서 빼낸다. 이렇게 틀에 채우고 빼내어 모양 만드는 일을 물라주라 한다.

물엿 原 （영, 프 Glucose 독 Stärkesirup） 녹말이 산(酸)이나 효소(酵素)의 작용에 분해되어 만들어진 반유동체의 감미물질. 물엿은 녹말의 분해산물인 포도당, 맥아당, 소당류, 그 밖의 덱스트린이 함께 혼합되어 있는 상태의 것으로서 분해 방법과 그 정도에 따라 감미가 다르다. 그리고 설탕에 비해 감미는 낮지만 점조성(粘稠性), 보습성(保濕性)이 뛰어나 감미제로보다 제품의 조직을 부드럽게 할 목적으로 많이 쓰인다.
〈종류〉 ① 산당화엿 : 녹말을 염산이나 황산으로 가수분해시켜 만든 엿. 구성 성분은 수분 15~17%, 덱스트린 35~45%, 포도당 35~45%. 캔디류나 잼을 만들 때 사용한다. ② 맥아엿 : 엿기름(맥아)을 사용하여 만든 엿. 엿기름에 포함되어 있는 효소의 작용으로 녹말이 분해된 것으로서 캐러멜처럼 독특한 엿의 풍미를 살리는 과자류에 많

이 쓰인다.
→당화

물질대사[物質代謝] 生 （영 Metabolism） 생물체 속에 있는 물질은 항상 소비되어 없어진다. 따라서 그 만큼의 양을 보충하기 위해 생물은 외부에서 물질을 받아들여 체내물질로 동화시킨다. 이것이 동화작용(同化作用, assimilation)이다. 반면 동화한 물질을 생활 에너지로 바꾸기 위해서는 가수분해, 산화작용이 일어나 그 물질을 흡수하기 쉽도록 해야 한다. 이것이 이화작용(異化作用, dissimilation ; catabolism)이다. 이 두 작용을 합쳐 물질대사라 한다. 탄산동화작용이나 질소동화작용은 동화작용의 대표적인 예이고 호흡은 이화작용의 대표적인 예이다.

뮈르베게베크 菓 （영 Cookie 프 Four sec 독 Mürbegebäck） 건과자. 테게베크*라고도 한다.

뮈르베타이크 菓 （영 Sweet short paste 프 Pâte sucrée 독 Mürbeteig） 프랑스의 파트 쉬크레*, 영·미국의 스위트 쇼트 페이스트에 해당하는 독일의 반죽형 파이 반죽. 버터와 밀가루를 섞고 버터가 녹기 전에 재빨리 작업하며, 충분히 반죽하지 않은 채 보관해야 한다. 뮈르베타이크는 파이 껍질, 타르트 시트로 이용한다.
[배합] 발효 버터 500 g, 설탕 250 g, 소금·레몬 껍질·바닐라 에센스 각 소량, 계란 4개, 박력분 750 g.
[만드는 법] ① 버터를 볼(bowl)에 넣고 단단한 크림 상태(20~23℃)로 만든다 ② 설탕, 소금, 레몬 껍질, 바닐라 에센스를 ①에 넣고 혼합한다 ③ 계란을 풀어 ②에 조금씩 넣으면서 섞고, 한 덩어리로 뭉친다 ④ 대리석 작업대 위에 박력분을 놓고, 가운데가 움푹 패이게 한 뒤 그 안에 ③을 넣는다 ⑤ 주위의 박력분을 끌어 모아 ③을 씌우듯 하면서 섞는다 ⑥ 어느 정도 비볐을 때, 완전히 반죽되지 않도록 주의하며 손바닥으로

눌러 한 덩어리로 뭉친다 ⑦ 배트(vat)에 넣고 비닐을 씌운 뒤 냉장고에 넣어 둔다. 이때 충분히 반죽하지 않는 이유는 실제 작업에 들어갔을 때 다시 반죽하기 때문이다. 그러므로 반죽 속에 덩어리가 남아 있어도 상관없다.

뮈스카드 原 (프 Muscade) 넛메그의 프랑스어명.
⇨넛메그

므랭그 아 라 샹티이 菓 (프 Meringue à la Chantilly) 생크림을 샌드한 머랭과자. 흰자 1에 설탕 2를 더하면서 충분히 거품낸 것을 짤주머니로 짜 내어 굽는다. 2장 사이에, 설탕을 더해 거품낸 생크림을 짜 넣고 포갠다.

므리즈 果 (영 Wild cherry 프 Merise) 야생의 검은 체리. 유럽 대륙의 여러 나라에서 키어시의 원료로 이용하고 있다. 과실주를 만들거나 잼 등을 만드는 데에도 이용한다.

미각[味覺] 生 (영 Sense of taste) 물질이 혀에 닿았을 때 맛을 느낄 수 있는 감각. 음식이 닿으면 혀에 퍼져 있는 미뢰(味蕾)라는 감각기가 자극을 받고 그 자극이 대뇌 감각중추에 전달되어 달고 쓰고 시고 짠 맛을 느낄 수 있다. 개별적인 맛은 단맛, 신맛, 쓴맛, 짠맛의 4종류이다. 매운맛은 맛이라기보다 화학적 자극에 대한 느낌일 뿐이다. 하지만 실제로는 위의 각각의 맛이 서로 섞이고 시각, 후각, 화학·물리적 자극의 영향을 동시에 받으면서 복합적으로

느낀다.
아래 〈그림〉은 미각의 종류와 혀의 발달부위를 나타낸 것이다.

미국 강화 밀가루[美國强化－] 原 제분함에 따라 손실되는 영양소를 보강한 밀가루. 미국에서는 1941년부터 강화표준을 규정, 실시하고 있다.

〈표〉 밀가루의 강화표준

필요한 영양소	밀가루 1kg당 mg수
비타민 B$_1$	2.0～ 2.5
비타민 B$_2$	1.2～ 1.5
니코틴산	16.0～20.0
철	13.0～16.5
칼슘	500～625 ┐밀의 종류에
비타민 D	250～100 ┘따라 다르다.

미국밀[美國－] 原 (영 American wheat) 미국은 세계 제1의 밀 수출국이다. 한국에서 소비하는 밀의 대부분은 미국에서 수입한 밀이다. 미국밀은 크게 겨울밀, 봄밀 2종류로 나뉜다.

〈표〉 미국밀의 종류

```
         ┌연질밀, 붉은밀
겨울밀 ──┼경질밀, 붉은밀
         └흰밀

         ┌경질밀, 붉은밀
봄밀  ──┼듀럼밀
         └듀럼밀, 붉은밀
```

〈종류〉 ① 경질 적색 겨울밀(hard red winter wheat) : 제빵용 밀로서, 수출량의 50% 이

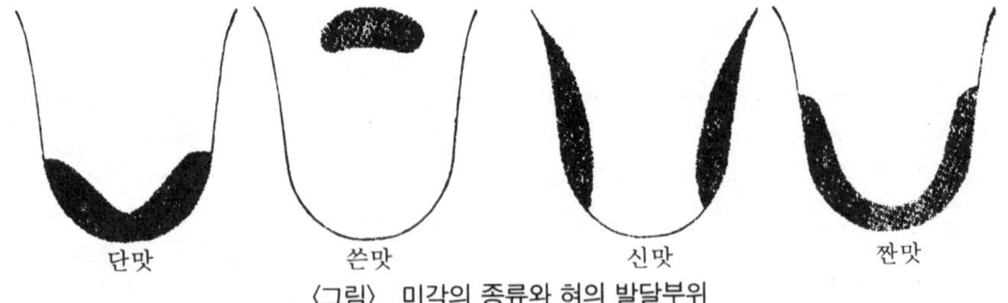

〈그림〉 미각의 종류와 혀의 발달부위

상을 차지한다. 단백질량은 11~12%. ② 연질 적색 겨울밀(soft red winter wheat) : 과자, 쿠키, 스낵용 밀. ③ 흰밀(white wheat) : 제면용, 과자용 밀. ④ 경질 적색 봄밀(hard red spring wheat) : 단백질량이 13~16%로 우수한 제빵용 밀. ⑤ 듀럼밀(durum wheat) : 마카로니, 스파게티용 밀.

미국빵 빵 (영 American bread) 미국의 빵. 미국은 역사가 짧은 반면 원주민을 비롯하여 유럽인, 동양인들이 한데 모인 합중국이다. 오랜 역사의 수레바퀴 밑에서 발전을 거듭한 유럽식 빵에 비해, 미국식 빵은 세계 각국의 빵을 받아들여 미국화해 버린 것이다. 미국식 빵의 두드러진 특징은 설탕, 유지, 우유 등을 많이 배합한 반죽으로 만든다는 점이다. 이렇게 부재료를 많이 쓸 수 있는 것은 질 좋은 경질 밀가루로 만들기 때문이다. 즉, 중력분으로 만드는 유럽 빵에 비해, 단백질량이 많은 강력분으로 만들기 때문에 부재료를 많이 넣어도 잘 부푼다.

〈특징〉 ① 유럽 빵과 달리, 경질밀로 만든 강력분의 사용비율이 높다. ② 린 브레드* 가 적고 리치 브레드*가 많다. ③ 빵의 종류가 풍부하고 다채롭다. ④ 고도로 발달한, 기계에 의한 대량생산 방식으로써 만들어진다.

미국식 식빵 빵 (영 American home type Bread) 원로프 또는 풀먼 타입. 부풀림이 적고 속결이 촘촘하다.

[**배합**] 강력분 100, 물 60, 이스트 2~2.5, 소금 1.75~2, 설탕 4~5, 쇼트닝 3, 탈지분유 4.

[**만드는 법**] 직접법으로 조금 단단한 반죽을 만든다. 완전히 발효시키지 않는다. 반죽 온도 25.6~26.7℃, 발효시간 60~75분 또는 120~135분, 가스빼기 한다.

미국식 제빵법 技 (영 American baking process) 미국의 제빵법은 영국식과 같되, 반죽을 틀에 넣어 굽는다. 밀가루 100에

〈표〉 화학 조정제의 종류와 배합

종류	배합(%)
산성인산칼슘	50
황산암모늄	7
요오드산칼륨	0.1
염화나트륨	19.35
브롬산칼륨	0.12
녹말	23.43

이스트 2, 이스트 푸드 0.25~0.5, 소금 2, 맥아 0.5~1, 설탕 5~6, 지방 5, 물 62~65의 비율로 반죽을 만든다. 보릿가루, 고구마, 녹말, 카세인 등을 더하기도 한다. 미국식 제빵법에서 화학 조정제는 중요한 역할을 하며 그 대부분은 반죽 조정제이다. 조정제의 배합례는 위의 〈표〉와 같다.

미국식 호밀빵 빵 (영 American Rye Bread)

[**배합**] 라이트 다크 호밀가루 18, 클리어 가루 82, 물 65, 이스트 2~4, 소금 1.75, 맥아 시럽 1, 쇼트닝 2, 캐러웨이씨 0.5.

[**만드는 법**] 저속에서 25분 반죽한다. 반죽 온도 28~29℃. 발효시간 3시간. 콘 밀을 간 헝겊 위에 놓고 휴지시킨다. 굽기 246~260℃에서 35분간 굽는다.

→호밀빵

미국식 흰빵 빵 (영 American type White Bread) 부재료를 많이 사용한 고배합의 흰빵('미국빵'항 참고).

[**배합**] 강력분 100에 물 60, 이스트 2, 소금 2, 설탕 4~6, 쇼트닝 3, 탈지분유 3, 맥아 시럽 1, 이스트 푸드 0.25.

[**만드는 법**] 직접법으로 반죽한다. 반죽속도는 저속에서 20분, 고속에서 8분. 반죽 온도 26~27℃. 발효시간 90~150분.

미네랄 이스트 푸드 原 (영 Mineral yeast food)

⇨무기 푸드

미라벨 果 (영 Mirabelle plum 프, 독 Mirabelle) 서양 자두의 하나. 매실 정도의

크기로서 노란색 열매이다. 과육이 부드럽고 달며 향이 짙다. 프랑스의 알자스·로렌 지방에서 재배된다.

미루아르 菓 (프 Miroir) 쿠키의 하나. 거울(miroir)처럼 표면에 광택이 나는 과자, 요리에 붙이는 명칭이다. 아몬드 풍미의 반죽을 구워 살구잼을 바르고 퐁당이나 글라스 아 로(워터 아이싱)를 덧씌워 광택을 낸다.
[배합] 마르치판로마세 250 g, 흰자·다진 아몬드·아몬드 크림·살구잼·퐁당 각 적당량.
[만드는 법] ① 마르치판로마세*에 흰자를 더하고 짜낼 수 있을 만큼 부드럽게 만든다 ② 종이 위에 타원형으로 짜 놓는다 ③ 다진 아몬드를 뿌리고 하룻밤 동안 건조시킨다 ④ 중앙에 아몬드 크림을 짜고 센불 오븐에서 10분간 굽는다 ⑤ 구워 내어 바로 종이와 철판 사이에 물을 흘려 넣는다. 그 이유는 쿠키가 종이에서 잘 떼어지도록 하기 위함이다 ⑥ 떼어 내고 식혀 중앙의 아몬드 크림 위에 데운 살구잼을 바른다 ⑦ 잼 위에 퐁당을 덧씌운다.

미르티유 果 (영 Blueberry 프 Myrtille 독 Heidelbeere)
⇨블루베리

미를리통 菓 (프 Mirliton) 파트 쉬크레에 아몬드를 넣은 크림을 채우고 아몬드로 장식한 타르틀레트. 담백한 맛이 난다.
[배합] 〈파트 쉬크레〉 박력분 1,000 g, 버터 600 g, 분설탕 400 g, 우유 60cc, 노른자 8개, 레몬 껍질·레몬 즙 각 1/2개 분량. 〈충전물〉 아몬드 가루와 설탕을 같은 양 섞은 것 200 g, 계란 2개, 녹인 버터 100 g. 〈기타〉 분설탕 적당량.
[만드는 법] ① 파트 쉬크레(pâte sucré : 설탕 반죽)를 만든다. 박력분을 체친다 ② 버터와 분설탕을 잘 섞고 따뜻한 우유를 넣어 섞는다 ③ 노른자를 거품내어 ②에 넣고 ①의 박력분도 더해 섞는다. 계속해서 레몬 껍질 간 것과 레몬 즙을 넣고 섞는다 ④ 충전물을 만든다. 아몬드 가루·설탕 섞은 것 200 g 과 흰자를 잘 섞는다 ⑤ 녹인 버터를 ④에 넣고 섞는다 ⑥ 타르트 틀에 ③의 파트 쉬크레를 깔고 ⑤의 충전물을 흘려넣고 분설탕을 듬뿍 뿌린다 ⑦ 160℃ 오븐에서 굽는다 ⑧ 표면에 분설탕을 뿌리고 마무리 한다.

미생물[微生物] 生 (영 Micro organism) 현미경을 통해야 비로소 그 형태를 알아 볼 수 있는 크기의 생물의 총칭. 보통, 조류(藻類)·균류·원생동물류·세균류·리케차류·바이러스류 등이 여기에 속한다. 대부분 단일세포이며 균사로 몸을 이루고 있다. 질병을 일으키는 병원미생물, 식중독의 원인 독소를 생성하는 미생물, 부패·변질시키는 미생물, 발효식품, 의약품에 이용하는 미생물 등. 이들은 이처럼 자연계 어디에나 존재하며 우리에게 유효 또는 유해한 작용을 한다. 최근에는 미생물을 이용하는 식량문제 해결과 환경정화에 대한 연구가 진행되고 있다.

미생물의 생육온도[微生物－生育溫度] 生 온도는 미생물의 생육속도, 형태형성, 영양요구 등에 큰 영향을 준다. 보통 미생물이 생육할 수 있는 온도는 －7 ～ －75℃. 미생물을 온도에 따라 분류하면 다음 3종류이다.
① 저온균(低溫菌) : 호냉균. 0 ℃에서 2주 만에 분명히 증식이 인정되는 미생물. ② 중온균(中溫菌) : 0 ℃ 이하 또는 55℃ 이상에서 증식이 인정되지 않는 미생물. 종류가 가장 많다. ③ 고온균(高溫菌) : 호열균. 55℃ 이상에서 증식이 인정되는 미생물. 보통 37～55℃에서 생육하는 균을 통성 고온균, 55℃이상에서 생육하는 균을 편성 고온균, 상온이나 고온에서 다같이 생육하는 균을 내열성 균이라고 한다. 저온균에도 통성, 편성, 내열성의 구별이 있다(다음 페이지 〈표〉 참고).

〈표〉 미생물의 생육온도

종 류		최 적 온 도	최 저 온 도	최 고 온 도	비　　　고
곰 팡 이		20~35℃	약 0℃	약 40℃	
효 　모		25~32℃	약 0℃	약 40℃	
세 균	저 온 균	15℃ 전후	0~1℃	약 20℃	0℃ 이하에서도 잘 자란다.
	중 온 균	27℃ 전후	5~10℃	약 37℃	
	고 온 균	60℃ 전후	40℃ 전후	약 60℃	상온(常溫)에서 자라지 않는다.

믹사트론 機 (영 Mixatron) 반죽의 혼합 정도를 조절하기 위해 믹서의 동력 공급원에 장치한 전기저항기. 이것을 이용하면 새 밀가루의 반죽 조건을 확실히 정할 수 있고 균일한 제품을 얻을 수 있다.

믹서 機 (영 Electric food mixer 프 Batteur-mélangeur 독 Mixer) 혼합·반죽용 기구. 재료를 부수어 섞고 반죽하는 기구로서, 재료의 양에 상관없이 짧은 시간에 원하는 상태의 반죽을 만들어 낸다. 믹서의 기능은 ① 재료를 고르게 분산시키고 ② 글루텐의 힘을 알맞게 키우며 ③ 반죽에 공기를 포함시키는 일이다. 한편 믹서의 구조는 크게 몸체, 믹서 볼, 회전축으로 나뉜다. 회전축에는 교반·반죽 날개가 달려있다. 믹서 볼과 반죽 날개는 떼었다 붙였다 할 수 있다. 믹서 볼은 밑이 둥근 것과 평평한 모양이 있고, 그 안에서 반죽 날개가 회전하며 재료를 섞고 반죽한다. 교반·반죽 날개의 종류로는 휘퍼*, 비터*, 훅*이 있다. 흔히 휘퍼는 계란이나 크림 등을 거품내는 기구를 훅은 빵 반죽처럼 되직한 반죽을 만들 때 쓰는 기구를 가리키는데 그 중간에 위치하는 것이 비터이다.

〈종류〉 1. 용도에 따라, ① 빵용 믹서 : 반죽기. 제빵 재료를 혼합하여 글루텐이 생기게 한다. ② 케이크용 믹서 : 계란, 유지에 공기를 포함시키는 것.

2. 회전축의 위치에 따라, ① 수평 믹서* : 회전축이 수평. 빵 반죽, 많은 양의 재료를 섞을 때 사용한다. ② 수직 믹서* : 회전축이 수직. 케이크 반죽을 만들기에 알맞으므로 케이크 믹서라고도 한다. 또, 적은 양의 빵 반죽에도 쓸 수 있다. 연속 케이크 믹서, 아토팩스 믹서가 있다.

믹서 볼 機 (영 Mixer bowl) 믹서에 달린 용기. 믹서는 크게 몸체, 믹서 볼, 교반·반죽 날개가 달려있는 회전축으로 이루어져 있다. 믹서 볼의 모양은 밑이 둥근 것과 평평한 것이 있고, 이것은 교반 날개(훅, 비터*, 휘퍼*)와 마찬가지로 떼었다 붙였다 할 수 있다.

믹서용 클리너 機 (영 Cleaner for mixer) 혼합·교반하는 동안에 믹서 볼(bowl)의 벽에 붙은 내용물을 떨구는 기계적 장치. 버터, 크림을 교반할 때나 계란을 거품낼 때 사용한다.

믹소그래프 試 (영 Mixograph) 혼합하는 동안 반죽의 안정도, 밀가루의 흡수율, 글루텐량 등을 측정하는 기기. 믹소그래프가 그리는 곡선은 패리노그램과 비슷하고 이것을 통해 반죽의 발달, 안정도, 흡수율, 글루텐량을 알아볼 수 있다.

믹싱 技 (영 Mixing) 밀가루, 이스트, 소금, 그 밖의 재료에 물을 더해 섞고 반죽을 만드는 일.
→반죽하기

민스 미트 菓 (영 Mince Meat) 오렌지 필, 사과, 각종 레이즌과 함께 우지(牛脂)를 잘게 다져 섞고 향신료나 설탕으로 맛을 낸 뒤 브랜디 또는 럼에 담근 것. 민스 미트는 영국에서 주로 파이의 충전물로 쓰인다. 그 예가 민스 파이*와 민스 미트 타르트이다. 예전에는 소의 신장(腎臟)이나

133

혀를 다져 섞었지만 현재는 우지를 사용한다. 민스 미트를 만드는 재료의 배합률은 다양하지만 브랜디에 담가두는 기간은 1개월 이상이 표준이다.
[배합례] 우지 60g, 커런트·설타너·설탕절임 레몬 각 50g, 설탕 30g, 소금·계피가루·넛메그 가루 각 적당량, 레몬 껍질 간 것 1/2개 분량, 머디러(madeira)술 리큐르잔으로 1잔.

민스 파이 菓 (영 Mince Pie) 크리스마스 때 먹는 영국의 둥근 소형 파이. 동그랗게 찍어낸 2장의 푀이타주* 사이에 민스 미트*를 샌드한다. 분설탕을 뿌리고 한가운데에 칼집을 넣고 굽는다. 민스 미트 파이라고도 한다.

민트 原 (영 Mint)
⇨박하

밀 原 (영 Wheat 프 Blé 독 Weizen) 학명은 *Tritiam aestivum*. 벼과(科) 식물의 종자로 밀은 쌀, 옥수수와 함께 3대 곡류 속에 포함된다. 유럽, 북미, 오세아니아 등 45개국에서 주식으로 이용한다. 쌀은 주로 인구밀도가 높은 아시아를 중심으로 하는 약 25개국이, 옥수수는 라틴 아메리카와 아프리카 일부지역인 16개국이 주식(主食)으로 삼고 있다. 밀은 다른 곡물에 전혀 없는 글루텐을 갖고 있다. 따라서 90% 이상을 제분하여 제면·제빵·제과에 쓰이고 또 공업용으로도 이용한다.

밀 原 (영 Meal) 곡식을 맷돌에 갈거나 거칠게 빻아 만든 가루. 휘트 밀, 라이 밀, 콘 밀 등이 그 예이다. 이러한 굵은 가루(粗粉)는 통밀과 함께 빵 제조에 자주 이용된다. 한편, 오트밀(oatmeal)은 굵은 귀리 가루를 쪄서 우유와 설탕을 섞어 만든 음식이다.

밀가루 原 (영 Flour 프 Farine 독 Mehl) 밀의 배유부분을 가루로 빻은 것이다. 제과 제빵에서는 반죽의 조직을 구성하는 기본재료이다.

〈특성〉밀가루의 특성은 그 종류, 등급에 따라 다르다. 제과용 밀가루에는 글루텐이 형성되어 점탄성(粘彈性) 있는 반죽을 만들 수 있는 것과 글루텐이 형성되지 않아 부드러운 반죽을 만들 수 있는 것 2가지가 있다.

〈글루텐의 형성〉밀가루에 물을 더해 섞으면 밀 단백질인 글루테닌과 글리아딘이 물을 흡수하여 그물 구조를 이룬다. 이것이 글루텐이다. 녹말도 물을 흡수, 팽창하여 그물 조직 속에 쌓인다. 글루텐이 형성된 반죽을 물에 씻어 녹말을 없애면 떡처럼 끈기가 있는 글루텐을 얻을 수 있다. 이 글루텐을 부질(麩質) 또는 습부(濕麩)라 하고 건조시킨 것을 건부(乾麩)라 한다. 글루텐을 만들고자 할 경우에는 강력분을 쓴다. 빵·파이 반죽, 신전성(伸展性)과 점·탄성 있는 반죽, 발효 반죽에 강력분을 써서 글루텐을 만든다.

〈글루텐이 만들어지기 쉬운 조건〉① 글루텐의 양이 많고, 질이 좋은 밀가루(강력·준강력분)를 쓴다. ② 물을 밀가루의 50% 이상(부재료, 과자의 종류에 따라 배합량은 바뀐다) 더한다. ③ 반죽 물의 온도는 찬물보다 실온에서 미지근한 물이 좋다. 그래야 단백질과 물이 섞이기 쉽고 효소가 활동하기 쉬워 글루텐이 잘 늘어난다(단, 파이 반죽처럼 버터량이 많은 반죽에는 버터가 녹지 않도록 찬물을 사용한다). ④ 그물 조직이 잘 형성되도록 오랫동안 반죽한다. 한번 반죽하고 나서 휴지시킨 뒤, 한번 더 반죽하면 효과적이다. ⑤ 부재료가 글루텐 형성에 영향을 준다. 특히 빵 반죽에 더하는 소금은 글루텐의 신전성을 높여준다. 우유, 계란, 지방류는 풍미에 영향을 줄 뿐만 아니라 글루텐의 신전성을 높이면서 부드러운 반죽을 만든다. 설탕은 단맛을 내는 작용 외에 글루텐을 안정시킨다. 그리고 과자의 보존성, 광택, 구운색에도 영향을 준다. 글루텐의 형성을 억제하는 경우는 케이크류에 해당한다. 이 때는 박력분을 쓴다.

〈**글루텐의 형성을 막는 조건**〉 빵·파이 반죽에서와는 반대로 ① 글루텐의 양이 적은 박력분을 쓴다. ② 물은 글루텐을 만들기 위해서가 아니라 계란, 우유 등의 부재료로서의 필요량을 쓴다. ③ 반죽 물의 온도는 빵 반죽 물보다 낮게 하기 위해서 찬물을 쓴다. ④ 밀가루에 수분(물, 우유, 계란)을 더해 반죽하면 글루텐이 만들어지기 시작한다. 박력분을 써도 글루텐의 양이 강력분보다 적을 뿐 전혀 생기지 않는 것은 아니다. 그러므로 케이크류를 만들 때는 유지류에 설탕, 계란 등의 부재료를 더하고 밀가루는 마지막에 섞는다. 이 때 단백 입자가 팽윤하지 않도록 짧은 시간에 약하게 반죽한다.

〈**밀가루의 입자**〉 밀가루는 입자가 고른 제품이 아니다. 녹말 입자, 단백질 입자, 혹은 조그만 덩어리(녹말 입자가 들어 있는 단백질 조각)로 이루어진 것이 밀가루이다. 밀의 종류·도정 정도에 따라 위의 세 입자의 종류·크기·비율이 다르다. 일반적으로 강력분은 입자가 크고 박력분은 작다. 즉, 강력분에 가까울수록 박력분보다 큰 입자 덩어리가 많고 작은 녹말 입자는 적다. 밀가루를 손으로 비볐을 때 거칠면 강력분, 촉촉하고 부드러우면 박력분이다. 빵·파이 반죽을 밀어 펼 때 작업대 위에 뿌리는 덧가루로는 강력분이 적당하다.

〈**밀가루의 색소**〉 밀가루의 색은 플라보노이드(flavonoid)계 색소에서 비롯된다. 그 색은 조리해도 쉽게 변하지 않는다. 하지만 중조를 써서 알칼리성 반죽을 만들면 노랗게 변한다. 따라서 일반적으로 케이크류를 만들 때는 노란색이 들지 않도록 베이킹 파우더를 쓰고, 초콜릿 케이크나 코코아 케이크에는 중조를 써서 색을 낼 수가 있다. 반죽이 알칼리화 하면 색소가 변할 뿐만 아니라 비타민 B_1이 분해되고 쏩쓸한 맛이 남는 수가 있다.

〈**분류**〉 단백질량과 회분량을 기준으로 해서 밀가루의 종류를 나누면 다음과 같다.

1. 단백질량에 따라, 강력분＞준강력분＞중력분＞박력분으로 나눈다. 단백질량이 많은 것이 점탄성(粘彈性)도 강하다.

2. 회분량에 따라, 3등급＞2등급＞1등급으로 나눈다. 회분량은 배유부분 이외의

〈표1〉 밀가루의 등급별 단백질 및 회분 함량

| 종류 | 등급 | 최저한도(%) | 최고한도(%) | | | | |
		단백질	단백질	수분	회분	입도	사분
강력 밀	1	11		15.0	0.55	5.0	0.03
	2	12		14.5	0.75	5.0	0.03
	3	13.5		14.0	1.40	5.0	0.03
박력 밀	1		8.0	14.0	0.50	3.0	0.03
	2		9.5	13.5	0.70	3.0	0.03
	3		10.5	13.0	1.30	3.0	0.03
준강력 밀	1	10.0		14.5	0.55	5.0	0.03
	2	11.0		14.0	0.75	5.0	0.03
	3	12.0		13.5	1.40	5.0	0.03
중력 밀	1			14.5	0.50	5.0	0.03
	2			14.0	0.70	5.0	0.03
	3			13.5	1.30	5.0	0.03

주) ① 단백질 : 켈달법을 따르되, 질소환산 계수 5.7을 적용한다. ② 수 분 : 105℃ 건조로법으로 측정.
③ 회 분 : 600℃ 연소회화법으로 측정. ④ 입 도 : 10XX로 측정.
⑤ 사 분 : 사염화탄소(CCl₄) 비중 선별법으로 측정.

〈표 2〉 단백질량에 따른 밀의 종류

밀가루의 종류	단백질량(%)	밀의 종류
박력분	6~9	미국산 웨스턴 화이트(연질)
중력분	8~11	오스트레일리아산 스탠다드 화이트
준강력분	11~13	미국산 하드 레드 윈터(경질) 오스트레일리아산 프라임 하드
강력분	11~14	캐나다산 웨스턴 레드 스프링(경질) 미국산 다크 노던 스프링(경질)
듀럼 밀가루	11~14	미국산 하드 앰버 듀럼 캐나다산 하드 앰버 듀럼

성분(외피, 배아)이 얼마나 섞였는가를 나타내는 기준이다. 회분량이 적을수록 불순물이 적은 밀가루이다. 일반적으로는 2가지 분류 명칭을 통틀어 강력 1등분이라 한다(앞 페이지〈표1〉 참고).

그런데 이상의 단백질량과 회분량만으로는 밀가루의 품질, 용도를 제대로 판단할 수 없다. 왜냐하면 같은 박력분이라 해도 산지(産地)에 따라 품질이 다르기 때문에 종류와 용도가 같지 않다. 원료가 되는 밀은 연질, 중간질, 경질로 나뉘고 여기서 다시 봄밀, 겨울밀로 나뉜다. 세계 곳곳에서 생산되는 밀은 글루텐의 질과 양에 각각의 특성을 갖고 있다. 제과용으로는 미국의 웨스턴 화이트, 제빵용으로는 캐나다의 웨스턴 레드 스프링(일명 매니토바 밀)이 유명하다. 각 국에서 생산되는 밀을 단백질(글루텐)량에 따라 나누면 위의 〈표2〉와 같다.

듀럼밀은 마카로니 밀이라고도 하는 것으로서 경질밀이다. 지중해 연안, 미국, 캐나다 등지에서 재배된다. 듀럼밀로 만든 밀가루는 마카로니, 스파게티용으로 쓴다. 그리고 아래 〈표3〉에 나타낸 세몰리나 가루는 이탈리아에서 마카로니에 사용하는 밀가루이다. 〈표3〉은 밀가루의 용도·종류에 따른 분류표이다.

그리고 보통의 밀가루 이외에 전립분(全粒粉 : 통밀가루)이 있다. 이것은 제분할 때에 밀겨와 배아를 빼지 않고 밀알 전체를 가루로 빻은 것이다. 전립분 중에서 입자가 굵은 것을 특히 그레이엄 밀가루*라 부른다. 글루텐 형성은 보통의 밀가루에 비해 조금 떨어지지만, 특유의 풍미가 있고 반죽에 옅은 담황색이 든다. 전립 빵, 그레이엄 브레드*, 그 밖에 팬케이크, 머핀, 쿠키, 비스킷에 쓴다.

〈표 3〉 가공용도별 밀가루의 사용례

용도별		밀가루의 사용례			
		최고품(%)		보통품(%)	
빵류	식빵 (bread)	강력분 1등 <강력분 1등 준강력분 1등	100 70 30	강력분 1등 준강력분 1등	50 50
	프랑스빵	준강력분 1등	100		
	하드 롤	강력분 1등	50		
	과자빵 비스킷	강력분 1등 준강력분 1등	50 50	강력분 2등 준강력분 2등	70 30

면류	건면	준강력분 1 등 또는 중력분 1 등	100	중력분 2 등	10
	중화면	강력분 1 등 또는 준강력분 1 등	100	준강력분 1 등 준강력분 2 등	50 50
	마카로니	듀럼, 세몰리나	100	준강력분 1 등	100
과자류	쿠키	박력분 1 등	100	박력분 1 등 중력분 1 등	50 50
	커스터드	박력분 1 등	100	박력분 1 등 준강력분 1 등	50 50
	크래커	박력분 1 등 강력분 1 등	60 40	준강력분 1 등 중력분 1 등	50 50
기타	중국만두	박력분 1 등 강력분 1 등	30 70	박력분 1 등 준강력분 1 등	30 70
	튀김가루	박력분 1 등	100	박력분 2 등 또는 중력분 2 등	100
	빵가루	준강력분 1 등	100	강력분 2 등 준강력분 2 등	50 50

밀가루 개량제[-改良劑] 原 (영 Mat-uring agents, Flour conditioners) 제빵 효과를 막는 물질을 파괴하여 밀가루를 개량하기 위해 첨가하는 화학물질. 밀가루 개량제의 효과는 산화작용에 따른 표백(漂白), 숙성(熟成)으로 나타난다. 하지만 개량제에 따라서 표백효과는 거의 없고 숙성효과만을 가지는 것도 있다. 밀가루 개량제 중에서 과산화벤조일, 과황산암모늄, 염소, 이산화염소는 밀가루에 직접 첨가한다. 브롬산칼륨은 빵 제조용 이스트 푸드 중의 한 성분으로 첨가한다. 그 작용은 단백질 분해효소의 활성을 적절히 억제하고 글루텐의 성질을 향상시켜서 제빵 효과를 높인다. 그리고

〈표〉 밀가루 개량제의 사용기준

개 량 제	사용식품	사용량
과산화벤조일(회석)[benzoyl peroxide(diluted)]	밀가루	0.3 g/kg 이하
과황산암모늄[ammonium persulfate]	밀가루	0.3 g/kg 이하
브롬산칼륨[potassium bromate]	제빵용 밀가루	브롬산으로서 0.03 g/kg 이하
스테아릴젖산칼슘[calcium steroyl lactylate] 스테아릴젖산나트륨[sodium steroyl lactylate]	빵, 면류 이외에는 사용 금지	
염소[chlorine]	밀가루(케이크, 카스텔라용에 한함)	1.25 g/kg 이하
이산화염소[chlorine dioxide]	밀가루(케이크, 카스텔라용에 한함)	30mg/kg 이하

스테아릴젖산칼슘, ·스테아릴젖산나트륨은 표백작용은 없으나, 제빵용 밀가루에 0.5% 정도 첨가하면 글루텐의 안정성과 탄력을 증진시키고 녹말의 호화(糊化), 팽윤(膨潤)을 막는다. 그리하여 빵 반죽을 개량하고 제품의 광택을 증가시키며 노화를 방지하는 것이다. 현재 허용된 밀가루 개량제와 사용 기준은 앞 페이지 〈표〉와 같다.

밀가루 구별법[-區別法] 試 (영 Flour testing method) ① 가루의 결이 고와야 좋다. 손가락으로 비벼서 매끄럽지 않고 거친 것은 경질분이고 매끄러운 것은 연질분이다. 또, 뻑뻑한 가루는 녹말을 많이 함유하고 있는 것이며 물에 적셔 손가락으로 주물렀을 때 점성(粘性)이 강하면 단백질(글루텐)을 많이 품고 있는 가루이다. ② 가루의 색이 희어야 좋다. 갈색빛을 띠는 가루는 밀기울(겨)이 많이 섞인 것이다. 가루를 희게 하기 위해 표백제를 쓰기도 하는데, 표백제를 쓰면 비타민 B_1이 파괴될 염려가 있다. ③ 이상한 냄새가 나는 가루는 곰팡이가 핀 것이다. ④ 가루에 덩어리가 지거나 벌레가 생긴 것은 좋지 않다. 밀가루를 검정색 종이에 올려 놓고 유리 막대로 펴서 가볍게 찍어도 부서지지 않으면 곰팡이나 습기 때문에 덩어리진 것이다. ⑤ 이물질(異物質)이 들어간 가루는 좋지 않다. 흰색 판 위에 펼치고 확대경으로 이물질의 유무를 살핀다. 모래가 들어 있을 경우 2장의 유리판 사이에 가루를 끼우고 비비면 유리에 흠이 생긴다. 또, 클로로포름(chloroform)을 써서 탄산칼슘, 탤크(talc : 활석) 또는 모래와 같은 무기성 위화물(無機性 僞和物)을 조사할 수 있다.

밀가루 반죽물 原 (영 Flour-kneading water) 반죽할 때 넣는 물. 그것의 양과 온도는 밀가루 성질에 따라 다르다. 먼저 밀가루의 흡수율을 결정한 뒤 물의 양을 정한다. 예를 들어, 흡수율이 60%인 가루라면 가루 2,500g에 1,500cc의 물을 더한다.

반죽물의 온도를 계산하는 방법은 여러 가지이다. 하나는 반죽 온도를 제곱한 뒤, 그 값에서 가루 온도를 빼는 방법이고, 또 하나는 반죽 온도를 구한 것의 3배값에서 실온과 가루 온도, 그리고 반죽함에 따라 올라가는 온도를 빼는 방법이다.

밀가루의 당화력[-糖化力] 試 (영 Flour's diastatic activity) 밀가루에는 1.5% 안팎의 당분이 있다. 밀가루의 당화력*이 작으면 2~3시간이면 발효가 끝난다. 반면, 당화력이 크면 시간이 지날수록 발효는 왕성해진다.

밀가루의 무기질[-無機質] 化 (영 Flour's mineral) 무기질은 우리의 몸에 필수적인 영양소이다. 밀가루에는 인(P)은 많지만, 칼슘(Ca)과 철(Fe)이 부족하다. 따라서 밀가루의 강화대상에는 칼슘과 철이 포함된다.

〈표〉 칼슘·철·인의 소요량과 밀가루 속에 포함된 양(건조 밀가루 100g 중)

	필요량(mg)	함유량(mg)
칼슘	600~900	10.2~30.9
철	10~ 13	0.5~ 2.8
인	—	76~183

밀가루의 발효시간 측정[-醱酵時間測定] 試 (영 Pelshenke test) 보통의 실험실에 있는 기구를 써서 간단히 실험할 수 있다. 밀가루에 이스트를 더하여 반죽 덩어리를 만든다. 이것을 일정온도의 물 속에 넣어 둔다. 그러면 이스트의 작용으로 반죽은 팽창한다. 그리고 어느 정도의 시간이 지나면 반죽이 푹 꺼진다. 상온(常溫)의 물 속에서 반죽이 부풀고 나서 붕괴될 때까지의 시간을 기록한 뒤 밀가루의 질(質)을 측정한다. 그 시간이 길수록 강력분이다.

밀가루의 비타민 化 (영 Flour's vitamin) 밀알에 들어 있는 비타민은 B_1, B_2, 니아신, 피리독신, 판토텐산 등이고 A, C, D

는 거의 없다. 그나마 있는 비타민도 제분하는 동안 깎여 나가 밀가루에는 조금밖에 남지 않는다. 왜냐하면 밀의 배유에 비타민이 거의 없기 때문이다. 그 중 B_1은 쌀과는 달리 배유에도 꽤 포함되어 있는데, 이것 역시 제분 과정에서 50~70% 구웠을 때 다시 10% 잃는다. 그리고 빵이나 비스킷을 구울 때 중조, 탄산암모늄을 써서 알칼리 반죽을 만들면 B_1은 거의 없어진다. 따라서 부족한 비타민을 보충하기 위해서는 영양소(비타민 A, B_1, B_2 등)를 강화한다.

밀가루의 색[－色] 化 (영 Flour's color) 밀가루의 색은 입도, 색소, 겨층이 섞인 정도에 영향을 받는다. ①밀 배유 속의 색소 : 카로티노이드계 색소(노란색, 표백이 가능), 플라본 색소(알칼리, 노랑 또는 갈색). ②밀 배유의 색깔 : 연질은 희다. 이것으로 만든 중국 국수는 노랗다. ③종피의 색깔 : 껍질층이 많이 들어간 밀가루일수록 색이 검다. 그러므로 제분(製粉)기술이 우수할수록, 도정(搗精)을 많이 할수록, 상등품일수록 밀의 색이 옅고, 종피(種皮)가 색에 영향을 주지 않는다. ④효소 : 종피와 배아에 많다. 저급품일수록 효소에 의한 발색률(發色率)이 높다. ⑤입도(粒度) : 입자가 거칠수록 색이 짙고 어둡다. 그리고 밀가루 속에 토사, 벌레먹은 알갱이, 그 밖의 불순물이 섞이면 밀가루의 색은 나빠지고 윤기도 없어진다.

밀가루의 소화흡수율[－消化吸收率] 化 (영 Flour's digestive absorption ratio) 밀을 도정(搗精)하면 할수록 밀가루의 소화흡수율은 높아진다. 반면 건강에 필수적인 비타민, 무기질은 없어지므로 잃어버린 영양소를 보강해 주어야 한다.

밀가루의 수분[－水分] 化 (영 Flour's moisture) 밀가루의 수분함량은 14%이며 자유수와 결합수로 이루어져 있다. 그 수분량은 주위의 습도가 높고 낮음에 따라 바뀐다. 습도가 높아 수분량이 많아지면 밀가루를 저장하는 동안에 효소, 박테리아가 활성한다. 그 결과 밀가루가 변질되고 2차 가공에 좋지 않은 영향을 끼친다.

밀가루의 숙성[－熟成] 技 (영 Flour's aging) 밀가루의 2차 가공성을 높이는 일. 제분한 직후의 밀가루는 2차 가공성이 떨어지므로 일정 기간 저장한 뒤 사용한다. 저장중 단백질의 질(質)이 저절로 개량되어 가공성이 높아진다. 이 때 산화제를 첨가하면 단시간에 숙성된다.

밀가루의 습·건부량 측정법[－濕·乾麩量 測定法] 試 밀가루 반죽을 물에 씻어 내고 남은 단백질의 중량을 잰다. 이 때 단백질의 물기는 털어 낸다. 그 값을 시료인 밀가루 반죽에 대한 백분율(%)로 계산하여 나온 수치가 습부량이다. 습부를 잡아 늘여 보면 글루텐의 탄력과 늘어나는 정도를 알 수 있다. 건부량을 측정할 때는 먼저 습부를 100℃에서 1시간 가열하고, 105℃에서 1시간 건조시킨 뒤 그 중량을 잰다. 이것을 시료에 대한 백분율로 나타낸다. 습부량과 건부량의 수치가 클수록 제빵 적성이 좋은 밀가루이다.

→습부

밀가루의 영양강화[－營養强化] 化 (영 Flour's nutritive fortification) 밀가루에 비타민 A의 양은 아주 적다. B군은 상당량 있지만 충분치 않다. 게다가 제분 도중에 껍질층이 깎이고 굽는 동안 더욱 줄어든다. 밀가루의 영양강화는 이렇게 부족한 영양소를 보강하는 일이다. 영·미국의 강화규격은 다음 페이지 〈표〉와 같다.

밀가루의 인공표백[－人工漂白] 化 (영 Flour's artificial bleaching) 갓 빻은 밀가루는 크림색을 띠는데, 이것을 오랜 시간 놓아두면 산화하여 탈색된다. 이 때 탈색하는 시간을 줄이기 위해 약품을 첨가하는데 이것을 인공표백이라 한다. 인공표백제로는 다음과 같은 것이 있다. ①과산화벤조일(benzoyl peroxide＝BPO) : 분말 표백제.

〈표〉 영·미국의 밀가루 강화 규격표

구분 국명(단위) 영양소	밀가루		빵	마카로니
	영국 (mg/100 g)	미국 (mg/1 파운드)	미국 (mg/1 파운드)	미국 (mg/1 파운드)
비타민 B_1	0.24	20~25	1.1~1.8	4.0~5.0
비타민 B_2	—	1.2~1.5	0.7~1.6	1.7~2.2
니코틴산	1.60	160~200	10.0~15.0	27.0~34.0
철	1.65	13.0~16.5	8.0~12.5	13.0~16.5
칼슘	90.0	500~625	300~800	500~625
비타민 D	—	250~1,000	150~750	250~1,000

② 과산화질소(nitrogen peroxide, NO₂) : 가스 표백제. ③ 이산화염소(chlorine dioxide, ClO₂) 밀가루의 표백은 기본적으로 산화 반응에 의해 일어나며, 주로 배유의 카로티노이드계 색소가 반응한다. 그러므로 겨가 많이 들어간 밀가루는 표백시켜도 색이 향상되지 않는다. 때로는 염소 가스를 쓴다. 이것은 표백효과와 더불어 밀가루의 pH를 낮추고 제품적성을 향상시킨다. 염소 처리는 특히 연질밀과 다목적 밀가루에 좋은 결과를 낳는다.

밀가루의 자연표백[—自然漂白] 化 (영 Flour's natural bleaching) 갓 빻은 밀가루의 색깔은 노란 빛을 띤 크림색이다. 이것은 밀 배유 속에 있는 카로티노이드계 색소 때문이다. 이 색소는 공기 중의 산소에 의해 산화·탈색한다. 이를 자연표백이라 한다.

밀가루의 제과 적성[—製菓適性] 試 제과용 밀가루는 ① 흡수율이 낮은 박력분이고, ② 입자가 고우며, ③ pH가 4.6~5.0인 가루가 좋다.

밀가루의 제과적성을 측정하는 항목은 다음과 같다. ① 일반성분 : 수분, 회분, 단백질, pH, 입도, 손상녹말 등. ② 점도 : 맥미켈 점도계, 아밀로그래프로 측정. ③ 유지와의 결합력. ④ 단백질 시험 : 패리노그래프, 알베오그래프, 익스텐소그래프. ⑤ 호화 시험 : 아밀로그래프, 폴링 넘버(falling number)

⑥ 제과 시험. 그 밖에 유지의 특성, 설탕의 입도를 시험한다.

밀가루의 지질[—脂質] 化 (영 Flour's lipid) 지질은 밀알에 2~3%, 밀가루에 1.5%, 배아 중에 15% 함유되어 있다. 물론 이 3 가지의 비율은 밀의 종류와 제분방법에 따라 다르다. 지질을 완전히 추출해 낸 밀가루로 빵을 만들면 빵의 부피가 아주 작아지고 품질도 떨어진다. 이 때 쇼트닝을 사용해도 결점은 보완되지 않는다. 왜냐하면 쇼트닝이 밀가루 속의 천연 지질을 대신할 수 없기 때문이다.

밀가루의 탄수화물[—炭水化物] 化 (영 Flour's carbohydrate) 밀가루의 탄수화물은 당(糖), 녹말, 구조 다당류(셀룰로오스·헤미셀룰로오스·리그닌)로 이루어져 있다(다음 페이지 〈표〉 참고). 밀가루의 녹말 함량은 단백질량에 반비례한다. 즉, 연질밀이 경질밀보다 녹말량이 많다.

〈제빵에서의 당·녹말의 역할〉 반죽의 당은 ① 밀가루에 존재하는 당, ② 효모나 밀가루의 효소에 의해 녹말이 분해되어 생성되는 당, ③ 인위적으로 첨가하는 당으로 이루어져 있다. 이들 당은 효모가 발효할 때 에너지원으로 꼭 필요한 것이다. 한편 녹말은 ① 글루텐을 알맞은 굳기로 희석시키고 ② 아밀라아제의 작용을 받아 발효에 필요한 당을 공급하고 ③ 글루텐이 강하게 결합하는 데 필요한 여건을 마련하며 ④ 호화하여 가스 세포막의 확장을 도우며 ⑤호화함에 따라 글루텐으로부터 물을 흡수, 글루텐을 견고히 다진다.

〈표〉 밀알의 탄수화물 조성

탄수화물	전체 탄수화물 중의 함량(%)		
	배유	배아	겨
헤미셀룰로오스	2.4	15.3	43.1
셀룰로오스	0.3	16.8	35.2
녹말	95.3	31.5	14.1
당	1.5	36.4	7.6
전체 탄수화물	86.0	50.5	70.0

밀가루의 페커 시험[―試驗] 試 (영 Pekar test) 밀가루의 색을 판정하는 방법이다. 페커 시험법 이외에도 아그트론 시험법(agtron testing method)이 있다. 밀가루의 색은 입도(粒度), 색소 그리고 겨층이 섞인 정도에 의해 정해진다. 페커 시험법과 아그트론 시험법은 카로티노이드계 색소 이외의 원인에 의해 정해진 밀가루 색을 측정하는 방법이다. 즉, 밀가루(10~15 g)를 유리판 위에 놓고 누른 다음, 찬물에 1분간 처리하고 100℃에서 건조시킨다. 그리고 색을 판단한다. 이 때 밀가루의 수분 함량에 따라 결과에 큰 차이를 보인다. 그러므로 표준 밀가루와 시료 밀가루의 수분을 비슷하게 조절해야 한다. 페커 시험은 조작방법에 따라 결과가 달라질 수 있으므로 더 정확한 분광광도계, 가솔린 색소법을 이용하는 경향이 많다.
→비색정량

밀가루의 품질 측정법[―品質測定法] 試 밀가루의 품질을 측정하는 방법에 국제적으로 널리 쓰이는 것은 다음 3가지이다. ① AACC(American Association Cereal Chemists : 미국 곡류 화학자 협회)의 실험법. ② AOAC(Association of Official Analytical Chemists : 분석화학자 협회)의 분석방법. ③ IACC(International Association of Cereal Chemistry : 국제 곡류 화학 협회)의 실험법. 이 중에서 보편적으로 쓰이는 방법이 ①의 AACC법이다. 이 방법에 따르면 밀가루의 품질 측정법은 〈표 1〉과 같다.

〈표 1〉 밀가루의 품질 측정법(AACC 표준방법)

실험항목 및 측정법		번　　　호
산도	지방산도	02―01A, 02―02A, 02―31
	pH	02―52
회분		08―01, 08―02, 08―03, 08―12
제빵 실험	빵	10―10A, 10―11, 10―20
	비스킷	10―31A
	쿠키	10―50D
	케이크	10―90
색상	페커 테스트	14―10
	아그트론 시험	14―30
	색소	14―50
효소	폴링 넘버	56―81B
	녹말 분해효소 (아밀로그래프법)	20―10, 22―12
	단백질 분해효소	22―60
실험제분		26―10, 26―20, 26―21, 26―30, 26―95
이물질		28―00~28―99A

조지방		30−10
조섬유		32−10, 32−20
글루텐		38−10, 38−11, 38−20
무기질		40−10~40−70
수분		44−10, 44−15A, 44−16, 44−18, 44−19, 44−40
질소	조단백	46−10, 46−11, 46−12, 46−13, 46−14A
산화제, 숙성제	산화제	48−02
	과산화벤조일	48−06B, 48−07
	이산화염소	48−30
	브롬산칼륨	48−42
입자	입자분포	50−10
물리적 방법	익스텐소그래프	54−10
	패리노그래프	54−20, 54−21, 54−28A, 54−29
	믹소그래프	54−40
물리 화학적 방법	침강실험	56−60
	맥미켈 점도	56−80
시료채취법		64−60
녹말	손상녹말	76−30A
비타민		86−01A~86−80

〈표 2〉 반죽의 물리적 실험 기기

대분류	소분류	AACC번호
1. 점도 측정기기	패리노그래프	54−21
┌반죽교반기	믹소그래프	54−40
	비스코(Visco)·아밀로그래프	22−10
└점도계	맥미켈 점도계	56−80
	브룩필드(brookfild) 점도계	56−80
2. 탄성측정기기	익스텐소그래프	54−10
	알베오그래프	
3. 발효(가스 발생력)	취모타시그래프	
측정기기	익스팬소그래프(expansograph)	

1. 화학성분의 측정−① 수분 : 건조법('수분 정량법'항 참고) ② 회분 : 가본법, 속성법 ③ 단백질 : 켈달(kjeldahl)법 ④ 산도 : 알칼리로 적정 ⑤ pH : 지시약, 전기식.

2. 물리적 성분의 측정−① 입도(粒度) : 체를 이용, 현미경, 휘트바이(whitby) 침강법 ② 색깔 : 페커 시험, 아그트론 시험 ③ 점도 : 〈표2〉 참고. ④ 가스 발생력 : 〈표2〉 참고. ⑤ 가스 보유력 : 취모타시그래프.

3. 글루텐의 양과 질의 측정−① 화학적 판정 : 침강가, FY 반응 ② 물리적 판정 : 패리노그래프, 믹소그래프, 익스텐소그래프, 알베오그래프.

4. 녹말의 특성 측정−① 녹말의 손상도 : 아밀로오스가 ② 당화력 : 말토오스가 ③ 가스 발생력 ④ 아밀로그래프.

5. 2차 가공의 특성 측정−제과, 제빵, 제면 실험.

<표> 밀의 입질·분질·용도

입질(粒質)	분질(粉質)	단백질 함량(%)	습부율 (%)	건부율 (%)	신장력	용도
초자질	경질	>12.0	>36.0	>12.0	강|약	마카로니, 스파게티 / 고급빵
초자질	반경질	10.5~12.0	중간	중간	강|약	국수 / 빵
중간질	중간질	9.5~10.5	중간	중간	강|약	국수 / 과자
분상질	연질	<9.5	<25.0	<8.0	약	카스텔라, 비스킷, 튀김

밀가루의 품질 판단기준[—品質判斷基準] 試 밀가루의 품질은 글루텐의 함량, 회분 함량 그리고 빛깔에 영향을 받는다. ① 밀가루를 반죽하면 밀 단백질 중에 글리아딘과 글루테닌이 서로 엉겨서 글루텐을 형성한다. 그래서 반죽에 점탄성(粘彈性)이 나타난다. 단백질 함량이 11% 이상이면 강력분, 9~11%이면 중력분, 그 이하이면 박력분이라 한다. ② 밀알의 질이 경질·중간질·연질로 나뉘듯, 이 밀로 만든 밀가루 역시 경질분·연질분 등으로 나뉜다(위의 <표> 참고). 경질분(hard flour)은 손끝으로 비벼 보면 매끄럽지 않고 거칠다. 이유는 밀가루속에 결정 입자가 있기 때문이다. 이것은 글루텐 함량이 높아 제빵에 쓴다. 연질분(soft flour)은 밀가루 속에 결정 입자가 없어 아주 매끄럽다. 중간질 밀가루는 중간질 밀로 만든 가루이다. 반경질분은 초자질(硝子質) 밀 중에서 경질이 아닌 것을 빻은 가루이다. 결정 입자, 단백질, 글루텐량이 경질분보다 낮다('밀의 종류와 분류'항 참고). ③ 회분 함량은 점탄성을 낮추므로 그 양에 따라 1등품 0.5~0.55%, 2등품 0.7~0.75%, 3등품 1.3~1.4%로 나눈다. 회분 함량은 품종, 재배환경은 물론 제분율에 따라 다르다. 제분율을 높여 밀겨를 많이 포함시키면 회분 함량도 커진다. 또, 회분량이 많으면 색이 검고 배유에 카로티노이드 색소가 많으면 노란색을 띤다.

<품질 검정방법> 침전실험, 패리노그래프, 익스텐소그래프, 아밀로그래프, 믹소그래프, 제빵 실험.

밀가루의 회분 조성[—灰分組成] 化 회분은 전체의 밀알 중에서 겨와 배아에 가장 많이 몰려 있다. 밀알을 제분하면 할수록 회분은 적어진다. 회분이 적은 밀가루로 만든 빵일수록 부피가 크다. 그러므로 밀가루의 회분 함량은 빵의 품질을 평가하는 지표가 된다. 배유의 중심부분이 많이 든 상등품의 회분 함량은 0.4% 이하이다. 밀가루의 회분 조성은 아래 <표>와 같다. 회분의 주성분은 인산칼륨이다.

<표> 밀가루의 회분 조성

성분	비율
산화칼륨 K_2O	37.04
산화마그네슘 MgO	6.12
산화칼슘 CaO	5.53
산화철(Ⅲ) Fe_2O_3	0.36
산화알루미늄 Al_2O_3	
오산화인 P_2O_5	49.11
이산화황 SO_2	0.40
염소 Cl	흔적

밀가루의 효소[—酵素] 化 (영 Flour's enzyme) 밀가루에 존재하는 효소의 종류는 밀에 존재하는 효소와 같다(다음 페이지 <표1> 참고).

〈표 1〉 밀에 존재하는 주요 효소와 분포 부위

효 소 명	분 류	작 용	분 포 부 위
녹말 가수분해 효소	α-아밀라아제 β-아밀라아제	녹말→덱스트린(액화효소) 녹말→맥아당(당화효소)	호분층의 안쪽과 반상체
단백질 가수분해 효소	프로테아제 디펩티다아제 카르복시펩티다아제	단백질→아미노산 펩티드→아미노산 C-말단으로부터 펩티드분해	호분층 호분층, 배아 반상체 근체
에스테르 가수분해 효소	라파아제 피타아제 포스에스테라아제	지방질→지방산+글리세롤 피트산→이노시톨+인산염 인산 에스테르→인산염기	호분층, 배아 호분층 호분층
산화효소	리폭시게나아제 폴리페놀 옥시다아제(예 : 티로시나아제) 카탈라아제 페록시다아제 아스코르브산 옥시다아제	불포화지방산의 산화 티로신→멜라닌 과산화수소→산소+물 페놀의 산화 아스코르브산의 산화	반상체, 배아 껍질층 껍질층 배아 —

〈표 2〉 제분·제빵에 쓰이는 α-아밀라아제

α-아말라아제	형 태	사 용 법
보리 맥아	가루	제분·제빵 업소용
밀 맥아	가루	〃
맥아즙(엑스)	액체	반죽에 첨가
곰팡이	정제	〃
곰팡이	가루	〃

＊ 제빵에 쓸 때의 양은 밀가루 45kg에 대하여 6,000~12,000 g 단위

이 중, 제빵에 가장 큰 영향을 미치는 효소는 아밀라아제와 프로테아제이다. 아밀라아제는 녹말을 가수분해하는 효소로서 아밀로오스와 아밀로펙틴으로 분해한다. 아밀라아제에는 α-아밀라아제와 β-아밀라아제가 있다. 제빵에서 중요한 것은 α-아밀라아제이며 β-아밀라아제는 상승적인 역할을 한다. 밀의 α-아밀라아제의 활성은 아주 낮아 거의 없는 것으로 취급한다. 그러나 밀을 발아시키면 활성을 나타낸다. α-아밀라아제가 거의 없는 밀가루로 반죽하면 반죽의 발효원인 당(糖)이 생성되지 않

는다. 그래서 빵 반죽에 α-아밀라아제를 첨가하여 녹말을 당화(糖化)시키는 것이다. 제빵·제분공장에서 쓰는 α-아밀라아제의 형태와 사용법은 위의 〈표2〉와 같다.
한편 프로테아제는 글루텐의 조직을 연화(軟化)시키는 효소이다. 이 효소가 빵 반죽을 숙성시키는데, 그 활성도가 지나치면 글루텐 조직이 끊어져 반죽에 끈기가 없어진다. 반죽에 산화제를 첨가하면 프로테아제의 활성도가 떨어진다.

밀가루 저장 탱크 機 (영 Flour storage bin) 빵 공장에서 밀가루를 저장하는 데

이용하는 탱크. 천이나 종이 부대에 든 밀가루는 먼저 집적(集積) 탱크(dump bin)에 붓는다. 그다음 스크류 컨베이어를 통해 저장 탱크로 보내는 것이다.

밀가루 혼합기[—混合機] 機 (영 Flour sifter, Blender) 종류가 서로 다른 밀가루를 섞어 조직과 성분이 고른 가루를 만들 때 사용하는 기계.

밀겨 原 (영 Bran 프 Son) 밀에서 겨에 속하는 것은 과피, 종피, 주심층, 호분층이다. 겨의 조성을 보면 〈표 1〉과 같다. 이들 부위의 조성은 각 부위의 분리 방법에 따라 큰 차이를 보인다(〈표 2〉 참고). 겨의 단백질 함량 중 18.0~22.9%는 알부민(수용성), 11.4~16.1%는 글로불린(염 가용성), 9.1~17.9%는 글리아딘(알코올 가용성), 19.1~25.7%는 글루테닌(알칼리 가용성), 15.6~22.7%는 기타 단백질이다. 회분 함량은 손으로 분리한 겨가 제분한 것보다 높은 값을 보이는데, 그 이유는 후자가 녹말을 함유하고 있기 때문이다.

밀 녹말[—綠末] 原 (영 Wheat starch) 밀가루에서 글루텐을 제거하고 남은 전분질을 정제한 것. 무색 무취이고, 주로 덧가루로 이용된다. 입자가 매우 곱기 때문에 스펀지 반죽을 만들 때 밀가루의 일부를 대신하여 넣기도 한다. 독일 과자의 잔트쿠헨(Sandkuchen)은 밀가루보다 밀 녹말을 더 많이 사용하는 과자이다. 그 밖에 소스나 크림류를 걸쭉하게 만들 때 사용하고 마지팬

〈표 1〉 껍질층 구조의 화학적 조성 (단위 : %, 수분 14% 기준)

성분 조성 껍질층 구조	단백질 (N×5.7)	회분	조섬유	셀룰로오스	펜토산	지방산 (에테르추출)
과피	2.85~6.28	1.7~4.3	—	—	—	—
종피	9.7~19.5	7.0~20.2	1.03~1.2	0	13.8~36.0	
주심층	16.8	1.7	—	6.1	39.6	—
과피+종피·주심층	3.99	1.7~2.1	—	—	—	—
호분층	17.96	14.37~17.2	—	—	—	—
주심층+호분층	22.5~32.3	4.2~10.8	3.5~6.0	3.5~5.6	21.0~29.0	6.0~9.89

주) 이 표는 《제분과 밀가루의 이용》(미국 소맥협회, 1990년)에서 인용.

〈표 2〉 밀겨의 화학적 조성

성 분	함량(%) (수분 14% 기준)	겨의 분리 방법
단백질(N×5.7)	10.8~14.77	제분
회분	5.3~ 9.5	손
	4.87~6.7	제분
지방질(에테르 추출)	3.1~4.82(평균 4.0)	〃
조섬유	8.0~10.7	〃
펜토산	21.6~26.5	〃
셀룰로오스	21.4	〃
녹말	7.5~9.0	〃
당(전체)	4.6~5.6	〃
수크로오스	2.0~5.0	〃
환원당	0~4.4	〃

의 덧가루로 이용한다.

밀 녹말의 특성[−特性] 化 밀가루의 주성분인 녹말은 다른 녹말과 마찬가지로 아밀로오스와 아밀로펙틴으로 이루어져 있다. 밀 녹말만이 갖고 있는 특징은 다음과 같다.

〈특징〉 ① 아밀로오스 25% : 75% 아밀로펙틴. ② 입자가 큰 것(지름 20~35μ)이 함께 존재한다. ③ 호화하기 시작하는 온도는 65℃, 다른 녹말의 호화속도보다 느리다. 이것은 끓는점까지 가열해야 완전하게 호화된다. ④ 다른 녹말에 비해 높은 온도에서 점성(粘性)을 나타내고 점성 증가속도는 완만하다. ⑤ 보통 아밀로오스의 함량이 많을수록 노화속도는 빠르다. 다른 녹말에 비해 아밀로오스의 함량이 많은 밀 녹말은 노화가 빨리 일어난다.

〈녹말의 노화〉 녹말에 물을 붓고 가열하면 녹말 입자가 물을 흡수하여 팽창한다. 70~75℃로 되면 더 크게 팽창하여 전체가 점성은 높고 반투명한 콜로이드 상태로 된다. 이러한 변화를 호화(α화)라 한다. 그리고 호화 상태에 있는 녹말을 호화녹말이라 한다. 반면, 그 이전의 녹말은 생(β) 녹말이다. α 녹말은 소화가 잘 되고 맛이 좋다. 그런데, α 녹말을 상온에 그대로 놓아두면 점점 β 녹말로 돌아간다. 그 현상을 노화(老化)라 한다. 노화하기에 알맞은 온도는 2~5℃, 수분량은 30~60%이다. 60℃ 이상에 보관하거나 동결시키면 노화가 일어나지 않는다. 또, 수분이 10% 이하 혹은 수분이 아주 많으면 노화하기 어렵다. 노화는 빵의 맛을 떨어뜨리는 원인 중 하나이다. 빵의 노화는 단백질보다 녹말로 인해 일어나는 현상이다. 그러므로 노화를 막기 위해서는 충분히 발효시키고 잘 구워 수분을 30% 이하로 낮춘다. 그리고 계면활성제를 더해도 좋다.

〈제빵에서의 녹말의 역할〉 ① 글루텐을 알맞은 굳기로 조절. ② 아밀라아제의 작용을 받아 발효에 필요한 당(糖)을 공급. ③ 호화하여 가스 세포막의 확장을 도움. ④ 호화함에 따라 글루텐으로부터 물을 흡수하여 글루텐을 견고히 다짐.

밀 단백질[−蛋白質] 化 (영 Wheat protein) 밀 속에 들어 있는 단백질은 알부민(albumin), 글로불린(globulin), 글리아딘(gliadin), 글루테닌(glutenin)이다. 밀 단백질의 함량은 제빵에서 중요한 품질지표가 되는 것이고, 빵의 부피를 결정한다. 밀 단백질을 용해도에 따라 나누면 다음과 같다. ① 수용성 단백질 : 알부민 ② 염에 녹는 단백질 : 글로불린 ③ 알코올에 녹는 단백질 : 글리아딘 ④ 알칼리 용해 단백질 : 글루테닌. 밀 단백질의 특성 중 하나는 밀가루를 물과 혼합하면 글리아딘과 글루테닌이 결합하여

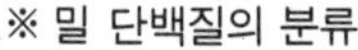

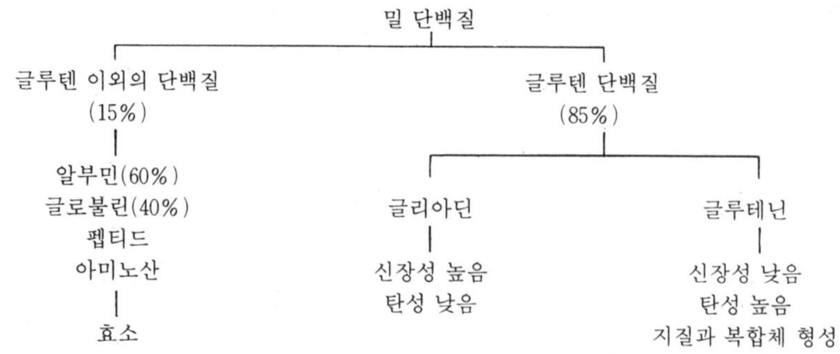

〈표〉 밀알 속의 단백질 분포

부　　　위	밀알에 대한 각 부위의 무게비	단백질 함량(%)	밀 단백질에 대한 비율
과피	8.0	5.1	4.0
호분층	7.0	22.9	15.5
눈	(2.5)	(34.1)	(8.0)
배아	1.0	38.7	3.5
반상체	1.5	31.0	4.5
배유	(82.5)	—	(72.5)
외부	12.5	15.9	19.4
중간	12.5	10.2	12.4
내부	57.5	7.2	40.7
밀알 전체	100	10.1	100

＊단백질 함량은 N×6.25(건부량 기준).
＊괄호 안의 숫자는 계산값임.

글루텐을 형성한다는 점이다. 글루텐이 수화(水和)하면 탄성(彈性)과 응집성(凝集性)이 생긴다. 이때 글리아딘은 응집성과 신전성을, 글루테닌은 점성(粘性)을 보인다. 이 두 단백질이 글루텐의 그물 구조를 이루며 발효하는 동안에 가스를 보유하게 된다. 글리아딘은 빵의 부피에 관계하고, 글루테닌은 반죽시간과 반죽 발달시간에 관계한다. 밀 단백질의 양은 밀의 산지·품종·환경(기온, 재배조건)에 따라 다르다. 보통 초자질(硝子質)일수록, 경질일수록, 한랭지산(産)일수록, 일찍 수확한 것일수록, 질소비료를 제 때에 준 것 일수록, 밀알의 폭이 좁을수록 단백질 함량이 높다. 그리고 밀알 속에서 단백질이 존재하는 부위마다 그 양은 다르다. 밀 자체의 단백질 함량 중 72.5%는 배유에, 15.5%는 호분층에, 8.0%는 눈에, 4.0%는 과피에 분포해 있다. 배유는 내부로 갈수록 줄어든다(위의 〈표〉 참고).
→밀의 종류와 분류

밀 단백질의 아미노산 조성 化 곡류의 단백질이 동물성보다 질적으로 떨어지는 이유는 단백질 분자를 구성하는 18종류의 아미노산이 동물성의 아미노산에 미치지 못하기 때문이다. 전체 아미노산 중에서 37%가 글루탐산이다. 그 밖에 류신, 프롤린, 아르기닌이 있다. 반면 히스티딘, 리신, 시스틴, 트립토판은 적어 영양강화를 해 줄 필요가 있다(아래 〈표〉 참고).

밀대 機 (영 Rolling pin 프 Rouleau 독 Rollholz) 반죽을 밀어 펴거나 성형하

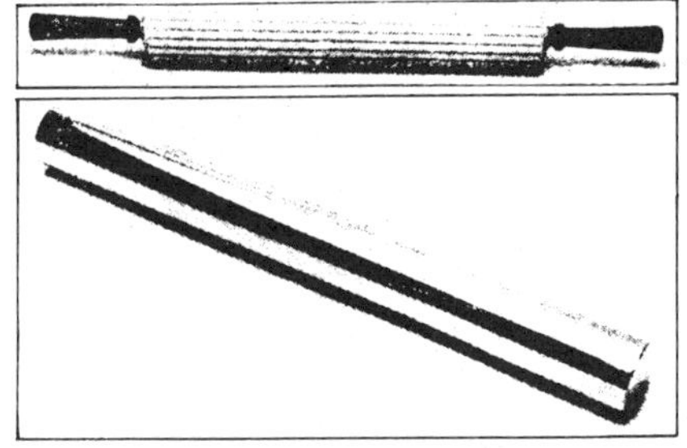

〈표〉 질소에 대한 리신과 트립토판의 함유율

(단위 : mg)

	이상형	밀가루	쌀	콩가루	계란	돼지고기
리신	270	126	236	395	396	515
트립토판	90	69	65	86	106	80

기 위해 쓰는 둥근 막대 모양의 도구이다. 면봉이라고도 한다. 목제·철제가 있고 굵기도 다양하다. 흔히 파트 쉬크레·푀이타주를 밀 때는 목제를, 엿·누가처럼 고온에서 끈적이는 것에는 금속제를 쓴다. 그리고 마지팬 검 페이스트*의 표면에 무늬를 새기는 플라스틱 제품도 있다.

밀배아가루 原 (영 Wheat germ flour) 밀의 배아를 가루로 빻은 것. 유지와 비타민이 많이 들어 있는 가루이다. 배아는 글루텐의 힘을 약하게 한다. 그러므로 배아가루는 발효내성(醱酵耐性)이 크고 단백질이 많은 강력분과 함께 써야 한다.

밀알의 구조[—構造] 化 밀알은 배아, 배유, 껍질로 이루어져 있다. 이들의 구성 비율은 밀의 산지·품종에 따라 조금씩 다르다(〈표1〉 참고).

〈표1〉 밀의 구조
(단위 : %)

종 류	겨	배유	배아
미국산 연질 백색밀	14.0	84.5	1.5
미국산 연질 적색밀	14.5	83.5	2.0
미국산 경질 적색밀	15.0	83.0	2.0
캐나다산 밀	14.0	84.0	2.0
호주산 밀	13.0	85.5	1.5
아르헨티나산 밀	15.0	83.5	1.5
일본산 밀	16.0	82.0	2.0

① 껍질층 : 전체 밀알의 14~15%를 차지한다. 외피, 종피, 호분층에 이르는 부분(뒷 페이지 〈그림〉 참고). 소화가 잘 되지 않는 셀룰로오스가 많다. 겨의 비율은 환경보다 품종에 영향을 받는다. 붉은밀과 흰밀의 독특한 색깔은 종피의 착색 정도에 따라 달리 나타난다. 뿐만 아니라 배유의 성질에도 영향을 받는다. 붉은밀에만 색소샘에 색소가 들어 있다. 흰밀일 때는 아주 없거나, 있어도 조금 있다. ② 배유(胚乳) : 밀알 전체의 83~84%를 차지하는 부분. 밀가루의 구성성분이 된다. 배유는 모양, 크기, 위치가 다른 세 형태의 세포로 되어 있다. 호분층 바로 아래에 있는 주위세포, 낟알의 표면에 대하여 수직으로 길게 도끼처럼 늘어선 각주세포, 가운데 부분을 채우고 있는 중심세포가 그것이다. 이들 세포에 크고 작은 녹말 입자와 단백질 입자가 포함되어 있다. ③ 배아(胚芽) : 밀알의 등쪽에 붙어 있고, 배유와 접해 있는 부분. 전체 밀알의 2%를 차지한다. 여기에는 지방이 상당량 포함되어 있다. 지방은 저장하는 동안에 맛과 질을 변화시키기 때문에 제분할 때 껍질층(겨)과 함께 분리시킨다.

〈표 2〉에 따르면 겨에는 단백질, 섬유질, 회분의 함량이 많고 배아에는 단백질, 지방, 당류, 회분이 많다. 그리고 배유는 밀알 대부분의 녹말을 갖고있고 어느 정도의 단백질로 구성되어 있다.

밀의 종류와 분류[—種類—分類] 原 밀은 여러 종류가 있지만 상업적으로 중요한 밀은 서너 개에 불과하다.

① 식물학적 분류 : 1 립계(一粒系), 2 립계 그리고 보통계. 이 종류에 따라 원산지가 다르다. 세계 밀 재배의 90% 이상을 차지하는 보통계 밀은 아프가니스탄에서 코카서

〈표 2〉 밀알 구조의 화학적 조성

조성 구분	전체밀알 에대해(%)	수분 (%)	단백질 (%)	지질 (%)	탄수화물 (%)			회분(%)	비타민(mg/100 g)		
					녹말	당류	섬유·기타		B1	B2	니아신
겨	13.5	11.6	15.6	3.7	48.2	4.6	11.3	5.0	0.48	0.50	19.3
배유	84.0	12.5	10.3	1.3	75.0	0.4	0.2	0.3	0.08	0.04	1.0
배아	2.5	7.5	23.5	11.4	37.0	14.5	1.4	4.7	3.20	0.90	4.6
통밀	100.0	12.6	11.3	3.8	66.5	1.5	2.7	1.0	0.45	0.15	4.2

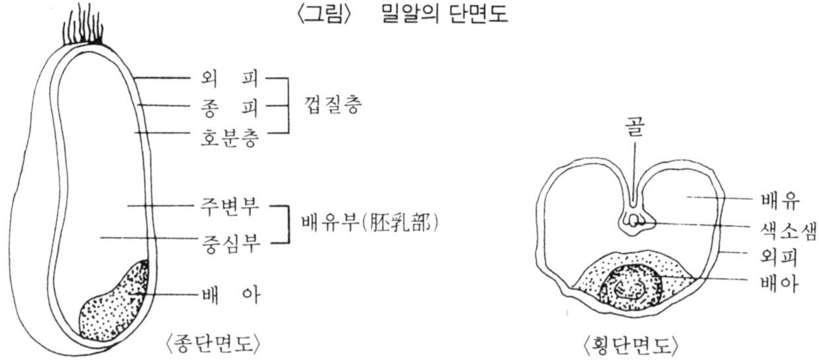

스에 이르는 지역, 1 립계는 소아시아(흑해 연안), 2립계는 이집트·에티오피아·코카서스 등에 분포해 있다. ② 생육 특성에 따른 분류 : 겨울밀(winter wheat)과 봄밀(spring wheat). 겨울밀은 가을에 씨를 뿌린 뒤 이듬해 봄에 수확한다. 봄밀은 봄에 씨를 뿌리고 가을에 수확한다. 일반적으로 봄밀은 수확량이 적지만 단백질 함량이 높다. ③ 색깔에 따른 분류 : 붉은밀(red wheat)과 흰밀(white wheat). 봄밀, 겨울밀에 상관없이 카로티노이드 계통의 색소를 기준으로 해서 나눈 것이다. 붉은밀은 노랑, 주황, 적갈색을 띠며 흰밀은 연노랑에 가깝다. ④ 밀알의 단단함에 따른 분류 : 경질밀(hard wheat)과 연질밀(soft wheat). 그 단단함은 초자질(硝子質)의 함량과도 관계가 있다.

밀알을 가로로 잘랐을 때 단면의 투명 정도에 따라 초자율을 계산한다. 초자율이 70% 이상인 것을 초자질밀, 30~70%인 것을 반초자질밀, 30% 이하인 것을 분상질(粉狀質)밀이라 한다. 경질밀은 초자질밀에 속하고, 연질밀은 분상질밀에 해당한다. 반초자질밀은 중간질밀이라 할 수 있다.

$$초자율(\%) = \frac{초자질\ 알수 + (반초자질\ 알수 \times 0.5)}{시료\ 알수} \times 100$$

⑤ 단백질 함량에 따른 분류 : 강력밀(strong wheat), 중력밀(medium wheat), 박력밀(soft wheat). ⑥ 생산지에 따른 분류 : 국산밀. 미국밀, 캐나다밀 등. 한국에서 쓰이는 밀은 대부분 미국밀이다. 아래 〈표〉는 생산지별 밀의 종류와 상품명이다.

〈표〉 밀의 종류와 상품명

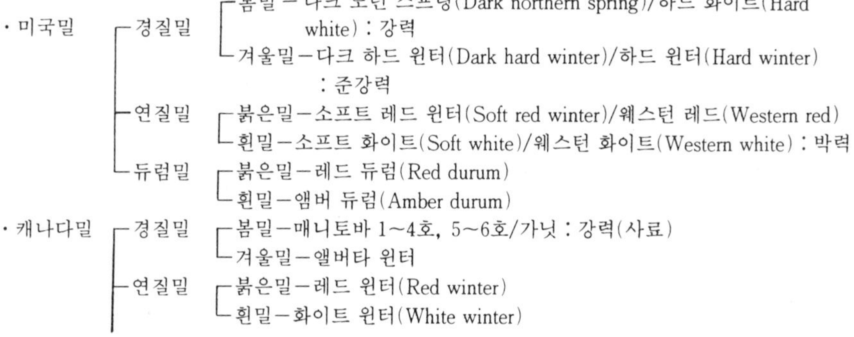

```
└듀럼밀    ─흰밀─앰버 듀럼(Amber durum)
· 호주밀      ┌연질밀    ┌보통품(FAQ) : 보통
             │          └오브 그레이드 : 사료
             ├반경질밀 ─세미 하드(Semi hard) : 준강력
             └경질밀    ─하드(Hard)
· 아르헨티나밀 ┌경질밀    ─듀로
             ├반경질밀 ─세미 듀로 : 준강력
             ├연질밀    ─브란드
             └듀럼밀    ─칸데알
```

밀크 原 (영 Milk)
⇨우유

밀크 브레드 빵 (영 Milk Bread) 좁은 의미로는, 반죽물 대신 우유를 배합한 빵을 말하지만 분유·연유를 넣은 것 또는 물의 일부만이라도 우유를 넣은 것을 밀크 브레드라 한다. 일반적으로 밀크 브레드는 식빵 틀에 굽는다.

밀크 셰이크 原 (영 Milk shake) 우유와 계란에 물을 부어 만드는 여름철 음료. [배합] 노른자 4 개, 우유 240cc, 설탕시럽 100~120cc, 바닐라 에센스·물 각 소량. [만드는 법] 셰이커(shaker)에 소량의 물, 노른자, 우유, 설탕 시럽, 바닐라 에센스를 넣고 잘 흔들어서 유리컵에 붓는다.

밀크 초콜릿 原 (영 Milk chocolate) 우유를 넣은 초콜릿.
⇨초콜릿

밀크 팻 原 (영 Milk fat) 우유 속에 포함된 지방분. 버터 팻이라고도 한다. 우유의 수분을 제거한 분유는 유지(밀크 팻)와 탈지 분유로 분리된다. 유지와 탈지 분유의 비율은 우유에 따라서 다소 차이가 있지만 보통의 우유인 경우 탈지 분유는 유지량의 2.3배이다. 지방분이 많은 우유인 경우는 탈지 분유가 유지의 1.2배에 지나지 않는다. 신선한 우유 속의 유지는 미세한 지방구 모양으로 존재하는데 그 지름이 0.1~10μ, 평균 3μ의 크기이다. 우유 1 mℓ는 이 지방구를 20억에서 40억까지 가지고 있다. 우유를 교반하면 지방구는 그 형태를 유지한 채 더 큰 덩어리를 형성하는 경향이 있다. 유지의 비중은 0.92~0.94이며 젖당(乳糖)의 비중은 1.03 이상이므로 유지를 크림 형태로 분리할 수 있다. 가열한 우유보다도 생우유 쪽이 지방의 큰 덩어리를 다수 함유하고 있어 크림화 되기 쉽다. 크림을 적당한 온도에서 교반하면 지방구가 집합되어 점점 큰 집합체로 만들어지고 어떤 점에 도달하면 주변의 액체에서 분리되어 버터가 된다. 유지는 소량의 지용성 물질을 함유하고 있다. 예를 들면 카로틴, 크산토필, 콜레스테롤, 레시틴, 세파린, 지용성 비타민 A·D·E 등이다.

밀푀유 菓 (영, 佛 Mille-feuille 독 K-remschnitte) 얇게 구운 푀이타주 사이에 크렘 파티시에르(커스터드 크림)를 샌드하고 윗면에 퐁당을 바른 과자. 여기서 '밀푀유'란, 이 과자의 층상구조가 겹겹이 쌓인 낙엽과 같다 해서 붙여진 이름(수많은 mille +잎 feuille)이다. 크렘 파티시에르 대신에 과실, 얇게 구운 스펀지 시트 또는 아이스 크림을 샌드할 수도 있다.
[배합] 푀이타주* 250 g, 크렘 파티시에르 *·퐁당·퐁당 초콜릿·살구잼 각 적당량. [만드는 법] ① 250 g 의 푀이타주를 40× 30cm로 밀어 편다. 피케*한 뒤에 200℃ 오븐에서 굽는다 ②①을 9cm 너비로 자른다 ③②를 겹겹이 쌓고 사이사이에 크렘 파티시에르를 샌드한다 ④옆면에도 크렘 파티시에르를 얇게 펴 바르고 또 살구잼을 바른다 ⑤윗면에는 퐁당을 바르고 퐁당 초콜릿

을 가늘게 짜 장식한다 ⑥⑤의 옆면에 푀이타주를 자를 때 떨어진 부스러기를 붙인다.

밀히 크렘 菓 (영 Custard cream 프 Crème pâtissière 독 Milchkrem) 커스터드 크림의 독일어명. 바닐라 크림이라고도 한다.

⇨커스터드 크림, 크렘 파티시에르

바게트 〔빵〕 (프 Baguette) 프랑스 빵*
의 하나. 모양이 길고 가는 부류에 속하며
매끈한 껍질에 짠맛이 많이 남아 있다.
〔배합〕 밀가루(프랑스 빵용) 1,000 g
(100%), 물 620cc(62%), 이스트 15 g (1.
5%), 소금 202 g (2%), 묵은 반죽 180 g
(18%).
〔만드는 법〕 ① 소금과 묵은 반죽 이외의 재
료를 모두 믹싱 볼(bowl)에 넣고 저속으로
4 분간 반죽한다 ② ①에 묵은 반죽을 더하
고 중속으로 10분간 반죽한다 ③ 반죽 완료
2~3분 전에 소금을 골고루 뿌리면서 반죽
한다. 실온 28℃, 반죽 온도 24℃. ④ 30분간
플로어타임을 갖고, 300~350 g 으로 분할한
다. 그리고 20분간 벤치타임을 준다 ⑤ 반죽
을 말아넣으며 50~60cm의 막대 모양으로
성형한다. 그리고 실온에서 90~105분간 2
차발효 시킨다 ⑥ 쿠프* 전용칼(또는 면도
칼)로 칼집을 넣은 뒤 증기를 채운 오븐에
반죽을 넣고 240℃에서 30분간 굽는다.
→ 프랑스 빵

바나나 〔果〕 (영 Banana 프, 독 Banane)
파초과(芭蕉科)의 다년초 과실. 원산지는
말레이 반도이다. 바나나의 껍질색은 노란
색뿐만 아니라 연갈색, 또는 붉은색도 있
다. 크기는 엄지 손가락만한 것부터 30cm를
넘는 것까지, 과육 색도 흰색·노란색·분
홍색으로 다양하다. 바나나는 1개(100 g)에
87kcal의 열량을 내고 단백질, 지방, 탄수화
물이 고루 포함된 영양식품이다. 그 밖에
비타민 A와 칼슘도 많다. 그리고 당분이 많
고 산이 적기 때문에 소화하기 쉽다. 바나
나는 상온에 보존하는 것이 좋다. 냉장고에
넣어 두면 곧 껍질이 검게 변한다. 아이스
크림, 프루츠 펀치, 무스 같은 냉과(冷菓)

에도 잘 어울린다. 슬라이스 하거나 으깨어
빵, 케이크 반죽에 섞기도 한다. 바나나는
공기에 닿으면 검어지므로 껍질을 벗기자마
자 레몬 즙을 뿌려 둔다.

바나나 에센스 〔原〕 (영 Banana essence)
바나나 향료. 대부분 화학합성품이고 양과
자의 플레이버로 이용된다.

바나나 케이크 〔菓〕 (영 Banana Cake 프
Cake aux Bananes) 바나나향이 풍부한
버터 케이크.
〔배합〕 버터 500 g , 쇼트닝 112 g , 설탕
288 g , 전화당 32 g , 노른자 8개, 바나나
80 g , 바나나 가루 136 g , 레몬 껍질 간 것
2 개 분량, 바나나 리큐르 80cc, 분설탕
128 g , 흰자 128 g , 박력분 512 g , 바나나·
펙틴 각 적당량.
〔만드는 법〕 ① 버터, 쇼트닝, 설탕을 섞고
노른자도 넣어 섞는다 ② 바나나를 으깨어
넣고 바나나 가루, 레몬 껍질, 바나나 리큐
르, 전화당을 섞는다. 흰자와 분설탕으로
머랭을 만들어 넣고 박력분도 섞어 케이크
반죽을 만든다 ③ 동그랗게 자른 바나나를
틀에 나열하고 ②를 부어 중불의 오븐에서
굽는다 ④ 다 구워지면 틀에서 빼내어 뒤집
은 뒤 펙틴을 윗면에 발라준다.

바노크 〔빵〕 (영 Bannock) 스코틀랜드
의 버터 풍미의 둥근 빵. 눌려 찌부러진 모
양으로, 건포도(레이즌)가 많이 들어 있다.
뜨거운 돌 위에서 구운 납작한 무발효 빵이
개선된 것이다. 처음에 보리, 콩, 귀리 등
의 곡식가루를 소금물에 반죽하여서 만들었
으며 스콘, 오트 케이크(Oat Cake) 등도 초
기의 바노크에서 비롯되었다 한다. 때와 장
소에 따라 여러 형태로 발전하였고 이 중에
서 가장 유명한 것이 스코틀랜드 셀커크(S-

elkirk) 지방의 바노크이다.
→셀커크 바노크

바닐라 原 (영 Vanilla 프, 독 Vanille)
덩굴성 난초과(科) 식물. 학명은 *Vanilla planifolia*이며 원산지는 중앙 아메리카의 열대 우림이다. 바닐라의 열매는 원주형(圓柱形)이고 3개의 능선을 갖고 있다. 길이는 20~30cm이고 지름이 1cm로서 녹색에서 짙은 갈색으로 익는다. 그리고 자잘한 종자가 암갈색 점막에 싸여 있다. 이 천연의 바닐라 빈(콩)에는 향이 없다. 덜 익은 열매를 따서 발효시키면, 짙은 갈색으로 바뀌면서 표면에 바닐린(vanillin) 결정이 생기고 바닐라 특유의 향을 낸다. 이것을 바닐라 빈(콩)이라 한다. 바닐라는 초콜릿을 비롯해 과자, 아이스크림, 그 밖의 유제품, 캔디, 리큐르에 빼 놓을 수 없는 향신료이다.
〈사용법〉 데운 우유 속에 바닐라 깍지(일명 바닐라 스틱)째 담가 풍미를 낸다. 또는 그 깍지를 물에 담가 불린 뒤 씨만 빼고서 다른 재료와 섞는다. 우유에 담갔던 깍지를 씻어 말려 두면 1년 동안은 몇 번이고 쓸 수 있다. 또, 병에 설탕과 함께 바닐라 깍지를 넣어 두면 설탕에 바닐라 향이 배는데 이것을 과자에 쓰면 바닐라 풍미를 낼 수 있다. 이 설탕이 바닐라 슈거이다.

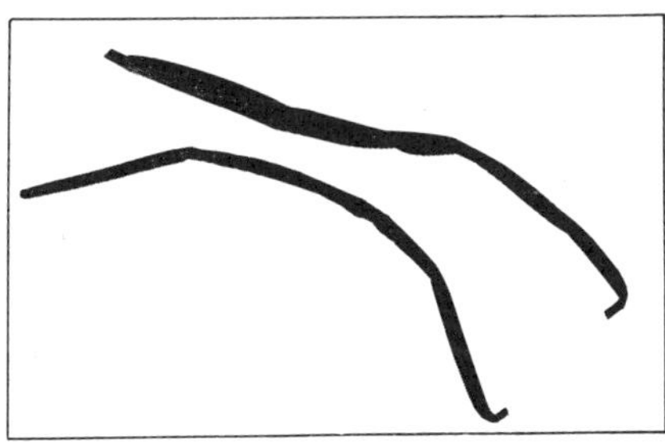

바닐라 슈거 原 (영 Vanilla sugar) 흰설탕과 바닐라* 가루를 섞어 만든 혼합물.
바닐라 스틱 原 (영 Vanilla stick) 바닐린 결정이 생긴 바닐라의 콩깍지.
⇨바닐라

바닐라 아이스크림 菓 (영 Vanilla Ice-cream 프 Glace à la Vanille)
⇨글라스 아 라 바니유
바닐라 에센스 原 (영 Vanilla extract, Essence of vanilla 프 Extract de vanille)
합성하거나 자연에서 추출한 바닐린(바닐라향의 성분)을 물 또는 알코올에 녹인 액체. 이것은 바닐라 빈(콩)보다 풍미가 떨어지지만, 대량생산용 과자에 즐겨 쓴다. 에센스는 휘발하기 쉬운 성분이므로 가열하면 향이 날아가 버린다. 그러므로 크림, 소스에 더할 때는 열처리를 끝낸 뒤 넣는다. 그리고 가열해야 하는 반죽에 바닐라 풍미를 내고자 할 때는 내열성이 있는 바닐라 오일을 쓴다.
바닐리에 크렘 菓 (독 Vanillekrem)
바닐라 크림의 독일어명. 독일식 과자에 쓰는 기본적인 크림으로서 프랑스 과자의 크렘 파티시에르에 해당한다. 겉모양과 풍미는 거의 같고 배합재료도 비슷하다. 단, 바닐라 크림은 처음부터 모든 재료를 냄비에 넣고 불에 올리는 반면 크렘 파티시에르(커스터드 크림)는 몇 번에 나누어 섞으면서 데운다.
[배합] 우유 250cc, 바닐라 스틱 1개, 노른자 3개, 설탕 60g, 커스터드 20g, 분설탕 적당량.
[만드는 법] ①냄비에 우유, 바닐라, 노른자, 설탕, 커스터드('커스터드 크림'항 참고)를 넣고 거품기로 잘 섞는다 ②중불에 올리고 끓을 때까지 계속 거품기로 젓는다 ③거품기로 들어올렸을 때 덩어리져 떨어지면 불에서 내린다 ④배트(vat)에 담아 펼치고, 마르지 않도록 분설탕을 뿌린 뒤 식힌다.
바닐린 原 (영 Vanillin) 바닐라 빈(콩) 표면에 붙어 있는 반짝이는 결정. 바닐라의 향을 만드는 주체이다. 천연향은 값이 비싸기 때문에 대개 합성 바닐린을 쓴다.
→바닐라

바라 브리스 🍞 (영 Bara Brith) 이스트 반죽에 레이즌, 필, 스파이스를 넣은 영국 웨일스(Wales) 특산의 빵. 이 지방의 어느 제빵사가 굵은 밀가루로 만든 반죽에 말린 과일·향료를 섞어 구웠다는 프루츠 브레드가 그 시초이다. 바라는 웨일스 사투리로 '빵', 브리스는 '얼룩덜룩하다'는 뜻이다.

[배합] 〈중종〉 우유(38℃) 567cc, 설탕 14g, 이스트 43g, 밀가루 113g. 〈본반죽〉 밀가루 1,134g, 버터·설탕 각 340g, 계란 142g, 구즈베리 454g, 스파이스 7g, 건포도 454g, 과일 껍질(필) 113g, 소금 21g.

[만드는 법] 부드러운 본반죽을 잘게 분할·둥글리기 하고 윗면에 계란을 바른 뒤 216℃에서 굽는다.

바르케트 🍬 (프 Barquette) 배 모양의 소형 과자. 바토*라고도 한다. 바르케트 틀에 깔개용 반죽을 깔고 크림이나 과실을 채운 뒤 윗면에 아이싱하거나 크림을 씌운 것이다. 밤 크림을 채운 바르케트 오 마롱 (Barquettes aux Marrons)을 예로 들면 다음과 같다.

[배합—길이 10cm인 바르케트 틀 10개 분량] 파트 쉬크레 200g, 크렘 다망드 150g. 〈밤 크림〉 밤 페이스트 450g, 버터 120g, 럼 30cc, 럼을 넣은 시럽·커피 퐁당·초콜릿 퐁당·가나슈 각 적당량.

[만드는 법] ① 파트 쉬크레*를 2mm 두께로 밀어 펴고 피케* 한다. 잎 모양의 형틀로 찍어 바르케트 틀에 간다 ② 크렘 다망드*를 짜 넣고 180℃의 오븐에서 굽는다 ③ 밤 페이스트, 버터, 럼을 합쳐 밤 크림을 만든다 ④ ②에 럼을 넣은 시럽을 발라 적신다. 그리고 산처럼 뾰족하게 ③을 바르고 식혀 굳힌다 ⑤ 커피 퐁당과 초콜릿 퐁당을 좌우로 나누어 글라세* 한다 ⑥ ⑤의 경계선에 가나슈를 짜 얹는다.

주) 밤 페이스트(크렘 드 마롱) : 익힌 밤을 으깨고 설탕, 물엿을 더해 페이스트 상태로 만든 것.

바르케트 오 스리즈 🍬 (프 Barquettes aux Cerises) 검고 시큼한 체리(cerise, 그리요트종)를 올리고 크림을 흘려 얹은 타르틀레트.

[배합] 〈사블레 아망드〉 버터 200g, 설탕 130g, 소금 소량, 노른자 2개, 우유 15cc, 밀가루 400g, 아몬드 가루 100g. 〈충전물〉 노른자 4개, 설탕 80g, 아몬드 가루 100g. 〈코팅용 크림〉 우유 100cc, 생크림 120cc, 계란 1개, 노른자 1개, 콘스타치 10g, 설탕 18g, 버터 55g. 〈기타〉 크렘 파티시에르·브랜디 절임 체리 각 적당량.

[만드는 법] ① 바르케트 틀에 사블레 아망드를 깐다. 충전물을 만들어 넣고 180℃의 오븐에서 굽는다 ② 크렘 파티시에르를 ①에 바른다. 그 위에 브랜디 절임 체리를 13~14개 늘어 놓는다 ③ 마무리용 크림을 ② 위에 흘려 붓는다. 230℃의 오븐에서 구운 색을 들인다.

바바 🍬 (영, 프 Baba) 사바랭처럼 파트 르베*를 구워 시럽에 적신 과자. 바바용 반죽에는 레이즌을 배합해 넣는다. 18세기 당시 폴란드 왕이었던 스타니슬라스 렉친스키(Stanislas Leczinski : 재위 1704~09, 33~35)가 처음 붙인 명칭이다. 아라비안 나이트의 알리 바바에서 땄다고 한다. 그리고 19세기에 들어서야 널리 퍼졌다. 한편 같은 때에 줄리앵(Julien)이라는 파리 제과사가 레이즌을 넣지 않은 반죽을 구워서 시럽에 담근 것을 브리야 사바랭의 이름을 따서 사바랭*이라 명명했다 한다. 또, 럼을 자주 쓰기 때문에 바바 오 럼이라고도 한다.

[배합—바바 틀 90개 분량] 〈파트 르베〉 박력분 1,000g, 설탕 100g, 소금 20g, 계란 500g, 녹인 버터 250g, 생이스트 50g, 물 500cc, 레이즌(코랭트종) 400g. 〈시럽〉 설탕 500g, 물 1,000cc. 〈기타〉 럼·살구잼 각 적당량.

[만드는 법] ① 파트 르베(pâte levée : 발효 반죽)를 만든다. 먼저 생이스트는 물 100cc 로 녹이고, 박력분은 체 친다 ② 믹서 볼 (bowl)에 ①과 설탕, 소금, 계란을 넣고 저 속으로 2분, 중속으로 3분간 돌린다 ③ 나머지 물을 조금씩 더하면서 중속으로 3 분간 돌린다 ④ 녹인 버터를 더하면서 중속 으로 5분간 돌린다 ⑤ 레이즌을 더하고 중 속으로 1분간 섞는다 ⑥ 32℃, 습도 75%인 발효실에 30분간 넣어 둔다 ⑦ ⑥의 반죽을 바바 틀의 1/3까지 넣고 32℃의 발효실에 넣는다 ⑧ 틀에 가득 차 오르면 210℃의 오 븐에서 굽는다. 그리고 식힌다 ⑨ 설탕과 물을 불에 올려 시럽을 만든다 ⑩ ⑧의 바바 를 80℃의 시럽에 넣고 충분히 적신다. 이 것을 철망에 꺼내 놓고 럼을 뿌린 뒤 식힌 다. 그리고 살구잼을 바른다.
→사바랭

바바루아 菓 (영 Bavarian Cream 프 Bavarois 독 Bayrischerkrem) 과실 퓌레 와 크림에 젤라틴과 생크림을 섞어 식힌 디 저트. 차가운 앙트르메로서 무스, 젤리, 블 랑망제와 함께 인기 있는 디저트이다. 기본 적인 바바루아는 소스 앙글레즈('크렘 앙글 레즈'항 참고)에 생크림을 더하고 젤라틴을 더해 식혀 굳힌다. 여기에 여러 가지 과실, 리큐르, 초콜릿, 커피를 더하면 색다른 맛 을 느낄 수 있다. 응용제품은 바바루아 아 라 크렘(Bavarois à la Crème)을 기본으로 하고 바닐라 향을 낸 바바루아 아 라 바니 유*, 딸기를 넣은 바바루아 오 프레즈, 오 렌지를 넣은 바바루아 오 조랑주 등이다. 또, 바바루아에는 향과 색으로 변화를 줄 뿐만 아니라 모양을 색다르게 만들거나 케이크 시트와 조화시키기도 한다. 예를 들면 링 틀에 채우고 식혀 굳힌 것, 스펀 지 시트에 바바루아를 포갠 것, 젤리와 조화시킨 것이 있다. 한편 어말(語末)에 e 를 붙인 바바루아즈(Bavaroise)는 음료의 하나이며 바바루아와 구분된다. 다음은

무스 위에 바바루아, 그 위에 젤리를 포갠 바바루아이다.
[배합—30개 분량] 〈무스 오 프레즈〉 딸기 퓌레 600cc, 그라뉴당 120g, 젤라틴 15g, 레몬 즙 1개 분량, 키어시 50cc, 생크림 680cc. 〈바바루아〉 우유 500cc, 노른자 3 개, 설탕 120g, 젤라틴 15g, 생크림 500cc, 그랑 마르니에 30cc. 〈젤리〉 푸른색 시럽 110cc, 물 200cc, 젤라틴 4g, 레몬 즙 1개 분량.
[만드는 법] ① 무스 오 프레즈(Mousse aux fraises : 딸기 무스)를 만든다. 딸기 퓌레, 그라뉴당을 냄비에 넣고 불에 올린다. 물에 불린 젤라틴을 더해 섞고 불에서 내린다 ② 식힌 뒤 레몬 즙, 키어시를 더한다. 80%쯤 거품낸 생크림을 섞는다 ③ 틀의 1/4선까지 ②의 무스를 흘려 넣고 식혀 굳힌다 ④ 바바 루아를 만들어 ③의 무스 위에 흘려 넣고 굳힌다 ⑤ 젤리를 만든다. 젤리의 일부는 ④의 바바루아 위에 부어 굳히고, 나머지 굳은 젤리는 잘게 다져 그 위에 얹는다.

바바루아 아 라 바니유 菓 (프 Bavarois à la Vanille) 바닐라 풍미를 낸 바바루 아..
[배합] 〈바바루아〉 바닐라 스틱 1개, 우유 200cc, 노른자 8개, 그라뉴당 250g, 젤라틴 적당량, 레몬 즙 2개 분량, 키어시 75cc, 생 크림, 설탕, 이탈리안 머랭. 〈기타〉 스위트 초콜릿·딸기·키위·망고·배·살구잼· 키어시·박하잎 각 적당량.
[만드는 법] ① 바바루아를 만든다. 우유와 바닐라를 불에 올려 끓인다 ② 노른자와 그 라뉴당을 잘 섞는다 ③ ①을 ②에 조금씩 넣 으면서 불에 올려, 80℃가 될 때까지 약한 불에서 데워 섞는다 ④ 젤라틴을 물에 불리 고 ③에 넣어 녹인다. 레몬 즙을 더하고 체 에 걸러 찬물에 대고 식힌다 ⑤ ④에 키어시 를 더하고 10%의 설탕을 더한다. 그리고 거품낸 생크림을 가볍게 섞는다 ⑥ 이탈리 안 머랭을 ⑤에 더하고, 이것을 틀에 넣어

<표> 바바루아·푸딩·젤리의 기본배합

반죽＼재료	우유 (cc)	설탕 (g)	계란 (개)	젤라틴 (g)	생크림 (cc)	물 (cc)	비　　　　고
바바루아 기본	180	80	노른자2	10~12	40		바닐라와 럼 더함
바바루아 기본	180	45	노른자2	7~9	90		바닐라와 럼 더함
커스터드 푸딩	180	48	1				레몬 간 것 ½ 더함
커스터드 푸딩	180	55	1.5				브랜디 10cc 더함
커스터드 푸딩	180	60	1.5		15		레몬 간 것 ½ 더함
스펀지 푸딩	180	40	1				바닐라와 각설탕 크기로 자른 스펀지를 더함
젤리의 기본		56		7.5		180	색과 향은 임의대로
커피 젤리		55~60		7.5		180	커피 가루 11~12 g 더함
오렌지 젤리		55~60		5~7		180	오렌지 향료와 착색
와인 젤리		200		5~7		180	적포도주 180cc, 레이즌 약간 더함

냉장고에서 식혀 굳힌다 ⑦ 스위트 초콜릿을 ⑥보다 5mm크게 하여 둥근 형틀로 찍는다 ⑧ ⑥의 바바루아를 틀에서 빼내어 ⑦의 초콜릿 위에 얹는다 ⑨ 딸기, 키위, 망고, 배를 알맞은 크기로 자른다. 키어시를 넣은 살구잼에 과실을 넣고 버무린다. 이것을 ⑧ 위에 얹고 박하잎을 장식한다.

바바루아·푸딩·젤리의 기본배합 菓 위의 〈표〉와 같다.

바슈랭 菓 (프 Vacherin) 머랭 또는 아몬드 반죽을 고리 모양으로 쌓고 아이스크림을 중앙에 채우거나 2장의 머랭 사이에 채운 뒤 휘핑 크림으로 장식한 과자. 그 색과 모양이 바슈랭 치즈(프랑스와 스위스 국경 지방에서 생산되는 치즈)와 닮았다고 해서 붙인 명칭이다. 바닐라 아이스크림*과 라즈베리 셔벗을 머랭 사이에 끼운 형태의 바슈랭(바슈랭 오 프랑부아즈)을 예로 들면 다음과 같다. 이것은 중앙에 라즈베리를 소복히 얹고 크렘 샹티이로 마무리한다. [배합─지름 18cm의 세르클 틀 1개 분량] 〈프렌치 머랭 : 1/2 분량 사용〉 흰자 8개, 설탕 150 g, 소금 소량. 〈글라스 아 라 바니유 : 1/3 분량 사용〉 우유 1,000cc, 바닐라 1개, 노른자 12개, 설탕 220 g, 생크림 300cc, 바닐라 에센스 소량. 〈소르베 오 프랑부아즈─1/2 분량 사용〉 라즈베리 퓌레 1,000 g, 시럽·레몬 즙·설탕·안정제·라즈베리·크렘 샹티이 각 적당량.

[만드는 법] ① 머랭을 만들어 철판에 둥근 모양(지름 18cm)으로 2장, 길쭉하게(길이 5 cm) 12장 짜 놓는다 ② 글라스 아 라 바니유와 소르베 오 프랑부아즈('셔벗'항 참고)를 만든다 ③ 세르클 바닥에 ①의 원형 머랭을 1장 깐다. 1/2 높이까지 소르베를 채우고 냉장고에서 굳힌다 ④ ③에 글라스 아 라 바니유를 채우고 ①의 원형 머랭을 얹는다. 냉동고에 넣어 다시 굳힌다 ⑤ 세르클을 벗기고 크렘 샹티이를 짜 얹는다. 옆면에 ①의 길쭉한 머랭을 붙인다. 가운데에 라즈베리를 소복히 올린다.

바스 번즈 菓 (영 Bath Buns) 영국의 온천 휴양지인 바스시(Bath 市)에서 처음 만들어진 번즈*. 18세기경 프랑스에서 들어 온 브리오슈 반죽이 발전하여 바스 번즈가 완성되었다고 한다. 처음에는 반죽을 둥근 틀에 채워 계란액을 바르고 캐러웨이 씨를 뿌려 구웠다. 그러다가 캐러웨이 대신 구즈베리 열매와 굵은 설탕 섞은 것을 토핑*하기에 이르렀다. 현재 만들어지고 있는 모양은 19세기에 정착한 것으로, 영국 각지에서 다음과 같은 방법으로 만든다.

[배합] 〈중종〉 우유 285cc, 설탕 30g, 이스트 43g, 밀가루 115g. 〈본반죽〉 밀가루 910g, 계란 285g, 노른자 45g, 굵은 설탕(쌍목당) 510g, 레몬 필 다진 것 170g, 오렌지 필 다진 것 110g. 〈기타〉 노른자·굵은 설탕 각 소량.

[만드는 법] ① 우유, 설탕, 이스트, 밀가루를 함께 섞어 중종을 만들고 발효시킨다 ② 밀가루, 계란, 노른자, 레몬 껍질 간 것, 넛메그를 섞어 ①과 합친다 ③ ②에 버터를 더하고, 밀대로 몇 번 두드린다 ④ 1시간 발효시키고 가스빼기 한 뒤 2차 발효 시킨다 ⑤ 굵은 설탕, 레몬·오렌지 필을 ④의 반죽에 더한다 ⑥ 둥글리지 않고 적당히 손으로 나누어 울퉁불퉁한 모양 그대로 철판 위에 늘어 놓는다 ⑦ 계란을 풀어 표면에 바르고 굵은 설탕을 뿌린 다음 센불 오븐에서 굽는다.

바움쿠헨 菓 (독 Baumkuchen) 단면(斷面)이 나무의 나이테 모양인 독일과자. 지금과 같은 형태의 바움쿠헨이 정착된 때는 200여년 전이다. 바움쿠헨용 오븐 굴대에 묽은 반죽을 묻히고 굽는다. 구워지면 다시 같은 반죽을 묻혀 굽는다. 이러한 작업을 몇 차례 반복하면 차츰 두툼해진다. 이렇게 음식을 돌려가며 굽는 방식은 인류가 불을 사용하면서부터 시작되었다고 한다. 15세기 중반에 슈피스쿠헨(Spieß kuchen)이 만들어졌는데, 이 제품을 바움쿠헨의 전신이라고 보는 이유는 띠 모양으로 만든 반죽을 굴대에 감고 돌려가면서 구웠기 때문이다. 16세기에는 반죽을 얇게 밀어 펴서 감아 구웠으며, 17세기 말이 되자 묽은 유동 상태의 반죽을 묻혀 가며 굽기 시작하였다. 그런데 그 때까지의 과자는 자른 면에 나이테 모양이 선명하게 드러나지 않았다. 그러다가 18세기가 되어서야 비로소 현재의 바움쿠헨이 나타나게 되었다.

[배합] 로마지팬 125g, 물엿 55g, 버터 475g, 노른자 450g, 설탕 425g, 흰자 650g, 밀가루 225g, 콘스타치 200g, 바닐라 소량, 소금 3.5g, 레몬 껍질 8g.

[만드는 법] ① 로마지팬('마르치판'항 참고)에 물엿, 버터를 넣고 섞는다 ② 노른자와 설탕을 한줌 넣고 거품낸다 ③ 흰자에 남은 설탕을 더하면서 거품낸다 ④ ①에 ②와 ③을 더해 섞는다 ⑤ 밀가루와 콘스타치를 함께 체쳐 ④에 넣는다 ⑥ 바닐라, 소금, 레몬 껍질을 더한다 ⑦ 바움쿠헨용 오븐 회전 굴대에 ⑥의 반죽을 바르고 천천히 돌리면서 굽는다. 그리고 다시 반죽을 묻혀 굽는 작업을 몇 번 되풀이하여 원하는 두께를 만든다.

바움쿠헨 토르테 菓 (독 Baumkuchen Torte) 바움쿠헨식으로 구워 낸 뒤 초콜릿을 씌운 과자.

[배합—지름 18cm인 망케 틀, 시트 2개 분량] 〈바움쿠헨 반죽〉 버터 400g, 로마지팬 100g, 노른자 10개, 설탕 200g, 아라크* 50cc, 바닐라 에센스 소량, 머랭(흰자 10개, 설탕 200g, 소금 소량), 메이스 2g, 올스파이스 1g, 박력분 240g, 녹말 200g, 베이킹 파우더 4g. 〈마무리〉 살구잼·마지팬·코팅용 초콜릿·코팅용 화이트 초콜릿·크로캉*·버터 각 적당량.

[만드는 법] ① 바움쿠헨 반죽을 만든다. 버터와 로마지팬을 잘 섞고 노른자와 설탕을 더해 희어질 때까지 섞는다. 그리고 아라크, 바닐라 에센스를 더한다 ② 머랭을 ①에 더한다. 여기에 체 친 메이스, 올스파이스, 박력분, 녹말, 베이킹 파우더도 섞는다 ③ 틀 바닥에 버터칠을 하고 종이를 간다. 여기에 ②의 반죽을 얇게 채운다 ④ 윗불 220℃, 아랫불 100℃의 오븐에서 굽는다. 표면에 구운색이 들면 꺼낸다(틀 밑에 철판을 깔고, 될 수 있는 한 아랫불을 차단한다) ⑤ ④가 식으면 다시 반죽을 얇게 펴 바른다 ⑥ 틀에 가득 찰 때까지 ④와 ⑤의 작업을

되풀이한다. 모두 구워지면 식힌다 ⑦위·옆면에 살구잼을 얇게 바른다. 윗면에 두께 2mm로 늘인 마지팬을 얹는다 ⑧그 위에만 코팅용 초콜릿을 바른다. 이것이 마르기 전에 화이트 초콜릿을 나란히 몇 줄 짜 놓고 모양을 새긴다 ⑨옆면에 크로캉을 묻힌다.

바이러스 生 (영, 독 Virus) 비루스. 세균보다 작아서 세균 여과기로도 분리할 수 없고 전자현미경이 아니면 볼 수 없는 일군(一群)의 감염형 병원성 인자. 바이러는 반드시 살아있는 세포에만 기생하고, 인공 배지(培地)에는 배양할 수 없다. 바이러스는 1가지의 핵산(DNA 또는 RNA)과 소수의 단백질만을 갖고 있을 뿐이다. 따라서 독자적인 대사기능이 불가능해 숙주세포(宿主細胞)에 의존하여 살아간다. 바이러스의 모양은 거의 구형(球形)이고 그 밖에 정이십면체·벽돌형·탄알형·섬유상이 있다.

〈분류〉 감염되는 숙주세포에 따라 동물 바이러스, 식물 바이러스, 세균 바이러스(박테리오파지)로 크게 나눈다. 이 중에서 사람에게 병을 유발하는 대표적인 동물 바이러스를 임상증세에 따라 나누면 ①전신질환을 일으키는 것(두창·홍역 등), ②신경계 질환을 일으키는 것(일본뇌염 등), ③호흡계 질환을 일으키는 것(인플루엔자 감기 바이러스), ④간질환을 일으키는 것(간염 바이러스), ⑤피부와 결막질환을 일으키는 것(사마귀 바이러스) 등이다.

바이글리 菓 (헝 Beigli) 양귀비씨를 사용한 헝가리의 과자.
[배합] 〈반죽〉 밀가루 1,280g, 버터 500g, 노른자 3개, 계란 1개, 소금 소량, 설탕 5g, 사워 크림 400g. 〈충전물〉 물 400cc, 설탕 240g, 설타너 25g, 양귀비씨 600g, 사과 갈은 것 1개 분량. 〈기타〉 노른자·커피 베이스 각 소량.
[만드는 법] ①밀가루와 버터를 잘 섞는다 ②노른자, 계란, 소금, 설탕을 더하고 사워 크림을 섞는다 ③②의 반죽을 직사각형으로 밀어 편다 ④물, 설탕, 설타너를 냄비에 넣고 조린 뒤 양귀비씨를 넣고 사과 갈은 것을 더하여 충전물을 만든다 ⑤④의 충전물을 ③의 위에 바른다 ⑥롤 상태로 만다. 그 표면에 커피 베이스 넣은 노른자를 바르고 굽는다.

바젤러 레케를리 菓 (독 Baseler Leckerli) 스위스의 쿠키. 바젤시(Basel市)의 명과로서, 원래 레케를리이지만 지명을 따서 바젤러 레케를리라 부른다. 꿀, 향신료, 키어시 같은 양주를 넣기 때문에 보존성이 높다.
[배합] 꿀 500g, 설탕 250g, 물 50cc, 밀가루 750g, 오렌지·레몬 필 각 75g, 다진 아몬드 250g, 시너먼 5g, 믹스 스파이스 15g, 레몬 껍질 2개 분량, 키어시 100cc, 암모니아계 팽창제 10g, 퐁당 또는 글라스 아 로*(워터 아이싱) 적당량.
[만드는 법] ①꿀, 설탕, 물을 섞고 80℃까지 가열한다 ②밀가루를 넣고 반죽한다. ③오렌지·레몬 필, 아몬드, 시너먼, 믹스 스파이스, 레몬 껍질, 키어시를 더하고 물에 녹인 팽창제를 넣고 한 덩어리로 뭉친다. 그리고 두께 5~6mm로 밀어 편다 ④기름칠을 하고 밀가루를 뿌린 철판에 ③의 반죽을 깔고 센불 오븐에서 굽는다. 구워내면 1cm 두께로 된다 ⑤윗면에 퐁당을 바르고 직사각형으로 자른다.

바크마세 菓 (독 Backmasse) 마지팬 대용 반죽. 마르치판로마세와 비슷하지만 아몬드 대신 쓴맛을 뺀 복숭아·살구씨를 써서 만든다. 페르지판마세(persipanmasse)라고도 한다. 독일은 법적으로 바크마세에 0.5%의 감자 녹말을 섞을 수 있도록 허용하고 있다.
→퍼시팬

바텔 其 (프 Vatel) 파바르 바텔(Favart Vatel : 1635~71). 스위스 혈통의 요리인으로 샹티이 콩데가(Chantilly Conde 家)의 요

리장으로 근무하면서 크렘 샹티이(crème chantilly)를 발명하였다. 그는 1671년 4월 콩데공(公)이 루이 14세(Louis ⅩⅣ)와 3,000명의 손님을 초대해서 연회를 베풀 때, 필요한 생선이 충분치 않아 고민한 나머지 자살하였다고 전해지기도 한다.

바토 菓 (프 Bateau) 자그마한 배 모양의 타르틀레트(바르케트*와 같은 뜻이다). 덧씌우는 재료에 따라 여러 종류로 나뉜다. 바토 오 자망드(Bateaux aux Amandes : 아몬드 바토), 바토 오 프랑부아즈(Framboises : 산딸기류), 바토 오 프룬(Prunes : 자두), 바토 오 마롱(Marrons : 밤)이 있다. 다음은 밤 크림을 입힌 배 모양의 타르틀레트(바토 오 마롱, Bateau aux Marrons)를 만드는 법이다.
[배합] 〈파트 쉬크레〉 박력분 150g, 버터 75g, 분설탕 35g, 소금 소량, 계란 30g. 〈아몬드 크림〉 버터 150g, 소금 1g, 아몬드 가루와 설탕 섞은 것(1:1) 300g, 럼 15cc, 계란 150g, 박력분 25g. 〈밤 크림〉 밤 페이스트 100g, 크렘 드 마롱* 50g, 버터 50g, 럼 5cc. 〈마무리〉 럼 넣은 시럽, 코팅용 초콜릿, 미모사, 색을 들인 버터 크림.
[만드는 법] ① 바토 틀(〈사진〉 참고)에 파트 쉬크레*를 깔고 아몬드 크림을 짠다 ② ① 을 오븐에 넣고 굽는다 ③ 식으면 럼을 넣은 시럽을 발라 적신다 ④ 윗면에 밤 크림을 짜 내어 팔레트 나이프로 펴 바른다 ⑤ 코팅용 초콜릿으로 밤 크림 윗면을 씌운다 ⑥ 미모사(mimosa : 함수초 종자에 노란색 당의를 입힌 것)와 초록빛으로 물들인 버터 크림을 장식한다.

바통 菓 (프 Bâton) 파트 푀이테, 슈 반죽 또는 마지팬을 막대 모양으로 만들고 그 안에 크림을 채운 프랑스 과자. 작은 것은 바토네라 부른다. 바통의 종류는 다음과 같다. ① 바통 푀이테 글라세(Bâtons Feuilletés Glacés) : 푀이타주를 얇게 밀어 가늘게 자르고 윗면에 로열 아이싱을 발라 구운 것. ② 바통 드 자코브(Bâtons de Jacob) : '야곱의 막대'라는 뜻. 슈 반죽을 길다랗게 짜 내어 구운 뒤, 속에 커스터드 크림을 짜 넣고 윗면에 조린 당액을 묻힌 것. ③ 바토네 오 자망드(Bâtonnets aux Amandes) : 아몬드롤 넣은 슈 반죽으로 만든 가늘고 긴 쿠키.

박력분[薄力粉] 原 (영 Soft flour) 단백질이 적고(7.0~8.5%), 부드러운 반죽을 만드는 데 알맞은 제과용 밀가루이다.
〈특성〉 다른 재료와 섞어 반죽을 만들고 구우면 연한 과자가 된다. 대체로 단백질이 7.0~8.5%인 박력분을 쓰고, 아주 부드러운 반죽을 만들고자 할 때는 초박력분을 쓴다. 초박력분은 단백질량이 5.0~6.5%인 것이다. 이것은 밀을 제분할 때 배유부의 순도(純度), 입도(粒度)를 조절한 밀가루이다. 과자 중에서도 파트 푀이테나 파트 브리제 같은 반죽을 늘이거나 튀길 때는 중력분을 섞어 쓴다. 왜냐하면 박력분만으로는 늘이기 어렵고, 유지를 많이 흡수해야 하기 때문이다. 박력분은 강력분에 비해 입자가 작다. 입자가 작아야 다른 재료와 섞이기 쉽고 균일한 반죽을 빨리 만들 수 있다. 섞기 어려우면 반죽의 교반 시간이 길어져 글루텐이 생긴다. 특히 유지나 설탕을 많이 넣으면서 묽은 반죽을 만들 때는 입자가 아주 고운 초박력분을 쓴다. 글루텐을 형성하지 않으면서 균일한 반죽을 만들려면 다음과 같은 사항을 지키도록 한다. ① 입자가 고운 박력분을 1~2번 체 쳐 공기를 포함시킨다. 이렇게 하지 않으면 밀가루가 덩어리지고 반죽이 균일하지 않다. 또, 결이·곱지 않고 열전도율도 떨어진다. 체 친 밀가루는 유지, 계란, 우유, 부재료(과실·술·에센스 등) 순으로 합친 뒤 제일 마지막에 섞는다. ②파트 브리제인 경우 유지와 밀가루를 먼저 섞는다. 왜냐하면 수분이 없으므로 글루텐이 만들어지지 않기 때문이다. 우유, 계란 같은 수분상태의 재료는 가능한 한 낮은 온도를 유지시켜 더한다. ③이렇게 만든 반죽을 곧 바로 굽는다. 시간을 끌면 단백질이 수분을 흡수하여 글루텐이 만들어지기 쉽다.
〈보관〉 차고 어두운 곳에 둔다. 고온에서는 지질, 단백질의 특성이 떨어진다. 밀가루의 온도가 20℃를 넘으면 변질 속도가 빨라지므로 여름철에는 특히 주의할 필요가 있다.

박스 엘리베이터 機 (영 Box elevator) 반죽을 넣은 박스(반죽 상자*)를 올려 믹서나 분할기에 옮겨 넣는 장치. 여기에 믹서용과 분할기용 박스 엘리베이터가 있다. 믹서용은 믹서에 설치하여 중종을 본반죽용 믹서에 옮길 때 쓰고 분할기용은 분할기에 설치하여 본반죽을 끝낸 뒤 분할기의 호퍼에 넣을 때 이용한다. 이것은 대형 믹서를 갖추고 중종법과 2번 반죽법으로 반죽할 때, 혹은 대형 분할기를 써서 한번에 많은 반죽을 기계에 넣을 때 꼭 필요한 장치이다. 이 때 박스 엘리베이터를 쓰면 반죽을 빠르고 쉽게 옮길 수 있다.

박스.케이크 菓 (영 Box Cake) 직사각형의 케이크 틀에 넣고 구운 상자 모양의 케이크. 여기에는 흰색의 화이트 박스 케이크와 노란색의 옐로 박스 케이크가 있고, 또 과일, 호두를 넣은 것과 아무 것도 넣지 않은 간단한 케이크가 있다.
[만드는 법] ① 설탕 4,500g, 쇼트닝 1,800g, 분유 450g, 향료를 한꺼번에 섞어 크림 상태로 만들고 여기에 밀가루 900g을 더해 반죽한다 ②①에 계란 2,700g, 소금 75g을 더해 천천히 젓는다. 물엿 225g, 물 1,350cc를 더하고 밀가루 2,850g, 베이킹

파우더 112g을 함께 체 쳐 넣는다 ③②에 물 1,350cc를 부어 반죽을 마무리한다 ④③의 반죽을 알맞게 분할하여 나무 틀을 걸쳐 놓은 파운드 케이크 틀에 넣고 180℃에서 60~70분간 굽는다. 흔히 틀을 2장 겹쳐 굽는 이유는 케이크가 골고루 부풀게 하기 위함이다.

박테리아 生 (영 Bacteria) 미세한 단세포 미생물.
⇨세균

박하 原 (영 Mint 프 Menthe 독 Minze) 꿀풀과(科)의 다년생 숙근초(〈사진〉 참고). 잎 표면에는 기름샘이 있고, 정유(精油, 박하유)의 대부분이 기름샘에 저장되어 있으며 여기에서 기름이 분비된다. 박하는 시원하고 산뜻한 향을 갖고 있다. 식용으로 시판되고 있는 것은 페퍼민트, 스피어민트이다. 이들 박하의 잎은 과자에 장식하거나 소스, 크림에 풍미를 낼 때 이용한다.

〈사진〉 박하잎

〈표〉 박하의 종류

박하	동양종 = 일본 박하	적경종 청경종
	서양종	페퍼민트 스피어민트 페니로열민트

박하뇌[薄荷腦] 原 (영 Menthol) 박하의 잎이나 줄기를 증류(蒸溜)하여 얻은 알코올. 화학식은 $C_{10}H_{20}O$이다. 독특하게 상쾌한 냄새가 나는 무색의 침상(針狀) 결정체이다. 이것은 제과향료로 사용되며 양주·치약·의약에도 사용된다.

반죽 빵 菓 (영 Dough, Batter, Paste 프

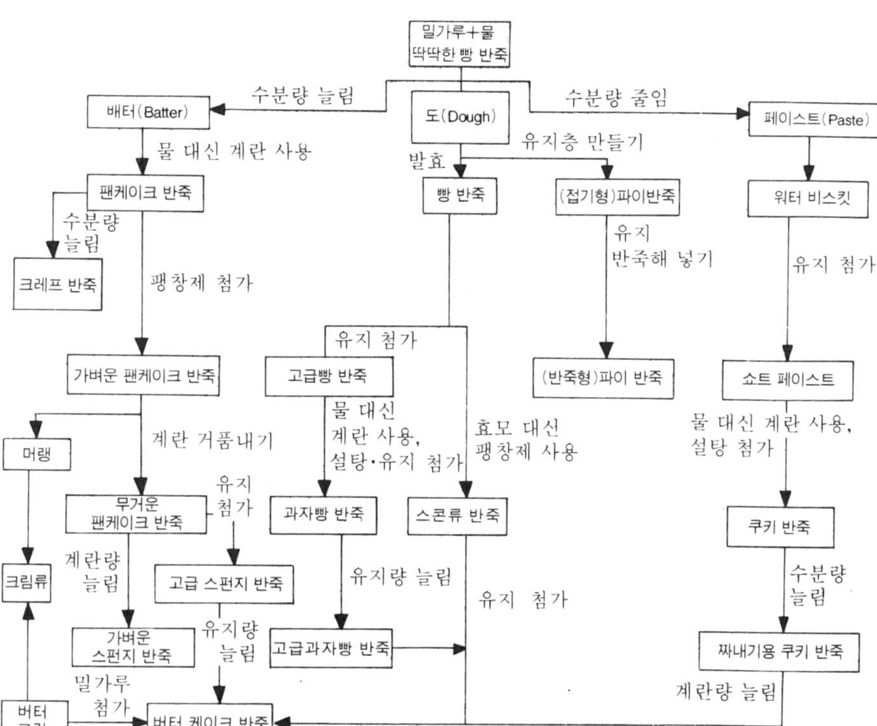

Pâte 독 Teig) 밀가루에 물과 부재료를 섞은 혼합물. 도(dough)는 빵 반죽, 배터 (batter)와 페이스트(paste)는 과자 반죽이다. 파트(pâte)는 프랑스어이고 빵·과자 반죽을 통틀어 가리키는 용어이다. 도, 배터, 페이스트의 원형(原型)은 밀가루와 물을 섞은 것. 이 반죽을 구워 만든 것이 빵의 원형이라고 할 수 있다. 밀가루에 물만 더해 반죽한 뒤 구우면 딱딱한 빵이 된다. 시간이 흐르면서 갖가지 재료―설탕, 우유, 계란 등―가 첨가되어 반죽도 발전을 거듭하였다. 즉, 원·부재료의 수가 확대됨에 따라 반죽의 종류도 복잡·다양해졌다. 반죽을 도, 배터, 페이스트로 나누는 척도는 반죽의 굳기이다. 또, 반죽의 굳기는 수분량에 따라 달라진다. 도를 기준으로 삼고 그보다 수분이 많으면 배터, 적으면 페이스트라 한다. 이러한 반죽형태의 변천 과정과 분류를 그림으로 나타내면 위와 같다.

반죽 개량제[―改良劑] 圓 (영 Dough conditioners) 빵의 품질을 개선시키는 재료. 개량제를 빵의 원료와 섞어 반죽하면 좋은 색과 향, 촉촉한 속결이 나오고 노화를 방지하여 오래 보존할 수 있게 된다. 〈종류〉 ① 유화제 : 반죽 속에서 유지 성분과 물을 연결시켜 속결을 좋게 하고 노화를 방지한다. 모노글리세리드, 디글리세리드, 레시틴 등이 여기에 속한다. ② 산화제 : 직

〈표〉 반죽 개량제의 종류

분류	소　재	사　용　목　석	효　　과
발효 촉진제	암모늄염 칼슘염	발효 촉진 발효를 안정·촉진시켜 글루텐 강화	빵의 부피 증대
산화제	브롬산칼륨 아스코르브산	글루텐 강화	빵의 부피 증대 기공의 양호화
환원제	글루타치온 시스테인	글루텐의 신전성 증가	믹싱, 발효시간의 단축, 제품의 수명 연장
효소제	아밀라아제 프로테아제	발효조성 글루텐의 신전정 증가	빵의 부피·색상·풍미 향상, 반죽·발효 시간 단축, 제품의 수명 연장
유화제	모노글리세리드 레시틴	반죽의 물리성 향상 빵의 노화 억제	반죽의 기계성 향상 제품의 수명 연장
산미제	유기산류	갈색반응, 향과 맛의 증가	

접 글루텐에 작용하여 빵속의 색을 희게 하고 글루텐을 안정시켜 가스 보유력을 증가시킨다. 아스코르브산(ascorbic acid), 브롬산칼륨($KBrO_3$) 등이 있다. ③ 효소 : 이스트의 영양원인 당류를 분해시켜 발효를 촉진한다. 아밀라아제, 프로테아제('밀가루의 효소'항 참고) 등이 있다. ④ 유지 : 반죽의 신전성(伸展性)을 키우고 반죽을 매끄럽게 하며, 또한 빵의 속결 향상·빵의 노화 방지·영양강화에 기여한다. 버터, 마가린, 쇼트닝 등이 있다. ⑤ 당류 : 반죽에 안정성을 주고, 빵의 껍질색을 좋게 하며 제품의 경화(硬化)를 방지한다. ⑥ 유기산 : 빵의 껍질색, 향, 맛을 좋게 한다. 숙신산, 구연산, 주석산, 젖산(乳酸) 등이 있다.

반죽기[－機] 機 (영 Kneader)
⇨니더

반죽 날개 機 (영 Dough wing) 믹서볼 속에서 여러 재료를 섞어 반죽을 만드는 기구. 교반 날개라고도 한다. 믹서를 이루는 한 부분으로서 휘퍼*, 비터*, 훅*의 세 부분으로 나뉜다. 휘퍼는 교반·혼합용, 혹은 반죽용이고 비터는 그 중간에 위치한다.
→믹서

반죽 냉각장치[－冷却裝置] 機 (영 Cooling unit) 반죽하는 동안 반죽 온도가 필요 이상으로 높아지지 않도록 작용하는 장치. 반죽 온도는 반죽함에 따라 자연히 오르게 마련이다. 하지만 그대로 놓아두면 반죽의 조직과 발효에 좋지 않은 영향을 미친다. 온도의 상승을 막는 것이 냉각수(冷却水)이고, 이것을 이용한 것이 이중벽 믹서('재킷'항 참고)이다. 즉, 냉각수를 만들어 믹서의 이중벽 사이로 보내는 장치가 바로 냉각장치이다. 이 때 냉각수의 온도가 1.7℃ 이하로 떨어지지 않도록 한다. 만약 그 이하로 떨어지면 냉각기의 조절장치가 얼어붙어 부서질 염려가 있다. 소규모 공장에는 공랭(空冷) 장치가, 대규모 공장에는 수랭(水冷) 파이프식 냉각장치와 기화장치가 알맞다.

반죽 만들기 技 (영 Dough making) 배합표와 만드는 법에 따라서 각각의 재료를 한데 섞어 빵 반죽으로 만드는 작업. ① 밀가루 : 변질의 유무를 조사하고 사용량을 정확히 재어 체 쳐 둔다. 몇 가지 가루를 섞어서 반죽할 경우에도 완전히 섞이도록, 체 쳐 혼합한다. ② 이스트 : 변질의 유무를 조사해 사용량을 재고 손으로 비벼 부드럽게 한 뒤 3배의 미지근한(15~30℃)물에 녹인다. 너무 진한 설탕물로는 녹이지 않도록 한다. ③소금 : 이스트 푸드와 함께 녹이지 않는다. 설탕과 함께 체로 쳐서 불순물을 없앤 뒤 미지근한 물에 녹인다. ④유지 : 마가린이나 쇼트닝 등의 유지류는 특히 변질되기 쉬우므로 잘 살핀 뒤 사용한다. 굳은 마가린은 조금 가열해서 부드럽게 만들 필요가 있지만, 쇼트닝은 아주 굳은 것 이외엔 부드럽게 녹일 필요가 없다. ⑤우유 : 사용 전에 한 번 가열한 뒤 차게 해서 사용한다. 탈지분유는 사용하기 약 30분 전에 3배의 물로 녹인다. 가당연유를 사용할 경우에는 설탕의 양을 그만큼 줄인다. ⑥이스트 푸드 : 유기, 무기에 따라 사용법이 다르며 이스트와 함께 녹이지 않는다. 반죽에 강하게 작용하므로 사용량을 정확히 재어야 한다. ⑦물 : 반죽물의 양은 밀가루 종류에 따라 다르므로 미리 밀가루의 흡수율을 잘 조사해서 사용할 분량을 정해 적당한 온도를 가한다. 이 반죽물의 온도 계산 방법은 보통 완성된 반죽의 온도를 3배로 한 뒤 밀가루의 온도와 실내 온도를 빼는 방법이 널리 사용되고 있다. ⑧믹서로 반죽하는 순서 : 물 약 2/3와 소금, 설탕을 넣고 잘 섞는다→믹서를 작동시켜 전체 밀가루량의 반을 넣고 조금 더 반죽한다→계속해서 이스트 용액과 이스트 푸드를 넣고 혼합한다→남은 물과 밀가루를 넣고 계속 혼합해서 물 반죽이 어느 정도 끝나고 반죽 모양이 생기게 되면 쇼트닝을 반죽 표면에 조금씩 섞어 반죽의 본단계로 들어간다.

반죽 상자[-箱子] 機 (영 Box 프 P-étrin 독 Trog) 발효 상자, 발효조(發酵槽) 또는 트라우(trough)라고도 하는, 나무나 철로 만든 네모 상자. 중종용 상자와 본반죽용 상자가 있다. 중종용은 중종 반죽(또는 직접법 반죽)을 담아 1차 발효실에 넣고 발효시키기 위한 상자이고, 본반죽용은

본반죽을 분할기로 옮길 때 필요한 것이다. 이 때가 본반죽의 플로어타임*이다.

반죽 온도[-溫度] 技 (영 Dough temperature) 반죽이 완성된 직후에 나타나는 온도이다. 이것은 반죽의 발효를 관리하는 데 중요한 요소이다. 반죽 온도가 높을수록 이스트의 발효력은 커지지만, 반죽 속의 글루텐이 파괴되어 발생한 가스는 새버린다. 그러므로 무한정 온도만 올려서는 안된다. 중종법으로 만든 반죽의 온도는 중종 온도 24℃, 본반죽 온도 27℃가 표준이다. 직접법으로 만든 반죽의 온도는 27℃가 표준이다. 직접법의 반죽 온도가 중종 온도보다 높은 이유는 이스트의 활동을 막는 재료(분유, 소금 등)가 들어 있기 때문이다. 이렇게 원하는 온도로 반죽을 완성하는 방법은 다음과 같다. ①원하는 반죽 온도에 3을 곱한다 ②밀가루 온도와 실내 온도를 각각 재고 그 값을 ①에서 뺀다 ③②에서 남은 값이 첨가액인 물과 우유의 온도이다. 날씨가 덥거나 추울 때 또는 반죽의 크기가 작을 때에는 액체의 온도를 2~4℃ 정도 가감(加減)한다.

반죽하기 技 (영 Kneading, Dough mixing 프 Petrisage 독 Kneten) 밀가루, 이스트, 소금, 그 밖의 재료에 물을 더해 섞는 일.

〈반죽의 목적〉①배합 재료를 고르게 분산시켜 균일한 반죽을 얻기 위함이다. ②밀가루에 물을 충분히 흡수시켜 밀가루 속에 들어 있는 글루텐을 유연하게 늘여 결합시키기 위함이다. 이러한 목적으로 쓰는 기계가 믹서이다. 믹서 속에서 모든 재료가 고르게 섞일 때까지 저속으로 돌리다가 밀가루가 충분히 흡수된 뒤에는 고속으로 돌린다.

〈반죽의 발달단계〉① 1 단계(pick-up stage) : 밀가루와 물이 대충 섞인 상태. 아직 물이 완전히 섞이지 않아 밀가루가 충분히 물을 흡수하지 못한 단계이다. 여기까지는 믹

서를 저속으로 돌린다. ② 2 단계(clean up stage) : 물이 완전히 밀가루 속에 분산·흡수되어 반죽이 한 덩어리가 된다. 믹서의 볼(bowl) 벽이나 반죽 날개에 반죽이 들러붙지 않는다. 반죽 속의 글루텐은 조금씩 결합하기 시작한다. ③ 3 단계(development stage) : 글루텐의 결합이 급속히 진전되고, 반죽의 점착성(粘着性)은 떨어지나 탄력성(彈力性), 신전성(伸展性)이 좋아진다. 이때가 빵 반죽의 최적 상태이다. 산도(pH)는 5.2이다. ④ 4 단계(final stage) : 결합단계의 마지막 시기. 반죽은 반투명하다. 반죽 날개에 말린 반죽은 규칙적으로 믹서의 벽을 친다. 이 때 믹서의 작동을 멈춘다. ⑤ 5 단계(let down stage) : 너무 오래 반죽하여 글루텐이 끊어지기 시작하는 단계. 반죽은 탄력성을 잃고 신전성이 지나치게 커지면서 점착성이 나타난다. 이 단계에서 믹서의 작동을 멈추면 그 뒤에 플로어타임을 길게 잡아 반죽의 탄력성을 회복시켜야 한다. ⑥ 6 단계(break down stage) : 글루텐이 끊어지는 단계(5 단계)를 지나 계속 반죽하면 반죽에 점착성과 유동성이 커져 신전성을 잃기 시작한다. 이것은 빵 반죽이라 할 수 없다.

〈빵 반죽의 형성원리〉 밀가루의 주성분은 녹말과 단백질이다. 녹말은 크고 작은 입자로 존재하고, 단백질은 젤라틴을 얇게 말려 부순 모양으로 되어 있다. 이 단백질이 녹말 입자에 끼어 있다. 밀가루에 물을 더하면 물이 단백질, 녹말과 결합하여 팽윤현상(膨潤現象)을 일으킨다. 단백질, 녹말은 모두 친수성 분자(親水性分子)이므로 물과 잘 결합한다. 결합력은 녹말보다 단백질이 더 크다. 따라서 단백질이 많은 밀가루일수록 흡수율이 높다. 그리고 녹말은 물과 결합하여 30~35% 만큼 부피가 커진다. 모든 재료를 섞는 동안 물의 일부는 단백질, 녹말과 결합하여 결합수*가 되고 나머지 물은 소금, 설탕 등을 녹이는 유리수('자유수'항

참고)로 남는다. 재료가 잘 섞이면 그 다음에는 충분히 반죽(kneading)한다. 그러면 서로 떨어져 있던 단백질 입자가 점점 커져 이어지고, 더 나아가 삼차원의 그물 구조가 생긴다. 이것이 글루텐*이다.

반죽형 파이 반죽 菓 (영 Short paste 프 Pâte à foncer) 유지를 밀가루와 섞어 반죽한 것 또는 미국식 파이 반죽('파트 브리제'항 참고). 쇼트 페이스트, 파트 아 퐁세*가 여기에 속한다.
→파이 반죽

반통 機 (프 Banneton) 성형한 프랑스빵 반죽을 2차 발효 시키기 위한 도구. 버드나무 가지로 짜 맞춘 광주리로서 빵 모양에 따라 그 형태와 크기가 다르다. 안쪽에 헝겊을 깔고 반죽을 넣어 발효시킨다. 반죽 표면이 마르지 않도록 하기 위해서 파리지앵*을 사용하기도 한다.

발렌타인 데이 其 (영 St. Valentine's Day) 기독교도에 대한 박해 시대, 즉 3세기 로마에서 순교한 성(聖) 발렌티노(St. Valentino : ?~270)를 기념하는 날. 매해 2월 14일이 바로 그 날이다. 그는 생전에 사랑의 수호신으로 떠받들어졌다. 왜냐하면 성 발렌티노가 맺어준 두 사람은 오래 오래 행복한 결혼생활을 했고, 또 결혼식을 미처 올리지 못한 젊은이들을 위해 자청해서 결혼 의식을 치러 주었기 때문이다. 그럼에 따라 성 발렌티노 앞에서 결혼식을 치르려는 사람이 늘고 그래서 그의 명성이 높아졌다. 그가 죽고 1,200여년이 지난 1664년 3월 15일 비로소 종교회의가 그를 성인(聖人)의 서열에 올려 놓았다. 한국과 일본을 제외한 다른 나라에는 이 날 사랑하는 남녀가 서로에게 선물을 주고 받는 풍습이 있다. 선물 중의 하나가 발렌타인 케이크이다. 이것은 사랑의 상징인 하트 모양이 대부분이고 상대의 이름을 새기거나 장미, 튤립, 데이지, 물망초를 장식하기도 한다. 케이크 시트로는 옐로 케이크, 화이트 케이크, 버터 스펀

지, 쇼트 페이스트, 버터, 쿠키를 쓴다. 장식으로는 퐁당, 버터 크림, 마지팬, 초콜릿, 잼, 젤리, 과실을 쓰고 마무리는 분홍, 노랑, 초록 등 밝은색 장식물로 한다.

한편, 한국과 일본의 발렌타인 데이는 여성이 남성에게 초콜릿을 선물하는 날로 되어 있다. 초콜릿과 관계가 맺어진 때는 1936년, 일본의 어느 초콜릿 업체가 '발렌타인 데이에 초콜릿 선물을…'이라는 판매 촉진 광고를 신문에 게재한 것에서 비롯되었다. 현재 그 상품전략이 들어맞아 발렌타인 데이 관습은 초콜릿 매상을 높이는 데 한 몫을 하며 초콜릿 업계의 최대 행사가 되었다. 이러한 상품전략이 한국에 건너와 그대로 적용되고 있다.

→화이트 데이

발로리미터 試 (영 Valori-meter) 자동 계산기. 패리노그래프(farinograph)의 보조장치로 이용된다. 발로리미터 속에 패리노그래프용 종이를 넣어 두면 밀가루의 힘이 대수(對數) 눈금으로 나타난다. 이 값(발로리미터값)에 따르면 힘이 서로 다른 여러 밀가루의 조성비율을 쉽게 정할 수 있다. 힘이 고른 조성 분(粉)을 만들 때 꼭 필요한 기계이다.

발리 原 (영 Barley 프 Orge 독 Gerste) 벼과 1~2년생 작물인 보리의 영어명. ⇨보리

발삼 原 (영 Balsam) 침엽수(針葉樹)에서 분비되어 나오는 끈끈한 액체. 주로 의약용으로 쓰인다.

〈종류〉① 캐나다(Canada) 발삼 : 북아메리카의 솔송나무에서 채취한 것. 약용. ② 구른(gurjun) 발삼 : 인도·버마에서 생산됨. 니스·래커용, 약용. ③ 메카(Mecca) 발삼

: 요르단강 동쪽에서 생산됨. 향료에 사용. ④ 페루(Peru) 발삼 : 향료의 보류제, 피부병 치료제로 사용. ⑤ 톨루(Tolu) 발삼 : 베네수엘라·콜롬비아·페루 등에서 생산됨. 향료용, 추잉 검용, 약용 등으로 가장 널리 쓰인다.

발아 밀가루[發芽—] 原 (영 Malted wheat flour) 발아한 밀을 빻은 가루. 제빵 보조제로 이용된다. 그 효과는 ① 가스 발생량이 늘고 ② 겉껍질색과 풍미가 좋아진다. 이것은 발아 밀 속에 있는 α-아밀라아제의 작용에 따른 결과이다.

발효[發酵] 化 (영, 프 Fermentation) 용액 속에서 효모, 박테리아, 곰팡이가 당류(糖類)를 분해하거나 산화·환원시켜 알코올, 산, 케톤을 만드는 변화. 이 변화에 의해 열이 나고 탄산 가스 등의 기체가 발생한다. 알코올 발효, 젖산 발효, 아세트산 발효 등이 있다. 퍼멘테이션(fermentation)은 라틴어인 페르베르(fervere : 끓는다는 뜻)에서 파생한 용어이다. 빵이나 술은 알코올 발효에 의해 만들어진다. 즉, 효모(이스트)가 빵 반죽 속에서 당을 분해하여 알코올과 탄산 가스를 만든다. 그리고 이 때 나오는 에너지(열)로 효모가 활동한다. 이러한 효모의 활동은 반죽이 구워질 때까지 계속된다. 제빵 반죽은 보통 3단계의 발효 공정을 거친다. 그 단계마다 명칭이 각각 달라진다(아래 〈그림〉 참고).

넓게는 플로어타임(floor time)과 벤치타임(bench time)을 합쳐 중간발효라 부르기도 한다.

발효력과 가수량[—加水量] 試 (영 Fermentative power and Hydrous quantity) 뒤의 〈그림〉은 반죽의 흡수율과 가스 발생

〈그림〉 빵 반죽의 발효공정

fermentation	→	floor time	→	intermediate proof	→	final proof
(1차 발효)		(플로어타임)		(중간 발효, bench time)		(2차 발효)

벌크 발효(bulk fermentation)✳———————프루프(proof)————————➤

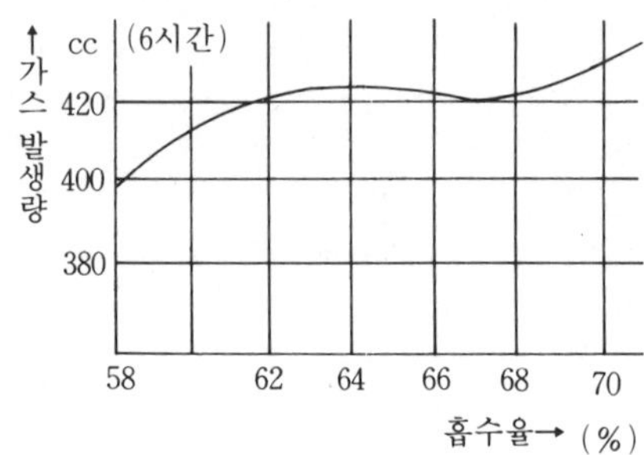

〈그림〉 가스 발생량에 따른 흡수율

〈표1〉 당농도와 가스 발생량의 관계

설탕 농도(%)	가스 발생량(%)
4	100
10	92
15	76
20	61

〈표2〉 설탕 첨가량에 따른 품질 비교

첨가량(%)	촉감	결	합계
0	70	65	135
2	65	80	145
4	80	85	165
6	88	88	176
8	88	85	173
10	86	86	172

량 사이의 관계를 나타낸 것이다. 여기서 보면 손으로 처리할 수 있을 정도의 반죽 굳기에서는 가스량에 큰 차이가 없다. 반면 질어진 반죽에서는 흡수율이 클수록 가스량이 많아진다.

발효력과 당량[−**糖量**] **試** (영 Fermentative power and Sugar quantity) 이스트의 먹이가 되는 당의 첨가량에 따라 가스 발생량과 빵의 부피, 품질이 달라지고 또 당의 종류에 따라 가스 발생량이 달라진다. ① 설탕량(당농도)이 가스 발생량에 미치는 영향 : 〈표1〉 ② 설탕량이 빵의 부피·품질에 미치는 영향 : 〈그림1〉 〈표2〉 ③ 당의 종류와 가스 발생량의 관계 : 〈그림2〉.

〈그림2〉 당 종류와 가스 발생량의 관계

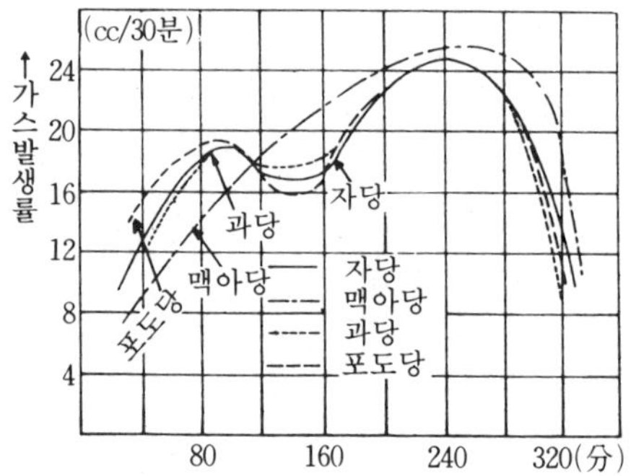

〈그림1〉 설탕 첨가량에 따른 비부피 그래프

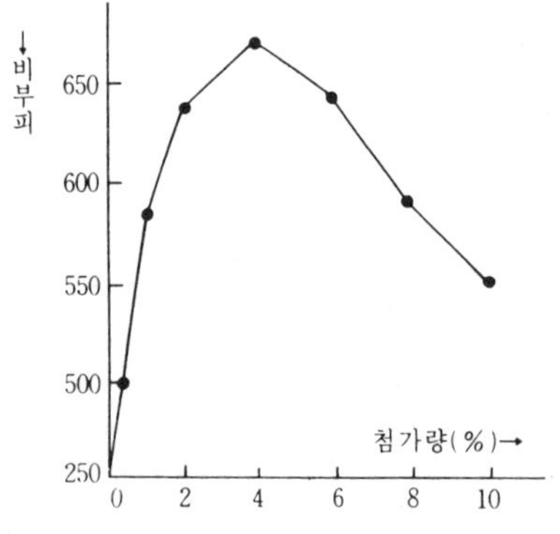

주) 비부피 : 빵 100 g에 해당하는 부피.

발효력과 무·유기염류[−**無**·**有機鹽類**] **試** (영 Fermentative power and Inorganic or organic salt) 1. 무기염류와 발효력의 관계−① 금속염 : 비활성화. ② 칼슘염 : 당화 효소에 좋은 영향을 준다. ③ 암모늄염과 인산염 : 이스트의 영양원. ④ 황산석회, 염화암모니아, 황산암모니아, 인산암모니아 : 0.01~0.03%를 첨가하면 장시간 발효가 활성화된다. 2. 유기염류와 발효력의 관계−① 발효촉진 염류 : 아스파르트산(아스파라긴), 글루탐산. ② 발효방해 염류 :

티로신, 메티오닌, 글리신, 시스틴, 류신, 트립토판.

발효력과 소금 試 (영 Fermentative power and Salt) 소금이 발효 반죽에 미치는 영향은 다음 4가지로 요약할 수 있다. ① 소금을 넣지 않은 빵은 맛이 떨어진다. ② 반죽의 점탄성(粘彈性)을 높인다. ③ 프로테아제*의 효소 작용을 막고 반죽을 개량(改良)한다. ④ 배합량이 지나치면 발효력이 약해진다. 반면 알맞은 양(0.5~1.7%)을 더하면 밀가루의 발효 저해작용을 막으므로 발효가 촉진된다.

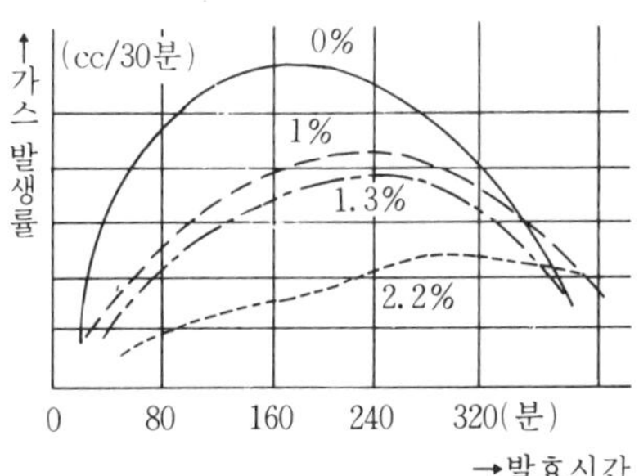

〈그림〉 발효력과 소금 농도

발효력과 쇼트닝 試 (영 Fermentative power and shortening) 쇼트닝이 발효 반죽에 미치는 효과는 다음 2가지로 요약할 수 있다. ① 밀가루의 글루텐 조직(그물 구조) 속에 들어가 윤활유 역할을 한다. 즉, 글루텐과 기포의 막이 얇아져 반죽이 잘 부푼다. 그럼에 따라 부피가 크고 결이 고우며 맛이 부드러운 제품이 만들어진다. 그리고 보존성을 높여준다. ② 쇼트닝의 크리밍성 때문에 이스트의 발효가 촉진된다. 효모가 발산한 탄산 가스는 쇼트닝이 만들어낸 기포에 들러붙어 기공을 형성한다. 그 기포가 작고 고르게 퍼져 있을수록 탄산 가스 역시 고르게 흩어질 수 있다. 이러한 성질이 쇼트닝의 크리밍성이다.

발효력과 이스트량 試 (영 Fermentative power and Yeast quantity) 발효 소요시간과 이스트량 사이에는 쌍곡선이 그려진다 (〈그림〉 참고). 이스트를 3% 이상 써도 발효시간은 줄지 않는다. 그리고 2 % 이상 첨가하면 가스 발생량의 증가폭은 작아진다.

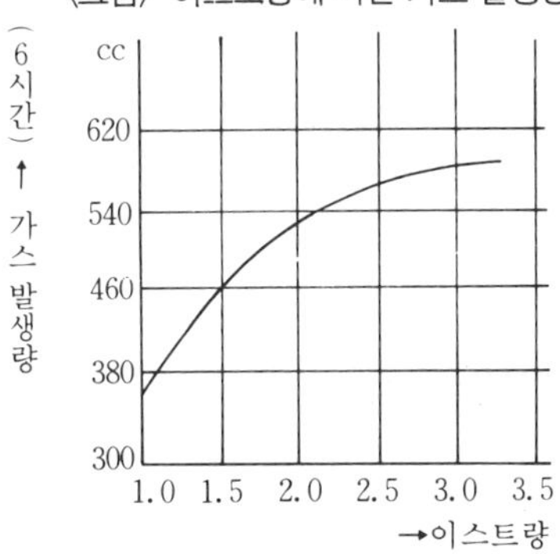

〈그림〉 이스트량에 따른 가스 발생량

발효 미생물[醱酵微生物] 生 (영 Fermentation microbe) 곰팡이류, 효모류, 세균류 중에서 발효를 일으키는 것의 총칭. 양조(釀造) · 장류(醬類)에 관계하는 누룩곰팡이, 요구르트 등의 식품에 관계하는 젖산균 등이 그것이다.

발효 반죽 其 (영 Fermentative dough 프 Pâte levée) 효모균으로써 발효시킨 과자 반죽. 보통의 발효 반죽과 접어밀기한 발효 반죽이 있다. 영어권의 이스트 도(yeast dough), 프랑스어권의 파트 르베(pâte levée), 독일어권의 헤페타이크(hefeteig)가 전자에 속하고 데니시 페이스트(danish paste), 파트 르베 푀이테(pâte levée feuilletée), 플룬더타이크(plunderteig)가 후자에 속한다. 보통의 발효 반죽으로 사바랭 · 바바를 만들고 접어밀기한 반죽으로는 크루아상 · 데니시 페이스트리를 만든다.

발효 손실[醱酵損失] 技 (영 Fermentation loss) 반죽 속의 당분이 알코올과 탄산 가스로 분해, 휘산(揮散)되어 발생하는 손실. 넓게는 반죽 표면의 수분이 증발하는 증발 손실, 반죽이 기계·그릇에 들러붙어 소모되는 작업 손실도 발효 손실에 속한다. 이 중 가장 큰 손실은 물론 증발 손실이다. 이를 막기 위해서는 발효실의 습도를 높이거나 반죽의 수분을 늘려야 한다. 발효 손실은 보통 반죽 중량의 1~2%이다.

발효실[醱酵室] 機 (영 Fermentation room) 반죽을 갓 끝낸, 혹은 갓 성형을 마친 반죽을 넣고 가스를 발생시켜 부피를 키우는 장치. 1차 발효*를 위한 1차 발효실과, 2차 발효*를 위한 2차 발효실이 있다.
→일차 발효실, 이차 발효실

발효정지[醱酵停止] 技 (영 Fermentative retardation) 빵 반죽의 발효 속도를 늦출 수 있는 데까지 늦추는 방법. 발효정지는 냉장온도인 1~3℃에서 가능하다. 그 방법으로 다음 2가지가 있다. ① 반죽을 한 덩어리로 만든 뒤의 발효정지법 : 20분 또는 30분만 발효시키고 이 반죽을 평평하게 해서 3,600~4,500 g으로 분할하여 합성수지에 싸서 1~3℃에서 저장한다. ② 반죽을 성형한 뒤의 발효정지법 : 반죽을 필요한 만큼 발효시키고 성형을 끝낸 뒤 철판에 놓고 1~3℃에서 저장한다. 발효정지 상태에서 반죽의 표면이 마를 수 있으므로 습도를 85%로 유지해야 한다. 이것이 어려우면 합성수지 시트나 유지 커버를 덮어 둔다.

밤[栗] 果 (영 Chestnut 프 Marron 독 Kastanie) 참나무과(科)의 낙엽교목인 밤나무에 열리는 열매. 그 중에서 과실로 쓰는 것은 일본밤, 유럽밤, 중국밤, 미국밤 등 4종이다. 밤은 날로 먹거나 삶아 먹는다. 생밤을 조리해서 쓸 때는 물에 담가 불린 다음 속껍질을 깐다. 시럽에 조릴 때는 먼저 속껍질을 까고 물에 씻어 떫은맛을 뺀다. 리큐르 절임용 밤은 럼, 꼬냑, 리큐르를 더한 시럽에 시럽조림용 밤을 담가 만든다. 스펀지 케이크에 밤을 장식하면 가토

오 마롱, 타르트에 넣으면 타르트 오 마롱이 된다.

밤 빵 (영 Barm) 맥아가루, 밀가루, 호화 밀가루를 물에 녹여 숙성시킨 수종*의 하나. 대표적인 밤에 파리지언 밤이 있다. 밤은 효모의 배양액 또는 알코올 음료 제조에 쓰인다. 현재 영국의 스코틀랜드에서는 밤을 이용하여 빵을 만들고 있다.
[만드는 법] ① 맥아가루 1,000 g과 73.9℃의 물 5,700cc를 섞어 3시간 30분 동안 당화시킨다 ②①의 당화액을 짜서 그 액이 66.7℃, 5,700cc가 되도록 한다 ③②에 밀가루 7,700 g, 끓는물 10,260cc를 더해 섞는다 ④③에 호화한 밀가루를 더하고 18~24시간 동안 놓아 둔다 ⑤④의 종(種 : barm) 온도가 23.9℃로 떨어지면 묵은 종(old barm) 10,260cc를 더해 3~4일 놓아 둔다.

밤 브랙 빵 (영 Barm Brack) 아일랜드의 과실 넣은 둥근 빵. 처음에 버터(또는 라드), 설탕, 계란을 섞어 반죽을 만들었고 그 밖의 첨가물은 캐러웨이씨 정도였다. 그 뒤 레이즌, 필 등 드라이 프루츠를 다량 더하였다. 크리스마스와 핼로윈 데이에 자주 만들어진다.
[배합] 〈중종〉 우유·물 각 570cc, 설탕 60 g, 이스트 115 g, 밀가루 230 g. 〈본반죽〉 계란 285 g, 설탕 230 g, 소금 21 g, 밀가루 1,815 g, 라드 340 g, 레이즌 2,950 g, 오렌지·레몬 필 각 225 g, 레몬 껍질 3개 분량.
[만드는 법] ① 데운 우유, 물, 설탕, 이스트, 밀가루를 섞어 중종을 만들고 발효시킨다 ② 계란, 설탕, 소금을 섞고 ①과 합친다 ③ 밀가루를 더해 본반죽을 만든다 ④ 라드를 섞고 발효시킨 뒤 레이즌, 오렌지·레몬 필, 레몬 껍질을 더해 발효 시킨다 ⑤ 반죽을 분할, 둥글리기 하고 조금 납작하게 만들어 철판에 늘어 놓는다. 표면에 노른자를 바른다 ⑥ 한번 더 발효시키고 210℃ 오븐에서 굽는다.

밤초[－炒] 菓 숙실과*의 하나. 껍질을 벗긴 밤을 설탕과 꿀에 조린 과자이다. **[배합]** 밤(껍질 깐 것) 20개, 설탕 60 g , 소금 소량, 물 1½컵, 꿀 3큰술, 계피가루 소량. **[만드는 법]** ① 밤은 껍질을 벗겨 물에 담근다 ② ①을 끓인 물에 데쳐 내어 냄비에 옮기고, 물과 설탕을 넣어 센 불에서 끓인다 ③ 끓으면 불을 줄이고, 설탕물이 2큰술 정도 남으면 꿀을 넣고 조리다가 계피가루를 섞는다 ④ 그릇에 담고 잣가루를 뿌린다.

방충제[防蟲劑] 原 (영 Insect repellent) 쌀·보리·콩 등의 곡류, 천연 조미료를 저장하는 동안 생길 수 있는 벌레의 침해를 막기 위한 첨가제. 허용 방충제는 피페로닐 부톡시드(piperonyl butoxide)와 에틸렌옥시드(ethylene oxide) 2종류이다.

배 果 (영 Pears 프 Poires 독 Birne) 능금나무과(科) 배나무속(屬)의 열매. 일본종을 비롯하여 중국·유럽종이 있고 세계 여러 곳에서 재배되고 있다. 배는 온대성 작물이므로 한국 전역에서 재배가 가능하다. 기후 조건에 따라 품질이 달라지는데 대체로 당분이 7~10%, 산은 말산이 0.08%, 주석산과 구연산이 소량 함유되어 있다. 〈종류〉 배의 종류를 크게 나누면 다음과 같다. ① 일본배 : 한국에서 재배되고 있는 품종이다. 한국의 남단(南端), 일본의 중부 이남, 중국의 양쯔강(揚子江) 연안 일대에 분포한다. 과실의 모양은 원형, 타원형, 계란형이다. ② 중국배 : 만주의 남부, 후난성(湖南省)의 북부 및 한국 북부에 분포한다. 과즙이 많으며 중국요리의 디저트로 많이 이용된다. ③ 서양배 : 유럽 남부~중부에 걸쳐 분포한다. 양과자에 많이 이용된다. 〈고르는 방법〉 붉은색 계통은 붉은기가 많지 않은 것을, 녹색 계통은 황색이 되지 않은 것을 고르며 서양배는 밑부분을 만져 보고 탄력이 있는 것을 고른다. 〈용도〉 양과자 재료로 이용되는 배는 거의 서양배이다. 왜냐하면 중국배나 일본배에 비해서 향과 단맛이 강하여 무스와 콩포트를 비롯해 타르트나 파이의 충전물, 빙과 등에 이용할 수 있기 때문이다.

배그 機 (영 Bag) ① 짤주머니용 종이 또는 나일론 짤주머니. ② 140파운드(6,350 g)들이 가루용 주머니. 이것이 둘 모이면 색(sack) 단위로 바뀐다. →짤주머니

배그 클리너 機 (영 Bag cleaners) 밀가루 부대에 붙어 있는, 가루를 모아 쌓는 기계. 보통 가루 저장 탱크, 밀가루 조합기에 달려 있다.

배당체[配糖體] 化 (영 Glucoside) 당류(糖類)의 환원기와 당 또는 화합물(알코올류, 아민류)의 수산기가 결합하여 물이 빠지고 축합한 결과 생긴 물질의 총칭. 글리코시드라고도 하며 배당체를 이루는 결합을 글리코시드 결합이라 한다. 배당체는 식물계에 널리 존재하고 산이나 글리코시다아제(효소)에 의해 가수분해되어 당과 아글리콘(aglycone)이 된다.

배아[胚芽] 生 (영 Gemmule) 종자속에 2~3% 존재하며 자라서 싹눈이 되는 부분. 배아를 50% 정도 남기고 도정한 쌀이 배아미(胚芽米)이다. 이것은 백미에 비하여 지방질과 단백질이 많고 특히 비타민 B_1이 다량 함유되어 있어서 영양가가 높다. 단, 소화율은 떨어진다.

배양효모[培養酵母] 原 (영 Culture yeast) 인공으로 배양하여 발효에 사용되는 효모. 이에 대응하는 야생효모는 천연의 공기 중 또는 과실에 붙어 있다. 보통 배양효모는 야생효모에 비해 산·건조에 약하고, 또 일정 온도 아래에서의 포자형성 시간도 길다. →효모

배지[培地] 生 (영 Culture medium)

미생물을 접종·증식시키는 배양지이다. 배양기(培養基)라고도 한다. 배지에는 미생물이 번식하는 데 필요한 영양소가 함유되어 있어 미생물이 증식하기 쉽다. 배지는 미생물의 종류와 생리적 조건, 실험 목적에 따라 조성을 달리한다.
〈종류〉 ① 천연 배지 : 천연의 동·식물체에서 얻어 화학적 조성이 명확하지 않은 것. 세균 배양에 육즙(부용 : bouillon), 혈청 등을 사용하고 곰팡이 배양에는 맥아즙 등을 흔히 쓴다. ② 합성 배지 : 화학적 조성이 명확한 것을 합성하여 만든 것. ③ 반합성 배지 : 주성분의 일부는 천연물, 일부는 화학 약제를 이용하여 만든다. 이 밖에도 배지의 존재 상태에 따라 고체 배지, 액체 배지로 나뉜다. 이 중 고체 배지는 겔화제인 한천, 젤라틴 등을 넣어 고체화한 것이다.
〈조건〉 ① 수소 이온 농도 : 미생물의 종류에 따라 pH의 조건이 달라진다. 즉, 세균류의 배지는 pH 7~8, 효모류 배지는 pH 5~7, 곰팡이류 배지는 pH 4~6이다. ② 조성분(組成分)의 농도 : 배지의 함유물질 총량이 20% 이상이 되면 삼투압이 높아 미생물이 자라지 못한다. ③ 만든 배지를 배양관에 넣을 때는 관의 안벽에 묻지 않도록 한다.

배치 技 (영 Batch 프 Fournée) 오븐에서 구울 수 있는 1회 분량. 배치 시스템(batch system)이란 가공 공정의 흐름이 계속 이어지지 않고 한 배치마다 끊기는 제조 시스템을 가리키는 용어이다.

배치 믹서 機 (영 Batch mixer) 일정량씩 나누어 쓰도록 되어 있는 믹서. 또, 마카로니 반죽을 만드는 믹서를 가리키기도 한다.

배치 브레드 빵 (영 Batch Bread) 스코틀랜드의 독특한 빵. 반죽을 2단계에 걸쳐서 만든다. 처음에는 밀가루, 효모, 물만으로 대충 반죽하고 2시간 동안 발효시킨다. 다음에 밀가루 조금과 소금물을 조금 섞어 30분 동안 반죽한다. 반죽을 끝낸 뒤 분할해 나무 틀을 끼운 철판 위에 빽빽하게 늘어 놓고 굽는다. 이런 식으로 만들면 빵 윗면과 바닥에는 색이 들지만 옆면에는 색이 들지 않아 흰빵이 된다.

배터 菓 (영 Batter) 케이크 반죽. 밀가루와 다른 과자 재료를 교반·혼합한 유동 상태의 반죽이다. 그리고 밀가루를 넣지 않은 반죽을 크림 또는 포마드(pomade)라 한다.
→반죽

배터 타입 케이크 菓 (영 Batter type cake) 케이크의 기본 재료인 밀가루, 설탕, 계란에 유지를 섞어 만든 케이크의 총칭. 레이어 케이크, 파운드 케이크, 컵 케이크 등이 여기에 속한다. 이외에 폼 타입 케이크*(거품형 케이크)가 있다. 배터 타입 케이크를 만드는 법은 유지를 배합해 넣는 방법에 따라 슈거 배터법*, 플라워 배터법* 그리고 슈거 플라워 배터법*으로 나뉜다.

배트 機 (영 Vat 프 Plaque à débarrasser) 제과 도구. 커다란 네모꼴 그릇으로 재료, 반죽, 크림 등을 담아 둘 때 사용한다. 철·스테인리스·알루미늄 제품이 있다.

배튼버그 케이크 菓 (영 Bettenberg Cake 프 Napolitaine) 갖가지 색과 향을 들인 케이크 반죽을 각각 구워낸 뒤 체크무늬로 잘 조화시켜 아몬드 페이스트로 싼 과자. 한 입 크기로 잘라서 놓는다.

배합표[配合表] 技 (영 Recipe) 빵·케이크를 만드는 데 필요한 재료의 종류, 비율을 기록해 놓은 표. 레시피라고도 한다. 또, 1가지 재료(흔히 밀가루를 기준으로)의 중량을 100으로 하고 다른 재료의 중량을 백분율로 나타낸 퍼센트 레시피도 배합표의 하나이다. 배합표에 사용하는 단위는 ① 고체(가루) 재료 : 그램(g), 킬로그램(kg), 돈, 관(貫), 온스(oz), 파운드(lb). ② 액체 재료 : 데시리터(dℓ), 리터(ℓ), 갤론. ③ 계란 : 개수. ④ 향료·스파이스 : 티

스푼(ts), 테이블스푼(TS) 또는 한줌이
다.
재료의 품질 상태, 공정, 작업실의 온·습
도, 기계 등의 외부 조건이 동일하다면 한
제품을 만들기에 가장 좋은 배합표는 기본
배합이다. 하지만 외부 조건이 때에 따라
변하므로 기본 배합 역시 절대적인 것이라고
는 할 수 없다. 그러므로 기본 배합을 바탕
으로 하면서 그때 그때 조정할 필요가 있
다.

백반[白礬] 原 (영 Alum) 황산 알루
미늄과 알칼리 금속·암모늄·탈륨(thalliu-
m) 등 1가 금속의 황산염이 만드는 복염
(複鹽). 함유되어 있는 1가 금속 이온에
따라 칼륨 백반, 암모늄 백반 등으로 불린
다. 백반은 결정성 물질이며, 물에 잘 녹는
다. 그리고 결정을 가열하면 결정액에 녹아
용액이 된다. 백반 수용액은 떫은맛을 띤
다. 한편 백반을 500℃ 이상까지 가열하면
다공성(多孔性)의 흰 덩어리가 되는데, 이
것을 소백반(燒白礬, 일명 소명반)이라 한
다. 소백반을 물 속에 담가두면 원래의 백
반으로 돌아간다. 백반 소량을 과자에 넣으
면 속결이 좋아짐과 동시에 색이 희어진다.
또, 밤을 백반 녹인 물에 하루 정도 담가두
면 삶아도 부서지지 않는다. 즉, 백반에는
표백작용과 녹말의 으깨짐을 방지하는 작용
이 있다. 소백반은 흡습성이 강하므로 반드
시 건조한 장소에 보관해야 한다.

백설기[白一] 菓 찌는 떡의 하나. 멥쌀
가루에 설탕물을 내려서 층이 지지 않게 찐
떡으로 흰무리라고도 한다. 아기의 돌이나
백일 등에 순수하고 무구하기를 바라면서
순백의 백설기를 쪄 먹는다.
[배합] 멥쌀 5컵, 소금 1큰술, 설탕 1
컵, 물 2/3컵.
[만드는 법] ① 멥쌀은 씻어서 6시간 정도
불린 뒤 소금을 넣고 곱게 빻는다 ② 설탕과
물을 섞어 ①에 고루 뿌린 뒤 고운 체에 거
른다 ③ 시루에 기름 종이를 깔고 ②를 고루

펴서 담은 뒤 베 보자기를 덮고 찐다. 시루
위에 김이 오르면 뚜껑을 덮고 다시 30분 정
도 더 찐다 ④ 그 뒤 꼬치로 찔러 보아 아무
것도 묻어 나오지 않으면 불을 끄고 식힌
다. 큼직하게 잘라 그릇에 담는다.

백워드 도 빵 (영 Backward dough)
발효가 늦어지는 반죽. 그 원인은 ① 배합
이 잘못되었을 때 ② 반죽 온도가 너무 낮을
때 ③ 이스트의 질이 나쁠 때 ④ 소금을 너
무 많이 넣었을 때 ⑤ 반죽이 차가울 때, 이
러한 결과가 나온다.

백퍼센트 중종법[百-中種法] 技 (영
Hundred sponge dough method) 식빵 제조
에 이용되는 중종법이다. 표준중종법과 다
른 점은 ① 중종에 밀가루를 전부 사용할
것. ② 중종의 반죽 온도를 조금 높여 25~
26℃로 할 것. ③ 중종 발효시간을 조금 단
축시켜 3시간 전후로 할 것 등이다. 이 제법
으로 만든 제품은 신전성(伸展性)이 증가하
고 오븐 스프링이 좋아지고 속결이 극히 곱
고 부드러우며 양감이 풍부하다. 문제점으
로는 첫째, 본반죽의 혼합이 어렵고 둘째,
고도의 기술이 요구되며 셋째, 반죽 온도의
조절이 어렵고 넷째, 반죽 도중 변화가 매
우 심해 반죽이 과부족 되기 쉬운 점 등을
들 수 있다.

밴드 오븐 機 (영 Band oven) 카본 스
틸이나 스테인리스 스틸로 만든 밴드를 구
움대로 사용하여, 그 위에 직접 반죽을 늘
어놓고 터널속을 수평으로 움직이면서 굽는
방식의 오븐. 반죽을 넣는 문과 구워져 나
오는 문이 서로 다르다. 원래 밴드 오븐은
비스킷용으로 개발된 것으로서 응용범위가
넓다.

밴버리 케이크 菓 (영 Banbury Cake)
영국 밴버리(Banbury) 지방의 명과(銘菓).
푀이타주에 버터, 레이즌, 필, 향신료 등을
섞어 충전하고 납작한 타원형으로 만든 페
이스트리(pastry)이다.
[만드는 법] ① 퍼프 페이스트리*를 두께

3 mm로 늘여 둥근 형틀로 모양을 찍어낸다 ②①의 반죽을 좀더 얇게 타원형으로 밀어 편다. 그 한가운데에 충전물을 얹고 타원으로 감싼 뒤 이음매가 밑으로 가도록 뒤집는다. 밀대로 눌러 납작하게 만든다 ③②의 표면에, 물을 섞은 흰자를 바르고 설탕을 묻힌다. 윗면에 비스듬히 3군데 칼집을 내고 철판에서 휴지시킨 뒤 굽는다.

밥 〔빵〕 (영 Bap) 영국의 소형 빵. 스카치 밥이 가장 유명하다. 밀가루에 라드(10%), 분유(3 %), 설탕(2 %)을 배합하여 이스트 반죽을 만든다. 45~55 g 씩 분할하고 원형 또는 타원형으로 늘여 다시 발효시킨 뒤 굽는다. 주로 아침 식사용으로 이용하고 버터, 꿀, 마멀레이드를 곁들여 먹는다.

버라이어티 브레드 〔빵〕 (영 Variety Bread) 그 나라에서 생겨나 많이 만들어지고 주식으로 삼는 빵을 제외한 나머지 빵. 그러므로 나라마다 그 대상이 다르다. 프랑스의 버라이어티 브레드는 프랑스 빵* 이외의 빵을, 미국은 화이트 브레드 이외의 빵을 가리킨다.

버스데이 케이크 〔菓〕 (영 Birthday Cake) 생일축하용 케이크. 보통 스펀지 케이크 시트에 갖가지 장식을 하고, 크림이나 초콜릿으로 'Happy Birthday' 또는 'Bon Anniversaire'라 쓰고 이름을 적는다. 나이만큼의 초를 세워 꽂고 불을 밝힌 뒤 입김을 불어 끈다.

버찌 〔果〕 (영 Cherry 프 Cerise 독 Kirsch) 벚나무의 열매.
⇨체리

버킷 〔機〕 (영 Bucket 프 Baquet 독 Eimer) 용기. 컨베이어의 버킷, 믹서 본체의 버킷, 운행식 프루퍼의 버킷이 그 예이다.

버킷 컨베이어 〔機〕 (영 Bucket conveyor) 컨베이어의 한 종류.
⇨컨베이어

버터 〔原〕 (영, 독 Butter 프 Beurre) 유제품의 하나. 우유에서 지방을 분리하여 크림을 만들고 이것을 세게 휘저어 엉기게 한 뒤 굳힌 것으로 기원전부터 조금씩 만들어지다가 근세에 이르러서야 대량생산되었다. 1848년 통 모양의 천(churn : 버터용 휘저음기)이 발명되고 78년 크림 분리기가 등장함에 따라 급속히 공업화가 이루어졌다.

〈종류〉 ①발효 버터(sour butter) : 젖산균을 넣어 발효시킨 버터. 보통 버터에는 없는 짙은 방향(芳香)이 있다. 버터의 풍미가 제품의 질을 좌우하는 마들렌·피낭시에, 쿠키류 등에 알맞다. ②스위트 버터 : 젖산균을 넣지 않고 숙성시킨 버터. ③가염 버터 : 2%의 소금을 넣은 버터. 무염 버터보다는 맛이 좋고 보존성이 높다. ④무염 버터 : 소금을 넣지 않은 버터. 보존성이 적고 식탁용으로는 적당하지 않아 제과 원료나 조리용으로 쓴다. ⑤컴파운드 버터 : 버터에 식물성 유지를 섞어 만든 것. 배합비는 30~90%이고 용도에 따라 달라진다. 이것은 버터의 값이 비싸기 때문에 개발된 것으로서 무염 버터보다 맛은 떨어진다. 하지만 값이 싸고 산화 정도가 더디므로, 어느 정도 보존성이 있어야 하는 과자를 만들기에 알맞다. ⑥분말 버터 : 1963년 오스트레일리아에서 개발된 것. 80%의 지방, 1 % 이하의 수분 그리고 무지유고형분(無脂乳固形分), 구연산염, 유화제, 계면활성제로 이루어져 있다. 이것은 가루이기 때문에 빵·케이크 배합에 지방 대용으로 사용하기 간편하다.

〈성분〉 버터는 보통 지방 81%, 수분 16%, 무기질 2 %, 소금 1.5~1.8% 그리고 단백질인 커드분(分)으로 되어 있다. 특히 부티르산(酸), 카프로산과 같이 탄소수가 적은 지방산이 있어 버터 특유의 풍미가 난다. 버터는 지질이 많은 식품이므로 오래 놓아두면 산화하여 산패를 일으킨다. 더욱이 냉장해 두지 않으면 곰팡이가 피며 녹아서 버터 특유의 재질감이 없어지고 풍미도 나빠진다. 그러므로 -5~0℃에서 직사광선이 닿지 않는 깨끗한 곳에 보관해야 한다. 또, 냄새를 잘 흡수하므로 냄새가 독한 물건 옆에는 두지 않는다.

버터 롤 빵 (영 Butter Roll) 식탁용 소형 빵. 버터 같은 유지류를 7~15% 배합해 만든 것으로서 소프트 롤의 하나이다.
[배합] 밀가루 100(강력 60, 준강력 40), 설탕 8~15, 소금 1.2~1.8, 버터(또는 쇼트닝, 마가린) 7~15, 분유 1~3, 이스트 2.5, 계란 3~10(당분이 적을 때는 사용하지 않음), 향료(레몬·바닐라).
[만드는 법] 직접법, 중종법 또는 냉장 반죽법으로 반죽한다. 반죽 온도는 25~26℃. 90분간 발효시켜 가스빼기 한 뒤 20분간 발효시킨다. 알맞은 모양으로 성형하고 2차 발효를 거친 뒤, 계란칠을 한다. 190~200℃에서 8~10분간 굽는다.
〈성형법〉 ① 막대 모양 만들기 : 반죽을 타원형으로 만들어 손바닥으로 굴리고 양끝을 접어 누른 뒤 다시 굴리는 작업을 되풀이하여 기다란 막대 모양을 만든다. 이것을 고리 모양, 소용돌이 모양 등으로 응용할 수도 있다. ② 엮기 : 막대 모양의 반죽을 길고 가느다랗게 늘여 머리땋듯 엮는다. 2·3·6·8가닥 엮기가 있다. ③ 꼬기 : 길다랗게 늘인 반죽의 양끝을 잡고 꼰다. 1 줄, 2 줄 꼬기가 있다. ④ 말기 : 반죽을 밀대로 밀어펴고 나서 돌돌 만다. ⑤ 접어말기 : 반죽을 원형 또는 타원형으로 늘이고 롤인 버터를 바른 뒤 접어말기 한다. 2 겹 접어말기와 4 겹 접어말기가 있다.

버터린 原 (영 Butterine) 인조버터, 땅콩을 원료로한, 품질 낮은 모조 버터.

버터 밀크 原 (영 Butter milk) 크림으로 버터를 만들 때 부산물로 생기는 액체. 수분 91%, 지방 0.4%, 젖당 4.5%, 단백질 3.4%, 회분 0.7%로 이루어져 있다. 지방이 거의 없다는 점에서 탈지유(脫脂乳)에 가깝다. 버터 밀크에는 젖산발효 시켜 산성을 띤 것과 단맛이 나는 것이 있다. 전자는 발효유로서 음료가 되고 후자는 탈지 분유 대용품으로서 전립빵, 호밀빵, 쿠키 등에 사용한다.

버터 볼 菓 (영 Butter Ball) 설탕, 물엿, 버터를 끓인 액을 물 속에 조금씩 떨어뜨려 굳힌 것.
[배합] 설탕 1,875 g, 물엿 375 g, 물 700~800cc, 버터 적당량.
[만드는 법] ① 냄비에 설탕, 물을 넣고 센 불에서 살짝 조린다 ② 물엿을 더해 15~20분간 끓인다. 끓는 도중 흰 거품이 오르면 그것을 걷어내고, 냄비 주위에 들러붙어 있는 설탕을 떨어뜨려 넣는다 ③ ②를 약한불에서 천천히 조린다. 표준 조림온도는 버터 볼·태피류가 155℃ 이하, 그 밖의 엿종류가 143~150℃이다 ④ ③을 불에서 내리기 바로 전에 버터를 더한다. 이 때, 중조 7.5 g을 물에 녹여 더하고 잘 저어 섞으면 색이 희어진다 ⑤ ④의 액을 젓가락 끝에 묻혀 한 방울씩 물에 떨어뜨린다. 이렇게 해서 굳은 것이 버터 볼이다. 그리고 땅콩을 더해 이것이 뚝뚝 부러질 정도로 조린 뒤 기름 두른 프라이팬에 흘려 넣으면 피넛(peanut)태피가 만들어진다.

버터 비스킷 菓 (영 Butter Biscuits)
[배합] 버터 60 g, 설탕 40 g, 노른자 1 개, 밀가루 100 g, 바닐라 2 g, 우유 15cc. 〈장식〉 체리·안젤리카 각 소량.
[만드는 법] ① 버터, 설탕, 노른자를 섞어 크림 상태로 만든다. 여기에 우유와 바닐라를 더해 섞고 밀가루를 혼합한다 ② ①의 반죽을 작업대 위에 올리고 두세 번 치댄다. 밀대로 밀어 두께 3 mm까지 늘인 뒤 형틀로 찍어 철판에 늘어 놓는다 ③ 표면에 우유를 바르고 체리, 안젤리카 또는 건포도, 견과를 잘라 중심에 얹는다. 장식을 하지 않을 때는 구멍을 뚫는다. 그리고 나서 180℃에

서 15분간 굽는다. 윗면에 그라뉴당을 뿌리고 구워도 좋다.

버터 비터 機 (영 Butter beater) 버터, 마가린을 교반하는 기구.
⇨비터

버터 스카치 原 (영 Butter scotch) 브라운 슈거와 버터를 조려 만든 당액(糖液). 버터 크림, 퐁당, 그 밖의 아이싱, 필링(충전물)에 풍미를 더하기 위해 쓴다.

버터 스카치 비스킷 菓 (영 Butter Scotch Biscuits)
[배합] 버터 454 g, 적설탕 539 g, 소금 9.5 g, 중조 7 g, 계란 170 g, 밀가루 794 g, 레몬 껍질 적당량.
[만드는 법] 위의 재료를 함께 섞어 페이스트로 만들고 두께 6 mm로 늘인 뒤 원하는 모양으로 자른다. 계란액을 바르고 굽는다. 구워 낸 다음 시너먼 풍미를 들인 설탕을 흩뿌린다.

버터 스펀지 케이크 菓 (영 Butter Sponge Cake 프 Genoise) 플레인 스펀지('스펀지 케이크'항 참고)에 녹인 버터를 더한 반죽으로 만든 케이크. 버터 스펀지 반죽은 프랑스의 제누아즈*에 해당한다.

버터 케이크 菓 (영 Cake) 버터 케이크(Butter Cake)는 영어이지만 정작 본고장인 영국에서는 한국에서 통용되는 뜻으로 쓰이지 않는다. 한국에서 케이크라 하면 양과자 전체를 가리키지만 유럽의 케이크가 나타내는 의미는 아주 좁다. 즉, 우리가 말하는 버터 케이크식 제품만을 케이크(Cake)라 한다. 버터 케이크는 원래 영국에서 발전한 과자이고 프랑스나 독일에서도 케크(cake)라는 명칭을 그대로 쓰고 있다. 파운드 케이크*나 던디 케이크*로 더 잘 알려진 버터 케이크의 대부분이 영국에서 탄생했다. 물론 영국 이외의 나라에서 독자적으로 만들어낸 버터 케이크도 적지 않다. 프랑스의 마들렌*, 독일의 바움쿠헨* 등이 그것이다. 하지만 그 중 영국의 버터 케이

크의 종류가 가장 많다.
〈정의〉 버터 케이크란 ① 반죽 속에 유지를 섞고 ② 유지에 의한 팽화를 기본으로 하며 계란, 팽창제에 의한 팽창을 보조로 삼아 만든 반죽을 ③ 틀에 흘려 넣어 구운 것(예외도 있다)이다.
〈종류〉 재료의 배합에 따라 나누면 다음 3가지이다. ① 파운드 케이크 : 버터 케이크의 기본 재료인 밀가루, 유지, 설탕, 계란을 각각 1 파운드(454 g)씩 섞어 구운 버터 케이크. ② 프루츠 케이크 : 기본 재료에 과실을 더한 버터 케이크. 플럼 케이크*, 던디 케이크*, 심널 케이크*가 여기에 속한다. 플럼 케이크는 영국의 전통적인 제품으로서 크리스마스 케이크·생일 케이크·웨딩 케이크의 시트로 사용한다. ③ 밀가루 대신에 견과가루를 사용한 버터 케이크 : 밀가루의 일부만을 바꾼 것에서부터 밀가루 전부를 바꾼 것까지 다양하다. 또, 만드는 법에 따라 ① 슈거 배터법으로 만든 것과 ② 플라워 배터법으로 만든 버터 케이크로 나눈다. 그 밖에 슈거 플라워 배터법, 연속 반죽법으로 만드는 것도 있다.
〈품질평가〉 버터 케이크의 배합이 리치(rich : 고배합)하다는 것은 유지, 설탕, 견과류 등과 같이 열량이 높은 재료를 다량 배합했음을 뜻한다. 또, 반죽 전체에 차지하는 수분량을 기준으로 하여 라이트(light), 미디엄(medium), 헤비(heavy)로 나누기도 한다. 단, 프루츠 케이크인 경우 반죽에 섞인 과실의 양에 따라 라이트, 헤비라는 명칭이 붙는다(뒷 페이지 〈표1〉, 〈표2〉 참고). 보통, 버터 케이크는 고배합으로 만들되 그럴수록 고급 제품이다.
〈기본 배합1〉 밀가루·버터·설탕·계란 각 454 g. 〈기본 배합2〉 밀가루 400 g, 버터 280 g, 설탕 270 g, 계란 350 g, 우유 450cc, 베이킹 파우더 2.5 g. 이와 같은 배합례가 나온 근거는 다음의 규칙에 따른 것이다.

① 유지의 배합량은 밀가루 1파운드(454 g) 당 56~454 g 이다. ② 유지량과 계란량의 비율은 1 : 1.25이다. ③ 계란은 같은 양의 밀가루에 기포를 줄 수 있다. 밀가루량이 계란보다 많으면 팽창제를 더해야 한다. 팽창제는 계란량을 초과한 밀가루량의 2.5~5%를 넣는다. 또, 초과한 양의 90%를 수분(물·우유)으로 보충해야 한다. ④ 설탕량은 반죽 전체의 20%이다. ⑤ 유지량은 계란량과 설탕량을 넘어서는 안된다. ⑥ 설탕은 전체 수분량을 초과해서는 안된다. 이상의 규칙은 물리·화학적으로 검증할 수 없으며 실제 경험을 통해서 얻은 결과일 뿐이다. 이것을 수식으로 나타내면 다음과 같다.

$$F \times 0.12 < B < F$$
$$E = B \times 1.25$$
$$W = (F-E) \times 0.9$$
$$P = (F-E) \times 0.05$$
$$S = (F+B+E+W) \div 4$$

> F=밀가루(g)
> B=유지(g)
> E=계란(g)
> S=설탕(g)
> W=초과 수분(g), P=팽창제(g)

보기) 밀가루 400 g , 버터 280 g 인 버터 케이크의 배합은,

계란 280×1.25=350 g

초과 수분 (400−350)×0.9=45cc

팽창제 (400−350)×0.05=2.5 g

설탕 (400+280+350+45)÷4 =270 g

〈부재료의 배합〉 버터 케이크에 첨가하는 부재료는 코코아 가루, 견과가루, 물엿, 캐러멜, 과실 등이다. ① 코코아 가루 : 밀가루량은 그대로 두고 코코아만을 더한다. 그와 같은 양의 수분(우유)을 함께 넣는다. ② 견과가루 : 어떤 비율로든지 밀가루 대신 넣을 수 있다. ③ 꿀, 물엿, 캐러멜 : 그 양만큼 설탕과 수분의 양을 줄인다. ④ 과실 : 반죽에 과실을 지탱할 만한 힘이 있으면 얼마든지 넣을 수 있다. 밀가루와 계란을 더 첨가하고 반죽의 산도를 높이면 반죽의 힘이 커진다. 그러므로 과실이 가라앉아 만족스러운 제품을 얻을 수 없을 때 구연산이나 주석영을 더한다.

버터 크림 菓 (영 Butter cream 프 Crème au beurre 독 Butterkrem) 버터에 설탕, 계란을 더해 만든 크림. 케이크의 장식용·충전용으로 쓰는 재료 중 하나이다. 노른자를 넣은 것과 흰자를 넣은 것, 여러 가지 부재료를 더해 맛과 향을 달리 한 것 등 종류가 많다. 다 만들어진 버터 크림은 서늘한 곳에 두고 쓰기 바로 전에 부드럽게 저어 사용한다. 최근에는 버터 크림 보다는 생크림을 사용하는 경우가 늘고 있다.

[**만드는 법**] 설탕을 물에 넣고 가열하여 조린다. 105℃에서 식히되, 설탕의 결정체가 생기지 않도록 콘 시럽을 섞기도 한다. 고체 지방은 믹서로 교반하여 크림 상태로 만든다. 여기에 식힌 설탕 시럽을 조금씩 넣으면서 계속 젓는다. 마지막에 향료와 양주

〈표 1〉 프루츠 케이크의 표준 과실 배합 비율

프루츠 케이크	라이트	밀가루 454 g 에 과실 113 g (4 : 1)
	미디엄	밀가루 454 g 에 과실 227 g (2 : 1)
	↓	밀가루 454 g 에 과실 340~454 g (4 : 3~1 : 1)
	헤 비	밀가루 454 g 에 과실 454~510 g (1 : 1~8 : 9)

〈표 2〉 각종 버터 케이크의 과실 배합 비율

프루츠 케이크	반죽 80 : 20 과실 (%)	생일 케이크	반죽 50 : 50 과실 (%)
크리스마스 케이크	반죽 45 : 55 과실 (%)	웨딩 케이크	반죽 55 : 45 과실 (%)

175

를 더하여 매끄러운 크림을 만든다. 크림에서 수분이 분리되지 않도록 글리세린지방산 에스테르나 자당지방산 에스테르 같은 유화제를 첨가하기도 한다.

버터 팻 原 (영 Butter fat)
⇨밀크 팻

버터플라이 케이크 菓 (영 Butterfly Cake) 컵 케이크를 이용해 나비 모양으로 만든 과자. 컵 케이크의 윗면을 잘라 내고 그 위에 크림을 소복히 얹는다. 잘라 낸 컵 케이크를 반 나누어 크림 속에 나비의 날개처럼 꽂는다.

버터 플레이버 原 (영 Butter flavor) 버터향을 내는 합성 향료. 버터의 향 성분은 천연 버터에 들어 있는 디아세틸이다. 버터 플레이버는 이 디아세틸을 원료로 해서 만든 것으로서 시중에 나와 있는 것에 마가린용과 제과용 2종류가 있다.

버터 플레이크 롤 빵 (영 Butter Flake Rolls) 소프트 롤의 하나. 롤빵 반죽을 너비 30cm로 길게 늘이고 표면 전체에 기름이나 버터를 발라 5~6겹 접는다. 그리고 너비 4cm로 잘라 머핀 틀에 넣어 굽는다.

버티컬 믹서 機 (영 Vertical mixer)
⇨수직 믹서

번 빵 (영 Bun) 건포도를 넣어 단맛을 낸 빵이다. 통상적으로 번(Bun)에 s를 붙인 '번즈'로 더 잘 알려져 있다.
⇨번즈

번즈 빵 (영 Buns) 건포도를 넣고 계란칠을 하여 구운 소형 빵. 본고장은 영국이고 바스(Bath) 번즈*, 첼시 번즈*, 핫크로스 번즈*가 유명하다. 이것이 미국에 전해져 여러 가지 모양으로 바뀌었고 지금의 스위트 롤이나 커피 케이크 형태로 되었다. 번즈는 ①단순한 모양, ②우유와 버터의 조화로움, ③부드럽고 적당한 감미가 특징이다. 직접법·중종법·액체 발효법으로 만들 수 있다. 명칭은 원료, 충전물, 모양, 그리고 지명이나 국가명에 따라 달리 붙는

다. 보통 번즈라 하면 핫도그 번즈, 햄버거 번즈, 샌드위치 번즈 등을 가리킨다. 번즈류는 스위트 도*보다 설탕, 유지의 배합량을 낮추고 맥아, 분유, 과실, 계란, **향료**를 적절히 사용하여 만든다. 전통적인 영국의 번즈는 수종법*으로 만들지만 지금은 직접법으로도 만든다. 번즈의 기본 반죽은 다음과 같다.

[배합 1] 〈액종〉 물(42℃), 우유 각 1,140cc, 밀가루 900g, 설탕 84g, 이스트 140g. 〈본반죽〉 밀가루 2,950g, 마가린 450g, 설탕 675g, 소금 15g, 커런트 450g, 필 다진 것 55g, 레몬 향료 적당량.
[만드는 법] ①액종을 만든다. 먼저 물과 우유를 섞어 온도를 35℃로 맞춘다 ②①의 액체로 이스트와 설탕을 각각 녹이고 합친다. 여기에 밀가루를 섞어 따뜻한 곳에 45분간 둔다 ③밀가루와 마가린을 섞어 ②의 액종에 더하고 나머지 재료도 넣어 반죽한다. 1시간 발효시키고 가스빼기한 뒤 40분간 발효시킨다.

[배합 2] 〈액종〉 밀가루 900g, 이스트 14g, 물(38℃) 2,300cc, 설탕 85g, 탈지분유 225g. 〈본반죽〉 밀가루 3,150g, 마가린 675g, 설탕 675g, 계란 따뜻한 것 225g, 레몬 향료·난황 색소 각 소량, 커런트 560g, 필 다진 것 56g.
[만드는 법] ①액종을 만든다. 이스트를 물에 녹이고 나머지 재료를 더해 섞는다. 따뜻한 곳에서 45분간 발효시킨다 ②①의 종에 계란을 더해 섞고 나머지 재료를 넣어 반죽한다. 이 반죽은 배합1 보다 고배합이므로 발효시간을 길게 잡는다.

[배합 3] 밀가루 3,800g, 물(42℃) 2,300cc, 분유 225g, 이스트 335g, 마가린 450g, 설탕 675g, 소금 30g, 커런트 450g, 필 다진 것 55g, 레몬 향료·난황 색소 각 소량.
[만드는 법] 직접법으로 반죽한다. 발효시간은 1시간. 번즈에 광택을 내는 재료는

워터 아이싱, 커스터드, 젤라틴, 설탕 시럽 등이다.

벌꿀 原 (영 Honey 프 Miel 독 Honig) 꿀벌이 꽃의 꿀을 모아 침(타액)으로 분해한 뒤 저장·농축한 것. 꽃의 꿀이 지닌 단맛 성분은 자당(蔗糖)이다. 이것이 벌의 침 속에 있는 효소의 작용을 받아 과당과 포도당이 섞인 혼합물이 된다. 꽃의 꿀에는 수분이 많지만 벌집 속에 저장해 둘 때에 벌이 날개로 바람을 일으켜 80%로 농축한다. 이러한 벌꿀을 모아 1번 가열한다. 그러면 꿀에 남아 있던 효소가 작용을 멈춘다. 수분량을 20%로 하면 보존성이 높아진다. 벌꿀의 단맛 성분은 자당이 2~3%이고 나머지는 과당과 포도당이다. 이렇게 벌꿀의 단맛은 자당과 다를 바 없기 때문에 옛날부터 감미료로 자주 썼다. 특히 설탕이 나오기 전에 음식에 단맛을 내던 것이 벌꿀이다. 감미도는 설탕의 80%이다. 벌꿀은 포도당의 용해도가 낮아 낮은 온도에 두면 결정을 이루고 하얗게 흐려진다. 그렇다고 품질이나 풍미가 변하는 것은 아니다. 벌꿀의 향·색깔은 원료인 꽃 꿀의 특징을 그대로 받는다. 대체로 투명도가 높고 향기로운 것이 좋은 제품이다. 벌꿀의 원료가 되는 식물은 유채, 메밀, 싸리나무, 아카시아, 밤나무, 감나무, 밀감나무, 클로버, 앨펠퍼(alfalfa) 등이다. 이 식물에 따라 벌꿀의 종류가 나뉜다. 벌꿀은 포도당과 과당으로 분해된 형태이기 때문에 제과 재료인 계란이나 우유의 단백질과 함께 가열하면 아미노카르보닐 반응('메일라드 반응'항 참고)이 일어난다. 즉, 계란·우유와 함께 벌꿀을 배합해 만든 케이크류에는 구운색이 빨리 들고, 타기도 쉽다. 그러므로 이 때 오븐의 온도를 잘 조절해야 한다. 그리고 벌꿀은 그 자체에 습기를 흡수하고 달라 붙는 성질이 있다. 이것을 케이크에 쓰면 촉촉함을 맛볼 수 있다. 단, 너무 많이 쓰면 끈적끈적한 케이크가 된다. 이와 같은 성질이 있어

서 제과에서는 벌꿀이 감미료로 쓰일 뿐만 아니라 제품에 촉촉함을 주고 광택을 낼 때 이용한다.

벌꿀 주[−酒] 原 (영 Honey wine) 꿀을 원료로 해서 빚은 술이다. 허니 와인이라고도 한다. 오랜 옛날부터 알려져 온 알코올 음료이다. 주로 양과자에 쓴다. 벌꿀에 2~4배의 물을 넣고 살균한 뒤 효모를 섞어 2~4개월간 발효시킨다. 벌꿀의 종류에 따라 방향(芳香)이 달라진다. 여기에 레몬이나 홉(hop) 같은 각종 향미료를 더하기도 한다.

벌크 발효 技 (영 Bulk fermentation) 1차 발효. 반죽을 끝낸 반죽을 덩어리째 발효시키는 일. 보통, 직접 반죽법으로 만들 경우 벌크 발효 뒤 반죽을 분할한다. ⇨일차 발효

베겐 菓 (독 Weggen) 이스트 반죽으로 만든 스위스의 케이크.
[배합] 밀가루 1,020 g, 소금 21 g, 맥아 엑스 14 g, 계란 57 g, 이스트 28 g, 버터 128 g, 우유 511cc.
[만드는 법] 24℃에서 반죽을 만들어 113~298 g으로 분할하고 둥글리기 한다. 계란을 바르고 윗면에 십자 칼집을 낸 뒤 193℃에서 굽는다.

베네딕틴 原 (영 Benedictine 프 Bénédictine 독 Benediktiner) 약초계 리큐르의 하나. 1510년경 프랑스의 노르망디 지방에 있는 성베네딕트 수도원의 수도승이 만들었다고 전해진다. 브랜디를 기본으로 하고 안젤리카, 생강, 정향, 계피 등 27가지의 에센스를 배합하여 만든다. 알코올 도수는 43℃이다. 크림·소스류에 풍미를 내기 위해 쓴다.

베네 菓 (영 Fritter 프 Beignet 독 Krapfen) 프랑스식의 튀김 과자. 빵가루를 입힌 튀김과는 달리 밀가루 반죽옷을 입혀 튀긴 것을 가리킨다. 충전물의 종류에 따라 베네 아카시아, 베네 오 바난(바나

나), 베네 오 폼므(사과), 베네 다브리코(살구) 등과 같이 명칭이 달라진다. 그리고 슈 반죽, 브리오슈 반죽을 튀긴 것도 베네이다. 특히 슈 반죽을 튀긴 것이 베네 수플레이다.

[배합] 〈튀김 반죽옷〉 박력분 120 g, 계란 1 개, 소금 소량, 샐러드유 10cc, 맥주 100cc, 흰자 50 g, 설탕 30 g. 〈과실〉 사과, 바나나, 파인애플, 무화과. 〈앙글레즈 소스〉 우유 500cc, 노른자 4 개, 설탕 125 g, 바닐라 스틱 1개. 〈기타〉 분설탕·럼·샐러드유 각 적당량.

[만드는 법] ① 과실을 알맞은 크기로 잘라 분설탕, 럼을 뿌려 둔다 ② 반죽을 만든다. 볼(bowl)에 박력분, 계란, 소금, 샐러드유를 넣고 맥주를 조금씩 더하면서 잘 섞는다 ③ 헝겊을 씌워 30분간 휴지시킨다 ④ 흰자에 설탕을 더해 머랭을 만든다. 이것을 ③의 반죽에 섞는다 ⑤①의 과실을 물기 빼서 ④의 반죽에 담근다 ⑥180℃의 샐러드유에서 ⑤의 과실을 튀긴다 ⑦ 기름을 빼고 분설탕을 뿌린다. 여기에 앙글레즈 소스 혹은 다른 소스(크렘 앙글레즈)를 곁들인다.

베네 수플레 菓 (프 Beignet Soufflés) ⇨페 드 논

베라즈 롤 빵 (영 Vera's Roll) 과자빵 반죽을 말아 슬라이스한 뒤 구운 것. 고배합의 과자빵 반죽에 버터를 바르고 롤로 말아 슬라이스 한다. 자른면이 위로 가게 하여 철판에 늘어 놓고 계란을 바른 뒤 굽는다.

베르너 믹서 機 (영 Werner mixer) 빵용 수직 믹서. 독일의 베르너 플라이더사 (werner pfleider 社) 제품이다.

베르뭇 原 (영, 프 Vermouth 독 Wermut) 원료인 백포도주에 브랜디나 당분을 섞고 갖가지 향초·약초를 더하여 향을 낸 혼성(混成) 포도주. 발상지는 독일이다. 처음에는 포도주에 향쑥을 더한 베르뭇 바인(wermutwein)으로 출발하였고, 차츰 백포도주에 갖가지 스파이스를 넣어 지금의 베르뭇이 만들어졌다. 어원은 '향쑥'의 독일어명인 베르뭇이다. 종류는 이탈리아 베르뭇(단맛)과 프랑스 베르뭇(쓴맛) 2 가지이다. 베르뭇은 콩포트 등의 과실 절임, 냉과 소스, 시럽, 셔벗, 젤리, 바바루아, 무스 등에 향을 내기 위해 사용한다. 그리고 상쾌한 풍미가 나므로 지방분이 많은 식품에 첨가하면 좋다.

베르미셀 菓 (영, 이 Vermicelli 프 Vermicelle) 보통의 스파게티보다 가는 파스타. 원료와 만드는 법은 다른 스파게티류와 같다. 프랑스 제과용어로는 베르미셀 드 쇼콜라(vermicelle de chocolat)라고 하며 장식용 초콜릿을 가리킨다.
→초콜릿 버미셀리

베를리너 菓(영 Berlin Doughnut 독 Berliner) 발효 반죽으로 만든 독일의 튀김과자. 이스트 도넛의 하나이다. 다음은 표면에 설탕을 묻히거나 퐁당을 씌우고 잼을 충전한 도넛이다.

[배합] 〈반죽〉 생이스트 45 g, 우유 300cc, 중력분 600 g, 녹인 버터 125 g, 설탕 70 g, 소금 8 g, 노른자 5 개, 레몬 껍질 간 것 소량, 메이스 적당량. 〈기타〉 설탕·퐁당·라즈베리 잼·튀김 기름 각 적당량.

[만드는 법] ① 반죽을 만든다. 먼저 우유를 데워 볼(bowl)에 넣는다. 생이스트를 넣어 녹인다 ② 밀가루를 체치고 그 1/2 분량을 ①에 더하여 나무 주걱으로 충분히 반죽한다 ③②를 30℃에서 30분간 발효시킨다 ④ 믹서 볼에 나머지 반죽 재료를 넣고 저속으로 2분, 중속으로 5분간 반죽한다 ⑤④를 30℃에서 1시간 발효시켜 원래 크기의 2.5배까지 부풀린다 ⑥⑤를 40 g 씩 분할·둥글리기 한 뒤 헝겊 위에 늘어 놓고 35℃에서 30분간 발효시킨다 ⑦ 튀김기름을 170~180℃로 높이고 ⑥을 넣어 튀긴다. 한 쪽 면에 색이 들면 뒤집는다 ⑧ 튀겨 낸 도넛에서 기름을 뺀다 ⑨ 표면에 설탕 또는 퐁

당을 묻힌다 ⑩ 옆면에 구멍을 뚫고 라즈베리 잼을 짜 넣는다.

베를리너 테스트 試 (영 Berliner test) 밀가루의 글루텐을 묽은 젖산용액에 담근 뒤 글루텐이 팽윤하는 상태를 관찰하여 제빵 적성을 알아보는 실험. 팽윤하고 가라앉은 글루텐의 윗부분을 눈금에 맞추어 읽는다. 그 수치가 높을수록 제빵성이 좋은 글루텐이다.

베를리너 판쿠헨 菓 (영 Berliner Doughunt 독 Berliner pfannkuchen) 튀김과자. 베를리너*라고도 한다. ⇨판쿠헨

베리 果 (영 Berry 프 Baie 독 Beere) 딸기, 나무딸기, 구즈베리, 월귤이 여기에 속한다(〈표〉 참고).

베리류의 과일은 날로 먹는 것은 물론이고 잼, 콩포트로도 가공한다. 젤리, 무스에 이용하거나 그 콩포트를 케이크에 토핑한다. 또, 타르트에 충전하기도 한다.

베샤멜 소스 原 (영 White sauce 프 Sauce béchamel) 우유로 만든 흰소스. 요리와 요리 과자에 이용한다.

[배합] 밀가루 120 g, 버터 150 g, 우유 1,000cc, 소금·후추·넛메그 각 소량.

[만드는 법] ①냄비에 밀가루, 버터, 소량의 우유를 넣고 가열하면서 거품기로 섞는다 ②남은 우유를 조금씩 더하면서 거품이 오를 때까지 조린다. 우유를 더할 때마다 젓지 않으면 덩어리진다 ③소금, 후추, 넛메그를 넣고 간을 맞춘다.

베어즈 클로 技 (영 Bear's claws) 스위트 도* 제품을 만드는 성형법 중의 하나. 둥글게 늘인 반죽에 충전물을 얹고 반으로 접는다. 이것을 알맞은 크기로 자른 다음 이음매 부분에 다섯 군데 칼집을 내고 굽는다. 그 모양이 곰 발톱과 같다고 해서 베어스 클로라 한다.

베이 리브 原 (영 Bay leaves) 월계수잎. 월계수는 녹나무과(科) 월계수속(屬) 상록교목(喬木)이다. 달콤한 향이 나서 의약·요리·제과에 자주 쓰인다. 조리할 때는 말린 잎을 그대로, 또는 가루로 만들어 쓴다.

베이커리 其 (영 Bakery 프 Boulangerie) 빵이나 과자를 제조하는 곳(공장) 또는 그 제품을 판매하는 곳. 원래는 빵 굽는 장소만을 가리키던 용어이다. 종래의 베

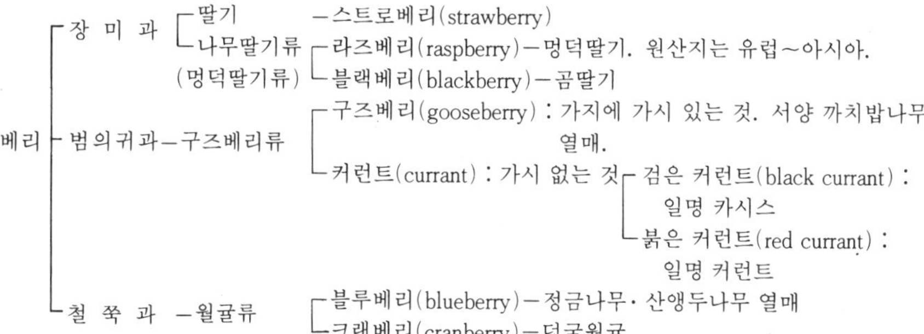
〈표〉 베리의 종류

이커리는 지역산업의 성격이 강한 소규모 베이커리였지만, 최근 빵 업계에도 대량판매 방식이 도입됨에 따라 대형화·기업화하는 추세이다. 제조·판매 형태에 따라 베이커리를 분류하면 다음과 같다.

〈종류〉 ① 홀 세일 베이커리(whole sale bakery) : 대량생산한 빵류를 도매하는, 소위 양산 업체. 자사(自社) 공장에서 만든 빵을 소매점이나 중개업자에게 판매하는 베이커리를 가리킨다. ② 리테일 베이커리*(retail bakery) : 제조와 판매가 동시에 이루어지는 곳. 단독 리테일 베이커리와 다점포 체인 리테일 베이커리에 속한다. ③ 오븐 프레시 베이커리*(oven fresh bakery) : 소형 오븐을 설치하고 제품을 구운 뒤 바로 판매하는 곳. ④ 인스토어 베이커리*(instore bakery) : 슈퍼마킷, 백화점 또는 빅스토어(big store) 안에 자리한 베이커리. 오븐 프레시 베이커리의 하나이면서 다점포 체인 리테일의 범주에 들어간다. 인스토어 베이커리 중에는 슈퍼, 백화점이 경영하는 곳도 있고 제빵 업체가 진출해 있는 곳도 있다. ⑤ 업소용 베이커리 : 레스토랑, 호텔, 찻집, 식당, 병원, 학교, 공장 등에 빵류를 공급하는 곳. 호텔 자영(自營)도 포함된다. 제품은 식빵, 유럽식 하스 브레드, 롤류, 데니시 페이스트리에 한정되어 있다. ⑥ 특수 베이커리 : 독일 빵, 프랑스 빵처럼 특수 제품만을 생산판매하는 곳. 판매 형태는 단독 리테일, 다점포 체인, 프랜차이즈('리테일 베이커리'항 참고) 등이다. ⑦ 슈퍼 베이커리 : 슈퍼마킷에서 경영하는 베이커리 또는 슈퍼마킷, 백화점과 전속 계약되어 있는 베이커리. ⑧ 기타 : 최근 새롭게 등장한 것이 냉동 반죽을 제조·공급하는 전문 베이커리이다. 같은 업종의 업체를 상대로 하여 판매가 이루어지고 있다. 판매 형태는 업소형 베이커리에 가깝다. 냉동 반죽의 종류는 아직 파이, 데니시 페이스트리, 도넛 등 고배합의 제품에 한정되어 있다.

베이커즈 초콜릿 原 (영 Baker's chocolate) 제과용 초콜릿. 플레인 초콜릿과 밀크 초콜릿이 있다. 커버추어 초콜릿과 다른 점은 카카오 버터를 빼고 경화유와 안정제인 레시틴을 첨가한 점이다. 따라서 커버추어 초콜릿처럼 온도를 맞추지 않아도 된다. 온도는 45℃가 표준이고, 밀크 초콜릿은 43~51℃로 맞춘다. 온도가 높을수록 두께는 얇아진다. 일반적인 가토*처럼 큰 과자용은 온도를 높게 잡고 작은 팬시용은 30~40℃(밀크 초콜릿은 32~45℃)로 한다. 제과용은 32~54℃에서 쓴다.

베이커 컴프레시미터 試 (영 Baker compressimeter) 베이커(J.C. Baker)가 고안해 낸 빵의 노화계측기. 빵(시료)을 일정 습도에서 3일간 건조·저장한 뒤 두께 12mm로 잘라 압착실험한다. 압착실험을 통해 빵의 노화도, 즉 굳기정도를 알아본다.

베이컨 原 (영 Bacon) 돼지고기 가공품. 돼지고기의 옆구리살을 소금에 절인 뒤 훈연(燻煙)시킨 것이다. 원래 베이컨이란 돼지의 옆구리살을 가리키는 말이었는데 가공품의 이름으로 바뀌었다. 베이컨의 품질은 지방질에 따라 달라진다. 만드는 법이 햄과 거의 같지만 소금절임하는 방법과 사용하는 부위가 다르다.
→햄

베이크 오프 其 (영 Bake off) 오븐에 넣기 전까지의 준비가 다 된 반죽을 오븐에 넣고 구울 때까지의 작업.
→온 프레미스

베이크트 아이스크림 菓 (영 Baked Ice Cream) 오븐에 넣어 구운색을 들인 아이스크림. 오븐에 넣어야 하므로 아이스크림의 위, 아래에 열을 막아주는 재료를 대야 한다. 아래에 놓는 단열재료는 보기에도 좋고 맛도 좋아야 하므로 제누아즈나 스펀지 시트 1장을 접시에 놓고 키어시를 조금 뿌려 맛을 낸 뒤 사용한다. 그 위에 아이스크림을 얹고 마지막으로 윗부분에 놓는 단열

재료로서 머랭을 얹는다. 머랭을 얹는 이유
는 오븐의 강한 열을 막을 수 있고 아이스
크림 위에 재빨리 바를 수 있으며 손으로
다룰 수 있기 때문이다.

베이크트 알래스카 菓 (영 Baked Alaska 프 Omelette Norvégienne, Omelette
Surprise 독 Gebackenes Eis) 얇은 비스
퀴 시트에 아이스크림을 얹고 전체에 머랭
을 씌운 뒤, 가스 버너로 구운색을 들인 디
저트. 구워낸 듯한 과자 속에 아이스크림이
들어 있어 먹는 사람에게 놀라움을 준다.
빙설로 뒤덮인 알래스카를 구웠다는 의미를
갖는 명칭이다.

베이킹 로스 技 (영 Baking loss)
⇨굽기 손실

베이킹 시트 機 (영 Baking sheet) 철
판* 위에 까는 시트. 이 위에 반죽을 얹거
나 짜 놓고 구우면 구운 뒤 떼어내기 쉽고
철판을 더럽힐 염려가 없다. 종류로는 기름
종이, 합성섬유 제품 그리고 테플론 가공
품이 있다. 오븐 시트, 쿠킹 시트, 테플론
시트라고도 한다.

베이킹 타임 技 (영 Baking time) 굽
기 시간.
⇨굽기 온도

베이킹 파우더 原 (영 Baking powder 프 Levure en poudre 독 Backpulver) 합성 팽창제. BP로 표기하기도 한다.
예로부터 팽창제로 사용해 온 중조(탄산수
소나트륨)를 주성분으로 하며 각종 산성제
를 배합하고 완충제로서 녹말을 더한 팽창
제이다. 이것은 중조와 산성제가 화학반응
을 일으켜 이산화탄소(탄산 가스)를 발생시
키고 기포를 만들어 반죽을 부풀린다.
→팽창제

베티 菓 (영 Betty) 프루츠 디저트의
하나. 빵가루, 버터, 레몬 껍질, 설탕(흑설
탕), 넛메그, 시너먼을 섞어 샤를로트 틀
주위와 바닥에 깔고 사과 퓌레를 채운 것이
다.

벤치 機 (영 Bench) 작업대. 빵, 과자
반죽을 분할·둥글리기·성형하는 곳이다.
분할·둥글리기한 뒤 성형하기 전에 휴지시
키는 과정이 벤치타임이다. 벤치 위에서 바
로 휴지시켰다 해서 붙여진 명칭이다.

벤치타임 技 (영 Bench time) 중간발
효. 분할·둥글리기한 반죽을 성형하기 전
에 10~20분간 발효시키는 공정이다. 분
할·둥글리기하는 동안에 반죽이 받은 상처
를 회복하고 다음 성형 작업에서 반죽이 잘
늘어나도록 하기 위해 꼭 거쳐야 할 공정이
다. 중·대형 공장에서는 이 공정을 위해
오버 헤드 프루퍼(over head proofer)라 부르
는 버킷 컨베이어가 달린 기계가 쓰인다.
적은 양일 때는 발효 상자에 늘어놓고 휴지
시킨다. 벤치타임 공정에서 문제가 되는 점
은 그리 많지 않다. 단, 겨울철에 반죽이 차
가워지고 반죽의 표면이 마르는 수가 있다.
이렇게 되면 좋은 제품을 얻을 수 없다. 그
리고 오버 헤드 프루퍼 안에서 반죽이 끈끈
해지면 다음에 이어지는 성형 작업이 어려
워진다. 이런 경우 덧가루를 적당히 쓰면
효과적이다. 단, 그렇다고 필요 이상 많이
쓰면 제품의 질, 특히 겉모양이 나빠진다.

벨지언 페이스트리 빵 (영 Belgian Pastry) 벨기에풍(風)의 페이스트리. 덴마크
풍의 페이스트리, 즉 데니시 페이스트리와
같다.
⇨데니시 페이스트리

벨트 컨베이어 機 (영 Belt conveyor)
⇨컨베이어

별립법[別立法] 技 ① 계란의 흰자와
노른자를 따로 거품내어 합치는 방법('계
란'항 참고). ② 계란을 노른자 흰자로 나누
고, 그 각각에 설탕을 더해 휘핑한 뒤, 그
밖의 재료를 섞는 방법('스펀지 케이크'항
참고). 공립법과 함께 폼 타입(거품형) 케
이크 반죽을 만드는 방법 중 하나이다. 별
립법은 따로 거품낸다는 뜻의 일본 한자어
이다.

보드카 原 (영, 프 Vodka 독 Wodka)
호밀, 옥수수, 감자 등 곡류를 호밀의 맥아
로 주정화(酒精化) 시키고 증류(蒸溜)한 무
색·투명·무취의 스피리츠. 주산지는 舊
소련과 미국이다. 무미라고 알려져 있지만
舊소련의 보드카는 감미가 조금 있다. 알코
올 도수는 40도에서 90도 이상이고 무색·
무미·무취가 특징이다. 그렇기 때문에 칵
테일 기본 재료로서 꼭 필요하다.
〈사용법〉 알코올 도수가 높기 때문에 칵테
일에 사용하며, 특히 감귤류의 과실을 이용
하면 더욱 산뜻한 풍미를 느낄 수 있다.

보리 原 (영 Barley 프 Orge 독 Ge-
rste) 벼과(科)의 1~2년생 작물. 학명은
Hordeum vulgare var. *hexastichon*이다. 전세계
에서 재배되고 있다. 작물 중에서 역사가
가장 오래된 것으로서 약 7,000년 전에 이미
재배하기 시작하였다. 보리를 특성에 따라
구분하면 ① 씨뿌리는 시기에 따라 봄보리
와 가을보리로, ② 이삭의 껍질이 떨어지는
성질에 따라 겉보리(皮麥)와 쌀보리(裸麥)
로, ③ 이삭에 달린 씨알의 줄 수에 따라 여
섯줄보리와 두줄보리, 또 여섯줄보리는 이
삭 횡단면의 모양에 따라 육모보리와 네모
보리(늘보리)로 나눌 수 있다. 한국에서는
육모보리가 가장 많이 재배된다. 쌀을 주식
으로 하는 한국과 일본에서 보리는 쌀 다음
으로 꼽히는 주식으로서 그대로 또는 납작
보리로 만들어 밥을 지어 먹는다. 그리고
맥주, 소주, 위스키, 된장, 고추장 등에 사
용한다. 제빵 업계에서는 건강빵인 보리빵
에 이용되지만 그 양이 그다지 많지는 않
다. 보리는 당질 74%, 단백질 8.4%, 지방
1.8%, 수분 11.8%를 함유하고 있으며 특히
비타민 B가 풍부하여 각기병 예방에 효과
적이다.

보메 其 (프 Baumé) 당액의 농도를
재는 단위. 농도가 높을수록 수치가 높아진
다. 그 농도에 따라 보메 몇 도의 시럽이라
고 표현한다. 이 측정법의 발명가인 앙투안

보메(Antoine Baumé : 1728~1804년)의 이름
을 딴 것이다.
→당액

보메도[-度] 其 (영 Baumé degree)
액체의 비중을 나타내는 단위. °Bé로 표시
한다. 보메도는 보메 비중계를 액체에 띄
웠을때 나타나는 눈금의 수치로 알 수 있
다.

보메 비중계[-比重計] 試 (영 Baum-
è's hydrometer) 비중 측정용 부칭(浮秤).
눈금으로 보메도가 그려져 있다. 보메에는
물보다 가벼운 용액에 쓰는 경액용(輕液用)
과 물보다 무거운 용액에 쓰는 중액용(重液
用) 2가지가 있다.

보빌리에 其 (프 Beauvilliers) 프랑스
의 요리인. 앙투안 보빌리에(Antoine Beauv-
illiers : 1754~1817). 1780년대에 본격적인
레스토랑의 효시 '그랑드 타베른 드 롱드르
(Grande Taverne de Londres)'를 열었다.
저서인 《요리인의 기술(l'Art de cuisinier)》
(1824년)은 오랫동안 권위를 인정받고 있
다.

보스턴 브라운 브레드 빵 (영 Boston
Brown Bread) 미국의 통밀빵.
[배합] 그라뉴당 900g, 쇼트닝 225g, 소
금·중조 각 113g, 당밀 1,400g, 케이크 크
럼 900g, 이스트 113g, 물 3,750cc, 콘 밀·
통밀가루 각 900g, 호밀가루 450g, 강력
분·레이즌 각 1,350g.
[만드는 법] ① 그라뉴당, 쇼트닝, 소금, 중
조를 한데 섞어 크림 상태로 만든다 ②①에
당밀, 케이크 크럼, 이스트, 물을 넣고 마
지막에 콘 밀, 통밀가루, 호밀가루, 강력
분을 더해 잘 섞는다 ③ 반죽이 거의 다 만
들어지면 레이즌 1,350g을 넣고 잠시 젓는
다 ④ 480g으로 분할하여 기름 두른 그릇이
나 로프 틀에 넣어 193℃의 찜기(steamer)에
서 2시간 동안 찐다.

보스턴 크림 파이 菓 (영 Boston Crea-
m Pie) 파이 모양으로 구운 케이크 또는

파이 껍질에 커스터드와 휘핑 크림을 채운 가벼운 케이크(커스터드 파이라고도 한다). 과일 충전물 또는 레몬 충전물을 커스터드와 함께 써도 좋다.

보온병[－保溫瓶] 機 (영 Vacuum bottle) 안에 넣은 액체 음료를 거의 같은 온도로 장시간 유지하기 위해 만든 용기. 유리를 이중으로 해서 만든 병으로서 이중 유리 사이에는 공기를 없애고 진공 상태로 하여 열의 전도를 차단하였다. 안쪽 유리의 내면은 은도금 하여 외부의 복사열을 반사시키고 자체 열의 일탈·분산을 막는다. 그러면 내부에 들어간 물체가 뜨거운 것은 뜨거운 채로, 차가운 것은 차가운 상태로 보존된다. 이중 유리 대신에 이중 금속이 쓰이는 경우도 있으며 물통, 밥통 등 다양한 용도로 쓰인다.

보위겔 빵 (독 Beugel) 오스트리아의 고급 과자빵. 빵껍질이 거북이 등모양으로 갈라지고 우아한 색상을 띤다. 냉장 반죽으로 발효를 억제하면서 마무리한다. 충전물은 양귀비씨, 견과를 자주 사용한다.

[배합] 〈반죽〉 강력분 1,000 g, 설탕 130 g, 버터 220 g, 소금 11 g, 노른자 130 g, 레몬 껍질 1/3개 분량, 럼 20cc, 생이스트 120 g, 이스트 푸드 0.1 g, 바닐라 향료 1 cc, 생우유 300cc. 〈충전물〉 헤이즐넛 가루 500 g, 케이크 크림 160 g, 설탕 300 g, 소금 3 g, 꿀 60 g, 계피 10 g, 건포도 170 g, 럼 100cc, 우유 500cc.

[만드는 법] ① 반죽 재료를 모두 넣고 저속에서 5분, 중속에서 2분간 반죽한다. 반죽 온도는 23℃로, 조금 낮춘다 ②①의 반죽을 23℃에서 10~15분간 발효시킨다 ③ 분할·둥글리기 하고 5~8분간 벤치타임을 갖는다 ④③의 반죽을 얇게 펴서 충전물을 넣고 말아 보트형, 반달형 또는 초승달 모양으로 성형한다 ⑤ 2차 발효는 실온에서 15~20분간 한다 ⑥ 굽기 전에 노른자를 바르고 말린 뒤, 175~180℃에서 13~15분간 굽

는다(노른자를 바르고 바로 구우면 균열상태가 좋지 않다) ⑦ 충전물은 모든 재료를 함께 섞어 만든다. 설탕, 우유, 소금은 끓여서 견과, 꿀과 함께 섞는다. 그리고 케이크 크림, 계피, 건포도를 넣고 섞는다. 완전히 식으면 럼을 더해 고루 섞는다.

보일드 머랭 菓 (영 Boiled meringue) 뜨거운 시럽으로 만든 머랭.
⇨이탈리안 머랭

보일드 슈거 原 (영 Boiled sugar) 설탕과 물을 섞고 높은 온도(150℃)로 가열하여 바짝 조려서 얼린 것. 설탕과자의 원료로 쓰며 보일드 스위트라고도 한다.

보일드 아이싱 原 (영 Boiled icing) 115℃까지 끓인 설탕액(糖液)에 거품낸 흰자를 섞은 아이싱. 보일드 머랭* 또는 미국식 아이싱이라고도 한다. 설탕과 물을 함께 끓여 115℃에 이르면 불에서 내려 식기 전에 거품낸 흰자를 섞는다. 설탕은 흰자 분량과 같거나 그 분량의 3배까지 쓸 수 있다. 따끈한 보일드 아이싱을 케이크, 쿠키 위에 부으면 식은 뒤에 단단하게 굳고 광택이 난다.

보일드 에그 原 (영 Boiled egg) 삶은 계란. 5분 동안 삶은 것은 반숙란(半熟卵), 그 이상 삶아 노른자까지 다 익힌 것이 완숙란(完熟卵)이다.

보존료[保存料] 原 (영 Preservatives) 방부제. 미생물이 증식하여 일어나는 식품의 부패·변패를 막기 위해 사용하는 식품 첨가물. 보존료는 식품의 풍미나 모양을 거의 손상시키지 않으면서, 그 화학 구조와 미생물의 생리적 특질에 의해 각각 특정한 세균에 대해서만 효력을 발휘한다. 1992년 4월 현재 식품위생법상 허용된 보존료는 디히드로아세트산류, 소르브산류, 벤조산(안식향산)류, 파라옥시벤조산 에스테르류, 피로피온산염류 등 13품목이다. 이 중 파라옥시벤조산 에스테르류를 빼면 나머지는 유기산이나 산형(酸型) 보존료이다.

〈표〉 허용 보존료와 그 사용기준

방 부 제	사 용 식 품	허 용 량
디히드로아세트산 (dehydroacetic acid) 디히드로아세트산나트륨 (sodium dehydroacetate)	치즈, 버터, 마가린	디히드로아세트산으로서 0.5 g/kg 이하
소르브산 (sorbic acid)	치즈	소르브산으로서 3 g/kg 이하 (프로피온산나트륨 및 프로피온산 칼륨을 같이 사용할 때는 프로피온 산 및 소르브산의 사용량합계가 3 g/kg 이하)
	피넛 버터 가공품	2 g/kg 이하
	된장, 고추장, 양금류 채소나 과채의 된장절임, 간장절임, 소금 절임	1 g/kg 이하
소르브산칼륨 (potassium sorbate)	잼, 케첩, 식초절임	0.5 g/kg 이하
	과실주	0.2 g/kg 이하
	유산균 음료(살균한 것은 제외)	0.05 g/kg 이하
벤조산 (benzoic acid)	청량음료(두유제품, 유산균 음료 및 살균 유산균 음료 제외)	벤조산으로서 0.6 g/kg 이하
벤조산나트륨 (sodium benzoate)	간장	
파라옥시벤조산부틸 (butyl *p*-hydroxy benzoate)	간장	파라옥시벤조산으로서 0.25 g/ℓ 이하
	과실주, 약주, 탁주	파라옥시벤조산부틸로서 0.05 g/ℓ 이하
파라옥시벤조산에틸 (ethyl *p*-hydroxy benzoate)		
파라옥시벤조산프로필 (propyl *p*-hydroxy benzoate)	식초	0.1 g/g 이하
파라옥시벤조산이소부틸 (isobutyl *p*-hydroxy benzoate)	청량음료(탄산음료 제외)	0.1 g/kg 이하
파라옥시벤조산이소프로필 (isopropyl *p*-hydroxy benzoate)	과일 소스 과채의 표피	0.2 g/kg 이하 0.012 g/kg 이하
프로피온산나트륨 (sodium propionate)	빵, 생과자	프로피온산으로서 2.5 g/kg 이하
프로피온산칼슘 (calcium propionate)	치즈	3.0 g/kg 이하 (소르브산 및 소르브산칼륨, 디히 드로아세트산 및 디히드로아세트산 나트륨과 병용할 때에는 그 합계가 3 g/kg 이하)

보존식[保存食] 其 (영 Preserved food) 신선식에 대응하는 용어. 신선식이란 야채, 해산물처럼 몇 시간(혹은 몇 일) 내에 상해 버리는 음식이다. 이와 반대로 어느 정도 시간이 흘러도 먹을 수 있는 음식을 보존식이라 한다. 보존식을 만드는 방법은 ① 건조 ② 냉동 ③ 소금(간장)절임 ④ 설탕(시럽)절임 ⑤ 초(醋)절임 ⑥ 방부제 사용법 등이다. 과자는 대개 설탕의 방부 작용으로 보존된다. 또, 산·향신료도 식품을 보존하는 역할을 맡고 있다.

보존식[保存食] 其 (영 Keeping food, Keeping food for sanitary inspection) 집단 급식 시설에서 식중독(食中毒)과 같은 사고가 발생했을 때 증거물로 제출하기 위해 그때마다 준비해 놓는 식사. 급식자에게 제공

하는 것과 똑같다. 5~10℃의 냉장고에 24
~48시간 보존 가능하며 아무 사고도 일어
나지 않았을 경우에는 그 후에 폐기 처분한
다.

보 타이 菓 (영 Bow Ties) 빵 반죽을
가늘고 길게 잘라서 나비 매듭으로 만들어
구운 것.

보텀 히트 機 (영 Bottom heat)
➡아랫불

보툴리누스 식중독[－食中毒] 生 (영
Botulinus food poisoning) 보툴리누스균
이 일으키는 식중독*. 세균성 식중독이고
독소형에 속한다. 지금까지 알려진 독소 중
에서 가장 무서운 것으로서 치사율이 68%
이다. 보툴리누스균은 일단 체내에 들어가
면 12~24시간만에 뇌를 침범해 언어장애,
호흡곤란 등을 유발한다. 또한 열에 약하기
때문에 100℃에서 15분간 충분히 가열하면
식중독을 예방할 수 있다. 흔히, 완전 가열
살균되지 않은 통조림을 먹었을 때 발병한
다.

복숭아 菓 (영 Peach 프 Pêche 독
Pfirsich) 장미과(科) 낙엽 소교목의 열매.
향이 좋고 즙이 많으며 오랜 옛날부터 재배
되어 온 과실이다. 나무의 높이는 3 m 정
도이며 꽃은 4~5월에 잎보다 먼저 백색 또
는 담홍색으로 핀다. 과일은 7~8월에 익는
다. 복숭아 과육의 색은 크게 황색과 백색
으로 나뉜다. 황도는 유럽이나 미국, 특히
캘리포니아가 최다 생산지인데 여기서 만
들어진 황도 통조림은 세계적으로 유명하
다.

〈원산지·역사〉 원산지는 중국의 황허(黃
河) 강 유역의 고원 지대와 만주·한국에 걸
친 넓은 지역. 기원전 1~2세기에 실크로드
(Silk Road)를 따라 페르시아 지방에 전하
여졌고, 또 그리스·로마 등 지중해 여러
나라로 전파되었다. 한국의 복숭아 재배 역
사는 깊으며 주로 약용, 꽃나무용으로 사용
되었다. 한국에서 재배되고 있는 품종은 백
도(44%), 황도(11%), 대구보(10%) 등이
다. 대부분은 생식용이고, 대구보나 백도는
통조림에도 많이 사용된다.
〈고르는 법·보존법〉 좌우대칭으로 모양이
좋고 상처가 없는 것이 좋다. 덜익은 것은
떫고 익은 것은 향이 강해서 냄새만으로도
판단할 수 있다. 냉장고에 넣어 두면 단맛
이 떨어지므로 실온에서 완숙시킨 뒤 먹기
2~3시간 전에 냉장고에 넣어 차게 한다.
〈용도〉 맛과 향을 살려서 복숭아를 직접 주
스, 잼, 젤리, 셔벗, 아이스크림, 바바루아
등 여러 가지 디저트에 이용한다. 최근에는
복숭아 풍미를 낸 리큐르도 많이 있으므로,
이 술을 이용해 간접적으로 복숭아 맛을 내
기도 한다. 한편, 복숭아를 이용하여 구운
과자로는 파이류가 있다.

복합지질[複合脂質] 化 (영 Compound
lipids) 가수분해하면 글리세롤과 지방산
이외에도 인산, 질소 화합물, 당류 등이 생
성되는 지질. 뇌·신경조직·식물 종자 등
에 많이 존재한다. 단순지질과 달리 친수성
(親水性)이 있으므로 계면활성제로 식품에
자주 이용된다.
〈종류〉 구성 물질에 따라 크게 인지질, 당

〈표〉 복합지질의 분류

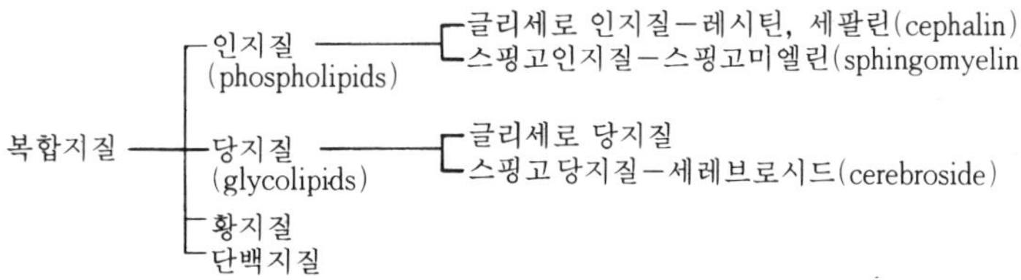

지질, 황지질, 단백지질로 나뉜다(앞 페이지 〈표〉 참고).

볼 機 (영 Bowl 프 Bassine, Bol 독 Kessel) 혼합·휘핑·저장·냉각용 그릇. 바닥이 둥근 것과 평평한 것이 있다. 둥근 볼은 계란을 거품내기에 알맞고, 평평한 볼은 혼합·냉각·저장하기에 적당하다. 또, 후자는 바닥이 안정되어 있으므로 빵 반죽 만들기에도 알맞다. 그리고 바닥이 평평하고 손잡이가 달려 있는 그릇으로서 잼을 만들거나 과실을 설탕절임하는 것을 잼 볼(jam bowl)이라 한다.

볼로 菓 (포 Bolos) 과자를 뜻하는 포르투갈어. 또, 카스텔라류에 속하는 일본 과자를 가리키기도 한다. 밀가루, 계란, 설탕(또는 꿀)을 섞어 둥글게 구워 만든 것이다.

볼 로 방 其 (영, 프 Vol-au-vent 독 Pastete) 푀이타주*를 용기로 삼고 그 안에 충전물을 채운 요리의 명칭. 크기는 지름 15~20cm이고 푀이타주로 덮개를 씌운다. 볼 로 방은 '바람에 흩날리다'라는 뜻으로 가볍게 부풀어 오른 푀이타주를 나타내는 이름이다. 한편 볼 로 방은 부세 아 라 렌(왕비의 부세)의 원형(原型)이기도 한 요리이다. 볼 로 방을 고안한 사람은 폴란드 왕인 스타니슬라스 렉친스키(Stanislas Leczinski : 1677~1766)라고 한다. 그 왕의 딸인 마리 렉친스키는 프랑스 왕 루이 15세(Louis ⅩⅤ)와 결혼하였다. 그러나 루이 15세는 퐁파두르(Pompadour, Jeanne Antoinette Poisson)에게 눈이 멀어 마리를 슬프게 했다. 렉친스키는 루이 15세의 마음을 되돌리기 위해 딸에게 온갖 전략을 다 가르쳐 주었다. 그 중의 하나가 볼 로 방이다. 마리는 요리사에게 볼 로 방을 1인분 크기의 소형으로 만들도록 명했다. 이것이 부세이다. 부세는 '한 입'이란 뜻이고, 여기에 요리를 채운 것이 부세 아 라 렌(Bouchée à la Reine)이다. 지금은 요리 뿐만 아니라 크림·과실을 채워 과자로 이용하고 있다.
→부세

봉봉 菓 (프 Bonbon) 설탕을 위주로 하여 만든 소형 과자. 봉봉의 봉(bon)은 프랑스어로 '아주 좋은', '맛있는'의 뜻으로 아이들이 맛있는 것을 먹었을 때 "bonbon"이라 말한다. 봉봉은 13세기경 동방 오리엔트로 원정갔던 십자군이 돌아올 때 갖고 왔던 설탕으로 처음 만들었으며 프랑스 국내에, 특히 궁중 안에 널리 퍼졌다고 한다. 봉봉의 종류에는 리큐르 봉봉('봉봉 아 라 리쾨르'항 참고), 초콜릿 봉봉이 있다. 리큐르 봉봉은 설탕이 결정화하여 겉이 딱딱하고, 속은 시럽 상태 그대로이다. 설탕을 130℃로 조리고 리큐르나 럼으로 향을 낸다. 그와 함께 색을 들여도 좋다. 초콜릿 봉봉은 센터(충전물)에 초콜릿을 씌운 것이다.

봉봉 아 라 리쾨르 菓 (프 Bonbon à la Liqueur) 리큐르 봉봉. 리큐르 시럽을 굳힌 한 입 크기의 과자이다. 리큐르 이외에도 브랜디, 럼처럼 향이 좋고 쓴맛이 약한 알코올을 써서 만들 수 있다. 그리고 리큐르 봉봉에 커버추어를 씌우면 봉봉 오 쇼콜라*가 된다.

[배합] 〈시럽〉 설탕 750 g, 물 250cc, 물엿 15 g, 리큐르 250cc. 〈기타〉 콘스타치 적당량.

[만드는 법] ① 콘스타치를 충분히 건조시키고, 쓰기 바로 전에 50℃로 데운다 ② ①을 체 쳐 나무 틀에 넣고 표면을 평평하게 고른다. 밀가루에 일정한 간격을 두고 오목한 봉봉 모양을 찍어 누른다 ③ 설탕, 물, 물엿을 냄비에 넣고 불에 올려 110~115℃(111~112℃가 가장 좋음)까지 조린다 ④ ③의 시럽을 불에서 내려 리큐르 담은 볼(bowl)에 쏟아 붓고 당화하지 않도록 섞는다 ⑤ ②의 오목한 곳에 ④의 시럽을 디포지터로 흘려 넣는다 ⑥ 표면에 콘스타치를 뿌린다 ⑦ 6시간 이상 놓아두고, 철사로 뒤집

어 다시 6시간 방치한다 ⑧ 다 굳으면 1개씩 집어 콘스타치를 털어 낸다.

봉봉 오 쇼콜라 菓 (영 Chocolate Bonbon 프 Bonbon au chocolat 독 Praline) 한 입 크기의 초콜릿 과자. 콩피즈리(당과) 종류의 센터(center : 충전물)에 초콜릿을 씌운 것. 센터의 종류에는 가나슈·마지팬·누가·프랄리네·잔두야·퐁당·캐러멜·과일·견과·리큐르 등이 있다. 피복하는 초콜릿은 커버추어이다.
→봉봉 아 라 리쾨르

봉브 菓 (프 Bombe) 문자 그대로 포탄 모양의 틀에 채워 만든 빙과. 아이스크림과 갖가지 필링을 채워 얼린 것이라 맛이 다양하고 양감(量感)이 풍부하다. 봉브의 기본은 틀에 1~2cm 두께로 아이스크림을 깔고, 그 속에 파르페나 무스를 채우는 식이다. 이들 필링으로는 과일 설탕절임 다진 것, 마카롱, 제누아즈를 정육면체로 자른 것과 생과일 각지게 자른 것을 리큐르에 담갔다가 섞어 둔다. 이렇게 하는 이유는 리큐르에 절여 두면 과실의 수분이 알코올을 포함해 얼려도 딱딱해지지 않기 때문이다. 그 밖에 부순 누가, 아몬드, 커버추어를 더하기도 한다.
→아이스 봉브

봉브 글라세 菓 (영 Ice Bombe 프 Bombe Glacée 독 Eisbombe) 아이스크림의 하나. 봉브란 '포탄'을 뜻하는 말로 예전에는 이름처럼 포탄 모양으로 만들었지만 지금은 원뿔형도 많다. 틀 안벽에 아이스크림을 바르고 다른 아이스크림·파르페 등을 채워 얼린다.
〈봉브용 반죽 만드는 법〉 배합 재료는 노른자 284g, 시럽 510cc, 거품낸 생크림과 플레이버 각 적당량이다. 노른자와 시럽을 섞고 중탕하다가 불에서 내리고 완전히 식을 때까지 계속 젓는다. 그리고, 생크림과 플레이버를 더한다.
〈종류〉 ①미국풍 봉브(American Bombe) :

딸기 아이스크림을 틀에 바르고, 오렌지를 이용해 만든 봉브용 반죽을 채운 것. ②아르시뒤크풍 봉브(Bombe Archiduc) : 딸기 아이스크림을 바르고, 프랄리네가 든 바닐라향의 봉브 반죽을 채운 것. ③오렐리풍 봉브(Bombe Aurélie) : 바닐라 아이스크림을 바르고, 마라스키노를 넣은 딸기 파르페로 채운 것. 그리고 파인애플과 캐러멜에 담근 오렌지를 곁들인다. ④브라강스풍 봉브(Bombe Bragance) : 레몬 아이스크림을 바르고, 딸기 파르페와 럼으로 맛을 낸 봉브 반죽을 번갈아 겹쳐 채운 것.
〈틀에서 빼내는 방법〉 틀을 쓰기 전에 냉동실에 넣어 차게 한다. 프리저(freezer)에서 꺼낸 보통의 아이스크림을 두께 1cm 이상으로 틀 안벽에 바른다. 그 다음 봉브용 반죽을 채우고, 위를 평평하게 한다. 여기에 종이 1장을 덮어 냉동한다. 틀에서 아이스 봉브를 꺼내려면 틀을 잠깐 따끈한 물에 담갔다 꺼낸다. 그러면 바깥쪽 아이스크림이 녹아 쉽게 빠진다.

봉설탕[棒雪糖] 原 (영 Loaf sugar) 막대 모양의 설탕. 봉당(棒糖), 로프 슈거라고도 한다. 달아 맨 원뿔 모양의 금속 틀에 정제하지 않은 설탕(粗糖)을 부어 굳힌 뒤, 이것을 씻어내 말린 설탕이다.

뵈레 技 (프 Beurrer) 과자를 굽는 틀이나 철판에 버터를 칠하는 일. 제과용어로서, '버터'를 뜻하는 뵈르(beurre)의 동사형이다.

부뉴엘로 菓 (프 Beignet 에 Buñuelo) 에스파냐의 튀김과자의 총칭. 슈*를 튀긴 것도 부뉴엘로라 한다. 부뉴엘로 아 라 크렘은 슈 반죽과 커스터드 크림을 섞어 튀긴 것으로, 그라뉴당을 묻혀 먹는다.

부다페스터 룰라데 菓 (독 Budapester Roulade) 코코아 풍미의 롤 케이크. 가벼운 타입의 스펀지를 표면이 올록볼록한 물결 모양의 철판에 짜 내어 구운 것.
[배합—40×30cm의 철판 1장 분량] 〈반

죽〉 노른자 3개, 설탕 30 g, 흰자 3개, 설탕 60 g, 박력분 60 g, 코코아 가루 30 g, 라즈베리 잼 200 g, 버터 크림 400 g, 코코아 가루·드레인드 체리 각 적당량.
[만드는 법] ① 반죽을 만든다. 노른자와 설탕을 섞어 거품낸다 ② 흰자와 설탕을 섞고 거품내어 단단한 머랭을 만든다. 이것을 ①에 더해 가볍게 섞는다 ③ 박력분과 코코아 가루를 섞어 2~3번 체 친다. 이 가루를 ②에 더하고 나무 국자로 살짝 섞는다 ④ 짤주머니에 지름 10mm의 둥근 모양깍지를 끼우고 ③의 반죽을 넣는다. 종이를 깐 철판에 막대 모양으로 짜 놓는다 ⑤ 윗불 210℃, 아랫불 150℃인 오븐에서 구워낸 뒤 식힌다 ⑥ 반죽에 붙어 있는 종이를 떼고 평평한 면에 라즈베리 잼을 펴바른다 ⑦ 버터 크림을 라즈베리 잼 위에 덧바르고 롤상태로 만다. 이것을 종이로 단단히 감아 막대 모양을 만들어 냉장고에 넣어 굳힌다 ⑧ 너비 8 cm로 잘라 표면에 코코아 가루를 뿌린다 ⑨ 둥근 모양깍지로 버터 크림을 윗면 중앙에 짜 놓는다 ⑩ 드레인드 체리를 반 나누어 ⑨의 버터 크림 위에 얹는다.

부력실험[浮力實驗] 試 (영 Buoyancy experiment) 이스트의 발효력을 측정하는 실험. 이스트의 부력 측정법과 이스트 반죽의 부력 측정법이 있다. ① 이스트 실험 : 5 %의 설탕물과 10%의 포도당액을 만들어 컵에 담는다. 여기에 5~10 g 의 이스트를 넣고 30℃로 유지하면서 이스트가 녹는 정도, 액체의 투명도, 거품이 생기는 상태를 관찰한다. ② 반죽 실험 : 증류수 5 cc에 설탕 0.5 g 과 이스트 0.6 g 을 녹여 30℃로 유지한다. 그리고 30℃에서 보온한 밀가루 10 g 을 이스트액에 넣고 반죽한다. 둥글려서 30℃의 항온기에 넣고 50분간 발효시킨다. 이것을 다시 접어 포개고 가스빼기 한다. 둥글게 뭉쳐 30℃의 물 100cc에 넣고 떠오를 때까지의 시간을 잰다. 그 시간이 빠를수록 가스의 발생력과 팽창력이 큰 이스

트이다. 특히 4~9분만에 부풀어 떠오르면 빵 만들기에 알맞은 이스트이다.
부르봉 위스키 原 (영 Bourbon Whisky) 미국산(産) 위스키. 옥수수로 만든 술을 증류(蒸溜)시킨 것.
→위스키
부셰 菓 (프 Bouchée) 한 입에 넣을 수 있을 만큼 작은 소형 과자, 소형 앙트레메. ① 퍼프 페이스트를 밀어 펴고 요(凹)자형으로 만들어 구운 뒤 바닐라 크림을 충전하고 과실을 얹은 것. ② 비스퀴 아 라 퀴이예르를 둥글게 굽고 반 나눠 크림이나 잼을 샌드한 것을 부셰라 한다.
⇨볼 로 방
부재료[副材料] 原 (영 Sub material) 빵을 만들 때 첨가하는, 원재료를 뺀 나머지. 밀가루만을 원재료라 하기도 하고 빵을 만들 때 꼭 있어야 하는 4 가지, 즉 밀가루·이스트·물·소금을 원재료라 하기도 한다. 미국에서 정한 빵 규격에는 밀가루·물 또는 우유·이스트·소금을 기초재료, 질을 높이기 위해 더하는 것을 임의재료라 한다. 이 규격에 따르면 쇼트닝·우유·유제품·계란·설탕·포도당·꿀·시럽·당밀·이스트 푸드·빵 개량제·스파이스·보존료·밀가루 이외의 곡물가루(옥수수가루·감자가루·쌀가루·콩가루·녹말가루 등)가 부재료에 속한다.
부터슈트로이젤 菓 (독 Butterstreusel) 부터는 '버터'를, 슈트로이젤은 '소보로 상태의 토핑 재료'를 가리킨다.
⇨슈트로이젤
부터 쿠헨 菓 (독 Butter-kuchen) 발효반죽으로 만든, 독일 하노버(Hannover)지방의 명과. 헤페타이크 시트에 크림을 바르고 시너먼 슈거를 뿌려 굽는다. 버터 이외의 유지를 쓴 과자는 부터 쿠헨이라 하지 않는다.
[배합—38×53cm 철판 1 장 분량] 〈이스트 반죽〉 우유 250cc, 생이스트 25 g, 중력분 400 g, 설탕 40 g, 소금 5 g, 노른자 1개, 레

몬 껍질 3 g, 시너먼 가루 소량, 녹인 버터 100 g. 〈기타〉 버터 300 g, 아몬드 슬라이스 100 g, 설탕 100 g.

[만드는 법] ①이스트 반죽을 만든다. 먼저 볼(bowl)에 따뜻한 우유를 담고 생이스트를 넣어 녹인다 ②중력분을 체 쳐 250 g만 ①에 넣고 나무 주걱으로 섞는다 ③②를 30분간 발효시킨다 ④나머지 재료를 ③에 넣고 저속으로 2분간, 중속으로 2분간 반죽한다 ⑤④의 반죽을 둥글려서 30℃의 발효실에서 약 1시간 둔다 ⑥2.5배 정도로 부풀면 철판 크기로 밀어 펴서 철판에 깐다 ⑦32℃의 발효실에 ⑥을 넣고 다시 30분간 발효시킨다 ⑧⑦의 표면을 손가락으로 피케* 한다 ⑨버터를 거품기로 저어 매끄럽게 만든 뒤 짤주머니에 넣고 ⑧의 표면에 2 cm 간격으로 짜 낸다 ⑩얇게 슬라이스한 아몬드를 뿌리고 설탕도 뿌린 다음 약 10분간 더 발효시킨다 ⑪윗불 210℃, 아랫불 200℃의 오븐에 ⑩을 넣고 약 25분간 굽는다 ⑫다 구워지면 철판에서 떼어 내어 식힌다.

부터 크림 原 (독 Butterkrem)
⇨버터 크림

부패[腐敗] 化 (영 Putrefaction) 생물체가 산소가 없는 상태에서 분해되는 현상. 화학적으로 따지면 유기물이 미생물(혐기성 세균)의 작용을 받아 분해되고 악변(惡變)하는 현상이다. 유기물이 부패하면 악취가 나는 가스가 발생한다. 탄수화물이 분해되는 현상이 발효(醱酵), 지방이 분해되는 현상이 산패(酸敗)인데 비해 단백질이 분해되는 것이 부패이다. 부패세균의 종류는 아주 많고, 그 중에서 잘 알려진 것이 고초균, 클로스트리듐, 슈도모나스, 장내균군(腸內菌群)인 콜리나 에로네게스 등이다. 부패하기 쉬운 조건, 즉 세균의 번식이 쉬운 조건은 적당한 온도(20~40℃)와 수분이다. 따라서 냉장, 냉동, 가열, 탈수, 훈연, 염장 등의 같은 가공·저장법을 통해 부패를 방지하고자 한다.

부피 측정기[－測定器] 試 (영 Volumetric measuring instrument) 빵의 부피를 측정하는 기구. 미국에서 사용하는 측정기는 모양과 크기가 같은 상하 2개의 용기가 눈금이 매겨진 유리관으로 연결되어 있는 구조이다. 아래 용기에 유채씨 혹은 겨자씨를 넣고(미리 눈금을 읽어 둔다), 위 용기에 측정하고자 하는 빵을 담는다. 이것을 뒤집으면 유채씨가 빵 용기에 쏟아지면서 빈틈을 메꾸고 그 위에 쌓인다. 이 때 유채씨가 가리키는 눈금을 읽고, 여기서 유채씨만의 눈금을 빼면 빵의 부피가 나온다.

부활절 其 (영 Easter 프 Pâques 독 Ostern 이 Pasqua 에 Pascua) 예수 그리스도의 부활함을 축하하는 기독교의 봄 행사. 춘분(春分) 이후 보름에 이어지는 일요일이다. 프랑스, 이탈리아, 에스파냐의 파크, 파스콰, 파스쿠아는 헤브라이어인 파스크에서 온 말이고 영어의 이스터는 영국에 구전(口傳)으로 전해지는 봄의 여신(Eostre)의 이름에서, 독일어의 오스턴은 고대 게르만 민족 사이에 전해지던 봄의 여신을 지칭하던 명칭에서 유래하였다. 성서를 보면 그리스도는 금요일에 십자가에 못박히고 일요일에 부활하였다. 한편 유대교에는 이집트의 박해에서 벗어난 날을 기념하는 축제가 있다. 이 축제와 그리스도의 부활을 기념하며, 이교(異敎)의 춘분과 겹치는 날이 현재의 부활절이다.
→이스터 케이크

분무기[噴霧器] 機 (영 Sprayer) 액체를 안개 상태로 내뿜는 기구.
⇨스프레이

분밀당[分蜜糖] 原 (영 Centrifuged sugar) 설탕 결정에서 당밀을 분리해 낸 제품의 총칭. 정제·농축한 당액(糖液)을 계속 결정화 시키면 설탕이 되고 불순물은 당밀에 축적된다. 즉, 이 둘을 원심분리기로 나누어 남는 것이 분밀당이다. 보통 일상생활에서 흔히 볼 수 있는 것들이 여기에 속한다. 이와 반대로 당밀을 포함한 설탕이 함밀당*이다.

분사기[粉篩機] 機 (영 Flour sifter) 체와 같은 기능을 하는 기계. 빵용 밀가루를 체에 거르면 이물질과 덩어리진 가루가 걸러지고, 그와 동시에 밀가루 속에는 공기가 포함된다. 이와 같은 기능을 할 수 있는 기계를 분사기라 한다. 이것은 2가지 이상의 가루를 섞을 때에도 꼭 필요하다. 반죽하기 전에 분사기를 통과시켜 팽화(aeration)시킨 가루는 혼합·흡수성이 뛰어나 부피가 크고 속결이 좋은 제품을 만든다.

분설탕[粉雪糖] 原 (영 Sugar powder Powdered sugar 프 Sucre glace 독 Puderzucker) 그라뉴당이나 흰 쌍백당 같은 고순도의 설탕을 곱게 빻아 가루로 만든 가공당의 하나. 분당(粉糖), 슈거파우더라고도 한다. 생크림, 버터 크림, 머랭 같은 크림류와 반죽의 재료로 쓴다. 또, 과자의 표면에 뿌리기도 한다. 분설탕은 흡습성이 높으므로 시판할 때는 약간의 녹말이나 콘스타치를 혼합하여 덩어리지지 않게 하고 보존할 때는 밀봉하여 가능한 한 습기가 적은 곳에 둔다.

분유[粉乳] 原 (영 Milk powders 프 Lait en poudre) 우유를 가루로 건조시킨 유제품의 하나. 분유의 특성은 수분을 가능한 한 없애 보존성을 높인 점과 물이나 다른 액상물질에 녹기 쉬운 점이다. 풍미는 원료인 우유의 유지방 함유량과 당이나 식물성 지방 같은 첨가물에 따라 크게 바뀐다. 유지방이 많을수록 감칠맛이 나고 풍미가 좋다. 하지만 보존하는 동안 지방이 산패(酸敗)하여 풍미가 변할 수 있다. 이러한 점에서 보면 탈지분유처럼 지방을 뺀 것이 품질, 풍미에 안정성이 있다. 분유는 우유를 농축시킨 것이기 때문에 적은 양으로도 질 좋은 영양소를 공급하는 식품이다. 최근에는 고단백이면서 저열량 식품인 탈지분유가 제과를 비롯, 조리에 널리 쓰인다.

〈종류〉 ① 전지(全脂)분유 : 생우유에서 수분을 뺀 것. 지방이 많으므로 오래 보존할 수 없다. 업소용. ② 탈지(脫脂)분유 : 탈지유에서 수분을 뺀 것. 보존성이 좋고, 각종 가공품의 원료가 된다. ③ 가당(加糖)분유 : 우유에 설탕을 더하고 수분을 뺀 것, 또는 전지분유에 설탕을 더한 것 ④ 크림 파우더 : 크림 가루. 크림에 점착제, 유화제를 더하고 수분을 뺀 것. 업소용. ⑤ 훼이 파우더 : 훼이(whey, 乳漿)를 가루로 한 것. 제과 제빵용. ⑥ 버터 밀크 파우더 : 버터를 만들 때 나오는 부산물. 버터 밀크*를 가루로 만든 것. 제과 제빵용. ⑦ 조정(調整)분유 : 육아용. 갓난아이에게 필요한 영양소를 한데 모아 가루로 만든 것.

분할[分割] 技 (영 Dividing 프 Diviser 독 Einteilung) 1차 발효를 끝낸 반죽을 일정량씩 나누는 일. 예전에는 스크레이퍼로 잘라 나누었지만, 요즘은 분할기를 이용한다. 분할기를 사용하면 빠르고 편리한 반면 손작업보다 반죽이 상처받기 쉽다. 그러므로 분할기를 고를 때는 분할 능력뿐 아니라 성능에도 관심을 기울여야 한다.

분할기[分割機] 機 (영 Divider) 디바이더. 발효한 반죽 덩어리를 정해진 용량의 반죽 크기로 분할하는 기계. 여러 가지 형태가 있지만 보통은 반죽을 피스톤으로 압축하면서 포켓 속에 넣어 방출시키는 구조로 되어 있다. 그리고 롤처럼 작은 반죽을 분할할 때에는 펌프에 의한 진공 흡입식 분할기를 사용한다.

불랑제 其 (프 Boulanger) 제빵인. 프랑스에서 제과인을 가리키는 호칭은 조금씩 다르다. 제과점에서 일하는 제과인을 파티시에라 하고 제빵점에서 과자를 만드는 사람을 불랑제 파티시에라 하여 구별해 부른다. 제빵점은 불랑제리라 한다. 일반적으로 제빵점은 빵 만들기가 전문이고 과자는 제과점에서 만드는 것보다 수준이 떨어진다.

불연속 오븐[不連續—] 機 (영 Intermi-

ttent-heating oven 프 Four a chauffage int-ermittent) 연속 오븐에 대응하는 명칭. 돌오븐처럼 열을 보내어 오븐을 뜨겁게 한 뒤 불기를 빼고 남은 열로 빵, 케이크를 굽는 오븐이다. 가열 형태가 불연속적이기 때문에 붙여진 명칭이다.
→연속 오븐

불포화[不飽和] 化 (영 Unsaturation) 어떤 물질이 포화상태에 이르지 않은 상태. 예를 들어 불포화 증기라 함은 일정한 공간에서 증기의 압력이 포화 압력에 이르지 않은 공기를 나타내며, 불포화 용액은 용질(溶質)의 양이 용해도에 이르지 않은 용액을 말한다. 그리고 화학결합에서 볼 수 있는 이중결합, 삼중결합도 불포화 결합이라고 한다.

불포화 지방산[不飽和脂肪酸] 化 (영 Unsaturated fatty acid) 분자속에 이중결합이 있는 지방산. 탄소 수가 짝수(C_{12}~C_{22})이면서 사슬 모양의 구조가 많다. 이중결합의 수로 분류하면 ① 올레산(oleic acid) 계열(이중결합 1개) ② 리놀레산(linoleic acid) 계열(이중결합 2개) ③ 리놀렌산 (linolenic acid) 계열(이중결합 3개) ④ 고도 불포화 지방산 계열(이중결합 4개 이상)로 나눌 수 있다.
〈특징〉 ① 보통, 액체 상태로 존재하고 이중결합이 많은 것일수록 산화하기 쉽다. ② 올레산과 리놀레산은 천연의 동·식물성 유지의 성분으로 존재한다. ③ 리놀렌산, 리놀레산, 아라키돈산(arachidonic acid)은 동물 성장에 꼭 필요한 필수지방산이다. 리놀렌산은 식물성 유지에, 아라키돈산은 동물성 유지에 많다. ④ 이중결합이 4개 이상 포함된 고도 불포화 지방산 계열은 어유(魚油)에 존재하며, 따라서 어유산이라고도 한다.

뷔슈 드 노엘 菓 (프 Bûche de Noël) 장작(bûche) 모양으로 만든 크리스마스 케이크. 스펀지에 크렘 오 뵈르*를 싸고, 버섯이나 호랑가시나무를 장식하여 마무리한다. 19세기 말부터 만들어지기 시작한 과자이다.
[배합] 〈커피 롤 케이크-30×40cm〉 계란 3개, 설탕 90 g, 인스턴트 커피 5 g, 물 소량, 박력분 90 g, 우유 10cc. 〈크렘〉 크렘 오 뵈르·럼·인스턴트 커피 각 적당량. 〈럼 넣은 시럽〉 시럽(설탕 2 : 1 물) 30cc, 럼 30cc. 〈기타〉 크렘 오 뵈르·럼·비터 초콜릿·색소가루(빨강, 초록, 노랑) 각 적당량.
[만드는 법] ① 커피 롤 케이크를 만든다. 계란을 풀고 설탕을 더해 중탕한다. 살색이 날 때까지 데운다 ② 중탕 그릇에서 꺼내어 거품을 낸다. 인스턴트 커피를 약간의 물에 녹여, 거품낸 계란에 더하여 섞는다 ③ 박력분도 더해 가볍게 섞고, 우유를 데워 더한다 ④ 철판에 종이를 깔고 ③을 흘려 부어 고르게 펼친다. 200℃의 오븐에서 굽는다 ⑤ 럼 시럽을 만든다. 이것을 구워낸 ④의 시트에 발라 적신다 ⑥ 크렘 오 뵈르에 럼과 인스턴트 커피를 섞어 ⑤의 위에 바른다. 이것을 만다 ⑦ 크렘 오 뵈르에 럼과 녹인 비터 초콜릿을 섞는다. 이것을 짤주머니에 넣고 나뭇결 무늬가 나도록 짜낸다 ⑧ 포크로 표면에 선을 긋는다. 크렘 오 뵈르에 빨간색, 녹색, 노란색의 색소가루를 섞어 색을 들인다. 이것으로 담쟁이 덩굴과 잎을 짠다.

뷔페 其 (프 Buffet) 가벼운 식사, 서서 먹는 식사 형태. 칵테일 파티의 연회 형태가 그 예이다.

브라벤더 시험기[-試驗器] 試 (영 Brabender tester) 최초로 헝가리인이 고안하고, 그 뒤 독일인 브라벤더가 개량한 시험기. 제일 처음 만들어진 것이 패리노그래프이고 그 다음이 익스텐소그래프, 아밀로그래프, 퍼멘토그래프이다. 이들 모두 브라벤더사(社)에서 만들었다. 브라벤더 시험기가 나타내는 반죽의 성질은 점성(粘性)이나 탄성(彈性)이라고 하는, 단일 물리적 성질이 아닌 두 성질에 대한 종합치이다. 단위는 브라벤더 유니트(BU)이다.

브라우니 菓 (영 Brownie) 영국의 전통적인 과자. 미국에 전해져 인기를 더 끌고 있다. 버터 케이크와 쿠키의 중간에 위치한다. 갈색빛(브라운)으로 구운색이 들어 붙여진 명칭이다. 또, 스코틀랜드의 전설에 등장하는 요정의 이름을 땄다는 설(說)도 있다. 초콜릿 맛·박하맛 이외에도 여러 가지 견과·과일을 넣은 브라우니가 있다. 초콜릿 브라우니의 예를 들면 다음과 같다.
[배합] 초콜릿·버터·브라운 슈거·밀가루 각 110g, 베이킹 파우더 4.5g, 소금 소량, 계란 2개, 호두 60g, 우유 15cc.
[만드는 법] ① 초콜릿을 다져 버터와 중탕·가열한다 ② 불에서 내려 브라운 슈거를 더하고 식힌다 ③ 밀가루, 베이킹 파우더, 소금을 함께 체쳐서 ②에 더한다 ④ 계란, 다진 호두, 우유를 더해 섞는다 ⑤ 철판에 흘려 붓고 커드*로 골고루 펼친 뒤 180℃ 오븐에서 굽는다 ⑥ 알맞은 크기로 잘라 먹는다.

브라운 브레드 빵 (영 Brown Bread) 전립분(全粒粉) 혹은 굵게 빻은 밀가루를 주재료로 하여 반쯤 구운 빵. 그 밖에 호밀가루, 당밀을 더한 빵도 있는데, 그 중 대표적인 것이 보스턴 브라운 브레드*이다. 이것은 그레이엄 밀가루*에 호밀가루, 수수가루를 더하고 팽창제로 부풀린 빵으로서 영양가가 높다.

브라운 서브 롤 빵 (영 Brown Serve Roll) 빵 반죽을 완전히 익히지 않아서 빵껍질이 생기지 않고 구운색이 들지 않은, 반만 구운 상태로 오븐에서 꺼낸 것. 이것을 가정용 오븐에서 한번 더 구우면 갓 구워 낸 빵과 같은 신선한 맛을 느낄 수 있다. 〈유래〉 1948년 여름, 미국 플로리다주(Florida 州)의 한 마을에 화재가 발생했다. 때마침 롤빵 반죽을 발효실에 넣으려던 제빵 기술자가 소방차의 경적소리를 듣고 놀란 나머지, 채 숙성하지도 않은 반죽을 오븐에 넣고 뛰쳐나갔다. 소방대원이던 그가 곧 불을 끄고 서둘러 집에 돌아와 보니 롤은 구운색이 들지 않은 채 부풀어 있었다. 이것을 버리기 아까워 한번 더 구워내자 아주 맛있는 빵이 되었다 한다. 그 뒤 반만 구운 빵에 대한 연구를 거듭한 끝에 특허를 따냈는데, 이것이 브라운 서브 롤이다.
[배합] 밀가루 100, 물 50, 이스트 3, 맥아 0.5, 이스트 푸드 0.2, 소금 1.7, 설탕 6, 탈지분유 3, 쇼트닝·계란 각 10.
[만드는 법] 반죽 온도 32~35℃, 발효 온도 35~40℃, 오븐의 온도 135~149℃. 10~15분 안에 반죽의 중심 온도가 77~82℃로 올라야 한다. 오븐 스프링을 적게 하기 위해 이스트 푸드의 양은 줄인다. 쇼트닝의 양을 늘려 고운 결을 만들고 열전도가 잘 되도록 한다. 그리고 계란을 더해, 오븐에서 꺼낸 뒤의 수축을 막는다.

브라이멕 제빵법 技 (영 Brimec baking process) 1차 발효 공정을 생략하고 공기, 산화제(브롬산칼륨), 고속 믹서(300회전)의 힘을 빌어 반죽을 숙성시키는 방법. 오스트레일리아의 빵 연구소가 개발한 단시간 제빵법이다. 제조시간이 단축되는 반면 빵의 풍미가 좋지 않고 노화가 빠르다.
→기계적 반죽법

브라질넛 果 (영 Brazil nut) 브라질의 아마존 강 주변에 자생하는 견과. 나무 줄기는 지름이 90~180cm이고 높이가 40m에 달한다. 열매는 익으면 나무에서 떨어진다. 둥글고 딱딱한 껍질 속에 세모꼴에 가까운 종자(種子)가 20개쯤 들어 있다. 종자는 갈색의 얇은 껍질에 싸여 있고, 육질(肉質)은 희다. 60% 이상이 지방이고 단백질도 풍부한 영양식품이다. 예전에는 미국에서 크리스마스 때 즐겨 먹었다. 지금은 계절에 상관없이 설탕에 조리거나 그대로 초콜릿에 섞고, 잘게 다져 케이크·쿠키 반죽에 더한다.

브란트마세 菓 (프 Pâte à choux 독 Brandmasse) 슈 반죽. 브뤼마세라고도 한다.
⇨슈

브랜디 原 (영 Brandy 프 Eau de Vie) 포도를 원료로 해서 만든 증류주(蒸溜酒)이다. 넓게는 과실을 주정(酒精) 원료로 하여 만든 증류주의 총칭이다. 프랑스의 오 드 비(eau de vie : 생명의 물)에 해당한다. 오 드 비는 알코올 도수가 높은 증류주의 총칭이며, 특히 포도 이외의 과실주를 정류(精溜)한 브랜디를 가리킨다. 대표적인 것에 꼬냑, 아르마냑이 있고 사과를 원료로 한 칼바도스, 포도주 찌꺼기로 만든 마르(marc), 그라파(grappa)도 브랜디에 속한다. 또, 포도 이외의 여러가지 과실을 원료로 한 프루츠 브랜디도 있다. 브랜디라는 명칭은 프랑스의 오 드 비를 산 네덜란드 상인이 이것을 '브란데윈(brandewijn : 가열한 와인이라는 뜻의 네덜란드어명)'이라 부른데서 유래한다. 이 용어가 영어로 브란데와인(brandewine), 브랜드와인(brandwine)이라 불리다가 결국 브랜디로 정착하였다. 브랜디는 과실에 향을 들이는 것 이외에, 크림에 향을 들이거나 사바랭·바바를 담글 시럽에 풍미를 내기 위해 쓴다. 특히 초콜릿 과자에 잘 어울린다.

브레드 웨이퍼 빵 (영 Bread Wafer) 린(lean : 저배합)한 이스트 반죽을 얇은 판자 모양으로 만들어 크래커 상태가 되도록 구운 과자. 가톨릭 교회에서는 무발효 반죽으로 만들어진다.

브레드 플레이버 빵 (영 Bread flavor) 빵의 풍미. 코로 맡는 향과 입으로 느끼는 맛을 종합한 감각이다. 흰빵의 풍미는 누구나 좋아할 수 있어야 하고, 이는 배합재료와 발효·굽는 과정에서 생긴다. 풍미에 관계하는 재료는 ① 밀가루 ② 당분(糖分) ③ 이스트 ④ 소금 ⑤ 유지이다. 밀가루는 만드는 동안 물리성이 우수한 강력분이 좋고, 소금은 배합률이 2.25%정도 되어야 풍미에 영향을 준다. 유지는 뒷맛이 남지 않아야 하며 무엇보다도 빵 특유의 풍미는 이스트 효소의 작용에 따른 것이다. 보통 오랜 시간 발효하면 야생효모와 잡균이 번식하여 미묘한 풍미를 내면서 신맛이 더해진다. 특히 호밀빵이 그러한데 그 자극성의 풍미는 아세트산균, 젖산균, 낙산균에 의한 것이다. 이러한 발효 반죽을 구우면 당분이 캐러멜화하면서 멜라닌(melanin)이 생겨 빵 특유의 풍미를 낸다(〈표〉 참고).

〈표〉 발효·굽기 도중에 생기는 물질

휘발성 물질	알코올, 피루빅 알데히드, 디아세틸, 이소 알데히드
약휘발성 물질	퓨젤유, 아세트산, 피루브산, 푸르푸랄, 아세토인, 부틸렌글리콜, 부틸락테이트
비휘발성 물질	멜라노이딘, 호박산에틸, 젖산, 숙신산

브레이드 롤 빵 (영 Braid Roll 프 Tresse 독 Zopfgebäck) 띠처럼 늘인 발효 반죽을 엮어서 구운 빵.
⇨엮은빵

브레이크 다운 단계 技 (영 Break down stage) 반죽의 여섯번째 발달단계. 지나치게 반죽하여 빵 반죽이 탄력성을 잃고 늘어지는 상태를 브레이크 다운이라 한다. 이러한 반죽은 분할·둥글리기·성형하기가 무척 힘들다. 또, 이것을 어렵게 성형하여 굽더라도 만족스러운 제품이 나오지 않는다.

브레첼 菓 (영 Pretzel 프 Bretzel 독 Brezel, Prezel) 프랑스 알자스(Alsace) 지방의 8자 모양( ) 비스킷. 원래 저배합 빵 반죽을 만들어 소다수(93℃, 소다 5.6 g +물 1,000cc)에 담갔다가 오븐에서 딱딱하게 구운 것이었는데 점차 재료가 풍부해지면서 스위트 도를 사용하기에 이르렀다. 지금은 퍼프 페이스트와 데니시 페이스트로 만들고, 단맛에서부터 짠맛까지 종류가 다양해졌다. 브레첼이란 말은 라틴어인 '브라셀라(작은 팔)', 고대 독일어인 '브레치텔라'에서 왔다. 8자 모양은 죽은 자를 위로하기 위해 기도하는 모습을 본뜬 것으로서 이미 기원전 4세기 영국에서 유래한다. 중세 독일의 사원에서도 팔장 낀 모양의 브레첼이 만들어졌다. 이렇게 종교적 색채가 강하던 브레첼이 지금은 크리스마스 때 할아버지 할머니가 손자들에게 선물하는 상품으로 바뀌었다. 다음은 슬라이스 아몬드를 뿌려 구운 브레첼이다.

[배합—12개 분량] 퍼프 페이스트 510 g, 아몬드 슬라이스·살구 퓌레·워터 아이싱·계란 각 적당량.

[만드는 법] ① 퍼프 페이스트를 20×35cm로 밀어 편다. 10×35cm로 2줄 잘라 각각 12등분 한다 ② 12등분한 것을 꼬아 8자 모양으로 성형한다 ③ ②에 계란을 바르고 아몬드를 뿌린다. 그리고 살짝 굽는다 ④ 살구 퓌레를 바르고 워터 아이싱으로 광택을 낸다.

브렉퍼스트 其 (영 Breakfast 프 Petit déjeuner) 아침 식사. 직역하면 '배고픔을 채운다'는 의미이지만, 의역하면 저녁식사부터 다음날 아침까지의 생리적인 공복(空腹)을 채운다는 의미이다.

브렉퍼스트 롤 빵 (독 Breakfast Roll) 이스트 반죽으로 만든 롤빵. 발상지는 독일이다.

[배합—80개 분량] 밀가루 1,984 g, 설탕 21 g, 우유 1,247cc, 버터 99 g, 소금 21 g, 이스트 57 g.

[만드는 법] 중종법. 롤 모양으로 성형하고 표면에 세로로 칼집을 낸 뒤 노른자를 바른다. 이것을 바싹 굽는다.

브로트마세 菓 (독 Brotmasse) 비스퀴 반죽의 하나. 비스퀴 반죽에 아몬드 가루, 드레인드 프루츠, 구운 빵가루, 코코아, 시너먼·정향 같은 향신료를 더한다. 이것을 틀에 채워 굽고 윗면에 살구잼을 바른 뒤 초콜릿 퐁당을 묻힌다.

브롬산칼륨 原 (영 Potassium Bromate) 취소산(臭素酸)칼륨이라고도 한다. 밀가루 개량제의 하나이다. 빵 제조용 밀가루에 한해서만 사용하도록 허용되어 있다('밀가루 개량제'항 참고). 브롬산칼륨은 밀가루에 직접 첨가하는 일이 거의 없고, 빵 제조용 이스트 푸드의 한 성분으로서 배합하여 반죽에 더한다. 브롬산칼륨의 작용은 단백질 분해효소의 활성을 적절히 억제하고 글루텐의 성질을 향상시켜 제빵 효과를 높이는 일이다.

브로트헨 빵 (독 Brötchen) 독일 소형빵의 총칭. 저배합으로 만들어 직접 구운 빵이다. 반죽은 짧은 시간에 가볍게 끝내고 발효는 단시간법이 좋다. 타원으로 성형하고 윗면에 살짝 칼집을 낸다.

브루법 技 (영 Brew method) 액종법의 하나. 발효액('액종'항 참고)으로 퍼멘트를 이용하는 아드미법에 대해 브루를 사용해 발효시키는 제빵법이다.
→아드미법, 액종법

브뤼마세 菓 (프 Pâte à choux 독 Brühmasse)
⇨슈

브리야 사바랭 其 (프 Brillat Savarin) 프랑스의 유명한 요리(음식) 평론가, 미식가(美食家). 장 안셀렘 브리야 사바랭(Jean Antheleme Brillat Savarin : 1755~1826). 1789년에 국민의회의 변호사가 되고 1793년 베레이 시장, 국민군사 사령관이 되었다. 프랑스 혁명 당시 미국으로 망명해 갔다가 3년 뒤 파리에 돌아와 최고 재판소의 판사 자리에 올랐다. 그러나 무엇보다도 그의 명성을 높인 것은 《미각의 생리학(la Physiologie du goût)》이라는 저서로, 이것은 그가 미식가의 입장에서 견해를 밝힌 책이다.

브리오슈 빵 (프 Brioche) 버터와 계란을 듬뿍 배합해 만든 반죽을 여러 가지 모양으로 성형해 구운 것. 손으로 나누었을 때 결이 곱고 버터 향이 풍긴다. 프랑스의 곳곳에서 축제일마다 그 지방색을 살린 여러 가지 브리오슈가 만들어지며 모양, 배합 재료에 따라 여러 갈래로 나뉜다. 눈사람 모양의 브리오슈 아 테트(Brioche à Tête), 원통 모양의 브리오슈 무슬린(Brioche Mousseline), 직사각형 틀에 넣어 구운 브리오슈 낭테르(Brioche Nanterre), 브리오슈 오 프뤼이 콩피(Brioche aux Fruits Confits : 브리오슈 반죽으로 과일 설탕 절임을 싸서 둥글게 잘라 틀에 넣고 구운 것), 브리오슈 쿠론(Brioche Couronne : 브리오슈 반죽을 왕관 모양으로 구운 것, 축제일에 만들어먹는 지방 과자)이 있다. 빵 속을 파내고 갖가지 크림을 채우거나, 양주를 듬뿍 먹이기도 한다. 반죽법은 중종법, 직접법으로 한다.

[배합] 중력분 1,000 g, 설탕 9 g, 소금 20 g, 계란 500 g, 우유 200cc, 생이스트 40 g, 버터 600 g. 〈기타〉 계란 푼 것 적당량.

[만드는 법] ① 볼(bowl)에 우유를 넣고 여기에 생이스트를 풀어 녹인다 ② 믹서 볼에 중력분, 설탕, 소금, 계란과 함께 ①을 넣고 저속으로 3분, 중속으로 5분간 돌린다 ③ 버터를 부드럽게 녹여 두고 ②에 조금씩 더한다. 볼 속에서 반죽을 떼어내듯 섞고, 저속으로 2분, 중속으로 5분간 돌린다 ④ 반죽을 잡아 늘여 보아 얇은 막처럼 펼쳐질 때까지 반죽한다 ⑤ 반죽을 둥글려 볼에 넣고 26℃에서 90분간 발효시킨다. 그 뒤 가스빼기를 한다 ⑥ 반죽을 철판에 놓고 평평하게 한다 ⑦ 비닐 종이를 씌워 4~7℃의 냉장고에 3~18시간 넣어 둔다 ⑧ 반죽을 35 g 씩 분할하고 둥글려 20분간 휴지시킨다 ⑨ ⑧의 반죽을 다시 둥글리고, 손날을 이용해

1 개의 반죽을 3 : 1의 비율로 나눈다. 테두리가 물결 모양인 브리오슈 틀(아래 〈사진〉 참고)에 큰 반죽을 넣는다. 작은 것을 들고 손가락이 틀 바닥에 닿을 만큼 눌러 끼운다 ⑩ 30℃에서 1시간동안 2차발효 시킨다. ⑪ 풀어 놓은 계란을 표면에 바른다. 큰 반죽에 서너 군데 가위집을 넣고 220℃의 오븐에서 14~15분간 굽는다.

브리지 롤 빵 (영 Bridge Roll) 비엔나 빵의 하나. 양끝이 뾰족하며 길고 가느다랗게 성형하고 윗면에 칼집을 넣어 구운 롤빵. 오스트리아 빈에서 불리는 명칭은 베켄(Wecken)이다.

브릭스 도 試 (영 Brix degree) 설탕 용액 농도의 단위. °Bx로 표기한다. 20℃인 용액 100 g 중 자당수(g)의 값이다.

블랑망제 菓 (영 Blancmange 프 Blancmanger 독 Mandelsulze) 흰(blanc) 음식(manger)을 뜻하는 용어로서 아몬드를 넣은, 희고 부드러운 냉과(冷菓)를 가리킨다. 이것과 비슷한 것이 바바루아이다. 바바루아는 크렘 앙글레즈*에 젤라틴, 생크림을 더하는 데 비해 블랑망제는 아몬드 밀크를

기본으로 한다. 아몬드 밀크는 아몬드에 물을 더해가면서 부수고, 물기는 헝겊으로 흡수시키는 아주 번거로운 작업을 통해 만들어진다. 이러한 어려움을 덜기 위해 영국식 아몬드 밀크가 등장했다. 우유에 콘스타치를 풀고 아몬드 에센스로 향을 내는 방법이다.

[배합—지름 16cm의 트루아 프레르 틀 1개 분량] 〈블랑망제〉 우유 200cc, 껍질 벗긴 아몬드·설탕 각 50g, 젤라틴 6g, 아마레토 30cc, 생크림 180cc. 〈즐레 드 뱅 블랑〉 설탕 100g, 물 500cc, 젤라틴 30g, 백포도주 50cc. 〈소스 앙글레즈 오 키르슈〉 우유 250cc, 노른자 3개, 설탕 50g, 바닐라 스틱 1/2개, 키어시 15cc.

[만드는 법] ① 즐레 드 뱅 블랑(gelée de vin blanc : 백포도주 젤리)을 만든다. 설탕과 물을 가열하여 끓으면 불에서 내린다 ② 젤라틴을 물에 불려 ①에 더해 녹인 뒤 체에 거른다 ③②에 백포도주를 섞고 식힌다 ④③을 트루아 프레르* 틀에 가득 붓는다. 이것을 얼음물에 담근다 ⑤ 틀의 안쪽이 조금 굳으면 굳지 않고 남은 젤리를 덜어낸다 ⑥ 블랑망제를 만든다. 아몬드와 우유를 믹서에 간다 ⑦ 냄비에 ⑥을 넣어 불에 올리고 끓으면 불에서 내린다. 뚜껑을 덮고 잠깐 그대로 둔다 ⑧⑦을 플란넬 천에 거르고 설탕을 더한다. 약한 불에서 설탕을 녹인다 ⑨ 젤라틴을 물에 불려 ⑧에 넣고 섞어 식힌 뒤 아마레토(amaretto, '리큐르'항 참고)를 더한다 ⑩ 생크림을 70~80% 거품내고 ⑨와 섞는다. 이것을 ⑤의 틀 속에 붓고 식혀 굳힌다 ⑪ 틀에서 빼내어 접시에 담는다. 소스 앙글레즈 오 키르슈, 즉 키어시를 넣은 앙글레즈 소스를 만들어 곁들인다.

〈아몬드 밀크 만드는 법〉 아몬드 500g, 물 1,150cc. 아몬드를 다져 물 250cc와 섞어 롤러에 간다. 그리고 물 900cc를 더해 섞는다. 이것을 목면 주머니에 넣고 짜 낸다. 이 배합으로 만들면 1,100cc의 아몬드 밀크를 얻을 수 있다.

블랑케트 原 (프 Blanquette) 프랑스 남부산(產) 백포도주. 남프랑스의 랑그도크(Languedoc) 지방의 자연 발포성 와인이다.

블랙베리 果 (영 Blackberry 프 Mûre 독 Brombeere) 장미과(科)의 나무딸기류에 속하는 과실. 라즈베리와 같은 부류이다. 블랙베리는 이름 그대로 검정 열매이고, 크기는 지름 1~2cm이다. 원산지는 북아메리카이다. 날것으로 먹거나, 잼·젤리로 가공한다.

블랙 티 原 (영 Black tea) ⇨홍차

블랙 푸딩 菓 (영 Black Pudding) 초콜릿 소스를 얹은 검은빛의 푸딩.

[배합—사바랭 틀 15cm] 〈푸딩〉 계란 1개, 설탕 40g, 밀가루 150g, 중조 3g, 적설탕 50g, 뜨거운 물 100cc. 〈초콜릿 소스〉 코코아 4g, 물 100cc, 설탕 40g, 노른자 1개, 버터 5g.

[만드는 법] ① 사바랭 틀에 기름을 두르고 밀가루를 묻힌 다음 위의 재료로 만든 푸딩을 담고 25분간 오븐에서 굳힌다 ② 코코아, 우유, 설탕을 섞어 가열한 다음 노른자와 버터를 더해 초콜릿 소스를 완성한다. 코코아 대신에 초콜릿을 써도 좋고, 생크림을 조금 넣어도 좋다. 이 푸딩에 시너먼과 캐러멜을 넣고 색을 들인 것도 있다 ③②를 ①에 끼얹는다.

블랜차드법 技 (영 Blanchard batter process) 노타임 반죽법의 하나. 영국인인

블랜차드가 개발했다 하여 붙여진 명칭이다. 먼저 밀가루 3/4만으로 부드러운 반죽을 만들어 글루텐을 충분히 수화(水和)시킨다. 여기에 나머지 밀가루와 부재료를 모두 섞어 반죽한 뒤 바로 분할한다.

블레이징 菓 (영 Blazing) 삶거나 구운 요리, 또는 과자 위에 브랜디 같이 알코올 도수가 높은 술을 끼얹어 태운 요리이다.

블레터타이크 菓 (독 Blätterteig) 독일식 접기형 파이 반죽*. 영국·프랑스식이 밀가루 반죽에 버터를 끼워 접어펴는 반면, 독일식은 버터로 밀가루 반죽을 감싸고 접어펴기 한다.

[배합—1,300g] 버터 500g, 강력분 200g, 박력분 300g, 찬물 270~300cc, 소금 6g.
[만드는 법] ① 재료는 모두 식혀 둔다 ② 강력분과, 박력분 200g, 소금, 물을 넣고 반죽한다. 한 덩어리로 뭉쳐지면, 덧가루를 뿌려 놓은 작업대 위에서 다시 반죽한다. 한덩이로 뭉쳐 비닐 종이에 싸 냉장고에 1시간 넣어 둔다 ③ 작업대에 박력분 100g을 덧가루 삼아 뿌리고 버터를 놓는다. 밀가루를 묻히면서 밀대로 두드려 누른다. 이 버터를 비닐에 싸고 냉장고에서 20분간 휴지시킨다 ④ 차갑게 한 작업대에 덧가루를 뿌리고 ③의 버터를 놓는다. 이것을 30×40cm로 늘인다 ⑤ ②의 반죽을 30×20cm로 밀어펴고 버터의 중앙에 놓는다 ⑥ 버터로 반죽을 싸고 40×60cm로 밀어편 뒤 3겹 접는다. 냉장고에서 휴지시킨다 ⑦ 다시 밀어펴고 3겹 접고, 90도 돌려 늘인 뒤 3겹 접는다. 냉장고에서 휴지시킨다 ⑧ ⑦을 되풀이한다.

블렌드 原 (영 Blend) 통밀가루와 보통의 밀가루를 섞은 것. 때에 따라서는 여러 가지 가루(穀粉)를 섞은 것도 블렌드라 한다.

블로 原 (영 Blow) 설탕액에 철사 고리를 담갔다 꺼내면 투명막이 생긴다. 그 막을 입김으로 불면 파괴되기 전에 조금 부풀어 오르는 상태가 된다. 이 때 설탕액의 온도는 113℃이다.

블루베리 菓 (영 Blueberry 프 Myrtille 독 Heidelbeere) 진달래과(科)에 딸린 관목의 열매. 월귤류의 하나이다('베리' 항 참고). 한국의 산앵두나무·정금나무 열매에 해당한다. 블루베리의 원산지는 북아메리카이다. 옅은 초록색으로 열매가 맺히고 익으면 짙은 남색이 되며 표면이 하얀 가루로 덮인다. 과육은 부드럽고 신맛이 나며 약간 떫은 맛이 있다. 이것은 냉동품, 시럽절임, 잼 등으로 가공하고 타르트·타르틀레트, 무스, 셔벗 등에 널리 사용한다.

블룸 빵 菓 (영 Bloom) ① 아무것도 바르지 않은 빵의 껍질, 또는 케이크의 표면이 빛나는 상태. 이러한 상태는 반죽 재료의 질이 좋고 발효에서부터 굽는 단계까지의 공정이 잘 이루어졌을 때 나타난다. ② 초콜릿의 표면에 잿빛의 막이 생겨 광택이 나지 않는 상태('커버추어'항 참고).

블리니 菓 (프 Blini) 러시아 요리로서 밀가루, 메밀가루로 만든 크레프*. 사워크림과 캐비아(상어알)를 곁들여 먹는다.

블리딩 菓 (영 Bleeding) ① 빵·과자 반죽을 분할하고 그 단면을 둥글리지 않은 채 발효시키는 일. ② 반죽의 자른 면에서 버터나 잼이 배어 나오는 일.

블리딩 브레드 빵 生 (영 Bleeding Bread) 출혈빵. 미크로코쿠스 프로디지오서스(micrococus prodigiosus)라고 하는 미세한 구균(球菌)이 번식하여 빵 속에 핏빛의 반점이 생긴 빵이다. 이 세균은 열에 약해서 일단 구워진 빵에 전염된다. 처음은 무색의 반점을 만들지만 나중에는 혈적색으로 변하여 피가 방울져 떨어진 듯 되어 버린다. 또, 이것은 우유·흰자·송아지 고기 등에도 발생한다. 이것은 극히 드물게 일어나는 현상으로, 출혈빵의 원인이 세균에 의한 것임을 처음 발견한 때는 1848년이다.

블리스터 현상[－現象] 技 (영 Blister

phenomenon) 수증기의 증발현상. 오븐에서 갓 꺼낸 빵 속에는 포화량의 수증기, 탄산 가스, 알코올이 들어 있다. 여기서 수증기는 빵이 식음에 따라 겉껍질을 통해 밖으로 발산된다. 이러한 현상은 빵의 온도가 완전히 상온(常溫)으로 떨어질 때까지 계속된다. 이것이 블리스터 현상이다. 그리고 이렇게 수분이 날아가기 때문에 갓 구워낸 빵과 식힌 다음의 빵의 중량 사이에는 2~3%의 차이가 난다. 이것이 냉각 손실*이다.

블리츠쿠헨 菓 (프 Éclair 독 Blitzkuchen)
⇨에클레르

비교 확산 계수[比較擴散係數] 試 (영 Comparative spread factor) 쿠키의 품질을 비교한 백분율 값. 그 값은 다음과 같이 구한다.

비교 확산 계수(%)=

$$\frac{\dfrac{\text{시험 쿠키의 평균 너비}}{\text{시험 쿠키의 평균 두께}}}{\dfrac{\text{기준이 되는 쿠키의 평균 너비}}{\text{기준이 되는 쿠키의 평균 두께}}} \times 100$$

비너마세 菓 (독 Wienermasse) 독일식 스펀지 반죽. 잔트마세라고도 한다. 프랑스의 제누아즈에 해당한다. 공립법으로 만들며, 녹말을 배합해 넣어 결이 곱고 가볍다.
[**배합**] 계란 250 g, 노른자 2 개, 설탕 150 g, 레몬 껍질 간 것·바닐라 에센스 각 소량, 박력분 100 g, 녹말 100 g, 버터 50 g.
[**만드는 법**] ① 볼(bowl)에 계란, 노른자, 설탕을 넣고 중탕하면서 38℃까지 휘핑한다 ② 중탕을 끝마치고 레몬 껍질, 바닐라 에센스를 더한다 ③ ②의 반죽을 들어올렸을 때 어느 정도의 너비로 떨어져 반죽 위에 쌓일 만큼 저어준다. ④ ③에 박력분과 녹말을 더해 나무 국자로 섞고 녹인 버터를 넣

어 섞는다 ⑤ 링 틀 바닥에 종이를 깔고 ④의 반죽을 흘려 넣는다 ⑥ 180℃ 오븐에서 굽는다.

비네그르 原 (영 Vinegar 프 Vinaigre 독 Weinessig) 양초(洋醋) 또는 서양초. 포도주(와인)를 아세트산발효 시켜 만든다. 한편 같은 말이지만 영어권에서 말하는 비네거(vinegar)는 와인 비네거 이외에도 사과술로 만든 사이다 비네거, 맥아당액을 알코올 발효시키고 다시 아세트산발효 시킨 몰트 비네거, 보리 맥아액을 발효시킨 맥주 원액을 증류하고 이 때 얻어지는 알코올을 아세트산발효 시키는 디스틸드 몰트 비네거 등이 있다. 비네그르 또는 비네거는 요리 전반에 널리 쓰이며, 구리 냄비를 씻을 때 소금과 함께 쓰면 음식 찌꺼기가 말끔히 씻겨 나간다.

비넨슈티흐 菓 (영 Bee Sting 독 Bienenstich) 밀어 편 발효 반죽 위에 비넨슈티흐 반죽을 얇게 펴 바르고 구운 과자. 영어로 비 스팅이라고도 한다.
[**배합—30×40cm의 철판 1장 분량**] 〈비넨슈티흐 반죽〉 버터 250 g, 설탕 150 g, 꿀 50 g, 맥주 80cc, 레몬 껍질·소금 각 소량, 바닐라 스틱 1개, 다진 아몬드 250 g. 〈발효 반죽〉 중력분 250 g, 생이스트 25 g, 우유 250cc, 중력분 150 g, 설탕 40 g, 소금 5 g, 노른자 1개, 레몬 껍질 3 g, 시너먼 가루 소량, 녹인 버터 100 g. 〈충전물〉 바닐라 크림 300 g, 버터 150 g.
[**만드는 법**] ① 비넨슈티흐 반죽을 만든다. 냄비에 버터, 설탕, 꿀, 맥주, 레몬 껍질, 소금, 바닐라를 넣고 불에 올린다 ② 옅은 갈색이 되면 아몬드를 더해 다시 조린다. 이것을 배트에 옮겨 식힌 뒤 하룻밤 놔둔다 ③ 발효 반죽을 만든다('헤페타이크'항 참고). 이것을 밀어 펴서 이스트 틀에 깔고 피케*한다 ④ ③의 위에 ②를 부드럽게 해서 얹고 고르게 펴 바른다 ⑤ ④를 35℃에서 40분간 발효시킨다 ⑥ 윗불 220℃, 아랫불

200℃의 오븐에 25분간 굽는다 ⑦ 충전물을 만든다. 바닐라 크림에 녹인 버터를 더하면서 섞는다 ⑧ ⑥을 수평으로 이등분한다. 그 윗부분은 5×8cm 크기로 자른다 ⑨ ⑧의 아랫부분에 ⑦의 크림을 1cm 두께로 짜 고르게 펴 바른다 ⑩ ⑨ 위에 ⑧을 포개 냉장고에서 식힌다 ⑪ 윗부분의 크기에 맞춰 자른다.

비누화[−化] 化 (영 Saponification) 에스테르화의 역반응. 에스테르*가 가수분해되어 카르복시산과 알코올을 생성하는 반응을 가리킨다(R, R′는 알킬기).

$$RCOOR' + H_2O \rightarrow RCOOH + R'OH$$
(에스테르) (물) (카르복시산) (알코올)

비누화값 化 (영 Saponification value) 일정량의 유지를 비누화*시킬 때 필요한 수산화칼륨(KOH)의 양을 숫자로 나타낸 값. 야자유처럼 분자량이 작은 지방산을 많이 포함한 것은 비누화값이 높고, 유채씨기름처럼 분자량이 큰 지방산을 포함한 것은 낮다.
→유지

비등[沸騰] 物 (영 Boiling) 액체의 내부에서 기화(氣化)가 일어나는 현상. 반면 액체의 표면에서만 기화가 일어나는 현상을 증발(蒸發)이라 한다. 비등은 일정한 압력 아래에서는 액체에 따라 일정온도에서 일어난다. 이 때의 온도를 끓는점 또는 비등점이라 한다. 끓는점은 압력의 영향을 받는다. 일단 액체가 끓기 시작하면 그 이상 가열하여도 온도는 더 오르지 않는다. 왜냐하면 그 열은 액체를 기화시키는 데만 쓰이기 때문이다. 그런데 비등은 원래 용기의 안벽이나 액체 속의 먼지에 달라붙은 공기가 팽창하여 작은 기포를 만들고, 또 그 속에서 액체가 기화함으로써 일어나는 현상이다. 그러므로 용기의 벽을 깨끗이 하고 액체 속의 먼지나 공기를 없앤 뒤 서서히 가열하면, 액체의 온도가 끓는점에 이르러도 끓지 않고 그 이상으로 상승하는 수가 있다. 이러한 현상을 과열(過熱)이라 한다.
→과열증기

비버타이크 菓 (영 Biber dough 독 Biberteig) 밀가루, 꿀, 설탕, 스파이스를 섞어서 만든 반죽. 비버타이크는 표면에 인물, 풍경을 그리는 독특한 케이크를 만들 때 이용된다. 질 좋은 비버타이크는 밀가루와 꿀을 같은 양으로 배합해 만든다. 여러 가지 배합 중 한 예는 다음과 같다.
[배합] 밀가루 2,250g, 꿀 1,350g, 설탕 450g, 스파이스 93g, 물 144cc, 넛메그 소량, 레몬 껍질 3개 분량, 우유 325cc, 더운 물에 녹인 탄산칼륨 28g, 찬물에 녹인 탄산칼륨 15g.

비색정량[比色定量] 試 (영 Colorimetric analysis) 어떤 물질의 빛깔의 농담(濃淡)과 색조(色調)를 표준물질의 그것과 비교하여 정량하는 방법. 비색분석이라고도 한다. 색의 농도와 시료 중의 성분량이 비례한다는 원리를 응용한 것이다. ① 용액의 빛깔 농도를 비교하는 방법 : 비색계를 사용하여 용액의 액층(液層)을 조절하고 표준용액과 농도가 같아지는 점을 구해 시료(試料)의 농도를 산출한다. ② 용액의 색조를 비교하는 방법 : 농도를 이미 알고 있는 각종 표준용액을 늘어 놓고 그 중에서 시료와 가장 비슷한 것을 찾는다. 이상은 육안(肉眼)으로 비교하는 방법이고, 그 밖에 측정하려는 빛의 양을 전기적 신호로 바꾸어 비교하는 광전비색법과 분광광도계(分光光度計)를 이용하는 방법이 있다.

비스마르크 菓 (영 Bismark) 충전물을 채운 도넛의 하나.
[배합] 강력분 100, 노른자 5, 쇼트닝 15, 탈지 분유 7.5, 설탕 15, 소금 1.2, 이스트 3, 물 55, 레몬 소량.
[만드는 법] ① 이스트를 약간의 물에 녹인다 ② 물, 설탕, 분유, 계란, 쇼트닝, 레몬을 섞는다 ③ ②에 밀가루를 더해 가볍게 섞

은 뒤 ①을 넣고 반죽을 완성한다 ④ 발효
(1차 발효 2시간, 2차 발효 30분)를 끝낸
뒤 반죽을 두께 0.6cm로 편다. 이것을 둥근
모양, 마름모꼴, 사각 모양 등으로 다양하
게 자른다 ⑤ 휴지시킨 뒤 튀긴다 ⑥ 식힌
다음 옆으로 칼집을 넣어 사이에 잼과 젤리
를 충전한다. 이 때 크림 충전기를 사용해
도 좋다 ⑦ 머랭, 버터 크림으로 표면과 이
음매를 장식한다.

비스코초 菓 (에 Bizcocho) 에스파냐
의 쿠키.
[배합] 버터 120g, 분설탕 75g, 노른자 1
개, 설탕 8g, 밀가루 200g, 소금 소량.
[만드는 법] ① 버터와 분설탕을 충분히 거
품낸다 ② 노른자에 설탕을 더해 거품내고
①과 섞는다 ③ 밀가루와 소금을 더해 섞는
다 ④ 철판에 둥글게 짜고 약한불 오븐에서
굽는다.

비스코텐 菓 (프 Biscuit à la Cuillère
독 Biskotten) 흰자와 노른자를 따로 거
품내어 만든 스펀지 반죽. 뢰펠비스크비트
(Löffelbiskuit)라고도 한다.
⇨비스퀴 아 라 퀴이예르

비스코트 빵 (영 Rusk 프 Biscotte 독
Zwieback) 프랑스의 러스크*. 비스코트
의 어원은 비스퀴와 같지만, 지금은 러스크
(두 번 구운 빵)를 가리킨다. 비스코트는
유지, 설탕, 탈지 분유를 더하여 발효시킨
러스크 반죽으로 구운 빵을 얇게 슬라이스
하여 한번 더 구운 것이다. 이것은 소화하
기 쉬워 처음에는 환자를 위한 식이용 빵으
로 이용했지만, 지금은 아침 식사용으로 즐
긴다. 식이용 빵일 때는 소금을 빼고 밀겨
를 배합해 만든다.
[배합] 밀가루 1,000g, 소금 12g, 이스트
50g, 설탕 50g, 맥아 3g, 유지 45g, 분
유 10g, 비타민 C 10g, 물 490cc.
→러스크

비스퀴 菓 (영 Sponge 프 Biscuit 독
Biskuit) 계란, 설탕, 밀가루를 주재료로
하여 만든 스펀지. '비스퀴'란 라틴어인 비
스(bis : 2회)＋퀴(cuit : 굽다)에서· 온 용어
이다. 즉, 비스퀴는 두 번 구운 가벼운 비스
킷류의 과자를 뜻했다. 그러나 지금은 부드
러운 스펀지*를 가리킨다.
→파트 아 비스퀴

비스퀴 글라세 菓 (프 Biscuit Glacé 독
Biskuiteis) 아이스크림의 하나. 비스퀴
반죽처럼 계란에 설탕을 더하고 열을 주어
거품낸 반죽으로 만든다 해서 붙여진 이름
이다. 그리고 아이스크림을, 구워 낸 비스
퀴에 바르거나 샌드한 것도 비스퀴 글라세
라 한다.

비스퀴 드 사부아 菓 (영 Savoy Spon-
ges 프 Biscuit de Savoie) 비스퀴 반죽
을 큼직한 틀에서 구워 낸, 프랑스 사부아
(Savoie) 지방의 과자. 14세기 중엽에 처음
만들어졌다고 한다.
[배합] 〈비스퀴 반죽〉 노른자 4개, 설탕
150g, 콘스타치 55g, 박력분 55g, 흰자
4개. 〈기타〉 분설탕 적당량.
[만드는 법] ① 노른자와 설탕을 잘 섞는다
② 흰자를 단단하게 거품낸다 ③ 콘스타치,
박력분을 섞어 체친다 ④ ①에 ②와 ③을 더
해 섞는다 ⑤ 틀에 흘려 넣고 오븐에서 굽는
다. 식힌 뒤에 분설탕을 듬뿍 뿌려 마무리
한다.

비스퀴 아 라 퀴이예르 菓 (영 Savoy
Finger 프 Biscuits à la cuillère 독 Löff-
elbiskuit) 파트 아 비스퀴(pâte à biscuits)
를 가느다랗게 짜고 분설탕을 뿌려 구운 과
자. 사보이 핑거*라고도 한다. 이것은 그대
로 먹기도 하고 샤를로트 주위에 붙이기도
한다.
[배합] 계란 3개, 설탕 90g, 박력분 90g,
분설탕 적당량.
[만드는 법] ① 계란을 흰자와 노른자로 나
누어 따로따로 볼(bowl)에 넣는다 ② 노른자
를 풀고 설탕의 2/3분량을 더해 거품기로 젓는
다 ③ ①의 흰자를 거품내어 끝이 뾰족하게

서면, 나머지 설탕을 2 ~ 3 번에 나누어 더
하면서 단단한 머랭을 만든다 ④②에 ③의
머랭의 일부를 더해 혼합하고 나머지 머랭
을 한번에 더해 가볍게 섞는다 ⑤ 박력분을
체 쳐 ④에 뿌려 넣고, 가루가 보이지 않을
때까지 가볍게 섞는다 ⑥ 철판에 종이를 깔
고 둥근 모양깍지로 8 cm 길이로 짜 낸다
⑦⑥에 분설탕을 뿌리고 잠시 둔다. 표면
의 분설탕이 녹아들면 한번 더 분설탕을 뿌
린 뒤 180℃ 오븐에서 굽는다.

비스퀴 오 자망드 菓 (프 Biscuits aux
Amandes) 아몬드 가루를 넣은 파트 아 비
스퀴를 구워 만든 과자.
→파트 아 비스퀴 오 자망드

비스크비트마세 菓 (독 Biskuitmasse)
계란과 설탕을 거품내고 밀가루를 더해 만
든 스펀지 반죽. 버터나 그 밖의 유지를 넣
지 않는 담백한 반죽이다. 케이크의 시트,
롤 케이크, 모렌콤프 등에 이용한다.
[배합] 노른자 2개, 설탕 150 g, 바닐라 향
료·레몬 껍질 각 소량, 밀가루·녹말 각
100 g, 흰자 2개, 소금 소량.
[만드는 법] ① 노른자, 설탕 75 g, 바닐라,
레몬 껍질을 섞어 거품낸다 ② 밀가루, 밀
가루 녹말을 체쳐 더한다 ③ 흰자와 설탕
75 g, 소금을 휘저어서 ②와 합친다 ④ 용도
에 맞게 굽는다.

비스킷 菓 (영 Biscuit) 소형 건과자.
즉 쿠키*이다. 비스킷은 라틴어인 비스콕
투스(biscoctus : 2 번 굽다)에서 비롯된 말
로서 바삭바삭한 과자를 가리킨다. 미국에
서 비스킷이라 함은 팽창제 반죽으로 만든
스콘*과 같은 소형 빵과 하드 비스킷만을
가르키고 그 밖의 건과자는 쿠키라 부른다.
비스킷의 종류에는 ① 하드 비스킷, ② 소프
트 비스킷, ③ 팬시 비스킷이 있다.
비스킷의 기본 반죽은 쇼트 페이스트*이
고, 이것을 기준으로 하여 설탕과 유지의
배합률을 낮추고 중력분을 사용하여 딱딱하
고 담백하게 만든 것이 하드 비스킷이다.

이것은 표면에 광택이 나고 구멍이 많다.
반면 설탕과 유지의 **배합률**을 높이고 박력
분을 이용하여 잘 부풀고 맛이 부드러운 것
이 소프트 비스킷이다. 표면에 광택이나 구
멍이 없다.

비 스팅 菓 (영 Bee Sting 독 Bienen-
stich)
⇨비넨슈티흐

비엔나 롤 빵 (영 Vienna Rolls) 비엔
나빵 반죽으로 만드는 롤. 흔히 비엔나 롤
용 반죽은 중종법으로 만든다.
[배합] 밀가루 100, 물 약 60, 이스트·소금
각 1.9, 맥아 시럽·설탕 각 0.8, 라드 2.5,
탈지 분유 1.7.
[만드는 법] 밀가루 30, 물 30, 이스트, 맥
아를 섞어 중종을 만든다. 발효는 23~24℃
에서 25분간, 본반죽 발효는 60분 ; 30분 ; 20
분이다.

비엔나 버터 스펀지 菓 (영 Vienna Bu-
tter Sponge) 설탕, 계란, 밀가루를 단단
해질 때까지 저어 섞은 반죽에 버터를 더하
고 부풀린 비엔나풍(風)의 스펀지 케이크.
[배합] 흰자 685 g, 노른자 776 g, 분설탕
1,350 g, 박력분 900 g, 콘스타치 225 g.
[만드는 법] ① 흰자를 단단해질때까지 거
품낸 뒤 분설탕 225 g을 넣고 천천히 노른
자를 넣으면서 섞는다 ② 계속해서 남은 설
탕, 밀가루, 콘스타치를 넣고 섞는다 ③ 녹
여서 식힌 버터를 넣는다 ④ 에인젤 틀에 기
름을 두르고 밀가루를 뿌린 뒤 ③을 넣고
굽는다 ⑤ 식기 전에 틀에서 꺼내고 케이크
표면에 분설탕을 뿌린다.

비엔나빵 빵 (영 Vienna Bread) 오스
트리아를 대표하는 빵 중의 하나. 오스트리
아 빈(Wien)은 일찍이 유럽 문화의 중심지
로서 우수한 식문화(食文化)를 형성시켜 왔
다. 그 중의 하나가 비엔나빵이고, 이것은
19세기에 유럽 각지로 퍼졌다. 영국의 번
즈, 프랑스의 크루아상, 독일의 슈톨렌 등
이 그 영향을 받은 것들이다. 비엔나빵은

초승달 모양과 가늘고 긴 타원형이 대표적이고, 프랑스빵보다 고배합의 반죽으로 만든다. 반죽은 직접법 또는 단시간 중종법으로 만들며, 전용 비엔나 오븐에서 굽는다.
1. 기본 발효반죽―오스트리아와 독일의 반죽은 미국의 버터 롤 반죽처럼 고배합이다.
[배합 1] 밀가루 560 g, 이스트 50 g, 설탕 60 g, 버터 170 g, 소금 5 g, 레몬 껍질·럼 각 소량. [배합 2] 밀가루 560 g, 이스트 35 g, 설탕·버터 각 90 g, 노른자 4 개, 우유 375cc, 레몬 껍질 소량. [배합 3] 밀가루 1,120 g, 이스트 70 g, 소금 10 g, 설탕, 버터 각 140 g, 노른자 4 개, 계란 1 개, 레몬 껍질 소량. [배합 4] 밀가루 1,000 g, 설탕 120 g, 버터 200 g, 이스트 50 g, 소금 10 g, 노른자·계란 각 1 개, 레몬 껍질 소량. [배합 5] 밀가루 1,000 g, 이스트 60 g, 소금 10 g, 설탕 150 g, 라드 150 g, 계란 2 개.
[만드는 법] 미지근한 우유 적당량(또는 물)에 이스트와 밀가루 100 g 을 넣고 반죽한다. 이것을 발효시킨 뒤 나머지 재료를 더해 본반죽을 한다.
2. 특수 발효반죽―데니시 페이스트처럼 접어밀기 한 것. 이스트 반죽에 버터를 싸고 2 회 접어밀기 한다. 버터량이 많으면 3 회 작업한다.
[배합] 배합 4 로 만든 기본 반죽 1,500 g, 버터 300 g, 밀가루 500 g.
[만드는 법] ① 버터와 밀가루를 섞어 벽돌 모양으로 만들어 찬 곳에 둔다 ② 기본 반죽을 네모난 판자처럼 늘인다 ③ ②의 반죽 위에 ①을 얹고 감싼다 ④ ③을 60×30cm 크기로 밀어 편다(이상의 과정이 1 회 접어밀기이다). 그리고 접어포개어 ③의 크기로 만든 뒤 다시 늘인다 ⑤ ④를 냉장고에 보관한다.

비중[比重] 物 (영 Specific gravity) 어떤 물질의 질량과 이것과 같은 부피인 표준물질의 질량 사이의 비(比). 고체·액체의 비중을 잴 때 기준이 되는 표준물질은 4 ℃의 물이다. 기체일 때는 0 ℃, 1 기압의 공기이다.

비중계[比重計] 機 (영 Densimeter) 비중 측정기구. 피측정물이 액체인지 고체인지 기체인지에 따라 여러 가지가 있으나 보통 비중계는 액체 비중계, 즉 부칭(浮秤)을 가리킨다. ① 고체용 : 졸리 천칭(jolly balance), 비중병 사용. ② 액체용 : 웨스트팔 비중계(westphal balance), 애리오피크노미터(areopycnometer), 비중병 사용. ③ 기체용 : 유리 천칭.

비즈 브레드 빵 (영 Biz Bread) 밀겨 엑스를 배합한 식빵. 비즈(biz)란 밀겨의 엑스를 뜻한다. 정제 밀가루로 만든 흰빵은 비타민, 무기질이 부족하다. 그 영양소를 보충하기 위해 만들어낸 빵이 비즈 브레드이다. 양질의 밀가루에 밀겨 엑스, 우유, 버터를 넣고 만들기 때문에 영양이 골고루 갖추어져 있다. 또, 밀겨를 넣었기 때문에 광택이 나면서 노란빛을 띤다.

비타민 化 (영 Vitamin) 단백질·지방·당질·무기 염류 외에 동물의 성장, 생명 유지에 꼭 필요한 유기 물질이다. 체내에서 합성되지 않으므로 반드시 식품에서 섭취해야 한다. 지용성 비타민*과 수용성 비타민*이 있다.
〈특징〉 ① 영양소로서 단백질, 당질, 지질 대사에 필요한 조효소* 역할을 한다. ② 단백질, 지질, 당질과 달리 미량의 섭취로 충분하다. 가장 많이 필요한 비타민 C도 하루 필요량이 100mg 이하이다. ③ 미네랄(무기질)과 달리 유기물이다. ④ 호르몬과 달리 체내에서 합성되지 않는다. 신체기능을 조절한다는 점은 호르몬과 같지만 호르몬은 내분비 기관에서 합성된다.

비터 機 (영 Beater) 반죽 날개 중의 하나. 믹서 볼 속의 반죽을 교반·혼합하는 기구이다. 비터는 용도에 따라 3종류로 나뉜다.

〈종류〉 ① 록 비터(rock beater) : 전후좌우로 움직이는 비터로서 비교적 된 반죽을 만들 수 있다. 빵용, 케이크용이 있다. 빵용은 식빵·과자빵·러스크·파이·브리오슈·크래커 반죽을, 케이크용은 슈 반죽. 그 밖의 양과자 반죽을 만들기에 알맞다. ② 버터 비터(butter beater) : 버터, 크림 상태의 물질 또는 혼합물을 교반하는 비터. 보통 비터라 하면 이것을 가리킨다. ③ 하프 비터 (half beater) : 믹서의 용량에 못 미치는 적은 양의 반죽을 교반·혼합하기에 알맞다.

비터 초콜릿 原 (영 Bitter chocolate 프 Cacao en pâte 독 Kakaomasse) 초콜릿을 만드는 과정에서 설탕을 더하지 않은 상태의 카카오 마스*를 가리키는 명칭. 과자를 만들 때 달지 않으면서 초콜릿 색과 풍미를 내기에 알맞은 것이다.

→초콜릿

비트 技 (영 Beat 프 Battre) 계란, 생크림 등을 휘저어 교반하면서 공기를 포함시키는 일. 거품기 또는 믹서의 비터의 힘을 빌어 비트한다.

비트 슈거 原 (영 Beet sugar 프 Sucre à la Betterave 독 Rübenzucker) 사탕무의 뿌리를 원료로한 설탕.

⇨첨채당

비파[枇杷] 果 (영 Loquat 프 Nèfle du Japon) 장미과(科) 비파속(屬) 열매. 원산지는 인도 북부와 중국이고 현재 주산지는 일본이다. 오렌지색을 띤 계란 모양의 과실로서, 씨가 크다. 맛이 달고 즙이 많다. 비타민 C, 무기질이 많아 피로회복에 좋다. 이것의 껍질을 벗기고 잠시 놓아두면 검어진다. 그래서 날것으로는 케이크에 장식하지 않는다. 비파를 잘라서 젤리로 굳히거나 프루츠 펀치에 쓴다. 그리고 레몬 즙과 설탕을 더해 조려 잼으로 만들거나 콩포트로도 만들 수 있다.

비프 커틀릿 其 (영 Beef Cutlet) 쇠고기를 사용하여 만든 커틀릿*

[만드는 법] ① 쇠고기를 올리브유, 레몬즙 등으로 양념한 국물에 담가 향이 배어들게 한 뒤 물기를 빼고 치즈 가루를 묻힌다. 치즈를 묻히는 이유는 고기 표면에 계란이 붙기 쉽게 하고 튀기는 동안에 치즈가 녹아 빵가루가 고기에 단단히 붙게 하기 위함이다 ② 계속해서 계란을 씌우고 빵가루를 고루 묻힌 뒤, 튀길 때 오므라드는 것을 방지하기 위해 충분히 칼집을 내고 바삭하게 튀긴다. 튀길때는 200℃에서 3~5분간 행한다. 비프 커틀릿은 쇠고기에 튀김옷을 입혀 고기맛이 휘발되지 않게 하며 바삭바삭하게 만드는 것이 특징이다.

빅토리아 샌드위치 菓 (영 Victoria Sandwich)

⇨빅토리아 스펀지

빅토리아 스콘 菓 (영 Victoria Scone) 밀가루, 베이킹 파우더, 설탕, 계란, 우유를 배합해 만든 스콘. 맛이 담백하다. 반죽을 두께 1.5cm로 평평하게 성형하고 윗면에 십자로 칼집을 낸 뒤 굽는다. 식혀서 라즈베리 잼이나 샹티이를 곁들여 먹는다.

→스콘

빅토리아 스펀지 菓 (영 Victoria Sponge) 파운드 케이크 시트에 레몬 커드 또는 라즈베리 잼을 샌드한 것. 빅토리아 샌드위치라고도 한다.

[배합] 버터·설탕·계란·밀가루 각 454g, 팽창제 14g, 레몬 껍질 적당량. 〈기타〉 레몬 커드·아이싱 슈거 각 적당량.
[만드는 법] ① 버터와 설탕을 크림 상태로 만든다 ② ①에 계란과 레몬 껍질을 넣고 섞는다 ③ 밀가루와 팽창제를 함께 체쳐서 ②에 넣고 반죽한다 ④ ③의 반죽을 샌드위치 플레이트*에 담고 182℃ 오븐에서 굽는다 ⑤ 다 구워지면 식혀서 레몬 커드*를 샌드하고 아이싱 슈거를 뿌린다.

→파운드 케이크

빈트마세 菓 (프 Meringue italienne 뜨 Windmasse) 당액을 더해 만든 머랭.

→머랭

빙과[氷菓] 菓 (영 Ice 프 Glace) 프리저(freezer)나 틀에 넣어 얼린 아이스크림*, 셔벗*의 총칭. 빙과의 시초는 고대 중국, 눈이나 얼음 창고에 저장했던 과실이다.
⇨글라스

빙당[氷糖] 原 (영 Candy sugar 프 Sucre candi) 각설탕이나 분설탕처럼 정제당을 원료로 하여 각각의 용도에 맞추어 가공한 것. 결정을 크게 굳혀 건조시킨 뒤 부순 것으로. 언뜻 보기에 얼음과 같아 빙당이라 한다. 그라뉴당처럼 순도 높은 설탕이다. 입자가 크고 단단하기 때문에 녹기 어렵다. 그래서 이것을 직접 과자의 재료로 쓰지 않는다. 단, 신맛이 강한 과실을 알코올에 담글 때 빙당을 쓴다. 그러면 과실이 본래 갖고 있는 풍미를 잃지 않으면서 산뜻한 단맛을 낸다.

빙초산[氷醋酸] 原 (영 Glacial acetic acid 독 Eisessig) 수분이 적고 순도가 높은 아세트산. 화학식은 CH_3COOH이다. 아세트산(식초산)은 순도가 높을수록 녹는점이 높다. 98%인 것은 13.3℃이고 순수한 것은 16.6℃이다. 순도가 높은 것은 낮은 실온에서 얼음 상태인 고체로 존재하므로 '빙초산'이라 한다. 그대로는 사용하지 않고 희석하여 식초산으로서 식품제조에 이용하거나 합성 식초의 제조 원료로 이용한다.

빵 빵 (영 Bread 프 Pain 독 Brot) 밀가루와 물을 섞어 발효시킨 뒤 오븐에서 구운 것. 상술하자면 밀가루, 이스트, 소금, 물을 주재료로 하고 경우에 따라 당류, 유제품, 계란제품, 식용 유지, 그 밖의 부재료를 배합하며 또 식품 첨가물을 더해 섞은 반죽을 발효시켜 구운 것이 빵이다.
〈어원〉 빵이라는 말은 포르투갈어인 팡 Pão이 일본을 거쳐 들어왔다. 영 브레드 B-read, 프 빵 Pain, 에 팡 Pan, 포 팡 Pão, 독 브로트 Brot, 네 브로트 Brood, 중 면포 麵麭이다. bread, brot, brood의 어원은 고대

튜튼어인 braudz(조각)이고 pain, pan, pão은 그리스어인 pa, 라틴어인 panis이다.
〈역사〉 빵의 역사는 6,000년전으로 거슬러 올라간다. 성경에 '사람은 빵만으로는 살 수 없다'라고 쓰여 있는 것을 보면 빵은 성서가 쓰여지기 전부터 존재했음을 알 수 있다. 인류의 문화가 수렵생활에서 농경·목축생활로 옮아 가면서 빵 식문화가 일어났다고 볼 수 있다. 초기에 인류는 곡식으로 미음을 끓여 먹었다. 이것이 죽→납작한 무발효빵→발효빵으로 발전해 온 것이다. 빵의 주재료는 밀이다. 밀의 원산지는 트랜스코카서스, 터키, 그 주변국가였다. 여기서 서남 아시아의 고원(高原)을 거쳐 메소포타미아, 이집트로 전해졌다 한다. 바로 그 이집트에서 처음 빵 식문화가 일어났고 드디어 지금과 같은 발효빵이 만들어지기 시작하였다. 고대 이집트의 빵은 기원전 800년경, 그리스·로마로 전해졌다. 특히 로마에서는 제분·제빵기술이 크게 발달하였는데 로마가 멸망하고 기독교가 전파됨에 따라 제빵기술도 함께 유럽 각지로 퍼져 나갔다. 하지만 빵은 그때까지 일부 특권층만이 먹을 수 있는 음식이었다. 15세기 르네상스 시대에 이르러서야 비로소 빵은 대중 속으로 파고들 수 있었다. 빵을 부풀리는 효모균이 발견, 정식으로 발표된 때는 17세기 후반. 그 뒤 1857년에 프랑스의 파스퇴르(L. Pasteur)가 효모의 작용을 발견하였다. 5,000년의 역사를 갖는 제빵 비밀이 과학적으로 밝혀진 것은 불과 130여년 전의 일이다. 그리고 곧 순수 배양이 가능한 이스트가 상품으로 만들어지고 제빵법도 과학적으로 체계화되기에 이른다. 하지만 예나 지금이나 다름없는 것은 빵을 만드는 기본배합 재료이다. 즉 밀가루, 소금, 물을 섞어 반죽한 뒤 부풀리는 것은 같다.

빵가루 빵 (영 Crushed crumb powder) 빵속을 잘게 부순 가루. 주로 튀김옷으로 이용한다. 저온에서 두 번 구운 마른 빵가

루, 빵을 말려 부순 부드러운 빵가루, 식빵 껍질을 부순 붉은 빵가루가 있다.
〈용도〉① 튀김 ② 그라탱 ③ 크로켓 ④ 햄버거, 미트 로프 ⑤ 스카치 에그 ⑥ 커틀릿 ⑦ 기타 야채볶음 등.

빵나무 其 (영 Tree of bread. Fruit bread) 뽕나무과(科)에 속하는 나무. 주산지는 남태평양제도(南太平洋諸島). 빵나무에 맺히는 열매는 야자나무와 함께 이 섬 주민들의 주요한 식량으로, 굽거나 볶아 먹는다.

빵 냉각[－冷却] 技 (영 Cooling, Bread cooling) 구워 낸 빵을 식히는 일. 즉, 제품의 온도를 상온으로 떨어뜨리는 일을 빵을 냉각시킨다고 한다. 갓 구워내어 뜨거운 빵을 컨베이어나 래크 위에 놔두면 빵 표면에서 열이 방산(放散)되고 수증기가 발산된다. 빵을 식히는 동안에는 빵 속에서 열과 수분이 날아갈 뿐 아니라 빵 속의 수분이 고르게 퍼진다. 구워 낸 직후 빵에 나타나는 수분의 분포를 보면 중심부에 수분이 많고 바깥쪽은 건조상태이다. 이러하던 수분이 식는 동안에 중심에서 바깥으로 옮아가 평균화된다. 성분이 고루 퍼지기 전에 빵을 자르면 빵속의 색이 변하고 속결도 상한다. 그리고 빵을 식히는 가장 큰 이유는 미생물이 발생·번식하지 못하도록 하기 위함이다. 냉각법은 컨베이어나 래크 위에 얹어 두는 자연방랭(放冷)이 주류이다. 서둘러 식히기 위해 차가운 바람을 세게 불어넣기도 하는데, 그러면 제품이 마르고 껍질에 균열이 생길 수 있다. 자연방랭에 필요한 시간은 실온에 따라 다르다. 식빵류는 2～3시간, 소형 과자빵, 버터 롤류는 30～50분이다.

빵 냉각기[－冷却機] 機 (영 Bread cooler) 구워낸 빵을 식히는 기계. ① 터널형 공기조절 냉각기 : 빵을 트레이나 래크 위에 얹어 냉각기 속에 넣고 터널 속에서 식힐 수 있는 장치. 표준 냉각시간은 70분이다. ② 진공 냉각기 : 공기조절 냉각기에서 식혀져 나온 빵의 전체 온도를 다시 조절할 수 있다. 표준 냉각시간은 30분이다.

빵 반죽의 물리성[－物理性] 빵 (영 Physical properties of dough) 빵 반죽은 액체와 고체의 특성을 동시에 지니고 있는 물리적 합성체이다. 일반적으로 고체는 일정한 형태를 갖추고 있는 반면, 액체는 고유의 형태를 갖지 않고 용기에 따라 모양이 바뀐다. 반죽은 고체 액체 어느쪽도 아니면서 이 둘의 특성을 함께 갖고 있다. 여기서 비롯된 물리성은 다음과 같다. ① 탄성(彈性, elasticity) : 외부의 힘을 받아 변형된 물체가 그 힘이 없어졌을 때 원래대로 되돌아가려는 성질. 빵 반죽의 탄성한계는 30%이다. 이것은 밀가루의 글루텐이 나선형 구조를 갖기 때문에 생기는 성질이다. ② 가소성*(可塑性, plasticity) : 외부의 힘을 받아 변형된 물체가 그 힘이 없어져도 원래대로 돌아오지 않는 성질. 빵 반죽의 가소성은 녹말과 유지 때문이다. ③ 점성(粘性, viscosity) : 액체의 유동성. 반죽을 공처럼 만들어 두고 어느 정도 시간이 지나면, 그 반죽은 둥근 모양을 잃고 평평하게 퍼진다. 이 작용은 반죽 속의 물이 좌우한다. 반죽에 점성이 지나치면 끈적거리고 다른 물체에 달라붙는다. ④ 점탄성(粘彈性, viscoelasticity) : 외부의 힘을 받은 물체가 탄성적인 변형과 점성적인 변형을 동시에 일으키는 성질. ⑤ 연성(延性, extensibility) : 탄성한계를 넘는 힘을 주었을 때 물체가 파괴되지 않고 늘어나는 성질. ⑥ 전성(展性, malleability) : 금속이 얇은 박(箔)으로 펴지는 성질. 이 성질 때문에 반죽을 얇게 펼 수 있는 것이다. 그리고 연성과 전성을 합쳐 신전성(伸展性)이라 한다. 이처럼 빵 반죽이 액체와 고체의 성질을 함께 갖고 있기 때문에 반죽의 모양을 마음대로 만들 수 있는 것이다.

빵 반죽의 숙성[－熟成] 技 (영 Ripening of dough) 빵을 만들기에 가장 알맞은

반죽 상태. 반죽을 숙성시키는 방법은 믹싱('반죽하기'항 참고)과 발효이다. 반죽함에 따라 글루텐이 숙성하고 발효시킴에 따라 녹말과 단백질이 숙성한다. 이러한 숙성 반죽은 유연함과 신축성이 좋아 탄산 가스에 의해 부풀더라도 쉽게 끊어지지 않는다. 하지만 숙성이 정점(頂點)에 달하면 제빵 반죽으로서 적당치 못하다. 이 상태를 과숙성(過熟成)이라 한다.

빵속 빵 (영 Crumb 프 Mie, Miette, Chute, Chapelure)
⇨크럼

빵용 믹서 機 (영 Bread mixer)
⇨믹서

빵의 결점과 원인 빵 아래 〈표〉는 빵이 완성되었을 때 나타날 수 있는 결점과 그 원인을 한 눈에 살펴볼 수 있도록 나타낸 것이다.

〈표〉 빵의 완성시 나타나는 결점과 원인

결점	부피가 작다	부피가 크다	껍질색이 옅다	껍질색이 짙다	껍질표면의 물방울
원인	·이스트 부족 ·소금 과다 사용 ·오래된 밀가루 사용 ·효소제 과다 사용 ·너무 된 반죽 ·너무 낮은 반죽 온도 ·너무 높은 반죽 온도 ·과다한 철판 기름칠 ·과다한 믹싱 ·부족한 믹싱 ·2차발효 부족 ·높은 오븐 온도 ·철판 크기에 비해 부족한 반죽량 ·설탕 과다 사용 ·쇼트닝 과다 사용 ·분유 과다 사용 ·중간발효 부족 ·알칼리성 물 사용 ·너무 진 반죽 ·중간발효 과다 ·쇼트닝 사용량 부족 ·2차발효 과다	·2차발효 과다 ·소금 사용량 부족 ·낮은 오븐 온도 ·철판 크기에 비해 너무 많은 반죽량 ·부적합한 성형	·설탕 사용량 부족 ·지친 발효 반죽 ·2차발효실 습도 낮음 ·덧가루 과다 사용 ·굽기가 불충분 ·오븐의 윗불 온도가 낮음 ·분유 과다 사용 ·낮은 오븐 온도 ·효소제 부족 ·이스트 푸드 과다 사용	·설탕 과다 사용 ·발효 부족 ·오븐의 증기 부족 ·굽는시간이 길음 ·과도한 굽기 ·오븐의 윗불 온도가 높음 ·높은 오븐 온도	·발효 부족 ·진 반죽 ·2차발효실 습도가 높음 ·오븐의 윗불이 높음 ·부적합한 성형 ·성형기 잘못 사용
결점	빵속 색깔이 어두움	조직상태가 좋지 않음	브레이크와 슈레드 (Break & Shred)	빵속에 구멍이 생김	껍질이 갈라짐
원인	·지친 발효 반죽 ·맥아 과다 사용 ·이스트 푸드 과다 사용 ·2차발효 과다 ·철판에 기름칠 과다 ·너무 낮은 오븐 온도 ·두꺼운 철판에 사용	·부적당한 믹싱 ·박력분 사용 ·알칼리성 물 사용 ·지친 발효 반죽 ·이스트 푸드 과다 사용 ·이스트 푸드 사용량 부족 ·덧가루 과다 사용 ·반죽통에 과다한 기름칠 ·표면이 건조한 중종 사용 ·철판 크기에 비해 부족한 반죽량 ·미숙성 밀가루 사용 ·분할기에 과다한 기름칠	·발효 부족 ·발효 과다 ·너무 높은 오븐 온도 ·효소제 과다 사용 ·2차발효실 습도 낮음 ·이스트 푸드 과다 사용 ·2차발효실 습도 높음 ·너무 진 반죽	·반죽통에 과다한 기름칠 ·지친 발효 반죽 ·발효 부족 ·쇼트닝 혼합이 고르지 못함 ·믹싱 부족 ·믹싱 과다 ·쇼트닝이 너무 단단함 ·이스트 푸드 과다 사용 ·소금 사용 부족 ·발효시 반죽 표면에 껍질이 형성됨 ·팬닝 불량 ·2차 발효 과다 ·성형기 조작 불량	·제품의 급속냉각 ·지친 발효 반죽 ·발효 부족 ·저율배합표 사용 ·오븐의 윗불온도가 높음 ·2차발효실 습도가 높음 ·효소제 사용량 부족

		· 2차발효실 온도가 너무 높음 · 부적당한 성형 · 2차발효 과다 · 너무 된 반죽		· 덧가루 과다 사용 · 2차발효실 습도 높음 · 분할기에 과다한 기름칠 · 뜨거운 팬 사용 · 축축하거나 덩어리진 밀가루 사용	
결점	껍질이 질김	제품이 터짐	빵의 모양 불량	빵에 곰팡이가 빨리 생김	슬라이스가 잘 안됨
원인	· 2차발효 과다 · 너무 낮은 오븐 온도 · 지친 발효 반죽 · 저율배합표 사용 · 2차발효실 습도 높음 · 2차발효실 습도 낮음 · 발효 부족 · 오븐 속의 증기 과다	· 2차발효 부족 · 과다한 믹싱 · 높은 오븐 온도 · 부적합한 성형	· 성형 불량 · 팬닝 불량 · 2차발효 과다 · 틀 크기에 비해 반죽량이 많음	· 제품의 냉각 부족 · 비위생적인 포장·슬라이스 · 반품의 격리 부주의 · 작업 도구 오염 · 저장 불량 · 쇼케이스 오염 · 취급자의 위생상태	· 톱날이 허술하게 끼워짐 · 제품의 냉각 부족 · 톱 날이 무디어짐 · 빵의 굽기 과다 · 부적합한 톱날 사용
결점	제품 밑바닥이 움푹 들어감	향이 나쁘다	노화가 빠르다	빵의 저장성이 짧음	제품 표면이 세로로 갈라지면서 홈이 생김
원인	· 팬바닥에 수분이 있음 · 뜨거운 팬 사용 · 팬에 기름칠을 안함 · 과다한 믹싱 · 진 반죽 · 부적합한 밀가루 사용 · 부족한 믹싱	· 질 나쁜 재료 사용 · 지친 발효 반죽 · 충분히 굽지 않음 · 불결한 곳에서 만듦 · 재료의 저장상태가 나쁨 · 소금 사용량 부족	· 재료의 배합이 알맞지 않음 · 지친 발효 반죽 · 덧가루 과다사용 · 포장방법이 부적당함	· 발효 시간 부족 · 분유 사용량 부족 · 설탕 사용량 부족 · 쇼트닝 사용량 부족 · 발효 시간 초과 · 효소제 과다 사용 · 덧가루 과다 사용 · 중종, 본반죽의 믹싱 부적당 · 포장 전의 냉각시간이 너무 길어짐 · 오븐 속의 증기 부족	· 하나의 틀에 분할 반죽을 여러 개 넣을 때 반죽과 반죽 사이에 기름이 묻음 · 덧가루 과다 사용 · 2차발효실의 습도가 높음 · 너무 된 반죽

빵의 기공[−氣孔] 빵 (영 Bread hole) 흰빵의 속결은 균일해야 한다. 단, 프랑스 빵은 예외이다. 프랑스 빵 이외의 흰빵에 기공이 생기면 그 빵의 상품가치는 떨어진다.

〈**빵에 기공이 생기는 원인**〉 ① 습하거나 덩어리진 밀가루를 썼을 때 ② 단물(軟水)이나 알칼리성 또는 강도 높은 센물(硬水)을 썼을 때 ③ 쇼트닝이 고르게 섞이지 않았을 때 ④ 반죽이 지나치게 되거나 질 때 ⑤ 믹싱 부족 또는 믹싱 과다일 때 ⑥ 어린 반죽 또는 지친 반죽일 때 ⑦ 발효상자나 분할기에 기름을 너무 많이 발랐을 때 ⑧ 성형기를 잘못 조절했을 때 ⑨ 발효가 잘못 되었을 때 ⑩ 오븐의 온도가 너무 낮을 때.

빵의 노화[−老化] 빵 (영 Bread ageing) 부패 미생물이 일으키는 변화 이외에 빵의 속결에서 일어나는 물리·화학적인 변화로서 빵이 딱딱해지고 맛·촉감·향 등이 변하는 현상. 빵껍질이 눅눅해지고 속결이 부스러지며 불쾌한 냄새를 풍긴다. 빵이 빨리 딱딱해짐은 노화가 빠름을, 보존성이 있다 함은 노화가 느림을 뜻한다. 빵이 노화되는 원인 중 가장 큰 것은 밀가루의 녹말*이 노화하기 때문이다. 그러므로 빵이 노화되지 않도록 하는 방법은 먼저 녹말이 쉽게 노화하지 않는 조건을 만드는 일이다. 이것을 바탕으로 하여 몇 가지 방지책을 들면 다음과 같다. ① 빵을 60~70℃에 또는 -35℃에 저장한다. 그러면 전자는 36~48시간, 후자는 70일간 신선함을 유지할 수 있다. ② 빵 반죽에 당류와 유화제를 첨가한다. 설탕, 물엿, 덱스트린 같은 당류(糖類)는 흡습성과 보습성이 강해 노화를 억제하고 유화제는 녹말 분자가 침전하거나 부분적으로 결정화하지 않도록 기능하므로 노화 방지에 효과가 있다.

→녹말

빵의 변질[-變質] 試 (영 Bread metaplasy) 빵은 곰팡이나 박테리아에 의해 변질된다. 빵의 변질을 막는 방법 중 가장 흔한 것이 방부제('보존료'항 참고) 첨가이다. 그 밖에 특수 포장법, 제조여건 조절법 등이 있다. 다음은 방부제 이외의 방법으로 빵의 변질을 막는 유럽식 예이다. ① 불침투성 포장법 : 독일에서 행해지는 특수 포장법. 호밀빵 반죽을 셀로판 주머니에 넣어 굽는 방법과, 먼저 구워낸 빵을 슬라이스한 뒤 내열(耐熱) 셀로판 피막으로 포장하여 방사선으로 살균하는 방법이 있다. ② 제조여건 조절법 : 반죽의 수분을 줄이고 발효시간을 늘려 충분히 구운 뒤 빨리 식히고 환기가 잘 되는 찬 곳에 보존한다. 왜냐하면 빵 속에 생기는 박테리아는 고열에 강하여 고온다습한 곳에서 활성하기 때문이다. ③ 뒷처리 : 일단 변질된 빵이 만들어지면 이때 사용했던 오븐이나 도구, 작업대를 소독함과 동시에 다음 반죽에 밀가루 100에 대한 0.1~0.2의 아세트산(또는 식초)을 더해 신맛을 강화시킨다.

빵의 분류[-分類] 빵 (영 Bread's classification) 빵을 분류하는 방법은 여러 가지이다. ① 중량에 따라(롤과 로프) ② 색깔에 따라(흰빵과 흑빵) ③ 팽화 유무에 따라(발효빵과 무발효빵) ④ 익히는 방법에 따라(건열·증기에 익힌 것, 기름에 튀긴 것) ⑤ 틀의 유무에 따라(직접 구이·틀 구이·철판 구이) ⑥ 굳기에 따라(하드·소프트) ⑦ 크기에 따라(대형·소형) ⑧ 배합 비율에 따라(고배합·저배합) ⑨ 주식이냐 간식이냐에 따라 ⑩ 만드는 법에 따라 ⑪ 원재료에 따라 ⑫ 지역에 따라.

이들 분류방법을 종합하여 표로 나타내면 다음과 같다.

〈표〉 빵의 분류

```
식빵 ─┬─ 흰빵 ─┬─ 틀 구이 (틴 브레드) ── 원로프, 이봉형·삼봉형 빵, 풀먼 브레드 등
      │        │
      │        ├─ 직접 구이 (하스 브레드) ─┬─ 프랑스빵(바게트, 파리지앵 등)
      │        │                          ├─ 영국빵(코버그, 코브 등)
      │        │                          ├─ 독일빵(소형 하드 롤류, 슈와츠 등)
      │        │                          └─ 이탈리아 빵(로제타 등)
      │        │
      │        └─ 철판 구이 ── 소프트 롤(버터 롤 등)
      │
      └─ 흑빵 ─┬─ 곡분 넣은 누게트, 홀 휘트, 그레이엄 등
               └─ 호밀가루 넣은 미슈 브로트, 구푸스 등

과자빵 ─┬─ 일본식 ── 단팥빵, 잼빵, 크림빵 등
        └─ 서양식 ─┬─ 스위트 롤, 커피 케이크, 스위트 번즈,
                    └─ 크루아상, 브리오슈, 데니시 페이스트리, 파네토네 등

특수빵 ─┬─ 버라이어티 브레드 ─┬─ 과실 넣은 레이즌 브레드 등
        │                     ├─ 유제품 넣은 치즈 브레드 등
        │                     └─ 곡분을 넣은 콘 브레드 등
        ├─ 특수빵 ── 머핀, 건빵, 크래커, 속성빵 등
        ├─ 찐빵 ── 중화 만주(만두) 등
        └─ 2번 구워 튀긴 빵 ── 러스크류(츠비바크·비스코트·토스트 등), 도넛류 등

조리빵 ── 샌드위치류, 피로슈키, 피자, 햄버거, 카레빵 등
```

빵의 종류 빵 (영 Bread's item)

1. 식빵류(틀에 구운 빵)—풀먼 브레드(샌드위치용), 잉글리시 브레드(토스트용. 일명 산형빵), 원로프 브레드, 레이즌 브레드, 흑빵(호밀빵·라이트 그레이엄·브라운 브레드).

2. 소프트 롤(철판 구이)—평평한 철판에 성형 반죽을 놓고 구워 낸 빵류. 껍질이 얇고 부드럽다. ①롤빵 : 설탕, 유지가 많이 든 소형 식탁빵. 치즈 롤, 핑거 롤, 버터 롤, 고배합의 소프트 롤, 저배합의 하드 롤, 핫도그 롤. ②번즈 : 고배합의 소형 빵. 밀크 번즈, 애플 번즈, 스낵 번즈, 햄버거 번즈. ③쿠페 ④머핀 : 잉글리시 머핀(이스트 발효반죽을 철판에 놓고 양면을 구운, 담백한 맛이 나는 빵), 미국식 머핀(베이킹 파우더를 쓴 반죽을 컵 틀에 넣고 구운 빵. 구운 색을 별로 들이지 않는다. 속의 기포가 커서 가벼운 맛이다).

3. 하드 롤(직접 구이)—틀·철판을 쓰지 않고 바로 오븐의 구움대 위에 빵 반죽을 얹어 구운 것('하스 브레드'항 참고). 빵껍질이 두껍고 딱딱하다. 밀가루에 이스트, 물, 소금만을 섞은 저배합의 반죽으로 만든다. ①프랑스 빵 ②롤류 : 하드 롤, 비엔나 롤. 카이저 롤은 비엔나 롤의 하나. ③그리시니.

4. 과자빵—밀가루, 이스트, 소금, 당류를 주재료로 하고 필요에 따라 유제품, 계란제품, 유지, 그 밖의 부재료를 배합한 반죽을 발효시킨 뒤 구운 빵. 밀가루에 대해 10% 이상의 설탕을 더한다. 때로는 식빵, 롤류에 당류로 가공한 것도 과자빵이라 한다. ①일본식 과자빵 : 팥, 크림, 잼, 초콜릿을 채운 팥빵, 잼빵, 크림빵, 초콜릿빵. ②서양식 과자빵 : 미국식 커피 케이크, 스위스 롤, 데니시 페이스트리, 크루아상과 브리오슈(달지는 않지만 유지가 많이 든 빵).
→빵의 분류

빵의 종류에 따른 밀가루의 배합비율 技 아래 〈표〉 참고.

빵의 평가항목[－評價項目] 試 ①외부의 평가 : 제품의 외부에 나타난 여러 가지 특성을 평가. 부피, 껍질색, 외형의 균형, 굽기의 균일함, 껍질의 성질, 터짐과 찢어짐. ②내부의 평가 : 제품을 잘라서 내부에 나타난 여러 가지 특성을 평가. 기공, 조직, 속색깔, 맛, 입 속에서 느껴지는 촉감과 풍미.

빵의 형상[－形狀] 빵 반죽의 모양은 1차발효하는 동안에 별 차이를 보이지 않다가 오븐에서 구워질 때 오븐 스프링*의 정도 차이로 빵 모양의 좋고 나쁨이 결정된다. 2차 발효시간이 짧고 반죽의 부피가 작을 때는 오븐 속에서 크게 팽창한다. 그러나 2차 발효시간이 길어짐에 따라 오븐 속에서의 팽창은 줄고, 게다가 일정 시간을 넘으면 오븐 안에서 반죽 윗면이 꺼져 버린다. 빵의 가치를 높이는 모양은 균열이 조금 있고 윗부분이 탐스럽게 솟은 것이다. 뒷 페이지 〈그림〉은 틀에 굽는 빵에서, 2차 발효시간이 길고 짧음에 따라 나타나는 반죽의 높이와 구워 낸 뒤의 빵의 높이를 비교한 결과이다.

빵틀 간격[－間隔] 技 (영 Pan spacing) 반죽을 오븐에 넣을 때 빵 틀과 틀 사이에 거리를 두어야 한다. 그 거리가 알맞을 때에만 빵이 고르게 구워진다. 그 사이가 너

〈표〉 빵의 종류에 따른 밀가루의 배합비율

밀가루 \ 종류	삼봉형 빵	이봉형 빵	원로프 빵	쿠페
강력분(%)	70	50	30	－
준강력분(%)	30	50	70	100

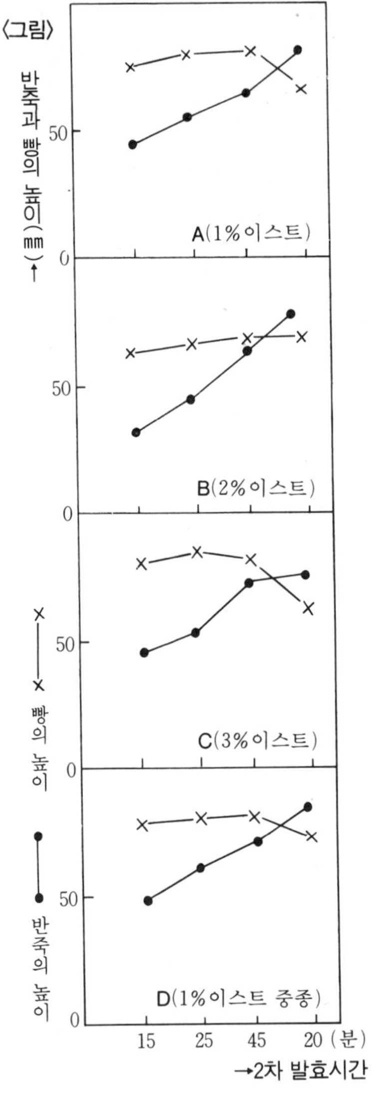

무 좁으면 증기의 순환이 잘 되지 않고, 또 너무 벌어지면 능률이 떨어진다. 단, 그 거리는 빵의 종류에 따라 다를 수 있다. 보통 원 로프는 2cm, 삼봉형 빵은 4~5cm의 간격을 둔다.

빵 푸딩 菓 (영 Bread pudding 프 P-udding au Pain) 브리오슈에 새콤달콤한 과실을 곁들인 푸딩.
[배합] 〈크림〉 계란 120g, 노른자 60g, 우유 100cc, 생크림 100cc, 설탕 60g, 바닐라 스틱 1/10개. 〈기타〉 브리오슈·키위·살구·라즈베리 각 적당량.
[만드는 법] ① 크림 재료를 모두 섞어 푸딩 틀에 담는다 ② 슬라이스한 브리오슈*를 ① 속에 가지런히 눕히고 그 사이 사이에 키위, 살구를 끼워 놓는다. 그 위에 라즈베리를 얹는다 ③ 160℃ 오븐에서 익힌다.

빵 효모[-**酵母**] 原 (영 Bread yeast) 빵 반죽을 부풀리는 천연팽창제. 효모*(이스트)가 팽창제의 역할을 할 수 있는 것은 번식과 함께 일정조건하에서 이산화탄소(탄산 가스)를 발생시키기 때문이다. 그 가스 때문에 반죽이 팽창하는 것이다. 여기서 일정조건이란 효모가 번식하기 쉬운 환경이요, 가스 발생을 촉진시키는 조건을 가리킨다. 빵 반죽을 일정 온도·습도의 발효실에 넣어 두는 이유는 그러한 조건하에서 효모를 번식시켜 반죽을 부풀리기 위함이다. 효모는 포도당 같은 당류를 자체 효소로 분해하여 이산화탄소와 물, 또는 이산화탄소와 알코올을 만들면서 번식한다. 이 때 산소를 충분히 공급해 주면 이산화탄소와 물을 만들어 내면서 왕성하게 번식한다. 이 원리를 이용하여 효모를 배양한다. 당류의 분해산물인 이산화탄소는 빵, 과자를 팽창시키고 알코올은 풍미를 낸다. 빵 효모로 쓰는 것은 야생효모, 배양효모이다. 시중에 나와 있는 상품에는 생이스트, 건조 이스트, 인스턴트 이스트 3가지가 있다. 그리고 빵의 성격에 맞는 프랑스 빵용 저자당형(低蔗糖型)·과자빵용 고자당형 이스트가 있다.

빵 데피스 菓 (프 Pain d'Épice) 프랑스의, 스파이스를 넣은 과자. 밀가루, 꿀 이외에 아니스, 시너먼, 오렌지, 정향 등의 각종 스파이스를 섞어 만든 전통적인 과자이다. 단맛이 강하고 보존성이 좋다.
[배합] 꿀·밀가루 각 500 g, 베이킹 파우더
12 g, 탄산암모늄 5 g, 아니스·시너먼·메
이스 각 소량, 설탕 100 g, 아몬드 다진 것
50 g, 오렌지 필·레몬 필 각 30 g.
[만드는 법] ① 꿀을 조린 후 거품을 걷어낸
다 ② 밀가루와 베이킹 파우더를 섞고 여기
에 ①을 더해 반죽한다 ③ 탄산암모늄을 더
하고 남은 재료를 모두 넣어 섞는다 ④ 틀에
채워 중불 오븐에서 1시간 동안 굽는다.
뻉 드 라 메크 菓 (프 Pin de la Mecque)
슈 반죽을 응용한 프랑스 과자. 슈 반죽을
철판에 길고 가느다랗게 짜 내고 표면에 노
른자를 바른 뒤 그라뉴당, 아몬드 슬라이스
를 뿌려 구운 과자이다. 센불에서 10분간
굽고 충전물을 사용하지 않은 채 식탁에 내
놓는다.

사고 原 (영 Sago 프 Sagou) 사고 야자(sago palm)나무의 줄기에서 뽑아 낸 녹말. 17세기에 널리 쓰이던 녹말이었지만 지금은 푸딩의 재료로 쓰일 뿐이다. 사고야자의 꽃이 피기 직전에 녹말이 가장 많으므로, 그 때 줄기를 잘라 수분을 더하면서 부수면 녹말이 빠져 나온다. 이것을 체쳐서 말린 뒤 상품으로 만든다. 원래 '사고'란, 말레이시아의 토착어인 사구(sagu)에서 온 용어로서 원주민들의 식량을 뜻한다.

사과 果 (영 Apple 프 Pomme 독 Apfel) 장미과(科)의 낙엽교목인 사과나무의 열매. 고대 그리스나 로마 사람들이 애용하여 재배종은 곧 유럽 전역으로 퍼졌다. 17세기에는, 유럽에서 개량된 사과가 미국에 전파되어 더욱 개량되었다. 동양인 경우 중국에서 1세기경부터 재배된 기록이 남아 있으며 능금이라 부르는 것이 한국과 일본에 전해졌다고 한다. 사과의 재배품종은 품종개량이 이루어져 홍옥과 국광에서 점차 후지, 쓰카루와 그 밖의 신품종으로 대체되고 있다. 사과의 성분을 보면 수분이 85~90%, 펙틴과 섬유질이 1%, 사과산(말산, malic acid) 0.5% 외에 회분과 단백질이 소량 들어 있고, 또 비타민 A·B₁·C 등이 함유되어 있다. 주된 용도는 디저트용·제과용·요리용·잼용·주스용 등 광범위하다.

〈선택방법·보존법〉 껍질에 탄력이 있고 열매가 단단한 느낌이 드는 것이 좋다. 한겨울 걸겨에 넣어 시원한 곳에 두면 2개월 정도 신선함을 유지할 수 있으며 초봄과 여름 사이에는 냉장고에 넣어 보존해야 좋다.

〈용도〉 사과를 이용한 과자로서 가장 인기 있는 것은 애플파이이다. 이것은 홍옥과 같이 신맛이 나는 사과를 이용하여 만들면 좋다. 잼이나 타르트, 굽는 사과 등에도 신맛이 나는 사과를 사용한다. 이 밖에 사과 특유의 맛을 살릴 수 있는 주스·젤리·무스에 이용하거나 프랑스 요리, 카레요리에도 이용한다.

사모사 빵 (영 Samosa) 인도, 파키스탄의 주식. 밀가루에 기름과 소금을 넣고 가볍게 반죽한 뒤 프라이팬에서 얇게 부친다. 여기에 기계로 저민 고기, 파, 카레 가루 섞은 것 또는 감자, 파, 당근, 고추, 카레 가루 섞은 것을 싸서 기름에 튀긴다.

사바랭 菓 (프 Savarin) 파트 르베(발효 반죽)를 사바랭 틀(또는 바바 틀)에 채워 굽고 여기에 럼 시럽을 흡수시킨 과자. 한가운데에 크림과 설탕절임 과일을 얹는다. 프랑스 제2 제정시기에 파리의 제과업자였던 줄리앵 형제(frères Julien)가 바바* 반죽에 건포도(레이즌)를 넣지 않은 채 만든 것이 시초이다. 이것을, 당시 위대한 식도락가이던 브리야 사바랭(Brillat Savarin)의 이름을 따서 사바랭이라 부르기 시작했다.

[배합] 〈파트 르베〉 밀가루(프랑스 빵용 밀가루) 1,000 g, 설탕 100 g, 소금 20 g, 녹인 버터 250 g, 계란 500 g, 생이스트 50 g, 물 500cc. 〈시럽〉 물 500cc, 설탕 200 g, 레몬 슬라이스 1/3개 분량, 오렌지 슬라이스 1/4개 분량, 월계수잎 1장, 키어시 40cc. 〈마무리〉 크렘 샹티이·크렘 파티시에르·제철 과일·피스타치오 각 적당량.

[만드는 법] ① 파트 르베(pâte levée : 발효 반죽)를 만든다. 생이스트는 15~30℃의 물 100cc에 녹여 밀가루, 설탕, 소금, 계란 섞은 것에 더한다. 남은 물을 조금씩 더하면

서 믹서를 저속으로 2분간, 중속으로 6분간 돌린다 ② 물기가 없어지면 고속으로 4분간 반죽하고, 녹인 버터를 더해 중속으로 6분간 돌린다 ③ ②를 32℃의 발효기에 30분간 넣어 둔다 ④ 버터를 바른 사바랭 틀에 2/3까지 ③의 반죽을 채우고 32℃ 발효기에서 2차발효 시킨다. 그리고 210℃ 오븐에서 20분간 굽는다 ⑤ 시럽을 만든다. 이 80℃의 시럽에 ④를 넣어 적신다. 한가운데에 크렘 샹티이, 크렘 파티시에르를 채우고 과일, 피스타치오로 장식한다.

→바바

사바랭 틀

사바용 소스 菓 (프 Sauce de sabayon)
⇨크렘 사바용

사바용 크림 菓 (프 Crème de sabayon)
⇨크렘 사바용

사보이 스펀지 菓 (영 Savoy Sponge 프 Biscuit de Savoie) 프랑스 사부아(Savoie) 지방의 과자인 비스퀴 드 사부아의 영어 명칭.
⇨비스퀴 드 사부아

사보이 핑거 菓 (영 Savoy Finger 프 Biscuit à la Cuillère) 스펀지 반죽으로 만든 손가락 모양의 과자. 레이디 핑거라고도 한다.
[배합] 노른자 280 g, 흰자 350 g, 설탕 250 g, 밀가루 300 g, 분설탕 적당량.
[만드는 법] ① 노른자와 설탕 100 g 을 더하여 충분히 섞는다 ② 흰자는 다른 그릇에서 70% 정도 거품내어 나머지 설탕 150 g 과 섞는다 ③ ②와 ①을 혼합한다 ④ ③에 밀가루를 넣고 살짝 섞는다 ⑤ 철판에 기름 종이를 깔고, ④의 반죽을 짤주머니에 담아 모양깍지를 끼워 손가락처럼 길쭉하게 짜 놓는다 ⑥ 분설탕을 뿌리고 190℃ 오븐에서 굽는다.
→비스퀴 아 라 퀴이예르

사부아 菓 (영 Savoy 프 Savoie) 고전적인 프랑스풍(風)의 스펀지 반죽, 또는 이것으로 만든 케이크. 사부아란 프랑스의 사부아(Savoie) 지방에서 처음 만들어졌다 하여 붙여진 명칭이다. 영어로는 사보이라 한다.
[배합] 〈반죽〉 설탕·밀가루 각 500 g, 계란 14개. 〈기타〉 밀가루·설탕·과실·포도주 각 적당량.
[만드는 법] ① 반죽을 만든다('스펀지 케이크'항 참고) ② 사부아 전용 원형 틀에 기름칠을 하고 밀가루, 설탕, 과실을 뿌린다 ③ ②에 ①의 반죽을 넣고 160~180℃에서 굽는다 ④ 구워 낸 것을 포도주에 담갔다 꺼낸 뒤 장식한다.

사블레 菓 (영 Shortbread 프 Sablé) 버터를 충분히 배합해 만든 프티 푸르 세크. 사블레란 프랑스어로 설탕을 포함한다는 의미로서, 표면에 설탕을 뿌려 바삭바삭한 느낌을 주는 과자를 가리킨다. 프티 푸르 세크의 하나인 사블레는 쿠키*, 비스킷과 크게 다르지 않다. 단지 각 나라마다 명칭이 다를 뿐이다. 즉, 프랑스에서는 사블레라 하는 것이 미국에서는 쿠키, 영국에서는 비스킷으로 통용되고 있다.

사선형 믹서[斜線型—] 機 (영 Oblique axe mixer) 반죽 날개의 축이 수평 볼 (bowl)에 대해 사선으로 기울어진 믹서. 이것은 반죽 날개의 회전속도가 저속·중속까지 가능하고, 소량생산에 알맞다.

사순절[四旬節] 其 (영 Lent) 기독교에서 부활절 전에 행하는 40일간의 재계기

(齋戒期). 40이라는 숫자는 모세와, 엘리야, 특히 예수가 광야에서 행한 단식 일수에서 유래한다. 그러므로 이 때의 기독교인들은 육식을 피하며 사순절 중간에 해당하는 일요일에 렌트 케이크(Lent Cake)를 먹는 습관이 있다. 렌트 케이크를 달리 심널 케이크라고도 하는데, 여기에는 아몬드 심널 케이크, 딸기 심널 케이크가 있다.
→심널 케이크

사워 도 廳 (영 Sour dough) 산미(酸味)를 띤 발효 반죽. 산성반죽이라고도 한다. 독특한 풍미가 있어 유럽의 빵, 특히 호밀빵을 만들 때 필요한 반죽이다. 신맛의 주성분은 젖산균과 아세트산균이 만드는 젖산과 아세트산이다. 인공배양한 이스트균을 효모 대신 이용하기 시작한 근대의 발효 반죽법이 확립되기 이전에는 공기 중에 자연히 존재하는 효모균을 이용해서 발효 반죽을 만들었다. 이것이 사워 도이고, 이 반죽의 일부를 남겨서 다음 번 발효 반죽에 덧대는 사워 종으로 이용하였다.
〈사워 종의 종류〉 화이트 사워(white sour)와 라이 사워(rye sour)가 있다. 화이트 사워는 밀가루를 주원료로 한 빵에, 라이 사워는 호밀가루를 주원료로 한 .빵에 사용한다. 아래 〈표〉는 라이 사워의 배합례이다.
〈사워 종의 효과〉 풍미 개량·반죽의 개선·노화억제·보존성 향상 등. 밀가루로 빵을 만들 경우에는 풍미의 개량을 위주로 하고, 호밀가루로 만들 때에는 반죽의 개량을 위주로 하여 본반죽에 덧댄다.

사워 밀크 原 (영 Sour milk) 산유(酸乳). 젖산균을 증식시켜 신맛(酸味)을 높인 새콤한 발효유이다. 요구르트, 케피르*등이 이에 속한다.

사워 분말[－粉末] 廳 (영 Sour powder) 사워 종을 가루로 만든 것. 흑빵 제조시 산성 반죽의 대용품으로 광범위하게 사용된다.
→사워 도

사워 크림 原 (영 Sour cream 프 Crème-aigre) 생크림에 젖산균을 더해 젖산 발효 시킨 것. 새콤한 신맛이 있고 무스·바바루아 등의 냉과를 비롯, 각종 생과자에 즐겨 쓴다.

사이다 原 (영 Cider) 무색 투명하고 단맛이 있는 탄산음료의 총칭. 한편 영국, 프랑스에서는 사과 술을 가리키는 명칭이다

〈표〉 라이 사워의 배합례

분 류	배 합(%)		조 건
1 번 종	호밀가루 물	100 100	pH 6.3, 26℃, 24시간(이하 같은 조건)
2 번 종	1번종 호밀가루 물	10 100 100	pH 4.7
3 번 종	2번종 호밀가루 물	10 100 100	pH 4.2
4 번 종	3번종 호밀가루 물	10 100 100	pH 4.1
초 종	4번종 호밀가루 물	10 100 100	pH 3.9로 나온 종은 8~12℃에서 5일간 보존 가능

214

('시드르'항 참고). 따라서 한국에서 탄산음료를 지칭하는 사이다는 잘못 쓰이는 예라고 할 수 있다.

사이펀 機 (영 Siphon) 액체 상태의 물질을 위에서 아래로 옮기기에 편리한 기구. 높은 곳과 낮은 곳의 기압차를 이용한 것으로서, 석유 수송관이나 수력 발전소에서 흔히 볼 수 있고 빵·과자 공장의 재료 저장 탱크에 부착되어 있다.

사카린 原 (영, 프, 독 Saccharin) 인공감미료. 영양가는 없으나 감미는 설탕의 약 300배이다. 의약용으로 당뇨병 환자에게 설탕 대신 사용한다. 처음에는 식품첨가제로 설탕·포도당과 함께 사용하였으나 설탕 공급량도 늘고 건강상의 이유 때문에 그 사용이 제한되었다.

사카린나트륨 原 (영 Saccharin sodium) 단맛(甘味)이 설탕의 400~500배로 허용품 중 감미도가 가장 큰 감미료. 용성(溶性) 사카린이라고도 한다. 무색~백색의 결정이고 물과 알코올에 잘 녹는다. 감미도가 커서 1만배의 수용액에서도 단맛을 내며 열, 산, 알칼리에 분해되어 쓴맛을 나타낸다. 단맛은 농도에 따라 다르다. 농도가 짙을수록 감미도는 낮고 농도가 옅을수록 높다. 그러므로 사카린나트륨은 입 속에서 희석되어도 단맛이 오래 남아 뒷맛을 느낄 수 있다. 그리고 위 속에서 위산(胃酸)의 작용을 받으면 사카린이 된다. 사카린은 쉽게 흡수되지만 거의 분해되지 않고 16~24시간 이내에 오줌에 섞여 배설되므로 영양과는 관계없는 물질이다.

〈용도·사용법〉 잼, 아이스크림, 청량음료, 간장, 소스, 과자 등에 감미료로 쓰인다. 사용상 주의할 점은 사카린나트륨의 농도가 0.02~0.03%를 넘지 않도록 해야 하는 점이다. 그 이상이 되면 쓴맛이 강해진다. 그리고 더 달게 하려면 다른 감미료와 섞어 쓰면 된다. 흔히 소르비톨, 포도당, 글리시리진을 병용하는데 이 때 열을 주면 쓴맛이 강해지므로 다른 감미료와 섞은 사카린나트륨은 가열식품에 쓰지 않도록 한다. 한편 사카린나트륨은 식빵, 이유식, 흰설탕, 포도당, 물엿, 벌꿀, 알사탕류에 사용해서는 안된다.

사커 슬라이스 菓 (영 Sacher slice) 오스트리아풍(風)의 스펀지 케이크.

[배합] 버터 420 g, 노른자 270 g, 설탕 360 g, 흰자 630 g, 밀가루 270 g, 블랙 코코아 210 g. 〈기타〉 커버추어 210 g, 가나슈 크림·초콜릿 퐁당·피스타치오 각 적당량.

[만드는 법] ① 위의 배합으로 반죽을 만든다 ② 종이를 깐 철판에 ①을 얹고 굽는다 ③ 식힌 뒤 7cm 너비로 길게 자른다 ④ 이것을 각각 4등분하고 럼으로 향을 낸 가나슈 크림을 샌드하여 포갠다 ⑤ 초콜릿 퐁당을 입힌다 ⑥ 마지막으로 커버추어와 피스타치오를 장식한 뒤 3cm 너비로 자른다.

사프란 原 (영 Saffron 프 Safran) 지중해에서부터 소아시아 및 인도의 히말라야에 걸쳐서 야생하고 있는 구근(球根) 식물. 원산지는 그리스나 소아시아로 추측되며, 오랜 역사를 가지고 고대 그리스 시대부터 사용되어 왔다. 사프란의 이용부분은 암술의 화주(花柱), 이것을 따서 건조시켜 향신료로 이용한다. 사프란의 꽃이 활짝 핀 초가을에 암술머리를 채취한다. 한 송이 꽃에 3개 밖에 없고 일일이 손으로 따야 하기 때문에 가격이 비싸다. 양질의 사프란은 선명하고 짙은 적색을 띠며 강한 방향과 매운맛이 난다.

〈사용법〉 풍미를 내거나 착색료로 많이 쓰인다. 실 모양으로 건조시킨 것을 색과 풍미가 날 때까지 미지근한 물에 담가 둔 뒤 그 액을 요리에 넣는다. 적은 양으로도 꽤 많은 양의 식품에 색과 풍미를 낼 수 있으므로 지나치게 많이 사용하지 않도록 주의해야 한다. 사프란을 사용한 과자에는 영국의 사프란 케이크·푸딩·과자빵·쿠키·설탕과자 등이 있으며, 요리나 차 등에도 사용한다. 특히 사프란 차는 몸을 따뜻하게 하는 강장음료(强壯飮料)이면서 소화를 돕는 건강음료이다.

사프란

산[酸] 化 (영 Acid 프 Acide 독 Säure) 일반적으로 수용액 속에서 해리하여 수소 이온(H^+)을 생성하고 염기와 중화하여 염을 만드는 물질. 이 때 수소 이온은 물분자와 결합하여 히드로늄 이온(H_3O^+)으로 존재한다. 예를 들어 염산(HCl)이 물에 녹아 해리하면 히드로늄 이온이 생성된다.

$$HCl + H_2O \rightarrow H_3O^+ + Cl^-$$

반대로 수용액 속에서 해리하여 수산 이온 (OH^-)을 생성하는 물질을 염기라 한다. 역시 산을 중화시켜 염을 만든다. 예를 들어 수산화나트륨이나 암모니아는 수용액 속에서 다음과 같이 해리한다.

$$NaOH \rightleftharpoons Na + OH^-$$
$$NH_3 + H_2O \rightleftharpoons NH_4^+ + OH^-$$

이 개념은 스웨덴의 아레니우스(S. A. Arrhenius)가 정의한 것으로서 아레니우스의 개념이라고 한다. 그리고 다른 물질에 양성자(전자를 잃은 수소 : H^+)를 줄 수 있는 물질을 산, 양성자를 받을 수 있는 물질을 염기라고 정의한 브뢴스테드 (J. N. Brønsted)의 개념과 염기로부터 1쌍의 공유되지 않은 전자(비공유 전자쌍)를 받을 수 있는 물질을 산, 비공유 전자쌍을 줄 수 있는 물질을 염기라고 정의한 루이스(G. N. Lewis)의 개념도 있다. 산을 뜻하는 애시드(acid)가 라틴어의 '시다'라는 뜻의 아키두스(acidus)에서 유래했듯이, 산은 히드로늄 이온 때문

에 수용액에서 신맛을 띠며 청색 리트머스 종이를 적색으로 변화시킨다.

산가[酸價] 化 (영 Acid value) 유지 속에 포함되어 있는 유리 지방산의 양을 나타낸 수치. 흔히 유지 1 g 에 섞여 있는 유리 지방산을 중화하는 데 필요한 수산화칼륨의 mg수로 표시한다. 산가는 유지의 정제도와 보존 상태에 따라 달라지므로 품질을 판정하는 지표가 된다. 즉, 유지*의 산가가 높을수록 나쁜 원료에서 뽑은 것이며, 산패한 것이다.

산면법[酸麵法] 技
⇨산성반죽법

산미료[酸味料] 原 (영 Acidulants) 식품에 신맛을 더할 목적으로 쓰는 식품첨가물(〈표〉 참고). 적당한 신맛은 식품에 청량감을 주고 침의 분비를 촉진하여 식욕을 돋운다. 신맛은 무기산, 유기산이 해리할 때 생기는 수소 이온 때문에 느껴지는 맛이다. 신맛의 정도는 같은 pH 수용액이라도 유기산쪽이 더 크게 느껴지며 산의 종류에 따라서도 서로 다르게 느껴진다. 그리고 해리할 때 생기는 음이온이 단맛, 떫은맛, 쓴맛, 감칠맛 등을 주는데 이 모든 것이 서로 조화를 이루어 신맛과 같은 특이한 맛이 나

〈표〉 허용 산미료

분류	품 명
유기산계	구연산
	D-주석산
	DL-주석산
	푸마르산
	푸마르산 일나트륨
	DL-말산
	글루코노델타락톤
	젖산
	빙초산
	아세트산(식초산)
	아디프산(adipic acid)
무기산계	이산화탄소
	인산

는 것이다. 산미료는 사용기준량이 정해져 있지는 않으나 다음과 같은 점에 유의해야 한다. ① 산미료는 다른 맛을 내는 물질과 함께 있을 때 그 맛의 영향을 많이 받는다. 즉, 단맛과 섞이면 신맛이 완화되고 소량의 소금이 섞이면 신맛이 더욱 증가하며, 소금에 소량의 산을 첨가하면 짠맛이 강해진다. ② 유기산 중에는 흡습성이 강한 것이 있어 분말주스 같은 식품의 보존성에 나쁜 영향을 주는 수가 있다. 제과에서 산미료를 사용하는 목적은 신맛을 주기 위함은 물론이고 산미료가 보존제, 항산화제, pH 조정제의 기능을 갖고 있기 때문이다. 이 중에서 신맛에 이용하는 산미료는 DL-주석산, DL-사과산, 젖산 등이다.

산성 반죽[**酸性**—] 〔빵〕 (영 Sour dough) 신맛을 띤 발효 반죽.
⇨사워 도

산성반죽법[**酸性**—**法**] 〔技〕 (영 Sour dough method) 호밀빵 제조에 흔히 사용하는 제빵법의 하나. 산면법, 노면법이라고도 한다.
→사워 도

산성식품[**酸性食品**] 〔化〕 (영 Acidic food)
→알칼리성 식품

산소빵[**酸素**—] 〔빵〕 (영 Oxygen Bread) 탄산 가스가 아닌 산소 가스로 반죽을 팽창시켜 구운 빵. 최근 미국에서 활발히 연구되고 있다. 반죽 속에 과산화수소를 적당량 넣은 뒤 과산화수소의 분해효소를 첨가하여 산소를 발생시킨다. 그러면 이 산소가 반죽을 부풀린다. 이러한 산소빵도 발효빵류에 포함시킨다. 왜냐하면, 분해효소가 효모와 같은 미생물은 아니지만, 종래의 발효빵이 효모의 효소 작용을 받는 것처럼 산소빵이 과산화수소를 분해하는 효소의 작용을 받기 때문이다.
〈특징〉 ① 종래의 발효빵은 반죽 속의 당분, 소금, 우유의 양에 따라 발효 상태가 좌우되는 반면, 산소빵은 이들 재료와 상관없

이 팽창한다. ② 글루텐 함유량이 문제되지 않고 반죽 개량제도 필요없다. 그리고 발효 단계를 거칠 필요가 없다. ③ 단, 종래의 발효빵과 같은 풍미는 띨 수 없다.

산·알칼리도[—**度**] 〔試〕 (영 Acid and alkali degree) 식품의 산성 또는 알칼리성 정도를 표시하는 기준. 식품 100 g 을 연소하여 생성한 회분을 중화하는데 필요한 0.1 몰(mol) 농도의 염산(HCl)과 수산화나트륨(NaOH)으로 구한다.
→알칼리성 식품

산유[**酸乳**] 〔原〕 (영 Sour milk)
⇨사워 밀크

산자[**散子**] 〔菓〕 유과류*의 하나. 강정과 같은 반죽으로 만들되 모양을 강정보다 크고 네모지게 성형한다.
⇨강정

산초나무[**山椒**—] 〔原〕 (영 Japanese pepper) 일본의 야산(野山)에서 자생하는 운향과(科)의 낙엽관목. 농가에서 재배하기도 한다. 한국·중국에서도 재배되나 그 밖의 지역에서는 거의 찾아볼 수 없다. 어린 잎은 향신료로 음식맛을 내는 데 사용하고 열매는 익기 전에 식용하며 성숙한 종자에서는 기름을 짜낸다.

산패[**酸敗**] 〔化〕 (영 Rancidity) 유지를 공기 중에 오래 두었을 때 산화되어 불쾌한 냄새가 나고 맛이 떨어지며 색이 변하는 현상. 화학 변화에 따라 여러 유형이 있다. ① 가수분해형 : 가수분해 결과 생기는 유리지방산이 산패의 주원인. 분자량이 작은 버터 등에서 잘 일어난다. ② 케톤형 : 미생물에 의해 생기는 알데히드나 케톤이 산패의 주원인. 올레산이 많은 기름에 잘 일어난다. ③ 산화형 : 공기 중의 산소에 의해 자동산화하는 것. 불포화 기름일수록 산화되기 쉽다. 이때 빛, 열, 금속 등이 산화를 촉진시킨다. 산패된 유지를 포함하고 있는 식품은 맛이 없고 비타민, 아미노산 등의 영양소가 파괴되어 있으며 독성을 띠는 등 그 가치가

떨어진다. 산패를 방지하려면 항산화제(산화방지제)를 첨가하여 차고 어두운 곳에 보관한다.

산화방지제[酸化防止劑] 原 (영 Antioxidant) 어떤 식품이 산에 의해 변질되지 않도록 그 식품에 첨가하는 것. 식품은 미생물뿐만 아니라 공기 중의 산소에 의해서도 변질된다. 유지가 산패하는 현상이 대표적인 예이다. 겉으로 나타나는 변화 이외에도 중합·산화·분해와 같은 화학반응이 일어나 영양가를 떨어뜨리고 유해성분을 생성하기도 한다. 산화방지책으로는, 병이나 깡통 등의 용기에 밀봉하거나 포장하여 공기와 접촉하지 않도록 하는 방법 이외에 산화방지제를 첨가하는 방법이 있다. 산화방지제는 산화하고 분해되는 과정에서 생기는 유리기(遊離基)나 과산화물에 작용하여 산화 연쇄반응을 중단시키고 스스로 산화한다. 사용량이 지나치면 효과가 떨어지므로 적당량 첨가해야 한다.

〈종류〉 1. 천연 산화방지제—① 비타민 E : 유지의 산화방지에 효과가 있다. ② 비타민 C : 산화방지 효과가 있고, 그 자신이 산화하는 속도가 빠르다. ③ 아미노산 : 산화방지 효과가 있음은 확인되었으나 아직 실용 단계에 이르지 못했다. ④ 갈변반응 생성물 : 구운 과자 속의 지방에 대한 산화방지 효과가 있다.

2. 식품위생법에 규정된 산화방지제—① 수용성 : 에리소르브산(erythorbic acid), 아스코르브산(ascorbic acid) 등이 있다. 색소의 산화방지제로 사용된다. ② 지용성 : 프로필 갈레이트(propyl gallate), 부틸히드록시아니솔(butyl hydroxy anisole : BHA), 디부틸히드록시톨루엔(di-butyl hydroxy toluene : BHT) 등, 유지에 또는 유지를 포함한 식품에 사용된다. 사용기준은 아래 〈표〉와 같다.

산화제[酸化劑] 原 (영 Oxidizing agent) 산화를 일으키는 물질이다. 밀가루의 경우 환원성(還元性) 물질을 산화시켜 반죽의 신장저항(伸張抵抗)을 증대시키기 위해 사용하는 약제이다. 밀가루의 글루텐 개량제, 조기 숙성제로 이용되며 브롬산칼륨, 아스코르브산 등이 그것이다.

산화와 환원[酸化—還元] 化 (영 Oxidation and Reduction) 산화란 ① 어떤 물질이 산소와 결합하거나 연소하는 반응($2Mg + O_2 \rightleftarrows 2MgO$). ② 그 물질에서 수소가 이

〈표〉 산화방지제의 종류와 사용기준

종　　　류	사　　　　　용	기　　　　　준
	사　용　식　품	첨　　가　　량
디부틸히드록시톨루엔(BHT)	유지, 버터, 어패 건제품, 어패 염장품	0.2 g/kg 이하
부틸히드록시아니솔(BHA)	어패 냉동품 껌	1 g/kg 이하 0.75 g/kg 이하 병용할 때는 그 합계량이 각각의 사용기준량 이하
프로필 갈레이트	유지, 버터	0.1 g/kg 이하
에리소르브산 에리소르브산나트륨	산화 방지 이외의 목적으로는 사용금지	
L-아스코르브산(비타민 C) L-아스코르브산나트륨 아스코르빌 팔미테이트		
DL-α-토코페롤(비타민 E)		
이디티에이(EDTA) 칼슘이나트륨 이디티에이(EDTA)이나트륨	마요네즈, 샐러드 드레싱, 마가린	이디티에이이나트륨으로서 0.075 g/kg 이하, 병용할 때는 합계량이 이디티에이이나트륨으로서 0.075 g/kg 이하

탈하는 현상($C_2H_6{\rightarrow}C_2H_4+H_2$, $C_2H_5OH{\rightarrow}$ CH_3CHO+H_2) ③어떤 원소가 이온인 경우 전자(e)를 잃어 음전하가 줄거나 양전하가 증가하는 현상($Cu^+{\rightarrow}Cu^{2+}+e$, $2O^{2-}{\rightarrow}O_2+e$, $N^{3-}{\rightarrow}N^{2-}+e$). 한편 환원이란 ①어떤 물질에서 산소가 이탈하는 현상($MgO{\rightarrow}Mg+O$). ②어떤 물질과 수소가 결합하는 현상($CH_3COOH+H_2{\rightarrow}CH_3CHO+H_2O$, $C_2H_4+H_2{\rightarrow}C_2H_6$). ③전자(e)를 얻어 양전하가 줄거나 전하가 증가하는 현상($Fe^{3+}+e{\rightarrow}Fe^{2+}$, $N^{2-}+e{\rightarrow}N^{3-}$)이다. 산화와 환원 반응은 많은 화학 반응 중 가장 중요한 것이다. 연료가 연소하고 전기가 발생하며 체내에서 일어나는 신진대사작용 등이 그 흔한 예이다. 그리고 산화 반응이 발생할 때 환원 반응도 동시에 일어나며, 이들은 결코 독립적으로 일어나지 않는다.

산화 효소[酸化酵素] 化 (영 Oxydase) 생체의 산화에 관계하는 효소. 넓게는 폴리페놀 산화효소, 카탈라아제, 시토크롬 산화효소 등을 포함하고 좁게는 폴리페놀 산화효소만을 말한다. 이것은 폴리페놀류를 산소와 직접 결합(산화)시켜 퀴논을 만든다. 산화현상은 식물계에 널리 존재한다. 예를 들어 사과나 감자 등 여러 가지 식물을 잘라 공기 중에 방치했을 때 잘린 부분이 점차 갈색으로 되는 이유는 그 식물체내의 폴리페놀이 폴리페놀 산화효소의 작용을 받고 산화해서 퀴논으로 되었기 때문이다.

살구 果 (영 Apricot 프 Abricot 독 Aprikose) 장미과(科)의 낙엽소교목인 살구나무의 열매. 원산지는 중국이다. 오래 전부터 한국·중국·일본에서 재배되어 왔으며, 열매는 식용하고 핵(核)은 약용했다. 현재 세계 최대의 생산지는 미국이다. 매실(梅實)보다 조금 크고 과피는 붉은 빛이 도는 노랑색이다. 과육은 주홍색이고 부드러우며 달콤새콤한 맛이 난다. 그 중앙에 납작한 씨가 1개 있다. 이렇게 색이 곱고 단맛과 신맛이 공존하는 살구는 과자의 재료로

빼 놓을 수 없는 것이다. 타르트, 파이의 충전물 이외에 무스, 젤리에도 이용한다.

살구편 菓 과편*의 하나. 살구의 껍질과 씨를 없애고 삶아서 거른 뒤 다시 설탕을 넣고 조려서 굳힌 과자.

[배합] 살구 600 g, 물 3컵, 소금 약간, 설탕 150 g, 꿀 2큰술, 녹두 녹말 5큰술, 물 5큰술.

[만드는 법] ①살구는 씻어서 껍질과 씨를 없애고 물과 소금을 넣어 삶는다 ②과육이 익으면 체에 걸러 냄비에 담고 설탕을 넣은 뒤 서서히 조린다 ③조리는 도중에 꿀을 넣고 잠시후 물에 녹말 푼 것을 넣고 다시 조린 뒤 네모진 그릇에 부어 굳힌다 ④굳으면 1cm로 썰어서 그릇에 담는다.

살균[殺菌] 技 (영 Sterilization) 미생물에 물리·화학적 자극을 주어 이를 단시간 내에 사멸시키는 일. 그 정도에 따라 대상을 완전히 무균 상태로 하는 멸균(滅菌)과 무균 상태에 가깝도록 하는 소독(消毒)이 있다.

〈**살균방법**〉 1. 물리적 방법—①가열을 통한 멸균 : 건열(乾熱)·고압증기(高壓蒸氣)·간헐(間歇) 멸균법이 있다. ②소독 : 건조 살균법과 햇볕·자외선·방사선 쪼이는 방법이 있다. ③저온 보관 : 0℃ 부근 또는 그 이하에 보관하면 살균 작용은 없지만 미생물의 증식을 억제할 수 있다. 2. 화학적 방법—살균제·살균성 가스를 이용하는 방법이 있다.

살균등[殺菌灯] 機 (영 Sterilising lamp) 살균 효과를 갖는 복사선(輻射線)이나 가스를 발생시켜서 물체 또는 실내의 미생물을 사멸시키는 장치. 수은등도 살균등에 속한다. 최근에는 오존 살균등이 많이 쓰인다. 오존 살균등을 빵 절단기의 출구에 설치하여 빵을 살균한다. 일단 살균한 빵을 포장하면 부패를 막을 수 있다.

살균료[殺菌料] 原 (영 Germicides, Bactericides, Disinfectants) 미생물을 단시

간에 사멸시키는 작용을 갖는 물질. 식품첨가물로서의 살균료는 독성이 적고 식품에 나쁜 영향을 주지 않으면서 살균력이 커야 한다.
〈종류〉 현재 허용되어 있는 살균료는 차아염소산나트륨, 표백분, 고도 표백분, 과산화수소, 이염화이소시아뉼산나트륨이다.
1. 차아염소산나트륨－① 성상 : 무색~담록색의 액체. 염소 냄새가 난다. 열과 빛에 분해되면 살균력의 주체인 염소가 감소하므로 어둡고 서늘한 곳에 보관해야 한다. ② 독성 : 직접 섭취하지 않는 한 문제되지 않는다. ③ 살균작용 : 살균력의 주체는 차아염소산. 차아염소산의 살균력은 pH의 영향을 받는다. pH가 낮을수록 차아염소산의 양은 커지고 살균력 역시 커진다. pH 이외에도 아미노산, 단백질, 당에 의해 살균력이 떨어진다. 그러므로 식기를 소독할 때는 음식 찌꺼기를 남기지 않도록 한다. ④ 용도 : 살균 소독제, 음료, 과실, 채소를 소독하고 유제품 같은 식품을 제조·가공하는 과정에서 기구를 살균·소독할 때 이용한다.
2. 표백분(차아염소산과 염화수소산의 칼슘염의 혼합물)－① 성상 : 백색 또는 유백색의 가루. 염소냄새가 난다. 물, 알코올에 조금 녹는다. 어둡고 서늘한 곳에 보존한다. ② 독성 : 눈·코의 점막을 자극하고 손에 습진 등을 일으킬 수 있으므로 취급에 주의해야 한다. ③ 살균작용 : 차아염소산나트륨과 같다. 0.2% 용액은 발육한 세균을 5분 이내에 살균하고, 20% 용액은 저항성이 큰 포자를 10분 이내에 살균한다. ④ 용도·사용법 : 물에 녹여 채소, 과일, 식기, 기구의 소독 그리고 손을 닦는 데 이용한다.
3. 고도(高度) 표백분－① 성상 : 흰색의 결정 또는 가루 형태. ② 독성 : 유기 물질과 접촉하면 산소가 발생하여 화재의 위험성이 있다. ③ 용도 : 표백분의 작용·용도와 같다. 그래서 표백분 대신 쓰기도 한다.

4. 이염화이소시아뉼산나트륨(염소 64% 이상을 함유하는 염소계 살균소독제)－① 성상 : 백색의 결정. 염소 냄새가 난다. 물에 잘 녹으며, 수용액 속에서 가수분해되어 차아염소를 생성함으로써 살균작용을 나타낸다. ② 독성 : 농도가 진한 것을 직접 섭취하지 않는 한 독성은 약하다. ③ 용도 : 식품 제조·가공용 기계, 기구, 식기, 용기, 유아용 포유(哺乳)기구 등을 살균 소독할 때 쓴다. 이것은 음료, 과실, 채소에는 쓸 수 없다.

살랑보 菓 (프 Salammbô) 슈의 응용제품. 살랑보란 플로베르(G. Flaubert)가 쓴 역사 소설의 주인공 이름이다. 타원형의 슈에 럼으로 향을 낸 크렘 파티시에르를 채우고 윗면에 캐러멜을 씌운 소형 과자이다.
[배합] 〈버터 슈〉 박력분 300 g, 버터 250 g, 물 500cc, 소금 10 g, 설탕 10 g, 계란 8개. 〈크렘 파티시에르〉 우유 500cc, 설탕 125 g, 노른자 6개, 강력분·버터 각 50 g, 바닐라 1/2개, 럼 소량. 〈기타〉 엿 적당량, 피스타치오 소량.
[만드는 법] ① 버터 슈* 반죽을 만들어 타원형으로 짜고 굽는다 ② 크렘 파티시에르에 럼을 넣어 향을 낸다 ③ ①의 바닥에 구멍을 내고 ②를 채운다 ④ 캐러멜색의 물엿을 ②의 표면에 바르고 피스타치오를 잘게 썰어서 얹는다.

살모넬라 식중독[－食中毒] 生 (영 S-almonella food poisoning) 살모넬라균이 일으키는 식중독*. 세균성 식중독이고 감염형에 속한다. 증상은 급성 위장염으로 나타난다. 살모넬라균이 증식한 음식물을 먹으면 균이 장(腸) 속에서 증식하여 독소를 뿜어낸다. 이 독소에 의해 식후 12~24시간 만에 설사·구토·복통 등의 중독 증세가 나타난다. 이 증세는 2~3일이면 없어지고 치사율은 1% 이하이다. 살모넬라균의 공급원은 보균자의 대변과 쥐·돼지·개·고양이들의 배설물이고, 이것을 옮기는 매개체는 쥐이다. 그러므로 살서제(殺鼠劑)식품을 냉장시켜 균의 번식을 막으며 가열하여 균을 죽이는 방법을 통해 예방한다.

삼봉형 식빵[三峯型—] 빵 (영 Upright Long-tin Bread) 산봉우리처럼 윗면이 볼록하게 오른 산형(山形)빵의 하나. 식빵의 모양 중에서 가장 흔한 것으로 봉우리가 3개여서 삼봉형이라 한다.
→식빵

삼투[滲透] 生 (영 Osmosis) 용매(溶媒)는 통과하나 용질(溶質)이 통과하지 못하는 반투막(半透膜)을 사이에 두고 두 종류의 액체가 서로 교류하여 평형상태에 이르는 현상. 삼투 현상은 생물체의 세포막에서 흔히 볼 수 있는 현상으로서 세포의 영양 흡수에 중요한 역할을 한다. 이 때 온도는 같으나 압력에 차이가 생기는데 그 압력을 삼투압이라고 한다.

상추 原 (영 Lettuce)
⇨레터스

새커리미터 試 (영 Saccharimeter)
⇨검당계

색소[色素] 生 (영 Coloring matter) 물체에 색을 부여하는 물질. 천연 색소와 합성 색소('착색료'항 참고)로 나뉘고 천연 색소는 생체 색소와 광물 색소로, 생체 색소는 다시 식물 색소와 동물 색소로 나뉜다. 광물 색소는 광물 그대로 또는 정제하여 사용하는 것으로 광물염료 또는 안료라고도 한다.
〈식물 색소〉 식물계에 분포하는 색소. 식물의 잎, 줄기, 종자, 꽃 등 각 부위에서 발견되며 엽록소*, 플라본('플라보노이드'항 참고), 카로틴*, 안토시아닌* 등이 여기에 속한다. 아래의 〈표〉는 조리에 따르는 색의 변화를 나타낸 것이다.
〈동물 색소〉 동물의 색은 ① 색소에 의해 발색하는 경우와 ② 조직세포 중 특이한 조직에 의해 색채로 나타나는 경우가 있다. ②의 색은 그 조직을 파괴할 경우 완전히 다른 색으로 변하거나 무색으로 된다. 그러나 ①의 경우와 같이 실제로 색소에 의해 나타나는 색은 매우 안정되며 혈색소(血色素: 헤모글로빈·헤모시아닌), 카로티노이드(아스타신), 연지벌레의 코치닐 등이 여기에 속한다.

샌드 技 (영 Sand) 샌드위치처럼 둘 사이에 무언가를 끼운다는 뜻. 빵 이외에도

〈표〉 식물 색소에 대한 여러 가지 반응

특성＼색깔	초 록	노랑~오렌지	빨 강	노르스름한 흰색
색 소	클로로필	카로틴 크산토필 리코펜	안토시아닌	플라본
수 용 성	약간 녹음	약간 녹음	잘 녹음	잘 녹음
산	녹황색	거의 변화가 없음	산에 안정	흰색
알 칼 리	초록색이 더 선명해진다	거의 변화가 없음	빨강, 보라, 자주 (알칼리도에 따라 달라진다)	노랑
장 시 간 가 열	녹황색	거의 변화가 없으나 너무 오래 가열하면 색이 어두워짐	거의 변화가 없음	너무 오래 가열하면 색이 어두워짐
금 속 이 온	구리, 철 : 밝은 초록		철 : 파랑 주석 : 보라	철 : 갈색 알루미늄 : 노랑

221

케이크 시트를 수평으로 자른 뒤 그 사이에 크림이나 잼을 발라 포개는 일을 가리킨다.

샌드 비스킷 菓 (영 Sand Biscuits) 비스킷을 응용한 것. 비스킷에 샌드하는 크림은 설탕과 쇼트닝 섞은 것에 향을 첨가한 것으로, 그 배합은 분설탕 100, 쇼트닝 30, 레시틴 0.2, 소금 0.5, 바닐라 0.02 정도이다. 위 재료를 수평 믹서로 10~20분간 섞어서 샌드위치 기계로 비스킷 사이에 샌드한다. 일반적으로 비스킷에 대한 크림 비율은 22~35%, 웨이퍼는 65~80%가 되도록 한다.

샌드위치 빵 (영 Sandwich 독 Belegte Brötchen) 얇게 자른 2장의 빵 사이에 갖가지 충전물을 샌드한 것. 샌드위치가 첫 선을 보인 곳은 영국이다. 18세기 말 영국의 샌드위치 백작이 트럼프 놀이에 열중한 나머지 식사할 시간도 아까워, 아랫사람으로 하여금 빵 사이에 육류와 채소류를 끼워서 갖고 오게 하고 그것을 먹으며 놀이를 계속 했는데, 이 때부터 샌드위치가 생겨났다고 전해진다.

〈종류〉 ① 오픈 샌드위치 : 슬라이스 빵 위에 충전물을 얹기만 하고 빵을 포개지 않은 것. ② 리본 샌드위치 : 슬라이스 빵 위에 충전물을 얹고 빵을 포갠 뒤 자른 것. 자른 면이 리본 모양과 같다 해서 붙여진 명칭이다. ③ 롤 샌드위치 : 리본 샌드위치의 하나. 버터를 바른 슬라이스 빵 위에 충전물을 얹고 냅킨으로 만 것. ④ 클럽 샌드위치 : 슬라이스 빵 여러 장 사이에 충전물을 샌드한 것. ⑤ 클로즈드 샌드위치 : 2장의 슬라이스 빵 사이에 충전물을 샌드한 것. 보통의 샌드위치를 가리킨다.

〈충전물〉 마요네즈, 화이트 소스 또는 샐러드 드레싱에 치즈, 베이컨, 햄, 계란, 소시지, 어육, 과일, 야채, 향신료, 통조림 등을 각각 섞어 만든다.

샌드위치용 빵 빵 (영 Sandwich bread) 샌드위치를 만들기에 알맞은 빵. 풀먼 브레드가 자주 쓰인다. 샌드위치용 빵은 속결이 촘촘하지 않으면서 함수량이 적당하고 부드러워야 한다. 샌드위치는 자르는 방법에 따라 여러 가지 모양이 나오는데 가능한 한, 한 입 크기로 잘라서 그릇에 담는다(〈그림〉 참고).

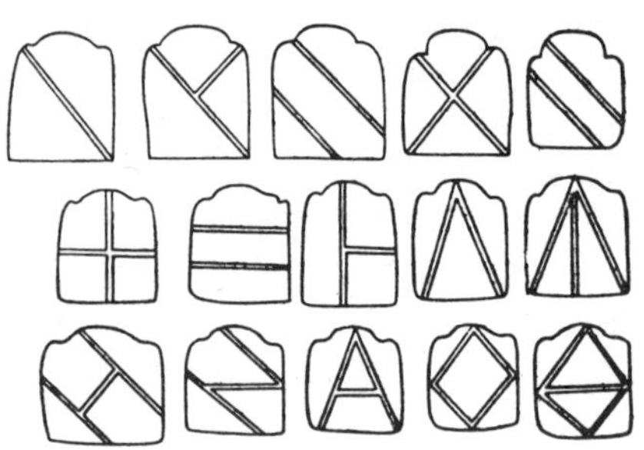

〈그림〉 여러 가지 샌드위치 자르는 법

샌드 케이크 菓 (영 Sand Cake) 옥수수가루(corn flour) 또는 콘스타치를 다량 배합한 버터 케이크의 하나. 샌드란 이 케이크가 부서지기 쉬운 조직이어서 입 속에서 모래알(sand) 처럼 잘게 부서지기 때문에 붙여진 명칭이다.

[배합] 박력분 600 g, 콘스타치·버터(또는 쇼트닝) 각 300 g, 설탕 750 g, 농축우유 412.5cc, 베이킹 파우더 33.7 g, 계란 412.5 g, 럼 소량.

[만드는 법] ① 유지와 밀가루를 섞고 농축우유의 1/3을 더한다. 여기에 설탕을 조금씩 넣으면서 섞고, 남은 농축우유를 붓는다 ② ①에 럼을 넣어 풍미를 내고 콘스타치와 베이킹 파우더를 섞는다 ③ 마지막으로 계란을 넣고 섞는다 ④ 철판 위에 높이 9cm 정도의 나무 틀을 만들어 놓는다. 전체에 종이를 깔고 ③을 넣은 뒤 110℃ 오븐에서 천천히 굽는다.

샐러드 原 (영 Salad 프 Salade 독 Salat) 생채소·과일, 육류 제품을 비슷한 크기로 썰어 섞고 샐러드 드레싱*으로 간을 맞춘 서양 음식. 여러 가지 향신료를 넣기도 한다. 단일 재료로 만드는 경우도 있고 프루츠 샐러드처럼 여러 가지 과일을 많이 곁들이거나 과일 대신 야채만을 사용한 것도 있다. 샐러드는 샌드위치나 조리빵에 꼭 필요한 재료이다.

샐러드 드레싱 原 (영 Salad dressing) 샐러드*에 쓰이는 드레싱의 총칭. 기본적인 것 2가지는 마요네즈(mayonnaise)류와 프렌치 드레싱(french dressing)류이다. 전자는 기름이 항상 유화되어 있는 것이고, 후자는 식초와 기름이 분리되어 있으면서 쓸 때마다 섞어야 하는 것이다. 이들 각각에 조미료, 향신료를 더해 넣고 그에 알맞은 요리에 곁들인다. 그리고 샌드위치나 조리빵에 사용한다.

샐러드유[－油] 原 (영 Salad oil) 식용 식물성 기름으로서 샐러드에 쓰이는 드레싱, 마요네즈를 만들 때 필요한 기름. 또 샐러드유는 튀김기름으로 쓰기에 적합하다. 〈특징〉 원료유(油)에서 바로 착유(搾油)한 기름에는 불순물이 그대로 남아 있다. 그러므로 식용하려는 유지는 몇 단계의 정제 공정을 거쳐 만든다. 그 중에서 정제 기준이 높은 기름이 샐러드유이다. 그 정제 공정은 다음과 같다. ① 압착법, 추출법 등으로 기름을 얻는다 ② 인지질, 단백질, 점성(粘性) 물질, 유리지방산 등을 제거한다 ③ 탈색, 탈취 그리고 윈터링(wintering)을 한다. 특히 샐러드유의 품질을 좌우하는 것은 탈취와 윈터링 공정이다. 샐러드유의 원료유는 올리브유이고 이것을 대신할 수 있는 것이 면실유, 옥수수기름, 채종유(菜種油 : 유채씨 기름), 대두유 등이다. 샐러드유를 비롯한 식물성 기름의 특징은 리놀레산과 같은 다가(多價) 불포화지방산을 많이 함유하고 있는 점이다. 다가 불포화지방산은 건강상 유용한 성분이지만, 산화되어 과산화물을 만들고 산패하기 쉬운 단점이 있다. 기름의 산화는 건강상 유해하며 조리상으로도 나쁜 영향을 주는 화학 반응이다. 산화한 기름을

이용하면 산화취(臭)가 생기고, 기름이 끈끈해져 과자에 잘 부착되기 때문에 입 안에 넣었을 때 텁텁하고 끈적거리며 풍미가 좋지 않다. 또, 기름 자체의 색도 짙어 과자의 색까지 어두워진다. 샐러드유의 산화를 촉진하는 환경요인은 ① 고온 ② 일광(햇볕) ③ 공기(산소) ④ 철이나 동의 금속과의 접촉 등이다. 일반적으로 기름의 산화는 가열 조리에 의해서 급속히 일어나고, 가열하지 않아도 보존하는 동안 공기나 햇볕에 노출되면 자동 산화하여 기름이 산패한다. 이와 같은 기름의 변패를 막기 위하여 샐러드유에 산화방지제(주로 비타민 E)를 첨가하고 있다.

〈사용법〉 샐러드유는 일반적으로 색이 연하고 풍미가 좋아서 입 안에 넣었을 때 산뜻한 맛을 느낄 수 있다. 이러한 점 때문에 튀김기름에 이용하고 있다. 스펀지 케이크나 파운드 케이크의 배합에서 버터나 마가린을 샐러드유로 바꾸면 감칠맛은 없지만 풍미가 가벼운 케이크가 된다. 단, 샐러드유를 이용할 경우 주의할 점은 기름을 산화시키는 조건을 가능한 한 배제하는 일이다. 즉, ① 너무 가열하지 말고 적온을 지킬 것. ② 샐러드유의 보존은 공기와 접촉을 피하고 냉암소(冷暗所)에 보관할 것. ③ 샐러드유를 선택할 때는 제조년월일로부터 6개월 이내의 것을 고를 것. ④ 일광을 피하기 위해서 되도록 깡통이나 갈색 병에 담아 둘 것. ⑤ 사용한 기름은 될 수 있는 한 빨리 종이에 걸러서 가열시 생긴 찌꺼기를 제거하고 위의 방법으로 냉암소에 저장할 것. 다시 사용할 경우에는 기름의 점도, 색, 향을 보고 산화되어 있지 않은지를 확인할 것. 산화된 기름에 새로운 기름을 섞으면 이것도 곧 산화되므로 주의할 것. ⑥ 튀길 때 사용하는 냄비나 망사, 국자 등은 녹슬지 않은 것을 사용할 것 등이다.

샐러리 原 (영 Celery) 독특한 향과 사각사각한 맛을 지닌 미나리과(科)의 1~2

년생초. 예로부터 유럽에서는 방취제와 약용으로 이용하였고 17세기경부터는 식용했다고 한다. 셀르리의 단단한 줄기는 섬유질이 많으므로 식용하지 않는다. 생으로 샐러드에 이용하고 과자 재료에 배합한다. 샐러리를 퓌레로 만들고 레몬과 시럽을 섞어 얼린 그라니테 오 세를리(Granité au Céleri)는 향이 좋고 담백하여 디저트로 즐겨 먹는다.

샐리 런 菓 (영 Sally Lunn) 영국의 이스트 반죽 케이크. 버터, 계란, 레몬 껍질, 설탕을 넣은 발효 반죽을 지름 13cm의 둥근 틀에 채워 굽는다. 틀에서 빼 내어 얇게 자른다. 그리고 버터, 잼, 꿀 등을 발라 살짝 토스트해 먹는다. 8세기경, 잉글랜드 남부 지방인 바스(Bath)에서 처음 만들어졌으며, 명칭은 고안한 사람의 이름을 땄다고 하는 설(說)이 있다.
[배합] 〈중종〉 우유(33℃) 567cc, 설탕 14g, 이스트 43g, 밀가루 113g. 반죽한 뒤 충분히 발효시켜 둔다. 〈본반죽〉 강력분 1,134g, 버터·계란·설탕 각 142g, 레몬 껍질 1개 분량, 넛메그 가루 소량.
[만드는 법] ① 중종에 본반죽 재료를 넣어 반죽을 하고 40분 뒤에 가스빼기 한다 ② 30분 뒤에 227g으로 분할·둥글리기 하고 성형한다 ③ 2차 발효 후 13cm의 둥근 틀에 넣고 계란을 바른다 ④ 227℃에서 구운 뒤 수평으로 얇게 잘라 버터, 잼 등을 곁들여 먹는다.

생강 原 (영 Ginger 프 Gingembre 독 Ingwer) 열대 아시아 원산의 생강과(科)에 속하는 다년생 식물. 땅속줄기로 번식하는데, 그 줄기에 향긋한 냄새와 매운맛이 있어 향신료로 이용한다. 용도에 맞추어 그대로 혹은 말려 쓰고 가루로 만들어 사용한다. 설탕이나 시럽에 절여 먹기도 하고 갈아서 설탕과 리큐르에 더해 셔벗을 만들기도 한다. 가루는 빵, 비스킷, 케이크 반죽에 섞어 쓴다. 이러한 제품으로 영국의 진저 케이크, 진저 비스킷이 유명하다.

생강 정과[—正果] 菓 정과*의 하나. 생강을 설탕물에 조려서 만든 과자이다.
[배합] 생강 100g, 물 2½컵, 소금 1/2 작은술, 설탕 40g, 꿀 2 큰술.
[만드는 법] ① 생강은 껍질을 벗겨 얇게 썬다 ② 물 1½컵에 소금을 넣고 끓인 뒤 ①을 넣어 살짝 데치고 찬물에 헹군다 ③ 물 1컵, 설탕, ②의 생강을 넣고 조리되 끓기 시작하면 약한불에서 조린다. 도중에 생기는 거품은 걷어낸다 ④ 설탕물이 거의 없어지면 꿀을 넣고 더 윤기나게 조린다 ⑤ 충분히 조려지면 굵은 체에 건져서 식힌 뒤 그릇에 옮겨 낸다.

생 마르크 菓 (프 Saint-marc) 성 마르코(St. Marco)의 이름을 딴 앙트르메. 아몬드 가루를 넣은 특별한 비스퀴에 바닐라와 초콜릿 2종류의 생크림을 샌드하고, 윗면을 캐러멜라이저*로 마무리한다. 약간 단단한 비스퀴와 부드러운 크림이 서로 조화를 이루며, 캐러멜의 독특한 향이 나는 점이 특징이다.
[배합] 〈비스퀴〉 아몬드 가루 85g, 분설탕 90g, 계란 135g, 밀가루 25g, 버터 20g, 흰자 65g. 〈파트 아 봉브(Pâte à bombe)〉 노른자 2개, 보메 30도의 시럽(설탕 30g + 물 22cc를 끓여 만든다) 50cc. 〈크림〉 생크림 225cc, 바닐라 슈거 15g, 생크림 225cc, 비터 초콜릿 10g, 설탕 15g.
[만드는 법] ① 비스퀴 반죽을 만든다. 아몬드 가루와 분설탕 70g을 섞어서 체친 뒤 계란에 섞어 충분히 휘핑한다 ② 흰자를 거품내고 분설탕 20g을 넣어 머랭을 만든다 ③ ①에 ②의 1/2분량을 넣고 섞는다 ④ 체친 밀가루를 넣는다 ⑤ 남은 ②를 넣고 섞는다 ⑥ 녹인 버터를 넣는다 ⑦ 철판에 5mm로 흘려 붓고 190℃ 오븐에서 15분간 굽는다 ⑧ 파트 아 봉브를 만든다. 노른자를 중탕시키면서 조금씩 시럽을 넣는다 ⑨ 충분히 휘저은후 불에서 내린다 ⑩ 크림을 만든다. 생크림 225cc에 바닐라 슈거를 넣고 거품내어

하얀 크림을 만든다 ⑪ 비터 초콜릿을 중탕하여 녹인 뒤 생크림을 조금씩 넣고 휘핑한다. 마지막으로 설탕을 넣고 검은 크림을 만든다 ⑫ 모든 준비가 끝나면 ⑦의 비스퀴 2장을 준비하여 한 장 위에 파트 아 봉브를 바르고 오븐에서 건조시킨다 ⑬ 파트 아 봉브를 바른 위에 그라뉴당을 뿌리고 뜨거운 캐러멜라이저(caramelizer)로 지진다 ⑭ 또 한 장의 비스퀴 위에 검은 크림, 하얀 크림을 차례로 바른다 ⑮ ⑭ 위에 ⑬을 얹고 식혀서 굳힌다 ⑯ 적당한 크기로 자른다.

생 마지팬 菓 (영 Raw marzipan 프 Pâte d'amandes supérieure 독 Marzipanrohmasse) 일명 로마지팬.
⇨마지팬, 마르치판

생물가[生物價] 生 (영 Biological value) 동물이 섭취한 영양소 중 체내에서 이용되는 단백질의 비율. 원래 단백질뿐만 아니라 다른 모든 영양소의 이용률을 일컫는 용어지만, 실제로 가장 많이 사용되는 것이 단백질이다. 단백질의 생물가는 흡수된 질소가 체내에 얼마나 축적되어 있는가로 알 수 있다.

$$생물가 = \frac{체내에\ 축적된\ 질소량}{흡수된\ 질소량} \times 100$$

계란의 생물가를 100으로 보았을 때 생물가가 70 이상인 것이 양질(良質)의 단백질에 속한다.

생 미셸 其 (프 Saint Michel) 프랑스 제과인의 수호성인(守護聖人). 프랑스에서는 모든 직업에 수호신을 두고 매년 하루를 수호성인의 날로 정하여 그 날을 기념하였다. 제과 분야에서는 13세기경 생 미셸을 수호성인으로 숭배하여 9월 29일을 축일로 정하였다. 생 미셸은 대천사장인 성 미카엘(St. Michael)의 프랑스 발음이다. 현재 파리에 있는 제과인 상호부조협회(製菓人相互扶助協會)도 그의 이름을 따서 '생 미셸 프랑스 제과인 협회(La société des pâtissiers français La Saint-Michel)'로 이름지었다.

생이스트 原 (Compressed yeast) 활성 생효모.
⇨압착효모

생일 케이크 菓 (영 Birthday Cake) 생일을 축하하는 케이크. 특별히 정해 놓은 형식은 없지만, 보통 둥근 데커레이션 케이크로 만든다. 프루츠 케이크, 스펀지 케이크, 에인젤 케이크를 시트로 삼고 그 위에 장식한다. 장식은 축하내용과 이름을 짜 놓되, 내용이 길어지면 케이크 둘레를 따라 활 모양으로 짜 낸다.

생지[生地] 빵 菓 반죽*을 뜻하는 일본식 한자말. 일본어로는 '기지'라 한다.

생크림 原 (영 Cream, Dairy cream, Fresh cream 프 Crème, Crème de lait, Crème fleurette 독 Sahne) 우유의 지방분(유지방)만을 분리해 낸 것. 프레시 크림(fresh cream)이라고도 한다.
〈특징〉 주성분은 유지방이고 종류나 국가에 따라 그 함유량이 각각 다르다(아래 〈표1〉 참고). 한국에서 생크림이라 하면 유지방

〈표 1〉 각국별 생크림의 유지방 함량 규격

한 국	프 랑 스	독 일	영 국	미 국	일 본
표준규격 (18% 이상)	표준규격 (10~20%)	커피용 크림 (10% 이상)	휘핑용 크림 (35% 이상)	라이트 크림 (18~30%)	표준규격 (18% 이상)
커피용 크림 (10~30%)		휘핑용 크림 (28% 이상)		헤비 크림 (36% 이상)	
휘핑용 크림 (30% 이상)				라이트 휘핑크림 (30~36%)	

18% 이상인 크림을 가리킨다. 하지만 용도에 따라 생크림의 조건이 달라져 커피나 조리용은 10~30%, 휘핑용('휩트 크림'항 참고)은 30% 이상, 아이스크림이나 버터의 원료로 쓰일 크림('플라스틱 크림'항 참고)은 79~89%의 유지방이 필요하다.

[만드는 법] 우유를 원심분리해서 탈지유와 크림층으로 나눈다. 크림층을 살균·냉각한다. 그러나 이 상태로는 유지방이 불안정하므로 저온에서 숙성시켜 품질을 안정시킨 뒤 충전·냉장한다. 이 때 원심분리 정도에 따라 여러 가지 지방 함유량의 크림을 얻을 수 있다(〈표2〉 참고).

〈표2〉 크림의 제조공정

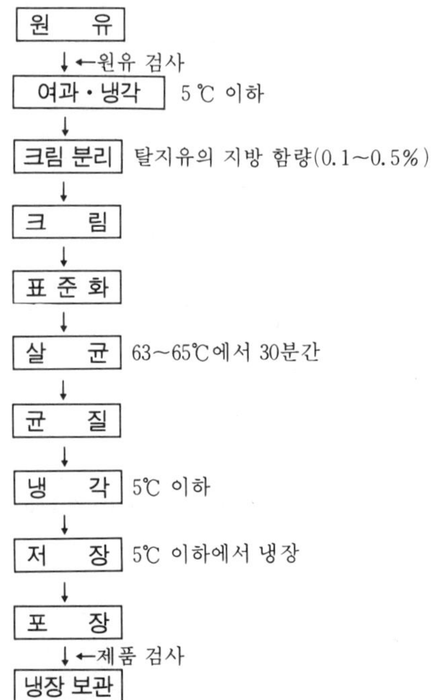

생토노레 菓 (프 Saint-Honoré) 원형의 파트 브리제* 주위에 슈 반죽을 얹어 굽고 그 위에 캐러멜 묻힌 소형 슈를 늘어놓은 뒤 중앙에 크렘 생토노레를 짜 놓은 과자. 명칭의 유래는 2 가지 설(說)이 있는데 그 하나는 이 케이크를 고안한 사람이 자기가 운영한 과자점의 거리(생토노레)의 이름을 따서 지었다는 것과 제과의 수호신(성 오노레 saint-Honoré)의 이름을 따왔다는 설이 그것이다.

[배합] 파트 브리제(지름 21cm) 160 g, 슈 반죽 220 g. 〈크렘 생토노레〉 크렘 파티시에르(우유 300+바닐라 1개+노른자 3개+설탕 35 g +박력분 40 g), 이탈리안 머랭(흰자 3개+설탕 90 g +물 30cc), 젤라틴 6 g. 〈캐러멜〉 설탕 250 g, 물엿 80 g, 물 80cc. 〈기타〉 계란액·피스타치오 각 적당량, 크렘 샹티이 200 g.

[만드는 법] ① 파트 브리제를 2~3mm의 두께로 펴서 지름 21cm로 만들고 피케* 한다. ②①의 주위에 계란액을 바르고 둥근 모양 깍지로 슈 반죽을 1줄 짜 낸 뒤 굽는다 ③ 한편 슈 반죽을 지름 2 cm 크기로 짜서 굽는다 ④③의 슈 윗부분에 캐러멜을 바른다. 얇게 자른 피스타치오를 늘어 놓은 철판에 슈를 캐러멜이 바닥에 닿도록 놓는다 ⑤크렘 생토노레를 만든다. 즉, 우유·바닐라·노른자·설탕·박력분으로 크렘 파티시에르를 만들고 여기에 물에 불린 젤라틴을 넣고 섞는다 ⑥⑤와 동시에 만들어질 수 있도록 이탈리안 머랭*을 만들고, 양쪽 모두 따뜻할 동안에 재빨리 섞는다 ⑦②의 오목하게 패인 곳에 ⑤의 생토노레 크림을 채우고 식혀서 굳힌다 ⑧크림 위에 크렘 샹티이를 짜 놓는다. 그리고 ②의 슈 위에 ④의 슈를 캐러멜로 붙인다.

샤르트뢰즈 原 (프 Chartreuse) 프랑스의 전통적인 리큐르*의 하나. 17세기부터 라그랑 샤르트뢰즈 사원에서 만들어졌다 하여 붙여진 명칭이다. 이것은 약초·향초계 리큐르로서 향기가 매우 좋으며 다음 3 종류가 있다. 하나는 알코올 도수가 55도인 초록색의 리큐르이고, 또 하나는 알코올 도수가 40도 정도 되는 황색의 리큐르, 그리고 백색의 장수약이라고 칭해지는 것이 있다.

〈사용법〉 제과용으로는 리큐르 봉봉, 초콜릿 봉봉, 바바루아에 풍미를 내기 위해 이용한다. 그 밖에 아이스크림이나 셔벗에 넣거나 구운 과일의 소스로 이용한다.

샤를로트 菓 (프 Charlotte) 대형 디저트 과자. 모양이 여성 모자인 본네토풍의 샤를로트와 비슷하다 붙여진 명칭이다. 종류는 찬 것과 따뜻한 것 2가지가 있다. 후자는 샤를로트 드 프뤼이, 또는 흔히 사과를 많이 쓴다고 하여 샤를로트 드 폼므*라 부른다. 그리고 전자는 샤를로트 뤼스(러시아풍의 샤를로트)라 하며 오늘날 샤를로트의 주류를 이루는 것이다. 샤를로트 뤼스는 비스퀴 아 라 퀴이예르로 둘러싼 속에 젤라틴 양이 3%인 바바루아나 무스를 흘려 붓고 차게 식혀 굳힌다. 그리고 충전하는 바바루아나 무스의 종류에 따라 명칭이 달리 붙는다. 예를 들어 카시스 무스를 채우면 샤를로트 오 카시스라 하고 밤 바바루아이면 샤를로트 오 마롱이라 한다. 한편 틀 속에 파르페나 크림을 채워서 얼린 것을 샤를로트 글라세라고 하며 그 대표적인 것이 샤를로트 글라세 오 마롱이다. 다음은 샤를로트 오 카시스의 배합례이다.

[배합] 〈비스퀴 아 라 퀴이예르〉 노른자·흰자 각 4개, 그라뉴당 100 g , 박력분 100 g . 〈카시스 무스〉 우유 160cc, 그라뉴당 50 g , 노른자 2개, 젤라틴 7 g , 생크림 160 g , 바닐라 에센스·키어시 각 소량, 카시스 퓌레 50cc, 크렘 드 카시스 적당량.

[만드는 법] ① 비스퀴 아 라 퀴이예르로 너비 5 cm 정도의 것, 바닥에 까는 둥근 모양의 것 1장, 위에 씌우는 둥근 모양의 것 1장을 짜서 굽는다 ② 카시스 무스를 만든다. 우유, 그라뉴당, 노른자로 소스 앙글레즈('크렘 앙글레즈'항 참고)를 만들고 물에 불린 젤라틴을 넣어 섞는다 ③ 식으면 카시

스 퓌레, 크렘 드 카시스, 키어시, 바닐라 에센스를 더한다 ④ 생크림을 거품내어 ③에 넣고 섞는다 ⑤ 세르클 틀 안쪽에 ①의 띠 모양의 것을 붙이고 바닥에는 원형의 것을 깐다 ⑥ ⑤ 속에 ④를 흘려 넣고 위에는 ①에서 만든 뚜껑의 비스퀴 아 라 퀴이예르를 씌운다.

샤를로트 드 폼므 菓 (프 Charlotte de Pomme) 구운 샤를로트*. 차게 얼려 굳힌 샤를로트 뤼스도 있다.

[배합] 사과 6개, 설탕 180 g , 버터 50 g , 시너먼·레몬 즙 각 소량, 살구잼 80 g , 리큐르 소량, 식빵 또는 제누아즈 적당량.

[만드는 법] ① 사과 껍질과 심지를 빼고 얇게 썰어, 설탕을 묻힌다 ② 버터와 함께 ①을 냄비에 넣고 사과가 부드러워질 때까지 조린다 ③ 시너먼, 레몬 즙, 살구잼을 더하고 식으면 키어시를 넣는다 ④ 샤를로트 틀에 버터를 바르고, 식빵을 직사각형으로 슬라이스 하여 틀 바닥과 벽에 붙인다 ⑤ ③의 사과를 충전하고 센불 오븐에서 25~30분간 굽는다 ⑥ 식기 전에 틀에서 빼내고, 표면에 살구잼을 바른 뒤 설탕조림한 사과나 오렌지, 체리로 장식한다.

샤를로트 오 마롱 菓 (프 Charlotte aux Marrons) 초콜릿 향이 짙은 밤 바바루아를 충전한 샤를로트.

[배합] 〈바바루아 오 마롱〉 우유 300cc, 밤

페이스트 200g, 노른자 3개, 설탕 40g, 젤라틴 10g, 생크림(거품낸 것) 300cc, 이탈리안 머랭 50g. 〈꼬냑 시럽〉 설탕 100g, 물 100cc, 꼬냑 100cc. 〈랑그 드 샤〉 박력분 180g, 버터 200g, 분설탕 200g, 흰자 150g, 바닐라 에센스 소량, 생크림 50g. 〈기타〉 제누아즈·밤(통조림)·가나슈·금박 각 적당량.
[만드는 법] ① 바바루아 오 마롱을 만든다. 먼저 우유와 밤 페이스트를 끓이고, 도중에 노른자와 설탕 휘핑한 것을 넣어 섞고서 83℃까지 끓인다. 불을 끄고 물에 불린 젤라틴을 넣고 식힌다 ② 걸쭉해지면 거품낸 생크림과 이탈리안 머랭을 섞는다 ③ 꼬냑 시럽은 일반적인 방법대로 만든다 ④ 세르클 틀의 바닥에 제누아즈를 깔고 시럽으로 촉촉히 적신다 ⑤ ④에 ②를 반 쯤 흘려 붓고 시럽 묻힌 밤을 나열한다 ⑥ ⑤ 위에 ②의 남은 것을 흘려 넣고 식혀 굳힌다 ⑦ 틀에서 꺼내어 위에 가나슈를 뿌리고 주위에는 랑그 드 샤*를 붙인다 ⑧ 초콜릿에 담갔던 밤과 나뭇잎, 금박으로 장식한다.

샤를로트 오 코코 菓 (프 Charlotte au Coco) 코코넛 무스를 채운 샤를로트*.
[배합] 〈비스퀴 아 라 퀴이예르〉 노른자 10개, 설탕 125g, 흰자 10개, 설탕 125g, 밀가루 250g. 〈코코넛 무스〉 우유 350cc, 코코넛 퓌레 150cc, 젤라틴 가루 10g, 생크림 250cc, 코코넛 리큐르 30cc. 〈머랭〉 흰자 70cc, 설탕 70g. 〈기타〉 잘게 썬 코코넛 적당량.
[만드는 법] ① 비스퀴 아 라 퀴이예르*를 별립법*으로 섞어 샤를로트 틀에 붙일 만한 길이로 짜서 굽는다. 다 구워지면 틀 안쪽에 붙인다 ② 코코넛 무스('무스 오 코코' 항 참고)를 만들어 틀에 흘려 넣는다 ③ 머랭을 ② 위에 짜고 잘게 썬 코코넛을 뿌린다 ④ 50℃ 오븐에서 하룻밤 건조시킨 뒤 틀에서 빼내어 리본으로 장식한다.

샤움마세 菓 (독 Schaummasse) 머랭

의 독일어명.
⇨머랭

샤움크렘 菓 (독 Schaumkrem) 크렘 무슬린의 독일어명.
⇨크렘 무슬린

샴페인 原 (영, 프 Champagne) 프랑스의 샹파뉴(Champagne) 지방에서 생산되는 백포도주. 정식 명칭은 뱅 드 샹파뉴(vin de champagne)이다. 일찍이 샹파뉴 지방은 포도 재배가 성하던 곳이고 양질의 포도주 산지로 유명하였다. 이에 로마 황제가 이탈리아산 포도주의 경쟁 상대가 될 것을 걱정하여 그 포도밭을 파괴(92년 사건)하였다 한다. 그 후 200년 뒤, 3세기경에 다시 부활하여, 기독교의 사제가 개량 재배한 포도로 만든 결과 향기 좋은 술로서 유명해졌다. 그리고 당시에는 적·백색의 보통 포도주였는데, 17세기 말 콜크 마개와 그것을 조이는 쇠붙이가 도입된 이후로 지금과 같은 발포성 포도주가 되었다. 샴페인은 법령에 따라 4가지로 나뉘지만 병에 샴페인이라고 표기할 수 있는 것은 2가지뿐이다. ① 제1종 : 랭스(Reins), 에페르네이(Épernay), 마른(Marne)에서 생산되는 것. 제1급 샴페인으로 표시한다. ② 제2종 : 마른에서 생산되는 것. 제2지대 샴페인으로 표기한다. ③ 제3종 : 무스에서 생산하는 것. 이것은 샴페인이라 하지 않고 비등 포도주라 한다. 색을 낼 때는 포도 껍질이나 적포도주를 조금 첨가한다. ④ 제4종 : 보통의 포도주에 탄산 가스를 인공적으로 혼합한 것. 가스혼합이라고 표기한다. 샴페인은 마개가 빠질 때 '펑' 소리와 함께 거품이 생기므로 축하연에 자주 이용한다. 보통 디저트 코스에서 마개를 뽑는 것이 정식이지만 처음부터 사용하기도 한다.

샹보르 菓 (프 Chambord) 샴페인 풍미의 젤리를 주위에 장식하여 시원함을 표현한 디저트.
[배합] 〈제누아즈 무슬린〉 계란 2개, 노른

자 2개, 설탕 50g, 밀가루·케이크 크럼 각 20g, 녹인 버터 15g. 〈크렘 드 샹파뉴〉 노른자 3개, 설탕 117g, 샴페인 112cc, 레몬 즙 12cc, 판 젤라틴 10g, 크렘 푸에테 500g, 분설탕 80g. 〈즐레 드 샹파뉴〉 물·샴페인 각 500cc, 그라뉴당 150g, 레몬 즙 10cc, 판 젤라틴 70g. 〈시럽〉 서양배 시럽·복숭아 시럽·레몬 즙·샴페인 각 적당량. 〈충전시킬 과일〉 서양배·복숭아 각 30g, 라즈베리 50g, 여러 가지 과일과 마지팬으로 만든 백합.

[만드는 법] ① 제누아즈 무슬린을 배합표에 나와 있는 순서대로 만들어 6cm 두께로 슬라이스한다 ② 크렘 드 샹파뉴를 만든다. 노른자와 설탕을 잘 섞는다 ③ 샴페인과 레몬 즙을 따뜻하게 해서 ②에 넣고 섞은 뒤 중탕한다. 여기에 물에 불린 젤라틴을 넣고 식혀 분설탕 넣은 크렘 푸에테*와 섞는다 ④ 즐레 드 샹파뉴(샴페인 젤리)와 시럽은 각 재료를 혼합해서 만든다 ⑤ 삼각형의 구티에르 틀에 ④의 젤리를 입힌다 ⑥ 라즈베리를 1줄 늘어 놓고 ③을 소량 넣는다. 그리고 ①을 틀의 너비만큼 잘라 넣고 ④의 시럽을 흡수시킨다 ⑦ 다시 ③을 소량 넣고 작게 자른 과일을 나열한다. 그리고 ③을 흘려 넣는다. 이러한 작업을 한번 되풀이한 뒤 냉장고에 넣고 식혀서 틀에서 빼낸다 ⑧ 주위에 슬라이스한 과일류를 늘어놓고 ④의 젤리를 작게 잘라 장식한다 ⑨ 윗부분에 생크림을 짜고 여러 가지 과일과, 마지팬으로 만든 백합꽃을 장식한다.

샹피니 菓 (프 Champigny) 살구잼을 채운 푀이타주 과자*. 직사각형의 푀이타주를 2장 만든다. 1장에 버터를 바르고 철판에 간 뒤 살구잼을 바른다. 나머지 1장을 그 위에 덮는다. 이것을 중불에서 구워낸 뒤 분설탕을 뿌린다.

서남아시아·북아프리카 빵 빵 서남아시아나 북아프리카에서 만들어지는 빵은 모양, 씹는 느낌, 맛이 근대적인 빵과는 매우 다르다. 대표적인 빵을 예로 들면 다음과 같다.

1. 밸러디(Balady)빵 — 지름 25cm, 두께 1~2cm, 무게 100~160g의 동글 납작한 빵. 딱딱하면서도 탄력이 있어 씹는 맛이 좋은 반면 겉껍질이 생기지 않아 빵속이 쉽게 굳고 맛과 향을 잃기 쉽다. 밸러디란, 이집트어이고 이것을 레바논에서는 Kuhubz arabi, 요르단에서는 Kamag라 한다.

〈특징〉 먼저번에 반죽하고 일부 떼어 두었던 종(sour, 사워)을 스타터(starter, 起種)로 사용하여 만들기 때문에 독특한 향과 맛을 갖는다. 반죽은 아주 높은 온도의 돌 오븐에서 1분~1분 30초간 구우면 폭발적으로 부풀어 2개의 층이 생긴다. 그 사이에 충전물을 넣는다. 이것은 도정을 덜하여 비타민, 무기질이 풍부한 밀가루로 만든다.

2. 탄나워(Tannour) — 겉으로 보기에는 빵처럼 생기지 않은 얄팍한 빵. 함수량이 적어 보존성이 좋다.

〈특징〉 반죽을 발효시키는 방법은 ① 공기 중에 떠다니는 미생물을 이용하거나 ② 사워를 덧대어 천천히 행한다. 굽기 전에 반죽을 눌러 납작하게 늘인다. 도정을 덜해 영양가가 높은 밀가루로 반죽을 만든다. 이때 글루텐 함량은 중요하지 않다. 잡곡·근채류(根菜類) 가루를 더하기도 한다.

선광도[旋光度] 物 (영 Angle of rotation) 직선 편광이 선광성(광회전성) 물질층을 통과하는 동안에 회전하는 각도. 어떤 물질에 직선 편광(直線偏光)을 비추었을 때 편광면이 물질 속을 진행하는 동안에 회전하면 그 물질에 선광성이 있다고 한다. 선광성은 자당, 타르타르산의 수용액에도 나타난다. 설탕(자당) 용액 같은 선광성 물질의 당농도를 측정하는 기기가 편광계*이다.

선샤인 케이크 菓 (영 Sunshine Cake) 버터 스펀지 반죽을 에인젤 틀에 채워 구운 케이크.

[배합] 밀가루 450g, 녹말 70g, 팽창제 10g, 따뜻한 물 130cc, 설탕 750g, 노른자 400g, 소금 10g.
[만드는 법] ① 설탕, 노른자, 소금을 섞어서 냄비에 넣고 약 38℃까지 가열한다 ② 밀가루, 녹말, 팽창제를 섞어서 체 친다 ③ ①에 ②를 넣고 반죽한다 ④ 에인젤 틀에 종이를 깔고 ③을 부은 뒤 165℃의 오븐에서 굽는다 ⑤ 다 구워지면 틀을 뒤집어서 꺼낸 뒤 식힌다.

설타너 菓 (영 Sultana) 흰색의 작은 건포도. 터키의 스미르나산(Smyrna産) 설타너가 유명하다.
→레이즌

설타너 치즈 슬라이스 菓 (영 Sultana Cheese Slice)
[배합] 스위트 쇼트 페이스트 800g, 커드 치즈·크림 치즈 각 500g, 노른자 900g, 흰자 450g, 우유 990cc, 설탕 400g, 콘스타치·녹인 버터·밀가루·설타너 각 100g, 바닐라 스틱 1개.
[만드는 법] ① 스위트 쇼트 페이스트*를 20×50cm의 직사각형으로 늘여 펴서 살짝 굽는다 ② 별도로 밀가루, 치즈, 설타너, 노른자, 우유, 바닐라를 함께 섞어서 단단한 페이스트를 만든다 ③ 흰자와 설탕을 더해 단단하게 거품낸다 ④ ②에 ③과 버터를 차례로 섞는다 ⑤ ④의 반죽을 ①에 얹고 200℃ 오븐에서 굽는다 ⑥ 잘 부풀어 오르면 틀 높이를 넘은 부분의 주위에 칼집을 내어 잘 오므린다 ⑦ ⑥을 한번 더 가볍게 굽고 틀에서 꺼낸다 ⑧ 뒤집어서 식힌 뒤 레몬, 퐁당, 아이싱으로 윗부분을 가볍게 덧씌운다.

설타너 케이크 菓 (영 Sultana Cake) 설타너*를 다량 첨가한 케이크.
[배합] 박력분 600g, 콘스타치 450g, 계란(흰자와 노른자를 따로 분리), 버터·설탕 각 675g, 설타너 750g, 아몬드 가루 450g, 레몬 껍질과 과즙 3개 분량, 럼 소량, 팽창제 30g, 글리세린 소량.
[만드는 법] ① 설탕과 버터를 함께 섞어서 크림 상태로 만든 뒤 노른자와 글리세린을 조금씩 넣으면서 젓는다 ② ①에 레몬과 럼을 넣고 잘 섞은 뒤 밀가루, 콘스타치, 팽창제를 체쳐서 넣고 가볍게 혼합한다 ③ 따로 분리한 흰자를 충분히 거품내어 ②에 조금씩 넣으면서 섞는다 ④ ③의 반죽을 황산지 깐 철판이나 둥근 케이크 틀에 넣고 180℃ 오븐에서 60분간 굽는다.

설탕[雪糖] 原 (영 Sugar 프 Sucre 독 Zucker) 수크로오스(saccharose, 자당)를 주성분으로 하는 감미료이다. 화학식은 $C_{12}H_{22}O_{11}$이다. 때에 따라서는 설탕류로서 포도당, 맥아당과 같은 단맛을 가지는 당류까지 포함시키기도 한다. 설탕의 감미도는 설탕의 양뿐만 아니라 설탕 중에 함유된 칼슘의 양이 많을수록 강해진다. 떫은맛을 잘 빼고 정제도를 높인 설탕일수록 단맛이 산뜻하다.
〈역사〉 인도에서 처음 만들어졌고 원료인 사탕수수(sugar cane)는 기원전 2,000년경 인도에서 이미 발견되었다 한다. 5~6세기경 인도에서 중국·태국·인도네시아 등지로 보급되었고, 중동(中東)을 거쳐 유럽으로 전파되었다. 한편 사탕무(sugar beet)에서 얻는 첨채당은 1806년 유럽에 보급되었다.
〈종류〉 ① 원료에 따른 분류 : 수수설탕(cane sugar : 감자당*)과 무설탕(beet sugar : 첨채당*)이 있다. 감자당은 사탕수수의 줄기를, 첨채당은 사탕무의 뿌리를 짜서 당액(糖液)을 취해 정제·건조·결정화시킨 것이다. ② 제품 형태에 따른 분류 : 함밀당*(含蜜糖)과 분밀당*(分蜜糖)이 있다. 분밀당은 다시 제법이나 사용 목적에 따라 원료당·정제당·경지백당 등으로 나뉜다 : 원료당은 원심분리기로 당밀을 제거한 것이고 정제당은 이 원료당을 재용해·재결정의 정제 과정을 거친 것 그리고 경지백당은 원료

<그림> 설탕 제조법에 따른 분류

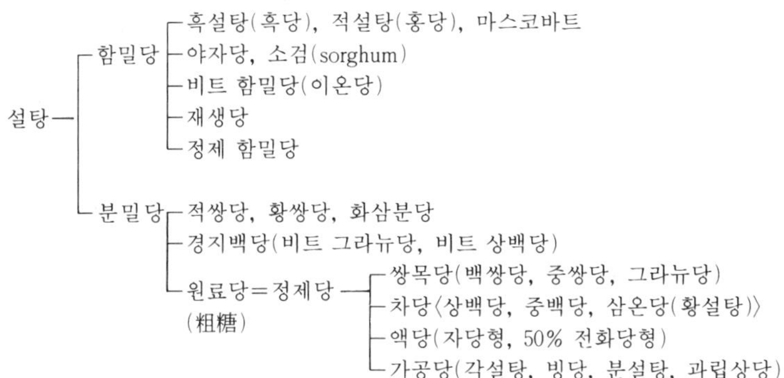

에서 직접 정제해 생산한 것이다(위의 <표> 참고).

→정제당

설탕용액의 끓는점 化 (영 Sugar solution's boiling point) 설탕용액의 끓는점은 아래 표와 같이 농도가 높을수록 순수한 물의 끓는점인 100℃보다도 높은 온도를 나타낸다.

설탕의 성질[−性質] 化 (영 Sugar's quality) ① 용해성 : 설탕과 포도당은 물에 녹는 성질이 있으며 온도가 상승함에 따라 용해도가 높아진다(<표> 참고). ② 캐러멜화 : 설탕을 고온에서 가열하면 분해·착색된다. 이 착색 물질이 캐러멜이다. 당의 종류에 따라서 착색도는 달라진다. 과자의 색을 짙게 하여 외관상 보기 좋게 하려고 설탕, 포도당, 전화당, 꿀 등을 사용하는 것은 이러한 착색의 차이를 응용한 예이다. ③ 흡습성 : 온도 25℃, 습도 77.4% 이상에서 자당은 습기를 흡수한다. 따라서 수분을 함유한 설탕을 낮은 온도에 두면 빠른 속도로 습기가 손실되며 높은 온도에 두면 빠른 흡습성을 나타낸다. 설탕에 포도당이나 물

<표> 설탕용액의 각 농도에 따른 끓는점

당분(%)	수분(%)	끓는점(℃)
10	90	100.3
20	80	100.6
30	70	101.0
40	60	101.4
50	50	101.9
55	45	102.4
60	40	103.1
65	35	104.0
70	30	105.2
75	25	107.0
80	20	109.3
83	17	111.5
85	15	113.5
88	12	117.1
90	10	120.0
92	8	125.0
94	6	130.0
95	5	135.0
96	4	140.0

<표> 자당(설탕)과 포도당의 용해도

구 분 온도(℃)	자 당(%)	포도당(%)
0	64.2	35.0
15	66.3	44.0
20	67.1	47.2
30	68.7	54.6
50	72.3	70.9
80	78.4	81.0

엿, 꿀 등을 넣으면 흡습성이 증가한다. ④
방부성 : 당류의 농도가 높은 용액에는 방부
성이 있다. 즉, 식품 부패에 관계되는 미생
물의 수분 활성도(포자가 발아하는데 필요
한 수분의 정도를 나타내는 측정치 : Aw)는
최소 0.90에서 최고 0.99까지인데 설탕의 수
분 활성은 포화용액 상태에서 0.85 정도이
다. 이 수치는 곰팡이류(Aw 0.65~0.80)를
제외한 미생물의 수분 활성치보다 작아 세
균과 효모류의 번식을 막아준다. 이러한 설
탕의 방부성은 전화당과 포도당을 첨가하면
더욱 강해진다. 가당 연유와 잼은 설탕의
방부성을 이용한 식품이다. ⑤노화 방지력
: 호화한 녹말에 설탕을 넣으면 노화*를
어느 정도 방지할 수 있다. ⑥젤리화 : 과
실이나 과즙에 설탕을 넣으면 겔화되어 젤
리상태가 된다. 이것은 과실에 들어 있는
펙틴(pectin)과 유기산이 작용하여 생기는
현상인데, 당농도가 45~50% 이상 필요하
고 젤리가 가능한 범위에서 농도가 높을수
록 젤리의 강도는 커진다. ⑦설탕의 침투
성과 어는점 : 당류의 침투압은 분자량에 관
계한다. 포도당은 같은 농도의 자당보다 2
배의 침투압을 갖고 있는데 비해 물엿은
자당과 거의 같은 수준이다. 또, 당류는 어
는점을 낮추는 성질을 갖고 있다. 이 성질
은 당의 종류에 따라 차이가 있어, 즉 침투
압과 마찬가지로 분자량이 크면 어는점이
높아진다. 그 밖의 설탕의 성질은 산화방지
력·결정화(퐁당에 이용)·조형성(점착력
과 미각을 갖춘 당류) 등이다.

설탕절임 菓 (영 Confection 프 Conf-
it) 설탕*의 방부작용을 이용하여 과실을
오래 보존할 수 있도록 가공한 것. 종류는
절임 방법에 따라 재료를 당액에 조려 설탕
을 묻힌 것, 재료를 담근 당액의 농도를 차
츰 높이면서 표면에 광택을 낸 드레인드 프
루츠* 그리고 드레인드 프루츠를 더 높은
당도의 당액에 담가 표면에 설탕 결정을 입
힌 캔디드 프루츠* 등의 3가지이다. 드레인

드 체리는 대표적인 드레인드 프루츠, 마롱
글라세·안젤리카는 대표적인 캔디드 프루
츠이다. 그 밖의 설탕절임에 살구·사과,
제비꽃·장미꽃의 설탕절임이 있다. 독특
한 색채를 살려 과자의 장식에 이용하고,
이것을 썰어 프루트 케이크에 배합한다.

설탕조림 菓 (영, 프 Compote) 생과
일을 시럽(당액)과 함께 조려, 즉 가열하여
과육을 부드럽게 하고 단맛을 스며들게 하
며 가열·살균작용을 통해 보존성을 높인
것. 통조림·병조림된 과실 대부분이 시럽
(설탕) 조림 아니면 설탕절임*이다.
→콩포트

섬유소 化 (영, 프, 독 Cellulose) 화
학식은 $C_6H_{10}O_5$. 다당류의 하나. 셀룰로오스
라고도 한다. 식물 세포막의 주성분으로서
식물 섬유를 산·알칼리 처리한 뒤 불순물
을 제거한 흰색의 섬유상 물질이다. 섬유소
는 ①진한 황산으로 분해하면 포도당이 되
고(알코올 발효), ②섬유소 분해요소로 분
해하면 발효하며, ③아세트산·황산의 혼
합물로 처리하면 니트로셀룰오로스가 생긴
다. 식품 중에 함유된 섬유소는 소화 흡수
되지 않고 체외로 배설되며, 소화기관에 자
극을 주어 소화를 돕는 작용을 한다. 섬유
소는 공업상 제지원료, 인견, 의복, 니트로
셀룰로오스 제조 등에 이용한다.

섬유소 정량법[纖維素定量法] 試 (영
Cellulose analysis method) 식물성 식품
중의 섬유소량을 측정하여 숫자로 나타내는
방법이다. 다음과 같은 원리로 측정한
다. 식물 섬유소의 주성분인 셀룰로오스는
녹말*과 달리 β-글루코오스의 β-1, 4 결
합으로 이루어져 있고, 묽은 황산이나 알칼
리에 가수분해되기 어렵다. 이러한 원리를
이용하여 일정량의 시료를 1.25%의 황산
(H_2SO_4)과 1.25%의 수산화나트륨(NaOH)
에 차례로 처리한 뒤 남는 불용해성 물질
중 회분량을 뺀 값이 섬유소량이 된다. 즉,
불용해성 물질을 건조·측량하고 그 시료를

태워 회분량을 구한 다음 건조량에서 회분량을 빼면 된다.

성형[成形] 技 (영 Molding) 벤치타임을 끝낸 빵 반죽을 원하는 모양으로 만드는 일. 더 넓게는 제과에서의 캐스팅(casting), 모양뜨기(cutting), 익스트루딩(extruding), 압연, 둥글리기, 뭉치기, 무늬찍기(stamping), 꼬기(twisting)까지도 포함되는 공정이다. 빵 반죽의 성형은 손작업 또는 기계작업(성형기)으로 하며, 다음의 3단계를 거친다. ① 반죽을 얇게 늘여 펴고 ② 말거나 원통형으로 만든 뒤 ③ 이음매를 봉한다. 여기서 가장 중요한 작업은 1단계이다. 둥글리기를 끝낸 반죽 속에는 발효하여 생긴 가스가 기포 형태로 존재한다. 이 기포를 없애지 않으면 2차발효 하는 동안에 기포가 팽창하여 글루텐막이 파열된다. 그 결과 빵의 결은 거칠다. 그러므로 가능한 한 반죽을 얇게 밀어 편다. 그렇다고 또 너무 얇게 밀면 글루텐이 끊어질 염려가 있으므로 주의한다.
→성형기

성형기[成形機] 機 (영 Molder) 자동으로 빵·과자 반죽을 성형하는 기계. 특히 제빵용 성형기를 몰더라 한다.
〈종류〉 1. 제빵용─분할, 벤치타임을 끝낸 발효 반죽을 늘여 펴고 둥글려, 틀에 넣거나 철판 위에 얹어 굽기에 알맞은 모양으로 만든다. 스트레이트 어웨이 몰더(straight away molder), 크로스 그레인 몰더(cross grain molder), 드럼 몰더(drum molder) 등이 있다.
2. 제과용─① 회전 몰더(rotary molder) : 소프트 비스킷용. 캐스팅(casting) 하기에 알맞음. ② 초콜릿용 몰더 : 캐스팅하기에 알맞음. ③ 도 시터(dough sheeter) : 혼합기에서 나온 반죽을 압연하는 롤러. 쿠키, 파이용으로서 반죽을 상하의 롤 사이로 통과시키면서 압연, 접어포개기를 반복하여 균일한 조직과 층을 만든다. ④ 자름기(cutting

machine) : 반죽을 일정량 잘라 모양뜨기의 기능을 갖는 기계. ⑤ 코팅(coating)기 : 데커레이터(데커레이션 케이크의 무늬 장식용), 인로빙 플랜트(enrobing plant : 초콜릿옷을 입히는 것), 케이크 코터(초콜릿 코팅용) ⑥ 장식기 : 하드 비스킷이나 웨이퍼 표면에 무늬를 찍거나 설탕옷(그라뉴당, 당액)을 입히는 기계.

성형 머랭 菓 (영 Molded meringue) 주석으로 도금한 틀에 카카오 버터를 바르고 냉제 머랭을 짜 넣는다. 팔레트 나이프로 평평하게 한다. 베이킹 시트에 틀을 엎어 오븐에 넣는다. 틀이 뜨거워져서 카카오 버터가 녹으면 즉시 틀을 떼어 낸다. 115℃에서 머랭을 충분히 건조시키고 생크림, 신선한 과일, 초콜릿, 잼 등으로 마무리 한다.
→머랭

세공용 페이스트[細工用─] 原 데커레이션을 하기 위해서는 여러 가지 모양의 페이스트가 필요하다. 용도에 따라서 다음과 같은 곳에 페이스트를 이용한다. ① 팬시의 토핑 ② 케이크나 가토에 씌울 때 ③ 꽃·열매·동물 모형 등을 만들 때 ④대형 케이크의 기둥을 만들 때 ⑤ 진열용 케이크 ⑥ 전시용 과자 등에 이용된다. 세공용 페이스트는 착색을 할 수 있으며 설탕과 검 페이스트를 하얗게 하려면 푸른색의 착색료를 조금 넣는다. 페이스트를 보관할 때는 덮개를 씌운다.

세균[細菌] 生 (영 Bacteria 프 Bacterie 독 Bakterie) 박테리아. 미세한 단세포 생물의 한 무리로서 원핵생물(原核生物)이라고도 한다. 세균이 번식하기에 알맞은 조건은 각 세균에 알맞은 영양원, 온도, 습도, 산소이다. 20℃ 이하에서 잘 자라는 무리를 저온성 세균, 55~60℃에서 잘 자라는 무리를 고온성 세균이라 하고 그 중간 무리를 중온성 세균이라 한다. 산소가 있어야 증식하는 무리는 호기성 세균*, 산소가

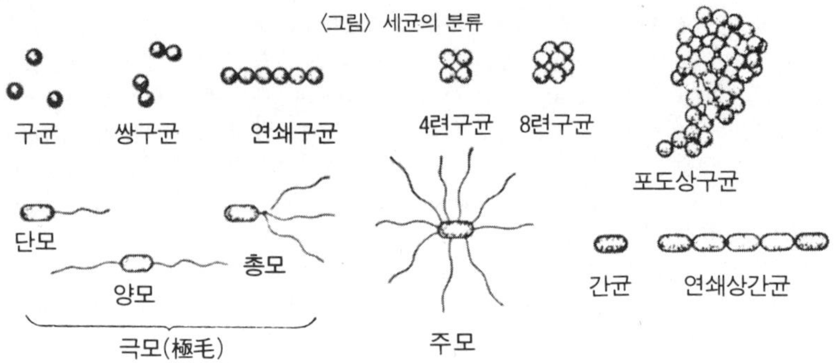

필요없는 것은 혐기성 세균 그리고 산소의 존재여부에 영향을 받지 않는 무리는 조건부 혐기성 또는 통기성 세균이라 한다. 그 밖의 조건으로 수소 이온 농도(pH)도 세균 발육에 영향을 끼친다. 세균은 일반적으로 높은 삼투압 아래에서 생육하기 어렵고 x 선·r선·이온화성 방사선에 의해 사멸되고 변이(變異)한다.

〈분류〉 세균의 형태에 따라 ① 구균(球菌, coccus) ② 간균(桿菌, bacillus) ③ 나선균(螺旋菌, spirillum)으로 나뉜다. 또, 균체의 배열에 따라 ① 쌍구균(雙球菌, diplococcus) ② 연쇄구균(連鎖球菌, streptococcus) ③ 포도상구균(staphylococcus) ④ 4 련구균(四連球菌, tetrad) ⑤ 8 련구균(sarcina) 등으로 나뉜다. 한편 운동기관인 편모(鞭毛)를 가지고 있는 세균도 있다. 편모의 배치에 따라 ① 1 개뿐인 단모균(單毛菌, monotrichate) ② 한 쪽에 몇 개 모여나는 총모균(叢毛菌, lophotrichate) ③ 양끝에 나는 양모균(兩毛菌, amphitrichate) ④ 둘레에 골고루 나 있는 주모균(周毛菌, peritrichate) 등이 있다.

세균성 식중독[細菌性食中毒] 生 (영 Bacterial food poisoning) 어떤 종류의 병원성 세균 또는 세균이 생성시킨 독소가 포함된 음식물을 섭취했을 때 일어나는 질병. 발병 형태에 따라 감염형 식중독*과 독소형 식중독*으로 나눈다.
→식중독

세르클 機 (영, 독 Ring 프 Cercle) 반죽이나 크림을 넣어 성형할 때 필요한 제과 기구. 큰 것·작은 것·높은 것·낮은 것·원형·타원형·정사각형·직사각형 등 여러 종류가 있다. 크고 높은 것은 타르트나 플랑(Flan)을, 작은 것은 프티 가토*를 만들 때 이용한다.

세르클 틀

세몰리나 原 (영 Semolina 프 Semoule) 양질의 마카로니 원료로 이용되는 밀가루. 경질(硬質)의 밀로 만들며, 특히 이탈리아 북부와 캐나다산(産) 밀이 품질이 좋다. 이들 밀에는 가용성 색소가 포함되어 있어서 노란색을 띠는 글루텐이 많이 들어 있는다.

세미프레도 알 사보이아르도 菓 (이 Semifredo al Savoiardo) 스펀지 케이크와 아이스크림을 조화시킨 과자. 세미프레도는 '반 정도만 차갑다'는 의미로, 차지 않은 스펀지 케이크와 자가운 아이스크림을 가리킨다. 또 사보이아르도란 '사보이아 (Savoia) 지방의'라는 뜻으로 19세기 이탈리아를 지배한 사보이 왕가의 세력이 미친 지역을 가리킨다.

세바스토폴 菓 (영 Sebastopol) 쇼트 페이스트 위에 특수한 혼합물을 발라서 구운 건과자(乾菓子)*.
[만드는 법] ① 잘게 썬 아몬드 230 g, 설탕 350 g, 흰자 160 g을 섞어 약한 불에 올리고 수분을 제거하면서 단단한 반죽을 만든다 ② 쇼트 페이스트*를 띠 모양으로 잘라서 가볍게 굽는다 ③② 위에 잼을 바르고 ①을 바른다 ④ 다시 한번 오븐에 넣고 완전히 구운 뒤에 꺼내서 곧바로 자른다.

세븐 레이어 케이크 菓 (영 Seven Layer Cake) 얇게 구운 스펀지 시트를 7 장 겹친 프랑스식 케이크. 시트 사이사이에 버터 크림 또는 초콜릿 버터 크림을 샌드한다. 그 위에 묵직한 철판을 얹어 냉장시킨다. 냉장고에서 바로 꺼낸 것을 7~8cm 너비로 자르고 아이싱 한다.

세븐 시스터 菓 (영 Seven Sister) 커피 케이크* 반죽에 시너먼 슈거나 아몬드를 얹어 말아 자른 것 7개를 원형 스펀지 케이크 틀에 늘어놓고 구운 것. 서로 떨어져 있던 반죽이 구워지면서 부풀어 서로 들러붙는다.

세이버리 菓 (영 Savory) 유럽산(産) 차조기과(科)의 요리용 식물이다. 세이버리를 사용하는 제품의 용도는 대강 다음 4 가지로 구분할 수 있다. ① 칵테일 파티처럼 1 시간 정도 걸리는 연회의 가벼운 식사. ② 사교 모임이나 저녁 식사 후에 먹는 디저트. ③ 연극·영화를 관람하기 전에 먹을 수 있는 간식. ④ 휴대용 샐러드에 곁들이는 식사의 일부. 이러한 가벼운 식사 때에는 시각·후각·맛에 변화를 줄 필요가 있다.
〈시트〉 세이버리 제품에 사용하는 시트는 빵·롤·쇼트 페이스트리·퍼프 페이스트

리·슈 페이스트리·비스킷·스콘 등이다.
〈조미료〉 기본적인 조미료는 소금과 후추를 혼합한 것이며 여기에 레몬 껍질을 넣기도 한다. 배합례를 보면 다음과 같다. ① 소금 454 g, 후추 142 g. ② 소금 454 g, 후추 85 g, 넛메그·세이지(sage : 향신료의 일종) 각 14 g. ③ 소금 454 g, 후추 85 g, 생강·피망 각 14 g. ④ 소금 454 g, 흰 후추 227 g, 메이스 14 g, 넛메그·고춧가루 각 7.1 g.
〈애스픽〉 애스픽(aspic)이란 육류의 젤리라는 뜻으로 소나 돼지의 고기·껍질 등을 이용해 만들었으며, 맑게 할 경우에는 저민 고기와 흰자를 사용하였다. 최근에는 젤라틴을 사용한다.
〈토핑〉 여러 가지 고기·생선·치즈·계란·야채류를 사용한다.
〈곁들이는 것〉 장식 효과를 노려 캐비아, 치즈, 오이, 계란, 올리브, 양파, 파프리카, 볶은 아몬드, 토마토 등을 곁들인다.
〈충전물〉 거의 제한이 없다.
〈기타〉 세이버리 제품에는 따뜻하게 내는 것과 차게 내는 것 2 가지가 있다.

세인트 갈레르 비바를레 菓 (독 St. Galler Biberle) 스위스의 레브쿠헨. 반죽은 세인트 갤런 허니 케이크*와 같다. 이 반죽을 두께 4 mm, 너비 6 cm가 되도록 가늘고 길게 편다. 그 위에 짤주머니를 사용하여 충전물을 짜 얹는다. 그리고 감싸듯이 롤 형태로 싼 후 이음매를 아래로 향하게 한다. 붓으로 우유를 바른다. 사다리 모양으로 잘라 센불 오븐에서 구운 뒤 아라비아 검으로 광택을 낸다.

세인트 갤런 허니 케이크 菓 (영 St. Gallen Honey Cake) 스위스의 레브쿠헨. 스위스에서는 세인트 갈레르 비바를레라고 부른다.
[배합] 〈반죽〉 꿀 1,000 g, 설탕 500 g, 물 125cc, 캐러멜 착색료 50 g, 밀가루 1,500 g, 암모니아계 팽창제·중조 각 7 g, 레

몬 껍질 1개 분량, 스파이스 25 g, 키어시 60cc. 〈충전물〉 마지팬·설탕 각 250 g, 물 적당량, 키어시 소량.
[만드는 법] ① 펴바를 수 있을 정도의 굳기로 충전물을 만든다 ② 반죽 재료 중 꿀, 물, 캐러멜 착색료를 따뜻하게 하면서 섞어 식힌다 ③ 나머지 재료로 매끄러운 반죽을 만들어 ②와 섞는다 ④ ③을 100 g씩 분할해서 원형으로 펴고 2 장씩 포개어 ①을 샌드한다 ⑤ 붓으로 계란을 바르고 한가운데에 아몬드를 얹는다 ⑥ 도커(docker : 피케 롤러)로 가볍게 구멍을 내고 150℃에서 굽는다.

센베 菓 (일 煎餅, センベイ) 건과자(乾菓子) 중 구움과자(야키가시, 燒キ菓子)의 하나. 밀가루 또는 멥쌀을 주원료로 한 반죽을 틀에 넣거나 일정한 모양으로 찍어 구운 과자이다. 설탕, 계란, 물엿, 미소(みそ : 된장) 등을 넣거나 표면에 쇼유(しょうゆ : 간장) 등을 발라서 굽는 것도 있다. 보통 센베는 일본 관서지방에서는 단맛이 나는 얇은 판 모양의 것을 가리키고, 관동에서는 시오센베(塩センベイ)와 같은 쌀과자를 가리킨다. 센베는 헤이안 시대(平安時代, 8세기말~12세기말)부터 있었던 역사가 오래된 과자이다. 구움과자 중에서 특히 대중적이며, 만드는 법이 간단하고 보존성도 좋다. 센베는 만주(マンジュウ)*, 요깡(ヨウカン)*과 달리 그 발달이 늦어 본격적으로 인정·발달된 것은 에도시대(江戸時代, 17세기~19세기 중엽)부터이다. 에도시대부터 센베의 종류가 많아지게 되자 관서지방과 관동지방으로 나뉘어 센베에 대한 기호차가 생기게 되었다. 즉 관동식은 담백한 맛을 위주로 하지만 관서식은 계란, 설탕, 밀가루나 쌀가루 이외에도 여러 가지 맛이나 향을 중심으로 재료를 섞어서 만든다. 그러나, 현재는 예외인 것도 많아서 구분이 점차 어려워지고 있다. 이밖에도 모양에 따라 기와모양의 가와센베(瓦煎餅), 거북이 등 모양의 가메노코센베(龜の甲センベイ)

가 있으며 부재료에 따라 계란을 넣은 다마고센베(玉子センベイ), 김을 넣은 노리센베(ノリセンベイ), 콩을 넣은 마메센베(豆センベイ)가 있다.

센터 菓 (영 Center, Centre) ① 중심. ② 봉봉 초콜릿의 중심, 즉 속내용물.

센터피스 菓 (영 Centerpiece 프 Sujet, Pièce artistique) 프랄리네, 크로캉, 캐러멜 슈거, 초콜릿, 마카롱 페이스트 등으로 만든 장식품. 축하연이나 파티용 케이크를 장식할 때 사용한다.

셀로판 原 (영 Cellophane) 재생 섬유소를 종이와 같은 얇은 필름으로 만든 것. 투명하고 아름다운 광택을 가지고 있으며 광선의 투과율이 좋고 어떤 가스도 쉽게 통과하지 못할 뿐만 아니라 인화성(引火性)도 없고 절연성(絶緣性)이 높다. 또, 염색이 자유롭고 인쇄도 가능하다. 그러나 외부의 기상조건에 대단히 민감하고 수분과 추위에 약한 결점을 가지고 있어서, 글리세린과 같은 연화제를 발라 이러한 결점을 보완하고 있다. 종류에는 일반적으로 사용되는 셀로판과 표면에 도피(塗被)하여 만든 방습셀로판 2 가지가 있다. 셀로판은 합성수지 필름에 비해 작업성이 우수하고, 특히 인체에 해롭지 않으므로 식품포장 등 고급 포장지로 널리 사용된다.

셀커크 바노크 빵 (영 Selkirk Bannock) 스코틀랜드의 셀커크 지방에서 만들어지는 둥근 모양의 빵. 설타너종의 건포도와 과일 설탕절임을 배합하여 굽는다. 바노크는 발효시키지 않고 뜨거운 돌 위에서 구워낸 납작한 빵이 발전한 것이다.
[배합] 〈중종〉 우유 570cc, 설탕 15 g, 이스트 43 g, 밀가루 113 g. 〈본반죽〉 밀가루 910 g, 버터·설탕 각 170 g, 소금 15 g, 설타너 800 g, 오렌지 필 115 g.
[만드는 법] ① 데운 우유, 설탕, 이스트, 밀가루를 섞어 중종을 만들고 발효시킨다 ② 밀가루, 버터, 설탕, 소금, 설타너, 오렌

지 필을 섞고 ①과 합쳐 본반죽을 만든다 ③ 발효시키고 가스빼기한 뒤 다시 발효시켜 450 g 씩 분할한다 ④ 둥글게 성형하고 철판에 얹어 잠깐 발효시킨다. 표면에 계란을 바르고 센불 오븐에서 굽는다.

셀프 라이징 플라워 原 (영 Self-rising flour) 가정에서도 케이크나 페이스트리를 만들기 쉽도록 화학 팽창제를 배합한 밀가루. 보통 흰 밀가루에 소다와 제 1 인산칼슘 또는 인산나트륨을 더하고 때로는 그 2 가지 모두에 소금을 합하여 섞는 경우가 있다. 미국 규격으로는 그 중량에 0.5% 이상의 탄산 가스를 발생시키는 팽창제를 포함해서 전체량이 밀가루의 4.5%를 넘지 않도록 하고 있다. 또, 셀프 라이징 플라워에 대한 영양강화 규격은 강화 밀가루에 규정된 것과 같은 양의 티아민, 리보플라빈, 니아신, 철, 칼슘(500~1,500mg)을 포함한다. 영국의 셀프 라이징 플라워의 규격은 발생한 탄산 가스의 전체량이 0.65%를 넘지 않아야 하고 이용할 수 있는 탄산 가스가 0.45% 이상 되어야 하며 밀가루 280파운드에 소다 3¼파운드, 주석영 7 파운드를 넣도록 되어 있다.

셈로 빵 (영 Semlor) 북유럽 여러 나라에서 성회례(聖灰禮, Ash Wednesday)의 전날인 화요일에 먹는 과자빵. 밀가루에 설탕(밀가루의 약 15%)과 계란, 우유, 마가린을 넣어 담백한 맛이 나게 하며 시너먼을 충분히 사용한다. 이것은 사순절(四旬節)에 먹기도 한다.

셔벗 菓 (영 Sherbet 프 Sorbet 독 Scherbett) 과즙에 설탕, 향이 좋은 양주, 흰자, 젤라틴 등을 넣고 잘 섞어 얼려 굳힌 빙과(氷菓). 크림 같은 유제품을 포함하지 않는 빙과이다. 프랑스어로는 소르베라 한다. 프랑스의 소르베는 2 가지로 나뉜다. 과일의 즙이나 퓌레를 사용한 것과, 리큐르·와인 같은 술을 사용한 것이 있다. 후자는 그대로 소르베라 하고, 전자는 글라스

오 프뤼이*라 한다. 물론 미국의 셔벗은 이 둘을 포함하는 개념이다.

〈만들 때의 주의사항〉 당도계로 당도를 알맞게 맞추어야 한다. 온도가 낮을수록 단맛이 나지 않고, 당도가 높을수록 쉽게 얼지 않는다. 과일을 넣은 소르베는 보메 16~22도, 술을 넣은 소르베는 보메 16~18도일 때 가장 맛이 좋다. 그리고 샴페인과 같은 발포성(發泡性) 주류를 사용할 때는 김이 빠지지 않도록 시럽에 섞은 뒤 바로 얼린다. 첨가재료로 초콜릿, 생크림, 버터 등을 많이 넣으면 쉽게 얼지 않는다. 여러 재료를 배합한 셔벗액을 냉동고에 넣고 얼리되, 완전히 얼기 전에 꺼내어 젓고 다시 넣는다. 이러한 작업을 몇 번 되풀이한다. 다음은 라즈베리 퓌레를 사용해 만든 소르베이다. [배합] 라즈베리 퓌레 500 g, 레몬 즙 적당량, 시럽(보메 28도) 350cc, 물·안정제 각 적당량, 설탕 4 g.
[만드는 법] ① 라즈베리 퓌레에 시럽, 물, 레몬 즙을 더하여 잘 섞는다 ② 당도계로써 ①을 보메 16~18도로 조절한다 ③ 안정제와 설탕을 합쳐 ②에 넣고 섞는다 ④ 빙과 제조기에 넣고 천천히 굳힌다.

세리 原 (영 Sherry) 에스파냐 원산의 주정강화 백포도주의 하나. 에스파냐어의 정식 명칭은 비노 데 헤레스(vino de jerez), 뜻은 '헤레스의 와인'이다. 셰리는 이 와인의 애용자였던 영국인의 이름을 따서 붙인 명칭이다. 셰리는 술로서 직접 마시는 것 이외에 디저트 과자의 풍미를 내는 데 사용하고 소스, 크림, 콩포트, 스펀지 케이크 등에 이용한다.

세케 其 (독 Schecke) ① 얼룩무늬의 동물. ② 완성된 제품에 자연스럽게 생기는 얼룩.

셸 머랭 菓 (영 Shell Meringue) 조개껍질 모양으로 만들어 구운 머랭. 보통, 냉제 머랭이나 프렌치 머랭으로 만든다. 부드러운 머랭을 짤주머니에 채우고 모양깍지를

끼워 표면이 파도 모양이 되도록 종이 위에 짜 놓는다. 이것을 물에 적신 나무판 위에 얹어 중불(220℃) 오븐에서 굽는다. 표면이 하얗게 구워지면 종이에서 떼어 내고 밑면의 부드러운 부분을 스푼으로 퍼낸 뒤 부풀어오른 윗면을 밑으로 가게 하여 건조시킨다. 이것은 그대로 먹기도 하고 오목한 곳에 크림, 잼 또는 그 밖의 충전물을 채워 먹기도 한다.

→머랭

셸톱 빵 (영 Shell top) 산형빵(일명 식빵) 윗부분의 껍질이 빵속과 분리되어 보기 흉하게 갈라진 상태. 빵 반죽의 표면이 말라 딱딱해졌기 때문에 오븐 스프링*이 일어날 때 껍질의 일부가 내부와 분리된 채 불규칙하게 부풀어 오른 결과로 갈라지는 것이다. 반죽 표면이 마르는 이유는 ① 발효가 충분치 않고 ② 오븐 속의 증기가 부족하고 ③ 발효실 증기가 부족하며 ④ 오븐의 윗불, 아랫불이 너무 강하기 때문이다. 그 밖에 셸톱은 ⑤ 어린 반죽이거나 ⑥ 강력분을 사용한 단단한 반죽일 때 생기기 쉬운 현상이다.

〈예방책〉 어린 반죽은 알맞게 발효시킬 것, 오븐 속의 증기가 부족하면 굽기 시작하면서 10분간 증기를 많이 넣을 것, 발효중 반죽 표면이 마르면 습도를 높여 충분히 발효시킬 것 그리고 반죽이 단단할 때는 적당히 흡수시키고 반죽한 뒤 발효시킬 것 등이 예방책이라 할 수 있다.

소 原 떡, 만두 또는 과자빵 속에 맛을 내기 위해 넣는 충전물. 일본어인 앙꼬 (餡 : あんこ)로 잘 알려져 있는 것으로서 팥소가 대표적이다.

소검 原 (영 Sorghum sugar) 사탕수수의 줄기에서 채취한 당분. 미국 등지에서 익기 전에 거두어 사료로 이용하는 일이 많으며, 때로 익은 사탕수수의 줄기에서 당즙을 짜 내어 브릭스 60°정도의 시럽을 만들기도 한다.

소금 原 (영 Salt 프 Sel 독 Salz) 화학명은 염화나트륨(Nacl). 나트륨과 염소의 화합물이다. 식염(食鹽)이라고도 한다. 동물에게 생리적으로 필요불가결한 것이어서 인류는 아주 오래 전부터 소금을 얻기 위해 온갖 노력을 기울여 왔다. 한편 소금은 제빵시 빵의 맛과 발효조절을 위해 꼭 필요한 원료 중의 하나이다.

〈종류〉 1. 암염(岩鹽)—천연으로 땅 속에 층을 이루고 파묻혀 있던 것을 제염한 것. 독일, 중국, 소련, 미국 등지에서 산출된다. 2. 해염(海鹽)—바닷물을 제염한 것. 바닷물의 성분에 따라 해염의 성분도 달라진다. 이들을 바탕으로 하여 공업용 소금과 식용 소금을 만든다. 식용 소금에는 가정용소금·정제소금·식탁소금·가공소금 등이 있다. ① 가정용 소금 : 염화나트륨이 95% 이상 함유된 것. 수분·염화마그네슘 등 불순물이 함유돼 있어 약간 쓴맛이 난다. 채소·생선의 소금절임, 간장 담그기에 사용한다. ② 정제소금 : 가정용 소금을 재결정하여 염화나트륨의 순도를 99% 이상으로 높인 것. 마그네슘염이 제거되어 흡습성이 적고 백색을 띤다. 고추장 담그기, 음식의 맛을 내는 데 사용한다. ③ 식탁소금 : 정제소금에 방습제인 콜로이드성 탄산칼슘 0.6%, 염기성 탄산마그네슘 0.4%를 첨가한 것. 입자는 정제소금보다 약간 거칠지만 고르다. 식탁 위에서 완성된 요리에 뿌리게끔 만들어진 것이므로 조리하는 동안에 사용하지 않도록 한다. ④ 가공소금 : 정제소금에 향신료나 화학조미료를 첨가하여 가공한 것. 깨소금, 볶은 소금, 글루탐산나트륨이나 복합화합조미료를 피복시킨 것 등이 그 예이다.

〈제빵시 소금의 역할〉 ① 빵에 맛을 준다. 독특한 짠맛을 줌과 동시에 설탕, 유지, 계란 등의 맛을 더 향상시킨다. ② 반죽의 발효속도를 늦추고 결이 고운 빵을 만든다. 그리고 젖산균의 번식을 억제하여 빵 맛이 시큼해지지 않도록 한다. ③ 반죽의 글루텐을 강화시켜 탄력있는 빵을 만든다. ④ 반죽 속의 당 분해를 줄여 껍질색이 잘 들도록 한다.

소금 농도계[-濃度計] 試 (영 Salt concentrator) 소금의 농도를 측정하는 계측기. pH미터와 같은 구조원리를 갖고 있다. pH미터의 측정부분인 유리전극이 수소 이온(H^+)만을 선택적으로 감지하는 것처럼 소금 농도계는 나트륨 이온(Na^+)만을 느낄 수 있는 전극을 사용한 것이다. 이 전극이 소금($NaCl$)의 Na^+ 농도를 측정함에 따라 미터의 눈금판에 소금의 농도(%)가 나타난다.

소다 化 (영 Soda) ① 탄산나트륨. ② 중조(탄산수소나트륨). ③ 화합물 속에 하나의 성분으로 들어 있는 나트륨. 그리고 탄산나트륨을 탄산소다, 수산화나트륨을 가성소다, 나트륨을 함유하는 백운모를 소다운모, 나트륨과 알루미늄의 함수염(含水鹽) 광물을 소다명반이라 부를 수 있는 이유는 바로 여기에 있다.

소다빵 빵 (영 Soda Bread) 이스트 대신 탄산제(흔히 중조)로 부풀려 구운 빵.
[배합] 박력분 1,361 g, 중조 21 g, 주석영 35 g, 소금 21 g, 버터 113 g, 설탕 14 g, 버터 밀크 1,247 g.
[만드는 법] ① 가루 종류를 체 쳐서 버터와 섞는다 ②①에 나머지 재료를 넣고 반죽한다 ③ 이것을 454 g 으로 분할해서 둥글린다 ④③을 평평하게 해서 둥근 틀에 채운다 ⑤ 물 567cc에 소금 28 g 을 녹인 소금물을 바르고 밀가루를 뿌린 뒤 십자로 칼집을 내고 굽는다. 굽기 온도는 227℃가 표준이다.

소다 쿠키 菓 (영 Soda Cookies)
[배합] 표준 배합은 다음 〈표〉와 같다.
[만드는 법] ① 흰 반죽과 검은 반죽을 따로 만든다. 흰 반죽은 길이 10cm 두께 3 mm로, 검은 반죽은 길이 5 cm 두께 3mm로 밀어 편다 ② 흰 반죽의 표면에 물을 발라 검은 반죽을 얹고 앞쪽에서부터 말아 올린다 ③ 이것을 황산지에 싸서 냉장고에 넣어 굳힌다 ④ 굳으면 이것을 꺼내 너비 5 mm로 자르고, 자른 면에 그라뉴당을 발라 철판에 늘어놓은 뒤 170℃ 오븐에서 타지 않도록 15분가량 굽는다.

〈표〉 소다 쿠키의 표준배합

재료(g) \ 반죽	흰 반죽	검은 반죽
버 터	22	18
설 탕	27	22
계 란 (㎖)	10	10
밀 가 루	50	40
향 료	레몬 3	코코아 5

소다 크래커 菓 (영 Soda Cracker) 중탄산소다(중조)를 사용하여 만든 케이크. 소다 크래커는 비스킷과 쿠키의 중간적 제품으로서 얇고 바삭바삭하며 단맛이 그다지 강하지 않기 때문에 맥주와 양주의 마른 안주로 적당하다. 대규모 기계 생산에 적합해서 최근 몇 년 동안 그 생산이 급격히 증가하고 있다.
[배합] 아래 〈표〉는 중종법에 따른 배합례이다.

〈표〉 소다 크래커의 배합례

재 료	중종(g)	재 료	본반죽(g)
밀 가 루	800	밀 가 루	400
물	350	쇼 트 닝	60
쇼 트 닝	60	설 탕	10
이 스 트	2	소 금	18
이스트푸드	1	중 조	7

[만드는 법] 직접법과 중종법을 모두 사용하여 만들 수 있지만, 일반적인 방법은 중종법이다. 발효한 반죽을 얇게 밀되, 너무 누르지 않도록 하며 접어 미는 작업을 2번 정도 행한다. 성형은 절단기를 사용하지 않고 손으로 하며 마지막에 소금을 뿌린다. 그리고 260~300℃ 오븐에서 3~4분간 굽는다.

소당류[少糖類] 化 (영 Oligosaccharide)
단당류가 글리코시드 결합한 것. 즉, 이당
류·삼당류·사당류의 총칭이다. 소당류는
구조가 간단하고 용해도·맛·산화적 성질
이 단당류와 비슷하며, 자연계에 유리(遊
離)상태 또는 배당체로 존재한다. 이당류에
는 자당·맥아당·젖당 등이 있고 삼당류에
는 라피노오스(raffinose), 사당류에는 스타
키오스(stachyose)가 있다. 라피노오스는 갈
락토오스 1분자+포도당 1분자+과당 1분자
=3분자인 당이고, 스타키오스는 갈락토오
스 2분자+포도당 1분자+과당 1분자로 이
루어진 4분자 당이다.
→당질

소르베 菓 (영 Sherbet 프 Sorbet 독
Scherbett) 셔벗*. 예전에는 소르베가 음
료로 취급되었지만, 요즘에는 동결시킴을
기준으로 하여 아이스크림 범주에 넣는다.
소르베를 크게 나누면 과실을 넣은 소르베
오 프뤼이와, 와인을 넣은 소르베로 나뉜
다. 전자는 후식의 디저트에, 후자는 식사
도중에 내놓는다. 셔벗은 이 2가지를 총칭
한다.
〈종류〉 ①소르베 오 프뤼이(sorbet aux fruit-
s) : 과실의 과즙을 더한 셔벗. 글라스 오 프
뤼이라고도 한다. ②소르베 오 뱅 팽(sorbet
au vin fin) : 와인을 넣은 셔벗. 와인 대신
샴페인을 쓸 경우 굳기 직전에 섞는다. 오
래 교반하면 향과 기포가 빠져나가 버린
다. ③마르키즈 글라세(marquise glacée) :
소르베 배합 재료 중 이탈리안 머랭 대신
크렘 샹티이*를 섞은 것. 소르베 용액 1,
000cc에 생크림 300cc를 더해 만든다. ④스
품(spoom) : 소르베 용액을 기본으로 하되,
이탈리안 머랭의 기준량을 2배로 늘려 만
든다. ⑤그라니테*(granité) : 설탕을 더한
과즙 또는 과일 시럽에 물을 더해 보메 10~
11도의 당도로 만들고 동결기에서 얼린 것.
다른 소르베류와는 달리 대강 교반하여 성
근 상태로 마무리 한다.

소르브산[一酸] 原 (영 Sorbic acid)
보존료*의 하나. 백색이며 거의 무취(無
臭)인 결정성 분말이고 빛과 열에 안정하
다. 보존료 중 칼륨염, 나트륨염은 수용성
인 반면 소르브산은 물에 녹지 않고 알코
올, 아세톤, 에테르에 잘 녹는다. 세계적으
로 널리 사용되는 산형(酸型) 보존료로서
살균작용은 없지만 곰팡이, 효모, 세균 등
광범위한 미생물의 발육을 억제한다. 또한
열과 빛에 안정하므로 햄, 소시지, 생선묵
등에 방부제로 사용한다. 특히 소르브산칼
륨은 제과제빵용으로서 쇼트닝에 배합하여
로프균과 곰팡이의 발생을 막는다.

소르비탄지방산 에스테르 原 (영 Sor-
bitan fatty acid ester) 소르비탄과 지방산
이 에스테르 결합한 유화제의 하나. 지방산
의 종류에 따라 색·성상(性狀)이 다르고
HLB('유화제'항 참고)도 달라진다. 소르
비탄지방산 에스테르는 O/W형 에멀션,
W/O형 에멀션 어느쪽에나 사용 가능하다.
〈유화식품과 그에 따른 첨가방법〉 ①버터
크림, 크림류 : 유화 분산·크리밍성을 향
상시킨다. 유지, 유화제, 유제품, 물을 60
~65℃에서 유화시킨다. 사용량은 제품에
대해 0.4~0.6%. ②검 : 고체와 반유동체
또는 고체와 고체 사이의 표면에 작용하여
표면장력을 낮추고 검의 노화를 방지하며
씹는 느낌을 좋게 한다. ③초콜릿 : 소포제
(消泡劑)로서 당밀, 우유, 설탕, 이스트를
농축할 때 제품에 대해 0.01~0.1%를 물에
유화시켜 섞는다. 그 밖에 안정제, 청량음
료의 혼탁제로 이용한다.

소보로 原 (영, 독 Streusel 일 ソボ
ロ) 과자빵류의 표면에 뿌리는 토핑의 하
나. 일본 특유의 것으로 유지, 설탕, 밀가
루, 계란을 알맞은 비율로 섞어 과립상태로
만들어 두고 필요할 때마다 체 쳐서 사용한
다. 소보로는 표면에 뿌릴 때 작은 입자를,
묻힐 때 큰 입자를 사용한다.
[배합] 〈뿌리기용 소보로〉 박력분 100 g,

설탕 60 g , 버터 20 g , 황색 색소·레몬 에센스 각 적당량. 〈묻히기용 소보로〉 박력분 100 g , 설탕 60 g , 버터 40 g , 계란 1 개, 황색 색소·바닐라 에센스 각 적당량.
[만드는 법] ① 볼(bowl)에 설탕과 버터를 넣고 크림 상태로 만든다 ② ①에 황색 색소와 에센스류를 넣고 마지막으로 밀가루를 넣은 뒤에 손으로 비빈다 ③ 뿌리기용 소보로는 체를 이용하여 입자로 밭여 내린다.

소보로 번즈 빵 (영 Streusel Buns)
[배합] 밀가루(박력분) 100일 때 설탕 50, 버터 30, 계란 15, 탄산암모니아 1 , 황색 색소 소량.
[만드는 법] 플레인 번즈(Plain Buns)와 같이 둥근 형틀로 성형해서 윗면에 소보로를 뿌리고, 발효한 뒤 굽는다.
→플레인 번즈

소스 原 (영, 프 Sauce) 맛에 변화를 주기 위하여 과자, 디저트류, 요리 등에 끼얹거나 곁들이는 액체 또는 반유동 상태의 음식. 소스에는 따뜻한 것과 찬 것이 있다. 찬 소스는 아이스크림·바바루아 등에 사용하고, 따뜻한 소스는 푸딩과 같이 따뜻한 제품에 이용한다. 자주 쓰이는 소스에는 앙글레즈 소스, 사바용 소스('크렘 사바용'항 참고.), 초콜릿 소스, 캐러멜 소스, 각종 과일 소스 등이 있다. 앙글레즈 소스는 푸딩에, 초콜릿 소스는 크레프에 사용하는 경우가 많다.
〈종류〉 ① 앙글레즈 소스(sauce à l'anglaise) : 크렘 앙글레즈*. 노른자, 설탕, 우유, 바닐라로 만든다. ② 사바용 소스(sauce sabayon) : 크렘 사바용*. 노른자, 분설탕, 백포도주로 만든다. ③ 소스 오 프뤼이(sauce aux fruit) : 과일 소스. 과일을 과즙으로 짜 내거나 으깨어서 물 소량과 설탕을 섞어 끓인다. 묽으면 젤라틴이나 물에 푼 콘스타치를 첨가한다. 과일의 종류에 따라 딸기를 넣은 소스 오 프레즈(sauce aux fraises), 프랑부아즈를 사용한 소스 오 프랑부아즈(sau-

ce aux framboises), 오렌지를 이용한 소스 오 조랑주(sauce aux oranges)가 있다. ④ 소스 아 라 바니유(sauce à la vanille) : 바닐라 소스. 설탕, 노른자, 우유, 바닐라 빈, 생크림으로 만든다. ⑤ 소스 오 쇼콜라(sauce au chocolat) : 초콜릿 소스. 생크림, 초콜릿, 설탕으로 만든다. 생크림과 설탕을 끓인 뒤 초콜릿을 다져 넣는다. ⑥ 소스 오 카라멜 (sauce au caramel) : 캐러멜 소스. 설탕과 물로 만든다. 설탕과 그 1/3에 해당하는 물을 끓여 캐러멜*을 만든 뒤 물을 소량 넣고 잘 풀어서 다시 조린다. ⑦ 소스 오 럼(sauce au rhum) : 럼 풍미를 낸 소스. 설탕과 물 (설탕량의 1/3)을 조려 캐러멜을 만든 뒤 럼, 레몬 즙, 버터를 더한다.

소시지 其 (영 Sausage 프 Saucisse 독 Wurst) 돼지고기나 쇠고기 또는 이 2 가지를 잘게 저며 소금, 양념, 향료 등과 함께 충분히 개어서 돼지·소·양 등의 창자에 채운 것. 최근에는 비닐 등의 껍질에 채워 넣는 것도 있다. 창자나 비닐 껍질에 넣을 고기는 삶거나 훈제한다. 소시지는 햄과 베이컨을 만든 뒤 남은 고기를 이용하기 위한 방법으로서 19세기 초 독일에서 처음 발명되었다 한다. 소시지에 쇠고기를 섞은 것을 브레드 소시지(bread sausage)라 하며, 간을 섞은 것을 리버 소시지(liver sausage)라 한다. 비엔나 소시지는 돼지고기, 쇠고기, 송아지고기를 섞어 개어서 소금, 후추, 넛메그 등을 넣고 작은 창자(腸)에 채워 넣는 것으로서 흔히 핫도그에 이용한다.

소이 브레드 빵 (영 Soy Bread) 콩(大豆) 단백질을 넣어 만든 강화빵의 하나.
[배합] 밀가루 100일 때 이스트 2, 물 약 68, 콩단백가루 10, 소금 2.2, 설탕 4, 쇼트닝 4 , 이스트 푸드 0.5.
[만드는 법] ① 직접법으로도 가능하지만 빵의 부피를 생각해서 중종법으로 만든다. 기본 제법으로 중종을 만들고 여기에 콩단백가루를 넣는다 ② 반죽시간은 약간 길게,

플로어타임은 약간 짧게 한다 ③ 원로프 틀에 넣어 180~190℃ 오븐에서 25분간 굽는다. 주) 지방을 함유한 콩단백질일 경우 쇼트닝을 2 %로 줄인다.

소주[燒酒] 原 감자, 고구마, 수수 등의 곡류 원료를 발효시켜 알코올을 증류한 술. 나무통에 담아 몇 해 숙성시키면 향기가 높아진다. 하지만 보통은 증류한 뒤 바로 주정 함유량 25% 정도로 희석하여 병에 넣어 판매한다.

소커 도 메소드 技 (영 Soaker dough method)
⇨중면법

소테 其 (프 Sauté) ① 식품을 기름으로 볶은 요리. ② 튀김요리.

소포제[消泡劑] 原 (영 Defoaming agent, Defoamer) 식품의 제조과정에서 생기는, 필요없는 거품을 없애기 위해 첨가하는 물질. 현재 규소수지(silicon resin)만이 허용되어 있다. 규소수지는 묽은 회백색이고, 반투명한 액체 또는 페이스트 상태이며 냄새가 없다. 비휘발성·불연성이며 물이나 알코올에는 녹지 않고 벤젠이나 사염화탄소 등에 녹는다. 이러한 규소수지를 양조공정, 과즙·잼·엿 등의 농축공정, 증류공정에 사용한다. 사용법은 용기의 안쪽 벽에 바르거나 유화시켜 섞는다. 식품에 사용할 때는 식품 1,000 g 에 0.05 g 을 넣는다.

소프트 드링크 原 (영 Soft drink) 청량음료. 알코올을 함유하지 않는 탄산 음료를 말하며, 경우에 따라서는 맥주 등 알코올 성분이 적은 것 또는 위스키, 브랜디 등 강한 술을 희석한 것도 소프트 드링크라 한다. 즉 알코올을 함유한 하드 드링크(hard drink)의 반대개념이다. 대표적인 소프트 드링크에는 탄산수*, 사이다*가 있으며 오렌지 주스나 사과 주스 등 주스류도 포함시킬 수 있다.

소프트 롤 빵 (영 Soft Roll) 고배합으로 만든 롤빵. 하드 롤*보다 설탕, 유지의

배합량이 많고 여기에 계란을 더하기도 한다. 밀가루는 준강력분을 쓴다.
→롤

소프트 비스킷 菓 (영 Soft Biscuit) 부드럽고 가벼운 맛의 비스킷. 하드 비스킷과 대응하는 명칭이다. 밀가루로는 박력분을 쓰고 지방과 설탕을 많이 사용하여 제품이 바삭바삭하며 달다는 점이 특징이다. 표면에 하드 비스킷과 같은 광택이 없고 바늘구멍도 없으며, 표면이 도톨도톨 도드라져 있다.
→비스킷

소프트 아이스크림 菓 (Soft Icecream)
⇨아이스크림

소프트 커드 밀크 原 (영 Soft curd milk) 응유(凝乳)를 분말상태로 만든 것.

소형 케이크[小型—] 菓 (프 Petit Gâteaux) 소형 케이크의 범위는 아주 넓고, 그 종류는 무한하다. 영국에서는 소형 케이크를 애프터눈 티 팬시(afternoon tea fancies)라 하고 슬래브(slab) 케이크 한 조각에서부터 프티 푸르까지를 포함한다. 단, 그 대부분은 제누아즈 팬시이다. 이것이 프랑스에서 프티 가토(les petits gâteaux)라 불리는 것이다. 또, 독일의 소형 케이크는 토르테에서 프티 푸르에 이르는 팬시이고, 이탈리아의 소형 케이크는 파스티체리아 미뇽*(Pasticceria Mignon)이다. 다음은 팬시와 제누아즈에 대한 설명이다.

① 팬시(Fancy) : 모양, 장식이 다른 빵·케이크의 총칭. 그 하위부류에 팬시 브레드, 팬시 케이크가 있다. 팬시 케이크는 작은 장식 케이크의 대부분을 가리키며 제누아즈 반죽으로 만든 제누아즈 팬시, 프랑스 빵 반죽으로 만든 프랑지판(frangipane) 팬시, 마카롱 반죽으로 만든 마카롱 팬시 등을 포함한다. 이들 대부분은 구워내고 나서 장식한 것이다. 그 중 하나인 팬시 제누아즈는 고급스러운 시트 케이크를 네모꼴, 마름모꼴로 작게 자르고 표면에 여러 재료로 장식

한 것이다. 여기에 쓰는 충전물, 장식 재료에 따라 그 명칭이 달리 붙는다. 바닐라 제누아즈, 커피 제누아즈, 스트로베리 제누아즈, 파인애플 제누아즈, 초콜릿 제누아즈, 제누아즈 마지팬, 제누아즈 마시맬로가 그 예이다. 또, 팬시 쿠키는 짤주머니와 모양깍지로 갖가지 모양을 만들고, 표면을 설탕·설탕절임한 과일·호두 등으로 장식한 고급 케이크이다. 여기에는 아몬드 팬시, 파인애플 팬시, 아몬드 버터 브라운 리브, 버터 스냅, 샹파뉴 바, 데이트 드롭, 코코넛 바, 슈거 쿠키, 바닐라 웨이퍼 등이 있다. 그 밖에도 팬시 비스킷, 팬시 샌드위치가 있다. ② 제누아즈(Génoise) : 이탈리아의 한 도시인 제노바(Genova)에서 만들어진 과자를 기원으로 한다. 예전에는 이탈리아 과자 모두를 제누아즈라 했다. 그러나 지금은 고급스러운 버터 스펀지 반죽을 구워 시트로 삼은 케이크를 네모꼴, 마름모꼴로 작게 잘라 그 표면을 장식한 팬시 제누아즈를 가리킨다.

소화[消化] 生 (영 Digestion) 동물이 섭취한 음식의 영양분을 체내에 흡수할 수 있는 상태로 분해하는 과정. 식물이 그 생존에 필요한 모든 물질을 무기물과 태양의 빛에너지로부터 받아 체내에서 직접 합성하는 반면, 동물에겐 그러한 능력이 없다. 따라서 동물은 필요한 영양분(유기물)을 몸 밖에서 섭취하여야 한다. 그런데 그 유기물 중에는 분자량이 작아서 그대로 흡수되는 것이 있는 반면, 분자량이 커서 그대로는 흡수되지 않는 것이 있다. 예를 들어 녹말이나 단백질 같은 고분자 물질은 분자량이 너무 커서 그보다 작은 포도당 또는 각종 아미노산으로 분해되어야 체내에 흡수될 수 있다. 이러한 고분자 물질을 흡수 가능한 저분자 물질로 분해하는 과정이 소화이고, 이 때 반드시 물이 필요하므로 화학적으로는 고분자 물질의 가수분해라고도 한다. 몸 밖으로부터 음식물의 형태로 섭취한 유기물은

한편에서 소화기관(입·위·소장 등)의 운동에 의해 소화액과 혼합되고(기계적 소화), 또 다른 한편에서 소화액(타액·위액·췌액·장액 등) 중의 효소의 작용에 의해 분해(화학적 소화)·흡수되는 것이다. 사람이 일단 음식물을 섭취하면 곧이어 몸 속에서 소화작용이 일어나('소화시간'항 참고) 단백질은 각종 아미노산으로, 지방은 지방산과 글리세롤로, 탄수화물은 포도당으로 분해된다.

소화시간[消化時間] 生 (영 Hours necessary for digestion) 몸 밖에서 섭취한 음식물은 입에서 식도를 통해 위로 들어간 후 소장과 대장을 거쳐 항문을 통해 배출된다. 가장 먼저 소화가 일어나는 곳은 입. 입속에서 타액 중의 프티알린(ptyalin)에 의해 탄수화물이 소화를 시작한다. 이러한 상태로 위(胃)에 다다르면 단백질이 위액 중의 펩신에 의해 소화되며, 지방은 리파아제에 의해 소화된다. 이렇게 거의 소화된 것은 소장으로 들어가서 췌액과 장액에 있는 효소에 의해서 완전히 소화된다. 완전 소화에 이르는 시간은 개인이나 연령에 따라 다르지만, 일반적으로 분해물이 위 속에 정체하는 시간은 일정하다. 다음은 식품 종류에 따라 그 각각이 위에 정체하는 시간의 예이다. 우유 75cc : 1시간 15분, 포도주 200cc : 2시간 15분, 버터 50 g : 12시간, 빵 200 g : 2시간 10분 등.

소화액[消化液] 生 (영 Digestive juice) 타액선·위선·췌장 등의 소화선에서 분비되며 소화효소를 품고 있는 액체. 소화액은 그것을 분비하는 소화선에 따라 타액·위액·장액·췌액이라 하며 그 각각은 특정한 소화효소를 함유하고 있다.

⟨소화효소의 분비과정과 작용⟩ 소화액이 분비되는 데에는 신경계와 호르몬이 관계하고 있다. ① 타액은 음식물이 입에 들어오면 반사적으로 분비되는데, 그 이유는 음식물이 혀의 미각기(味覺器)나 구강(口腔)의 점

막을 자극하면 이 때 일어난 홍분이 구심성 신경을 거쳐 연수의 타액분비 중추에 전달되고, 그 결과 원심성 신경에 의한 타액의 분비가 촉진되기 때문이다. 이러한 경로를 거쳐서 타액선에서 구강 속으로 분비되는 타액은 아밀라아제와 뮤신을 갖고 있어 음식물을 적시는 한편 탄수화물을 소화*시킨다. ② 위액은 음식물이 구강·위벽을 자극하면 유문(幽門 : 위의 아래쪽 십이지장과 잇닿는 부분)의 점막에서 가스트린(gastrin)이라는 호르몬이 나와 이것이 혈류를 따라 위선으로 진행하면서 위액의 분비를 촉진한다. 이렇게 해서 위선으로부터 분비되는 위액에는 펩신, 레닌 등의 프로테아제와 리파아제가 들어 있다. 그리고 위점막의 벽세포로부터 염산이 분비되어 펩신의 작용을 돕는다. ③ 췌장에서 분비되는 췌액은 십이지장의 점막에서 분비되는 세크레틴(secretin)이라는 호르몬의 작용으로 분비가 촉진된다. 췌액은 알칼리성이고 트립신, 키모트립신, 카르복시 펩티다아제, 아밀라아제, 리파아제 등 여러 가지 소화효소가 있다. ④ 십이지장액에는 엔테로키나아제가 있는데 이것이 췌액 중의 불활성인 트립시노겐을 활성인 트립신으로 바꿔준다. 담즙은 간세포에서 분비되어 담낭에 저장되고 도관을 따라 십이지장으로 분비된다. 담즙은 알칼리성으로서 위액 중의 염산을 중화시키고, 또 담즙산을 함유하고 있어 지방 소화를 돕는다. 단, 여기에는 소화효소가 없다.

소화효소[消化酵素] 生 (영 Digestive enzyme) 동물의 소화관 속에서 음식물을 소화시키는 효소(〈표〉 참고). 효소는 생물체 내에서 화학반응을 촉진시키는 단백질이

〈표〉 소화 효소의 종류

작용장소	소화액	효 소 명	기 질	생 성 물
구 강	타 액	프 티 알 린	녹　　　　말	말 토 오 스
위	위 액	펩　　　　신	단　백　질	프 로 테 오 스 펩　　　　톤
		레　　　　닌	카　세　인	파 라 카 세 인
		리 파 아 제	지　　　　방	지　방　산 글 리 세 롤
소 장	췌 액	트　립　신	단　백　질 프 로 테 오 스 펩　　　　톤	폴 리 펩 티 드 아 미 노 산
		아 밀 롭 신 (췌장아밀라아제)	녹　　　　말	말 토 오 스
		스 테 압 신 (췌장 리파아제)	지　　　　방	지　방　산 글 리 세 롤
	장 액	에 렙 신	폴 리 펩 티 드	아 미 노 산
		수 크 라 아 제	자　　　　당	과　　　　당 포　도　당
		말 타 아 제	맥　아　당	포　도　당
		락 타 아 제	젖　　　　당	포　도　당 갈 락 토 오 스
		리 파 아 제	지　　　　방	지　방　산 글 리 세 롤
		엔 테 로 키 나 아 제	트 립 시 노 겐	트　립　신

244

고, 그 중의 하나인 소화효소는 소화관 속에서 음식물 중의 고분자 유기화합물을 저분자 유기화합물로 가수분해하는 효소이다. 소화효소도 다른 효소들과 마찬가지로 단백질이기 때문에 열에 약하다. 대개 60℃ 이상에서 효소의 활성이 상실되고 기능이 없어진다. 또, 산성도(pH)에도 그 활성이 크게 좌우되어, 대개 pH 7 정도의 중성에서 가장 크다. 한편 펩신처럼 pH 2의 강산에서 가장 큰 활성을 보이는 예외도 있다. 〈종류〉 효소는 분해하는 유기물의 종류에 따라 단백질 가수분해 효소, 탄수화물 가수분해 효소, 지방 가수분해 효소로 나뉜다. ① 단백질 가수분해 효소 : 단백질을 아미노산 또는 펩티드로 분해하는 효소. 펩신, 트립신, 키모트립신, 디펩티다아제 등. ② 탄수화물 가수분해 효소 : 녹말이나 글리코겐에 작용하는 효소. 아밀라아제, 수크라아제 등. ③ 지방 가수분해 효소 : 중성지방(지방산 3분자＋글리세롤 1분자)에 작용하여 지방산과 글리세롤로 분해하는 효소. 그 밖에 사람의 소화관에서 분비되는 것에, DNA(디옥시리보핵산) 가수분해 효소와 RNA(리보핵산) 가수분해 효소가 있다. 하지만 음식물 속에 들어 있는 DNA와 RNA의 양이 아주 적기 때문에 이들 효소의 작용도 잘 드러나지 않는다.

속성 퍼프 페이스트[速成 −] 菓 (영 Quick puff paste) 미국식 파이 반죽. 보통의 독일식과 프랑스식보다 간단하고 신속하게 만드는 퍼프 페이스트이다.
[**배합**] 밀가루 300 g, 마가린 240 g, 물 165cc, 소금 8 g.
[**만드는 법**] ① 마가린을 밀가루에 넣고 칼로 잘게 썰되, 으깨지지 않도록 덩어리지게 잘라 둔다 ② 소금을 물에 녹여서 ①에 더한다. 충분히 섞일 때까지 반죽한다. 단, 이 때에도 가능한 한 마가린 덩어리는 그 형태를 유지하도록 한다 ③ 이 반죽을 5 회 접어 밀기 한다. 그 사이의 시간은 짧아도 좋다.

보통 완성된 퍼프 페이스트를 1 시간쯤 후에 제품으로 만들지만, 부피가 큰 제품일 경우에는 곧바로 사용해도 좋다. 이 퍼프 페이스트는 하루가 지나면 기포성을 잃어버리므로 주의한다.
→파이 반죽

손가루 原 (영 Dusting flour) 덧가루. 일본의 '手粉(데코나)'에서 유래하는 명칭이다. 덧가루라고도 한다.
⇨덧가루

손반죽 技 (영 Hand-kneading) 혼합기를 사용하지 않고 재료를 손으로 반죽하여 만드는 일. 직접법을 이용한 손반죽의 예를 들면 다음과 같다. ① 상자에 밀가루를 체로 쳐서 넣는다. 강력분과 중력분을 같이 사용할 때는 잘 섞어서 넣는다. 상자에 넣을 때에는 오른쪽에 쌓듯이 넣도록 한다 ② 필요한 물을 적당한 온도로 조절한 뒤 ①에 조금씩 넣는다 ③ 설탕, 소금 등의 부재료를 물에 녹이고 그 액체를 ②에 넣어 양손으로 밀가루의 1/3 정도와 재빨리 휘저어 섞는다 ④ 이스트 녹인 액체를 계속해서 넣고 잘 섞은 뒤 단단한 반죽을 만든다 ⑤ 완전히 혼합한 반죽은 상자의 칸막이를 없애고 비어 있는 쪽으로 옮긴다. 두 사람이 작업할 경우에는 한 사람은 즉시 반죽을 옮긴 위치에서 주무르고 다른 한 사람은 앞서 반죽하면서 떨어진 밀가루를 스크레이퍼로 잘 긁어서 더운물과 섞어, 옮겨간 반죽과 비슷한 굳기로 반죽하여 합친다. 이스트 푸드 용액과 쇼트닝을 넣는다. 그리고 양손으로 잘 섞으면서 반죽한다 ⑥ 쇼트닝을 첨가하면 반죽이 오므라든다. 이것을 계속해서 반죽하면 알맞은 반죽 굳기가 된다. 너무 반죽이 단단하면 더운물이나 물을 조금 넣고 다시 반죽한다. 그러나 반죽은 발효 숙성하면 연화하므로 그것을 예상하여 굳기를 결정함이 바람직하다. 반죽의 굳기는 대체로 과자빵→샌드위치용 식빵→삼봉형 식빵→스위트 롤→식빵 순으로 단단하게 반죽한다. 반죽법은 중종법보다 약간 단단하게 한다.

솔 機 (영 Brush 프 Pinceau 독 Pinsel) 반제품 또는 완제품의 가루를 털어내거나 그 표면에 계란, 꿀 등을 바를 때 쓰이는 도구이다.

솔리드 팩 原 (영 Solid pack) 토마토의 껍질을 벗겨서 알맹이만을 통조림한 것. 부드러운 점이 특색이다. 풍미를 좋게 하기 위하여 1%의 설탕과 0.5%의 소금, 글루탐산나트륨을 첨가하기도 한다. 통조림한 뒤 뜨거운 공기를 쐬어 살균한다.

솔트 原 (영 Salt)
⇨소금

솔트 라이징 이스트 原 (영 Salt rising yeast) 소금 발효 이스트. 예로부터 미국 남부의 농촌에서는 옥수수가루와 소금으로 반죽종을 만들어 독특한 치즈 냄새가 나는 빵을 구워 왔다. 이러한 빵을 만드는 주체인 이스트는 장간균 박테리아로서 당질을 치즈 냄새 풍기는 젖당으로 발효시킨다. 이 이스트는 피츠버그 대학에서 순수배양에 성공한 이후 대량 생산되고 있다. 솔트 라이징 이스트로 발효시켜 구운 빵은 결이 치밀하고 외피는 다갈색을 띠며 광택이 난다.

솔트 롤 빵 (영 Salt Roll) 소금을 뿌리고 말아 구운 빵.
[배합] 밀가루 1,000 g, 설탕 15 g, 소금 15 g, 버터 2 g, 이스트 25 g, 이스트 푸드 2 g.
[만드는 법] ① 위의 재료를 함께 섞어 반죽한다 ② 완성된 반죽을 75 g씩 분할, 둥글려서 휴지시킨다 ③ 반죽을 타원형으로 밀어 펴고 그 표면에 정제소금을 체 쳐서 뿌린다 ④ 끝에서부터 만다 ⑤④의 반죽을 중불 오븐에 넣고 직접구이 한다.

솔트 스틱 빵 (영 Salt Stick) 막대 모양의 빵 반죽에 소금을 뿌려 구운 것. 어린이 간식용으로 적당하다. 솔트 스틱은 조금 단단하게 구워야 제 맛이 난다.

[배합] 밀가루 100일 때, 물 50, 이스트 4, 소금 1.5, 마가린 8, 설탕 10, 분유 3.
[만드는 법] 반죽 온도 27℃, 중간발효 15~20분간, 2차 발효 25~30분간. 반죽한 뒤 1차 발효 과정 없이 곧바로 분할한다. 가늘고 긴 막대 모양으로 성형한다. 2차 발효를 끝내기 5분 전에 발효실에서 꺼내어 반죽 표면에 분무기로 물을 뿌리고 굵은 소금을 골고루 뿌린다. 그리고 딱딱한 느낌이 날 때까지 굽는다.

송편[松－] 菓 빚는 떡의 하나. 멥쌀가루를 익반죽하여 여러가지 소*를 넣고 빚어서 솔잎을 깔고 찐 떡이다. 흔히 중추절(仲秋節)에 만들어 먹는다.
[배합] 멥쌀 10컵, 소금 20 g, 쑥(데친 것) 20 g, 붉은 색소 소량, 끓은 물 1컵, 팥(껍질 깐 것) 1컵, 소금 1작은술, 꿀 4큰술, 계피가루 1/2 작은술, 밤 5개, 풋콩 1컵, 소금 1작은술, 깨 1/2컵, 꿀 2큰술, 참기름 2큰술.
[만드는 법] ① 멥쌀을 깨끗이 씻어 불린 뒤 소금을 넣고 가루로 빻아 체에 거른 뒤 3등분한다 ② 데친 쑥은 절구에 찧는다 ③ 떡가루 중 하나는 그냥 뜨거운 물만 넣고 치대어 흰색으로, 또 하나는 물에 붉은 색소를 넣고 치대어 분홍색으로, 나머지 하나는 쑥과 뜨거운 물을 넣고 치대어 쑥색으로 만든 뒤 젖은 헝겊을 덮어 놓는다 ④ 껍질을 깐 팥은 불려 쪄서 굵은 체에 걸러 소금, 꿀, 계피가루를 넣고 지름 2 cm 정도로 둥글린다 ⑤ 밤은 껍질을 벗겨 적당히 썰어 놓는다 ⑥ 풋콩은 삶아 씻어서 소금을 뿌린다 ⑦ 깨는 볶아서 꿀에 버무린다 ⑧③을 밤톨만한 크기로 떼어 둥글게 빚은 뒤 위에서 준비한 ④, ⑤, ⑥, ⑦의 소를 각각 넣고 예쁘게 빚는다 ⑨ 시루에 솔잎을 깔고 송편이 서로 닿지 않도록 하여 찐다 ⑩ 다 익으면 찬물에 씻어 솔잎을 떼고 물기를 뺀 뒤 참기름을 발라 놓는다.

쇼송 菓 (영 Turnover 프 Chausson

독 Taschen) 원형·사각형의 푀이타주*(퍼프 페이스트리)에 사과, 살구, 복숭아 같은 과일 설탕절임이나 잼을 충전한 뒤 반 접어 구운 과자. 턴오버*의 프랑스어명이다. 한 예로 사과 콩포트를 채운 쇼송 오 폼므(Chausson aux pommes)를 들면 다음과 같다.

[배합—10개 분량] 〈콩포트 드 폼므〉 사과 500 g, 설탕 200 g, 바닐라 1개, 레몬 즙 1/2개 분량. 〈푀이타주〉 강력분·박력분 각 125 g, 소금 5 g, 찬물 125~150cc, 버터 225 g. 〈기타〉 계란·분설탕 각 적당량.

[만드는 법] ① 사과 콩포트를 만든다. 사과 껍질을 까고, 반 잘라 심지를 뺀다. 그리고 채 썬다 ② 냄비에 ①의 사과, 설탕, 바닐라, 레몬 즙을 넣고 조린다 ③ 사과가 투명해지면 불에서 내려 믹서에 간다 ④ 퓌레 상태가 되면 냄비에 부어 다시 조린다 ⑤ ④의 사과가 잼 상태가 되면 배트에 옮겨 식힌다 ⑥ 푀이타주를 만들어 3 mm 두께로 밀어 편다. 그리고 지름 11cm인 형틀로 찍는다 ⑦ ⑥의 중앙을 조금 밀어 타원형으로 만든다 ⑧ 철판에 ⑦을 놓고, 반쪽에만 물을 바른다. 그 중앙에 ⑤의 콩포트를 숟가락으로 떠 놓고 반을 접는다 ⑨ ⑧을 냉동고에 넣어 굳히고, 뒤집어 철판에 놓는다. 표면에 계란을 바른다 ⑩ 프티 나이프('나이프' 항 참고)로 선을 긋고 200℃ 오븐에서 굽는다 ⑪ 반죽이 부풀고 표면이 살짝 구워지면 분설탕을 뿌린다. 그리고 고운 캐러멜색이 들 때까지 굽는다.

쇼케이스 機 (영 Show case, Display case 프 Vitrine) 냉각기의 하나. 쇼케이스는 상품을 냉장함과 동시에 진열효과를 갖고 있는 저온 판매용 냉각장치이다. 쇼케이스를 용도에 따라 분류하면 다음과 같다.
1. 냉장 쇼케이스(0~7℃)
┌ 냉장…채소, 과실, 일반식품용. 개폐형·
│ 개방형이 있다.
└ 보틀 쿨러(bottle cooler)…우유, 주스, 맥

주 등의 병포장 음료용. 공랭식(공기로 냉각)·수랭식(물로 냉각)이 있다.
2. 냉동 쇼케이스(-18℃ 이하)
┌ 냉동…아이스크림, 냉동식품용. 개폐형·개방형이 있다.
└ 아이스크림 스톡카…아이스크림 전용 냉동고.
→냉각

쇼콜라덴 룰라데 菓 (독 Schokoladen-roulade) 은은하게 초콜릿 풍미가 나는 독일의 롤 케이크.

[배합] 〈초콜릿 스펀지 반죽〉 계란 6개, 설탕 90 g, 코코아 가루 30 g, 시럽(당도 18도) 60 g, 박력분 125 g, 버터 75 g. 〈초콜릿 버터 크림〉 생크림(유지 38%) 125cc, 비터 초콜릿 180 g, 럼 50cc, 버터(발효 버터) 500 g. 〈기타〉 초콜릿 버터 크림·스위트 초콜릿·피스타치오 각 적당량.

[만드는 법] ① 초콜릿 스펀지 반죽을 만든다. 코코아 가루를 시럽에 녹인다 ② 휘저은 계란에 설탕을 넣고 중탕하면서 다시 휘저은 뒤 ①을 넣는다 ③ ②에 박력분을 더하여 나무 주걱으로 섞은 뒤 녹인 버터를 넣고 균일하게 섞는다. 철판에 흘려 붓고 200~220℃에서 굽는다 ④ 초콜릿 버터 크림을 만든다. 초콜릿을 잘게 잘라 끓인 생크림에 넣어 녹인 뒤 식힌다 ⑤ 버터를 나무 주걱으로, 너무 부드럽지 않은 크림 상태로 만든다. 여기에 ④와 럼을 넣고 섞는다 ⑥ ③에 ⑤의 크림을 바르고 롤 상태로 만다 ⑦ ⑥의 표면 전체에도 ⑤의 크림을 얇게 바르고 3.5cm 너비로 자른다 ⑧ 윗면에 ⑤의 크림을 7 mm의 둥근 모양깍지로 짜 내고 녹인 초콜릿으로 선을 그린다. 피스타치오로 장식한다.

쇼콜라덴마세 菓 (독 Schokoladenmasse) 독일식 초콜릿 스펀지 케이크. 밀가루와 같은 비율로 녹말을 사용하여 가벼운 맛이 나는 점이 특징이다.

[배합] 노른자 150 g, 설탕 40 g, 코코아 가

루 40 g, 시럽 80cc, 시너먼 가루 소량, 박력분·녹말 각 50 g. 〈머랭〉 흰자 100 g, 설탕 75 g, 소금 소량. 〈기타〉 버터 적당량. [만드는 법] ① 볼(bowl)에 노른자와 설탕을 넣고 하얘질 때까지 거품낸 뒤 시너먼 가루를 넣고 섞는다 ② 코코아 가루를 시럽으로 녹여서 ①에 넣는다 ③ 별도로 볼에 흰자와 소금, 소량의 설탕을 넣고 가볍게 섞는다. 남은 설탕을 몇 번에 나누어 넣으면서 머랭을 만들어 ②에 조심스럽게 더해 섞는다 ④ 박력분, 녹말을 함께 체 쳐서 ③에 균일하게 섞는다 ⑤ 솔로 둥근 틀에 버터를 바르고 종이를 깐다 ⑥ ④를 ⑤의 틀에 넣고 180℃에서 굽는다.

쇼트니스 物 (영 Shortness) 바삭하고 부서지기 쉬운 성질. 파이, 쿠키, 크래커, 비스킷 같은 과자는 입 속에 넣었을 때 쇼트니스가 좋아야 한다. 제품의 쇼트니스를 높이는 방법 중 하나는 밀가루의 일부를 콘스타치, 감자 녹말, 타피오카 녹말 등 점성이 적은 녹말로 바꾸는 것이고, 또 다른 하나는 설탕량을 늘리고 유지류를 첨가하는 방법이다. 유지류의 쇼트니스 정도를 나타내는 척도로서 쇼트닝가*가 있다.

쇼트닝 原 (영 Shortening, Compound fat 프 Produit blanc) 지방질이 100%이고 반고체상태인 가소성 유지제품. 쇼트닝 오일이라고도 한다. 프랑스에서 버터의 대용품으로 마가린이 발명된 반면, 미국에서는 라드(돼지기름)의 대용품으로서 각종 식물성 고형유지를 배합해 품질을 안정·향상시킨 쇼트닝이 만들어졌다. 처음에는 목화씨기름에 쇠기름을 혼합하여 만들었고, 그 뒤 수소첨가에 의한 경화유(硬化油)가 개발되면서 목화씨기름, 콩기름 같은 식물성 기름을 경화시켜 주원료로 삼게 되었다. 영어로 쇼트(short)란 굳지 않고 부서지기 쉬운 성질, 즉 쇼트니스*를 뜻하며 케이크·비스킷 반죽에 배합하면 그 제품에 바삭함을 주는 유지라 해서 이러한 명칭이 붙었다.

명칭에서 알 수 있듯이 쇼트닝의 특징은 비스킷 등에 바삭함을 주는 쇼트닝성과, 교반했을 때 공기를 포함시키는 크리밍성이다. 원료는 마가린과 같아 식물성 기름을 경화시킨 것이나 정제한 야자유·팜유 등 식물성 고형유지를 사용한다. 마가린과 다른 점은 ① 수분이 0.5% 이하이고 거의가 지방이며 ② 향료, 소금 성분을 갖지 않고 유화제(레시틴·모노글리세리드)를 많이 함유하고 있다는 점이다.

〈용도〉 빵·케이크용, 튀김용, 일반용이 있다. 빵·케이크용에는 유화제가 많고, 밀녹말의 노화를 막는 기능이 있어 부드러운 맛을 낼 수 있다. 용도에 따라 쇼트닝성, 유화성, 크리밍성 등의 특성을 살린 제품이 별도로 시판되고 있으므로 각각의 사용목적에 맞추어 골라 쓴다. 그리고·원료유지에 따라 가열했을 때의 향이 다르므로 가열한 뒤 숟가락에 떠서 향을 점검해 보면 좋다.

쇼트닝가 [-價] 試 (영 Shortening value) 구운 제품에 바삭함을 줄 수 있는 유지의 능력을 나타내는 수치. 쇼트미터(short meter)를 사용하여 측정한다. 측정하고자 하는 유지를 배합해 구운 웨이퍼(표준시료)를 부수는 데 필요한 힘을 측정하여 그 유지의 쇼트닝가를 결정한다. 라드의 쇼트닝가를 100%라 할 때 경화시킨 식물성 쇼트닝은 75~80이고 혼합형 쇼트닝(액체)은 70~80, 식물성 유지는 65~80이다. 유지의 쇼트닝가는 특히 파이, 쿠키, 웨이퍼 등의 제품 완성도를 높이는 데 중요한 몫을 담당하고 있다.

쇼트닝 크림 原 (영 Shortening cream) 버터 대신에 쇼트닝을 이용해 버터 크림 처럼 만든 것. 풍미는 버터 크림보다 떨어지지만 녹는점, 가소성은 계절과 제품에 따라 조절할 수 있는 이점이 있다.
→버터 크림

쇼트 브레드 菓 (영 Shortbread 프 Sablé) 다량의 버터, 설탕, 밀가루로 만든 반죽을 1cm 두께로 늘이고 동그랗게 성형한 뒤 구멍을 찍어 구운 쿠키. 바삭바삭한 맛이 특징이다. 마지팬이나 아몬드 가루를 섞기도 한다. 아몬드 쇼트 브레드, 초콜릿 쇼트 브레드가 있고 대표적인 것은 스코틀랜드의 스카치 쇼트 브레드이다. 옛날 스코틀랜드에는, 갓 시집온 신부가 시댁(또는 신혼 집)에 들어갈 때 신부의 머리 위에 이 쿠키를 얹고 부수며 축복해 주는 풍습이 있었다. 그래서 쇼트 브레드는 부서지기 쉽게 만들어졌다. 최근에는 대개 위스키 안주로 쓰이고, 새해를 맞이하며 먹는 풍습이 남아 있어 대량 소비되고 있다.

[**배합**] 밀가루 1,814g, 버터 907g, 설탕 454g, 마지팬 57g.

[**만드는 법**] 크림 상태가 되지 않도록 버터, 설탕, 마지팬을 섞고 여기에 밀가루 1/2을 넣어 섞은 뒤 나머지 밀가루를 천천히 섞어 1시간 뒤에 사용한다. 이렇게 해서 만든 기본 반죽을 2cm 두께로 늘여 철판 위에 얹어 피케*하고 187℃에서 굽는다. 오븐에서 꺼내어 손가락 모양으로 길고 가늘다랗게 잘라 분설탕을 뿌리면 쇼트 브레드 핑거가 된다.

쇼트 케이크 菓 (영 Short Cake) 스펀지 케이크를 먹기 좋은 크기로 자른 케이크의 총칭. 크렘 샹티이를 충분히 사용하고 딸기, 멜론 등의 과일과 잘 조화시킨다. 원래 쇼트 케이크는 버터, 마가린과 같은 유지를 듬뿍 배합하여 만든 바삭바삭한 비스킷·쿠키류를 가리켰다. 하지만 한국·일본에서 쇼트 케이크라 함은 보통 크림을 풍부하게 바른 소형 케이크를 가리킨다. 딸기를 이용한 쇼트 케이크를 한 예로 들면 다음과 같다.

[**배합**] 〈바닐라 제누아즈〉 밀가루 170g, 계란 340g, 바닐라 오일 소량, 버터 34g. 〈크렘 샹티이〉 생크림 800cc, 그라뉴당 40g, 바닐라 에센스 소량, 키어시 40cc. 〈퐁슈 키어시〉 시럽(보메 10도) 100cc, 키어시 30cc. 〈기타〉 딸기·키어시·글레이즈* 각 적당량.

[**만드는 법**] ① 바닐라 제누아즈는 보통 순서대로 반죽하여 종이 깐 철판에 흘려붓고 200℃ 오븐에서 8분간 굽는다 ② 크렘 샹티이*를 만든다 ③ 퐁슈* 키어시를 만든다 ④ ①을 지름이 7cm인 둥근 형틀로 찍는다 (하나의 쇼트 케이크를 만드는 데 3장이 필요) ⑤ ④ 중에서 첫번째 것의 표면에 ③의 퐁슈 키어시를 바르고 ②의 크렘 샹티이를 바른다. 그 위에, 슬라이스하여 키어시를 쳐 두었던 딸기를 얹는다 ⑥ 두번째는 양면에 퐁슈 키어시를 바르고 ⑤의 위에 포갠다. 그 위에 크렘 샹티이를 바르고 ⑤의 딸기를 얹는다 ⑦ 세번째에도 퐁슈 키어시를 바르고 ⑥의 위에 포갠다 ⑧ 표면 전체에 크렘 샹티이를 얇게 바르고 윗부분에 지름 12mm의 별 모양깍지로 같은 크림을 짜고 딸기로 장식한다. 딸기에 글레이즈를 발라도 좋다.

쇼트 페이스트 菓 (영 Short paste 프 Pâte à foncer) 깔개용 파이 반죽. 반죽형 파이 반죽에 속하고 프랑스의 파트 아 퐁세에 해당하는 것이다. 사전적 의미는 부서지기 쉬운 반죽이고, 이것으로 만든 과자는 바삭바삭하다.

[**기본배합**] 밀가루(박력분) 100을 기준으로 유지 50, 찬물 30. 그 밖에 첨가하는 재료는 소금, 우유, 설탕, 계란, 팽창제 등이다. 〈제조원리〉 ① 밀가루는 글루텐 형성이 적은 박력분이 좋다. ② 유지는 쇼트 페이스트의 특징인 바삭함을 만드는 주체이다. 풍미는 버터가 제일 좋고 그 다음이 라드, 쇼트닝이다. 버터에는 유지방뿐 아니라 수분이 약 16% 존재하므로, 배합해 넣을 때는 수분의 양을 줄이도록 한다. 한편 쇼트닝은 풍미가 떨어지지만, 쇼트닝성이 우수하고 상온에서도 부드러워 작업하기 쉽다. 또, 값도 저렴하므로 버터와 섞어 쓰면 서로의 장점을 살릴 수 있어 좋다. ③ 우유는 물 대

신에 넣는 수분이다. 우유를 쓰면 색과 풍미가 좋아진다. ④설탕의 역할은 감미를 줌과 함께 글루텐의 형성을 억제하며 구운 색을 곱게 들인다. ⑤계란은 풍미와 영양의 가치를 높인다. 계란에는 74.7%가 수분이므로, 배합해 넣을 때 그만큼의 수분량을 줄여야 한다. 흰자만 사용하면 단백질이 응고하여 구워낸 제품이 바삭하지 않다. 반면, 노른자만 사용하면 맛이 좋고 노란빛이 돌아 식욕을 돋운다. 또, 노른자와 유화작용으로 글루텐 형성을 막기 때문에 제품의 쇼트니스*가 증가한다. ⑥팽창제를 넣으면 열전도가 좋아지고 쇼트니스가 증가한다.

[만드는 법] 〈반죽법〉 비벼섞는 방법과 크림 상태로 만드는 방법 2가지가 있고, 후자는 재료의 배합순서에 따라 다시 2가지로 나뉜다.

①비벼섞는 방법 : 밀가루와 유지를 두 손바닥으로 비벼 소보로 상태로 만든 뒤 다른 재료를 섞어 반죽하는 방법. 부풀림이 좋아 바삭바삭한 제품을 얻을 수 있는 반면, 밀가루가 유지 부분을 감싸고 있어 글루텐이 형성될 수 있으므로 주의한다('파트 브리제'항 참고).

②크림 상태로 만드는 방법 : 밀가루 1/2분량과 버터를 섞어 크림 상태로 만든 뒤 밀가루 이외의 재료를 조금씩 섞고 끝으로 남은 밀가루를 더하는 방법과, 먼저 버터와 설탕을 섞어 크림 상태로 만든 뒤 그 밖의 재료를 섞는 방법 2가지가 있다.

〈굽기〉 고온에서 단시간 굽는다. 굽는 동안 반죽 속에서 일어나는 변화는 ①수분 증발. ②밀가루의 녹말 호화. ③설탕의 캐러멜화. ④유지가 녹아 일어나는 조직의 변화. ⑤계란의 열응고 등이다. 이와 같은 변화는 반죽의 외부에서 내부로 향한다. 그런데 오븐의 온도가 너무 높으면 내부에서 변화가 일기도 전에 겉이 타버린다. 또, 오랜 시간 구우면 유지가 녹아 외부로 흘러나온

다. 한편 설탕량이 많은 것은 타기 쉬우므로 얇게 성형하여 단시간에 구워 내고, 설탕을 넣지 않은 것은 두껍게 성형하여 천천히 굽는다.

수동식 도넛 제조기[手動式―製造機] 機 손으로 움직이는 간단한 도넛 제조기. 금속제 용기 속에 도넛 반죽을 넣으면 링 모양이 만들어져 기름 속에 떨어진다. 이 기계로 1시간에 200개 정도의 도넛을 만들 수 있다.

수량계[水量計] 機 (영 Water meter) 수온을 조절하고 물의 양을 정확히 재서 혼합기에 넣어주는 기계. 몇 가지 종류를 살펴보면 첫째, 물을 저장하는 탱크에 온도계와 물의 양을 측정하는 장치가 부착되어 있어서 자동적으로 일정량의 물이 탱크에 공급되는 수량계가 있다. 물의 온도는 따뜻한 물과 찬물의 혼합 비율을 변화시킴으로써 일정하게 조절되고, 측정한 물의 양은 중량 단위로 표시된다. 두번째, 혼합기 윗부분에 탱크가 달려 있고 물이 직접 혼합기로 흘러 들어가는 것. 이 탱크는 지레 저울에 어느 정도 물이 들어차면 자동적으로 물의 공급을 막고 일단 들어온 물은 곧 혼합기로 흘러들게 하는 장치이다. 물의 온도 조절은 수동 또는 자동으로 이루어진다. 탱크의 측면에 온도계가 붙어 있어 물의 온도를. 알 수 있다. 세번째, 자동수량계(automatic water meter). 그 종류는 여러 가지이지만 그 중에서 간단한 장치를 설명하면, 3개의 펌프를 가진 눈금판에 3개의 계측기가 붙어 있다. 3개의 펌프 중 가운데 펌프에 보통의 물, 왼쪽에 찬물, 오른쪽에 따뜻한 물이 들어가고 이들 물이 서로 섞이면 좌측의 미터에 그 온도가 표시되어 나온다. 물의 온도는 3개의 핸들에 의해 조절된다. 중앙의 큰 문자판은 수량을 자동적으로 결정한다. 즉, 물이 우측의 파이프에서 일정량 흘러나오면 자동적으로 정지하게 되어 있다. 따라서 수량을 조절하는 다이얼을 일정한 곳으

로 돌려놓으면 일정량의 물이 혼합기에 공급된 뒤 자동적으로 밸브가 잠긴다. 수량계의 크기는 여러 가지이지만 최근 새로 등장한 수량계는 적당하게 온도를 조절한 물을 1분에 90.6~204kg까지 공급하는 능력이 있다. 일반적으로 급수 파이프의 수압은 2.3kg이상 변화해서는 안된다. 수량계에서 혼합기로 빠르게 물을 보내기 위해 파이프는 적당한 굵기여야 하지만 혼합기에 가까워짐에 따라 5% 정도 가늘어져도 상관없다.

수면계[水面計] 機 (영 Water gauge) ⇨수위계

수박 果 (영 Watermelon 프 Pastèque) 박과(科)에 속하는 덩굴성 1년초. 물이 많고 담백한 감미가 있어서 여름철 디저트로 이용하기에 알맞다. 원산지는 아프리카의 사막지대이고 고대 이집트인에 의해서 재배되었다고 한다. 녹색 바탕에 검은 파도 모양의 세로선이 그어져 있고 과육의 색은 붉은 것이 일반적이지만, 품종에 따라 크기·모양·색이 다양하다.
〈사용법〉 수분이 많기 때문에 과육보다는 과즙을 이용한다. 과즙에 시럽이나 양주 등을 섞고 얼려서 셔벗*이나 그라니테* 등을 만들기도 한다. 그 밖에 과육을 다른 과일과 섞어 젤리 상태로 만들거나 다른 신맛 나는 과일과 와인, 럼 등을 섞어 주스를 만들기도 한다. 또, 프루츠 칵테일·펀치('퐁슈'항 참고)에도 많이 사용한다.
〈펀치 만드는 법〉 ①수박의 1/3 선을 잘라 내고 속에 든 과육을 떼어 낸다 ②①의 과육으로 즙을 낸다 ③②에 레몬 주스, 설탕, 럼을 소량 넣고 잘 섞는다 ④비어 있는 수박껍질 속에 썬 과육을 넣고 ③을 넣어 차게 해서 먹는다.

수분 정량법[水分定量法] 試 (영 Water quantitative method) 어떤 식품이 품고 있는 수분량을 측정하여 수치로 표시하는 방법. 건조법, 증류법, 전기적 방법 등이 있고 이 중에서 가장 일반적인 것이 건조법

이다. 건조법은 일정량의 시료를 100~110℃에서 건조시킬 때 감소한 양을 증발한 수분량으로 보고 그 양을 시료에 대한 백분율(%)로 나타내는 방법이다. 즉,

$$\frac{시료의\ 질량 - 건조시료의\ 질량}{시료의\ 질량} \times 100 = 수분량$$

(%)이다. 수분은 식품의 상품가치뿐만 아니라 가공 저장에도 관계하는 중요한 성분이다.
〈밀가루의 수분 측정법〉 밀가루는 수분이 많고 적음에 따라 상품으로서의 가치, 저장성, 제빵 가공성 등이 달라진다. ①진공 건조법 : 수은주 25mm의 진공부분이 있는 오븐에서 건조시킨다. ②대기압 건조법 : 대기압 상태의 오븐에서 건조시킨다. ③알루미늄접시 건조법 : 특정 건조기가 필요치 않다. 시료 2g을 담은 접시 위에 104℃로 보존한 알루미늄접시를 덮고 15분간 건조, 2~3분간 냉각시킨 뒤 수분을 측정한다.
〈빵의 수분 측정법〉 ①빵 전체의 수분측정 : 빵의 영양가를 알기 위해 행한다. 빵을 정사각형으로 잘라 무게를 잰다. 이것을 5mm의 두께로 자르고 다시 가느다랗게 잘라 105~110℃ 건조기에서 2시간 동안 건조시킨다. 그리고 다시 무게를 잰다. 건조 전후의 중량차가 수분의 양이다. ②빵 중심의 수분측정 : 빵의 익은 정도를 알기 위해 행한다. 빵의 중앙에서 5g 정도를 떼어 내 105~110℃의 건조기에서 1시간 동안 건조시킨 뒤 그대로 냉각시킨다. 그리고 무게를 잰다.

수분 조절제[水分調節劑] 原 (영 Water regulatory agents) 제품의 수분 증발을 방지하는 재료. 수분 함량이 25% 전후인 스펀지 케이크나 카스텔라 등은 시간이 경과함에 따라 무게가 가벼워져 상품가치가 떨어진다. 그 주된 원인은 수분 증발, 이것을 방지하려면 수분 조절제가 필요하다. 수분 조절제의 종류에는 글리세린, 소르비톨, 꿀, 물엿, 샐러드유, 쇼트닝 등이 있다. 이

중에서 소르비톨이 가장 많이 쓰이며 케이크, 카스텔라 이외에도 초콜릿, 비스킷, 캐러멜, 젤리, 캔디 등에 사용한다. 표준량은 1.5~3.5% 정도이다.

수산화나트륨[水酸化 -] 原 (영 Sodium hydroxide) 화학식은 NaOH. 가성소다라고도 하며 약간 불투명한 흰색의 딱딱한 고체이다. 흡습성이 크고 조해성(潮解性 : 고체가 대기 중의 습기를 빨아들여 액체가 되는 성질)이며 물에 잘 녹는다. 녹을 때에는 발열한다. 알코올에도 잘 녹고, 공기 중에 방치하면 수분과 탄산 가스를 흡수하여 변질한다. 수용액은 강알칼리성이다.
〈독성〉부식성이 뛰어나서 단백질을 용해하여 호상(糊狀)으로 만들고 지방을 비누화하며, 각질(角質)까지도 침범한다. 그리고 이것을 먹으면 구강, 식도 등에 심한 통증이 오고 중증이면 허탈상태에 빠지게 된다.
〈용도·사용법〉식품 제조 과정에서 산을 중화하고, 나트륨을 만드는 데 사용한다(예를 들면 화학 간장을 제조할 때의 산의 중화제). 중화할 때는 탄산나트륨처럼 거품이 나지 않으나, 중화력은 훨씬 강하다. 귤 통조림이나 복숭아 통조림 제조시 과실의 껍질을 없애기 위해 사용하고(1~2%의 용액에 85~95℃로 10~15초 정도 담가서 사용), 식품가공에 사용되는 용기나 병을 소독하는 데 사용한다. 수산화나트륨은 최종 식품에 남아 있지 않도록 완성하기 전에 중화하거나 제거하도록, 사용기준이 규정되어 있다.

수소 이온 농도[水素-濃度] 化 (영 Hydrogen ion concentration) pH. 용액 속에 들어 있는 수소 이온(H^+)의 농도. 용액 1 ℓ 속에 포함된 수소 이온의 그램이온수를 뜻하고 pH로 표시한다.

$$pH=\log\frac{1}{[H^+]}=-\log[H^+]$$

증류수는 1 기압, 25℃에서 수소 이온 농도가 약 10^{-7} 그램이온이다. 이것을 pH로 나타내면,

$$pH=\log\frac{1}{10^{-7}}=-\log10^{-7}=7이다.$$

이 점을 중성으로 하여 pH가 7보다 작으면 산성, 크면 알칼리성이라 한다.

수수 原 (영 Sorghum) 벼과(科)의 1년생초. 수수 알갱이의 크기는 길이 2~3mm, 너비 2mm이고, 빛깔은 흰색·노랑·갈색·적갈색 등 여러 가지이다. 수수는 배젖의 녹말 성질에 따라 메수수와 찰수수로 나뉜다. 수수알은 주성분이 당질이어서 식량으로 적합하고 그 밖에 엿, 과자, 떡, 술 등의 제조 원료로 쓰인다. 그리고 수수 잎, 줄기는 사료로 이용한다.

수수부꾸미 薬 지지는 떡의 하나. 수수가루를 익반죽하여 둥글게 빚어 기름에 지지면서 가운데에 팥소를 넣고 반으로 접어 만든 전병(煎餅)이다.
[배합] 수수 2컵, 소금 1½ 작은술, 더운물 1/2컵, 팥 1컵, 설탕 1/2컵, 기름 적당량, 설탕 1 큰술.
[만드는 법] ① 수수를 3시간 이상 불려서 여러 번 씻은 뒤 가루로 빻는다 ② 팥은 충분한 물에 넣어 삶은 뒤 으깨어 여러 번 체에 거르면서 앙금을 만든다. 이것에 설탕 1/2컵을 넣고 걸쭉해지도록 조려서 팥소를 만든다 ③ ①을 익반죽하고 치대어 동글납작하게 빚는다 ④ 팬에 기름을 두르고 ③을 지지되 한쪽이 익으면 뒤집어서 가운데에 팥소를 넣고 반달모양으로 접어 가장자리를 눌러 붙인다 ⑤ 지져낸 뒤 설탕을 조금씩 뿌려 그릇에 담는다.

수압기[水壓機] 機 (영 Hydraulic press) 파스칼의 원리를 응용해서 작은 힘으로 큰 압력을 만들어 물체를 누르거나 압축하는 기계. 파스칼의 원리는 밀폐된 유체(流體 : 액체·기체)의 일부에 압력을 가하면 그 압력이 유체내의 모든 곳에 같은 크기로 전달되는 원리. 수압기는 식품 제조상 수분이나 유분(油分)이 많이 포함된 원료를 압축해서 수분·유분을 짜 내는 데 사용한다.

수용성 비타민[水溶性−] 化 (영 Water soluble vitamin) 물에 잘 녹는 비타민. 비타민 B₁·B₂·B₆·B₁₂, 니아신, 엽산, 판토텐산, 비타민 C가 여기에 속한다. 성질과 작용, 권장량 등은 아래 〈표〉와 같다.

수위계[水位計] 機 (영 Water-level gauge) 밖에서 보이지 않는 용기 속의 액체 표면의 높이를 알아보는 장치. 수면계라고도 한다. 연료 탱크나 보일러에 장치하고서 원료, 물 등의 존재상태를 알아본다. 일정 수위로 내려가면 자동으로 경보가 울리는 형태의 것도 있다.

〈표〉 수용성 비타민의 종류

약호·명칭	함유식품	성질	생리작용	결핍증	1인 1일 권장량
B₁·티아민 (thiamine)	쌀겨, 대두, 땅콩, 돼지고기, 노른자, 간(肝), 배아	무색의 결정. 물에 쉽게 용해. 산성에 안정, 알칼리·중성에 분해되기 쉬움.	당질대사에 작용. 신경역할 조정.	피로, 권태, 식욕부진, 부종, 각기, 신경염, 신경통.	성인 1.0~1.3mg 임신부 1.4mg 수유부 1.6mg
B₂·리보플라빈 (riboflavin)	이스트, 알, 쌀겨, 치즈, 내장	주황색의 결정. 알칼리에 약함. 빛에 분해됨.	체내에서 산화·환원에 필요한 효소의 구성 성분. 발육촉진, 입안의 점막 보호.	발육장해, 입안 염증, 구강염.	성인 1.2~1.6mg 임신부 1.5mg 수유부 1.7mg
B₆·피리독신 (pyridoxine)	이스트, 간, 쌀겨, 배아, 두류	무색의 결정. 물·알코올에 쉽게 용해. 산에 안정. 빛에 약함.	체내의 단백질·필수지방산 이용에 관여함. 피부의 건강 유지.	피부염, 충치, 빈혈.	
B₁₂·시아노코발라민 (cyanocobalamin)	간, 노른자, 육류	암적색의 결정. 물·알코올에 쉽게 용해.	항빈혈 작용. 성장촉진.	악성빈혈, 간질환.	
니코틴산 (nicotinic acid)	이스트, 육류, 두류	무색의 결정. 더운물에 용해. 알칼리에 불안정.	탈수소 효소의 조효소의 주성분.	펠라그라병, 피부염.	성인 13~17mg 임신부 17mg 수유부 19mg
엽산 (vitamin M)	간, 두부, 치즈, 밀, 노른자	황색의 결정. 산·알칼리에 용해.	헤모글로빈·핵산의 생성에 필요. 장내 점막의 기능 회복.	빈혈, 장염, 설사.	
판토텐산 (pantothenic acid)	이스트, 치즈, 두류	기름상태. 물·알코올의 용해. 산·알카리·열에 분해.	해독작용, 성호르몬의 생성에 관여.	식욕부진, 정신장해.	
C·아스코르브산 (ascorbic acid)	과실류, 야채류, 감자류	환원형(ascorbic acid)과 산화형(dehydro ascorbic acid)이 있다. 백색의 결정. 자외선 결정. 자외선·구리 이온 등에 분해되기 쉬움.	세포내의 산화·환원에 관여. 세포간의 결합조직 강화. 단백질대사에 작용. 질병에 대한 저항력 증강.	성장지연, 괴혈병, 피부·점막, 관절에 출혈이 있기 쉬움.	성인 50~55mg 임신부 70mg 수유부 90mg

253

수은[水銀] 化 (영 Mercury) 금속 원소 중 유일하게 상온에서 액체로 존재하는 원소. 비중은 13.6이다. 산에 대해서는 금이나 은과 비슷하여 녹는 경우가 있다.용도가 다양하여 한란계, 기압계, 수은등(水銀燈)을 만들고, 의약품의 제조원료로도 사용하며 금, 은, 주석, 나트륨 등을 녹여 좋은 아말감(수은과 다른 금속의 합금)을 만든다.

수은 온도계[水銀溫度計] 機 (영 Mercury thermometer)
⇨온도계

수종[水種] 빵 (영 Ferment) 유동상태의 빵 반죽종.

[배합] 기본 배합은 다음과 같다.

수 종	배합비(%)
건조 이스트	0.05
감자(물의 15%)	3.89
설 탕	0.78
소 금	0.11~0.24
물	22.40
합 계	27.30
본 반 죽	%
수 종	전량(본반죽의 약 25)
밀 가 루	100.0
설 탕	2.0
소 금	1.3
유 지	2.0
물	35.0

[만드는 법] ① 건조 이스트를 녹인다 ② 감자를 씻어서 껍질을 벗기고 약 20분간 삶는다 ③②의 감자를 으깨어서 설탕, 소금, 물과 섞는다 ④③을 온도 26~29℃로 유지하면서 ①을 넣는다 ⑤ 뚜껑을 덮고 이 액을 충분히 보온 발효시킨다 ⑥12~24시간 정도 놔두면 종이 완성된다 ⑦⑥을 이용하여 본반죽을 만든다.

수종법[水種法] 技 (영 Preferment process) 아드미법. 원래는 수종을 이용한 제빵법('수종'항 참고)을 의미했으나 지금은 퍼멘트를 이용한 아드미법을 가리킨다. 대량생산, 연속제빵 방식에 주로 이용되는 방법이다. 노력, 설비, 작업공간이 절약되고 제빵시간이 단축되며 작업에 탄력성이 생긴다. 각종 제품에 응용이 가능하나 발효관리에 주의가 필요하다.
⇨아드미법

수증기[水蒸氣] 物 (영 Water vapor) 기체 상태의 수분. 물의 임계온도(臨界溫度 : 일정한 압력에서 기체를 액화시키는 데 필요한 최고 온도)는 374℃이므로, 그 이상에서는 어떠한 압력이 가해져도 액체나 고체로 존재하지 못하고 항상 기체, 즉 수증기의 형태로 존재할 뿐이다. 한편, 374℃ 이하의 온도에서는 온도·압력에 따라 수증기, 물, 얼음이 공존할 수 있다. 일정한 온도에서 일정한 부피의 공간을 차지할 수 있는 수증기의 양에는 한계가 있다. 즉, 물 또는 얼음과 공존할 수 있는 수증기는 일정한 수증기압에까지 도달할 수 있다. 이것을 포화증기압(飽和蒸氣壓)이라고 하며, 수증기는 이 포화증기압 이상이 되지 못한다. 수증기는 무색 투명하지만, 흔히 '김'이라 불리는 것은 백색으로 보인다. 이것은 수증기의 일부가 공기와 접촉하여 작은 물방울로 변한 결과이다. 빵 반죽을 오븐에 넣고 구우면 오븐의 열 때문에 반죽 속의 수분이 증발하고 이것이 오븐 속에서 증기가 되어 존재한다. 이 증기량은 빵 외피에 작용해서 부풀림이나 결 또는 착색에 영향을 미친다. 일반적으로 오븐 속에 발생한 증기는 오븐 온도에 의해 과열되어 200~250℃ 온도로 된다. 이 과열증기가 빵 반죽의 표피(20~30℃)에 닿으면 응결하여 얇은 수막(水膜)이 형성된다. 그러면 빵 반죽의 표피가 연화되면서 반죽의 수분 증발이 억제된다. 그 결과 빵 껍질이 더디 생겨서 팽창이 쉬워지고 결이 좋게 구워진다. 한편 겉 표면에 응결된 수막은 고온에서 녹말을 호화시켜 윤기를 좋게 하고, 또 단백질과 당분에 작용해 캐러멜화 현상을 촉진하여 아름다운 금갈색을 띠게 한다. 특히 이 수막은 반죽 내부의 수분 증발을 어느 정도 억제하기 때문에 빵의 품질도 좋아진다. 또 프랑스빵처럼 반죽 표면에 새긴 칼집을 아름답게 또는 보기 좋게 벌어지게 한다('쿠프'항 참고). 이와 같이 오븐의 증기는 제품 완성에 중요한 의의를 갖지만 증기량이 너무 많거나 또는 다 구워질 때까지 증기를 넣은 채 구우면 오히려 빵껍질이 두껍고 너무 강한 외피가 되어 빵 숙성에도 좋지 않다. 또, 처음에 증기가 부족한 채 구우면 빵 껍질이 말라서 부서지기 쉽고 빵속과 분리되어 버린다. 케이크의 경우도 종류에 따라(외피를 어떻게 굽는가에 따라) 증기를 필요로 하는 것과 건조상태에서 굽는 것으로 구별된다. 프랑스 빵이나 비엔나 롤과 같이 증기의 작용이 특히 필요한 것은 주철제의 증발기를 오븐 속에 갖추거나 혹은 증기를 불어넣는 장치를 부착해 굽기 전에 미리 오븐 속에 증기를 채워 둔다. 오븐을 건조 상태로 유지하고차 할 때는 환기통을 열어서 증기를 배출하면 된다. 영국이나 미국식의 보통 형틀로 구워내는 빵은 일반적으로 처음 구울 때 증기가 가득찬 상태에서 굽고 나중에 건조 상태에서 구워내는 것을 원칙으로 하는데, 릴 오븐은 윗부분에 증기가 모여 있어서 원칙에 적합하다.

수직 믹서[垂直−] 機 (영 Vertical mixer) 제과 제빵용 혼합·교반기. 반죽 날개가 세로로 곧게 부착되어 있고 이것이 좌우로 회전한다. 반죽 날개에는 휘퍼, 비터, 훅의 3종류가 있으며 이들은 용도에 맞추어 서로 바꿔 끼울 수 있다.
→수평 믹서

수크라아제 化 (영 Sucrase) 탄수화물 분해효소의 하나. 수크로오스(자당)를 글루코오스(포도당)와 프룩토오스(과당)로 분해한다.

수크로오스 化 (영 Sucrose)
⇨자당

수평 믹서[水平−] 機 (영 Horizontal mixer) 빵 반죽용 믹서. 반죽기라고도 한다. 탱크와 반죽 날개로 구성되어 있다. 반죽 날개는 가로로 달려 있고 이것이 아래위로 회전하면서 반죽을 만든다. 반죽 날개의 회전수에 따라 저속·중속·고속 믹서로 나뉜다. 저속 믹서는 1분에 20∼25회전, 중속 믹서는 35∼40회전, 고속 믹서는 50회전 이상이다. 또, 반죽 날개의 형태에 따라 반죽을 탱크 중심으로 모으는 믹서와 반죽을 탱크 벽으로 몰아치는 믹서가 있다. 수평 믹서의 탱크에는 반죽의 온도를 조절할 수 있는 재킷*이 장치되어 있다.
→수직 믹서

수프 其 (영 Soup 프 Soupe) 동물의 뼈와 살을 약한 불에서 끓여낸 추출액. 여기에 야채 등을 띄운 것도 수프라고 한다. 그런데 원래 수프는 오래 되어 굳은 빵을 처분할 목적으로 만들기 시작한 것이다. 그래서 초기의 수프는 빵 껍질 등을 물, 버터와 함께 끓여 소금으로 간을 맞춘 것이었다. 이것이 차츰 변해서 야채나 육류 등이 다량 첨가되었다. 19세기에 이르자 고깃국물이 주성분이 되고 빵이나 야채·육류는 부재료에 지나지 않게 되었다. 진하고 걸쭉한 수프를 시크(thick) 또는 포타주(potage)라 하고, 묽은 것을 클리어(clear) 또는 콩소메(consommé)라고 한다.

수플레 菓 (프 Soufflé) 으깬 과일이나 크림에 머랭을 넣어 구운 것. 수플레는 프랑스어로 '부풀리다'라는 뜻으로서 기포성 반죽을 구워서 2∼3배로 부풀린다는 의미에서 붙여진 명칭이다. 부풀림은 흰자에 함유되어 있던 공기가 오븐 속에서 열을 받아 팽창하기 때문에 생기는 현상이다. 그리고 일단 오븐에서 꺼내면 식어서 곧 부풀림이 사그라진다. 수플레는 흰자로 팽창시키기 때문에 맛이 산뜻하고 위(胃)에 부담을 주

수플레 틀

지 않는다. 수플레는 생선살, 야채, 햄 등을 사용하는 요리에 넣거나 디저트로 이용할 수 있다. 이것은 금방 사그라지므로 먹기 직전에 만드는 것이 좋다.

〈종류〉 디저트용 수플레에는 크렘 파티시에르를 기초로 한 것과, 으깬 과일을 섞은 시럽을 기초로 한 것 2가지가 있다. 어느 것이나 모두 흰자를 완전히 거품내어 만든 머랭을 넣고 기포가 파괴되지 않도록 조심스럽게 섞어서 만든다. ①크림 타입은 크림과 머랭을 섞은 뒤에 바닐라 등의 향료, 리큐르 등의 알코올류를 넣고 굽는다. 그대로 먹는 것보다 분설탕을 뿌려서 뜨거울 때 먹는 것이 좋다. ②과일 수플레는 과일의 과즙을 체에 걸러 시럽과 머랭을 섞어 구워 만든다. 많이 사용하는 과일은 라즈베리, 레몬, 라임, 딸기, 오렌지 등이다. 수분이 적은 쪽이 만들기 쉽다. 또한 시금치로도 만들 수 있는데 이 경우는 녹인 버터로 밀가루를 볶고, 시금치를 살짝 데쳐서 체에 으깨어 사용하면 담백한 맛과 깨끗한 색을 즐길 수 있다.

〈굽는 방법〉 중탕하면서 오븐에서 굽는다. 배트(vat)에 행주를 깔고 뜨거운 물로 적신 뒤 틀을 얹고 오븐에 넣는다. 온도차에 의해서 오므라들기 쉬우므로 오븐의 바람문은 열어 놓지 않는다. 전기 오븐을 사용할 경우에는 중탕하지 않고 직접 철판에 얹어서 굽는다. 오븐의 온도는 180~200℃ 정도가

적당하다. 구울 때에는 수플레 틀을 이용하여 8할 정도 채운다. 가득 채워 구우면 굽는 동안에 밖으로 흘러나올 염려가 있다. 속까지 불이 통하고 있는지를 알아보기 위해서는 표면을 가볍게 눌러 탄력이 있는지를 확인하거나 꼬챙이로 찔러보아 묻어 나오는지를 확인하여 아무것도 묻어 있지 않으면 다 구워진. 것으로 여긴다. 분설탕은 오븐 속에서 뿌리고 표면을 캐러멜 상태로 만든 뒤 틀에서 꺼내어 한번 더 뿌려서 내놓는다.

수플레 글라세 菓 (프 Soufflé Glacé) 파르페 반죽이나 무스 글라세 반죽 또는 과실 퓌레에 이탈리안 머랭, 거품낸 생크림을 섞어 만든 반죽을 수플레 틀에 넣어 식혀서 굳힌 것. 그 모양이 수플레와 비슷하여 붙여진 명칭이다. 틀 외측(外則)에 두꺼운 종이를 위로 올라가게 대고 그 안에 반죽을 넣어 식힌다. 바닐라 풍미가 보편적이고 그 밖에 그랑 마르니에 · 라즈베리 · 코코넛 풍미 등이 있다.

수플레 아 로랑주 菓 (프 Soufflé à L'orange) 틀 대신 오렌지 껍질을 용기로 삼아 만든 부드러운 수플레.

[배합] 〈수플레 아 로랑주〉 버터 55 g, 오렌지 껍질 · 오렌지 과즙 각 1개 분량, 박력분 40 g, 우유 150cc, 노른자 2개, 흰자 2개, 설탕 40 g, 리큐르 · 소금 · 비스퀴 각 적당량, 오렌지(케이스용) 8개 분량, 엿세공 잎 8개.

[만드는 법] ①오렌지의 위쪽 일부를 옆으로 자르고 속에 있는 과육을 깨끗하게 파내어 과즙을 짠다. 껍질 부분은 물에 씻고 나서 물기를 뺀다 ②비스퀴를 만든다('파트 아 비스퀴'항 참고). 기본 배합으로 비스퀴를 만들어 오븐에서 구운 뒤 오렌지 바닥에 깔 정도로 작은 형틀로 찍는다 ③수플레 아 로랑주를 만든다. 오렌지 껍질 간 것을 버터에 넣고 끓여서 녹인 다음 박력분을 넣고 충분히 섞는다 ④③에 따뜻한 우유를 2~3

번으로 나누어 넣고 노른자, 오렌지 과즙을 더해 반죽의 굳기를 잘 조절한다 ⑤ 흰자와 설탕을 섞어 거품내고 ④와 섞은 것에 리큐르와 소금을 넣는다 ⑥ ①의 오렌지 껍질 바닥에 ②의 비스퀴를 깔고 ⑤의 수플레 반죽을 흘려 넣는다 ⑦ ⑥의 오렌지를 알루미늄 케이스에 넣고 중탕하며 15~20분간 오븐에서 익힌다. 잘 부풀어오를 때까지 굽는다 ⑧ 접시에 담고 오렌지 껍질 뚜껑을 곁들인다. 뚜껑 위에는 엿으로 만든 잎 모양의 장식을 얹는다.

수피르 드 논 菓 (프 Soupir de Nonne)
⇨페 드 논

숙성 [熟成] 技 (영 Aging) 식품 속의 단백질, 지방, 탄수화물 등에 효소, 미생물, 염류 등을 작용시켜 특유의 맛과 향을 내게 하는 일. 숙성시킨 식품 중 대표적인 것이 술, 된장, 간장, 식초, 치즈 등이다. 그 밖에 조수육(鳥獸肉)은 도살 직후에는 살이 단단하고 풍미가 없으나 일정시간 찬 곳에 두면 자체 소화에 의해 숙성하여 살이 부드러워지고 맛과 향이 좋아진다. 이것을 육류의 숙성이라 한다. 이러한 숙성의 원리를 제과제빵에도 응용하여 밀가루와 빵 반죽을 숙성시킴으로써 우수한 제품을 만들어 내고 있다.
→밀가루의 숙성, 빵 반죽의 숙성

숙실과 [熟實果] 菓
⇨과정

순수배양 [純粹培養] 生 (영 Pure culture) 어느 한 종류의 세균만을 순수하게 인공 배양하는 일. 이 때 배양기를 사용한다. 1680년 네덜란드인 레벤후크(Leeuwenhoek, A. van : 1632~1723)가 자신이 만든 현미경으로써 빵이 부푸는 원인은 효모(이스트) 때문이라는 사실을 밝혔다. 그 뒤 프랑스의 L. 파스퇴르가 빵·맥주·포도주를 발효시키는 이스트는 발아에 의해서 증식한다는 사실을 알아냈다. 그래서 다른 세균이 섞이지 않는 장소에서 이스트만을 순수 배양하

기 시작했다. 한편 현재의 배양기로써 순수 배양에 성공한 사람은 독일의 세균학자인 코흐(R. Koch) 박사이다.

쉬르프리즈 菓 (프 Surprise) 쉬르프리즈는 '깜짝 놀라다'라는 의미로, 맛과 내용물이 뜻밖의 놀라움을 주는 과자에 붙이는 명칭이다. 한 예로 오랑주 쉬르프리즈*라는 명칭은, 겉모양만으로 오렌지라고 생각한 제품이 먹어보았을 때 아이스크림이어서, 전혀 뜻하지 않은 맛을 느낄 수 있다 하여 붙여진 것이다.

쉬크세 菓 (프 Succès) ① 충분히 거품낸 흰자에 설탕, 아몬드 가루를 넣어 구운 것. 이것은 그대로도 구운 과자가 되지만, 흔히 각종 앙트르메의 기본 재료로 쓴다. 프로그레*(아몬드 대신 헤이즐넛 사용)와 같다. ② 2장의 쉬크세에 프랄리네를 넣은 버터 크림 또는 무스를 샌드한 것.

쉴탕 菓 (프 Sultan) 고리 모양의 사바랭에 오렌지 필을 장식하고 중앙에 프랑부아즈 풍미의 이탈리아식 머랭을 채운 케이크이다.

슈 菓 (프 Choux) 슈는 프랑스어로 '양배추'란 의미이다. 즉, 구워냈을 때 표면에 생긴 균열과 부푼 형태가 양배추 모양과 비슷하다 하여 붙여진 명칭이다. 슈 반죽은 냄비에 물과 버터를 넣어 끓이고 그 속에 밀가루를 더하여 반죽한 뒤 불에서 내려 계란을 넣고 섞은 것이다. 이 때 불에 올려놓고 반죽하는 이유는 수분을 증발시킴으로써 버터와 계란이 잘 섞일 수 있도록 하기 위함이다.
〈역사〉 현재의 슈 반죽은 1760년경에 아비스(Avice)가 처음 만들어 냈다. 그전에는 감자를 삶아서 체로 으깨어 계란을 넣고 섞은 것을 철판에 숟가락으로 떠서 양배추 모양으로 놓아 구웠는데 그 모양은 크로케와 비슷하였다.
〈종류〉 슈 반죽으로 만드는 과자에는 슈 아 라 크렘*을 비롯하여 에클레르*, 크로캉부

슈*, 를리지외즈*, 파리 브레스트 등이 있다. 어느 것이나 슈 껍질 속에 크림을 채우고 윗부분에 퐁당이나 초콜릿, 분설탕을 뿌린다. 슈 껍질이란 슈 반죽만을 구워낸 속이 빈 슈를 가리킨다. 슈 반죽은 구울 때 온도나 반죽 상태에 따라서 깨끗하게 부풀거나 아니면 폭 가라앉아 버리므로, 반죽을 만들거나 구울 때 반죽의 성질, 굽는 요령 등을 알아둘 필요가 있다.

〈반죽의 성질〉 슈 반죽을 철판에 짜고 오븐에서 구우면 수분이 급속하게 증발하고 부풀며 속은 비게 된다. 그 이유는 슈 반죽에 열을 가함에 따라 밀가루에 함유되어 있는 녹말이 호화되고, 여기에 계란과 버터가 작용하여 반죽을 오므라들지 않게 고정시키는 힘을 발휘해서 탄력있는 반죽이 되는 것이다. 그 때문에 오븐에 넣었을 때 우선 겉에 탄력있는 껍질이 생겨 증기가 증발되지 않게 한다. 다음에는, 반죽 속에 함유되어 있는 다량의 수분을 증발시켜 껍질을 들어올리면서 밖으로 빠져 나가게 한다. 그러면 껍질이 팽창하여 부풀고 균열이 생기며 속이 비게 된다. 이때 슈 반죽을 충분히 부풀게 하려면 반죽을 만들 때 녹말이 잘 호화하도록 가열해야 한다. 그러나 너무 가열하면 밀가루 속의 글루텐이 변성해서 탄력성이 없는 반죽이 생기고, 또 반대로 가열이 불충분한 경우에는 녹말이 호화되지 않아서 점성이 불충분해지거나 녹말이 지방과 뭉쳐져 탄력이 균일하게 되지 않는다. 따라서 구웠을 때 껍질이 부서진다. 또 반죽에 수분이 너무 많으면 납작해져 버린다.

〈슈 반죽을 만들 때의 요령〉 우선 버터를 완전히 녹인다. 그리고 밀가루는 버터를 끓인 뒤에 넣는다. 버터가 다 녹지 않은 상태에서 밀가루를 넣고 섞으면 구워냈을 때 깨끗이 부풀지 않는다. 그 이유는 호화가 충분히 일어나지 않았기 때문이다. 계란은 불에서 내려서 섞는다. 왜냐하면 계란이 열에 의해 응고되지 않도록 하기 위함이다. 이

때 반죽의 굳기를 보면서 조금씩 넣어주는 것이 중요하다. 굳기는 나무 주걱으로 떠올렸을 때 천천히 떨어지는 정도가 좋다. 구울 때 철판에 기름을 균일하게 바른다. 너무 바르면 모양이 일정하게 부풀지 않으므로 주의해야 한다. 오븐에 넣어서는 처음에 아랫불을 높여 굽고, 부풀기 시작하면 불을 약하게 해서 굽는다. 오븐 온도가 낮으면 말끔하게 부풀지 않고 껍질이 두꺼워지며 반대로 너무 높으면 옆으로 퍼진 모양이 된다. 또, 구울 때 철판이 차가우면 반죽이 식어서 부풀기 어려워지므로 슈 반죽 정도로 온도를 높인 뒤 굽는다.

슈거 原 (영 Sugar)
⇨설탕

슈거 닥터 原 (영 Sugar doctor) 캔디나 시럽 속에서 설탕이 결정화하지 않도록 첨가하는 물질. 중주석산칼륨과 전화당이 있다.

슈거 도 菓 (영 Sugar dough, Sweet short paste) 설탕을 넣은 과자 반죽. 프랑스의 파트 쉬크레*에 해당한다.

슈거 배터법 技 (영 Sugar batter method) 배터 타입의 케이크* 반죽을 만드는 방법 중의 하나. 슈거 쇼트닝 배터법 또는 크리밍법(creaming method)이라고도 한다. ① 버터에 설탕을 더하고, 희어질 때까지 충분히 저어 크림 상태로 만든다 ②①에 계란을 조금씩 나누어 더하면서 가벼운 상태가 될 때까지 잘 섞는다 ③함께 체 친 밀가루와 베이킹 파우더를 더해 나무 주걱으로 섞는다 ④우유를 더해 섞고 매끄러운 반죽을 만든다.

슈거 블룸 菓 (영 Sugar bloom) 초콜릿 표면에 작은 회색빛 반점이 생기는 현상. 블룸이란, 커버추어 또는 커버추어를 이용한 과자를 보관하는 동안 온도 변화에 따라 일어나는 현상으로, 슈거 블룸은 초콜릿 속의 설탕이 습기를 머금고 녹아서 결정화한 결과이다. 한편 코코아 결정이 녹아

초콜릿 표면에 배어나오는 현상이 팻 블룸
*이다. 이러한 현상을 막기 위해서는 작업
실의 온도는 18~20℃, 습도는 70% 이하로
하고, 냉장고에서 식혀 굳힐 때 10℃, 실온
과의 온도차도 8℃ 이내로 해야 한다.
→커버추어

슈거 파우더 原 (영 Powdered sugar)
⇨분설탕

슈거 페이스트 菓 (영 Sugar paste)
아이싱 슈거, 포도당, 흰자, 카카오 버터,
물을 흡수시킨 트래거캔스 검으로 만든 페
이스트이다.

슈거 플라워 배터법 技 (영 Sugar flour
batter method) 배터 타입 케이크* 반죽을
만드는 방법 중의 하나. 1 단계법이라고도
한다(single stage method). 기본적으로 플라
워 배터법을 응용한 반죽법이다. ① 버터,
같은 양의 밀가루, 설탕을 볼(bowl)에 넣고
잘 섞는다 ②①에 계란을 조금씩 나누어 섞
는다 ③ 함께 체 친 밀가루와 베이킹 파우더
를 ②에 더하고, 나무 주걱으로 잘 섞는다
④ 마지막에 우유를 더해 매끄러운 반죽을
만든다.

슈네발렌 菓 (영 Snow Ball 프 Boule
de Neige 독 Schneeballen) ① 눈덩어
리. ② 화이트 초콜릿으로 만든 트뤼프(Tru-
ffe). ③ 반죽을 얇게 펴서 띠모양으로 자르
고 구형의 틀에 감싸듯이 넣어 모양을 만든
뒤 기름에 튀겨서 분설탕을 뿌린 과자.
[배합례] 노른자 6개, 설탕 30g, 소금 3g,
럼 75cc, 레몬 껍질 1개 분량, 바닐라 향료
소량, 녹인 버터 40g, 밀가루 300g.
[만드는 법] ① 노른자, 설탕, 소금, 럼, 레
몬 껍질, 바닐라를 섞고 녹인 버터를 넣는
다 ② 체친 밀가루와 섞어서 반죽을 만든다
③ 1 시간 정도 휴지시킨 뒤 40cm×60cm, 두
께 1mm로 편다 ④ 이것을 가로로 길게 놓고
세로로 24등분 한 뒤 톱니바퀴 모양의 룰렛
(roulette)으로 위·아래 1cm를 남기고 4 군
데 칼집을 넣어 준 뒤 손으로 적당하게 휘

감는다 ⑤ 반구형의 국자가 서로 맞대고 있
는 꼴의 전용 틀에 넣고 160~170℃의 기름
에서 튀긴다.
주) 럼을 넣었기 때문에 튀겨도 그다지 기
름을 흡수하지 않으면서 가볍게 마무리할
수 있다.

슈니테 菓 (영 Slice 프 Tranche 독
Schnitte) 자른 과자. 알맞은 너비로 자른
과자를 가리키며 과자의 이름에 붙일 때는
복수형을 써서 ~슈니텐(schnitten)이라 한
다. 영어로는 슬라이스, 프랑스어로는 트랑
슈라 한다.
⇨트랑슈

슈미제 技 (영 Coat 프 Chemiser)
틀 안쪽에 비스퀴, 아이스크림, 종이 등을
까는 일. 또는 초콜릿, 젤리, 등을 흘려 붓
고 굳혀서 얇은 층(막)을 만드는 일을 가리
키는 제과용어이다.

슈 아 라 크렘 菓 (영 Cream Puffs 프
Choux à la Crème) 슈 껍질에 크림류를
채워 넣은 케이크. 흔히 슈 크림으로 불린
다.
[배합] 〈파트 아 슈〉 물 200cc, 버터 80g,
소금 소량, 박력분 100g, 계란 3~4개. 〈크
렘 파티시에르〉 우유 500cc, 노른자 6개, 설
탕 150g, 박력분 50g, 바닐라 빈 적당량.
〈기타〉 버터·박력분·분설탕 각 적당량.
[만드는 법] ① 파트 아 슈(슈 반죽)를 만든
다. 냄비에 물, 버터, 소금을 넣고 불에 올
린다 ② 버터가 녹고 전체가 끓으면 불에서
내려 박력분을 한 번에 넣고 덩어리가 생기
지 않도록 재빨리 섞는다 ③ 한덩어리가 되
면 다시 불에 올려 뜨겁게 한 후 볼(bowl)로
옮긴다 ④ 계란을 풀어 반죽의 굳기를 보면
서 3~4번에 나누어 넣고 잘 섞는다 ⑤ 철판
에 버터를 바르고 박력분을 뿌린다 ⑥ 둥근
모양깍지를 끼운 짤주머니에 ④를 채워서
지름 4cm로 짜고, 200℃ 오븐에서 굽는다 ⑦
크렘 파티시에르(커스터드 크림)를 만든다.
냄비에 우유와 바닐라를 넣고 끓기 직전까

지 데운다 ⑧노른자를 볼에 넣고 푼 뒤 설탕을 넣고 하얘지도록 거품기로 젓는다 ⑨ ⑧에 박력분을 넣고 가볍게 섞은 뒤 ⑦의 우유를 1/2 가량 넣고 불에 올린다 ⑩남은 우유를 마저 붓는다. 나무 주걱으로 바닥까지 잘 저으면서 익힌다 ⑪다 익으면 재빨리 식힌다 ⑫⑥의 옆면에 구멍을 내고 ⑪의 크림을 넣는다. 이 때는 가는 모양깍지를 끼운 짤주머니를 이용한다. 그리고 분설탕을 뿌려서 마무리한다.

→슈

슈 크림 菓 슈 아 라 크렘을 가리키는 일본어. 프랑스어로 슈는 '양배추'를, 아라 크렘은 '크림을 넣은'을 뜻한다. 일본 사람들은 슈 아 라 크렘을 연속해서 발음하기가 어려워서 프랑스어 슈(choux)에 영어인 크림(cream)을 합쳐 슈 크림이라 한다.

슈톨렌 菓 (독 Stollen) 버터를 충분히 배합한 발효 반죽에 건포도와 잘게 썬 오렌지·레몬 필을 섞어 구운, 전통적인 독일의 크리스마스 케이크. 구운 뒤에 1시간쯤 방치해 두면 풍미가 더욱 좋아진다. 또, 보존성이 높아 2~3개월은 보존 가능하다. 슈톨렌은 옛날 기독교의 수도승이 어깨 위에 걸쳤던 가사(袈裟) 모양을 본떠 만든 것으로 독일인은 12월 초부터 이러한 슈톨렌을 만들어 놓고 매주 일요일마다 1조각씩 먹으면서 크리스마스를 기다리는 관습을 이어오고 있다.

[배합] 〈이스트 종〉 중력분 250 g, 노른자 2개, 생이스트 100 g, 우유 275cc. 〈슈톨렌 반죽〉 설탕 200 g, 소금 12 g, 노른자 1개, 로마지팬·중력분 각 100 g, 버터 500 g, 바닐라 페이스트 적당량, 카더먼 1 g, 넛메그 2.5 g, 오렌지 필·레몬 필 각 225 g, 건포도 400 g. 〈기타〉 녹인 버터·바닐라 슈거·분설탕 각 적당량.

[만드는 법] ①이스트 종을 만든다. 볼(bowl)에 생이스트를 따뜻한 우유와 함께 넣고 녹인다. 중력분과 노른자를 넣고 나무 주걱으로 충분히 저은 뒤 30℃ 발효실에서 약 30분간 발효시킨다 ②슈톨렌 반죽을 만든다. 믹서 볼에 녹인 버터와 로마지팬을 잘게 떼어서 넣고 휘퍼로 섞는다 ③설탕, 소금, 향신료를 넣고 충분히 섞은 다음 노른자와 바닐라 페이스트를 넣고 섞는다 ④믹서의 작동을 멈추고 ①의 이스트 종과 ③, 중력분을 넣어 다시 저속으로 2분간 반죽한다 ⑤오렌지·레몬 필, 건포도, 넛메그를 넣고 저속으로 1분, 중속으로 1분간 반죽한 뒤 400 g으로 분할, 이것을 밀대로 가볍게 펼쳐서 반으로 접어 모양을 만든다 ⑥이상의 슈톨렌 반죽을 철판에 놓고, 표면에 녹인 버터를 바른 뒤 슈톨렌 틀을 씌워 32℃의 발효실에 약 60분간 넣어 둔다 ⑦윗불 210℃, 아랫불 190℃의 오븐에 넣고 30분간 구운 뒤 슈톨렌 틀을 벗겨서 다시 약 20~30분간 굽는다 ⑧다 구워지면 즉시 녹인 버터를 바르고 바닐라 슈거를 씌운다 ⑨1주일 정도 보존한 뒤에 바닐라 슈거를 털어 내고 표면에 분설탕을 뿌린다.

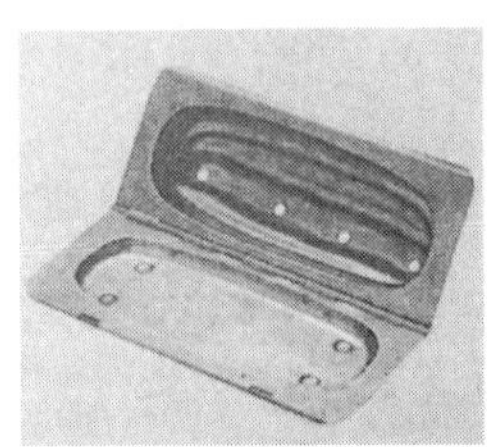

슈톨렌 틀

슈톨렌

슈트 機 (영 Chute) 입자 혹은 가루 원료를 다른 곳으로 옮기는 관 모양의 운반 장치. 보통 상단에서 원료를 쏟아부으면 그 무게에 밀려 내려와 하단의 일정한 출구로 뿜어져 나온다.

슈트로이젤 菓 (독 Streusel) 굽는 과자의 표면에 뿌리는 소보로 중 하나. 버터 슈트로이젤이라고도 한다.

[배합] 버터 450 g, 설탕 325 g, 바닐라 슈거 5 g, 레몬 향료 소량, 밀가루 900 g.

[만드는 법] ① 버터, 설탕, 바닐라 슈거, 레몬 향료, 밀가루를 함께 섞는다 ② 양손으로 비벼 소보로 상태로 만든다. 많이 만들어 두고 필요할 때마다 꺼내 쓴다.

슈트로이젤 쿠헨 菓 (독 Streusel Kuchen) 슈트로이젤*을 토핑으로 얹은 독일식 케이크.

[배합] 버터·설탕 각 738 g, 노른자 397 g, 껍질 벗기고 잘게 부순 아몬드 284 g, 흰자·밀가루 각 511 g.

[만드는 법] 빵 굽는 틀에 기름을 두르고 바닥에 반죽을 깐다. 그 위에 설탕절임 체리를 펼쳐 놓는다. 그리고 다시 반죽을 얹는다. 반죽을 만드는 방법은 ① 버터와, 설탕 1/2 분량을 섞어 크림 상태로 만든 뒤 아몬드와 계란을 더한다 ② 흰자는 충분히 거품을 내어 남은 설탕, 밀가루와 섞는다 ③ ①과 ②를 합친다 ④ 틀에 ③을 넣고 슈트로이젤을 위에 얹는다. 그리고 아이싱 슈거로 마무리 한다.

슈트루델 菓 (독 Strudel) 오스트리아의 전통 명과(銘菓). 얇게 늘여 편 반죽에 과일을 얹어 말아 구운 과자. 슈트루델은 '소용돌이'란 뜻으로 자른면이 그와 같다 하여 붙여진 명칭이다. 압펠 슈트루델*이 유명하다. 강력분, 버터, 소금을 미지근한 물로 반죽한다. 이 반죽을 휴지시킨 뒤 종이처럼 얇게 늘여 편다. 이것을 헝겊 위에 펼쳐 놓고, 여기에 사과나 체리 등을 채워 말아 굽는다.

슈퍼 쇼트닝 原 (영 Super shortening) 유화성을 특히 강화한 쇼트닝. 제과제빵용으로서 반죽할 때 첨가한다. 모노글리세리드 등의 고성능 유화제를 다량으로 함유하고 있기 때문에 밀가루 속에 잘 침투되고 반죽 속에 공기를 함유시킨다. 그 결과 빵과 케이크의 결이 좋아지고 노화방지에도 효과가 있다. 특히 설탕이 많이 든 케이크나 과자빵류에 알맞은 쇼트닝이다.

슈페쿨라치우스 菓 (독 Spekulatius 네 Speculaas) 특수한 뮈르베타이크*(비스킷 반죽)를 무늬가 새겨진 틀에 눌러 붙여 모양을 새긴 뒤 구운 쿠키. 오래 전부터 네덜란드에 전해져 오는 과자였는데, 지금은 벨기에, 독일의 라인란트(Rheinland) 지방에서 만들어진다. 풍미가 좋고 단단한 이 쿠키는 크리스마스 때 즐겨 구우며, 동물모양과 산타클로스 등으로 성형하여 크리스마스 트리에 장식한다. 기원은 확실치 않지만 대략 중세부터로 알려지고 있다. 틀에 새겨진 무늬는 예전에 성인·성당 같은 종교적 내용 혹은 종교적 사건·장면이 많았지만, 시대의 변천에 따라 그 밖의 소재도 많아졌다. 기본 배합은 밀가루 100에 설탕 50, 버터·마가린 같은 유지 25, 그 밖에 계란·천연 스파이스 25이다. 독일은 버터(밀가루의 10% 이상) 만을 배합해 만든 것을 슈페쿨라치우스라 하여 따로 구분한다.

[배합] 버터 1,000 g, 설탕 500 g, 혼합 스파이스 50 g, 계란 4개, 밀가루 3,000 g, 분설탕 1,000 g, 소금 15 g.

[만드는 법] ① 버터, 설탕, 혼합 스파이스를 잘 섞고, 계란을 조금씩 더한다 ② 밀가루, 분설탕, 소금을 더해 되직한 반죽을 만든다 ③ 나무 틀로 무늬를 새기고, 철판에 늘어놓고 굽는다.

〈혼합 스파이스의 배합례〉 시너먼 120 g, 클로브(정향) 20 g, 카더먼 15 g, 올스파이스 30 g, 바닐라 소량.

슈프리츠 뮈르베타이크 菓 (독 Spritzmürbeteig) 짜내서 굽는 타입의 쿠키 반죽. 슈프리츠 잔트쿠헨(Spritzsandkuchen) 또는 슈프리츠 게베크(Spritzgbäck)라고도 한다. 초콜릿 맛이 나는 것을 쇼코 슈프리츠 게베크라 하며 코코아를 밀가루의 5~10% 정도 첨가한다.

[배합] 버터 300 g, 소금 소량, 바닐라 향료 소량, 분설탕 60 g, 밀가루 360 g.

[만드는 법] ① 버터를 저어 녹이고 소금과 바닐라를 넣는다 ② 분설탕을 넣고 밀가루를 넣어 반죽을 만든다 ③ 짤주머니에 넣고 기호에 맞는 모양으로 짜서 굽는다.

슈프리츠쿠헨 菓 (독 Spritzkuchen) 독일의 프리터.

[배합—60개 분량] 계란 454 g, 우유·물·각 113cc, 버터·라드 각 57 g, 밀가루 340 g, 소금·설탕·레몬 각 소량.

[만드는 법] ① 우유, 물, 버터, 라드, 소금, 설탕, 밀가루를 냄비에 넣고 페이스트가 냄비 옆면에 붙지 않을 정도까지 가열한다 ② ①을 볼(bowl)에 옮겨서 페이스트가 따뜻할 동안에 계란과 레몬을 넣고 저어 섞는다 ③ 기름 종이 위에 ②의 반죽을 짜놓고 갈색이 들 때까지 기름에 튀긴다. 모양을 좋게 하기 위해서는 가는 모양깍지를 사용하고 고리를 2개씩 포개어지도록 짠다. 다 튀겨지면 기름을 빼고 레몬 풍미의 퐁당을 묻힌다.

슈프링게를레 菓 (독 Springerle) 아

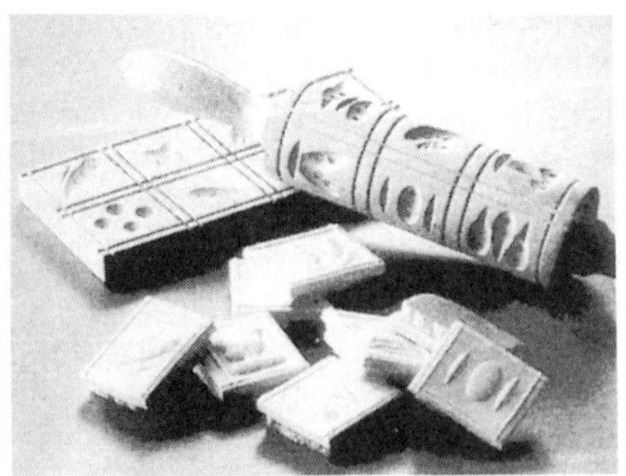

슈프링게를레 무늬 새김 도구

니스 풍미를 낸 소박한 크리스마스 과자. 독일, 스위스, 오스트리아 등에서 만들어지며 그 기원은 16~17세기로 추정된다. 계란, 설탕, 밀가루, 아니스로 만드는 과자 반죽을 나무 형틀로 찍어 표면을 건조시킨 뒤 굽는다. 구울 때는 표면이 타지 않게 주의하여 흰 상태가 되게 한다. 또, 옆면을 들어 올렸을 때 끈기가 있도록 굽는다. 아니스 슈프링게를레(Anis Springerle)는 반죽을 철판에 늘어놓은 뒤 표면에 아니스 씨를 뿌려서 구운 것이다.

슈피첼 빵 (독 Spitzel) 헝가리의 독특한 고배합빵. 우유, 버터, 노른자를 풍부하게 사용하여 만든 반죽을 4층으로 쌓아 원로프 틀에 넣고 굽는다.

[배합] 밀가루 1,000 g, 우유 400cc, 물 20cc, 이스트 30 g, 설탕 30 g, 소금 10 g, 노른자 10개, 버터 50 g, 아몬드·레이즌·시너먼 각 소량.

[만드는 법] ① 따뜻한 우유에 설탕, 버터, 소금을 넣는다 ② 물에 녹인 이스트를 ①의 우유에 넣고 섞는다 ③ 밀가루 40%를 체쳐서 ②에 넣고 반죽한다 ④ ③의 반죽을 가볍게 발효시키고 나서 노른자와 남은 밀가루를 마저 넣고 반죽한다 ⑤ 반죽이 2배로 부풀면 가스빼기를 하고 조금 휴지시킨 뒤 두께 5mm 정도로 편다 ⑥ 둥근 쿠키 형틀로 찍어내어 녹인 버터 속에 조금 담갔다가 꺼낸다 ⑦ 아몬드와 빵 부스러기를 뿌려 놓은 원로프 틀 바닥에 ⑥을 하나씩 놓는다. 그리고 아몬드, 레이즌, 시너먼 등을 겹겹이 뿌려 얹으면서 2·3·4층이 되도록 포갠다 ⑧ ⑦의 반죽이 2배로 부풀 때까지 발효시키고 200℃ 오븐에서 10분간 굽는다. 그리고 나서 온도를 낮추어 170℃에서 40분간 굽는다 ⑨ 다 구워지면 표면에 녹인 버터를 바른다.

슈핀 추커 菓 (프 Sucre filé 독 Spinnzucker) 프랑스의 쉬크르 필레에 해당한다. 케이크나 아이스크림류를 장식하는 데 사용한다. 142~143℃에서 조린 당액을 포크 끝에 묻혀 일정한 간격을 둔 2개의 막대 사이에서 왔다갔다 하며 묻히면 가는 실 모양의 엿이 된다. 이것을 모아서 새집과 같은 모양으로 만들 수 있다.
→엿 세공

슐라크 오버스 菓 (영 Whipped cream 프 Crème fouettée 독 Schlagobers) 거품낸 생크림. 슐라크 자네(schlagsahne)라고도 한다.
→휩트 크림, 크렘 샹티이

스낵 其 (영 Snack) 간단히 먹을 수 있는 가벼운 요리. 외국의 카페테리아나 레스토랑에는 샐러드, 샌드위치, 케이크에 차(茶) 등을 곁들인 점심·간식용 스낵이 준비되어 있다. 런치(lunch)와 거의 비슷하다.

스냅 菓 (영 Snap) 설탕과 당밀을 다량 배합하여 만든 반죽을 둥근 형틀로 찍어내어 구운 과자. 따뜻할 동안에 밀대에 맞대어 오므라뜨려 굽은 모양이 되게 한다. 배합 재료에 따라 코코넛 스냅, 생강 스냅, 레몬 스냅이라 이름 붙인다. 스냅이란 '한 입에 먹을 수 있는 과자'를 뜻하는 명칭이다.
[배합] 설탕 1,400g, 버터 450g, 당밀 900g, 물 470cc, 탄산나트륨 60g, 생강 30g, 올스파이스 30g, 소금 7g, 밀가루 2,800g.
[만드는 법] 위의 재료들을 혼합해서 반죽한 뒤 약 6cm의 둥근 형틀로 찍어내어 굽는다. 그리고 곧바로 구부러지게 성형한다.

스노 볼 빵 (영 Snow Ball, Snow Flake) 스코틀랜드의 아침 식사용 소프트 롤. 영국에서는 스노 볼(최고급 밀가루로 만드는 하얀 계란형의 롤), 미국에서는 스노 플레이크라 불린다. 영국식은 설탕을 넣지 않고, 미국식은 첨가한다.
[배합] 밀가루 100에 대해 쇼트닝 10, 이스트 3, 소금 1.5.
[만드는 법] 반죽을 부드럽게 만들어 발효

시킨 뒤 작은 구멍을 내어서 밀가루를 뿌린다. 짙은 갈색이 들지 않도록 굽는다.

스노 에그 菓 (영 Snow Egg 프 OEufs à la Neige) 탐스럽게 둥글린 머랭을 데쳐서 익힌 과자. 프랑스에서는 '외 아 라 네주'라 한다. 외 아 라 네주는 머랭을 새하얀 눈덩이처럼 뭉쳐서 익힌 과자로서, 단순하면서도 고상함이 풍기는 프랑스 디저트 중의 하나이다.
⇨외 아 라 네주

스노 케이크 菓 (영 Snow Cake) 눈처럼 하얀 분설탕을 뿌려 얹은 버터 케이크.
[배합] 버터 80g, 설탕 150g, 흰자 8개, 주석영 4g, 밀가루 70g, 콘스타치 30g, 팽창제 3g, 럼 7.5cc, 우유 30cc. 〈기타〉 분설탕 30g, 껍질 벗긴 아몬드 8개.
[만드는 법] 버터 케이크 만드는 법과 같다. 지름 18cm인 틀에 반죽을 채우고 160℃에서 50분간 구워 낸 뒤, 식으면 분설탕을 뿌리고 껍질 벗긴 아몬드를 얹는다.
→버터 케이크

스노 푸딩 菓 (영 Snow Pudding) 눈처럼 하얀 머랭이 장식된 푸딩.
[배합] 〈푸딩 반죽〉 버터 40g, 설탕 80g, 흰자 2개, 우유 50cc, 밀가루 100g, 팽창제 4g, 버터 소량, 바닐라 빈 적당량. 〈머랭〉 흰자 1개, 설탕 45g, 바닐라 빈 적당량.
[만드는 법] 지름 15cm인 사바랭 틀에 버터를 바르고 밀가루를 뿌린 뒤 반죽을 넣어 25~30분간 찐다. 틀에서 빼내어 머랭으로 장식한다.

스리 데커 샌드위치 빵 (영 Three Decker Sandwiches) 슬라이스한 빵 3장에 서로 다른 충전물을 샌드하여 이쑤시개를 꽂은 것. 클럽 샌드위치*라고도 한다. 슬라이스한 빵은 그대로 쓰거나 토스트 해서 쓰기도 한다. 스리 데커 샌드위치는 야외 도시락용으로 알맞고 아침 식사로는 내지 않는다.

스리즈 아 로 드 비 菓 (영 Cherry Bonbon 포 Cerise à l'eau de Vie 독 Co-gnackirschen) 봉봉 오 쇼콜라*의 하나. 체리를 물에 깨끗이 씻어 알코올 도수 45도 정도 되는 스피리츠(spirits)에 절인다. 이것에 키어시로 희석시킨 퐁당을 씌우고, 다시 초콜릿을 씌운다. 일주일 정도 지나면 초콜릿 밑의 퐁당이 체리의 수분 때문에 시럽으로 바뀌어 리큐르 봉봉*과 같이 된다. 스피리츠가 없는 경우에는 키어시나 브랜디를 사용한다.

스리지에 菓 (프 Cerisier) 체리(나무)의 프랑스어명이며 체리를 이용한 제품을 뜻한다.

[만드는 법] ①사각 틀을 이용하여 제누아즈를 굽는다 ②①을 수평으로 이등분하고 그 사이에 키어시로 맛을 낸 체리를 끼운다 ③표면 전체에 키어시 풍미의 당의(糖衣 : 설탕옷)를 입힌다 ④장식은 윗부분에 나뭇가지를 만들어 얹고 브랜디에 담갔던 체리를 캐러멜에 싸서 여기 저기에 놓으며 나뭇가지와 잘 어울리는 나뭇잎을 엿으로 만들어 놓는다.

→제누아즈

스미른 原 (영, 독 Smyrna 프 Smyr-ne) 터키의 스미른산(産) 설타너. 스미른은 스미른 레이즌의 약칭. 예전에 스미른에서 다량 수출하였다 하여 붙여진 명칭이다.

⇨설타너

스완 菓 (영 Swan 프 Cygne 독 Sch-wan) 백조 모양의 소형 슈과자.

[배합] 〈버터 슈〉 물·우유 각 125cc, 버터 100g, 설탕·소금 5g, 밀가루 550g, 계란 210g. 〈기타〉 크렘 샹티이*·분설탕 각 적당량.

[만드는 법] ①버터 슈를 만든다. 냄비에 물, 우유, 버터, 설탕, 소금을 넣고 불에 올려 저으면서 끓인다 ②냄비를 불에서 내리고 체친 밀가루를 넣고 나무 주걱으로 섞는다 ③계란을 넣고 섞는다 ④둥근 모양 깍지를 끼운 짤주머니에 ③의 반죽을 넣고

백조 몸체 모양으로 짜낸다 ⑤작은 모양깍지로 백조의 머리와 꼬리를 만들어 ④와 함께 굽는다 ⑥백조 배 중심에 세로와 가로로 칼집을 넣고 사이에 크렘 샹티이를 짜 넣는다 ⑦⑤의 머리와 꼬리를 ⑥에 붙이고 분설탕을 뿌린다.

스웨덴빵 빵 (영 Swedish Bread) 스웨덴 빵은 크내케 브로트와 림파(Limpa)로 유명하다. 크내케는 아주 딱딱한 스웨덴 특유의 번즈이고 림파는 스위트 롤로서 호밀가루, 버터, 우유, 당밀, 과실, 향료 등을 배합해 만든 것이다. 그 밖에 크리스마스빵*인 율 카게도 있다.

스위스 롤 菓 (영 Swiss Roll 프 Bisc-uit Roulé) 롤 케이크*. 처음 스위스에서 만들어졌다 하여 붙여진 명칭이다. 스위스 롤용 반죽은 스펀지 반죽을 쓰되 보통 때보다 부드럽게 만든다. 스위스 롤용 시트의 배합례를 들면 다음과 같다.

1. 스위스 롤
[배합 1] 계란 227g, 설탕 142g, 박력분 142g, 착색료·플레이버 각 적당량.
[배합 2] 계란 284g, 설탕 170g, 박력분 142g, 착색료·플레이버 각 적당량.

2. 초콜릿 스위스 롤
[배합 3] 계란 227g, 설탕 142g, 박력분 113g, 코코아 가루 28g, 뜨거운 물 28cc, 초콜릿 착색료 적당량.
[배합 4] 계란 284g, 설탕 170g, 박력분 113g, 코코아 가루 28g, 초콜릿 착색료 적당량. 이들 모두 굽기 온도는 216℃이다.

스위스 머랭 菓 (영 Swiss Meringue 프 Meringue suisse 독 Kalte Schaumma-sse) 로열 아이싱*과 마찬가지로 아세트산을 더해 만든 머랭. 예를 들어 설탕 500g과 흰자 2개를 혼합한 것에 아세트산 몇 방울을 떨어뜨리고 거품낸 뒤 향료를 더한다. 따로 단단하고 안정된 거품을 낸 흰자(4개)를 더 넣어 마무리한다.

스위스빵 빵 (영 Swiss Bread 프 Pain Suisse 독 Schweizer Brot) 스위스는 유럽의 중앙 고지(高地)에 위치하며 문화의 중심지인 오스트리아와 국경을 접하고 있다. 따라서 빵도 영향을 받아 고지 유럽의 옛 전통을 보존하는 한편 오스트리아 비엔나 빵*의 세련된 기술이 활용되고 있다. 일반적으로 도시에 보급되어 있는 빵은 반달형이고 윗면에 4~5개의 칼집이 들어간 직접구이 빵이고, 협곡으로 가로막힌 지방 주민들 사이에서는 여러 가지 다양하고 재미있는 형태의 빵이 만들어지고 있다. 또, 최근에는 영국·미국식 빵도 보급되어 소비가 늘고 있는 추세이다. 제법은 전통적인 산성 반죽법이고, 직접법과 중종법을 이용하는 경우는 적다. 대표적인 빵에 표피가 잘 갈라지는 바서 브뢰트헨(Wasser Brötchen)과 빵 중앙에 작은 칼집을 하나 넣은 베글리(Weggli)가 있다. 그리고 스위스 전통의 그물빵도 있다.

스위스 타트 菓 (영 Swiss Tarts) 소용돌이 모양으로 만들어 가운데에 장식을 곁들인 소형 타르트. 비엔나 타르트라고도 한다.

[**배합**] 마가린(또는 버터)·밀가루 각 1,800 g, 설탕 560 g, 노른자·바닐라 빈 각 적당량.

[**만드는 법**] ① 버터 또는 마가린과 설탕을 함께 부드러운 크림 상태가 될 때까지 계속 젓는다 ②①에 향료가 되는 바닐라와 색소로서의 노른자를 섞은 뒤 체 친 밀가루 900 g과 함께 혼합한다 ③ 이것이 부드러운 반죽으로 되면 나머지 밀가루 900 g을 천천히 넣으면서 마무리 한다 ④③의 반죽을 짤주머니에 넣고 별 모양깍지를 끼워서 종이 깐 타르트 틀 가운데에 짜 넣는다. 짜는 방법은 틀 바닥의 중앙에서부터 시작하여 소용돌이 형태로 짜 나간다. 그리고 가운데 부분을 조금 낮은 웅덩이 모양으로 만든다 ⑤ 250℃ 오븐에서 굽는다 ⑥ 식혀서 표면에 분설탕을 뿌리고 중앙에 딸기잼을 짜 낸다.

스위트 도 빵 (영 Sweet dough) 미국식 과자빵 반죽. 스위트 롤, 번즈, 커피 케

〈표〉 스위트 도의 몇가지 배합비

	배합 정도(%) 재료	저배합	보 통	고배합 1	고배합 2
배 합	밀 가 루 (강 력)	100	75	75	75
	(박 력)	0	25	25	25
	설 탕	10	14	18	25
	쇼 트 닝	10	14	18	25
	소 금	2	2	2.5	2.5
	탈 지 분 유	6	6	6	6
	계 란	0	10	18	25
	이 스 트	3	5	6.5	10
	물	65	65	4.8	40
	향 료	적당량	적당량	적당량	적당량
만 드 는 법	반 죽 만 들 기	식빵 반죽과 같다.		계란, 이스트, 밀가루 이외의 재료를 쇼트닝과 함께 섞어 크림 상태로 반죽한다. 계란을 조금씩 더하고 마지막에 밀가루와 물에 녹인 이스트를 넣는다.	

265

반 죽 온 도	25~26℃	27~28℃
성 형	데니시 페이스트리*와 같다.	
굽 기	소형은 190~200℃에서 13~15분간, 대형은 180~190℃에서 20~25분간.	

이크 등을 만드는 반죽으로서 설탕의 배합량이 10~30%(보통은 14~20%)로 일반 빵 반죽보다 높다. 쇼트닝은 8~30%(보통 8~20%), 계란은 8~30%(보통 10~20%)를 사용한다(위의 〈표〉 참고).

스위트 롤 빵 (영 Sweet Roll) 소프트 롤* 중의 하나. 미국식 스위트 롤 반죽의 기본은 다음과 같다.

[배합] 밀가루 100에 대해서 물 50, 이스트 4, 소금 1.5, 설탕 20, 쇼트닝 10, 버터 10, 탈지분유 6, 노른자 8.

[만드는 법] 직접법으로 만든다. 반죽 온도 27.2~28.8℃, 발효시간 105분 ; 40분, 굽기 온도·시간 205℃에서 10~15분간. 스위트 롤은 스위트 도나 데니시 페이스트로도 성형할 수 있다.

〈종류〉 클러스터(Cluster) 롤, 트윈(Twin) 롤, 클로버(Clover) 롤, 리프(Leaf) 롤, 버터 젬(Butter Jem) 롤, 싱글 노트 롤, 더블 노트 롤, 시너먼 롤, 레이즌 롤, 피칸 롤, 크리스피(Crispy) 롤, 로즈 버드(Rose Bud) 롤, 버터플라이 롤, 호스 슈 롤, 배틀십(Battle Ship) 롤, 팜 리프(Palm Leaf) 롤, 스퀘어 롤, 브레이드(Braid) 롤, 턴 오버, 버터 혼(Butter Horn), 젤리 스틱, 슈거 트위스트, 프루츠 롤, 트라이앵귤러(Triangular) 롤, 베어 클로(Bearclaw), 크라운(Crown), 스네일(Snail), 브라운 서브 롤 등.

스위트 밀 菓 (영 Sweet meal) 설탕을 배합해 만든 비스킷을 가루로 빻은 것. 쿠키 등의 반죽에 필요하다. 피그 바(Fig Bar)나 샌드위치 비스킷에 사용하는 가공용 잼을 만들 때에도 사용한다. 짠맛이 나는

크래커를 가루로 만든 크래커 밀(cracker meal)도 있다.

스위트 쇼트 페이스트 菓 (영 Sweet short paste 프 Pâte sucrée 독 Mürbeteig) 단맛을 가미한 쇼트 페이스트*. 스위트 페이스트라고도 하며, 프랑스의 파트 쉬크레*에 해당한다. 기본배합은 밀가루가 100일 때 쇼트닝 50, 설탕 25, 계란 25.

스위트 초콜릿 原 (영 Sweet chocolate) 비터 초콜릿에 설탕과 바닐라를 더하여 만든 초콜릿.

⇨초콜릿

스위트 콘 빵 (영 Sweet Corn) 아침식사나 여름철 음식으로 이용되며, 케이크의 장식용으로 크림 위에 뿌려진다.

[만드는 법] ①옥수수를 빻아서 증기로 가열한다 ②시럽(짠맛이 나는 설탕액)으로 맛을 내고 롤러로 압축시킨다 ③②를 오븐에서 알맞게 구워 낸다.

스위트 포테이토 菓 (영 Sweet Potato) 고구마(스위트 포테이토)를 이용한 과자. 고구마의 속을 파낸 껍질 부분은 용기로 삼고, 파낸 속은 다시 짤주머니를 사용하여 껍질 용기에 짜낸 뒤 구워낸 야채 케이크이다. 용기의 모양과 짜는 방식을 달리하여 다양한 모양으로도 만들 수 있다.

[배합] 고구마 1,000 g, 버터 100 g, 설탕 200 g, 노른자 5개, 럼 40cc, 노른자·꿀 각 적당량.

[만드는 법] ①고구마를 통째로 씻어서 물기를 뺀 뒤 금속 박으로 싸서 오븐에 넣어 굽는다 ②껍질 부분을 용기로 사용할 경우에는 ①의 고구마를 반 나누어 껍질 부분을

2~3mm 두께로 남기고, 껍질이 상하지 않도록 숟가락으로 속을 파낸다 ③②의 고구마 속을 으깨어 뜨거울 동안에 버터, 설탕, 노른자, 럼 등과 함께 섞는다 ④②의 껍질에 ③을 짜 넣는다 ⑤노른자 적당량과 꿀을 섞어서 ④의 표면에 바른다 ⑥알맞은 색이 들 때까지 200℃ 오븐에서 굽는다.

스카치 뱁 🍞 (영 Scotch Baps) 스코틀랜드에서 아침 식사로 애용하는 소형 빵. 저배합의 이스트 발효 빵이다.

[**배합**] 강력분 910g, 버터 55g, 설탕 15g, 소금 14g, 이스트 28g, 물 650cc.

[**만드는 법**] ①강력분, 버터, 소금, 설탕, 이스트, 물을 섞어 반죽을 만든다 ②발효시키고 가스빼기 한다 ③85g씩 분할하여 둥글린다 ④2차 발효시킨 뒤 너무 얇지 않게 타원형으로 성형한다 ⑤밀가루를 뿌리고 철판에 얹는다 ⑥250℃의 센불 오븐에서 굽는다.

→뱁

스카치 번 菓 (영 Scotch Bun) 스코틀랜드의 전통적 쿠키. 다량의 레이즌과 알코올류를 넣어 만들기 때문에 보존성이 좋아 1년 정도 보존이 가능하다. 축하자리나 신년(新年)모임 등에 위스키와 함께 제공한다.

스카치 위스키 原 (영 Scotch whisky) 스코틀랜드산(産) 위스키.

⇨위스키

스카치 케이크 菓 (영 Scotch Cake) 코코아와 아몬드로 풍미를 낸 각각의 반죽을 포개서 굽고, 그 사이에 화이트 초콜릿 가나슈를 샌드한 케이크.

[**배합**] 〈코코아 반죽〉 흰자 90g, 설탕 40g, 헤이즐넛 가루 90g, 분설탕 50g, 코코아 가루 20g, 밀가루 5g. 〈아몬드 반죽〉 마지팬 120g, 노른자 110g, 바닐라 빈 소량, 레몬 껍질 4g, 소금 1g, 흰자 120g, 설탕 90g, 밀가루 120g, 아몬드 가루 50g, 녹인 버터 60g. 〈화이트 초콜릿 가나슈〉 화이트 커버추어 200g, 생크림

100cc, 버터 50g. 〈기타〉 버터·아몬드 슬라이스·케이크 시럽·아라크·분설탕 각 적당량.

[**만드는 법**] ①코코아 반죽을 만든다. 먼저 흰자와 설탕으로 머랭을 만들고, 미리 체 쳐 놓은 가루 재료를 섞는다 ②아몬드 반죽을 만든다. 마지팬에 노른자, 바닐라, 레몬 껍질, 소금을 넣고 덩어리지지 않도록 섞는다 ③흰자와 설탕으로 머랭을 만들어 그 1/3 분량과 ②를 함께 섞는다. 그리고 나서 밀가루, 아몬드 가루를 넣고 혼합한다 ④③에 남은 머랭을 섞고, 녹인 버터를 넣어 충분히 섞는다 ⑤틀에 버터를 바르고 슬라이스한 아몬드를 흩뿌려 놓는다 ①의 반죽은 틀의 가운데를 비운 채 그 주위에 짜 놓는다 ⑥④의 반죽은 빈 가운데에, 중앙을 조금 오목하게 하여 채워 넣는다. 이것을 110℃의 오븐에서 50~60분간 굽는다 ⑦구워낸 ⑥의 양끝에 칼을 집어넣고 밑 바닥 중앙을 향하여 자른다. 그리고 역삼각형 부분을 떼어 낸다 ⑧⑦의 움푹 패인 곳에 케이크 시럽과 아라크(2:1)섞은 것을 발라 촉촉히 적신다 ⑨화이트 커버추어 녹인 것에 생크림과 버터를 넣고 잘 섞어 화이트 초콜릿 가나슈를 만든다 ⑩이것을 ⑧에 바르고 잘라 낸 반죽을 되돌려 넣고 냉장고에서 식혀 굳힌다 ⑪틀의 윗면 양쪽에 분설탕을 뿌린다.

스카치 퍼프 페이스트 菓 (영 Scotch Puff Paste) 스코틀랜드식 퍼프 페이스트. 배합은 영국식과 같다. 버터를 작은 정육면체로 잘라 밀가루 속에서 섞는다. 그 중앙에 물과 레몬수를 붓고 버터가 덩어리지지 않도록 섞는다. 그 손작업은 영국·프랑스식과 같다. 단, 스코틀랜드식에서 꼭 지켜야 할 사항은 반죽을 밀어펴거나 접을 때 테두리선이 바르게, 귀퉁이가 사각이 되도록 해야 하는 점이다. 그리고 반죽을 굽기 전에 꼭 휴지시켜야 한다. 스코틀랜드식은 작업이 간단하고 편리하며, 블리츠법(blitz method)이라고도 한다.

스코틀랜드 빵 빵 (영 Scotch Bread)
스코틀랜드에서 만들어지는 대표적인 빵은
다음과 같다.
①샌드위치 빵 : 4개 이상의 반죽 덩어리를
이봉형 틀에 담아 구운 빵. 구워지는 동안
오븐 속에서 반죽이 서로 맞붙어 다 구워지
면 직사각형의 빵이 된다. ②뱁 : 아침 식
사용 빵('스카치 뱁'항 참고). ③블랙 번즈
(Black Buns) : 건포도, 럼, 아몬드, 스파이
스를 듬뿍 배합한 반죽을 평평한 빵 틀에
넣어 구운 것. ④팜 브레드(Palm Bread) :
크리스마스용 빵. 번즈와 같은 반죽을 원로
프 틀에 채워 굽는다.

스콘 빵 (영 Scone) 영국의 대표적인
빵. 밀가루, 버터, 설탕, 베이킹 파우더, 우
유, 계란으로 만든 반죽을 지름 5cm인 둥근
형틀로 찍어 구운 것. 스콘 반죽에 레이즌
을 배합해 굽기도 한다. 처음에는 얇고 딱
딱한 비스킷이었지만, 중탄산나트륨을 쓰
고 버터, 우유 등을 배합하면서 통통하게
부푼 과자로 변하였다. 스콘은 딸기잼, 크
림, 홍차와 함께 먹는다.
[배합] 밀가루 910 g, 베이킹 파우더 50 g,
버터·설탕 각 115 g, 우유 570cc, 넛메그 소
량.
[만드는 법] ①밀가루와 베이킹 파우더를
함께 체쳐 버터와 비벼 섞는다. 그리고 한
가운데를 오목하게 만든다 ②①의 중앙에
설탕, 우유, 넛메그, 계란 섞은 것을 넣는
다 ③주위의 테두리를 허물면서 전체를 섞
어 뭉친다 ④알맞은 크기로 잘라 둥글리고
철판에 늘어놓는다 ⑤표면에 노른자를 발
라 굽는다.

스쿠프 機 (영 Scoop 프 Pelle) 소
형 삽. 밀가루, 설탕 같은 분말상태의 재료
를 떠내는 도구. 알루미늄, 스테인리스, 니
켈 도금제품이 있다.

스퀘어 菓 (영 Square) 퍼이타주 과자
나 진저 브레드 등과 같이 정사각형으로 자

른 과자이다.

스크레이퍼 機 (영 Scraper 프 Racle-
tte 독 Teigschaber) 반죽을 분할하고 한
데 모으며 작업대에 들러붙은 반죽을 떼어
낼 때 사용하는 도구. 흔히 스케퍼라 불리
는 것이다. 금속제 스크레이퍼는 반죽 속에
버터를 잘라 섞을 때 빵 반죽을 분할할 때
사용하고, 플라스틱제 스크레이퍼는 작업
대 위에서 반죽하거나 반죽을 떼어낼 때 그
리고 틀에 넣은 반죽이나 크림의 표면을 고
르게 펼칠 때 쓴다. 특히 플라스틱제품은
커드라고도 한다.

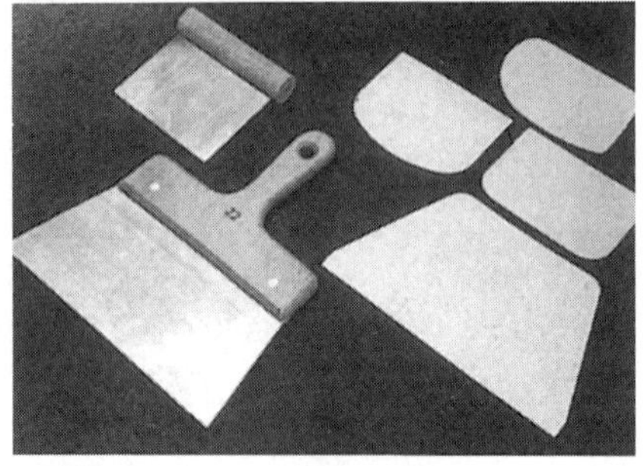

각종 스크레이퍼. 스테인리스·플라스틱제가 있다.

스크루 컨베이어 機 (영 Screw convey-
or)
⇨컨베이어

스키닝 技 (영 Skinning) 반죽 표면
에 마른 피막(皮膜)이 생기는 현상. 그 원
인은 반죽이 너무 단단하고 공장내 습도
가 낮기 때문이다. 스키닝이 일어난 반죽
은 균일성이 깨져서 구우면 주름투성이가
된다. 그러므로 습도가 낮을 때는 반죽 표
면에 헝겊을 덮어 두고, 한번 피막이 생긴
반죽은 다시 성형하여 잠시 휴지시킨 뒤
에 사용한다. 일반적으로 어린 반죽에는
피막이 생기는 경향이 더디고 지친 반죽
은 스키닝이 빠르다.

스타니슬라스 其 (프 Stanislas) 스타
니슬라스 렉친스키(Stanislas Leczinski : 1677
~1766). 한 때는 폴란드의 왕이었으나 곧

쫓겨나고, 사위인 루이 15세(Louis ⅩⅤ)의 지지로 다시 즉위하려 하였으나 실패하였다. 그 뒤 바(Bar)와 로렌(Lorraine) 지역을 통치하였고, 특히 그 지역의 중심부인 뤼네빌(Lunéville)과 낭시(Nancy)를 문화의 중심지로 끌어올렸다. 또한 그는 단것을 무척 좋아했으며 바바(Baba)를 명명한 사람으로 유명하다.

스타치 原 (영 Starch)
⇨녹말

스터핑 原 (영 Stuffing) 충전물. 원래 채워 넣는다는 의미로 필링과 같은 뜻이지만 엄격히 따져서 필링보다 좁은 의미로 쓰인다. 즉, 빵·케이크 반죽에 폭 감싸인 충전물을 스터핑이라 한다. 요리 쪽에서 널리 통용되는 용어이다.

스테아릴젖산칼슘 原 (영 Calcium stearyl lactylate) 밀가루 개량제의 하나. 백색 내지는 황백색의 가루로서 특이한 냄새가 나고 물에 녹지 않으며 알코올, 에테르, 벤젠 등의 유기용매에 녹는다. 스테아릴젖산칼슘을 빵 반죽에 더하면 글루텐의 안정성과 탄력성이 증가하고, 녹말의 팽윤·호화를 막아 결이 고우면서도 잘 부푼 빵이 만들어진다. 그리고 빵이 노화하지 않도록 작용한다. 배합량은 밀가루의 0.5%이고, 첨가방법은 밀가루와 섞거나 쇼트닝에 녹여 사용한다. 사용량은 제한이 없지만, 빵·면류 이외에는 사용할 수 없다.

스테판 機 (영 Food processor 프 Stéphan 독 Stephan) 견과류를 빻는 기계. 예리한 칼이 빠르게 회전하면서 잘라가며 섞어준다. 계속해서 회전이 진행되면 내용물은 더욱 고와져 나중에는 페이스트 상태가 된다. 롤러를 이용하는 것보다는 효과가 적지만 단시간에 원하는 상태를 얻을 수 있어 제과시 쓰면 편리하다.

스텐슬 機 (영 Stencil 프 Pochoir) 형지와 같은 구실을 하는 금속판.
⇨형지

스텐슬 스펀지 팬시 菓 (영 Stencilled Sponge Fancies) 얇은 원형 또는 타원형 케이크. 스펀지 케이크 반죽을 철판에 놓고 장식용 케이크 틀로 찍어서 굽는다.

스트로베리 머랭 菓 (영 Strawberry Meringue) 딸기 머랭.
[배합] 흰자 284 g, 설탕 511 g, 딸기 511 g, 포도당 99 g, 물 142cc.
[만드는 법] ① 설탕, 포도당, 물을 함께 132℃까지 끓인다 ② 여기에 딸기 퓌레를 넣고 젓는다. 온도가 내려가면 다시 113℃까지 끓이고, 충분히 저어 거품낸 흰자를 넣는다. 또한, 코치닐*을 몇 방울 떨어뜨리기도 한다. 이 스트로베리 머랭은 주로 소형 케이크와 차게 한 수플레의 충전물에 이용된다.

스토커 機 (영 Stocker) 저장고. 또, 냉동장치가 달려 있는 진열장도 스토커라고 한다. 요즘에는 냉동 케이크가 증가하고 있으므로 스토커는 베이커리에 반드시 필요한 것이다.

스토크 실험[-實驗] 試 (영 Stokés test) 천연 버터에 마가린 또는 그 밖의 유지가 섞여 있는지의 여부를 알아보는 실험법. 현미경에 시료(버터)를 얹고 편광(偏光)을 비추어 검사한다. 다른 유지가 섞이지 않은 것은 전체가 어둡게 보이지만, 무언가 섞인 것에는 빛이 난다. 이 방법에 한 가지 결점이 있다면 시료가 신선하지 않을 때 정확한 결과를 얻을 수 없다는 점이다.

스톡 시럽 菓 (영 Stock syrup) 설탕을 물에 녹여서 107℃로 조린 시럽. 퐁당의 농도를 조절하고 워터 아이싱을 만드는 데 이용한다.
[배합] 설탕 1,360 g, 물 1,134cc.

스트라만 믹서 機 (영 Strahmann mixer) 영국식 연속 제빵법에 쓰이는 장치.

스트레이트 도 메소드 技 (영 Straight dough method)
⇨직접 반죽법

스트레이트 어웨이 몰더 機 (영 Straight away molder) 성형기의 하나. 반죽을 한쪽 방향으로만 압연하도록 되어 있다. 이렇게 압연된 반죽은 끝부분의 가스빼기가 불충분하고 반죽 내부의 결도 균일하지 못하다. 이러한 단점을 보완하기 위해 한번 성형한 반죽을 반대 방향으로 되집어 넣어 압연·성형한다. 스트레이트 어웨이 몰더를 개량한 것이 크로스 그레인 몰더*이다.

스트로 菓 (영 Straw 프 Paille 독 Stroh) ①대롱. 속이 빈 것을 적당한 길이로 잘라 컵 속의 음료를 빨아먹는 데 사용한다. 밀랍으로 만든 것도 있다. ②초콜릿을 대롱 모양과 같이 가늘고 길게 만든 것. 주로 케이크 위에 장식한다. ③대롱 모양으로 가늘게 만든 과자. 특히 치즈 스트로가 유명하다.

스트로베리 果 (영 Strawberry) 딸기의 영어명.
⇨딸기

스트로베리 쇼트 케이크 菓 (영 Strawberry Short Cake) 신선한 딸기를 샌드한 소형의 스펀지 케이크.
[배합] 〈스펀지〉 계란 150 g, 설탕 130 g, 밀가루 110 g, 팽창제 3 g. 〈기타〉 딸기 20개, 휘핑 크림*(생크림 200cc + 분설탕 60 g).
[만드는 법] ①딸기를 씻어서 장식에 이용할 8개만 남기고 반으로 자른다 ②스펀지 반죽을 만들어 지름 15~18cm인 둥근 틀에 채우고 굽는다('스펀지 케이크'항 참고) ③ ②의 시트를 수평으로 나눠서 생크림을 사이에 바르고 딸기를 얹어 포갠다 ④③의 윗면과 옆면에 남은 생크림을 바른다. 그리고 같은 생크림을 짜낸 후 남은 딸기를 장식한다. 이 케이크는 하루가 지나면 딸기, 휘핑 크림이 상하기 쉬우므로 만들어 바로 먹어야 제맛을 살릴 수 있다.

스트로베리 턴오버 菓 (영 Strawberry Turn-over) 딸기를 충전한 턴오버*. 스

위트 도에 거품낸 생크림을 바르고 그 위에 썬 딸기를 얹는다. 크림이 굳으면 둥근 반죽을 오믈렛처럼 말아서 이음매를 아래로 향하게 놓는다. 한가운데에 가늘고 긴 종이를 감싸고 아이싱 슈거를 뿌린 뒤 종이를 떼어 낸다. 윗면에 광택을 내고 딸기 1개로 장식한다.

스틱 롤 빵 (영 Stick Roll) 가늘고 긴 막대의 롤빵. 간단하게 반죽을 길고 가늘게 한 것, 양끝을 약간 두툼하고 둥글게 한 것, 혹은 반죽을 아주 얇게 펴서 한쪽부터 말아 막대 모양으로 만든 것 등이 있다. 잘 구워지면 보존성이 좋다.

스파이스 原 (영 Spice 프 Epice 독 Gewürz, Würze) 향신료(香辛料). 강렬한 방향(芳香)과 매운맛을 갖는 식물성 향료. 단맛이나 신맛이 나는 것은 스파이스에 속하지 않는다. 대부분 식물의 뿌리, 열매, 종자, 꽃, 줄기 껍질 등을 건조시켜 만든다. 스파이스의 종류는 아주 많지만 빵·케이크에 쓸 수 있는 것은 일부분에 지나지 않는다. 넛메그, 메이스, 정향(클로브), 카더먼, 캐러웨이, 아니스, 코리앤더, 회향(페널), 월계수잎, 박하, 올스파이스, 생강, 시너먼 등이 주로 쓰인다.

스파이스 브레드 빵 (영 Spiced Bread) 스파이스를 넣어 만든 빵. 여러 가지가 있지만 대개 설타너, 커런트, 필, 체리 등의 과일류도 함께 배합하여 만든다. 이외에도 시너먼, 넛메그, 생강 등을 사용한 것도 있다. 진저 번즈나 진저 브레드도 스파이스 브레드의 하나이다.

스파이스 비스킷 菓 (영 Spice Biscuits) 생강과 스파이스를 넣어 만든 비스킷.
[배합] 박력분 454 g, 버터·설탕 각 170 g, 시럽 113cc, 스파이스 가루 7 g, 우유 57cc, 암모니아계 팽창제·생강가루 각 14 g.
[만드는 법] ①위의 배합으로 반죽을 만들어 적당한 크기로 분할한다 ②①을 둥글려서 철판에 늘어놓고 조금 평평하게 만든 뒤

171℃에서 굽는다.

스파이시 스페큘라스 菓 (영 Spicy Speculaas 네 Gevulde Specullas) 아몬드 페이스트와 스페큘라스용 반죽을 합쳐 만든 과자. 보존성이 높은 것이 특징이다.
[배합] 〈스페큘라스용 반죽〉 박력분 1,020 g, 스파이스 28 g, 팽창제 10 g, 버터 567 g, 분설탕 454 g, 계란 85 g, 소금 7 g, 레몬 껍질 적당량. 〈기타〉 아몬드 페이스트・아몬드 각 적당량.
[만드는 법] ① 스페큘라스 반죽을 만들어 시원한 곳에 놔둔다 ② ①의 반죽을 두께 3 mm로 밀어 펴서 철판에 가득 채워 깐다 ③ ② 위에 두께 2 mm로 밀어 편 아몬드 페이스트를 얹고 계란을 바른다 ④ ③ 위에 아몬드를 듬뿍 붙이고 계란칠을 한 뒤 170℃에서 굽는다.

스패니시 퍼프 菓 (영 Spanish Puff) 스페인풍(風)의 퍼프 페이스트. 이 반죽으로 만든 제품은 특히 잘 부풀어, 씹는 맛이 부드럽다. 따라서 이 반죽은 퍼프 페이스트리 뿐만 아니라 소시지 롤, 너트 크레센트, 장식용 퍼프 페이스트 등에도 이용할 수 있다.
[만드는 법] ① 버터 285 g 을 크림 상태로 만들어 밀가루 1,125 g 과 혼합한다 ② ①에 약 450cc의 물과 27 g 의 소금을 넣고 반죽을 만든다 ③ ②의 반죽을 얇게 펴서 퍼프 페이스트리용 마가린을 감싸고 보통의 퍼프 페이스트와 마찬가지로 접어펴기 한다.

스패튤러 機 (영 Spatula 프 Spatule

나무 국자(左)와 팔레트 나이프(石)를 합쳐 스패튤러라 한다.

독 Spatel) 나무 주걱, 팔레트 나이프*의 총칭. 나무 주걱은 여러 재료를 섞거나, 볶거나, 저을 때 사용한다. 재질이 나무이고 끝이 둥글기 때문에 볼이나 냄비가 긁히지 않는다.
→주걱

스펀 슈거 原 (영 Spun sugar) 쉬크레 필레. 케이크 또는 고급 디저트에 장식용으로 쓰는 엿세공 중의 하나이다.
→엿세공

스펀지 菓 (영 Sponge) ① 제빵용어로 중종의 의미이다. ② 제과용어로 계란, 설탕을 잘 섞어서 밀가루를 넣고 반죽한 가벼운 스펀지 케이크를 뜻한다.
→스펀지 케이크

스펀지 가토 菓 (영 Sponge Gâteau 프 Entremets) 원형으로 스펀지를 만들어 수평으로 잘라 2~3장을 만든 뒤 크림을 샌드하고 퐁당・크림 등으로 장식한 과자. 즉, 데커레이션 케이크를 가리킨다.

스펀지 너츠 쿠키 菓 (영 Sponge Nuts Cookies) 스펀지 케이크 반죽으로 만든 너츠 쿠키.
[배합] 밀가루 100에 대해 노른자 18, 설탕 20, 소금 0.5, 레몬(향료) 적당량, 흰자・설탕 각 30, 팽창제 2, 견과 60.
[만드는 법] ① 위의 재료로 반죽을 만들어 둥근 모양깍지를 끼운 짤주머니에 넣어 2 cm로 둥글게 철판에 짜낸다 ② 185℃ 오븐의 윗단에 넣어 13분간 굽는다. 견과 대신에 다른 과실을 이용하기도 한다.

스펀지 도 메소드 技 (영 Sponge dough method)
⇨중종 반죽법

스펀지 드롭 菓 (영 Sponge Drop) 스펀지 케이크 반죽을 둥근 모양깍지로 짜내어 작고 둥글게 구운 과자.

스펀지 바 菓 (영 Sponge Bar) 띠모양으로 구운 스펀지를 2~3장 포개어 크림이나 잼을 샌드하고 초콜릿, 퐁당, 크림으로 덮어, 직사각형으로 1인용씩 자른 과자.

스펀지 케이크 菓 (영 Sponge Cake 프 Biscuit) 계란의 기포성을 이용한 케이크. 거품낸 계란이 공기를 포함하고 이 기포가 가열에 의해 팽창하여 스펀지 상태로 부푼다. 여기에서 스펀지라는 명칭이 붙었다. 대형으로 구워(스펀지 시트) 원하는 모양·크기로 잘라 쓴다. 또, 얇게 구워 잼을 바르고 말아 슬라이스 하기도 한다. 프랑스의 비스퀴*에 해당한다.

〈종류〉 반죽의 배합에 따라 ①플레인 스펀지(에그 스펀지), ②버터 스펀지(제누아즈), ③코코아·커피의 풍미를 낸 스펀지, ④견과를 배합한 스펀지가 있고, 반죽법에 따라 ①공립법 스펀지, ②별립법 스펀지가 있다(〈표〉 참고).

〈배합〉 ①기본배합 : 밀가루, 계란, 설탕 모두 100. 이에 따른 스펀지는 단단하고 맛이 없다. 그래서 기본배합에 변화를 주거나 다른 재료를 첨가한다. ②배합1 : 밀가루 100, 노른자 150, 설탕 100, 흰자 180, 설탕 20. 이것은 비스퀴 아 라 퀴이예르의 배합이다. 설탕은 총 120%, 계란은 총 330%로서 밀가루에 대한 계란량이 최대이다. ③배합2 : 밀가루 100, 계란 200, 설탕 100. 이것은 앙트르메의 배합이다.

한편, 이들 기본반죽에 풍미를 주고 보존성을 높이기 위해 다음과 같은 부재료를 더한다. 유지류(버터), 향료(바닐라), 코코아, 커피, 견과류, 물엿 등. ④버터 스펀지(제누아즈) : 밀가루량에 25%(또는 50%)의 버

터를 배합한다. ⑤코코아 스펀지 : 밀가루량의 20~30%를 코코아 가루로 바꿔 넣는다. ⑥커피 스펀지 : 밀가루량의 3~5%의 인스턴트 커피를 커피 리큐르에 녹여 더한다. ⑦견과 스펀지 : 밀가루량의 50~60%를 배합한다. 견과를 많이 넣으면 제품이 묵직해지고, 또 너무 적으면 풍미가 나지 않는다. 밀가루와 견과를 합한 양이 계란량보다 많아지지 않도록 하고, 설탕량은 견과량에 맞추어 알맞게 늘린다. ⑧물엿 스펀지 : 설탕의 5~10%를 사용하고 대신 설탕의 양은 그만큼 줄인다.

〈원부재료의 특성〉 ①밀가루 : 흔히 박력분을 사용한다. 밀가루의 글루텐은 반죽의 기포가 구운 뒤에도 그대로 유지될 수 있도록 받쳐 주는 역할을 한다. 글루텐량의 비율이 낮으면 가볍고 부드러운 반면 푹 꺼지기 쉬운 스펀지가, 높으면 가라앉지 않으면서 묵직한 스펀지가 만들어진다. 비스퀴 아 라 퀴이예르·롤 케이크용 스펀지에는 글루텐이 적은 밀가루가, 앙트르메의 시트처럼 시럽을 많이 사용하는 제품에는 글루텐이 많은 밀가루가 알맞다. ②계란 : 스펀지의 질을 결정하는 첫번째 요소로서, 기포형성이 주목적이다. 풍미를 향상시키는 기능도 있다. 거품내어 무수히 많은 기포를 만들어 구우면 계란의 단백질이 응고하여 모양이 유지된다. ③설탕 : 감미원. 뿐만 아니라 계란의 기포를 안정시키고 반죽에 찰기를 주며 노화를 막는 역할을 한다. ④유지 : 풍미를 향상시키는 일 이외에 기포를 작게

〈표〉 스펀지 반죽의 종류·제법에 따른 용도

반죽법＼종류	에그 스펀지	버터 스펀지
공립법 (핫 스펀지법)	쇼트 케이크·롤 케이크·대~소형 상형 과자	제누아즈·비너마세·비스퀴 오 뵈르 비스퀴 룰레·만델마세
별립법 (콜드 스펀지법)	비스퀴 아 라 퀴이예르· 모렌콥프·비스퀴 오 자망드· 만델마세	제누아즈·마들렌· 비스퀴 망케·자허마세

하여 가득찬 느낌의 스펀지를 만든다. 특히 시폰 케이크처럼 흰자만을 사용하여 기포가 지나치게 많이 일어날 때 샐러드유를 소량 첨가하면 거품이 약간 가라앉는다. 고형 유지(버터·마가린)를 첨가할 경우에는 녹여서 따뜻할 때(온도가 높아야 기포가 꺼지기 어렵다) 반죽 전체에 뿌리듯이 넣고 재빨리, 그리고 살짝 섞는다. ⑤ 녹말 : 부드러운 풍미의 스펀지를 만들기 위해 밀가루의 일부를 녹말로 바꾼다. 왜냐하면 녹말에는 단백질이 거의 없어 글루텐을 형성하지 않기 때문이다. 밀녹말이 가장 우수하고, 다음이 콘스타치, 감자녹말이다. ⑥ 코코아·초콜릿 : 코코아 가루는 밀가루와 체쳐 놓는다. 코코아에는 20%의 지방이 함유되어 있어 기포를 없애기 쉽다. 그리고 커버추어 역시 30% 이상의 지방을 갖고 있다. ⑦ 견과류 : 풍미원. 반죽에 더할 때는 가루로 빻아 넣거나 마지팬을 사용한다. 견과를 더한 반죽은 기포가 가라앉기 쉽고, 구워냈을 때 무거워지므로 공립법보다 별립법으로 반죽한다. 견과의 양이 많을수록 스펀지가 무거워지지만 풍미는 향상된다. 가장 널리 쓰이는 것이 아몬드이고 그 다음이 헤이즐넛, 호두이다. ⑧ 향료 : 바닐라 오일, 바닐라 슈거를 사용한다. 바닐라 슈거*는 설탕량의 일부와 바꿔 넣는다. 바닐라 이외에 레몬이나 오렌지를 사용하기도 한다. ⑨ 팽창제 : 주로 베이킹 파우더를 사용한다. 계란의 배합량이 적어 기포력을 보충해야 할 때, 또는 유지를 넣거나 견과의 배합량이 높을 때 팽창제를 첨가한다.
[만드는 법] ① 공립법 : 노른자, 흰자와 설탕을 함께 거품내고 나서 그 밖의 재료를 첨가하는 방법. 이 때는 흰자만을 거품낼 때보다 기포력이 낮으므로 중탕하면서 거품낸다. 따라서 핫 스펀지 반죽법이라고도 한다. 여기에 녹인 버터를 더하면 공립법 버터 스펀지가 된다. ② 별립법 : 계란을 노른자와 흰자로 나누어 그 각각에 설탕을 더해 따로따로 거품낸 다음 그 밖의 재료와 함께 섞는 방법. 중탕하지 않으므로 콜드 스펀지 반죽법이라고도 한다. 공립법보다 제조시간은 길지만 결이 곱고 가벼운 스펀지가 된다.
〈배합 요령〉 ① 가루류는 밀가루와 체쳐 놓는다. ② 마지팬 등의 페이스트류는 소량의 노른자로 부드럽게 푼 뒤 남은 노른자와 설탕을 섞는다. ③ 유지는 밀가루 넣기 직전에 넣어 가볍게 반죽한다. ④ 밀가루는 글루텐이 생기지 않도록 마지막에 섞는다. ⑤ 물과 우유는 공립법일 경우 계란에, 별립법일 경우 노른자에 섞는다.
〈굽기〉 ① 틀에 채워 굽기 : 굽기 온도는 170~180℃이고 윗불이 조금 센 오븐에서 굽는다. 어느 정도 색이 들면 윗불을 줄인다. 처음부터 아랫불이 강하면 중앙이 부풀고 옆면이 갈라질 수 있다. ② 철판에 굽기 : 시트용으로 두껍게 구울 때는 ①과 같고, 얇게 구울 때는 180~200℃ 오븐에서 굽는다. 이 때 고온에서 단시간 구워야 한다. 왜냐하면 저온에서 장시간 구우면 건조하여 부서지기 쉽기 때문이다. ③ 짜내어 굽기 : 짜내어 구울 경우 좁은 모양깍지를 통해 나오는 반죽은 기포가 꺼지기 쉬우므로, 별립법에 의한 반죽을 사용한다. 200~220℃ 오븐에서 윗불을 살려 굽는다. 이들 스펀지 제품은 구운 뒤 바로, 밑에 붙은 종이째 나무 상자에 넣고 뚜껑을 닫아 하룻밤 동안 둔다. 이렇게 하면 수증기가 흡수되어 촉촉해진다.

스펀지 핑거 菓 (영 Sponge Finger 프 Biscuit à la Cuillère) 스펀지 반죽을 가늘고 길게 짜서 분설탕을 뿌리고 구운 과자. 짤주머니가 생기기 전까지는 숟가락을 이용하였다. 아이스크림이나 과일을 곁들여 대접하며 샤를로트, 앙트르메 주위에 둘러 다른 과자의 재료로도 사용한다.
→비스퀴 아 라 퀴이예르

스페퀼라스 돌 菓 (영 Speculaas Dolls

네 Speculaas Poppen） 네덜란드풍(風) 진저 케이크의 하나.
[**배합**] 박력분 1,020 g , 스파이스 28 g , 팽창제 21 g , 버터 454 g , 분설탕 567 g , 레몬 껍질 28 g , 계란 50 g , 소금 7 g . 〈기타〉 계란·아몬드 각 적당량.
[**만드는 법**] ① 반죽을 만든다. 몇 시간 휴지시킨 뒤 띠 모양으로 늘여 편다 ② 인형 모양의 특수 틀로 성형한다 ③ 성형 반죽을 철판에 올려 놓는다 ④ 계란을 바르고 아몬드를 붙인다. 한번 더 계란칠을 한 뒤 170℃ 오븐에서 굽는다.

스페큘러티어스 菓 （영 Speculatius） 크리스마스 케이크의 하나. 특징은 여러 종류의 향신료를 넣는다는 점이다. 밀가루, 그라뉴당, 꿀, 버터, 계란, 우유 등을 섞어서 단단하게 반죽하고 이것을 얇게 펴서 여러 가지 인형 모양의 형틀로 찍어서 만든다. 이것을 철판 위에 놓고 182℃ 오븐에서 갈색이 되도록 굽는다. 사용하는 향신료는 시너먼, 올스파이스, 메이스, 오렌지(가늘게 썬 것), 코리앤더 등이다.

스푼 機 （영 Spoon 프 Cuiller 독 Löffel） 서양식 숟가락이다. 스푼이란 명칭은 네덜란드어인 스판(spaan), 독일어의 슈판(span)과 같은 어원으로서 '나무를 쪼갠다'는 뜻이다. 즉, 처음으로 만들어진 스푼은 나무였다. 나이프, 포크, 스푼이 한 세트로서 쓰이기 시작한 것은 17세기부터이다. 현재 사용되는 식탁용 스푼은 다음 4 종류가 기본이다. ① 테이블 스푼 : 식사용. 용량은 18cc. ② 디저트 스푼 : 후식용. 테이블 스푼보다 작고 티 스푼보다는 크다. ③ 티 스푼 : 컵에 담아 먹는 모든 음료·반숙계란·과일 칵테일용. 용량은 3 cc. ④ 커피 스푼 : 커피용. 티 스푼의 1/2 크기.

스품 菓 （영 Spoom） 빙과(氷菓)의 하나. 과실즙, 포도주 등을 시럽과 섞고, 거품낸 흰자를 넣어 얼린 것이다. 셔벗보다 담백하고 부드럽다.

스프레드 菓 （영 Spread） ① 빵, 과자의 윗면 또는 옆면에 버터 크림을 넓게 펴 바르는 일. 버터 크림 이외에 초콜릿과 같이 단것 또는 매운것, 신것 등도 이용한다. ② 비스킷·쿠키 등을 구울 때 반죽이 옆으로 퍼지는 현상. 이것은 원료의 배합, 반죽의 굳기, pH, 오븐 내부의 습도 등에 영향을 받는다. 또한 이 현상은 쿠키용 밀가루의 판정기준이 되고 있다.

스프레이 機 技 （영 Spray） ① 분무기 ② 분무기에서 나오는 안개 상태의 액체. 반죽의 습도를 높이기 위해 찬물이나 더운물을 분무하거나, 뜨거워진 오븐에 분무하여 증기를 발생시킬 수 있다. 그리고 철판에 기름을, 반죽 표면에 계란액을 바르는 대신 분무하기도 한다.

스피리츠 原 （영 Spirits） 주정도 높은 증류주. 녹말이나 당질을 함유하고 있는 식물의 잎·뿌리·수액(樹液)·종자 또는 곡물의 종자, 근경(根莖)을 원료로 하여 1 회에서 수 회 증류한 알코올 음료이다.
〈특징〉 알코올 도수는 평균 37~50도이고, 높게는 70~95도인 것도 있다. 원료가 되는 종자와 곡물류를 분쇄 또는 가수해서 발효시킨 액체를 증류하여 90도 이상의 중성 스피리츠를 만든다. 여기에 향초와 스파이스를 담그거나 여과시킨 뒤 다시 1~2회 증류하여 냉각시킨다. 스피리츠는 연금술사의 기술로 태어난 생명의 물, 즉 아쿠아비타이(aqua vitae) 만드는 법에서 유래했다는 이야기도 전해지고 있다.
〈종류〉 북유럽의 '아쿠아비트', 러시아의 '보드카', 독일의 '퀴멜', 영국과 네덜란드의 '진', 이란과 인도의 '아라크' 등이 있다. 또, 17세기 이후 신대륙에서는 '럼'이 생산되었다.
〈사용법〉 스피리츠는 세계 각국에서 만들어지고 있다. 술로서 그냥 마시는 경우가 많지만 최근에는 리큐르의 기본 재료로 많이 사용하고 있다. 제과용으로 가장 많이 쓰는 것이 럼, 그 다음이 아라크, 아쿠아비트 등이다. 또한 크림·소스·시럽 등에 풍미를 내는 데에도 이용한다.

슬라이서 機 (영 Bread slicer, Slicing machine) 냉각*시킨 빵을 일정한 두께로 자르는 기계. 일반적으로 슬라이서는 포장기와 연결되어 있다.
〈종류〉① 왕복 슬라이서(reciprocation slicer) ② 밴드 슬라이서(band slicer) ③ 탁상 슬라이서(portable slicer).

슬라이스 菓 (영 Slice 프 Tranche) ① 얇게 자른 한 조각. ② 띠 모양으로 만들어 직사각형으로 자른 과자.

슬라이스 래핑 머신 機 (영 Slice-wrapping machine) 슬라이서와 포장기가 연결되어 있어 자름과 동시에 포장이 자동으로 이루어지는 장치. 여러 종류가 있지만 보통, 슬라이서에서 잘린 빵이 자동장치를 통과해 포장기로 옮겨져 포장지나 셀로판지로 포장된다.

슬래브 機 (영 Slab 프 Dalle 독 Fliese) 사각의 받침돌. 작업하는 동안 저온이어야 하는 과자류를 성형할 때 필요한 작업대로서 직사각형의 대리석, 슬레이트를 가리킨다. 슬래브는 열전도성이 좋고 열용량이 커서 반죽의 열을 빼앗아 저온을 유지시킨다. 반대로 높은 온도를 필요로 하는 과자일 때는 슬래브를 따뜻하게 한 뒤 사용한다. 한편 슬래브 같은 사각 모양의 케이크를 슬래브 케이크*라 한다.

슬래브 케이크 菓 (영 Slab Cake) 슬래브(널빤지)처럼 두툼하고 가느다란 직사

〈표〉 슬래브 케이크의 종류에 따른 배합량

배합(g) ＼ 종류	머디러 슬래브	커런트 슬래브	체리 슬래브	아몬드 슬래브	진저 슬래브
버　　　　　터	340	340	340	340	340
합 성 유 지	113	113	113	113	113
설　　　　　탕	454	454	454	454	454
계　　　　　란	567	567	567	·	·
향　　　　　료	레몬	28	바닐라·아몬드	·	바닐라
글 리 세 린	28	567	28	567	567
박 력 분	681	7	624	28	28
팽 창 제	7	·	7	511	681
체　　　　　리	·	794	1,020	·	·
커 런 트	·	·	·	·	·
시 트 론 껍 질	·	113	113	·	·
과 피 (필)	·	·	·	·	·
아 몬 드 가 루	·	·	·	7(단것)	7
아 몬 드 가 루	·	·	·	57(쓴것)	·
캐 러 웨 이	·	·	·	57	·
생 강 (다 진 것)	·	·	·	·	＋681
장 식 재 료	·	잘게 부순 아몬드	·	아몬드 슬라이스	＋＋
굽 기 온 도	187℃	182℃	182℃	182℃	182℃

주 1) 머디러 슬래브 케이크는 수평으로 3단을 잘라 사이사이에 잼과 크림을 샌드하기도 한다.
　2) 체리 슬래브 케이크는 윗면을 아몬드 페이스트나 흰 퐁당으로 마무리 하고 설탕절임 체리로 장식한다.
　3) ＋표시는 생강 프리저브를 작게 잘라 미지근한 물에 씻어 말린 것, ＋＋표시는 식힌 진저 슬래브 케이크 윗부분에 흰 퐁당을 바르고 생강 프리저브를 얇게 썰어 마지막으로 설탕을 뿌린 것이다.

각형의 과자. 슬래브 케이크를 만들 때는 슬래브 모양의 틀을 이용하거나, 철판 위에 사각 테두리를 치고 기름 종이를 깐 뒤 반죽을 채워 넣는다. 반죽의 무게는 2.5~3kg이 표준이다.

[배합] 종류에 따라 다르다(〈표〉 참고).

[만드는 법] 슈거 배터법 또는 플라워 배터법으로 반죽한다.

슬랫 컨베이어 機 (영 Slat conveyor) 컨베이어의 일종이다.

⇨컨베이어

슬로 오븐 機 (영 Slow oven) 약한불 오븐. 온도 범위는 121~149℃이다.

→오븐의 온도

습도[濕度] 物 (영 Humidity) 대기 중의 수증기 상태를 수량으로 나타낸 것. '상대습도'라고 해야 원칙이지만 일반적으로 '습도'라고 한다. 그리고 대기 중의 수증기 표현법으로서 습도 이외에도 혼합비, 수증기압, 비습(比濕), 이슬점 온도 등이 있다. 상대습도는 대기 중에 포함되어 있는 수증기의 양과, 그 순간의 온도에서 대기가 함유할 수 있는 최대수증기량의 비율을 백분율로 나타낸 값이다. 이것을 식으로 나타내면,

$$R(상대습도, \%) = \frac{f(대기중의 수증기압)}{F(포화수증기압)} \times 100$$

이다.

보통, 빵공장인 경우 원료창고와 작업장의 습도는 낮을수록 좋고, 발효실의 습도는 반죽의 겉이 마르지 않도록 하며 발효 팽창을 순조롭게 해야 하므로 높아야 한다. 그러나 또 너무 높으면 습기가 생겨서 제품의 외관에 나쁜 영향을 주므로 적당히 조절해야 한다. 틀에서 굽는 흰빵의 경우 보통 1차 발효실의 습도는 75%, 2차 발효실의 습도는 80~85% 정도를 표준으로 한다. 오븐의 증기를 넣어서 습도를 극도로 높이는 경우도 있다.

습도계[濕度計] 試 (영 Hydrometer)

대기 또는 실내의 습도를 측정하는 기구. 습도계 종류로는 모발 습도계, 건습구 습도계, 이슬점 습도계, 흡수 습도계, 전기식 습도계, 적외선 흡수 습도계 등을 들 수 있다. 이 중에서 정확하고 가장 널리 쓰이는 것이 건습구 습도계*이다.

습부[濕麩] 原 (영 Wet gluten) 밀가루 반죽을 물속에서 비벼 녹말을 씻어내고 남은 글루텐 덩어리. 글루텐 속에 물이 그대로 존재하기 때문에 습부(젖은 글루텐)라 한다. 여기서 수분을 뺀 것이 건부*이다. 이렇게 밀가루에서 글루텐을 추출하고자 할 때는 먼저 밀가루 100과 물 50을 섞어 단단하게 반죽한다. 그리고 그 반죽을 헝겊에 싸서 흐르는 물에 대고 주무른다. 그러면 녹말이 물에 녹아 빠져 나가고 불용성인 단백질만 남는다. 이것이 습부이다.

시가레트 菓 (프 Cigarette) 랑그 드샤*와 같이 가벼운 쿠키 반죽을 구운 즉시 막대로 감아서 둥글려 담배 모양으로 성형한 과자.

[배합] 버터·설탕 각 400 g, 흰자 14개, 밀가루 300 g, 바닐라 향료 소량.

[만드는 법] ① 버터와 설탕 300 g을 섞는다 ② 흰자를 거품내고 설탕 100 g을 넣어 머랭을 만든다 ③①과 ②를 섞는다 ④밀가루와 바닐라를 섞는다 ⑤두께 2 mm인 원형판에 ④를 짜 넣는다 ⑥중불의 오븐에서 굽는다 ⑦뜨거울 때 막대에 감고 굳으면 막대를 빼낸다.

시너먼 原 (영 Cinnamon 프 Cinnamome, Cannelle 독 Zimt, Zimmet) 녹나무과(科) 녹나무속(屬)의 상록수인 육계(肉桂) 껍질을 벗겨서 말린 것. 산뜻하고 향기로운 맛이 있어 과자에 향신료로 사용한다. 육계와 실론육계의 나무껍질을 이용한다. 〈특징〉 원산지는 스리랑카이며 서인도 제도와 아시아의 여러 나라에서 재배되고 있다. 잎은 단단하고 광택이 나며 꽃은 작고 황색을 띤 흰색이다. 어린 가지를 말린 것으로

서 시너먼은 자극성이 있고 소화촉진 기능과 살균효과가 있다.

〈사용법〉 분말상태의 시너먼을 소량씩 구입하여 밀폐된 용기에 담아두면 향이 증발하지 않는다. 단맛의 풍미와 미묘한 매운맛이 공존하는 시너먼은 단맛이 강한 과자나 과일류에 곁들이면 좋다. 시너먼 가루는 케이크・쿠키・초콜릿・크림 과자 등의 과자류와 빵에 널리 사용하며, 또 시너먼은 사과와 잘 어울리기 때문에 구운 사과나 애플 파이 등에 필수적인 향신료이다. 스틱 상태의 시너먼은 콩포트를 만들 때에 과일과 함께 그대로 시럽에 절여 사용하고, 홍차에 곁들여 독특한 풍미가 나는 시너먼 차를 만들기도 한다.

시너먼 롤 빵 (영 Cinnamon Roll) 스위트 롤의 하나. 번즈 반죽 또는 스위트 도를 직사각형으로 늘이고, 녹인 버터를 한쪽 면에 바른 뒤 시너먼 슈거를 뿌린다. 이것을 둥그렇게 말아서 짧게 자르고 철판에 늘어놓는다. 잘린 면이 위로 향하도록 하고 발효시킨 뒤 굽는다.

시너먼 번즈 빵 (영 Cinnamon Buns)
[배합] 밀가루 1,000g, 설탕 150g, 소금 8g, 쇼트닝 120g, 이스트 40g, 계란 150g, 우유 50cc, 이스트 푸드 3g. 〈기타〉 버터・시너먼 슈거・버터 크림*・과실 각 적당량.
[만드는 법] ① 반죽을 450g으로 분할하고 두께 0.7cm, 크기 30×30cm로 편다 ② 버터를 바르고 시너먼과 설탕 섞은 것을 뿌린다 ③ 그 위에 버터 크림을 바르고 과실을 뿌려서 감는다 ④ 이것을 8등분하여, 철판에

자른면이 위쪽으로 향하게 나란히 놓고 계란을 바른다 ⑤ 발효실에 넣고 발효시킨 뒤 200℃ 오븐에서 20분간 굽는다.

시너먼 오일 原 (영 Cinnamon oil)
⇨식물성 향료

시너먼 프루츠 브레드 빵 (영 Cinnamon Fruits Bread) 향신료와 과일을 이용한 빵. 직접법에 따라 반죽한다.
[배합] 배합비는 〈표〉와 같다.

〈표〉 프루츠 브레드 반죽의 배합비

배합재료	%	중량(kg, 밀가루 22kg당)
밀 가 루	100	22
물	53	11.66
이 스 트	6	1.32
소 금	2	0.44
설 탕	10	2.2
탈지분유	4	0.88
쇼 트 닝	10	2.2
계 란	10	2.2
전체중량	195	42.9

[만드는 법] ① 위의 배합으로 반죽을 만들어 1차발효 시킨다. 반죽시간 8분, 반죽 온도 25.5℃, 1차 발효 1시간 45분 ② 가스빼기하고 반죽을 알맞게 분할 둥글리기 하여 다시 15분 정도 휴지시킨다 ③ 반죽을 늘여 펴서 계란과 우유의 혼합액을 바르고 그 위에 설탕과 시너먼 혼합한 것을 뿌려서 감는다 ④ 팬닝하기 전에 4군데 칼집(3/4까지 자른다)을 넣고 발효시킨 뒤 굽는다. 2차 발효 45분 ⑤ 빵이 식으면 스위트 롤*(Sweet Roll)과 같이 윗부분에 아이싱을 한다. 이 반죽으로 다음과 같은 프루츠 브레드를 만들 수 있다.

① 프룬 브레드 : 작게 자른 프룬(prune : 유럽 자두) 40%를 넣어준다. ② 믹스 프루츠 브레드 : 건포도, 체리, 시트론 필, 오렌지 필, 레몬 필을 섞은 혼합과일을 40% 넣는다. 혼합방법은 반죽을 완성하기 2분 전에 넣고서 저속으로 반죽한다. ③ 데이트 너츠

브레드 : 4 등분한 대추야자 30%, 견과류 10%를 넣는다.

시누아 機 (영 Conical sieves 프 Chinois) 원추형의 금속제 체. 소스·크림·퓌레 등을 거를 때 쓴다.

시드르 原 (영 Cider 프 Cidre) 사과술. 사과즙을 자연 발효시킨 알코올 음료. 애플 와인이라고도 한다. 주산지는 영국과 프랑스이고, 용도는 양과자에 향을 내는 재료로 쓰인다.

시드 이스트 生 (영 Seed yeast) 이스트 제조의 원종(原種)이 되는 이스트. 이스트 공장에서 보통 판매용 이스트와는 별도로 이스트균 이외의 미생물이 번식하지 못하도록 배양액을 살균하여 순수 배양한 것이다. 이러한 시드 이스트가 적당한 분량에 달하면 이것을 사용하여 판매용 이스트를 배양한다.

시럽 原 (영 Syrup 프 Sirop 독 Sirup) 설탕을 녹여 조린 액체. 당액(糖液)이라고도 한다. 설탕 이외의 각종 액상 감미료와 향료를 더한 것도 시럽이다. 시럽은 액체이기 때문에 다른 재료와 섞이기 쉽다. 찬 음료(아이스커피)나 알코올이 포함된 주류에는 결정상태의 설탕이 잘 녹지 않으므로 대신 시럽을 쓴다. 시럽은 원료에 따라 풍미가 다르고 원료인 당과 물의 비율, 조림방법에 따라 농도가 달라진다. 당액의 농도는 g/cm^3이라는, 부피에 해당하는 당액의 중량으로 표현한다. 당도를 나타내는 보메도(Bé)와 비중을 비교하면 〈표1〉과 같다. 그리고 농도에 따라 시럽의 품질과 용도가 결정된다. 당분이 적은 묽은 당액은 감미료로 더할 때 액량을 늘려야 하므로, 다른 재료를 묽게 하고 싶지 않을 경우에는 알맞지 않다. 또, 살균이 불충분하거나 보존온도가 높으면 곰팡이가 피고 발효하기 쉽다. 한편 시럽이 진하면 결정이 석출되어 색이 흐려지며 끈기가 생길 수 있다.

〈물과 설탕의 비율·조림정도〉 ① 물과 설탕의 비율 : 물 200cc와 설탕 200~300 g 을 섞어서 끓이고 식힌다. 이 정도의 농도에서는 결정이 생기기 어렵다. 묽은 시럽은 물

〈표 1〉 물1 ℓ 에 대해 녹인 설탕량의 비중과 보메도의 비교

(뜨거운 시럽인 경우)

비 중 (g /cm)	보메도 (Bé)	비 중 (g /cm)	보메도 (Bé)	비 중 (g /cm)	보메도 (Bé)
1.0000	0	1.1244	16	1.2407	28
1.0359	5	1.1335	17	1.2515	29
1.0434	6	1.1425	18	1.2624	30
1.0509	7	1.1515	19	1.2736	31
1.0587	8	1.1609	20	1.2850	32
1.0665	9	1.1699	21	1.2964	33
1.0747	10	1.1799	22	1.3082	34
1.0825	11	1.1896	23	1.3199	35
1.0907	12	1.1996	24	1.3319	36
1.0989	13	1.2095	25	1.3830	40
1.1074	14	1.2194	26	1.4530	45
1.1159	15	1.2301	27	1.5300	50

200cc에 설탕 70 g 을 더해 끓인다. 시럽을 투명하게 만들려면 물을 2 배 이상 더하고 끓인 뒤 약한 불에서 농축한다. 그리고 거품낸 흰자를 더해 함께 조린다. 설탕은 그라뉴당을 쓴다. ②조림 정도 : 완성된 뒤의 중량과 당도계로 조린 상태를 알 수 있다 (〈표2〉, 〈표3〉 참고). 한편 시판되는 시럽은 일반적으로 55~59%(중량비)의 당농도로 만든다. 그리고 운반하는 동안 흔들림과 저온에서 생기는 변화를 막기 위해 유화제 역할을 하는 아라비아 검을 더하여 안정시킨다. 이것이 검 시럽이다.

〈표 2〉 물과 설탕을 끓였을 때의 보메도

설탕(g)	물(cc)	보메도(Bé)
1000	500	32
1000	750	30
1000	1000	25
1000	1250	22
1000	1500	20
1000	2000	17

〈종류〉 심플 시럽(물과 설탕만으로 만든 것), 검 시럽, 프루츠 시럽, 민트 시럽, 바닐라 시럽, 커피 시럽, 메이플 시럽 등이 있다.

〈표3〉 시럽의 상태와 용도

명 칭	상 태	조림온도(℃)	보메도(°Bé)	용 도
⑧ 로워터추커 (läuterzucker)	설탕이 다 녹아 맑은 상태.	100~105	28~30	과실의 시럽절임
㉫ 프티 페를레 (petit perlé) ⑧ 슈바허 파덴 (schwacher faden)	시럽을 엄지·검지 손가락에 묻혀 떼었다 붙였다 하면 실이 생기고 곧 끊어지는 상태.	105	30~33	과실의 시럽절임
㉫ 그랑 페를레 (grand perlé) ⑧ 슈타르커 파덴 (starker faden)	위와 같은 방법으로 했을 때 가느다란 실이 길게 따라 올라온다. 또한 찬물에 떨어뜨리면 굳어 한 덩어리가 된다.	107	33~35	퐁당, 이탈리안 머랭, 크렘 오 뵈르
㉫ 프티 수플레 (petit soufflé) ⑧ 슈바허 플루크 (schwacher flug)	구멍 뚫린 스푼으로 시럽을 떠서 입김을 불면 기포 방울이 생긴다.	111. 5~112. 5	37~39	
㉫ 그랑 수플레 (grand soufflé)	위와 같은 방식으로 하면 거품의 크기가 더 크고 바로 꺼지지 않는다.	112.5	38~39	
㉫ 프티 불레 (petit boulé)	손가락을 찬물에 담갔다가 시럽을 묻히고 다시 찬물에 넣었을 때 손가락으로 둥글릴 수 있는 상태.	115	39~40	캐러멜, 마롱 글라세
㉫ 불레 무아앵 (boulé moyen) ⑧ 슈타르커 플루크 (starker flug)	시럽을 찬물에 떨어뜨리면 굳은 시럽이 사슬처럼 이어진다.	117.5	이하 측정 불능	마지팬, 리큐르 봉봉
㉫ 그랑 불레 (grand boulé) ⑧ 발렌 (ballen)	프티 불레 상태와 같은 방식으로 하면 작은 공 모양이 된다.	121~124		

⑭ 프티 카세 (petit cassé) ⑮ 브루흐 (bruch)	시럽을 찬물에 떨어뜨리면 굳고, 씹으면 끈기가 조금 있으며 곧 부서지는 상태.	125~135		부드러운 누가
⑯ 카세 (cassé) ⑰ 카라멜 (karamel)	찬물에 떨어뜨려 굳힌 시럽을 씹으면 끈기가 없이 부서지고 깨지는 상태.	141~147.5		드롭스, 생토노레
⑱ 프티 존 (petit jaune) ⑲ 쿨뢰르 (kulör, couleur)	시럽에 노란 빛이 돌기 시작하는 상태.	155		프 랄 리 네, 누가틴, 소스 오 카라멜
⑳ 존 또는 쉬크르 도르주 (jaune, sucre d'orge)	노랑 시럽. ※ 155℃ 이상 조리면 노랑빛이 돌고 더 조리면 갈색이 되고 연기를 내며 탄다. 이 상태를 카라멜(caramel)이라 한다.	160		

시루 機 찜용 질그릇. 바닥에 겅그레를 깔고 반죽을 채운 뒤 증기를 이용하여 찐다. 반드시 뚜껑을 덮고서 찐다.

시루즈베리 비스킷 菓 (영 Shrewsbury Biscuits) 영국 시루즈베리(Shrewsbury) 지방의 명과.
[배합] 밀가루 450 g, 버터·설탕 각 280 g, 계란 85 g, 시너먼 3.5 g.
[만드는 법] ① 버터와 밀가루를 섞는다 ② ①에 설탕, 계란, 시너먼을 넣고 매끈매끈한 반죽을 만든다 ③ 이것을 두께 5 mm로 펴서 지름 5 cm의 형틀로 찍고 철판에 얹어 204℃ 오븐에서 굽는다.

시부스트 其 (프 Chiboust) ① 19세기 파리의 생토노레 거리에 과자점을 차린 제과인. 1947년 거리의 이름이자 수호성인의 이름을 딴 생토노레(Sain-Honoré)라는 과자를 만들었다. ② 거품낸 흰자를 크렘 파티시에르와 섞어서 만든 크림을 크렘 시부스트(cremè chiboust)라 하며 전통적인 생토노레 크림으로 이용한다. 그러나, 빨리 작업해야 하고 보존성도 나쁘기 때문에 크렘 상티이*를 사용하는 경우가 많다.

시엠시 原 (영 Sodium carboxy methyl cellulose, CMC) 합성호료의 하나. 목재, 펄프를 원료로 하여 셀룰로오스에 아세트산을 작용시켜 만든 최신의 화학적 합성물이다. CMC는 화학 구조식의 머리글자를 딴 것이고 달리 카르복시 메틸셀룰로오스 나트륨 또는 셀룰로오스 글리콜산 나트륨이라고도 한다. 물에 잘 녹고 수용액은 점성이 있다. 60℃ 이하에서 안정하고 묽은 산에 용해되나 산성이 강하면 유리(遊離)되어 응고·침전한다. 천연의 효료*와는 달리 부패·변질이 없고 젤라틴, 글루텐, 덱스트린, 아라비아 검 등에 비해 매우 안정하다. 합성호료로서 아이스크림·퐁당·빵 반죽 등에 안정제로 사용된다.

시카고 타입 브레드 빵 (영 Chicago type Bread) 윗면에 칼집을 넣고 구운 갈색 껍질의 식빵. 영국의 홈메이드 브레드(Home-made Bread)나 팜 하우스 브레드(Farm House Bread)를 변화시킨 것으로서, 미국의 시카고에서 많이 만들어졌다 하여 붙여진 명칭이다. 패턴트 밀가루 100에 설탕(또는 맥아당) 4, 유지 2, 소금 2를 배합해 반죽한다. 발효온도를 점차 높이고, 틀에 채워 다시 발효시킨 뒤 굽는다. 이 빵은 맛이 산뜻하고 부드러우며, 별로 짙지 않은 갈색 껍질이 보기 좋다.

시크너 原 (영 Thickeners) 잼·크림·푸딩·파이 필링 등 유동 상태인 식품의 점성을 높이기 위해 사용하는 물질. 각종 녹말, 곡분(穀粉), 젤라틴, 한천, 아라비아 검 등 콜로이드성 물질이 이에 속한다. 파이 필링에는 과일, 물, 향료와 시크너로서 콘스타치나 감자녹말을 사용하는데, 이 경우에는 가공 조리해야 하는 번거로움이 있다. 그래서 미국에서는 건조분말에 물이나 주스를 부어 휘저은 뒤 과일을 넣으면 몇분 만에 파이용 충전물이 되는 파이 시크너를 판매 사용하고 있다. 일반적으로 과일을 50~60% 정도 포함한 과일 푸딩에는 시크너가 2~4% 정도 필요하고, 과일의 양이 적으면 적을수록 시크너의 분량은 늘려야 한다.

시크테 技 (프 Chiqueter) 프랑스의 제과용어. 푀이타주나 파트 쉬크레 반죽을 성형한 뒤 그 표면에 칼끝으로 칼집을 넣는 일. 이 칼집은 굽는 동안 반죽이 팽창하도록 돕고, 구운 뒤에 장식효과까지 낸다.

시트론 果 (영 Citron 프 Cédrat 독 Zitrone) 운향과(科)의 상록관목. 감귤류 중에서 가장 오래된 과일로서 BC 4세기경부터 유럽에 알려졌다. 인도 북부가 원산지이며 동남 아시아에서 오랫동안 재배되었다. 시트론은 가시가 있고, 꽃은 연자주색이며 레몬 같은 열매가 달린다. 열매는 향기롭고 연두색이며 길이가 15~22cm 정도이다. 과피는 두껍고 딱딱하며 우툴두툴하다.

시폰 케이크 菓 (영 Chiffon Cake) 미국의 대표적인 케이크. 시폰은 프랑스의 시퐁(chiffon)에서 온 '비단'을 뜻하는 용어이다. 즉 비단과 같이 우아하고 미묘한 맛이 난다고 하여 붙여진 명칭이다.
[배합] 〈반죽〉 박력분·강력분 각 65 g, 베이킹 파우더 3 g, 노른자 5 개, 그라뉴당 55 g, 옥수수기름 90cc, 바닐라 오일·소금 각 소량, 우유 80cc, 오렌지 페이스트 10 g, 오렌지 필 150 g, 흰자 7 개, 그라뉴당 75 g. 〈휘핑 크림〉 생크림 40cc, 그라뉴당 20 g, 바닐라 에센스 소량, 오렌지 리큐르 20cc. 〈기타〉 오렌지 리큐르·피스타치오 각 적당량, 버터·강력분 각 소량.
[만드는 법] ① 반죽을 만든다. 노른자를 풀고, 그라뉴당과 소금을 넣어 하얗게 거품을 낸 뒤 옥수수기름을 조금씩 넣으면서 섞는다 ② ①에 바닐라 오일과 강력분, 박력분, 베이킹 파우더를 체 쳐서 넣고 가볍게 섞은 뒤 우유, 오렌지 페이스트, 오렌지 필 등을 더해 섞는다 ③ 흰자와 그라뉴당으로 단단한 머랭을 만들어 ②에 넣고 섞는다 ④ 시폰 틀에 버터를 바르고 강력분을 뿌린 뒤 ③의 반죽을 틀의 7 할 정도까지 흘려넣는다 ⑤ 160℃ 오븐에서 50분간 굽고 식힌 뒤 2 등분 한다. ⑥ 휘핑 크림을 만들어 ⑤의 사이에 샌드한다 ⑦ ⑥의 표면에 오렌지 리큐르를 솔로 바르고 휘핑 크림을 4 mm 두께로 아이싱한다 ⑧ 표면에 팔레트 나이프로 모양을 만들고 피스타치오를 슬라이스해서 뿌려 얹는다.

시폰 파이 菓 (영 Chiffon Pie) 접시형으로 구워낸 파이 껍질 속에 커스터드 크림이나 머랭, 그 밖의 크림류를 채운 과자. 미국인이 즐겨 먹는 파이 중의 하나이다. 크림에 여러 가지 과일을 다지거나 으깨어 넣고, 또 레몬 즙이나 플레이버를 첨가하기도 한다. 이처럼 배합 종류에 따라 파인애플 시폰 파이, 스트로베리 시폰 파이, 레몬 시폰 파이, 바닐라 시폰 파이라 부른다. 시폰은 원래 프랑스어인 시퐁(chiffon)에서 유래한 것으로서, 부인복의 테두리 장식에 이용되는 '얇은 천(비단)'을 가리킨다. 이 파이의 윗면 모습과 풍미가 시퐁을 연상시킨다 하여 붙여진 명칭이다. 한 예로 스트로베리 시폰 파이 만드는 법을 보면 다음과 같다.
[배합] 딸기·설탕 각 1,000g, 물 900cc, 소금 8g, 녹말 170g, 흰자 200g.
[만드는 법] ① 녹말을 소량의 물에 녹여둔다 ② 남은 물을 딸기, 설탕, 소금과 섞어 조린다 ③ ②에 ①을 넣고 충분히 조린 뒤 식힌다 ④ 흰자는 따로 거품을 내어 ③에 넣고 크림 상태로 만든다 ⑤ 구운 파이 껍질 속에 ④를 채운다. 표면은 화이트 크림으로 마무리 한다.

식물성 유지[植物性油脂] 原 (영 Vegetable oil and fat) 식물의 종자 또는 과육에서 얻을 수 있는 유지의 총칭. 주로 글리세린과 지방산의 에스테르이다. 유지의 종류에 따라 지방산이 달라 유지의 특성이 각각 달라진다. 상온에서 액체상태인 것을 식물유(油)라 하며 샐러드유, 튀김기름으로 많이 이용한다. 또, 고체상태인 것을 식물지(脂)라고 하며 제과제빵시에 많이 사용한다. 이 밖에 화학적 성질에 따라 건성유, 반건성유, 불건성유로 나눌 수 있다.
→건성유, 유지

식물성 향료[植物性香料] 原 (영 Plant flavor) 풀, 나무, 과실, 잎, 과피, 나무껍질, 뿌리, 줄기 등에서 추출한 향료. 천연향료 중에서 식용 향료의 대부분을 차지하는 것이다. 한편 음식에 이용하지 않는 동물성 향료에 사향노루, 사향고양이 등의 생식기 분비물과 고래의 용연향(龍延香) 등이 있다. 식물성은 거의 정유(精油) 형태 또는 추출액으로 존재한다. 식품에 자주 이용하는 주요 식물정유는 아래 〈표〉와 같다.

〈표〉 주요한 식품용 식물정유

명 칭	원 료	특 성	용 도
아니스유 (anise oil)	아니스 종자	특유의 감미로운 향기가 있는 액체.	피클·통조림 식품·과자 등의 착향, 특히 터키산 음료에 자주 사용.
넛메그유 (nutmeg oil)	넛메그 종자	무색~연노랑색의 액체, 상큼한 스파이스향.	케이크, 쿠키, 카스텔라, 푸딩, 피클, 소스 등의 착향. 다른 향신료와 배합하여 사용하기도.
아몬드유 (almond oil)	비터 아몬드		과자·양주 플레이버, 캔디, 사과·나무딸기·버찌 등의 플레이버.
스위트오렌지유 (sweet orange oil)	스위트 오렌지의 과피	연노랑~짙은 오렌지색의 액체, 달콤하고 신선한 알데히드향	청량음료, 셔벗, 캔디 등의 플레이버.
시너먼유 (cinnamon oil)	시너먼	황색 또는 담황색의 액체, 특유의 감미로운 탄내가 있는 향.	케이크·캔디·껌·콜라 등에 사용, 버찌 플레이버로서 1~4mg 사용, 일명 카시아 오일(cassia oil).
카더먼유 (cardamon oil)	카더먼의 종자	무색~연노랑색의 액체. 향이 강하다.	피클·미트 소스·빵·식육가공품·과자·양주 등의 착향, 카레가루에도 사용.
캐러웨이유 (caraway oil)	미나리과 식물인 회향의 종자	연노랑~갈색의 액체, 향이 강하다.	빵, 치즈, 육류, 피클, 소스, 껌, 양주 등의 착향.

그레이프프루츠유 (grapefruit oil)	감귤류 그레이프프루츠의 과피	노랑~연두색의 액체, 신선한 향기가 있다.	청량음료의 착향, 레몬·오렌지 등의 풍미강화용, 캔디, 잼에도 사용.
정향유 (clove oil)	정향의 꽃봉오리	갓 짜낸 것은 무색~노랑색, 시간이 지나면서 검붉어짐.	스파이스믹스의 조미료, 피클·과자류의 착향, 1~3mg 사용.
계피유 (bark oil)	실론 계수나무의 두꺼운 껍질		캔디·구운과자·콜라 음료 등의 착향, 특히 콜라 음료의 플레이버의 주성분.
후추유 (peper oil)	후추의 종자		소시지, 고기통조림, 리큐르 등의 착향.
코리앤더유 (coriander oil)	코리앤더의 열매	무색~연노랑색의 액체, 감미로운 방향과 스파이스향.	하드 캔디, 알코올 음료, 피클 등의 착향.
생강유 (ginger oil)	생강의 땅속줄기	연노랑 또는 갈색 액체, 묵으면 점도가 증가.	쿠키, 케이크, 리큐르, 탄산음료의 착향.
스피어민트유 (spearmint oil)	스피어민트	연노랑색의 액체.	캔디 등의 착향, 페퍼민트와 병용.
세이지유 (sage oil)	차조기과 식물인 Sal-via officinalis Lindley 의 전초(全草)	연노랑색의 액체, 신선하고 강한 스파이스, 장뇌양의 향기가 있다.	일반 요리 외에 수프, 소시지, 조미료, 고기통조림, 리큐르 등의 착향.
만다린유 (mandarin oil)	만다린 오렌지의 과피	연갈색~붉은 갈색.	
박하유 (mint oil)	박하	무색투명한 액체, 시간이 지나면 노랑색을 띰.	과자류, 리큐리 등의 착향.
파슬리유 (parseley seed oil)	파슬리의 종자	노랑~갈색의 유상 액체.	피클, 수프, 미트소스, 소시지, 통조림류의 착향.
피멘토유 (pimento oil)	Pimenta officinalis Lindley의 열매	무색~노랑색 또는 주홍색의 휘발성 기름, 올스파이스 맛.	피클, 소시지 육제품의 착향.
라임유 (lime oil)	라임의 과피	연노랑색의 액체.	음료(진저에일·콜라), 아이스크림, 구운 과자, 캔디 등의 착향. 레몬유와 병용.
레몬유 (lemon oil)	레몬(*Citrus limon*)의 과피	연노랑~노랑색 또는 연두색의 휘발성 기름.	음료·구운 과자·젤리·캔디에 사용, 바닐린과 배합하여 카스텔라 플레이버로 사용.
로럴리프유 (laurel leaf oil)	월계수잎	특유의 감미로움과 스파이스향이 있는 액체.	일반 요리용, 통조림, 피클, 소스, 수프, 구운 과자 등의 착향.
페널유 (fennel oil)	회향의 열매	연노랑색, 아니스와 같은 향.	빵, 과자, 리큐르, 피클 등의 착향.

식빵 圈 (영 White Bread) 토스트, 샌드위치 등으로 만들어 일상적으로 식용하는 빵. 식빵이라 규정할 수 있는 것은 나라마다 다르다. 우리 나라에서 식빵이라 하는 것은 틀에 넣어 구운 흰빵이다. 꼭대기를 자연스럽게 부풀려 산봉우리처럼 만든 오픈톱(영국형)과 뚜껑을 덮어 평평하게 구운 풀먼 타입(미국형)이 있다. 오픈톱은 일명 산형(山型)빵이라 부르는 것으로서 원로프, 이봉형, 삼봉형이 있다. 또, 배합에 따라 당분, 우유, 유지를 거의 더하지 않은 것을 저배합(lean type) 식빵이라 하고 많이 더한 것을 고배합(rich type) 식빵, 또는 아메리칸 타입이라 한다. 전자는 토스트용이고 후자는 샌드위치용이다. 역사적으로 보면 딱딱한 빵을 굽던 유럽식 빵의 기술이 영국으로 전해지면서 부드러운 빵을 굽게 되었다. 그리고 영국에서 미국으로 건너간 식빵은 오래 보존할 수 있는 고배합으로 바뀌었다.

식염[**食鹽**] 原 (영 Common salt) ⇨소금

식용 유지[**食用油脂**] 原 (영 Edible oil and fat) 식용할 수 있는 동·식물성 유지의 총칭. 여러 종류가 있는데 이들을 용도에 따라 간추리면 다음과 같다.

〈종류〉 ①샐러드유(salad oil) : 생채소 요리용. 최고급이 올리브유이고 그 대용품이 면실유, 땅콩기름, 대두유 등이다. 이들은 생채소에 그대로 쓰거나 마요네즈, 프렌치 드레싱 같은 샐러드용 드레싱에 넣는다. ②튀김용 기름(frying oil) : 식품을 튀길 때 사용하는 기름은 땅콩기름, 대두유, 채종유, 쌀겨기름 등이다. ③절임용 기름 : 올리브유, 참기름, 땅콩기름 등. ④조미용 기름 : 참기름, 땅콩기름 등. ⑤제과 제빵용 기름 : 카카오 버터, 팜유, 면실유, 그 밖에 가공유지인 마가린, 쇼트닝을 사용할 수 있다.

식중독[**食中毒**] 生 (영 Food poisoning) 음식물을 섭취함으로써 일어나는 급성 또는 만성적 질병. 인체에 해로운 독성물질이 음식물과 함께 체내에 들어갔을 때 발병한다. 증세는 발열·구토·설사·복통 등이다. 식중독은 발병의 원인물질에 따라 세균성 식중독, 자연독 식중독, 화학성 식중독, 미생물 독성 대사물질에 의한 식중독으로 나뉜다.

〈분류〉 1. 세균성 식중독 - ①감염형 : 살모넬라 식중독, 장염비브리오 식중독, 웰치균 식중독, 병원대장균 식중독. ②독소형 : 보툴리누스 식중독, 포도상구균 식중독. 2. 자연독 식중독 - ①동물성 자연독에 의한 식중독 : 복어의 테트로도톡신, 모시조개의 베네루핀. ②식물성 자연독에 의한 식중독 : 버섯의 무스카린, 감자의 솔라닌, 콩류의 사포닌. 3. 화학성 식중독 - ①해로운 첨가물 사용에 의한 식중독. ②기구, 용기, 포장에 의한 식중독. ③유독한 화학물질에 의한 식중독 : 우연히 또는 실수로 첨가된 메탄올이나 농약이 발병시킨다. 4. 미생물의 독성 대사물질(곰팡이독)에 의한 식중독 - ①맥각중독 : 맥각의 독성이 일으키는 식중독. 맥각은 곰팡이가 번식해 검푸른색으로 변한 보리를 말한다. ②진균중독 : 아플라톡신(aflatoxin)과 황변미(黃變米)의 유독성분인 진균독에 의해 발병한다.

식초[**食醋**] 原 (영 Vinegar) 쌀, 보리, 산미가 강한 과실을 아세트산균으로 발효시킨 조미료.

〈종류〉 ①양조초 : 알코올·당분을 아세트산균으로 발효시켜 만든 식초. 쌀·곡물로 만든 초, 사과초, 포도주초가 있다. ②가공초 : 양조초에 과즙이나 향신료를 섞어 만든 식초. 레몬초가 대표적인 예이다. ③합성초 : 화학적으로 합성한 아세트산(식초산)을 물로 희석시켜 만든 식초.

〈용도〉 흰자를 거품낼 때 레몬 즙이나 식초를 조금 넣으면 거품이 잘 일고 안정되게 해준다. 그리고 신맛이 없는 과일로 잼, 젤

리를 만들 때 더하면 단단한 성질을 준다.

식품별 영양소 함량[食品別營養素含量] 化 각 영양소의 함량이 높은 식품은 다음과 같다. ①열량을 많이 내는 식품 : 유지, 설탕, 두류, 곡류, 육류, 종실류(種實類). ②단백질이 많은 식품 : 탈지분유, 콩, 고기, 생선, 팥, 계란, 우유. ③당질이 많은 식품 : 설탕, 곡류, 두류, 과자류, 감자류. ④지질이 많은 식품 : 유지, 종실류, 땅콩, 콩, 고기, 계란, 생선, 우유. ⑤칼슘이 많은 식품 : 분유, 해조류, 우유. ⑥비타민 A가 많은 식품 : 두류, 곡류, 감자류. ⑦비타민 B_1이 많은 식품 : 두류, 곡류, 감자류. ⑧비타민 B_2가 많은 식품 : 효모, 간류(肝類), 계란, 해조류, 두류, 우유. ⑨비타민 C가 많은 식품 : 감귤류, 녹황색 채소류, 과실류. ⑩그 외 특수성분인 요오드는 해조류에 많다.

식품위생법[食品衛生法] 其 식품으로 인한 위생상의 위해(危害)를 방지하고 식품영양의 질적 향상을 도모함으로써 국민보건의 증진에 이바지함을 목적으로 하는 법규. 총칙·식품 및 첨가물·기구와 용기 포장·표시, 식품·첨가물 등의 공전·검사·영업·조리사 및 영양사·식품위생심의위원회, 식품위생단체·시정명령, 허가취소 등 행정제재 보칙, 벌칙 등 13장으로 나뉜 전문 80조와 부칙으로 이루어져 있다.

식품의 가공·저장원리[-加工貯藏原理] 技 (영 Food's processed and storage principle) 식품이 변패하는 것은 곰팡이·효모·세균 등 미생물의 활동에 따른 결과. 그러므로 식품을 저장하는 목적은 이들 미생물의 활동을 정지시키기 위함이다. 가열, 화학약품으로 미생물을 사멸시키거나 수분과 온도를 억제해서 미생물의 번식을 막는 방법 등이 있다(〈표1〉 참고).

한편 미생물의 번식을 억제하는 방법이 있는 반면, 미생물의 활성을 적극 활용하여 보존성 높은 식품을 가공하는 방법도 있다. 맥주·포도주 등의 주류, 된장·간장 등의 장류, 식초 등의 조미료, 버터, 치즈, 요구르트, 빵, 메주 등이 그 예이다. 이들 모두 누룩곰팡이, 맥주효모, 빵효모, 아세트산균, 젖산균 등의 미생물에 의해 식품성분이 분해되고 변화가 일어나 가치가 높은 식품이 되는 것이다(뒷페이지 〈표 2〉 참고).

식품의 분류[-分類] 其 (영 Food's classification) 식품을 영양학적 측면에서 분류하면 다음과 같다.

〈표 1〉 식품의 저장 방법

물리적 변화를 이용한 방법	냉장·냉동법('식품의 저온저장'항 참고)
	가열살균법(저온 살균법·고온 살균법)
	건조법
세균학적 변화를 이용한 방법	세균, 효모의 응용(발효식품·절임)
	곰팡이의 응용(치즈)
화학적 변화를 이용한 방법	소금 첨가(염장법)
	산 첨가(초절임)
	설탕 첨가(당장법)
	화학물질 첨가(합성보존료·합성살균료)
종합적 변화를 이용한 방법	훈연법(햄·소시지·훈연제품)
	동결법(한천)
	조미
	병조림, 통조림
	절임

〈표2〉 미생물을 활용한 가공식품의 종류

이용 미생물의 종류	식 품 명
곰팡이	단술(甘酒)
효모	빵, 맥주, 포도주, 과실주
세균	식초, 메주, 버터, 치즈, 요구르트
곰팡이와 효모	청주
곰팡이, 효모, 세균	된장, 간장

①곡류 ②견과류 ③감자류 ④설탕류 ⑤유지류 ⑥두류 ⑦어패류 ⑧수조육류 ⑨난류 ⑩우유 및 유제품 ⑪녹황색 채소류 ⑫그외 채소류 ⑬감귤류 ⑭그외 과실류 ⑮해조류 ⑯건조 야채류 ⑰야채 절임류 ⑱조미 기호품류.

빵은 곡류 가공품이고 과자는 기호품에 속한다.

식품의 성분[-成分] 化 (영 Food's c-omponent) 식품을 이루고 있는 성분은 유기물과 무기질, 그 밖에 방향·색소·쓴맛·매운맛·알칼로이드 성분도 있다(아래 〈표〉 참고).

①당질 : 탄소, 수소, 산소의 3가지 원소로 이루어진 성분. 탄수화물이라고도 한다. 특히 식물성 식품에 많다. 녹말·설탕·포도당·젖당 그리고 한천·펙틴 등이 여기에 속한다. ②지질 : 탄소, 수소, 산소의 3가지 원소로 이루어진 성분으로서 지방이라고도 한다. 물에 녹지 않고 유기용매에 녹는다. 식물성 지방과 동물성 지방이 있다. ③단백질 : 탄소, 수소, 산소 이외에 약 16%

인 질소를 포함하고 있는 성분. 단백질은 단순단백질, 복합단백질, 유도단백질로 나뉘며, 특히 유도단백질에 속하는 젤라틴은 제과원료로서 중요한 것이다. ④무기질 : 식품에 함유되어 있는 주된 것은 칼슘·인·염소·요오드·마그네슘·철이고, 이 중에서 양적으로 많은 것은 칼슘·인·철이다. ⑤비타민 : 종류는 20여가지이며 주로 부족되기 쉬운 것이 비타민 $A \cdot B_1 \cdot B_2 \cdot C \cdot D$이다.

식품의 저온저장[-低溫貯藏] 技 (영 Food's low temperature storage) 저온(최고 15℃ 이상)에서 식품을 저장하는 일. 저온 저장법은 정도의 차이는 있지만 지금까지 개발된 여러 저장법 중에서 가장 식품의 풍미를 천연상태에 가깝도록 보존할 수 있는 방법이다. 냉각 저장법(냉장법)과 동결 저장법(냉동법)이 있다. 넓은 의미로는 이 둘을 냉장법에 다 포함시키기도 한다. ①냉각저장 : 식품을 냉각(冷却) 상태에서 저장하는 일. 최하 0℃까지의 온도에 저장한다. 식품을 냉장고에 넣거나 얼음·

〈표〉 식품의 성분 분류

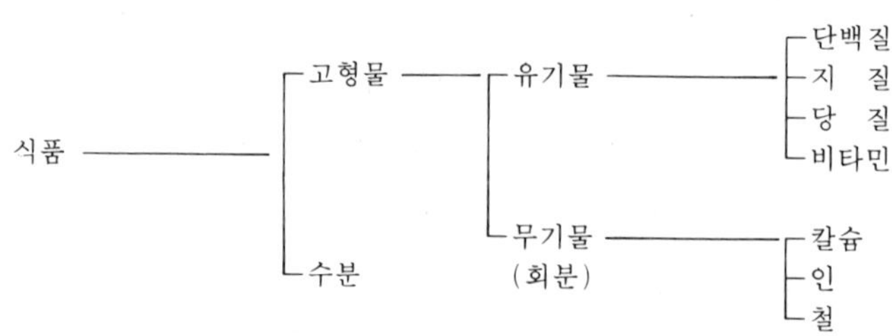

〈표〉 냉각 저장표

식품의 종류	냉 각 저 장		
	온도(℃)	습도(%)	기간(기대치)
압착 이스트	-1~0		
버터	0~2	80~85	2일
마가린	1~2	60~70	1개월
치즈	1~2	65~70	
탈지분유	4.4		수개월
분유	0~4	방습포장	수주일
계란	-1~0	85~90	8~9개월
소시지	4~7	85~90	

드라이아이스를 이용, 온도를 낮추어 저장한다. 아래〈표〉는 빵·과자에 관계하는 식품의 냉각 저장표이다. ②동결저장 : 식품을 동결한 상태에서 -15℃ 이하에 저장한다.

식품의 티티티 化 (영 Time-temperature tolerance, TTT) 냉동식품의 품질(tolerance), 경과시간(time), 온도(temperature)의 관계를 수식으로 나타낸 것. 천연식품은 그 품질과 온도에 따라 저장수명이 좌우되므로 식품의 종류에 맞는 저장수단이 필요하다. 냉동식품인 경우 제조시의 동결온도는 물론 운송, 저장온도 또한 품질 유지에 중요한 조건이다. 즉, 냉동 식품의 최종품질은 경과시간과 온도의 지배를 받는다. 이 3가지의 관계를 수학적으로 나타낸 것이 TTT이다. 단 이것은 품질저하에 관계되는 온도 이외의 인자(因子)를 거의 무시할 수 있는 동결 식품에만 적용된다. 천연식품에서는 습도, 미생물 등의 영향을 무시할 수 없기 때문이다.

식품 첨가물[食品添加物] 原 (영 Food additive) 식품을 제조, 가공, 보존하는 과정에서 그 식품의 외관, 맛, 조직, 저장성 등을 향상시키기 위해 첨가하는 물질. 즉, 식품의 본래 성분 이외의 뚜렷한 사용목적을 갖고 첨가되며 그 식품과 공존함으로써 의의가 생기는 비식품이다. 사용목적에 따라 분류하면 아래 〈표〉와 같다.

〈표〉 식품 첨가물(화학 합성품)의 사용목적에 따른 분류

(1988. 8. 6 현재)

사 용 목 적	종 류			허용 품목수
관능을 만족시키는 첨가물	조	미	료	13
	감	미	료	5
	산	미	료	12
	착	색	료	22
	착	향	료	86
	발	색	제	3
	표 백 제, 탈 염 소		제	6
식품의 변질, 변패를 방지하는 첨가물	보	존	료	13
	살	균	료	5
	산 화 방 지		제	7
	품 질 개 량		제	10
	밀 가 루 개 량		제	7

식품의 품질을 개량하고 유지하는 첨가물	호 료 · 안 정 제	12
	유 화 제	6
	이 형 제	1
	피 막 제	2
	추 출 제	1
	용 제	2
식품 제조에 필요한 첨가물	식 품 제 조 용 첨 가 제	34
	소 포 제	1
식품의 영양강화에 사용하는 첨가물	강 화 제	66
기타	팽 창 제	12
	검 기 초 제	3
	방 충 제	1
계		330

식품포장[食品包裝] 技 (영 Food packaging) 식품을 저장·운송하는 동안에 식품의 상태나 가치를 보존하기 위해 각종 재료로 감싸는 일.

〈역사〉 선사시대, 인간은 나뭇잎·나무껍질·동물의 가죽으로 포장을 하였다. 그 뒤 문명이 발달됨에 따라 종이·천이 이용되었고, 또 이어 병조림과 통조림의 발명으로 병과 깡통이 장시간용 포장용기로서 각광을 받았다. 1950년대에 들어서는 합성수지인 플라스틱이 개발, 양산화되기 시작했다. 대량생산이 진전됨에 따라 가격이 낮아져 이른바 포장식품의 전성시대를 맞기에 이르렀다. 이전에는 포장의 기능이 식품 보호의 차원에 머물렀으나 이제는 판매촉진의 차원에 더 큰 비중을 두고 있다. 즉, 식품을 보호하는 차원을 넘어서 소비자의 구매심리를 이용하여 그들의 눈길을 끌 수 있는 포장, 들고 다니기 편한 포장, 내용물을 쉽게 꺼낼 수 있는 포장 등 판매촉진에 도움을 줄 수 있는 포장법에 관심이 쏠리고 있다.

〈목적〉 ① 식품이 보관·가공·운송·판매를 거쳐 소비자에 이르기까지 외적 환경(충격, 압력, 온도, 습도 등)과 생물적 피해 (쥐, 파리, 미생물 등)로부터 식품을 보호하기 위함. ② 보관·운송·판매 등 일련의 작업을 능률적으로 행하기 위함. ③ 소비자가 사용하기 쉽도록 하며 상품가치를 높이기 위함. 특히 빵을 포장하는 목적은, ① 식품위생. ② 수분의 증발방지. ③ 노화를 늦추기 위함. ④ 상품가치를 높이기 위함 등이다.

〈포장방법〉 ① 기능에 따라 겉포장, 속포장, 낱개포장 ② 형태에 따라 상자 포장, 천 포장, 종이봉투 포장, 나무통 포장, 바구니 포장, 통조림 포장, 병조림 포장, 자루 포장 ③ 방습포장, 방수포장, 진공포장, 가스치환 포장, 무균포장 등이 있다.

〈포장재료〉 ① 종이와 판지(板紙)제품 : 종이봉투, 종이용기, 솔리드 파이버(solid fiber). ② 유연 포장재료 : 셀로판, 플라스틱, 알루미늄박, 이들 재료를 래미네이트(laminate : 얇은 판이 되게 두드려 붙이기)한 것. ③ 금속 : 통조림용 금속용기. ④ 유리 : 병, 컵. ⑤ 클로저(closure). ⑥ 목제 : 나무상자, 나무통.

식품 포장용 플라스틱[食品包裝用—] 機 (영 Food pack plastic) 식품포장에 사용하는 플라스틱은 폴리에틸렌(polyethylene), 폴리프로필렌(polypropylene), 폴리염화비닐(polyvinylchloride), 폴리스틸렌(polystylene), 폴리에스테르(polyester) 등이다. 플라스틱의 장점은, ① 금속이나 유리보다 가볍고 ② 가소성이 있어 150~200℃의 온도에서 성형가공이 가능하고 ③ 산이나 알칼리 등의 화학물질에 안정하며 ④ 아름다운 광택, 투명성이 있고 인쇄가 쉬우며 ⑤ 금속이나 유리보다 값이 싸다는 점이다. 반면 단점은, ① 강도가 약하고 ② 고온에서 견디지 못해 연화·수축·변형 현상이 일어나고 ③ 필름인 경우 여러 해충의 피해를 입으며 ④ 금속이나 유리처럼 기계를 완전히 차단하기 어려운 점이다.
→식품포장

실루엣 機 (프 Silhouette) ① 데커레이션용 형지(型紙). ② '그림자'를 뜻하는 프랑스어.

실버 케이크 菓 (영 Silver Cake.) 미국에서 발달한, 희고 촉촉한 가벼운 맛의 카스텔라 반죽 케이크. 페퍼민트 향의 양주를 더하면 풍미가 더 좋아진다.
[배합] 밀가루 580 g, 설탕 525 g, 지방 240 g, 흰자 360 g, 무당연유 2,890 g. 〈기타〉 흰자 300 g, 설탕 75 g, 향신료 소량.
[만드는 법] ① 지방과 설탕을 잘 섞는다 ② ①에 흰자 360 g 을 조금씩 넣으면서 휘젓는다 ③ 따뜻하게 데운 무당연유를 조금씩 넣으면서 젓는다 ④ 향료(또는 양주)를 넣고, 밀가루와 팽창제를 체 쳐 넣고 잘 섞는다 ⑤ 따로 흰자 300 g 을 거품내고 설탕 75 g 을 넣어 저은 뒤 ④에 더한다 ⑥ 전체를 가볍게 섞는다 ⑦ 철판에 나무 틀을 넣고 반죽을 펴서 110℃ 오븐에서 70분간 굽는다.

실온[室溫] 技 (영 Room temperature) 빵 공장의 작업실 온도. 28~29℃가 표준이다.

실험구이[實驗─] 試 (영 Test baking) 밀가루나 그 밖의 원료의 품질 특성을 알아보기 위해, 일정한 조건에서 빵 또는 케이크를 구워 심사하는 일. 한 덩어리의 빵·케이크를 구워낼만한 실험실 규모에서부터 대량의 반죽을 만들어 빵과 케이크를 시험적으로 제조하는 영업적 규모까지 있다. 밀가루의 제빵성을 판정하는 방법 중의 하나이다.

심널 케이크 菓 (영 Simnel Cake) 영국의 전통적인, 건포도를 넣은 버터 케이크. 서구에서는 사순절*(四旬節) 기간 중 넷째 일요일에 심널 케이크를 들고 부모를 찾아뵙는 풍습이 있었다.
[배합] 〈반죽〉 박력분 570 g, 버터·흑설탕 각 450 g, 계란 560 g, 캐러멜 착색료 25 g, 럼 30cc, 아몬드 가루 110 g, 구즈베리 680 g, 건포도 450 g, 과일 혼합 필 340 g, 스파이스 가루 30 g. 〈기타〉 아몬드 페이스트·아라비아 검액·퐁당·과일 프리저브·살구잼 각 적당량.
[만드는 법] ① 슈거 배터법*으로 반죽을 만든다 ② ①의 반죽 225 g 을 지름 15cm인 둥근 틀에 넣는다 ③ 얇게 밀어편(지름 14cm) 아몬드 페이스트를 ②에 얹고, 다시 ①의 225 g 의 반죽을 붓는다 ④ 182℃에서 굽는다. 식으면 표면 전체에 끓인 살구잼을 바르고, 200 g 의 아몬드 페이스트로 윗면 테두리를 동그랗게 장식한다 ⑤ ④를 232℃ 오븐에 잠깐 넣었다 뺀다 ⑥ ④의 아몬드 페이스트 장식에 아라비아 검액을 바른다. 그 가운데에 흰 퐁당을 붓는다. 그리고 과일 프리저브, 부활절용 장식물 등으로 마무리한다.

심온동결[深溫凍結] 技 (영 Deep freezing) 식품의 중심온도를 -15℃ 이하가 되도록 얼리는 일. 식품이 동결된 상태만을 보면 -5℃ 이하가 좋지만 품질을 따지면 -18℃ 이하가 제일 좋다. 이러한 식품의 온도는 동결속도와 더불어 냉동식품의 질을 좌우하는 요소이다.
→급속동결

싱글 스테이지 메소드 技 (영 Single stage method) 배터 타입의 케이크 반죽을 혼합할 때의 한 방법. 올 인 메소드라고도 한다.

⇨올 인 메소드

쌀 原 (영 Rice 프 Riz 독 Reis)
벼의 껍질을 벗겨낸 알맹이. 보리, 밀과 함께 중요한 농산물 중의 하나이다. 세계 총 생산량의 92%가 아시아 몬순(monsoon) 지역에서 생산되며, 그 대부분을 아시아인들이 주식으로서 소비하고 있다.

〈종류〉 ① 일본형과 인도형 : 일본형(japonica type)은 일본을 비롯 한국, 중국 중·북부, 브라질, 스페인, 미국의 캘리포니아주에서 생산되고 인도형(indica type)은 동남아시아, 중국 남부를 비롯해 인도, 미국 남부에서 생산된다. ② 육도와 수도 : 육도(陸稻, 육지벼)는 밭에서 재배되는 것이고 수도(水稻, 물벼)는 논에서 재배된다. ③ 찹쌀과 멥쌀 : 멥쌀〈경미(粳米), non-glutinous〉은 보통 밥을 지어 먹는 것으로서 배젖이 반투명하고 광택이 난다. 찹쌀〈나미(糯米), glutinous rice〉은 배젖이 희고 불투명하며 인절미나 찰밥을 만들기에 적합하다.

〈용도〉 밥이 대표적이고 술, 떡, 과자, 된장 등으로 가공한다. 양과자에 쌀을 이용하는 경우는 그렇게 많지 않다.

쌀보리 原 포아풀과(科)의 1년생 재배초이다.

⇨보리

쑥 原 (영 Wormwood) 국화과(科)의 다년초. 종류가 다양하다. 갓 돋아난 새싹 상태에서 뜯어 떡 반죽에 혼합해 쑥떡을 만든다. 그리고 다 자란 쑥은 쓴맛이 강하고 방향(芳香)이 강렬하여 식용하기보다는 약초로서 재배·사용한다. 바로 이것이 향쑥으로서 압생트* 제조시 향료로 사용된다.

아나나 菓 (영,프,독 Ananas) 파인애플의 또 다른 명칭. 브라질의 사투리인 아나나(뜻 : 과실)에서 온 말이다.
⇨파인애플

아나나 프랑부아즈 菓 (프 Ananas Framboise) 파인애플과 라즈베리를 이용한 케이크.

〈배합〉〈비스퀴 오 자망드〉 아몬드 가루 150 g, 분설탕 100 g, 박력분 65 g, 흰자 250 g, 그라뉴당 50 g. 〈파인애플 무스〉 파인애플 퓌레 250 g, 판 젤라틴 6 g, 생크림 250 g. 〈라즈베리 무스〉 우유 125cc, 판 젤라틴 5 g, 생크림 125 g, 노른자 2개, 바닐라 스틱 1/2개, 그라뉴당 25 g, 라즈베리 퓌레 75 g, 브랜디에 절인 라즈베리·파인애플(통조림)·생크림·초콜릿·빨간색의 잼 각 적당량.

[만드는 법] ① 비스퀴 오 자망드* 반죽을 만들어 2장 굽는다 ② 라즈베리 무스를 만든다. 우유에 바닐라, 노른자, 그라뉴당을 섞어 소스 앙글레즈를 만든 뒤 젤라틴과 라즈베리를 더해 섞는다. 식힌 뒤에 생크림과 브랜디에 절인 체리를 넣어 무스를 완성한다 ③ 파인애플 무스도 재료를 섞어 만든다 ④ 틀에 ①의 비스퀴를 1장 깔고 ③을 흘려 넣는다. 파인애플을 2 cm 크기로 잘라 얹고 ②를 흘려 부은 뒤 남은 비스퀴 1장을 씌운다 ⑤ 생크림을 아이싱하고 자른 뒤 초콜릿과 잼으로 장식한다.

아니스 原 (영 Anise 프, 독 Anis) 원산지는 지중해 남부이고, 온대지역에서 재배되고 있는 1년생 식물. 한여름에 크림색의 꽃을 피우고, 이어서 3 mm 정도의 갈색 종자를 맺는다. 종자는 아네톨(anethol)이라는 기름을 갖고 있으며 은은한 향과 단맛이 난다. 여기서 얻은 기름을 아니스유라 한다. 종자는 버터 케이크 등의 케이크·쿠키·캔디·빵 등에 향을 내기 위해 쓴다. 일반적으로 종자를 통째로 쓰지만, 과실 시럽이나 스위트 크림에는 아니제트(아니스 종자로 풍미를 낸 술)를 더하기도 한다. 그리고 웨이퍼*, 레모네이드, 무화과 설탕조림에는 아니스 가루를 더한다. 섬세하고 미묘한 풍미를 내는 잎은 다른 야채잎처럼 샐러드로 하거나, 크림 치즈에 곁들인다.

아니스 종자

아니스유[－油] 原 (영 Anise oil) 식물성 천연향료 중의 하나. 아니스 종자를 수증기로 증류하여 얻은 것으로서 과자·양주·치약·비누·의약품 등에 쓴다. 색은 연노랑이고, 주성분은 80~90%가 아네톨(anethol)이다. 달콤한 맛과 독특한 향을 가지며, 15℃ 이하에서 고체로 된다.

아니제트 原 (프 Anisette) 아니스* 종자를 위주로 하여 만든 리큐르. 살구를 증류한 스피리츠에 아니스 종자, 코리앤더 같은 종실류, 시너먼, 약초에서 추출한 원액을 더해 만든 것이다. 무색 투명하지만, 물을 더하면 노랗게 또는 희게 흐려진다. 칵테일이나 과자에 쓰이는데, 특히 아니스 비스킷과 이탈리아 과자에 그 풍미가 잘 어울린다.

아드미법 技 (영 ADMI, Stable ferment method, Brew ferment method) 액종법의 하나. 미국 분유협회(ADMI : American Dry Milk Institute)가 개발한 제빵법. 종래의 중종 발효를 생략하고 중종에 해당하는 발효액('액종'항 참고)을 만들어, 그것을 펌프 믹서로 보내고 바로 본반죽에 들어가는 방법이다. 중종에 해당하는 발효액인 퍼멘트(ferment)는 물, 설탕, 이스트, 이스트 푸드, 맥아, 소금, 분유를 적당히 섞어 100°F(38℃)에서 휘저으면서 6시간 발효시켜 만든다. 이 제빵법은 연속 믹싱 작업을 행하는 대규모 전자동 공장에서 주로 사용한다. 아드미법은 시간이 절약되고 작업도 간편하며 항상 안정되고 균일한 제품을 만들 수 있는 장점이 있다. 그러나 설비, 위생, 시간, 온도 조절이 정확해야 하기 때문에 소규모 공장에서 행하기에는 어렵다. 다음은 미국 분유협회 H. T. 메이그가 발표한 흰빵의 기본 배합표이다. 〈퍼멘트〉 물·탈지분유 각 2,700 g, 포도당 1,800 g, 이스트 1,000 g, 소금 900 g, 이스트 푸드 200 g, 맥아가루 220 g, 모노글리세리드 30 g. 이것을 38℃에서 6시간 동안 발효시키고 3시간 이내에 13℃로 냉각시키면 36시간 보존할 수 있다. 〈본반죽〉 밀가루 4,500 g, 발효액 3,400cc, 설탕 2,300 g, 쇼트닝 1,400 g, 이스트 450 g, 반죽 표백제 450 g, 글리세리드 화합물 450 g, 반죽 개량제 110 g, 이스트 푸드 110 g. 이상의 재료를 섞어 믹서로 저속에서 2분, 고속에서 19분간 반죽한다. 반죽 온도 30℃. 이 반죽을 15분간 발효시켜 마무리 짓는다.
→브루법, 액종법

아라비아 검 原 (영 Gum arabic 프 Gomme arabique 독 Gummiarabikum) 콩과(科)의 상록활엽교목인 아라비아 고무나무에서 얻은 점액을 굳힌 것. 물에 녹으면 생기는 점성을 이용하여 화학약품·요리·제과시에 사용한다. 제과 분야 중 아이스크림·시럽에 안정제로 쓰고, 다른 구운 과자에 광택제·방습제로 사용한다. 그리고 분설탕을 흰자와 섞은 뒤 검 용액을 더하여 파스티야주*(검 페이스트)를 만든다. 이것이 마르면 굳는 성질이 있으므로 세공하여 각종 공예 작품을 만들 수 있다. 최근에는 아라비아 검 대신 다루기 쉬운 젤라틴을 많이 쓴다. 다음은 아라비아 검 용액을 만드는 방법이다.
[배합] 아라비아 검 57 g, 물 284cc, 설탕 113 g.
[만드는 법] ① 아라비아 검과 설탕을 섞는다 ② ①에 물을 넣고 중탕하여 데운다. 여기에 살구 퓌레를 조금 섞기도 한다. 이 용액을 식기 전에 과자의 표면에 바르면 광택제·방습제의 효과를 얻을 수 있다.

아라크 原 (영 Arrack 프 Arack 독 Arrak) 쌀, 당밀, 야자수액 등을 원료로 한 증류주. 산취(酸臭)가 있고, 무색투명하다. 여기에 물을 타면 뿌옇게 흐려지고 달콤새콤한 맛이 난다. 그 독특한 풍미는 럼과 비슷하다. 알코올 도수는 보통이 45~60도이고, 높은 것은 70도 이상이다. 잘 알려진 아라크는 바타비아 아라크(batavia arack), 쿠스텐 아라크(kusten arack), 고아 아라크(goa arack)이다. 역사적인 기원은 BC 800년에 이미 인도에서 만들어졌다고 한다. 아라크는 그대로 마시기도 하며, 럼의 향과 비슷하여 럼 대신 양과자 제조에 이용한다. 즉, 마들렌·프루츠 케이크·레이즌 쿠키·피낭시에·버터 크림에 사용한다.

아란치아 菓 (이 Arancia)
[배합] 〈반죽〉 버터 1,000 g, 분설탕 850 g, 포도당 710 g, 아몬드 가루 400 g, 콘스타치 400 g, 밀가루 400 g, 노른자 400 g, 계란 400 g, 다진 오렌지 껍질 340 g, 오렌지 껍질과 즙 8개 분량, 바닐라·오렌지 리큐르 각 적당량. 〈기타〉 오렌지 버터 크림·오렌지 퐁당·프랄리네 각 적당량.

[만드는 법] ① 계란, 노른자, 설탕, 과즙을 섞어 단단하게 거품낸다 ②①에 오렌지 껍질을 더하고, 또 버터 이외의 모든 재료를 넣고 섞는다. 버터는 크림 상태로 만들어 마지막에 섞는다 ③②의 반죽을 링 틀에 붓고 182℃에서 굽는다 ④ 식으면 얇게 잘라 오렌지 버터 크림을 샌드한다. 그리고 윗면에는 오렌지 색과 맛을 들인 퐁당을, 옆면에는 버터 크림을 바른 뒤 프랄리네를 부수어 묻힌다.

아랫불 機 (영 Bottom heat) 오븐 바닥의 열. 즉, 굽는 제품의 밑부분에 전해지는 열이다. 오븐의 아랫불이 잘 전해지지 않으면 측면의 색이 좋지 않고 바닥 부분이 약한 빵이 된다. 이와 같은 빵은 상품가치가 떨어지고 미생물에 의해 부패되기 쉽다.
→윗불

아로마 化 (영, 프, 독 Aroma) 식품의 플레이버를 구성하는 향. 플레이버가 맛, 냄새, 혀에 닿는 촉감 등이 복합적으로 일어나는 느낌인데 비해 아로마는 입 속에 넣기 전에 느껴지는 향만을 가리킨다. 꽃향, 과실 향, 스파이스 향, 탄냄새, 산취 등이 그 예이다. 그리고 구워 낸 빵이나 케이크에서 발산되는 휘발 성분의 냄새나 향이 여기에 속한다.

아르마냑 原 (프 Armagnac) 프랑스 서남부, 에스파냐 국경에 가까운 아르마냑(Armagnac) 지방에서 만드는 브랜디. 오 드 비 드 뱅 다르마냑(Eau de vie de vin d'Armagnac)이 정식 명칭이다. 아르마냑 지방과 랑드(Landes) 지방산(産)의 흰포도주를 증류시켜 만든다. 꼬냑과 함께 세계의 브랜디 시장에서 널리 알려져 있다. 살구 풍미의 감미와 신선함이 특징으로 향을 내는 과자 등에 이용한다.

아르장테 原 (영 Dragee 프 Perle argentée) 설탕을 굳혀 은색으로 코팅한 작은 구슬. 케이크의 장식재료로 쓰인다. 크기는 다양하다.

⇨은박구슬

아마레토 原 (이 Amaretto) 살구씨를 원료로 하여 만든 리큐르*. 향이 아몬드와 비슷하기 때문에 아몬드 리큐르라고도 한다.
→리큐르

아망드 菓 (프 Amande)
⇨아몬드

아망딘 菓 (프 Amandine) 아몬드 풍미를 살린 타르트. 파트 쉬크레*를 얇게 늘여 틀에 깔고 그 속에 크렘 다망드*를 짜 넣어 구운 프랑스 과자이다. 윗면에 아몬드 슬라이스를 뿌리고 조린 살구잼을 바른다. 커다란 타르트에서 조그만 타르틀레트 그리고 한입 크기 과자인 타르틀레트 푸르까지 크기가 다양하다.

아몬드 菓 (영 Almond 프 Amande 독 Mandel) 편도(扁桃). 원산지는 남부 유럽 지중해 연안이고, 현재 주산지는 세계 생산량의 1/2을 차지하는 미국 캘리포니아주, 오스트레일리아, 남아프리카이다. 아몬드 나무는 높이 5~9m의 고목이고 가지 한가득 연분홍 또는 하얀색의 꽃이 핀다. 여기에 열리는 아몬드의 과육은 아주 얇고 숙성하면 벌어져 속의 핵(核)이 보인다. 우리가 식용하는 부분이 핵이다.
〈종류〉 1. 스위트 아몬드(sweet almond : 甘種)—생식용. 보통 아몬드라 하면 스위트를 가리킨다. 여러 형태로 가공되므로 그 쓰임새가 다양하다. ① 슬라이스(slice) 아몬드 : 과피를 벗긴 아몬드를 얇게 자른 것. ② 블랜치(blanch) 아몬드 : 과피를 벗긴 통째의 아몬드. ③ 다이스(dice) 아몬드 : 과피와 얇은 껍질을 벗기고 잘게 다진 것. ④ 파우더(powder) 아몬드 : 아몬드 가루. 과피와 껍질을 벗겨 빻아 가루로 만든 것.
2. 비터 아몬드(bitter almond : 苦種)—청산(靑酸)과 같은 독성이 있어 그대로 먹을 수 없다. 여기에서 아몬드 오일을 채집하여 향료로 이용한다.

〈보존법〉 습기와 직사광선을 피하고 밀봉할 수 있는 깡통에 담아 냉장고에 넣어둔다. 습기를 머금은 것은 가볍게 볶은 뒤에 쓴다.

아몬드 가루

다이스 아몬드

슬라이스 아몬드

통째 아몬드

아몬드 디저트 케이크 菓 (영 Almond Dessert Cakes) 대형 케이크.

[배합] 버터 340g, 유지 113g, 로마지팬 113g, 벌꿀 43g, 박력분 681g, 팽창제 1.8g, 구즈베리 567g, 설타너 681g, 시트론 필과 갖가지 필을 합친 혼합 필 113g, 럼 71cc, 캐러멜 착색료 43g, 적설탕 454g.

[만드는 법] ① 준비한 과실에 럼을 붓고 하룻밤 동안 둔다 ② 버터로 약간의 마지팬을 푼다 ③ ②에 유지, 설탕, 벌꿀을 더하고 계란을 조금씩 넣으면서 크림 상태로 만든다 ④ 캐러멜 착색료를 더한다 ⑤ 팽창제와 함께 체 친 밀가루를 더하고, 마지막에 ①의 과실류를 섞는다 ⑥ 깊이 8cm, 20×9cm인 틀에 종이를 깔고 284g 만큼 붓는다 ⑦ ⑥ 위에 로마지팬 99g을 틀 모양에 맞추어 얹는다. 그리고 다시 ⑤의 반죽 284g을 부어 평평하게 한다 ⑧ 아몬드 슬라이스를 위에 뿌리고 182℃에서 굽는다.

아몬드 링 菓 (영 Almond Ring) 아몬드가 얹힌, 고리 모양의 과자. 스위트 쇼트 페이스트를 국화 형틀로 찍고, 그보다 작은 형틀로 한가운데를 찍어내어 고리 모양을 만든다. 짤주머니를 이용하여 마카롱 반죽을 고리 안에 채우고, 잘게 다진 아몬드를

붙인다. 계란칠을 2번 하고 176℃에서 굽는다. 다 구워지면 초콜릿을 실 모양으로 장식하거나 커버추어를 씌운다.

아몬드 밀크 菓 (영 Almond milk 프 Lait d'amandes 독 Mandelmilch) 아몬드에서 짜낸 즙이다. 아몬드의 속껍질을 벗기고 소량의 물을 더하면서 롤러에 갈고 마지막으로 헝겊에 싸서 짠다. 블랑망제*를 만들 때 사용한다. 아몬드 대신 마르치판로마세를 물이나 우유에 녹여 만들기도 한다. 프랑스어로는 레 다망드, 독일어로는 만델밀히라고 한다.

[배합] 아몬드 500g, 물 1,150cc.

[만드는 법] ① 아몬드를 곱게 부수어 물 250cc와 섞고 롤러로 간다 ② 물 900cc를 더해 섞는다 ③ 세모꼴 면자루에 넣고 짠다.

아몬드 비스킷 菓 (영 Almond Biscuits)

[배합] 박력분 794g, 아몬드 가루 113g, 베이킹 파우더 14g, 버터 567g, 설탕 340g, 계란 199g.

[만드는 법] ① 밀가루와 베이킹 파우더를 체 친다 ② ①과 버터를 섞고, 아몬드 가루를 더한다 ③ ②에 계란과 설탕을 넣고 부드러운 반죽을 만든다 ④ ③의 반죽을 5mm 두께로 밀어펴 물결무늬의 타원형 틀로 찍는다 ⑤ 계란을 바르고 다진 아몬드를 얹어 193℃에서 굽는다.

아몬드빵 빵 (영 Almond Bread) 스위트 도*에 다진 아몬드를 넣어 만든 빵.

[배합] 밀가루 2,500g, 물 600cc, 소금 28g, 이스트 110g, 우유 600cc, 설탕 335g, 마가린 280g, 계란 225g, 볶아서 다진 아몬드 225g.

[만드는 법] ① 직접법으로 반죽한다. 1차 발효 후 가스빼기를 할 때 아몬드를 반죽에 넣는다 ② 30분간 휴지시킨 뒤 220g으로 분할·둥글리기 한다. 잠시 휴지시킨 뒤 타원형으로 성형한다 ③ 반죽의 윗면 전체에 계란칠을 하고 아몬드를 뿌려서 철판에 얹고 발효시킨다 ④ 205℃ 오븐에서 굽되, 그 전

에 빵 표면에 워터 아이싱을 바른다. 이때 노른자 색소와 바닐라를 조금 더하면 빵 속에까지 색이 잘 들고 풍미가 좋아진다.

아몬드 스펀지 菓 (영 Almond Sponge) 아몬드 풍미의 스펀지 반죽. 표준배합은 계란 567 g, 분설탕 397 g, 박력분 340 g, 아몬드 가루 170 g 이다.
⇨스펀지 케이크

아몬드 웨이퍼 菓 (영 Almond Wafers) 아몬드 풍미의 웨이퍼*.
[배합] 로마지팬 567 g, 흰자 199 g, 아이싱 슈거 379 g, 시너먼 3.4 g, 밀가루 199 g.
[만드는 법] ① 위의 모든 재료를 한꺼번에 섞는다 ② 기름을 두르고 덧가루를 묻힌 철판에 ①의 반죽을 지름 5cm의 원형으로 얇게 부어 187℃ 오븐에서 굽는다 ③ 식힌 뒤 사이에 충전물을 발라 3장을 겹친다. 충전물은 마지팬, 퐁당, 초콜릿 프랄리네 누가를 섞은 것이다 ④③을 초콜릿에 담갔다 꺼낸 뒤 한가운데에 반 나눈 아몬드 1개를 올린다.

아몬드 크레센트 菓 (영 Almond Crescents) 스위트 쇼트 페이스트를 초승달 모양으로 잘라 아몬드 링*과 같은 식으로 만들되 마카롱 반죽은 팔레트 나이프로 한쪽면에 펴바른다. 여기에 잘게 부순 아몬드를 붙여 176℃에서 굽는다. 이 구운 크레센트에 초콜릿을 가늘게 썰어 장식하거나 한쪽 끝만 커버추어에 담갔다가 꺼내고 반으로 나눈 아몬드 1개를 얹어 장식한다.

아몬드 크로캉 슬라이스 菓 (영 Almond Croquant Slices) 스위스식 스펀지 케이크.
[배합] 아몬드 스펀지 2 장, 초콜릿 스펀지 2 장. 〈충전물〉 휘핑 크림·젤라틴·프랄리네 각 적당량. 〈기타〉 초콜릿·아몬드 슬라이스 각 적당량.
[만드는 법] ① 아몬드 스펀지 2 장에 충전물을 바르고 샌드한다. 이때 충전물은 휘핑 크림, 젤라틴, 프랄리네를 함께 섞은 것이

다 ② 초콜릿 스펀지 2 장에도 역시 충전물을 바르고 샌드한다 ③ ①과 ②의 사이에 충전물을 넣고 포갠다 ④ 냉장고에 넣었다 꺼내서 초콜릿을 바른다 ⑤ 가늘고 길게 자른 뒤 아몬드 슬라이스를 붙인다.

아몬드 크림 菓 (프 Crème d'amandes)
⇨크렘 다망드

아몬드 타트 菓 (영 Almond Tart)
⇨타르트 아망딘

아몬드 팬시 菓 (영 Almond Fancies) 스펀지 시트에, 로마지팬·흰자·버터 크림 섞은 것을 샌드한 과자. 윗면에도 같은 크림을 바르고 아몬드 슬라이스를 눌러 붙인다. 아이싱 슈거를 뿌려 마무리 한다.

아몬드 페이스트 菓 (영 Almond paste 프 Pâte d'Amandes 독 Marzipan) 아몬드를 설탕 또는 시럽과 함께 갈아 만든 페이스트. 만드는 법에 따라 독일식 마르치판과 프랑스식 파트 다망드로 나눈다.
⇨마지팬

아몬드 프티 푸르 菓 (영 Almond Petits Fours 프 Fours aux Amandes)
[배합] 껍질 벗긴 아몬드·설탕 각 511 g, 흰자 425 g, 살구 잼 99 g, 레몬 껍질 1개 분량. 〈기타〉 아몬드·과일 설탕절임 각 적당량.
[만드는 법] ① 아몬드를 갈아 설탕, 흰자 284 g 과 함께 섞는다 ② 남은 흰자와 잼을 레몬 껍질 간 것과 함께 섞어 ①에 넣고 부드러운 반죽을 만든다 ③ 이 반죽을 별 모양깍지를 끼운 짤주머니에 넣고 황산지 위에 여러 가지 모양으로 짜낸다 ④ 그 위에 아몬드나 설탕에 절인 과일을 장식한다 ⑤ 24시간 놔두었다가 250℃의 오븐에서 살짝 구워낸다. 그런 다음 솔로 아라비아 검 용액을 바른다. 다 만든 프티 푸르를 종이에서 떼어내려면 철판이 아직 뜨거울 때 종이 사이에 물을 조금 묻혀가며 떼어낸다.

아미노산[—酸] 化 (영 Amino acid) 한 분자 안에 아미노기(—NH₂)와 카르복시

기(-COOH)를 가지는 유기 화합물의 총칭. 아미노산은 단백질을 구성하는 기본단위이다. 즉, 단백질은 이들 아미노산이 펩티드 결합(-CONH)으로 연결된 고분자 화합물이다. 지금까지 발견된 수는 80종 이상이고 그 중에서 주요 아미노산은 20여종 정도이다. 그 명칭과 약호는 다음과 같다(+ 표시는 필수 아미노산).
① 글리신(glycine, Gly) ② 알라닌(alanine, Ala) ③ 발린+(valine, Val) ④ 류신+(leucine, Leu) ⑤ 이소류신+(isoleucine, Ile) ⑥ 세린(serine, Ser) ⑦ 트레오닌+(threonine, Thr) ⑧ 메티오닌+(methionine, Met) ⑨ 시스테인(cysteine, Cys)⑩ 시스틴(cystine, 2Cys) ⑪ 페닐알라닌+(phenylalanine, Phe) ⑫ 티로신(tyrosine, Tyr) ⑬ 트립토판+(tryptophan, Trp) ⑭ 아스파르트산+(aspartic acid, Asp) ⑮ 글루탐산(glutamic acid, Glu) ⑯ 리신+(lysine, Lys) ⑰ 아르기닌(arginine, Arg) ⑱ 히스티딘+(histidine, His) ⑲ 프롤린(proline, Pro) ⑳ 히드록시프롤린(hydroxyproline, Hyp).

아미노산의 맛 原 (영 Amino acid taste) 아미노산은 어느 식품에나 들어 있어 각각의 아미노산이 띠는 단맛, 신맛, 쓴맛 등이 그 식품의 맛을 결정한다. 아미노산 중에서 글루탐산이 가장 맛이 있어 글루탐산나트륨염은 화학조미료로 쓰인다. 그 밖에 아스파르트산이나 글리신은 합성주(酒)에 배합하여 술맛을 돋운다. 한편 아미노산을 당과 가열하면 착색됨과 동시에 독특한 향기를 낸다는 사실('메일라드 반응'항 참고)이 알려진 뒤 식품의 향기 개선에 이용하고 있다. 쌀가루로 과자를 만들 때 발린이나 페닐알라닌을 더하면 향기로운 과자가 되고, 빵 만들 때 프롤린을 첨가하면 풍미 좋은 빵이 만들어진다. 아직 제조원가가 비싸서 널리 쓰이지는 않지만 점차 대중화될 것으로 전망된다.

아밀라아제 化 (영, 프, 독 Amylase) 녹말(아밀로오스와 아밀로펙틴)이나 글리코겐과 같이 α-결합을 한 다당류를 가수분해하는 효소의 총칭. 디아스타아제라고도 한다. 작용하는 양식에 따라 α-아밀라아제, β-아밀라아제, 글루코아밀라아제 3종으로 나눈다.
〈종류〉① α-아밀라아제 : 녹말이나 글리코겐의 글루코오스 사슬을 안쪽에서부터 규칙성 없이 절단한다. 이 효소는 글루코오스의 α-1, 4 결합에만 작용한다. 아밀로오스는 α-1, 4 결합만 있으므로 α-아밀라아제에 의해 완전히 분해된다. 침·췌액의 아밀라아제가 α-아밀라아제이다. 이것은 맥아, 곰팡이, 세균 등에도 존재한다. ② β-아밀라아제 : 녹말, 글리코겐의 글루코오스 사슬을 끝에서부터 차례로 가수분해하여 말토오스를 생성시키는 효소. α-아밀라아제처럼 α-1, 4 결합에만 작용한다. 고구마, 밀, 콩, 맥아 등에 존재한다. ③ γ-아밀라아제 : 글루코아밀라아제라고도 한다. 녹말, 글리코겐의 글루코오스 사슬을 끝에서부터 차례로 가수분해하여 글루코오스를 유리시키는 효소. α-1, 6 결합에도 작용하는 수가 있다. 이들 아밀라아제를 배합한 이스트 푸드를 빵 반죽에 넣으면 발효가 촉진되고 구운색이 예쁘게 든다.

아밀로그래프 試 (영 Amylograph) 점도계의 하나. 온도변화에 따라 점도에 미치는, 밀가루의 α-아밀라아제의 효과를 측정하는 기기이다(뒷 페이지 〈그림〉 참고). 일정량의 밀가루와 물을 섞어 25℃에서 90℃까지 1분에 1.5℃씩 올렸을 때 변화하는 혼합물의 점성도를 자동기록한다. 아밀로그래프는 밀가루를 호화시키면서 점도를 측정하는 점이 특징이다. 호화 밀가루(풀)의 점도변화에 영향을 주는 인자는 녹말의 함량과 질 그리고 아밀라아제이며, 이들을 종합해서 그려내는 것이 아밀로그래프이다. 여기서 나온 결과로 그 밀가루의 제빵적성을 알 수 있고, 제빵시 맥아나 이스트 푸드를 더하는 방법이 결정된다.

〈그림〉 아밀로그래프의 구조

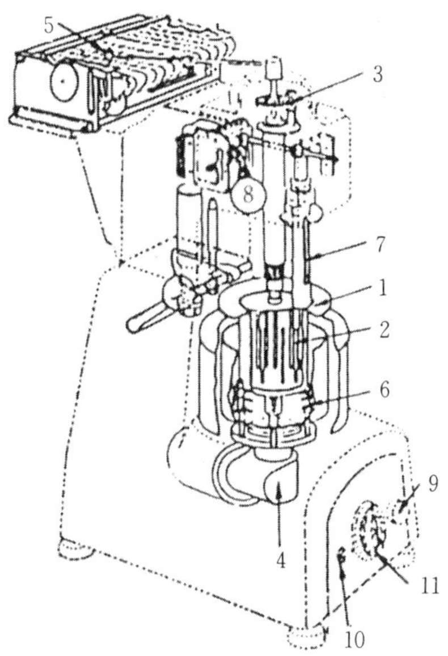

1. 시료용기   2. 교반 핀   3. 카트리지
4. 회전축   5. 기록계   6. 가열기
7. 온도 조절계   8. 온도계 스프링 조절 장치
9. 가열 지시등 10. 스위치   11. 타이머

아밀로오스 化 (영 Amylose) 녹말의 한 성분. 고등 식물에 존재한다. 녹말은 아밀로오스와 아밀로펙틴의 혼합물이다. 단, 찹쌀 녹말만은 아밀로오스 없이 아밀로펙틴 100%로 이루어져 있다. 아밀로오스는 녹말의 20~30%를 차지하고, 그 수용액에 요오드를 첨가하면 청색을 띤다. 아밀로오스의 구조는 글루코오스가 α-1, 4 결합으로 이어진 사슬 형태이다. 그리고 그 사슬은 나사선 모양으로 감겨 있다. 아밀로오스는 아밀라아제에 의해 말토오스와 글루코오스로 분해된다.
→녹말

아밀로펙틴 化 (영 Amylopectin) 녹말 입자 바깥쪽의, 찬물에 녹지 않는 부분을 이루는 성분. 다당류 가운데 하나이다.

찬물에는 녹지 않으나 뜨거운 물에 녹아 풀처럼 된다. 그 수용액에 요오드를 가하면 붉은 보라색을 띤다. 고등 식물에 존재하며, 특히 쌀·밀·옥수수·감자·고구마·바나나 등에 70~80%(나머지는 아밀로오스) 함유되어 있다. 또, 찹쌀의 녹말은 100% 아밀로펙틴으로 이루어져 있다. 아밀로펙틴의 구조는 글루코오스가 α-1, 4 결합으로 연결된 사슬에 α-1, 6 결합인 다른 사슬이 나뭇가지처럼 결합하고 있다. 아밀로펙틴은 아밀라아제에 의해 분해된다. 하지만 보통의 아밀라아제(α, β 아밀라아제)는 α-1, 6 결합을 끊지 못하므로 남는 부분이 생긴다.
→녹말

아밀롭신 生 (영 Amylopsin) 척추 동물의 췌장에서 분비되는 아밀라아제. α-아밀라아제의 하나로서 녹말, 글리코겐의 α-1, 4 결합을 가수분해하여 다량의 말토오스와 소량의 덱스트린, 포도당을 만든다.

아밀 부티레이트 原 (영 Amyl-butyrate) 화학식은 $C_9H_{18}O_2$이다. 무색의 방향(芳香)성 에스테르*. 아밀알코올, 부티르산, 젖산 등을 원료로 하여 만들며 에센스나 리큐르 향료로 사용한다.

아발 케이크 菓 (영 Arval Cake) 영국에서 장례식이 끝난 뒤 그 곳에 모인 사람들에게 나누어 주는 과자. 참석자들은 그것을 하나씩 갖고 돌아간다. 일본에는 장례식 만두라 하여 이와 비슷한 종류가 있다.

아보카도 原 (영 Avocado 프 Avocat)

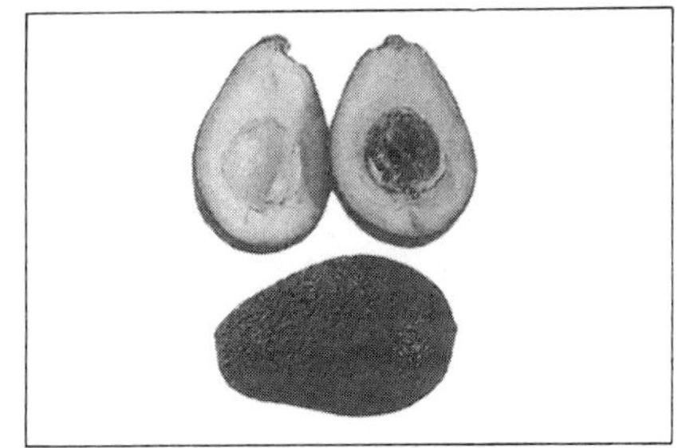

녹나무과(科)에 속하는 열대 과실. 모양은 서양배와 비슷하고, 익으면 색은 녹색에서 검은색으로 바뀐다. 과육은 초록빛이 감도는 크림색이며, 부드럽다. 버터처럼 지방질은 많지만 어느 조리법에나 잘 맞는다. 소금을 더하면 버터처럼 되고, 설탕이나 꿀을 더하면 크림같이 된다. 최근들어 양과자 분야에도 도입되어 자주 쓰인다.

아브리코 菓 (프 Abricot)
⇨살구

아브리코테 技 (프 Abricoter) 제과용어. 앙트르메, 프티 가토 등의 윗면에 조린 살구잼을 바르는 일. 원래 아브리코테는 프랑스로 '막아주다', '보호하다'의 의미이다.

°**아브리코틴** 菓 . (프 Abricotine) ① 살구잼을 바른 케이크. ② 살구의 과육을 넣은 머랭을 얹은 케이크. ③ 살구 설탕절임을 얹은 프티 푸르.

아비스 其 (프 Avice) 19세기 초에 활약한 프랑스의 제과인. 장 아비스(Jean Avice)이다. 당시 천재 제과인이라 칭송되던 앙토냉 카렘(1784~1833)의 제자로 들어가 그의 지식과 기술을 이어 받았다. 마들렌을 발명한 사람으로도 전해진다.

아세트산[−酸] 化 (영 Acetic acid) 지방산의 하나. 식초 속에 3~5%가 함유되어 있으면서 식초 특유의 신맛을 내기 때문에 식초산·초산이라고 하며, 또 에탄산이라고도 한다.

〈성질〉 화학식은 CH_3COOH. 자극적 냄새와 신맛이 나는 무색 투명한 액체이다. 물, 알코올, 글리세린 등과 임의로 혼합된다. 그리고 냉각시키면 결정(結晶)되기 쉬워서 겨울철 결정 상태가 되는 아세트산이 있는데 이것을 빙초산*이라 한다.

아세트산 발효[−酸醱酵] 化 (영 Acetic fermentation) 아세트산균이 알코올을 산화시켜 아세트산*을 만드는 현상. 산화발효의 하나로서, 알코올 발효('발효'항 참고), 젖산발효와 함께 잘 알려져 있다. 알코올 함량이 적은 술에 물을 타서 따뜻한 공기속에 두면 표면에 흰 막이 생기고 신맛이 난다. 그 막이 아세트산균의 집합체이다. 아세트산균은 호기성 세균이고, 산소를 이용하여 알코올을 젖산으로 바꾸어 신맛을 낸다. 생육온도는 20~30℃이고 5~10%의 알코올 농도에서 발육이 왕성하다. 그리고 아세트산의 농도가 10% 이상이면 균이 서로 먹고 먹혀 버린다.

아스코르브산[−酸] 原 (영 Ascorbic acid) 비타민 C. 화학식은 $C_6H_8O_6$이다. 산화제와 같은 작용이 있어서 빵 반죽의 숙성을 촉진시키고 품질개량에 효과적이다. 빵 개량제로 쓰인다.
→비타민

아우프자츠 菓 (독 Aufsatz) 프랑스 과자의 피에스 몽테에 해당한다. 마크로넨(마카롱), 히펜마세, 머랭, 뉘르베타이크, 초콜릿, 엿 세공 등을 사용하여 높이 쌓아올려 만든 과자이다. 각종 행사에 등장하는 장식과자이다.

아우플라우프 菓 (독 Auflauf) 프랑스의 수플레에 해당한다.
⇨수플레

아우플라우프크랍펜 菓 (영 Soufflé Fritter 프 Beignet Soufflé 독 Auflaufkrapfen) 기름에 튀겨 부풀린 과자. 슈프리츠쿠헨이라고도 한다.
⇨슈프리츠쿠헨

아이겔프마크로네 菓 (독 Eigelbmakrone) 마카롱*의 하나. 보통의 마카롱은 견과 또는 마지팬에 흰자를 섞어 만드는 데 반해, 이것은 노른자를 사용한 독일과자이다.

[배합] 마르치판로마세 500 g , 노른자 50 g .

[만드는 법] ① 마르치판로마세*에 노른자를 더하여 매끄러운 반죽을 만든다. 원하면 레몬 즙을 더한다 ② 모양각지를 끼운 짤주머니에 채워 짜낸다. 드레인드 체리, 안젤

리카 등을 얹어 장식하기도 한다 ③ 200℃의 센불 오븐에서 살짝 굽는다.

아이바이스글라주르 菓 (영 Royal icing 프 Glace royale 독 Eiweißglasur) ⇨로열 아이싱

아이스 게베크 菓 (독 Eisgebäck) 종이처럼 얇게 구운 쿠키의 하나. 히펜마세로 만든다. 흔히 아이스크림, 그 밖의 빙과에 곁들여 먹는다. →히펜마세

아이스 무스 菓 (영 Ice Mousse) 크림을 넣은 아이스 무스와 과실을 넣은 아이스 무스가 있다. 다음은 크림 아이스 무스를 만드는 법이다.

[배합] 노른자 5개, 흰자 3개, 설탕 198g, 거품낸 생크림 580cc, 향료 소량.

[만드는 법] ① 노른자에 물 몇 방울을 더하고 거품낸다 ②①을 약한 불에서 중탕하면서 계속 거품낸다 ③②를 얼음으로 식힌 뒤 향료를 넣는다. 설탕, 흰자, 생크림을 마저 넣고 섞는다 ④③의 크림 아이스 무스에 바닐라 초콜릿, 녹기 쉬운 커피 가루, 프랄리네, 리큐르 등으로 변화를 주기도 한다. →아이스크림

아이스박스 機 (영 Icc box) 식품을 냉장하기 위한 상자. 상자의 벽은 단열재이고 위쪽에 얼음을 넣어두면 찬 공기가 순환하면서 저온을 유지한다. 단, 이때 0℃ 이하로 내려가지 않도록 한다. 유지를 다량 배합한 빵, 과자 반죽을 아이스박스에 넣어두면 반죽이 안정되고 조직이 치밀해진다.

아이스 봄베 菓 (프 Bombe glacée 독 Eisbombe) 반구형·원통형, 그 밖의 틀로 성형한 아이스크림. 각종 아이스크림을 조화시켜 만든다. ⇨봉브 글라세

아이스 봄브 菓 (영 Ice Bombe 프 Bombe glacée 독 Eisbombe) 폭탄 모양의 아이스크림. 틀에 바르는 아이스크림과 그 안에 채우는 아이스크림이 서로 다르다. 바르는 아이스크림은 일반적인 것이고, 채우는 것은 봄브용 아이스크림이다. →봉브 글라세

아이스 샤를로트 菓 (영 Ice Charlottes) 서보이 핑거*를 샤를로트 틀에 깔고, 갖가지 아이스 봄브·비스퀴 글라세·무스 등을 채운 것. 냉장고에 넣어 두었다가 필요할 때에 꺼내어 원하는 장식을 하고 찬 소스를 곁들인다.

아이스 수플레 菓 (영 Ice Soufflé) 크림 수플레와 프루츠 수플레가 있다. 전자는 커스터드 크림을 이용해 아이스 무스*와 같이 만들고 후자는 이탈리안 머랭, 프루츠 퓌레, 거품낸 생크림을 재료로 하여 만드는 것이다. 아이스 수플레를 만들 때 필요한 틀은 수플레 틀이나 옆면이 곧은 은제(銀製) 탱발 틀이다. 탱발 틀에는 기름 종이를 붙여 둔다. 길고 가느다랗게 자른 기름 종이로 틀보다 5cm 높게 틀 둘레를 감싸고, 실로 감아 고정시킨다. 이 틀의 바닥에서부터 4cm 위까지 혼합 재료를 붓고 냉동고에 넣는다. 다 얼면 꺼내어 코코아 가루, 아이싱 슈거를 차례로 뿌린다. 그리고 종이를 떼어낸다. 아이스 프루츠 수플레를 예로 들면 다음과 같다.

[배합] 흰자 5개, 분설탕 255g, 과실 퓌레나 과육 280cc, 생크림 430cc.

[만드는 법] ① 분설탕을 보메 40도 상태까지 조린다 ② 단단하게 거품낸 흰자에 ①을 붓고, 다 식을 때까지 계속 섞는다 ③ 과실 퓌레를 ②에 섞고, 또 거품 낸 생크림을 더해 섞는다 ④ 틀에 기름 종이를 감싸고 ③의 반죽을 붓는다. 그리고 냉동고에 넣는다.

아이스 캔디 菓 (영 Ice Candy) 물에 향료와 색소를 섞고, 둥근 막대 모양의 용기에 부어 얼린 것. 보통 오렌지 계통의 향료가 많이 쓰이고 그 밖에 박하, 시너먼, 바닐라가 있다. 안정제로는 알긴산소다를 사용한다.

<table>
<tr><td colspan="2" style="text-align:center">〈표 1〉 아이스크림 제조시 성분규격과 미생물 허용치</td><td></td><td></td></tr>
</table>

종류 \ 성분	유 지 방	무지유 고형분	기 타 (마리/㎖당)
아이스크림	6 % 이상	10% 이상	일반 세균 10만 이하 대장균군 10 이하
아이스 밀크	2 % 이상 (셔벗 포함)	5 % 이상	일반 세균 5 만 이하 대장균군 10 이하
비유지방 아이스크림	2 % 이상(식물성 유지 포함)	5 % 이상	일반 세균 5만 이하 대장균군 10 이하

아이스크림 菓 (영 Ice Cream 프 Glace 독 Speiseeis) 크림을 주원료로 하고 각종 유제품(유지방·우유·탈지분유 등), 설탕, 향료, 유화제, 안정제 및 색소 등 여러 가지 원료를 첨가하여 동결한 빙과(氷菓)의 하나. 영양가가 높고 공기를 균일하게 혼합하여 부드러운 것이 특징이다. 한국의 '식품의 규격 및 기준'은 아이스크림을 "우유 또는 유제품을 주원료로 하고 당류, 기타 식품 또는 첨가물을 더하여 동결한 것으로서 유지방분 6% 이상, 무지유 고형분 10% 이상을 함유한 것"이라고 정의하고 있다.

〈종류〉

1. 법적분류―'식품의 규격 및 기준'에 따라 아이스크림 성분과 미생물 허용치가 정해져 있다(〈표1〉 참고).

2. 제조방법에 따른 분류―① 소프트 아이스크림 : 프리저에서 제조된 아이스크림을 경화시키지 않고 반유동체 형태로 제품화한 것. 저지방(2~6%) 아이스크림이 많다. ② 하드 아이스크림 : 재료배합→살균→균질→냉각→숙성→동결 과정을 거쳐 만들어지며, 배합과 재료에 따라 여러 가지가 있다. 대부분의 아이스크림이 여기에 속한다.

3. 배합 재료에 따른 분류―① 플레인 아이스크림(plain icecream) : 가장 기초적이고 보편적인 아이스크림. 아이스크림 믹서에 첨가하는 향료와 착색료가 전체 배합의 5% 이하인 것이다. 바닐라·초콜릿·커피 풍미가 일반적이다. ② 컴포지트(composite) 아이스크림 : 첨가하는 향료와 착색료가 전체 배합의 5% 이상인 아이스크림. 과일·견과류·초콜릿을 배합해 만드는데, 그 각각을 프루츠 아이스크림, 너츠 아이스크림, 초콜릿 아이스크림이라 부른다. ③ 커스터드(custard) 아이스크림 : 노른자를 많이 배합해 만든 아이스크림. ④ 비스쿠(biscu) 아이스크림 : 스펀지 케이크와 조화를 이룬 아이스크림. ⑤ 무스(mousse) 아이스크림 : 흰자와 생크림을 거품내고 다른 재료와 섞은 뒤 동결시킨 것('아이스 무스'항 참고). ⑥ 파르페(parfait) 아이스크림 : 커스터드 아이스크림보다 지방 함량이 높고, 또 노른자를 많이 배합해 만든 것. ⑦ 셔벗(sherbet) : 무지유고형분이 적고 과즙과 과육을 사용한 것. 성분 규격면에서 보면 빙과에 속하는 것이 많다. ⑧ 프라페(frappe) : 여러 가지 과즙을 섞어 만든 빙과. ⑨ 펀치(punch) : 프라페의 하나. 과즙의 일부 또는 모두를 양주로 바꾼 것. ⑩ 멜로린(mellorine) : 아이스크림 중의 지방을 일부 또는 전부 유지방 이외의 지방으로 바꾼 것. 이것은 미국에서 통용되는 명칭이다.

〈제조〉 ① 재료 혼합시 액체 원료를 먼저 살균 용기에 넣고 가열하면서 건조 원료를 넣어 섞는다. 이때 온도는 40~50℃. ② 살균 목적은 유해균을 없애고 위생상 안전하게 하는 동시에 저장성을 높이고 조직과 풍미를 균일하게 하기 위함이다. 여러 가지 살균법 중 일반적인 것이 고온 단시간 살균법(79.5℃에서 25초간)이다 ③ 균질화 과정은

〈표 2〉 아이스크림의 제조공정

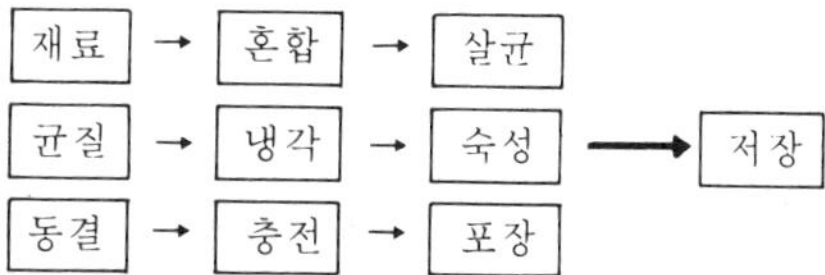

아이스크림 혼합물의 지방구를 지름 2μ 이하로 분쇄시켜 지방의 분리를 방지하고 부드럽게 하기 위함이다. 이때 온도는 63~77℃. ④③의 과정을 거쳐 나온 아이스크림 혼합물을 곧바로 0~4℃까지 냉각시켜 숙성 탱크에 보존한다. 이렇게 하지 않으면 미생물이 성장하여 품질이 저하되고 점도가 증가한다. 냉각과 숙성 과정을 거치면서 부피와 조직이 좋아진다 ⑤동결단계에서 온도를 낮추어 동결시킴과 동시에 그 혼합물에 공기를 포함시킨다 ⑥동결기 속의 아이스크림이 굳기 전에 포장한다. 안벽이 방수처리된 종이·플라스틱 용기에 담는다 ⑦동결기에서 갓 꺼낸 아이스크림은 반액체 상태이므로 모양을 유지할 수 없다. 따라서 포장된 아이스크림을 경화실이나 경화터널에 넣어 한번 더 동결시킨다.

아이스크림 믹스 原 (영 Ice cream mix) 아이스크림을 만드는 데 필요한 재료를 섞은 것. 표준배합은 지방 8~14%, 무지유고형물 8~12%, 설탕 13~15%, 젤라틴 0.3~0.5%. 즉 전고형물(全固形物) 32~38%, 수분 62~68%이다. 유지는 전유(全乳), 분유, 크림 버터 등에서, 무지유고형물은 연유나 유장(乳漿) 등에서 얻는다. 믹스 파우더(아이스크림 파우더)를 사용할 때는 믹스 가루 1에 대해 1.7의 물을 넣으면 좋다. 또, 아이스크림의 원료로 시판되고 있는 것 중에는 분유 51, 설탕 52, 탄산수소나트륨 2, 주석영 4.4, 바닐라 향료 0.06의 비율로 섞은 간단한 배합의 믹스 가루도 있다.

아이스크림 틀 機 (영 Icecream molds 프 Moule à glace) 틀에 채워 굳히는 아이스크림의 전용 틀. 아이스크림을 틀에 채워 만들 때에 젤리 틀이나 일반 소형 틀을 이용해도 좋으나 냉장고에서 포개어 얼릴 수

여러 가지 아이스크림 틀
Ⓐ 마르키즈 인형 Ⓑ 멜론 Ⓒ 파르페 Ⓓ 카사타 Ⓔ 포르타티브 Ⓕ 불 드 네주 Ⓖ 뷔슈 드 노엘 Ⓗ 봉브 Ⓘ 사각 틀

있고 향이 그대로 보존되는, 뚜껑 붙은 아이스크림 전용 틀을 이용하는 것이 더욱 좋다. 열전도율이 높고 빨리 얼어야 하므로 스테인리스·알루미늄·구리의 금속제품을 많이 이용하는데, 특히 손으로 다루기 쉽고 잘 녹슬지 않는 스테인리스 제품이 좋다.

아이스크림 파우더 原 (영 Ice cream powder)

⇨아이스크림 믹스

아이스 토르테 菓 (독 Eistorte) 비스퀴 시트에 향을 들이고 거품낸 생크림을 발라 아이스크림이나 생크림을 샌드한 토르테*. 프랑스의 비스퀴 글라세에 해당한다. 샌드하는 크림에 설탕절임 또는 양주절임한 과일이나 마카롱을 섞어 넣어도 좋다. 이 토르테는 얼려 먹는다.

아이스 푸딩 菓 (영 Ice Pudding) 아이스 봄브처럼 만들어 냉장고에 넣고 틀에서 빼내어 찬 소스나 시럽을 곁들인 것.

아이싱 技 (영 Icing 프 Glaçage) 분설탕에 물, 흰자를 섞은 혼합물. 그리고 과자의 표면에 이 혼합물 또는 다른 설탕옷(糖衣)을 입히는 일. 프랑스의 글라사주에 해당하는 용어이다.

〈종류〉 ① 워터 아이싱* ② 로열 아이싱* ③ 퐁당 아이싱('퐁당'항 참고) ④ 초콜릿 아이싱 : 초콜릿을 녹여 물과 분설탕을 섞은 것.

〈재료〉 주재료는 설탕, 첨가물은 유지, 연유, 분유, 계란, 안정제, 소금, 색소, 물 등. ① 설탕 : 그라뉴당, 분설탕. ② 유지 : 버터는 부드럽고 풍미가 좋은 것을 쓰고, 경화 쇼트닝은 카카오 버터나 코코넛 지방과 섞어 쓴다. 그러면 아이싱의 고화성이 좋아진다. 또, 초콜릿은 아이싱에 색과 풍미를 더한다. ③ 우유 : 탈지분유. 풍미를 돋우기 위해 가당연유를 쓰기도 한다. 우유는 산패할 염려가 있으므로 거의 쓰지 않는다. ④ 물 : 아이싱의 용제(溶劑). 아이싱의 굳기를 조절하고자 할 때는 물 대신 시럽

(설탕 1 : 물 1)을 더한다. 물을 더하면 크림이 부서진다. ⑤ 계란 : 노른자, 흰자, 전란(全卵). 흰자는 거품내어 사용한다. ⑥ 안정제 : 밀녹말, 한천, 콘스타치, 타피오카, 젤라틴, 펙틴, 검류 등. 안정제는 아이싱의 조직을 부드럽게 유지하고 제품의 건조를 막으며, 아이싱의 점착성을 감소시킨다. ⑦ 향료 : 천연·합성 향료. ⑧ 소금 : 방향 재료로서 사용된다.

아이싱 슈거 原 (영 Icing sugar 프 Sucre glace) 분설탕에 2~3%의 콘스타치(방습제)를 섞은 것. 로열 아이싱, 버터 크림에 쓰는 아이싱용 설탕이다.

아일랜드빵 빵 (영 Irish Bread) 일반적으로 영국식 빵을 가리킴. 그 중에서 아일랜드만의 독특한 빵은 로프와 오트밀 빵이다.

① 로프(Loaf) : 직접 구운 정육면체 빵. 따로 윗면에 칼자국을 내지 않아도, 구우면 윗면이 곱게 갈라진다. ② 오트밀 빵 : 귀리를 더해 만든 빵으로, 여기서 나오는 귀리(오트밀)는 아일랜드의 특산물이다.

아카디 原 (영 Arkady) 이스트 푸드의 상품명. 미국 스탠다드사(社)가 발명·시판한 것이다.

아카시아 原 (영, 프 Acacia 독 Akazie) 콩과(科) 아카시아속(屬)의 상록활엽교목에서 채취한 아라비아 검. 아프리카, 오스트레일리아 등의 열대 지방에서 생산된다. 한국의 아카시아는 같은 콩과이지만 낙엽활엽교목으로 고무를 함유하고 있지 않다. →아라비아 검

아크롤레인 化 (영 Acrolein) 대표적인 불포화 알데히드. 화학식은 $CH_2{=}CH{-}CHO$이다. 자극적인 냄새가 나는 무색의 액체이고, 지방이 탈 때 나는 냄새의 주성분이다. 공기 중에서 쉽게 산화하며 특유의 자극성 냄새는 눈의 점막에 해롭다.

아타 가루 原 (영 Atta) 인도의 차파티(Chapati : 납작한 무발효 빵)를 만드는

가루.

아토펙스 믹서 機 (영 Artofex mixer)
프랑스 빵용 수평 믹서이다. 사람 손이 반
죽하듯 2개의 반죽 날개가 아래 위로 움직
임과 동시에 믹서 볼이 수평으로 자동 회전
한다. 스위스의 아토펙스사(社)에서 만든
것이다.

아파레유 菓 (프 Appareil) ① 밀가루,
우유, 계란, 버터 등 각종 재료를 섞은 것.
밑반죽. 주로 아이스크림, 무스, 바바루아
를 만들기 위해 섞어 놓은 유동성 물질을
가리킨다. 수플레용·비스퀴용·크렘 랑베
르세용 아파레유 등이 그것이다. ② 크림을
거품내는 기구.

아프리카밀 原 (영 African wheat) 아
프리카는 밀 재배량이 그다지 많지 않고,
전체적으로 보아 다른 지역의 밀보다 그 품
질이 떨어진다. 특히 단백질 함유량이 적고
습기가 없어 단단하다. 따라서 반죽을 만들
어도 끈기가 없고 잡아늘이면 쉽게 끊어지
며 잘 부풀지 않는다. 그 중에서 케냐밀은
글루텐 함유량이 13.5% 이상이고 끈기가
강하며 오스트레일리아 밀과 비슷하다. 한
편, 남아프리카 공화국 정부는 이와 같은
밀가루의 결점을 보완하기 위해 비린내를
없앤 생선가루를 쓰고 있다.

아프리코젠 쿠헨 菓 (독 Aprikosen Ku-
chen) 살구의 신맛을 아몬드의 풍미로 감
싼, 반죽형 파이 반죽의 독일과자.
[배합] 마일랜더타이크 500 g . 〈충전물〉 버
터 200 g , 로마지팬 360 g , 설탕 100 g , 시
너먼 가루 2 g , 레몬 껍질 5 g , 소금 소량,
바닐라 빈 1 개 분량, 계란 4 개, 크로캉 가
루 적당량, 케이크 크림 150 g . 〈기타〉 케이
크 크림 200 g , 시너먼 가루 3 g , 살구(통조
림 혹은 반 나눈 것) 64개, 계란액·살구잼
(＋설탕, 물, 물엿) 각 적당량, 퐁당(＋시
럽) 적당량.
[만드는 법] ① 마일랜더타이크*를 조금 남
기고, 30×50cm, 3 mm 두께로 밀어편 뒤 철

판에 깐다. 피케*하고 살짝 굽는다 ② 충전
물을 만든다. 버터에 로마지팬을 섞고 설
탕, 시너먼 가루, 레몬 껍질 간 것, 소금,
바닐라 빈을 더해 섞는다. 계란을 풀어 넣
고 크로캉 가루와 케이크 크림을 섞어 충전
물을 완성한다 ③ 케이크 크림과 시너먼 가
루를 섞어 ①의 표면에 뿌린다 ④③의 위에
살구를 죽 늘어놓으면서 가득 채운다. 그리
고 나서 ②의 충전물을 바른다 ⑤①에서 남
겨두었던 반죽을 얇게 밀어펴고 1 cm 너비
로 잘라 ④의 위에 격자 무늬로 얹는다 ⑥
표면에 계란액을 바르고 170℃ 오븐에서 90
분간 굽는다 ⑦⑥을 틀에서 빼낸 뒤 살구잼
을 바른다. 퐁당을 발라 오븐에서 건조시킨
다.

안자츠 빵 (독 Ansatz) 중종 반죽의
독일어명. 헤페슈튀크(Hefestück), 담페를
(Dampferl)이라고도 한다.

안전 밸브[安全—] 機 (영 Safety valve)
증기관에 부착되어 있는 안전용 밸브. 증기
관 속의 증기압력이 최고 사용압력을 넘어
서면 밸브를 열고 증기를 내보냄으로써 폭
발하거나 파괴되지 않도록 한다. 중석식,
지레식, 스프링식이 있다.

안정제[安定劑] 原 (영 Stabilizer 프
Améliorant 독 Bindemittel) 물과 기름,
기포, 콜로이드의 분산과 같이 상태가 불
안정한 혼합물에 더하여 안정시키는 물
질. 식품 첨가물 중 유화제*, 호료*가 이
러한 목적으로 쓰인다. 즉, 아이스크림의
기포 안정, 유산균 음료의 분산 안정, 초콜
릿·마가린·마요네즈의 유화 안정을 위해
필요한 물질이다.

안젤리카 原 (영 Angelica 프 Angéli-
que 독 Angelika) 유럽 북부, 아이슬란
드, 중앙 아시아에 자생하는 초본 식물. 지
금은 유럽 각지, 영국, 북아메리카에 널리
퍼져 있다. 2m 높이로 자라는 2년생 식물
로서, 전체에 독특한 향과 자극적인 풍미가
있다. 안젤리카는 뿌리에서부터 종자까지

버리는 것 없이 다 쓸 수 있다. 그 중의 하나가 줄기를 설탕절임 한 것이다. 이것을 갖가지 모양으로 썰어 케이크, 푸딩에 장식한다. 종자는 진, 베르뭇의 풍미용으로 쓴다.

안초비 페이스트 原 (영 Anchovy paste) 안초비를 소금에 절여 숙성시킨 뒤 페이스트 상태로 만든 것. 안초비는 지중해, 유럽 근해에서 많이 나는 멸치과(科)의 작은 생선이다. 페이스트 그대로를 빵에 발라 먹으며, 갖은 양념으로 간을 맞추고 향신료를 더하여 생선 요리에 곁들이기도 한다.

안토시아닌 生 (영 Anthocyanin) 식물의 꽃, 과실, 잎 등에 나타나는 수용성 색소. 빨강·파랑·보라색 꽃이나 봄의 새눈, 가을의 단풍 등이 발하는 빛깔은 바로 이 색소 때문이다. 흔히 채소는 안토시아닌과 플라본이 공존하고 있어 초록색을 띤다. 즉, pH 8 이상의 알칼리에서 안토시아닌이 파랑, 플라본이 노란색으로 변하고 그 2가지 색이 합쳐져서 초록색이 된다. 분해되면 안토시아니딘과 당이 생긴다.

알긴산[-酸] 原 (영 Alginic acid) 다시마, 대황, 김〈감태(甘苔)〉 등의 갈조류(褐藻類)에 함유되어 있는 다당류의 하나. 알긴산나트륨, 알긴산프로필렌글리콜의 형태로 호료*(식품 첨가물)의 역할을 한다. 즉 아이스크림·유산균·기타 음료 등에 유화 안정제로서, 젤리·셔벗·주스 등에 증점제(增粘劑)로 이용된다. 체내에서 소화되지 않는 식이 섬유이고 식품 이외에 직물풀, 수성 도료에도 이용하고 있다.

알루미늄박 포장[-箔包裝] 技 (영 Aluminium foil wrapping) 알루미늄박(箔)은 공업용 알루미늄판을 얇게 압연하고 마지막으로 박압연기에 걸어 만든 것. 빵, 케이크 이외에도 버터, 치즈, 향신료, 갖가지 조리 식품을 포장하는 재료로 사용한다. 알루미늄박은 산·알칼리에 약하지만 내광성, 내습성이 뛰어나며 가스의 투과를 막는 특징이 있다. 또, 포장 식품의 품질을 보호함은

물론 보기에도 좋아 소비자의 구매욕구를 유발시키는 판매 전략에도 한몫을 한다.

알뤼메트 菓 (프 Allumette) 푀이타주에 로열 아이싱을 바르고 직사각형으로 잘라 구운, 프랑스의 전통적인 과자. 알뤼메트는 '성냥'을 뜻한다.
[배합] 〈푀이타주〉 강력분, 박력분 각 250 g, 소금 10 g, 찬물 250~300cc, 버터 450 g. 〈로열 아이싱〉 흰자 1~2개, 분설탕 250 g, 레몬 즙 소량.
[만드는 법] ① 푀이타주*를 만들어 두께 3mm로 밀어 편다 ② 로열 아이싱을 만든다. 믹서 볼에 분설탕과 흰자 1개를 넣고 천천히 거품낸다 ③ 굳기를 생각하면서 흰자를 더한다. 전체가 광택이 나고 하얗게 되면 레몬 즙을 더한 뒤 한번 더 거품낸다 ④ ① 의 반죽에 로열 아이싱을 펴 바르고 3×8cm 크기로 잘라서 철판에 늘어놓는다. 그리고 표면의 로열 아이싱을 조금 말린다 ⑤ 철판 네 귀퉁이에 푸딩 컵을 놓고 또 다른 철판을 얹는다. 그리고 180℃ 오븐에서 색이 들지 않도록 굽는다.

알뤼메트 오 폼므 菓 (프 Allumette aux Pommes) 압펠 슈트루델이라고도 한다.
[배합] 〈푀이타주〉 강력분 300 g, 박력분 200 g, 소금 10 g, 무염 버터 25 g, 찬물 165cc, 롤인용 무염 버터 450 g. 〈사과 필링〉 사과 9개, 그라뉴당 150 g, 레이즌 75 g, 시너먼·럼 각 소량. 〈기타〉 제누아즈·계란·살구잼·아몬드 슬라이스 각 소량.
[만드는 법] ① 사과는 껍질을 벗기고 작게 잘라 그라뉴당과 함께 냄비에 넣는다. 불에 올려 부드러워질 때까지 조린 뒤 시너먼, 럼을 더해 잘 섞는다 ② 푀이타주를 만들어 ('파트 푀이테'항 참고) 두께 2mm로 밀어 편다. 10×40cm로 잘라 철판 위에 올린다 ③ 남은 푀이타주로 두께 5mm, 1.5×40cm의 띠 반죽을 2장 만들고, ②의 반죽 양변에 40cm 길이로 계란칠을 한 다음 띠 반죽을 각각

붙인다. 그 사이에 1cm 두께의 제누아즈를 간다 ④ 사과 필링을 ③의 위에 얹고 두께 2mm, 12×40cm인 푀이타주를 씌운다. 표면에 계란칠을 한다 ⑤ 칼집을 넣고 200℃에서 25분간 굽는다. 살구잼을 바르고, 아몬드 슬라이스를 양끝에 뿌린다.

알리손 빵 빵 (영 Allison Bread) 19세기 영국의 알리손 박사가 건강에 좋다고 만든 전립분 빵. 미국의 그레이엄 브레드에 해당한다.

알베오그래프 試 (영 Alveo-graph) 반죽의 물리적 성질을 조사하는 측정기. 익스텐소미터라고도 한다. 반죽에 공기를 불어 넣고 풍선처럼 부풀린 뒤 터질 때까지의 반죽 성질을 자동 기록한다. 주로 프랑스 빵용 반죽의 안전성, 신전성, 항장력(抗張力)을 알아보기에 알맞다. 이것을 개량한 것이 익스텐소그래프*이다.

알부민 化 (영 Albumin) 물에 녹는 단순 단백질 중의 하나. 많은 구상(球狀) 단백질로 이루어져 있으며 가열과 알코올에 응고하기 쉽다. 동·식물에 널리 분포하고, 존재하는 곳에 따라 오브알부민(ovalbumin: 흰자), 미오겐(myogen: 근육), 레규민(legumin: 콩), 류코신(leucosin: 밀) 등으로 각각 다른 명칭이 붙는다.

알칼리 化 (영, 프, 獨 Alkali) 보통 수산화물의 형식을 취하며 산을 중화시키는 성질을 가진 화합물. 알(al)은 '물질'을, 칼리(kali)는 '재'를 뜻하듯이 재에서 추출한 물질처럼 강한 염기성을 띠는 물질이다. 물에 녹아 염기성을 띠며 빨강색 리트머스 시험지를 파랗게 변화시킨다. 수산화나트륨(NaOH), 수산화칼륨(KOH)이 대표적인 예로서 수소 이온 농도(pH) 7 이상을 가리킨다.

알칼리성 식품[−性食品] 化 (영 Alka-line food) 식품의 무기질 조성이 알칼리성을 나타내는 것. 즉 식품 중에 나트륨(Na), 칼륨(K), 칼슘(Ca), 마그네슘(Mg) 등이 많

〈표〉 식품의 알칼리도와 산도

알칼리성 식품	알칼리도	산성 식품	산 도
우유	2	육류	10~20
콩	10	생선류	10~20
감자	7~10	햄	7
무	6~10	치즈	17
당근	9~15	버터	4
엽채류	3~6	계란	10~20
시금치	5	쌀밥	1
사과	1~3	밀가루	3
다시마	40	완두	3

이 들어 있으면 이를 알칼리성 식품이라고 한다. 반면, 식품의 무기질 조성이 산성을 나타내는 것을 산성 식품이라고 한다. 즉, 식품 중에 황(S), 인(P), 염소(CI) 같은 산성 물질을 다량 함유하고 있다.

알코올 化 (영 Alcohol 프 Alcool 독 Alkohol) 탄수화물의 수소 원자를 수산기(水酸基)로 치환한 화합물. 이것은 발효작용과 증류를 통해 얻을 수 있다. 대표적인 것이 메틸 알코올(CH_3OH)과 에틸 알코올(C_2H_5OH)이며 이 중에서 식품에 이용할 수 있는 것이 에틸 알코올이다. 에틸 알코올은 당분을 포함한 액체가 발효할 때, 즉 효모균의 작용으로 포도당이 분해되어 생성되는 물질이다. 그러므로 사과·포도·사탕수수 등 당분을 포함한 천연의 과즙을 발효시키거나 이미 녹말이 포도당으로 분해되어 있는 식물액을 증류하여 알코올을 만든다. 각종 브랜디*(오 드 비)와 맥주가 여기에 속한다. 알코올은 방부성이 있어 식품에 널리 이용되며, 리큐르·와인·브랜디 같은 알코올 음료는 과자에 향과 맛을 들이는 필수적인 재료이다.

알코올 발효[−醱酵] 化 (영 Alcoholic fermentation) 효모나 세균 같은 미생물이 당류(糖類)를 에틸 알코올과 이산화탄소(탄산 가스)로 분해하는 현상. 주정 발효(酒精醱酵)라고도 한다.

$$C_6H_{12}O_6 \rightarrow 2CH_3CH_2OH + 2CO_2$$

당류를 발효시키는 미생물로서 가장 잘 알려진 것이 효모이다. 알코올 발효는 알코올성 음료나 빵 제조에 꼭 필요한 현상이다. 이 때 발생하는 탄산 가스가 빵 반죽을 부풀린다.
→발효

알코올 온도계[-溫度計] 試 (영 Alcohol thermometer)
⇨온도계

알트도위체마세 菓 (독 Altdeutschemasse) 버터 함량이 많은 스펀지 반죽. 잔트마세 또는 비너마세라고도 한다.
⇨비너마세

알파 녹말[-綠末] 原 (영 α-starch) 천연 그대로의 녹말이 베타(β) 녹말인데 비해 호화*한 것이 알파(α) 녹말이다. 녹말은 물과 함께 가열, 호화시키면 α형이 되고 이것이 식으면 β형으로 돌아간다. 그리고 β형에 열을 주면 다시 α형이 된다. 알파 녹말은 맛있고 소화가 잘 된다. 이것이 β형으로 돌아가는 데에는 15% 이상의 수분이 필요하다. 그러므로 녹말이 α형으로 되었을 때 수분을 제거하면 절대 노화하지 않는다. 이러한 원리를 이용해 α 상태로 유지시킨 식품이 육아용 곡분(穀粉), 비스킷, 크래커, 러스크 등이다. 그리고 식빵을 토스트해 먹는 이유는 β형이 된 빵에 열을 주어 α화시키기 위함이다. 호화한 녹말에는 점성과 탄성이 있다. 또한 알파화 녹말은 제품의 굳기, 점성, 신전성, 결, 맛, 소화 정도 등에 영향을 미친다. 그래서 이미 알파화된 녹말을 이용하면 제품 만들기가 훨씬 수월하다. 바로 이러한 필요에 따라 제품화한 것이 알파 녹말로서, 가열·호화한 녹말을 고온에서 급속히 건조시켜 수분을 10% 이하로 떨어뜨려 만든다. 감자·타피오카·칡 녹말 등의 알파화 제품이 있고 인스턴트 푸딩, 파이, 케이크, 아이싱, 토핑 등에도 쓴다(아래 〈표〉 참고).

암모니아계 팽창제[-系膨脹劑] 原 합성 팽창제('팽창제'항 참고) 중 암모니아 가스를 발생시키는 팽창제. 탄산수소암모늄, 염화암모늄 등이 있고 이들이 열을 받아 암모니아 가스를 발생시켜 반죽을 부풀린다. 탄산수소암모늄은 열을 받으면 탄산 가스(이산화탄소), 암모니아 가스, 물로 분해된다. 이 때 물도 반죽의 온도가 100℃ 이상이 되면 증발하므로, 결과적으로 반죽에는 아무것도 남지 않는다. 단, 열이 충분히 전달되지 않거나 수분이 많은 반죽인 경우 암모니아 냄새가 남는다. 염화암모늄은 알칼리와 반응하여 탄산 가스·암모니아 가스를 발생시킨다. 그러므로 팽창제로 쓸 경우 알칼리성인 중조와 병용해야 한다. 그리고 염화암모늄은 100℃가 될 때까지 계속 가스가 발생하므로 탄산수소암모늄보다 더 나은 결과를 얻을 수 있다.

암 플로법 技 (영 Am·flow process) 미국의 AMF사(社)에서 개발한 연속 반죽법. 두 메이커법과 함께 액종법을 더 진전시킨 것이다. 리퀴드 스펀지(liquid sponge)라 부르는 액종*을 사용한다.
→연속 반죽법

압생트 原 (영, ㉑ Absinthe 독 Absinth) 압생트(향쑥)를 원료로 한 리큐르의 하나. 향쑥 잎에 아니스, 회향풀, 기타 쓴

〈표〉 알파 녹말의 쓰임새

종류＼식품	인스턴트 푸딩	간이 디저트	파이와 케이크	제과 원료	수프 믹스	토핑	우유의 안정제	인스턴트 소스
감자	○	○			○		○	○
타피오카	○	○	○	○	○	○	○	○
칡	○	○				○		○

맛 나는 약초를 더하여 알코올에 담갔다가 증류시켜 만든다. 제1차 세계대전 이전까지 유럽인들이 즐겨 마시던 리큐르이다. 독성이 있다 하여 제조·사용이 금지된 이후, 이와 비슷한 향의 아니스 술이 만들어지고 있다.

압연[壓延] 技 (영 Rolling) 물체에 압력을 주어 납작하게 늘여 펴는 일. 즉, 반죽을 성형기나 롤러의 롤 사이로 통과시켜 얇게 펴는 일을 가리킨다. 반죽을 압연하는 목적은 반죽 속의 기포를 없애 질감이 균일해지도록 하기 위함이다. 롤 사이의 간격을 지나치게 좁히면 반죽이 잘 부풀지 않는다.

압착효모[壓搾酵母] 原 (영 Compressed yeast) 효모를 인공적으로 순수배양, 압착하여 일정한 모양으로 성형한 것. 활성 생효모 또는 생이스트라고도 한다. 이것을 로터리 건조기에서 건조시키면 활성 건조효모(드라이 이스트)가 되고, 드럼 건조기에서 비활성화 시켜 가루로 만들면 약용 건조효모가 된다. 최근 주류를 이루는 배양법은 유가법(流加法, incremental feeding culture)이다. 유가법이란 효모의 증식 속도에 비례하여 효모의 영양원인 당, 무기염의 첨가량과 통기량을 조절하는 방법이다. 효모를 증식시키는 데 중요한 것은 배양액 중의 영양분인 당, 질소원, 인산 등의 농도이다. 그러므로 각 배양 단계마다 항상 최적의 농도를 유지시켜야 한다. 유가법에 따르면 다음 4단계를 거쳐 순수한 효모균체를 얻는다 (아래 〈그림〉 참고).

① 종자효모 배양 : 맥아즙을 배지(培地)로 하여 25~30℃에서 배양, 조금씩 큰 배양조에서 증식시키면서 차례로 확대, 본배양에 대비하여 대형 배양조에 이식 배양한다. ② 배양액 만들기 : ①과 병행하여 진행한다. ③ 본배양 : 폐당밀과 기타 부재료를 자동 유가장치로부터 온도 28~32℃, pH 4~5인 무균공기와 함께 ①의 대형 배양조에 넣는다. 12~16시간이 지나면 효모는 7~8배로 늘어난다. ④ 뒷처리 : 배양이 끝난 효모를 방치하면 자기소화가 일어난다. 이 때 원심분리기를 이용하여 분리·농축하고 여러 번 청결수로 씻은 뒤 냉각기로 옮긴다. 5℃ 이하로 냉각시킨 다음 압착기를 통해 압착, 수분을 제거하여 순수한 효모균체를 얻는다. 이것을 그대로 성형·포장한 것이 활성 생효모, 즉 압착효모이다.

압축계[壓縮計] 試 (영 Compressimeter) 시료(試料)의 압축도를 측정하는 기기. 빵, 케이크의 기공 상태나 노화 정도를 알고자 할 때 압축계를 사용한다. 베이커 컴프레시미터(baker compressimeter)라고 하는 노화 계측기가 여기에 속한다.

압펠 미트 침트 菓 (독 Apfel mit Zimt) 시너먼 풍미를 내어 볶은 사과.

〈그림〉 압착효모의 배양공정

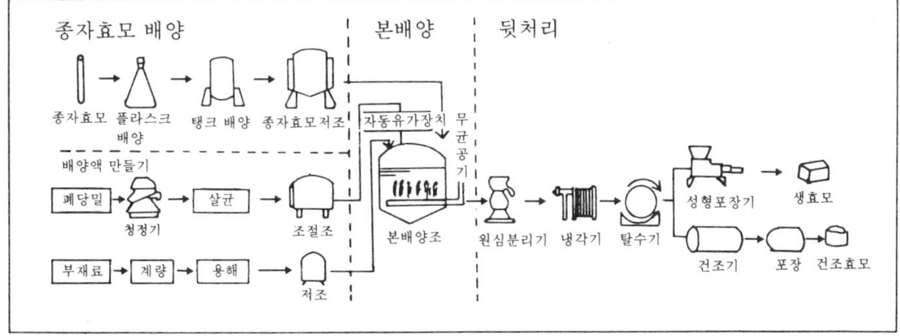

[배합] 사과 750 g, 버터 80~100 g, 분설탕·시너먼 가루 각 적당량.
[만드는 법] ①사과껍질을 벗기고 심지를 뺀 뒤 얇게 썬다 ②프라이팬에 버터를 바르고 ①의 사과를 넣는다. 그리고 중불에서 볶는다 ③마지막에 시너먼 가루를 섞은 분설탕을 뿌린다.

압펠 슈트루델 菓 (독 Apfelstrudel)
사과를 위주로 한 충전물을 싸서 구운 슈트루델*. 슈트루델은 밀가루 반죽을 얇게 밀어펴고, 사과·건포도·시너먼 등으로 만든 충전물을 채워 구운 오스트리아 과자이다.
[배합] 〈슈트루델 반죽〉 강력분 60 g, 박력분 300 g, 소금 6 g, 미지근한 물 180cc, 샐러드유 90cc. 〈충전물〉 사과 6개, 그라뉴당 100 g, 무염 버터 100 g, 시너먼 소량, 럼에 절인 레이즌 50 g, 레몬 즙 1개 분량. 〈기타〉 녹인 버터·제누아즈·그라뉴당 각 적당량.
[만드는 법] ①강력분과 박력분을 체 친다. 여기에 소금물(소금＋미지근한 물)을 더해 천천히 반죽한다 ②①의 반죽을 둥글려서 표면에 샐러드유를 바른다. 그리고 30분간 휴지시킨다 ③작업대에 50×90cm의 헝겊을 깔고 덧가루를 뿌린다. 그 중앙에 반죽을 얹는다 ④밀대로 밀어 편 뒤 다시 손으로 얇게 늘인다 ⑤반죽 전체에 녹인 버터를 바르고 두께 1cm, 너비 4cm로 자른 제누아즈를 그 반죽 앞쪽에 놓는다 ⑥충전물을 만들어 제누아즈 위에 얹는다. 그리고 설탕, 녹인 버터를 흩뿌린다 ⑦헝겊의 앞쪽을 들어 올려 만다 ⑧철판에 옮기고 표면에 녹인 버터를 바른다. 200℃ 오븐에서 25분간 굽는다 ⑨분설탕을 뿌려 마무리한다.

압펠 임 슐라프로크 菓 (영 Apple Ball 프 Pomme en cage 독 Apfel im Schlafrock) 사과 통째를 파이 반죽으로 감싼 독일 과자. 구워 낸 모습이 마치 잠옷(schlafrock)을 걸친 사과와 같다 하여 붙여진 명칭이다.
[배합] 사과 1개, 버터·설탕 각 10 g, 시너먼 소량, 건포도(레이즌) 10알, 푀이타주 적당량.
[만드는 법] ①사과의 껍질을 벗기고 가운데 심지를 도려낸다 ②버터, 설탕, 시너먼을 섞어 사과 속에 채운다 ③건포도를 ②에 채운다 ④푀이타주*를 두께 3mm로 늘이고 18cm의 정사각형으로 잘라 ③의 사과를 감싼다 ⑤푀이타주 남은 것을 작은 원형 고리 잎 모양으로 찍어내 ④의 윗면에 장식한다 ⑥냉장고에서 휴지시킨 뒤 전체에 계란을 바르고 200℃ 오븐에서 30분간 굽는다.

압형[押型] 機 쿠키, 비스킷에 무늬를 새기는 도구. 나무, 도기, 금속제가 있고 그 각각에 갖가지 무늬가 조각되어 있어서 과자 반죽의 표면에 대고 누르기만 하면 그 무늬가 박힌다. 슈프링게를레 무늬새김 도구('슈프링게를레'항 〈사진〉 참고)가 그 좋은 예이다.

앙글레즈 소스 原 (영 Anglaise sauce 프 Sauce anglaise)
⇨크렘 앙글레즈

앙금 原 액체의 바닥에 가라앉는 물질, 즉 침전물. 이것이 변형되어 떡, 과자빵 등에 충전하는 재료(소)를 가리킨다.

앙금빵 빵 일본이 개발한, 소*를 첨가한 빵. 과자빵 반죽에 팥소·잼·크림을 충전하여 만든다. 각각 충전물의 이름을 따서 팥빵·크림빵·잼빵이라 부른다.
[만드는 법] ①단팥빵 : 과자빵 반죽 6에 팥소 4(또는 5 : 5)의 비율로 싼다. 충분히 발효시킨 뒤 센불에서 굽는다 ②잼빵 : 반죽 75 g에 잼(딸기·사과·살구 등) 30 g을 싸서 굽는다 ③크림빵 : 반죽 75 g에 크림 25 g을 싼다.

앙꼬 原 (일 アンコ) 화과자(和菓子)에 이용하는 충전물. 한국의 소*에 해당한다. 주로 두류를 이용하며 화과자의 맛을 결정하는 중요한 역할을 한다. 맛있는 앙꼬

를 만들기 위해서는 ① 양질의 두류(주로 팥 사용)을 선택하되, 광택이 나고 입자가 고르며 콩 표면에 주름이 없고 물에 담갔을 때 뜨지 않는 것이 좋다. 또, 가능한 한 수확한 지 반면 이내의 것을 고르면 껍질이 연하고 맛도 좋다. ② 앙꼬에서 가장 중요한 재료인 설탕은 상백당이나 그라뉴당을 사용한다.

앙트레 其 (프 Entrée) 서양요리의 정찬(디너)에서 중심이 되는 요리. 재료로서 수조육류(獸鳥肉類)를 다양하게 써서 만든다. 생선요리, 캐비아, 포그라, 수플레 등이 여기에 속한다. 요리 수가 적어지고 있는 현재, 오르 되브르*(또는 수프) 혹은 앙트레 다음으로 주된 요리가 이어진다. 예전에는 세번째로 나오는 요리, 즉 오르 되브르와 생선요리에 이어지는 것이 앙트레였다. 프랑스에는 앙트레를 주문 배달하는 제과점이 있다. 앙트레는 미국의 메인 디시(main dish)에 해당한다.

앙트르메 菓 (프 Entremets) 단맛 나는 과자. 소스를 곁들이기 때문에 과자라기보다 일품요리로 취급하는 경우가 많다. 앙트르메에는 따뜻한 것(entremets chauds)과 찬 것(entremets froids)이 있다. 원래 앙트르메라고 하는 말은 중세부터 쓰인 '요리와 요리 사이'라는 뜻의 옛말이다. 그 당시 프랑스 궁정 귀족들은 몇 단계를 거치는 긴 시간의 식사를 즐겼고 그 사이사이에 앙트르메(마술·춤 따위)를 보여줌으로써 식탁의 흥을 돋우었다 한다. 그러다 차츰 요리와 요리 사이에 나오는 야채·생선 요리나 단맛 나는 과자를 가리키는 말이 되었고, 지금은 식사 시간이 짧아졌기 때문에 단맛 나는 과자만을 앙트르메로 일컫는다.

애스픽 原 (영, 프 Aspic) 육즙 젤리. 각종 육·어패류와 과일, 야채 등을 푹 끓인 물을 틀에 담고 젤리를 흘려 부어 식혀서 굳힌 것.

애프터눈 티 팬시 菓 (영 Afternoon t-ea Fancies) 차를 마실 때 곁들여 먹는 과자. 그 대부분이 제누아즈 팬시로 만든 소형 과자이다.

〈종류〉 ① 제누아즈 팬시(genoise fancies) : 시트는 라이트 제누아즈, 여기에 잼·크림을 샌드한 것. 제누아즈는 1 가지 또는 2 가지 색 이상이다. 윗면에 초콜릿이나 퐁당을 바르되, 그전에 아몬드 페이스트를 얇게 씌우기도 한다. 이렇게 만든 제누아즈를 원하는 모양으로 자른다. 크림, 과실, 초콜릿, 젤리 등으로 장식하고 크림을 펴 바른다. 그 밖에도 여러 가지 응용제품이 있다. ② 제누아즈 글라세(genoise glacés) : 디프트 팬시라고도 한다. 만드는 법은 제누아즈 팬시와 같다. 아몬드 페이스트를 씌우지 않을 때는 제누아즈를 자르고 살구 퓌레에 담근다. 그리고 옆면에 볶아 부순 아몬드나 슬라이스 아몬드를 붙인다. 윗면은 크림으로 마무리하기도 한다. 그렇지 않으면 시트에 크림, 마시맬로, 아몬드 페이스트, 머랭, 가나슈를 토핑하고 나서 초콜릿이나 퐁당을 나선형으로 짜 놓은 것도 있다.

애플 果 (영 Apple 프 Pomme 독 Apfel)
⇨사과

애플 롤 빵 (영 Apple Roll) 고배합의 스위트 도로 만든 롤빵.
[배합] 스위트 도 450 g , 사과 설탕조림·계란·아이싱 각 적당량.
[만드는 법] ① 스위트 도 450 g 을 분할, 둥글리기 하고 휴지시킨다 ②①을 24×40×0.7cm로 늘여 펴고 윗면에 버터를 바른다③②의 위에 설탕조림한 사과를 죽 늘어놓고 만다 ④③의 롤을 끝에서부터 알맞게 자른다 ⑤ 철판 위에 ④를 얹고 표면에 계란을 바른다. 190~210℃ 오븐에서 20분간 굽는다. 그리고 아이싱을 한다.

애플 버터 原 (영 Apple butter) 으깬 사과 과육과 사과즙을 함께 조린 뒤 설탕, 향료를 섞어 크림 상태로 만든 것. 이것을 버터라 부르는 이유는, 유지의 성질과는 상관없이 단지 입에 닿는 느낌과 질감이 버터와 비슷하기 때문이다. 애플 버터는 그대로 또는 타르트, 푸딩, 웨이퍼 따위에 발라 먹는다.

애플 소스 케이크 菓 (영 Apple Sauce Cake) 미국의 프루츠 케이크. 보통 케이크 반죽에 으깬 사과, 레이즌, 호두, 시트론, 다진 체리, 레몬 필 등을 섞어 굽는다. [배합] 1. 설탕 450g, 쇼트닝 1,350g, 소금 56g, 중조·혼합 향신료 각 86g. 2. 계란 1,350g. 3. 당밀 900g, 물엿 1,350g, 케이크 크럼 135g, 우유 1,800cc, 으깬 사과 1,800g. 4. 박력분·강력분 각 2,250g. 5. 씨 없는 포도 1,800g, 시트론 450g. [만드는 법] 배합1을 함께 섞어 크림 상태로 만든다. 여기에 2를 조금씩 더해가며 섞는다. 그리고 3, 4, 5를 차례로 섞어 반죽을 완성한다. 4의 가루는 체쳐 쓴다. 이 반죽을 종이 깐 로프 케이크 틀(또는 쇼트 케이크 틀)에 담는다. 윗면을 평평하게 하고 157℃ 오븐에서 굽는다.

애플 슈거 原 (영 Apple sugar) 사과를 사용하여 만든 당으로 과당(果糖)의 하나이다. 용도가 적기 때문에 대량으로 제조하는 일은 없다.

애플 슈트로이젤 슬라이스 菓 (영 Apple Streusel Slice 독 Apfelstreusel) 독일식 케이크. [배합— 5×10cm 20개 분량] 스위트 쇼트 페이스트 510g, 얇은 버터 스펀지 제누아 적당량, 삶은 사과 2,040g, 건포도, 구즈베리, 아몬드(잘게 다진 것), 레몬·럼 각 적당량, 버터 슈트로이젤('슈트로이젤'항 참고) 680g. 〈기타〉 버터·시너먼 슈거 각 소량. [만드는 법] ①스위트 쇼트 페이스트*를 20×50cm로 밀어 펴고 살짝 굽는다 ②①에 살구잼을 바르고 얇은 버터 스펀지 제누아즈를 얹는다 ③건포도, 구즈베리, 아몬드

를 사과에 섞는다. 또 레몬과 럼을 더한다. 혼합물을 제누아즈 위에 얹고 버터 슈트로이젤을 뿌려 190℃에서 50분간 굽는다 ④녹인 버터를 바르고 시너먼 섞인 설탕을 뿌린다.

애플 와인 原 (영 Apple wine) 사과를 원료로 한 양조주. 사과에서 즙을 짜 내어 발효시키면 사과 술이 된다. 그런데 사과 자체에 당분이 적기 때문에 생성되는 알코올량도 적다. 그래서 미리 사과즙에 설탕을 첨가하여 발효시키는 경우가 많다. ⇨시드르

애플 타트 菓 (영 Apple Tart) 사과를 충전해 구운 타르트*. 프랑스의 타르트 오 폼므와는 조금 다르다. 애플 타트는 파이 디시(pie dish)라는 도기(陶器)에 사과를 채우고 설탕을 뿌린 뒤 얇게 늘인 푀이타주를 씌워 구운 것이다.

애플 턴오버 菓 (영 Apple Turn over 프 Chausson aux Pomme) 시럽 절임한 사과 또는 사과잼을 충전한 턴오버* →쇼송

애플 파이 菓 (영 Apple Pie) 사과 프리저브*를 듬뿍 채운 파이. 프루츠 파이 중에서 가장 즐겨 찾는 파이이다. [배합—지름 21cm인 파이 틀] 〈푀이타주〉 강력분·박력분 각 125g, 소금 5g, 찬물 125~150cc, 버터 450g. 〈충전물〉 사과 프리저브·레이즌 각 50g, 시너먼 가루 적당량, 제누아즈 1장. 〈기타〉 계란액, 살구잼. [만드는 법] ①푀이타주*를 만든다 ②푀이타주를 2mm 두께로 펴서 깔개용과 덮개용을, 3mm로 밀어 띠를 만든다 ③사과를 알맞은 크기로 잘라 시럽과 함께 조려 사과 프리저브를 만든다 ④③의 사과에서 물기를 빼고 레이즌과 섞는다. 또 시너먼 가루를 더해 잘 섞는다 ⑤지름 21cm인 파이 틀에 ②의 깔개 반죽을 깐다. 그리고 두께 1mm로 자른 제누아즈를 얹는다 ⑥제누아즈 위에 ④를 빽빽이 채운다 ⑦깔개용 반죽의 테두

리에 물을 바르고 덮개 반죽을 씌워 손가락으로 눌러 붙인다 ⑧ 틀 밖으로 넘쳐 나온 반죽을 잘라 낸다 ⑨ 표면에 계란액을 바른다 ⑩ 원 가장자리를 따라 ②의 띠 반죽을 붙인다.⑪ 전체에 계란액을 바르고 200℃ 오븐에서 굽는다 ⑫ 살구잼을 발라 광택을 낸다.

액당[液糖] 原 (영 Liquid sugar) 시럽 상태의 설탕액. 대량 수송이 가능하고 취급이 간단하기 때문에 미국의 빵 공장에서 자주 사용하는 감미 재료이다. 즉, 700 포대의 설탕을 액당으로 하면 세로 4.5m, 가로 7.5m의 좁은 장소에 보관할 수 있으며, 저장 탱크를 공장의 구석이나 지붕 위에 둘 수 있어 저장 장소가 따로 필요치 않다.

액종[液種] 빵 발효액. 중종법의 중종과 같은 역할을 하는 액체 발효종을 액종이라 한다. 그리고 액종을 이용한 제빵법을 액종법* 또는 연속 제빵법이라 한다. 아드미법의 퍼멘트, 브루법의 브루, 암 플로법의 리퀴드 스펀지, 두 메이커법의 브로스가 여기에 속한다.

액종법[液種法] 技 (영 Pre-ferment and dough method) 액종*을 이용한 제빵법. 이스트, 설탕, 소금, 이스트 푸드, 맥아에 물을 섞고 완충제로서 탈지 분유 또는 탄산칼슘을 넣어 액종*을 만든다. 이 때 pH는 5.2이다. 일정시간이 지난 뒤 본반죽을 한다. 액종법으로 만든 반죽은 발효시간이 짧아서 발효에 의한 글루텐 숙성을 기대할 수 없으므로 어느 정도 기계적인 숙성이 필요하다. 제품은 발효에 따른 향이 부족하지만 액종의 관리를 합리적으로 행하면 완성 제품의 실패율이 적다. 그러나 액종관리에는 고도의 능력이 요구되므로 연구실의 기능을 충분히 발휘할 수 있는 공장에서 이용해야 한다.
〈종류〉① 아드미법 : 완충제로서 탈지 분유를 사용하는 액종법. ADMI(미국 분유 협회)가 개발한 방법으로, 그 액종을 퍼멘트라 한다. ② 브루법 : 완충제로 탄산칼슘을

배합해 넣는 액종법. 플라이슈만법이라고도 한다. 여기에 사용하는 액종을 퍼멘트와 구별하여 브루라 한다. 현재는 탈지 분유와 탄산칼슘을 구별없이 사용하므로 퍼멘트와 브루를 명확하게 구분하지 않는다.

앵비베 技 (프 Imbiber) 제과 용어. '스며들게 하다'라는 의미로 과자에 시럽과 같은 액체를 적시는 작업을 뜻한다. 예를들면 스펀지 시트로 앙트르메를 만들 때 그 시트에 리큐르나 시럽을 솔로 발라 단맛·향·촉촉함을 주는 경우이다.

야생효모[野生酵母] 原 (영 Wild yeast) 천연 자연에 존재하는 효모. 인공배양한 효모와 구별해서 일컫는 명칭이다. 야생효모는 종류가 여러 가지이며, 종류마다 결과가 다르기 때문에 양조(釀造)나 빵 제조용은 최적의 효모를 선택, 인공배양하여 얻는다. 이것을 가리켜 순수배양(純粹培養)*이라고 한다.

야자유[椰子油] 原 (영 Coconut oil 프 Huile de coco 독 Kokosöl) 코프라에서 짜낸 기름. 코코넛 오일이라고도 한다. 야자나무의 열매가 코코넛이고 이것을 말린 것이 코프라이다. 야자유는 식물성 유지 중에서 팜핵유('팜유'항 참고)와 함께 포화지방산을 갖는 기름이다. 야자유와 팜핵유는 성질이 카카오 버터와 비슷하여 초콜릿에 자주 쓰이고 그 밖의 과자로서 냉과·아이스크림에 이용한다.

야채 페이스트[野菜-] 原 (영 Vegetables paste 프 Pâte de légumes) 야채를 체에 으깨어서 매끈매끈한 상태로 만든 것. 원래는 요리용으로 만들어졌지만 최근에는 양과자 분야에 많이 이용되고 있다. 토마토 페이스트, 시금치 페이스트, 혼합 야채 페이스트 등이 그것이다.

야키모노가시 菓 (일 燒キ物菓子, ヤキモノガシ) 표면을 구워서 마무리 한 과자. 생과자·반생과자에 모두 속한다. 예를 들면 자쓰(茶通), 도라야키(ドラ燒き), 긴

쓰바(金ツバ) 등이 여기에 속한다. 제품의 표면을 구우면 식욕을 돋우는 아름다운 색과 향이 난다. 식품을 굽기 시작한 것은 지금으로부터 4,000년 전인 조몬(繩文) 시대부터이다. 굽는 방법이 과자에 이용된 것은 견당사(遺唐使)의 파견으로 도가시(唐菓子)가 수입된 이후부터이며, 16세기 말에 난반가시(南蛮菓子)가 전래되어 카스텔라·보로(ボーロ)의 제법이 도입된 뒤부터는 오븐을 사용하는 방법이 발달했다. 굽는 방법에는 3가지가 있다. 첫번째, 평평한 철판·구리판을 불에 올려 따뜻하게 한 뒤 그 위에 반죽을 놓고 굽는 방법으로 도라야키, 자스 등이 속한다. 두번째, 요철 무늬의 철판에서 굽는 방법으로 도만주(唐マンジュウ), 양과자의 와플 등이 속한다. 세번째는 오븐에서 굽는 방법. 오븐은 난반가시와 함께 포르투갈에서 들어왔기 때문에 난반가시인 카스텔라, 보로, 빵 등은 모두 오븐을 이용하고 있다. 오븐은 사방에서 열을 균일하게 공급하기 때문에 풍미가 손상되지 않게 구울 수 있다.

약과[藥果] 菓 유밀과*의 하나. 밀가루에 참기름, 생강즙, 술을 넣어 반죽한 뒤 다식판(茶食板)에 눌러 튀겨 내고 꿀에 담갔다가 꺼낸 과자.
[배합] 밀가루 200g, 소금 1/2 작은술, 후추 소량, 참기름 3큰술, 생강즙 2큰술, 꿀 2큰술, 청주 3큰술. 〈담금용 꿀〉 설탕 1컵, 물 1컵, 계피가루 1/2 작은술, 생강즙 1작은술, 기름 3컵, 잣가루 2큰술.
[만드는 법] ① 밀가루, 소금, 후추를 넣고 체친 뒤 참기름을 넣고 골고루 섞는다 ② 그릇에 생강즙, 꿀 2큰술, 술을 섞어 ①에 끼얹은 뒤 한데 뭉치면서 반죽한다 ③ 약과판에 기름을 두르고 ②의 반죽을 꼭꼭 눌러 박아 낸 뒤 뒷면은 꼬치로 구멍을 낸다 ④ 담금용 꿀은 설탕, 물로 먼저 시럽을 만들고 꿀 2큰술, 계피가루, 생강즙을 고루 섞어 만든다 ⑤ ③을 130℃ 온도의 기름에서 연한 갈색이 되도록 튀긴다 ⑥ 튀겨낸 약과를 ④에 담가 배어들게 한 뒤 잣가루를 고루 뿌린다.

약식[藥食] 菓 찹쌀밥에 꿀, 참기름, 간장, 밤, 대추, 잣 등을 넣고 만든 단맛이 나는 떡. 약밥이라고도 한다. 설탕 대신 캐러멜 소스를 사용하면 색이 곱고 맛도 좋다.
[배합] 찹쌀 5컵. 〈캐러멜 소스〉 설탕 6큰술, 물 3큰술, 더운물 3큰술. 〈기타〉 설탕 1컵, 참기름 6큰술, 간장 4큰술, 계피가루 1/2작은술, 밤 10개, 대추 5개, 잣 2큰술.
[만드는 법] ① 찹쌀을 깨끗이 씻어서 물에 6시간 이상 불린 뒤 물기를 빼고 40분 정도 찌되, 도중에 2~3번 골고루 섞어준다 ② 캐러멜 소스를 만든다. 설탕과 물을 냄비에 담아 그대로 끓인 뒤 가장자리가 타기 시작하면 불을 약하게 하고 고루 저어 갈색이 되게 한다. 그리고 더운물을 넣고 묽게 만든다 ③ 밤은 껍질을 벗기고 크게 썰어 놓는다 ④ 대추는 씨를 빼고 큼직하게 썰어 놓고 잣은 끝을 발라 놓는다 ⑤ ①의 찹쌀이 뜨거울 때 큰 그릇에 넣고 설탕, 참기름, 간장, 캐러멜 소스를 차례로 넣고 섞은 뒤 밤, 대추, 계피가루를 넣고 2시간 정도 젖은 헝겊을 덮어 둔다 ⑥ 찹쌀에 간이 충분히 배면 젖은 헝겊을 깐 찜통에서 약 1시간 정도 쪄서 잣을 섞어 그릇에 낸다.

양건과자[洋乾菓子] 菓 양과자를 함수량에 따라 나눈 분류의 하나. 제조 직후의 함수량이 10% 이하인 과자로, 쿠키·사블레·초콜릿 과자 등을 가리킨다. 한편 함수량이 10~30%인 과자는 양반생(洋半生)과자라 하고 40% 이상을 양생과자*라 부른다.

양귀비씨 原 (영 Poppy seed 프 Graine de pavot 독 Mohnsamen) 양귀비 열매 속에 있는 종자. 원산지는 지중해 연안이다. 색은 희거나 검고 크기는 아주 작다.

양귀비씨는 식용유의 원료로 쓰고 양과자에 스파이스로 쓴다. 타르트나 빵 표면에 토핑하고 반죽 사이에 충전한다. 건조시킨 양귀비씨는 병, 도기에 넣어 밀폐시키면 오래 보존할 수 있다.

양반생과자[洋半生菓子] 菓 양과자를 함수량에 따라 나눈 분류의 하나. 제조 직후의 수분량이 10~40%인 양과자이다. 단, 엿·크림·한천 등 제조 직후의 수분량이 30%이상인 것은 제외한다. 마들렌, 피낭시에, 바움쿠헨, 프루츠 케이크 등이 있다.

양분[養分] 生 (영 Nutriment) 생물이 생존하는 데 필요한 물질로서 녹색식물은 잎에서 이산화탄소를, 뿌리에서 물·광물질을 받아들여 자체의 엽록소와 빛으로 양분을 합성한다. 이렇게 합성된 양분은 밤이 되면 잎맥을 통해 줄기로 이동되는데 그 중 녹말은 아밀라아제에 의해 당화되어 전체를 윤택하게 한다. 기후가 차가우면 이러한 양분의 이동이 원활하게 이루어지지 않아 붉은 색소가 당분과 결합하여 잎을 붉게 물들인다. 그리고 엽록소를 지니지 않은 식물과 동물은 다른 식물과 동물에서 양분을 섭취한다. 섭취한 양분은 소화 흡수되어 혈관을 통해 전신으로 순환된다. 그리고 자가합성한 양분이나 다른 것으로부터 흡수한 양분 모두 저장해 두고 필요에 따라 소비한다.

양생과자[洋生菓子] 菓 함수량이 큰 양과자의 총칭. 제조직후의 함수량이 40% 이상인 양과자, 즉 스펀지 케이크, 파운드 케이크, 퍼프 페이스트리, 슈 크림, 도넛, 카스텔라 등이 여기에 속한다. 보존성이 높은 비스킷, 캔디, 초콜릿 같은 건과자와 구별하여 생과자라 부른다. 이와 같이 양생과자는 보존성이 적고 운반하기 힘든 단점이 있으나 산뜻한 맛을 즐기려는 소비자가 늘면서 최근에는 기호식품, 스낵으로서 대량 생산되고 있다.

양주[洋酒] 原 구미(歐美)의 주류를 총칭. 근대 과자의 미각을 결정하는 요소로 술을 과자에 이용한 지는 오래되었다. 각종 리큐르 이외에 와인, 위스키, 브랜디 등이 널리 쓰인다.

〈종류〉주류를 크게 양조주, 증류주, 스피리츠로 구별한다.

① 양조주(釀造酒): 과실·곡류를 알코올 발효시켜 만든 술. 와인·맥주가 대표적이다. 효모는 알코올 농도가 높아지면 작용이 약해진다. 따라서 양조주는 증류주·스피리츠에 비해 알코올 도수가 낮다. ② 증류주(蒸溜酒): 과실·곡류를 발효, 증류시켜 얻은 술. 알코올 도수가 35~70도이다. 브랜디, 칼바도스, 키어시, 럼, 위스키, 아라크 등이 있다. ③ 스피리츠(spirits): 각종 양조주·증류주에 과일, 견과, 박하, 스파이스 등을 담가 그 맛과 향을 들인 술. 보통, 리큐르라 부른다. 오렌지 리큐르, 커피 리큐르, 배 리큐르, 마라스키노, 아마레토, 아니제트, 베네딕틴 등이 있다.

→리큐르

양파 롤 빵 (영 Onion Roll) 잘게 다진 양파를 반죽에 넣고 만든 롤빵. 이스라엘인들이 즐겨 먹는 빵이다.

[배합] 중력분 9,000 g, 물 5,000cc, 이스트 360 g, 쇼트닝 1,180 g, 설탕 300 g, 소금 135 g, 양파 1,800 g, 탈지우유 65cc, 계란 1,000 g.

[만드는 법] ① 양파를 뺀 나머지 재료로 매끈한 반죽을 만들고 완성하기 2분 전에 양파를 잘게 썰어서 반죽에 넣고 대강 섞는다. 온도는 26~27℃ ②①의 반죽을 40~60분간 발효시킨 뒤 적당한 모양의 롤로 성형한다 ③ 2차 발효 후 중불의 오븐에서 굽는다.

양파빵 빵 (영 Onion Bread) 이탈리아의 독특한 빵.

[배합] 밀가루 240 g, 팽창제 13 g, 소금·후추 각 적당량, 굵게 썰은 양파 2컵 분량, 노른자 3개, 묽은 사워 크림* 225 g, 찬 우유 180cc, 쇼트닝 50 g, 올리브유 50 g.

[만드는 법] ① 밀가루, 소금, 팽창제를 함께 체쳐서 쇼트닝과 섞는다 ② 우유를 넣고 부드럽게 반죽한다 ③ ②의 반죽을 두께 1.2cm로 밀어 편다 ④ 양파를 올리브유와 섞어 부드럽고 투명해질 때까지 저으면서 조미료를 넣고 섞는다 ⑤ ④를 바닥이 얕은 철판에 붓는다 ⑥ ⑤의 위에 ③을 얹는다 ⑦ 노른자와 사워 크림을 함께 섞어서 ⑥의 위에 바른 뒤 232℃ 오븐에서 12~15분간 굽는다 ⑧ 다 구워지면 오븐에서 꺼내어 15~16조각으로 잘라 대접한다. 이것을 작은 틀을 이용하여 1개의 작은 빵으로 만들 수도 있다.

어린 반죽 빵 (영 Young dough) 발효와 숙성이 불충분한 반죽. 적당하게 발효한 반죽은 건조하고 광택이 없으며 손으로 잡아당겼을 때 쉽게 끊기는 반면, 발효가 덜 된 반죽은 습기가 있고 광택이 나며 잡아당기면 죽 늘어난다. 발효·숙성이 알맞은 반죽은 발효 상자 속에 넣으면 평평하게 퍼지는데 어린 반죽은 퍼지지 않아 중앙이 높고 주위가 낮은 모양을 유지한다. 반죽의 발효 정도를 판정하는 방법 중의 하나가 반죽온도의 상승을 비교하는 방법이다. 중종법인 경우 중종의 반죽 온도가 발효하는 동안 5~7℃ 이상 상승한 순간의 반죽이 알맞다. 그 이하라면 발효가 충분치 못하다. 발효·숙성이 덜 된 반죽은 점착성이 강하여 들러붙기 쉽고 따라서 반죽시 기계 조작이 순조롭지 못하며 빵의 부피가 작아진다. 그리고 껍질이 붉어지거나 오븐 속에서 울퉁불퉁하게 부풀며 결이 나빠진다.

언로더 機 (영 Unloader) 오븐에서 나오는 빵 틀과 철판을 하나의 그룹으로 모아, 구워지는 시간과 속도에 맞추어 일정 간격마다 오븐에서 꺼내는 작업을 자동적으로 하는 장치이다. 언로더와 디페너*를 한 라인으로 구성, 장치하면 식빵을 자동으로 틀에서 꺼낼 수 있다.

얼음 原 (영 Ice) 빵을 만들 때에 얼음을 쓰는 이유는 반죽물의 온도를 조절하기 위함이다. 여름에는 바깥 기온에 비례하여 실온(室溫)이 높아지며, 게다가 반죽하는 동안에도 온도가 높아진다. 따라서 반죽물의 온도를 낮춰야 한다. 이때 잘게 부순 얼음 조각을 물에 집어 넣는다.

업사이드 다운 케이크 菓 (영 Upside down Cake) 틀에 구운 케이크를 통째로 뒤집어 꺼낸 뒤 그대로 아이싱하거나 장식한 케이크의 총칭. 틀의 종류에 따라 롤 케이크, 에인젤 케이크, 레이어 케이크 등이 있다.

업소용 마가린 原 베이커리용 마가린. 〈종류〉 ① 일반 제과용 : 크리밍성·유화성이 뛰어나고, 풍미가 좋다. 순식물성 유지, 동·식물성 유지의 혼합물, 버터를 혼합한 컴파운드 타입이 있다. ② 빵 반죽용 : 크리밍성, 가소성이 뛰어나다. 이스트 발효의 풍미와 잘 조화를 이루며 양감있게 구워진다. ③ 접기형 파이 반죽용 : 가소성, 쇼트닝성, 안정성이 뛰어나다. 감칠맛 나는 풍미가 있고 신전성(伸展性)이 좋다. 쓰기 쉬운 시트 상태의 마가린과 역상(逆相) 마가린이 있다. ④ 접기형 데니시 페이스트용 : 가소성이 뛰어나고, 신전성이 좋다. 시트 상태와 역상의 마가린이 있다. 데니시 페이스트리*, 크루아상 만들기에 알맞다. ⑤ 버터 케이크용 : 유화성·크리밍성·안정성이 좋다. 은은하고 감칠맛 나는 풍미가 있다. ⑥ 슈용 : 유화성이 뛰어나다. 담백한 풍미가 있다. ⑦ 버터 크림용 : 크리밍성·유화성·흡수성·안정성이 뛰어나다. 이 중에서 유화제 타입, 크림과 혼합한 타입의 마가린이 있다. 입에서 잘 녹는다. 버터 크림, 무스, 아이스크림 등에 사용된다.

에그 原 (영 Egg)
⇨계란

에그 노그 原 (영 Egg Nog) 계란에 우유(또는 생크림), 설탕을 섞은 것에 포도주 등을 넣은 음료.

에그 스펀지 케이크 菓 (영 Egg Sponge Cake) 유지를 전혀 쓰지 않고, 스펀지 기본 반죽 배합인 계란, 설탕, 밀가루로 만든 것. 버터 스펀지에 대응하는 제품명이다.
→스펀지 케이크

에담 原 (네 Edam) 네덜란드산(產) 경질 치즈. 짠맛과 향이 강하다. 주로 가루로 만들어 쿠키나 프티 푸르 살레(Petit Four Salé) 등에 많이 이용된다.
⇨치즈

에든버러 빵 빵 (영 Edinburgh Loaf) 영국 스코틀랜드 지방 사람들이 즐겨 먹는 과자빵. 반죽에 말린 과일, 견과를 충분히 넣고 틀에 채워 굽는다.

에렙신 生 (영 Erepsin) 장액 속에 함유되어 있는 소화 효소 가운데 하나. 단백질은 펩신, 트립신에 의해 폴리펩티드가 되고 에렙신에 의해 아미노산으로 분해된다.
→소화효소

에르고스테롤 化 (영 Ergosterol 독 Ergosterin) 프로비타민 D의 하나. 효모나 맥각, 표고버섯 등에 많이 들어 있다. 자외선에 의해 비타민 D_2로 변한다. 물에 녹지 않고, 에테르, 아세톤, 알코올에 녹는다.
→프로비타민

에멘탈 原 (독 Emmental) 스위스의 경질 치즈. 내부에 지름 1~2cm의 기공이 있고, 무게 100kg 이상의 대형 치즈도 있다. 샌드위치에 많이 사용한다.
⇨치즈

에멀션 化 (영 Emulsion) 액체를 혼합할 때 한쪽 액체가 미세한 입자로 되어 다른 액체 속에 분산해 있는 계(系). 그 대표적인 예가 동물의 젖이기 때문에 유탁액(乳濁液)이라고도 한다. 물과 기름처럼 서로 섞이지 않는 두 액체를 섞으면 에멀션이 되는데, 여기에는 물 속에 기름이 분산된 O/W형 에멀션과 기름 속에 물이 분산된 W/O형 에멀션이 있다. 이들 에멀션을 만드는 조작을 유화(乳化) 또는 에멀션화라 한다. 에멀션은 그대로 두면 상태가 불안정하여 다시 두 액상(液相)으로 갈라진다. 이것을 안정시키기 위해 첨가하는 물질이 유화제*이다. 유화성을 갖는 물질은 지방산, 고급 알코올, 인지질, 검류(아라비아 검), 단백질 등이다. 천연물 중에는 계란에 유화성이 있는데, 흰자의 알부민(단백질), 노른자에 있는 레시틴(인지질)이 그 역할을 한다. 천연 에멀션 중 대표적인 것이 우유이다. 우유는 단백질, 젖당(乳糖), 무기산 용액 속에 지방이 고루 퍼져 있는 형태이다.
주) W : 물(water), O : 기름(oil)
→유화제

에센스 原 (영, 프 Essence 독 Essenz) 향료의 하나이다. 수분을 포함한 식물성 물질을 추출한 것. 형태는 유상(油狀)의 휘발성 액체이다. 이러한 천연 향료 이외에, 최근에는 화학적으로 에스테르·에테르·알데히드·알코올 등의 약품을 결합시켜 만든 합성 향료가 등장했다. 이로써 에센스는 알코올을 용매로 한 수용성 식품 향료의 총칭이고, 상온에서 휘발하기 쉬워서 휘발성유라고도 한다. 따라서 구운 과자에는 적당치 않다. 이에 반해 물에 녹지 않고 기름에 녹으며, 열에 강하고 향도 날아가지 않는 것이 오일이다. 이것은 천연 식물에서 얻은 정유(精油), 또는 정유를 원료로 하고 합성향료를 더해 만든 향료이다. 굽는 과자에 적격이다. 바닐라, 레몬 오일 등이 있다. 한편 플레이버라 불리는 제품은 수용성과 내열성을 다 갖춘 향료를 말한다.

에쇼데 菓 (프 Échaudé) 물, 밀가루, 계란, 버터를 섞은 반죽을 네모꼴로 잘라 삶고 그 뒤 오븐에서 구운 과자. 중세 때는 장례식 날에만 만들어 교회에서 찬송가를 합창할 때 비둘기의 발에 묶어 날려 보냈다고 한다. 지금은 전통 과자로서 프랑스의 각 지방에 남아 있다.

에스-780 技 70%의 밀가루로 만든 중

종을 8시간 발효시키는 제빵법. S는 중종 (sponge)을, '7'은 중종을 만드는 밀가루의 비율(70%)을, '8'은 중종의 발효시간 (8시간)을, '0'은 플로어타임(0분)을 가리킨다.

[만드는 법] ① 밀가루 70, 이스트 2, 물 35~38을 섞어 중종을 만든다. 중종의 온도는 24~25℃. ② 온도 27℃, 습도 75%에서 8시간 발효시킨다 ③ 설탕 4, 소금 2를 녹인 물과 밀가루 15를 중종에 더해 반죽한다. 그리고 나서 남은 밀가루를 더한다 ④ 마지막으로 쇼트닝을 더해 고속으로 반죽한다. 반죽 온도 27~28℃. ⑤ 플로어타임을 갖지 않고 바로 분할·둥글리기한다. 성형하고 팬닝한 뒤 35~40℃, 80~85%에서 45분간 발효시키고 굽는다.
→중종법

에스 케이 비 단위[－單位] 試 (영 SKB unit) 아밀라아제 활성을 나타내는 단위. 30℃에서 맥아 1g이 1시간에 호화시키는 수용성 녹말의 양을 그램수로 나타낸 것으로 구하는 식은 다음과 같다.

$$\text{SKB 단위} = \frac{\text{사용한 녹말량} \times 60}{\text{맥아량(g)} \times \text{호화시간(분)}}$$

맥아처럼 아밀라아제 활성이 강한 것에 이 단위를 사용한다.

에스코피에 其 (프 Escoffier) 오귀스트 에스코피에(Auguste Escoffier : 1847~1935). 프랑스 요리의 거장 중 한 사람이다. 1859년 12살 때 요리인의 길로 들어섰다. 1920년 프랑스 요리의 명성을 높였다 하여 프랑스 정부로부터 두 번에 걸쳐서 훈장을 받았다. 그의 업적은 카렘*을 능가하여 '요리인 중의 왕'이라는 평판을 얻고 있다. 1935년 88세로 세상을 뜰 때까지 그는 《요리지침서(Guide culinaire)》《메뉴책(Livre des menus)》《납꽃(Fleurs en cire)》《프랑스 요리의 진수(Ma cuisine)》《쌀(Riz)》 등을 저술하였다. 오스트레일리아의 오페라 가수인 멜바의 이름을 딴 페슈 멜바*도 그가 탄생

시킨 디저트이다.

에스테르 化 (영 Ester) 알코올이 유기산 또는 무기산과 반응하여 물을 잃고 축합(縮合)한 결과 생긴 화합물의 총칭. 한 예로 유지는 고급지방산과 글리세롤의 에스테르이다.

$$RCOOH + ROH' \rightarrow RCOOR' + H_2O$$
$$(R, R'는 알킬기)$$

에어 시프터 機 (영 Air sifter) 밀가루에 공기를 포함시키면서 믹서로 이송하는 장치. 분사기*에 가루를 통과시켜 이물질과 덩어리진 것을 걸러낸 뒤 공기의 압력을 이용해 믹서의 가루 탱크로 이송시킨다. 1분에 50kg 이상의 가루를 20m 거리까지 보낼 수 있다.

에어 컨디셔닝 技 (영 Air conditioning) 자동장치를 이용해 공기를 여과·가열·냉각시켜 실내의 온도·습도를 조절하는 방법. 자동장치는 가열, 냉각 코일, 습도 조절기, 분무기, 공기 청정기, 송풍기, 모터, 펌프, 파이프 등으로 구성되어 있다. 이와 같은 장치를 사용하면 반죽의 수분 증발을 줄이고, 발효 손실을 1/3로 낮출 수 있다. 그럼으로써 빵의 품질을 높일 수 있는 것이다. 단, 설비비가 많이 드는 단점이 있다.

에어 컨베이어 機 (Pneumatic conveyor) ⇨컨베이어

에이프리콧 果 (영 Apricot) ⇨살구

에이프리콧 브랜디 原 (영 Apricot brandy) 양과자에 리큐르 향을 내기 위해 쓰는 양주. 살구즙을 발효·증류시켜 얻은 브랜디이다. 발효에는 배양 이스트를 쓴다. 프랑스어의 정식 명칭은 오 드 비 다브리코 (eau de vie d'abricot)이다.

에이프리콧 잼 原 (영 Apricot jam) ⇨잼

에이프리콧 퓌레 原 (영 Apricot puree) 살구 과육에 같은 양의 설탕을 더해 삶은

은 것.

에인젤 크림 파이 菓 (영 Angel Cream Pie) 새하얀 휘핑 크림을 장식한 파이.
[배합] 〈파이 껍질〉 애플파이*와 같다. 〈필링〉 콘스타치 35g, 설탕 80g, 물 300cc, 럼 7.5cc, 흰자 2개, 설탕 70g, 레몬 3g. 〈휘핑 크림〉 생크림 100cc, 분설탕 30g, 레몬 3g.
[만드는 법] ① 콘스타치, 설탕, 물, 럼을 섞어 걸쭉한 상태로 만든다 ② 흰자, 레몬, 설탕을 함께 거품내어 ①에 넣고 섞는다 ③ 구운 파이 껍질 속에 ②를 채워 넣는다 ④ 그 위에 휘핑 크림을 얹고 콘스타치를 윗면에 뿌린 뒤 남은 휘핑 크림으로 장식한다.

에인젤 틀 機 (영 Angel tin) 에인젤 푸드 케이크를 구울 때 쓰는 틀. 가운데가 둥글게 뚫려 있다. 육각형·원형의 틀이 있다.
→에인젤 푸드 케이크

에인젤 푸드 케이크 菓 (영 Angel Food Cake) 노른자를 전혀 쓰지 않고 고리 모양의 에인젤 틀로 구운 하얀 스펀지 케이크. 흰자를 단단하게 거품내어 만든 것으로 하얀 색에서 에인젤(천사)이란 명칭이 붙었다. 이에 반해 데블스 푸드 케이크*는 초콜릿 배합의 반죽을 굽고 초콜릿을 씌운 검은 스펀지 케이크이다.
[배합] 흰자 2,000g, 설탕 1,000g, 주석영 30g, 소금 20g, 바닐라 향 소량, 분설탕 1,000g, 밀가루 750g.
[만드는 법] ① 흰자를 저속으로 약 5분간 거품을 내고 여기에 설탕, 소금, 주석영을 넣어 1분간 혼합한다 ②①에 향료를 넣고, 밀가루와 분설탕을 함께 체쳐서 넣어 마무리한 뒤 반죽을 완성한다 ③ 이것을 틀에 넣고 170℃ 전후의 오븐에서 굽는다 ④ 틀을 뒤집어 꺼낸 뒤 알맞게 아이싱을 한다.

에클레르 菓 (영 Eclair 프 Éclair 독 Blitzkuchen, Liebesknochen) 에클레르는 '번개'란 뜻의 프랑스어로, 슈의 표면에 바른 퐁당 쇼콜라가 빛에 반사해서 번개처럼 번쩍번쩍 빛난다고 하여 붙여진 명칭이다. 버터 슈를 이용한 대표적인 과자이다.
[배합] 〈슈 반죽〉 박력분 100g, 버터 80g, 계란 3~4개, 물 200cc, 소금 소량. 크렘 파티시에르 450g, 럼·커피(또는 초콜릿)·퐁당·계란 푼 것 각 적당량.
[만드는 법] ① 냄비에 버터, 소금을 넣고 불에 올린 뒤 버터가 녹아서 끓으면 불에서 내린다 ② 박력분을 넣고 덩어리가 생기지 않도록 재빨리 섞는다 ③ 한 덩어리로 뭉쳐지면 다시 불에 올리고 나무 주걱으로 섞으면서 냄비 바닥에 얇은 막이 생길 때까지 젓는다. 그리고 볼(bowl)로 옮긴다 ④ 계란을 풀어서 3~4번에 나누어 넣고 그 때마다 젓는다 ⑤ 둥근 모양깍지를 끼운 짤주머니로 ④의 반죽을 기름칠한 철판에 10cm 길이로 짜 낸다. 계란 푼 것을 얇게 바른다 ⑥ 물에 적신 포크 끝으로 표면에 선을 긋고 180℃ 오븐에서 굽는다 ⑦ 슈 바닥에 구멍을 내고 커피(또는 럼을 넣은 초콜릿)크렘 파티시에르를 짜넣는다 ⑧⑦에서 사용한 것과 같은 커피나 초콜릿을 더한 퐁당을 윗면에 바른다.

에프 더블유 비 技 (영 Flour Weight Base, FWB) 제과제빵의 기본(base) 재료인 밀가루(flour)의 중량(weight)을 100으로 하고 그에 대한 첨가물의 양을 숫자로 나타낸 값이다.

에프 에이 오 其 (영 FAO) 국제 식량 농업기구(Food and Agriculture Organization)의 약칭. 제2차 세계대전 후에 UN 전문기구로 등장한 최초의 기구이다. 1945년 10월 캐나다의 퀘벡시(市)에서 제1회 총회가 열리면서 창립되었으며, 남한은 1949년에 정식으로 가입하였다. 그 후 12차 총회에서 이사국으로 선임(63~65년)되고 두번째로 87년 24차 총회에서 다시 한번 이사국으로 피선되었다. 한편 북한은 77년에 가입하였다. 91년말 현재 총 가맹국은 160개국이며, 사무국장은 레바논의 에두아르드 사우마이다. 본부 사무국은 로마에, 아시아 극동지역 사무국은 방콕에 있다. FAO의 창립 목적은 ① 모든 사람의 영양과 생활 수준의 향상, ② 식량과 농산물의 생산·분배능률 증진, ③ 농민의 생활개선, ④ 세계 경제발전에의 기여 등이다.

에프 와이 반응형 실험법[－反應型實驗法] 試 (영 FY reactive-type experimental method) 밀가루가 물에 가라앉는 상태를 기록하여 그 가루의 성질을 판정하는 방법. 〈방법〉 ① 밀가루 5 g 을 100㎖ 메스실린더에 넣고 젖산(乳酸)용액 N/50을 넣어 30초간 섞는다 ② ①을 5 분간 그대로 놔두고 가라앉는 정도를 잰다. 마찬가지로 30분, 60분 후의 모습을 관찰·기록한다 ③ ②와 같은 방법으로 5분, 30분, 1시간 동안의 수치를 기록한다 ④ 위의 방법을 9번 되풀이하여 얻어진 수치로 일정한 도형을 그려 시료(試料)의 가공적성을 판단한다.

에피파니 其 (프 Épiphanie) 주현절*. 이 때 프랑스인들은 갈레트 데 루아를 즐겨 먹는다.
→갈레트 데 루아

엑스 原 (영 Extract 프 Extrait 독 Extrakt) 익스트랙트의 약칭.
⇨익스트랙트

엔자임 化 (영, 프 Enzyme 독 Enzym)
⇨효소

엥가디너 누스토르테 菓 (독 Engadiner Nußtorte) 스위스 그라우뷘덴(Graubünden) 지방의 엥가딘 명과. 엥가딘은 옛날부터 질좋은 호두의 산지로 유명한 곳이다. 호두와 조린 캐러멜을 섞어 좀더 조린 뒤 식히고 뮈르베타이크*를 깐 타르트 틀에 채운다. 같은 반죽으로 뚜껑삼아 덮고 굽는다. 중후한 맛이 특징인 이 과자는 스위스, 오스트리아, 독일 등에서 즐겨 만들어진다. [배합] 〈뮈르베타이크〉 버터 200 g , 설탕

100 g , 소금 3 g , 계란 40 g , 밀가루 300 g . 〈충전물〉 설탕 100 g , 물엿 150 g , 우유·생크림 각 100cc, 소금 3 g , 호두 200 g , 버터 25 g . 〈기타〉 노른자 적당량.
[만드는 법] ① 뮈르베타이크를 만든다. 버터와 설탕을 섞고 소금을 더한다 ② 계란을 풀어 ①에 섞는다 ③ 체친 밀가루를 ②에 섞고 반죽을 뭉쳐 냉장고에 넣어 둔다 ④2.5mm 두께로 밀어 펴서 타르트 틀에 깐다 ⑤ 충전물을 만든다. 설탕, 물엿, 우유, 생크림, 소금을 섞고 가열하여 107℃까지 조린다 ⑥ 불에서 내려 호두와 버터를 더하고 식힌다 ⑦ ⑥을 ④의 타르트 속에 채운다. 그리고 또 하나의 뮈르베타이크로 덮는다 ⑧ 윗면에 솔로 노른자를 바르고 포크 끝으로 장식선을 긋는다 ⑨ 공기 구멍을 뚫고 중불 오븐에서 굽는다.

엥겔계수[－係數] 其 (영 Engel's coefficient) 가계 지출비 중에서 식비(食費)가 차지하는 비율(%). 독일의 통계학자 E. 엥겔은 지출 총액 중 저소득 가계일수록 식료품비가 차지하는 비율이 높고, 고소득 가계일수록 비율이 낮음을 발견하였다. 이 통계적 법칙을 엥겔의 법칙이라 하고, 총가계지출액에서 식비가 차지하는 비중을 백분율로 나타낸 것을 엥겔계수라 한다. 엥겔의 법칙에 따르면 소득이 높아짐에 따라 엥겔계수는 낮아진다.

엮은빵 빵 (영 Braid Roll 프 Tresse 독 Zopfgebäck) 발효 반죽을 몇 가닥 띠로 만들어 원하는 모양으로 엮어 구운 빵(뒷페이지 〈그림〉 참고). 반죽은 식빵 반죽이나 스위트 롤 반죽이 좋고, 표면이 말라 끈끈하지 않아야 한다.
〈유래〉 고대 유럽에는 남편이 쥭으면 처도 함께 생매장시키는 순장의 풍습이 있었다. 세월이 흐름에 따라 그 야만적인 풍습이 바뀌어, 산 사람을 매장하는 대신에 부인의 머리카락을 잘라 묻었다. 더 나아가 머리카락 대신에, 머리를 땋듯 반죽을 엮어 남편

네가닥 엮기 〈그림〉 엮은 빵

여섯가닥 엮기

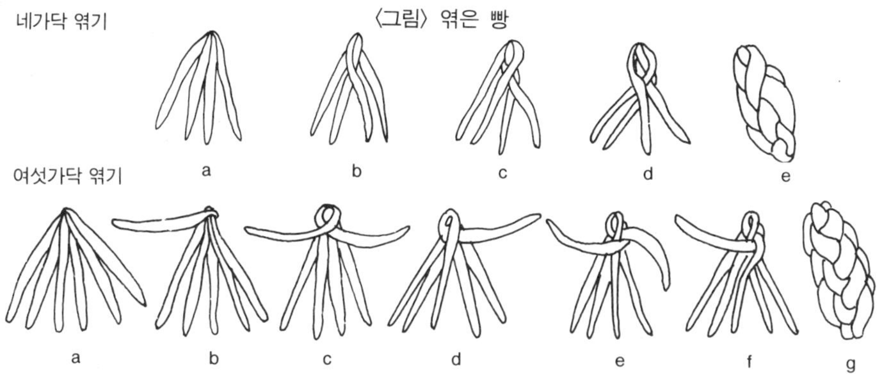

의 시체 옆에 묻었다 한다. 하지만 지금은 이와 같은 종교적 의미는 사라지고 보기좋은 빵으로만 남아 있다.

연속 반죽법[連續—法] 技 (영 Continuous process) 기계의 힘을 빌어 연속적으로 반죽하는 방법. 이제까지의 배치 시스템('배치'항 참고)에 대응하는 방법이다. 미국이 개발한 것은 액종법을 더 진전시킨 방법으로, 워레스 앤드 티아넌사(社)의 두 메이커법(Do-maker process)과, AMF사의 암 플로법(Am flow process)이 있다. 한편 유럽에서 개발된 것은 부스 믹서(buss mixer), 스트라만 믹서(strahman mixer), 아이버슨 믹서(iverson mixer) 등 특수 믹서를 사용하는 방법이다. 이 방법은 액종*을 쓰지 않고, 모든 재료를 계속해서 반죽에 섞어 넣는다. 그 다음 공정은 직접법과 같다. 또, 오스트레일리아의 브라이멕법(brimec process)과 영국의 촐리우드법(chorleywood process)은 배치 믹서를 사용하면서도 반죽을 기계적으로 숙성시키는, 연속 반죽법에 견줄 만한 방법이다.

연속 오븐[連續—] 機 (영 Continuous heating oven 프 Four á chauffage continu) 연소 또는 가열과 동시에 구울 수 있는 오븐의 총칭. 최근 쓰고 있는 전기, 가스, 중유(重油) 오븐이 여기에 속한다. 반면 가열한 뒤 불기를 없애고 그 남은 열로 굽는 오븐을 불연속 오븐이라 한다. →불연속 오븐

연수[軟水] 化 (영 Soft water) 단물. ⇨물

연유[煉乳] 原 (영 Condensed milk) 우유를 1/2~1/3로 농축한 것. 〈종류〉① 전지가당(全脂加糖)연유 : 가당연유는 1920년대에 처음 출현하여 기호식·육아식으로 쓰였다. 그 뒤 육아용 조정분유가 보급됨에 따라, 이 연유는 제과에 주로 쓰이기 시작했다. 가당용 당으로는 감자당*, 첨채당*을 쓰고, 때에 따라 포도당을 함께 사용한다. 포도당을 병용하는 이유는 이것을 넣어 만들면 아이스크림, 캔디 등의 조직이 부드러워지기 때문이다. 그리고 당을 더하는 목적은 보존성, 살균 효과를 높이기 위해서이다. ② 탈지(脫脂)가당연유 : ①이 전지우유를 원료로 한 것인 데 반해, 이것은 탈지유를 원료로 한 연유이다. 전지가당보다 지방이 적고 무지유고형분(無脂油固形分)의 농도가 높다. ③ 무당(無糖)연유 : 다른 말로는 에바 밀크(evamilk), 에바 크림(evacream)이라 한다. 설탕을 더하지 않고 우유를 1/2~1/3로 농축한 것이다. ④ 무당농축유(無糖濃縮乳) : 전지우유와 탈지유를 1/2.5~1/4로 농축한 것. 풍미가 좋고 값이 싸다. 주로 아이스크림, 빵, 케이크 등을 만들 때 사용한다. 이 밖에도 멸균농

축유, 병조림 멸균농축유가 있다.

열량[熱量] 生 (영 Calorie) 체내에서 발생하는 에너지의 양. 에너지는 생명을 유지하고 일을 할 수 있는 능력으로 우리 몸에서 필요로 하는 총에너지는 기초대사량*, 활동에 필요한 열량, 식품에서 얻을 수 있는 대사량을 더한 양이며 그 밖에 성장·체온조절·기후 등의 영향을 받는다. 열량의 단위는 칼로리(Cal), 킬로칼로리(Kcal)이다. 단백질 1g은 4 Cal의 열량을 내고, 탄수화물 1g은 4 Cal, 지방 1g은 9 Cal의 열량을 낸다. FAO 한국협회가 권장하는 열량은 1일에 성인 남자가 2,700Cal, 성인 여자가 2,000Cal이다.

열전도[熱傳導] 技 (영 Heat conduction) 굽는 동안 빵 반죽의 중심까지 열이 전달되는 일. 빵이 충분히 호화(糊化)하려면 열전도가 좋아야 한다. 열전도가 좋고 나쁨을 판정하는 데는 대꼬챙이로 빵을 찔러 보는 방법이 있다. 즉, 꼬챙이 끝에 덜 익은 빵조각이 묻어나오면 열전도가 나쁜 빵, 깨끗하게 빠지면 열전도가 좋은 빵이다.

염기[鹽基] 化 (영, 프, 독 Base) 수용액 속에서 해리, 수산 이온(OH⁻)을 생성하며 산과 중화하여 염을 만드는 물질을 가리킨다.
⇨산

염화칼슘[鹽化 —] 原 (영 Calcium chloride) 염소와 칼슘의 화합물. 화학식은 CaCl₂. 탄산칼슘(석회석, 대리석)을 염산에 용해시켜 얻을 수 있다. 무색으로 물에 녹기 쉽고, 함수(含水) 염화칼슘을 가열하면 일부가 가수분해하여 염산 가스가 발생하고 산화칼슘이 됨으로써 염기성을 띤다. 무수(無水)의 염화칼슘은 조해성(潮解性)이 우수하여 건조제로 쓰인다. 염화칼슘의 수용액은 -37℃에서 얼기 때문에 제빙기의 냉각매(媒)로 사용하고 순수한 염화칼슘은 칼슘원(源)으로서 여러 가지 약품에 이용된다. 일반적으로 제과와 관계있는 것은 탈수작용에 두드러진 효과가 나타나는 염화칼슘 무수물과 냉각매인 염화칼슘 수용액이다.

엽록소[葉綠素] 生 (영 Chlorophyll) 클로로필. 녹색 식물의 잎 속에 들어 있는 엽록체의 한 성분이다. 광합성을 행하는 고등식물을 비롯해 조류(藻類), 광합성 박테리아 등에 존재하는 초록색소이다. 엽록소가 녹색이므로 엽록체가 녹색이고 따라서 식물의 잎도 녹색이다. 종류는 클로로필 a·b·c·d·e, 박테리오클로로필 a·b 등 여러 가지이고 잘 알려진 것이 클로로필 a와 b이다. 대개의 식물에 a:b= 3:1로 존재하며 다른 클로로필은 극소량, 아니면 특정 식물에만 들어 있다. 클로로필은 분자 속에 마그네슘(Mg)을 가지고 있고 물에 녹지 않으며 유기용매에 녹는 것이 특징이다.

엽산[葉酸] 化 (영 Folic acid) 폴산. 비타민 B 복합체의 하나이다. 화학식은 $C_{19}H_{19}N_7O_6$이다. 이것은 1941년 H.A. 미첼이 시금치 잎에서 처음 추출한 것으로 예전의 비타민 Bc나 비타민 M과 같은 물질이다. 푸른잎 채소(시금치), 간장, 효모 등에 존재한다. 엽산에 의해 적혈구·백혈구의 성숙이 촉진되고 골수의 기능도 촉진된다. 이것이 결핍되면 악성 빈혈을 초래한다.

엿 原 쌀, 수수, 좁쌀, 옥수수 같은 곡류의 녹말을 맥아당*(엿기름)으로 만들어 농축시킨 감미 식품. 묽은 유동상태의 물엿과, 딱딱하게 굳힌 가공엿이 있다. 물엿*은 가공엿뿐만 아니라 캐러멜, 잼, 과일주 등에 감미제로 쓰인다. 그리고 설탕 대신 빵반죽에 섞으면 빵의 색과 속결이 좋아진다. 한편 제과 용어로 엿이라 함은 당액(시럽)을 조려 식힌 것을 가리킨다. 당액의 조림온도가 높을수록 식혔을 때 단단해진다.

엿당[—糖] 原 (영 Malt sugar 프 Maltose) 맥아당, 말토오스라고도 한다.
⇨맥아당, 말토오스

엿세공[—細工] 菓 (프 Sucre d'art) 설탕을 주재료로 하여 만든 공예 과자.

<표> 엿세공의 종류

종 류	기 본 배 합		당액의 조림온도	용 도
쉬크르 티레	설탕 물 물엿 주석산	500 g 150cc 50 g 8방울	155~158℃	장미꽃, 잎, 갖가지 꽃, 바구니, 리본
쉬크르 수플레	설탕 물 물엿	1,500 g 500cc 250 g	148~150℃	과실, 동물
쉬크르 쿨레	설탕 물 물엿 침강 탄산	1,500 g 600cc 250 g 50~60 g	148~150℃ 탄산은 불투 명한 흰색엿을 만들 때 첨가. 105℃까지 조린 당액에 탄산을 더하고 148~150℃ 까지 더욱 조린다.	잔, 접시, 과자류를 전시 할 받침대
쉬크르 필레	설탕 물 물엿	1,500 g 600cc 250 g	142~143℃	앙트르메 장식, 새 둥지
쉬크르 로셰	설탕 물 로열 아이싱	1,000 g 400cc 50 g	140℃	바위, 빵

〈종류〉 1. 쉬크르 티레(sucre tiré)─엿*을 여러 번 잡아당겨 공기를 포함시킨 것. 엿과 공기층이 포개져 특유의 광택이 난다. 당액의 조림 온도는 157~160℃. 습도가 낮을 때는 157℃, 고온다습할 때는 160℃까지 조린 당액을 쓴다. 한 덩어리로 뭉친 엿을 보통 30~40번 잡아늘인다. 광택이 나기 시작하고 희어져서 조금씩 단단해질 때쯤 작업을 멈춘다. 착색은 알코올에 녹인 색소를 당액 조릴 때 넣거나, 손가락에 색소를 묻히고 잡아늘이면서 고르게 색을 들인다.

2. 쉬크르 수플레(sucre soufflé)─둥글린 엿 속에 펌프로 공기를 집어 넣고 한쪽 손으로 모양을 다듬은 것. 다음 2가지 방법으로 만들 수 있다. ①주석산이나 구연산을 더하여 당화(糖化)를 막고 광택을 유지하는 방법. 오래 보존할 수는 없다. ②아무것도 더하지 않고 당화시켜 모양을 유지하는 방법. 오래 보존할 수 있으나 광택이 없다.

3. 쉬크르 쿨레(sucre coulé)─기름기 있는 점토로 만든 틀 속에 엿을 넣고 원하는 모양으로 만든다. 입체감 있는 세공이 가능하다.

4. 쉬크르 필레(sucre filé)─가는 실엿을 휘감아 가볍게 부푼 모양이다. 2개의 포크를 이용하여 솜처럼 부풀린 것과, 돔 모양의 틀 위에다 굳혀 컵 뚜껑처럼 마무리한 것이 있다.

5. 쉬크르 로셰(sucre rocher)─대형 세공품의 토대로 쓰이는 것. 로열 아이싱에 알코올 몇 방울을 넣고 데우면 곧바로 단단한 받침대가 만들어진다(위의 〈표〉 참고).

영국빵[英國─] 빵 (영 England Bread) 일찍이 영국에서 발달했던 빵은 삼봉형 빵이었고, 지금은 이봉형이 더 많이 만들어진다. 그 밖에 코티지 로프를 비롯하여 코버그(바톤·부르머), 팜하우스 브레드 등 모양이 독특하고 껍질이 딱딱한 빵이 있다. 그리고 번즈의 본고장답게 바스 번즈, 첼시 번즈 등 세계적으로 이름난 번즈가 많다.

머핀, 뱁류 역시 유명하다. 영국의 빵은 맛이 미국빵처럼 진하지도 않고, 유럽빵처럼 담백하지도 않고 그 중간에 위치한다. 식빵에도 설탕을 거의 사용하지 않으며 단시간 반죽법일 때는 맥아, 라드, 버터 밀크, 무기염류 등을 더한다. 그리고 영국의 제빵법에는 스트레이트 스펀지 메소드라 하는 새로운 중종법이 있다. 이것은 본반죽 이전에 중종에 소금을 얹기 때문에 드라이 솔트 메소드라고도 한다.
〈종류〉 ① 에이얼레이트 브레드 : 효모 대신 탄산 가스로 부풀린 빵. ② 버낵 : 스코틀랜드의 철판에 구운 빵. ③ 다이어베틱 빵 : 당뇨병 환자용 식이 빵. ④ 오트밀 빵. ⑤ 포테이토 브레드. ⑥ 라이스 브레드. ⑦ 머핀 : 아침 식사용. 우유와 계란을 넣어 만들며 따뜻할 때 먹는다.

영국식 라우트 비스킷 菓 (영 English Rout Biscuits) 영국식 프티 푸르(Petit Four : 소형 과자). 파트 다망드(pâte d'amandes : 아몬드 페이스트)에 흰자 또는 계란을 더해 섞은 반죽을 원형, 사각으로 성형하고 오븐에서 구운 과자이다.
→마지팬 비스킷

영국의 밀과 밀가루 原 (영 British wheat and flour) 대체로 연질이어서 제빵용으로는 알맞지 않다. 그 유명한 요크만 개량밀도 수분 16%, 단백질 10%로 비스킷이나 팽창제를 사용하는 제품에 적당하다. 그래서 제빵용 밀가루는 캐나다와 미국의 경질밀을 수입하여 적당히 혼합, 제분한 것을 사용한다.

영양가[營養價] 生 (영 Nutrition value) 식품의 영양적 가치. 보통, 식품분석표에 있는 영양소 함량을 기준으로 식품의 영양가를 비교한다. 그러나 식품의 영양가를 한마디로 판정할 수는 없다. 예를 들어 열량을 비교할 때는 쌀이 당근보다 높지만 비타민 A를 비교하면 당근이 훨씬 높기 때문이다. 따라서 함유하고 있는 영양소의 양, 질, 소화흡수율, 체내 이용률이 높으면 그 식품의 영양가가 높다고 할 수 있다.

영양소[營養素] 化 (영 Nutrient) 음식의 성분 중 체내에서 영양적인 작용을 하는 유효 성분. 탄수화물·지방·단백질·무기질·비타민·물 등이 그것이다. 이 중에서 탄수화물·지방·단백질은 체내에서 화학반응을 거쳐 에너지를 생성하기 때문에 열량소(熱量素)라 부르고, 또 섭취량이 많아 3대 영양소라고도 한다. 단백질·무기질·물은 체구성 성분으로서 새로운 조직 형성이나 보수에 관여하고, 탄수화물과 지방도 저장 물질의 형태로서 몸을 구성하므로 이들을 통틀어 구성소(構成素)라 한다. 그리고 비타민·무기질·단백질·물은 신체의 기능을 조절하는 영양소이므로 조절소(調節素)라 한다. 또, 생체가 요구하는 영양소의 양에 따라서 주영양소(macronutrients)와 미량영양소(micronutrients)로 구분하기도 한다. 탄수화물·지방·단백질은 주영양소이고, 미량을 요구하는 무기질과 비타민 등은 미량영양소이다. 무기질 중 하루에 100mg 이상이 섭취되는 칼슘·인·마그네슘·나트륨·칼륨·염소를 제외하고 인체에 필요한 영양소 대부분이 미량원소(trace elements)에 속한다.

옐로 케이크 菓 (영 Yellow Cake) 노른자를 풍부하게 배합한 노랑색 케이크. 보통 버터 케이크를 가리키고, 또 파운드 케이크나 슬래브 케이크처럼 노란 것도 옐로 케이크라 한다.

오 드 비 原 (영 Spirits 프 Eau-de-vie 독 Weinbrand) 증류주(蒸留酒). '생명의 물'이라는 뜻이다. 뒤에 붙는 명칭으로 술의 내용을 나타낸다. 소위 브랜디는 오 드 비 드 뱅(eau-de-vie de vin), 키어시는 오 드 비 드 스리즈(eau-de-vie de cerises)로서, 이것이 프랑스의 정식 명칭이다.

오랑주 쉬르프리즈 菓 (영 Oranges Surpries) 오렌지를 이용한 쉬르프리즈*풍

(風)의 과자. 모양이 반듯한 오렌지를 준비하여 그 윗부분을 수평으로 자른다(이것은 뚜껑으로 쓴다). 숟가락으로 오렌지 과육을 파낸 껍질을 용기로 삼는다. 꺼낸 오렌지 알맹이를 짜서 즙을 내고, 무스 도랑주*와 같은 방법으로 빙과를 만들어 껍질에 담고, 잘라낸 윗부분을 뚜껑으로 한다. 이 위에 파트 다망드로 오렌지 잎을 만들어 얹는다. 빙과를 만들 때 오렌지 과즙의 양에 맞추어 시럽을 넣고 당도 18도가 되도록 물을 적당히 섞는다.

오렌지 果 (영, 프, 독 Orange) 운향과(科) 귤나무속(屬)의 한 군(群). 이것은 다시 당귤, 신귤, 감귤로 나뉜다. 당귤은 아시아 동남부가 원산이고, 기원전 1,000년부터 재배하였다 한다. 단맛이 있어 스위트 오렌지라 하며, 다음 4가지의 품종군을 갖고 있다. ① 에스파냐계 : 열매가 크고 과육이 성기다. ② 지중해계 : 열매의 질이 치밀하다. ③ 적귤계 : 과육이 붉다. ④ 네이블계 : 배꼽이 생기고 씨가 없다. 보통, 오렌지라 하면 이상 4가지의 스위트 오렌지를 가리킨다. 신귤은 신맛이 강해 날로 먹을 수 없다. 꽃향기가 강하므로 여기서 향료를 추출한다. 에스파냐에서 많이 재배되고 마멀레이드, 오렌지 에이드, 설탕절임 등으로 만든다. 감귤(만다린 오렌지)은 귤과 탠저린 2가지로 구분된다('만다린'항 참고). 오렌지의 색과 향은 입맛을 돋우기에 충분하므로 갖가지 요리, 과자에 자주 쓰인다. 그리고 슬라이스하여 장식용으로 쓰거나 과즙을 짜내어 반죽, 소스, 크림 등에 더해 풍미를 내는 데 이용한다.

오렌지 마카룬 비스킷 菓 (영 Orange Macaroon Biscuits)
[배합] 그라뉴당 511 g , 로마지팬 681 g , 흰자 227 g , 오렌지 필 적당량.
[만드는 법] ① 흰자를 조금 부어 마지팬을 푼다 ②①에 그라뉴당, 남은 흰자를 넣고 거품을 내면서 짤 수 있을 정도의 단단하고 매끄러운 페이스트로 만든다 ③ 마지막으로 오렌지 필을 잘게 썰어서 첨가한다 ④ 이것을 짤주머니로 짜내어 170℃ 오븐에서 굽고, 식으면 2장씩 포개고 오렌지 마멀레이드를 샌드한 뒤 절반쯤 초콜릿에 담근다.

오렌지 스펀지 케이크 菓 (영 Orange Sponge Cake)
[배합] 〈스펀지〉150 g , 설탕·밀가루 각 130 g , 팽창제 3 g , 귤즙 30cc, 럼(또는 키어시) 5cc. 〈크림 버터〉버터 110 g , 분설탕 100 g , 귤즙 30cc, 레몬 향 적당량. 〈기타〉장식용 체리 8개.
[만드는 법] ① 버터를 크림 상태로 만들어 여기에 분설탕을 섞고, 귤즙과 향료를 섞는다 ② 스펀지를 수평으로 자르고 그 사이에 ①의 버터 크림을 바르고 전체에도 발라준다 ③ 일부는 짤주머니에 담아, 버터 크림을 바른 위에다 꽃 모양으로 짠다 ④③의 윗면을 체리로 장식한다.
주) 스펀지 시트는 18cm 가량의 둥근 틀로 만들어 170℃ 오븐에서 구워 둔다.
→스펀지 케이크

오렌지 케이크 菓 (영 Orange Cake)
[배합] 버터·설탕 각 347 g , 계란 425 g , 밀가루 511 g , 팽창제 10 g , 오렌지 필 596 g , 큐라소 199cc.
[만드는 법] ① 버터와 설탕을 섞어 크림처럼 만든다 ②①에 거품낸 계란을 넣고 밀가루와 팽창제를 섞은 뒤 끝으로 오렌지 필과 큐라소를 넣어 반죽을 만든다 ③ 이것을 기름칠한 사각형 빵 틀에 넣고 중간불에서 굽는다 ④ 케이크가 식으면 뜨거운 살구 퓌레를 바르고 액체 상태의 퐁당으로 덧씌워 광택을 낸 뒤 세모로 자른 오렌지 필로 윗부분을 장식한다.

오렌지 크림 드롭 菓 (영 Orange Cream Drop) 스펀지 시트의 반에 오렌지 마멀레이드를 얹고 거품낸 크림을 소용돌이 모양으로 짜 낸 뒤, 반 접어 덮고서 아이싱한 것.

오렌지 플라워 워터 原 (영 Orange flower water) 오렌지 꽃에서 채취하여 증류한 증류액. 섬세하고 우아한 향으로 아몬드 페이스트에 사용한다.

오렌지 필 菓 (영 Orange peel, Candied orange 프 Écorce d'orange 독 Kandierte orange) 설탕절임한 오렌지 껍질. 이것을 잘게 썰어 프루츠 케이크 반죽에 배합하거나 가늘게 잘라 초콜릿 과자의 센터(center : 충전물)로 삼는 등 제과에서 용도의 범위가 넓다.
→캔디드 프루츠

오르 되브르 其 (프 Hors-d'oeuvre) 전채(前菜). 양은 적지만 감칠맛이 있어야 한다. 따뜻한 것과 차가운 것이 있다. 찬 것은 수프 전에, 따뜻한 것은 때때로 수프 뒤에 나온다. 프랑스에서는 주문 배달하는 요리로서 취급하는 제과점이 있다.

오르탕샤 菓 (프 Hortensia) 둥근 제누아즈*에 여러 가지 색깔의 퐁당을 씌운 케이크. 제누아즈를 수평으로 이등분하고 딸기잼을 샌드한 다음 전체에 살구잼을 바른다. 다양한 색깔의 퐁당을 짤주머니로 표면에 짜낸다. 이때 퐁당은 흰색, 빨간색, 노란색, 초록색으로 한다. 둘레에 아몬드 슬라이스를 붙이고 가운데에 설탕절임한 체리를 장식한다. 로열 아이싱*을 짤주머니에 넣고 색으로 구분한 퐁당과 퐁당 사이에 짜서 명확하게 구분한다.

오믈레트 노르베지엔 菓 (프 Omelette Norvégienne)
⇨베이크트 알래스카

오믈레트 쉬르프리즈 菓 (영 Baked Alaska 프 Omelette Surprise, Omelette Norvégienne 독 Gebackenes Eis) '뜻밖의 오믈렛'이라는 뜻의 과자.
⇨베이크트 알래스카

오믈레트 오 프로마주 菓 (프 Omelette au Fromage) 크레프에 치즈를 이용한 충전물을 채우고 사바용 소스를 곁들인 오믈렛*.

[배합] 〈충전물〉크림 치즈 200 g , 버터 150 g , 분설탕 15 g , 노른자 2 개, 우유 85cc, 밀가루 10 g , 크래커 가루 10 g , 레몬 껍질 1 개 분량, 흰자 2 개, 분설탕 15 g , 소금·바닐라 향 각 적당량. 〈기타〉크레프 5장 분량, 사워 체리·사바용 소스 각각 적당량.

[만드는 법] ①크림 치즈와 버터에 분설탕을 넣고 섞는다. 노른자와 우유도 넣어 섞는다 ②레몬 껍질을 갈아서 밀가루, 크래커 가루, 바닐라 향, 소금과 섞고 ①에 넣는다 ③머랭을 만들어 ②와 섞는다 ④프라이팬에 크레프*를 깔고 ③을 부은 뒤 사워 체리를 얹는다 ⑤④를 오븐에서 5~6분간 구워 낸다. 이것을 반으로 접어 반달 모양을 만든 뒤 사바용 소스*를 곁들인다.

오믈렛 菓 (영, 프 Omelettes) 스펀지 시트에 과일, 크림, 잼 등을 감싼 과자.
[배합] 노른자 120 g , 계란 150 g , 밀가루·설탕 각 100 g .
[만드는 법] ①노른자와 설탕을 충분히 섞는다 ②따로 계란과 밀가루를 섞어 ①에 넣고 반죽한다 ③이것을 둥근 모양깍지 끼운 짤주머니로 동심원 모양으로 짜 내어 지름 10~12cm의 크기로 만든다. 그리고 225℃에서 굽는다 ④표면이 평평한 뒷면에 크림류를 짜얹고 신선한 과일을 올린 뒤 ③의 스펀지를 오므린다. 알맞은 장식을 하고 나서 아이싱 슈거를 뿌린다.

오버 런 技 (영 Over run 프 Foisonnement) 어떤 물질에 공기를 포함시켰을 때 나타나는 양적 팽창. 생크림을 거품내고 아이스크림 혼합물을 회전 동결 시킨 뒤에 나타나는 현상이다.

오븐 機 (영 Oven 프 Four 독 Backofen) 빵이나 과자를 굽는 기계. 과자나 빵을 구울 때 가장 중요한 것은 오븐의 온도와 시간 그리고 반죽의 특성인데, 여기에 맞추어 알맞게 조절해야 한다.

〈선택 방법〉 오븐 속의 온도와 표시되어 있는 눈금이 일치하는 것, 재질은 두껍고 내구성이 우수한 스테인리스 스틸이 좋으며, 불 세기 조절이 간단하고 내부 공간이 넓은 것이 좋다. 최근의 오븐은 자동으로 온도 조절이 가능하며 정확하게 온도가 유지되도록 만들어져 있다. 오븐의 내부와 철판이 녹슬기 쉬우므로 항상 깨끗하게 청소해 두어야 한다. 열이 남아 있는 동안에 젖은 행주로 더러운 것을 닦아내어 가능한 한 세제를 사용하지 않도록 한다.
〈종류〉 ① 형태에 따른 분류 : 필 오븐*, 로터리 오븐, 릴 오븐*, 터널 오븐*, 트레이 오븐, 래크 오븐, 밴드 오븐, 스파이럴 오븐, 서구 다단식 오븐, 네트 오븐. ② 열원에 따른 분류 : 전기 오븐*, 가스 오븐*, 증기 오븐*, 중유 오븐*, 고주파 오븐*, 장작 오븐, 석탄 오븐. ③ 가열 방법에 따른 분류 : 직접 가열식, 간접 가열식.

오븐 스프링 技 (영 Oven spring) 오븐 속에서 빵 반죽이 급속히 부풀어 오르는 현상. 빵 반죽을 오븐에 넣고 5~8분이 지나면 오븐 스프링이 일어난다. 오븐의 열이 차츰 반죽 표면을 뚫고 속으로 파고 들어가 반죽 내부의 온도를 높인다. 온도가 오름에 따라 이스트의 활동이 활발해져 많은 양의 탄산 가스가 발생한다. 이 가스가 반죽을 부풀리는 요소이다. 이와 함께 효소의 작용으로 녹말이 호화하고 글루텐의 성질이 바뀐다. 반면 반죽의 내부 온도가 60~65℃에 이르면 오븐 스프링이 멈춘다. 왜냐하면 이때 이스트와 효소의 활성이 정지하고 그 결과 가스 발생이 멎기 때문이다. 오븐 스프링의 주 원인은 다음과 같다. ① 반죽 속의 탄산 가스의 기화(氣化). ② 이스트가 활성을 멈추기까지 발생하는 탄산 가스의 기화. ③ 반죽 속의 공기 팽창, 녹말 호화에 따른 팽창. ④ 반죽 속의 알코올, 수분의 증발.

오븐 주걱 機 (영 Peel 프 Pelle 독 Schale)

⇨필

오븐 프레시 베이커리 其 (영 Oven fresh bakery) 소형 오븐을 설치하고 바로바로 신선한 제품을 생산·판매하는 방식의 베이커리. 리테일 베이커리* 분야와 많이 중복되면서도 오븐 프레시로서 새롭게 분류되는 이유는 점포를 현대식으로 바꾸어 이미지 쇄신을 꾀함과 동시에 셀프서비스 방식을 도입하는 등, 지금까지와 다른 새로운 요소가 도입되었기 때문이다. 원래 빵은 가공과 판매가 직결되었던 것이지만, 현재 대량 생산·판매가 추진되면서 판매 시장이 확대되고, 여기에 노화방지에 대한 기술적 진보가 덧붙여져 생산에서 판매에 이르는 시간이 점점 길어지고 있는 추세이다. 이러한 대규모 생산·판매에 맞서 갓 구워낸 신선한 빵을 소비자에게 공급한다는 취지로 다시 탄생한 것이 오븐 프레시 베이커리이다. 생산방법은 크게 온 프레미스 방식과 베이크 오프 방식으로 나뉜다.
〈생산방식〉 ① 온 프레미스(on-premise) : 반죽 → 굽기 → 마무리에 이르는 모든 작업을 한 곳에서 행하는 방법. 컴플리트(complete) 방식이라고도 한다. ② 베이크 오프(bake off) : 중앙 공장에서 냉동반죽을 공급받아 발효와 굽기만을 행하는 방식. 대량 생산의 장점을 소규모 경영에 살린 베이크 오프 방식을 취하고 있는 베이커리는 믹서, 분할기 등은 물론 숙련된 기술자 역시 필요치 않다. 그러므로 온 프레미스보다 작업장의 공장, 설비비, 인건비 등이 절약된다. 그리고 중앙 공장이 품질관리를 하기 때문에 각 업소마다 품질에 차이가 없다. 반면 품질이 한정되고 균일화되어 개성이 없고, 냉동·냉장고는 기본적으로 갖추어야 할 설비이다.

오븐 피니시 케이크 菓 (영 Oven Finish Cake) 오븐에서 구워낸 뒤 아이싱하거나 따로 장식을 하지 않고 그 자체를 완제품으로 낼 수 있는 케이크. 머핀, 컵 케이크가 여기에 속한다.

오블라트 菓 (독 Oblate) 밀가루와 물을 반죽하고 얇게 펴서 구운 과자. 흔히 마카롱, 레브쿠헨 시트로 이용된다.

오셀로 菓 (영, 프 Othello 독 Mohrenkopf) 셰익스피어의 희곡《오셀로(othello)》에 나오는 주인공 무어(Moors)인 장군의 이름을 딴 케이크. 위가 볼록한 둥근 비스퀴 반죽을 구워 내고 여기에 초콜릿 퐁당을 입힌 모습이 마치 무어인 장군 오셀로를 닮았다 해서 붙여진 제품명이다. 독일의 모렌콥프와 같은 과자이다.
→모렌콥프

오스트리아 빵 빵 (영 Austrian Bread) 오스트리아는 일찍이 유럽 문화의 중심지였던 수도 빈(Wien)의 이름을 딴 비엔나 빵*, 비엔나 롤, 그리고 카이저롤로 유명하다.

오스티 菓 (프 Hostie) 얇은 웨이퍼스 상태의 과자. 성체 배례에 쓰는 의식용 빵이다. 프랑스에서 중세부터 이어져 내려오는 종교과자의 하나이다. 우블리*와 함께 사순절*에 노틀담 사원에서 신자들의 머리 위에 뿌려지던 과자로 알려져 있다.

오일 原 (영 Oil) 액체 상태의 기름.
⇨유지

오일 스프레이 技 (영 Oil spray) 구운 비스킷에 60℃ 가량 되는 식물성 기름을 뿌리는 작업.

오텔로마세 菓 (독 Othellomasse) 독일의 가벼운 비스퀴 반죽. 모렌콥프*와 같다. 영국의 한입 크기 과자인 오셀로 반죽이 독일로 건너와 불려진 명칭이다.

오트 原 (영 Oat)
⇨귀리

오트밀 原 (영 Oatmeal) 귀리를 볶아서 굵게 빻거나 납작하게 누른 식품 또는 죽처럼 조리한 음식. 본고장은 영국의 스코틀랜드 지방이고 미국, 유럽 등지에서 주식으로 많이 이용한다. 제법은 귀리를 정백(精白)하여 껍질을 벗기고 충분히 건조시킨 뒤 적당히 볶아 분쇄기로 빻거나 압착한다. 오트밀은 처음에 환자식으로 취급되었지만 점점 단백질·지방·무기질 등 종합적인 영양소와 식이 섬유가 풍부해지고, 무엇보다 조리하기 쉬워 아침 식사로 이용되고 있다. 쿠키·푸딩에도 즐겨 쓴다.

오트밀 브레드 빵 (영 Oatmeal Bread) 오트밀을 이용하여 만든 영국 빵. 오트밀의 녹말과 덱스트린이 젤라틴화하므로 다른 식빵보다 노화가 더디다.
[배합] 밀가루 6,500 g, 삶은 오트밀 2,700 g, 이스트 200 g, 소금 200 g, 설탕 225 g, 쇼트닝 225 g, 물 2,700cc.
[만드는 법] ① 오트밀을 그 2배 가량 되는 물과 함께 삶아, 되직한 죽을 만든다 ② 이스트, 설탕, 소금을 녹인 물 2,700cc를 ①에 더해 섞는다 ③ 쇼트닝과 밀가루를 섞은 뒤 ②에 더해 반죽한다. 반죽온도 27℃. ④ ③의 반죽을 1시간 발효시키고 나서 가스빼기한 뒤 다시 30분간 발효시킨다 ⑤ 450 g 씩 분할·둥글리기한 뒤 10분간 벤치타임을 갖는다 ⑥ ⑤의 반죽을 원로프 틀에 넣고 잠깐 증기가 통하는 발효실에 넣는다. 표면에 오트밀을 뿌려서 굽는다.

오페라 菓 (프 Opéra) 프랑스의 초콜릿 케이크. 역사적으로 볼 때 비교적 최신 과자에 속한다. 비스퀴 조콩드라는 특수 반죽에 커피 풍미의 버터 크림과 가나슈를 번갈아가며 발라 포개고 표면에 초콜릿을 바른다. 윗면에는 순금박으로 화려한 장식을 한다. 파리의 오페라 극장 근처의 제과점에서 처음 만들었다 하여 붙여진 명칭이다.
[배합] 〈비스퀴 조콩드〉 아몬드 가루·그라뉴당 각 120 g, 계란 3개, 흰자 100 g, 밀가루 35 g, 버터 25 g. 〈럼과 커피 넣은 시럽〉 물 125cc, 설탕 100 g, 인스턴트 커피·럼 각 적당량. 〈커피를 넣은 버터 크림〉 버터 200 g, 설탕 120 g, 물 45cc, 계란 2개, 인스턴트 커피 적당량. 〈가나슈〉 생크

림 35cc, 초콜릿 70 g.
[만드는 법] ① 비스퀴 조콩드를 만든다. 먼저 아몬드 가루와 그라뉴당을 섞고 계란을 더해 믹서로 교반, 거품낸다 ② 밀가루를 더하고 단단하게 거품낸 흰자 1/3과 함께 섞는다 ③ ②의 남은 흰자를 더한다 ④ 녹인 버터를 더해 섞는다 ⑤ 철판에 기름칠을 하고 종이를 깐 뒤 ④의 반죽을 5 mm 두께로 흘려 붓고 200~210℃ 오븐에서 10~15분간 굽는다 ⑥ 시럽을 만든다. 물과 설탕을 냄비에 넣고 가열하다가 끓으면 불에서 내린다. 보메 22도인 시럽으로 만들고 여기에 인스턴트 커피와 럼을 섞는다 ⑦ 커피 버터 크림을 만든다. 먼저 계란을 교반한다 ⑧ 설탕과 물을 섞고 121℃까지 조린다 ⑨ ⑧이 식기 전에 ⑦에 조금씩 부으면서 섞는다 ⑩ 완전히 식으면 녹인 버터를 넣고 교반한다 ⑪ 소량의 더운물에 녹인 인스턴트 커피를 ⑩에 더한다 ⑫ 생크림을 끓이고 불에서 내린다 ⑬ 초콜릿을 썰어서 ⑫에 넣고 섞는다 ⑭ ⑤의 비스퀴 조콩드를 4 장 준비한다. 첫번째에 럼 커피 시럽을 솔로 바른다 ⑮ 그 위에 커피 버터 크림을 바른다 ⑰ 두번째에 같은 시럽을 바르고 가나슈를 바른다 ⑰ 비스퀴를 포개 얹고 시럽, 커피 버터 크림을 차례로 바른다 ⑱ 네번째 비스퀴를 포개고 시럽, 가나슈를 차례로 바른다 ⑲ 식혀 굳히고 온도조절한 초콜릿을 바른다 ⑳ 원하는 크기로 잘라서, 표면에 초콜릿으로 'Opéra' 문자를 새기고 금박을 장식한다.

오픈 샌드위치 빵 (영 Open Sandwiches, Open Faced Sandwiches) 슬라이스한 빵(5×10×1.3cm 크기) 위에 버터를 바르고 토핑한 것. 클로즈드 샌드위치에 대응하는 말이다. 본고장은 북유럽, 특히 덴마크의 오픈 샌드위치를 스뫼레 브뢰트(Smörre Bröd)라 부른다. 토핑 재료는 오이, 양파, 계란, 토마토, 피망, 오렌지, 애스픽, 안초비 등이다.

오픈 포켓 번즈 빵 (영 Open Pocket Buns) 사각의 스위트 도에 충전물을 얹고 네 모서리를 집어올려 감싼 것. 마주한 양 끝이 열린 모양이라 해서 오픈이라는 용어가 붙었다.

옥수수빵 빵 (영 Corn Bread) 옥수수를 첨가하여 만든 감미가 있는 빵. 배합과 만드는 방법에 따라서 다양하게 응용할 수 있다. 다음은 옥수수 가루와 옥수수 알갱이를 이용한 소형 빵이다.
[배합] 강력분 250 g, 옥수수 가루 150 g, 설탕 20 g, 이스트 12 g, 물 70cc, 버터 40 g, 계란 50 g, 소금 7 g, 우유 150cc, 옥수수 알갱이(장식용) 소량.
[만드는 법] ① 그릇에 설탕, 소금을 넣고 데운 우유와 섞는다 ② 버터를 녹여 ①에 섞고 계란도 넣어 혼합한다 ③ 강력분과 옥수수가루를 체쳐 ②에 넣는다 ④ 이스트를 물에 녹여 ③에 혼합하여 반죽을 만든다. 반죽 온도 26℃ ⑤ 반죽이 끝나면 랩에 싸서 냉장고에 넣고 8~10시간 1차 발효 시킨다 ⑥ 1차 발효가 끝나면 반죽을 가스빼기 한 뒤, 20 g 씩 분할하여 실온에서 10~15분간 중간발효 시킨다 ⑦ 감자 모양으로 성형하여 기름칠한 철판에 담고 2차 발효 시킨다 ⑧ 2차 발효가 끝나면 반죽 윗면에 계란액을 바르고 중앙에 옥수수 알갱이를 몇 개 얹어 장식한다 ⑨ 210~220℃ 오븐에서 13~15분간 굽는다.

옥스포드 라디 케이크 菓 (영 Oxford Lardy Cake) 영국 옥스포드시(Oxford市)의 발효 과자. 영국에는 오래전부터 축제 때마다 곳곳에 장(場)이 서고 특별한 음식을 내다 팔았다. 대부분이 진저 브레드와 플럼 케이크였고 라디 케이크도 그 중의 하나였다. 특히 라디 케이크는 옥스퍼드 장에 나온 것이 유명하였다.
[배합] 〈반죽〉 강력분 851 g, 소금 14 g, 라드·이스트 각 28 g, 우유 482cc. 〈기타〉 라드 340 g, 적설탕 170 g, 스파이스 소량.

[만드는 법] ① 위 재료로 반죽을 만든다. 반죽 온도 27℃. ②①을 직사각형으로 밀어편다. 그리고 따로 라드, 적설탕, 스파이스를 섞는다 ③②의 반죽 2/3에 ②의 라드 혼합물을 바르고, 퍼프 페이스트처럼 2겹 접어밀기를 2회 행한다 ④ 이것이 15~30cm 크기의 틀에 들어가도록 3등분 한다 ⑤ 윗면에 계란과 우유를 바르고 격자 무늬를 새긴다. 발효시킨 뒤 216℃에서 굽는다.

온도[溫度] 物 (영 Temperature 프 Température 독 Temperatur) 물체의 차고 뜨거운 정도를 수량으로 나타낸 것. 보통 온도계에 새겨진 눈금으로 표시한다. 온도의 단위는 '도(度)'로서, 숫자 오른쪽 위에 °를 붙여 표시하며 여기에는 섭씨, 화씨, 열씨 등이 있다. 섭씨 온도는 얼음이 녹는점을 0°로, 1기압에서 끓는 물의 온도를 100°로 삼고 측정한 온도계를 100등분해서 표시한 것으로 기호를 C로 한다. 화씨 온도는 물과 소금의 혼합물 온도를 0°, 사람의 체온을 96°로 삼고 기호를 F로 한 것이다. 열씨 온도는 어는점을 0°, 끓는점을 80°로 하며 기호는 R로 한다. 일반적으로 미터법을 사용하고 있는 나라에서 섭씨 온도를 이용하고, 영·미국에서 화씨 온도를 사용하고 있으며 열씨 온도는 특별한 경우 외에는 사용하지 않는다. 온도는 제과제빵 기술의 3요소(온도·중량·시간) 가운데 하나로, 이것을 각 공정마다 정확히 지키는 것이 과학적으로 좋은 제품을 만드는 밑거름이 된다. 다음은 섭씨, 화씨, 열씨 온도계의 환산법이다.

섭씨(C)=(F−32)÷1.8=R×1.25
화씨(F)=C×1.8+32=R×2.5+32
열씨(R)=C÷1.25=(F−32)÷2.25
→온도계

온도계[溫度計] 機 (영, 독 Thermometer 프 Thermomètre) 물체의 온도를 측정하는 기구. 온도에 따른 액체의 팽창·수축을 이용한 것 이외에 측정 원리가 서로 다른 여러 가지 온도계가 있다.

〈종류〉 1. 역학적 온도계−팽창식·압력식 온도계. 물체의 열역학적 성질, 특히 열팽창이 온도에 따른 압력의 변화를 측정해서 그 물체에 접촉하고 있는 물체의 온도를 판정한다. 수은 온도계, 알코올 온도계 등의 액체 온도계가 여기에 속한다. 그 밖에 금속 온도계, 기체 온도계가 있다.

2. 전기적 온도계−온도와 더불어 변하는 전기적 양을 측정하여 온도를 판정하는 것. 열전 온도계와 저항 온도계가 있다. 측정 범위가 액체 온도계보다 넓고 정밀도도 높다.

3. 복사 온도계−고온체에서 나오는 복사선이 물체의 성질뿐 아니라, 그 온도에 의해 결정된다는 사실을 응용한 온도계. 온도계, 광온 온도계, 광전관 온도계, 적외선 온도계가 있다.

4. 특수 온도계−자동기록 온도계, 최고·최저 온도계, 벡만 온도계, 체온계. 그 밖에 고온의 가마 속 온도를 측정하는 제게르추체(seger cone), 일정 온도에서 화학적 변화로 변색하는 원리를 이용하여 온도를 판정하는 서모컬러, 기온·습도를 측정하는 건습구 온도계가 있다. 이 중 제과제빵에 쓰이는 온도계는 수은·알코올 온도계, 금속 온도계, 전기저항 온도계, 열전 온도계이다. ① 수은 온도계 : 수은의 팽창을 이용한 액체 온도계. 측정 범위는 0~100℃. ② 알코올 온도계 : 액체 온도계. 알코올은 끓는점이 낮기(78℃) 때문에 고온을 측정하기에는 알맞지 않다. 반면 어는점은 -144℃이므로 저온(-80℃)은 정확히 잴 수 있다. ③ 금속 온도계 : 열에 따라 금속의 팽창률이 달라지는 원리를 이용한 것. 오븐의 온도처럼 고온을 잴 때 사용한다. 금속 온도계는 열을 흡수하는 데 걸리는 시간이 수은 온도계보다 더 길다. ④ 전기저항 온도계 : 도체의 전기저항이 온도와 함께 상승하는 성질을 이용한 것. 백금선을 도체로 사용한다.

측정 범위는 190~660℃이고, 매우 정밀하다. ⑤ 열전 온도계 : 열전쌍의 기전력이 접점의 온도차에 의해 정해지는 원리를 이용한 온도계.

온장고[溫藏庫] 機 (영 Heating cabinet) 조리한 음식을 따뜻하게 보관하는 저장고. 그 음식의 맛이 그대로 살아 있다.

온제 머랭[溫製—] 菓 (영 Hot meringue 프 Meringue sur le feu) 냉제 머랭보다 설탕을 많이 넣는다. 중탕하여 열을 주는 이유는 설탕이 녹기 쉽도록 하고 기포력을 낮추기 위함이다. 이렇게 만든 머랭은 결이 곱고 무겁고 힘이 있다. 반죽 자체에 열이 있기 때문에 표면이 마르기 쉽고, 모양깍지로 짜내어도 모양이 좀처럼 흐트러지지 않는다. 그래서 이것은 세공이나 머랭 쿠키 만들기에 알맞다.

[배합] 흰자 100 g, 설탕 280 g.

[만드는 법] ① 흰자와 설탕 50 g 을 볼(bowl)에 넣고 중탕시키면서 천천히 휘젓는다 ② 서서히 힘을 주어 교반하면서 나머지 설탕을 몇 번에 나누어 더한다 ③ 반죽의 온도가 50℃에 이르면 중탕을 멈춘다. 열이 식을 때까지 계속 교반하여 단단하게 거품낸다.

〈굽기〉 철판 위에 짜 놓고 아주 낮은 온도의 오븐에서 오랜 시간 건조시킨다.

온주귤[溫州橘] 果 온주밀감. 운향과 (科)의 상록성 과수 열매로서, 학명은 *Citrus unshiu*이다. 원래 중국산을 일본에서 개량한 것으로서, 한국에서 가장 흔히 볼 수 있는 귤이다. 모양은 편구형(扁球形)이고 크기는 지름 5~8cm, 주홍빛으로 익는다. 한국의 제주도에서 재배되고 일본, 북아메리카의 남쪽, 카프카스, 흑해 등지에서 생산된다. 온주귤은 향이 별로 강하지 않아 단독으로 쓰기보다 다른 감귤류와 섞어 과자의 재료로 이용한다.

온 프레미스 其 (영 On-premise) 오븐 프레시 베이커리*의 공장 안에서 반죽하고 구워 내는 방법, 즉 믹서에서 빵 오븐까지 모든 설비를 갖춰 놓고 빵을 만드는 방법. 반죽의 굽기만을 행하는 방식을 베이크 오프(bake off)라 한다.
→베이커리

올드 잉글리시 도 케이크 菓 (영 Old English Dough Cake) 발효 반죽으로 만든 영국식 케이크. 식빵 반죽 907 g 에 설탕 113 g, 구즈베리·라드·건포도 각 227 g, 잘게 썬 과일 껍질 57 g, 스파이스 3.4 g 을 섞는다. 섞는 순서는 먼저 발효 반죽에 라드, 스파이스, 설탕을 섞은 다음 과일을 섞는다. 이 반죽을 발효시킨 뒤 511 g 씩 분할, 2 차 발효시켜서 204℃에서 2 시간 동안 굽는다. 굽고 나서 바로 라드를 바른다.

올레오 마가린 原 (영 Oleo margarin) ⇨마가린

올리브 果 (영, 프, 독 Olive) 풀뿌리나무과(科)의 상록교목 열매. 원산지는 지중해 연안 또는 소아시아라 전해지는데 현재 인도, 지중해, 카나리아 제도에 걸쳐 분포하며 북미, 호주, 남아프리카 등지에서 재배하고 있다. 올리브는 품종에 따라 여러 가지 모양이 있으나 보통이 가늘고 긴 계란형이거나 포도알처럼 둥글다. 성숙하기 전에 거둔 경우는 물에 넣어 신맛을 완화시키고 소금물에 담갔다가 사용한다. 독특한 향이 있기 때문에 요리나 제과에 많이 이용한다. 또, 다 익은 열매에서 올리브유를 얻을

수 있으며, 올리브의 나무 결이 아름다워 세공품으로도 사용할 수 있다.

〈사용법〉 이탈리아·그리스 등의 지중해 연안 요리에 적합하다. 특히 샐러드에 많이 사용하며 과자에는 설탕절임한 것을 장식으로 많이 이용한다. 이 밖에 설탕에 조려서 올리브 글라세로 만들 수도 있다. 장식에 이용할 때는 둥근 것을 그대로 이용하거나 얇게 잘라서 사용한다.

올리브유[－油] 原 (영 Olive oil) 올리브에서 착유한 기름. 맑고 투명한 연두빛 액체이고 독특한 향을 가지고 있다. 역사적으로 매우 오래 전부터 사용되어 왔는데, 고대 그리스인들은 향유(香油)로서 몸에 바르기도 하였다. 올리브유는 처음에 짠 것일수록 품질이 좋고 계속 짜내려 갈수록 품질이 떨어진다. 또, 가열해서 짜면 양은 많으나 품질은 그다지 좋지 않다. 올리브유는 다른 식물성 유지보다 리놀레산이 적고 올레산이 많은 편이어서 그들에 비해 잘 산패하지 않는다. 그래서 가열조리에 이용하면 더욱 담백한 맛을 느낄 수 있다.

〈사용법〉 주로 이탈리아나 스페인풍(風)의 요리 중에서 샐러드 드레싱이나 조리용 기름으로 사용한다. 또한 피자 반죽이나 소스에 사용하면 풍미가 좋아진다. 이탈리아의 구운 과자에는 올리브유의 독특한 풍미를 살린 것이 많고 형틀이나 철판에 바르는 기름으로 자주 쓰인다. 그 향에 익숙치 못한 경우에는 다른 식물유와 섞어서 쓴다. 올리브유는 냉암소(冷暗所)에 보관하는 것이 바람직하며 겨울철에 하얗게 흐려질 수 있지만 그다지 문제되는 일은 아니다.

올스파이스 原 (영 Allspice) 올스파이스 나무(생장하면 키가 9 m에 달하는 상록수)의 열매가 채 익기 전에 따서 말긴 것. 빵·케이크에 가장 많이 쓰이는 향신료로서 원산지는 자메이카이고 현재 멕시코, 과테말라, 온두라스, 브라질 등에서 생산된다. 열매의 크기는 지름이 0.6cm 가량이고 모양

은 둥글다. 이것을 익기도 전에 따서 약 1주일간 햇볕에 말리면 짙은 갈색으로 변한다. 이때 아주 독특한 향이 나는데 그 향이 시너먼, 넛메그, 정향 등을 합한 것과 비슷하여 '올(모든)'스파이스라는 명칭이 붙었다. 프루츠 케이크·단맛이 강한 케이크·비스킷·파이·햄·카레 등에 가루로 빻아 쓰고, 장시간 넣고 끓일 수 있는 경우에는 그대로 사용한다. 향은 껍질에 몰려 있으므로 말린 열매 그대로를 구입하여 필요할 때마다 빻아서 쓴다.

올 인 메소드 技 (영 All in method) 배터 타입의 케이크 반죽을 만드는 방법 중의 하나. 싱글 스테이지 메소드라고도 한다. 빵·케이크 반죽의 모든 재료를 한꺼번에 더하여 혼합하는 방법이다.

와인 原 (영 Wine)
⇨포도주

와플 菓 (영 Waffle 프 Gaufre 독 Waffel) 프랑스의 고프르*에 해당한다. 벌집 무늬·격자 무늬가 새겨진 2장의 철판 사이에 반죽을 흘려 붓고 구운 과자. 크림이나 잼을 샌드해 먹는다. 원래 와플은 독일어에서 유래한 명칭이다.

[배합] 〈반죽〉 버터 360 g, 노른자 150 g, 흰자 350 g, 그라뉴당 50 g, 박력분 360 g, 생크림 500cc, 바닐라 1/2개, 설탕·소금·

샐러드유 각 소량. 〈기타〉 바닐라 슈거, 분설탕.

[만드는 법] ① 반죽을 만든다. 먼저 버터와 노른자를 잘 섞고, 따로 흰자와 그라뉴당으로 결이 고운 머랭을 만든다 ② ①의 각각의 혼합물을 합한 뒤 체친 밀가루와 섞는다 ③ 생크림에 설탕·바닐라·소금을 넣고 섞는다. 이것을 ②에 더한다 ④ 와플 틀*에 샐러드유를 바르고, ③을 가득 채워 굽는다 ⑤ 틀에서 꺼내어 식기 전에 바닐라 슈거를 뿌린다. 그리고 식은 뒤 분설탕을 뿌린다.

와플 틀 機 (영 Waffle irons 프 Gaufrier) 와플을 굽는 전용 틀. 격자 무늬로 올록볼록한 2장의 철판이 맞대어 있고, 기다란 자루가 달려 있다. 철판 사이에 반죽을 붓고 굽다가 한쪽 면이 구워지면 뒤집어 굽는다. 재질은 철, 주조 알루미늄 이외에 테플론으로 가공된 것도 있다. 모양은 둥근 것, 네모난 것을 비롯, 하트 모양에 이르기까지 다양하다.

왁스 化 (영 Wax) 고급 지방산과 고급 알코올이 에스테르 결합한 고형(固形)의 지질*. 납(蠟)이라고도 한다. 지방과 비슷해서 물에 녹지 않으나 알코올, 클로로포름(chloroform)에 녹는다. 이것은 유지방보다 안정적이고, 공기 중에서 변질되지 않는다. 또, 동·식물체의 표면에 존재하며 개체의 습윤, 건조를 막고 체온을 유지시킨다. 그러나 사람의 소화기 내에서 가수분해 시키는 소화효소가 없으므로 영양소로는 이용되지 않는다. 납촉, 납종이의 원료로도 사용된다.

완두[豌豆] 原 (영 Pea) 콩과(科)의 1~2년초. 원산지는 지중해 연안, 5세기경 중국에 전해졌고 한국에서의 재배 역사는 그리 오래되지 않았다. 꼬투리에 5~6개의 종자가 들어 있다. 종자의 주성분은 당질이며 어린 꼬투리에는 비타민도 풍부하다. 성숙하기 전인 푸른 종자(그린피스)는 통조림으로 가공하고 그 콩깍지는 채소로 이용하며 잎·줄기는 가축의 사료로 쓴다.
→그린피스

완충제[緩衝劑] 原 (영 Buffer) 어떤 용액에 넣으면 산 또는 알칼리의 양을 증가시켜 수소 이온의 변화를 막는 물질. 이것은 발효한 빵 반죽의 pH를 알맞게 유지시키는 데 필요하다. 발효 반죽에 완충제를 넣으면 그 반죽의 상태가 안정되고 이스트와 효소가 활동하기 좋은 환경(pH)으로 조성된다. 즉, 완충제를 써서 발효액의 pH를 4.5~5.5로 유지해야 한다. 빵 완충제로 주로 쓰이는 것은 탄산칼슘·콩가루·탈지 분유이다. 아세트산과 아세트산염·구연산과 구연산염·탄산과 탄산염·이산과 인산염·단백질도 완충작용을 한다. 완충제의 공통된 결점은 기포성을 갖고 있어 발효액에 거품을 일으키기 쉽다는 것이다. 그러나 이것은 소포제를 알맞게 넣어 방지할 수 있다.

외 아 라 네주 菓 (영 Snow Egg 프 OEufs à la Neige) 머랭을 새하얀 눈덩이

처럼 뭉쳐서 익힌 과자. 단순하면서도 고
상함이 풍기는 프랑스 디저트 중의 하나
이다.
[배합] 〈머랭〉 흰자 8개, 설탕 150 g, 소금
소량. 〈소스 앙글레즈〉 우유 500cc, 노른자
4개, 설탕 124 g, 바닐라 빈 적당량. 〈캐러
멜〉 설탕 250 g, 물 50cc. 〈기타〉 레몬(과즙
과 껍질) 소량, 물·샐러드유·아몬드 슬라
이스(볶은 것) 각 적당량.
[만드는 법] ① 흰자를 휘핑하면서 소금을
넣고, 설탕을 여러 번에 나누어 넣으면서
단단한 머랭을 만든다 ② 둥근 국자에 기름
을 얇게 바르고 머랭을 소복하게 담는다 ③
80℃의 뜨거운물에 레몬 과즙과 껍질을 넣
은 뒤 ②의 머랭을 스패튤러로 국자와 분리
시키면서 빼내어 담근다 ④ 도중에 머랭을
뒤집어 한번 더 가열한 뒤, 거즈를 깐 망위
에 건져 놓아 물기를 빼고 식힌다 ⑤ 대리석
에 샐러드유를 얇게 바르고 ④를 놓는다.
아몬드 슬라이스를 붙이고 캐러멜을 흘려
묻힌다 ⑥ 소스 앙글레즈를 만든다. 우유에
바닐라를 넣고 끓기 직전까지 데운다 ⑦
노른자와 설탕이 하얘질 때까지 거품내고
⑥을 넣어 섞는다. 이것을 약한 불로 가열
하여 걸쭉해지면 시누아*에 걸러서 찬물
로 식힌다 ⑧ 이상의 소스 앙글레즈를 바
닥이 우묵한 그릇에 붓고 ⑤의 머랭을 담
는다.

　요구르트 圓 (영 Yogurt 프 Yagourt
독 Joghurt) 우유류를 젖산균(유산균)으
로 발효·응고시킨 것. 발효유(醱酵乳)의
하나이다. 신맛이 강하고 상쾌한 맛이 있는
식품이다. 원료유로 우유 이외에도 염소젖,
양의 젖(洋乳)이 쓰인다. 요구르트는 소화
가 잘 되고 정장(整腸)효과가 있다 하여 현
재 전세계에서 만들어지고 있는데, 원래는
발칸 반도와 지중해 연안에서 제조·음용
(飮用)되었던 것이다. 영양학적으로 원료유
성분이 모두 이용될 뿐만 아니라 단백질,
지방이 일부 분해되어 소화하기 쉽고 칼슘

의 흡수도 좋다. 또 젖당과 일부 젖산균, 그
밖의 요구르트 성분은 장(腸) 속에서 유용
한 젖산균을 활성화시켜 정장작용에 한몫을
한다.
[만드는 법] ① 원료유(전지 우유 또는 탈
지유)를 가열·살균하여 40~45℃까지 냉각
시킨다 ② ①에 젖산균을 넣고, 살균한 용
기에 담아 30~40℃에서 5~10시간 발효시
킨다 ③ 젖산 발효 결과, 젖산이 생겨 산도
가 0.7~0.8%로 되면 10℃이하로 냉각시킨
다.
〈종류〉 형태에 따라 ① 하드 요구르트 : 그
대로 또는 응고제로 굳힌 것. ② 소프트 요
구르트 : 굳힌 것을 교반하여 걸쭉하게 만든
것. ③ 액체 요구르트 : 굳힌 것을 교반하고
균질화시킨 음료. ④ 프로즌 요구르트 : 아
이스크림 상태에서 젖산균이 살아 있는 것
등이 있다. 또, 향 성분의 첨가 여부에 따라
⑤ 플레인 요구르트 : 아무것도 넣지 않은
것. 내추럴 요구르트 또는 무당 요구르트라
고도 한다. ⑥ 플레이버 요구르트 : 설탕·
과즙·향료·착색료 등을 첨가한 것 등이
있다.
〈사용법〉 제과에서 우유의 일부를 요구르트
로 바꾸면 상큼한 풍미를 얻을 수 있다. 팬
케이크, 무스, 바바루아 등 부풀지 않는 반
죽은 요구르트 첨가에 따른 영향이 적지만
스펀지 케이크, 핫 케이크, 빵 반죽과 같이
부풀림이 있는 제품에는 팽창과 열전도에
나쁜 영향을 줄 수 있다. 또, 소스나 음료에
는 우유와 같은 수용성 액체를 조금씩 넣고
풀어서 사용한다. 한번에 다른 재료와 섞으
면 균일해지기 어렵다.
〈보존〉 개봉하지 않은 요구르트는 냉장보존
을 하면 오래 되었어도 사용 가능하지만,
젖산균의 발효가 진행되면 산미가 강해진
다. 보존하는 동안 주위 환경이 바뀌어 젖
산 발효가 진행되면 표면에 수분이 분리되
는 경우가 있는데 이때 버리지 말고 전체를
잘 섞으면 원상태로 돌아온다.

요깡 菓 (일 羊羹, ヨウカン) 화과자(和菓子)의 사오모노가시(棹物菓子)의 하나. 종류는 무시(蒸シ)요깡, 네리(練リ)요깡, 미즈(水)요깡 등의 3종류가 있다. 요깡은 가마쿠라(鎌倉)·무로마치(室町) 시대에 중국에서 전래된 간식의 하나이다. 중국에서는 원래 그 재료에 육류를 이용하였지만 일본에서는 불교의 영향으로 육식을 피하여 식물성 재료를 이용하였다. 요깡은 불린 한천을 냄비에 넣고 물과 함께 끓이고 설탕, 앙꼬, 물엿을 넣어 다시 한번 가열하면서 섞은 뒤 일정한 틀에 넣고 굳혀 만든다.

요오드값 [一價] 化 (영 Iodine value) 유지 100 g에 결합하는 요오드의 그램(g) 수. 유지에 요오드를 첨가하면 불포화 지방산과 요오드가 결합한다. 여기서 유지 속의 불포화 지방산량을 알 수 있다. 즉, 요오드값이 클수록 불포화 지방산이 많은 것이다. 이러한 유지는 산화되기 쉽고 녹는점이 낮다. 그리고 요오드값은 유지의 건조성을 나

〈표〉 유지별(油脂別) 요오드값

분 류	종 류	요오드값
식물성 기 름	아 마 인 유	170~204
	콩 기 름	120~142
	참 기 름	103~116
	면 실 유	100~120
	채 종 유	95~106
	미 강 유	92~115
	낙 화 생 유	86~103
	피 마 자 유	80~ 90
	팜 유	48~ 60
	야 자 유	7~ 10
동물성 기 름	오 징 어 기 름	179~207
	대 구 간 유	160~170
	정 어 리 기 름	154~196
	청 어 기 름	108~155
	말 향 고 래 기 름	71~ 93
	돼 지 기 름(돈 지)	53~ 77
	쇠 기 름 (우 지)	40~ 48

타내기도 한다. 요오드값이 100 이하인 유지가 불건성유이고 100~130이 반건성유, 130 이상이 건성유이다(〈표〉 참고).
→건성유

요오드의 녹말 반응 [一綠末反應] 化 녹말 용액에 요오드를 작용시킬 때 푸른색을 보이는 반응. 이 원리는 식품화학·세포과학 등에 널리 응용되고 있으며, 특히 우유 속에 녹말이 들어 있는지의 여부를 진단하는 방법이다. 녹말의 종류에 따라 나타나는 색깔이 조금씩 다르다. 즉, 아밀로오스인 경우 파랑색, 아밀로펙틴인 경우 보라색, 찹쌀녹말에는 붉은색으로 반응한다.

요코 믹서 機 (일 ヨコミキサー) 수평 믹서의 일본어명.
⇨수평 믹서

요크셔 티케이크 菓 (영 Yorkshire Teacake) 영국 요크셔 지방의, 차와 함께 먹는 빵과자. 발효 반죽 100 g을 둥글려 오븐에서 굽는다. 원래는 휴대용 식품이었으나 가벼운 식사대용으로도 사용한다. 달지 않은 것과 차와 함께 먹는 레이즌 넣은 것이 있다.
[배합] 이스트 35 g, 우유 400cc, 밀가루 750 g, 소금 15 g, 설탕 45 g, 버터 60 g, 레이즌 175 g.
[만드는 법] ① 이스트를 우유에 녹이고 밀가루, 소금, 설탕, 버터와 섞는다 ② 레이즌을 더해 반죽을 마무리한다 ③ 발효시켜 가스빼기하고 100 g씩 분할·둥글리기한다 ④ 버터 바른 철판에 늘어놓고 200~230℃ 오븐에서 굽는다.

요크셔 파킨 菓 (영 Yorkshire Parkin) 영국의 요크셔 지방에 오래 전부터 전해져 오는 빵과자. 파킨이라 북잉글랜드의 귀리(오트밀)와 당밀로 만든 빵과자를 가리킨다. 요크셔 지방에서 가이 폭스 데이(Guy Fawkes Day : 11월 5일, 1605년 영국에서 일어난 화약음모 사건을 기념하는 날) 밤에 이것을 먹는다.

[배합] 밀가루 680 g, 생강가루·스파이스 가루 각 28 g, 오트밀 680 g, 버터 200 g, 중조 43 g, 우유 60cc, 시럽 680cc, 설탕 285 g, 아몬드 적당량.

[만드는 법] ① 밀가루와 생강가루, 스파이스 가루를 함께 체치고 오트밀과 섞는다 ② 버터 60 g 을 더해 비벼 섞는다 ③ 중조를 우유로 녹여 ②에 섞는다 ④ 버터 140 g, 시럽, 설탕을 섞어 전체를 뭉친다 ⑤ 45 g 씩 분할, 둥글리기하고 철판에 늘어놓는다 ⑥ 위에서부터 눌러 조금 납작하게 하고 표면에 노른자를 바른다 ⑦ 중앙에 반 나눈 아몬드를 얹고 170℃ 오븐에서 굽는다.

요하니스베레 原 (독 Johannisbeere) 구즈베리의 하나. 레드 커런트('커런트'항 참고)라고도 한다.
⇨커런트

용량[容量] 物 (영 Content, Capasity) 본래는 어떤 용기의 용적을 말하는 것이지만, 그것이 함유하고 있는 물질의 중량을 가리키기도 한다. 또 어떤 물질이 일정한 상태에서 함유할 수 있는 열량과 전기량을 열용량, 전기용량이라 한다.

용매[溶媒] 物 化 (영 Solvent)
⇨용해

용액[溶液] 物 化 (영 Solution)
⇨용해

용융[溶融] 物
⇨융해

용해[溶解] 物 化 (영 Dissolution) 기체, 액체 또는 고체 물질이 다른 기체, 액체 또는 고체 물질과 서로 혼합하여 균일한 상태가 되는 현상. 특히 기체, 고체가 액체인 물질에 혼합되는 경우에 많이 쓰이는 말이다. 용해에 따라서 생성되는 혼합액을 용액(溶液, solution)이라 하고 녹이는 물질을 용매(溶媒, solvent), 녹는 물질을 용질(溶質, solute) 이라고 한다. 또, 용매가 물일 경우를 따로 수용액(水溶液)이라고 한다.

용해도[熔解度] 物 化 (영 Solubility) 포화용액('포화'항 참고)의 농도. 즉, 포화용액 중 용매에 대한 용질의 용해 정도를 가리킨다.

용해열[溶解熱] 物 (영 Heat of dissolution) 용질에 용매 중에 용해할 때 발생하거나 흡수되는 열량. 일반적으로 열을 내지만 액체나 고체가 녹을 때는 열을 내는 경우도 흡수하는 경우도 있다.

우무 原 한천을 끓여서 식힌 뒤에 얼린 것이다.
⇨한천

우뭇가사리 原 (영 Agar-agar)
⇨한천

우블리 菓 (프 Oublie) 얇게 구운 웨이퍼스 반죽을 말아 만든 전통적인 프랑스 과자. 고대 그리스시대의 시가레트풍으로만 오보리오스라 불리는 과자의 뒤를 이은 것으로, 여기에서 우블리라는 이름이 붙었다고 한다. 또 프랑스어의 우블리에(oublier : 잊다)라는 말에서 비롯되었다는 설도 있다. 이 과자가 아주 가볍고 입에 넣으면 사르르 녹아 먹고 있음을 잊는다는 의미로 해석할 수 있다. 우블리 반죽은 프랑스어로 파트 아 우블리, 독일어로 히펜마세라 불린다.
→히펜마세

우산형 라운더[雨傘型-] 機 (영 Umbrella-type, Cone-type rounder) 우산 모양의 테이블이 회전하면서 반죽을 둥글리는 기계. 이것은 둥글리기가 끝나갈수록 회전속도가 느려진다. 그래서 절구형 라운더에 비해 반죽이 덜 상한다.

우스터 소스 原 (영 Worcester sauce, Worcestershire sauce) 19세기 중엽 영국 우스터셔주(州) 우스터시(市)에서 처음 만들어진 식탁용 소스. 원료는 토마토 퓌레, 양파, 당근, 마늘 등의 야채즙과 소금, 감미료, 화학 조미료, 식초, 캐러멜, 향신료(생강·계피·정향·올스파이스 등) 등으로 만든다. 색은 갈색이고 서양요리, 샌드위치의 필링 등에 자주 사용한다.

우유[牛乳] 原 (영 Milk 프 Lait 독 Milch) 젖소의 젖샘(乳腺)에서 분비되는 희고 불투명한 액체. 우유의 주성분은 물, 단백질, 지질, 당질, 비타민(A・B₁・B₂), 무기질(칼슘・인) 등이다. 이렇게 많은 영양소가 들어 있어 계란과 함께 중요한 식품으로 꼽힌다.

〈역사〉 인류가 처음 우유를 먹기 시작한 것은 아주 오래 전부터이다. 4,000년 전 그린 바빌로니아 벽화에서도 구약성서에서도, 인도의 신화에서도 우유・유제품의 식용을 엿볼수 있다. 한국의 경우 삼국시대에 이미 우유가 있었으며 고려시대, 조선시대에 일부 귀족층만이 즐길 수 있었다. 우유의 소비량이 늘어나기 시작한 때는 1960년대로 보고 있다.

〈우유의 성분〉

1. 단백질—우유단백질의 주성분은 카세인이고, 그 밖의 것이 락트알부민, 락토글로불린이다. ① 카세인(casein) : 카세인은 칼륨과 결합, 콜로이드 상태로 분산해 있으며, 산・응유효소(레닌, rennin)의 작용을 받아 응고한다. 이 원리를 응용하여 우유를 치즈, 요구르트로 가공한다. ② 유장(乳漿, whey)단백질 : 카세인을 뺀 나머지 단백질. 락트알부민, 락토글로불린이 여기에 속한다. 이들은 수용성이고 산, 응유효소의 작용에 영향을 받지 않는다. 대신 가열했을 때 응고한다. 유장단백질로 훼이 치즈를 만든다. ③ 지단백질(lipoprotein) : 우유의 지방구에 흡착되어 있는 물질. 이것은 단백질과 인지질(주로 레시틴, lecithin)의 복합체로서, 우유의 지방구 주위에 안정된 지방구 피막을 만든다. 이렇게 지방과 단백질이 섞이는 작용을 유화(乳化)라 한다.

2. 지방—우유의 지방은 아주 작은 구상(球狀)인 지방구로서, 콜로이드 상태로 분산해 있다. 우유의 지방은 녹는점이 낮은 저급지방산이 들어 있어 소화율이 높다. 하지만 저급지방산은 조금만 가수분해하여도 불쾌한 냄새를 풍기는 낙산(butyric acid)을 만든다. 우유를 가만히 놔두면, 지방구가 표면에 떠올라 크림층을 만든다. 이것을 모은 것이 크림이다.

3. 당질(탄수화물)—우유의 당질은 거의 젖당(乳糖)이다. 젖당은 갈락토오스(galactose)와 글루코오스(glucose)가 결합한 이당류이다. 이것은 소장 속에서 젖당 분해효소의 작용을 받아 분해된다. 이 효소는 유아기의 어린이에게는 존재하지만, 커감에 따라 없어진다. 그리하여 우유를 먹어도 젖당이 분해되지 않아 소화시킬 수 없다. 이러한 경우 우유를 조금씩 마시면서 면역을 키우고 아니면 젖당을 젖산으로 바꾼 요구르트, 젖당을 분해한 우유를 마시면 좋다.

4. 무기질—우유 속의 인과 칼륨의 비율이 이상적이다. 칼슘과 칼륨의 비, 마그네슘과 나트륨의 비도 인체의 요구에 맞게 되어 있다.

〈제품화 공정〉 집유(集乳)→냉각(10℃ 이하에서 보관) → 검사 → 청정(찌꺼기를 원심분리기로 나누기) → 균질화 → 가열・살균(62~65℃에서 30분 저온살균, 120~135℃에서 2~3초 초고온살균) → 용기에 채운다.

〈사용법〉 우유는 액상(液狀)이기 때문에 물을 대신해서 제과제빵의 재료로 쓸 수 있다. 흰색의 밀크 젤리를 만들 경우 우유를 첨가하려면 한천액이 식은 뒤에 섞는다. 만약 우유가 따뜻해지면 덩어리지고 풍미가 떨어지기 때문이다. 핫 케이크, 팬 케이크를 만들 때 물 대신 우유를 쓰면 풍미가 좋고 색이 곱게 든다. 착색은 우유의 단백질과 당류(젖당)가 새로운 물질 멜라노이딘('메일라드 반응'항 참고)을 생성한 결과이다. 즉, 제과 재료에 우유를 넣고 구우면 멜라노이딘이 만들어져 색을 발한다. 우유는 계란의 단백질과 만나면 굳는다. 우유의 칼슘 이온과 계란의 단백질이 결합해 응고하는 성질을 이용해 만든 것이 커스터드 푸딩이다. 또, 산과 만나면 굳는데 그 이유는 우유의 카세인이 굳기 때문이다.

우유·유제품의 종류[牛乳·乳製品─種類] 原

〈표〉 우유·유제품의 종류

```
                 ┌ 살균─시유 : 보통우유, 가공우유,
                 │                응용우유
                 ├ 크림 분리──생크림, 사워 크림,
생우유 ─┤    탈지유┄┄ 버터
                 ├ 젖산발효─요구르트, 유산균 음료
                 ├ 효소응유─치즈, 훼이
                 └ 가열·농축─분유, 연유
```

주) 시유(市乳)란, 우유를 가열·살균하여 소비자가 안전하게 마실 수 있도록 작은 단위용량으로 포장한 것. 매일 시중에 배달되어 나오는 우유를 말한다.

1. 가공─① 보통우유 : 우유에 아무것도 더하지 않고 살균·냉각한 뒤 포장한 것. ② 탈지우유 : 우유에서 지방을 뺀 것. ③ 가공우유 : 우유에 탈지분유나 비타민을 강화한 것. ④ 응용우유 : 우유에 과즙, 커피, 초콜릿을 더해 색다른 맛을 낸 것.

2. 유제품류─① 연유(煉乳) : 우유 속의 수분을 줄인 농축 우유. 무가당연유(無加糖煉乳)와 가당연유가 있다. 가당연유는 보통우유에 44%의 설탕(또는 포도당)을 더했기 때문에 보존성이 좋다. ② 분유(粉乳, powdered milk) : 농축우유를 분무·건조시켜 가루로 만든 것. 전지(全脂)분유, 탈지(脫脂)분유, 조제(調劑)분유가 여기에 속한다. 제빵 원료로 쓰는 분유는 우유에 들어 있는 발효억제 인자를 파괴하기 위해 85℃에서 20분 가열한 뒤 농축한 것이 좋다. ③ 발효유 : 우유나 탈지우유에 젖산균을 더해 산응고시킨 것. 독특한 향을 갖는다. 요구르트가 대표적이다. ④ 유산균 음료 : 발효유에 물을 더해 묽게 한 것. ⑤ 치즈 : 우유, 탈지유 또는 크림을 산(또는 레닌)으로 응고시켜, 이때 분리되는 유장(whey)을 빼고 남는 커드(curd)를 발효시킨 것. 자연 치즈와 가공 치즈가 있다. ⑥ 크림(cream) : 우유의 지방, 우유를 그릇에 담아 가만히 놔두면 표면에 노란색 층이 생긴다. 이것이 지방이 모여 이룬 크림층이다. 이것을 원심분리기로 분리해서 그대로 요리·제과에 쓰거나 버터, 아이스크림을 만든다. ⑦ 버터 : 크림을 교반할 때 우유에서 분리한 지방입자만을 모아 만든 것. 발효 크림 버터와 스위트 크림 버터가 있다. 한국인의 식성에는 대체로 스위트 크림 버터가 적합하다.

우이로 菓 (일 外郎, ウイロウ) 무시가시(蒸シ菓子)의 하나. 가마쿠라시대(鎌倉時代, 12세기 말~14세기 초)에 중국의 예법관(禮法官)인 우이로(外郎)가 도친코(透頂香)라는 명약(銘藥)을 일본에 전하였다. 일본인은 그 약을 먹고 입가심으로 흑설탕과 쌀가루를 섞어 찐 과자를 먹었다 한다. 여기서 유래하여 우이로라는 이름이 붙여졌다. 멥쌀가루, 찹쌀가루, 칡가루에 물을 조금 넣고 저어서 부드러운 풀 상태로 만든다. 여기에 설탕을 넣고 젖은 헝겊을 깐 틀에 붓고 찜통에서 40~50분간 찐다. 다 쪄지면 충분히 식혀서 굳힌다. 흰설탕, 흑설탕 이외에 건포도를 얇게 썰어서 넣거나 유자껍질을 넣는다. 먹을 때 적당하게 잘라 먹는다.

우지[牛脂] 原 (영 Tallow 독 Fett) 쇠기름.
→페트

운반차[運搬車] 機 (영 Conveying truck) 원료와 제품을 싣고 나르는 기구. 궤도 운반차와 소형 무궤도 운반차가 있다. 구조는 화물대, 바퀴, 손잡이로 되어 있다. 그 밖에 리프트식 운반차가 있다.
→리프트

워시 技 (영 Wash 프 Dorer) 빵 반죽 또는 구워낸 제품 표면에 광택을 내기 위한 재료를 바르는 일. 광택 재료로 계란, 우유, 살구잼이 대표적이고 설탕, 물엿, 버터, 쇼트닝 등이 있다. 과자빵이나 스위트 롤에 노른자나 쇼트닝을 바르고, 소프트 롤에 우유나 버터를 바른다. 그리고 노른자와 우유를 섞어 버터 롤에 사용하고, 노른자(또는 계란)와 소금을 3~4배의 물에 녹여 프랑스빵에 이용한다.

워터 롤 〔빵〕 (영 Water Roll) 설탕과 우유를 넣지 않고 물만으로 만든 주식용 롤빵.

[배합] 강력분 100% 기준으로 볼 때, 물 57, 소금 2, 이스트 1.5, 맥아 엑스 2, 쇼트닝 2.

[만드는 법] 중종법일 때는 밀가루 60%와 물 60%, 그리고 물에 녹인 이스트 약간으로 중종을 만들어 한 번 가스빼기 한 뒤, 두 번째 부풀었을 때 남은 물과 맥아, 소금, 밀가루를 넣어 반죽을 만든다. 여기에 쇼트닝을 넣고 반죽이 부드러워질 때까지 섞는다. 직접법일 경우에 일반적인 빵 반죽과 같은 방법으로 재료를 섞어 만들면 된다.

워터 미터 〔機〕 (영 Water meter) ⇨수량계

워터 아이스 〔菓〕 (영 Water Ice) 셔벗*(sherbet). 원래는 '잘게 부순 얼음과 설탕에 향을 넣어 얼린 과자'를 뜻했다.

워터 아이싱 〔原〕 (영 Water icing 프 Glace à l'eau 독 Wasserglasur) 케이크나 스위트 롤 등의 표면에 바르는 투명한 아이싱*. 기본 재료가 물과 설탕이며, 여기에 흰자를 조금 섞기도 한다.

[만드는 법] 〈1〉 그라뉴당 480g을 물 150cc에 녹이고 불에 올려 조린다. 불에서 내려 포도당 60g을 더하고 저으면서 식힌다. 여기에 분설탕을 넣으면서 원하는 굳기로 마무리 한다. 이것은 퐁당 대용으로 롤이나 케이크가 식기 전에 바른다. 〈2〉 포도당 2,700g, 계란 1개, 버터 26g, 따뜻한 물 452cc를 함께 케이크용 믹서에 넣고 저속으로 15분간 섞는다. 스위트 롤이 식기 전에 발라 색을 낸다.

원 로프 〔빵〕 (영 One Loaf) 400g 용량의 틀에 구운 빵. 일본 특유의 명칭으로서 오픈 톱, 라운드 톱 브레드라 불리는 식빵*과 같은 빵이다. 즉, 윗면이 볼록한 정육면체 빵이다. 그리고 미국에서 원 로프라 하면 1개의 빵을 가리킨다.

원심분리기〔遠心分離機〕 〔機〕 (영 Centrifugal machine) 원심력을 이용하여 고형물과 액체를 분리하는 기계. 미세한 구멍이 촘촘히 뚫린 회전 용기를 원통형의 주철 파이프 속에 넣는다. 이 회전 용기에 미세한 고형물을 포함한 액체나 습기찬 물질을 넣고 고속으로 회전시킨다. 그러면 원심력이 발생해 액체(수분)는 구멍을 통해 나온다. 세탁용 탈수기가 대표적인 예이고, 제과 제빵에서 설탕을 정제하고 효모와 액체를 분리할 때, 또는 버터를 만들 때 사용한다.

월계수〔月桂樹〕 〔原〕 (영 Laurel, Bay leaf 프 Laurier 독 Lorbeer) 녹나무과(科)의 상록교목. 원산지는 지중해 연안이다. 예로부터 월계수 잎과 열매에서 기름을 추출하여 식용해 왔다. 그 기름은 초록색의 버터 상태이고, 아몬드 향과 비슷하다. 이것은 주로 양과자에 이용한다. 그리고 잎은 스튜, 수프, 소스 등에 넣어 향을 낸다.

월넛 〔果〕 (영 Walnut) ⇨호두

월넛 머랭 타트 〔菓〕 (영 Walnut Meringue Tart) 머랭에 호두를 충분히 넣어 구운 케이크.

[배합] 가염 버터 200g, 무염 버터 300g, 설탕 450g, 계란 330g, 노른자 120g, 박력분 400g, 베이킹 파우더 5g, 레몬 껍질 2개 분량, 레몬 필 100g, 오렌지 리큐르 20cc, 호두 썬 것 100g, 케이크 크림 150g. 〈비스킷〉 박력분 300g, 버터 200g, 설탕 150g, 계란 45g, 베이킹 파우더 2g. 〈머랭〉 흰자 200g, 설탕 200g, 호두가루 200g. 〈기타〉 살구잼·한천·초콜릿 각 적당량.

[만드는 법] ① 버터와 설탕을 휘핑하고 계란, 노른자를 넣고 더욱 휘젓는다 ② ① 속에 레몬 껍질, 레몬 필, 호두, 오렌지 리큐르를 넣고 케이크 크림, 박력분, 베이킹 파우더를 넣어 섞는다 ③ 21cm 타르트 틀에 얇게 밀어편 비스킷 반죽을 깔고 살구잼을 바른다 ④ ③에 ②를 채우고 윗면에 호두를 넣은 머랭을 평평하게 바른다 ⑤ 160℃의 오븐에 넣고 굽는다 ⑥ 살구잼과 한천을 1 : 1로 섞어 표면에 바르고 호두를 반으로 잘라서 초콜릿을 묻혀 장식한다.

월넛 케이크 菓 (영 Walnut Cake) 프랑스풍(風)의 대형 케이크.

[배합] 계란 454 g , 설탕 397 g , 밀가루 383 g , 인스턴트 커피 21 g , 녹인 버터 248 g .

[만드는 법] ① 제누아즈 스펀지와 같은 방법으로 만들며, 밀가루와 인스턴트 커피는 잘 섞어서 사용한다 ② 구운 케이크가 식으면 수평으로 잘라 2등분한다 ③ 다진 호두를 버터 크림에 넣어 섞은 뒤, ②의 사이에 샌드한다 ④ 케이크에 크림을 입히고 굳힌 뒤 전체에 커피 퐁당을 씌운다 ⑤ 마지막에 캐러멜로 싼 호두를 장식한다.

웨딩 케이크 菓 (영 Wedding Cake 프 Gâteau de noce 독 Hochzeitstorte) 결혼 피로연의 장식용 케이크. 층층이 쌓아올리고 하얀 크림으로 장식한 데커레이션 케이크가 주류이다. 기원은 고대 로마의 귀족들이 결혼할 때 소금과 밀가루로 만든 케이크를 주피터 신에게 바친 뒤 그것을 신랑·신부가 나눠 먹던 의식에서 비롯되었다. 지금과 같은 웨딩 케이크는 영국 엘리자베스 여왕 시대부터 시작하여 밀가루, 계란, 우유, 설탕, 건포도, 향료를 섞어서 만든 직사각형의 작은 케이크에서 출발했다고 한다. 웨딩 케이크의 장식은 전 세계적으로 거의 비슷하다. 웨딩 케이크의 시트로는 스펀지 케이크, 프루츠 케이크, 플럼 케이크 등을 많이 쓰며 이것을 여러 층으로 쌓는 경우가

많다. 장식은 장미꽃·비둘기·종·하트·말굽 모양, 또는 결혼 인형 등을 자주 사용한다. 색깔은 새하얀 색으로 만드는 것이 원칙이지만, 주문하는 사람의 요청에 따라 분홍색이나 은색 또는 푸른색을 넣는 경우도 있다. 그러나 짙은 파랑이나 검은색은 피하는 것이 좋다. 웨딩 케이크는 단층에서 7, 8층까지 쌓을 수 있다. 미국식의 웨딩 케이크는 버터 크림이나 미지근한 퐁당을 바르고 로열 아이싱으로 장식하여 화려하게 만드는 것이 특징이지만, 영국의 것은 고전적인 품위가 있다. 영국의 데커레이션 장식을 따로 만들어 조합하는 것이 특색이다. 이것은 케이크 윗면과 옆면의 장식 전체를 따로 기름 종이에 싸서 말린 다음, 케이크 윗면과 측면에 부드럽게 만든 로열 아이싱을 발라준다. 프랑스에서는 특유의 앙트르메를 결혼식 과자로 사용하는 경우가 많다. 특히 품위있는 결혼식에 크로캉부슈, 가토 브르통과 같은 과자나 생토노레 등을 사용하며, 브리오슈나 사바랭 등을 대형으로 만들어 사용하기도 한다. 한편 최근에는 영국, 미국식 웨딩 케이크도 많이 사용하고 있다.

웨이퍼 菓 (영 Wafer 프 Gaufrette) 기포를 다량 함유한 구운 과자. 묽은 반죽을 격자·소용돌이 무늬 틀에 흘려 붓고, 뚜껑을 덮어 굽는다. 그대로 혹은 크림이나 잼을 샌드하여 먹는다. 흔히 웨하스라 부르는 것이 바로 이 웨이퍼(스)로서, 일본식 발음을 따른 명칭이다. 밀가루, 콘스타치, 설탕, 노른자, 베이킹 파우더 등을 재료로 해서 만드는 와플 반죽에 물이나 우유를 넣어 더욱 매끄러운 반죽을 만들어 철판에 흘려 붓고 구운 것으로 바삭한 느낌이 나는 가벼운 과자이다. 설탕의 양이 적기 때문에 웨이퍼 자체로는 거의 맛을 느끼지 못한다. 그 때문에 버터 크림, 초콜릿 크림을 사이에 끼워 감미를 내서 먹는 경우가 많다.

웨이퍼 페이퍼 菓 (영 Wafer Paper)

젤라틴 상태의 녹말과 고무를 섞어 얇게 펴고 건조시킨 과자. 여기에 마카롱, 누가 등을 짜 얹기도 한다.

웰시 케이크 菓 (영 Welsh Cakes) 웨일스(Wales) 지방의, 그릴*(grill)로 굽는 스콘.

[배합] 밀가루 907g, 버터 255g, 설탕 142g, 우유 454cc, 구즈베리·계란 각 113g, 잘게 썬 과일 껍질 28g, 레몬 껍질 1개 분량.

[만드는 법] ① 밀가루에 버터를 짓이겨 섞고 나서 중앙을 움푹 패이게 만든다 ② 여기에 우유, 설탕, 계란, 레몬 껍질을 넣어 반죽을 만들고 끝으로 구즈베리와, 잘게 썬 과일 껍질을 넣는다 ③ 반죽을 너무 두껍게 늘이지 않도록 조심하고, 지름 6.5cm의 형틀로 찍는다 ④ 중불에서 그릴로 굽는다. 최근에는 프라이팬에 굽는 경우도 많다.

위스키 原 (영, 프, 독 Whisky) 밀, 호밀, 옥수수 등의 곡류를 원료로 하여 맥아 발효시켜 증류한 원액을 숙성시킨 증류주의 하나. 영국, 미국에서 발달한 증류주로서 상업상 관례로 위스키라 부른다. 초기에 맥아를 원료로 한 알코올에 사프란, 넛메그, 기타 스파이스와 설탕으로 맛을 들여 약용으로 쓰다가 16세기 초 스코틀랜드에서 상품화하였다. 17세기에 들어와 스코틀랜드의 산악지대에서 이탄(泥炭)·단식 증류기(포트 스틸)를 사용하여 농후한 맛과 향기가 있는 위스키를 만들었는데, 이것이 스카치 위스키(scotch whisky)의 발단이다. 그 후 19세기에 들어서 능률이 높은 연속 증류기(페이턴트 스틸)가 발명되어 곡물(주로 옥수수)을 원료로 한 그레인 위스키(grain whisky)가 제조되었다. 19세기 중엽부터는 저장기간이 다른 맥아 위스키를 혼합하는 방법이 이용되어 1960년대에는 맥아 위스키와 곡물 위스키를 혼합하여 수출하였다. 미국의 위스키는 영국인 이주자들의 손에 의해 만들어졌다. 초기에 켄터키주 버번(Ken-tucky州 Bourbon)에서 밀주되었다 해서 버번 위스키라 부르고, 또 당시에 주원료가 옥수수였다 하여 지금도 옥수수를 51% 이상 함유한 위스키를 버번 위스키라 한다.

〈종류〉 산지, 원료, 증류기, 주세법에 따라 분류할 수 있다.

1. 산지에 따른 분류─① 스카치 위스키 : 가장 대표적인 위스키. 4,000종 이상의 상표가 있으며 그 중 5대 상표에 화이트 호스, 조니 워커, 화이트 라벨, 헤이그, 블랙 앤드 화이트가 있다. ② 아이리시 위스키(irish whisky) : 맥아, 보리를 원료로 하는 그레인 위스키. 포트 스틸로 증류. ③ 미국 위스키 : 곡류와 맥아의 비율에 따라 라이 버번 위스키, 휘트 위스키, 몰트 위스키, 라이 몰트 위스키로 분류한다. 이밖에 증류소의 소재지에 따라 하일랜드(Highlands) 몰트 위스키, 로랜드(Lowlands) 몰트 위스키, 아일레이(Islay) 몰트 위스키, 컴벨타운(Combeltown) 몰트 위스키 등 4종류로 나눌 수 있다. 위스키가 우리 나라에 들어온 것은 구한말 미국 대사관이 설치된 이후이며 대중화된 것은 해방 이후 원액을 수입해 25%로 희석하여 시판된 뒤부터이다.

2. 원료에 따른 분류─① 몰트 위스키 : 맥아를 사용하고 이탄을 이용하여 독특한 향을 낸 것. 포트 스틸로 증류. ② 그레인 위스키 : 곡류를 사용하여 맥아로 당화시킨 것. 페이턴트 스틸로 증류. 몰트 위스키보다 향이 적다. ③ 블렌디드 위스키 : 몰트 위스키와 그레인 위스키의 혼합 형태.

3. 증류기에 따른 분류─① 포트(스틸) 위스키. ② 페이턴트(스틸) 위스키.

4. 주세법상에 따른 분류─위스키 원액과 농도에 따라 ① 특급 : 위스키 원액만인 것, 원액이 20% 이상인 것, 알코올 성분 43% 이상인 것. ② 1급 : 원액 10~20%인 것, 알코올 성분 40~43%인 것. ③ 2급 : 특급과 1급에 해당하지 않는 것 등으로 나눌 수 있다.

〈사용법〉 그냥 마시거나 칵테일 베이스로 이용할 수 있다. 제과에서 각각의 위스키 특유의 향을 살려 이용한다. 예를 들면 아이리시는 스펀지 케이크나 파르페에, 스카치는 푸딩·버터 크림에, 버번은 파운드 케이크·초콜릿에 이용한다.

위켄드 菓 (프 Week-end) '주말'을 뜻하는 영어명을 딴 프랑스 과자. 계란, 설탕, 밀가루, 버터로 만든 반죽을 구워 낸 레몬 풍미의 파운드 케이크이다. 파운트 틀에서 꺼내어 전체에 따끈한 살구잼을 바르고 글라스 아 로(glace à l'eau)를 묻힌다.
→파운드 케이크

위크 플라워 原 (영 Weak flour)
⇨박력분

윈도 베이커리 其 (영 Window bakery) 점포 안에 공장을 두고 매장과 구분하기 위해 유리(window)로 가로막아 놓은 베이커리. 매장에 있는 손님들이 제품이 만들어지는 모습을 직접 볼 수 있다.

윈저 로프 빵 (영 Windsor Loaf) 코버그의 다른 명칭.
⇨코버그

윌트셔 레이디 케이크 菓 (영 Wiltshire Lardy Cake) 발효 반죽으로 만드는 영국식 케이크. 반죽은 옥스포드 라디 케이크와 같으며 여기에 구즈베리 227 g 을 더한다. 만드는 법도 거의 같으나 한 가지 다른점은 라드 681 g, 설탕 170 g, 믹스 스파이스 3.4 g 섞은 것을 반죽에 발라 접어밀기 한다는 점이다. 2겹 접어밀기를 3회 행한 뒤 40~60cm로 펴서 계란액을 바르고, 표면에 격자 모양을 낸다. 휴지시키고 나서 216℃ 오븐에서 굽고, 식으면 얇게 자른다.

윗불 機 (영 Top heat) 오븐 속의 윗부분 열. 즉, 반죽의 위쪽에서 가해지는 열이다. 보통 전기 오븐의 윗불은 열선이 노출되어 있어 직접가열에 가깝다. 따라서 전기 오븐으로 빵을 구울 경우 처음에는 아랫불을 강하게 하고 윗불을 약하게 하면 반죽이 밑에서 뜨거운 열로 부풀어 올라 순조롭게 익는다. 그리고 반죽이 충분히 부풀면 윗불을 높이고 아랫불을 낮추어 빵의 아래·위가 골고루 익도록 하고 동시에 반죽 전체의 빛깔이 곱게 들도록 한다. 다음으로 윗불과 아랫불을 같은 정도로 조절해서 빵의 중심까지 잘 익도록 만든다. 처음부터 윗불을 강하게 하면 반죽이 오븐에서 충분히 익지 않은 채로 껍질이 생겨 빵의 부피가 작아질 뿐 아니라, 반죽 속의 당분이 캐러멜화하여 껍질색이 검어진다. 또, 아랫불이 너무 세면 제품의 밑부분만 구워지게 된다. 일반적으로 오븐의 열전도가 좋고, 윗불과 아랫불을 적당하게 조절하면 좋은 품질의 빵을 얻을 수 있다.

유과[油菓] 菓 찹쌀가루로 만든 반죽을 얇게 밀어서 말렸다가 기름에 튀겨 내어 꿀이나 조청을 바르고 여러 가지 고물을 묻힌 과자. 종류가 매우 다양하며 모양이나 고물에 따라 강정, 산자, 빈사과 등으로 나뉜다. 유과에 색을 내려면 찹쌀가루 반죽시 식용색소를 묽게 타서 색을 들인다.
⇨강정

유기물[有機物] 化 (영 Organic compounds) 유기 화합물. 탄소 화합물의 총칭(단, 탄소·산화탄소·금속의 탄산염·시안화물 탄화물 등은 예외)이다. 원래 생명력에 의해 생물의 기관에서만 만들어지는 물질을 유기물, 금속, 비금속처럼 무생물 세계에서 얻어지는 물질을 무기물이라 구분지었다. 그런데 1828년 무기물인 시안산암모늄에서 유기물인 요소(尿素)를 합성하는 데 성공, 그 뒤로는 유기물과 무기물 사이에 절대적인 구분이 없어졌다. 그래서 지금은 몇 가지 예외를 뺀 탄소 화합물을 유기물이라 한다.

유기산[有機酸] 化 (영 Organic acid) 산성을 띠는 유기 화합물의 총칭. 무기산*과 대비되는 것으로 아세트산, 젖산, 낙산, 팔미트산, 스테아르산, 숙신산, 말산, 타르타르산, 구연산(시트르산), 옥살산, 포름산 등이 여기에 속한다. 대부분이 카르복시산이므로 좁은 의미로는 카르복시산을 나타내는 경우가 많다.

유기 푸드 原 (영 Organic food) 맥아나 누룩곰팡이를 사용하여 만든 이스트 푸드의 하나. 이스트의 영양이 되는 맥아당, 밀가루의 당화력을 증가시키는 아밀라아제, 단단한 성질의 물질을 부드럽게 하는 프로테아제 등의 유기 물질을 포함하고 있기 때문에 유기 푸드라고 한다. 유기 푸드 가운데 맥아가루를 주성분으로 한 것은 보리 또는 밀을 발아시키고 잘게 부수어 껍질 부분을 제거하고 정제한 것이다. 여기에 당분을 첨가한 것도 있다. 유기 푸드 중에는 누룩곰팡이를 이용해서 만들었기 때문에 아밀라아제가 주성분인 것도 있다. 빵 반죽 속에서 누룩곰팡이의 아밀라아제는 작용이 강하고 당화력이 커서, 이스트에 필요한 당분을 생성하고 빵을 희고 부드럽게 하며 속결을 좋게 하는 효과가 있다.

유리 지방산[遊離脂肪酸] 化 (영 Free fatty acid) 글리세린과 에스테르결합 상태이던 지방산이 어떤 환경에서 분해·유리되어 나온 것. 식품 속의 유리 지방산의 함량은 유지가 어느 정도 변질했는지를 알 수 있는 지표가 된다.

유밀과[油蜜菓] 菓
⇨과정

유자[柚子] 原 유자 나무(학명 : *Citrus Junos*)의 열매. 감귤류에 속한다. 주로 한국, 일본, 중국에서 재배되며 담황색의 과육은 신맛이 강하여 즙을 짜서 천연 식초로 많이 이용한다. 껍질은 향기가 고상하여 향신료로 요리에 많이 사용한다.

유장[乳漿] 原 (Whey) 우유에서 카세인을 뺀 나머지 단백질을 가르킨다.
⇨우유

유제품[乳製品] 原 (영 Milkproducts 프 Laitages) 가축의 젖(주로 우유)을 가공하여 제품화한 것. 버터, 치즈, 크림, 연유, 분유, 요구르트, 유산균 음료 등이 대표적인 제품이다. 우유는 계란과 함께 영양가가 높은 식품으로 이용되고 있지만 보존성이 부족한 것이 큰 결점이다. 그래서 일찍부터 우유를 가공하여 식품으로 만드는 방법이 연구되어 많은 유제품이 만들어졌다. 그리고 가공 기술의 발달로 다양한 형태와 풍미를 지닌 제품이 만들어지게 되었다. 가공 방법에는 ① 우유를 그대로 이용하여 다른 재료와 섞기. ② 젖산균 발효로써 굳히기. ③ 효소를 이용해서 굳히기. ④ 크림층 분리하기. ⑤ 가열 농축하기 등이 있다('우유·유제품의 종류'항 참고). 유제품은 우유의 단백질, 지질, 무기질 등을 이용하여 가공한 영양식품이다. 즉, 요구르트·분유·연유 등은 우유 전체의 영양성분을, 버터나 크림은 우유의 지방을, 치즈는 우유의 단백질을 이용한 것이다. 이 밖에 치즈의 부산물인 유장과, 버터의 부산물인 버터 밀크가 이용되고 있으며 영양, 건강상의 이유로 지방량을 조절한 유제품도 있다. 제과에서 유제품을 사용하는 이유는 ① 특유의 풍미가 있고, ② 부드러움과 감칠맛을 주고, ③ 유제품에 들어 있는 단백질의 아미노카르보닐반응 결과 좋은 향과 색이 나타나며, ④ 생크림 등에 휘핑성이 있어 무스, 치즈 케이크 등 케이크류의 조직형성에 도움을 주기 때문이다.

유지[油脂] 原 (영 Fat and oil 프 Graisse et huile 독 Fett und öl) 글리세린과 지방산이 에스테르 결합한 화합물이 주성분인 단순지질의 하나. 상온에서 액체 상태인 기름(지방유)과 고체 상태인 지방을 총칭한다. 의학과 식품분야에서는 유지 대신 지방(脂肪)이라는 용어를 쓴다.
〈특징〉① 효과적인 칼로리원(열량원)으로서 같은 양의 당질이나 단백질보다 2.2배 많은 열량을 공급한다. ② 지방, 즉 글리세롤과 지방산 에스테르의 형태로 동·식물에

〈표 1〉 유지의 화학적 성질에 대한 특성값

명 칭	목 적	설명·측정법	비 고
요오드값* (Iodine Value)	불포화지방산의 양 (이중 결합의 수)	유지 100 g 에 결합하는 요오드의 그램(g)수. 유지에 흡수된 염화요오드 양으로 산출.	비건성유 100 이하 반건성유 100~130 건성유 130 이상
비누화값* (Saponification Value)	비누화 결과 생성되는 유리지방산의 양	유지 1 g 을 비누화하는 데 쓰이는 수산화칼륨(KOH)의 mg수	분자량이 작은 유지(야자유, 팜유)는 비누화값이 크다.
라이헤르트 마이슬가 (Reichert Meissel Value)	휘발성·수용성 지방산의 양 (C₄, C₆ 지방산의 존재 여부 척도)	유지 5 g 을 분해하여 생성하는 수용성, 휘발성 지방산 (C₄, C₆)을 중화하는 데 필요한 0.1N-KOH의 mℓ수	보통의 유지는 0.1 이하 버터는 26~32 야자유는 5~9 버터의 위조 검증에 이용
산가* (Acid Value)	유지 중의 유리지방산 양	유지 1 g 에 섞여 있는 유리지방산을 중화하는 데 필요한 KOH의 mg수	정제된 신선한 유지는 0.1 이하. 산가가 큰 유지는 식용에 적합하지 않다.
과산화물가* (Peroxide Value)	유지의 초기 산패도	유지 1kg에 들어있는 과산화물의 함유량 측정	과산화물가가 큰 유지 또는 가공식품에는 독성이 있다.
카르보닐가 (Carbonyl Value)	유지의 과산화물 분해에 따른 카르보닐 화합물의 양	유지 1kg에 들어있는 카르보닐($>C=O$) 화합물의 함유량 측정	카르보닐가가 증가하면 유지의 향과 맛이 떨어진다.
아세틸가 (Acetyl Value)	유지 속에 존재하는 유리 수산기(−OH)의 양	아세틸(−COCH₃)화한 유지 1 g 을 비누화하여 유리하는 아세트산을 중화하는 데 필요한 KOH의 mg수	순수한 유지의 아세틸가는 O, 산패할수록 아세틸가가 크다.

〈표 2〉 유지의 종류

```
        ┌ 유    ┌ 동물성 ─ 생선기름(魚油 : 정어리기름, 청어기름, 대구간유 등)
        │ (油)  └ 식물성 ─ 콩기름(대두유), 면실유, 참기름, 유채유, 미강유(쌀겨기름).
유지 ───┤               땅콩기름(낙화생유), 올리브유, 피마자유 등.
(油脂)  │ 지    ┌ 동물성 ─ 우지(牛脂 : 쇠기름), 돈지(豚脂 : 돼지기름), 버터 기름.
        └ (脂)  └ 식물성 ─ 야자유, 팜유, 팜핵유, 카카오 버터.
가공 유지 ─ 쇼트닝, 마가린 등.
```

존재한다. ③지방산에는 이중결합이 없는 포화지방산*과, 이중결합이 있는 불포화지방산*이 있다. ④자연계에 존재하는 각종 유지의 원료를 압착·추출·분리하여 지방을 취하고 식용할 수 있는 성분만으로 만든 것이 식용 유지이고, 가공 유지이다. ⑤유지에 수소를 첨가하여 경화유*를 만들 수 있다. ⑥유지를 공기 중에 방치하면 산패*한다. 이러한 유지, 특히 천연유지의 특징과 화학적인 변화를 알 수 있는 것이 산가, 비누화값 같은 유지의 특성가이다(〈표1〉 참고). 유지의 불포화도, 구성 지방산 분자량의 대소 등을 나타내는 요오드값, 비누화값, 라이헤르트 마이슬가는 유지의 종류에 따라 일정하다. 그리고 산가, 과산화물가, 카르보닐가처럼 유지의 정제도와 산화 정도에 따라 변하는 값도 있다.

〈종류〉 상온(15℃ 내외)에서 액체 상태인 기름(油, oil)과 고체 상태인 지방(脂, fat)이 있다. 그리고 각각의 원료에 따라 동물

성과 식물성으로 나뉘며, 그 밖에 가공 유
지가 있다(앞 페이지 〈표2〉 참고).
〈제과와 관계되는 유지의 조리특성〉 ① 쇼
트닝(shortening)성 : 구워낸 제품이 바삭한
성질. 쿠키, 비스킷, 크래커 등에 넣는 버
터, 쇼트닝 같은 유지가 쇼트닝성을 준다.
② 가소(可塑)성 : 점토와 같이 모양을 자유
롭게 변화시킬 수 있는 성질. 온도에 따라
굳기가 변하기 때문에 푀이타주의 버터 처
럼 밀어펴거나, 성형할 수 있다. ③ 크리밍
(creaming)성 : 반죽에 분산해 있는 유지가
거품의 형태로 공기를 포함하고 있는 성질.
버터 크림, 버터 케이크, 아이스크림 등에
이용한다. ④ 유화(乳化)성 : 계란, 설탕,
밀가루 등을 잘 섞이게 하는 성질. 버터 케
이크, 슈 껍질 등에 이용한다. ⑤ 튀김(fryi-
ng)성 : 일정 온도에서 식품을 익힐 수 있는
성질. 이 밖에 풍미, 외관, 보존성을 높이
는 기능도 있다. ⑥ 조미(調味)성 : 유지가
갖는 풍미가 과자에 전달되는 성질. 버터가
가장 큰 효과를 나타낸다.

유탁액[乳濁液] 化 (영 Emulsion)
⇨에멀션

유화[乳化] 化 (영 Emulsification)
⇨에멀션

유화제[乳化劑] 原 (영 Emulsifier)
유화 상태를 오래 지속시킬 수 있는 기능을
갖는 물질. 일반적으로 유화제는 계면 활성
제이다. 물과 기름처럼 서로 잘 섞이지 않
는 2종류의 액체를 혼합할 때 유화제를 더
하면 분리되지 않고 장시간 유액(乳液) 상
태를 유지할 수 있다. 유화제는 물과 기름
의 경계면에 작용하고 있는 힘(표면장력)을
낮추어 물 속에 기름을 분산시키거나〈수중
유형(水中油型) : O/W형〉 기름 속에 물을
분산시킨다〈유중수형(油中水型) : W/O형〉.
그리고 분산된 입자가 다시 응집하지 않도
록 안정시키는 작용을 한다. 현재 식품 첨
가물로 지정되어 있는 유화제는 다음 6 가
지이다. ① 글리세린지방산 에스테르* ②

소르비탄지방산 에스테르* ③ 자당지방산
에스테르* ④ 프로필렌글리콜지방산 에스
테르 ⑤ 대두인지질(대두 레시틴) ⑥ 폴리소
르베이트 20.
유화제는 유화하려는 용액의 배합 성분 중
의 친수성 물질과 친유성 물질의 비(比)에
따라 HLB(Hydrophile Lypophile Balance)가
알맞는 것을 써야 제대로 유화효과를 얻을
수 있다. HLB의 값이 클수록 친수성이 증
대한다. HLB란 친유성의 균형을 숫자로 나
타낸 것이다. 또, 유화제는 빵류에 사용하
여 빵의 노화를 막고 초콜릿에 첨가하여 작
업능률을 향상시킨다. 그리고 물에 잘 녹지
않는 물질, 즉 비타민 A·D, 파라옥시벤조
산부틸 등을 녹일 수도 있다.
→에멀션

육두구[肉豆蔲] 原 (영 Nutmeg 프 M-
uscade) 육두구과(科)의 상록 활엽교목,
또는 그 종자를 말린 것. 학명은 *Miristica*
이다. 어긋나고 긴 타원형의 잎을 가지며
가장 자리는 두껍고 밋밋하다. 꽃잎이 없
는 황백색의 단성화가 핀다. 주로 열대지
방에서 재배되며 열매 즉, 배유는 향료(香
料)로 쓰인다.

율무 原 벼과(科)에 속하는 1년생초.
학명은 *Coix agrestis* 이다. 염주(念珠)의 변
종이다. 율무씨는 의이인(薏苡仁 : 율무쌀)
이라 하며 식용·약용이다. 이뇨·진통·
강장작용이 있어 부종, 신경통, 류머티즘,
방광결석의 치료에 쓴다. 율무를 갈아 쌀가
루와 섞어 율무전병을 만들기도 한다. 또
밀가루, 쌀가루와 섞어 경단을 만들고 죽을
쑤어 먹기도 한다.

융점[融點] 物 (영 Melting point)
⇨융해

융해[融解] 物 (영, 프 Fusion) 고체
가 열을 받아 액체가 되는 현상. 용융(鎔
融)이라고도 한다. 모든 물질은 일정한 온
도에 이르면 융해가 일어난다. 일정한 부피
를 갖는 고체로부터 유동성을 갖는 액체로

변하기 시작하는 온도를 그 물질의 융점, 또는 녹는점이라고 한다. 또한 융해하기 시작한 단위 질량의 고체를 액체로 변하게 하는 데 필요한 에너지를 그 물질의 융해열이라고 한다.

은박구슬 原 (영 Dragee 프 Perle argentèe) 설탕을 굳혀 은색으로 코팅한 작은 구슬. 프랑스어로는 페를르 아르장테라 한다. 페를르는 '진주'를, 아르장테는 '은색'을 뜻하는 용어로서, 진주처럼 반짝이는 은빛 구슬이라 하여 붙여진 명칭이다. 이것은 장식 재료로서 화려함과 액센트를 주기 위해 자주 사용한다. 크기는 2mm, 6mm, 10mm 등이 있다.

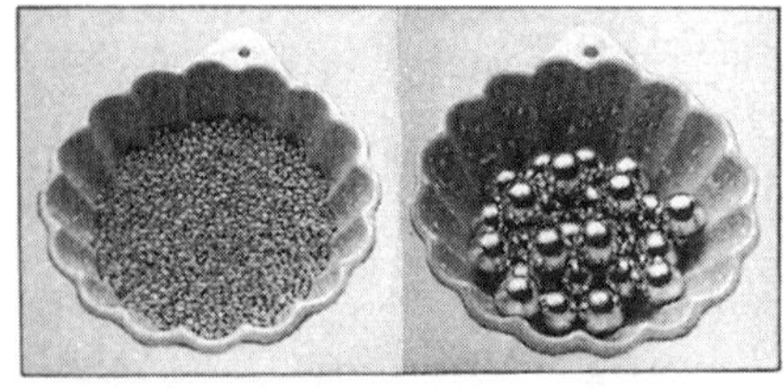

응고제[凝固劑] 原 (영 Solidification agent) 제과 재료로 쓰는 크림류나 수용액을 굳히는 물질. 한천, 젤라틴, 펙틴, 카라긴*이 그 예이다.

응유[凝乳] 原 (영 Concentrated milk) 응축시킨 우유. 연유를 고체 상태로 굳힌 것을 가리킨다.

이당류[二糖類] 化 (영 Disaccharide) 소당류 중 2분자의 단당류로 이루어진 당의 총칭. 6탄당 2분자에서 물 1분자가 빠지고 결합한 물질이다. 반응식은 $C_6H_{12}O_6+C_6H_{12}O_6=C_{12}H_{22}O_{11}+H_2O$이다. 대표적인 이당류는 자당, 맥아당, 젖당이다. ① 자당 : 포도당 1분자와 과당 1분자가 결합한 것(포도당+과당=자당+물). 당환원성이 없다. 자당을 묽은 산으로 가수분해하면 포도당과 과당의 혼합물이 된다. 이것을 전화당이라 한다. ② 맥아당 : 포도당끼리 결합한 것(포도당+포도당=맥아당+물). 환원성이 있고 맥아 추출물에 많이 함유되어 있다. ③ 젖당 : 포도당과 갈락토오스가 결합한 당(포도당+갈락토오스=젖당+물). 동물의 젖(유즙) 속에 존재하고 환원성이 있다. →당질

이란빵 빵 (영 Iranian Bread) 밀 원산지로 잘 알려진 이란 고원에서 만들어지는 빵으로서, 발효 빵 이전의 납작한 빵이다. 대표적인 것이 '눈'이라 불리는 빵이다. 이것은 지름이 7cm이고 표면에 작은 구멍을 수없이 많이 갖고 있다. 자갈을 깐 커다란 흙 가마에서 직접구이한다. 이란인들은 이것을 우유나 크림과 함께 먹는다. 인도, 아프가니스탄에도 이와 비슷한 빵이 있다. 그 대표적인 것이 차파티이다.

이멀시파이어 機 (영 Emulsifier) 유탁액('에멀션'항 참고)을 만들어 믹서로 보내는 기계. 설탕, 분유, 계란, 소금 같은 부재료를 골고루 섞어 유탁액을 만든다. 그리고 그것을 믹서로 보내어 밀가루와 섞이도록 한다. 원래 이멀시파이어는 부재료를 완전히 유화하여 빵 조직을 개량할 목적으로 만들어졌으나 점차 노동력 절감, 식품 위생의 차원에도 큰 도움을 주고 있다.

이산화탄소[二酸化炭素] 化 (영 Carbon dioxide) 탄소와 산소의 화합물. 분자식은 CO_2이고 무색 무취의 기체이다. 탄소나 그 화합물이 완전연소할 때, 생물이 호흡할 때, 발효할 때 생기는 것으로서 탄산가스, 탄산 무수물이라고도 한다.
〈용도〉 청량음료(탄산수), 소화제(消化劑)에 이용하고, 단열팽창시켜 드라이아이스를 만들어 냉동제(冷凍劑)로 사용한다.

이송기[移送機] 機 (영 Transfer machine) 제과 제빵 재료와 제품을 실어 나르는 기계. 재료와 제품의 성상(性狀)에 알맞는 이송기를 사용한다. 이송기의 종류로 운반차, 컨베이어, 펌프가 있다.

이스라엘빵 빵 (영 Israel Bread) 대표

적인 이스라엘빵은 찰라흐. 이것은 계란을 넣은 사프란 빵이다. 효모와 사프란*을 미지근한 물에 5분간 담갔다가 밀가루, 설탕, 소금과 섞어 30분간 발효시킨다. 다시 계란을 더해 반죽하여 400℃ 오븐에서 40분간 굽는다.

이스터 其 (영 Easter)
⇨부활절

이스터 브레드 빵 (영 Easter Bread)
부활절용 빵. 이탈리아식, 독일식, 프랑스식 부활절 빵을 소개하면 다음과 같다.

1. 이탈리아식
[배합] 〈중종〉이스트 99 g , 밀가루 2,040 g , 우유 1,000cc. 〈본반죽〉소금 28 g , 맥아 엑스 20 g , 설탕 100 g , 벌꿀 100 g , 계란 200 g , 건포도 450 g , 다진 오렌지 껍질 110 g , 피뇽(pignon, 잣) 200 g , 레몬 껍질 1개 분량.
[만드는 법] ①중종을 만든다. 발효 시간 120분. ②과실껍질을 뺀 나머지 재료와 중종을 더해 본반죽한다. 반죽이 부드러워지면 남은 재료를 넣고 마무리한다 ③②의 반죽을 100~600 g 사이에서 원하는 만큼 분할하여 둥글린다 ④윗면에 알맞은 토핑을 하고 피뇽을 얹은 뒤 아이싱 슈거를 입힌다 ⑤182~190℃에서 굽는다.

2. 독일식(6 개 분량)
[배합] 〈반죽〉밀가루 1,245 g , 이스트 100 g , 우유 325cc, 버터 510 g , 설탕 150 g , 소금 15 g , 건포도 1,080 g , 다진 아몬드 125 g , 비터 아몬드 30 g , 레몬 필 200 g . 〈기타〉살구 퓌레·레몬 퐁당·피스타치오 각 적당량.
[만드는 법] ①따뜻한 우유로 이스트를 녹인다. 여기에 밀가루 일부를 넣고 중종을 만든다 ②따로 버터, 설탕, 소금을 섞어서 크림 상태로 만든다 ③②에 남은 밀가루와 중종을 더해 본반죽을 만든다 ④한번 더 발효시킨 뒤 건포도, 아몬드, 레몬 필을 넣고 마무리한다 ⑤④의 반죽을 분할하여 로프

모양으로 둥글린다. 철판에 늘어놓고 휴지시킨다. 윗부분에 십자 모양으로 칼집을 내고 220℃에서 굽는다 ⑥구워낸 직후 살구 퓌레를 바르고 레몬 퐁당을 입힌다. 그리고 피스타치오를 장식한다.

3. 프랑스식
[배합] 〈중종〉우유(30℃) 1,000cc, 설탕 150 g , 밀가루 115 g , 소금 28 g , 건포도 250 g , 아몬드 150 g , 이스트 120 g , 버터 220 g , 레몬 껍질 2 개 분량.
[만드는 법] ①스위트 도와 같다. 마지막에 아몬드를 껍질째 살짝 볶아 더한다 ②①의 반죽을 분할하여 직사각형으로 성형한다. 한번 더 발효시킨다 ③②를 철판에 늘어놓고 계란액을 바른 뒤 칼집을 넣는다. 그리고 아몬드 슬라이스를 위에 뿌린다 ④중불 오븐에서 증기를 밖으로 내보내면서 굽는다. 굽기 전에 아이싱 슈거를 묻힌다.

이스터 에그 菓 (영 Easter Egg 프 OEuf de Pâques 독 Osternei) 부활절용 케이크. 기독교 국가에서 매년 부활절을 전후하여 빵집의 창가(window)에 장식하는 과자이다. 초콜릿, 마지팬, 슈거 페이스트 등으로 계란의 겉껍질을 만들고, 그 속에 캔디나 장식 케이크를 넣는다.

이스터 케이크 菓 (영 Easter Cake) 이스터는 부활절을 뜻한다. 부활절은 매년 춘분(春分 : 3월 21일경) 이후 처음 맞는 보름날 직후의 일요일이고, 십자가에 못박혀 죽은 예수 그리스도가 다시 살아난 것을 기념하는 축제일이다. 전야부터 모든 기독교 신자들은 많은 음식을 만들어 서로 나눠 먹었다. 부활절은 대개 봄의 축제와 함께 행한다. 이 때 만드는 케이크를 이스터 케이크라 하고 빵을 이스터 브레드라 한다. 이스터 케이크에 일정한 형태가 따로 있는 것은 아니다. 단, 그리스도의 부활과 봄이 왔음을 기뻐하는 축제이므로 그와 연관시켜 생명의 재생, 번식, 불멸, 자연 소생의 뜻을 담은 장식을 한다. 이를테면 새의 알, 번

식력이 왕성한 토끼, 암탉, 물오리 또는 이른 봄의 풀, 꽃 등을 장식재료로 쓴다. 부활절용 특별 케이크에는 이스터 에그*, 심널 케이크* 등이 있으며 건포도가 들어 있는 쇼트 브레드, 쇼트 케이크의 윗면에 십자가 모양을 붙인 것도 있다.

이스트 生 (영 Yeast)
⇨효모

이스트 도넛 菓 (영 Yeast Doughnut)
이스트 반죽을 발효시켜 만든 도넛. 배합은 보통 단과자빵 반죽(sweet dough)의 저배합과 같다(〈표〉 참고).

〈표 1〉 배합률 비교

재료＼제품명	단과자빵 (%)	도넛 (%)	빵 (%)
밀 가 루	100	100	100
설 탕	14	5	4
유 지	14	10	3
소 금	1.8	1.8	1.8
탈지분유	6	3	4
계 란	10	2	—
이 스 트	5	6	3
물	50	55	60

〈표 2〉 도넛 재료의 사용범위

재 료	사용범위 (%)	기 타
밀 가 루	100	
설 탕	5~14	표준재료 외에 대두가루 0~3%, 팽창제 0~2%, 감자가루, 전분, 유화제, 제빵개량제, 향료 등도 쓰임.
유 지	9~16	
탈지분유	1~6	
소 금	1.5~2.5	
계 란	0~5	
이 스 트	4~7	
물	50~60	

[만드는 법] ① 클린 업('반죽하기'항 참고) 상태에서 2~3분간 반죽한다. 반죽 온도 26~27℃. ② ①의 반죽은 실온(27~29℃)에서 습도를 유지 시키며, 원래 크기의 2~3배(45~75분간)까지 발효시킨다 ③ 접어밀기에 알맞은 크기로 분할·둥글리기한 뒤 실온에서 10~30분간 플로어타임을 갖는다 ④ 7~10mm 두께로 밀어펴기하고 원하는 모양을 만든다 ⑤ 성형을 끝낸 뒤 튀김망에 옮겨 온도 35~38℃, 습도 75~80%에서 35~45분간 2차 발효시킨다 ⑥ ⑤를 190℃(185~196℃)에서 2분간 튀긴다(링 도넛 기준) ⑦ 제품의 용도에 맞추어 충전하고 아이싱·토핑한다.

→도넛

이스트의 발효력 실험법[—醱酵力實驗法] 試 이스트의 발효력, 즉 이스트에 의한 가스 발생량을 측정하는 방법. 탄산 가스의 양이 제품의 조직과 부피를 결정한다. 1. 이스트용액 실험법—큐네 발효관을 사용하여 발생하는 탄산 가스의 양을 측정한다. 큐네 발효관은 가스의 발생량을 측정할 때 필요한 U자형 유리관이다. 10~15%의 포도당액(또는 자당액)을 열탕 살균하고 망관부(盲管部)에 채운다. 그리고 효모를 적당량 넣고 솜으로 구멍을 막는다. 이것을 25~30℃에서 24~48시간 발효시키면 탄산 가스가 망관부에 모인다. 이때 그 양을 눈금으로 측정하면 된다. 2. 반죽 실험법—① 부력 측정법('부력 실험'항 참고) ② 팽창력 측정법 : 2차발효까지 거친 반죽의 부피를 측정하여 이스트의 발효력을 알아보는 방법.
〈시료 배합〉 압착효모 3g, 건조효모 1.5g, 밀가루 100g(수분 15% 기준), 자당 2.5g, 소금 1g, 증류수 55cc(밀가루의 수분을 합해 68cc가 되도록 한다).
〈전처리〉 40메시(mesh)에 체 친 밀가루를 35℃의 항온기 속에 1시간 넣어둔다. 효모(압착·건조)는 30℃의 증류수 30cc에 넣고 30℃의 항온기 속에 10분간(건조효모는 45분간) 둔다.
〈반죽 만들기·측정법〉 ① 밀가루에 효모액을 더하고 고무 주걱으로 10번 휘젓는다 ② 증류수 25cc에 자당 2.5g, 소금 1g을 녹여

①에 더한다. 이 때 반죽 온도가 30℃ 되도록 증류수 온도를 조절한다 ③ 주걱으로 125번 뒤집고 양손으로 20번 접어 포갠다 ④ ③을 메스실린더에 넣고 30℃의 항온기 속에서 80℃로 유지한다 ⑤ 105분간 1차 발효(이때 반죽의 부피를 측정·기록한다)시키고, 메스실린더에서 반죽을 꺼낸 뒤 15번 접어포개면서 가스빼기한다 ⑥ 다시 실린더에 넣어 항온기 속에 보존하고 50분 뒤 반죽의 부피를 측정한다. 이상의 조작은 실온이 30℃인 실내 또는 보온상자 속에서 행함을 원칙으로 한다.

이스트 푸드 原 (영 Yeast food) 이스트의 발효를 촉진시키고, 빵 반죽과 빵의 질을 개량하는 약제. 원래 미국에서 제빵용 수질(水質)을 개선하고자 썼던 것이 이스트 푸드이다. 수질 중에서 제빵에 영향을 주는 것은 물의 경도이다. 단물(연수, 軟水)은 반죽을 처지게 하고, 센물(경수, 硬水)은 글루텐을 강화시켜 단단한 반죽을 만든다. 그래서 수질이 단물인 지역에서 칼슘제를 위주로 한 이스트 푸드를 더하였다. 하지만 현재 이스트 푸드라 부르는 것은 수질을 개선할 뿐만 아니라, 이스트의 발효를 활성화시키고 빵 반죽을 개량시켜 준다. 그래서 이스트 푸드를 제빵 개량제라고도 한다. 이스트 푸드를 이루는 성분에는 질소액(효모의 영양), pH 조정제, 효소제, 수질 개량제, 산화제, 환원제, 유화제 등이 쓰임새에 알맞게 배합되어 있다. 이것을 빵 반죽에 더할 때는 밀가루량의 0.2%를 기준으로 한다.

이스파다 原 (영 Yeast powder) 염화암모늄에 탄산수소나트륨(중탄산소다, 중조)을 25% 혼합한 팽창제. 일본식의 독특한 팽창제로서 이스트 파우더(yeast + baking powder)의 약칭이다. 탄산수소나트륨은 그 자체만으로도 물을 더하거나 열을 받으면 이산화탄소를 발생시켜 강력한 팽화력을 갖는다. 하지만 이 때 이산화탄소 외에도 알칼리성인 탄산나트륨이 생긴다. 이것은 반죽에 그대로 남아 제품을 노랗게 변화시키고, 쓴맛을 남긴다. 그리고 팽창효력도 떨어뜨린다. 이러한 결점을 보완하기 위해 염화암모늄을 섞은 것이 이스파타이다.

〈배합례 1〉 탄산수소나트륨 59%, 염화암모늄 37.5%, 주석산수소칼륨 2.5%, 탄산마그네슘 1%.

〈배합례 2〉 탄산수소나트륨 30%, 염화암모늄 20%, 소명반 16%, 주석산수소칼륨 10%, 암모늄명반 15%, D-주석산 5%, 녹말 4%.

〈배합례 3〉 탄산수소나트륨 59%, 염화암모늄 38%, 녹말 3%.

〈배합례 4〉 탄산수소나트륨 40%, 염화암모늄 30%, 주석산수소칼륨 15%, 소암모늄명반 5%, 녹말 10%.

→베이킹 파우더

이오논 原 (영 Ionon) 합성 향료 중의 하나. 제비꽃 향이 난다.

이집트빵 빵 (영 Egyptian Bread) 메소포타미아와 함께 빵의 발상지로 알려진 이집트는, 옥수수를 배합한 베레모 모양의 빵으로 유명하다. 지금과 같은 발효빵이 만들어지기 시작한 곳이 바로 이집트이다. 효모의 존재를 몰랐던 이집트인들이 우연히 발견한 방법으로 발효빵을 만들었다. 그들은 밀가루와 익힌 감자에 따끈한 물을 섞고 소금과 당분을 넣어 반죽한 뒤(지금의 수종에 해당) 따뜻한 곳에 방치했다. 그러자 공기 중의 효모균이 떨어져 자연번식함으로써 거품이 생기는 것을 알게 되었다. 여기에 밀가루를 더해 반죽하고 구운 것이 발효빵의 시초이다. 이 발효빵이 이집트에서 그리스, 로마로 전해지면서 효모의 보존방법도 발달했다.

이차 발효[二次醱酵] 技 (영 Final proof, Full proof) 성형하고 가스빼기한 반죽을 40℃ 전후의 고온다습한 발효실에 넣고, 한번 더 가스를 포함시키면서 제품 부

피의 70~80%까지 부풀리는 일. 발효시키
는 곳은 2차 발효실이다.
〈발효실의 온도와 습도〉 발효실의 온도는
보통 40℃ 전후. 물론 예외는 있어 50℃인
것도 있다. 2차 발효온도는 이스트의 발효
를 촉진시키기 위한, 제빵시의 발효 중 가
장 높은 온도의 공정이다. 습도는 80~90%
로 반죽의 표면이 마르지 않으면서, 또 젖
어들지 않을 정도여야 한다. 습도가 낮아
반죽 표면이 마르면 오븐 스프링*이 잘 되
지 않아 부피가 작고 부드러움이 적은 제품
이 만들어진다. 또, 제품의 껍질이 딱딱해
진다. 반면, 습도가 높아 반죽 표면이 끈끈
해지면 그 수분이 반죽 속에 스며들어 제품
의 껍질을 두껍게 만든다.
〈발효실 속에서 일어나는 반죽의 변화〉 ①
이스트가 만드는 탄산 가스 때문에 반죽이
부푼다. ② 반죽 표면의 점착성(粘着性)도
시간이 지남에 따라 변한다. 처음에는 점착
성이 있지만, 반죽이 부풀고 반죽에 얇은
막이 생기면 적어진다. ③ 반죽의 유연성
(柔軟性), 신전성(伸展性)도 크게 변한다.
발효가 지나치면 유연성·신전성이 나빠지
고 옆으로 늘어진다(이때 산도는 5.2 이
하). 이러한 변화로 과자의 발효시간을 판
정할 수 있다.
〈발효시간〉 식빵류는 40~60분, 과자빵은
60분 남짓, 그 밖에 1시간 30분으로 긴 것
도 있다. 발효시간은 단순히 시간만을 정할
것이 아니라, 반죽의 팽창량·신전성 등을
감안해서 결정해야 한다. 팽창량은 제품의
부피에 70~80%, 성형 반죽의 부피에 3~4
배가 표준이다. 그리고 철판에서 굽는 과자
빵일 때는 유연성·신전성도 중요하다. 반
죽이 덜 숙성했거나 너무 숙성했을 때 또
반죽이 단단할 때도 발효시간을 조절한다.
〈2차 발효가 제품에 미치는 영향〉 발효에
문제되는 요소는 온도, 습도, 시간이다. 온
도가 너무 낮으면 이스트의 발효가 늦어 소
요시간이 길어진다. 온도가 너무 높으면 반

죽은 처진 느낌이 들고 발효실 안에서 익으
며 제품의 껍질이 두꺼워진다. 또, 습도가
너무 높아도 제품의 껍질이 두꺼워진다. 반
죽이 마르는 현상은, 발효실 안의 습도가
부족하고 온도가 높을 때, 그리고 발효실
안으로 불어 넣는 바람의 속도가 너무 셀
때 일어난다. 반죽이 마른 상태에서 구우면
제품의 부피는 작고, 껍질은 두껍고 딱딱하
며 구운색도 나쁘다. 또한 제품 전체에 부
드러움도 없어진다. 발효시간이 너무 짧으
면 제품의 부피가 작아짐은 물론이고, 제품
의 껍질이 두껍고 딱딱해진다. 발효시간은
그 이전의 공정(반죽하기~성형)의 영향을
모두 받기 때문에 단순히 시간만 관리하면
실패하기 쉽다.
　　이차 발효실[二次醱酵室] 機 (영 proo-
fer） 갓 성형을 끝낸 반죽은 부풀림이 작고
글루텐의 점착성이 크다. 때문에 반죽을 한
번 더 부풀려 숙성도(熟成度)와 신전성(伸
展性)을 주고 반죽 상태를 회복시키는 장치
가 필요한데, 그것이 2차 발효실이다. 실
내온도는 40℃전후(표준 38℃), 습도 80~
90%(표준 85%)이고, 이곳에서 30~80분 반
죽을 발효·휴지시킨다. 본체의 구조와
온·습도 조절은 1차 발효실과 거의 같다.
〈종류〉 ① 책장식 스팀 박스 ② 수동 래크식
스팀 박스 ③ 모노레일식 래크 발효실 ④ 트
레이식 발효실 ⑤ 스파이럴식 컨베이어 발
효실 ⑥ 운행식 발효실.
→이차 발효
　　이크라 原 (영 Caviar 러 Ikra) 러시
아의 하천에 서식하는 용철갑상어의 알을
소금에 절인 것, 또는 연어나 대구의 알을
소금에 절인 것. 후자는 전자의 대용품이
다. 이것은 주로 빵에 발라 먹는다. 덴마크
나 노르웨이 등 북유럽에서는 성대의 알을
이와 같이 요리해 먹는다.
→캐비아
　　이클즈 케이크 菓 (영 Eccles Cake)
페이스트리의 하나. 밴버리 케이크(Banbary

Cake)와 만드는 법이 같지만 이것은 얇은 원형으로 펴서 만든다. 즉, 푀이타주를 얇게 원형으로 밀어 펴서 레이즌, 필, 버터, 스파이스 섞은 충전물을 위에 얹고 반으로 접어 평평하게 만든 뒤 윗부분에 칼집을 넣고 굽는다. 13세기경부터 만들어졌다.

이탈리아빵 빵 (영 Italian Bread) 이탈리아인들이 즐겨 먹는 식빵 이외에 그리시니*, 파네토네*, 피뇨리아* 등이 있다. 식빵은 설탕을 넣지 않고 밀가루, 소금, 물, 이스트만으로 만든 저배합빵이다. 중종을 장시간 발효시켜 원형 또는 타원형으로 성형하고 직접 굽는다. 배합례를 들면 다음과 같다.

[배합] 밀가루 100일때 물 57, 이스트 1.0~1.5, 소금 2.0~2.25.

[만드는 법] 반죽 고속에서 5~6분 또는 저속에서 15분, 반죽 온도 26.7℃. 발효시간 2시간 30분 ; 1시간.

이탈리안 머랭 原 (프 Meringue italienne) 보일드 머랭. 흰자를 거품 내면서 뜨겁게 조린 시럽을 부어 만든다. 그러면 흰자의 일부가 열응고하고 기포는 아주 안정된다. 이것은 열전도가 나빠, 굽는 제품에는 쓰지 않지만 뜨거운 열을 오랜 시간 받았기 때문에 반죽에 살균효과가 있다. 그래서 무스 같은 냉과, 즉 익히지 않는 제품에 알맞다. 또, 기포의 안정성이 좋으므로 별모양깍지로 짜내어 케이크 장식에 쓰면 좋다.

[배합] 흰자 100 g , 설탕 200 g , 물 60cc.

[만드는 법] ① 볼(bowl)에 흰자와 설탕(흰자의 20%)을 넣고 처음에는 천천히, 점점 세차게 교반하여 거품낸다 ② 냄비에 남은 설탕과 물(설탕의 1/3)을 넣고 불에 올린다. 이것이 115℃에 이르렀을 때 ①의 흰자는 70%의 거품이 일어나 있어야 한다 ③ 조린 시럽을 머랭 속에 가늘게 떨어뜨리면서 계속 교반한다 ④ 시럽을 다 부은 뒤에도 열이 식을 때까지 교반한다. 시럽의 조림온도

는 만드는 머랭의 용도에 따라 110~125℃로 바꿀 수 있다. 수분량은 조림온도에 맞춘다. 즉 온도가 높을수록 수분량을 낮추어 건조한 머랭을 만든다. 다 만들어진 머랭에 양주, 과실 퓌레 등을 더할 때는 수분은 적은 편이 좋고, 마른 견과를 더할 때는 수분이 많은 것이 좋다.

이탈리에니셔 빈트마세 原 (프 Meringue italienne ⑤ Italienischer windmasse) 이탈리안 머랭. 흰자를 거품내고 교반하면서 조린 당액을 부어 만든다. 당액이 식으면 굳어 흰자의 기포를 안정시키므로 단단한 머랭이 만들어진다.

→이탈리안 머랭

익스텐소그래프 試 (영 Extensograph) 밀가루 반죽을 끊어질 때까지 늘이고 이때 필요한 힘과 선장(伸張, extention) 사이의 관계를 선(線)으로 기록하는 기기. 패리노그래프의 결과를 보완해 주는 것으로서 밀가루 개량제의 효과를 측정할 수 있다. 밀가루에 2 %의 소금물을 더해 패리노그래프의 혼합기에 넣고 반죽을 만든다. 1분간 혼합한 뒤 5분간 방치, 다시 반죽을 시작하여 패리노그래프의 500 BU에 곡선의 중심이 도달되도록 한다. 이 반죽(150 g)을 익스텐소그래프 라운더에서 20번 처리하고 30℃의 보온상자에 45분간 넣어둔다. 그리고 1차측정 한다. 다시 30℃에서 45분간 방치하고 2차측정을 한다. 이와 같은 방법으로 45분, 90분, 135분 또는 180분까지 계속해서 측정한다. 그 결과로 얻어진 익스텐소그램에서 신장 저항도, 신장도 그리고 그 비율을 계산한다.

익스텐소미터 試 (영 Extensometer) ⇨알베오그래프

익스트랙트 原 (영 Extract 프 Extrait 독 Extrakt) 휘발성 용매를 사용한 원료 속의 일정한 물질을 용해시켜 추출한 다음, 용매를 증발시켜 점질(粘質) 상태나 굳은 상태로 만든 것. 엑스라고 약칭한다. 흔히

일본식 발음인 엑기스로 잘못 알려져 있다. 익스트랙트는 물질이 고도로 응축된 상태이기 때문에 다른 물질과 섞을 때 소량으로도 큰 효과를 발휘하며 취급이 쉽다. 물질의 종류에 따라 몰트 엑스, 정유 엑스 등이 있으며 용매의 종류에 따라 수성, 알코올성, 에테르성, 아세트산성 등이 있다.

인[燐] 化 (영 Phosphorus) 주기율표 제5B족에 속하는 질소족 원소의 하나. 원소기호 P, 원자번호 15, 원자량은 30.97이다. 홑원소 물질로는 자연계에서 발견할 수 없으나 화합물로는 널리 분포되어 있다. 인산염 광물로서 산출되고 화산암 등에 소량 들어 있다. 식물에는 0.2~0.8% 함유되어 있으며 동물에는 뼈, 이(齒) 등의 주요 성분으로 존재한다. 또, 피틴, 인지질, 인단백질, 핵산 등의 중요한 형태로서 체내에 함유되어 있다. 공업적으로는 각종 인산염의 제조에 사용된다. 황린, 자린, 흑린, 적린 등의 동소체가 있는데 동소체 중 비교적 활발한 황린은 살서제(殺鼠劑)로, 적린은 성냥 제조에 사용된다. 인은 탄소와 질소 이외의 거의 모든 원소와 직접 화합하고 특히 산소, 황산 등 할로겐과는 아주 잘 화합한다.

인공 감미료[人工甘味料] 原 (영 Artificial sweetners)
⇨감미료

인도빵[印度-] 빵 (영 Indian Bread) 인도를 대표하는 빵은 무발효 반죽으로 만든 차파티*이다. 이것은 반죽을 계란 크기로 분할하여 얇게 편 다음 흙 가마의 바깥쪽에 붙여 굽는다. 그 밖에 파라타, 푸리, 로티빵 등이 있다.

인로버 機 (영 Enrober) 초콜릿용 자동 피복기. 쿠키, 생과자, 빵, 또는 초콜릿 봉봉의 센터를 컨베이어에 얹으면 일정한 온도의 초콜릿이 흘러 내려 자동으로 센터를 감싸는 대량 생산용 기계이다. 자동 온도 조절기(템퍼링 머신)와 연결되어 있고,

완성 제품은 냉각 터널을 통과해 나온다.

인리치 브레드 빵 (영 Enrich Bread)
⇨강화빵

인버트 슈거 原 (영 Invert sugar)
⇨전화당

인베르타아제 化 (영, 프, 독 Invertase) 탄수화물 분해효소 중의 하나. 효모 속에 특히 많다. 이것은 자당을 가수분해하여 전화당으로 만든다. 이 때 선광도*는 우회전성(左回轉性, +)에서 좌회전성(佐回轉性, −)으로 바뀐다.
⇨전화당

인산 나트륨[燐酸−] 原 (영 Sodium phosphate) 인산소다라고도 한다. 무색 투명의 결정체로 알칼리성 반응을 나타내며 찬물과 뜨거운물에 녹는다. 오산화인(P_2O_5)을 물 속에 넣으면 일종의 쓴맛을 내고, 물과 화합해서 그 수분의 많고 적음에 따라 메탄인산, 피로인산 등으로 나뉜다. 모든 고체에서 흡습성이 있고, 신맛이 있다. 이들 인산류는 의약용, 화학용, 공업용으로 이용된다. 제과에서는 기포제로 이용되며 베이킹 파우더의 한 성분이 된다. 인산은 제1인산나트륨($NaH_2PO_4 \cdot 2H_2O$), 제2인산나트륨($Na_2HPO_4 \cdot 12H_2O$) 및 제3인산나트륨($Na_3PO_4 \cdot 12H_2O$) 등 3가지의 나트륨염이 존재하는데 그 중 제2인산나트륨은 200℃에서 가열하면 피로인산나트륨($Na_2H_2P_2O_7$)으로 된다. 이것은 제과에서 보통 인산나트륨, 인산 소다 혹은 크림 파우더로 불리우며 베이킹 파우더의 산성 기포제로 이용된다. 그 이유는 물 속에서 중탄산염과 작용해서 탄산 가스를 발생하기 때문이다.

인산 칼슘[燐酸−] 原 (영 Calcium phosphate) 인산칼슘에는 다음과 같이 세종류가 있다.
1. 제1인산칼슘−① 모양 : 제1인산칼슘[calcium phosphate monobasic, 산성인산칼슘, $Ca(H_2PO_4)_2 \cdot H_2O$]은 백색의 결정성 분

말. 염산이나 질산에 녹기 쉬우며 수용액은 산성이다. ②독성 : 실용상 독성이 없다. ③용도 및 사용법 : 식품의 칼슘 강화제 또는 양조용 발효조성제(醱酵助成劑)나 합성 팽창제의 산제(酸劑)로 이용, 이밖에도 합성 청주의 조미료로서 0.005% 정도 사용된다.

2. 제2인산칼슘─①모양 : 제2인산칼슘 [calcium phosphate dibasic, 인산수소칼슘, CaHPO₄·O~2H₂O]은 백색의 결정성 분말, 냄새와 맛은 없다. 물, 알코올에는 녹지 않고 염산이나 묽은 질산에 잘 녹는다. 가열하면 피로인산칼슘으로 변한다. ②독성 : 실용상 독성은 없다. ③용도 및 사용법 : 칼슘 강화제, 사용량은 빵에 0.1%, 된장이나 곡류 등 식품에 0.3% 정도이다.

3. 제3인산칼슘─①모양 : 제3인산칼슘 [calcium phosphate tribasic, 인산3칼슘 Ca₃ (PO₄)₃]은 백색의 분말, 냄새와 맛은 없고 물, 알코올에는 녹지 않으나 염산에는 녹는다. 열에는 안정하여 가열해도 조성은 변하지 않는다. ②독성 : 실용상 독성은 없다. ③용도 및 사용법 : 칼슘 강화제, 제2인산칼슘과 거의 같다. 이 밖에 설탕, 소금, 인스턴트 커피 등의 응고방지제로 약1% 첨가된다. 설탕시럽의 청징제(清澄劑)로도 이용된다.

인스턴트 식품[─食品] 其 (영 Instant food) 인스턴트 식품이라는 말이 우리 나라에 퍼진 것은 1970년대부터이며 라면, 커피, 카레 등이 여기에 속한다. 일반적으로 번거로운 조리를 필요로 하지 않고 손쉽게 만들 수 있는 식품, 임시로 먹을 수 있는 식품, 더 나아가서 우주비행에서 사용하는 복원성이 좋은 동결건조된 식품을 의미한다. 인스턴트 식품은 과학기술의 발달에 따라 종류가 점점 다양해지고 있다.

인스턴트 커피 原 (영 Instant coffee) 커피액을 농축·건조(분무 또는 동결건조) 한 가루. 물에 타 마시거나 제과에 사용한

다. 이것이 등장하기 전에는 커피 시럽을 사용했다.
→커피

인절미 菓 치는 떡의 하나. 찹쌀을 쪄서 절구에 찧어 차지게 한 뒤 고물을 묻힌 떡이다. 떡을 찧을 때 넣는 재료에 따라 쑥인절미, 대추인절미가 된다.
[배합] 찹쌀 10컵, 소금 4큰술, 물 2컵, 콩가루 2컵, 설탕 2큰술.
[만드는 법] ①찹쌀을 깨끗이 씻어서 6시간 정도 불린 뒤 물기를 뺀다 ②시루에 젖은 천을 깔고 1시간 정도 찐다. 도중에 소금 1큰술, 물 1/2컵으로 소금물을 만들어 고루 뿌려준다 ③고물로 쓸 콩가루는 미리 준비한다. 콩을 씻어서 볶은 뒤 껍질을 없애고 소금을 넣어 절구에 빻아서 체에 거른다. 여기에 설탕을 섞는다 ④②를 절구에 넣고 소금 3큰술, 물 1½컵으로 만든 소금물을 적시면서 떡메로 쌀알이 없어질 때까지 찧는다 ⑤넓은 쟁반에 콩가루를 뿌리고 ④를 막대 모양으로 만들어 얹은 뒤 위에도 콩가루를 뿌려 적당하게 썰어서 그릇에 담는다. 때로는 ④를 손으로 둥글게 떼어 콩고물을 묻히는 경우도 있다.

인젝터 機 (영 Injector) 주입기. 슈크림, 에클레르 등에 충전물(크림·초콜릿 등)을 채우는 기구이다.

인톨레터 機 (영 Entoletor) 원심분리기와 같은 원리를 이용해서 밀가루와 해충을 분리하는 기계. 회전 용기가 고속회전함에 따라 밀가루는 구멍을 통해 나오고, 해충은 회전에 따른 충격으로 죽는다.

일롱게이터 機 (영 Elongator) 성형기에서 알맞게 늘여 편 반죽을 기다란 철망과 헝겊 벨트 사이로 통과시켜 압력을 주어 말아 늘이는 장치. 트위스트 빵을 만들 때 사용한다.

일차 발효[一次醱酵] 技 (영 Bulk fermentation) 직접 반죽법인 경우 반죽을 끝내고 분할하기 전까지, 중종법인 경우 중종

을 반죽한 뒤 본반죽을 만들기 전까지 행하는 발효공정을 1차 발효라 한다. 발효시킬 반죽 또는 중종을 발효 상자에 담아 발효실에 넣어 둔다. 이것이 1차 발효실이다. 보통 발효실의 온도는 27℃, 습도는 75%가 되게 한다. 발효가 진행되면, 반죽 속에 있는 당분은 이스트의 작용을 받아 탄산 가스와 알코올로 분해된다 그리고, 이때 생기는 발효열로 반죽이나 중종의 온도가 올라간다. 〈1차 발효의 목적〉 ① 반죽 속에 발효 생성물을 축적하여 제품에 풍미를 준다. 발효가 부족하면 제품에 방향(芳香)이 없다. 또, 너무 지나치면 신맛이 강해진다. ② 반죽의 물리성을 개량하고 반죽의 가스 보유력을 키운다. 이때 반죽의 물리성이란 유연성, 신전성, 탄력성을 가리킨다. 이들이 서로 균형을 이룰 때 반죽은 최고의 가스 보유력을 나타낸다. 발효가 부족하면 반죽은 유연성, 신전성은 좋아지지만 탄력성이 떨어진다. 그러면 이스트가 발생시킨 탄산 가스의 양이 아무리 많아도 반죽이 곧바로 찢어지기 때문에 가스 보유력은 떨어진다. 또, 발효가 지나치면 반죽은 유연성과 신전성이 떨어지므로 가스를 품어 부풀기 전에 반죽은 찢어진다. 또, 점착성이 적어지고 오히려 마른 느낌이 든다. 한편 발효부족(미숙성 반죽)일 때에는 반죽에 점착성이 증가한다. ③ 이스트의 발효력을 키운다. 이스트의 가스 발생력은 중종 반죽 또는 액종인 경우, 어느 일정시간 발효한 뒤에 비로소 커진다. 더우기 발효시간이 지나쳐버리면 이스트의 가스 발생력은 약해진다.
〈발효하는 동안에 일어나는 변화〉 ① 이스트에 의한 당분 발효 : 반죽 속의 당분 중에서 설탕은 이스트의 효소인 인베르타아제에 의해 포도당과 과당으로 분해된 뒤, 치마아제(이스트의 효소)에 의해 탄산 가스와 알코올로 분해된다. 이 탄산 가스가 반죽을 부풀린다. 반죽 속의 녹말 중에서 일부(제분과정에서 기계적으로 손상된 녹말)는 아밀

라아제의 작용에 따라 맥아당으로 분해되고 맥아당은 이스트의 말타아제에 의해 포도당으로 분해된다. ② 글루텐 형성 : 반죽 속의 글루텐은 이스트 발효에 의해 충분히 늘어나면서, 그와 동시에 이스트 푸드 속에 있는 산화제와, 반죽 속에 있는 효소의 작용에 따라 글루텐 사이에 결합이 일어나 강력한 그물 구조를 만든다.
→이차 발효

일차 발효실[一次醱酵室] 機 (영 Fermentation room) 반죽을 끝낸 중종 또는 분할하기 전의 반죽을 발효 상자에 넣고 발효시키는 방. 발효실의 온도는 27℃, 상대 습도는 75%가 표준이다. 내부의 천정, 바닥, 벽에 단열재를 넣는다. 온도와 습도는 실내 윗부분에 열교환기를 설치하여 조절한다.
→일차 발효

일 플로탕트 菓 (프 Ile Flottante) ① 머랭을 틀에 넣고 중탕한 뒤 크렘 앙글레즈 위에, 뒤집어 꺼내 얹은 것. 캐러멜을 끼얹기도 한다. 외 아 라 네주*와 같다. ② 원래는 비스퀴 드 사부아 또는 조금 단단해진 브리오슈를 얇게 썰어 리큐르에 담그고, 다진 아몬드나 레이즌과 섞은 살구잼을 샌드한 것에 크렘 앙글레즈 또는 붉은색의 과실 퓌레를 곁들인 제품이다.

입도[粒度] 試 입자의 크기. 흔히 체의 눈금으로 표시한다. 입자의 크고 작음은 촉감에 속하고, 그래서 풍미와 품질을 좌우하는 요소 중의 하나이다.

잉글리시 머핀 빵 (영 English Muffin) 수분이 많은 이스트 반죽을 평평한 원형으로 만들어 철판에서 양면을 가볍게 구운 소형 빵. 미국식 머핀과 구별해서 부르는 명칭이다.
⇨머핀

자 機 (영 Jar) 크림, 시럽 같은 액체 재료를 담아 놓는 그릇.

자네 아이스 菓 (프 Parfait glacé 독 Sahneeis) 독일과자로 빙과(氷菓)의 하나. 60% 이상의 생크림, 천연향료를 사용해서 만든 빙과이다.

자네 토르테 菓 (독 Sahnetorte) 거품낸 생크림을 충전한 토르테의 총칭. 과일을 함께 사용한다. 독일의 생크림은 약하므로 녹인 젤라틴을 넣어 보형성(保形性 : 형태를 유지해 주는 성질)을 주는 경우가 많다.

자당[蔗糖] 原 (영 Sucrose) 포도당과 과당으로 이루어진 이당류의 하나. 수크로오스, 사카로오스라고도 하며 설탕도 자당을 가리키는 경우가 있다. 광합성 능력이 있는 모든 식물에 존재하며 특히 사탕수수, 사탕무에 많다.
〈성질〉① D-글루코오스(포도당)와 D-프룩토오스(과당)가 환원기끼리 결합하고 있어서 비환원성이다. ② 묽은산 또는 인베르타아제에 의해 전화(轉化, inversion)가 일어나 포도당과 과당의 동량 혼합물인 전화당*이 될 수 있다.

자당지방산 에스테르[蔗糖脂肪酸—] 原 (영 Sucrose fattyacid ester) 유화제의 하나. 자당이 가지는 8개의 수산기(-OH)에 지방산이 에스테르 결합한 것. 냄새는 없거나 약간 특이하며 단맛이 조금 있다. 알코올, 아세톤, 벤젠 등에 녹고 찬물에는 잘 녹지 않으나, 더운물에 유상(乳狀) 또는 겔(gel)상이 되어 냉각하면 강한 유화액이 된다. 글리세린지방산 에스테르나 소르비탄지방산 에스테르 등에 비해 친수성이 큰 것이 특징이다. 그래서 다른 유화제와 병용하는 일이 많다. 사용시 주의할 점은

분산, 혼합할 경우에 균질기를 사용하고 보통 40~60℃로 가열한 유지나 물에 현탁시키거나 녹여서 사용해야 효과적이다. 또, 산성인 물질에 사용하면 유화력이 약해질 수 있으므로 특히 주의해야 한다.
〈유화식품과 그에 따른 첨가목적〉① 빵·케이크 : 노화방지·기포촉진. ② 마가린·쇼트닝·아이스크림 : 유화안정, 크리밍성 향상. ③ 초콜릿 : 결정억제, 점도저하. 이밖에 비스킷, 우유, 즉석 카레, 카스텔라 등에 사용하며 최근에는 식기나 채소를 씻는 데도 이용한다.

자동기록 온도계[自動記錄溫度計] 試 (영 Automatic record thermometer) 시계 작동과 함께 온도계에 접속되어 있는 펜이 계측용지(計測用紙)의 위로 통과하며 시간의 경과에 따른 온도의 변화를 기록해 가는 장치. 일반적으로 제빵 도중의 온도 변화를 알기 위해 작업실, 발효실, 오븐 등에 설치하여 사용한다.

자동 밀가루계량기[自動—計量器] 機 (영 Automatic flour scales) 밀가루의 양을 자동으로 측정하는 기계. 믹서 바로 위에 설치한다. 필요한 만큼의 밀가루를 저울에 올려 놓으면 저절로 호퍼 속으로 들어가게 되고 예정량에 달하면 또 자동으로 밀가루 공급이 멈춘다.

자동 포장기[自動包裝機] 機 (영 Automatic packing machine) 완성된 제품을 자동적으로 싸는 기계. 여러 가지 종류가 있지만, 과자점에서 쓰기에 편리한 것은 역삼방(逆三方) 포장기와 각절(角折) 포장기이다.
① 역삼방(逆三方) 포장기 : 컨베이어에 과자를 얹으면 필름이 이것을 싸고 아래쪽과

전후가 가열에 의해 밀폐된다. 그리고 1봉지씩 떨어져 나온다. ②각절(角折) 포장기 : 과자를 제 위치에 놓으면 위에서 필름으로 싸고 아래쪽에서 밀폐한다. 만두·마롱 글라세 같은 모양의 과자에 자주 쓰인다.

자두 果 (영 Plum 프 Prune) 장미과(科)의 낙엽교목인 자두나무의 열매. 모양이 타원형 또는 구형(球形)이고, 노랑 또는 자줏빛으로 익으며 과육은 연한 노란색이다. 잎 뒷면에 털이 있고 열매가 타원형이며 검보라빛의 자두를 유럽자두(프룬, prune)라 한다. 자두의 품종에는 동양자두, 유럽자두, 미국자두가 있다.
⇨프룬

자봉 果 (영 Shaddock 프 Pamplemousse 포 Zamboa) 문단(文旦), 왕귤나무 열매. 감귤류 중에서 가장 큰 과실. 모양은 구형(球形), 편구형(篇球形)이고 무게는 500~2,000 g 이다. 원산지는 말레이시아, 폴리네시아. 단맛, 신맛, 향이 뛰어나고 비타민 C, 칼슘의 함유량이 높다. 과육이 부드럽고 즙이 많으며, 껍질에 펙틴이 많아 잼을 만들 때 과육과 함께 껍질도 섞어 넣는다. 또, 설탕절임하거나 마멀레이드로 만든다. 껍질의 쓴맛은 구연산, 젖산으로 뺄 수 있다. 희석시킨 구연산에 껍질을 담근 뒤, 흰 스펀지 상태인 부분이 찐득찐득해지면 잘 짜서 조리에 쓰면 된다.

자연발효[自然醱酵] 化 (영 Natural fermentation) 순수배양한 효모균이 아닌 천연에 존재하는 미생물이 일으키는 발효 현상. 발효가 진행되는 동안에도 특수한 조작을 가하지 않는다. 선사시대의 빵은 이러한 자연발효법*으로 만들어졌다.

자연발효법[自然醱酵法] 技 (영 Natural fermentative method) 천연에 존재하는 미생물을 이용하여 발효시켜 만드는 제빵법. 밀가루에 물을 넣고 그냥 방치해 두면 밀가루에 공기 중의 세균, 효모, 곰팡이 등이 번식하여 젖산 등의 산과 탄산 가스를 다량 만들어낸다. 이것을 계속 그대로 방치하면 반죽 속에 영양분이 없어져 발효가 정지한다. 이때 일반 부패균이 활발하게 번식한다. 그러므로 발효가 시작된지 12~24시간 뒤에 새롭게 밀가루와 물을 더하면 다시 발효가 활발히 진행된다. 이렇게 하면 처음 발효 때 만들어진 산류에 견딜 수 있는 젖산균과 효모균만이 번식하게 된다. 이것이 옛날부터 이용되어 왔던 자연발효법이고, 오늘날의 산성반죽법은 이 방법을 이용한 것이다. 그러나 자연발효법은 다량의 잡균을 가지고 있기 때문에 안전을 기대하기 어렵고, 특히 여름철에 변하기 쉬워서 좋지 않은 냄새가 난다. 또한 발효가 골고루 되기 어렵다.
→사워 도, 자연발효

자유수[自由水] 原 (영 Free water) 유리수(遊離水). 빵 반죽에 넣는 물의 일부는 밀가루와 콜로이드*를 형성해 밀가루의 녹말이나 단백질과 긴밀히 결합하고 있어 용제(溶劑)로서의 힘을 잃고 있지만, 또 다른 일부는 밀가루에 흡착하지 않고 유리된 상태로 남아 있어 용제로서의 역할을 할 수 있다. 이때 전자를 결합수라 하고 후자를 자유수라고 한다. 여기서 반죽에 유연성과 점성을 주는 것은 반죽 속의 자유수이고, 반죽에 적당한 굳기를 주는 것은 가루에 흡착된 결합수의 분자막 두께이다. 그러나 반죽 속에 있는 결합수와 자유수의 경계는 명확한 것이 아니며, 따라서 반죽에 포함된 결합수와 자유수의 비율도 불확실하다.
→결합수

자포네 菓 (프 Japonais) 머랭에 견과류(가루)를 섞은 반죽 또는 이것을 구운 제품. 예전에 흰자와 아몬드 섞은 것을 굽고, 그 중앙에 빨간 잼을 동그랗게 짜 놓았다. 이것이 일본의 국기(일장기)를 연상시킨다 하여 붙인 명칭이 자포네이다. 자포네 반죽에 견과의 양을 조금씩 늘리면 마카롱 반죽에 가까워진다. 즉, 자포네 반죽은 머랭 반

죽과 마카롱 반죽의 중간에 위치한다. 예로
부터 내려온 쉬크세(Succés : 아몬드 가루를
사용), 프로그레(Progrès : 헤이즐넛 가루를
사용)도 여기에 속한다. 자포네는 설탕의
배합량에 따라 라이트 자포네와 헤비 자포
네로 나뉜다. 1. 라이트 자포네(light japon-
aise) : 〈배합〉 흰자 100 g, 설탕 120 g, 아몬
드 가루 80 g. 〈만드는 법〉 흰자와 설탕
60 g으로 머랭을 만든다. 아몬드 가루와 설
탕 60 g을 함께 체 쳐서 머랭에 섞는다.
2. 헤비 자포네(heavy japonaise) : 〈배합〉
설탕 200 g, 아몬드 가루・흰자 각 100 g.
만드는 법은 라이트 자포네와 같다. 설탕의
양이 흰자의 2배이므로 견과의 양도 증가
시킨다.

자허 토르테 菓 (독 Sachertorte) 오
스트리아의 초콜릿 스펀지 케이크. 이것은
1814년 9월부터 다음 해 6월까지 오스트리
아에서 개최된 빈(Wien)회의에 처음 등장하
였다. 빈 회의는 프랑스 혁명 전쟁과 나폴
레옹 전쟁에 대한 사후 처리를 위하여 유럽
제국이 모인 국제회의였다. 이 회의의 발안
자는 오스트리아 외상(外相)인 메테르니히
(Metternich)이다. 그는 직속 요리사인 에드
바르트 자허(Edward Sacher)에게 각국 대표
자들을 놀라게 할 만한 디저트를 준비하라
는 명령을 내렸다. 그 지시에 따라 에드바
르트 자허가 만든 것이 초콜릿 스펀지 케이
크, 즉 만든이의 이름을 딴 '자허 토르테'
이다. 다음은 초콜릿 스펀지에 살구잼을 바
르고 초콜릿을 씌운 제품이다.
[배합] 〈반죽〉 무염 버터 80 g, 그라뉴당
60 g, 스위트 초콜릿 80 g, 노른자 4 개, 흰
자 4 개, 그라뉴당 60 g, 박력분 80 g. 〈글
라사주*〉 다크 스위트 초콜릿 150 g, 그라
뉴당 450 g, 물 400cc. 〈기타〉 살구잼 적당
량.
[만드는 법] ① 반죽을 만든다. 무염 버터
와 그라뉴당을 하얘질때 까지 저은 뒤 녹은
초콜릿과 노른자를 넣고 섞는다 ② 흰자에

그라뉴당을 조금씩 넣으면서 머랭을 만들어
①에 넣고 박력분도 넣어 가볍게 잘 섞는다
③②를 틀에 붓고 160~170℃의 오븐에서
50분간 굽는다 ④ 자허 반죽에 씌울 글라사
주를 만든다. 냄비에 물을 넣고 끓인 뒤 초
콜릿을 넣어 녹이고 그라뉴당을 넣고 108℃
까지 조린다 ⑤④의 소량을 나무판에 옮겨
템퍼링* 작업을 행하여 광택을 낸다 ⑥ 금
속망에 ③을 얹고 살구잼을 바른 뒤 ⑤를
위에서 부터 흘려 부어 고무 주걱으로 평평
하게 한다.

작업대[作業臺] 機 (영 Worktable, P-
astry boards 프 Table de travail 독 Kü-
chentisch) 과자를 만들 때에 반죽을 밀어
펴고 분할 또는 형틀로 찍는 작업을 행하는
곳. 스테인리스제, 목제, 플라스틱제, 윗면
에 대리석을 씌운 것 등 그 종류가 다양하
다. 스테인리스, 플라스틱으로 만든 작업대
는 구입하기 쉽고 값도 저렴하다. 다만 반죽
이 들러붙기 쉬우므로 덧가루를 충분히 사
용해야 한다. 대리석 작업대는 값이 비싸
다. 하지만 대리석은 온도 변화가 적고 내
구성(耐久性)이 크며 위생적이기 때문에
빵・과자 반죽뿐만 아니라 초콜릿 세공이나
물엿 세공에도 알맞다.

잔두야 菓 (프 Gianduja 독 Gianduja-
masse) 아몬드와 설탕으로 만든 제과 부
재료. 발상지는 이탈리아이다. 잔두야는 볶
은 견과에 설탕을 더해 롤러로 갈고, 녹인
초콜릿(또는 카카오 버터)을 더하여 전체를
부드러운 페이스트 상태로 만든 것이다. 가
열하면서 섞는 것이 아니므로 입자가 고운
분설탕을 쓰는 편이 낫다. 같은 재료로 만
드는 프랄리네*(프랄리네마세)는 설탕을
가열하여 녹인 뒤 아몬드를 섞는다. 잔두야
는 초콜릿 봉봉의 센터로 쓰고, 또 그 밖의
케이크에 코팅하거나 충전한다. 가장 일반
적인 잔두야가 아몬드로 만든 잔두야 오 자
망드(gianduja aux amandes)이고, 헤이즐넛
으로 만든 것이 잔두야 오 누아제트(giandu-

ja aux noisettes)이다. 다음은 잔두야 오 자망드 만드는 법이다.

[배합] 아몬드 1,000 g, 분설탕 500 g, 바닐라 소량, 카카오 버터 100 g.

[만드는 법] ①아몬드를 가볍게 볶아 다지고 분설탕과 바닐라를 더해 섞는다 ②①을 롤러에 갈아 페이스트 상태로 만든다 ③녹인 카카오 버터를 더해 섞고, 식으면 다시 롤러로 갈아 부드럽게 한다.

잔트 슈트라이펜 菓 (네 Sand Streifen) 네덜란드의 사블레.

[배합] 버터·설탕 각 100 g, 쇼트닝 25 g, 우유 30cc, 소금·바닐라 향·베이킹 파우더 각 소량, 밀가루 175 g, 콘스타치 15 g, 초콜릿 적당량.

[만드는 법] ①버터와 쇼트닝을 잘 섞는다 ②①에 설탕과 소금을 넣고 잘 섞는다 ③우유와 바닐라를 넣고 섞는다 ④밀가루, 콘스타치, 베이킹 파우더를 함께 체 쳐서 ③에 넣고 섞는다 ⑤별 모양깍지로 4~5cm 길이가 되게 짠다 ⑥180℃ 오븐에서 굽는다 ⑦식은 뒤 녹은 초콜릿을 가늘게 짜서 장식한다.

잔트쿠헨 菓 (독 Sandkuchen) 버터 케이크의 하나. 파운드 케이크*의 독일어 명이다.

잘루지 菓 (프 Jalousie) 칼집을 넣은 푀이타주에 프랑지판 크림이나 잼을 충전하여 구운 작고 네모난 과자. 표면에 가는 틈이 벌어져 발(잘루지)의 틈새를 연상시킨다 하여 붙여진 명칭이다.

[배합] 푀이타주 기본 분량의 1/4. 〈프랑지판 크림〉 아몬드 가루 75 g, 헤이즐넛 가루 75 g, 박력분 20 g, 버터 150 g, 분설탕·계란 각 150 g. 〈기타〉 계란·분설탕 각 적당량.

[만드는 법] ①프랑지판 크림을 만든다. 버터를 녹여 분설탕과 충분히 섞는다 ②계란을 풀어 ①에 조금씩 넣으면서 섞는다 ③아몬드 가루, 헤이즐넛 가루, 박력분을 섞

어서 ②에 넣는다 ④푀이타주를 두께 3 mm, 크기 20×40cm로 밀어 편다 ⑤④를 세로로 길게 놓고 오른쪽 끝과 왼쪽 끝에 3 cm를 남기고 1 cm 간격으로 칼집을 넣는다 ⑥③의 크림을 ⑤의 위에 얹고, 칼집을 넣지 않은 부분에 물을 발라 반으로 접는다 ⑦끝을 잘 정리하고 계란을 바른 뒤 200℃ 오븐에서 굽는다. 도중에 분설탕을 뿌려서 갈색이 나도록 한다.

잘츠부르거 토르테 菓 (독 Salzburger Torte) 오스트리아에서 인기있는 화이트 초콜릿 케이크. 잘츠부르크(Salzburg)는 유럽의 지붕이라 할 수 있는, 알프스가 내려다 보이는 거리의 이름이다. 전체를 잘게 썬 화이트 초콜릿으로 덮는다. 시트는, 제누아즈*를 얇게 잘라서 화이트 초콜릿으로 만든 가나슈*를 샌드하여 만든다.

[배합] 〈제누아즈〉 노른자 3 개, 설탕 210 g, 흰자 3 개, 밀가루 135 g, 콘스타치 15 g, 녹인 버터 45 g, 그랑 마르니에를 넣은 시럽 적당량. 〈가나슈 블랑슈(ganache blanche)〉 화이트 초콜릿 120 g, 생크림 180cc, 그랑 마르니에 20cc. 〈마무리〉 화이트 초콜릿 코포* 적당량.

[만드는 법] ①노른자에 설탕 80 g 을 넣고 휘핑한다 ②흰자와 설탕 130 g 을 휘핑하여 머랭을 만들어 ①과 섞는다 ③밀가루, 콘스타치와 섞고 녹인 버터를 더해서 틀에 흘려 붓고 굽는다 ④4 장으로 나누고 각각에 그랑 마르니에를 넣은 시럽을 적신다 ⑤생크림을 끓인 뒤 불에서 내려 썰은 화이트 초콜릿을 넣어 가나슈 블랑슈를 만든다. 그랑 마르니에로 풍미를 낸다 ⑥가나슈 블랑슈를 ④에 바르고 샌드한 뒤 전체에도 발라준다 ⑦옆면은 파도 모양의 커드로 모양을 낸다 ⑧윗면에는 코포를 충분히 뿌린다.

잘츠 슈탕겐 菓 (독 Salzstangen) 발효 반죽 혹은 블레터타이크(프랑스 푀이타주)를 막대 모양으로 성형하고 소금을 뿌려 구운 독일과자빵. 영국의 솔트 스틱*에 해

당한다.

[배합] 밀가루 500g, 버터 250g, 설탕 10g, 소금 5g, 이스트 5g, 향료 적당량.
[만드는 법] ① 위의 재료로 반죽을 만든다 ② 시원한 곳에서 한동안 방치한 뒤 작업대 위에서 길이 12cm 정도의 막대 모양으로 성형한다 ③ 윗면에 계란을 바르고 소금과 양귀비씨를 뿌려 굽는다.

잠두[蠶豆] 原 (영 Broad bean 미 S-hell bean) 누에콩. 콩과(科)의 1년생초이다. 지중해 연안이 원산지이고, 현재 한국에서도 재배된다. 꼬투리가 익으면 검은색이 되고 갈라지며, 한 꼬투리에 3~4개의 종자가 들어 있다. 이것을 식용한다.

장시간 발효법[長時間醱酵法] 技 (영 Long time fermentation process) 보통 발효시간보다 긴 시간동안 반죽을 발효시키는 방법이다. 직접법과 중종법에 모두 사용하여 반죽을 만들 수 있으나 발효시간이 길기 때문에 좋은 결과를 얻을 수 없다. 그러면서도 여전히 장시간 발효법이 행해지고 있는 이유는 제빵 작업의 편의를 위해서이다. 특히 전날 저녁에 반죽해 둔 뒤 다음날 완성시키기에 알맞기 때문이다. 1. 직접법으로 만든 반죽을 장시간 발효하는 경우—직접법 반죽을 발효 상자에 넣고 5시간 이상 발효시킨다. 반죽의 흡수율이 어느 정도 떨어지기 때문에 단단해진다. 이스트의 양을 줄이는 방법도 있지만 너무 적으면 제품의 질이 나빠지고 부피도 작아지기 쉽다. 8시간 이상 발효시킬 경우 단단하게 반죽하는 것이 중요하며 반죽의 온도가 24℃ 이상 되지 않도록 한다. 발효 손실이 크면 빵의 부피가 작아진다. 12시간 이상 발효하는 반죽은 빵으로 구워질 때까지 15시간 이상 소요되므로 좋은 빵은 될 수 없다. 반죽의 산도가 현저하게 증가하기 때문에 탄산칼슘을 사용하는 것이 안전하다. 반죽을 한 뒤에 가능한 한 빨리 가스빼기를 하는 것이 좋다. 이 반죽은 발효가 활발하지 못하므로

2차 발효는 꽤 시간이 걸린다. 사용하는 밀가루가 강력분이 아니면 반죽이 약해 성형기에서 부서지기 쉽다. 2. 중종법으로 만든 반죽을 장시간 발효하는 경우—이 방법을 가장 많이 사용하고 있는 곳은 영국이다. 영국은 소규모의 빵 공장이 많아서 전날 저녁에 종을 만들어 두었다가 다음날 아침 빵을 만들기 때문에 현재도 장시간 발효를 이용한 중종법을 많이 사용하고 있다. 특히 스코틀랜드에서 독특한 풍미를 갖는 빵을 만들기 위해 이 방법을 사용하고 있다. 가장 발효시간이 긴 경우는 중종을 14~15시간 발효하는 것이며 보통은 10시간 정도 발효시킨다. 다음은 10시간 발효의 중종법이다. 〈중종〉 밀가루 60kg, 물 37.5ℓ, 소금 450g, 이스트 244g, 탄산칼슘 1%. 24℃에서 혼합하여 10시간 발효시킨 뒤 본반죽을 한다. 〈본반죽〉 밀가루 60kg, 물 26.3ℓ, 소금 1,500g, 설탕 375g, 맥아액 450cc. 본반죽을 만들어 약 70~80분간 발효시킨 뒤 마무리한다. 12시간 발효시킬 중종을 만들 경우에는 위의 중종 배합에서 이스트의 양을 195g으로 줄인다. 이 방법은 스코틀랜드 방식의 중종이며, 미국이나 일본에서는 중종을 단단하게 만들어 장시간 저온에서 발효시키는 등, 갖가지 방법이 행해지고 있다. 장시간 발효의 중종은 강력분이 좋고 직접법보다 중종법을 사용하는 것이 좋다.

장식 인형[裝飾人形] 其 (영 Decorative doll) 케이크 장식에 이용하는 세공 인형. 마지팬, 검 페이스트, 초콜릿 등을 사용하여 만든다. 검 페이스트 제품은 평평하게 한 검 페이스트를 다양한 종류의 형틀로 찍어 건조·채색하여 만든다. 마지팬과 검 페이스트는 초콜릿 제품과 비교할 경우 세공이 세밀해지며 입체감과 더불어 실물처럼 만들어진다. 결혼식, 생일, 크리스마스의 장식용 과자로 꼭 필요한 것 중 하나이다.

장염비브리오성 식중독[腸炎 —性食中

毒] 生 장염비브리오균이 번식한 식품을 섭취했을 때 일어나는 식중독. 세균성 식중독이고 감염형에 속한다. 장염비브리오균은 어패류에 잘 번식하므로 어패류의 생식(生食)을 삼가하고, 가열·저온저장을 통해 예방한다.

재킷 機 (영 Jacket) 고속으로 반죽할 때 반죽 온도가 높아지지 않도록 하는 장치. 수평 믹서의 용기(bowl)를 간격을 둔 채 감싸고 있다. 고속으로 반죽하면 반죽의 온도가 필요 이상 높아져 반죽의 조직이나 발효에 좋지 않은 영향을 미친다. 그러므로 반죽의 온도가 높아지지 않도록 해야 하는데, 그 역할을 하는 것이 재킷이다. 즉, 재킷에 냉매(冷媒)나 찬물을 통과시켜 용기를 식힘으로써 반죽 온도가 오르지 않도록 한다. 냉매로는 프레온이나 프로필렌글리콜을 쓴다.

잼 原 (영 Jam 프 Confiture 독 Konfitüre) 과즙 또는 과실에 설탕을 넣고 조린 농후한 당액. 펙틴이 유기산과 작용하여 젤리화한 것이다. 이를 잼의 젤리화('젤라틴'항 참고)라 부른다. 젤리화에 필요한 조건은 펙틴 0.3~1.5%, 당도 60~65%, 산도 pH 3.0~3.5이다. 그러므로 잼으로 가공하기 쉬운 과일은 말산, 구연산* 같은 유기산과 펙틴이 많은 것이 좋다. 펙틴량이 적은 과일은 젤리화하기 어려우므로 시판되는 펙틴을 더해 주어야 한다. 펙틴과 유기산의 양은 과일마다 다르다. 그 양에 따른 과일의 종류를 나누어 보면 다음과 같다. ① 산과 펙틴이 많은 과일 : 사과, 감귤류, 살구, 포도, 블랙베리. ② 펙틴은 많고 산이 적은 과일 : 무화과, 체리, 복숭아, 바나나, 라즈베리. ③ 펙틴은 적고 산이 많은 과일 : 딸기, 자두, 파인애플. ④ 펙틴과 산의 양이 적절한 과일 : 포도, 다 익은 사과, 블루베리. ⑤ 산과 펙틴이 적은 과일 : 다 익은 복숭아, 서양배.
〈종류〉 상태에 따라 젤리, 마멀레이드, 프리저브, 프루츠 커드, 잼이 있다. ① 젤리 : 과일과 과피에서 얻는 과즙에 설탕을 넣고 조려 펙틴을 젤리화한 것. 젤라틴과 한천 등을 첨가해서 만들 수도 있다. 용기에서 꺼낼 때 흐르지 않고 모양을 유지하며 향과 광택을 지니는 것이 특징이다. ② 마멀레이드 : 과일, 과즙을 조려 젤리 상태로 만든 것 중에서도 오렌지, 레몬, 그레이프프루츠 등과 같이 감귤류의 과육이나 껍질이 섞여 있는 것. 마멀레이드를 만들 때에는 펙틴이 많이 들어 있는 과일을 이용한다. ③ 프루츠 프리저브 : 과일을 통째로 혹은 잘라 설탕과 섞어 조린 것. 당도가 55~70%로 될 때까지 조린다. 제품 속에 과일의 형체가 남아 있다. ④ 프루츠 커드 : 커드란 치즈나 두부를 굳히기 전의 물렁물렁한 상태를 말한다. 레몬, 오렌지 등의 과즙에 계란과 버터를 섞으면 커드와 같은 상태가 되기 때문에 붙여진 명칭이다. ⑤ 잼 : 과육에 설탕을 넣고 조리면서 알맞게 농축시킨 것. 보존성을 높이려면 뭉근한 불에서 장시간, 과일의 형체가 조금 남아 있을 때까지 조린다. 잼에 사용하는 과일은 매우 다양한데 가장 인기있는 과일이 딸기이다. 일반적으로 어떤 과일로도 잼을 만들 수 있지만, 특히 신맛이 나는 과일이 많이 쓰인다.
〈보존법〉 병조림 상태로 보존한다. 냉장고에 넣어 보관하면 1년간은 보존이 가능하지만, 일단 뚜껑을 열면 공기가 닿아서 오래 보존할 수 없다. 또, 직사광선을 피하여 통풍이 잘 되는 곳, 시원하고 온도 변화가 없는 곳에 보관하는 것이 좋다. 온도와 밝기가 자주 바뀌는 등 보존 상태가 일정하지 않으면 곰팡이가 필 수 있다. 가정에서 직접 잼을 만들 경우에는 담을 병을 세제로 깨끗이 씻고 충분히 열탕소독을 한다. 건조시킨 뒤 잼을 넣고 가능한 한 공기가 닿지 않도록 뚜껑을 잘 닫는다. 이때 제조일자를 적어서 병에 붙여 놓으면 편리하다.
〈사용법〉 빵에 발라 먹는 것이 일반적이고

양과자에도 자주 사용한다. 아이스크림, 요구르트 위에 얹어 먹고, 기타 과자의 표면에 바른다. 이렇게 하면 시각적인 자극뿐만 아니라 과자의 건조를 막을 수 있다. 또, 시트와 시트 사이에 크림을 샌드할 때 먼저 살구잼을 바르고 크림을 바르면 어느 정도 시트에 수분이 스며드는 것을 방지할 수 있다.

잼 롤 케이크 菓 (영 Jam Roll Cake) [배합] 〈반죽〉 계란 100 g , 설탕 90 g , 밀가루 70 g , 팽창제 3 g , 물 200cc , 향료 2 g , 잼 50 g . 〈기타〉 그라뉴당 30 g , 잼 또는 커스터드 크림 적당량.
[만드는 법] ① 스펀지 반죽을 만들어 190℃ 오븐에서 굽는다 ② 젖은 헝겊 위에 스펀지를 펴고 잼을 바른다 ③ 말아서 이음매를 아래로 향하게 한다. 식으면 그라뉴당을 뿌리고 작게 자른다.

잼빵 빵 일본 특유의 앙금빵. 과자빵 반죽 50 g 에 잼 20 g 을 싸서 굽는다.
⇨앙금빵

잼 퍼프 菓 (영 Jam Puff) 잼 퍼프 페이스트리. 다음 2가지 방법으로 만들 수 있다. 1. 퍼프 페이스트를 두께 4 mm로 펴서 원형 또는 파도 모양의 형틀을 사용해서 지름 7 cm로 찍어낸다. 표면에 계란을 가볍게 바르고 분설탕을 뿌린 뒤 작고 둥근 틀로 중앙을 눌러 오목하게 만든다. 210℃ 오븐에서 구운 뒤 중앙에 잼을 채운다. 2. 퍼프 페이스트를 두께 3 mm로 펴서 둥근 형틀 또는 파도 모양의 형틀을 사용해서 지름 7 cm로 찍어낸다. 그 중에서 반은 테두리에 물을 묻히고, 나머지 반은 작고 둥근 형틀로써 고리를 만든다. 테두리에 물을 묻힌 것과 고리 반죽을 서로 포갠 뒤 붓으로 계란액을 바른다. 210℃에서 구운 뒤 식으면 오목한 부분에 잼을 채운다.

쟁장브르 原 (프 Gingembre) 생강의 프랑스어명.
⇨생강

저배합빵 빵 (영 Lean Bread) 린 브레드. 설탕, 유지, 계란 등의 재료를 거의 넣지 않고 빵의 기본 재료인 밀가루, 소금, 물을 위주로 하여 만든 빵이다. 즉, 저배합빵은 주로 짠맛이 나는 빵이다. 대표적인 것이 유럽식 빵이다.
→리치 브레드

저온살균[低溫殺菌] 技 (영 Pasteurization) 고온에서는 변화를 일으키거나 분해되어 버리는 물질을 함유한 액체를 살균하는 방법. 저온 간헐살균법이라고도 한다. 즉, 약 60℃에서 1~2시간 가열하면 발육형은 죽으나 포자는 죽지 않으므로 하룻동안 상온에 두었다가 포자가 발육형으로 되면 다시 가열하여 살균한다. 이것을 몇 번 반복하여 균을 사멸시킨다. 보통 61~63℃에서 30분간 또는 75℃에서 15분간 가열하는 경우가 많다. 옛날에는 우유에 많이 사용하였으나 현재는 그다지 사용하고 있지 않다.

저울 試 (영 Scale ; Spring balance 프 Balance 독 Waage) 물체의 무게(질량 또는 중량)를 측정하는 기계 · 기구 · 장치의 총칭. 지렛대의 원리를 이용한 천칭저울, 용수철의 탄성을 응용한 자동저울, 그 밖에 특수저울이 있다. 빵 · 과자 공장에서 사용하는 저울은 앉은뱅이 저울, 접시 저울, 밀리그램 저울 등이다. 그리고 밀알 같은 알갱이 물질을 측량하는 호퍼 스케일, 이동하는 동안 대량으로 재료 · 제품의 양을 재는 컨베이어 스케일이 있다.

저장 해충[貯藏害蟲] 生 (영 Storage pests) 저장하는 동안 곡류에 생기는 해충. 해충의 생육온도는 25~31℃이며, 호흡시 산소가 필요하므로 주로 통풍이 잘 되는 곳에 서식한다. 따라서 온도 10℃ 이하의 건조한 곳에 보관해야 한다. 특별히 약제를 사용하기도 하는데, 가장 대표적인 약제는 밀의 훈증(燻蒸)에 널리 쓰이는 포스톡신이다.

저칼로리빵[低 -] 빵 (영 Low Calorie

Bread) 보통의 빵에 비해 칼로리를 25% 이상 줄인 것. 비만에 신경 쓰이는 사람들이 유지방과 설탕이 적은 식품을 요구한다. 그래서 빵에도 유지와 당류의 사용량을 줄이고, 단백질 함량을 늘리며, 포만감을 주는 섬유소와 비칼로리 감미료인 소르비톨을 첨가한다. 이와같은 방법으로 저칼로리 케이크를 만들 수도 있다.

저칼로리 식이[低−食餌] 化 (영 Low calorie diet) 비만은 누구에게나 가장 큰 관심거리 중 하나일 뿐만 아니라 고혈압, 심장질환, 당뇨병 등 성인병에도 심각한 문제가 되고 있는 질환이다. 이러한 이유로 사람들은 당류(녹말·설탕)와 지방을 피하고 있다. 따라서 저당류 식이(low sugar diet)가 등장하였다. 당류의 과잉 섭취는 당뇨병을 유발하고, 또 지나치게 많은 동물성 지방을 섭취하면 동맥벽에 콜레스테롤(cholesterol)이 축적되어 동맥경화를 일으킬 수 있다. 이러한 이유로 저칼로리 식이는 젊은이로부터 노인층에 이르기까지 확산되고 있다. 미국에서 1인당 빵의 소비량이 감퇴하고 있는 이유는 이 때문이다.

전경화 쇼트닝[全硬化−] 原 (영 All hydrogenated shortening) 경화유로 만든 쇼트닝. 풍미와 융점, 가소성(可塑性) 등이 우수한 것이 특징이다.

전기 오븐[電氣−] 機 (영 Electric oven) 전기를 연료로 사용하는 오븐. 시간이 많이 걸리고 가격은 비싸지만 품질이 좋은 제품을 만들 수 있고 위생적이다.
→오븐

전기저항 온도계[電氣抵抗溫度計] 試 (영 Electric resistance thermometer)
⇨온도계

전란[全卵] 原 (영 Egg) 계란 전체, 즉 노른자와 흰자를 합한 전체를 가리키는 말. 제과제빵 재료로서 계란*은 노른자·흰자를 따로 분리해 각각 사용하거나, 전란의 형태로 사용한다.

전립분[全粒粉] 原 (영 Whole wheat meal) 통밀가루 또는 그레이엄 밀가루*라고 한다.

전분[澱紛] 原
⇨녹말

전분당[澱紛糖] 原 (영 Starch sugar) 전분을 산(酸)으로 가수분해하여 얻은 것. 포도당을 함유하는 제품으로서 설탕 대용품이다. 그 밖에 포도당으로 정제하여 영양제 주사로 사용하기도 한다.

전염병[傳染病] 生 (영 Communicable diseases) 병원체에 감염된 사람이나 동물이 직접 또는 모기·파리같은 매개동물이나 음식물, 혈액, 수건과 같은 비동물성 매개체에 의해 간접적으로 면역이 없는 인체에 침입하여 증식함으로써 일어나는 질병. 전염병은 소수의 병원체로도 쉽게 감염되어 많은 사람에게 옮아간다. 물의 오염으로 인한 장티푸스나 이질(痢疾), 공기 전염에 의한 홍역, 감기, 디프테리아, 결핵, 모기에 의한 일본뇌염과 말라리아(학질), 성적 접촉에 따른 성병 등은 우리 주위에서 흔히 볼 수 있는 전염병이다.

〈분류〉 전염병의 종류는 수없이 많은데 간단히 분류하면 뒷 페이지 〈표〉와 같다. 갑자기 발병하여 단기간에 완전히 회복되거나 사망으로 끝나는 급성 전염병, 오래 걸리는 (3개월 이상) 만성 전염병으로 분류할 수 있다. 또, 병원체의 종류나 전파경로에 따라 분류할 수도 있다. 법적 규정에 따른 분류는 국가에서 국민보건의 향상과 증진을 위해 만든 전염병 예방법에 구분되어 있다. 이 규정에는 신고·등록의 의무, 건강진단의 실행의무, 격리수용, 교통차단의 법적 구속력이 뒤따른다.

〈예방〉 1. 외지(外地)로부터의 침입을 막기 위한 검역(檢疫)−검역이란 유행지(流行地)에서 들어오는 사람들을 그 곳에서 떠난 날부터 계산하여 그 병원체의 잠복기 동안 그들이 유숙하는 장소를 신고하도록 하여

〈표〉 전염병의 기준별 분류와 보기

분류 기준	항목별 분류	보기(질병별)
발병 및 경과의 빠르고 느림	급성 전염병	장티푸스·콜레라·이질·홍역·디프테리아·인플루엔자·폐렴
	만성 전염병	결핵·문둥병·매독
병원체의 종류	세균성 전염병	장티푸스·이질·디프테리아·결핵·매독·임질
	리케차성(性) 전염병	발진티푸스
	바이러스성 전염병	홍역·인플루엔자·간염·일본뇌염
전파경로	공기전파	디프테리아·백일해·홍역·인플루엔자·결핵·천연두·수두
	경구전파(經口傳播)	장티푸스·콜레라·이질·바이러스성 간염·소아마비·식중독
	직접접촉전파	매독·임질·전염성 농가진(膿痂疹, 부스럼)·트라코마
	곤충에 의한 전파	일본뇌염·말라리아(학질)·발진티푸스
	경피감염	탄저병(炭疽病)·파상풍·광견병
법정 전염병 (한국)	제1종 전염병	콜레라·페스트·발진티푸스·장티푸스·파라티푸스·천연두·세균성 이질·황열(黃熱)·디프테리아 등 9가지
	제2종 전염병	폴리오(소아마비)·백일해·홍역·일본뇌염·유행성 이하선염·광견병·말라리아·발진열·성홍열·재귀열·아메바성 이질·수막구균성 수막염·유행성 출혈열·파상풍 등 14가지
	제3종 전염병	결핵·성병·문둥병 등 3가지
국제검역병(WHO)	국제검역대상 전염병	콜레라·페스트·황열·천연두 등 4가지

증상이 나타나는지 확인하거나, 지정된 장소에 유숙시켜 감염이 안된 것을 확인할 때까지 감시하는 것을 말한다. 또, 두창과 같이 예방접종이 가능한 질병은 예방접종 증명서를 소지한 여행객에 한해서만 입국시킨다. 2. 병원체전파의 방지—병원체는 그 종(種)을 영속시키기 위해 계속해서 새로운 숙주를 찾아다닌다. 그러므로 병원체가 감염환자나 보균자의 몸 밖으로 나오지 못하게 하고, 일단 나온 병원체라도 새로운 숙주를 찾지 못하도록 전파경로를 차단시키는 방법이다. ① 환자, 보균자를 철저히 치료하여 병원체가 밖으로 나오지 못하게 한다. ② 병원체를 갖고 있는 사람과 건강인을 격리시킨다. ③ 이미 배설된 병원체가 새로운 숙주에게 침입하기 전에 사멸시킨다. 즉, 병원체가 오염된 환경을 철저히 소독하고 매개체를 박멸한다. 3. 면역의 증강—면역체 일부를 체내에서 결합시켜 병원체를 사멸하는 항체를 보유케 함으로써 그 병원체에 대해 또 다시 감염되지 않도록 하는 방법. 예방접종을 통해 자기 몸에 면역성을 주는 능동면역과, 어머니의 태반을 통해 항체를 받는 피동면역이 있다.

전처리[前處理] 技 (영 Preparation of meterial) 결정된 제빵 배합표에 따라서 재료를 준비하는 작업. 전처리 단계에서 가장 중요한 것은 재료를 정확히 측정하고 필요한 만큼 준비해 놓는 일이다.
〈전처리 방법〉 ① 밀가루 : 반드시 체 쳐서 이물질을 없애고 공기를 충분히 포함시킨다. ② 이스트 : 생이스트를 녹이는 물의 분량은 그 중량의 2배, 물의 온도는 30℃가 표준이다. 이스트를 녹이는 물에 설탕을 2.5% 넣는다. 소금은 절대 넣지 않도록 한다. 건조 이스트를 사용할 때는 2.5%의 설탕물에 넣어서 예비발효 시킨다. ③소금 : 설탕과 함께 물에 녹여서 사용한다. ④이스트 푸드 : 이스트와 함께 녹이지 말고 물에 녹여서 설탕, 소금 등과 함께 반죽물에 넣는다. ⑤분유 : 종류에 따라서 취급하는 방법이 다르다. 탈지 분유는 사용하기 30분 전에 2배가 되는 물에 녹여둔다. ⑥유지 : 쇼트닝은 가열하지 않지만 마가린은 반죽 직전에 40℃ 정도로 가열해서 녹여 둔다. ⑦설탕 : 물에 완전히 녹여서 사용한다. ⑧물 : 반죽물에 따라 반죽 온도가 좌우된다. 그러므로 반죽물의 온도는 재료의 온도·실온·반죽으로 인한 상승 온도를 생각하여 합리적으로 결정한다. ⑨그 외 소금·설탕·분유 등을 녹이거나 이스트를 녹이는 물은 모두 반죽물의 일부를 사용한다.
〈전처리 시간〉 전처리에 필요한 시간은 빵 공장의 설비에 따라 다르지만 평균적으로 다음과 같다. ①가루를 체 치는 시간은 평균 4~10분. 물론 기계로 하느냐 손으로 하느냐에 따라 다르다. ②반죽물 준비에 필요한 시간은 평균 45분. ③이스트 준비에 필요한 시간(예비 발효 포함)은 평균 10~45분. ④소금·설탕·유지 준비 시간은 각각 평균 3분 정도이다.

전화당[轉化糖] 原 (영 Invert sugar) 자당이 가수분해하여 생기는 포도당과 과당이 동량인 혼합물. 전화당은 흡습성이 있어서 고체 상품으로 부적합하여 꿀, 물엿과 같은 액체 상태로 이용한다. 감미가 상당히 강하여 케이크, 퐁당, 아이싱의 원료로 이용하고 케이크 표면의 색을 들이기에도 알맞다. 빵 반죽 속에서 설탕이 인베르타아제의 작용을 받아 전화당이 된다.

절단기[切斷機] 機 (영 Cutter) 오븐에서 나온 제품을 갖가지 모양으로 자르는 기계. 특히 카스텔라나 식빵을 일정한 두께로 자르는 기계를 슬라이서(slicer)라 한다.

절단 포장기[切斷包裝機] 機 (영 Slice wrapping machine)

⇨슬라이스 래핑 머신

절편 菓 치는 떡의 하나. 멥쌀가루에 쪄내고 이것을 절구에 찧어 끈기가 생기게 한 뒤, 떡살로 모양을 찍어 내고 자른 떡이다.
[배합] 멥쌀 10컵, 소금 2 큰술, 쑥(데친 것) 20 g, 참기름 적당량.
[만드는 법] ①쌀을 깨끗이 씻어 6시간 정도 불린 뒤 소금을 넣고 곱게 빻는다 ②①에 물을 고루 뿌리고 시루에 넣어 찐다 ③②를 반으로 나누어 한 쪽은 그대로 절구에 넣고 찧어 차지게 하고 다른 한 쪽은 데친 쑥을 넣고 찧어서 쑥색이 드는 동시에 차지게 한다 ④차진 떡을 참기름을 발라가며 가늘고 긴 막대 모양으로 만든 뒤 떡살에 박고 적당한 크기로 썬다 ⑤꿀을 따로 담아 절편과 함께 대접한다.

점블 菓 (영 Jumble) 스냅*과 비슷한 과자로 설탕이나 시럽을 다량 섞은 진저 쿠키의 하나. 굽는 동안에 퍼져서 얇아지며 그것이 반쯤 식었을 때 둥근 나무 막대에 말아 굳힌 뒤 담배 모양을 만든다. 생강과 스파이스류를 배합하는 것이 정식이지만, 최근에는 스파이스류를 넣지 않기도 한다.
[배합] 설탕 800 g, 쇼트닝 350 g, 물엿 200 g, 소금 30 g, 레몬유 25 g, 계란 170 g, 우유 400cc, 밀가루 1,800 g, 베이킹 파우더 80 g.
[만드는 법] 설탕, 쇼트닝, 물엿, 소금, 레몬유를 섞어서 크림 상태로 만든 뒤 계란과 우유를 넣고, 마지막에 밀가루와 베이킹 파우더를 넣어 균일한 반죽을 만든다. 이것을 둥근 틀로 찍어 구워 낸다.

점성[粘性] 物 (영 Viscosity) 유체(流體)의 유동(流動)에 대한 저항. 운동하는 유체나 기체 내부에 나타나는 마찰력이므로 내부마찰이라고도 한다. 다시 말하면 유체의 각 부분이 서로 다른 속도로 운동할 때 그 속도를 균일하게 하려고 작용하는 힘이 점성이다. 기체와 액체 어디에나 보이고, 원자가 일정하게 배열되어 있는 고체에는 없다. 단, 비결정성 고체에 아주 큰 점성이 있다. 빵 반죽은 고체와 액체의 중간적 점성을 갖는다. 이 점성의 크기는 반죽의 가공성에 영향을 주고 발효의 적정여부를 판단하는 기준이 된다.
→가소성

점성도 실험[粘性度實驗] 試 (영 Viscosity test) 밀가루의 품질 측정방법의 하나. 밀가루와 물을 섞은 현탁액의 점도를 측정하여 품질지표로 삼는다. 측정기기는 맥미켈 점도계와 아밀로그래프 2가지이다. ①맥미켈 점도계 : 산성 조건 아래에서 밀가루 현탁액의 점도를 실온에서 측정하는 기계. 묽은 젖산(lactic acid) 용액에서 글루텐은 대개 팽윤하지만, 녹말은 일부만 팽윤한다. 글루텐이 팽윤하여 나타나는 점도의 증가 현상은 밀가루의 글루텐 함량과 직접적인 관계를 갖는다. 이때 녹말에 의한 점도의 변화는 일정한 것으로 보며, 만일 손상녹말의 함량이 달라지면 맥미켈 점도도 바뀐다. 이 방법은 연질 밀가루의 평가에 널리 쓰인다. 그 측정값은 녹말의 조건을 반영한다. 즉, 연질 밀가루의 분쇄 정도가 크면 손상된 녹말의 함량이 증가하므로 점도는 증가한다. 맥미켈 점도는 밀가루의 점도 외에 분쇄 정도를 예측할 수 있다. 즉, 밀가루의 단백질을 일정하게 유지했을 때 나타나는 점도의 차이는 분쇄 정도에서 기인한다. ②아밀로그래프 : 밀가루 현탁액을 가열하는 동안 또는 호화된 풀(paste)을 식힐 때 나타나는 점도를 기록하는 회전 점도계. 이것은 특히 가열에 따른 녹말의 팽윤과, 호화에 따른 점도변화의 속도, 정도를 측정한다. 이때 나타나는 최고 점도는 효소활성화(주로 α-아밀라아제)를 예측할 수 있는 지표로 쓰이기도 한다.
→아밀로그래프

정과[正果] 菓
⇨과정

정제당[精製糖] 原 (영 Refined sugar) 경지백당(耕地白糖)을 물에 녹여 이온 교환 수지법을 이용해 탈색·정제한 뒤 재결정시킨 설탕. 정제백당이라고도 한다(〈표 1〉, 〈표 2〉 참고).

〈표 1〉 정제당의 종류와 특징

종류	특징·용도
쌍백당 (hard sugar)	·입자가 가장 큰 흰설탕. ·특수 스펀지 케이크, 장식용, 사탕 표면의 코팅용.
중쌍백당	·쌍백당보다 조금 작음.
그라뉴당 (gramulated sugar)	·순도가 가장 높음. 콜라당이라고도 한다. ·음료, 제과용.
상백당 (soft sugar)	·환원당을 1% 첨가한 흰설탕. 감미도가 높고 부드러우며 오래 보관하면 고화 변질한다.
중백당 (medium brown sugar)	·중쌍백당 크기와 옅은 황색 빛이 나는 설탕. ·특수빵, 과자용.
황설탕 (brown sugar)	·삼온당으로 잘 알려진 갈색 결정. ·약과, 약식, 캐러멜 색소의 원료.
액당 (液糖 : sucrose type liquide sugar)	·결정성 설탕을 액상으로 만든 것. 상온에서 67% 농도 가능. ·제과 제빵용.
빙당 (glacial sugar)	·설탕을 얼음처럼 굳힌 것. ·투명하고 착색이 가능.
각설탕 (cube sugar)	·정제당을 1.5~1.8cm 크기의 정육면체로 만든 것. ·커피 홍차용.
분설탕 (粉糖 : powdered sugar)	·정제당을 분쇄하고 고화방지를 위해 녹말을 3% 첨가한 것. ·장식용 크림, 껌, 아이스크림에 사용.
과립상당 (frost sugar)	·흰설탕을 다공질의 과립상으로 만든 것. ·드레싱용.

〈표 2〉 정제당의 성분

성분＼종류	자 당	전화당	회 분	수 분
그라뉴당	99.89	0.02	0.01	0.02
쌍 백 당	99.91	0.02	0~0.01	0.01
중쌍백당	99.69	0.09	0.03	0.03
상 백 당	99.40	1.29	0.02	0.82
중 백 당	95.75	1.93	0.07	1.62
황 설 탕	94.95	2.13	0.18	1.65
각 설 탕	99.74	0.02	0.01	0.14
빙 당	99.80	0.66	—	0.06

정향[丁香] 原 (영 Clove 프 Clou de girofle 독 Gewürznelke) 클로브. 정향나무의 꽃봉오리를 따서 말린 것. 정자(丁字)라고도 한다. 꽃봉오리는 모양이 못과 같고 향기가 있어 정향이라 이름 붙여졌다. 분홍빛을 띠는 붉은 색의 꽃봉오리가 활짝 피면 향이 날아가므로 꽃이 피기 전에 따서 햇빛에 말린다. 이것은 박하와 같은 맛이 나고 단맛의 방향이 있다. 그대로 사용하거나 곱게 빻아 갖가지 반죽, 단맛이 강한 크림, 소스에 섞어 쓴다.

젖당[－糖] 化 (영 Lactose) 포유동물의 젖(乳汁) 속에 포함되어 있는 감미 물질. 락토오스, 유당이라고도 한다. 우유 속에는 평균 4.8%를 함유하고 있다. 화학적으로 보면 젖당은 이당류의 하나이고 가수분해되어 포도당 1분자와 갈락토오스(galactose) 1분자를 생성한다. 감미도는 낮아서 자당 100에 대해 16 정도이다. 젖당은 이스트의 영양원이 되지는 못하지만 빵의 착색에 효과가 있다.

젖산균[－酸菌] 生 (영 Lactic bacteria) 글루코오스 등의 당류로부터 다량의 젖산을 생성하는 세균의 총칭. 락트산균 또는 유산균이라고도 한다. 젖산 발효를 통해 생성되는 젖산은 병원성 유해세균의 생육을 저지하는 성질을 갖고 있으며, 유제품(요구르트·치즈 등), 양조식품(청주·된장·간장), 김치류 등의 식품제조에 이용된다.

젖산발효[－酸醱酵] 化 (영 Lactic acid fermentation) 당을 분해하여 젖산을 생성하는 발효 현상. 젖산발효 또는 락트산 발효라고도 한다. 발효의 주체가 젖산균*이다. 알코올 발효(효모균이 주체)와 더불어 생물의 2대 주요 발효이다. 젖산균 발효를 이용해 만든 대표적인 식품이 요구르트, 치즈 그리고 호밀빵이다. 요구르트는 독특한 발효향과 신맛이 있어 현대인의 입맛에 잘 맞고, 또 건강에도 좋은 발효음료이다. 그 밖에 흰빵 반죽에도 젖산균은 존재하지만 이스트균의 활동이 워낙 활발해서 증식하지 못한다. 그러다 이스트 발효가 끝나면 그때 비로소 젖산균의 발육이 왕성해진다. 그러므로 반죽의 발효상태가 어느 한계를 넘어서면 신맛이 강해져 풍미가 나빠지고 만다. 젖산균은 소금에 약하므로 소금의 사용량을 늘리면 젖산균 발효를 막을 수 있다.

제과실험[製菓實驗] 試 밀가루의 제과 적성을 알아보는 실험법. 밀가루를 이용한 과자의 종류가 대단히 많아 방법도 아주 다양하다. 그 중에서 쿠키와 케이크를 만들기에 알맞은 밀가루를 판정하는 방법은 다음과 같다.

1. 쿠키

[배합] 밀가루(14% 수분) 225 g , 설탕

130 g, 쇼트닝 64 g, 소금 2.1 g, 중조 2.5 g, 포도당 용액(8.9 g의 포도당을 물 150cc에 녹인 것) 33cc, 증류수 16cc.
[반죽 만들기·측정법] ① 설탕, 소금, 쇼트닝, 중조를 저속으로 3분간 혼합하여 크림형태로 만든다 ② ①에 포도당 용액과 증류수를 넣어 저속으로 1분, 중속으로 1분간 혼합한다 ③ 반죽을 6 cm 간격으로 잘라 알루미늄 쿠키 판에 얹어 205℃에서 10분간 굽는다 ④ 구워내 30분간 냉각시킨다 ⑤ 두께(T)와 너비(W)를 측정하여 퍼진정도(spread factor, W/T)를 계산한다.

2. 케이크
[배합] 밀가루(14% 수분) 200 g, 설탕 280 g, 쇼트닝 100 g, 탈지분유 24 g, 흰자 18 g, 베이킹 파우더·증류수 각 적당량, 소금 6 g.
[반죽 만들기·측정법] ① 쇼트닝을 뺀 나머지 재료를 체 쳐서 반죽기에 넣는다 ② 쇼트닝과 60%의 물을 ①에 넣고 저속에서 30초, 중속에서 4분간 혼합한다 ③ 나머지 물의 50%를 ②에 넣고 저속에서 2분 30초, 중속에서 2분간 혼합한 뒤 남은 물을 넣고 다시 저속으로 2분 30초, 중속으로 2분간 혼합한다 ④ 180℃ 또는 190℃에서 구운 뒤 냉각시킨다 ⑤ 측정 점수는 균일성 10점, 크기 10점, 두께 10점, 습윤성 10점, 연한 정도 14점, 부드러운 정도 10점, 색 10점, 향 10점으로 한다.

제과용 밀가루[製菓用−] 原 가열 조리법(굽기·튀김), 팽창제, 설탕과 지방의 배합량, 반죽의 굳기와 고형 배합물의 유무에 따라 알맞은 밀가루를 골라 써야 한다. 그 용도에 따른 선택기준은 다음과 같다. 1. 팽창제에 따라 ① 효모 발효 : 준강력분. ② 화학 팽창제 : 박력분. 2. 설탕의 비율이 적은 것에는 박력분을 쓴다. 3. 비교적 층이 얇은 반죽을 부풀릴 때는 박력분에 중력분을 섞는다. 4. 튀기는 과자류에 박력분만 쓰면 조직이 엉성해지고 기름의 흡수가 많아지므로 중력분을 섞어 기름의 흡수를 줄인다. 5. 지방을 많이 넣은 반죽에는 중력분을 섞는다. 그러면 제품의 질과 맛이 좋아지고 작업도 쉬워진다. 6. 말린 과실처럼 무거운 재료를 더할 때는 준강력분을 배합하고, 반죽에 점성을 준다. 그래야만 과실이 밑으로 가라앉지 않는다. 7. 산도가 높지 않은 단단한 반죽을 만들 때는 표백하지 않은 가루를 써야 작업하기 쉽다. 8. 지효성 팽창제를 쓸 때는 중력분을 배합한다. 제과용 밀가루의 적정 단백질 함량은 다음〈표〉와 같다.

〈표〉 제품에 따른 밀가루의 단백질 함량

분　　류	글루텐 함량(%)
이스트 반죽	11.5
프루츠 케이크	11.0
접기형 파이	11.0
반죽형 파이	10.0
버터 케이크	10.0
케이크 도넛	9.0
핫 케이크	8.5
비스킷	8.0
스펀지 케이크	8.0
레이어 케이크	7.5
하이 레이쇼 케이크	5.0

제과용 첨가물[製菓用添加物] 原 식품 첨가물 중 제과에 쓰이는 것. ① 기호에 따라 : 착색료, 착향료, 조미료, 광택제. ② 조직 개량용 : 팽창제, 유화제, 점조제 등. ③ 영양 강화용 : 비타민류, 아미노산류, 칼슘 등. ④ 보존 기간 연장용 : 항산화제, 방부제, 보습제, 피막제. ⑤ 품질 개량용 : 표백질, 밀가루 개량제 등이 있다.
→식품 첨가물

제누아즈 菓 (영 Butter Sponge Cake, Genoese 프 Genoise) 제누아즈 반죽 케이크. 제누아즈 반죽은 비스퀴 플레인 스펀지에 버터를 더한 것, 버터 스펀지*에 해당한다. 이탈리아의 제노바(Genova) 지방에서 생겨났다 하여 붙여진 명칭이다. 계란의 풍미에 버터 풍미가 더해진 것으로 감칠맛이 있다. 버터는 녹여서 사용하며 그 양은 계란의 20~30%가 보통이다. 갖가지 앙트르메, 오믈렛에 자주 쓰이는 등 응용범위가 넓다.

[배합] 계란 4개, 설탕 125 g, 박력분 125 g, 녹인 버터 40 g.

[만드는 법] ① 계란을 볼(bowl)에 넣고 설탕을 더해 섞는다. 중탕시키면서 휘핑한다 ② 체온만큼 데워지면 중탕을 끝내고 계속 젓는다 ③ 박력분을 체 쳐서 ②에 넣고 나무 국자로 섞는다 ④ 녹인 버터를 나무 국자에 받으면서 전체에 골고루 더해 재빠르게 섞는다 ⑤ 둥근 틀의 바닥과 옆면에 종이를 대고 ④의 반죽을 흘려 붓는다 ⑥ 180℃ 오븐에서 30분간 굽는다. 틀에서 빼내고 식힌 뒤 종이를 떼어 낸다.
→스펀지 케이크

제분[製粉] 技 (Flour milling) 문자 그대로 어떤 물질을 가루로 만드는 일. 곡류가공법 중 곡류를 가루 형태로 가공하는 것은 밀이 대표적이므로, 일반적으로 제분이라 하면 밀의 제분을 뜻한다. 밀 제분은 인류 역사상 가장 오래된 공업으로서 6,000여 년의 역사를 갖고 있다. 제분용 도구도 평석(平石)→돌절구→롤식 제분기 등으로 발전했고, 동력원도 인력→가축의 힘→풍수력을 거쳐 전기를 활용하기에 이르렀다. 다음은 전자동 다단식 제분기계로 제분하는 과정이다(〈표 1〉 참고).

2. 정선(精選, cleaning)—불순물 제거. 바람직한 최종제품과 균일한 제품을 얻기 위해 불순물을 기계적으로 분리한다. 독성물질(맥각), 냄새물질(마늘), 이물질(유리·돌·곰팡이), 다른 씨앗(옥수수·보리·귀리) 같은 불순물은 밀가루의 기능성과 외관에 나쁜 영향을 줄 뿐만 아니라 제분기 자체에도 손상을 입힌다.

3. 가수(加水, tempering ; conditioning)—제분하기 전 밀알에 물을 흡수시켜 제분에 적합한 상태로 바꾸는 일. 가수하는 목적은 ① 겨와 배유를 깨끗하고 쉽게 분리하기 위함. ② 밀의 껍질부분을 질기게 만들어 제분단계에서 가루로 부서지지 않도록 하기 위함(가루가 된 겨는 밀가루와 분리할 수 없다). ③ 분쇄롤을 거친 물질을 체치기(sifting)에 알맞은 조건이 되도록 하기 위함. ④ 밀가루의 최종 용도와 밀의 경도에 비례하여 분쇄단계에서 적절한 수준의 손상녹말이 생성될 수 있도록 하기 위함이다.

4. 제분—밀로부터 밀가루를 생산하는 단계. 분쇄(粉碎, grinding)와 분리(分離, separating)로 이루어져 있다. 조쇄롤(粗碎 roll)과 분쇄롤을 통해 분쇄되고, 체(sifter)와 정선기(purifier)를 통과하면서 분리된다(〈표 2〉 참고). 이러한 작업들은 밀알을 분쇄한 뒤 배유를 겨층에서 최대한 긁어내고 그 배유를 곱게 빻아 밀가루를 생산하는 일이다.

5. 뒷처리—각각의 롤러를 통해 나온 밀가루는 성질이 모두 다르다. 이때 밀가루의 특성에 맞추어 개량제, 표백제, 영양 강화

〈표 1〉 제분공정

저장 → 정선 → 가수 → 제분 → 뒷처리
└─원료의 전처리─┘

1. 저장(貯藏, stock)—사일로(silo) 또는 엘리베이터(elevator)라고 하는 저장고에 밀을 보관한다.

〈표 2〉 제분기기

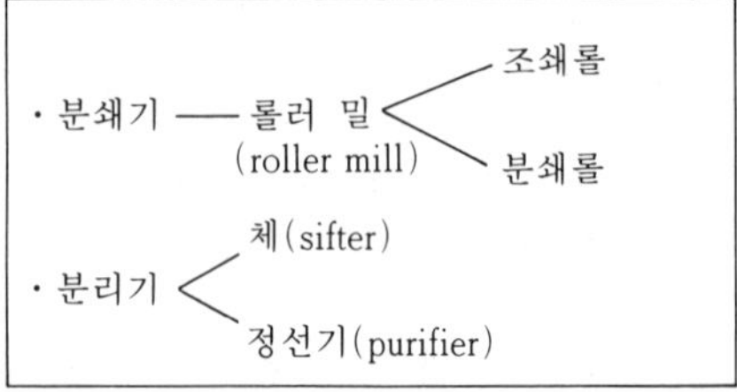

제 등을 첨가한다. 그리고 이들이 잘 섞이도록 한번 더 체쳐 숙성시킨 뒤 포장한다.

제빵법의 종류[-種類] 技 (영 Sort of baking process) 제빵법을 크게 나누면 1. 직접 반죽법 2. 중면 반죽법 3. 중종 반죽법 4. 액종법으로 나눌 수 있다.

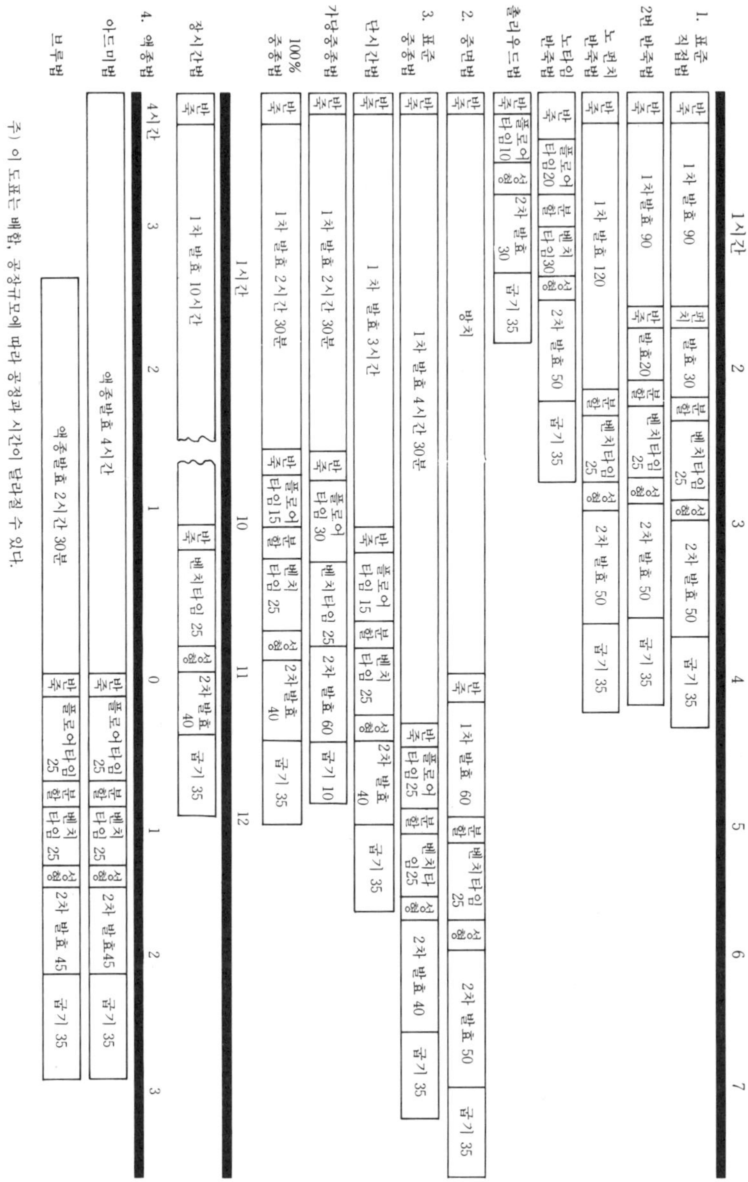

〈그림〉 각종 제빵법의 공정도

주) 이 도표는 배합, 공장규모에 따라 공정과 시간이 달라질 수 있다.

제빵 보조제[−補助劑] 原 (영 Subsidiary agent of baking) 이스트 푸드, 반죽개량제, 효소 보조제 등 제빵성을 높이는 식품 첨가물을 가리킨다.

제빵실험[−實驗] 試 (영 Baking test) 밀가루의 제빵 적성을 알아보는 실험법. 흔히 사용하는 방법이 AACC의 실험법이다 ('밀가루의 품질 측정법'항 참고).
[배합] 밀가루(수분 14% 기준) 100, 소금 1.5, 효모(압착효모) 5, 물 적당량, 설탕 6, 쇼트닝 3, 탈지분유 4, 맥아 0.3, 아스코르브산 40ppm, 브롬산칼륨 50ppm, 기타 숙성제·계면활성제·반죽개량제 각 적당량.
[반죽 만드는 법] ① 위 재료를 혼합하여 반죽을 만든다. 반죽 온도는 30±1℃. ② ①의 반죽을 항온기(온도 30±1℃, 상대습도 85%)에서 발효시키면서 55분 후에 1차 가스빼기를 하고, 25분 후에 2차 가스빼기를 한다 ③ 10분 후에 성형하고 30~38분간 발효시킨다 ④ 굽기는 218℃에서 24~30분간 한다.
〈측정법〉 빵의 부피는 10분 뒤에 측정하고 내부·외부의 평가('빵의 평가항목'항 참고)는 1시간 뒤에 행한다.

제스트 原 (프 Zeste) 오렌지나 레몬의 겉껍질 또는 호두의 속껍질. 이 부분은 향이 짙어 가늘게 자르고 잘게 다져서 소스, 크림류, 젤리, 그 밖의 케이크류, 앙트르메 등에 향료로 쓰고 색을 낼 때 사용한다. 그레너딘(grenadine) 시럽*에 담가 빨갛게 물들여 쓰기도 한다.

젤라틴 原 (영 Gelatine 프 Gélatine 독 Gelatine) 동물의 연골, 힘줄, 가죽 등을 구성하는 단백질인 콜라겐(collagen)을 더운물로 처리했을 때 얻어지는 유도 단백질의 하나. 응고제로 사용한다. 찬물에는 팽창에 그치나 더운물에는 녹아 졸*(액체)이 된다. 그리고 이 졸은 2~3% 이상의 농도에서(온도는 실온) 탄성있는 겔*(고체)

이 된다. 이 상태의 물질을 젤리라 한다.
〈젤리화〉 1. 젤리화 과정−젤라틴을 끓여 녹이면 콜로이드 상태(졸)가 된다. 이 졸을 냉각시키면 콜로이드성 젤라틴 입자가 물 분자를 끌어당겨 부피가 커지고 그 입자와 입자가 서로 얽혀 그물구조를 형성한다. 이것이 젤리이다. 이때 물이 그물구조 속에 얽혀 있음으로 인해 유동성을 잃어 젤리 특유의 탄력성이 생기는 것이다. 2. 젤리화 조건−① 농도 : 농도가 높으면 젤리의 강도가 커져 보형성(保形性)은 좋지만 너무 단단해지고, 농도가 낮으면 부드러운 반면 부서지기 쉽다. 보통은 3~4% 정도이고 용도나 기호에 따라 바꿀 수 있다. ② 응고(냉각)온도 : 젤라틴의 농도에 따라 달라진다. 젤라틴 농도가 낮으면 응고온도를 낮춰야 하고, 농도가 높으면 웬만큼 높아도 굳는다. 예를 들면 2%의 젤라틴은 3℃에서 응고하고 5%는 14℃에서 응고하기 시작한다. ③ 응고시간 : 냉각온도와 젤라틴의 농도에 따라 다르다. 즉, 같은 농도일지라도 온도가 낮을수록 짧고 고온일수록 길다. 3. 젤리의 강도−농도, 냉각온도, 시간에 따라 다르다. 저온에서 천천히 냉각하면 강도가 증가하여 농도가 낮아도 단단한 젤리를 만들 수 있다. 또, 완성된 젤리는 저온에 장시간 두어도 강도가 증가한다. 설탕의 농도가 높을수록 젤리의 강도가 높아지고 탄력이 증가한다. 그리고 설탕은 보수성이 높아 젤리의 융해를 될 수 있는 대로 늦추는 역할도 한다.
〈종류〉 가공형태에 따라 판 젤라틴과 가루 젤라틴이 있다. 판 젤라틴은 가루 젤라틴에 비해 순도가 낮고 점탄성이 높은 반면 가루 젤라틴은 강도가 높아 약간 단단하다.
〈사용법〉 ① 가루, 판 젤라틴 모두 물에 담가 흡수·팽윤시킨 뒤 이용한다. 팽윤에 필요한 시간은 가루가 5분, 판이 20~30분이다. ② 흡수량은 보통 젤라틴 중량의 10배이므로 물을 충분히 넣어 덩어리지지 않게 한다. ③끓여 녹일 때는 직접 올려 놓거나 중탕시킨다.

젤라틴 스펀지 푸딩 菓 (영 Gellatine Sponge Pudding) 젤라틴 푸딩 반죽에 스펀지 시트를 담가 굳힌 것.
[배합] 젤라틴 20g, 물 200cc, 우유 300cc, 럼·바닐라 각 2cc, 카스텔라·설탕 각 100g. 〈사과 소스〉 사과잼 50g, 물 100cc, 설탕 20g.
[만드는 법] ①카스텔라를 2cm 길이의 네모꼴로 자른다 ②물에 불린 젤라틴을 약한 불에서 녹여 우유와 설탕, 바닐라, 럼을 섞는다 ③②와 ①을 섞고 푸딩 틀에 넣어 차게 굳힌다.
〈초콜릿 젤라틴 푸딩〉 초콜릿 50g을 우유에 녹여서 만든다.
〈커피 젤라틴 푸딩〉 우유의 양 중에서 1/2을 커피로 대신한다.
〈마롱 젤라틴 푸딩〉 병조림한 밤을 섞는다.

젤리 菓 (영 Jelly 프 Gelée 독 Gelee, Gallert) ①겔 상태의 젤라틴. ②펙틴, 젤라틴, 한천, 알긴산 등의 콜로이드성 응고제를 넣어 굳힌 식품. 젤라틴과 한천으로 응고시킨 냉과, 냉제 요리, 그리고 과즙에 설탕을 넣고 조린 젤리 상태의 잼 종류가 있다. 원래 젤리는 생선이나 고기를 끓여 우러나온 국물을 식혀 굳힌 것이었지만, 펙틴 젤리(과일 젤리), 한천 젤리, 젤라틴 젤리를 가리킨다. 후식으로 간식용은 응고제에 과즙, 우유, 양주, 잘게 자른 과일을 섞어 굳히고 요리용은 담백한 생선, 계란, 닭고기 등을 곁들여 만든다. 현대의 젤리는 여름 상온에서 녹기 쉬운 상태, 즉 수분에 대해 3% 정도의 젤라틴을 섞어 만든다. 그런데 18세기 말부터 19세기에 이르는 시기에는 현재의 1.5~2배에 가까운 젤라틴을 썼다. 그 당시에는 냉장방법이 일반적이지 않았으므로 보형성(保形性)을 주기 위해 좀 더 단단하게 만들 수 밖에 없었다. 또, 미각도 시대에 따라 변하므로 오늘날과는 달리

조금 단단한 젤리를 선호했으리라 추측된다.
〈종류〉 ①젤라틴 젤리 : 젤라틴을 녹여 설탕, 주재료(과일·와인·커피 따위), 향료를 넣고 식혀 굳힌 것 ②한천 젤리 : 젤라틴 대신 한천을 이용한 것 ③펙틴 젤리 : 과일 속의 펙틴, 유기산, 당분이 가열에 의해 결합·응고한 것. 과일은 펙틴이 많이 든 사과, 카시스 등을 자주 사용한다. 한편 파파야, 파인애플, 키위, 무화과처럼 단백질 분해효소가 들어 있는 과일을 날 것으로 사용하면 젤리화하기 어렵다. 그러므로 이들 과일을 한 번 데쳐 효소의 기능을 없앤 뒤 이용하거나, 아니면 통조림을 사용한다. 최근에는 이들 과육의 표면에 한천을 씌운 뒤 젤라틴액에 넣어 굳히는 방법이 연구되고 있다.

젤리 스펀지 케이크 菓 (영 Jelly Sponge Cake)
[배합] 스펀지 케이크(지름 18cm, 두께 3cm) 1장. 〈프루츠 젤리〉 한천 7.5g, 물 400cc, 설탕 150g, 젤라틴 가루 12g, 물 150cc, 바닐라 5g. 〈과실〉 복숭아·살구 통조림 200g, 체리 8개.
[만드는 법] ①스펀지 케이크를 만든다 ②한천을 물에 불려 끓인 뒤 설탕을 넣고 다시 끓인다 ③②를 체에 거른다 ④③의 한천액에 물에 불린 젤라틴과 향료를 섞는다 ⑤④를 18cm의 둥근 틀에 1cm 두께만큼 붓고 찬물로 굳힌다 ⑥⑤의 젤리액 위에 프루츠를 넣고 다시 남은 젤리액을 붓는다 ⑦⑥이 다시 굳어지면 스펀지 케이크를 씌우듯이 넣고 굳힌다 ⑧다 굳으면 틀에서 꺼내어 둘레에 은박지를 붙인다. 한천과 젤라틴의 비율은 기호에 따라 달라질 수 있지만 반드시 양쪽 모두를 사용한다.

조 原 학명은 *Setaria italica.* 벼과(科)의 1년생 작물로서, 주로 산지(山地)의 경사면에서 재배된다. 원산지는 중앙 아시아 또는 흑해 연안이다. 한국에는 중국을 거쳐

전파되었다. 조는 건조한 토양에서도 잘 자라는 구황(救荒)작물로서 단백질, 지방이 풍부하고 조밥, 조죽, 물엿, 제과원료 등으로 쓴다.

조당[粗糖] 原 (영 Raw sugar) 정제하지 않은 설탕. 조당은 정제당*보다 불순물은 많지만 풍미가 좋아 여전히 사탕, 캐러멜 제조에 자주 쓰인다.

조란[棗卵] 菓 숙실과*의 하나. 대추를 쪄서 씨를 빼고 곱게 다져 꿀로 버무려 대추 모양으로 빚은 과자이다.

[배합] 대추 20개, 물 2큰술, 계피가루 소량, 잣 1작은술.

[만드는 법] ① 대추를 깨끗이 하여 찜통에 찐다 ② 찐 대추의 씨를 빼고 곱게 다진다 ③ ②를 냄비에 담고 꿀, 계피가루를 넣어 살짝 조린 뒤 다시 대추 모양으로 빚는다 ④ 꼭지부분에 잣을 끼워서 위로 가게 하여 그릇에 담는다.

조미료[調味料] 原 (영 Seasoning) 식품에 넣어서 그 맛을 효과적으로 내기 위한 재료이며 직접 식용을 목적으로 한 것. 인간의 미각은 짠맛, 단맛, 신맛, 매운맛, 쓴맛을 동시에 느끼고 또 좋은맛과 나쁜맛을 구별한다. 한편 맛은 미각만이 단독적으로 작용한다고 해서 느껴지는 것이 아니다. 미각 이외에도 후각, 시각이 동시에 작용해야 한다. 특히 후각적 측면인 향은 음식의 맛을 향상시킬 수도 떨어뜨릴 수도 있다. 그러므로 조미료를 사용할 때에 미각과 후각이 잘 어우러지며 그 음식과도 잘 조화되도록 주의를 기울인다. 맛에 따른 조미료의 종류는 다음과 같다.

· 짠맛—소금, 된장, 간장
· 단맛—설탕, 사카린, 엿
· 신맛—식초, 구연산(시트르산)
· 매운맛—겨자, 고추, 생강, 후추
· 쓴맛—향쑥
· 감칠맛—버터, 육수, 소스류

조해[潮解] 化 (영 Deliquescence) 고체가 대기 중에 있을 경우 대기 중의 수증기를 흡수하여 스스로 용액을 만드는 현상. 수산화나트륨이나 염화칼슘은 조해성이 있는 고체로 물에 잘 녹는다.

조효소[助酵素] 化 (영 Coenzyme) 보조효소(補助酵素). 단순단백질과 결합하여 복합단백질의 효소를 이루는 보결 분자족(prosthetic group)이다. 효소는 단순단백질로 이루어진 것과 복합단백질로 이루어진 것이 있는데 이 중에서 복합단백질은 단순단백질과 비단백질인 조효소로 이루어져 있다. 보통 조효소가 없으면 효소가 작용하지 않으므로 조효소의 역할은 매우 중요하다. 많은 조효소는 비타민과 관계가 깊다. 예를 들면 니코틴산은 NAD라는 조효소의 성분이며 비타민 B_2는 FMN이라는 조효소의 성분이다.

졸 化 (영 Sol) 콜로이드 용액. 이것은 열, 약품의 작용을 받으면 곧 굳어져 고체 또는 반고체로 변한다. 이와 같은 현상을 졸의 응고 또는 겔화라 하고, 응고한 고체를 겔*이라 한다.

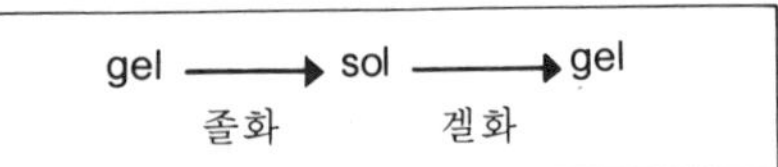

→콜로이드

종[種] 빵 제빵시 발효의 기본이 되는 최초의 효모 배양체. 효모의 종류와 배양법에 따라 주종, 홉스종, 수종, 중종 등으로 구별한다. 이들 종을 적당히 발효시킨 뒤 나머지 재료와 함께 혼합하여 반죽하는 단계를 본반죽이라 한다. 직접법은 종을 사용하지 않고 바로 본반죽을 하는 제빵법이다.

종이 짤주머니 機 (영 Forcing bag 프 Poche de papier) 기름 종이나 질 좋은 롤 종이로 만든 짤주머니*. 가는 선이나 글자를 그릴 때 사용한다.

주걱 機 (영 Spatula 프 Spatule) 제과 제빵 재료를 저어 섞고 볶는 데 필요한 용구. 종류는 용도에 따라 다음과 같이 나뉜다. ① 스패튤러(나무 주걱) : 가루 섞음용, 캔디 조림용. ②고무 주걱 : 반죽 저음용. ③금속·대나무 주걱 : 다목적.

주석산[酒石酸] 原 （영 Tartaric acid 프 Acid tartrique） 당액을 조릴 때 결정화를 막기 위해 첨가하는 산(酸)의 하나다. 화학식은 $C_4H_6O_6$이다. 타르타르산, 디옥시숙신산이라고도 한다. 주상(柱狀) 결정의 무색 투명한 이염기성 유기산이다. 포도주를 만들 때 침전하는 주석(酒石) 속에 들어 있어 주석산이라 불린다. L-주석산, D-주석산, DL-주석산 등 여러 종류가 있지만 보통은 L-주석산을 가리킨다. 청량음료, 과즙, 젤리, 잼, 캔디 등에 산미료로서 이용하고 또 베이킹 파우더의 원재료로 이용된다.

주석영[酒石英] 原 （영 Cream of tartar 프 Crème de tartre） 크림 오브 타르타르, 주석산수소칼륨이라고도 한다. 포도 과즙을 발효시켜서 추출한 주석산의 하나로 흰자를 거품낼 때, 또는 당액을 조릴 때 결정을 막기 위해 이용한다. 흰자는 순수한 단백질 수용액이기 때문에 특유의 산을 넣어주면 단백질과 수분이 쉽게 분리된다. 이 분리된 단백질이 모여서 기포를 형성하기 때문에 흰자가 부풀면 거품이 일어나는 것이다. 스펀지 케이크나 에인젤 케이크 등과 같이 반죽의 부풀림이 품질을 좌우하는 경우, 특히 흰자의 휘핑 방법에 주의할 필요가 있다. 따라서 이때 주석영을 넣어주면 편리하다. 또, 산에는 설탕의 일부를 분해시켜 전화당으로 만드는 성질이 있고, 이 전화당에는 결정화를 막는 과당이 들어 있어서 물엿을 만들 때에 첨가하기도 한다. 주석영 대신에 레몬 과즙이나 식초를 소량 넣어도 같은 효과를 얻을 수 있다.

주석 철판[酒石凸板] 機 （영 Tin coated steel sheet, Tin plate） 주석을 표면에 입힌 철판. 보통 철제로 된 빵 틀 또는 철판은 부식되기 쉽고 수명이 짧다. 주석 철판은 이러한 결점을 없애기 위해 고안된 것, 적당한 유연성과 신전성을 가진 특수강을 균일한 두께로 편 뒤 순수한 주석 용액으로 피막을 입힌 것이다. 이런 종류의 철판은 내구성이 강해 조금만 주의를 하면 오랫동안 사용할 수 있다. 단 보통의 철제 철판과 마찬가지로 갓 사들여 처음 사용할 경우에는 미리 가열해야 한다. 그 이유는 철판 표면에 산화막을 형성시키고 가열을 통해 주석층이 특수강과 분리되지 않게 하기 위함이며, 이보다 더 실질적인 이유는 표면의 광택으로 인해 빵이 잘 구워지지 않는 일이 없도록 하기 위함이다. 왜냐하면 표면의 광택이 지나치면 오븐의 열이 반사되어 빵이 충분히 구워지지 않기 때문이다. 가열 방법은 처음에 씻어서 말린 철판을 204~213℃의 오븐에 넣어 표면이 검푸른색으로 변할 때까지, 약 3시간 정도 가열한다. 이것을 오븐에서 꺼내 냉각시키고 기름칠을 해서 사용한다. 이 때 오븐의 온도가 213℃ 이상으로 올라가지 않도록 주의한다. 왜냐하면 주석이 232℃에서 녹고 주석에 불순물이 섞여 있으면 융점이 더욱 낮아지기 때문이다. 주석 철판을 너무 가열하면 작은 덩어리가 생기고 표면이 거칠어진다.

주스 原 （영 Juice 프 Jus 독 Saft） 고기, 야채, 과일 등의 즙과 액을 통틀어 주스라 한다. 서구에는 천연 과즙을 묽게 한 것을 소프트 드링크, 짜 낸 즙 그대로를 스트레이트 주스라 한다. 오렌지나 레몬, 사과, 딸기 주스를 아이스크림이나 셔벗, 생과자, 당과 등에 이용한다.

주종[酒種] 原 빵, 과자 제조에 사용하는 발효액의 하나로 누룩곰팡이를 배양한 것. 이스트가 시판되기 전까지 빵·과자 업자는 주종을 사용하여 빵, 과자를 만들었다. 이스트가 출현함과 동시에 주종 제빵법은 그 모습을 감추었다. 주종은 이스트보다 내당성(耐糖性)이 좋아 이것으로 만든 빵은 오랫동안 부드러움이 유지되고 독특한 풍미를 갖는다. 반면 주종을 배양하고 발효시키는 데 시간이 오래 걸리고 빵의 품질이 균일하지 못한 결점이 있다.

분류	배합(%)	
1번종	쌀	25
	밥	5
	누룩	20
	물	50
2번종	밥	50
	누룩	15
	1번종	15
	물	25
3번종	밥	50
	누룩	10
	2번종	15
	물	25
4번종	밥	50
	누룩	8
	3번종	12
	물	30

[만드는 법] 〈1번종〉 ① 쌀, 밥, 누룩을 혼합한다. 온도는 26℃. ②①을 23~24℃에서 48시간 숙성시킨다. 이 때 12시간마다 저어 숙성을 촉진시킨다. 처음의 pH는 6.1~6.7, 48시간 뒤의 pH는 4.0~4.6. 처음에는 침전층(쌀, 밥, 누룩)과 상층(맑은 물)으로 나뉘고, 24시간 뒤부터는 발포(發泡)하기 시작하여 상층의 맑은 물도 흐려진다. 48시간 뒤에는 발포가 거의 끝나고 침전층, 백탁액층, 부유물층인 3층으로 나누어진 상태가 된다. 1번종에는 각종 잡균이 번식하는데, 특히 효모가 증식하기 쉽도록 작용하는 젖산균의 번식력이 두드러진다. 〈2번종〉 ① 밥, 누룩, 물을 혼합해 26℃ 전후로 조절한 뒤 1번종을 넣고 잘 섞는다 ②①을 여과하여 23~24℃에서 24시간 숙성시킨다. 이 때 6~8시간마다 저어서 숙성을 촉진시킨다. 처음의 pH는 4.0~4.6, 24시간 뒤의 pH는 3.5~4.1이다. 1번종은 향기가 옅고, 떫은 맛, 쓴맛이 강하고 2번종은 알코올 냄새와

단맛이 난다. 〈3번종〉 ① 2번종과 만드는 법이 같다. 단, 2번종과 같이 여과하지는 않고 저은 뒤 숙성시킨다. 23~24℃에서 24시간 숙성시키면서 6~8시간마다 젓는다. 처음의 pH는 4.0~4.6, 24시간 뒤에는 3.2~3.8이다. 24시간 뒤의 종은 2번종보다 묽어지고 알코올 냄새, 단맛, 신맛이 강해진다. 〈4번종〉 ① 3번종과 같다. 처음의 pH는 4.0~4.6, 24시간 뒤에는 3.2~3.8이다. 다 만들어진 4번종은 본반죽할 때 쓸 수 있는 종이며 냉장온도에서 보존이 가능하다. 숙성온도가 높으면 단맛이 강하고 낮으면 알코올 냄새가 강해진다. 이렇게 되면 발효력과 향이 떨어지고 제빵성이 저하되므로 온도관리에 세심한 주의를 기울여야 한다. 또, 중간 중간에 저어주는 이유는 알코올 냄새가 너무 강해지지 않도록 하기 위함이다.

주현절[主顯節] 其 (영 Twelfth Day 프 Épiphanie) 1월 6일 가톨릭교에서 행하는 행사 중의 하나. 공현절(公現節)이라고도 한다. 그리스도가 하나님의 아들로서 세상 사람들 앞에 나타난 날, 즉 예수가 제30회 탄생일에 세례를 받고 하나님의 아들임을 공증(公證)받았던 날을 기념하는 행사이다. 한편 서방 교회에서는 이 날을 3인의 동방박사가 12일만에 그리스도 앞에 나타난 날이라 하여 12일절(Twelfth Day)이라 한다.
→갈레트 데 루아, 트웰프스 데이 케이크

중간발효[中間醱酵] 技 (영 Intermediate proof) 벤치타임*. 분할하고 둥글린 반죽을 성형하기 전에 10~20분 발효시키는 공정을 말한다.

중국빵[中國-] 빵 (영 Chinese Bread) 중국 사람들이 자주 먹는 빵은 유럽식과 같이 구운 빵이 아니라 중국 나름대로의 독특한 노면법을 이용하여 만든 만두, 즉 중화만두이다. 이것은 밀가루 반죽에 고기와 야채로 만든 충전물을 채워 찐 빵이다. 대도시에서 기계화를 통해 대량생산된다.

→찐빵

중력분[中力粉] 原 글루텐 양이 강력분보다 적고 박력분보다 많은 밀가루. 식빵 제조에는 적합하지 않으며 과자빵이나 프랑스 빵에 알맞은 것이다. 건부량은 0~13%이고, 습부량은 25~35%이다. 수분의 양은 강력분보다 0.5~1% 정도 낮다.

중면법[中麵法] 技 (영 Soaker dough method) 미국 제빵협회가 우연히 발견한 제빵법의 하나. 소커 도 메소드라고도 한다. 중면, 즉 이스트를 거의 넣지 않은 반죽을 본반죽 전에 만들어 놓는 것이 특징이다. '소커'는 '물에 담근다'는 뜻으로, 이스트를 넣지 않고 단지 밀가루와 물이 섞였다는 의미에서 붙여진 명칭이다.
[배합]〈중면〉밀가루 90, 물 45, 이스트 0.2, 맥아 1, 설탕 5.〈본반죽〉밀가루 10, 이스트 2, 물 15, 쇼트닝 4.
[만드는 법] ① 중면을 만든다. 26℃에서 4시간 둔다 ② 본반죽을 한다. 27℃에서 1시간 1차 발효, 분할, 벤치타임 25분, 성형, 2차발효 50분, 굽기 35분 한다. 글루텐 성질이 특히 강한 중면 단계에서 밀가루의 단백분해효소를 작용시켜 글루텐의 신전성(伸展性)을 주는 것이 주목적이다. 단, 이스트를 넣지 않은 반죽을 고속으로 믹싱하면 반죽이 찢어지기 쉬운 결점이 있다. 그리고 이스트가 없는 중면에 박테리아가 발육하여 나쁜 냄새를 주기 때문에 중면법은 더 이상 발달하지 못하였다. 따라서 정제도가 높은 밀가루를 이용하여 흰빵을 만들 경우에는 적합하지 못한 제법이다.

중세의 양과자[中世-洋菓子] 菓 (영 Medieval Cake) 중세(5세기~15세기)에 만들어진 과자. 양과자는 로마제국이 붕괴함에 따라 커다란 발전을 보이지 않았다. 단, 옛 가톨릭 수도원에서 그 맥이 전통적으로 이어졌기 때문에 이 때의 양과자에는 종교적인 색채가 강하게 남아 있다. 한편, 중세 말 11~13세기에 십자군이 동방원정을 통해 향신료와 설탕을 유럽으로 전파시켰다. 그에 따라 키어시가 만들어지고, 이것이 과자에 이용되었다.
〈종류〉① 갈레트 : 종교적 의미의 과자. 원래는 선사시대로 거슬러 올라가 밀가루, 물, 동물의 젖을 섞어 만든 반죽을 뜨겁게 달군 돌 위에 얹어 구운 과자를 뜻했다. ② 오스티(Hostie). ③ 우블리(Oublie). ④ 에쇼데(Échaudé) : 가루 반죽을 1번 익힌 뒤 오븐에서 굳힌 딱딱한 과자. 장례식 날 교회에서 찬미가를 합창할 때 비둘기의 발에 매달아 날렸다고 한다. ⑤ 니월(Nielule) : 브레첼의 원형. ⑥ 고프르.

중유 오븐[重油-] 機 (영 Heavy-oil-fired oven) 중유를 연료로 해서 사용하는 오븐. 전쟁 시에는 석유의 통제 때문에 볼 수 없었지만 전후 석유가 보급되면서 여러 형식의 중유 오븐이 제조되었다. 일반적인 것이 직접 가열식의 고정 오븐이다. 중유 오븐의 구조는 각 회사의 제품에 따라 다르기 때문에 각 제조업자의 지시에 따라 점화와 조작을 달리 해야 하며 화재방지를 위해 중유 보관에 특히 주의해야 한다.
→오븐

중조[重曹] 原 (영 Sodium bicarbonate) 탄산수소나트륨. 팽창제의 하나이다. 산성탄산나트륨, 중탄산나트륨 또는 중탄산소다라고도 한다. 분자식은 $NaHCO_3$이며, 무색의 결정성 분말이다. 이것은 20℃ 이상에서 이산화탄소[CO_2(일명 탄산 가스)]와 물(H_2O)을 발생시킨다. 그리고 알칼리성인 탄산나트륨(Na_2CO_3)만 남는다. 반죽에 중조를 더하면, 바로 탄산 가스에 의해 반죽이 부풀고, 탄산나트륨에 의해 제품이 노랗게 되며 쓴맛과 좋지 않은 냄새가 나는 것이다. 또, 반죽과 잘 섞이지 않았을 때 제품에 노란 반점이 생긴다. 그러므로 중조는 밀가루와 함께 체 쳐서 넣거나 소량의 물에 녹여 쓰도록 한다.
→베이킹 파우더

중종 반죽법[中種−法] 技 (영 Sponge dough method) 제빵법의 하나. 중종법, 스펀지법이라고도 한다. 재료의 일부로 중종*을 만들고 충분히 발효시킨 뒤 본반죽(중종과 나머지 재료를 반죽하는 일)에 들어가는 방법이다. 중종법으로 만든 반죽은 기계내성이 우수하고 불안정한 발효조건에서도 안정도가 높아 좋은 제품을 만들 수 있다.
〈중종〉 전체 밀가루의 50~70%, 이스트 전부, 이스트 푸드, 맥아를 물과 함께 섞어 직접법으로 반죽한다. 단, 중종의 온도는 직접 반죽법보다 낮게(23~26℃) 한다. 중종은 발효하여 노화하기 시작하는 단계까지 숙성시킨다. 보통 밀가루 사용 정도가 75%일 때는 3시간, 50%일 때는 5시간 발효시켜야 한다. 발효시간을 줄이기 위해서는 중종온도를 높이고(1℃ 올릴 때마다 20분씩 단축) 이스트량을 늘린다.
〈본반죽〉 발효한 중종을 믹서에 넣고, 남은 물, 밀가루, 탈지분유, 소금, 설탕, 쇼트닝, 그 밖의 부재료를 더해 반죽한다.
〈중종법의 종류〉 발효시간에 따라 ① 장시간 중종법, ② 표준 중종법, ③ 플라잉 스펀지*법. 중종에 배합하는 물의 양에 따라 ① 풀(full), ② 하프(half), ③ 쿼터(quarter). 그 밖에 100% 중종법과 가당 중종법이 있다. 이 중에서 표준 중종법(4시간 중종법)으로 식빵을 만드는 예를 들면 다음과 같다.
[배합] 〈중종〉 밀가루 70, 이스트, 2, 이스트 푸드 0.1, 물 40. 〈본반죽〉 밀가루 30, 설탕 5, 유지 5, 소금 2, 물 23.
[만드는 법] 중종온도 24℃, 발효시간 4시간 40분. 본반죽 온도 27℃ 분할, 플로어타임 25분, 벤치타임 10분, 성형. 2차 발효 40℃에서 40분. 굽기 220℃에서 35분.
→직접 반죽법

중탄산나트륨[重炭酸−] 化 (영 Sodium hydrogen carbonate)
⇨중조

중탄산소다[重炭酸−] 化 (영 Sodium bicarbonate)
⇨중조

중탕[重湯] 技 (영 Water bath 프 Bain-marie 독 Dampfen) 끓는물 속에 음식이 담긴 그릇을 넣고, 그 음식을 익히거나 데우는 일. 제과 반죽 중 계란과 기름이 배합된 것을 가열하면서 혼합하면 유화성이 높아지고, 단백질이 열응고할 때 굳기를 조절하기 쉽다. 이 경우 배합 재료를 담은 그릇을 직접 불 위에 올려 놓으면 극도로 가열되고 또는 원료가 부분적으로 늘어붙을 염려가 있다. 그러므로 끓는물이나 증기로 용기를 가열하는 중탕을 이용하면 안전하다. 〈중탕방법〉 ① 배합재료를 담은 냄비를 뜨거운 물에 띄워서 가열하는 방법. ② 물을 채운 밀폐 용기 위쪽에 구멍을 뚫고 데우고자 하는 냄비를 얹는다. 그리고 물을 가열하여 발생시킨 증기로 냄비에 열을 전달하는 방법이 있다.

중화과자[中華菓子] 菓 중국 고유의 과자*. 식사 이외의 음식으로서 단맛 나는 것. 가장 오래 된 과자가 정빙(蒸餠 : 찐떡), 이것이 후대의 만토우(饅頭)의 전신이다. 만토우는 진대(晋代 : 3세기말~4세기경)에 널리 보급된 과자이다. 만은 '고기를 넣었다'는 뜻이고, 토우는 '연회에서 제일 처음 나오는 것'이란 뜻, 즉 만토우는 연회에서 제일 처음 나오는 고기넣은 정빙이었다. 그 밖의 과자로 웨빙(月餠)·잉런쑤(杏仁蘇)·스쯔쑤(十字蘇)·로우체쑤(肉切蘇) 등이 있다. 이 중 웨빙은 여러 가지 소*를 넣은, 중국 제1의 과자이다. 중국 과자의 재료는 밀가루·쌀가루가 주재료이고, 팥소·설탕·과일·깨·참기름·계란·돼지기름이 쓰인다.

즉제 빵[即製−] 빵 (영 Quick Bread) 팽창제로 반죽을 부풀려 구운 빵. 미국식 비스킷, 덤플링, 머핀 등이 있다.

즐레 菓 (프 Gelée) 젤리의 불어명.

⇨젤리

증기구이[蒸氣−] 技 (영 Steam baking) 스팀 베이킹. 오븐 속에 증기를 포화상태로 해서 굽는 방법이다. 프랑스빵이나 그 외 유럽풍의 딱딱한 빵들은 이 방법으로 굽는다.

증기 오븐[蒸氣−] 機 (영 Steam pipe oven) 고열의 증기가 통하는 증기관으로써 가열되는 오븐. 오래 전부터 널리 이용되었던 것이었지만 온도 조절이 어려워 점차 사라지고 있다.
→오븐

증류주[蒸溜酒] 原 (영 Distilled liqueur) 곡물이나 과실, 감자류, 당밀 등을 양조한 발효주를 증류하여 주정(酒精)이나 그밖의 휘발성 방향물질을 채취한 것. 증류횟수를 늘릴수록 수분이 걸러져 주정 함유량이 80%까지 높아진다. 위스키, 브랜디, 진, 럼, 보드카, 소주 등이 여기에 속한다.

지방산[脂肪酸] 化 (영 Fatty acid) 카르복시기($COOH$)를 1개 가지는 사슬 모양의 산. 지방을 가수분해하면 생기기 때문에 붙은 명칭이다. 보통 생체내에서 글리세롤이나 고급 알코올과의 에스테르를 만들고 있으며 유리(遊離) 상태로 존재하는 양은 극히 적다. 이때 글리세롤과의 에스테르를 지방, 고급 알코올과의 에스테르를 왁스라고 한다. 지방산은 생체내에서 탄소 2 개씩의 단위로 합성하거나 분해되므로 자연계에 존재하는 지방산은 거의 탄소수가 짝수이다. 중요한 에너지원으로서, 소화 흡수되면 지방의 형태로 피하에 축적되어 필요할 때 간장에서 분해된다(다음 〈표〉 참고).
〈종류〉 분자 중에 이중결합을 갖는 불포화 지방산*과 이중결합이 없는 포화지방산* 으로 나눌 수 있다.

지속성 베이킹 파우더[持續性−] 原 (영 Double acting baking powder) 특정 온도에 한정되지 않고 저온에서부터 고온에 이르기까지 계속해서 가스를 발생시키는 형

〈표〉 주요 지방산

분류	명 칭	화 학 식	존 재
포화지방산	포 름 산	HCOOH	
	아 세 트 산	CH_3COOH	식 초
	프로피온산	C_2H_5COOH	
	낙 산	C_3H_7COOH	버 터
	발 레 르 산	$C_4H_{19}COOH$	
	카 프 로 산	$C_5H_{11}COOH$	버 터
	카 프 릴 산	$C_7H_{15}COOH$	야 자 유
	카 프 르 산	$C_9H_{19}COOH$	야 자 유
	라 우 르 산	$C_{11}H_{23}COOH$	야 자 유
	미 리 스 트 산	$C_{13}H_{27}COOH$	야 자 유
	팔 미 트 산	$C_{15}H_{31}COOH$	콩 기 름
	스테아르산	$C_{17}H_{35}COOH$	콩 기 름
	아 라 크 산	$C_{19}H_{39}COOH$	땅콩기름
불포화지방산	아 크 릴 산	$CH_2{=}CHCOOH$	
	데 센 산	$C_9H_{17}COOH$	버 터
	올 레 산	$C_{17}H_{33}COOH(cis)$	콩 기 름
	엘라이드산	$C_{17}H_{33}COOH(trans)$	
	리 놀 레 산	$C_{17}H_{31}COOH$	콩 기 름
	리 놀 렌 산	$C_{17}H_{29}COOH$	아마인유
			콩 기 름
	아라키돈산	$C_{19}H_{31}COOH$	간 유

태의 팽창제이다.
→베이킹 파우더

지용성 비타민[脂溶性−] 化 (영 Fat soluble vitamine) 지방이나 지방을 녹이는 유기 용매에 녹는 비타민. 비타민 A·D·E·K가 여기에 속한다. 수용성 비타민에 비해 열에 강하고 조리에 의한 손실이 적다. 각 비타민의 성질과 작용, 권장량은 뒷 페이지 〈표〉와 같다.

지질[脂質] 化 (영 Lipid) 생물계에서 지방산을 포함하고 있거나 지방산과 결합하고 있는 물질. 지질을 구성하는 주요 원소는 C, H, O이고 여기에 P, N, S가 덧붙여진다. 물에 녹기 어렵고 벤젠, 에테르 같은 유기 용매에 잘 녹는다. 탄수화물, 단백질과 함께 생명체를 이루는 중요한 성분이고 당질처럼 중요한 에너지원이기도 하다. 지질은 우리 나라 기초식품군 중 5 군에 속하

〈표〉 지용성 비타민의 종류

약호·명칭	함유식품	성 질	생리작용	결 핍 증	1인1일권장량
A·악세로프톨 (axerophthol)	간유, 버터, 김, 새나 짐승의 내장, 노른자, 녹황색 채소.	담황색 또는 무색 결정. 유지에 용해, 물에 불용. 빛(특히 자외선)에 의해 분해.	발육촉진. 상피세포의 생리에 관계. 세균에 대한 저항력 증가. 야맹증, 안염 방지.	발육지연. 상피세포 각질화. 전염병, 호흡기 질환에 대한 저항력 약화. 야맹증, 건조성 안염 발생.	성인 750RE 임부 800RE 수유부 1,200RE (RE는 Retinol equivalant)
D·칼시페롤 (calciferol)	간유, 버터, 새나 짐승의 내장, 노른자, 청색을 띤 어류, 표고버섯.	무색의 결정. 프로비타민 D로서 에르고스테롤이 있으며 자외서에 의해 D_2로 변함. 유지에 녹고, 물에 불용. 열이나 산화에 비교적 강함.	칼슘과 인의 흡수력 증강. 혈액 중 인의 양을 일정하게 유지. 뼈·치아의 인산칼슘의 침착을 촉진.	어린이―구루병. 성인―골연화증. 충치, 근육이 늘어나서 복부가 나오기 쉬움.	아동, 성인, 임신부, 수유부, 모두 10㎍
E·토코페롤 (tocopherol)	밀의 배아유, 옥수수기름, 면실유 등. 노른자, 버터, 두류, 상추, 양배추.	물에 불용, 유지에 용해. 열, 빛, 효소에 비교적 안정. α-, β-, γ-, δ 등이 있다. 무색 또는 연노랑색의 기름상태.	생식 기능을 정상적으로 유지. 근육 위축을 방지하며 근육작용을 향상시킴. 천연 항산화 작용.	불임증. 근육위축증.	미국 성인 12~15 I U
K·필로퀴논 (phylloquinone)	양배추, 시금치, 토마토, 간유.	연노랑색의 기름 상태. K_1, K_2, K_3 등이 있다. 물에 불용, 유지에 용해, 빛에 분해되기 쉬움.	혈액의 응고에 필요한 프로트롬빈 (prothrombin)이 간에서 생성될 때 필요. 포도당 등의 연소에 관계.	혈액 응고성이 감소되어 출혈하기 쉬움. 신생아인 경우 혈액 질환이 일어나기 쉬움.	

는 유지류로서 ① 에너지원, ② 필수지방산의 공급원, ③ 지용성 비타민의 용매가 되는 것이다.

〈종류〉 지방산과 결합하는 물질의 종류에 따라 단순지질, 복합지질로 나뉘고 그 밖에 유도지질이 있다(뒷 페이지 〈표〉 참고).

1. 단순지질―지방 조직의 에너지 저장체. C, H, O의 3 원소로 이루어져 있고, 화학적 구조는 지방산과 알코올이 에스테르 결합을 하고 있는 꼴이다. 알코올의 종류에 따라 다시 유지류, 왁스류, 스테롤 에스테르로 나뉜다. ① 유지류('유지'항 참고). ② 왁스류(납) : 지방산이 고급 1 가인 알코올과 에스테르결합을 한 것. 식물의 줄기, 잎, 종자에 존재하고 동물의 체표면, 뼈 등에 존재한다. 유지보다 안정된 에스테르 결합으로서 가수분해되기 어렵고 공기 중에서 변질되지 않는다. 이것은 생물체 표면에서

〈표〉 지질의 종류

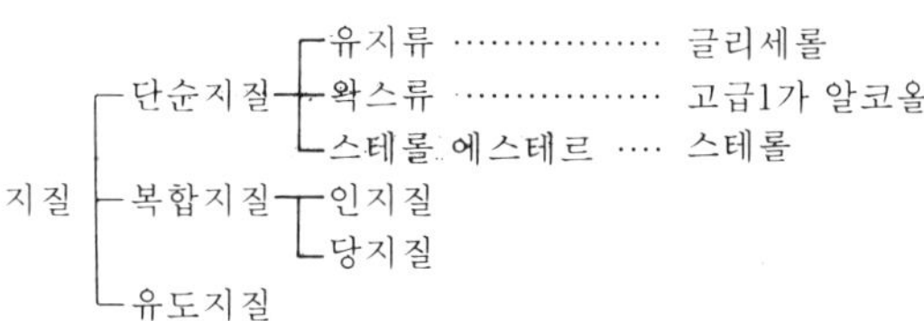

변질되지 않는다. 생물체 표면에서 습윤, 건조를 방지하고 체온을 유지하는 역할을 한다('왁스'항 참고). ③스테롤 에스테르 : 콜레스테롤과 팔미트산의 에스테르, 콜레스테롤과 올레산의 에스테르, 콜레스테롤과 스테아르산의 에스테르가 있다.

2. 복합지질—지방산과 알코올 외에 다른 화합물을 함유하는 것. ①인지질 : 인산을 함유하는 복합지질. 여기에 레시틴, 세팔린, 스핑고미엘린 등이 속한다. 이들은 유화작용이 있어 유화제로서 중요한 몫을 담당하고 있다. ②당지질 : 당을 함유하는 복합지질.

3. 유도지질—천연 유지에 녹아 있으며 알칼리 용액에서 비누화하지 않는 물질. 단순지질과 복합지질은 가수분해하여 지방산과 다른 여러 구성물질을 생성하고 알칼리 용액에 비누화*(saponification)한다. 유도지질에는 스테롤, 고급 알코올, 탄화수소, 지용성 비타민, 지방산 등이 속한다.

지질의 정량법[脂質—定量法] 試 (영 Lipid quantitative method) 유지 용제(油脂溶劑)로 유지를 추출하여 그 양을 측정하는 방법. 지질(脂質)은 물에 녹지 않고 에테르나 석유 에테르 같은 유지 용제에 녹는다. 그래서 보통 속슬레 추출기(soxhlet's extractor)로써 에테르 형태로 지질을 추출한 뒤 에테르를 증발시키고 남은 물질의 양을 잰다. 이 값을 시료에 대한 백분율(%)로 나타내면 된다. 시료의 종류, 성질에 따라 정량법은 다르다. 예를 들어 우유·유제품의 지질은 에테르와 석유 에테르로 추출하고 알류(卵類)는 산분해법, 식용유·버터 등의 지질은 에스테르 불용물을 측정·계산한다.

지친 반죽 빵 (영 Old dough, Over ripe dough, Over fermented dough) 발효가 지나쳐 그대로는 빵을 만들 수 없는 반죽. 이것을 중종에 더해서는 안되며 본반죽에 사용할 때 양은 30%가 한계이다. 보통 이 반죽을 쓸 때에는 휴지시간을 줄이고 발효시간, 굽는 시간도 짧게 잡아야 한다. 그리고 오븐의 온도는 높인다.

직접구이[直接—] 技 (영 Hearth bake) 빵 반죽을 빵 틀에 넣지 않고 직접 하스(hearth : 구움대) 위에 얹어 굽는 방법. 이렇게 구운 빵을 직접구이빵이라고 한다. 프랑스빵, 비엔나빵, 이탈리아빵, 영국의 코티지로프, 호밀빵, 통밀빵 등이 여기에 속한다. 직접 굽는 빵은 일반적으로 설탕이 적고 짠맛이 나는 것이 많으며, 건포도나 계란을 넣거나 양귀비씨 또는 참깨로 장식한 것이다. 이때 사용할 빵 반죽은 부풀지 않도록, 천을 깐 상자 속에 나란히 넣고 휴지시킨다. 그리고 적당하게 칼집을 내어 증기를 이용하는 오븐에 넣고 굽는다. 오븐에 증기를 사용하지 않는 경우 반죽 표면에 물을 발라서 굽는다. 직접 굽는 빵은 틀에 넣어 굽는 빵보다 발효시간을 조금 길게 하고 2차발효 온도는 낮춘다. 또, 오븐 속에 증기를 충분히 불어넣고, 오븐의 온도를 낮춘다.

→하스 브레드

직접 반죽법[直接—法] 技 (영 Straig-

〈표〉 직접법과 중종법의 장단점

	직 접 법	중 종 법
장 점	① 한번에 반죽이 끝나므로 힘이 덜 든다. ② 전체 발효 시간이 짧아 발효 손실이 적다. ③ 맛·풍미가 좋다.	① 이스트가 20% 절약된다. ② 빵의 부피가 크고, 결·촉감이 부드럽다. ③ 발효 시간이 좀 지나쳐도 본반죽에서 만회할 수 있다.
단 점	① 일정한 발효 시간이 필요하고, 때에 따라서는 시간을 조절하기도 어렵다.	① 2번에 걸쳐서 믹서로 반죽해야 하므로 노력·시간·동력의 소비가 크다. ② 발효 손실이 크다.

ht dough process) 제빵법의 하나. 직접법, 스트레이트법이라고도 한다. 중종 반죽법과는 달리 원재료를 한꺼번에 반죽하고 발효시킨 뒤 가스빼기하고 다시 발효시켜 부풀린 다음 분할·성형한다. 식빵을 만들기 위한 표준 직접법은 다음과 같다.

[배합] 밀가루 100일 때 이스트 2, 이스트 푸드 0.1, 설탕 5, 유지 5, 소금 2, 물 62.

[만드는 법] 반죽 온도 27℃, 1차발효 시간 80분, 가스빼기한 뒤 다시 30분, 벤치타임 10분, 2차 발효 40℃에서 40분. 굽기 220℃에서 35분.

〈종류〉 ① 노 타임 반죽법* ② 표준 직접 반죽법 ③ 두 번 반죽법* ④ 유럽의 연속 제빵법 ⑤ 노펀치 반죽법.

진 原 (영 Gin 프 Genièvre) 증류주의 하나. 옥수수, 보리, 밀을 원료로 하고 주니퍼 베리(juniper berry : 노간주나무 열매)로 풍미를 낸 양주이다. 원료가 되는 옥수수, 보리, 밀을 발효시키고 증류시킨 뒤 주니퍼 베리, 코리앤더, 캐러웨이, 감귤류의 과피 그리고 약초, 향초류를 더한다. 기본적으로 진은 저장·숙성시키지 않으므로 무색 투명하고 풍미가 부드럽다.

〈종류〉 ① 네덜란드 진 : 단기간이나마 숙성시켰기 때문에 연노랑색을 띤다. 알코올 도수를 45도까지 증류수로 묽힌 뒤 도기병에 채운다. 잉글리시 진에 비해 짙은 맥아향을 풍기는 이것은 주로 스트레이트로 마신다.

② 잉글리시 진 : 영국산 진. 두 번 증류시키고, 증류수로 알코올 도수 37~47도까지 묽힌 다음 바로 병에 채워 넣는다. 드라이 진이 유명하다. 이것은 맛이 산뜻하고 풍미가 가벼우며 칵테일 베이스로 자주 쓰인다. 그리고 드라이 진에 주니퍼 베리는 물론 레몬, 딸기, 오렌지, 사과, 체리 같은 과일과 박하, 생강으로 향을 낸 것을 총칭해서 플레이버드 진(flavored gin)이라 한다. 그 중에서 자두의 하나인 슬로베리를 더한 것이 슬로 진이다. 진 중에서 주니퍼 베리, 코리앤더로 풍미를 낸 것은 감귤류와 잘 어울리고, 과자의 맛을 돋운다. 특히 유지량이 많은 재료나 과자에 이용하면 담백한 맛이 난다. 말린 과실을 배합한 비스킷, 또는 치즈와 크림을 많이 넣은 과자에 곁들이기에 적당하다.

진저 原 (영 Ginger) 생강의 영어명. 노란색 육질의 다년초로서, 독특한 향과 매운맛이 있어서 향신료로 많이 쓰인다. 제과에 용도에 따라 다양하게 사용된다.
⇨생강

진저 너츠 菓 (영 Ginger Nuts)
[배합] 밀가루 454 g, 설탕 227 g, 버터 92 g, 노랑색 시럽 227cc, 우유 14cc, 생강가루·스파이스 가루·팽창제 각 7 g.
[만드는 법] ① 밀가루, 스파이스, 팽창제를 섞는다 ② 버터를 잘게 썰어서 ①과 섞는다 ③ 남은 재료를 ②에 넣는다 ④ 부드러운 반죽을 만들어서 두께 3 mm로 편다 ⑤ 지름

5 mm의 형틀로 찍어서 철판에 놓고 171℃ 오븐에서 굽는다.

진저 브레드 菓 (영 Ginger Bread) 서양의 고전적인 과자 중의 하나로, 생강과 그 밖의 스파이스를 배합해 만든 것. 밀가루, 중조, 버터, 설탕, 골든 시럽으로 만든 반죽에 생강, 기타 스파이스를 더해 구운 갈색 케이크이다. 스파이스 이외에 레이즌과 필을 섞기도 한다.

진저 비스킷 菓 (영 Ginger Biscuits) [배합] 버터 454 g, 설탕 340 g, 박력분 794 g, 콘스타치·계란 각 113 g, 팽창제 28 g, 생강가루 21 g, 중조 3. 4 g. [만드는 법] ① 버터와 설탕을 크림 상태가 되기 전까지 섞고, 계란을 넣고 다시 섞는다 ② 여기에 남은 재료를 혼합한다 ③ 이것을 10 × 3 ㎝의 막대 모양으로 만들고 파라핀 종이에 싸서 냉장고에 넣는다. 단단해지면 두께 6 mm 정도로 잘라서 철판 위에 놓고 193~204℃ 오븐에서 굽는다.

진저 에일 原 (영 Ginger ale) 생강의 매운맛과 향을 더한 탄산음료. 천연 혹은 인공 향료를 탄산음료에 넣고 설탕과 구연산으로 맛을 낸다. 이것은 그대로 혹은 위스키, 브랜디에 섞어 마신다.

진저 케이크 菓 (영 Ginger Cake) 유지(버터나 라드)를 많이 넣고 생강을 더한 반죽을 파운드 틀에 채워 구운 과자. [배합] 버터·라드 각 199 g, 적설탕·계란 각 454 g, 시럽 907cc, 강력분 1,191 g, 중조 21 g, 콘스타치·시너먼 각 28 g, 믹스 스파이스 14 g, 올스파이스·넛메그 각 7 g, 우유 511cc. [만드는 법] ① 유지와 설탕을 섞어 크림 상태로 만든다 ② ①에 계란을 넣고 섞는다 ③ ②에 데운 시럽, 우유(1/2분량)를 넣고 밀가루, 중조, 스파이스를 더해 섞는다. 마지막으로 남은 우유를 더한다 ④ ③의 반죽을 파운드 틀에 454 g 씩 채워 179℃의 오븐에서 굽는다.

질소계수[窒素係數] 試 (영 Nitrogen c-oefficient) 어떤 식품에서 단백질량을 알아내는 데 필요한 수치(6. 25). 단백질은 탄소, 수소, 산소 이외에도 질소를 함유하고 있으며 그 양은 16%이다. 그리고 질소는 지방과 탄수화물에는 존재하지 않고 단백질에만 있다. 그러므로 시료가 되는 식품의 질소량을 측정하고 그 값에 100/16(=6. 25)을 곱하면 단백질량이 산출된다. 그런데 최근 들어 6. 25라는 질소계수 대신 각각의 시료에 들어 있는 주요 단백질을 근거로 한 질소계수가 산출되었다(〈표〉 참고).

〈표〉 질소−단백질 환산계수(FAO)

식 품 명	환산계수
밀(고운 입자)	5. 83
밀(거친 입자)	5. 70
쌀	5. 95
보리, 호밀, 귀리	5. 83
메밀	6. 31
밀국수, 마카로니	5. 70
땅콩	5. 46
콩·콩제품	5. 71
밤, 호두, 깨, 기타 견과류	5. 30
아몬드	5. 18
브라질넛	5. 46
호박, 수박, 해바라기씨	5. 40
우유, 유제품, 마가린	6. 38
그 밖의 식품	6. 25

쌀주머니 機 (영 Forcing bag, Squeeze bag, Icing bag, Pastry bag 프 Poche à douille, Cornet, Poche, Sac à dresser 독 Spritzbeutel, Dressierbeutel) 머랭, 슈 반죽, 생크림, 아이싱 등을 채워 넣고 짜내는 용구. 파이핑 배그, 서보이 배그, 튜브라고도 한다. 쌀주머니의 재질은 종이, 파라핀, 나일론, 플라스틱 등이고 이 중에서 가장 쓰기 편리한 것이 나일론 제품이다. 모양깍지를 고정시킨 쌀주머니에 내용물을 채워 이용한다. 이때 공기가 들어가지 않도록 주의하며, 일단 채운 뒤에는 한번

흔들어 내용물을 밑으로 내린다. 주머니 윗 부분을 모아 쥐고 짜낸다.

〈짜내기 요령〉 ① 짤주머니에 공기가 들어가지 않도록 주의하면서, 내용물을 8할 정도 채워 넣는다. ② 모양에 따라서 짜내는 각도가 다르다. 둥근 모양은 똑바로 세워서 짜고, 글자·크림은 45도 기울여 짜낸다. ③ 큰 짤주머니를 사용할 때는 다른 한 손으로 짤주머니의 아랫부분을 지탱하며 짜낸다. 그리고 가는 선을 그릴 때는 연필 잡듯이 쥐고 짠다. ④ 짜내는 방법은 모양각지를 표면에서 2~3cm 띄고 팔 전체를 움직여 짜낸 뒤 힘을 빼고 살짝 위로 들어 올린다. 직선을 짤 때는 힘을 고르게 주어 선의 굵기가 균일하도록 한다. 또한 한 번 채운 내용물은 빨리 짜내야 한다. 왜냐하면 오래 손에 쥐고 있으면 손의 열이 옮아가 내용물이 녹거나 변질되기 때문이다.

찐빵 빵 찜통(시루)에 쪄서 익힌 빵. 발효 반죽과 무발효 반죽 모두 이용할 수 있다. 무발효 반죽에는 팽창제를 이용한다. 중국의 중화만두와 일본 화과자 중 각종 만주가 여기에 속한다.

차[茶] 原 (영 Tea 프 Thé 독 Tee)
동백나무과(科)에 속하는 상록식물 잎을 따
서 건조시켜 음료용으로 만든 것. 원산지는
동아시아이다. 차는 녹차, 홍차*, 우룽차
로 크게 나눌 수 있으나 차 잎은 모두 똑같
다. 녹차는 수확 즉시 잎을 불로 가열한 뒤
건조시킨 것이고 홍차는 수확한 잎을 한동
안 건조시킨 뒤 효소의 작용을 이용하여 발
효시킨 것이다. 우룽차는 그 중간형태이다.
차는 방향 성분, 타닌(tannin), 카페인(caff-
eine)이 함유되어 있어서 흥분작용과 소화작
용을 한다. 이 밖에 녹차는 곱게 빻아 무
스·젤리·쿠키 등의 과자에 이용하고 있다.
→홍차

차당[車糖] 原 (영 Soft sugar) 정제당
의 한 종류. 차당은 결정이 작고, 전화당이
들어 있어 단맛이 강하며 촉촉하다. 차당
중에서도 결정을 만드는 순서가 늦을수록
색이 짙다. 즉, 제일 처음 만들어지는 상백
당은 무색 투명한 반면 중백당, 삼온당으로
갈수록 갈색빛이 돈다.
→설탕

차파티 빵 (영 Chapati) 인도 빵 중의
하나. 통밀가루 또는 밀겨만을 뺀 아타가루
(ata : 파키스탄산 통밀가루)로 만든 얇고
납작한 빵이다. 효모나 팽창제를 전혀 사용
하지 않는다.

착색료[着色料] 原 (영 Coloring matte-
rs) 조리·가공·저장하는 동안 변색하기
쉬운 천연의 농수산물에 이용하여 상품적
가치와 고유의 색을 유지하기 위한 인공 재
료. 천연 착색료와 합성 착색료가 있다. 예
전에는 자연계의 색소를 이용한 천연 착색
료가 주류였으나 1800년대 말부터 합성 착
색료가 등장, 보급되었다. 천연 착색료는
종류가 적고 선명도가 떨어지며 원료를 구
하기 어려운 반면, 합성 착색료는 값싸고
구입하기 쉽다. 현재 사용 허가된 합성 착
색료는 타르색소 8품목, 타르색소의 알루미
늄레이크 7품목, 비타르계 색소 7품목 등
모두 22가지이다(뒷 페이지 〈표〉 참고).
〈종류〉 1. 식용 타르색소—인공으로 합
성, 제조한 대표적인 착색료. 식용 색소 중
에서 사용빈도가 특히 높다. 허용품목 8 가
지는 모두 수용성이기 때문에 유지류 식품
에 사용하기 어렵다. ① 식용 녹색 3 호 : 금
속성 광택이 나는 진초록의 알갱이 또는 가
루 형태이고 냄새는 없다. 내광성(耐光性),
내열성(耐熱性)이 강하고 구연산, 주석산에
안정적이다. 알칼리에는 변색하여 푸른 보
라색으로 바뀐다. 캔디류에 식품 100 g 당
1mg을 사용한다. 구운 과자, 음료에는 적합
하지 않다. ② 식용 적색 2 호 : 붉은 갈색~
검붉은 갈색의 알갱이 또는 가루 형태이고
냄새가 없다. 내광성, 내열성은 좋으나 산
화·환원에 약하다. 그러므로 통조림이나
비타민 C를 함유한 식품에는 사용하지 않
는다. 그리고 구연산, 주석산에 안정적이지
만 알칼리에는 검붉게 변색한다. 과자, 청
량음료, 냉과 등에 사용하고 흡습성이 크므
로 밀폐 용기에 넣어 보관한다. ③ 식용 적
색 3 호 : 붉은 갈색의 알갱이 또는 가루 형
태이고 냄새는 없다. 내열성, 내알카리성,
내환원성, 내산화성이 강하고 내광성이 약
하다. 그리고 단백질과의 결합력이 강하다.
과자, 농수산 가공품, 젤리, 잼, 통조림 등
에 이용한다. ④ 식용 청색 1 호 : 과자, 음
료, 캔디, 어묵 같은 식품에 사용하고, 초
콜릿색, 초록색, 커피색 등의 혼합색 배합
원료로도 이용한다. ⑤ 식용 청색 3 호 : 과

<표> 허용된 합성 착색료 및 그 사용 기준

착　색　료　명	사용식품	첨　가　량	사　용　제　한
식용 색소 녹색 제3호 (fast green FCF) 식용 색소 녹색 제3호 알루미늄레이크 식용 색소 적색 제2호 (amaranth) 식용 색소 적색 제2호 알루미늄레이크 식용 색소 적색 제3호 (erythrosine) 식용 색소 적색 제3호 알루미늄레이크 식용 색소 청색 제1호 (brilliant blue FCF) 식용 색소 청색 제2호 식용 색소 청색 제2호 알루미늄레이크 식용 색소 황색 제4호 (tartrazine) 식용 색소 황색 제4호 알루미늄레이크 식용 색소 황색 제5호 (sunset yellow FCF) 식용 색소 황색 제5호 알루미늄레이크 식용 색소 적색 제40호 (allura red)			다음의 식품에는 사용할 수 없다. 면류, 김치류, 다류, 단무지(황색 4호만은 쓸 수 있음), 생과일주스, 묵류, 젓갈류, 천연식품〈식육, 어패류, 채소, 과일 등. 그리고 그 단순가공품(탈피, 절단 등)〉, 벌꿀, 장류, 식초, 소스, 케첩, 잼, 고춧가루·실고추, 후춧가루, 카레, 식육 제품(소시지 제외), 어육 연제품(소시지 제외), 식용유지, 버터, 마가린, 클로렐라, 효소식품, 식빵, 마멀레이드, 우유·유제품(아이스크림류와 가공 유류는 제외).
삼이산화철 (iron sesquioxide)			바나나(꼭지의 절단면), 곤약 이외의 식품에는 사용할 수 없다.
수용성 아나토 (annato water sol.) β-카로틴 (β-carotene) β-아포-8′-카로티날 (β-apo-8′-carotenal)			천연식품〈식육, 어패류, 과일, 야채류와 그 단순 가공품(탈피·절단 등)〉에는 사용할 수 없다.
철클로로필린나트륨 (sodium iron chlorophylline)			
동클로로필린나트륨	채소류·과일류의 저장품 다시마 껌 완두콩·통조림속 한천	동으로서 0.1 g/kg 이하 0.15 g/kg 이하 0.05 g/kg 이하 0.0004 g/kg 이하	
이산화티타늄 (titanium dioxide)		식품 중량의 1% 이하	

자, 냉과, 음료 등에 다른 식용 색소와 배합하여 쓴다. ⑥ 식용 황색 4 호 : 젤리, 캔디, 빵, 크림, 주스, 분말 음료, 노란무(단무지) 등에 사용. 노란무를 착색할 때는 타르색소 중 황색 4 호만이 사용 가능하다. ⑦ 식용 황색 5 호 : 과자, 음료, 농수산 가공품에 사용. ⑧ 식용 적색40호 : 적색 2 호 대신 사용할 수 있다.
  2. 식용 타르색소 알루미늄레이크—타르색소에 염기성 알루미늄을 작용시켜 얻는 화합물. 색소 함유량이 10~40%이다. 현재 허용된 것은 적색 2 · 3 호, 황색 4 · 5 호, 녹색 3 호, 청색 1 · 2 호의 알루미늄레이크로 총 7가지이다.
  3. 비타르계 착색료—원래 천연물인 색소를 수용성과 안정성을 높이기 위해 간단하게 화학처리한 것과, 처음부터 합성한 것 2 가지가 있다. 전자에 수용성 아나토, 철클로로필린나트륨, 동클로로필린나트륨이 속하고 후자에 β-카로틴, β-아포-8′-카로티날, 이산화티타늄, 삼이산화철이 속한다.
  4. 천연 착색료—최근 식용 타르색소는 독성 때문에 허용 품목수가 줄고 있으며 대신 천연 색소를 이용하는 쪽이 늘고 있다. ① β-카로틴(β-carotene) : 카로티노이드계의 대표적인 색소. 비타민 A의 효력이 있으며 채소, 과일, 곡식, 노른자, 버터 등 자연계에 널리 분포한다. 마가린, 쇼트닝, 식용유지에 사용한다. ② 캐러멜(caramel) : 포도당이나 설탕을 고온에서 가열했을 때 얻어지는 분해 생성물. 청량음료, 알코올 음료, 간장, 소스, 과자, 약식 등에 이용한다. ③ 클로로필(chlorophyll : 엽록소) : 식물 푸른잎의 엽록체 중에 함유되어 있는 청록 색소. 과자, 음료, 리큐르에 사용한다. 식물의 잎을 그대로 말려 사용하기도 하는데, 떡에 넣는 쑥이 그 예이다. ④ 파프리카 추출색소 : 파프리카의 열매에서 추출한 카로티노이드계 색소. 주성분은 캅산틴(capsanthin)이다. 버터, 마가린, 치즈 등 유지 식품

에 사용하고, 샐러드 드레싱에는 산화방지제와 함께 첨가한다.
  찰라 빵 (영 Challach) 유태인들이 안식일이나 축제일에 먹는 보트 모양의 빵. 밀가루 100%에 대해 10%의 계란과 소량의 설탕, 유지, 사프란을 배합한다. 성형 후 반죽 표면에 계란을 바르고, 그 한가운데에 띠 모양의 반죽을 얹는 것이 특징이다. 이러한 모양은 종교적인 특성을 반영한 결과이다.
  찰 테스트 試 (독 Test zahl) 글루텐의 질(質)을 판정하는 방법. 이스트 반죽을 만들어 30℃의 물에 담가둔다. 그리고 반죽이 떠올라 붕괴될 때까지 걸리는 시간을 분(sec)으로 표시한다. 그 시간이 길수록 글루텐질이 좋은 밀가루이다.
  참깨 原 (영 Sesame seed 프 Sésame) 참깨과(科)의 1 년생초에서 얻은 종자. 흰깨, 검은깨, 노란깨가 있다. 종자 속에는 유지가 많아 기름을 짜는 식물로 이용한다. 영양은 지방 52%, 단백질 20%가 대부분이고 그 밖에 칼슘, 철, 비타민 B₁이 있다. 특히 지방 속에 있는 리놀레산은 콜레스테롤의 증가량을 낮추는 효능을 갖고 있다. 주로 흰깨는 기름으로 짜고, 검은깨와 노란깨는 향이 좋아 요리에 쓴다. 또한 양귀비씨를 대신하여 빵, 과자에 토핑 재료로도 쓴다. 참깨에서 짠 기름이 참기름이다.
  창고[倉庫] 機 (영 Storehouse) 밀가루, 설탕, 소금, 유지, 분유 등을 저장하는 곳. 제빵 재료 중 설탕과 소금은 거의 변질하지 않지만 그 밖의 것들은 저장중에 변질되기 쉽다. 제빵 재료에 따른, 창고의 이상적인 조건은 다음과 같다. ① 밀가루 : 온도 20~22℃, 습도 60~70%. ② 설탕과 소금 : 온도 16~17℃, 습도는 낮을수록 좋다. ③ 초콜릿과 코코아 : 온도 10~18℃, 습도 45%. ④ 견과류 : 온도 21~24℃의 건조실이 좋다. ⑤ 쇼트닝 : 온도 21~24℃의 건조실이 좋다. ⑥ 버터 : 온도는 -5~10℃ 이하,

습도 50%. ⑦ 분유 : 온도 5~10℃의 건조실이 좋다. ⑧이스트와 계란 : 냉장고에 저장한다. 한편, 밀가루를 저장하는 창고는 응달이면서 밝은 곳이 좋다. 직사광선이 닿고 온도가 높은 곳에 저장한 밀가루는 제빵성이 떨어진다. 저장 중 밀가루는 산도가 증가하여 어느 정도 색이 향상 되지만 최대 저장 기간(4주)을 넘기면 품질이 떨어진다. 일반적으로 새로 원료를 창고에 들여놓기 전에 먼저 있던 물건들을 한쪽으로 잘 정리하고 청소를 한다. 그리고 오래 저장했던 물건들은 앞쪽으로 내놓아 먼저 사용하도록 한다.

채종유[菜種油] 原 (영 Rape oil) 겨자과(科)의 1년초인 유채의 종자에서 입착 추출법으로 얻은 기름. 이것을 탈산·탈색의 정제공정을 거쳐 식용유로 만든다.

천연 색소[天然色素] 生 (영 Natural colors)
⇨색소

천연 향료[天然香料] 原 (영 Natural flavor) 천연의 동·식물에서 채취한 향료. 인공 향료에 대응하는 명칭으로 감귤 향료·장미 향료·자스민 향료 등이 그 예이고, 식품용·화장품용이 있다.

철판[鐵板] 機 (영 Baking sheet 프 Plaque de four 독 Backblech) 빵을 굽는 평평한 철제 판. 베이킹 시트, 오븐 플레이트(oven plate)라고도 한다. 모양은 사각과 원형이 있으며 재질은 철제 이외에도 와플용과 같이 구리(銅)로 만든 것도 있다. 사각 철판은 6장들이나 8장들이가 표준 크기이다. 둥근 철판은 틀을 따로 사용하지 않는 파이나 타르트 반죽을 구울 때 사용한다. 철판은 사용 중 찌꺼기나 오래된 기름 찌꺼기가 생길 수 있으므로 이것을 제거하고 뜨거운물로 잘 씻은 뒤 물기를 없앤다. 식으면 기름칠을 한 뒤에 보관한다. 최근에는 기름칠을 하지 않고 구울 수 있는 테프론 철판이 많이 사용되고 있다. 한편 밑바닥에 구멍을 낸 철판도 있다. 바닥에 구멍을 뚫으면 반죽 밑에 모이는 공기나 수증기가 빠져 나가기 때문에 빵 바닥에 구멍 또는 홈이 생기지 않는다. 뿐만 아니라 발효기와 오븐 속에서의 반죽 내성(耐性)을 키운다. 그 결과 비록 제빵 작업이 바뀌어도 모양이 고른 빵을 만들어질 수 있다. 특히 호밀빵·프랑스빵처럼 직접구이 하는 빵에 자주 사용한다.

첨채당[甜菜糖] 原 (영 Beet sugar 프 Sucre à la betterave 독 Rübenzucker) 사탕무의 뿌리를 원료로 해서 제조한 설탕이다. 비트 슈거라고도 한다. 주성분은 수크로오스(sucrose)이며 사탕수수에서 나오는 감자당(甘蔗糖)과 비슷하다. 사탕수수는 기온이 높은 곳에서 재배되는 반면, 사탕무는 미국·독일·소련의 한랭지(寒冷地)에서 주로 생산되고 있다. 정제당에 비해 무균성이며 고순도(99.9%)인 점이 특징이다. 사탕무는 이온 교환수지 과정을 통해 상백당(上白糖)을 만들 수 있다.
→설탕

청량음료[清涼飲料] 原 (영 Soft drink)
⇨소프트 드링크

체 機 (영 Sieve 프 Tamis 독 Sieb) 곡물, 모래 같은 알갱이를 굵은 것과 자잘한 것으로 분리하는 도구. 체 눈의 단위는 메시(mesh)이다. 밀가루 체는 28메시, 설탕 체는 10메시가 표준이다. 밀가루를 체치는

목적은 밀가루 덩어리와 불순물을 걸러내는 것은 물론이고, 밀가루 알갱이 사이에 공기를 포함시키기 위함이다. 공기를 품은 밀가루는 혼합·흡수성이 뛰어나 부피가 크고 속결이 좋은 제품을 만들 수 있다.

체더 치즈 原 (영 Cheddar cheese) 세계 각국에 가장 널리 보급되어 있는, 영국산(産) 경질 치즈.

〈특징〉 영국 남서부 지방의 섬머시트주(州)에서 16세기경부터 만들어진 섬머시트 치즈 중의 하나. 그 주에 있는 체더 마을이 주된 소비시장(市場)이었기 때문에 체더라고 불리게 되었다. 현재 세계에서 가장 생산량이 많은 경질 치즈는 아메리칸 체더, 오스트리안 체더이다. 체더는 19세기 중반까지 일반 농가에서 소규모로 생산되었지만, 그 후 미국에 전문적인 체더 공장이 설립된 것을 시초로 하여 영국과 오스트리아 등에 차례로 공장이 세워지면서 대량 생산되었다. 숙성 기간은 5~8개월간, 그 기간이 길수록 결이 치밀해지고 색도 흰색에서 호박색으로 변한다.

〈사용법〉 나쁜 냄새가 없고 감칠맛이 나며, 독특한 견과류의 향과 비슷하여 과자의 소재로 쓰기에 알맞은 치즈이다. 단단하므로 갈아서 사용한다. 쿠키나 케이크 치즈를 갈아 반죽에 섞거나 표면에 뿌려서 굽기도 한다. 특히 타르트의 충전물에 이 치즈를 크림 상태로 만들어 섞으면 견과 향이 나기 때문에 맛이 독특하다. 이 밖에도 가공 치즈의 원료로 많이 이용된다.

체리 果 (영 Cherry 프 Cerise 독 Kirsch) 장미과(科)의 낙엽소교목의 과실. 원산지는 이란 북부에서부터 코카서스 지방에 이르는 지역이다. 유럽 일대, 특히 네덜란드·프랑스·독일·벨기에 등지에서 많이 재배되고 있으며 17세기 이민족이 미국 대륙에 전파시켰다. 체리는 유기산인 카로틴이 풍부한 과일로서 그냥 먹기도 하고 시럽이나 브랜디에 절여 가공하기도 한다.

〈종류〉 현재 120종의 야생종 중 산미종과 감미종 2종류가 온대 지역에서 재배되고 있다.

1. 산미종(酸味種, sour cherry)—사워 체리. 열매가 부드럽고 연하며, 즙이 많고 신맛이 강하다. 가공품, 요리에 알맞다. 산미종에는 300여종이 있고, 그 중 아마렐(amarelle)종, 몰레로종, 다마스카종이 대표적이다.

2. 감미종(甘味種, sweet cherry)—스위트 체리. 600여종이 있고, 거의 비가로(bigarreau)종에 속한다. 비가로종의 특징은 과육이 단단한 점이다. 흰색·빨간색 체리가 있는데 이들을 탈색시킨 뒤 붉게 착색하여 설탕 절임한 것이 드레인드 체리이다.

〈사용법〉 껍질에 윤기가 있고 매끈하며 꼭지가 신선한 것을 고른다. 그냥 먹거나 디저트, 케이크 장식에 이용한다. 또, 꼭지를 떼지 않은 채 콩포트를 만들어 여기에 레몬즙을 더하고 분홍색 물을 들여서 이용하기도 한다. 최근에는 마라스키노에 절인 체리를 이용한 체리 파이가 많이 만들어지고 있다. 독일에는 키르슈 바서(kirsch wasser : 체리 브랜디)를 충분히 사용한 초콜릿 케이크가 있다.

체리 미셸 菓 (영 Cherry Michel, Kirsch Michel) 독일풍(風)의 케이크. 독일의 키르슈 미헬(kirsch michel)에 해당한다.

[배합] 스위트 쇼트 페이스트 510 g, 버터·설탕 각 250 g, 노른자 120 g, 흰자 280 g, 가벼운 스펀지 크림 340 g, 단맛의 블랙체리 1,450 g.

[만드는 법] ① 스위트 쇼트 페이스트*를 20×50cm의 원형 또는 직사각형, 정사각형으로 밀어 편 뒤 가볍게 굽는다 ② 버터, 설탕 125 g, 노른자를 저어 섞는다 ③ 흰자와 남은 설탕을 섞어 거품을 충분히 낸 뒤에 ②에 넣는다 ④ 케이크 크림을 섞는다 ⑤ 체리는 씨를 빼고 넣는다 ⑥ 이 반죽을 ①에 얹고 두께 3cm로 고르게 편다 ⑦ 180℃ 오븐

에서 1시간동안 굽는다. 구운 뒤에 잘라서 각각에 아이싱 슈거를 뿌린다.

체리 브랜디 原 (영 Cherry brandy)
① 증류주에 체리를 담가서 만든 리큐르이다. 붉은색을 띠며 단맛이 나는 술로 키어시 또는 키어시 사워(kirsch sour)라고도 한다. ② 체리를 발효시켜 증루한 것. 흔히 체리 리큐르(cherry liqueur)를 가리킨다.

체리 슬라이스 菓 (영 Cherry Slices)
스위스풍(風)의 스펀지 과자.
[만드는 법] ① 가늘고 길게 자른 스펀지에 체리 버터 크림으로 3개의 선을 짜 놓는다 ② 선 사이에 체리와 체리 과즙, 콘스타치 끓인 것을 흘려 넣는다 ③ ②의 위에 스펀지 1장을 얹고, 윗부분과 옆면에 같은 크림을 바른다 ④ 옆면에 초콜릿을 묻히고 윗부분에 얇게 깎은 초콜릿을 얹는다. 그리고 알맞게 자른다.

체스트넛 果 (영 Chestnut 프 Marron)
⇨밤

체인 컨베이어 機 (영 Chain conveyor)
⇨컨베이어

체커보드 샌드위치 빵 (영 Checkerboard Sandwich) 서양 장기판의 줄무늬와 비슷한 팬시 샌드위치. 크리스마스 때와 어린이날에 만든다.
[만드는 법] ① 두께 1.2cm 정도로 자르고 껍질을 떼어낸 흰 식빵과 검은 식빵을 3장씩 준비한다 ② 흰빵 표면에 부드러운 크림 상태의 버터를 칠하고 그 위에 검은빵을 얹는다 ③ ②의 검은빵 위에 다시 버터를 바르고 흰빵을 얹는다 ④ 살짝 눌러서 냉장고에 넣는다 ⑤ ②, ③과 같은 방법으로 이번에는 검은빵, 흰빵, 검은빵 순서로 포개어 냉장고에 넣는다 ⑥ 냉각해서 버터가 굳으면 냉장고에서 꺼내어 흰것-검은것-흰것과 검은것-흰것-검은것 사이에 버터를 발라 포갠다 ⑦ 끝에서부터 1.2cm 두께로 자른다. 이것이 3단 체커보드이다. 같은 방법으로 4단이나 5단도 만들 수 있다.

첼시 번즈 빵 (영 Chelsea Buns) 영국의 첼시라는 고장에서 처음으로 만들어진 빵이다.
[배합] 〈중종〉 우유 567cc, 설탕 28g, 이스트 57g, 밀가루 170g. 〈본반죽〉 밀가루 1,361g, 버터 284g, 계란 170g, 설탕 170g, 넛메그 1.8g, 레몬 껍질 1개 분량.
[만드는 법] ① 중종을 만든다. 중종 온도 29℃ ② 본반죽을 만든다 ③ ②의 반죽을 정사각형으로 성형하고 2차 발효시킨다 ④ ③을 너비 25~30cm로 길게 밀어 펴고 롤처럼 만다 ⑤ ④를 너비 5cm로 잘라서 210℃에서 굽는다 ⑥ 구워낸 뒤에 설탕 또는 분설탕을 뿌린다.

초산 [醋酸] 化 (영 Acetic acid)
⇨아세트산

초산발효 [醋酸醱酵] 化 (영 Acetic fermentation)
⇨아세트산 발효

초콜릿 原 (영 Chocolate 프 Chocolat 독 Schokolade) 카카오 빈(beans : 콩)을 주원료로 하며, 카카오 버터·설탕·유제품 등을 섞은 것. 독특한 쓴맛과 입 속에서 부드럽게 녹아드는 맛이 특징이다. 이것은 적도를 중심으로 하여 남북 20도 사이의 지역에서만 생육하는 카카오 나무(학명은 *Theobroma cacao Lin.* 스웨덴의 식물학자 C.V. 린네가 1720년에 명명(命名)한 나무. 의미

카카오 열매

는 Theo=신, broma=음식, 즉 신(神)으로 부터 선물받은 음식물)의 열매(카카오 포드, cacao pod) 속의 종자, 즉 카카오 시드 (cacao seeds)이다. 원산지는 남아메리카 브라질의 아마존 강 상류와, 베네수엘라의 오리노코 강 유역이다.

〈어원·기원〉 초콜릿이 남아메리카에서 유럽으로 전해진 때는 15세기 말, C.콜럼버스가 갖고 들어온 것이 시초이다. 그 뒤 16세기 중반에 멕시코를 탐험한 H.코르테스가 에스파냐에 소개, 17세기 비로소 유럽 전역에 퍼졌다. 카카오의 카카(caca)는 고대 멕시코의 아즈테카어로 '쓴즙'을 뜻한다. 여기에 '액체'를 뜻하는 아틀(atl)이 붙어 카카하틀(cacahuatl)이 되고, 약칭하여 카카오라 불렀다. 초콜릿은 아즈테카·마야어로서 '따뜻함'을 뜻하는 초코(choco)에 카카하틀의 어미인 아틀이 붙어 초코아틀(choco-atl), 그 뒤 초코라틀(chocolatl), 그리고 초콜릿이 되었다고 한다. 문자 그대로 '따뜻하고 쓴즙'이란 뜻이다. 이렇게 음료로 마시던 초콜릿이 1842년 영국에서 초콜릿 케이크로, 1876년 스위스에서 판 초콜릿으로 변형되었다.

〈분류〉 1. 배합 조성에 따른 분류-① 비터 초콜릿(bitter chocolate) : 카카오 마스. 여기에는 카카오 버터가 들어 있어 식으면 굳는다. 커버추어용이다. ② 스위트 초콜릿(sweet chocolate) : 카카오 마스(비터 초콜릿)에 설탕을 더하고, 바닐라로 풍미를 낸 것. ③ 밀크 초콜릿(milk chocolate) : 스위트 초콜릿에 분유를 더한 것. ④ 화이트 초콜릿(white chocolate) : 카카오 마스 성분이 없는 흰 초콜릿. ⑤ 커버추어(coverture) : 카카오 버터가 전체의 30% 이상 포함되어 있는 것. 봉봉 오 쇼콜라의 피복용.
2. 용도에 따른 분류-① 커버추어 : 누가·캔디·비스킷·마시맬로 등을 센터로 하여 피복하기에 알맞은 것. ② 생과자 코팅용 : 스펀지 케이크와 같은 케이크류에 덧씌우는

것으로서 경화유를 섞는다. ③ 모델링 초콜릿(modeling chocolate) : 쇼콜라 플라스티크(chocolat plastique)라고도 하는, 세공용 초콜릿이다. 초콜릿은 수분이 들어가면 카카오 빈의 섬유질이 수분을 흡수하여 수축한다. 이 성질을 이용하여 녹인 초콜릿에 시럽과 물엿을 더하여 페이스트 상태로 만든다. 완성된 것은 마지팬과 비슷하고 세공하기 쉽다. 취급방법은 마지팬과 같으나 단지 열에 약하다는 점이 다르다. 여러 가지 색을 들일 수 있다. ④ 기타 : 카카오 마스를 빼고 카카오 버터만으로 만든 화이트 초콜릿에 색을 들인 것.

〈제조공정〉 1. 1차 가공-원료인 카카오 빈에서 중간 제품인 카카오 마스 또는 카카오 버터(코코아 가루)를 생산하는 공정. 여기에 덧붙여, 설탕·우유를 더한 원료 초콜릿을 제조하는 공정까지를 포함하기도 한다. ① 정선(cleaning) : 산지(産地)로부터 갓 수입한 카카오 빈에서 이물질을 제거하는 단계. ② 볶기(roasting) : 카카오 빈을 볶아 휘발성분과 수분을 제거한다. 이렇게 하면 초콜릿 풍미가 날 뿐 아니라, 외피가 배유부와 분리되기 쉽다. 볶는 온도는 110~130℃. ③ 카카오 빈의 배합(blending) : 초콜릿·코코아 제품의 풍미를 향상시키기 위해, 산지가 다른 카카오 빈을 섞는다. 배합비는 최종 제품의 종류와 사용목적에 따라 다르다. 최근에는 배유부 상태에서 섞는 일이 많다. ④ 분리(husking) : 카카오 빈의 겉껍질과 배아를 배유부에서 분리한다. 초콜릿·코코아 제품에 필요한 것은 배유부, 따라서 외피는 버린다. ⑤ 마쇄(grinding) : 배유를 빻는다. 회전율이 서로 다른 롤러 사이를 통과시킨다. ⑥ 카카오 마스(cacao mass) : 빻는 동안 배유부 속의 지방이 녹아 전체가 페이스트 상태로 된다. 이것이 카카오 마스이고, 초콜릿의 본체이다. 비터 초콜릿, 카카오·코코아 페이스트라고도 한다.
2. 2차 가공-1차 가공이 끝난 카카오 마스

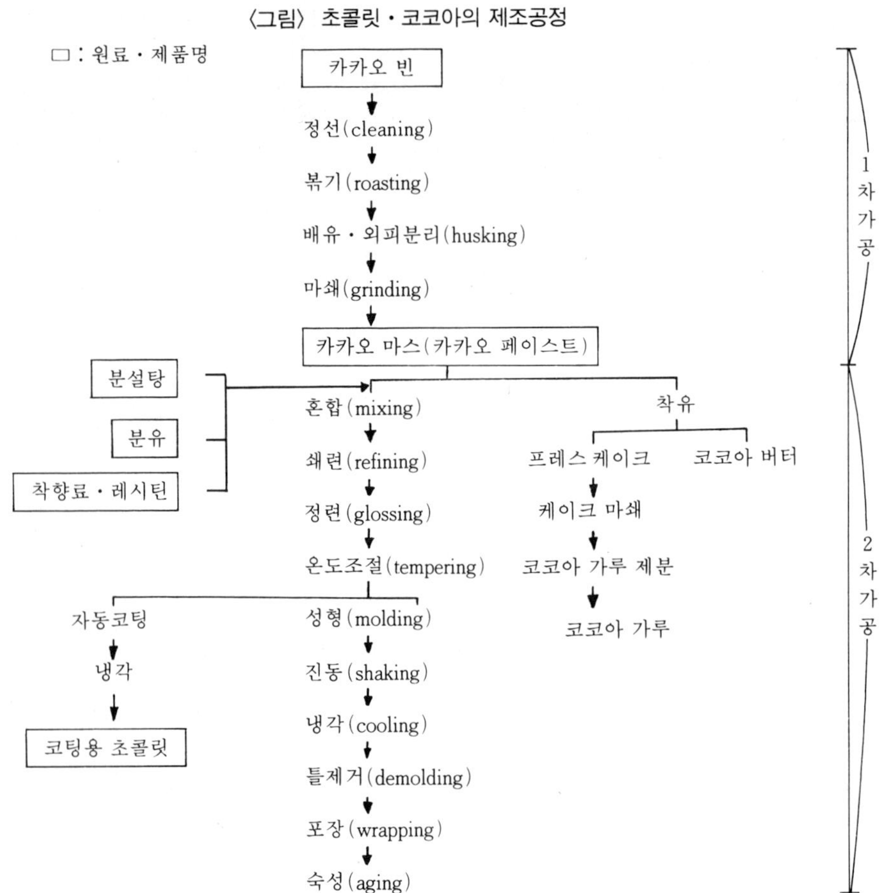

에서 최종 제품인 초콜릿으로 가공하기까지의 공정. ⑦ 혼합(mixing) : 카카오 마스에 설탕·분유·레시틴·향료를 섞는다. ⑧ 쇄련(refining) : ⑥의 혼합물을 빻아 미세한 입자로 만든다. ⑨ 정련(glossing) : 초콜릿에 독특한 향을 주고 균일화한다. 이 때 초콜릿 혼합물 속의 수분과 불쾌한 냄새가 없어진다. ⑩ 온도조절(tempering) : 초콜릿이 안정되게 굳을 수 있는 온도로 조절하는 공정. 밀크 초콜릿은 26.5~29℃, 그 밖의 초콜릿은 28~30℃가 적온이다. ⑪ 성형(mol-ding) : 틀에 부어 성형하는 공정, ⑫ 진동(s-haking) : 틀 속에 흘려 넣은 초콜릿을 심하게 진동시켜, 초콜릿 속의 기포를 없앤다. ⑬ 냉각(cooling) : 급랭시키지 않으면서 냉각한다. ⑭ 틀 빼내기(demolding) : 초콜릿이 들어있는 틀은 냉각터널에서 나오면서 자동으로 빠지고 밸트 컨베이어에 떨어진다. ⑮ 포장(wrapping) : 냉각터널에서 나온 초콜릿은 틀에서 나오면 즉시 포장된다. 포장실은 온도와 습도가 낮아야 하고(습도 50% 이하) 포장지는 가급적 방습포장 재질이 좋다. ⑯ 숙성(aging) : 포장된 초콜릿을 온도 18℃, 상대습도 50% 이하에서 7~10일간 숙성시키면 초콜릿 속의 코코아 버터 조직이 더욱 안정되고 블룸*도 예방할 수 있게 된다.

초콜릿 레이어 케이크 菓 (영 Chocolate Layer Cake) 코코아 풍미를 낸 스펀지 시트에 버터 크림을 샌드한 것.
[배합] 버터 100 g, 설탕 150 g, 팽창제 3 g, 코코아 20 g, 우유 50cc, 럼 15cc. 〈버터 크림〉 버터·계란·분설탕 각 130 g, 바닐라 향 5 g.
[만드는 법] 〈스펀지 반죽〉 위의 재료로 반죽을 만들어 원형으로 성형하여 170℃ 오븐에서 약 50분간 굽는다. 〈장식〉 버터를 크림 상태로 만들어 설탕, 바닐라, 계란을 섞는다. 원형 15cm 모양으로 구운 시트를 수평으로 자르고 그 사이에 버터 크림을 샌드하고, 또 표면이나 옆면에도 바른다.
→버터 케이크

초콜릿 레이즌 비스킷 菓 (영 Chocolate Raisin Biscuits)
[배합] 분설탕 284 g, 버터 128 g, 건포도 170 g, 판 초콜릿 57 g, 물 255cc, 소금 1.8 g, 계란 57 g, 밀가루 340 g, 팽창제 7 g, 중조 1.8 g.
[만드는 법] ① 분설탕, 버터, 건포도, 초콜릿, 물, 소금을 함께 섞어 끓인 뒤에 식힌다 ②①에 계란, 밀가루, 팽창제, 중조 순으로 첨가한다 ③ 짤주머니에 둥근 모양깍지를 끼우고, 반죽을 채운다 ④ 기름을 두르고 덧가루를 뿌린 철판에 ③을 짠다 ⑤ 193℃에서 굽고, 초콜릿 아이싱으로 마무리한다.

초콜릿 롤 쿠키 菓 (영 Chocolate Rolled Cookies)
[배합] 버터 60 g, 설탕 60 g, 계란 10 g, 우유 15cc, 밀가루 90 g, 코코아 10 g.
[만드는 법] 밀가루와 코코아를 섞는다. 반죽방법은 버터 비스킷*과 같다. 반죽을 철판에 3cm 간격으로 놓고 눌러서 평평하게

한 뒤 윗부분에 선을 긋는다. 중심에 장식을 하고 185℃에서 13분간 굽는다.

초콜릿 마시맬로 롤 菓 (영 Chocolate Marshmallow Roll) 초콜릿 풍미의 스펀지 시트에 마시맬로를 충전하고 감은 롤 케이크.
[배합] 〈스펀지 반죽〉 계란·설탕 각 100 g, 밀가루 60 g, 코코아 12 g, 팽창제 3 g, 물 25cc. 〈마시맬로〉 한천 2.5 g, 물 3,000cc, 설탕 100 g, 흰자 30 g, 향료(레몬) 1/2개 분량.
[만드는 법] ① 스펀지 반죽을 만들어 20×24cm 크기의 철판에 붓고 190℃ 오븐에서 20분간 굽는다 ②①의 스펀지 시트에 마시맬로를 짜 놓고 롤처럼 만다 ③ 식은 뒤에 그라뉴당을 뿌린다.

초콜릿 메달 菓 (영 Chocolate Medal) 틀에 넣어서 각종 메달 모양으로 만든 초콜릿 과자. 케이크 표면의 장식용으로 쓰는 것으로서 지름 9~18cm인 대형부터 은박지에 싸서 하나씩 판매하는 소형(3~6cm)까지 종류가 다양하다. 초콜릿 메달을 만드는 틀은 잘 다듬어진 금속제로 흠이 없어야 한다. 이 틀의 두께는 0.3~0.6cm로 조금 패인 것을 사용한다. 우선 카카오 버터 450 g 과 순수한 초콜릿 덩어리 450 g 을 용기에 넣고 따뜻한 곳에서 천천히 녹인다. 녹으면 잘 섞어서 분설탕 1,125~1,350 g 을 넣고 따뜻한 곳에 1 시간 정도 방치해 둔다. 틀에 맞게 조금씩 잘라 양손으로 둥글려서 틀 속에 넣고 평평하게 만든다. 이것을 1 시간 이상 냉장고 혹은 찬 곳에 두어 초콜릿을 굳힌다. 초콜릿 메달을 틀에서 꺼낼 경우 틀을 작업대 위에 놓고 가볍게 두드리면 빠진다. 이 때 초콜릿 표면에 흠이 생기지 않도록 주의해서 다룬다. 그리고 초콜릿은 흠이 없음은 물론이고 윤기가 있어야 한다. 따라서 벤진(benzine)에 갠 검 86 g 을 알코올 약 450cc에 넣고, 검이 녹을 때까지 하루나 이틀 방치한 뒤에 천에 걸러서 초콜릿 메달

표면에 부드러운 붓으로 바르면 그 윤기가 더 살아난다. 케이크 표면에 장식하는 초콜릿 메달은 흰색, 붉은색, 노란색 등으로 아이싱하고 꽃이나 글자 등을 그려넣으면 더욱 좋다.

초콜릿 버미셀리 原 (영 Chocolate vermicelli 프 Vermicelle de chocolat) 과자 장식에 쓰는 과립 상태의 초콜릿. 광택이 나는 고운 초콜릿으로 커드, 팬시, 아이스크림 등의 장식에 사용한다.

초콜릿 번즈 빵 (영 Chocolate Buns)
[배합] 밀가루 950g, 코코아 50g, 설탕 120g, 소금 10g, 쇼트닝 50g, 이스트 35g, 연유 30g, 이스트 푸드 2g, 물 470cc. 〈기타〉 버터·초콜릿 크림 각 적당량.
[만드는 법] ① 반죽을 55g씩 떼어내어 이것을 띠 모양으로 펴서 버터를 바른다 ② 두 겹으로 접어서 다시 펴고 다시 또 세로로 두겹이 되게 접는다 ③ 이음매를 눌러주고 얇게 밀은 다음 이음매가 위로 향하도록 하고 링 모양으로 만든다 ④ 다른 반죽으로 ③의 반죽을 만들고 링의 안쪽에 초콜릿 크림*을 충전한다 ⑤ 오븐에 넣고 200℃에서 20분 정도 굽는다. 구운 후 크림이 있는 부분을 파라핀 종이로 싼다.

초콜릿 벌룬 菓 (영 Chocolate Balloons) 스펀지 시트 전체에 초콜릿을 묻히고 잘게 자른 초콜릿을 뿌린 뒤 그 위에 다시 아이싱 슈거를 흩뿌린 제품이다.

초콜릿 봉봉 菓 (영 Chocolate Bonbon) ⇨봉봉 오 쇼콜라

초콜릿 비스킷 반죽 菓 (영 Basic biscuit dough-chocolate)
[배합] 밀가루 1,020g, 버터 794g, 설탕 596g, 노른자 170g, 코코아 가루 99g, 바닐라 에센스 3.4g, 소금 7g.
[만드는 법] 만드는 방법은 기본적인 비스킷* 반죽과 같다.

초콜릿 센터 原 (영 Chocolate centers)

커버추어를 입힌 소형 과자의 충전물이다. 가나슈, 마지팬, 퐁당, 누가, 프랄리네*를 센터로 하여 초콜릿 옷을 입힌다.

초콜릿 아몬드 머랭 菓 (영 Chocolate Almond Meringue) 코코아와 아몬드를 첨가한 머랭. 원형이나 타원형 등으로 만든다.
[배합] 흰자 1,000g, 설탕 1,800g, 아몬드 가루 780g, 코코아 가루 112g, 바닐라 향료 소량.
[만드는 법] ① 흰자가 안정될 때까지 거품을 낸다 ② 아몬드를 설탕 1/2 분량과 섞어 ①에 넣고 주걱으로 젓는다 ③ 짤주머니에 ②를 채우고 평평한 모양깍지를 끼워 철판 위에 소라 모양으로 짜낸다 ④ 소라 모양은 안쪽에서 바깥쪽으로 모양을 만들며 지름 6cm의 둥근 모양으로 마무리한다. 타원형으로도 만들 수 있다 ⑤ 163~166℃에서 굽되, 윗면이 부풀고 옅은 갈색이 날 때까지 굽는다. 이것을 보일러실에 넣고 하룻밤 동안 두어 건조시킨다.

초콜릿용 포크 機 (영 Chocolate fork 프 Broche à tremper, Fourchette pour chocolat 독 Pralinengabel) 한 입 크기의 초콜릿과자 전용 포크. 센터*에 초콜릿옷을 입히거나 코코아 가루를 묻힐 때, 혹은 금속 망 위에 굴려서 각지게 만들거나 초콜릿을 씌운 과자 표면에 여러 가지 모양을 새길 때 필요하다. 종류가 다양하므로 용도에 따라 구분하여 사용한다.

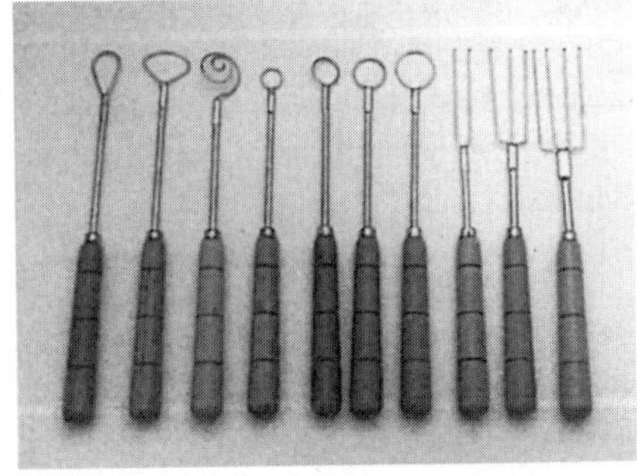

초콜릿 자포네 슬라이스 菓 (영 Chocolate Japonaise Slices) 구워낸 자포네*에 초콜릿 프랄리네 누가를 샌드하고 얇게 자른 것. 먼저 철판에 자포네 반죽을 얇게 채워 176℃에서 굽는다. 다음날 3장의 자포네에 초콜릿 프랄리네 누가를 샌드하고, 8cm 너비로 길게 자른다. 그리고 초콜릿을 얇게 묻힌다. 굳으면 한번 더 씌운다. 톱니 모양의 스크레이퍼를 사용해 표면을 장식하고 잘게 부순 피스타치오를 뿌린다. 다 굳으면 슬라이스한다.

초콜릿 젤리 菓 (영 Chocolate Jelly) [배합] 젤라틴 20 g, 물 200cc, 설탕 120 g, 우유 300cc, 코코아 5 g, 바닐라 향 적당량. [만드는 법] ① 코코아, 설탕, 우유를 함께 가열하여 코코아를 녹인다 ② 물에 담가 불린 젤라틴을 ①에 넣고 가열해서 젤라틴을 녹인다 ③②를 불에서 내려 향료를 더한다 ④③을 젤리 틀에 넣고 처음에는 찬물로 나중에는 얼음물로 식힌다 ⑤ 굳으면 미지근한 물에 담갔다가 꺼낸다.

초콜릿 젤리 타트 菓 (영 Chocolate Jelly Tarts) 초콜릿 젤리를 충전한 타트('타르트'항 참고). 코코아, 우유, 설탕에 50cc의 물을 넣고 끓인 뒤 물에 불린 한천과 젤라틴을 더해 식힌다. 굳기 전에 파이 껍질에 채우고, 굳으면 장식물을 얹는다. 장식물로는 휘핑 크림, 과일, 견과류, 체리, 안젤리카, 작게 틀로 찍어서 구운 파이 등을 이용한다.

초콜릿 케이크 菓 (영 Chocolate Cake) 초콜릿 또는 코코아를 사용하여 초콜릿 맛과 색을 들인 케이크. 미국의 데블스 푸드 케이크*가 여기에 속한다. 다음은 사각의 스펀지 시트 3 장에 초콜릿 버터 크림과 가나슈 크림을 샌드한 유럽식 초콜릿 케이크이다. [배합] 〈스펀지 반죽〉 노른자 20개, 흰자 20개, 설탕 300 g, 밀가루 400 g, 콘스타치 130 g, 코코아 가루 100 g, 녹인 버터

130 g. 〈초콜릿 버터 크림〉 버터 500 g, 설탕 500 g, 물 250cc, 노른자 6 개, 럼 100cc, 커피 에센스 소량. 〈가나슈 크림〉 스위트 초콜릿 750 g, 생크림 500cc. 〈기타〉 코팅용 초콜릿 500 g, 시럽(럼 300cc+시럽 400cc) 적당량. [만드는 법] 얇게 구운 스펀지 시트에 시럽을 바르고 나서 초콜릿 버터 크림을 바른다. 그 위에 스펀지를 얹고 이번에는 가나슈 크림을 바른다. 또 한장 얹어 3단으로 포갠다. 윗면에 코팅용 초콜릿을 입힌다.

초콜릿 쿠키 菓 (영 Chocolate Cookies) [배합] 버터 30 g, 설탕 40 g, 계란 1 개, 코코아 15 g, 밀가루 100 g, 팽창제 2 g. 〈기타〉 호두 2 개. [만드는 법] 위의 재료로 반죽을 만들어 기름을 두른 철판에 짜낸다. 별 모양깍지를 끼운 짤주머니로 별 모양, 원형, 에스(S)자형 등으로 짜내고, 그 중앙에 호두를 눌러 얹는다. 이것을 185℃ 오븐 윗단에서 13분간 굽는다.

초콜릿 크림 原 (영 Chocolate cream) 초콜릿과 퐁당을 위주로 하여 만든 크림이다. [배합] 퐁당·버터 각 280 g, 럼(또는 브랜디, 키어시) 소량, 초콜릿 392 g. [만드는 법] ① 퐁당과 버터를 함께 휘저어 거품을 낸다 ② 럼과 녹인 초콜릿(뜨겁지 않은 것)을 ①에 넣고 잠시 방치해 둔 뒤 다시 저어 거품을 낸다.

초콜릿 크림 머랭 菓 (영 Chocolate Cream Meringue) [만드는 법] ① 흰자 550 g 으로 만든 찬 머랭 속에 커버추어 340 g 을 넣고 휘젓는다 ② 철판에 기름 종이를 깔고, ①을 둥근 모양깍지를 끼운 짤주머니에 넣고 돌리면서 조개껍질 모양으로 짠다 ③ 121℃ 오븐에서 굽는다 ④ 거품낸 생크림을 별 모양깍지를 끼운 짤주머니에 넣고 ③의 한 쌍에 샌드한다 ⑤ 종이 케이스에 넣는다.

→머랭

초콜릿 크림 슬라이스 菓 (영 Chocolate Cream Slice) 초콜릿 스펀지에 생크림을 샌드하고 위에도 같은 크림을 바른 뒤 장식을 한다. 5 cm 너비로 가늘고 길게 잘라서, 옆면은 크림과 얇게 자른 초콜릿으로 마무리한다. 이것을 얇게 자른다.

촐리우드 제빵법 技 (영 Chorleywood process) 영국의 공업연구협회가 고안한 기계적 반죽법*에 의한 제빵법. 1차 발효를 생략하고 산화제와 기계의 힘을 빌어 반죽부터 굽기까지 초고속으로 진행시키는 방법이다. 제조시간이 단축되는 반면, 빵의 풍미는 조금 떨어진다.

최종 발효[最終醱酵] 技 (영 Full proof, Final proof)
⇨이차 발효

추로 菓 (에 Churro) 에스파냐의 대표적인 스낵과자. 밀가루와 물로 간단하게 반죽하여 만들고 우유와 계란을 넣기도 한다. 반죽을 짤주머니에 넣고 끓는 기름 속에 짜넣어 튀긴다. 충분히 익으면 꺼내서 적당한 길이로 잘라 따뜻할 동안에 설탕을 뿌려서 먹는다.
[배합] 밀가루 500 g, 물 500cc, 소금 소량, 설탕 적당량.
[만드는 법] ① 물에 소금을 넣고, 밀가루도 넣어 섞는다 ② 짤 정도의 굳기로 만들어 짤주머니에 넣고 끓는 기름 속에 중앙에서 바깥쪽으로 둥글고 길게 짜낸다 ③ 연한 갈색으로 튀겨지면 기름을 빼고 적당하게 자른 뒤 설탕을 뿌린다 ④ 따뜻할 동안에 먹는다.

추로 마드릴레뇨 菓 (에 Churro Madrileño) 마드리드(Madrid)풍의 추로*. 튀김과자이다. 밀가루, 올리브 오일, 물, 소금으로 반죽한 것을 짤주머니에 넣고 뜨거운 기름 속에 짜넣어, 보기 좋게 튀겨지면 분설탕을 뿌려 제공한다.
[배합] 밀가루 140 g, 물 200cc, 올리브 오일 25cc, 소금 소량.
[만드는 법] ① 물과 올리브 오일, 소금을 넣고 끓인다 ② 밀가루를 넣고 잘 섞어 저절로 냄비에서 떨어질 때까지 반죽한다 ③ 짤주머니에 넣고 뜨거운 기름에 짜내어 튀긴 뒤 적당하게 잘라서 분설탕을 뿌린다.

추잉 검 菓 (영 Chewing Gum) 씹는 과자의 하나. 흔히 껌이라 불린다. 천연수지 또는 합성수지에 단맛과 향료를 혼합한 것. 입에 넣고 씹었을 때 구강내 체온과 타액으로 연화되어 감미나 향료가 녹아나온다. 그래서 껌은 향미와 씹는맛을 동시에 즐길 수 있는 과자이다.
〈기원〉 3 세기경, 중앙 아메리카에 살던 원주민이 사포딜라(sapodilla)라는 나무에서 치클(chicle)이란 수지(樹脂)를 채취하여 씹던 습관이 있었다. 그 후 이 습관은 인디언을 통해서, 또 미국으로 이주해간 영국인들을 통해서 계승·발전되어 마침내 19세기경에 과자로서의 추잉 검이 탄생하였다. 동양으로는 한국·일본·중국 등지에 수입되었고, 특히 한국의 껌은 제 2 차 세계대전 이후부터 급속히 발전하였다.
〈제조원리〉 천연수지를 정제한 검 페이스트에 설탕, 향료 등을 혼합하고 압착하여 자른다. 이 때 다른 과자와 달리 다음과 같은 조건에 역점을 두어야 한다. ① 미각보다 촉각이 중요하다. 여기서 말하는 촉각이란 씹을 때 구강 점막이나 치아에서 느껴지는 감각으로 껌은 변질·변형되어서는 안되며 씹는 느낌이 좋아야 한다. ② 검 페이스트와 첨가 재료가 서로 안정되게 잘 어우러져야 한다. 즉 첨가 재료가 검 페이스트에 균일하게 분산되어야 껌의 맛이 좋다. 이렇게 만든 껌에는 스위트껌, 풍선껌, 캔디껌, 당의껌이 있다.

추커타이크 菓 (영 Sweet short paste 프 Pâte sucrée 톡 Zuckerteig) 단맛나는 독일의 비스킷 반죽. 프랑스의 파트 쉬크레*에 해당하며, 뮈르베타이크*라고도 한다.

[배합] 밀가루 300 g, 설탕 100 g, 계란 1/2 개, 버터 200 g, 레몬 즙·바닐라 에센스 각 적당량.

[만드는 법] 볼(bowl)에 설탕과 계란을 넣고 하얘질 때까지 잘 섞고, 실온에서 부드럽게 녹인 버터를 더한다. 끝으로 밀가루를 체 쳐 넣고 레몬 즙, 바닐라 에센스를 더해 섞는다. 그리고 이것을 냉장고에서 하룻밤 재운다.

출아법[出芽法] 生 (영 Budding) 생물체의 증식방법 중 하나. 출아법을 통해 증식하는 세균의 대표적인 것이 효모*이다. 그 밖에, 세균은 분열법으로도 증식한다. 대개의 효모는 모세포(母細胞)에서 작은 돌기가 나와 어느 정도 발달했을 때 분리되어 새로운 개체가 된다(〈그림〉 참고).

충전물[充塡物] 菓 (영 Filling) 빈 곳을 채우는 물질. 제과제빵인 경우 필링이라고도 하는데, 주로 잼·크림·과실류를 이용한다.
⇨필링

취모타시그래프 試 (영, 獨 Zymotachigraph) 빵 반죽의 물리적 성질 중 가스 발생력과 가스 보유력을 동시에 측정하는 기기. 그 밖에 이러한 목적으로 사용하는 기기는 익스텐소그래프, 퍼멘토그래프*, 트리클레그래프* 등이다. 이들 기기로 밀가루의 성분(당·아밀라아제), 탄산 가스의 발생량, 발생 상태 그리고 반죽의 물리성에 따라 변하는 가스 보유력을 측정하여 제빵 적성을 알아볼 수 있다. 취모타시그래프는 수산화칼륨과 같은 강알칼리에 탄산 가스가 흡수되는 원리를 이용한 기기이다.

취소산칼륨[臭素酸-] 化 (영 Potassium bromate)
⇨브롬산칼륨

츠비바크 菓 (영 Rusk 프 Biscotte 獨 Zwieback) 독일식 러스크. 츠비바켄브로트라고도 한다. 츠비는 '2번 굽는다'는 뜻으로, 한 번 구운 빵을 슬라이스하기 쉽도록 온·습도를 조절한 곳에 하룻밤 둔 뒤 슬라이스해서 다시 오븐에 넣고 수분이 12%로 될 때까지 구운 빵이다. 프랑스의 비스코트*와 같이 러스크 반죽으로 만들기는 마찬가지이지만 성형과 마무리 과정이 더 다양하다.
〈종류〉 ① 주펜츠비바크(Suppenzwieback): 수프에 담가 먹는 츠비바크. 발효 반죽을 단단하게 뭉쳐 바삭하게 구워 낸다. ② 킨더츠비바크(Kinderzwieback): 유아용 츠비바크. 계란, 버터, 유지를 많이 배합해 영양이 풍부하게 만든다.

치겔 菓 (프 Tuile 獨 Ziegel) 얇게 구워서 뜨거울 동안에 구부려 기와 모양으로 성형한 쿠키. 치겔은 '기와'를 뜻하는 독일어 명칭이고 프랑스어로는 튀일이라 한다.
⇨튀일

치마아제 化 (영, 프, 獨 Zymase) 산화 환원 효소의 하나. 당류(糖類)를 발효시켜 알코올과 이산화탄소로 만들 수 있는 효모 추출액의 효소계를 총칭하는 말로, 십수 종의 효소가 포함된다. 치마아제는 효모 속에 많이 존재하며 당분을 분해해서 알코올과 이산화탄소를 생성한다. 이 때 유리되어 나오는 에너지가 이스트의 활동력인 셈이다. 19세기 말에 독일인 생물학자 부흐너

〈그림〉 효모가 출아하는 과정

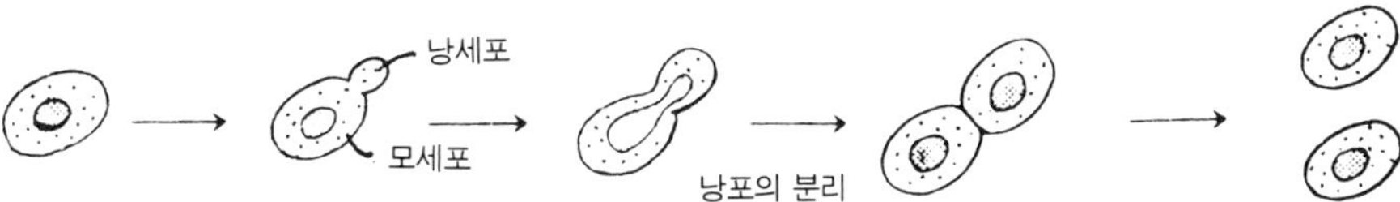

(E. Buchner)가 맥주 효모(zyma)에서 처음으로 분리해내어 치마아제(zyma-ase)라는 명칭을 붙였다.

치즈 原 (영 Cheese 프 Fromage 독 Käse 네 Kass) 우유를 원료로 하고, 여기에 젖산균(乳酸菌) 또는 단백질 응고 효소인 레닌(rennin)을 첨가하여 카세인을 응고시키고 유장(乳漿, whey)을 제거한 뒤 가열, 가압, 숙성 등의 처리 과정을 거쳐 나온 발효·숙성 식품. 즉, 우유의 단백질을 응고·발효시킨 것이다. 자연 치즈와 가공 치즈가 있다.

〈종류〉 ① 자연치즈(natural cheese) : 우유를 젖산균이나 레닌으로 응고시키고 유장을 제거하여 만든 것(〈표〉 참고). 이것은 치즈를 숙성시키는 미생물, 산소, 온도, 습도에 따라 계속 변화한다. 그래서 종류에 따라 먹는 시기가 다르다. ② 가공 치즈(process cheese) : 자연 치즈의 강한 향취를 우리 입맛에 맞도록 가공한 제품. 자연 치즈를 원료로 하고 버터, 분유 같은 유제품을 첨가하여 만든다. 가공 치즈는 위생적이고 보존성이 높으며 품질이 안정되다. 또한, 형태도 여러 가지 모양(슬라이스·V자형·덩어리·소시지·튜브형)으로 가공되어 있으므로 용도에 맞춰 골라 쓸 수 있다.

〈제조원리〉 ① 응고 : 우유를 레닌 효소나 젖산균으로 굳힌다 ② 배수(排水) : 산 또는 가열을 통해 굳은 우유를 수축시켜 수분을 빼낸다 ③ 성형 : 수축한 응유를 틀에 채워 압착하고 예비 발효시킨다 ④ 숙성 : 일정 온도를 유지시키며 특유의 풍미와 조직을 갖도록 오랫동안 재워둔다.

치즈 바 菓 (영 Cheese Bar) 소형 파이. [배합] 박력분·강력분 각 100 g, 버터 180 g, 물 110~115cc, 치즈 가루(파이 반죽 무게의 5 %)·소금(파이 반죽 무게의 1 %)·고춧가루 각 소량, 노른자 1/2개. [만드는 법] ① 깔개용 파이 반죽을 만든다 ② ①의 반죽을 밀어편다. 치즈 가루의 반과 소금을 섞어서 반죽 표면의 반쪽에 뿌린다 ③ ②를 반 접어 3mm 두께로 밀어편다. 그리고 표면에 노른자를 바르고 남은 치즈 가루와 고춧가루를 섞어 뿌린다 ④ 너비는

〈표〉 자연 치즈의 종류(경도·숙성 방법에 따른 분류)

	경 도	숙성방법	치즈명(괄호 안은 원산지 국명)
자 연 치 즈	연 질 (soft)	비숙성	코티지 치즈(미), 크림 치즈(미), 프로마주 블랑(프)
		세균으로 숙성	랭부르(limburger 벨)
		곰팡이로 숙성	카망베르(camembert 프), 브리(brie 프)
	반경질 (semi-hard)	세균으로 숙성	뮌스터(münster 독)
		곰팡이로 숙성	스틸톤(stilton 영)
	경 질 (hard)	젖산 발효	구다(네), 에담(네), 체다(chedda 영)
		프로피온산 발효	에멘탈(스위), 그뤼에르(프)
	초경질		파르메장(이), 로마노(romano 이), 아시아고(asiago 이)
	훼이 치즈 (주로 연질)		리코타(ricotta 이)

〈그림〉 치즈 바 접는 방법

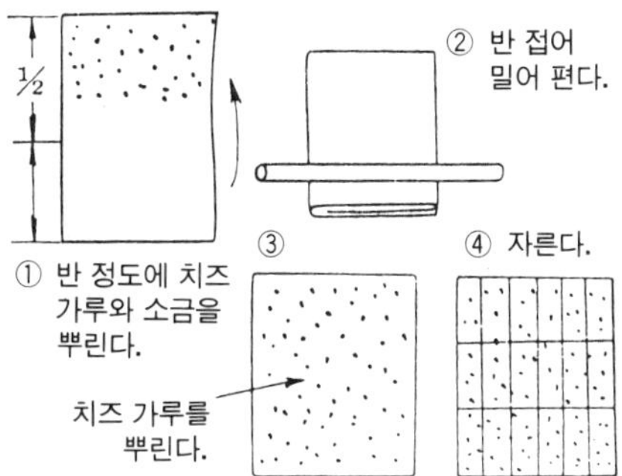

7 cm, 길이는 철판의 길이에 맞게 잘라서 철판에 올린다 ⑤ 끝에서 부터 1.5cm씩 스크레이퍼(scraper;削器)로 자른다 ⑥ 조금씩 간격을 띄우고 180℃의 오븐 윗단에 넣어 12분간 굽는다.

치즈 뱁 빵 (영 Cheese Bap) 치즈를 충분히 넣은 이스트 반죽의 소형 빵.
[배합] 밀가루 100 g, 물 53cc, 소금 1.8 g, 이스트 3.3 g 설탕 4 g, 버터 4 g, 맥아 2 g, 치즈 12.5 g, 이스트 푸드 4 g.
[만드는 법] 반죽을 43 g 으로 분할해서 둥글린다. 마지막 발효시키는 도중 손끝으로 눌러 가운데가 움푹 패이게 만든다. 이것을 216℃에서 굽는다.

치즈빵 빵 (영 Cheese Bread) 치즈 가루를 20%까지 배합해 치즈 풍미를 낸 단백질 강화빵의 하나.
[배합] 밀가루 400 g, 물 256cc, 이스트 10 g, 소금 6.8 g, 맥아 시럽 4cc, 설탕 12 g, 치즈 가루 80 g.

치즈 스틱 빵 (영 Cheese Stick) 치즈 풍미의 하드 롤 중 하나.
[배합] 밀가루 400 g, 물 224cc, 이스트 10 g, 소금 8 g, 맥아 시럽 4cc, 치즈 5 g, 설탕 12 g.
[만드는 법] ① 직접법으로 반죽한다. 치즈는 잘게 썰어서(부드러운 치즈는 그대로 사용해도 좋다) 약간의 물로 녹인다 ② 발효

75분;30분;15분. ③ 길고 가느다란 모양으로 만든다 ④ 플래시 히트*에서 단시간 구워낸다.

치즈 커드 原 (영 Cheese curd 프 Caillé) 우유가 산이나 응고 효소에 의해 응고된 것. 즉, 우유의 주요 단백질인 카세인이 응고된 것으로서 이때 탈지(脫脂)하지 않은 우유를 사용하면 우유지방이 흡착되어 섞인다. 우유가 흰색을 띠는 것은 단백질(주로 카세인) 때문이다. 카세인은 칼슘과 흡착하여 우유 속을 떠다니고 있다. 여기에 산 또는 레닌을 작용시키면 카세인 입자가 서로 달라붙어 응고한다. 이것이 커드이고, 응고하지 않고 분리되는 용액이 유장(乳漿, whey)이다. 유장에는 카세인 이외의 단백질, 락토오스 등이 남아 있다. 커드*는 본래 치즈 제조용어이다.

치즈 케이크 菓 (영 Cheese Cake) 치즈를 위주로 하여 만든 과자. 구워서 마무리하거나 차게 해서 굳힌 것 2가지가 있다. 치즈는 예로부터 유럽인의 식생활에 깊숙이 파고들어 있었기 때문에 이것을 사용한 과자가 많이 만들어졌다. 이미 그리스 시대에 치즈를 이용한 타르틀레트가 있었고 프랑스의 가토 오 프로마주, 타르트 오 프로마주, 독일의 케제 토르테, 케제 쿠헨이 그것이다. 다음은 대표적인 치즈 케이크의 하나이다.
[배합] 〈파트 쉬크레〉 버터 1,000 g, 상백당 1,200 g, 계란 5개, 박력분 1,800 g, 아몬드 가루 200 g. 〈치즈 크림〉 크림 치즈 1,800 g, 분설탕 400 g, 레몬 가루 50 g, 생크림 650cc. 〈크림〉 프레시 크림 9,000 g, 콘파우더 크림 900cc, 그라뉴당 250 g, 그랑 마르니에 65cc. 〈기타〉 아몬드 슬라이스·분설탕 각 적당량.
[만드는 법] ① 파트 쉬크레를 만든다. 버터에 상백당, 계란을 넣어 섞은 뒤, 박력분과 아몬드 가루를 함께 체 쳐서 더해 섞는다 ②①의 반죽을 두께 2 mm로 밀어펴고 둥

근 형틀로 찍어 굽는다 ③ 치즈 크림을 만든다. 크림 치즈를 부드럽게 만들어 분설탕을 넣고 섞은 뒤 레몬 가루를 더한다 ④ 굳기를 보면서 ③에 생크림을 넣고 섞는다 ⑤ 크림의 재료를 섞어 휘핑한다 ⑥ 파트 쉬크레 위에 치즈 크림을 둥글게 짜넣고 ⑤의 크림을 위에 친다. 볼록한 반구형으로 모양을 다듬는다 ⑦ 윗면에 아몬드 슬라이스를 3개씩 얹고 분설탕을 뿌린다.

치즈 크림 原 (영 Cheese cream) 치즈를 배합한 크림. 퍼프 페이스트나 치즈 페이스트의 충전물로 사용하며 다음 2종류가 있다. ① 쿡트 치즈 크림(cooked cheese cream) : 우유 454cc, 버터 681 g, 계란 1 개, 치즈 다진 것 1,816 g, 소금·파프리카 각 소량. 위의 재료를 냄비에 넣고 걸쭉해질 때까지 섞는다. 이것은 도자기나 강철 그릇에 담아서 저장해야 한다. ② 치즈 버터 크림(cheese butter cream) : 버터·치즈 썬 것 각 2,270 g, 노른자 3 개, 크림 22.7 g (또는 11.35 g), 소금·파프리카·브랜디 각 소량. 먼저 버터를 휘저어 거품을 낸 뒤 노른자를 넣고 치즈를 더한다. 마지막으로 크림과 조미료를 넣는다.

치즈 파이 菓 (영 Cheese Pie) 에멘탈 치즈와 파프리카를 넣고 스파이스로 마무리한 막대 모양의 파이.
[배합] 〈파트 푀이테〉 강력분 300 g, 박력분 200 g, 소금 10 g, 무염 버터 25 g, 찬물 265cc, 롤인용 무염 버터 적당량. 〈기타〉 에멘탈 치즈·파프리카·계란 푼 것 각 적당량.
[만드는 법] ① 파트 푀이테를 만든다. 강력분과 박력분을 함께 체 쳐서 볼(bowl)에 넣고 소금을 더한다 ② ①에 무염 버터를 넣고 으깬 뒤 찬물을 더해 둥글린다 ③ ②의 표면에 십자로 칼집을 넣고 30분간 휴지시킨다 ④ 롤인용 무염 버터를 젖은 헝겊에 싸서 네모꼴로 만든다 ⑤ ③의 반죽을 사각형으로 펴서 ④의 버터를 싸고 밀대로 가볍게

눌러 3 겹 접어밀기를 한다. 방향을 돌려서 4 겹 접어밀기를 한다. 냉장고에 넣어 휴지시킨 뒤 다시 3 겹 접어밀기와 4 겹 접어밀기를 반복한다 ⑥ 끝으로 ⑤의 반죽을 펴서 3 겹 접어밀기를 하고 3 mm 두께로 밀어 편다 ⑦ ⑥의 반죽 표면에 피케한다 ⑧ 에멘탈 치즈를 갈아서 파프리카와 섞는다 ⑨ ⑦의 반죽에 계란 푼 것을 바르고 ⑧의 치즈를 양면에 뿌린다 ⑩ 길이 11cm로 잘라 철판에 나열한다. 이 때 너비는 8 mm. ⑪ 200℃ 오븐에서 15분간 굽는다.

치즈 필링 原 (영 Cheese filling) 치즈를 재료의 위주로 만든 충전물. 약간의 설탕, 쇼트닝, 계란, 소량의 분유 등을 넣고 강력분을 조금씩 넣으면서 잘 반죽한 것으로, 데니시 퍼프 페이스트리에 충전한다.

치킨 原 (영 Chicken) 닭고기. 이것은 쇠고기보다 가격이 저렴하기 때문에 조리빵에 즐겨 쓰인다. 한편 치킨 수프는 닭뼈에서 우려낸 국물로 만든 수프이고, 치킨 라이스는 닭고기와 쌀밥을 위주로 한 음식이다. 다음 〈표〉는 닭고기의 냉장온도와 저장기간이다.

〈표〉 닭고기의 냉장온도와 저장기간

냉장온도(℃)	기간(개월)
-9.4	3
-12.2	6
-15.0	9
-18.0	12
-23.5	24
-29.0	36

치트로넨 룰라데 菓 (독 Zitronen Roulade) 레몬 롤 케이크. 레몬 즙을 듬뿍 섞은 크림을 스펀지 시트에 바르고 말아 올린 독일 과자.
[배합] 〈캅셀 푀르 룰라데 57×37cm, 2 장 분량〉 계란 5 개, 설탕 100 g, 레몬 껍질 소량, 밀가루 125 g, 버터 75 g. 〈레몬 크림〉 레몬 즙 4 개 분량, 설탕 200 g, 버터

200 g, 계란 3개, 노른자 2개, 판 젤라틴 3 g, 흰자 4개, 설탕 50 g. 〈기타〉부터 크렘·피스타치오·분설탕 각 적당량.

[만드는 법] ① 캅셀 피르 룰라데*를 만든다. 이것을 철판에 흘려 붓고 200~220℃의 오븐에서 굽는다 ② 레몬 크림을 만든다. 볼(bowl)에 계란과 노른자를 넣고 설탕을 더해 거품기로 젓는다. 그리고 레몬 즙을 더한다 ③②를 냄비에 옮긴다. 버터를 작게 잘라 더하고, 거품기로 저으면서 크림 상태까지 조린다 ④ 냄비를 불에서 내리고, 찬물에 불린 젤라틴을 더해 녹인다 ⑤ 흰자와 설탕을 거품내어 머랭을 만든다. 여기에 ④를 더해 거품기로 가볍게 섞는다 ⑥①에 ⑤의 크림을 펴 바른다. 이것을 냉장고에 넣어 식힌다 ⑦⑥을 바깥쪽에서 안쪽으로 말고, 종이로 단단하게 조인다. 냉장고에서 굳힌다 ⑧⑦을 3.5cm 너비로 자른다. 표면에 부터 크렘*을 둥근 모양깍지로 가늘게 짜 낸다. 피스타치오로 장식하고 분설탕을 뿌린다.

→캅셀 피르 룰라데

치트로넨 마크로네 菓 (독 Zitronenma-krone) 마르치판로마세(일명 로마지팬)를 위주로 하여 두툼하게 구워 낸 레몬 풍미의 스위스 마카롱*.

[배합] 마르치판로마세 225 g, 분설탕 75 g, 흰자 25 g, 레몬 즙 1개 분량, 레몬 껍질 소량, 아몬드 슬라이스 적당량.

[만드는 법] ① 마르치판로마세*에 분설탕을 넣고 섞는다 ② 흰자, 레몬 즙·껍질을 조금씩 더해 섞는다 ③ 버터 바른 세르클 틀('세르클'항 참고)을 철판에 늘어놓고 1~1.5cm 두께로 ②의 반죽을 채운다 ④ 윗면에 아몬드 슬라이스를 붙이고 150℃ 오븐에서 굽는다.

침강가[沈降價] 試 (영 Sedimentation test value) 밀과 밀가루의 제빵 적성을 판정하는 실험(밀가루의 침강 실험법)에서 글루텐의 질과 양을 수치로 나타낸 것. 100 메

시로 부순 밀알 또는 밀가루에 젖산(乳酸) 액을 더하고 눈금있는 실린더에 넣는다. 일정시간이 지난 뒤 가라앉은 밀가루의 높이를 읽는다.

→침강 실험법

침강 실험법[沈降實驗法] 試 (영 Sedi-mentation testing method) 밀(또는 밀가루)의 제빵 강도를 측정하는 방법. 글루텐 함량과 질의 차이를 알 수 있는 실험법으로 글루텐이 많은 밀가루는 물 속에서 팽화하기 때문에 가라앉는 속도가 느리다.

〈방법〉① 밀가루 3.2 g 을 100㎖ 눈금이 있는 실린더에 넣고 50㎖의 브롬페놀 블루(br-omphenol blue) 용액(브롬페놀 블루 4 ㎎을 물 1 ℓ 에 녹인 액)을 더한다 ②①을 5 초에 12번씩 상하좌우로 흔들어 섞는다 ③② 에 물을 더하고 2 분 뒤 30초 동안에 아래 위로 18번 흔든다 ④ 1 분 30초 동안 놔둔 다음, 여기에 젖산 이소프로필 알코올 용액(젖산 250㎖를 물 1 ℓ 로 희석시킨 용액 180㎖에, 이소프로필 알코올 200㎖를 섞은 다음 다시 물 1 ℓ 로 희석시킨 용액) 250㎖를 더해 상하로 4 번 흔든 뒤 1 분 45초 동안 놔둔다 ⑤ 이것을 다시 30초 동안 18번 흔들고 1 분 30초 동안 놔두고, 15초 동안 흔들고 5 분간 놔둔다. 그리고 나서 부피를 잰다.

침강차[沈降差] 試 (영 Sedimentation volume ratio) 밀가루의 α -아밀라아제의 활성도를 나타낸 비율. 밀가루를 찬물에 섞은 현탁액과, 65℃의 더운물에 1 시간 현탁시켜 식힌 액을 각각 원심분리했을 때 나타나는 밀가루 부피의 감소비율이다. 침강차가 0.3~0.5인 밀가루가 빵 만들기에 가장 알맞다.

카나디앵 菓 (프 Canadien) 제누아즈
에 마지팬을 샌드한 케이크. 둥근 제누아즈
시트를 수평으로 이등분하고 마라스키노 풍
미의 파트 다망드를 샌드한다. 표면에도 마
라스키노를 가볍게 뿌리고 살구잼을 바른
뒤 그라뉴당을 뿌린다. 한가운데에 귤 설탕
절임을 얹고 아몬드를 반으로 나누어 장식
한다.

카나페 빵 (프 Canapé) 한 입에 넣을
수 있는 크기의 빵 조각 위에 생선, 과일,
치즈, 계란, 캐비아 등을 얹은 것. 빵은 토
스트한 것이나 버터 바른 것을 이용하며 빵
이외의 크래커를 사용할 수도 있다. 오픈
샌드위치('샌드위치'항 참고)의 하나로 양
식의 전채 요리로 많이 사용한다.

카니발 其 (영 Carnival 프 Carnaval
독 Karneval) 사육제(謝肉祭). 기독교 국
가에서 사순절* 직전에 3일 또는 1주일에
걸쳐 행하는 축제이다. 이 기간 중에 어린
이들을 위해 색색가지의 과자와 빵이 만들
어진다. 우스꽝스럽고 익살스럽게 만든 쿠
키, 마지팬 인형 그리고 피에로 얼굴을 한
과자, 튀김빵 등이 빵·과자점에 등장해 축
제 분위기를 한층 돋운다.

카더먼 原 (영 Cardamon 프 Carda-
mome 독 Kardamom) 생강과(科)의 식
물. 여기에 달려 있는 암갈색의 작은 종자
는 둥근 껍질에 싸여 있으며 자극성 향을
갖고 있어 향신료로 이용한다. 껍질이 쪼개
지면 종자 속에 있는 휘발성 기름이 증발하
므로 덜 익었을 때 따서 껍질째 말린다. 그
리고 사용하기 직전에 껍질을 벗겨서 종자
를 꺼내어 부수거나 빻아 쓴다. 가루로 빻
은 것은 네덜란드풍의 빵류나 포도 젤리에
사용한다. 그리고 푸딩, 케이크, 페이스트

리에도 이용한다. 카더먼의 향은 커피 향과
잘 어울린다.

카라긴 原 (영 Carragheen 프 Carrag-
henate 독 Karrageen) 겔화제의 하나.
해초를 원료로 한 응고제이다. 한천, 젤라
틴, 펙틴과 함께 제과 재료로 이용되는 것
이다. 한천은 입에서 잘 녹지 않고 펙틴은
특유의 단맛과 신맛이 있으며 젤라틴은 젤
라틴 특유의 냄새가 조금 나는 반면 카라긴
은 이들 각각의 장점을 갖고 있으면서 제과
에 사용하기 편리하므로 자주 이용되고 있
다. 카라긴은 물과 반응하여 젤리를 만드는
힘이 강하고 낮은 온도에서도 투명한 젤리
가 된다. 녹는점은 한천보다 낮은 80℃이고
1~2분이면 녹는다. 젤라틴과 비교하면 젤
리화 온도가 높고 당(糖)량을 늘리면 더 높
아진다. 이러한 성질을 이용하여 젤리*를
만들고 각종 타르트의 윗면에 발라 광택을
내기도 한다. 또 잼·마멀레이드, 크림류에
첨가한다.

카라멜 菓 (영, 프 Caramel 독 Karamel) 조린 당액, 또는 이것을 식혀 굳힌 것(즉, 제품화한 당과). 흔히 캬라멜이라 부르는 것은 카라멜의 일본식 발음이다. ⇨캐러멜

카라카스 케이크 菓 (영 Caracas Cake) 가나슈와 럼을 충전하고 누가 풍미를 낸 보트 모양의 스펀지 케이크.
[배합] 볶아 껍질째 빻은 아몬드 가루 150 g, 설탕 100 g, 노른자 8 개, 레몬 껍질 간 것 1 개 분량, 다진 누가 210 g, 케이크 크림 170 g, 럼 20cc, 박력분 60 g, 녹인 버터 100 g. 〈머랭〉 흰자 8 개, 설탕 소량. 〈가나슈 크림〉 가나슈 150 g, 럼 20cc, 시럽 50cc. 〈기타〉 코코아·커버추어·피스타치오 각 적당량.
[만드는 법] ① 설탕, 노른자, 레몬 껍질을 섞어 가볍게 거품낸다 ② 케이크 크림을 럼으로 적신다 ③ 흰자와 설탕을 잘 저어 머랭을 만든다 ④ 다진 누가, 아몬드 가루, 체 친 박력분을 섞는다. 이것을 ①, ②, ③과 합치고, 마지막에 녹인 버터를 더한다 ⑤ 나뭇잎 모양의 틀에 ④를 흘려 넣은 뒤 160 ~170℃ 오븐에서 굽는다 ⑥ 가나슈, 럼, 시럽을 섞어 가나슈 크림을 만든다 ⑦ ⑤의 중앙 부분을 V자로 도려낸다. 푹 패인 곳에 ⑥을 채운다 ⑧ 도려낸 것을 뒤집어서 뾰족한 부분이 위로 가게 하여 제자리에 얹는다 ⑨ 밑에 커버추어를 발라 굳히고, 위에 코코아를 뿌린다. 가나슈 크림을 짜 놓고 피스타치오를 장식한다.

카레 가루 原 (영 Curry powder 프 Cari en poudre) 여러 가지 스파이스를 섞은 혼합 향신료. 나라마다 스파이스의 양, 종류는 다르지만 보통 20~30종류를 섞는다. 발상지는 인도. '카레'는 인도어로 '국물'이란 뜻의 카레이에서 온 명칭이다. 원료가 되는 향신료는 역할이 각각 다르다. ① 카레의 색을 내는 향신료 : 심황, 사프란, 파프리카 등. ② 매운맛을 내는 향신료 : 고추, 후추, 생강, 겨자 등. ③ 향을 내는 향신료 : 카더먼, 넛메그, 시너먼, 올스파이스, 타임(thyme : 백리향), 메이스, 코리앤더, 정향, 월계수, 마늘, 회향 등. 이와 같은 향신료를 볶아서 적어도 3 ~ 6 개월간 숙성시킨 뒤 섞으면 카레 가루가 된다. 이것을 빵·쿠키·요리 등에 넣으면 독특한 향과 맛을 낼 수 있다.

카레빵 빵 (영 Curry Bread) 카레 가루를 배합한 빵. 영국인들이 즐겨 먹는다.
[배합] 밀가루 1,600 g, 물 960cc, 소금 28 g, 설탕 28 g, 이스트 55 g, 쇼트닝 28 g, 카레 가루 28 g, 설타너 28 g.
[만드는 법] ① 설타너를 뺀 재료를 함께 섞어 26℃의 반죽을 만든다 ② 1 차 발효 시킨 뒤 가스빼기하고, 설타너를 넣어 혼합한다 ③ ②의 반죽을 30분간 발효 시킨다 ④ ③을 450 g 씩 분할하고 표면에 계란칠을 한다 ⑤ 타원형 빵 틀에 반죽을 채우고 철판 위에 얹어 굽는다. 카레 브레드와 달리 일본에서는 카레 가루를 기본으로 하고 여러 재료를 섞어 만든 충전물을 식빵 반죽에 싸서 튀긴 빵을 카레빵이라 한다.

카렘 其 (프 Carême) 마리 앙투안 카렘(Marie Antoine Carême : 1784~1833). 흔히 앙토냉(Antonin) 카렘이라 불린다. 루이 왕조 말기에 태어나 혁명(프랑스 혁명)을 체험하고 제1공화제, 나폴레옹 제정, 왕정 복고, 7월 혁명으로 이어지는 격동기를 살았던 카렘은 그때까지 각국 각지에서 온갖 형태로 발전해 온 기법을 정리·종합하여 현대에 전한 사람이다. 그가 남긴 주된 저서는 《왕실의 제과인(le Pâtissier royal parisien)》《파리의 호텔 요리장(le Maître d'hotel française)》 등, 그리고 그의 생애를 집대성 한 작품이 《19세기의 프랑스 요리(l'Art de la cuisine française au XIXe siècle)》이다. 카렘의 뒤를 이은 사람들은 에스코피에(Escoffier, 1847~1935), 몬타녜(Montagné, 1864~1948), 니뇽(Nignon, 1865~1934) 등이다.

카로티노이드 生 (영 Carotinoid) 당근, 호박 등에 분포하는 노랑 색소나 오렌지 색소. 동·식물에 널리 분포한다. 엽록소에 대하여 3 : 1의 비율로 색은 엽록체에 들어 있는 플라본, 안토시아닌과 비슷하다. 단, 지용성 용매에 녹으므로 구별이 가능하다. 공기에 닿아 산화하기 쉽고 물에 녹지 않는다. 카로티노이드는 산소를 함유하지 않는 것과, 산소를 함유하는 것 2가지가 있다. 전자에 β-카로틴(당근의 뿌리·녹색잎·노른자·혈액)과 리코펜(토마토·수박)이, 후자에는 루테인(노른자·녹색잎·꽃잎) 등이 속한다.

카로틴 生 (영 Carotene) 카로티노이드* 중 분자내에 산소를 함유하지 않은 것. α-카로틴, β-카로틴, γ-카로틴, 리코펜 등이 여기에 속한다. 이 중에서 가장 대표적인 것이 β-카로틴이고 그 밖의 α-, γ-는 이보다 양이 적다. α-, β-, γ-카로틴 모두 동물체 내에서 비타민 A로 변하는 프로비타민이다. 산소에 불안정하여 산화하면 무색으로 되는데, 특히 리코펜이 산화하기 쉽다.

카르다몸 原 (영 Cardamon 프 Cardamome)
⇨카더먼

카르디날 菓 (프 Cardinal) 아몬드를 넣은 제누아즈에 오렌지색 퐁당과 붉은 색 과실로 장식한 케이크.
[만드는 법] ①표준 배합의 제누아즈*를 만든다 ②①에 아몬드를 섞는다 ③버터를 바르고 밀가루를 묻힌 둥근 틀에 ②의 반죽을 넣는다 ④중불 오븐에서 20분간 굽는다 ⑤틀에서 빼내어 식힌 뒤 오렌지색을 들인 퐁당을 입힌다 ⑥빨간 과실(프랑부아즈·카시스·나무딸기 등)로 표면을 장식한다.

카르디날 슈니텐 菓 (독 Kardinalschnitten) 오스트리아에 예로부터 전해 내려오는 과자. 카르디날이란 '가톨릭의 추기경'을, 슈니텐은 '자른 과자'를 뜻한다. 스펀지 반죽과 머랭을 번갈아 가며 짜서 구워 내고 크림을 샌드한다. 이것을 자르면 노랑과 하양 2가지 색이 드러난다. 이것은 가톨릭기(旗)를 상징한다.
[배합] 〈머랭〉 흰자 3개, 설탕 110 g, 레몬 껍질 1/2개 분량. 〈스펀지 반죽〉 계란 1개, 노른자 4개, 설탕 50 g, 바닐라 향 소량, 밀가루 55 g, 분설탕 적당량. 〈크림〉 생크림 140cc, 설탕 5 g, 인스턴트 커피 2 g, 젤라틴 2 g. 〈기타〉 분설탕 적당량.
[만드는 법] ①흰자에 설탕을 조금씩 더하면서 거품내어 머랭을 만들고 레몬 껍질을 더한다 ②스펀지 반죽을 만든다. 계란, 노른자, 설탕을 중탕하면서 충분히 거품낸다 ③②에 바닐라를 넣고 밀가루를 더해 섞는다 ④①의 머랭을 12mm의 둥근 모양깍지로 철판 위에 짜 놓는다. 간격을 1줄 두고 3줄, 2단으로 겹쳐 짠다 ⑤③의 반죽을 ④의 빈 곳에 같은 방법으로 짜 낸다 ⑥분설탕을 살짝 뿌리고 180℃ 오븐에서 20분간 굽는다 ⑦생크림에 설탕을 더해 거품낸다 ⑧소량의 물에 녹인 인스턴트 커피와 물에 불린 젤라틴을 섞고 ⑦에 더한다 ⑨⑥을 2개씩 준비하여 크림을 샌드하고 분설탕을 뿌린 뒤 알맞은 너비로 자른다.

카르복시산[-酸] 化 (영 Carboxylic acid) 카르복시기(-COOH)를 가지는 유기 화합물의 총칭. 카르본산이라고도 한다. 알데히드(R-CHO)를 산화해서 얻을 수 있는 화합물로 -COOH의 H는 H^+로 떨어져나가 약산성을 띠며, 다른 기(基)나 금속으로 치환한다.

카망베르 原 (프 Camembert) 프랑스산(産) 연질 치즈.
⇨치즈

카사바 原 (영 Cassava 프 Manioc) 타피오카 녹말의 원료가 되는 다육식물(多肉植物). 프랑스어명은 마니오크이다.
⇨타피오카

카사타 菓 (프 Cassate 이 Cassata)

이탈리아의, 과일 설탕절임이 든 나폴리탄 아이스크림. 반구형 틀에 서로 다른 종류의 아이스크림을 층층이 채우거나 또는 과일 등의 충전물을 채워 단면의 아름다움과 다양한 맛을 즐길 수 있는 아이스크림이다. 같은 명칭의 앙트르메도 있다. 앙트르메인 카사타는 시너먼, 바닐라, 초콜릿, 피스타치오 등으로 맛을 낸, 감미가 나는 리코타(ricotta) 치즈를 토대로 한다. 그 위에 리큐르에 적신 스펀지 케이크를 얇게 썰어 덮고 표면에 퐁당을 바른 뒤 마지막으로 과일 설탕절임을 장식하여 만든다. 다음은 카사타 아이스크림의 배합이다.

[배합] 바닐라·초콜릿·딸기 아이스크림 각 1단씩. 〈충전물〉 흰자 2개, 설탕 142 g, 거품낸 생크림 140cc, 리큐르 또는 에센스·작은 정육면체로 썬 과일 설탕절임 각 적당량.

[만드는 법] ① 3가지 아이스크림을 차례로 틀 속에 포개어 쌓는다. 한가운데에 오목한 자리를 파둔다 ② 충전물을 만든다. 설탕을 보메 40도 상태로 조린다 ③ 흰자는 충분히 저어 거품을 낸다 ④ ③을 계속 저으면서 ②를 흘려 넣는다 ⑤ ④를 식힌 뒤 생크림을 더해 섞고 과일 설탕절임과 리큐르를 넣는다 ⑥ 충전물을 ①의 오목한 자리에 채우고 냉장고에서 얼린다.

카세인 化 (영 Casein) 유즙(乳汁)의 주성분이며 건락소(乾酪素)라고도 한다. 인단백질(phosphoprotein)의 하나로, 우유 단백질의 약 80% 정도를 차지하고 있다. 모든 필수 아미노산을 함유하고 있어서 영양적인 측면에서 중요한 성분이다. 카세인을 응고·분리시키는 방법은 응고효소인 레닌(rennin)을 이용하는 법과 pH 6.6(우유의 산도)을 pH 4.6으로 내려 응고 분리시키는 방법이 있다. 레닌으로 응고시킨 카세인은 흔히 치즈의 원료로 이용하며, 그 밖에 칼슘과 섞어 접착제로 쓰거나 인조섬유, 수성 페인트 등의 공업 원료로도 사용하고 있다.

카소나드 原 (영 Brown sugar, Moist sugar 프 Cassonade 독 Brauner zucker) 완전 정제되지 않은 설탕. 사탕무에서 만든 조당(粗糖)은 조금 탄내가 나고, 사탕수수에서 만든 조당은 은은한 럼향이 난다.

카스텔라 菓 (영 Sponge Cake 포 Castella) 스펀지 케이크 중의 하나. 카스텔라의 어원은, 에스파냐의 옛 지방 이름인 카스티야(Castilla)이다. 15세기 카스티야 지방의 과자 비스코초(Bizcocho)를 가리켜 포르투갈에서 '가토 드 카스티유(카스티야 지방의 과자란 뜻)'라 불렀다. 이것이 일본에 전해져 비로소 카스텔라라는 이름으로 정착하였다. 카스텔라의 특징은, ① 결이 곱고 ② 먹었을 때 느낌이 부드러우며 ③ 촉촉하다는 점이다. 16세기 말에 일본에 전해진 카스텔라는 오랜 세월을 거치면서 그 나라 사람의 입맛에 맞게 달라졌다.

[배합] 박력분 100 g, 계란 200 g, 상백당 100 g, 꿀 15 g, 물엿 33cc, 미림 9 cc, 물 9 cc.

[만드는 법] ① 계란을 거품낸다 ② 웬만큼 거품이 일면 설탕, 꿀을 더해 다시 거품 낸다 ③ 물엿, 미림(味醂 : 주류의 하나이며 조미료로 사용한다), 물을 더한다 ④ 밀가루를 넣고 가볍게 섞는다 ⑤ 미리 나무 틀에 종이를 깔아 둔다. 틀 속에 ④의 반죽을 붓고 표면을 평평하게 한다 ⑥ 200℃ 오븐에 넣는다 ⑦ 표면이 조금 말랐을 때 고무 주걱으로 저어 거품을 없앤다 ⑧ 이것을 다시 오븐에 넣어 표면이 마를 때쯤 다시 한번 젓고 한번 더 거품을 걷어낸다 ⑨ 표면에 구운 색이 들면 오븐에서 꺼낸다. 틀과 스펀지 사이에 칼을 끼우고 네변을 돌아가며 자른다 ⑩ ⑨의 틀 위에 또 다른 나무 틀을 하나 포갠다. 그 위에 철판을 덮는다 ⑪ 다시 오븐에 넣고 40분간 굽는다 ⑫ 철판을 벗기고 ⑨에서처럼 자른다 ⑬ 틀을 뒤집어 벗기고 종이를 떼어 낸다 ⑭ 다시 뒤집어 카스텔라용 칼로 자른다.

⑦, ⑧에서처럼 카스텔라를 굽는 동안에 주걱으로 반죽을 저어 주는 이유는 반죽 속의 기포를 작고 고르게 나누기 위함이다. 이것이 카스텔라 특유의 고운 결을 만드는 작업이다.

카스텔라의 제조원리[—製造原理] 技
카스텔라 특성인 고운 결, 부드러움, 촉촉함은 흰자가 만들어내는 거품 때문이다. 거품의 기포가 어떤가에 따라 고운 결이 되기도 하고 거친 결이 되기도 한다. 즉, 고운 결이 만들어지려면 표면장력*이 작고 증기압이 낮으며 거품의 표면이 단단해야 한다. 이러한 조건을 만족시키는 것이 흰자의 거품이다. 한편, 거품의 부피는 ①교반 시간과 속도 ②당(糖)의 농도 ③당의 종류 ④기포제의 종류와 농도 ⑤온도 ⑥압력에 따라 달라진다. 교반하는 시간은 2～3분이 좋고 흰자에 열을 조금 가하면 거품이 잘 인다. 반죽을 만들 때 주의할 점은 다음 3가지이다. ①흰자의 거품을 충분히 일으킨다. 그 이유는 팽창제와 효모의 도움없이 수증기와 거품에 있는 공기로 반죽을 부풀려야 하기 때문이다. ②거품이 꺼지지 않도록 하면서 밀가루를 넣고 섞어야 한다. ③설탕, 계란, 밀가루 등이 골고루 섞이게 한다.

카스시 果 (영 Black currant ㅍ Cassis, Groseille noire 독 Schwarz johannisb-eere) 베리(berry)* 중에서 범의귀과(科)에 속하는 구즈베리류. 구즈베리류에는 가지에 가시가 있는 구즈베리와, 가시가 없는 커런트가 있다. 카스시는 커런트의 하나로 열매의 색에 의해 블랙 커런트(black currant)라고도 한다. 비타민 C를 많이 갖고 있어 신맛이 강하다. 카스시의 독특한 풍미를 살려 젤리, 잼, 주스, 시럽의 형태로 양과자에 이용하면 효과적이다.

카시아 原 (영 Cassia)
⇨시너먼

카이저 롤 빵 (영 Kaiser Roll 독 Kaiser Semmel) 오스트리아에서 즐겨 먹는 식탁 롤. 독일이 본고장으로 이곳의 카이저 제멜은 껍질이 바삭해지도록 직접구이하며 윗면의 별 모양은 하나하나 손으로 만든다. 이것이 미국으로 건너가 카이저 롤이 되었다. 철판에 얹어 굽고, 카이저 롤용 기구를 써서 별 모양을 새긴다. 작고 둥글게 분할한 반죽을 2차 발효시킨 뒤 전용 기구로 표면에 무늬를 찍으면 간단히 성형이 끝난다.

[배합] 〈표〉 카이저 롤의 배합

재료 \ 반죽(%)	½중종	본반죽
밀가루	30.0	70.0
물(또는 우유)	30.0	30.0
이스트	1.9	—
소금	—	1.9
설탕	—	0.4
맥아	0.3	—
이스트 푸드	—	0.125

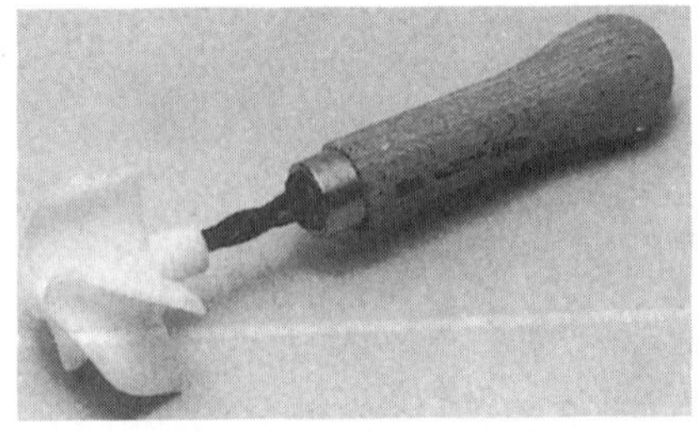

[만드는 법] 중종 반죽 온도 24~25℃, 발효 시간 60분 ; 90분. 본반죽 발효 시간 60분 ; 30분 ; 30분. 포화증기 상태인 205℃ 오븐에서 굽는다.

카이저 쿠헨 菓 (독 Kaiserkuchen) 카이저, 즉 '황제'를 뜻하는 독일의 반생과자. 뮈르베타이크 위에 만델부터마세라고 하는, 아몬드 가루를 위주로 한 반죽을 바르고 윗면에 가늘게 자른 뮈르베타이크를 그물 모양으로 걸쳐서 굽는다.
[배합] 〈시트〉 뮈르베타이크*. 〈만델부터마세〉 버터·설탕 각 400g, 노른자 240g, 아몬드 가루 280g, 레이즌 40g, 바닐라 향·소금 각 소량, 살구잼·퐁낭 각 적당량.
[만드는 법] ① 만델부터마세를 만든다. 먼저 버터, 설탕, 노른자를 거품나지 않도록 섞는다 ② 아몬드 가루, 레이즌, 소금, 바닐라를 더해 마무리 한다 ③ 뮈르베타이크*를 두께 3mm로 밀어 펴서 철판에 간다 ④ 그 위에 ②의 반죽을 바른다 ⑤ 뮈르베타이크를 가늘게 잘라 ④의 위에 그물처럼 걸쳐 놓는다 ⑥ 180℃ 오븐에서 20분간 굽는다 ⑦ 가열한 살구잼을 바른다. 그리고 레몬 넣은 퐁낭을 덧씌운다.

카첸충겐 菓 (영 Cat's Tongue 프 Langue de Chat 독 Katzenzungen) '고양이의 혀'라는 뜻의 프티 푸르 세크.
⇨랑그 드 샤

카카오 原 (영, 프 Cacao 독 Kakao) 벽오동나무과(科)의 교목. 카카오 나무의 열매 속에 30~50개의 종자가 들어 있는데 이것이 카카오 빈이다. 카카오의 원산지는 열대 아메리카이고 지금은 아메리카뿐만 아니라 아프리카 서부, 자바·인도·스리랑카 등 열대 곳곳에서 재배되고 있다.
→카카오 빈

카카오 마스 原 (프 Cacao masse, Cacao en pâte)
⇨카카오 페이스트

카카오 버터 原 (영 Cacao butter 프 Beurre de cacao 독 Kakaobutter) 카카오 빈에서 뽑아 낸 지방분. 이것이 초콜릿의 주요 성분이 된다. 초콜릿은 상온에서는 녹지 않지만, 입에 넣으면 바로 녹는다. 이러한 초콜릿의 특성을 결정짓는 인자가 카카오 버터이다. 이 버터의 녹는점은 사람의 체온보다 낮은 32~35℃이고, 응고점은 26℃이다. 이렇게 녹는점과 응고점의 차이가 적기 때문에 초콜릿의 특성이 나타나는 것이다.

카카오 빈 原 (영 Cacao bean 프 Feves de cacao 독 Kakaobohnen) 카카오콩. 적도를 중심으로 하는 열대 지방에서 자라는 카카오 나무에 열리는 열매의 종자이다. 이것으로 초콜릿, 카카오 버터, 코코아를 만든다.
→초콜릿

말린 카카오 빈

카카오 페이스트 原 (영 Baking chocolate 프 Cacao en pâte 독 Kakaomasse) 카카오 빈*을 페이스트 상태로 만든 초콜릿의 원료. 초콜릿을 만들어내는 과정에서 카카오 빈을 볶고 롤러로 갈아서 카카오의 배유만을 제거한다. 그리고 더 갈면 카카오 버터*가 배어 나와 유동 상태의 페이스트로 된다. 이것을 카카오 페이스트 또는 카카오 마스라고도 한다. 식으면 굳는다. 초콜릿은 여기에 설탕, 분유, 유화제 등을 섞어 만든 과자이므로 그 전 단계인 카카오 페이스트는 비터 초콜릿이다. 제과시 각종 앙트르메, 크림, 퐁당 등에 단맛 없이 초콜릿 풍미만을 내거나 초콜릿 자체의 쓴맛과 색을 강조하고 싶을 때 쓴다.

카탈라아제 生 (영 Catalase 독 Katalase) 산화 환원 효소 중의 하나. 과산화수소를 물과 산소로 분해하는 효소*로서 동물의 조직이나 간장 속에 들어 있다.

카트르 카르 菓 (프 Quatre-quarts) '4/4'란 뜻의 프랑스 과자. 파운드 케이크*처럼 계란, 설탕, 밀가루, 버터를 각각 1/4씩 배합해 만들기 때문에 붙여진 명칭이다. 단, 파운드 케이크나 프루츠 케이크처럼 과실을 넣거나 장식은 하지 않는다. 토페*라고도 한다.

[배합] 계란·설탕·밀가루·녹인 버터 각 500 g.

[만드는 법] ① 계란과 설탕을 섞어 충분히 거품낸다 ② 밀가루를 더하고 버터를 섞는다 ③ 틀에 붓고 180℃ 오븐에서 굽는다.

카트린 其 (프 Catherine de Médicis) 카트린 드 메디치(1519~89).
⇨근세의 양과자, 마카롱

카페테리아 其 (영 Cafeteria) 뷔페식 음식점. 온제·냉제 요리와 음료가 한 눈에 들어올 수 있도록 진열해 놓았기 때문에 손님의 기호에 따라 가져다 먹을 수 있다.

카프르 原 (영 Cáper 프 Câpre 독 Kaper) 풍조목(風鳥木)의 꽃봉오리를 따서 초절임한 것. 오르 되브르, 생선 요리에 조미료로 쓴다. 원산지는 남부 유럽과 북아프리카이다. 현재 프랑스, 에스파냐, 이탈리아 등지에서 재배된다.

칵테일 原 (영, 프, 독 Cocktail) 각종 증류주와 양조주에 향신료를 더하고, 얼음을 넣어 알코올 도수를 낮춘 것. 즉, 증류주와 양조류를 셰이커(shaker)에 넣고 그 즉시 혼합한 뒤 향료를 더하고 얼음으로 희석시킨다. 이미 약 200년쯤 전부터 미국에서 러시아 보드카를 주원료로 하는 칵테일이 유행했다. 미국의 서부 개척시대에 술을 섞는 도구로 수탉의 꼬리(cock tail)를 썼다 하여 칵테일이라는 명칭이 붙여졌다. 칵테일에 사용하는 양조주는 포도주가 대표적이고, 증류주로는 위스키, 브랜디, 럼, 진 등이 쓰인다. 현재 칵테일의 종류는 3,000여종으로, 함께 먹는 음식의 종류나 장소에 따라 달리하여 마신다.

〈종류〉칵테일 마시는 장소를 때에 따라 분류하면 다음과 같다. ① 애피타이저 칵테일(appetizer cocktail) : 식사 전에 마시는 칵테일. 식욕을 돋우는 역할을 한다. ② 크래브 칵테일(crab cocktail) : 정찬의 오르 되브르나 수프 대신 내놓는 칵테일. ③ 애프터 디너 칵테일(after dinner cocktail) : 식사후에 마시는 칵테일로, 소화를 돕는 리큐르를 사용한다. ④ 비포 디너 칵테일(before dinner cocktail) : 식사 전에 마시는 칵테일. ⑤ 서퍼 칵테일(supper cocktail) : 만찬때 마시는 칵테일. 단맛나는 양주를 사용한다. ⑥ 샴페인 칵테일(champagne cocktail) : 연회석상에서 먹는 것. 한 잔씩 만들어져 제공된다.

칼륨 化 (영 Potassium) 원소기호 K. 생물계에 널리 존재하며 없어서는 안될 중요한 원소이다. 성인 체중 70kg에 약 250 g 정도가 들어 있는데, 대개 근육 세포, 간세포, 적혈구 등에 함유되어 있고 이들 세포 외에는 조금 밖에 들어 있지 않다. 나트륨(Na)과 같이 체액의 삼투압 조절, 산·염기 평형유지에 관여한다.

칼바도스 原 (영 Apple brandy, Apple jack 프 Calvados) 사과를 원재료로 해서 만드는 브랜디. 프랑스 칼바도스 지방의 특산물이다. 주정도는 54도이다. 노르망디풍의 애플파이, 시너먼 애플파이, 크레프 등의 과자와 콩포트 시럽에 풍미를 낼 때 사용한다.

칼빌 果 (프 Calville) 크고 노란 사과. 과육은 부드럽고, 즙이 많고 달다.

칼슘 化 (영 Calcium) 원소기호는 Ca. 체중의 2 %를 차지하는 무기질 중의 하나.

대부분 인산칼슘의 형태로 존재하며 99%가 뼈와 치아의 성분이고 나머지 1%가 혈액, 근육 속에 존재하면서 기능을 조절하거나 혈액응고에 관여한다. 장(腸)의 성분이 산성으로 기울면 흡수가 좋아지고, 비타민 D가 그 흡수를 돕는다. 칼슘의 공급원으로서 가장 우수한 식품은 우유이다.

칼테 샤움마세 菓 (프 Meringue suisse 독 Kalte schaummasse) 열을 주지 않고 거품낸 머랭. 일명 스위스 머랭이라고 한다.
⇨스위스 머랭

캅셀른 菓 (독 Kapseln) 얇게 구운 비스크비트, 비너마세의 총칭. 유동 상태의 스펀지 반죽을 구워 낸 시트를 가리킨다.

캅셀 퓌르 룰라데 菓 (독 Kapsel für roulade) 롤 케이크를 만들 때 쓰는 독일식 스펀지 반죽.
[**배합**] 계란 12개, 설탕 200 g , 박력분 250 g , 버터 150 g , 레몬 껍질 소량.
[**만드는 법—공립법**] ① 볼(bowl)에 계란, 설탕을 넣고 60℃의 물에 중탕하면서 38℃로 오를 때까지 거품기로 젓는다 ② 중탕하기를 멈추고 식을 때까지 젓는다. 레몬 껍질을 더하고 다시 젓는다 ③ ②의 반죽을 거품기로 들어 올렸을 때 퍼지듯 떨어지며 반죽 위에 흔적이 남으면 거품내기를 멈춘다 ④ 박력분을 체 쳐서 ③에 더해 나무 국자로 섞는다 ⑤ 녹인 버터를 ④에 더한다. 고르게 퍼질 때까지 섞는다 ⑥ 철판(60~80cm 크기)에 종이를 깔고 반죽을 붓는다. 팔레트 나이프로 고르게 펼친다 ⑦ 200~220℃의 오븐에서 굽는다 ⑧ 다 구워지면 종이 깐 널빤지에 뒤집어 놓고 종이를 씌워 식힌다(증기가 차 올라 종이는 쉽게 떼어낼 수 있다).

캉디 菓 (프 Candi) ① 당액의 조림 온도에 따라 나타나는 변화를 가리키는 용어. 즉, 107.5℃까지 조린 당액을 캉디라 한다. 이 용액의 농도는 보메 33.5도이다. 이것을 찬물에 떨어뜨리면 진주처럼 둥글려지

기 때문에 그랑 페를레(큰 진주)라고도 한다. ② 설탕이 굳어 결정화된 상태를 가리키는 용어. 설탕절임한 과일을 프뤼이 캉디라 한다.
→시럽, 캔디드 프루츠

캐나다 밀 原 (영 Canadian wheat) 캐나다는 세계 제2의 밀 생산국. 캐나다 밀의 95% 이상이 경질의 적색 봄밀(red spring wheat)이다. 적색 봄밀의 80% 이상이 매니토바에서 난다. 그래서 캐나다의 적색 봄밀을 매니토바 밀*이라고도 한다. 매니토바 밀은 빵 제조용으로 세계 제일이라고 알려져 있는데, 그 이유는 단백질 함유율이 높고 품질이 안정되어 제빵성이 우수하기 때문이다.

캐러멜 原 (영, 프 Caramel) ① 식품을 조리하는 동안에 생기는 짙은 갈색 물질. 즉, 당(糖)이 열을 받아 분해하여 생기는 착색성 물질이다. 보통 160~180℃에서 일어난다('설탕의 성질'항 참고). ② 물엿을 바탕으로 하고, 여기에 설탕·우유·버터를 더해 조린 뒤 향료를 넣어 굳힌 것. 조림 온도는 120℃. 기본재료 이외에 크림, 초콜릿, 커피, 치즈, 과실, 아몬드 등을 넣어 다양한 맛의 캐러멜을 만들 수 있다.

캐러멜라이저 機 (영 Caramelizer 프 Caraméliser) 과자 위에 뿌린 설탕을 캐러멜 상태로 태우는 도구. 캐러멜라이저를 사용하지 않고 과자를 고온의 오븐에 넣어 표면을 태우는 방법도 있지만 타르트 타탱(tarte tatin), 시부스트(chiboust) 등을 만들 때에는 캐러멜라이저를 이용한다. 직접 불에 달구어 뜨거울 때 사용하는 것과 전기를 이용하는 것 2가지가 있다.

캐러멜 시럽 原 (영 Caramel syrup) 캐러멜화한 설탕을 시럽으로 만든 것이다. 이것은 착색제로서 건과자류에 쓴다. 설탕과 물을 조려 태운 뒤 다시 물을 붓고 조린다. 이와 같은 작업을 4~5번 되풀이하면 노란 빛의 시럽이 되는데, 이것은 병에 넣

어 보존한다. 묽게 만든 시럽은 착색에 이
용한다.

캐러멜 프루츠 原 (영 Caramel fruits)
포도, 대추야자 열매를 138℃까지 가열하여
설탕액에 담근 것.

캐러멜화[－化] 化 (영 Caramelization)
⇨설탕의 성질

캐러웨이 原 (영 Caraway 프 Carvi
독 Kümmel) 유럽과 아시아(페르시아·
인도 등) 원산의 2년생 식물. 갈색이며 반
달 모양인 종자는 쿠민, 아니스와 비슷한
방향을 갖고 있어서 케이크, 비스킷, 캔디
등에 향료로 사용한다. 주산지 가운데 하나
인 네덜란드에는 퀴멜(kümmel : 캐러웨이의
독일어명)이라는 리큐르가 있다. 그리고 그
잎은 파슬리와 같은 맛을 갖고 있으므로 보
통의 야채처럼 날로 먹거나 다져서 샐러드,
수프에 넣는다.

캐비닛 발효[－醱酵] 技 (영 Cabinet f-
ermentation) 중종(中種)을 발효시킬 경우
뚜껑이 없는 상자 대신 뚜껑 있는 발효 상
자, 즉 캐비닛에 넣어 발효시키는 일. 캐비
닛은 온도나 습도를 조절하는 장치가 없는
반면 뚜껑이 있어서 발효를 끝내고 본반죽
을 시작할 때까지도, 탄산 가스가 중종 표
면을 두껍게 감싸고 있다. 이 점이 캐비닛
발효의 장점이다.

캐비아 原 (영, 프 Caviar 러 Ikra)
용철갑상어 알을 소금에 절인 것. 이크라라
고도 한다. 푸아 그라(foie gras), 트뤼프(tr-
uffe)와 함께 세계 3대 진미에 속한다. 현재
는 카스피해가 주산지이고, 그 주변의 소련
과 이란에서 제품화한 것이 대부분이다. 다
른 생선알에 물을 들인 대용품은 세계 각국
에서 싼 값에 팔린다. 캐비아에 레몬을 짜
서 그대로 먹거나, 메밀가루를 넣고 구운
러시아풍 크레프(Crêpe)에 싸서 먹는다. 사
워 크렘과 함께 팬 케이크에 끼워 먹기도
한다. 또, 한 입에 넣을 수 있는 소형 파이
를 구워 그 위에 캐비아를 얹으면 아주 고

급스러운 디저트가 된다.

캐슈넛 原 (영 Cashew nut, Acajou 프
Noix d'acajou 독 Cashewnuß) 옻나무
과(科)에 속하는 열대성 상록수 열매. 원산
지는 브라질 해안지역이다. 꽃이 지면 작은
꽃줄기가 굵어져서 사과 같은 열매로 되는
데 이것을 캐슈 애플(cashew apple)이라 하
고, 그 과실 끝에 달리는 진짜 열매를 캐슈
넛이라 한다. 캐슈넛은 갈색 유지에 감싸인
인(仁 : 씨)으로 이루어져 있으며 겉은 딱딱
한 껍질에 싸여 있다. 견과류 중 가장 당도
가 높고 씹는맛이 부드럽다. 이것은 그대로
술 안주로 삼거나 누가, 카카오 버터의 원
료로 사용하며 잘게 다지거나 얇게 썰어서
쿠키, 아이스크림 등에 쓴다. 그리고 단맛
을 살려 페이스트로 가공하기도 한다.

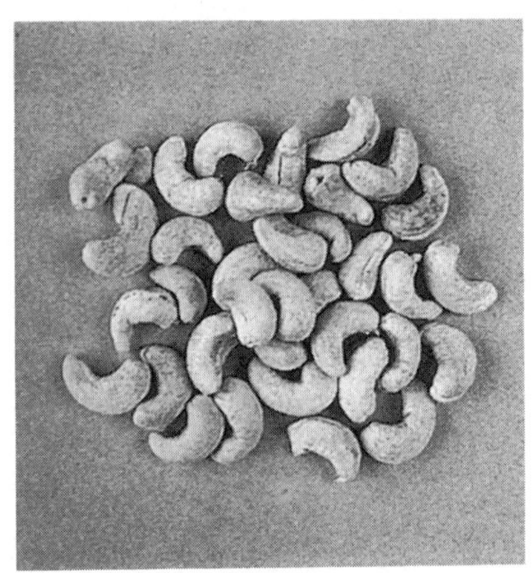

캐슈넛

캐츠 텅 菓 (영 Cat's Tongue 프 Lan
gue de Chat 독 Katzenzungen) '고양이
혀'라는 뜻의 프티푸르 세크*의 하나.
⇨랑그 드 샤

캔디 菓 (영 Candy, Sweetie 프, 독
Bonbon) 설탕을 주재료로 하고 물엿 같
은 당류, 유제품, 유지, 산, 색소, 향료,
과실, 견과류 등을 더해 만든 설탕 과자(su-

gar confectionery). 크기가 작고, 맛이 달며 향기로운 과자이다. 캔디란 말은 라틴어로, 설탕을 조려 틀에 넣어 굳힌 과자라는 뜻이다. 대부분의 캔디는 설탕을 조리고 수분을 증발시킨 뒤 냄비에서 꺼내 냉각한다.

〈분류·종류〉 1. 조림 온도에 따른 분류― ① 고온(132~154℃)가열 : 하드 캔디(봉봉 퐁당, bonbon fondant). 드롭, 태피 등 딱딱한 것. ② 저온(112~130℃)가열 : 소프트 캔디(봉봉 뒤르, bonbon dur). 캐러멜, 퐁당, 누가, 퍼지, 젤리, 마시맬로 등.

2. 주재료와 만드는 법에 따른 분류― 아래 〈표〉 참고.

〈표〉 캔디의 주재료와 분류

만드는 법	주 재 료	주 요 제 품
가열 압축	설탕	봉봉
	설탕, 물엿	드롭스, 퐁당, 크림 센터
	설탕, 물엿, 유지	캐러멜, 버터 스카치
	설탕, 물엿, 젤리화제	젤리, 껌
	설탕, 물엿, 기포제	누가, 마시맬로
코팅팬 (회전솥)	설탕	차이나마블 (코팅 하드 캔디)
	설탕, 물엿	젤리 빈즈 (코팅 소프트 캔디)
침투	설탕, 과실	설탕절임

3. 설탕결정의 유무에 따른 분류―① 설탕결정 캔디 : 퐁당, 퍼지. 이들은 설탕의 결정 입자가 고울수록 감촉이 좋다. 설탕 결정을 만드는 데 필요한 조건은 설탕 용액의 농도, 간섭물질, 결정속도, 교반정도, 제품의 숙성이다. 설탕액의 농도는 끓는점으로 판단한다. 조림온도에 따라 설탕의 성질이 바뀌므로 각각의 캔디에 맞는 온도를 잘 알고 있어야 한다('당액의 캐러멜화'항 참고). 간섭물질은 지방, 계란, 우유, 젤라틴, 펙틴이고 이들이 설탕결정을 곱게 만든다. 결정속도는 농축당액이 과포화 상태에서 작은 자극만 주어도 촉진된다. 또, 온도

가 낮을수록 속도는 빠르다. 교반은 그 정도가 심할수록 곱고 고른 결정이 생긴다. 그리고 제품의 숙성이란 캔디를 완성시킨 뒤 캔디의 성질에 알맞은 온도와 습도를 맞추어 며칠간 보관하는 일을 가리킨다. 보통, 퐁당은 숙성시킨 뒤에 성형한다. ② 결정이 필요치 않은 캔디 : 캐러멜, 태피 등. 설탕을 높은 온도에서 가열, 융해시키거나 간섭물질을 더해 결정이 생기지 않도록 한다.

캔디드 프루츠 菓 (영 Candied fruit 프 Fruit candi) 설탕절임한 과실. 체리, 오렌지·레몬 껍질을 이용하며 그 각각을 캔디드 체리, 캔디드 오렌지 필, 캔디드 레몬 필이라 부른다. 캔디드 체리는 드레인드 체리*라고도 하며, 캔디드 오렌지·레몬 필은 '캔디드'를 생략하고 오렌지 필·레몬 필이라 한다. 각종 과자의 장식, 프루츠 케이크에 쓰인다. 캔디드 프루츠는 과일을 담가두었던 당액을 빼고 건조시킨 뒤, 과일 표면에 설탕 결정(크리스털)을 입힌 것으로서 크리스털 프루츠 또는 크리스털라이즈드 (crystallized) 프루츠라고도 한다. 프랑스어로는 과일 설탕절임을 총칭하여 프뤼이 콩피*라 한다.

→설탕절임

커드 原 (영 Curd 프 Caillé) ① 우유가 산이나 응고 효소에 의해 응고된 것 ('치즈 커드'항 참고). ② 두부처럼 뭉클뭉클한 상태의 물질. 레몬 커드*라 하면 레몬향을 넣은 커스터드 또는 젤리를 가리킨다 ('커스터드 크림'항 참고).

커드 機 (영 Scraper, Dough spatula 프 Corne, Grattoir à pâte 독 Teigschaber) 플라스틱제 스크레이퍼*. 냄비·볼에 들러붙은 크림 또는 반죽을 떼어 내거나 긁어 모을 때 쓰는 도구이다. 둘레가 각진 것과, 둥그스름한 것이 있으므로 용기의 모양에 맞는 커드를 골라 쓴다. 표면을 평평하게 고를 경우에도 사용한다.

407

커런트 果 (영 Currant) ① 그리스산 (産)의 알이 작고 씨가 없는 포도를 말린 것. ② 범의귀과(科)의 구즈베리류에 속하는 열매(①과는 전혀 상관이 없다). 원산은 유럽 북서부. 붉은 커런트(red currant), 검은 커런트(black currant) 2 종이 있다. 그 중에서 붉은 커런트는 간략히 커런트라 하고 블랙 커런트는 카시스*라 한다.

커민 原 (영, 프 Cumin 독 Mutterkü-mmel) 미나리과(科)에 속하는 식물의 씨. 캐러웨이와 비슷한 향이 나는 향신료 중 하나이다. 원산지는 나일강 유역이고 멕시코, 시리아, 이란 등지에서 주로 생산된다. 이것은 냄새가 강해 치즈, 사워크라우트 (sauerkraut : 독일식 김치)의 특수한 향기를 위해 쓰거나 또는 카레 가루에 향료로 쓴다. 또한 수프, 스튜에도 잘 어울린다.

커민 종자

커버추어 原 (영 Dip chocolate 프 C-ouverture 독 Kuvertüre) 초콜릿 봉봉의 내용물(센터)이나 앙트르메를 감싸기에 알맞도록 만든 초콜릿. 피복하기에 알맞은 초콜릿의 상태는 카카오 버터의 함량이 전체의 40% 전후이어야 한다. 이보다 높으면 피복두께가 얇고, 낮으면 두꺼워진다. 커버추어는 프랑스의 쿠베르튀르(couverture)를 영어로 읽은 것으로서, '피복한다'는 뜻이다. 프랑스의 정식 명칭은 쇼콜라 드 쿠베르튀르이고, 제과 용어로는 쿠베르튀르 또

는 커버추어라 한다. 커버추어를 과자에 피복할 때 가장 알맞은 온도는 29~31℃이다. 이 온도에서 초콜릿은 반유동적이고 알맞은 점조성(粘稠性)을 갖는다. 커버추어는 34℃ (녹는점) 이상이 되면 카카오 버터가 녹아 나오기 때문에, 설탕이나 카카오 고형물과의 결합력을 잃는다. 그러면 묽은 유동성을 갖는 액상이 되어 버린다. 이것을 다시 28℃(응고점) 아래로 식히면 본래의 상태로 돌아간다. 커버추어로 감싼 과자를 보관, 저장할 때는 세심한 주의를 기울여야 한다. 특히 빛이나 열 때문에 일어나는 온도변화에 신경을 써, 항상 15~18℃(커버추어 특유의 광택을 유지하는 온도)를 유지하며 보존해야 한다. 온도변화에 따라 초콜릿 표면에 일어나는 현상을 블룸이라 한다. 여기에는 팻 블룸과 슈거 블룸이 있다. 이 두 종류를 상술(詳述)하면 다음과 같다. ① 팻 블룸 (fat bloom) : 코코아 결정이 녹아 그 일부가 표면에 배어 나오는 현상. 하얗게 굳고, 곰팡이가 핀 것처럼 얇은 막이 생긴다. 그 원인은 굳히는 속도가 느리고, 충분히 굳히지 않았기 때문이다. ② 슈거 블룸(sugar bloo-m) : 표면에 작은 회색빛 반점이 생기는 현상. 초콜릿에 들어 있는 설탕이 습기를 먹고 녹아서 결정화했기 때문이다. 온도가 높은 곳에 오래 두거나 급격하게 식혔을 때, 또는 식힌 것을 따뜻한 곳에 두었을 때 일어난다. 이와 같은 현상을 막기 위해서도 작업실의 온도는 항상 18~20℃, 습도는 70% 이하로 유지해야 한다. 냉장고에서 식혀 굳힐 때는 10℃, 실온과의 온도 차이도 8℃ 이내로 해야 한다.

〈중탕할 때의 주의점〉 커버추어를 데울 때는 물기가 들어가지 않도록 주의하면서 중탕한다. 물기가 들어가면 카카오에 들어 있는 섬유가 수분을 흡수하여 단단해져 피복하기 어렵기 때문이다.

→초콜릿

커스터드 슈거 原 (영 Custard sugar)

설탕 결정체를 빻아서 만든 설탕. 입자가
굵은 커스터드 슈거는 스펀지 케이크, 번
즈, 도넛 등에 토핑하고 입자가 고운 것은
단맛 내는 데에 이용한다.

커스터드 크림 菓 (영 Custard cream
프 Crème patissière) 커스터드 소스('크
렘 앙글레즈'항 참고)를 젤 상태로 한 크
림. 원래 커스터드란 우유, 설탕, 계란을
섞은 혼합물이다. 여기서 커스터드 푸딩→
커스터드 소스→커스터드 크림이 차례로 만
들어졌다. 커스터드 크림은 커스터드 소스
에 밀가루나 콘스타치를 더하여 젤 상태로
만든 것이다. 젤 상태는 계란이 열응고한
결과이다.
⇨크렘 파티시에르

커스터드 타트 菓 (영 Custard Tarts)
커스터드 크림을 충전한 타르트.
[배합] 타르트의 깔개용 반죽. 〈커스터드
크림〉 우유 400cc, 바닐라 3 cc, 설탕
150 g, 콘스타치 35 g, 노른자 2개, 레몬
즙과 껍질 1/2개 분량. 〈머랭〉 흰자 2개,
설탕 100 g, 레몬 즙 3 cc.
[만드는 법] ① 깔개용 반죽을 만든다('타
르트'항 참고) ② 커스터드 크림*을 만든다
③②의 크림을 ①에 넣는다 ④ 머랭을 만들
어 ③의 위에 장식해 얹는다 ⑤ 180℃ 오븐
에서 10분간 굽는다. 바로 먹으려면 이보다
높은 온도에서 굽도록 한다.

커스터드 푸딩 菓 (영 Custard Pudding
프 Crème Caramel 독 Karamelkrem)
계란, 우유 그리고 캐러멜 소스로 만든 푸
딩.
[배합] 〈푸딩 반죽〉 계란 8개, 설탕 200 g,
우유 1,000cc, 그랑 마르니에 60cc, 바닐라
1개, 바닐라 에센스 적당량. 〈캐러멜〉 설
탕 150 g, 물 40cc.
[만드는 법] ① 푸딩 반죽을 만든다. 계란
과 설탕 100 g 을 섞는다 ② 우유, 바닐라,
나머지 설탕을 한데 섞어 데운다. 이것을
①에 더해 녹인다 ③②를 체에 거르고 그랑

마르니에, 바닐라 에센스와 섞는다 ④ 캐러
멜을 만든다. 즉, 냄비에 설탕 1/4을 넣고
가열한 뒤 녹으면 나머지 설탕을 조금씩 더
하면서 녹인다 ⑤④에 캐러멜색이 들면 물
을 붓고 불에서 내린다 ⑥ 푸딩 틀에 ⑤를
붓고 굳힌다 ⑦③의 반죽을 ⑥에 흘려 넣는
다 ⑧ 표면에 뜬 거품을 걷어 낸다 ⑨ 중탕
식으로 160℃ 오븐에서 1시간 동안 굽는다.

커큐머 原 (영, 프 Curcuma) 강황(薑
黃). 생강과(科)에 속하는 열대 식물. 이 식
물의 뿌리와 줄기를 가루로 만들어 스파이
스와 착색료(노란색)로 쓴다. 카레 가루의
성분이 되기도 하다.

커터 機 (영 Cutter) 절단기* 또는 갖
가지 모양을 뜨는 형틀.
⇨형틀

커틀릿 其 (영 Cutlet) 고기에 빵가루
를 묻혀 튀긴 서양요리. 보통 쇠고기·돼지
고기 등을 많이 이용하며, 각각 비프 커틀
릿*(beef cutlet)·포크(pork) 커틀릿이라고
한다.

커피 原 (영 Coffee 프 Café 독 Kaff-
ee) 커피나무의 열매 속에 들어 있는 종자
(커피 콩)로 만든 기호음료. 과자에도 자주
쓰이는 재료이다. 주산지는 중남미를 비롯
동남 아시아, 아프리카이다. 커피 콩은 보
통 커피, 인스턴트 커피, 카페인 없는 커
피, 플레이버 커피로 가공·시판하고 있다.
커피 콩은 말리기만 하면 액체를 추출할 수
없으므로 말린 콩을 볶아 가루로 빻아 만든
다. 살짝 볶은 것은 신맛이 강하고, 볶으면

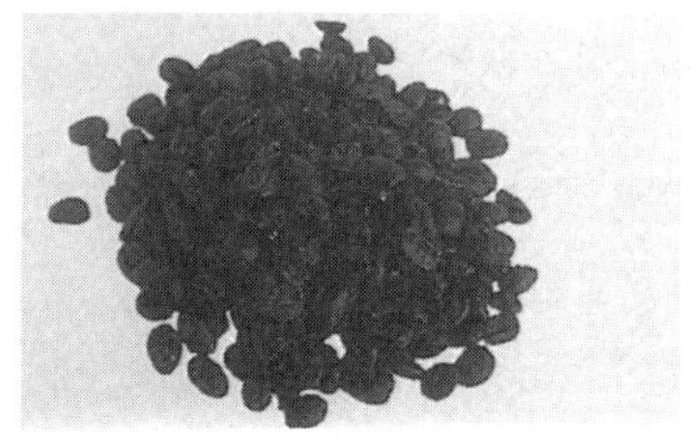

커피콩

볶을수록 쓴맛이 강해진다. 미국·영국에서는 전자를, 프랑스·이탈리아·남아메리카 등지에서는 후자를 즐긴다. 커피 음료에는 카페 오 레, 카페 카푸치노, 아이리시 커피, 핫 모카 자와(러시안 커피), 카페 로열 등이 있다. 한편 과자의 재료로 쓰는 것은 인스턴트 커피이다. 물론 커피액을 쓰기도 한다. 커피를 쓴 과자에는 커피 젤리, 바바루아, 무스, 스펀지, 버터 케이크가 있다.

커피 롤 쿠키 菓 (영 Coffee Rolled Cookies)
[배합] 버터 55 g, 설탕 55 g, 뜨거운 물 30cc, 커피 5 g, 밀가루 100 g.
[만드는 법] 뜨거운 물로 커피액을 만든다. 반죽법은 초콜릿 롤 쿠키*와 같다. 중앙에 견과를 장식해도 좋다.

커피 링 菓 (영 Coffee Rings 스 Koffekrans) 스웨덴에서 가장 유명한 화환(花環) 모양의 커피 케이크.
[배합] 〈반죽〉 밀가루 2,140 g, 우유 1,140cc, 계란 112 g, 소금 42 g, 레몬 껍질 1개 분량, 이스트 7 g. 〈충전물〉 볶아서 빻은 헤이즐넛 소량, 설탕 1,130 g, 물(또는 우유) 785 g, 케이크 크림 56 g. 〈기타〉 바닐라 크림·커런트 각 적당량.
[만드는 법] ① 직접법으로 반죽한다 ② 1시간 발효시키면서 3번 가스빼기한다 ③ 충전물의 재료를 롤러로 빻아 물(또는 우유)과 섞는다 ④ 발효 반죽을 얇게 밀어펴고, 그 표면에 ③의 충전물을 바른다. 그 위에 다시 바닐라 크림을 바르고 커런트를 조금 뿌린 뒤, 원통 모양으로 만다 ⑤ 이 롤에 1~2 cm 간격을 두고, 가위집을 넣는다. 그 오린 조각을 오른쪽 왼쪽 교대로 꼰다. 전체 롤을 고리 모양으로 한다 ⑥ ⑤의 성형 반죽을 철판에 놓고 굽는다 ⑦ 구운 뒤, 표면에 광택을 낸다.

커피 베이스 原 (영 Coffee base) 농축한 커피. 수분을 그다지 필요로 하지 않는 제과에 커피 풍미나 색깔을 들이기 위해 사용한다. 인스턴트 커피를 진하게 녹여서 사용하기도 한다.

커피 브레이크 빵 (영 Coffee Break) 미국에서 커피 타임에 곁들여 먹는 빵의 총칭. ① 커피 케이크 ② 브리오슈 ③ 크루아상 ④ 파이 ⑤ 파운드 케이크 ⑥ 크림 퍼프 ⑦ 프루츠 롤 등이 여기에 속한다.

커피 비스킷 菓 (영 Coffee Biscuits)
[배합] 밀가루·적설탕 각 454 g, 팽창제 21 g, 소금 3.4 g, 버터 227 g, 계란 113 g, 커피 에센스 28 g, 구즈베리 113 g.
[만드는 법] ① 버터와 설탕을 섞어 크림을 만든다 ② ①에 계란과 커피 에센스, 밀가루, 팽창제, 소금을 차례로 넣고 섞는다. 마지막에 과일을 더한다 ③ 철판에 ②의 반죽을 2cm의 둥근 모양깍지로 짜낸다 ④ 마무리는 납작하게 만들어 그냥 굽거나 계란을 바르고 분설탕을 살짝 뿌린 뒤 204℃에서 15분간 굽는다.

커피 빈즈 菓 (영 Coffee Beans) 스펀지 반죽을 커피 콩 모양으로 짜서 굽는다. 커피 크림을 샌드하고 살구 퓌레를 바른 뒤 커피의 색과 풍미를 낸 퐁당에 담근다.

커피 스펀지 케이크 菓 (영 Coffee Sponge Cake) 커피 풍미의 스펀지 케이크.
[배합] 계란 150 g, 설탕 140 g, 밀가루 130 g, 팽창제 3 g, 진한 커피액 45cc, 커피 버터 크림(버터 110 g, 설탕 110 g, 커피액 30cc). 〈기타〉 마롱 글라세 8개.
[만드는 법] ① 흰자를 거품내고 설탕을 섞어 휘저은 뒤 노른자를 섞는다 ② 밀가루와 팽창제를 가볍게 섞어 넣고 커피액을 더한다. 이것을 18cm의 둥근 틀에 채워 굽는다 ③ 커피 버터 크림을 만든다. 버터를 크림 상태로 풀고 설탕을 넣어 섞은 뒤 커피액을 더한다 ④ ②의 스펀지 시트를 수평으로 잘라 버터 크림을 샌드하고, 옆면에도 바른다 ⑤ 마롱 글라세를 얹고 버터 크림을 짜 놓는다.

→스펀지 케이크

커피 언 機 (영 Coffee urn) 항상 커피 온도를 따뜻하게 유지할 수 있는 용기. 대부분 금속제이다.

커피 제누아즈 菓 (영 Coffee Genoise 프 Genoise de Café) 커피를 배합하여 만든 제누아즈. 만드는 법은 프루츠 제누아즈를 기본으로 한다. 인스턴트 커피 5 g을 30cc의 뜨거운물에 녹여서 쓴다.

→스펀지 케이크

커피 케이크 빵 (영 Coffee Cake) 스위트 롤빵의 하나. 미국에서 아침 식사나 티타임에 즐겨 먹는다. 단과자빵으로서, 여러 가지 과일을 충전하고 윗면에 아이싱을 한 것이 많다. 커피를 마시면서 먹는 빵일 뿐 커피를 배합해 만든 것과는 구별된다. [배합] 밀가루 100(강력 75＋준강력 25), 우유 25, 설탕 9, 소금 0.75, 이스트 5, 맥아엑스 3, 버터 12, 계란 8, 이스트 푸드 0.2, 물 20. [만드는 법] ① 위 재료를 섞어 반죽하고 27℃에서 발효시킨다 ②①의 반죽을 밀대로 밀어펴고 철판 위에 얹는다 ③ 2 배로 부풀 때까지 발효시킨다 ④ 중불보다 조금 센 불에서 굽는다. 구워낸 뒤 아이싱하고 여러 가지 모양으로 자른다.

커피 키스 菓 (영 Coffee Kisses) 커피 버터 크림을 샌드한 키스. 철판에 냉제 머랭을 짜놓고 182℃에서 굽는다. 이 머랭 3~4장에 커피 풍미의 버터 크림을 발라 포갠다.

→키스

컨베이어 機 (영 Conveyor) 원료, 화물을 계속해서 운반할 수 있는 장치. 한쪽 끝에서 다른 한쪽 끝으로 움직이는 길을 따라 물건이 옮겨진다. 보통 수평으로, 또는 비스듬히 경사진 곳으로 옮길 때 쓰는 장치이다. 아래 위로 물건을 운반할 때에는 엘리베이터나 리프트를 쓴다. 컨베이어에는 롤러 컨베이어, 체인 컨베이어, 버킷 컨베이어(버킷 엘리베이터), 벨트 컨베이어, 스크루 컨베이어, 에어 컨베이어, 뉴매틱 컨베이어, 슬랫 컨베이어가 있다.

컨테이너 機 (영 Container) 화물운송 상자. 빵 공장에서는 밀가루 운반도구를 컨테이너라 부른다. 이것을 쓰면 밀가루를 옮기고 저장할 때 습기차거나 벌레 먹는 일이 없다.

컨트롤 패널 機 (영 Control panel) 여러 가지 기계조작과 공정을 지도하고 조절하는 스위치, 표시등(燈)을 모아 둔 조작판을 가리킨다.

컴프레스트 이스트 原 (영 Compressed yeast)

⇨압착 효모

컵 케이크 菓 (영 Cup Cake) 컵 케이크 틀 또는 주름잡힌 종이 케이스에 반죽을 담아 구운 케이크. 마시맬로, 머랭, 버터 크림 등으로 아이싱하고 호두, 과일, 설탕 절임, 얇게 썬 코코넛 등을 토핑한다. 이 밖에 컵 케이크 위에 칼집을 내어 버터 크림이나 젤리를 채운 것도 있다.

케이크 菓 (영 Cake 프 Gâteau 독 Kuchen 이 Focaccia 에 Pastilla, Bollo 포 Bolo 네 Koek) 버터(또는 마가린), 우유, 생크림, 설탕, 밀가루, 베이킹 파우더, 계란을 섞은 반죽을 구워 만든 과자의 총칭. 케이크는 슈, 타르틀레트 같은 소형 과자에서부터 타르트 같은 대형과자, 뷔슈 드 노엘 같은 행사 과자를 모두 포함한다. 또, 프루츠 케이크를 가리키는 명칭이기도 하다. 〈어원〉 고대 튜튼어 Kaka→ 고대 아이슬란드어 Kaka→ 13세기 영어 Kake→ Cake로 변천하였고, 같은 어원 Kak에서 나온 것이 독일의 Kuchen이다. 프랑스어인 가토(Gâteau)는 라틴어 Vastare→ Gâter→ Gâterie→ Gâteau의 변천을 밟은 용어이다. 또, 에스파냐어인 Pastilla는 카스텔라의 어원이 된다.

〈유래〉동양에서 쌀을 가공한 밥→떡→과자가 만들어졌듯이, 서양에서는 밀가루를 가공한 빵→케이크가 만들어졌다. 서양 케이크가 동양의 과자와 다른 점은 일찍부터 단맛을 내는 꿀, 계란, 동·식물성 기름, 버터, 치즈를 사용했을 뿐 아니라 발효 반죽으로 만들었다는 것이다. 처음 케이크 형태를 갖춘 케이크가 출현한 곳은 이집트. 과당(果糖, fructose)과 꿀을 넣어 설탕절임한 과일, 천연 얼음으로 만든 셔벗이 바로 그것이다. 8~9세기의 그리스 시대에는 이미 계란, 유지를 넣어 만든 케이크가 100종류에 달해 있었다. 로마제국 시대에 비로소 빵과 케이크가 분류되고, 그 각각의 직업별 조합이 생겼다. 5~15세기에 걸친 1,000년 동안은 종교과자가 득세한 시대였다. 그때는 교회, 왕후 귀족들만이 빵·케이크 오븐을 갖고 있으면서, 평민들에게 그 사용료를 물게 하는 특권제도가 있었다. 11~13세기는 십자군 원정으로 동방에서 설탕, 향신료가 들어오게 됨으로써 케이크의 품질이 높아졌다. 또, 15~16세기에는 포르투갈, 에스파냐가 중심이 되어 지리상의 발견이 이어졌다. 동양으로 가는 뱃길이 열리고 신대륙이 발견됨에 따라 동양에서 유입된 설탕, 향신료로써 케이크의 질을 높였다. 그와 동시에 인권존중의 분위기가 고조되어 빵·케이크 오븐을 교회에서 독점하는 제도는 무너졌다. 18세기에는 영국에서 산업혁명이 일어났다. 그 결과 증기기관을 갖춘 공장에서 여러 가지 케이크를 많이 만들어 낼 수 있었다. 반면 대량 생산에 알맞지 않은 생과자는 프랑스를 중심으로 하여 만들어졌다. 19세기가 되면 유럽 전체에 첨채(甜菜 : 사탕무)가 보급되어 첨채당의 공급체제가 이루어짐으로써, 이 때 비로소 케이크가 대중화되었다. 그리고 20세기에 들어 점차 다양화·국제화되고 있다.

케이크 도넛 菓 (영 Cake Doughnut) 팽창제 반죽의 튀김 과자. 밀가루는 박력분을 쓴다.

[**배합**] 밀가루 1,000 g, 베이킹 파우더 26 g, 소금 7 g, 쇼트닝 60 g, 설탕 280 g, 계란 120 g, 우유 450cc, 메이스 소량, 바닐라 향 2 g, 아몬드 엑스 2 g.

[**만드는 법**] ① 쇼트닝과 설탕을 섞는다. 계란을 조금씩 넣으면서 크림 상태로 만든다 ② 밀가루, 베이킹 파우더, 소금을 함께 체 처서 우유에 넣고 섞는다 ③ ②를 ①에 더하고 반죽한다 ④ 마지막으로 향료와 엑스를 우유에 녹여 ③에 더한다 ⑤ 반죽을 분할·성형하여 195℃의 기름에서 튀긴다.
→도넛

케이크 시트 菓 (영 Cake sheet) 케이

<표> 사용목적에 따른 케이크의 시트와 장식물

종 류	사 용 목 적	장　　　식	
스펀지	샌드위치	생크림, 버터 크림, 워터 아이싱, 퐁당, 아이싱 슈거, 잼	
라이트 제누아즈	가토	퐁당, 버터 크림, 생크림	
헤비 제누아즈	레이어 케이크	초콜릿, 생크림, 퐁당, 버터 크림, 가나슈	
당분이 많은 것 (파이 슈거)	바텐부르거 토르테, 팬시	가나슈, 아몬드 페이스트, 슈거 페이스트, 잼, 젤리, 퍼지, 퐁당, 버터 크림, 생크림	
과실이 많은 것	웨딩·크리스마스· 생일·심벌 케이크	아몬드 페이스트, 퐁당, 로열 아이싱	
조합용 시트 제누아즈, 자포네, 스위트 쇼트 페이스트	토르텐	생크림, 버터 크림, 퐁당, 아몬드 페이스트, 슈거 페이스트, 가나슈, 젤리, 잼, 특수 스프레드	

크 반죽을 구워내어 아무런 장식도 하지 않은 것. 케이크 시트로서 갖추어야 할 조건은 다음과 같다.
① 장식하기에 알맞을 것. ② 소비자 기호에 맞을 것. ③ 장식재료에 맞을 것. ④ 질 좋은 재료로 만들 것. ⑤ 재료의 분량을 정확히 재어, 구웠을 때 너무 두껍거나 얇지 않아야 할 것. ⑥ 색채, 맛, 향이 조화를 이룰 수 있는 것. ⑦ 시트의 부피, 중량과 장식재료가 서로 어울릴 수 있는 것. 이들 조건에 맞추어 종류를 나누면 앞의 〈표〉와 같다.

케이크용 믹서 機 (영 Cake mixer) 양과자 전용 믹서. 양과자의 배합재료를 혼합하는 기구로서, 세로형 믹서가 많다.
〈종류〉 교반 날개의 종류에 따라 5 가지로 나눈다. ① 암 타입(arm type) 믹서 : 적은 양의 반죽을 혼합할 때. ② 크리머 타입(creamer type) 믹서 : 크림 상태의 반죽을 만들 때. ③ 휘퍼 타입(whipper type) 믹서 : 계란, 크림을 거품낼 때. 카스텔라, 스펀지 케이크를 만들기에 적당하다. ④ 이스트 반죽에 알맞은 믹서. ⑤ 스위트 롤 반죽에 알맞은 믹서.

케이크의 기공[－氣孔] 菓 (영 Cake hole) 케이크의 속결이 거칠고, 크고 작은 기공이 생기는 데에는 다음과 같은 원인이 있다.
〈원인〉 ① 품질이 낮은 유지류를 썼을 때. ② 혼합이 불충분하고, 재료가 잘 섞이지 않았을 때. ③ 고속에서 지나치게 반죽했을 때. ④ 설탕량이 많거나 적었을 때. ⑤ 팽창제가 고루 섞이지 않았을 때. ⑥ 거품낸 계란이나 흰자가 반죽에 골고루 섞이지 않았을 때. ⑦ 오븐의 온도가 알맞지 않았을 때. ⑧ 혼합온도가 알맞지 않을 때.

케이크의 반죽 온도[－溫度] 技 (영 Cake dough temperature) 케이크의 반죽온도는 케이크의 질과 모양에 큰 영향을 준다. 가장 알맞은 온도는 18~21℃. 특히 페이스트리 반죽에는 지방이 많기 때문에 반죽의 온도 변화에 민감한 반응을 보인다. 따라서 온도조절이 가능하고 실온(室溫)이 변하지 않는 작업실이 필요하다.

케이크의 제조원리[－製造原理] 技 케이크는 밀가루, 설탕, 계란, 유지를 섞어 공기와 다량의 액체를 포함시킨 유동 상태의 반죽을 구운 것으로, 이 때 중요한 요소는 재료의 반죽과 기포·유화이다.
1. 혼합·반죽하기(mixing)－반죽은 굳기에 따라 도, 배터, 페이스트로 나뉜다('반죽항' 참고). 이 중에서 케이크 반죽은 배터에 속한다. 배터를 만들기 위해 혼합·반죽하는 목적은 ① 충분히 교반하여 재료와 공기를 반죽 전체에 골고루 분산시키고 ② 제품에 알맞은 질감(texture)을 얻기 위함이며 ③ 글루텐을 제품의 특성에 맞게 강화시키기 위함이다. 반죽법은 크게 ① 배터 타입 케이크* 만드는 법과 ② 폼 타입 케이크* 만드는 법으로 나뉜다. ①에는 슈거 배터법이 있고, ②에는 공립법과 별립법이 속한다. 2. 기포·유화(乳化, emulsification)－반죽함에 따라 반죽 전체는 크림 상태인 배터가 된다. 그 현상을 에멀션화(유화)라 한다. 대표적인 에멀션은 많은 양의 기름을 물에 더해 교반했을 때 생기는 유백색의 액체이다. 본래 물과 기름은 섞이기 어려운 물질이다. 이 둘을 교반하면 기름의 입자가 작게 나뉘고 표면적이 커진다. 그러면 기름 입자끼리 접촉하여 물 속에 분산해 있을 수 있는 것이다. 이와 같이 에멀션을 만들기 위해서 필요한 것이 교반 작업과 유화제이다. 케이크에 쓰이는 유화제에는 우유·계란·글루텐·녹말 같은 천연물과, 합성물이 있다. 합성 유화제는 거의 계면활성제이다. 기포가 많이 생길수록 그 물질의 비중은 작아진다. 그러므로 설탕과 계란을 섞은 액체의 비중이 작을수록 기포가 잘 일어난다. 이러한 반죽으로 만든 스펀지 케이크는 품질이 좋다고 할 수 있다.

케이크 제조의 실패와 원인 技 ① 결

이 거칠다 : 배합조절의 실패, 설탕의 과·부족, 팽창제 과잉, 유지의 유화성(乳化性) 결핍, 발효·숙성이 충분치 않거나 지나친 반죽, 밀가루의 품질 불량, 알맞지 않은 오븐 온도. ② 굽는 동안에 케이크가 수축한다 : 팽창제나 설탕이 과다 사용되었을 때, 설탕과 기름이 많은 반죽을 지나치게 저었을 때, 계란의 양이 부족할 때, 밀가루 단백질의 힘이 지나치게 강하거나 약할 때, 오븐 온도가 너무 낮을 때, 오븐에 케이크를 넣은 뒤 바로 작동했을 때. ③ 부피가 작다 : 교반 부족, 팽창제 과·부족, 유지의 유화성 부족, 수분의 과·부족, 알맞지 않은 반죽 온도. ④ 표면에 커다란 구멍이 생겼다 : 중조 과다 사용, 유지 불량, 반죽 부족, 설탕의 과·부족, 계란을 충분히 거품 내지 않았을 때, 오븐 상태 불량. ⑤ 지나치게 건조하다 : 반죽의 수분 부족, 유지 부족, 팽창제 과다 사용, 너무 낮은 오븐 온도, 계란 부족, 밀가루 강도가 너무 높을 때 (퐁당·물엿·꿀·소르비톨을 사용해 이 결점을 막는다). ⑥ 너무 딱딱하다 : 반죽에 당분이 부족, 너무 낮은 오븐 온도, 오래 구웠을 때. ⑦ 점성(粘性)이 있다 : 수분 과다, 윗불이 강할 때(높은 열에서 단시간), 팽창제 과다 사용, 강도가 너무 낮은 밀가루 사용, 산성 물질이 너무 많을 때. ⑧ 너무 푸석푸석하다 : 설탕·유지·팽창제 과다 사용, 계란 부족, 반죽 부족, 산성 물질의 과다 사용. ⑨ 표면이 울퉁불퉁하다 : 강도가 높은 밀가루 사용, 지나치게 높은 오븐 온도. ⑩ 겉껍질이 두껍다 : 설탕 과다 사용, 너무 높은 오븐 온도, 강도가 낮은 밀가루 사용, 낮은 온도에서 오래 구웠을 때. ⑪ 껍질에 반점이 생겼다 : 설탕이 완전히 녹지 않았거나 계란과 밀가루가 잘 섞이지 않았을 때, 그릇 안쪽에 들러붙어 떨어지지 않던 것이 섞였을 때. ⑫ 균열이 생겼다 : 설탕을 잘 섞지 않음, 반죽의 점성이 지나치거나 고온에서 구웠을 때, 밀가루의 강도가

너무 높을 때. ⑬ 껍질이 벗겨지기 쉽다 : 오븐 속의 증기 과다, 너무 낮은 오븐 온도, 배합의 부적당, 지나치게 낮은 강도의 밀가루 사용. ⑭ 화이트 케이크가 희지 않다 : 유지 착색, 밀가루가 희지 않을 때, 흰자의 신선도 불량, 반죽의 산도가 알맞지 않고, 충분히 반죽하지 않았을 때. ⑮ 레이어 케이크가 너무 작다 : 설탕·기름 부족, 수분 과다, 알맞지 않은 오븐 온도, 지나치게 강도 높은 밀가루 사용, 지친 반죽일 때. ⑯ 계란 케이크에 녹색빛이 돈다 : 중조 과다 사용, 오래된 계란 사용, 낮은 온도에서 반죽했을 때.

케이크 쿨러 機 (영 Cake cooler, Wire netting 프 Grille 독 Gitter) 구워 낸 스펀지 케이크나 그 밖의 과자를 얹어 식히는 금속망, 그리유. 앙트르메·프티 가토·프티 푸르에 녹인 초콜릿, 퐁당, 크림 등을 위에서부터 부어 묻힐 때에도 이용한다.

케인 슈거 原 (영 Cane sugar) 사탕수수의 설탕, 즉 감자당을 가리킨다.
⇨설탕

케제 原 (독 Käse) 치즈*의 독일어명. 독일 과자 중 치즈를 사용한 과자에는 접두어로 케제가 붙는다. 예를 들면 다음과 같다. ① 케제 블레터타이크(Käseblätterteig) : 블레터타이크는 프랑스의 푀이타주. 케제 블레터타이크는 치즈를 접어 넣고 만든 푀이타주이다. ② 케제 브뤼마세(Käsebrüh-masse) : 브뤼마세는 슈 반죽. 작게 자른 에멘탈 치즈를 섞은 슈 반죽이 케제 브뤼마세이다. 이것을 기름에 튀겨 케제 크랍펜을 만든다. ③ 케제 크렘(Käsekrem) : 치즈 넣은 크림. 버터 크림이나 커스터드 크림에 치즈를 섞어 만든다.

케제 자네 슈니텐 菓 (독 Käse Sahne Schnitten) 크림 치즈를 사용하여 만든 케이크.

[배합] 〈케제 자네〉 설탕 240 g, 콘스타치 100 g, 노른자 8 개, 우유 860cc, 크림 치즈

400 g, 판 젤라틴 4 장, 브랜디 50cc, 레몬 즙 80cc, 생크림 1,000cc. 〈뮈르베타이크〉 버터 500 g, 설탕 250 g, 소금 6 g, 박력분 750 g, 케이크 크림 60 g. 〈반죽〉 계란 900 g, 설탕 770 g, 박력분 470 g, 우유 140cc. 〈기타〉 잼, 크렘 샹티이.
[만드는 법] ① 케제 자네를 만든다. 설탕, 콘스타치, 노른자, 우유를 냄비에 넣고 가열하여 커스터드 크림 상태로 만든다 ② 불에서 내린 뒤 여기에 크림 치즈, 물에 불린 젤라틴, 브랜디, 레몬 즙을 더해 섞는다 ③ 생크림을 거품내고 ②에 더한다 ④ 뮈르베타이크*를 굽는다 ⑤ 반죽을 얇게 구워 잼을 샌드한다. 이것을 ④의 위에 얹는다 ⑥ ⑤에 밑이 뚫린 틀로 테두리를 치고 ③을 부어 냉동시킨다 ⑦ 윗면에 크렘 샹티이*를 짜 얹는다.

케제 자네 토르테 菓 (독 Käse Sahne Torte) 독일의 치즈 크림 케이크.
[배합] 〈크림 치즈〉 치즈 200 g, 그라뉴당 60 g, 노른자 3 개, 판 젤라틴 12 g, 생크림 400 g, 바닐라 향·레몬 껍질 각 적당량. 〈기타〉 스펀지(두께 2 mm) 1 장, 생크림·피스타치오 각 적당량.
[만드는 법] ① 치즈 크림을 만든다 ② 틀에 스펀지를 깐 뒤 ①을 붓고 식혀 굳힌다 ③ 틀에서 빼낸 뒤 생크림을 짜 놓고 피스타치오를 장식한다.

케제 쿠헨 菓 (독 Käsekuchen) 독일의 치즈 케이크. 바닥에 뮈르베타이크(파트 쉬크레) 또는 헤페타이크(발효 반죽)를 깔고 크바르크마세(코티지 치즈 넣은 반죽)를 채워 굽는다.

케피르 原 (프 Kefir, Kephir) 코카서스 지방에서 만들어지는 발효유. 우유에 케피르종(효모)을 더해 만든다. 원래는 당나귀, 낙타의 젖으로 만든 중앙 아시아의 음료였다.

켄트존 컬러 그레이더 試 (영 Kent Jones color grader) 영국제 광전비색계(光電比色計). 발명가 켄트 존(J. Kent)의 이름을 딴 것이다. 밀가루의 색깔을 측정하는 기기로서 530 mμ 만을 사용한다. 단위는 CGV (color grader value)이다. 성능은 일류 광전비색계에 비해 떨어진다.

코뉴코피어 菓 (영 Cornucopia 프 Corne d'abondance) 뿔피리 모양으로 만든 빵·케이크. '코뉴코피어'란 원래 그리스 신화에 나오는 염소의 뿔이다. 서양인들은 이 뿔을 수확·풍요의 상징으로 여기고 있어서 추수감사절이 되면 뿔 모양의 빵·케이크를 가장 많이 만든다. 코르네(Cornet), 크림 혼(Cream Horn)은 코뉴코피어를 변형시킨 것이다.

코니시 크림 原 (영 Cornish cream) 크림을 농축하여 보존성을 높인 것.

코니시 페이스트리 菓 (영 Cornish Pastry) 콘월(Cornwall and Isles of Scilly : 영국 잉글랜드 남서부의 주)의 미트 파이. 다진 쇠고기, 감자, 부추, 양파 섞은 것을 라드 넣은 반죽에 싸서 굽는다.

코랜트 原 (프 Corinthe) 레쟁 드 코랭트(raisin de corinthe)의 줄임말. 영어로는 커런트(currant)라 한다. 알이 작고, 씨없는 포도를 말린 것이다.
⇨커런트

코르네 菓 (프 Cornet) 코르네 틀*에 푀이타주를 말아 굽고 속에 크림 또는 잼을 채운 과자. 또 프랑스 제과용어로 삼각 짤주머니를 가리키기도 한다.
[배합] 〈푀이타주〉 강력분 500 g, 박력분 500 g, 소금 20 g, 물 500cc, 버터 750 g. 〈크렘 파티시에르〉 우유 500cc, 노른자 6 개, 설탕 110 g, 밀가루 20 g. 크렘 샹티이·계란 푼 것 각 적당량.
[만드는 법] ① 푀이타주*를 만든다. 냉장고에서 휴지시킨다 ② ①을 1 mm 두께까지 얇게 밀어편 다음 너비 2 cm로 자른다. 이것을 코르네 틀에 감는다 ③ 계란을 풀어 ②의 반죽에 바르고 말린다. 그리고 한번 더

계란액을 바른다 ④ 200℃의 오븐에 넣고 곱게 색이 들 때까지 굽는다. 구운 뒤 틀을 빼고 식힌다 ⑤ 크렘 파티시에르*를 만든다. 우유는 데우되 끓이지 않는다 ⑥ ④의 코르네 속에 ⑤의 크렘을 짜 넣는다. 이어서 크렘 샹티이*를 별 모양깍지를 끼운 짤주머니로 짜내어 장식한다. 같은 방법으로 만든 코르네 속에 초콜릿 크림을 채우면 코르네 초코가 된다.

코르네 틀 機 (영 Horn mold 프 M-oule à cornet) 속이 빈 원뿔 모양의 틀. 흔히 원뿔 모양의 과자, 즉 코르네를 만들 때 쓴다.

→코르네

코리앤더 原 (영 Coriander seed 프 Coriandre 독 Koriander) 미나리과(科)의 식물. 이것의 잎과 종자는 식용하며, 이 부분에 강한 방향 성분이 있다. 원산지는 남부 유럽과 중동지역이다. 코리앤더의 잎과 종자는 각각 맛, 향이 다르고 쓰임새도 다르다. 잎은 의약용으로 쓰며, 카레에도 자주 쓴다. 종자는 인도, 인도네시아의 요리에 빠져서는 안될 향신료이다. 특히 카레에는 반드시 들어간다. 러시아, 헝가리, 인도, 남아메리카에서는 종자에서 뽑은 방향유를 생산하고 있다. 그 방향유로 리큐르, 베르뭇의 풍미를 낸다. 그 밖에 스펀지, 빵, 쿠키 등의 반죽에 섞고 캔디, 피클, 설탕절임에도 쓴다.

코리앤더 종자

코버그 빵 (영 Coburg) 영국의 하스 브레드(hearth bread : 직접구이빵)의 하나. 줄여서 코브(cob)라고도 한다. 둥근 반죽의 윗면에 1~2군데의 칼집을 넣고 직접구이 한다.

→윈저 로프

코코넛 原 (영 Coconut 프 Coco, N-oix de coco 독 Kokos, Kokosnuß) 야자나무의 열매. 일반적으로 껍질 속에 있는 흰 배유를 추출해 말린 것을 코코넛이라 한다. 주산지는 타이·필리핀·인도네시아이다. 지리상의 발견 이후 항해시대에 에스파냐·포르투갈인이 말레이 반도에서 처음 발견하였다. 열매의 모양이 잔뜩 찌푸린 광대의 얼굴과 같다 하여, 에스파냐·포르투갈어로 '우거지상'을 뜻하는 코코(coco)라 이름 붙였다. 덜 익은 열매에는 주스, 즉 야자액이라 불리는 액체가 들어 있는데, 이것은 담백하면서도 단맛이 난다. 한편 잘 익은 것은 단단한 껍질 속에 흰 과육이 채워져 있고, 수분은 적다. 그 과육을 말린 것이 코프라(copra)이다. 코프라를 잘게 썰거나 부순 것은 케이크에 토핑하고 쿠키, 초콜릿에 씌우는 데 사용한다. 그리고 코코넛 과육에서 뽑아 낸 엑스를 코코넛 크림 또는 코코넛 밀크라 한다. 이것은 우유와 같은 용도로 쓰이는 데 크림쪽이 더 진하다. 카레 소스를 녹일 때나 야채를 넣는 요리에도 쓴다. 양과자에서는 커스터드 크림에 섞고 무스, 아이스크림에 사용한다. 또한 코코넛 과육은 갈아서 설탕과 흰자를 섞어 코코넛 마카롱(Macarons à la noix de cocos)을 만들고, 과육을 얇게 자르거나 갈아서 설탕과 함께 약한 불에서 조려 잼을 만든다. 코프라는 거의 지방으로 구성되어 있어 기름을 짜낼 수 있는데, 이것이 코프라 오일 또는 코코넛 오일이다.

코코넛 오일 原 (영 Coconut oil)
⇨코코넛

코코아 原 (영 Cocoa 프 Cacao 독 Kakao) 카카오 가루. 초콜릿의 원료인 카카오 빈(콩)을 볶아 빻은 뒤 카카오 버터(지방분)를 뺀 나머지를 가루로 만든 것이다. 코코아는 지방분을 제거했기 때문에 물에 잘 녹는데, 이 음료를 프랑스에서 카카오, 영국·한국에서 코코아라 한다. 그리고 코코아를 따뜻한 우유(또는 뜨거운물)에 탄 음료는 프랑스에서 쇼콜라, 영국·미국에서 초콜릿 또는 초콜릿 드링크 그리고 한국에서는 코코아라 한다. 코코아를 맛있게 타는 방법은 먼저 코코아에 뜨거운물을 조금 붓고 걸쭉해질 때까지 잘 저은 뒤 뜨거운물을 붓는다. 밀크 코코아는 뜨거운물에 갠 코코아를, 데운 우유와 섞어 끓여 마지막에 설탕을 넣는다. 또한 코코아를 직접 무스·스펀지 반죽에 섞거나, 뜨거운 물에 녹여 케이크에 코팅하기도 한다.

〈종류〉 카카오 빈(콩)의 알칼리 처리 여부, 압축방법, 프레스 케이크에 들어 있는 지방의 양에 따라 여러 종류로 나뉜다(아래 〈표〉 참고).

코코아 버터 原 (영 Cocoa butter)
⇨카카오 버터

코코아 초콜릿 原 (영 Cocoa chacolate)
⇨초콜릿

코키유 原 (영 Shell 프 Coquille) ①조개 껍데기, 계란, 나무열매 껍질. ②조개 껍데기 모양. ③고기나 생선을 얇게 잘라서 소스에 버무려 조개 껍데기나 그와 비슷한 용기에 넣어 제공하는 요리. ④말굽버섯과(科)의 버섯류. ⑤빵 껍질이 부푼 부분.

코키유 드 므랭그 菓 (프 Coquilles de Meringue) 조개 모양의 머랭. 스위트 머랭*을 만들어 짜낸 뒤 분설탕을 두 번 뿌리고 100℃의 오븐에서 굽는다. 이 머랭의 바닥을 움푹 파고 크렘 푸에테*를 채운다. 이들 머랭 2개를 1쌍으로 하여 조개를 완성한다.

코튼 플레이크 原 (영 Cotton flake) 면실유에 수소를 첨가하여 경화시킨 기름. 베이커리용인 쇼트닝의 녹는점을 높이기 위해 사용한다.

코티지 로프 빵 (영 Cottage Loaf) 둥

〈표〉 코코아의 종류와 용도

종　　류	지방함량(%)	특　　　　　징	용　　　도
세미 코코아	32~45	방향(芳香)	아이스크림, 아이싱
고급품	22~32	우수한 원료 콩 사용	아이스크림, 음료, 아이싱, 레이어 케이크, 시럽
브렉퍼스트	22	알칼리처리 한 것	케이크
		알칼리처리 하지 않은 것	음료용 시럽, 비스킷, 퍼지
세미 드라이	15~18	알칼리처리 하지 않은 것	우유 섞은 음료, 초콜릿 디저트, 시럽
드라이	10~12		우유 섞은 음료, 아이싱, 베이킹 추출용
엑스 드라이	6.5~8	수압프레스에 한정해 만든 것	피복 모조품
가공품		설탕 넣은 코코아	즉석 초콜릿, 음료용 우유

417

글린 반죽 덩어리 2개, 즉 크고 작은 반죽을 서로 겹쳐 구운 눈사람 모양의 빵. 영국 특유의 로프이다. 중량은 250~600 g 이며, 위에 올려 놓는 작은 반죽 덩어리는 큰 것의 1/3에 해당한다. 오븐 온도와 굽는 시간은 로프의 크기에 따라 다르다. 한 예로서 380 g 의 로프는 250℃에서 1시간 굽는다.

코티지 치즈 原 (영 Cottage cheese) 탈지유, 탈지분유로 만든, 숙성시키지 않은 연질 치즈. 희고 부드럽다. 이것은 저지방·저칼로리 식품이기 때문에 비만 방지에 효과적이다. 제과에 이용할 때는 체에 으깨어 쓴다.
→치즈

코팅 技 (영 Coating 프 Enrobage) ① 잼, 크림, 초콜릿(커버추어), 퐁당 따위를 파이·스펀지 시트 위에 바르거나 끼얹어 마무리 하는 일. 코팅의 목적은 보기 좋도록 하기 위함은 물론, 시트가 마르지 않도록 하기 위함이다. 그러므로 시트에 맞는 코팅 재료를 선택하는 일도 중요하다. 코팅용 기구에는 팔레트 나이프, 솔, 회전대가 있다. ② 설탕옷을 입히는 일. 코팅 하드 캔디·코팅 소프트 캔디가 그 예이다.

코팅 캔디 菓 (영 Coating Candy) 캔디, 건조 젤리, 레이즌, 견과, 캐러멜, 초콜릿 등을 센터(center : 충전물)로 삼고 코팅 팬(회전 솥)에서 설탕옷 또는 초콜릿 옷을 거듭 입힌 것.
〈종류〉 ① 코팅 하드 캔디 : 하드 캔디에 설탕옷을 입힌 것. 캔디를 회전 솥에 넣고 설탕용액을 뿌리면서 건조시킨다. 이러한 작업을 반복하여 일정한 크기로 만든 뒤 쟁반에 옮겨 하룻밤 동안 놓아둔다. 그리고 나서 건조시키고 광택을 낸다. 다시 쟁반에 옮겨 60℃의 건조실에서 24시간 방치한 뒤 건조 → 포장의 단계를 거친다. ② 코팅 소프트 캔디 : 소프트 캔디(젤리·초콜릿·땅콩 등 부드럽고 연한 캔디)에 설탕옷을 입힌 것. 위 충전물을 회전 솥에 넣고 검액을 뿌린 다음 분설탕을 뿌린다. 이러한 작업을 되풀이하여 일정한 크기로 만든다. 그 다음은 코팅 하드 캔디와 같다. ③ 초콜릿 코팅 캔디 : 설탕옷이 아닌 초콜릿 옷을 입힌 것. 충전물에 따라 초콜릿 하드 캔디, 초콜릿 소프트 캔디로 나뉘는데 그 중 초콜릿 볼이 대표적이다.

코펜하게너 菓 (독 Kopenhagener) 접어밀기 한 발효 반죽의 총칭. 데니시 페이스트리를 만드는 반죽으로 데니시 플룬더라고도 한다. 또 비너 브로트라고 부르기도 한다.
→데니시 페이스트리

코포 菓 (영 Shaving 프 Copeau 독 Späne) 얇게 깎은 초콜릿. 초콜릿을 깎았을 때 얇고 돌돌 말린 상태의 것을 가리킨다. 한편 얇게 구운 랑그 드 샤*도 갓 구워 내어서는 돌돌 말 수 있는데 이것 역시 코포라고 한다. 초콜릿 코포는 앙트르메 같은 생과자에 뿌리거나 묻히며, 하나만 올려 장식하기도 한다.

코프라 原 (영 Copra) 야자나무열매인 코코넛 과육을 말린 것.
⇨코코넛

코프라 오일 原 (영 Copra oil)
⇨야자유

콘디토라이 其 (독 Konditorei) 제과업, 과자점, 제과공장을 뜻하는 독일어명.

콘디토르 其 (프 Pâtissier 독 Konditor) '제과인'이라는 뜻의 독일어명.

콘 밀 原 (영 Corn meal) 굵게 빻은 옥수수가루. 말린 옥수수를 제분기에서 빻아 껍질, 배아를 제거한 가루이다. 콘 밀에는 단백질, 지방, 섬유, 비타민 B_1이 있으나 밀가루와 같은 점성이 없으므로 과자·빵에 사용할 때는 밀가루와 섞는다.

콘 브레드 빵 (영 Corn Bread) 옥수수가루를 섞어 만든, 조금 단맛이 나는 빵. 이것은 미국 인디언들의 음식이던 옥수수와 유럽의 빵이 미국에서 합쳐진 산물이다.

[배합]　〈표〉 콘 브레드의 배합비

재　　료	배　합(%)
〈중　종〉 밀가루	70
물	42
이스트	3
쇼트닝	4
이스트 푸드	0.4
반죽시간 : 4분/중종 온도 : 25℃ 발효시간 : 3시간30분	
〈본반죽〉 밀가루	30
콘 매시	44
소금	2.25
탈지분유	3
설탕	4
반죽시간 : 8~10분/반죽 온도 : 25.5℃ 발효시간 : 15분	

[만드는 법] 중종법으로 반죽하여 굽는다. 이때 주의할 점은 ① 콘 밀*을 덧가루로 쓴다. ② 직접 굽는다. 충분히 발효시킨 뒤에 오븐에 넣고 10분 동안 증기를 충분히 넣어 준다. ③ 알맞은 온도·굳기의 반죽을 만들기 위해서는 물의 양을 조절할 수도 있다. ④ 콘 밀 10에 물 24의 비율로 조린 콘 매시 (corn mash)를 식혀서 반죽에 더한다.

콘 비프 原 (영 Corned beef) 소금 뿌린 쇠고기를 통조림한 것. 그대로 먹거나 샐러드·조리빵의 재료로 쓴다.

콘스타치 原 (영 Corn starch 프 Amidon de maïs 독 Maismehl) 옥수수의 배유 부분에서 추출한 녹말. 여러 녹말 중에서 가장 하얗고 입자도 곱다. 콘스타치에 물을 더해 가열하면 녹말이 호화하여 점성이 생기는데 이 때의 점성은 감자녹말(얼레짓가루)에 비해 약하다. 하지만 안정성이 좋고 접착력이 강하다. 녹말은 원래 물에 녹지 않는다. 그러나 열을 가하면 녹말 입자가 수분을 흡수하여 팽윤하기 시작한다. 여기서 더 가열하면 점도가 높은 용액이 된다. 이러한 상태가 되는 현상을 녹말의 호화(α 화)라 한다. 호화가 시작되는 온도는 녹말의 종류에 따라 다르다. 콘스타치가 호화하는 데 필요한 온도는 87℃, 이것은 쌀·감자녹말보다 높은 온도이다. 또, 호화된 상태에서 본 투명도는 쌀·감자녹말보다 낮다. 그러므로 블랑망제*, 프루츠 소스, 커스터드 소스처럼 투명하지 않은 것에 쓴다. 콘스타치를 가열, 호화시킬 때는 우선 물에 잘 분산시킨 뒤 가열한다. 커스터드 크림에 밀가루와 함께 콘스타치를 섞어 쓰면 부드러운 크림이 된다. 그리고 반죽에 밀가루와 섞어 쓰면 가벼운 케이크가 만들어진다. 콘스타치는 수분을 거의 흡수하지 않는다. 그래서 마시맬로, 봉봉 등의 모양을 뜨기에 알맞고, 그 밖의 반죽에 덧가루로 쓸 수 있다. 또, 이것을 캔디에 뿌리면 캔디가 서로 들러붙지 않는다.

콘 시럽 原 (영 Corn syrup) 콘스타치로 만든 물엿. 먼저 콘스타치를 호화시키고, 산 또는 효소로 당화시킨 뒤 조려서 만든다. 포도당, 맥아당, 덱스트린이 함께 존재하는 상태의 용액이다.

콘즈 原 (영 Cones) 덧가루. 주로 굵게 빻은 쌀가루와 옥수수가루가 쓰인다.

콘펙트 菓 (독 Konfekt) 당과(糖菓 : 초콜릿·봉봉류). 프랑스의 콩피즈리에 해당한다. 한편 스위스의 독일어권에서 콘펙트라 함은 쿠키류를 가리킨다.

콘 플라워 原 (영 Corn flour 프 Farine de maïs) 옥수수가루. 옥수수의 주성분이 녹말(starch)이므로 콘스타치와 같은 의미로 사용하기도 한다. 갈아 부순 옥수수를 60메시(mesh) 이상의 체에 거른 가루이기 때문에 콘 밀보다는 훨씬 입자가 곱다. 이것은 스낵, 프리믹스(premix)류, 도넛·케이크 믹스, 크래커, 쿠키, 웨이퍼, 콘 컵, 소프트 아이스크림 등의 배합제로 쓴다.

콘 플라워 글레이즈 原 (영 Cornflour glaze) 콘 플라워를 이용한 글레이즈*.
[배합] 콘스타치 28 g, 과일즙 454cc, 설탕 170 g, 젤라틴 14 g, 착색료 적당량.

[만드는 법] ①콘스타치에 과즙 85cc를 더한다 ②나머지 과즙에 설탕과 착색료를 넣고 끓인다 ③②에 ①을 더해 걸쭉해질 때까지 조린다. 마지막으로 물에 녹인 젤라틴을 넣고 휘젓는다. 이것은 사용하기 전에 조금 식힌다.

콘 플레이크 菓 (영 Cornflakes) 옥수수가루로 만든 플레이크. 옥수수를 굵게 빻아 맥아, 설탕, 소금을 친 조미액에 담근다. 맛을 들인 뒤 고압의 증기 오븐에서 3시간 동안 찐다. 이것을 건조시켜 롤러에서 얇게 편 뒤 굽는다.

콜드 머랭 菓 (영 Cold Meringue) ⇨냉제 머랭

콜드 체인 其 (영 Cold chain) 저온유통체계. 식품의 제조, 저장, 운송, 가공, 소비에 이르기까지 저온으로 처리(냉장·동결)한다. 이렇게 함으로써 식품의 가치(맛·모양 등)나 영양 상태를 그대로 장기간 유지할 수 있다. 그러기 위해서는 냉장고가 달려 있는 트럭, 냉장 장치가 되어 있는 진열장, 프리저가 달린 가정용 냉장고가 널리 보급되어야 한다.

콜로이드 化 (영 Colloid) 미세한 콜로이드 입자(지름이 $10^{-7} \sim 10^{-5}$cm인 입자 : 분산질)가 기체 또는 액체(분산매) 속에 침전하거나 덩어리지지 않고 분산(용해)해 있는 것. 교질(膠質)이라고도 한다. 콜로이드의 종류는 분산매(分散媒)와 분산질(分散質)의 종류에 따라 몇 가지로 나뉜다(〈표〉참고). 일반적으로 액체 속에 액체가 분산해 있는 것을 에멀션, 고체가 분산해 있는 것을 현탁액이라 하는데 어느 것이나 콜로이드 입자만큼의 크기이면 전자를 에멀션 콜로이드, 후자를 서스펜션(suspension : 현탁액) 콜로이드라 한다.

콜리플라워 原 (영 Cauliflower) 겨자과(科)의 1 ~ 2년초. 양배추의 일종으로 꽃양배추라고도 한다. 줄기 끝에 달린 꽃봉오리를 식용으로 한다. 보통 소금을 조금 넣은 뜨거운물에 데친 뒤 마요네즈에 묻혀 먹는다.

콤 機 (영 Comb 프 Peigne) 케이크 표면을 씌운 크림에 장식 무늬를 새길 때 쓰는 도구. 세모꼴과 네모꼴의 콤이 있다. 세모꼴 콤은 세 변에, 네모꼴 콤은 두 변에 크기가 서로 다른 톱날이 서 있다. 네모꼴 콤은 데커레이션 콤, 세모꼴 콤은 삼각 콤이라 부른다. 재질은 금속과 플라스틱이 있다.

〈표〉 콜로이드의 종류

분산매	분산질	명 칭	보 기
고 체	고 체	젤	색유리, 루비
	액 체		버터
	기 체		속돌
액 체	고 체	졸	비눗물, 금졸
	액 체		우유, 마요네즈
	기 체		거품
기 체	고 체	에어로졸	연기
	액 체		안개

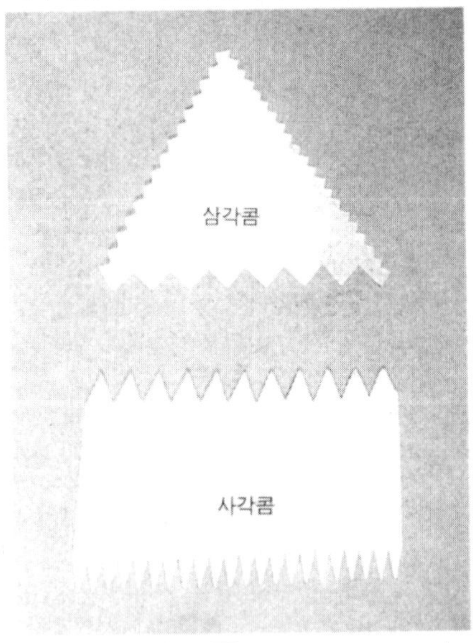

콩그레스 타트 菓 (영 Congress Tart) ⇨콩베르사시옹

콩다식 [—茶食] 菓 다식*의 하나. 볶

은 콩가루를 꿀로 반죽하여 다식판에 박아
낸 과자이다.

[배합] 노란콩 가루·파란콩 가루 각 1컵,
물엿·꿀 각 3큰술, 설탕 2작은술, 물 1큰
술.

[만드는 법] ① 파란콩(청태), 노란콩(대
두)을 각각 씻어 볶은 뒤 껍질을 없앤다 ②
①을 절구에 넣고 찧어 고운 체에 걸러서
콩가루를 만든다 ③ 작은 냄비에 물엿, 설
탕, 물을 넣고 끓인 뒤 꿀을 섞는다 ④②를
각각 ③에 넣고 반죽하여 밤알만큼 떼어서
다식판에 박아낸다.

콩베르사시옹 菓 (프 Conversation)
표면에 로열 아이싱을 바르고 푀이타주로
만든 가는 띠 반죽을 교차시켜 구운 과자.
속에는 크렘 다망드가 들어 있다.

[배합] 〈푀이타주〉 강력분 125 g, 박력분
125 g, 소금 5 g, 찬물 125~150cc, 버터
225 g. 〈크렘 다망드〉 버터 100 g, 분설탕
100 g, 계란 100 g, 아몬드 가루 100 g, 로
열 아이싱 200 g.

[만드는 법] ① 푀이타주를 만든다. 강력분
과 박력분을 합쳐 체 치고, 소금과 물을 더
해 반죽한다 ②①을 한덩어리로 뭉쳐 표면
에 십자로 칼집을 낸다. 이것을 비닐에 싸
서 냉장고에서 휴지시킨다 ③ 버터를 밀대
로 두드려 한 변이 15cm인 정사각형으로 다
듬는다 ④②의 반죽을 ③의 버터보다 조금
크게 늘인다. 그 가운데에 버터를 비스듬히
놓고 싼다 ⑤④를 3 겹 접어밀기 한다. 이
것을 90도 돌려서 한번 더 3 배의 길이로 밀
어 편다. 그리고 3 겹 접어밀기 한다 ⑥ 휴
지시키면서 ⑤와 같은 작업을 2 번 더 되풀
이해 총 6번 접어밀기를 한다 ⑦ 크렘 다망
드를 만든다. 볼(bowl)에 버터를 넣고 부
드러운 상태로 만든다. 여기에 분설탕을 더
하고, 계란은 풀어 조금씩 나누어 섞는다.
마지막에 아몬드 가루를 더한다 ⑧⑥을
2 mm 두께로 밀어 펴서 너비 2 mm인 띠를
잘라 낸다. 남은 반죽을 지름 10cm인 형틀

로 16장 찍어낸다. 그 중에서 8 장은 8 개
의 플랑 틀에 깐다 ⑨⑧의 틀 속에 ⑦의 크
림을 짜 넣는다 ⑩ 반죽 표면에 물을 바르고
⑧의 나머지 반죽을 덮는다 ⑪⑩의 표면에
로열 아이싱을 바르고 ⑧의 띠 반죽을 X자
모양으로 걸쳐 얹는다. 200℃의 오븐에서
굽는다.

콩소메 其 (프 Consommé) 맑은 수
프. 지방이 적은 고기에 야채, 향료를 더해
푹 끓인 뒤 거른 것이다. 이에 반해 진하고
걸쭉한 수프는 포타주(potage)라 한다.
→수프

콩카세 技 (프 Concasser) 제과 재료
와 반죽을 굵직하게 다지거나 부수는 일을
가리키는 제과 용어. 젤라틴을 많이 쓴 젤리
를 칼로 다져 뿌려서 장식할 경우에 콩카세
라는 말을 쓴다.

콩포트 菓 (영 Stewed fruit ㉫ Comp-
otes) ① 과일 시럽 조림. 바닐라, 시너먼
같은 향신료와, 오렌지 껍질(또는 레몬 껍
질)을 넣어 만든 시럽에 과일을 넣고 삶아
식힌 것이다. 콩포트는 디저트로 대접하고,
때로 케이크 속에 다져 넣거나 타르트 속에
충전하기도 한다. ② 토끼, 비둘기, 메추라
기 등의 뼈를 뺀 살코기를 양파 같은 야채,
루^{주)}와 함께 형체가 없어질 때까지 오랫동
안 조리한 요리. 콩포테(compoter)와 같은
뜻으로 쓰인다.

주) 루(roux) : 밀가루를 같은 양의 버터로
볶은 것. 여기에 액체를 더하면 녹말이 덱
스트린으로 변화하여 호화하므로 걸쭉해진
다.

콩피 菓 (프 Confit) 설탕·브랜디·
초(醋) 등에 절인 과실과 병조림한 야채의
총칭. 이러한 과실을 통틀어 프뤼이 콩피*
라 하고, 개별적으로는 과실의 이름을 붙여
아나나 콩피(설탕절임한 파인애플)라 한다.
과실을 당액에 넣고 끓여서 하룻밤 동안 재
운 뒤, 전보다 당도를 조금 높인 당액에 넣
고 다시 끓인다. 이와 같은 작업을 되풀이

하되, 각 단계마다 당액의 농도를 조금씩 높인다.
→설탕절임

콩피즈리 菓 (프 Confiserie) 당과(糖菓). 설탕만을 이용한 설탕 가공품 이외에도 과일·견과·초콜릿 등과 설탕으로 가공하여 만든 제품이 여기에 속한다.
→당과

콩피튀르 原 (프 Confiture) 잼이나 그 밖의 젤리, 마멀레이드를 포함한다.

쾨니히스쿠헨 菓 (프 Galette des Rois 독 Königskuchen) 크리스마스부터 새해에 걸쳐서 만들어지는 과자. 풍부한 버터, 계란을 사용한 스펀지 케이크의 하나이다. 쾨니히(König)는 '왕'을 뜻하는 용어로서, 예수 그리스도 탄생때 방문했던 3인의 동방박사를 가리킨다.

쿠글로프 菓 (프 Kouglof 독 Gugel-hopf) 구겔호프* 틀에 구운 발효 과자. 17세기 말에 스위스에서 원형(原型)의 제품이 만들어지고 구겔호프 틀로 굽게 된 뒤 프랑스에 전해졌다는 설(說)과 오스트리아에서 탄생, 독일에서 완성되어 프랑스의 알자스(Alsace) 지방에 정착했다는 설이 있다. 본격적으로 만들기 시작한 것은, 버터가 보급되고 누구나 이 과자의 재료를 손쉽게 얻을 수 있었던 18세기 말(마리 앙투아네트*에 의해)이라 한다. 이것은 스위스·독일·프랑스·오스트리아 이외에 러시아에서도 만들어졌다. 만들어진 시대와 지방에 따라 쿠글로프의 철자가 다르다. Kouglof, Kugelhopf, Kouglopf, Gugelhupf, Gugelhof, Kougelhof, Kougeloff 등. 여러 곳에서 만들어졌기 때문에 같은 쿠글로프라 해도 만드는 법이 다양하다. 마무리로 퐁당을 묻히거나 분설탕을 뿌리거나 초콜릿을 묻힌다.
[배합] 〈반죽〉 밀가루 1,000 g, 설탕 250 g, 소금 12 g, 계란 400 g, 생이스트 50 g, 우유 230cc, 레몬 껍질 3 g, 오렌지 필 50 g, 버터 350 g, 레이즌(설타너종) 500 g, 그랑

마르니에 50cc. 〈기타〉 아몬드 또는 아몬드 슬라이스·분설탕 각 적당량.
[만드는 법] ① 생이스트를 풀어 10~15℃의 우유에 넣고 녹인다 ② 레이즌에 그랑 마르니에를 뿌려 둔다 ③ 믹서 볼에 ①의 이스트 용액과 밀가루, 설탕, 소금, 계란, 레몬 껍질, 오렌지 필을 넣고 서속으로 3분, 중속으로 5분간 돌린다 ④ ②의 레이즌을 더해 중속으로 1분간 돌린다 ⑤ 버터를 바른 볼(bowl)에 넣고 26℃에서 90분간 발효시킨다(2.5배로 부풀린다) ⑥ 반죽을 철판에 얇게 펴서 비닐로 덮는다. 이것을 4~7℃의 냉장고에 넣고 식힌다. 3시간 동안 두어 속까지 식히는데, 때에 따라서 하룻밤 동안 두어도 좋다 ⑦ 9개로 분할·둥글리기 한 다음 실온에 20분간 놔둔다 ⑧ 반죽 중앙을 눌러 오목하게 한 뒤, 양손으로 구멍을 내어 도넛 모양을 만든다 ⑨ 버터를 바르고 아몬드 또는 아몬드 슬라이스를 붙여 놓은 구겔호프 틀에 ⑧을 넣는다 ⑩ 30~32℃에서 70분간 발효시켜 틀의 8 할선까지 부풀어 오르면, 표면에 스프레이를 뿜는다 ⑪ 윗불 190℃, 아랫불 210℃인 오븐에서 30분간 굽는다 ⑫ 틀에서 빼내어 식힌 뒤 분설탕을 뿌린다.

쿠론 빵 (프 Couronne) 커다란 왕관 모양의 프랑스 빵 또는 케이크. 쿠론 팡주, 쿠론 브리오슈가 있다.

쿠미스 原 (영 Kumiss, Kumys) 말젖으로 만든 발효유. 몽고·시베리아·중앙아시아·남부 러시아 등에서 만들어지는 음료이다. 말젖은 우유보다 젖당(lactose)이 많기 때문에 발효시킨 것은 알코올 함량이 2~3%나 된다. 또, 발효하면서 이산화탄소가 많이 발생하고 젖산균 때문에 조금 신맛이 난다. 쿠미스에는 오래 발효시킨 것(알코올 함량 2~3%)과 짧은 시간에 발효를 끝낸 것(알코올 함량 1%) 2종류가 있는데 이들 모두 소화가 잘된다.

쿠베르튀르 原 (프 Couverture)

⇨커버추어

쿠스쿠스 빵 (프 Couscous) 북아프리카의 향토요리인 쿠스쿠스에서 유래하는 빵이다. 원래 밤과 쌀이 주원료였지만 지금은 굵게 빻은 곡류, 닭고기, 경질밀인 세몰리나 가루를 이용해 만드는 경우가 많다. 그리고 꿀, 시너먼, 건포도, 살구 등을 달게 조려 곁들인다.

쿠앵트로 原 (프 Cointreau) 프랑스의 쿠앵트로사(社)에서 만든 오렌지 술. 서인도제도산(產) 비터 오렌지 껍질과, 지중해 연안의 스위트 오렌지 껍질을 섞고 양질의 중성 알코올에 담가 증류시킨 것으로 알코올 도수 40이다. 숙성시키지 않은 채 상품화 한다. 은은한 향과 부드러운 맛이 어우러진 반면 알코올 맛이 강렬한 점이 특징이다. 그대로 마시며, 제과에는 풍미를 내기 위한 원료로 사용한다.

쿠제르 菓 (프 Cougéres) 그뤼에르 치즈('치즈'항 참고)를 넣은 슈 반죽을 지름 5cm의 고리 모양으로 철판에 짜 내어 계란 액을 바르고 중불에서 굽는다.

쿠크 菓 (프 Couque) 북프랑스산(產) 접기형 발효 반죽으로 만든 소형 과자. 보통 프랑스에서 과자는 가토(=영어의 케이크, 독일어의 쿠헨)라 부르는데, 그 중에서도 특히 발효 반죽 과자를 쿠크라 한다. 그러므로 크루아상도 여기에 속한다.

쿠키 菓 (영 Biscuit ⑩ Cookie, Cooky 프 Four sec 독 Gebäck, Teegebäck) 건과자*. 영국의 플레인 번, 미국의 작고 납작한 비스킷* 또는 케이크, 프랑스의 푸르 세크 그리고 독일의 게베크에 해당하는 과자이다. 번(bun)이란, 화학 팽창제(베이킹 파우더)나 이스트 발효를 이용하여 부풀린 과자이다. 흔히 '미국에서 말하는 쿠키는 영국에서 비스킷*이라 불린다'라는 설(說)도 있다. 일본에서 비스킷이라 함은 수분과 지방 함량이 낮은 밀가루 위주의 건과자를 가리키고, 쿠키는 밀가루 위주의 비

스킷류와, 수분과 지방 함량이 비스킷보다 높은 건과자 그리고 마카롱, 머랭, 푀이타주까지를 모두 포함한다. 이상의 내용을 종합·분석하여 제법과 반죽의 구성 성분 2가지 측면에서 분류하면 다음과 같다. 먼저 제법에 따르면 ① 반죽을 일정한 두께로 밀어 펴고 형틀로 모양을 찍어내거나 알맞은 크기로 잘라 만든 과자, ② 반죽을 짤주머니에 채우고 짜 내어 구운 과자, ③ 반죽을 냉장고에 냉장하여 굳힌 뒤 잘라 만든 과자가 있다. 그리고 아몬드 같은 견과를 위주로 한 마카롱류, 흰자를 위주로 한 머랭류, 푀이타주가 있다. 독일어권 중 독일은 건과자를 게베크 또는 테게베크라 하고 스위스는 콘펙트(konfekt)라 한다. 독일에서 콘펙트라 하면 쿠키류를 가리키지 않고 프랑스의 콩피즈리에 해당하는 당과를 가리킨다.
〈밀어 펴는 반죽 과자〉
[배합] 밀가루 500g, 버터·설탕 각 250g, 계란 100g.
[만드는 법] ① 밀가루와 버터를 섞고 동그랗게 테두리 쳐 놓는다 ② 계란, 설탕을 섞어 ①의 오목한 곳에 넣고 천천히 섞는다 ③ 반죽을 뭉쳐 냉장고에 넣고 휴지시킨다 ④ 밀대로 밀어 펴서 형틀로 모양을 찍어내거나 자른다 ⑤ 철판에 늘어놓고 중불 오븐에서 굽는다.
〈짜 내는 반죽 과자〉
[배합] 버터 300g, 설탕·아몬드 가루 각 150g, 계란 2개, 밀가루 300g, 바닐라 향 소량.
[만드는 법] ① 버터를 녹여 설탕과 섞는다 ② 아몬드 가루를 더하고 계란을 더해 섞는다 ③ 바닐라를 넣고 밀가루를 섞는다 ④ 모양깍지를 끼운 짤주머니에 ③을 채우고 철판 위에 짜 놓는다 ⑤ 중불 오븐에서 굽는다.
〈냉장 반죽 과자〉
[배합] 버터 600g, 설탕 300g, 노른자 7개, 밀가루 800g.

[만드는 법] ① 버터와 설탕을 잘 섞는다 ② 노른자를 조금씩 더한다 ③ 밀가루를 넣고 섞어 한덩어리로 뭉친다 ④ 철판에 채우거나 원하는 모양으로 성형하고 냉장한다 ⑤ 칼로 알맞은 크기·너비로 잘라, 오븐 시트를 깐 철판에 늘어놓는다 ⑥ 중불 오븐에서 굽는다.

쿠페 빵 (프 Coupé) '자르다'라는 의미로 프랑스어 쿠페(couper)의 과거분사. 흔히 프랑스빵을 쿠페빵이라 하는데, 이때는 쿠프*, 즉 칼집을 내어 구운 빵(쿠페빵, coupé pain)을 가리키는 용어이다.

쿠프 菓 (프 Coupe) ① 다리가 달린 술잔(glass)에 아이스크림·셔벗·과일·크림 등을 담은 것. 특히 아이스크림과 셔벗을 중심으로 한 것을 쿠프 글라세라 한다. 담는 방법과 각종 토핑 재료는 선택적이다. 〈종류〉 ① 아들리나 파티(Adelina Patti) 쿠프 : 바닐라 아이스크림을 쿠프 잔에 담고 브랜디에 담갔던 체리 6개를 얹는다. 거품낸 생크림으로 로제트*를 하나 짜 놓는다. ② 알퐁스(Alphonse) 쿠프 : 잔 바닥에 나무딸기를 가지런히 놓고 피스타치오 아이스크림을 얹는다. 전체에 무슬린 소스를 끼얹고, 생크림으로 가장자리를 장식한다.

쿠프 技 (프 Coupe) 성형한 빵 반죽의 표면에 칼집을 내는 일. 영어권에서는 '도킹(docking)'이라 한다. 쿠프는 빵의 겉모양을 돋보이게 할 뿐만 아니라 굽는 동안 반죽의 결, 가스 발산, 열전도에 좋은 영향을 준다. 흔히 쿠프용 나이프로 칼집을 넣은 빵을 쿠페빵(coupé pain)이라 하는데 프랑스빵이 여기에 속한다.

쿠헨 菓 (독 Kuchen) 케이크의 독일어명.
⇨케이크

쿨리치 빵 (영 Koulich) 러시아 특유의 크리스마스용 프루츠 빵. 버터, 우유, 계란, 향료, 과실을 듬뿍 섞어 만든 반죽을 원통형으로 성형하여 굽는다.

[배합] 밀가루 900 g, 버터 550 g, 설탕 55 g, 설타너 225 g, 혼합 필 110 g, 노른자 8개, 계란 2개, 우유 440cc, 이스트 55 g, 바닐라 향·카더먼·사프란 가루 각 소량.
[만드는 법] ① 브리오슈* 반죽과 똑같이 만들어 설타너, 혼합 필, 카더먼, 사프란 가루를 넣고 함께 섞는다 ② ①의 반죽을 기름칠한 원통형 틀에 1/3 정도 채워 넣고 2배로 부풀린다 ③ 중불 오븐에서 완전히 구워내어 식힌다. 원통 윗부분을 하얀 퐁당으로 아이싱하고 장식한다.
→크리스마스 빵

쿼터 物 (영 Quarter) 야드 파운드(yard-pound)법에서 용량을 나타내는 단위. 이것은 케이크 믹서의 혼합 용량을 나타낼 때 쓰인다. 1 쿼터는 1/4갈론(gallon)이다.
→단위

퀴르농스키 其 (프 Curnonsky) 20세기 초 프랑스의 위대한 요리 평론가. 본명은 모리스 에드몽 사이양(Maurice Edmond Sailland : 1872~1956)이다. 처음에는 작가·신문기자로 출발했고, 1921년 프랑스 전역의 지방 요리를 발굴·집대성하기 위해 《미식의 프랑스(France Gastronomique)》를 발행하기 시작하면서 그의 재능을 미식에 쏟아 부었다. 1927년 잡지의 독자들이 뽑은 '미식분야의 왕'이 되었고 많은 미식 단체에 적을 두면서 계속 집필 생활을 하였다. 1930년에 미식 아카데미(Académie des Gastronomes)를 설립하고 초대 회장 자리에 앉았다. 그는 파리의 레스토랑에서 만들어지는 세련된 요리보다 가정 요리·지방요리의 재평가에 힘을 쏟았다. 저서로는 《프랑스의 미식 사전(Trésor Gastronomique de la France)》(1933)이 있다.

퀴멜 原 (독 Kümmel) 캐러웨이에 아니스, 코리앤더를 더해 주정(酒精)이 강한 스피리츠에 담가 만든 리큐르. 캐러웨이는 씨 자체에 지방분이 많으므로 알코올에 녹아들기 쉽다. 지방분은 가수분해하여 여과시킨다. 퀴멜주의 발상시기와 발상지는 제정 러시아. 여기서 독일을 거쳐 프랑스에 정착·발달했다. 향을 살려 크림, 무스, 치즈 케이크, 마롱 케이크에 쓴다. 퀴멜은 캐러웨이의 독일어명이다.

퀸스 原 (영 Quince 프 Marmelo)
⇨마르멜로

큐라소 原 (영, 프, 독 Curaçao 네 Curacao) 베네수엘라의 네덜란드령인 쿠라소 섬에서 나는 오렌지 껍질로 만든 리큐르. 달면서도 쓴맛이 강하다. 17세기 후반에 네덜란드인이 처음 그 섬의 특산물인 오렌지 껍질로 만들었고, 그 술의 인기가 오르면서 네덜란드어로 전해졌다.
[만드는 법] 잘 익은 오렌지를 따서 껍질을 벗겨 말린다. 그 껍질을 물에 담갔다가 주정(酒精), 자메이카 럼, 스파이스류, 당분과 함께 섞는다.
〈종류〉 ①네덜란드식(dutch type) : 단맛이 약한 드라이 비터(dry bitter)계이다. ②프랑스식(french type) : 브랜디에 북아프리카, 에스파냐산(産) 스위트 오렌지와 베네수엘라의 비터 오렌지를 섞은 리큐르. 단맛과 향이 강한 스파이스계로서 주정도(酒精度)는 35도이다. 최근 선호도가 높은 것은 주정도 40도인 트리플 세크(triple sec)이다.

큐브 슈거 原 (영 Cube sugar)
⇨각설탕

크내케브로트 빵 (독 Knäckebrot) 스웨덴의 딱딱하고 거친 빵. 독일의 흑빵, 밀겨를 넣은 크래커와 프랑스의 호밀 갈레트에 해당한다. 모양이 직사각형이고 얄팍한 빵이다. 100%의 호밀가루 또는 통밀가루로 만든 반죽을 얇게 펴서 바싹 굽고 양귀비씨, 참깨, 커민 등으로 풍미를 낸다. 오래 전부터 스웨덴의 농촌에서 만들어진 것이며 지금은 영국에서 대량 생산되고 있다.

크라클랭 菓 (프 Craquelin) 갈색의 딱딱한 누가*를 곱게 빻은 것. 마지팬, 크림, 가나슈에 섞거나 앙트르메, 프티 가토의 표면에 흩뿌린다. 한편, 비스킷처럼 단단하고 바삭하게 구운 과자도 크라클랭이라 한다.

크란츠쿠헨 菓 (독 Kranzkuchen) 독일의 고리 모양 과자. 크란츠란 왕관 모양의 과자를 총칭하는 용어이다. 발효 반죽을 써서 만드는 법은 다음과 같다.
[배합] 플룬더타이크(파트 르베) 350 g, 굵게 다진 호두 130 g, 설탕 40 g, 케이크 크림 10 g, 우유 90cc, 바닐라 향·레몬 즙·럼 각 소량, 시너먼·다진 오렌지 필·레이즌·잼·퐁당 각 적당량.
[만드는 법] ①플룬더타이크*를 35×20cm 크기로 밀어 편다 ②다진 호두, 설탕, 케이크 크림, 우유, 바닐라 향, 레몬 즙, 시너먼, 럼을 섞은 충전물을 바른다 ③그 위에 시너먼, 다진 오렌지 필, 레이즌을 뿌리고 슈트루델처럼 만다 ④세로로 반 나누고 잘린 면을 위로 하여 오므린다 ⑤철판 위에 동그랗게 놓는다. 이음매를 밑으로 가게 한다 ⑥30분간 발효시키고 중불 오븐에서 굽는다 ⑦윗면에 잼을 바르고 퐁당을 덧씌운다.

크랍펜 菓 (독 Krapfen) 튀김과자를 뜻하는 판쿠헨*의 하나. 발효 반죽으로 만들고 잼, 마멀레이드를 충전한 독일·오스트리아의 튀김과자이다. 여러 종류 중에서 사육제 때 먹는 파싱스크랍펜(Faschingskrapfen)이 유명하다.
[배합] 강력분 500 g, 우유 125cc, 이스트 40 g, 설탕 50 g, 샐러드유 30cc, 노른자 2개, 소금 5 g, 럼 20cc, 살구잼 적당량.
[만드는 법] ①이스트를 우유에 녹이고 설탕 소량을 섞어 밀가루에 넣고 발효시킨다 ②남은 설탕, 샐러드유, 노른자, 소금, 럼을 더하여 반죽한다 ③한번 더 발효시키고 가스빼기한 뒤 2mm 두께로 밀어 펴서 지름 8cm의 둥근 형틀로 찍어낸다 ④각각의 반죽 위에 살구잼을 1 TS씩 얹어 싼 다음 공 모양으로 성형하고 이음매가 밑으로 가게

하여 잠시 둔다 ⑤ 갈색빛이 들 때까지 튀긴
다.
→도넛

크래커 菓 (영 Cracker) 빵과 과자의
중간에 위치하는 비스킷의 하나. '부순다'
는 의미의 크래크(crack)에서 비롯된 용어
로서, 말뜻 그대로 부서지기 쉽고 바삭바삭
한 과자이다. 특히 미국에서는 비스킷*을
크래커라 한다. 소다 크래커·치즈 크래
커·크림 샌드 크래커 등이 있다.

크랙트 휘트 原 (영 Cracked Wheat)
굵게 빻은 밀. 중간 크기의 밀가루로 이루
어져 있는 점이 특징이다.

크랙트 휘트 브레드 빵 (영 Cracked
Wheat Bread) 크랙트 휘트*를 섞어 만든
빵. 영양가가 높은 점이 특징이다.
[배합]

〈표〉 두 가지 배합례

단위 : 그램(g)

구 분	(1)	(2)
밀가루(강력2등분)	65	75
크랙트 휘트	20	25
통밀가루	15	—
물	65	6
소금	2	2
이스트	2	2
설탕	3	2
꿀	3	—
쇼트닝	3	2
맥아 시럽	0.5	1
이스트 푸드	0.5	0.1

[만드는 법] 반죽 온도 26~27℃, 발효 시간
① 30분 ; 90분, ② 120분 ; 30분. 굽기 ① 틀에
굽기, ② 직접 굽기.

크랜베리 果 (영 Cranberry 프 Cann-
eberge 독 Moosbeere) 덩굴월귤. 철쭉
과(科)의 월귤류에 속하는 월귤나무의 열
매. 월귤류에는 이외에도 블루베리가 있다.
크랜베리는 유럽, 북아메리카에 야생하며
초여름에 꽃을 피우고 가을에 체리와 비슷

한, 콩만한 크기의 빨간 열매를 맺는다.
'크랜'은 꽃 피우는 모습이 학(鶴, cran)을
연상시킨다 하여 붙인 명칭이다. 미국 요리
에서 흔히 볼 수 있으며, 특히 크리스마스
칠면조 요리에 빼놓을 수 없는 과실이다.
단맛이 적고 신맛이 강해 그대로는 먹을 수
없다. 주스, 잼, 젤리를 만들고 파이, 타르
트에 충전(充填)하기도 한다.

크러스트 빵 (영 Crust 프 Croûte)
빵껍질. 보통, 틀에 구운 식빵의 윗면 껍질
은 짙은 황갈색이고 질기다. 옆면 껍질은
옅은 갈색이고 연하다. 프랑스빵처럼 직접
굽는 방식의 빵은 껍질이 바삭바삭하고 딱
딱하며 얇아야 좋다. 또, 껍질이 빵속과 찰
싹 붙어 있어야 한다. 빵맛은 그 껍질의 빛
깔과도 관계가 깊다. 빵껍질 색은 빵을 굽
는 온도와 반죽 속에 들어 있는 설탕량에
따라 달라진다. 식빵 껍질은 적당히 두껍고
적당히 부드러워야 한다. 그렇게 하기 위해
서는 쇼트닝과 설탕을 알맞게 쓰고 적당히
발효시켜야 한다. 반죽의 발효가 지나치면
껍질색이 푸르고, 부서지기 쉽다. 그 반대
일 경우는 껍질이 짙은 색을 띠며 질기다.
오븐의 온도가 낮으면 껍질은 색이 칙칙하
고 질기다. 오븐 속에 증기가 지나치면, 껍
질에 가죽처럼 광택이 난다. 오븐의 열분포
가 고르지 못하면 껍질의 두께 역시 고르지

않게 된다.
→빵의 결점과 원인

크런치즈 菓 (영 Crunchies) 설탕 과자의 하나. 잘게 썬 호두, 버터, 밀가루, 베이킹 파우더, 계란, 럼, 바닐라 등을 섞어 모양을 만든다. 이것을 190℃ 오븐에 넣고 10~12분간 굽는다. 식힌 뒤 표면에 밀크 초콜릿 프로스팅*을 입힌다.

크럼 빵 菓 (영 Crumb 프 Mie, Miette, Chute, Chapelure 독 Brösel) ① 빵, 비스킷의 부스러기. ② 빵·스펀지의 부드러운 속부분(크러스트* 이외의 것), 빵속이라고도 한다. ③ 설탕, 밀가루, 버터를 반죽하여 소보로 상태로 만든 것.

크럼핏 菓 (영 Crumpet) 이스트 반죽으로 만든 핫 케이크, 팬케이크의 하나. 파이클렛이라고도 한다.
[배합] 중력분 1,134 g, 주석영 7 g, 설탕 7 g, 이스트 43 g, 물 1,134cc(38℃), 중조 3.4 g, 소금 21 g, 찬물 142cc.
[만드는 법] ① 위 재료로 반죽을 만들어 45분간 휴지시킨다 ② 나머지 물, 소금, 중조를 더해 섞는다 ③ 뜨거운 철판에 올려 놓은 둥근 틀(지름 7 cm)에 ②의 반죽을 붓는다 ④ 반죽 표면에 구멍이 생기면 뒤집어 표면에 색이 들도록 굽는다.

크레센트 빵 (영 Crescent) 크루아상의 영어명.
⇨크루아상

크레졸 化 (영 Cresol) 소독·방부제의 하나. 페놀에 비하여 살균력이 강하고 독성은 약하다. 물에 녹지 않으므로 비누액에 녹여 크레졸 비누액으로 널리 사용하기도 한다.

크레프 菓 (영 Pancake 프 Crêpes 독 Crepe, palatschinken) 밀가루에 계란, 우유를 섞은 반죽을 얇고 둥글게 부친 것. 중세부터 내려온 과자로서 당시의 크레스프(cresp), 크리스프(crisp)에서 유래하는 명칭이다. 그 당시는 빵 대용으로 간식으로 먹

식으로 먹었지만, 지금은 디저트류에까지 폭넓게 활용한다. 크레프는 단맛 나는 반죽으로 만든 크레프 쉬크레(Crêpes Sucrées)와 달지 않은 크레프 살레(Crêpes Salées)가 있다. 크레프 쉬크레는 과실·단 소스를 곁들여 디저트, 패스트 푸드로 응용한다. 크레프 살레는 햄·계란·고기·생선류를 싼 요리로 만들어진다. 크레프를 이용한 과자에는 크레프 쉬제트, 밀 크레프, 크레프 수플레, 그라탱이 있다. 다음은 크레프 쉬제트(Crêpes Suzette) 만드는 법이다.
[배합] 〈크레프〉 밀가루 50 g, 설탕 50 g, 소금 2 g, 계란 180 g, 우유 250cc, 녹인 버터 50 g. 〈크림〉 오렌지 껍질·설탕·크렘 파티시에르* 각 적당량, 그랑 마르니에 10cc, 오렌지 즙 200cc, 오렌 즙·오렌지 제스트·그랑 마르니에 각 적당량.
[만드는 법] ① 크레프를 만든다. 가루 재료에 우유를 3번 나누어 섞는다 ② 계란을 풀어 ①에 섞고, 체에 거른다. 이것을 1시간 동안 휴지시킨 뒤, 얇게 6장 굽는다 ③ 충전할 크림을 만든다. 설탕과 오렌지 껍질을 섞는다. 여기에 크렘 파티시에르, 오렌지 즙을 더하고 가볍게 섞는다. 그리고 그랑 마르니에를 넣는다 ④ ②의 크레프에 ③의 크림을 바르고 2번 접어 부채꼴 모양으로 만든다 ⑤ 쉬제트 팬에 6개의 크레프를

크레프 팬

427

늘어놓는다 ⑥ 오렌지 즙을 흘려 넣고 오렌지 제스트를 위에 장식하고 그랑 마르니에를 뿌린다. 이것을 불에 올려 알코올은 증발시키고 향만 남겨 먹는다.
⇨핫 케이크

크렌텐 브로트 〔빵〕 (네 Krenthen Brod) 네덜란드 빵. 커런트를 배합해 만든 바닥이 평평한 길고 둥근 빵으로 윗면의 껍질에 갈색빛의 광택이 난다.
[배합] 밀가루 6,750 g, 이스트 450 g, 소금 90 g, 물 3,600cc, 설탕 1,350 g, 탈지분유 450 g, 쇼트닝 750 g, 시너먼 15 g, 노른자 450 g, 계란 335 g, 커런트 1,350 g, 혼합 필 750 g, 워터 아이싱 적당량.
[만드는 법] ① 설탕, 분유, 소금, 쇼트닝, 시너먼을 섞어 크림 상태로 만든다 ② ①에 노른자와 거품낸 계란을 더하고 이스트를 물에 녹여 섞는다 ③ 밀가루를 체쳐 넣고 반죽한 뒤 마지막에 커런트와 다진 필을 더한다. 반죽 온도 28℃ ④ 90분간 발효시키고 가스빼기 한 뒤 다시 15분간 발효시킨다 ⑤ ④의 반죽을 분할·둥글리기 한 뒤 15~20분간 벤치타임을 갖는다 ⑥ 길고 가느다란 막대나 큰 원판으로 성형하고 2차발효 시킨다 ⑦ 210℃ 오븐에서 굽는다. 구워 낸 빵 표면에 시너먼을 첨가한 워터 아이싱을 묻힌다.

크렘 〔菓〕 (프 Crème)
⇨크림

크렘 다망드 〔菓〕 (영 Almond cream 프 Crème d'amandes 독 Mandelkrem) 아몬드 크림. 아몬드 가루, 설탕, 버터, 계란을 섞어 만든 크림이다. 보존성이 좋아 만들어 두고 쓸 수 있다. 일설(一設)에 따르면 1506년 프랑스 오를레앙주(Orléans 州)의 피티비에시(Pithiviers 市)에 살던 한 제과인이 처음 만들었으며, 그는 이 크림으로 만든 과자를 시(市)의 지명을 따서 피티비에*라 명명했다고 한다. 아몬드 크림은 다른 크림과 달리, 그대로 쓰지 않고 반드시

익혀 먹는 점이 특징이다.
[배합] 버터·분설탕·계란·아몬드 가루 각각 75 g.
[만드는 법] ① 볼(bowl)에 버터를 넣고 거품기로 저어 크림 상태를 만든다 ② 분설탕을 더해 섞는다 ③ 따로 계란을 풀어 조금씩 나누어 섞는다 ④ 아몬드 가루를 더해 크림 상태가 될 때까지 섞는다.

크렘 두블 〔菓〕 (프 Crème double)
⇨더블 크림

크렘 드 마롱 〔菓〕 (프 Crème de marrons) 밤 퓌레와 버터로 만든 크림. 몽블랑이나 타르틀레트 등에 사용한다. 버터를 크림 상태로 만들어 밤 퓌레에 조금씩 더해 섞는다. 럼 또는 바닐라를 조금 더해 향을 낸다.

크렘 랑베르세 〔菓〕 (프 Crème renversée) 우유, 설탕, 계란, 향료를 섞어 틀에 붓고 중탕으로 굳힌 크림이다. 크렘 카라멜(crème caramel)이라고도 한다.
⇨크렘 카라멜

크렘 랑베르세 오 카라멜 〔菓〕 (프 Crème renversée au Caramel)
[배합] 설탕 200 g, 바닐라 스틱 ½개, 계란 4 개, 우유 500cc.
[만드는 법] ① 샤를로트 틀('샤를로트'항 참고)에 설탕 50 g 으로 만든 갈색 캐러멜을 펴바른다 ② 설탕, 계란에 바닐라 향을 낸 우유(끓인 것)를 조금씩 넣으면서 거품을 낸다. 이것을 곱게 체에 거른 다음 ①의 틀에 붓는다 ③ ②를 중탕식으로 하고 오븐에 넣어 굽는다. 중탕식으로 굽는 이유는 크림이 끓지 않도록 하기 위함이다. 보통 크림은 95℃에서 굳는다.

크렘 무슬린 〔菓〕 (영 Mousseline cream 프 Crème mousseline 독 Schaumkrem) 버터 크림과 커스터드 크림을 섞은 크림. 비율은 50%씩을 기준으로 해서 균일하게 서로 섞는다. 기호에 따라 비율을 달리해도 좋다. 각종 앙트르메에 사용한다.

크렘 사바용 〔菓〕 (영 Sabayon sauce 프

Crème sabayon) 노른자와 설탕을 중탕하면서 거품내고 백포도주를 더한 크림. 소스 사바용이라고도 한다. 포도주 대신 리큐르, 샴페인, 생크림 등을 사용하기도 한다. 백포도수를 넣은 크림은 온제 디저트에, 생크림을 쓴 것은 냉제 디저트에 잘 어울린다. 사바용은 이탈리아의 자바이오네(Zabaione), 자발리오네(Zabaglione)에서 유래했다고 한다. 다음은 백포도주를 사용한 크렘 사바이옹 만드는 법이다.

[배합] 노른자 6개, 설탕 200 g, 백포도주 300cc.

[만드는 법] ① 볼(bowl)에 노른자와 설탕을 넣고 거품기로 하얗게 될 때까지 휘젓는다 ②①을 중탕하면서 백포도주를 조금씩 넣고 거품기로 충분히 젓는다 ③②가 걸쭉해지면 중탕을 멈추고 식을 때까지 다시 젓는다.

크렘 샹티이 菓 (영 Whipped cream 프 Crème chantilly, Crème fouettée 독 Schlagsahne, schlagobers, sahne) 생크림과 설탕을 잘 저어 거품낸 크림*이다. 보존기간은 24시간, 필요에 따라 그때 그때 만들어 사용해야 한다. 단, 케이크에 샌드하거나 장식에 사용하는 크림은 냉동보존할 수 있다. 크렘 샹티이에 쓸 생크림은 유지방이 30% 이상인 것이 좋다.

[배합] 생크림 1,000cc, 분설탕 100~150 g.

[만드는 법] ① 볼(bowl)에 생크림과 설탕을 섞어 얼음물을 넣은 볼 위에서 조심스럽게 거품낸다 ② 거품기를 들어 올렸을 때 뾰족하게 날이 서면 거품내기를 그친다. 이때 바닐라 에센스나 리큐르를 더하면 좋다. 용도에 따라 설탕을 전혀 섞지 않기도 한다. 또, 사용 목적에 따라 휘핑 정도를 조절한다. 짤주머니에 채워 짜낼 때는 8할 정도를 담는 것이 좋다.

크렘 샹티이는 조금만 온도가 높아져도 녹으므로 항상 찬 곳에 두는 것을 잊지 않도록 한다.

크렘 슈니테 菓 (독 Cremschnitte) ⇨밀푀유

크렘 앙글레즈 菓 (프 Creme anglaise) 우유, 설탕, 계란을 섞고 가열한 크림*. 커스터드 소스, 소스 앙글레즈라고도 한다. 바바루아·푸딩·케이크에는 물론 디저트용 소스로 이용하거나, 다른 재료를 더해 버터 크림과 같이 크림의 기본으로 사용한다. 사용빈도가 높은 크림 중의 하나이다. 자주 사용하는 크림은 바닐라 풍미의 크렘 앙글레즈이고 여기에 버터, 초콜릿, 커피, 리큐르 등을 넣어 맛과 향에 변화를 주어 이용하기도 한다. 우유, 노른자, 설탕, 바닐라를 가열해서 만든다. 조릴 때는 타지 않도록 전체를 나무 주걱으로 젓는다. 그리고 노른자가 굳지 않도록 주의하고, 만약 굳으면 불에서 내려 거품기로 섞은 뒤 냄비째 찬물에 담가 크림 온도를 낮추도록 한다. 이 때 불의 세기 조절에 주의한다. 굳어서 분리되는 현상을 막으려면 처음부터 설탕과 노른자를 섞을 때 콘스타치나 밀가루를 소량 넣는다.

[만드는 법] ① 냄비에 우유와 바닐라를 넣고 불에 올려 나무 주걱으로 저으면서 끓기 직전까지 데운다. 이 때 표면에 막이 생기지 않도록 주의한다 ② 볼(bowl)에 설탕, 노른자를 넣고 거품기로 휘젓는다 ③②에 ①을 조금씩 넣으면서 섞고, 이것을 체에 걸러 냄비에 넣는다. 중불에서 데운다. 이 때에도 나무 주걱으로 저으면서 타지 않도록 가열한다 ④ 나무 주걱에 크림이 얇게 묻어 나면 불에서 내려 식힌 뒤 체에 거른다.

〈종류〉 ① 크렘 앙글레즈 오 쇼콜라(crème anglaise au chocolat) : 중탕하여 녹인 초콜릿을 우유에 더하고 크렘 앙글레즈와 같은 방법으로 만든다.

② 크렘 앙글레즈 오 카페(crème anglaise au café) : 인스턴트 커피를 물에 녹여 우유와 섞고, 위와 같은 방법으로 만든다.

③ 크렘 앙글레즈 아 라 리쾨르(crème anglaise à la liqueur) : 크렘 앙글레즈를 만들어 식힌 뒤 리큐르를 소량 넣고 살짝 섞는다. 〈다른 크림류의 기본이 되는 것〉 ① 크렘 아 바바루아(crème à bavarois) : 크렘 앙글레즈에 거품낸 생크림과 젤라틴을 넣어 만든다. ② 크렘 오 뵈르(crème au beurre) : 크렘 앙글레즈에 녹인 버터를 넣고 휘핑한다.

크렘 오 뵈르 菓 (프 Crème au beurre) ⇨버터 크림

크렘 오 뵈르 아 라 므랭그 菓 (프 Crème au beurre à la meringue) 이탈리안 머랭을 더한 버터 크림.
[배합] 버터 450 g, 흰자 120 g, 설탕 200 g, 물 60cc.
[만드는 법] ① 설탕과 물을 냄비에 넣고 117℃까지 조린다 ② 흰자를 거품낸다 ③ ①의 시럽이 식기 전에 ②에 조금씩 흘려 넣고 거품낸다. 안정된 이탈리안 머랭을 만들어 커다란 네모꼴 그릇에 옮겨 식힌다 ④ 버터를 거품기로 저어 부드럽게 한다 ⑤ ④에 ③을 더하여 잘 섞는다. 매끄러운 크림 상태가 되고 전체에 광택이 날 때까지 섞는다.

크렘 카라멜 菓 (프 Crème caramel) 크렘 랑베르세라고도 한다. 주로 커스터드 푸딩*을 만들 때 사용하는 크림으로 진한 황금색을 띤다. 우유, 계란, 설탕을 섞고 여기에 향을 넣는다. 향은 보통 바닐라를 많이 사용한다.
[배합] 설탕 200 g, 우유 1,000cc, 계란 8개, 바닐라 스틱 1개.
[만드는 법] ① 냄비에 설탕, 우유, 바닐라를 넣고 불에 올려 데운다. 설탕이 녹을 때까지 나무 주걱으로 저으면서 데운다 ② 볼(bowl)에 계란을 풀고 ①을 조금씩 넣으면서 섞는다. ③ 금속 체로 거른다 ④ 용기에 담아 사용할 때까지 보관한다 ⑤ 체에 거를 때나 용기에 옮길 때 거품이 나면 국자로 걷어 낸다.
주) 크렘 카라멜에 견과·초콜릿·알코올

류 등을 넣고 여러 가지 푸딩을 만들 수 있다. 이 때 그 재료 혼합물을 틀에 흘려넣고 중탕하여 굳힌다.

크렘 파티시에르 菓 (영 Custard cream, pastry cream 프 Crème pâtissière, Crème cuite 독 Vanillekrem, Milchkrem, Gekochterkrem) 커스터드 크림. 크림*류 중에서 사용빈도가 가장 높은 기본 크림이다. 만든 즉시 커다란 네모꼴 그릇에 옮겨 식힌 뒤 비닐 종이를 씌워 마르지 않도록 한다. 냉장고에 넣어 보존하지만 원래는 만든 그날 사용하는 것이 좋다.
[배합] 우유 250cc, 노른자 3 개, 설탕 75 g, 박력분 25 g, 바닐라 스틱 ½개
[만드는 법] ① 냄비에 우유와 바닐라 빈을 넣고, 불에 올려서 끓기 직전까지 데운다 ② 볼(bowl)에 노른자를 풀고 설탕을 넣어 거품낸 뒤 하얗게 될 때까지 충분히 젓는다 ③ 박력분을 체 쳐서 ②에 넣고 가볍게 섞는다 ④ ①의 우유 중 일부를 ③에 넣어 갠 후 남은 우유를 마저 더한다 ⑤ 체에 걸러 냄비에 넣고, 다시 불에 올려 나무 주걱으로 냄비 바닥까지 긁으면서 끓여 크림 상태로 만든다 ⑥ 완성되면 불에서 내려 배트*에 담는다. 배트 바닥에 얼음을 대고 급속히 식힌 뒤 표면에 비닐 종이를 씌운다.
주) 밀가루를 넣을 때 덩어리가 생기지 않도록 익힌다. 보존한 크림을 사용할 때는 거품기로 잘 풀어서 균일하게 만든 뒤에 사용한다. 배트에 옮겨 급속히 식히는 이유는 크림에 세균이 번식하지 않도록 하기 위함이다.

크렘 푸에테 菓 (프 Crème fouettée) 차게 식힌 생크림을 거품낸 크림*. 여기에 설탕과 바닐라를 더하면 크렘 샹티이가 된다. 크렘 푸에테를 기본으로 하고 알코올류, 과실류, 향료를 더해 다양한 크림을 만든다. 보존기간은 24시간. 만든 즉시 쓰도록 한다. 단, 한번 케이크에 사용한 것은 냉동하여 쓸 수 있다.

[배합] 생크림 1,000cc, 이탈리안 머랭 450g, 향료 소량.
[만드는 법] ① 차게 해 둔 생크림에 향료를 넣는다. 이것을 처음에는 천천히, 차츰 빠르게 휘젓는다 ② 알맞게 거품낸 뒤 이탈리안 머랭*을 더해 가볍게 섞는다.
향료·알코올류는 생크림을 거품내기 전에, 과실·견과는 거품낸 뒤에 넣는다. 머랭 대신 설탕을 쓸 경우에는 생크림을 충분히 거품낸 뒤에, 젤라틴은 거품내는 도중에 녹인 젤라틴을 넣고 섞는다.
→휘프트 크림

크렘 프랑지판 菓 (프 Crème frangipane) 아몬드 풍미의 크림. 플랑이나 타르트에 쓴다. 대개 크렘 파티시에르와 크렘 다망드를 섞어 만든다. 기본재료는 설탕, 노른자, 크림 상태로 녹인 버터, 아몬드 가루이고 이 때 아몬드를 설탕과 함께 롤러로 빻아 쓰면 풍미와 맛이 더욱 좋은 크림이 된다. 사용할 때는 꼭 데워서 쓴다.

크로스 그레인 몰더 機 (영 Cross-grain molder) 성형기의 하나. 어느 한 방향으로 압연되어 나온 반죽을 수직으로 돌려 다시 압연하고 성형하는 기계. 압연 방향이 직각이기 때문에 반죽의 조직이 스트레이트 어웨이 몰더*에서보다 균일하다.

크로캉 菓 (프 Croquant) 바삭바삭한 과자의 총칭. 누가틴*, 딱딱하고 바삭한 쿠키, 비스킷, 파이 그리고 프랄리네를 가리킨다.

크로캉부슈 菓 (프 Croquembouche) 프랑스의 결혼, 세례, 성체배수(聖體拜受) 등의 의식에 등장하는 대형 장식 과자. 누가틴으로 만든 시트 위에 소형 슈 아 라 크렘을 고깔 모양으로 쌓아 올린다. 소형 슈에는 엿 같은 당액을 묻힌다. 고깔의 꼭대기에는 엿 세공을 장식하거나, 의식의 특성에 맞는 인형을 장식한다. 크로캉부슈라는 이름은 'Croque-en-bouche(입 속에서 바삭거린다)'라는 뜻에서 유래한다.

[배합] 〈슈 아 라 크렘〉 슈 반죽·크렘 파티시에르·리큐르 각 적당량. 〈엿〉 각설탕 1,000g, 물 40cc, 주석영 소량, 물엿 50g. 〈기타〉 쉬크르 필레('엿 세공'항 참고) 장식·라일락꽃 설탕절임·엿 세공 각각 적당량.
[만드는 법] ① 슈 아 라 크렘*을 만든다. 먼저 기본 배합의 슈 반죽을 만들어 철판에 조그맣게 짜 놓고, 고온의 오븐에서 굽는다 ② 크렘 파티시에르를 기본 배합으로 만들고, 여기에 리큐르를 더해 향과 풍미를 낸다 ③ ②의 크렘 파티시에르를 짤주머니에 넣어 ①의 슈 속에 짜 넣는다 ④ 엿을 만든다. 즉 각설탕에 물, 주석영, 물엿을 더해 조린다. 다 녹으면 불에서 내려 식힌 다음 ③에 ④의 엿을 묻힌다 ⑤ 커다란 쟁반이나 누가틴으로 만든 시트에 ④의 슈 아 라 크렘을 고깔 모양으로 쌓아 올린다 ⑥ 쉬크르 필레를 만들어 시트 주위에 장식해 놓는다. 라일락꽃 설탕절임을 뿌린다 ⑦ 슈의 꼭대기에 엿 세공 장식을 얹는다.

크로캉트 菓 (프 Croquante) ①파트 다망드*를 사용하여 만든 연회용 대형 과자를 가리킨다. 지금은 거의 만들어지지 않는다. ② 크로캉*(Croquant)을 가리키기도 한다.

크로칸트 菓 (독 Krokant) 당과의 하나. 물을 더하지 않고 불에 올려 녹인 설탕에 아몬드 또는 그 밖의 견과를 더해 섞은 것이다. 설탕과 견과의 비율은 1:1이 기준이다. 독일의 크로칸트는 견과량이 많은 누가*라 할 수 있다.

크로케 菓 (프 Croquet) 프랑스식 건과자인 프티 푸르 세크*의 하나. 밀가루, 설탕, 유지, 견과를 섞어 반죽한다. 이것을 따나 계란 모양으로 성형하여 굽는다.

크로케트 오 마롱 菓 (프 Croquette aux Marrons) 디저트용 크로켓*.
[배합] 〈반죽〉 밤 퓌레 280g, 노른자 2개, 버터 20g, 바닐라 향·브랜디 각 소량. 〈소

스 앙글레즈〉 우유 150cc, 노른자 3개, 설탕 25g, 콘스타치 4g, 바닐라 향 소량. 〈기타〉 밀가루·계란·빵가루·샐러드유·가나슈·피스타치오 각 적당량.
[만드는 법] ①밤 퓌레, 버터, 노른자, 바닐라, 브랜디를 섞어 반죽을 만든다. 한 입에 넣을 수 있을 만큼의 크기로 둥글려 밀가루를 묻힌 다음 계란액에 담갔다가 빵가루를 묻힌다 ②150~160℃의 샐러드유에 ①을 넣어 튀긴다. 다 튀겨지면 기름을 뺀다 ③소스 앙글레즈를 만든다. 우유를 데워 두고, 노른자·설탕·콘스타치를 섞어 이 둘을 합친다. 이것을 체에 걸러 약한 불에서 조린다. 걸쭉해지면 바닐라를 더한다 ④접시에 ③의 소스를 담고, ②의 크로켓을 놓는다. 가나슈로 소스 위에 선을 긋고 피스타치오 슬라이스를 장식한다.

크로켓 菓 (영, 프 Croquette) 베네*와 같은 튀김요리, 디저트 과자. 요리에서 말하는 고로케는 이 크로켓의 사투리이다. 요리 크로켓은 감자, 크림 소스에 야채, 생선, 고기를 섞어 만든 것이고 디저트 크로켓은 사과, 바나나, 밤을 기름에 튀겨 소스 앙글레즈('크렘 앙글레즈'항 참고), 프루츠 소스를 곁들인 것이다.

크루아상 빵 (프 Croissant 독 Gipfel, Hörnchen) 파트 르베*이면서 파트 푀이테*인 반죽으로 만든 초승달 모양의 빵. 발상지는 헝가리의 부다페스트로서, 1683년경 오스트리아를 거쳐 프랑스에 전해졌다. 또한, 루이 16세의 왕후가 된 오스트리아의 마리 앙투아네트*에 의해 프랑스에 서서히 퍼져나갔다고 한다. 반죽은 파트 아 크루아상(pâte à croissant) 또는 파트 르베 푀이테라고도 한다. 프랑스에서 처음에는 반죽형 파이 반죽으로 만들다가 20세기부터는 파트 푀이테처럼 만들기 시작해 오늘에 이르고 있다. 크루아상의 층은 발효할 때 생기는 탄산 가스층과 접기형 반죽에 나타나는 버터에 의한 층, 2종류로 이루어져 있다. 기

본 크루아상에 변화를 주기 위해서는 위에 초콜릿·퐁당을 바르거나 치즈 가루·아몬드 슬라이스를 얹어 굽는다. 그리고 크루아상을 반 나눠 과일, 각종 크림, 계란·햄·야채·치즈를 샌드한다.
〈제조시 주의점〉 ①온도가 낮은 곳에서 작업한다. 버터를 싸서 접어밀 때 반죽이 찢어지지 않도록 조심스럽게 다룬다. 반죽이 찢어져 버터가 새어나오면 맛이 좋지 않다. ②밀가루를 물, 우유 또는 우유와 물 섞은 것에 더한다. ③발효 온도는 낮게 잡는다. 버터가 흘러 나오지 않도록 25~30℃에서 발효시킨다. ④균일하게 말아 올린다. 삼각형 밑변에서 꼭지점을 향하여 감는다. ⑤보존할 때는 성형하자마자 바로 냉동시키고 2~3일 놓아두어도 좋다.
[배합] 중력분 1,000g, 설탕 100g, 소금 20g, 버터 100g, 계란 50g, 생이스트 40g, 찬물 520cc, 롤인용 버터 500g, 계란 푼 것 소량.
[만드는 법] ①생이스트를 푼다 ②볼에 물을 넣고 ①을 더해 녹인다 ③믹서 볼에 ②와 중력분, 설탕, 소금, 버터, 계란을 넣고 저속으로 2분, 중속으로 3분간 돌린다 ④반죽을 둥글려 비닐에 싼다. 이것을 4~7℃의 냉장고에 3~18시간 동안 넣어 둔다 ⑤버터를 두드려 정사각형으로 만든다 ⑥④의 반죽을 ⑤보다 좀 크게 늘인다. 반죽 위에 버터를 놓고 반죽을 잡아 늘이면서 감싼다 ⑦이것을 파이 롤러로 늘인 뒤, 3겹 접어밀기를 실시한다(냉장고에서 휴지시키면서 3번 반복) ⑧마지막에 두께 3mm, 너비 34cm로 늘이고 반죽 가장자리를 다듬는다. 밑변이 9cm, 높이가 16cm인 이등변삼각형을 잘라 낸다 ⑨삼각형 밑변에서 말아 올린다. 32℃에서 1시간 발효시키면 크기가 2배로 부푼다 ⑩표면에 계란을 바르고 220℃의 오븐에서 13~14분간 굽는다.

크룰러 菓 (영 Cruller) 반죽을 고리(ring) 모양으로, 또는 꼬아서(twist) 기름에

튀긴 미국식 도넛의 하나. 프라이드 케이크라고도 한다. 보통 커피 케이크* 반죽 혹은 번즈* 반죽을 부드럽게 만들어 두께 0.6mm로 밀어 펴서 도넛 형틀로 찍거나 띠 모양으로 잘라 꼰다. 헝겊을 깐 상자 속에서 2배로 부풀린 뒤 별로 높지 않은 온도의 기름에 넣어 튀긴다.

크리밍 메소드 技 (영 Creaming method) 유지와 설탕을 먼저 섞고 차례로 계란, 밀가루를 더하는 방법. 배터 타입의 케이크 반죽을 만드는 방법 중의 하나로 슈거 배터법이라고 한다.
⇨슈거 배터법

크리밍성 化 (영 Creaming quality) 고형유지가 교반에 의하여 내부에 공기를 품는 성질. 흔히 유지량에 비해서 많은 공기를 품는 유지일수록 크리밍성이 크다고 한다. 쇼트닝은 라드보다 지방 입자가 작아 크리밍성이 훨씬 크다. 그러나 같은 쇼트닝이라도, 보통의 혼합형 쇼트닝보다 수소를 더한 쇼트닝의 크리밍성이 높다. 크리밍성의 크기는 유지가 포함하는 공기의 함량(%)으로 나타낸다. 크리밍성이 작은 유지를 넣어 만든 빵과 케이크는 부피가 작고 무거운 반면 크리밍성이 높은 유지로 만든 빵은 밀가루의 팽창을 도와 부피도 크고 품질도 좋다. 크리밍성의 정도는 설탕의 양·성질, 온도에 따라 다르다. 유지 2, 설탕 3의 비율로 혼합한 것이 가장 많은 공기를 포함할 수 있으며 설탕 입자가 고울수록 크리밍성이 커진다. 또 25℃일 때 크리밍성이 가장 크다.

크리스마스 其 (영 Christmas 프 Noël 독 Weihnachten) 예수 그리스도의 탄생을 기념하는 날. 성탄절이라고도 한다. 그리스도가 12월 25일 0시에 탄생하였다고 하는 설(說)에 대한 확실한 증거는 없으나 기독교인들이 이교도 사이에서 행해지고 있던 태양 숭배의 습속(봄에 대한 기대를 불러 일으키는 동짓날을 기념하는 풍습)을 이용하여 그리스도의 탄생을 기념한 것으로 보고 있다. 특히 로마인들이 숭배하던 농경신(Saturn)의 제삿날(12월 21일부터 31일까지)에는 성대한 축제가 베풀어졌다. 이 기간 중 동지가 지난 다음 날인 12월 25일을 태양이 소생하는 날로 여겼다. 초대 기독교의 지도자들이 이러한 농경력(農耕曆)상의 제일(祭日)에 그리스도의 탄생일을 일치시킨 것이 크리스마스이다.

크리스마스 빵 빵 (영 Christmas Bread) 크리스마스 때 즐겨 만들어 먹는, 과일이 많이 든 고배합빵. 독일의 슈톨렌과 쿠글로프, 러시아의 쿨리치, 헝가리의 커피 케이크, 북유럽의 율카게, 오스트리아의 프루츠 브레드가 여기에 속한다.
〈특색〉 ① 슈톨렌 : 예수가 태어난 마구간의 여물통과 비슷한 모양의 빵(길이 3m의 커다란 슈톨렌). 일찍이 색소니(Saxony) 지방 사람들이 크리스마스 때마다 만들어 먹었다고 한다. ② 쿠글로프 : 커피 케이크와 비슷한 빵. ③ 쿨리치 : 러시아 특유의 빵. 스위트 도에 과일을 섞어 원통 모양으로 만들고, 그 윗면에 장식한다. ④ 헝가리의 크리스마스 빵 : 호두 조각을 충전하고, 레이즌과 초콜릿을 토핑한 납작한 빵이다. ⑤ 율카게 : 스웨덴, 노르웨이의 크리스마스 빵. 향신료를 곁들인 프루츠 브레드이다.

크리스마스 스타 菓 (영 Christmas Stars) 스위트 페이스트로 만든 별 모양의 과자. 스위트 페이스트를 별 모양 형틀로 찍어 철판에 늘어 놓고 182℃에서 굽는다. 식힌 뒤에 초콜릿에 담갔다가 꺼내고, 그 위에 아몬드 페이스트로 만든 작은 별을 얹는다. 또, 그 한가운데에 은색의 드라제를 1개 놓는다.

크리스마스 스타 팬시 菓 (영 Christmas Star Fancies) 스위스의 스펀지 케이크. 초콜릿 스위스 롤 반죽을 쓴다.
[배합] 〈반죽〉 계란 227g, 설탕 142g, 박력분 113g, 코코아 가루 28g, 뜨거운물

28cc, 초콜릿 착색료 소량. 〈기타〉 파인애플 잼·체리 버터 크림·아몬드 슬라이스·장식용 별 각 적당량.

[만드는 법] ① 위 재료로 만든 반죽을 681 g 으로 분할, 밀어 펴서 216℃에서 굽는다 ② 식힌 뒤에 파인애플 잼, 체리 버터 크림 순으로 바른다. 이것을 말아서 표면에 버터 크림을 바르고 가볍게 굽는다 ③ 아몬드 슬라이스를 붙인다. 냉장고에 넣었다 꺼내어 알맞은 크기로 자른다 ④ 한가운데에 크림으로 장미꽃을 짜 놓고 그 위에 슈거 페이스트로 만든 별을 얹는다.

크리스마스 요리[−料理] 其 (영 Christmas cooking) 크리스마스날 교회 예배가 끝난 뒤 집으로 돌아와 가족과 친지들이 모여 함께 먹는 요리. 미국·영국의 요리는 칠면조 로스트가, 프랑스는 로스트 치킨이, 호주는 호깃(hogget : 생후 1~1년 6개월 된 양고기)의 로스트가 중심이다. 또, 디저트로는 영국의 크리스마스 푸딩('플럼 푸딩' 항 참고), 미국의 크리스마스 케이크*, 프랑스의 뷔슈 드 노엘(Bûche de Noël)이 유명하다.

크리스마스 케이크 菓 (영 Christmas Cake) 예수의 탄생을 축하하는 마음으로 만들어 먹는 케이크. 레이즌·필·아몬드 등의 과실을 50% 함유하고, 스파이스를 넣은 파운드 케이크 시트 위에 크리스마스용 장식을 한다. 일찍이 유럽의 교회는 꿀로 단맛을 낸 과자를 만들었다. 그 중의 하나가 갈레트*이다. 중세에는 크리스마스 때마다 레이어 케이크, 프루츠 케이크, 허니 케이크를 만들었고 그 위에 예쁜 장식을 곁들이는 풍습이 있었다. 몇 가지 예를 들면 다음과 같다. ① 민스 파이 : 크리스마스 때 이 파이를 먹는 풍습은 중세 유럽에서 비롯하였다. 처음에는 다진 고기와 술을 썼는데 그 뒤 고기의 양을 줄이고 과일을 많이 쓰게 되어, 17세기부터는 지금과 같은 파이가 만들어지기에 이르렀다. ② 쿠키 : 크리스마

스용 쿠키는 원래 크리스마스 트리에 장식하기 위해 만들기 시작했던 것이다. ③ 데커레이션 케이크* : 나라마다 서로 다른 특색을 지니고 있다. 단, 장식물은 산타클로스, 십자가, 촛불, 촛대, 리본, 종, 크리스마스 트리, 눈 썰매, 교회 등 거의 같다. 다음은 대표적인 크리스마스 케이크 중의 하나이다.

[배합] 〈프랄리네 시트〉 계란 780 g, 설탕 300 g, 박력분 200 g, 아몬드 가루 40 g, 버터 240 g. 〈오렌지 커스터드〉 오렌지 과즙 150cc, 노른자 3개, 설탕 80 g, 박력분 25 g, 우유 90cc, 버터 45 g. 〈치즈 크림〉 크림 치즈 300 g, 설탕 45 g, 사워 크림 150 g, 생크림 600cc, 설탕 60 g, 젤라틴 50 g, 금박·조화(造花)·리본.

[만드는 법] ① 프랄리네 시트는 별립법('계란'항 참고)으로 반죽하여 200℃ 오븐에서 5분간 구워낸다 ② 오렌지 커스터드는 노른자, 설탕, 박력분을 섞고 따뜻한 오렌지 과즙과 우유를 더해 끓인 뒤 불에서 내려 버터를 넣고 섞는다 ③ 치즈 크림을 만든다. 치즈와 설탕을 섞고 사워 크림을 넣는다 ④ 생크림과 설탕을 8할 정도로 거품 내어 ③과 섞은 뒤 그 중 일부에 불린 젤라틴을 섞는다 ⑤ ③과 ④를 섞는다 ⑥ ①에 ⑤의 치즈 크림을 2 mm 두께로 바르고 ②를 발라 포갠다. 그 위에 ⑤를 바르고 모양을 낸다 ⑦ 금박과 조화로 장식하고 리본으로 묶는다.

크리스마스 푸딩 菓 (영 Christmas Pudding) 영국에서 크리스마스 때 즐겨 먹는 플럼 푸딩을 가리킨다.
⇨플럼 푸딩

크리스털 프루츠 菓 (영 Crystal fruit 프 Fruit confit) 과일을 설탕에 절인 뒤 표면에 설탕 결정(크리스털)이 생기도록 한 것. 설탕에 절이는 방법은 처음 30%의 설탕물에서 시작하여 차례로 5~10%의 진한 용액으로 옮아간다. 탈수하면서 과육의 당

농도를 높이다가 마지막에는 70%까지 높인다. 이 당과를 90℃의 포화 당액에 담근 다음 꺼내어 건조시킨다. 이 때 과포화된 당의 결정이 표면에 석출된다.
→캔디드 프루츠

크리플 菓 (영 Cripple) 변질되었거나 노화한 과자류. 이것을 잘게 부수어 또 다른 과자를 만들거나 소보로(곰보반죽)에 사용한다.

크림 原 (영 Cream 프 Crème 독 Krem) 생크림*을 비롯한 크림류의 총칭. 생크림은 순수한 우유의 유지방이고, 크림류는 우유나 생크림을 원료로 하고 다른 재료를 배합한 것이다. 여기서 후자의 크림은

〈표〉 크림의 종류에 따른 용도

종 류	주 재 료	용 도	비 고
·크렘 파티시에르 (crème pâtissière) =커스터드 크림	우유, 계란, 설탕, 밀가루(또는 콘스타치)	슈의 충전용, 수플레의 기본재료.	반드시 뚜껑을 덮어 냉장고에 보존, 쓸 때에는 체에 거른다.
·크렘 샹티이 (crème chantilly) =휩트 크림	생크림, 설탕	코팅, 짜 내어 장식, 스펀지 사이의 샌드용.	생크림을 거품낸다.
·크렘 앙글레즈 (crème anglaise)	우유, 노른자, 설탕	푸딩, 찔리, 바바루아, 소스	만들 때에 끓이지 않는다.
·크렘 오 뵈르 (crème au beurre) =버터 크림	버터, 노른자, 설탕, 시럽	코팅, 짜 내어 장식, 스펀지 사이의 샌드용.	뚜껑을 덮어 보존. 계절에 따라 배합이 바뀐다. 쓸 때에는 그 일부를 중탕하여 나머지와 섞는다.
·크렘 가나슈 (crème ganache)	생크림, 스위트 초콜릿	초콜릿 과자.	뚜껑을 덮어 냉장고에 보존, 사용하기 전에 중탕한다.
·크렘 무슬린 (crème mousseline)	크렘 파티시에르, 버터	슈의 충전용.	크렘 파티시에르와 크렘 샹티이를 섞어도 된다.
·크렘 사바용 (crème sabayon) =사바용 소스	노른자, 설탕, 백포도주	푸딩, 그라탱, 크레프용.	—
·크렘 다망드 (crème d'amandes) =아몬드 크림	버터(또는 마가린), 아몬드 가루, 설탕, 계란	타르트 시트에 바른다. 파이의 충전용.	—
크렘 프랑지판 (crème frangipane)	버터, 아몬드 가루, 노른자, 설탕	플랑, 타르트의 충전용.	크렘 파티시에르와 크렘 다망드를 섞어 쓰는 경우 가 많다.
·크렘 푸에테 (crème fouettée) =휩트 크림	생크림	코팅, 스펀지 사이의 샌드용.	—
·크렘 퐁당 (crème fondant)	크렘 샹티이, 스위트 초콜릿	코팅, 짜내어 장식, 스펀지 샌드용.	—
·크렘 생토노레 (crème saint-honoré)	크렘 파티시에르, 찔라틴, 머랭	슈의 충전용.	크렘 시부스트라고도 한다.
·크렘 디플로마트 (crème diplomate)	크렘 파티시에르, 생크림, 찔라틴	디플로마트, 앙트르메용.	—

케이크의 표면에 마무리 장식용으로 짜놓거나 파이, 스펀지 사이에 샌드하고 앙트르메 소스로 쓴다. 크림류의 주재료는 우유, 생크림, 계란, 설탕, 버터이다. 여기에 풍미를 더하고 맛을 변화시키기 위해 알코올류, 향료, 초콜릿, 과실, 견과류, 밀가루, 젤라틴을 배합한다(앞 페이지 〈표〉 참고). 〈종류〉 기본이 되는 크림은 크렘 파티시에르, 크렘 샹티이, 크렘 오 뵈르, 크렘 가나슈, 크렘 앙글레즈 5종류이다. ① 거품내어 공기를 포함시킨 크림 : 크렘 다망드, 크렘 프랑지판, 크렘 무슬린 등. ② 계란에 설탕과 우유를 더한 크림 : 크렘 앙글레즈, 크렘 파티시에르, 크렘 오 뵈르, 크렘 사바용 등. ③ 가볍게 처리한 크림 : 크렘 샹티이, 크렘 퐁당, 크렘 생토노레 등. 크림류는 보존력이 아주 약하다. 왜냐하면 크림을 만드는 우유, 생크림, 버터는 세균류가 번식하기 쉬운 영양원이기 때문이다. 또, 크렘 파티시에르처럼 불에 조린 크림이라도 완전히 살균할 만큼 온도를 높일 수 없기 때문이다. 그러므로 보존할 때는 뚜껑을 덮어 냉장고에 넣어 둔다.

크림 번즈 菓 (영 Cream Buns 프 Chou à la Crème) 슈 아 라 크렘, 크림 퍼프라고도 한다.
⇨슈 아 라 크렘

크림빵 빵 크림을 충전한 빵. 일본에서 처음으로 개발한 앙금빵 중의 하나이다. 팥빵, 잼빵은 일본의 기무라야(木村屋) 본점에서, 크림빵은 신주쿠나카무라야(新宿中村屋)에서 개발한 것이다.

크림 아이싱 原 (영 Cream icing) 버터나 쇼트닝과 같은 유지(油脂)에 설탕과 분유를 섞어 크림 상태로 만든 아이싱. 버터 크림도 여기에 들어가지만, 보통 버터 크림보다 부드럽고 분유나 연유로 묽게 한 크림을 크림 아이싱이라 한다.
[만드는 법] 쇼트닝 1,000 g 과 분유 250 g, 소금 소량을 섞어 거품낸다. 여기에 물 500cc를 조금씩 넣어 가면서 분설탕 3,800 g 을 넣어 부드러운 크림 아이싱을 만든다.

크림 오브 타르타르 原 (영 Cream of tartar)
⇨주석영

크림 젤리 菓 (영 Cream Jelly)
[배합] 젤라틴 18 g, 물 200cc, 설탕 120 g, 우유 30cc, 노른자 2개, 레몬 1/2개 분량.
[만드는 법] ① 우유에 설탕을 넣고 가열한 뒤 물에 불린 젤라틴을 넣어 다시 가열해서 녹이고 불에서 내린다 ② 70℃ 정도로 식으면 계란과 레몬을 넣고 섞는다 ③ ②를 젤리 틀에 넣고 식혀 굳힌다. 젤라틴 8 g 대신 한천 2 g 을 사용하거나 우유 대신 크림을 사용하기도 한다.

크림 치즈 原 (영 Cream cheese 프 Fromage à la crème) 우유와 생크림을 원료로 한, 숙성시키지 않은 생치즈. 은은한 신맛과 부드러운 맛을 지닌 연질 치즈이다. 치즈*는 수분 함량에 따라 연질, 반경질, 경질로 나눌 수 있다. 크림 치즈는 수분이 가장 많은 연질 치즈에 해당되며 숙성시키지 않았기 때문에 보존성이 없다. 프랑스의 프티, 스위스·영국의 더블그로스터처럼 오랜 역사를 갖는 치즈도 크림 치즈의 하나이다. 최근에는 미국이 크림 치즈 생산량 세계 제1위를 차지하고 있다. 만드는 법은 ① 생크림과 우유를 섞어 살균하고 24~29℃에서 발효시켜 커드('치즈 커드'항 참고)를 만든다 ② 커드를 교반하면서 50℃까지 데운다 ③ 헝겊 주머니에 넣어 유장(乳漿, whey)을 뺀다. 크림 치즈는 제과용으로 가장 많이 쓰는 치즈로서 레이어 치즈 케이크, 베이크트 치즈 케이크, 무스, 바바루아, 빵 푸딩, 수플레와 같은 디저트 과자에 사용한다. 대부분 크림 치즈를 녹여 쓰는데 먼저 크림 치즈를 잘게 잘라 볼(bowl)에 넣고, 이것을 중탕하면서 크림 상태를 만든다. 여기에 생크림이나 버터를 섞는다. 크림 치즈는 오렌지, 레몬 같이 신맛 나는 과일·요구르트에 잘 어울린다.
→케제 자네 슈니텐
크림 파우더 原 (영 Cream powder)
산성 피로인산 나트륨. 이것은 중탄산염과
만나 탄산 가스를 발생시키기 때문에 베이
킹 파우더에 산성 기포제로서 배합한다.
크림 퍼프 菓 (영 Cream Puff 프 Ch-
ou à la Crème) 슈 아 라 크림, 또는 그것
의 껍질을 가리키는 말이기도 하다.
⇨슈 아 라 크림
크림 페이스트 原 (영 Cream paste)
설탕, 포도당, 젤라틴을 함께 섞어 크림 상
태로 만든 것. 여기에 향료와 색소를 넣어
데커레이션 케이크의 가장자리 장식에 이용
한다.
크림핑 技 (영 Crimping) 버터 쿠키,
마지팬, 아몬드 페이스트, 슈거 페이스트
등에 엄지·검지 두 손가락을 이용하여 모
양을 내는 일. 핀칭(pinching)이라고도 한
다.
크바르크 토르테 菓 (체 Quark Torte)
체코슬로바키아의 냉제 치즈 케이크. 아몬
드 가루를 더한 버터 케이크 시트에 코티지
치즈 넣은 크림을 샌드하고, 전체에도 같은
크림을 바른다. 독일의 크바르크 자네 크렘
토르테와 같다.
[배합] 〈반죽〉 노른자 6개, 분설탕 150 g,
아몬드 가루 50 g, 밀가루 100 g, 흰자 6개.
〈충전물〉 우유 200cc, 바닐라 슈거 소량, 설
탕 50 g, 밀가루 20 g, 노른자 3개, 분설
탕·버터 각 150 g, 코티지 치즈 350 g, 레
이즌 50 g. 〈토핑용 소보로〉 버터·설탕·
오트밀 각 20 g.
[만드는 법] ① 반죽을 만든다. 먼저 노른
자에 분설탕을 더해 거품내고 아몬드 가루
와 밀가루를 섞는다 ② 흰자를 거품내어 ①
과 합치고 틀에 부어 굽는다 ③ ②를 3등분
한다 ④ 우유, 바닐라 슈거, 설탕, 밀가루,
노른자를 섞고 중탕하면서 걸쭉해질 때까지
교반한다 ⑤ ④에 분설탕, 버터, 코티지 치

즈, 레이즌을 섞어 ③의 사이사이에 바른다
⑥ ⑤를 전체에 바른다 ⑦ 소보로를 만든다.
즉, 버터와 설탕을 가열하고 오트밀을 더해
갈색빛이 들 때까지 태운다 ⑧ ⑦이 식으면
⑥의 위에 뿌려 얹는다.
클럽 롤 빵 (영 Club Rolls) 하드 롤*
의 하나. 반죽을 2~3cm 굵기의 막대 모양
으로 늘이고, 10cm 정도의 길이로 잘라 직
접구이한 빵이다.
클럽 샌드위치 빵 (영 Club Sandwich)
슬라이스하여 살짝 구운 빵 3 장에 서로 다
른 충전물(상층에 육류, 하층에 야채 등)을
샌드한 것이다.
→샌드위치
클로렐라 原 (영 Chlorella) 녹조류의
하나. 하나의 개체가 하나의 세포로 이루어
진 단세포 식물. 클로렐라는 엽록체를 가지
고 있어 광합성 능력이 뛰어나고 배양하기
쉬워서 식량문제의 해결책으로 연구되고 있
다. 최근에는 일본이나 동남 아시아 각국에
서 아동들의 학교 급식에 이용하기도 한다.
클로리네이션 技 (영 Chlorination)
염소를 이용한 화학처리. 밀가루를 염소처
리하면 글루텐의 점성(粘性)이 없어진다.
그에 따라 산도(酸度)가 높아지고, 전분이
콜로이드*화 하기 쉬운 상태가 된다. 이렇
게 화학처리한 밀가루가 케이크용 특제분이
다.
클로버 롤 빵 (영 Clover Roll) 롤빵
반죽을 작고 둥글게 만들어서 그 윗부분을
3 군데 가위로 자른다. 이렇게 하면 클로버
잎처럼 구워진다.
클로브 原 (영 Clove)
⇨정향
클로즈드 샌드위치 빵 (영 Closed san-
dwiches) 슬라이스한 2 장의 빵조각 사이
에 여러 재료를 샌드한 빵. 오픈 샌드위치
와 구별하기 위한 용어이다.
→샌드위치
클린업 단계[ㅣ-段階] 技 (영 Clean up

stage) 반죽의 제2단계. 믹서 속의 물이 반죽 속에 흡수되어 반죽이 탄력을 띠고, 믹서의 벽이 깨끗해지는 상태를 가리킨다. 밀가루와 그 밖의 여러 재료를 믹서에 넣고 혼합하기 시작하면 얼마 되지 않아 밀가루가 물을 흡수하고 소금, 설탕, 이스트 등이 용해되며 이스트가 반죽 구석구석까지 분산된다. 혼합이 계속되면 반죽은 결합력이 증가하여 탄력을 띠며 한 덩어리로 뭉쳐져 믹서 벽에서 떨어지게 된다. 바로 이 때가 클린업 단계이고, 반죽의 제2단계가 끝났음을 판단하는 기준이 된다. 클린업 단계에 해당하는 시간은 가루에 따라 다르므로, 일률적으로 표준 배합시간을 정하여 모든 가루의 반죽을 동일하게 취급할 수 없다. 클린업 단계는 가수량·부원료·혼합속도·온도·밀가루의 질 등 여러 조건이 서로 어우러져서 어떤 평형점에 도달했을 때 나타나는 단계이므로, 이 모든 조건들이 합쳐져 혼합시간 전체가 결정된다.

키르슈 原 (독 Kirsch) 버찌(체리), 즉 키어시의 독일어명. 잘 익은 체리의 과즙을 발효, 증류시켜 만든 브랜디는 키르슈바서(kirschwasser)라 한다. 프랑스·영어권에서는 단순히 키어시 혹은 키르슈라고만 해도 키르슈바서(체리 브랜디)를 가리킨다. →키어시

키르슈 토르테 菓 (독 Kirsch Torte) 사워 체리의 신맛과 초콜릿의 단맛이 잘 어우러진 독일의 대표적인 토르테.
[배합] 〈시트〉 노른자 13개, 계란 3개, 설탕 150g, 버터 75g, 흰자 13개, 설탕 250g, 박력분·코코아 각 100g. 〈사워 체리 시럽 조림〉 사워 체리 적당량, 설탕 250g, 키어시 100cc. 〈시럽〉 오렌지 큐라소·물 각 300cc. 〈기타〉 파트 쉬크레·살구잼·생크림·설탕·스위트 초콜릿 얇게 깎은 것 각 적당량.
[만드는 법] ① 노른자, 계란, 설탕 150g을 잘 섞고 녹인 버터를 넣어 휘젓는다 ② 흰자

에 설탕 250g을 몇 번에 나누어 넣으면서 거품내어 머랭을 만든다 ③ ①과 ②를 섞고, 체 친 박력분과 코코아를 넣은 뒤 재빨리 섞는다 ④ 지름이 18cm인 세르클 틀에 ③을 붓고 180℃ 오븐에서 굽는다 ⑤ 냄비에 사워 체리즙과 설탕을 넣고 중불에서 끓이면서 키어시를 넣고 조린다. 끈기가 생기면 사워 체리를 넣어 묻힌다 ⑥ 파트 쉬크레에 살구잼을 바르고 수평으로(1.5cm 두께) 자른 ④를 얹는다 ⑦ ⑥의 위에 시럽을 바르고, 설탕을 더해 거품낸 생크림 일부를 얇게 바른다. 그리고 케이크 윗면 가장자리에 고리 모양으로 생크림을 짜 낸다. 그 고리에 사워 체리를 얹는다 ⑧ ⑦의 위에 시트 1장을 더 얹고, 남은 생크림을 표면 전체에 바른다. 얇게 깎은 초콜릿을 뿌린 뒤 ⑦과 같은 방법으로 사워 체리를 장식한다.

키스 菓 (영 Kiss) 머랭을 지름 5cm의 원판형 또는 고리형으로 짜 내서 구운 과자. 여기에 코코넛을 뿌리고 잼을 발라, 2장을 맞붙인다. 또, 굽기 전의 머랭을 작고 둥근 마카롱 시트에 짜 놓고 굽기도 한다. 이 모두를 가리켜 키스라 한다.

키어시 原 (영 , 프, 독 Kirsch) 키르슈. 버찌(체리)로 만든 증류주이다. 독일이 발상지이다. 독일어로는 키르슈바서(kirschwasser), 영어로는 체리 브랜디(cherry brandy)라고 한다.
[만드는 법] 버찌의 과육과 씨를 부수어 천연 효모의 힘으로 발효시킨다. 발효를 촉진시키기 위해서 순수배양한 이스트를 더하기도 한다. 이 발효주에 잡균이 들어가지 않도록 밀봉하고 몇 개월 재워 둔 뒤 증류한다. 키어시에는 단맛이 없고 씨에서 나오는 은은한 비터 아몬드 향이 있다. 하지만, 이것은 누구나 즐기기에는 적합하지 않은 술이다. 그래서 리큐르의 제조원료인 베이스 스피리츠(base spirits), 제과용 향료로 만들어진다. 칵테일, 제과용(체리를 재료로 하는 과자·타르트·파이)으로 쓴다. 특히 체

리 시럽, 잼에 더하여 비터 아몬드 향을 내기에 효과적인 술이다.

키어시 퐁포네트 菓 (영 Kirsh Pompo-nnettes 프 Pomponnettes au Kirsch) 링 모양의 소형 바바를 럼 대신 키어시*로 풍미를 낸 시럽에 담갔다 꺼낸 소형 과자. 키어시 풍미의 퐁당을 씌워 마무리한다. →퐁포네트

키예 其 (프 Quillet) 프랑스의 제과인. 1865년, 버터 크림의 개발로 잘 알려진 사람이다.

키위프루츠 果 (영 , 프 Kiwi fruits) 다래나무과(科)의 낙엽 덩굴식물. 중국 다래(chinese gooseberry)라고도 하며 열매가 키위(kiwi)라는 새처럼 생겼다 하여 키위 또는 키위프루츠라 부른다. 원산지는 중국의 양쯔강 어귀이고 현재 주생산지는 뉴질랜드이다. 키위는 모양이 계란형이고 표면에 갈색 털이 나 있다. 과육의 중심부는 크림색이고 주변으로 갈수록 연한 초록색을 띤다. 주변에는 깨알 같은 검은 씨가 있다. 키위는 비타민 C·E, 섬유질이 많고 상큼한 맛과 빛깔이 좋아 그대로 먹을 뿐 아니라 제과에 널리 이용한다.

키첼 빵 (영 Kichel) 단맛이 그다지 강하지 않은 계란빵. 보통 밀가루와, 같은 양의 계란으로 만든다.

키홀 빵 (영 Key hole) 로프빵의 측면이 오목하게 들어간 상태를 이르는 용어. 빵의 결함 중의 하나로 오목한 부분을 잘랐을 때 단면이 열쇠 구멍과 같다 하여 붙여진 명칭이다.

킵펠 빵 (독 Kipfel) 오스트리아의 뿔모양 롤빵. 비엔나 빵 중의 하나이다.

킵펠코흐 菓 (독 Kipfelkoch) 브리오슈를 커스터드 푸딩* 반죽에 담가 만든 오스트리아의 디저트 과자. 킵펠은 브리오슈를 뜻하는 오스트리아 방언이고, 코흐는 요리인이라는 뜻도 있지만 푸딩류의 디저트를 총칭하는 용어이기도 하다.

[배합] 〈커스터드 푸딩〉 생크림 30cc, 우유 190cc, 계란 1/2개, 노른자 1개, 설탕 10 g, 레몬 껍질·바닐라·시너먼·레이즌 각 10 g, 사과 100 g, 브리오슈 7조각. 〈머랭〉 흰자 1개, 설탕 30 g. 〈라즈베리 소스〉 라즈베리 퓌레 500 g, 설탕 250 g.

[만드는 법] ① 생크림, 우유, 계란, 설탕, 레몬 껍질, 바닐라 향을 섞어 철판에 넣는다 ② 시너먼, 레이즌과 함께 사과를 조려 ①의 위에 뿌린다 ③ 말린 브리오슈를 슬라이스하여 ②에 채우고 중불 오븐에서 굽는다 ④ 흰자에 설탕을 더하고 거품낸 머랭을 ③의 위에 바른다 ⑤ 윗면에 살짝 구운색을 들이고 원하는 크기로 자른다 ⑥ 라즈베리 퓌레에 설탕을 더한 소스를 만들어 ⑤에 곁들여, 식기 전에 먹는다.

타르타르산[—酸] 原 (영 Tartaric acid, Cream of tartar 프 Acid tartrique, Crème tartare 독 Weinsteinsäure, Weinsäure) 2개의 비대칭 탄소 원자를 갖는 옥시 카르복시산의 하나. 포도주를 만들 때 침전 하는 주석(酒石) 속에 함유되어 있어 주석 산이라고 하며 주석산수소칼륨 또는 디옥시 숙신산이라고도 한다.

타르트 菓 (영 Tart 프 Tarte) 얕은 원형 틀에 파트 브리제* 등의 반죽을 깔고 과일이나 크림을 채워서 구운 과자. 프랑스 어로 타르트, 이탈리아어로 토르타이며 영·미국에서는 타트라고 부르고 있다. 이 들은 모두 똑같이 만들어지는 것이 아니라 나라마다 반죽과 모양이 조금씩 다르다. 소 형 타르트를 타르틀레트*라고 한다. 한편 타르트를 플랑이라고 하기도 하는데, 플랑 은 밀가루, 계란, 크림으로 만들어 찐 과자 의 하나로 접시 모양의 반죽에 충전물을 채 우는 점은 타르트와 같다. 플랑이 원형(圓形)만으로 만드는 반면, 타르트는 원형 이 외에도 다른 모양으로 만들 수 있다는 점이 다르나, 본질적인 차이는 거의 없다. 프랑 스에서 타르트를 만들 때는 2가지 방법을 이용한다. 한 가지는 반죽을 틀에 깔아 구 워 내어 과일이나 크림류를 채우고 다시 굽 는 방법이고, 또 하나는 틀에 반죽을 깔고 그 상태에서 크림류를 채우고 굽는 방법이 다.

〈역사〉 타르트의 발상지는 독일이라고 알려 져 있으나 확실치는 않다. 가장 유력한 일 설(一說)에 따르면, 독일에서 토르테가 처 음 구워진 때는 16세기였다고 전한다. 고대 게르만족이 태양의 모양을 본떠서 하지(夏 至) 축제 때에 평평한 원형의 과자를 구운 것이 시초였고, 중세가 되자 교회에서 행하 는 축제 때마다 타르트류가 등장했다고 한 다. 프랑스에서 타르트가 만들어진 때는 15 세기 후반부터 16세기 후반에 걸쳐서이며, 현재와 같이 인기있는 제품이 된 것은 19세 기부터이다.

〈프랑스의 타르트〉 특히 프랑스에서 타르트 가 많이 만들어진다. 반죽으로 파트 쉬크 레, 파트 푀이테 등이 사용되며 과자의 명 칭은 사용한 과일의 이름을 따서 붙이는 경 향이 많다. 타르트 오 프레즈, 타르트 오 카 시스가 그 예이다.

〈독일, 오스트리아의 토르테〉 독일, 오스트 리아에는 여러 가지 토르테가 있다. 독일의

타르트 틀

토르테는 모양에 따라 6종류(고리모양·돔형 등), 재료에 따라 4종류(버터 크림·과일 등)로 나뉜다. 린처 토르테*가 대표적이다.

〈**이탈리아의 토르타**〉 이탈리아에는 단맛, 짠맛의 2가지 토르테가 있다. 어느 것이나 가득히 충전물을 채워 굽는 점은 다른 나라와 공통적이지만, 짠맛이 나는 타르트는 요리로 만드는 경우가 많다. 또 영양을 고려해서 만들어진 것이 비교적 많다.

〈**영·미국의 타트**〉 미국과 영국의 타트는 그다지 특성이 없다. 그러나 두 나라 모두 타트와 비슷한 애플 파이나 피칸 파이, 펌프킨 파이 등 파이류가 많이 만들어지고 있다. 타르트에 사용하는 반죽의 종류는 속에 채우는 과일이나 크림 같은 충전물에 따라 달라진다. 과일을 사용할 경우 단맛이 나는 파트 쉬크레를 깔거나, 약간 단단하게 만들어 흐트러지지 않게 하는 것도 한 방법이다.

타르트 아 로랑주 菓 (프 Tarte à l'Orange) 오렌지 콩포트의 색이 선명하고 아름답게 드러나 보이는 타르트.

[배합] 〈파트 아 퐁세〉 강력분·박력분 각 100g, 무염 버터 120g, 소금·그라뉴당 각 4g, 계란 1/2개, 물 30cc. 〈아몬드 크림〉 무염 버터·아몬드 가루·분설탕 각 50g, 계란 1개, 소금 소량, 럼 5cc, 박력분 8g. 〈오렌지 콩포트〉 오렌지 5개, 그라뉴당 300g, 물 300cc, 그랑 마르니에 50cc, 빨강 색소 소량. 〈쿠앵트로 크림〉 커스터드 크림·생크림·쿠앵트로 각 적당량. 〈기타〉 나파주·착색한 오렌지 껍질 각 적당량.

[만드는 법] ① 오렌지 콩포트를 만든다. 오렌지 껍질을 벗겨 덩어리째 볼(bowl)에 넣는다 ② 그라뉴당과 물을 섞고 색소를 넣어 빨갛게 물들인다 ③②를 ①에 넣고 뚜껑을 덮은 채 식힌다. 그랑 마르니에를 넣고 하룻밤 동안 방치해둔다 ④ 타르트 틀에 파

트 아 퐁세*를 깔고, 속에 아몬드 크림을 평평하게 바른 뒤 180℃ 오븐에서 30분간 굽는다 ⑤④를 식힌 뒤 쿠앵트로 크림을 윗면에 바른다 ⑥ 오렌지 콩포트를 쪽수대로 나누어 ⑤의 위에 나열하고 나파주*를 바른다. 빨갛게 착색한 오렌지 껍질을 장식한다.

타르트 아망딘 菓 (프 Tarte Amandine) 크렘 다망드와 아몬드 슬라이스를 듬뿍 배합한 향기로운 아몬드 타르트.

[배합] 〈파트 아 퐁세〉 강력분·박력분 각 250g, 무염 버터 300g, 그라뉴당 10g, 소금 8g, 계란 1개, 물 80cc. 〈크렘 다망드〉 아몬드 가루 125g, 분설탕 125g, 무염 버터 125g, 노른자 2개, 계란 1개, 럼 소량. 〈크렘 파티시에르〉 우유 500cc, 그라뉴당·박력분 각 100g, 노른자 5개. 〈기타〉 살구잼·아몬드 슬라이스·분설탕·마지팬 장식(장미꽃) 각 적당량.

[만드는 법] ① 파트 아 퐁세*를 만드는데, 먼저 버터를 크림 상태로 녹여 소금, 그라뉴당, 물과 섞은 뒤 계란을 더한다 ②①에 밀가루를 더해 반죽한다. 냉장고에서 1시간 동안 휴지시킨다 ③②를 3~4mm 두께로 밀어 펴고 포크로 피케*한다. 이것을 틀에 깔고 파이용 핀셋으로 주위에 모양을 찍는다 ④ 크렘 다망드*와 크렘 파티시에르*를 각각 만들어 3:1의 비율로 섞는다 ⑤③의 1/2까지 ④의 크림을 채우고 살구잼을 조금짜 놓는다 ⑥④의 크림을 틀의 8할까지 채운다 ⑦ 아몬드 슬라이스를 ⑥의 위에 빈틈없이 늘어놓는다. 180℃ 오븐에서 30~40분간 굽는다. 그리고 살구잼을 바르고, 테두리에 분설탕을 뿌린다. 한가운데에 마지팬 장식을 올린다.

타르트 오 시트롱 菓 (프 Tarte aux Citrons) 레몬의 산뜻한 신맛과 향을 살린 타르트.

[배합] 〈파트 쉬크레〉 박력분 250g, 버터 125g, 분설탕 100g, 소금 소량, 계란 1

개. 〈충전물〉 레몬 즙 180cc, 계란 6개, 설탕 300g, 버터 240g, 콘스타치 30g. 〈이탈리안 머랭〉 흰자 4개, 설탕 200g, 물 60cc.

[만드는 법] ① 파트 쉬크레*를 만들어 3mm 두께로 밀어편다. 이것을 지름 20cm인 플랑 틀에 깔고 피케*한다 ② ①의 위에 종이를 깔고 묵직한 돌을 얹어 200℃의 오븐에서 굽는다 ③ 충전물을 만든다. 재료를 모두 냄비에 넣고 불에 올린다. 거품기로 저으면서 걸쭉해질 때까지 조린다 ④ 커다란 네모꼴 그릇에 담아 식힌다 ⑤ 식으면 한 번 더 섞어 매끄럽게 한 뒤, ②의 안에 짜 넣고 고르게 편다 ⑥ 이탈리안 머랭을 만든다. 이것을 ⑤의 표면에 바르고, 그 위에 같은 머랭*을 짜 놓고 고온의 오븐에서 구운 색을 들인다.

타르트 오 폼므 菓 (프 Tarte aux Pommes) 사과의 부드러운 풍미를 살린, 달콤새콤한 타르트. 타르트나 애플파이 등에 사용하는 사과는 신맛이 강한 것이 좋다.

[배합] 〈파트 브리제〉 밀가루 150g, 버터 120g, 우유 50cc, 바닐라 에센스 5cc. 〈제누아즈〉 밀가루 80g, 설탕 70g, 버터 60g, 계란 5개, 바닐라 에센스 소량. 〈사과 조림〉 사과 5개, 설탕 300g, 버터 200g, 레몬 즙 1/2개 분량. 〈기타〉 오렌지 잼 적당량, 사과 3개, 시너먼 슈거 · 녹인 버터 · 분설탕 · 나파주 각 소량.

[만드는 법] ① 파트 브리제*를 만들어 2~2.5mm의 두께로 펴서 틀에 간다 ② 오렌지 잼을 ①에 바르고, 두께 7mm로 자른 제누아즈를 얹는다 ③ 껍질과 심지를 제거한 사과를 8등분하여 설탕, 버터, 레몬 즙과 함께 불에 올려서 수분이 없어질 때까지 조린다 ④ ③을 ②의 속에 넣고, 시너먼 슈거를 뿌린다 ⑤ 사과의 껍질을 벗기고 심을 제거한 뒤 3~5cm 두께로 잘라 ④의 위에 촘촘히 나열한 뒤 녹인 버터를 바르고 분설탕을 뿌린다. 200℃ 오븐에서 40~45분간 굽고, 나파주*를 바른다.

타르트 올랑데즈 菓 (프 Tarte Hollandaise) 아몬드 크림을 얇은 푀이타주에 싸서 구운 네덜란드풍(風) 타르트. 이것은 네덜란드에서 유래한 것으로 표면의 방사선 모양이 네덜란드의 풍차와 비슷하기 때문에 붙여진 명칭이라고 한다.

[배합] 〈푀이타주〉 강력분 · 박력분 각 250g, 소금 10g, 찬물 250~300cc, 버터 450g. 〈크림 1〉 버터 150g, 분설탕 150g, 계란 2개, 아몬드 가루 · 헤이즐넛 가루 각 75g, 밀가루 20g. 〈크림 2〉 분설탕 · 흰자 · 아몬드 가루 각 50g. 〈기타〉 분설탕 적당량.

[만드는 법] ① 푀이타주를 만든다. 함께 체친 가루류는 소금, 물과 섞어 반죽하고 둥글려서 십자로 칼집을 넣는다. 표면이 마르지 않도록 젖은 행주를 씌워 냉장고에서 휴지시킨다 ② 버터류를 밀대로 두들겨서 20cm 정도로 각이 지게 모양을 만든다 ③ ①의 반죽을 버터보다 큰 정사각형으로 밀어 펴고, 버터를 대각선으로 놓고 싼다 ④ 밀대로 밀어 펴되 너비의 3배만큼 늘여서 3겹으로 접고, 이것을 90도 각도로 돌려 다시 펴고, 또다시 3겹으로 접는다 ⑤ 방향을 돌릴 때마다 휴지시키면서 모두 6번을 행한다 ⑥ ⑤를 얇게 펴서 지름 24cm와 25.5cm의 둥근 틀로 2장을 찍는다 ⑦ 크림 1을 만든다. 볼(bowl)에 녹인 버터, 분설탕, 계란순으로 넣어 거품기로 섞는다 ⑧ 아몬드 가루, 헤이즐넛 가루, 밀가루를 같이 섞어 체 쳐서 ⑦의 속에 넣고 거품기로 섞는다 ⑨ 크림 2를 만든다. 볼에 흰자와 분설탕을 넣고 나무 주걱으로 섞는다 ⑩ 아몬드 가루를 ⑨의 볼에 넣고 섞는다 ⑪ ⑥의 작은 반죽을 천 위에 얹고, 윗면에 붓으로 물을 묻힌다. 그리고 크림 1을 짤주머니를 사용해 소용돌이 모양으로 짜놓는다 ⑫ ⑥의 큰 반죽을 ⑪의 위에 씌우고, 위와 아래를 밀착시켜 남는 부분은 위쪽으로 접으면서 꼭

꼭 눌러준다 ⑬ 밑에 깔린 천과 함께 뒤집으면서 둥근 철판에 얹는다. 표면에는 크림 2를 바르고, 분설탕을 충분히 뿌린다. 팔레트 나이프로 자르듯이 해서 방사선 모양을 낸다 ⑭ 200℃ 오븐에 넣어 굽는다.

타르틀레트 菓 (영 Tartlet ㅍ Tartelette) 소형의 타르트. 1인분용으로 만들어진 과자이다. 반죽을 틀에 깔고 속에 여러 가지 과일이나 크림 등을 채운 과자로, 프티 가토(petit gâteau)의 하나이다. 프티 가토보다 크며 일반적으로 6~7cm 크기의 원형 또는 유선형으로 만드는데, 특히 유선형의 것은 바르케트(barquette), 바토(bateau) 등으로 불린다. 타르틀레트는 원래 과일을 사용한 소박한 과자였는데, 상류사회에서 만들어진 고급 과자의 영향을 받아 기술도 향상되었고 시대도 변하여 현재와 같이 다양하게 만들 수 있게 되었다. 속에 채우는 충전물도 각종 크림에서부터 과일류, 견과류, 쌀, 치즈에 이르기까지 매우 다양하다. 과자의 명칭을, 타르틀레트 오 시트롱과 같이 속에 채우는 충전물의 이름을 따서 붙인 것이 많지만, 전통적인 타르트 중에는 지방이나 당시의 유명인·왕·왕비 등과 연관지어 붙여진 명칭도 많다.

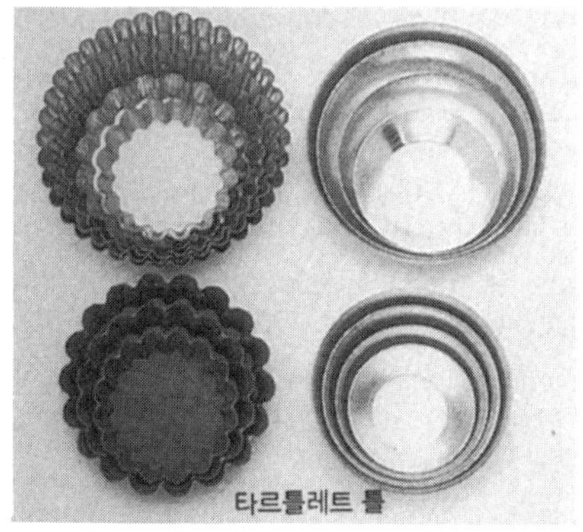

타르틀레트 틀

〈만드는 법의 요령〉 1. 틀에 까는 반죽은 속에 채우는 재료에 따라서 달라진다. 과일처럼 수분이 많은 경우는 반죽을 조금 되게 만들거나, 굽는 도중에 한 번 오븐에서 꺼내어 분설탕을 뿌린 뒤 다시 넣어 굽는다. 신맛이 있는 것을 충전물로 사용할 경우에는 반죽에 설탕의 비율을 높여서 반죽을 달게 만들어야 한다. 2. 반죽을 구울 때에는 칼끝이나 뾰족한 꼬챙이로 작은 구멍을 뚫어준다. 이렇게 하면 반죽의 부풀림이 방지되며 모양이 흐트러지지 않고 깨끗하게 구울 수 있다. 3. 과일은 물기를 빼고 채운다. 특히 시럽에 조린 것을 사용할 때는 주의한다. 4. 크림류는 과일의 성질을 고려해서 선택한다. 라즈베리나 체리는 크렘 파티시에르가, 월귤(크랜베리)은 크렘 다망드가, 딸기에는 크렘 파티시에르 또는 크렘 샹티이가 잘 어울린다.

타르틀레트 오 키위 菓 (프 Tarteletts aux Kiwis) 키위의 녹색이 선명하게 돋보이는 타르틀레트.

[배합] 〈파트 쉬크레〉 박력분 2,000g, 계란 600g, 버터·설탕 각 800g, 소금 24g. 〈크렘 파티시에르〉 우유 1,000cc, 노른자 10개, 설탕 300g, 박력분 90g, 바닐라 스틱·키어시 각 소량. 〈기타〉 키위·나파주 각 적당량.

[만드는 법] ① 파트 쉬크레*를 만들어 틀에 깔고 굽는다 ② 크렘 파티시에르를 만든다. 노른자와 설탕을 먼저 섞고, 바닐라 스틱을 넣고 섞는다 ③ ②의 크림에 우유와 박력분을 넣고 반죽한다. 끝으로 키어시를 넣는다 ④ ①에 ③을 짜 넣고, 슬라이스한 키위를 장식한 뒤 나파주*를 바른다.

타이방 其 (프 Taillevent) 프랑스 요리인. 본명은 기욤 티렐(Guillaume Tirel : 1310~1395)이다. 왕족의 요리인으로 계속 근무하다가 마침내 프랑스 왕 샤를 6세(Charles Ⅵ)의 요리장이 되어 귀족의 호칭을 얻었다. 프랑스어로 쓰여진 최초의 요리서인 《르 비앙디에(Le viandier)》를 저술했다. 이로써 14세기에 쓰였던 식품재료나 향신료를 알 수 있을 뿐만 아니라 당시의 요리 실상까지도 파악할 수 있게 되었다.

타이크 菓 (독 Teig) 모양을 유지할 만큼 되직한 과자 반죽의 독일어명이다. 발효 반죽(헤페타이크), 푀이타주, 파트 쉬크레 등이 그 예이다. 한편 타이크보다 묽은 유동 상태의 반죽을 마세*라 한다.

타트 菓 (영 Tart) 타르트의 영어명. ⇨타르트

타틀릿 菓 (영 Tartlet) 소형 타트. 프랑스어로는 타르틀레트라고 한다. ⇨타르틀레트

타피오카 原 (영, 프 Tapioca) 동남아시아와 남아메리카 원산의 카사바 뿌리에서 추출한 녹말. 타피오카 녹말, 카사바 녹말, 마니오크 녹말이라고도 부른다. 카사바의 종류는 쓴맛과 단맛 2 가지이다. 쓴맛의 카사바는 뿌리가 크고, 녹말 제조의 양이 많아 녹말의 원료로 이용하고 단 것은 생산지(인도네시아·태국·브라질 등)의 국민들이 식량으로 삼고 있다. 그런데 카사바에는 종류를 막론하고 독성 물질인 청산이 함유되어 있다. 따라서 뿌리를 잘라 조직을 파괴하거나 침수·탈수·가열·건조처리 방법을 통해 청산을 제거한다. 타피오카 녹말의 입자는 감자녹말과 비슷한 모양이고 크기도 다양하다. 가열하면 80℃ 이하에서 완전 호화한다. 투명도가 좋고 보수력이 있어 쉽게 노화하지 않으며, 쉽게 소화되므로 쉬워 유아식·환자식에 이용한다. 〈용도·사용법〉 제과용으로 푸딩(일명 타피오카 푸딩), 파이, 코코넛 밀크 등에 띄워서 사용한다. 입자 상태의 타피오카는 하룻밤 동안 물에 담가두었다가 사용한다. 가열 방법은 80℃까지 중탕하면서 가열한다. 이것을 불에서 내려 저으면 끈기가 생기고 투명해진다. 그 밖에 공업용으로 방적·제지공업, 접착제와 덱스트린 풀 제조에 사용한다.

탁상용 슬라이서 [卓上用—] 機 (영 Portable slicer) 운반하기 쉬운 소형 슬라이

서. 소규모 빵 공장에서 쓰기에 알맞다. 또한 실제로 빵을 잘라보이면서 판매하기에도 알맞다. 원판 모양의 칼이 상하로 운동함으로써 빵이 잘린다.

탄산소다 [炭酸—] 化 (영 Sodium carbonate) 탄산나트륨(Na_2CO_3), 또는 소다*라고도 한다. 무색의 결정체로서 물에 녹아 전리(電離)하고 가수분해되어 알칼리성을 띤다. 그리고 산과 반응하여 염(鹽)을 만들고 탄산 가스(CO_2)를 발생한다.

탄산수 [炭酸水] 原 (영 Aerated water, Soda water) 물에 탄산 가스가 함유되어 있는 음료. 소다수라고도 한다. 여기에 맛을 내기 위해 설탕, 향료, 산미료 등을 혼합해서 만든 것이 사이다*이다. 인공적으로 만드는 탄산수는 일정 압력하의 탄산 가스를 용해시켜 만든다. 약수나 광천수 같은 것은 지하에서 솟는 천연 탄산수이다.

탄산수소나트륨 [炭酸水素—] 化 (영 Sodium hydrogen carbonate) ⇨중조

탄성 [彈性] 物 (영 Elasticity) 어떤 물체가 외력(外力)에 의해 변형되었다가, 그 힘이 없어지면 다시 원래 상태로 되돌아가는 성질. 이러한 성질을 띤 물체를 탄성체라 한다. 빵 반죽도 탄성을 갖는 반유동체로서, 적당히 발효한 반죽은 손가락으로 그 표면을 누르면 오목하게 들어가고 손가락을 떼면 원상태로 돌아온다. 한편 물체에 가하는 힘이 어느 한계를 넘으면 그 힘이 없어져도 변형상태는 그대로 유지된다. 이렇게 탄성을 유지할 수 있는가 어떤가의 경계에 해당하는 크기를 그 물체의 탄성한계라 한다. 강철의 탄성한계는 작고 고무의 탄성한계는 크다. 반죽의 탄성한계는 약 30%이다. →가소성

탄수화물 [炭水化物] 化 (영 Carbohydrate) 탄소, 수소, 산소의 3원소로 이루어진 화합물. 에너지원으로서 1 g 당 4 Kcal의

열량을 낸다. 일명 함수탄소(含水炭素)라고
도 하며 넓게는 당류·당질과 같은 의미로
쓰이는데, 그 이유는 일반식 $C_n(H_2O)_m$으로
표시되는 것이 많아 탄소와 물 분자로 이루
어진 것처럼 보이기 때문이다. 탄수화물은
그 구성 단위당의 수에 따라 단당류(單糖
類), 소당류(少糖類), 다당류(多糖類)로 분
류된다('당질'항 참고). 에너지원으로서 탄
수화물은 지질, 단백질과 더불어 생물체에
서 중요한 비중을 차지한다. 녹색 식물은
탄소 동화작용을 일으켜 글루코오스를 합
성, 녹말의 형태로 저장한다. 동물은 스스
로 합성하지 못하므로 식물(음식물)에서 섭
취하여 글리코겐의 형태로 간에 저장한다.
또, 효모 등에서 발효작용을 통해 대사되어
활동 에너지원이 된다.

탈수소 효소[脫水素酵素] 生 (영 Deh-
ydrogenase) 탈수소 반응(생체 내에서 일
어나는 대사물질의 산화환원 반응)을 촉매
하는 효소 중 기질(基質)에서 수소를 이탈
시켜 자기쪽으로 끌어오는 효소. 즉, AH_2B
$=A+BH_2$에서 B가 바로 탈수소 효소이다.
탈수소 반응은 호흡, 발효, 생체합성대사의
과정 속에서 대사물질이 첫번째로 받는 산
화단계이다.

탈지대두[脫脂大豆] 原 (영 Soybean s-
kim milk) 지방을 뺀 콩. 주성분은 단백질
이다. 주로 가루형태로 소시지, 빵, 도넛
등에 이용한다. 특히 빵에 넣으면 노화방지
와 표백효과가 있고, 도넛에 이용하면 기름
의 침투를 막아 기름이 절약되고 맛도 좋아
진다.

탈지분유[脫脂粉乳] 原 (영 Powdered
skim milk, Dry skim milk, Non-fat dry mi-
lk solid) 탈지유에서 거의 모든 수분을 제
거한 우유가루. 분유 건조 방법은 다음의 2
가지가 가장 많이 쓰인다. ① 롤러 건조법
: 진공실 안에 있는 롤러에 우유를 얇은 두
께로 통과시키면서 수분을 증발시키고 남은
덩어리를 가루로 부순다. ② 분무 건조법 :

우유를 82~85℃ 가량 되는 탱크에 20~30분
간 보관하였다가 진공팬에서 1차 농축시킨
다. 그 다음 고압의 건조실에서 작은 구멍
을 통해 안개처럼 분무하면서, 살균한 더운
공기를 보내어 덩어리만 밑으로 떨어지게
한다. 탈지분유의 성분은 수분 2.71~3.62,
지방 0.78~1.03, 단백질 35.6~38%, 젖당
50.1~52.3%, 회분 8~8.36%이다. 1 ㎏의
탈지분유를 만들기 위해서는 원유가 8.8 ℓ
가량 필요하다. 반죽에 들어가는 밀가루의
6 %를 탈지분유로 사용하면 반죽의 물리적
성질을 변화시켜서 완성된 빵 제품의 품질
이 향상된다. 즉, 탈지분유는 흡수율, 혼합
도, 발효 속도, 밀가루의 브롬산염 필요도
그리고 굽는 온도에 영향을 준다. 특히 빵
에 사용하면 촉감이 부드럽고 저장성이 높
아지며 외피의 색이 좋아진다. 또한 빵의
맛과 향도 향상된다. 중종법으로 만들 경우
에는 분유를 중종에 넣지 말고 본반죽에 넣
는다. 또, 분유를 5~6% 정도의 높은 비율
로 배합할 경우에는 플로어타임을 길게 가
질 필요가 있다. 탈지분유는 24℃ 이하에서
저장한다.

탈지유[脫脂乳] 原 (영 Skim milk)
전지우유에서 크림을 제거하고 남은 우유.
지방이 들어 있지 않은 단백질 음료로서 가
치가 있기 때문에 소화불량 아동에게 알맞
고 노인병에 효과적이다. 또한 제과제빵 원
료로 이용된다.

탈탄산 효소[脫炭酸酵素] 生 (영 Carb-
oxylase) 세포나 효모 안에 있는 기질(基
質)에서 유기산인 카르복시기(基)를 제거하
고 이산화탄소(탄산 가스)가 발생하는 반응
을 촉매하는 효소의 총칭. 그 중의 하나가
피루브산 탈탄산 효소인데, 이것은 알코올
발효시 생성되는 중간물질 피루브산('브레
드 플레이버'항 참고)에서 탄산을 이탈시켜
아세트 알데히드를 만든다.

탕 푸르 탕 菓 (프 Tant pour tant) 아
몬드 가루와 설탕을 1 : 1 비율로 섞은 것.

과자 제조시 섞는다. 앞 글자만 따서 TPT 라고도 한다.

태러건 原 (영 Tarragon)
⇨향쑥

탱발 機 菓 (프 Timbale) ① 한국 전래의 밥공기와 비슷한 모양으로 타악기인 팀파니를 닮은 둥근 틀. ② 탱발 틀에 파이 껍질을 구워낸 뒤 과실, 아이스크림 등을 채운 과자이다.

터널 오븐 機 (영 Tunnel oven) 한쪽에서 반죽을 보내고 다른 한쪽에서 제품을 받는 식의 오븐. 컨베이어의 구움대에 반죽을 얹어 넣으면 터널을 지나 다 구워져 나온다. 터널 오븐은 빵 틀의 크기에 거의 제한받지 않고, 윗불과 아랫불의 조절이 쉽다.

터머릭 原 (영 Turmeric) 생강과(科) 식물의 근경(根莖)을 갈아서 건조시킨 가루. 인도 지방이 주산지로 현지에선 커리라고 불린다. 그리고 식용색소로서 과자에 이용한다. 한국이나 중국에서는 이것을 심황(深黃)이라 하여 약제나 염료로 사용하기도 한다.

턴오버 菓 (영 Turnover) 프랑스의 쇼송(Chausson)에 해당하는 과자. 원형·사각형의 푀이타주(퍼프 페이스트) 또는 스위트 도에 사과, 살구, 복숭아 등의 과일 시럽절임이나 잼을 충전한 뒤 반 접어 굽는다.
⇨쇼송

턴테이블 機 (영 Turntable)
⇨회전대

털곰팡이 生 거미줄곰팡이와 함께 털곰팡이목(目)에 속하는 조균류(藻菌類) 중의 하나. 학명은 *Mucor mucedo* 이다. 육류, 빵, 채소, 과일, 퇴비, 토양, 썩은 나무 등에 널리 분포한다. 생육초기에는 백색이지만, 성숙함에 따라 회백색~회갈색으로 바뀐다. 응용가치는 없고 단백질이나 유지를 분해하기 때문에 오히려 낙농이나 피혁공업에 유해한 균이다. 생육온도는 30℃이다.

테게베크 菓 (프 Petits Fours Secs 독 Teegebäck) 짜거나, 형틀로 찍어내어 구운 쿠키의 하나. 사이에 잼이나 프랄리네를 샌드하거나 분설탕을 뿌리거나 초콜릿을 씌운다. 같은 계통의 과자로 아이스 게베크*가 있는데 2가지 모두 뮈르베타이크*를 이용하여 만든다.

테르펜 化 (영 Terpene) 많은 식물로부터 추출할 수 있으며 정유(精油)에 포함된 불포화성 탄화수소 일군(一群)의 총칭. 테레빈유가 그 예이다. 침엽수의 진(津) 속에 함유되어 있으므로 이것을 증류하면 얻을 수 있다. 무색의 액체로 공기 중에 방치하면 색이 노랗게 변하고 점성이 생겨 나무의 진상태로 된다. 물에 녹지 않으나 알코올에는 잘 녹는다. 안료를 섞어 페인트로 쓰거나 진을 녹여 니스를 만들기도 한다.

테이블 마가린 原 (영 Table margarine) 식탁용 마가린. 빵과 그 밖의 요리에 첨가하거나 발라 먹는 마가린이다. 제품 제조시 쓰는 마가린보다 풍미와 감촉이 부드럽다. 보통 비타민 A 등을 강화한다.
⇨마가린

테이블 스푼 機 (영 Table spoon) TS로 표시한다.
⇨계량 컵, 계량 스푼

테쿠헨 菓 (독 Teekuchen) 쾨니히스쿠헨*이나 영국풍의 파운드 케이크·프루츠 케이크와 같은 버터 케이크를 가리키는 명칭이다.

테푸르 菓 (프 Petits Fours Secs 독 Tee-Fours) 프티 푸르* 중에서 건과자(乾菓子)를 가리킨다. Tee는 '차(茶)', Four는 프랑스에서 건너온 말로 '오븐'을 나타낸다.

템퍼링 技 (영 Tempering 프 Tablage) 녹인 커버추어를 대리석 위에 흘려 붓고 온도를 조절하는 일. 템퍼링을 하는 목적은 커버추어에 광택을 내고 더욱 매끄럽게 하며, 커버추어에 함유되어 있는 카카오 버터*를 균일하게 하여 설탕과 같은 다른 재료와 잘 섞이게 하기 위함이다. 따라서 템퍼링을 바르게 행하지 않으면 블룸현상('커버추어'항 참고)이 일어나고 광택이 생기지 않는다.
〈템퍼링 방법〉 커버추어를 잘게 잘라서 중탕하여 녹인다. 커버추어 온도를 34~40℃ 정도로 한다. 대리석 위에, 녹인 커버추어를 1/3 정도 흘려 붓고 팔레트 나이프*로 펼치면서 식힌다. 28℃까지 식혀 전체가 굳으면 긁어 모아서 나머지 초콜릿과 더해 전체를 섞는다. 그 후 한번 더 중탕하여 온도를 30~31℃로 맞춘다. 템퍼링을 하는 작업장은 습도 70% 이하, 실온 20℃가 유지되어야 한다. 그리고 보존할 때는 가능한 한 습도를 낮추고, 온도를 15~17℃ 정도로 유지하도록 한다.
〈주의점〉 템퍼링은 빨리 행해야 한다는 점이 가장 중요하다. 커버추어를 잘게 자를 때에는 크기에 차이가 없도록 해야 균일하게 녹는다. 대리석이나 볼(bowl)은 건조한 것을 사용한다. 커버추어에 수분이 들어가면 광택이 별로 나지 않고 굳기 어렵다. 대리석에 흘려 붓고 팔레트 나이프로 펼 때에는 외측에서 중앙으로 향한다.

토르타 다랑치오 菓 (이 Torta d'Arancio) 이탈리아풍(風)의 대형 케이크.
[배합] 버터 992 g, 그라뉴당 794 g, 전화당 199 g, 노른자 369 g, 아몬드 가루·감자가루·밀가루·계란 각 397 g, 오렌지 껍질 썬 것 298 g, 오렌지 즙 8개 분량, 레몬즙·레몬 껍질 각 4개 분량.
[만드는 법] ① 계란, 노른자, 설탕, 과즙을 함께 넣고 거품을 낸다 ② 다른 재료를 넣고, 마지막에 크림 상태로 녹인 버터를 섞는다 ③ 이것을 샌드위치 틀에 흘려넣고, 설탕에 절인 오렌지를 선을 따라 장식해 얹은 뒤 180℃에서 굽는다. 케이크가 뜨거울 때, 조린 오렌지 젤리로 글레이즈* 한다.

토르타 디 리소 菓 (이 Torta di Riso) 이탈리아의, 쌀과 크림을 섞어 끓인 충전물

을 채운 타르트. 이탈리아에는 쌀을 이용한 요리와 과자가 발달되어 있다.
[배합] 〈비스킷 반죽〉 박력분 200 g, 설탕 100 g, 무염 버터 100 g, 계란 1개. 〈쌀 크림〉 쌀 160 g, 계란 2개, 설탕 100 g, 무염 버터 50 g, 우유 600cc, 바닐라 스틱 1/2개. 〈기타〉 노른자·물 각 소량.
[만드는 법] ① 비스킷 반죽을 만든다. 버터를 풀어 볼(bowl)에 넣고, 설탕을 더해 거품기로 충분히 젓는다 ② ①에 계란을 넣고 저은 뒤 박력분을 체 쳐 넣고 나무 주걱으로 자르듯이 섞는다 ③ ②를 한 덩어리로 뭉쳐 비닐 종이에 싸서 냉장고에 넣고 휴지시킨다 ④ ③의 반죽을 두께 4 mm로 펴고 틀의 바닥과 측면에 깐다. 넘치는 반죽은 잘라 내고, 포크로 찍어서 반죽에 구멍을 낸다 ⑤ 남은 반죽은 두께 4 mm, 지름 22~23cm의 원형으로 만들어 공기 구멍을 내고, 냉장고에서 휴지시킨다 ⑥ 충전물을 만든다. 쌀은 깨끗하게 씻어 물기를 뺀다. 계란은 흰자와 노른자를 분리해 놓는다 ⑦ 냄비에 우유와 바닐라를 넣고 불에 올린 뒤 끓인다. 끓으면 ⑥의 쌀을 넣고, 다시 끓인뒤 버터와 설탕을 넣는다. 약한 불에서 거의 수분이 없어질 때까지 조린다 ⑧ ⑦을 불에서 내려 노른자와 섞고, 찬물에 그릇째 담가 식힌다 ⑨ 흰자를 충분히 거품내어 ⑧이 완전히 식으면 더한다 ⑩ ④의 속에 ⑨의 쌀 크림을 넣고, 윗면에는 ⑤의 반죽을 덮는다. 테두리에 넘쳐 나오는 반죽은 잘라 낸다 ⑪ ⑩의 표면에 모양을 내고, 물에 푼 노른자를 솔로 바른다 ⑫ 중불의 오븐에서 ⑪을 25~30분간 굽는다. 엷은 갈색이 들면 나무 꼬챙이로 찔러 보아 아무것도 묻어나오지 않으면 오븐에서 꺼내어 틀을 벗긴다.

토르타 디 멜라 菓 (이 Torta di Mela) 사과를 사용한 이탈리아의 타르트.
[배합] 〈파트 아 퐁세〉 강력분·박력분 각 250 g, 버터 300 g, 소금·그라뉴당 각 8 g, 계란 1개, 물 75cc. 〈크렘 파티시에르〉 우

유 500cc, 그라뉴당 125g, 노른자 2개, 콘스타치·박력분 각 28g. 〈기타〉 스펀지 반죽·살구잼·사과 각 적당량.
[만드는 법] 파트 아 퐁세*를 2~3mm 두께로 밀어펴서 틀에 깔고, 살구잼을 얇게 바른다. 두께 5mm의 스펀지 반죽을 얹고, 크렘 파티시에르*를 1cm 두께로 짜 놓는다. 그 위에 사과를 늘어놓고, 180℃에서 구워낸 뒤 살구잼을 바른다.

토르타 마달레나 菓 (이 Torta Maddalena) 이탈리아풍(風)의 대형 스펀지 케이크.
[배합] 그라뉴당·노른자 각 992g, 계란 2,980g, 콘스타치 1,700g, 당밀 199g.
[만드는 법] ① 계란, 노른자, 그라뉴당을 섞어서 농도 짙은 스펀지를 만든다 ② ①에 당밀을 넣어 젓고, 또 콘스타치를 넣어 섞는다 ③ 기름을 두르고 덧가루를 뿌린 샌드위치 틀에 반죽을 흘려 붓고 180℃ 오븐에서 굽는다 ④ 아이싱 슈거를 뿌려서 마무리한다.

토르테 菓 (독 Torte) 스펀지 시트에 잼·크림을 샌드한 것. 독일과자의 주류를 이루는 과자. 프랑스의 타르트(Tarte)*와 어원(語源)은 같지만, 뜻은 다르다. 토르테의 형태가 굳어진 시기는 15세기 후반부터 16세기에 걸친 시기인 듯 하다. 스펀지 케이크가 등장하기 전에는 쇼트 페이스트로 만든 타르트가 중심이었다. 토르테와 타르트가 양분되는 지점에 '린처 토르테'라는 과자가 있다. 이것은 쇼트 페이스트에 잼을 얹고, 같은 반죽을 씌운 것이었는데 어느 사이엔가 부드러운 반죽이 되었다. 이것이 토르테의 시초라 할 수 있다. 여기서 맛·모양에 변화가 생기고 발전하기 시작한 때는 19세기부터이다.

토르토니 其 (프 Tortoni) 1798년 이탈리아인 나폴리탱 토르토니(Napolitain Tortoni)에 의해 파리에 생긴 카페, 레스토랑, 아이스크림 가게를 말한다. 당시 남의 밑에서 일하던 토로토니가 독립하여 자신의 이름을 따서 지은 상호이다. 이로써 이탈리아의 명물인 아이스크림, 셔벗류를 파리에 선보였다.

토르티야 빵 (영, 에 Tortilla) 납작하게 구운 옥수수빵. 멕시코인의 주식이다. 굵게 빻은 옥수수가루, 계란, 우유로 만들며 여기에 밀가루를 섞기도 한다. 토착민들은 옥수수를 석회수에 담갔다 살짝 익힌 뒤 부수어 섞는다.

토리하 菓 (에 Torrija) 식빵을 우유 혹은 적포도주에 담갔다가 계란 푼 것을 묻혀 기름에 튀긴 뒤 설탕을 뿌린 것이다. 에스파냐의 안달루시아(Andalusia) 지방에서 매년 3~4월에 행하는 성주간(聖週間)에 만들어진다.

토마토 菓 (영 Tomato 프, 독 Tomate 이 Pomodoro) 영양가가 높은 가지과(科)의 1년생 채소. 열매는 품종에 따라 몇 그램의 작은 것에서부터 200g이 넘는 것까지 다양하며 색도 적색, 황색 등 여러 가지이다. 원산지인 페루의 안데스 지방에서 관상용(觀賞用) 식물로 재배되다가, 16세기경에 유럽으로 전해졌다. 생식할 것은 과실에 빨간색이 돌기 시작할 때 거두어 들여 4~5일에 걸쳐 추숙(追熟 : 손실을 막기 위해 수확기보다 일찍 거두어 들인 뒤 완숙시키기)하고, 가공용으로 쓸 것은 완전히 익힌 뒤에 수확한다. 토마토를 고르는 요령은 꼭지 부분이 녹색이며 단단히 붙어 있는 것을 선택하되, 모양이 둥글며 전체적으로 얼룩이 없고 껍질에 광택있는 것이 좋다. 보존할 때는 종이에 싸서 냉장고에 넣는다. 단, 시간이 지날수록 품질이 떨어지므로 될 수 있으면 빨리 사용하는 것이 좋다. 또 더운 물에 담가 껍질을 벗기고 접시에 담아서 냉장고에 보존하기도 한다. 표면이 얼었을 때는 비닐 봉지나 용기에 담아 다시 냉장고에 넣어 녹인 뒤 사용한다. 소스나 주스로 가공한 것은 냉동·보존해도 좋다. 토마토는 그냥 먹기도 하지만 주스, 퓌레, 통조림 등으로 가공하기도 한다. 주스로 만든 것은 그대로 마시거나 무스에 이용하며 퓌레로 만든 것은 쿠키, 파운드 케이크, 젤리에 사용한다. 그 밖에 살짝 익혀 껍질을 벗기고 설탕과 힘께 끓여서 잼을 만들어 이용하기도 한다.

토마토 보일드 原 (영 Tomato boiled) 토마토를 물에 씻어서 꼭지를 따고, 자르거나 으깨어서 물을 넣지 않은 채로 끓인 것을 통조림용 용기에 채운 반제품이다.

토마토 페이스트 原 (영 Tomato paste) 토마토 퓌레 중 농축도가 높은 것.

토마토 퓌레 原 (영 Tomato purée) 토마토를 끓여 으깬 다음 고운 체에 걸러서 40%까지 농축시킨 것. 토마토 보일드*보다 발달된 가공품으로, 토마토 소스・케첩 등의 원료로 쓰인다.

토스트 빵 (영 Toast) 완성된 빵을 한 번 더 구운 것. 이러한 빵은 바삭바삭하고 풍미가 좋으며 소화가 잘 된다. 토스트의 맛은 빵의 두께, 굽는 방법에 따라 다르다. 보통 슬라이스한 빵의 껍질을 잘라내고 센불에서 단시간에 구워낸다. 그리고 짙은 갈색이 든 뒤에 약한불에서 균일하게 색을 들인다. 처음에 약한불로 굽다가 센불로 옮기면 풍미가 떨어지고 수분이 감소한다.

토페 菓 (프 Tôt Fait) 같은 양(1파운드)의 밀가루, 설탕, 녹인 버터 그리고 계란을 섞어 만든 과자. 토페는 프랑스에서 파운드 케이크*를 일컫는 명칭으로, 배합이 간단하므로 '금방 만들 수 있다'는 뜻을 갖는 과자이다.

[배합] 설탕・밀가루・버터 각 125 g, 계란 4개, 레몬 껍질 썬 것・소금 각 소량.
[만드는 법] ① 같은 양의 밀가루, 설탕과 레몬 껍질, 소금을 볼(bowl)에 넣고 섞는다 ② 계란 푼 것과 녹인 버터를 ①에 더한다 ③ 버터를 바른, 깊이가 깊은 틀에 ②를 붓고 중불의 오븐에서 40~45분간 굽는다. 토

페는 장식을 하지 않고 차와 곁들여 내는데, 잘 부푸는 반면 금방 오므라들므로 뜨거울 때 먹어야 좋다.

토피 菓 (영 Toffee, Taffy 프 Caramel au beurre 독 Butterkaramel) 설탕과자의 하나. 설탕, 물엿, 버터를 냄비에 넣고 가열하여 조린다. 여기에 아몬드, 땅콩 같은 견과를 더하기도 한다. 조린 혼합물을 대리석 작업대 위에 흘려 붓고 원하는 모양으로 자른다. 토피 만들기에 알맞는 시럽*의 조림온도는 129.5~132℃ 이다.

토핑 技 (영 Topping) 과자・빵 위에 장식 재료를 뿌리고 바르는 일. 토핑 재료에는 과자용과 빵용이 있다. 과자용 재료는 버미셀리 초콜릿・분설탕・아르장테・슈트로이젤・아몬드・피스타치오 등이고, 빵용은 정육면체로 자른 치즈・햄・양귀비씨・야채류 등이다. 특히 각각의 과자나 빵에 어울리는 토핑 재료의 선택과 마무리가 중요하다.

톱펜 原 (오 Topfen) 코티지 치즈(cottage cheese)와 비슷한 풍미를 지닌 치즈. 오스트리아에서는 샐러드나 여러 요리, 과자에 많이 사용하고 있다. 톱펜을 구하기 힘든 경우에는 코티지 치즈를 사용한다.

통 機 (영 Cake tongs 프 Pince à gâteau 독 Gebäckschere) 과자 집게. 초콜릿, 프티 푸르 같은 소형 과자를 집어 들어 옮길 때 쓰는 도구이다. 손잡이는 가위와 같고, 끄트머리는 제품의 모양이 다치지 않게 집을 수 있도록 폭이 넓다. 초콜릿・케이크 전용 통이 있다.

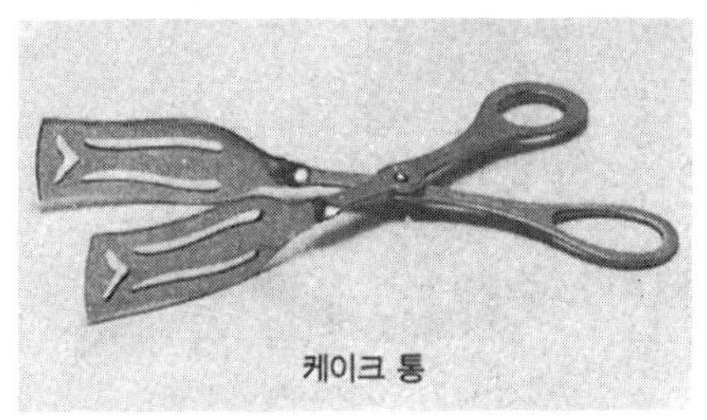

케이크 통

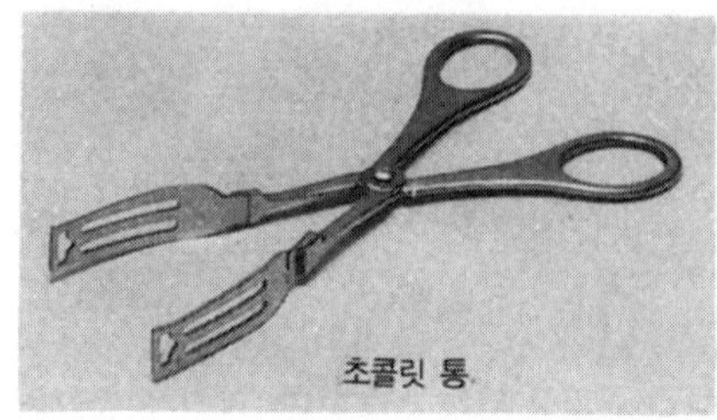

초콜릿 통.

통조림 原 (영 Canned foods 프 Conserve) 식품을 깡통에 채우고 밀봉·가열·살균하여 오래 보존할 수 있도록 한 제품. 깡통에 들어 있어도 버터, 견과류, 탄산음료는 가열·살균하지 않은 것이므로 통조림이라고 하지 않는다. 통조림은 크게 나누어 수산물·과실·야채·잼·식육(食肉)·특수조리용·음료 통조림의 7종류이다. 그 가운데에서 과실·잼 통조림은 과자를 만들 때 꼭 필요한 것이다. 생과실에 비해 본래의 색깔과 모양은 좋지 않지만 계절에 관계없이 필요한 과실을 쓸 수 있어 편리하다.
〈고르는 법〉 깡통 뚜껑과 밑바닥이 오목하면 진공도가 높아 제품의 질이 좋은 것이고, 반대로 볼록하면 좋지 않은 것이다. 녹이 슬었거나 모양이 찌그러진 것도 좋지 않다. 통조림 뚜껑에는 제조년월일을 비롯하

〈그림〉 통조림 마크 읽는 법

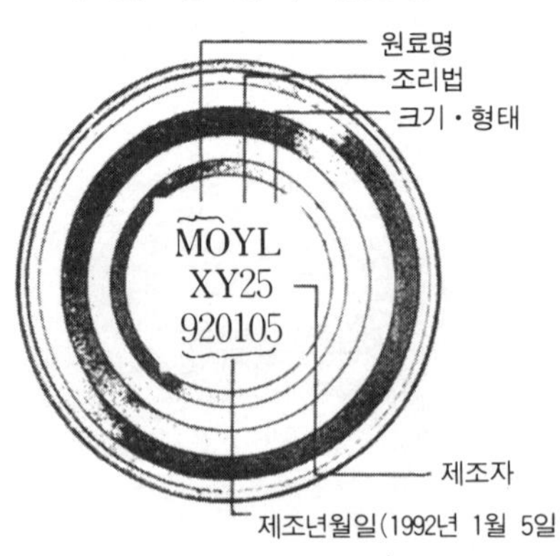

여 원료명, 조리법, 크기·형태, 제조공장(제조자)이 표시되어 있다. 읽는 법은 〈그림〉과 같다.

통카 原 (영, 프, 독 Tonka) 가나(Ghana)가 원산지인 콩과(科) 식물의 열매. 쿠마린(coumarin)을 함유하기 때문에 바닐라 빈의 대용품으로 이용된다. 즉, 통카의 종자를 바닐라 빈과 같이 처리해서 바닐라 대용 향료를 제조한다.

통키누아 菓 (프 Tonkinois) ①아몬드 가루를 넣고 구운 비스퀴를 수평으로 나누어 프랄리네 버터 크림을 샌드하고(윗면에도 발라준 뒤), 윗부분에 오렌지 퐁당을 묻히고 코코넛을 뿌린 제품. ②사각형의 누가틴* 사이에 프랄리네 넣은 프랑지판*을 채우고, 윗면에 초콜릿을 씌운 다음 피스타치오 1개를 장식한 제품이다.

투르트 菓 (프 Tourte) 타르트의 원형(原形)이 되는 과자. 고대 로마시대부터 만들어졌다. 먹을 수 있는 재료로 그릇을 만들어 거기에 무언가를 채우는 발상은 그당시부터 생겼던 것으로 추측되며, 그 뒤 여러 사람들에 의해서 현재 프랑스 과자인 타르트*가 완성되었다. 현재 투르트는 이름만이 남아 있다.

투티 프루티 菓 (이 Tutti-Frutti) 여러 과일을 섞어 만든 충전물을 채워 구운 과자. 대표적인 것이 플랑이다. 투티 프루티는 이탈리아어로 '모든 과일'을 뜻하는 용어이다. 플랑의 시트는 퍼프 페이스트, 쇼트 페이스트, 스위트 쇼트 페이스트 등으로 만든다. 충전물 반죽에 넣을 과일은 익히지 않고 생것 그대로 사용한다. 단, 사과·배·복숭아·살구는 익혀 넣는다. 이렇게 만든 충전물을 시트에 채우고 구운 뒤, 표면에 잼 또는 버터 크림을 충분히 바른다.
⇨플랑

투티 프루티 리솔 菓 (영 Tutti Frutti Rissoles, Rissoles Tutti Frutti) 여러 가지 과일을 잘게 잘라 충전물로 이용한 과자.

[만드는 법] ① 퍼프 페이스트*를 2 mm 두께로 펴서 둥근 형틀로 찍는다 ② 크렘 파티시에르*에 과일 설탕절임을 잘게 썰어 넣고, 짤주머니에 채운다 ③ 퍼프 페이스트 한가운데에 ②를 짜 놓는다 ④ 테두리에 계란을 바르고 반달 모양으로 접는다. 윗부분에도 계란을 바르고 포크로 무늬를 새긴다 ⑤ 센불에서 굽거나 기름에 튀긴다 ⑥ 바닐라 슈거를 가볍게 뿌리고 따로 바닐라 소스를 곁들인다.

튀김용 기름 原 (영 Frying fat) 프라이드 케이크(튀김과자), 도넛을 튀길 때 쓰는 유지. 튀김용 기름으로는 발연점(發煙點)이 높고 유화제(乳化劑)가 들어 있지 않은 식물성 기름이 알맞다. 대두유, 채종유(菜種油), 면실유, 참기름 등이 그 예이다. 튀김과자를 튀기는 동안 기름에 일어나기 쉬운 변화는 다음과 같다. ① 가수분해(加水分解, hydrolysis) : 기름이 지방산(fatty acid)과 글리세롤(glycerol)로 분해된다. 이것을 계속해서 가열하면 글리세롤은 다시 분해되어 아크롤레인(acrolein)을 생성하게 되는데, 이 물질 때문에 기름에 거품이 생기고 색이 진해지며 강한 냄새가 나는 것이다. ② 중합(重合, polymerization) : 기름의 분자가 농축되어 더욱 큰 지방 분자를 형성하는 현상. 중합이 계속해서 일어나면 기름의 점성은 높아지고 영양가는 손실된다. ③ 산화(酸化, oxidation) : 산패*의 원인이 되는 산화반응은 온도가 높은 조건에서 촉진

된다. 이와 같은 변화를 막기 위해서는 보통 튀김 기름의 온도를 180~196℃로 하고 튀김시간과 기름의 가열시간을 짧게 한다. 튀김용 그릇은 온도의 변화를 줄이기 위해 두꺼운 금속으로 된, 바닥이 좁은 냄비가 좋으나 너무 두꺼우면 발열점이 낮아 불편하므로 용도에 맞는 냄비를 선택한다. 또 제품은 될 수 있는 한 물기를 없애고 튀기는 것이 좋다.

튀일 菓 (프 Tuile 독 Ziegel) 프티 푸르 세크*의 하나. 밀가루, 아몬드(가루 또는 슬라이스), 설탕, 흰자를 섞은 반죽을 얇고 둥글게 굽고 식기 전에 튀일 틀에 붙여 살짝 굽힌 것. 흔히 아몬드 슬라이스를 사용하므로 정식 명칭은 튀일 오 자망드*이지만, 일반적으로 튀일이라 부른다.
[배합] 박력분 30 g, 설탕 75 g, 흰자 60 g, 버터 25 g, 아몬드 슬라이스 75 g, 바닐라 에센스·소금 각 소량.
[만드는 법] ① 박력분과 설탕, 소금을 합치고 흰자를 더해 잘 섞는다 ② 녹인 버터·바닐라 에센스를 섞고, 또 아몬드 슬라이스를 더해 가볍게 섞는다 ③ 버터칠 한 철판에, 간격을 두고 ②의 반죽을 숟가락으로 떠놓는다. 물 묻힌 포크로 둥글게 펼치고 180℃에서 굽는다 ④③이 식기 전에 구운 바닥이 밑으로 가게 하여 튀일 틀(아래 〈사진〉 참고)에 넣고 성형한다.

튀일 오 자망드 菓 (프 Tuile aux Amandes)

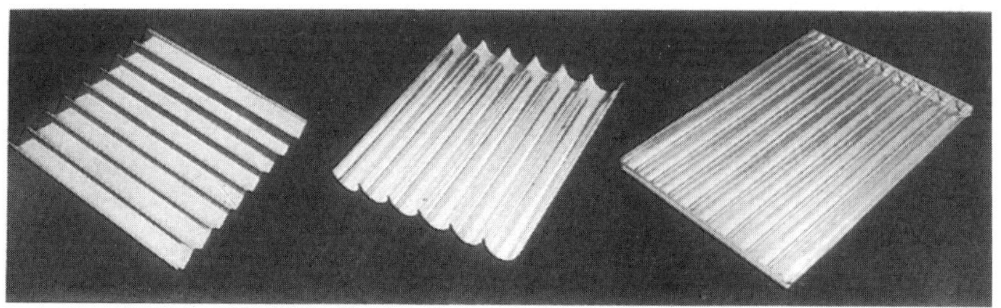

튀일 틀. 반죽을 채워 굽거나 구워 낸 것을 식기 전에 틀에 대어 굽힐 때 쓴다.

⇨튀일

튜브 機 (영 Tube)

⇨짤주머니

트라우 機 (영 Trough)

⇨반죽 상자

트라이앵글 菓 (영 Triangles 독 Spit-zkuchen) 독일의 슈피츠쿠헨. 허니 도나 레브쿠헨용 반죽을 세모로 잘라 구운 과자 이다. 충전물을 채운 것과 채우지 않은 것 이 있다.

[배합] 허니 도 6,010 g, 건포도·헤이즐넛 부순 것·브라운 아몬드 부순 것 각 1,020 g.

[만드는 법] ① 허니 도(허니 브레드의 반 죽, '허니 브레드'항 참고)에 건포도, 헤이 즐넛, 아몬드를 섞는다 ② ①의 반죽을 255 g 씩 분할하여 71cm 길이로 늘여 편다 ③ ②를 철판에 늘어놓고 솔로 물을 바른다. 그리고 180℃에서 20분간 굽는다 ④ 식힌 뒤 에 삼각형으로 자르고 커버추어를 입힌다.

트라이플 菓 (영 Trifle) 찬 디저트의 하나. 스펀지 시트를 길쭉하게 잘라 용기 바닥에 깔고 셰리나 브랜디를 뿌린다. 표면 에 살구잼을 바르고 쿠키나 마카롱을 흩뿌 린 뒤, 거품낸 생크림·커스터드 크림을 차 례로 흘려 붓는다. 과일과 생크림으로 장식 하여 얼린다.

트랑슈 菓 (영 Slice ㉫ Tranche 독 Schnitte) 자른 과자. 길고 가느다랗게 만 든 과자를 알맞은 너비로 자른 것을 뜻하며 영어의 슬라이스, 독일어의 슈니테와 같은 용어이다.

트랑페 技 (영 Dip ㉫Trempe) 시 럽, 퐁당, 리큐르, 초콜릿 등에 과자를 담 그는 일. 흔히 사바랭·바바는 시럽에, 스 펀지는 리큐르나 시럽에, 봉봉이나 모렌콥 프는 초콜릿·퐁당에 담근다.

트래거캔스 검 原 (영 Tragacanth gu-m) 소아시아산(産)의 콩과(科)나무에서 채취한 고무상 물질을 응고시킨 것. 보통

흰색 반투명의 얇은 조각 또는 고운 백색 가루로 판매되고 있다. 주로 점액질 부분이 물에 닿으면 팽창해서 고무풀이 된다. 아라 비아 검*보다도 물을 흡수하는 힘이 좋아, 팽창력은 그 부피의 60배라고 한다. 여기에 분설탕과 소량의 녹말을 넣어 검 페이스트 를 만들며 그 밖에도 아이스크림 파우더의 원료, 또 점성을 이용한 케이크 제조에 널 리 이용된다.

트레스 빵 (프 Tresse) 프랑스식 엮은 빵.

⇨엮은 빵

트레이 機 (영 Tray) 원래는 '쟁반' 또는 '원형판(板)'을 뜻하는 용어이지만, 흔히 트레이 오븐(tray oven)을 사용할 때 반죽을 올려 놓도록 장치되어 있는 구움대 를 가리킨다.

트레이 오븐 機 (영 Tray oven) 컨베 이어 위의 트레이*(구움대)는 수평으로 회 전하고 동시에 컨베이어는 앞으로 나아가는 식의 오븐. 온도 조절이 자유롭고 열효율이 높다. 트레이 트레블링 오븐(tray travelling oven)이라고도 한다.

트루아 프레르 菓 (프 Trois Frères) '3형제'란 뜻의 과자. 19세기의 유명한 제 과인인 줄리앵(Julien) 형제가 처음 만들었 다. 이것을 만드는 틀을 트루아 프레르 틀 이라고 부른다(〈사진〉 참고). 마라스키노, 잘게 썬 아몬드, 쌀가루를 사용해 만든 버 터 반죽을 그 틀에 넣고 굽는다. 이것을 파 트 쉬크레* 위에 얹고 살구잼을 바른 뒤 아 몬드와 안젤리카*로 장식한다.

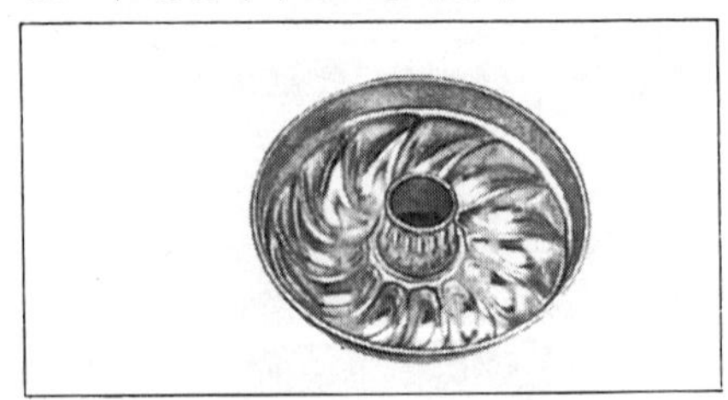

〈사진〉 트루아 프레르 틀

트뤼프 菓 (영 Truffle ㅍ Truffe) 버섯의 뜻으로 제과에서 한 입 크기의 초콜릿 과자를 가리킨다. 버섯인 트뤼프는 서양송로(西洋松露 : 알버섯)라 불리는 것으로 세계 3대 진미의 하나이다. 초콜릿 과자인 트뤼프는 가나슈라고 하는 초콜릿 크림을 둥글려서 구형 또는 타원형으로 성형하고 코코아, 분설탕을 묻힌 제품이다. 그 밖에 금속망 위에서 굴려 표면에 초콜릿 각이 지게 만든 것도 있다. 센터*가 되는 가나슈는 기호에 따라 럼, 리큐르, 브랜디, 위스키, 샴페인, 오렌지 리큐르 등 여러 가지 양주로 풍미를 낼 수 있다.

트리클레그래프 試 (영 Trikle graph) 빵 반죽의 가스 발생과 가스 함유력을 측정하는 기기.
→가스발생력 측정기기

트립신 生 (영 Trypsin) 췌장에서 만들어지고, 췌액과 함께 십이지장 속으로 분비되어 단백질을 가수분해하는 효소. pH 7인 중성에서 활성한다.
→소화효소

트웰프스 데이 케이크 菓 (영 Twelfth-day Cake ㅍ Galette des Rois) 12일절(節)용 과자이다. 12일절(Twelfth Day, 주현절*)은 3인의 동방 박사가 예수 그리스도의 탄생일(12월 25일)에서 12일 뒤인 1월 6일에 그리스도가 태어난 곳에 다다른 날을 기념하는 행사이다. 12일절에 먹는 과자는 나라와 지역마다 다르다. 예를 들어 17세기 네덜란드에서는 와플이나 토르테를 먹었고, 스위스에서는 이스트 반죽을 둥글게 만들고 그 위에 작은 공 모양의 반죽을 얹어서 굽되 그 중의 하나에는 도제(陶製) 인형을 넣어 우연하게도 이것을 고른 사람을 그 자리의 왕으로 삼는 풍습도 있다. 프랑스 파리에는 푀이타주를 사용해서 구운 갈레트 데 루아(Galette des Rois)가 있다.
→갈레트 데 루아

트위스트 링 빵 (영 Twist Ring) 가늘고 길게 꼰 반죽을 고리 모양으로 이어 구운 빵.

트위스트 브레드 빵 (영 Twist Bread) 반죽을 막대 형태로 2개 성형하고, 이들을 서로 꼬아 빵 틀에 넣어 구운 식빵.
다음은 미국식 트위스트 브레드 배합례이다.

[배합]

배합비 / 재료	중 종	본반죽	합 계
강력분	65.0	35.0	100.0
물	39.0	26.0	65.0
이스트	2.0	—	2.0
소금	—	20.0~2.25	2.0~2.25
설탕	—	5.0~7.0	5.0~7.0
쇼트닝	—	3.0	3.0
탈지분유	—	4.0~6.0	4.0~6.0
맥아시럽	1.0	—	1.0
이스트 푸드 (아카디타입)	0.25~0.5	—	0.25~0.5

[만드는 법] 〈중종〉 저속으로 2분, 고속으로 2~3분간 반죽한다. 반죽 온도 24~26℃. 발효시간 4시간 30분. 〈기본반죽〉 8~12분간 반죽한다. 반죽 온도 26~27℃. 플로어 타임 15~30분. 성형한 2개의 띠 반죽을 2~3번 꼬아 틀에 채우고 굽는다.

틀 機 (영 Pan, Tin ㅍ Moule) 케이크·빵 반죽을 담아 굽거나 식히거나 굳힐 때에 쓰는 용구.

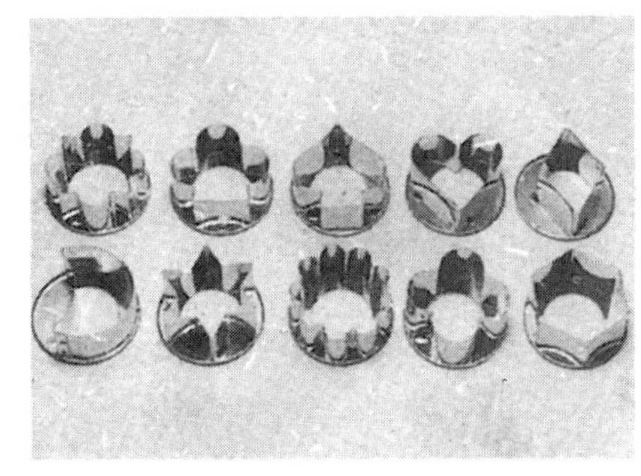

여러 가지 형틀

〈종류〉 ① 아이스크림 틀(영 ice-cream mold 프 moule à glace 독 eisform) : 아이스크림 전용 틀. ② 구겔호프 틀(영 kouglof mold 프 moule à kouglof 독 gugelhupfform) : 왕관 모양의 틀. 중앙이 원통형으로 뚫려 있고 표면이 올록볼록하다. 쿠글로프 이외의 과자에도 쓰인다. ③ 코르네 틀(영 cornet mold 프 moule à cornet 독 kornettspitzen) : 끝이 뾰족한 금속제 원뿔형 틀. 여기에 얇게 민 푀이타주를 감아 굽는다. ④ 사바랭 틀(영 savarin mold 프 moule à savarin 독 savarinform) : 밑 부분이 둥그스름한 고리 모양의 틀. 사바랭 반죽을 채워 굽고, 그 밖의 용도로 스펀지 케이크 반죽, 젤리, 바바루아에 쓴다. ⑤ 수플레 틀(영 soufflé mold 프 moule à soufflé 독 auflaufform) : 수플레용 도제(陶製) 용기. 부푼 수플레 반죽이 가라앉지 않도록 보온성이 높은 도기로 만들어져 있다. ⑥ 스펀지 틀(영 cake tin, round baking pan, cake mold 프 moule rond 독 Tortenform) : 금속제 둥근 틀. 주로 스펀지 계통의 반죽을 구울 때 쓴다. 망케 틀이 위로 갈수록 퍼지는 반면, 이것은 옆면이 수직이다. ⑦ 타르트 틀(영 tart mold 프 moule à tarte, tourtière 독 obsttortenform, backenform) : 타르트·플랑을 굽는, 바닥이 얇은 틀. ⑧ 타르틀레트 틀(영 tartlet mold 프 moule à tartelette 독 backförmchenform, torteletteform) : 타르틀레트용 틀. 타르틀레트보다 작은 프티 푸르용은 타르틀레트 푸르 틀이라 부른다. ⑨ 초콜릿 성형틀(영 chocolate mold 프 moule à chocolat 독 schokoladenform) : 꽃·동물 등 갖가지 모양이 음각된 틀, 여기에 초콜릿을 흘려 붓고 모양을 뜬다. ⑩ 초콜릿 봉봉 틀(프 plaque à chocolat) : 합성수지로 만들어진 한 입 크기의 초콜릿 과자용 틀. 여기에 초콜릿을 흘려 붓고 굳으면 원하는 충전물(센터)을 채운 뒤 초콜릿을 바른다. ⑪ 튀일 틀(프 plaque aux tuiles 독 dachziegelform) : 튀일용 틀.

튀일 반죽을 구워 내어 식기 전에 틀에 대고 오목하게 굽혀 굳힌다. ⑫ 구티에르 틀(영 yule-log mold 프 gouttière, moule à bûche de noël 독 baumstammform) : 바닥이 둥근 틀. 스펀지 반죽을 채워 굽고 뷔슈 드 노엘을 만들거나 젤리·바바루아를 담아 식혀 굳힌다. ⑬ 도넛 형틀(영 doughnut cutter) : 도넛 성형용 도구. 밀어 편 도넛 반죽에 대고 누르면 모양대로 잘린다. ⑭ 형틀(영 cutter 프 emporte-pièce, découpeur, découpoir, forme, matrice 독 ausstecher) : 비스킷 반죽을 원하는 모양으로 찍어내는 도구. ⑮ 파운드 틀(영 cake mold 프 moule à cake 독 keksform) : 파운드 케이크라 불리는 버터 케이크를 굽는 틀. 바닥이 깊은 직사각형 틀이다. ⑯ 파이 틀(영 pie plate 프 moule à tarte 독 backform) : 파이 굽는 틀. 타르트·플랑 틀보다 옆면이 위로 갈수록 벌어진 것이다. ⑰ 프티 푸르 틀(프 moule à petit four) : 프티 푸르용 틀. ⑱ 바토 틀(영 boat mold 프 moule à bateau, moule à barquette 독 schiffchenform) : 배 모양 틀. 바르케트 틀이라고도 한다. 나룻배처럼 끝이 뾰족하고 위쪽이 벌어져 있다. ⑲ 푸딩 틀(영 custard cup 프 moule à dariole 독 puddingform) : 바닥이 깊고 위쪽이 벌어진 원통형 틀. 커스터드 푸딩에 자주 쓰고, 젤리를 흘려 부어 굳히거나 버터 케이크 반죽을 채워 컵 케이크로 굽기도 한다. ⑳ 브리오슈 틀(영 brioche mold 프 moule à brioche 독 brioheform) : 브리오슈 아 테트라 불리는 눈사람 모양의 브리오슈를 굽는 틀. 그 밖의 용도로 스펀지 반죽을 굽거나 젤리·바바루아를 식혀 굳힌다. ㉑ 플로랑탱 틀(영 florentine mold 프 plaque à florentin 독 florentinerblech) : 물결 무늬가 새겨진 바닥이 얕은 원형 틀. ㉒ 봉브 틀(프 moule à bombe) : 포탄 모양의 아이스크림 틀. ㉓ 마들렌 틀(영 madeleine mold 프 moule à madeleine 독 schmelzbrötchenform) : 조개껍질 모양의

틀. ㉔ 망케 틀(영 cake tin 프 moule à man-
qué 독 tortenform) : 스펀지 반죽을 굽는 틀.
모양은 원형·타원형·사각형이 있고, 옆
면이 위로 갈수록 벌어진 꼴이다. ㉕ 레뤼
켄 틀(독 rehrückenform) : 바닥이 올록볼록
한 물결 모양의 틀. 레뤼켄*을 구울 때 쓰
고 그 밖의 굽는 과자나 젤리·바바루아에
도 쓸 수 있다.

티라미 수 菓 (이 Tirami su) 1980년대
에 들어와 크게 유행한 이탈리아의 디저트
과자. 티라미스로 잘 알려져 있다. 와인과
마스카르포네(mascarpone) 치즈를 충분히
사용한 케이크이다. 숟가락으로 떠서 먹는
디저트 타입과 잘라서 먹는 타입이 있다.
티라미 수는 tirare(끌어올리다)＋mi(나를)
＋su(위로)가 복합되어 '나를 위로 끌어올
리다'라는 뜻을 갖는 용어이다. 일설(一說)
에 따르면 18세기 이탈리아의 베네치아(Ve-
nezia)에서 밤거리를 돌아다닐 때 부족한 영
양원을 공급한 디저트 과자였기 때문에, 또
한편으로는 이 과자에 함유되어 있는 에스
프레소(espresso : 커피의 하나)의 카페인이
흥분 작용을 하기 때문에 붙여진 명칭이라
고 전해진다.
[배합] 〈크림〉 노른자 2개, 설탕 200 g, 마
스카르포네 500 g, 생크림 800cc. 〈비스
퀴〉 계란 200 g, 설탕 100 g, 밀가루 100 g,
콘스타치 20 g. 〈시럽〉 에스프레소 200cc,
설탕 40~50 g.
[만드는 법] ① 크림을 만든다. 노른자와
소량의 설탕을 넣고 중탕하면서 하얗게 될
때까지 젓는다 ② 부드럽게 푼 마스카르포
네를 ①에 넣고 섞는다 ③ 생크림에 남은 설
탕을 넣고 거품내어 ②와 섞는다 ④ 비스퀴
를 만든다. 계란과 설탕을 섞어 젓는다 ⑤
밀가루와 콘스타치를 함께 체 쳐서 ①에 넣
고 섞는다 ⑥ 철판에 흘려 붓고 180℃ 오븐
에서 굽는다 ⑦ 시트로 구운 ⑥의 비스퀴를
2장 준비하고 직사각형이나 타원형 용기에
1장을 깔고 에스프레소 시럽을 붓으로 바른

다 ⑧ 그릇의 반 정도까지 크림을 채우고 나
머지 1장의 비스퀴를 얹은 뒤 다시 시럽을
바른다 ⑨ 다시 크림을 흘려 부어 평평하게
만든 뒤 냉장고에서 차게 식힌다 ⑩ 윗면에
코코아를 뿌린다.
주) 크림에 오렌지 과즙을 넣거나 시럽에
브랜디를 넣는 경우도 있다.

티 브레드 빵 (영 Tea Bread) 버터,
계란 등을 풍부히 배합한 발효 반죽으로 만
든 소형 빵. 퐁당, 로열 아이싱, 양귀비씨,
견과류 등으로 표면을 장식한다. 티 케이크
*라고도 한다.

티 스푼 機 (영 Tea spoon) t s로 표시
한다.
⇨계량 컵, 계량 스푼

티아민 化 (영 Thiamin) 비타민 B₁의
화학명. 대표적인 결핍증은 각기병이다. 인
간의 성장, 탄수화물의 신진대사, 각기병
예방, 신경기능, 식욕 등에 관계가 깊은 주
요 영양소이다. 티아민은 비교적 효소에 대
해 안정적이고 열에도 강하지만, 가열 조리
하는 동안 100℃ 이상의 습윤한 열에 오래
노출시키면 파괴된다. 티아민은 탄수화물
의 신진대사에 관계하기 때문에, 탄수화물
을 많이 섭취할수록 완전한 에너지를 내기
위해서 티아민의 섭취량을 증가시킬 필요가
있다. 티아민은 쌀겨, 배아(胚芽), 효모 등
에 많이 함유되어 있고 동물의 신경조직에
도 다량 들어 있다. 그러므로 정백미만으로
편중된 영양을 취하면, 결핍증으로 각기·
신경염 증세가 일어나기 쉽다. 표준 티아민
의 필요량은 1일 1~2mg이다.

티 케이크 菓 (영 Tea Cake) ① 쿠키.
특히 미국에서 티 케이크라 할 때에는 차에
곁들여 먹는 쿠키를 가리킨다. ② 레이즌,
필을 배합한 소형 빵. 티 브레드(Tea Brea-
d)라고도 한다. 주로 오후 티 타임(tea time)
에 먹는데, 이등분하여 토스트한 뒤 버터를
발라 먹는다. 스카치 티 케이크, 요크셔 티
케이크가 유명하다. 요크셔 티 케이크(Yor-

kshire Tea Cake)는 밀가루, 버터, 우유로 만든 발효 반죽을 113g씩 분할하여 지름 10cm인 원형으로 늘여 펴고 구운 것, 이것을 티 타임에 먹을 때는 레이즌을 넣는다.

틴 브레드 빵 (영 Tin Bread, Pan Bread) 틀에 채워 굽는 빵. 하스 브레드에 대응하는 명칭으로 미국의 팬 브레드에 속한 다. 식빵, 우유빵, 건포도빵 등이 여기에 포함된다. 반면 하스(hearth : 구움대, 火床)에 직접 얹어 굽는 빵을 하스 브레드 또는 자유형 빵이라 한다. 틴 브레드는 하스 브레드에 비해 강력분을 많이 사용하고 모양 만들기가 간단해 대량 생산이 가능하다.
→하스 브레드

파나드 [빵] (프 Panade) ①녹말류, 지방, 물을 기본으로 하여 만든 반죽의 하나. 주재료에 따라 프랑지판 파나드, 빵 파나드, 감자 파나드, 쌀 파나드 등이 있다. ②빵, 부용(bouillon : 고기·야채즙), 우유나 물, 버터로 만든 진한 수프도 파나드라 한다.

파네토네 [빵] (이 Panettone) 이탈리아 밀라노(Milano)의 대표적인 과자빵. 파네는 '빵'을, 토네는 '달다'를 뜻한다. 원래는 크리스마스 때 먹는 빵이었는데, 지금은 아침 식사용 또는 식후 디저트로 먹는다. 틀의 옆면에 두꺼운 종이를 대고 반죽을 넣어 굽기도 하지만, 보통은 반죽을 종이 케이스에 담아 발효시킨 뒤 구워 낸다. 그리고 원래 자연발효시킨 반죽을 사용하지만, 최근에는 짧게 예비발효시킨 본반죽에 묵은 반죽을 더하여 사용한다. 배합하는 과실은 그때 그때 다르지만 건포도, 레몬 껍질, 아몬드, 체리, 호두 등이 자주 쓰인다. 굽기는 처음에 약간 고온에서 굽고 중반부터 조금씩 낮춘다.

[배합] 〈액종〉 물(25℃) 120cc, 생이스트 65 g, 설탕 2 g. 〈반죽〉 강력분 800 g, 중력분 200 g, 설탕 250 g, 소금 14 g, 레몬 필 80 g, 계란 180 g, 생우유 400cc. 〈기타〉 버터 250 g, 건포도 500 g, 캔디드 프루츠* 80 g, 아몬드 슬라이스 100 g.

[만드는 법—액체 발효법] ①액종의 재료를 섞어 27℃에서 1시간 발효시킨다. 액종의 온도는 26℃. ②본반죽을 만든다. 반죽 시간은 저속에서 5분, 중속에서 2분, 반죽 온도는 27℃로 한다. 이것을 28℃에서 1시간 발효시킨다 ③②의 발효 반죽을 다시 믹서에 넣고 저속에서 2분간 돌린다. 버터를 더하고 2분, 과실을 넣고 2분 동안 반죽한다 ④38℃에서 플로어타임을 1시간 가진 뒤 원통형으로 성형한다. 파네토네 틀에 황산지를 깔고 반죽을 채워 굽는다. 처음엔 200℃에서 6~7분, 후반은 180℃에서 10~12분간 굽는다.

파라크신터 [빵] 러시아의 피로슈키(piroschki)와 비슷한, 헝가리의 조리빵이다.
[배합] 밀가루 115 g, 우유 450cc, 노른자 4 개, 소금 소량, 베이킹 파우더 4 g, 설탕 8 g, 흰자 4 개.
[만드는 법] ①우유와 노른자를 섞는다 ②밀가루, 소금, 베이킹 파우더, 설탕을 함께 체 쳐서 ①에 더한다. 마지막에 흰자를 넣고 잘 섞는다 ③②의 반죽을 알맞게 분할하여 둥글고 납작한 모양으로 성형한다 ④③의 반죽을 철판에 놓고 앞·뒷면을 굽는다 ⑤④의 위에 알맞은 충전물을 얹고 싼다. 이것을 계란액 속에 담갔다가 빵가루를 묻힌 뒤 튀긴다. 또, 충전물을 넣지 않은 채 튀겨 샐러드, 커피(또는 수프)를 곁들여 먹을 수도 있다.

파라트나 [빵] (인 Paratna) 인도, 파키스탄의 주식(主食). 통밀가루에 소금과 분유를 섞어 빵 반죽 정도의 굳기로 반죽한다. 15~20cm 크기로 둥글게 편 뒤 기름을 충분히 두른 프라이팬에 넣고 앞뒤를 익힌다.

파라핀 종이 [機] (영 Waxed paper) 얇은 종이에 파라핀 납(蠟, 왁스)이 주성분인 도료를 먹인 것. 파라핀 납이란 백색의 반투명 고체로서 파라핀 종이 이외에도 양초의 원료가 되는 것이다. 파라핀 종이는 방수(防水) 종이이기 때문에 빵을 포장하면 수분이 날아가지 않고 동시에 습기가 들어가지 않는 효과가 있다.

파르메장 原 (프 Parmesan) 이탈리아의 파르마(Parma) 지방에서 만들어지는 치즈. 피자나 스파게티 등에 끼얹거나 쿠키, 푀이타주 등에 이용한다.
→치즈

파르미자노 레자노 原 (이 Parmigiano Reggiano) 파르마 치즈. 파르메장 치즈라고도 하는 이탈리아산(産) 치즈이다. 속결은 거칠고 누런색을 띤다. 숙성하는 데 오랜 시간(1~10년)이 걸렸기 때문에 경질이고 보존성이 좋다. 이것은 보통 가루로 만들어 요리에 쓴다. 포타주, 파스타 요리, 그라탱에 더한다.
→치즈

파르페 菓 (프 Parfait) 노른자에 시럽을 더하고, 거품낸 생크림과 합쳐 얼린 빙과. 예전에는 커피 크림을 바탕으로 하여 만든 아이스크림만을 가리키는 명칭이었다. 아이스크림의 하나이기는 하지만, 우유 대신 수분이 적고 지방이 많은 생크림을 사용했기 때문에 아이스크림보다 부드럽고 감칠맛이 있다. 생크림을 거품내어 더하므로 작은 기포가 안정적으로 포함되어 있다. 그러므로 아이스크림, 셔벗처럼 교반하면서 얼릴 필요가 없다. 파르페에는 여러 종류가 있다. 그 중에서 가장 기본이 되는 것이 파르페 아 라 바니유(Parfait à la Vanille : 바닐라 파르페)인데, 여기에 각종 양주·과일 퓌레·초콜릿 등을 더하면 색다른 맛을 느낄 수 있다.
[배합] 〈파르페 아 라 바니유〉 설탕 120 g, 물 40cc, 노른자 8개, 바닐라 스틱 1개, 생크림 600cc. 〈기타〉 제누아즈·소스 오 쇼콜라·크렘 샹티이*·머랭 각 적당량.
[만드는 법] ① 파르페 아 라 바니유를 만든다. 냄비에 설탕과 물을 넣고 117℃까지 조린다 ② 믹서로 노른자를 거품낸다. 여기에 ①을 조금씩 더하면서 또 거품낸다 ③②의 열이 식고 걸쭉해질 때까지 믹서를 돌린다 ④ 바닐라 꼬투리를 잘라 씨를 빼낸다. 이

씨만을 생크림 속에 넣고, 80%까지(찬물에 받친 채) 거품낸다 ⑤③과 ④를 섞는다 ⑥ 지름 6 cm의 세르클 틀에 얇게 자른 제누아즈*를 깐다. 그 위에 파르페를 짤주머니로 가득 채운다. 냉장고에서 굳힌다 ⑦ 틀을 벗기고 접시에 담는다. 소스 오 쇼콜라를 끼얹고, 머랭이나 크렘 샹티이로 장식한다.

파르페 아이싱 原 (영 Parfait icing) 설탕과 물에 유화성이 큰 쇼트닝을 10~20% 더해 만든 아이싱. 유지 때문에 퐁당과 같은 광택은 없지만 맛은 우수하다.

파리나 原 (영, 이 Farina 프 Farine) 마카로니를 만드는 밀가루. 원래의 뜻은 이탈리아어로 '곡물 가루'이다.

파리네 技 (프 Fariner) 과자를 굽는 틀이나 철판에 밀가루를 뿌리거나 반죽에 덧가루를 묻히는 작업을 가리키는 용어이다.

파리 브레스트 菓 (프 Paris Brest) 슈 반죽을 커다란 고리로 짜 내어 굽고, 프랄리네 넣은 크림을 샌드한 케이크. 1891년 파리와 브레스트 두 도시간에 벌인 자동차 경주를 기념하기 위해 처음 만든 것이다. 둥근 고리 모양이 차 바퀴를 연상시킨다.
[배합] 〈슈 반죽〉 우유 500cc, 버터 200 g, 밀가루 250 g, 계란 8~9개. 크렘 파티시에르 1,000 g, 프랄리네 마세 900 g, 크렘 푸에테 1,800cc, 커피, 아몬드 슬라이스·분설탕 각 적당량.
[만드는 법] ① 슈* 반죽을 고리 모양으로 짜 내고 180℃의 오븐에서 구워 내어 수평으로 반 나눈다 ② 크렘 파티시에르*, 프랄리네마세('프랄리네'항 참고) 450 g, 커피, 약간의 크렘 푸에테*를 함께 섞는다 ③ 남은 크렘 푸에테와 프랄리네마세를 섞는다 ④①의 아랫부분에 ②를 짜 낸다. 그 위에 ③을 짜 얹는다 ⑤①의 윗부분을 얹고 분설탕을 뿌린다.

파리저 크림 菓 (프 Ganache 독 Pari-serkrem) 초콜릿과 생크림으로 만든 생크림. 독일어로 가나헤라고도 한다.

⇨가나슈

파리지앵 〔빵〕 (프 Parisien) 무게 500 g, 길이 67~70cm의 길고 통통한 빵. 이것은 바게트와 잘 어울리는 한쌍이다. 한편 프랑스 빵용 서랍식 건조발효실도 파리지앵이라 한다.

[배합] 중력분 1,000 g, 소금 20 g, 건조 이스트 5 g, 맥아 1 g, 물 700cc, 비타민 C 20mg.

[만드는 법] ①모든 재료를 믹서 볼에 넣고 저속으로 10분, 중속으로 3 분간 돌린다. 이때 반죽 온도는 24℃. ②①을 볼(bowl)에 옮기고 상온에서 2 시간 발효시킨다. 가스빼기를 한 뒤 다시 1 시간 발효시킨다 ③② 의 반죽을 650 g 씩 분할, 성형한다 ④③을 35℃에서 1 시간 발효시킨다. 표면에 5 개의 칼집을 넣는다 ⑤물을 뿜어 반죽 표면을 촉촉히 적신 뒤, 240℃의 오븐에서 30분간 굽는다. 표면이 바삭하고 옅은 갈색이 들 때까지 굽는다.
→프랑스 빵

파리지언 라우트 비스킷 〔菓〕 (영 Parisian Rout Biscuit) 소형 아몬드 비스킷. 표면에 체리, 안젤리카, 견과를 장식한다.

파리지언 밤 〔빵〕 (영 Parisian Barm) 수종의 하나. 맥아가루, 밀가루, 호화 밀가루를 물에 녹인 뒤 묵은 종과 섞어 효모의 배양액으로 사용한다.
→밤

파베 〔菓〕 (프 Pavé) 정사각형으로 구운 제누아즈를 2~3장 자르고 원하는 풍미를 낸 버터 크림을 샌드한 것. 네모꼴로 자른, 향료 넣은 빵을 가리키기도 한다.

파브르 〔其〕 (프 Favre) 프랑스의 요리인. 조제프 파브르(Joseph Favre : 1849~1903). 프랑스 요리 아카데미를 설립한 사람이다. 저서로 《요리·영양 백과사전(le Dictionnaire universel de cuisine et d'hygiène alimentarire)》이 있다.

파스테테 〔菓〕 (독 Pastete) 푀이타주로 만든 용기에 육류나 야채를 채운 요리. 프랑스의 볼로방(Vol-au-Vent)·부세(Bouché-e)와 같은 계열의 요리·과자이다. 커다란 반구형 파스테테는 파스테텐하우스(Pastetenhaus)라 한다. 만드는 법은 다음과 같다.

[만드는 법] ①1,000cc 또는 500cc의 봉브 틀에 알루미늄박을 깔고 종이를 채워 모양을 뜬 뒤 그 박을 꺼낸다 ②푀이타주를 2 mm 두께로 늘이고 피케한 뒤 ①의 알루미늄박 위에 씌운다 ③푀이타주를 3 mm 두께로 늘여 편 뒤 장식적으로 자르고 물을 발라 ②에 붙인다 ④전체에 노른자를 바르고 센불에서 굽는다 ⑤알루미늄박에서 떼어 내고 속에 원하는 재료를 충전한다. 푀이타주 시트 위에 얹어 먹는다.

파스티야주 〔菓〕 (영 Gum paste 프 Pastillage 독 Gummiteig) 분설탕에 녹인 젤라틴액 또는 아라비아 검·트래거캔스 검을 더해 섞은 흰 색의 반죽. 처음에는 부드러워 반죽하기 쉽지만, 굳으면 석고처럼 딱딱해진다. 이 반죽에 색을 들이고자 할 때는 반죽에 색소 가루를 넣거나, 모양을 뜬 뒤 붓으로 칠한다. 반죽을 얇게 늘여, 형지를 대고 자르거나 틀에 채워 모양을 뜬다. 여러 가지 모양을 만들어 전시용 케이크나 웨딩 케이크에 장식한다. 이것이 잘 굳으면 오랫동안 보존할 수 있다. 단, 물에는 약하다.

[배합] 분설탕 250 g, 판 젤라틴 3 g, 뜨거운물 3 cc.

[만드는 법] ①작업대 위에 분설탕 100 g 을 둥글게 뿌려 놓는다 ②판 젤라틴을 물에 불리고 뜨거운물에 녹인다. 이것을 체에 거르고 ①의 원 안에 넣는다 ③분설탕을 조금씩 끌어다 섞는다 ④풀처럼 걸쭉해지면 분설탕 섞기를 그치고 뿌드득 소리가 날 때까지 반죽한다 ⑤나머지 150 g 의 분설탕은 굳기를 보아가면서 더한다 ⑥말랑말랑해지면 한 덩어리로 뭉친다. 바로 쓰지 않을 경우 비닐이나 젖은 헝겊에 싸 둔다.

파스티유 菓 （프 Pastille） 드롭스. 당액에 향료, 착색료를 더해 조리고 1방울씩 콘스타치에 떨어뜨려 굳힌다.

파스티체리아 菓 （이 Pasticceria） 주로 디저트용으로 만들어지는 이탈리아 케이크. 여기에는 다음 2종류가 있다.
1. 보존할 수 있는 것：버터 크림을 샌드하거나 표면에 장식한다. 버터 크림은 보존성이 있으므로 판매용으로 운반할 수도 있다. 2. 만든 즉시 먹는 것：계란을 넣은 크림, 예를 들면 크렘 파티시에르 또는 휘핑 크림을 섞어 만든 반죽을 샌드하면 변질될 위험이 있으므로 만든 당일에 먹어야 한다. 이탈리아와 스위스의 이탈리아어권에서 케이크 만드는 법은 다음과 같다.
[만드는 법] 시트를 2~3장 슬라이스하고, 당액으로 묽게 한 리큐르를 끼얹는다. 그리고 나서 크림을 펴 바른다. 다진 과실과 부순 누가를 크림 위에 뿌려 샌드한다. 리큐르 시럽을 만들 때에는 순수한 리큐르나 케이크 공장에서 만든 리큐르에 스톡 시럽과 물을 섞는다.

파스티체리아 미뇽 菓 （이 Pasticceria Mignon） 프티 푸르 글라세*의 이탈리아어명. 프티 푸르 세크는 파스티체리아 세카（pasticceria secca）라 한다. 단, 모양깍지와 짤주머니로 만든 비스킷 타입만은 프티 푸르라 한다.

파슬리 原 （영 Parsley 프 Persil 독 Petersilie） 미나리과（科）의 야채. 원산지는 지중해 연안이다. 잎은 광택이 있고 짙은 초록색을 띤다. 그리고 비타민, 무기질이 풍부하다. 이것은 요리에 장식하거나 향을 낼 때 자주 쓴다. 특히 프랑스・이탈리아 요리, 샐러드, 수프, 오븐 요리에 알맞다. 그리고 야채 쿠키나 케이크를 만들 때 잘게 썰어 더하기도 한다.

파운드 케이크 菓 （영 Pound Cake） 버터, 설탕, 계란, 밀가루를 1파운드（454 g）씩 섞어 만든 반죽을 둥근 틀에 채워 구운 버터 케이크*. 기본배합이 1파운드 단위이기 때문에 붙여진 명칭으로 플레인 케이크와 과실을 조금 넣은 케이크의 총칭이다. 최근에는 둥근 모양 이외에 네모난 것도 파운드 케이크라 하고, 과실도 듬뿍 배합해 넣는다. 프랑스에서는 케크（cake）라 하고, 독일에서는 발상지의 지명을 따서 영국풍 과자라는 뜻으로 잉글리셔 쿠헨（Englischer Kuchen）이라 부른다.

파운드 케이크 틀

[배합] 버터・설탕・계란・밀가루 각 1파운드. 때로 팽창제를 소량 더하기도 한다. 과실의 배합량은 다음 〈표〉와 같다.

〈표 1 〉　　　과실의 표준배합 비율

배합정도＼비교대상	밀가루（g）	과 실（%）
라이트	454	113 g（4：1）
보 통	454	227 g（2：1）
－	454	340~454 g（4：3~1：1）
헤 비	454	454~510 g（1：1~8：9）

파슬리

<표 2> 용도에 따른 배합 비율

용도 \ 비교대상	과실(%)	밀가루(%)
생일 케이크	45	55
크리스마스 케이크	50	50
웨딩 케이크	55	45

[만드는 법] 슈거 배터법* 또는 플라워 배터법*으로 만든다.

파이 菓 (영 Pie) ① 쇼트 페이스트*(쇼트 크러스트)로 만든 접시 모양의 받침대에 여러 가지 충전물을 얹어 구운 과자. 본고장은 영국과 미국이다. 따라서 미국식 파이라고도 한다. 이것은 프랑스의 타르트, 타르틀레트에 해당한다. 여기서 접시 모양의 받침대를 깔개용 파이 반죽이라 하고, 이것만을 구운 것이 파이 껍질이다. ② 층상구조를 이루는 바삭바삭한 과자. 프랑스의 푀이타주 제품, 영국의 퍼프 페이스트리에 해당한다. 버터와 밀가루가 층상을 이루어 바삭바삭하도록 만든 과자를 파이라 함은 용어상의 착오에서 비롯한 것이다. 영국의 퍼프 페이스트리가 일본으로 건너가 파이라는 이름으로 불리고, 이것이 그대로 우리 나라에 건너와 굳어진 것이다. 최근 이 명칭이 잘못되었음이 지적되고 있지만, 과자·파이류의 제조업자는 물론이고 일반 소비자에게까지 뿌리깊게 박혀 있어 정정하기 어려운 상태이다. 흔히 파이 반죽*이라 함은 ①의 파이 껍질이나 ②의 파이를 만드는 재료를 뜻한다.

파이널 단계 技 (영 Final stage) 반죽의 네번째 단계.
⇨반죽하기

파이널 프루프 技 (영 Final proof)
⇨이차 발효

파이로미터 試 (영 Pyrometer) 고온 온도계*. 열전 온도계, 전기저항 온도계, 광학 온도계를 가리킨다.

파이 롤러 機 (영 Roller 프 Laminoir)

접기형 파이 반죽처럼 접어밀기 할 때 쓰는 압연기계. 짧은 시간에 반죽을 일정한 두께로 늘여 펼 수 있다.

파이 반죽 菓 (영 Pie dough) 타르트, 플랑, 타르틀레트, 밀푀유, 미국식 파이, 소형 파이(팔미에·파피용 등)를 만드는 데 필요한 반죽. 파이 반죽의 종류는 만드는 방법에 따라 2가지로 나뉜다.

1. 접기형 파이 반죽─① 유지를 반죽(dough)에 싸서 접어밀기 한 반죽 : 퍼프 페이스트, 파트 푀이테가 여기에 해당한다. ② 유지로 반죽을 싸서 접어, 밀어펴기 한 반죽. 독일식 퍼프 페이스트인 블레터타이크*가 여기에 해당한다. 유지에 밀가루를 조금 섞고, 직사각형으로 길게 밀어 편다. 그 위에 유지의 2/3 크기로 늘인 반죽을 얹고 싼다. 그 다음은 ①의 방식과 같다. 이렇게 만든 반죽은 표면이 잘 마르지 않고, 구웠을 때 층이 뚜렷하지 않으며 부풀림이 적다. 접는 방법에는 3겹 접기와 4겹 접기가 있다.

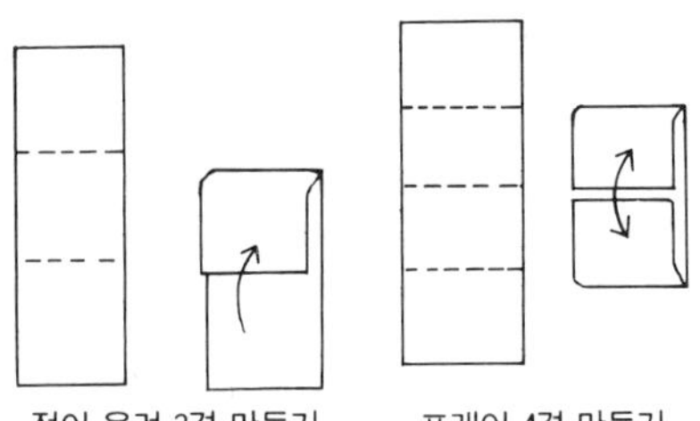

2. 반죽형 파이 반죽─① 조그만 정육면체로 자른 유지를 밀가루와 섞은 뒤 물을 더하면서 반죽한 것. 쇼트 페이스트, 파트 브리제 등이 여기에 해당한다. 간편하고 빨리 만들 수 있는 반면, 접기형 반죽에 비해 부풀림이 적다. 이 반죽은 주로 파이 껍질로 쓰인다. ②①처럼 만든 반죽을 2~3번 접어밀기 한 것. 속성 퍼프 페이스트라고도 하며, 미국식 파이 반죽이 여기에 속한다.

파이용 쇼트닝 原 (영 Pie shortening)

파이 껍질 만들기에 알맞은 쇼트닝. 파이 껍질에 설탕 또는 계란을 쓰기도 하지만, 원래는 밀가루와 지방으로 만든다. 지방의 함량이 20~60%이기 때문에 사용하는 쇼트닝의 품질에 따라 제품의 질이 달라진다. 쇼트닝은 파이 껍질을 부드럽게 할 뿐 아니라 충전물의 수분이 스며들지 않도록 한다. 쇼트닝은 반죽 전체에 고루 펴져 있지 않고 덩어리져 있으므로 반죽을 얇게 펴 주어야 한다. 따라서 파이용 쇼트닝은 가소성이 큰 것을 사용해야 한다(특히 낮은 온도에서 가소성이 큰 것). 또, 파이 껍질은 쉽게 부서지는 성질이 중요하므로 쇼트닝가(價)도 무시할 수 없는 요소이다. 반면 쇼트닝의 크리밍성·유화성·안정성은 필요치 않다.

→쇼트닝

파이의 제조원리[−製造原理] 技 (영 Pie production principle) 파이(여기서는 푀이타주 제품에 한 함, '파이'항 참고)란, 밀가루와 물을 주성분으로 하는 반죽(dough)에 고형의 유지를 서로 겹쳐 층상 구조를 이루도록 만든 뒤 구운 과자이다. 여기서 중요한 것은 도(dough)와 유지가 층을 만든다는 점이다. 좋은 파이는 구워냈을 때 기름이 배어 나오지 않고, 켜켜이 깨끗하게 부풀어 씹으면 바삭바삭하다. 이러한 파이를 만들기 위해서는 다음과 같은 조건을 만족시켜야 한다. 도 속에서 유지가 고형 상태를 유지한 채 꼭 싸여 있어야 하고, 층이 균일해야 한다. 그리고 숙련된 기술뿐만 아니라 원재료인 밀가루, 물, 유지의 물리·화학적인 성질을 잘 알아 그 원리에 따라야 한다. 파이는 만드는 법에 따라 순서가 조금씩 다르지만, 접어 미는 작업을 통해 수많은 층을 만드는 과정은 같다. 반죽 층과 유지 층을 함께 압연하고 균일하게 늘이기 위해서는 반죽과 유지가 똑같이 늘어나야 한다. 그리고 고형유지는 열을 받으면 녹으므로 그 유지의 녹는점과, 유지를 감쌀 반죽의 온도, 작업할 장소의 온도에 신경을 써야 한다.

〈유지〉 파이에 가장 적당한 유지는 버터. 이것은 풍미가 좋을 뿐 아니라 상온에서 부드러워 반죽과 함께 늘이기에 적합하다. 버터의 녹는점은 32℃. 그런데 버터는 하나의 유지로 이루어진 것이 아니고, 10여 종의 유지(특히 지방산)를 혼합한 것이다. 그렇기 때문에 온도의 변화에 따라 버터 속에 굳어 있는 유지와 녹아 있는 유지의 비율이 달라진다. 즉, 실온이 20℃인 곳에 두었던 버터는 고화 유지와 액화 유지의 비율이 6:4이다. 이 상태의 버터는 너무 부드러워 파이를 만들기 어렵다. 이것을 5~8℃의 냉장고에 보관하면 8:2 이상으로 된다. 이것이 파이 반죽에 맞는 굳기이다. 여기서 더 낮추어 0℃ 이하에서 보관하면 너무 굳어버려 늘이기 어렵다. 그리고 버터 속의 수분이 얼어 제품을 망치게 된다. 버터의 온도뿐만 아니라 반죽도 꼭 식혀 두어야 한다. 왜냐하면 압연하는 동안의 마찰력 때문에 버터가 녹을 수 있기 때문이다. 따라서 반죽, 버터의 온도가 똑같이 낮아야 한다. 버터 대신에 마가린을 쓰기도 한다. 그리고 미국식 파이에는 쇼트닝을 쓴다.

〈반죽〉 여기서 반죽은 밀가루와 물을 섞은 것. 밀가루는 주로 강력분을 쓴다. 파이에 알맞은 반죽은 잘 늘어나고, 부풀림을 받쳐 줄 수 있는 강도를 갖고 있어야 한다. 그 역할을 할 수 있는 것이 글루텐이다. 이것은 고무와 같은 탄성을 지니고, 열을 받으면 굳는다. 그래서 굽는 동안 부풀어 오르는 파이의 모양을 유지할 수 있는 것이다. 글루텐의 힘이 강한 강력분을 쓴 파이일수록 부풀림이 좋다. 한편 강력분을 쓴 반죽에 결점도 있다. 즉 고무처럼 늘어나기 쉬운 반면 줄어들기도 쉬운 점과 구우면 딱딱해진다는 점이 그것이다. 전자의 문제점은 늘여 펴기 전에 충분히 휴지시킴으로써 풀 수 있다. 밀가루 속에 만들어진 글루텐은 휴지

시키면 부분적으로 그물 구조가 끊겨 줄어
들지 않는다. 그리고 또 유지를 감싼 반죽
을 접어밀기 하면 다시 글루텐이 생긴다.
그러므로 한 번 접어밀기 한 뒤에는 꼭 휴
지시킨다. 후자의 문제점은 글루텐의 강도
를 낮추어야 해결된다. 글루텐의 힘을 약화
시키는 방법은 다음과 같다.
① 수분의 양을 줄인다. 글루텐은 밀가루의
수분 흡수가 많을수록 세기가 커진다. 따라
서 글루텐의 힘을 약화시키려면 물의 양을
줄인다. 단, 이 때 반죽이 단단해져 잘 늘어
나지 않는 문제점이 생길 수 있으므로 주의
해야 한다. ② 반죽 속에 버터를 조금 더한
다. 밀가루, 물을 반죽할 때 버터를 조금 더
하면 글루텐의 형성을 막음과 동시에 밀가
루의 흡수율을 낮춘다. 그러면 자연 글루텐
의 세기가 작아진다. ③ 박력분을 섞는다.
그러면 씹는 맛은 부드러워지고 글루텐 양
이 줄어들어 제품에 부풀림이 나빠진다.
〈기본배합〉 밀가루 100, 버터 100, 찬물 50,
소금 2~3.
밀가루와 물의 비율은 밀가루의 종류, 그
밖의 요소에 맞춰 바뀔 수 있지만 크게 달
라지지는 않는다. 크게 변하는 것은 버터량
이다. 영국에서 위 배합으로 만든 반죽을
풀 페이스트(full paste)라 하고, 버터량이
3/4, 1/2인 반죽을 각각 스리쿼터 페이스트
(three-quarter paste), 하프 페이스트(half pas-
te)라 한다. 물은 반드시 찬물을 쓴다. 물
대신 우유를 쓰면 풍미가 좋아지고 영양가
가 높아지며 구운색이 곱게 든다. 수분으로
서 계란을 쓰면, 맛은 좋으나 반죽에 점성
이 커져 압연작업이 어려워진다. 산(레몬
즙), 양주를 더하면 풍미를 줄 뿐만 아니
라, 반죽이 잘 늘어나도록 하며 부풀림을
돕는다. 그리고 설탕을 조금 더하면 구운색
이 좋게 된다. 하지만 지나치게 많이 넣으
면 밀가루의 글루텐 형성을 막아 부풀림이
좋지 않다.
→쇼트 페이스트

파이 커터 機 (영 Wheel cutter, Pastry
wheel 프 Roulette à pâte) 휠 커터, 페
이스트리 휠. 늘여 편 파이 반죽을 자르기
위한 도구. 날 부분이 뾰족뾰족한 것과 둥
근 것이 있다. 뾰족한 것은 쿠키 자르기에
도 알맞다. 이러한 커터를 5개 혹은 7개
씩 같은 간격으로 이어 놓은 것이 있다. 이
것으로써 한 번에 여러 장, 같은 간격으로
반죽을 자를 수 있다.

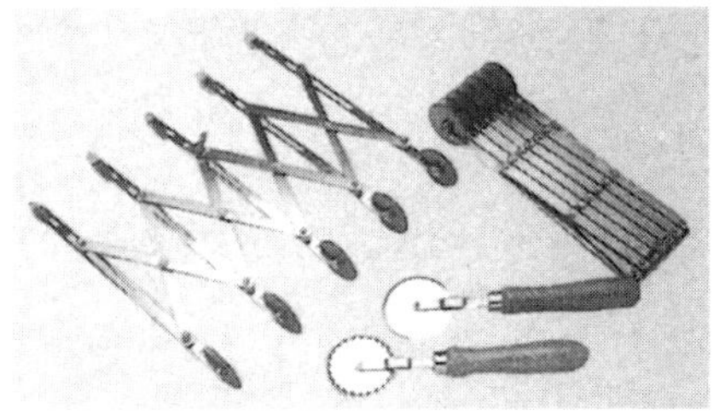

파이클렛 菓 (영 Pikelet) 팽창제를
넣은 영국의 핫 케이크*.
⇨크럼핏
파이 틴 機 (영 Pie tin) 파이 틀. 파이
를 구울 때 쓰는 금속제 그릇이다. 둥글고
바닥이 얕다.
→틀
파이프식 전기오븐 機 일반 전기오븐
의 가열용 니크롬선을 가는 파이프 속에 넣
고, 파이프와 니크롬선 사이에 절연체를 채
운 오븐. 일반 전기오븐에는 니크롬선이 드
러나 있기 때문에, 때때로 윗불의 복사열이
너무 강해 빵 표면이 빨리 구워진다. 또한
열전도가 크거나 충분하지 못하다. 이에 반
해 파이프식 오븐은 복사열이 고르게 퍼지
고 오븐 속의 온도도 균일하다. 니크롬선이
파이프에 싸여 있으므로 감전·누전의 위험
이 없고, 니크롬선이 부식(腐蝕)되거나 끊
어질 염려도 적다. 또, 저장열 용량이 커서
오븐 전체의 보온성이 좋다.
파이프 트럭 機 (영 Pipe truck) 소형
손수레. 전체의 중량을 가볍게 하기 위해
속이 빈 파이프로 만든다. 주로 배달용 운

반차로 많이 이용한다.

파이핑 튜브 機 (영 Piping Tube)
⇨모양깍지

파인 스타일 原 (영 Pine style) 사과를 파인애플처럼 고리 모양으로 썰어 시럽에 담근 통조림이다.

파인애플 果 (영 Pineapple 프, 독 Ananas) 파인애플과(科)의 열대성 과일. 딱딱한 겉껍질은 먹을 수 없고 안쪽의 부드러운 부분만을 먹는다. 즙이 많고 달며 향이 좋다. 당분, 비타민을 갖고 있다. 그리고 침상 결정이 있고 단백질 분해 효소가 있으므로, 민감한 사람이 먹었을 때 위나 입이 헐 수가 있다. 파인애플은 영어로 pine(소나무)+apple(사과), 즉 솔방울과 닮은 사과 모양의 과일이란 뜻이다. 프랑스와 독일어로는 아나나스(ananas : 거북이 등과 같은 과일)라 한다. 원산지는 열대 아메리카, 브라질 북부를 중심으로 한 지역이다. 16세기 초에 포르투갈인이 발견하고 유럽에 가져왔다 한다. 그 뒤 아프리카, 인도로 퍼져 현재 주로 세계 아열대지역에서 재배되고 있다. 파인애플은 익으면 초록~노란빛을 띤다. 아래쪽이 조금 노란빛을 띤 것이 좋다. 잘랐을 때 투명도가 높을수록 잘 익어 달고, 흰 것은 신맛이 강하다. 파인애플에는 단백질 분해효소가 있어 육류 요리와 함께 먹으면 소화흡수가 잘 된다. 생과즙은 젤라틴으로 굳힐 수 없다. 이것으로 젤리를 만들고자 할 때는 한번 익혀서 쓰고, 젤라틴 대신 한천을 이용한다. 파인애플은 주스나 잼을 만들고 케이크에 장식한다.

파인애플 크림 롤 菓 (영 Pineapple Cream Rolls) 스위스풍(風)의 스펀지 케이크. 아몬드 풍미의 스위스 롤(롤 케이크)에 파인애플 풍미의 버터 크림을 바르고 말아 냉장고에 넣는다. 이 때 버터 크림에는 젤라틴과 잘게 썬 파인애플을 더해 섞는다. 냉장고에서 꺼내어 초콜릿을 입히고 세모꼴로 자른다.

파인애플 크림 케이크 菓 (영 Pineapple Cream Cake 독 Ananas-Sahne-Schnitten) 파인애플과 크림을 잘 배합한 독일식 케이크.

[배합] 〈반죽〉 계란 650 g, 설탕 180 g, 박력분 180 g, 녹인 버터 120 g, 레몬 껍질・소금 각 적당량. 〈충전물〉 파인애플 650 g, 설탕 75 g, 젤라틴 26 g, 생크림 300 g, 럼 20cc, 브랜디 20cc, 키어시바서 10cc, 그랑마르니에 10cc, 흰자 100 g, 설탕 50 g. 〈기타〉 커스터드 크림 400 g, 젤라틴 8 g, 살구잼・파인애플・한천・뮈르베타이크 각 적당량.

[만드는 법] ① 반죽을 만들어, 철판(30×38cm 크기) 2 장에 붓고 굽는다 ② 충전물을 만든다. 파인애플을 갈아서 설탕과 함께 끓인다. 여기에 젤라틴을 섞어 식힌다. 그리고 주류를 더해 거품낸 생크림과 머랭을 섞어 충전물을 완성한다 ③ 뮈르베타이크*를 굽는다. 그 표면에 살구잼을 바르고 ①의 시트를 1 장 포갠다 ④ ③에 ②의 충전물을 붓고, ①의 시트를 얹는다. 그리고 식혀 굳힌다 ⑤ 젤라틴을 넣은 커스터드 크림을 표면에 아이싱하고 한천을 바른다. 파인애플 조각 하나를 얹어 장식한다.

파커 하우스 롤 빵 (영 Parker House Roll) 반달 모양의 소형 롤. 미국의 파커라는 사람이 만든 빵이다. 과자빵 반죽을 둥글게 늘이고, 한 면에 샐러드유나 버터를 발라 접어 굽는다.

[배합] 강력분 50, 박력분 50, 소금 2, 이스트 2~4, 물 58, 설탕 8, 쇼트닝 12, 맥아 2.4, 탈지분유 4.

[만드는 법] 직접 반죽법으로 만든다. 반죽 온도는 26~27℃, 발효시간은 105~135분. 반죽을 밀어 편 다음 둥근 형틀로 찍는다. 그 표면에 유지를 바르고 반 접어 철판 위에 얹는다. 200~210℃에서 20분간 굽는다.

파크 其 (영 Easter 프 Pâques) 부활절의 프랑스어명.

⇨부활절

파키스탄 밀 原 (영 Pakistan wheat)
파키스탄에서 재배 생산되는 밀. 이것은 마르고 딱딱해서 부서지기 쉽다. 수분은 9 %로, 물을 잘 흡수한다. 파키스탄 밀가루로 만든 반죽은 당기면 짧게 늘어나고 곧 끊어진다. 또, 프로테아제 효소가 부족하여, 이 가루로 만든 반죽은 아주 단단하다. 따라서 프로테아제가 많이 든 밀가루와 섞어 쓰면 좋다. 파키스탄에서는 이 밀을 갈아 만든 전립분을 아타(ata)라 한다. 파키스탄인들은 아타로 차파티라는 둥글고 납작한 빵을 구워 주식으로 삼고 있다.

파킨 菓 (영 Parkin) 영국풍(風) 진저 케이크. 진저 브레드에서 파생한 과자로서, 특히 영국의 요크셔 파킨이 유명하다.
[배합] 밀가루 680 g, 오트밀 680 g, 생강가루 30 g, 스파이스 가루 30 g, 중조 40 g, 버터 140 g, 유지 60 g, 골든 시럽 680cc, 설탕 280 g, 우유 60cc, 계란·아몬드 각 적당량.
[만드는 법] ① 오트밀과 밀가루, 스파이스, 생강가루를 섞고 유지를 혼합한다 ② ①에 우유로 녹인 중조, 설탕, 시럽을 넣고 단단해질 때까지 반죽한다 ③ 43 g 으로 분할·둥글리기한 뒤 철판에 올린다. 이것을 조금 납작하게 만든 다음 계란을 바른다. 그리고 한가운데에 세 조각으로 나눈 아몬드를 한 개씩 놓고, 171℃에서 굽는다.

파킨 슬래브 菓 (영 Parkins Slab) 정사각형의 진저(ginger : 생강) 케이크.
[배합] 밀가루 454 g, 생강가루 14 g, 팽창제 7 g, 오트밀 907 g, 버터 340 g, 적설탕 907 g, 노란 시럽 907cc, 우유 567cc.
[만드는 법] ① 오트밀, 밀가루, 생강, 팽창제를 섞는다 ② 설탕, 버터, 시럽을 우유와 섞는다 ③ ②를 ①에 더해 부드러운 반죽을 만든다 ④ ③의 반죽을 납작한 틀이나, 기름칠 한 틀에 붓고 162℃에서 굽는다.

파테 菓 (프 pâté) 파트 아 파테(Pâte à pâté)나 파트 아 퐁세(pâte à foncer), 푀이타주를 틀에 깔고 속에 고기·생선, 야채를 채워 구운 것. 오르 되브르*로 제공된다. 충전물로서 오리고기를 쓴 파테 드 카나르(pâté de canard), 버섯을 쓴 파테 드 샹피뇽(pâté de champignon) 등이 있다. 다음은 파테 드 카나르 만드는 법이다.
[배합] 오리고기 300 g, 돼지고기 100 g, 타임 소량, 꼬냑 적당량, 소금·후추 각 소량, 푀이타주 적당량.
[만드는 법] ① 오리고기와 돼지고기를 간다 ② 타임(thyme, 백리향)을 넣은 꼬냑을 ①에 뿌린다 ③ 소금, 후추를 더해 버무린다 ④ 푀이타주*(또는 파트 아 파테, 파트 아 퐁세)를 늘여 펴서 틀의 바닥과 안벽에 붙인다 ⑤ ④의 속에 ③을 채우고 그 위에 ④의 반죽을 덮어 씌운다 ⑥ ④와 같은 반죽을 갖가지 모양으로 찍어내어 위에 붙인다 ⑦ 표면에 노른자를 발라 굽고 슬라이스 하여 먹는다.

파트 菓 (영 Pastry, Paste, Dough 프 Pâte 독 Teig) 반죽. 빵 반죽·과자 반죽 모두를 포함하며, 밀가루를 넣지 않고 아몬드 가루와 설탕만을 섞은 것도 파트에 속한다.

파트 다망드 菓 (영 Almond Paste 프 Pâte d'Amandes 독 Marzipan, Mandelmasse) 아몬드와 설탕을 섞어서 롤러에 갈아 페이스트 상태로 만든 반죽의 총칭. 장식에 쓰는 것 이외에 유럽에서 각 지방의 명과(銘菓)라 불리는 과자에 쓰거나 야채·과실·동물 모형을 만들어 종교·민속 행사에 사용한다. 기본 배합은 아몬드와 설탕이 1 : 2이고, 용도에 따라 1 : 1.5까지 변화를 줄 수 있다.
[배합] 〈1 : 2인 경우〉 껍질 벗긴 아몬드 500 g, 설탕 900 g, 물 300cc, 물엿 100 g. 〈1 : 1.5인 경우〉 껍질 벗긴 아몬드 500 g, 설탕 675 g, 물 225cc, 물엿 75 g.
[만드는 법] ① 아몬드를 볶아 껍질을 벗겨

둔다 ②①을 롤러에 간다. 처음에는 간격을 띄우고 차츰 좁혀 몇 차례에 걸쳐 간다. 손에 쥐어 보아 기름기가 배어 나올 정도가 좋다 ③설탕과 물을 냄비에 넣고 가열, 끓으면 물엿을 넣고 더 조린다. 파티스리용은 118℃, 세공용은 122℃, 콩피즈리용은 125℃까지 조린다 ④②를 믹서 볼(bowl)에 넣고 교반하면서 ③의 시럽을 더한다 ⑤전체가 고루 섞이면 대리석 작업대 위에 펼쳐 놓고 식힌다. 너무 단단하면 시럽을 섞고 다시 롤러에 간다.
→마지팬

파트 드 프뤼이 菓 (프 Pâte de Fruits) 과일 젤리. 과일 즙에 펙틴을 넣어 젤리 상태로 굳힌 한 입 크기의 과자를 가리킨다. 과일의 종류에 따라 '파트 드~'라 부른다 (아래 〈사진〉 참고).
[배합] 살구 600 g, 삶은 사과 400 g, 프랑부아즈 500 g, 레몬 즙과 껍질 4개 분량, 설탕 1,000 g, 물엿·펙틴 각 100 g, 그라뉴당 적당량.
[만드는 법] ①살구, 삶은 사과, 프랑부아즈를 함께 조린다 ②레몬 즙과 껍질, 물엿, 설탕을 더하여 더욱 조린다 ③100℃가 되면 펙틴을 더해 섞는다 ④센 불에서 저으면

서 30분간 조린 뒤 불에서 내린다 ⑤체에 걸러 종이 깐 그릇에 붓는다 ⑥굳으면 작게 잘라 40℃의 발효실에서 하룻밤 건조시킨다 ⑦약간 습기를 머금으면 발효실에서 꺼내어 그라뉴당을 묻힌다 ⑧다시 건조시킨다. 주) 과일의 종류에 따라 펙틴의 강도가 다르므로 배합해 넣는 펙틴량을 조절한다.

파트라스 커런트 果 (영 Patras currant) 그리스 모레아(Morea)반도 북부 해안의 항구도시 파트라스(Patras)에서 실어 보내는 건포도. 이 포도는 색이 검고 씨가 없다. 또, 포도알은 작고 둥글며, 그 껍질이 얇아 빵이나 케이크에 쓴다.

파트 르베 菓 (영 Yeast dough 프 Pâte levée) 이스트 발효 반죽의 총칭. 기본 재료, 즉 이스트·밀가루·버터·계란·설탕·소금·물(또는 우유)을 가지고 직접법 또는 중종법으로 만든다. 과자용 반죽에는 설탕, 유지, 계란을 풍부히 배합해 넣는다. 이스트 작용에 의해 독특한 풍미와 부풀림을 갖는다. 파트 르베로 만든 제품 중 대표적인 것이 브리오슈, 사바랭, 쿠글로프, 바바 등이다.

파트 르베 푀이테 菓 (프 Pâte levée feuilletée) 파트 르베*에 접기형 파이 반죽

처럼 버터를 끼워 접어밀기 한 반죽. 대표적인 것이 크루아상, 데니시 페이스트리이다. 구워 내면 제품 단면에 층이 생긴다. 단, 이스트가 들어 있으므로 접어밀기 하는 횟수는 보통 때보다 줄여야 한다. 즉, 3 겹 접어밀기를 3번 실시하면 충분하다.

파트 브리제 菓 (프 Pâte brisée) 반죽형 파이 반죽. 타르트 등의 깔개용 반죽으로 쓴다. 깔개용 반죽을 통틀어 파트 아 퐁세*라 하는데, 파트 브리제와 파트 쉬크레*가 여기에 속한다. 파트 브리제를 만들 때 글루텐이 생겨서는 안된다. 글루텐이 생기도록 반죽하면 반죽이 수축해 버린다. 배합 재료를 끌어 모아 어느 정도 섞이면 반 잘라 포갠다. 그것을 눌러 붙여 한 덩어리로 뭉친다. 그리고 마지막에 한번 반죽한다. 파트 브리제는 과실, 크림 등을 충전해 굽는 파이·타르트에 자주 쓴다. 한편 파트 브리제를 2~3번 접어밀기 한 것이 미국식 파이인데 이것이, 아메리카 대륙으로 건너간 개척자들이 유럽식 방법을 간단하게 바꾸어 만든 파이 반죽이다.

[배합] 밀가루 250 g, 버터 125 g, 노른자 1개, 물 60cc, 소금 소량.

[만드는 법] ① 밀가루를 체 쳐서 작업대 위에 흩어 놓는다 ② ①의 밀가루 위에 버터(차갑게 굳힌 것)를 얹고 스크레이퍼(scraper : 자르거나 깎아내는 도구)로 버터를 작게 잘라 다진다 ③ 밀가루와 버터를 두 손바닥으로 비비면서 섞는다. 전체에 노란빛이 들 때까지 비빈다 ④ ③을 작업대 위에 둘레쳐 놓는다. 한가운데에 노른자, 물, 소금을 넣고 섞는다 ⑤ 주위의 가루를 끌어다 함께 섞는다. 가루기가 웬만큼 없어지면 커드*로 잘라가며 뭉친다 ⑥ 어느 정도 뭉쳐지면 반으로 포개고 전체를 뭉친다 ⑦ 비닐에 싸서 냉장고에 휴지시킨다.

파트 쉬크레 菓 (영 Sweet short paste 프 Pâte sucrée 독 Mürbeteig, Zuckerteig) 파트 아 퐁세* 중의 하나. 파트 아

퐁세란 깔개용 파이 반죽을 총칭하는 용어로 일반적으로 파트 브리제를 가리킨다. 파트 브리제가 설탕을 넣지 않은 것언 반면, 파트 쉬크레는 설탕을 더한 반죽이다. 파트 브리제와 마찬가지로 타르트, 타르틀레트에 쓰고 갈레트, 프티 푸르도 만들 수 있다.

[배합] 밀가루 250 g, 버터 125 g, 분설탕 100 g, 소금 소량, 계란 1개.

[만드는 법] ① 밀가루를 체 쳐서 작업대 위에 놓는다. 가운데를 헤쳐 동그랗게 만든다 ② ①의 중앙에 버터, 분설탕, 소금, 계란을 넣고 가볍게 섞는다 ③ ②에 ①의 밀가루를 끌어다 섞는다 ④ 손으로 반죽을 반죽대에 문질러 바르듯이 반죽한다 ⑤ 비닐 종이에 싸서 냉장고에서 휴지시킨다.

→파트 브리제

파트 아 비스퀴 原 (프 Pâte à Biscuits) 스펀지 케이크 반죽. 비스퀴 반죽이라고도 한다. 여기에 버터를 더하면 제누아즈가 된다. 파트 아 비스퀴는 갖가지 반죽의 기본이 되는 반죽(pâte)이다.

[배합] 계란 3개, 설탕 90 g, 박력분 90 g, 분설탕 적당량.

[만드는 법] ① 계란을 노른자, 흰자로 나누고 볼에 따로따로 넣는다 ② 노른자를 풀고 설탕 60 g 을 더해 휘젓는다 ③ ①의 흰자를 거품낸다. 흰자가 뾰족하게 서면 남은 설탕을 2~3번에 나누어 더하면서 단단한 머랭을 만든다 ④ ②에 ③의 머랭 일부를 더해 섞는다. 그리고 나머지 머랭을 한번에 더하고 가볍게 섞는다 ⑤ 박력분을 체 쳐서 ④에 넣는다. 밀가루기가 보이지 않을 때까지 가볍게 섞는다.

파트 아 비스퀴 오 자망드 菓 (프 Pâte à biscuits aux amandes) 아몬드 가루를 넣어 만든 비스퀴 반죽.

[배합] 노른자·흰자 각 8개, 설탕 300 g, 밀가루 160 g, 아몬드 가루 150 g.

[만드는 법] 아몬드 가루를 노른자에 섞는다. 그 다음은 파트 아 비스퀴와 같다. 이

반죽으로 비스퀴 오 자망드는 물론, 샤를로트, 생 마르크(Saint-Marc)도 만들 수 있다.
→파트 아 비스퀴

파트 아 퐁세 菓 (영 Short paste 프 Pâte à foncer) 타르트나 타르틀레트에 쓰는 깔개용 파이 반죽의 총칭. 여기에는 설탕을 더한 것과 더하지 않은 것이 있다. 설탕을 더한 반죽이 파트 쉬크레*이고, 더하지 않은 것이 파트 브리제*이다. 이들은 버터를 듬뿍 써서 반죽했기 때문에 풍미가 좋은 반면 부서지기 쉽다. 과실을 다져 속에 채우는 형태의 타르트, 타르틀레트에 잘 맞는다.
⇨쇼트 페이스트

파트 푀이테 菓 (영 Puff paste 프 Pâte feuilletée 독 Blätterteig) 접기형 파이 반죽. 푀이타주라고도 한다. 푀유(feuille)는 '나뭇잎'을 뜻한다. 이름 그대로 파트 푀이테를 구우면 얇은 층이 무수히 많이 생겨 마른 나뭇잎이 쌓인 것처럼 가볍고 바삭한 느낌이 든다. 파트 푀이테의 주재료는 밀가루와 버터이고, 이 밀가루와 버터가 얇은 층을 만든다. 얇은 층이 만들어지는 것은 속에 있던 수분이 증발하면서 밀가루층을 들어 올리고, 버터는 녹아 밀가루층에 흡수되어 층 사이에 틈이 생김으로써 부풀기 때문이다. 파트 푀이테는 만드는 법에 따라 몇 가지로 나뉜다. ①기본적인 푀이타주 노르말(feuilletage normal), ②접기형과 반죽형 파이 반죽의 중간형태로서, 버터를 굵직굵직하게 잘라 직접 밀가루와 섞는 즉석의 푀이타주 라피드(rapide), ③밀가루와 버터를 거꾸로 싸는 푀이타주 앵베르스(inverse)가 있다. 다음은 기본 반죽의 배합과 만드는 법이다.
[배합] 강력분·박력분 각 250 g, 소금 10 g, 찬물 250~300cc, 버터 450 g.
[만드는 법] ①강력분과 박력분을 함께 체치고, 소금과 찬물을 더해 반죽한다 ②한 덩어리로 뭉쳐서 표면에 십자로 칼집을 넣

는다. 마르지 않도록 헝겊에 싸 냉장고에서 휴지시킨다 ③버터를 20×20cm 크기로 만든다 ④②의 반죽을 ③의 버터보다 조금 큰 정사각형으로 늘여서 ③을 얹어 포갠다 ⑤밀대로 눌러 버터를 골고루 퍼지게 한 뒤, 세로의 길이를 가로 너비보다 3배로 길게 늘인다 ⑥3겹 접고 90도 돌려 다시 늘인다. 그리고 다시 3겹 접는다 ⑦손가락으로 눌러 표시를 해 두고 비닐에 싼다. 이것을 휴지시키면서 ⑤, ⑥을 2번 되풀이하여, 모두 6번 접는다.

파티스리 菓 (영 Pastry, Patisserie 프 Pâtisserie) ①페이스트리. 파트*를 오븐에서 구워 낸 과자. ②제과업 또는 과자 판매업.

파티시에 其 (영 Cook 프 Pâtissier 독 Bäcker) '제과인'의 프랑스어명.
→파티스리

파파게노 토르테 菓 (오 Papageno Torte) 오스트리아의, 생크림을 듬뿍 사용한 초콜릿 케이크. 파파게노는 모차르트가 작곡한 오페라 '마적'에 등장하는 인물의 이름이며 이러한 이름이 붙은 이유는 확실치 않다.
[배합] 〈자포네 반죽〉 흰자·설탕·아몬드 가루 각 120 g. 〈만델마세〉 마르치판로마세 720 g, 물 100cc, 노른자 400 g, 흰자 420 g, 설탕 400 g, 콘스타치 100 g, 밀가루 270 g, 통조림 귤 600 g, 녹인 버터 적당량. 〈기타〉 버터 크림·쿠앵트로 넣은 시럽·거품 낸 생크림·깎은 밀크 초콜릿 각 적당량. 〈가나슈〉 생크림 1,200cc, 초콜릿 300 g.
[만드는 법] ①흰자에 설탕을 넣고 아몬드 가루를 섞어 자포네 반죽을 만든다. 지름 23cm의 얇은 원판에 깔고 오븐에서 굽는다 ②만델마세를 만든다. 먼저 물에 푼 마르치판로마세*와 노른자를 섞어 거품낸다 ③흰자와 설탕을 거품내고 콘스타치를 더해 머랭을 만든 뒤 ②와 합한다 ④밀가루를 더하고 통조림 귤, 녹인 버터를 섞는다. 이것

을 지름 23cm인 틀 4개에 흘려 붓고 굽는다 ⑤①의 자포네에 버터 크림을 바르고 ④를 포갠다 ⑥쿠앵트로 시럽을 바른다 ⑦생크림을 끓이고 다진 초콜릿을 더해 만든 가나슈를 전체에 두껍게 바른다 ⑧냉장고에 넣어 굳힌 뒤 거품낸 생크림을 전체에 바르고 깎은 밀크 초콜릿을 뿌린다.

파파야 原 (영 Papaya 프 Papaye) 파파야과(科)의 상록초본상 교목의 열매. 프랑스어로는 파파유라고 한다. 열대 아메리카가 원산지이고 높이 6 m, 지름 20cm인 나무에 열린다. 이것은 껍질이 초록색에서 노란색으로 변하고, 그 과육은 노랗거나 옅은 주황색을 띤다. 과육은 두껍고, 콩알만한 많은 종자가 젤리 같은 것에 싸여 있다. 비타민 A·C가 풍부하고 소화가 잘 된다. 그리고, 단백 분해효소인 파파인(papain)을 갖고 있어서 젤라틴 용액에 굳지 않는다. 파파야는 다 익은 것을 냉장고에 넣어도 1주일은 보존이 가능하다. 별로 크지 않고 가느다랗고 길며 향이 약하다. 껍질에서 당분이 나와 끈적끈적하고 달다. 푸른 파파야는 샐러드, 튀김, 절임하기에 알맞다. 반으로 잘라 속의 종자를 숟가락으로 떠내고, 오목한 곳에 얇게 자른 레몬이나 아이스크림을 넣어 디저트로 이용한다. 너무 익었다 싶은 파파야는 주스, 셔벗을 만든다. 과즙은 많지 않으므로 레몬 즙이나 우유를 섞어 주스를 만든다. 또, 파파야를 퓌레로 만들어 셔벗이나 아이스크림에 이용하기도 한다.

파프리카 原 (영 Paprika) 헝가리산(産) 고추. 품질이 좋은 것은 별로 맵지도 않고 향이 뛰어나다. 색은 산뜻하고 밝으면서 붉은 빛을 띤다. 이것은 케이크나 기타 식품에 장식용으로 쓴다.

파피용 菓 (프 Papillon) 설탕을 덧가루 삼아 늘인 푀이타주*를 나비 모양으로 만들어 구운 과자.

[배합] 〈푀이타주〉 소금 10 g, 찬물 250~300cc, 강력분·박력분 각 250 g, 버터 450 g, 설탕 적당량.

[만드는 법] ①푀이타주를 만든다. 밀가루를 합치고 소금과 물을 더해 반죽한다. 한 덩어리로 뭉쳐 표면에 십자로 칼집을 넣는다. 젖은 헝겊을 덮어 냉장고에서 휴지시킨다 ②①을 늘여 편 뒤에 버터를 얹고 싼다 ③②의 반죽을 길게 밀어 편다. 3겹 접고 90도 돌려 늘인다. 휴지시킨 뒤, 이와 같은 작업을 모두 합쳐 6번 실시한다. 5, 6번째에는 설탕을 덧가루 삼아 접어 밀고 4등분한다 ④각각의 반죽을 3 mm 두께로 늘인다. 너비 10cm로 3 장을 잘라, 물을 바르고 포갠다 ⑤한가운데를 가는 막대로 누른다. 1 cm 너비로 자르고 앞서 누른 곳을 중심으로 하여 꼰다 ⑥철판에 늘어놓고 200 ℃ 오븐에서 굽는다.

판도로 菓 (이 Pandoro) 이탈리아의 크리스마스 빵과자. 판도로란 '황금색 빵'을 뜻하는 용어이다. 밀가루, 노른자, 버터, 설탕에 이스트를 넣고 부풀려 구운 것으로 노른자를 넣어 황금빛을 띤다 하여 붙여진 명칭이다.

[배합] 〈중종〉 이스트 30 g, 노른자 1개, 설탕 10 g, 밀가루 75 g, 물 소량. 〈본반죽〉 밀가루 530 g, 설탕 190 g, 버터 240 g, 노른자 6 개, 계란 1개, 생크림 150cc, 레몬 껍질 1개 분량, 바닐라 향 소량.

[만드는 법] ①중종의 재료를 섞어 발효시킨다 ②밀가루 160 g, 설탕 90 g, 버터 25 g, 노른자 3개를 섞어 ①과 함께 반죽한

뒤 발효시킨다 ③ 남은 밀가루, 설탕, 버터 40 g, 계란, 노른자 3개를 ②에 더해 섞는다. 그리고 다시 발효시킨다 ④ 생크림, 레몬 껍질, 바닐라를 더해 반죽한다 ⑤④의 반죽을 네모꼴로 밀어 펴고 중앙에 얇게 늘인 버터 175 g을 얹어 싼다 ⑥⑤를 3겹 접어밀기하고, 또 2겹 접어밀기 한다 ⑦ 휴지시키고 나서 ⑥의 작업을 2번 되풀이하고 30분간 휴지시킨다 ⑧ 반죽을 둥글려 버터칠 하고 설탕 뿌린 틀에 넣는다. 틀의 끝까지 부풀린다 ⑨ 중불 오븐에 넣고, 15분후 약한불로 낮춰 40~45분간 굽는다 ⑩ 틀에서 빼내고 분설탕을 뿌린다.

판케 菓 (영 Pancake 프 Pannequet) 크레프*의 하나. 자그마하게 구운 크레프에 커스터드 크림, 생크림, 잼, 마멀레이드, 밤 퓌레 섞은 것 등을 발라 말거나 4 겹으로 접은 것이다. 분설탕이나 마카롱 부순 것을 뿌리고 오븐에 넣어 갈색빛을 들인다. 자주 만들어지는 것으로 잼 판케, 판케 오 콩피튀르(Pannequet aux confitures)가 있다. →핫 케이크

판쿠헨 菓 (독 Pfannkuchen) 독일·스위스의 튀김과자. 보통 배합보다 많은 양의 계란과 버터를 배합한 발효 반죽을 분할·둥글리기하고 발효시킨 뒤 기름에 튀긴다. 속에 마멀레이드를 충전하고, 분설탕을 묻히거나 퐁당을 바른다. 베를리너*, 베를리너 판쿠헨 또는 크랍펜이라고도 한다. ⇨베를리너

판토텐산[—酸] 化 (영 Pantothenic acid) 수용성 비타민의 하나. 비타민 B 복합체에 속한다. 생체내에서 아세틸화 조효소 A의 구성분으로 대사에 관계한다. 결핍되면 혈압저하, 정신장애, 식욕부진 등이 일어날 수 있다. 또, 효모, 젖산균과 같은 미생물의 발육을 촉진하는 기능도 갖고 있다. 이스트, 치즈, 두류 등에 많다.

팔 菓 (영 Farl) 팽창제를 배합해 만든 팬케이크*. 밀가루(또는 오트밀), 중조, 버터, 우유를 섞어 만든 반죽을 원형으로 늘인 뒤 4 등분하고 핫 플레이트주)에서 얇게 굽는다. 인디언 팔과 아이리시 소다 팔이 유명하다. 팽창제로 중조(소다)를 쓴 아이리시 소다 팔(Irish Soda Farl)을 예로 들면 다음과 같다.

[배합] 박력분 1,400 g, 중조 20 g, 주석영 35 g, 소금 20 g, 버터 밀크 1,250 g.

[만드는 법] ① 가루 재료를 체 친다. 여기에 버터 밀크를 더하고 충분히 반죽한다 ② ①의 반죽을 36 g씩 분할하고, 지름 25cm 크기로 밀어 편 다음 부채꼴로 4 등분하여 양면을 굽는다.

주)핫 플레이트(hot plate) : 머핀, 팬케이크, 크럼핏 등을 굽는 금속판.

팔라친켄 菓 (독 Palatschinken) 오스트리아의 디저트 과자. 크레프*에서 팬케이크*까지를 포함한다.

[배합] 밀가루 400 g, 우유 750cc, 노른자 2개, 계란 4개.

[만드는 법] ① 밀가루에 우유를 섞는다 ② 노른자와 계란을 ①에 더하여 부드러운 반죽을 만든다 ③ 뜨거운 프라이팬에 흘려 붓고 굽는다. 소스나 과일을 곁들여 먹는다.

팔레트 機 (영 Pallette) 핸드 리프트 트럭, 리프트 카와 병용해서 쓰는 화물대. 이 위에 재료나 화물을 쌓은 다음 팔레트 통째를 위로 들어 올려 핸드 리프트 트럭이나 리프트 카에 옮겨 싣는다.

팔레트 나이프 機 (영 Palette knife 프 Palette) 스패튤러*의 하나. 라틴어로 '너비가 넓은 칼'을 뜻한다. 요리에 쓰는 팔레트 나이프는 장식·마무리용이다. 따라서 아이싱용 나이프라고도 한다. 다 만들어진 케이크에 장식용 크림을 바르거나, 오븐 철판에 반죽을 붓고 표면을 고르게 펼 때 쓴다. 그 밖에 얇은 크레프, 팬케이크의 모양을 다듬거나 접시에 옮길 때 쓴다. 특히 바닥이 깊은 철판이나 틀에 반죽을 담고 평평하게 고를 때, 머랭처럼 모양이 찌그러지기

쉬운 제품을 철판에서 꺼낼 때는 칼자루쪽이 칼보다 높은 것을 이용한다. 또, 크기가 작은 것은 소형 케이크나 페이스트리에 크림·잼을 바를 때 쓴다. 그리고 마지팬 장식을 만들 때에도 쓴다.

팔로 菓 (프 Éclair 에 Palo) 슈 껍질('슈'항 참고)에 커스터드 크림이나 생크림을 채우고 윗면에 초콜릿을 묻힌 과자. 팔로란 에스파냐어로 '막대'를 가리킨다.

팔미에 菓 (영 Palm Leaves 프 Palmier) 푀이타주* 특유의 바삭함과 버터의 풍미를 살리기 위해 설탕만으로 맛을 낸 과자. 설탕을 뿌린 푀이타주 양끝을 가운데로 향하여 만다. 자른 부분을 위로 하여 굽는다. 팔미에는 프랑스어로 '야자나무'란 뜻으로, 그 나무의 잎 모양을 본떠서 만들었다 해서 붙여진 명칭이다. 한편 만드는 법은 같고 모양만 바꾼 것이 파피용*이다.
[**배합**] 〈푀이타주〉 강력분·박력분 각 250g, 소금 10g, 찬물 250~300cc, 버터 450g, 설탕 적당량.
[**만드는 법**] ① 푀이타주를 만든다. 강력분과 박력분을 합쳐 체 친다. 볼(bowl)에 넣고 소금과 물을 더해 잘 이긴다 ② ①을 한 덩어리로 뭉쳐 표면에 십자로 칼집을 넣는다. 젖은 수건을 씌워 냉장고에서 휴지시킨다 ③ 냉장고에서 충분히 굳힌 버터를 밀대로 두드려 20×20cm 크기로 만든다 ④ ②의 반죽을 밀대로 얇게 늘인다. 그 위에 ③의 버터를 얹고 싼다 ⑤ ④를 밀대로 밀어 세로의 길이가 가로의 3배가 되도록 늘인다. 4겹 접고 90도 돌려 늘인다. 이것을 다시 4겹 접어 냉장고에서 휴지시킨다 ⑥ 4겹 접기를 2번 할 때마다 냉장고에서 휴지시킨다. 다 합쳐 6번 접어밀기 한다. 5, 6번째에는 설탕을 덧가루 삼아 접고 4등분한다 ⑦ 각각의 반죽을 2~3mm 두께인 직사각형으로 늘인다. 여전히 덧가루는 설탕을 쓴다. 표면에 물을 바르고 양끝에서 중앙을 향해 2번씩 접는다 ⑧ 또, 물을 바르고 중앙을 중심으로 하여 접는다. 이것을 눌러 붙이고 너비 1cm로 자른다 ⑨ 자른 면을 위로 하고 간격을 띄워 철판에 놓는다 ⑩ 표면에 캐러멜색이 들 때까지 오븐에서 굽는다.

팜유[一油] 原 (영 Palm oil 프 Huile de palme) 팜(종려)의 과육에 포함되어 있는 기름을 짜서 정제한 것. 녹는점이 30~40℃로 높아 상온에서 고체 상태를 유지하는 기름이다. 주산지이자 기온이 높은 나라인 말레이시아, 인도네시아, 아프리카 등지에서는 액체 상태이다. 이것은 다른 식물유와 달리, 지방산의 조성이 불포화지방산(리놀레산) 10%, 포화지방산인 올레산 39%, 팔미트산 45%로 되어 있다. 이러한 점으로 보아 다른 식물유보다 유지나 라드에 더 가깝다고 볼 수 있다. 팜유는 불포화지방산이 적으므로 쉽게 산화하지 않는다. 따라서 안정성 있는 튀김으로 알맞다. 팜유는 비타민 A의 효력을 갖는 카로티노이드계 색소가 있어 짙은 오렌지색을 띤다. 팜유의 종류에는 녹는점이 낮은 액체, 녹는점이 높은 고체 유지 그리고 그 중간에 위치하는 것이 있다. 한편 팜의 핵에서 얻은 기름은 팜핵유로, 녹는점은 23~30℃이다.

팜하우스 브레드 빵 (영 Farmhouse Bread) 갈색 가루로 만든 농촌풍(農村風)의 빵. 19세기 후반에 대량 생산된 흰 밀가루 빵에 대응하는 명칭이다. 보통의 식빵 틀보다 깊이가 얕은 틀에 굽는다. 팜하우스 브레드의 종류로는 코버그*, 코티지 로프*가 있다. 그러나 최근에는 흰 밀가루로 만든 팜하우스도 선보이고 있다.

팜하우스 케이크 菓 (영 Farmhouse Cakes) 농촌풍(農村風)의 케이크('팜하우스 브레드'항 참고).
[**배합**] 밀가루 454g, 팽창제 36g, 케이크 크림 454g, 버터 199g, 설탕 284g, 소금 3.4g, 계란 227g, 우유 454cc, 구즈베리 284g, 설타너 227g, 과일 혼합필 57g.
[**만드는 법**] ① 밀가루, 소금, 팽창제를 체

쳐서 버터와 섞는다 ②①에 케이크 크럼을 더하고, 나머지 재료를 넣어 섞는다 ③②의 반죽을 454 g 용 파운드 틀에 425 g 씩 채워 204℃의 오븐에서 굽는다.

팝콘 菓 (영 Popcorn) 옥수수를 볶아 부풀린 것. 대부분이 기계 생산된다.

팡초네트 菓 (프 Fanchonnettes) 표면에 머랭을 씌워 구운 프랑스 과자. 보통 타르트, 타르틀레트의 형태로 만든다.
[배합] 〈충전물〉 계란 2개, 노른자 2개, 설탕 90 g, 바닐라 에센스 5 cc, 브랜디 50cc, 밀가루 60 g, 버터 50 g, 아몬드 가루 70 g, 설타너·사과·오렌지 각 적당량. 〈파트 브리제〉 밀가루 150 g, 버터 120 g, 우유 50cc, 바닐라 향료 소량. 〈시럽〉 설탕 250 g, 물 500cc, 브랜디 125cc. 〈머랭〉 흰자 3개, 설탕 150 g, 바닐라 에센스 소량. 분설탕·라즈베리 잼 각 적당량.
[만드는 법] ① 충전물을 만든다. 계란, 노른자를 풀고 설탕을 더해 거품낸다. 그리고 녹인 버터를 더한다 ② 밀가루, 아몬드 가루를 함께 체 쳐서 ①에 더한다. 또한 바닐라 에센스, 브랜디, 설타너, 사과, 오렌지를 넣고 섞는다 ③ 파트 브리제*를 밀어 펴서 틀에 깔고 180℃ 오븐에서 30~40분간 구워 낸 뒤, 틀에서 빼내어 시럽을 뿌려 둔다 ④ 흰자와 설탕으로 머랭을 만들고 마지막에 바닐라 에센스를 넣는다 ⑤③에 ②의 충전물을 채우고 ⑤의 머랭을 바른다. 표면에 장식 모양을 짜 놓고 분설탕을 뿌린다 ⑦ 200℃의 오븐에서 구운색이 들 때까지 굽는다. 식히 뒤에 잼을 짜 놓는다.

패너리 퍼멘테이션 빵 (영 Panary fermentation) 빵 반죽의 발효를 통틀어 가리키는 용어. 반죽 초기단계부터 오븐에 넣어 이스트가 불활성화될 때까지를 가리킨다.

패리노그래프 試 (영 Farinograph) 일정한 온도에서 반죽을 교반하면서 반죽의 가소성(plasticity), 움직임(mobility)을 측정하는 기기. 여기서 얻어지는 패리노그램*

은 반죽이 일정한 굳기를 얻기까지 필요로 하는 수분량(흡수율)과 반죽의 특성을 나타낸다. 패리노그래프는 50 g 또는 300 g 용 믹싱 볼을 사용하여 반죽의 굳기가 500 BU (Brabender Units)에 도달하도록 물을 더하고 여러 측정치를 시간(분) 또는 BU로 표시한다. 그 결과를 통해 밀가루 타입과, 반죽하는 동안에 나타는 특성을 검토하고 가수량의 정도를 판정한다.

패리노그램 試 (영 Farinogram) 패리노그래프가 기록한 그래프. 이 그래프의 가로축은 반죽 시간, 세로축은 반죽의 굳기를 나타낸다.
→패리노그래프

패션프루츠 果 (영 Passion fruit 프 Fruit de la Passion) 시계꽃과(科)의 열대 과일. 원산지는 브라질 남부이다. 모양은 둥글거나 타원형이고, 검붉은색으로 익는 것과 노랗게 익는 것이 있다. 반쪽을 나누어 보면 씨가 많이 들어 있고, 그것을 둘러싸고 있는 젤리 상태의 것이 과육이다. 과육은 달기도 하지만 신맛이 강해 주스나 잼으로 가공하기에 알맞다. 이 과실로 만든 주스나 시럽을 사용해 젤리, 무스, 셔벗, 아이스크림 등을 만든다.

패스트 푸드 原 (영 Fast food) 통닭, 샌드위치, 햄버거 등과 같이 빠른 시간에 조리할 수 있는 음식. 이러한 음식과 간단한 음료를 판매하는 곳이 패스트 푸드점이다.

패턴트 밀가루 原 (영 Patent flour) 통밀가루(그레이엄 밀가루)에서 저급한 가루를 빼고 질 좋은 배유만으로 만든 밀가루, 최고급인만큼 가격도 비교적 비싼 편이다.

패티 셸 菓 (영 Patty Shell) 퍼프 페이스트리로 만든 속이 빈 껍질, 또는 그 속에 각종 재료를 충전한 과자. 미국에서 흔히 볼 수 있는 퍼프 페이스트리 제품이다.
[만드는 법] ① 퍼프 페이스트를 두께 0.6cm로 늘여 펴고, 지름 7 cm인 둥근 형틀로 찍

는다 ②① 중에서 반수는 가운데에 지름 2.7cm인 형틀로 구멍을 낸다 ③②의 고리 반죽을 ①의 원형 반죽 위에 포개고 철판 위에서 1시간 동안 휴지시킨다. 표면에 계란을 바르고 조금 센불에서 굽는다 ④ 식힌 뒤 빈 곳에 알맞은 충전물을 채운다. 크림, 잼처럼 단맛의 충전물을 넣을 때는 시럽이나 그 밖의 것으로 글라세*한다. 그리고 굴이나 고기를 채울 때는 단맛을 거의 더하지 않는다. 간단하게는 단 2층으로 하지만, 복잡한 것은 고리 모양의 반죽을 여러 개 포갠다.

팬 機 (영 Pan) ① 빵 틀. ② 납작한 냄비. ③ 철판.
⇨틀

팬닝 技 (영 Panning 프 Moulage 독 Formung) 성형 반죽을 빵 틀에 채우거나 철판에 나열하는 일. 빵 틀의 온도는 35~38℃로 하고, 그보다 높으면 식힌다. 그리고 반죽은 틀 양쪽에 닿지 않을 정도의 크기로 만든다. 철판에는 성형 반죽의 중량, 모양을 생각하여 알맞은 수를 늘어놓아야 한다. 너무 많으면 굽는 동안 부피가 커져 서로 들러붙고 열전도도 나빠진다. 또, 너무 적으면 열전도가 지나쳐 희어야 할 부분까지 착색이 되고 만다.

팬 롤 빵 (영 Pan Roll) 크고 얕은 둥근 빵 틀에 롤빵 반죽을 12덩이쯤 채워 구운 것. 이보다 작은 틀에 반죽을 넣고 구운 것이 트윈 롤(Twin Roll)이고, 3덩이를 넣고 구운 것이 클로버 리프 롤(Clover Leaf Rolls)이다.

팬 브레드 빵 (영 Pan Bread)
⇨틴 브레드

팬시 빵 (영 Fancy) 여러 가지 모양으로 변화를 준 빵·케이크의 총칭. ① 팬시 브레드 : 풍부한 재료로 만든 소형 빵. ② 팬시 샌드위치 : 새로운 모양, 장식을 덧붙인 샌드위치. 소라고둥(소라과의 연체동물) 모양의 샌드위치, 흑빵과 흰빵으로 격자무

늬를 만든 샌드위치가 여기에 속한다. ③ 팬시 브리크 : 모양은 타원이고, 그 윗부분에 칼자국을 낸 빵. 옛날 영국의 남부지방에서 유행했다. ④ 팬시 케이크 : 모든 종류의 데커레이션 케이크를 통틀어 가리킨다. ⑤ 팬시 쿠키 : 여러 가지 모양으로 짜 내고 표면을 장식한 고급 쿠키를 말한다. ⑥ 팬시 비스킷 : 다양한 모양으로 표면을 장식한 고급 비스킷이다.

팬시 비스킷 菓 (영 Fancy Biscuit) 모양에 변화를 주고 장식을 곁들인 비스킷. 보통의 비스킷에 비해 설탕, 계란의 양이 많아 부드럽고 단맛이 강하다.

팬시 쿠키 菓 (영 Fancy Cookies) 모양깍지를 끼운 짤주머니로 여러 가지 모양을 짜낸 뒤, 그 표면에 설탕, 과일 설탕절임, 호두 따위를 장식한 쿠키. 여기에는 아몬드 팬시, 파인애플 팬시, 아몬드 버터, 브라운 리브, 버터 스냅, 샴페인 바, 데이트 드롭, 코코넛 바, 슈거 쿠키, 바닐라 웨이퍼 등이 있다.
→쿠키

팬케이크 菓 (영 Pancake) 프랑스의 판케, 크레프에 해당한다.
⇨핫 케이크

팻 原 (영 Fat)
⇨유지

팻 블룸 菓 (영 Fat bloom) 초콜릿 표면에 하얗고 얇은 막이 생기는 현상. 블룸이란, 커버추어 또는 커버추어를 이용한 과자를 보관하는 동안 온도변화에 따라 일어나는 현상으로서 팻 블룸과 슈거 블룸*이 있다. 팻 블룸은 코코아 결정이 녹아 표면에 배어 나온 결과이다. 이러한 현상을 막기 위해서는 작업실 온도를 18~20℃로, 습도를 70% 이하로 유지해야 하고 냉장고에서 식혀 굳힐 경우 냉장온도를 10℃로 하며 실온과의 온도차도 8℃ 이내로 해야 한다.
→커버추어

팽세 技 (프 Pincer) 제과용어. 타르

트를 만들 때 깔개용 반죽(파트 쉬크레)의 가장자리를 핀셋*으로 집어 무늬를 새기는 일을 팽세라 한다.

팽창[膨脹] 技 (영 Expansion) 어떤 물체의 부피가 늘어나는 현상. 빵 반죽은 다음의 5가지 방법을 통해 팽창한다. ① 발효법 : 이스트를 발효시켜 부풀리기. ② 물리적 방법 : 거품내기. ③ 화학적 방법 : 팽창제 사용. ④ 얇은 층 만들기 : 접어밀기. ⑤ 위의 방법을 병용하기.

〈물리적 방법〉 인류가 과자 반죽을 휘저으면 반죽 속에 공기가 들어가 케이크의 결이 좋아짐을 안 것은 아주 오래전 일이다. 처음에는 계란을 씀으로써, 더 나아가 동물성 지방이 팽창시키는 역할을 한다는 것을 알게 되었다. 재료 중에서 휘저었을 때 공기를 포함할 수 있는 것은 지방과 계란이다. 또 계란 중에서도 노른자보다 흰자가 그 능력이 뛰어나다. 거품기는 반죽의 표면을 뚫고 들어가고, 반죽 표면은 이것을 최대한 막으려 하기 때문에 저항력이 생긴다. 그래서 거품기가 반죽 속에 들어가려는 순간 생긴 작은 기포가 거품기에 붙어 반죽 속에 섞여 들어간다. 이 공기는 반죽 속의 지방, 계란에 의해 보유된다. 이같은 작용이 되풀이됨에 따라 수없이 많은 기포가 만들어져 완전한 팽창이 이루어진다.

〈화학적 방법〉 어떤 화학약품이 습기와 열을 받으면 가스를 발생한다는 원리를 언제부터 식품에 응용했는지는 확실치 않다. 단지 탄산칼륨이 가스를 발생시킨다는 사실은 2세기 이전부터 알려져 왔다. 지금도 스파이스 브레드, 허니 케이크에 쓰인다. 근대에 들어서면서 탄산칼륨을 대신할 탄산마그네슘과 탄산암모늄이 등장하였다. 탄산마그네슘은 화학반응시 탄산 가스와 염화나트륨을 남기고, 탄산암모늄은 탄산 가스와 암모니아 가스를 남긴다. 지금도 비스킷, 슈 반죽에 사용한다. 그 다음에 나온 것이 베이킹 파우더의 산성 성분인 주석산과, 이보

다 작용이 완만한 주석영이고, 또 피로인산나트륨이 원료인 크림 파우더이다. 화학 팽창제가 갖추어야 할 점은 많은 가스를 발생해야 하고, 제품 속에 남는 반응물질이 인체에 해로워서는 안되며, 맛과 냄새가 나빠서도 안된다는 점이다.

팽창제[膨脹劑] 原 (영 Expansion agent) 빵, 카스텔라 등을 부풀려 모양을 갖추기 위해 쓰는 첨가제. 천연품(효모)과 합성품이 있다. 합성품에는 중조(탄산수소나트륨)를 비롯한 20여종이 있으며, 각각 단독으로 사용하거나 2종 이상 섞어서 사용한다. 이 때 2종 이상 섞은 것이 합성 팽창제(뒷 페이지〈표〉 참고). 팽창제는 탄산수소나트륨, 탄산수소암모늄, 탄산암모늄과 같이 알칼리제로, 이들은 그 자체만으로도 물과 열을 받으면 이산화탄소(탄산 가스)나 암모니아 가스를 발생시켜 강력한 팽창력을 발휘한다. 그러나 이 때 이산화탄소 이외에 알칼리성인 탄산나트륨이 생겨 식품을 알칼리성으로 만들고, 빵의 색을 누렇게 바꾸며 풍미를 떨어뜨린다. 따라서 여기에 산성 물질을 함께 사용하면 결점이 보완되고 효과가 향상된다. 이렇게 만든 것이 합성 팽창제(베이킹 파우더*)이다. 베이킹 파우더는 원료가 되는 성분이나 형태에 따라 암모니아계, 일제식(一劑式), 이제식(二劑式) 등 3종류로 나뉜다. 그리고 중조에 첨가하는 산성제에 따라 속효성(速效性), 지속성(持續性), 지효성(遲效性) 등 그 특성이 달라진다. 구움과 동시에 가스가 발생하는 속효성 타입에 주석산, 제일인산칼슘이 있고, 가열 후기에 발생하는 지효성 타입에 명반이 있다. 산성제의 종류에 따라 가스의 발생 시기가 다른 이유는 가스 발생제와 반응하는 산성제의 온도가 다르기 때문이다. ① 속효성 팽창제 : 실온에서 반응을 시작해 100℃에서 가스를 발생하는 것. 핫 케이크, 찜 케이크처럼 반죽의 성형 단계에서 팽화하기 시작하고 가열시간이 짧으며 가열온도

가 낮은 제품에 사용한다. ② 지속성 팽창제 : 저온에서 고온까지 계속해서 가스를 발생하는 것. 반죽 시간과 굽는 시간이 긴 프루츠 케이크, 버터 케이크에 사용한다. ③ 지효성 팽창제 : 온도가 높아져야 가스를 발생하는 것. 고온에서 짧은 시간내에 구워야 하는 케이크에 사용한다. 빵 반죽에 배합하는 베이킹 파우더의 양은 적으므로 밀가루와 함께 체 쳐 두면 전체에 골고루 분산된다. 보관하는 장소는 어둡고 서늘한 곳이 좋고, 건조 상태로 밀봉하여 둔다.

팽창제와 밀가루의 배합비[—配合比] 原
팽창제의 배합은 정확해야 한다. 그 때문에 일정량의 밀가루에 일정량의 팽창제를 더하는 방법이 있다. 영국에서 이것을 스콘 플라워(scone flour)라 부르는데, 그 표준배합은 다음과 같다.
1. 밀가루 907 g, 팽창제 43 g, 2. 밀가루 851 g, 팽창제 57 g. 3. 밀가루 454 g, 팽창제 21 g, 소금 7 g. 이 때 팽창제의 배합량은 주석영 907 g, 탄산수소나트륨(중조) 454 g 이다.

퍼멘테이션 化 (영 Fermentation)
⇨발효

퍼멘테이션 룸 機 (영 Fermentation room)
⇨일차 발효실

퍼멘토그래프 試 (영 Fermentograph)
빵 반죽의 가스 발생을 측정하는 기기. 그 기록을 통해 가스가 발생하는 시점과 속도 그리고 발생량을 알 수 있다.
→취모타시그래프

퍼멘트 빵 (영 Ferment) 발효액. 예전에는 수종(水種)을 가리켰으나, 지금은 아드미법에 사용하는 발효액을 가리킨다.
⇨아드미법

퍼시팬 菓 (영, 독 Persipan) 살구 또는 복숭아에 설탕을 섞은 것. 설탕을 더하기 전에 과실의 씨와 쓴맛을 뺀다. 파트 다망드*의 대용품으로 이용한다.

〈표〉 허용 합성 팽창제

품　　　　　명	대 상 식 품	작　　용
명반(alum)	빵, 과자	산제(酸劑)
소명반(burnt alum)	〃	〃
암모늄명반(ammonium alum)	〃	산제, NH₃
소암모늄명반(burnt ammonium alum)	〃	〃
염화암모늄(ammonium chloride)	비스킷	NH₃
D-주석산수소칼륨(potassium D-bitartrate)	빵, 과자	산제
DL-주석산수소칼륨(potassium DL-bitartrate)	〃	〃
탄산수소나트륨(sodium bicarbonate)	빵, 비스킷	CO₂
탄산수소암모늄(ammonium bicarbonate)	비스킷, 과자	CO₂, NH₃
탄산암모늄(ammonium carbonate)	〃	〃
산성피로인산나트륨(disodium dihydrogen pyrophosphate)	빵, 과자	산제
제1인산칼슘(calcium phosphate monobasic)	빵, 과자, 비스킷	〃
글루코노델타락톤(glucono delta lactone)	케이크, 도넛, 비스킷, 식빵 등	〃
탄산마그네슘(magnecium carbonate)	빵, 과자	CO₂
염기성 알루미늄탄산나트륨(basic aluminium sodium carbonate)	〃	〃

퍼지 菓 (영 Fudge) ① 설탕, 버터, 초콜릿으로 만드는 부드러운 영국풍(風) 캔디. 끓여 조린 반죽을 철판에 넣고 굳혀서 자르는 방법과, 녹말 속에서 성형하는 방법이 있다. 보통 철판을 많이 이용한다. ② 아이싱용. 퐁당, 같은 양의 설탕, 우유, 유지를 섞은 것('퍼지 아이싱'항 참고). 다음은 위의 ①을 만드는 법이다.
[배합] 그라뉴당 200 g, 우유 120cc, 초콜릿 25 g, 엿 20 g, 버터 15 g, 바닐라 향 6 g, 파라핀 종이 1 장.
[만드는 법] ① 그라뉴당, 우유, 초콜릿, 엿을 가열하다가 115℃에 이르면 불에서 내린다 ② ①에 버터를 넣고 식힌다. 43℃가 되면 바닐라를 섞어 교반하고, 점착성이 없어졌을 때 철판에 넣고 식힌다 ③ ②가 굳으면 네 변이 3 cm인 크기로 자른다. 그리고 공기가 닿지 않도록 파라핀 종이에 싼다. 슈퍼 퍼지(super fudge)는 퍼지에 70 g의 초콜릿을 더한 것이다.

퍼지 아이싱 原 (영 Fudge icing) 아이싱용 퍼지*. 우유(1), 쇼트닝(1/2), 버터를 넣고 데운 용액에 설탕을 넣어 시럽 상태로 조린 것. 이것은 보통의 아이싱보다 끈기가 있고 당분이 65~80%, 유분(油分)이 10~15%이다. 중탕하여 쓴다.

퍼프 페이스트 菓 (영 Puff paste 프 Pâte feuilletée) 접기형 파이 반죽. 미국의 플레이키 페이스트리(flaky pastry), 프랑스의 파트 푀이테에 해당하는 명칭이다. 퍼프 페이스트에 잼, 버터 크림, 프랑지판, 쇠고기, 햄, 생선살, 치즈 등을 충전하고 성형한 뒤 구워 낸 것이 퍼프 페이스트리이다.
→파이 반죽, 파이의 제조원리

펀치 原 (영, 프 Punch)
⇨퐁슈

펀치 볼 菓 (영 Punch Balls) 소형 케이크나 페이스트리의 부스러기만으로 만든 것. 케이크의 부스러기(크림*)를 볼(bowl)에

담고 럼를 친다. 살구잼, 럼에 담갔던 건포도를 넣고 섞는다. 이것을 조금씩 나누어 놓는다. 냉장고에 넣었다가 굳으면 하나씩 동그랗게 빚는다. 이들을 럼에 두 번 적시고 초콜릿 가루를 묻힌다. 아이싱 슈거를 뿌리고 종이 케이스에 얹는다.

펌프 機 (영 Pump 프 Pompe 독 Pumpe) 유동체를 흡인·압축작용으로 옮기는 기계. 기체용은 공기 펌프라 부르고 액체, 특히 물을 이송하는 것은 그 구조에 따라 왕복 펌프, 소용돌이 펌프, 터빈 펌프, 축류(軸流) 펌프, 톱니바퀴 펌프 등으로 불린다. 이 중 베이커리에서 흔히 쓰는 펌프는 소용돌이 펌프이다.

펌프킨 파이 菓 (영 Pumpkin Pie) 추수 감사절(Thanksgiving Day : 11월 넷째주 목요일)에 특히 즐겨 먹는 파이*.
[배합] 파트 브리제(또는 파트 쉬크레) 적당량, 호박(체에 으깬 것) 250 g, 계란 3개, 흑설탕 100 g, 시너먼·생강가루 각 1 g, 정향 소량, 생크림·우유 각 100cc, 칼바도스 50cc.
[만드는 법] ① 파트 브리제*를 3mm 두께로 늘여 펴서 파이 틀에 깐다 ② 으깬 호박을 계란, 흑설탕, 시너먼, 생강가루, 정향과 더하고 또 생크림, 우유, 칼바도스*를 더해 섞는다 ③ ②를 ①의 파이 틀에 붓고 180℃ 오븐에서 굽는다.

페널 原 (영 Fennel)
⇨회향

페더 原 (영 Feather) 설탕용액에 담갔다 꺼낸 철사를 입가에 대고 후 불면 설탕물이 깃털처럼 날아가는 상태. 이 때 설탕용액의 온도는 116℃로 한다.

페 드 논 菓 (프 Pets-de-nonne) 베녜 수플레('베녜'항 참고). 슈 반죽을 작게 짜서 기름에 튀긴 과자. 프랑스어로 페(pet)는 '방귀', 논(nonne)은 '신부'를 뜻한다. 18세기 말, 프랑슈콩테(Franchecomté) 지방에 있던 수도원의 신부가 처음 만들었다고 한

다. 과자 만들기를 즐겨했던 그 신부가 주교 앞에서 방귀를 뀌고 부끄러운 나머지 달아나다가 손에 들고 있던 쟁반 위의 소형 과자를 튀김 기름에 떨어뜨리고 말았다. 이렇게 해서 만들어진 과자는 아주 맛있어 주교에게까지 칭찬을 받았다. 이리하여 페 드 논이라는 이름의 과자가 생겨났다. 그런데 이름이 고상하지 못하다 하여, 수피르 드 논(Soupir de Nonne : 신부님의 한숨)이라는 이름으로 부르기도 한다.

[배합] 〈슈 반죽〉 버터 80 g, 물 200cc, 소금 소량, 박력분 100 g, 계란 3~4개, 드레인드 체리* 150 g. 〈기타〉 샐러드유·쇼트닝·시너먼 슈거(시너먼 1 : 10 설탕) 각 적당량.

[만드는 법] ① 슈 반죽을 만든다. 냄비에 버터, 물, 소금을 담고 불에 올린다 ② 버터가 녹고 끓기 시작하면 불에서 내리고, 박력분을 더해 섞는다 ③ 한 덩어리로 뭉쳐지면 다시 불에 올리고 젓는다. 냄비 바닥에 얇은 막이 생기면 불에서 내려 볼(bowl)에 옮긴다 ④ 계란은 3~4번에 나누어 ③에 더해 섞는다 ⑤ 드레인드 체리를 잘게 잘라 ④에 섞어 넣는다 ⑥ 샐러드유에 쇼트닝을 더해 160℃까지 가열한다 ⑦⑤를 둥근 모양깍지 끼운 짤주머니에 넣고 ⑥의 속에 2 cm씩 짜서 튀긴다 ⑧ 충분히 기름을 빼고, 시너먼 슈거를 뿌린다.

페브 機 (프 Fève) '누에콩'의 뜻으로 1월 6일 주현절*에 먹는 갈레트 데 루아 속에 넣는 도제(陶製) 인형을 가리킨다. 모양은 종교적 상징물에서부터 동물·추상적인 것까지 다양하다.
→갈레트 데 루아

페셔 技 (독 Fächer) 독일의 제과용어. 부채를 뜻하는 말로 토르테 위에 얹는 꽃 모양의 초콜릿 장식을 가리킨다. 초콜릿을 대리석 위에 팔레트 나이프로 얇게 펼치고 띠 모양으로 긁어낸다. 이것을 토르테의 윗면 주위에 얹고 꽃 모양으로 만든다.

페슈 菓 (프 Pêche) 복숭아의 프랑스어명.
⇨복숭아

페슈 멜바 菓 (영 Peach Melba ㉺ Pêche Melba) 아이스크림에 복숭아 콩포트*를 곁들이고 라즈베리 잼을 흘려 넣은 것. 19세기 바그너의 오페라 '로엔그린'의 성공을 축하하는 파티에서 첫선을 보인 디저트이다. 그리고 멜바라는 명칭은 이 오페라의 주인공이었던 네유 멜바(Neillie Melba : 1859~1913)의 이름을 딴 것이다.

페어 菓 (영 Pear) 서양 배(梨). 영어인 '페어', 네덜란드어인 '페르', 이탈리아·에스파냐·포르투갈어인 '페라'는 모두 배를 뜻하는데 그 어원은 라틴어인 '피룸(Pirum)'이다. 서양 배의 원종(原種)은 유럽 중남부에서 아시아 서부에 걸쳐 자라고 있다. 이것은 유사 이전부터 재배돼 오던 과수 중의 하나이다. 대표적인 품종에는 바르틀렛(bartlett), 라 프랑스(la France)가 있다. 바르틀렛은 모양이 가늘고 매끈하게 빠져 제과용에 알맞다. 라 프랑스는 과육이 부드럽고 향이 좋은 것이 특징이다.

페이스트 原 (영 Paste 프 Pâte) 과실, 야채, 견과류, 육류 등 모든 식품을 갈거나 체에 으깨어 부드러운 상태로 만든 것. 또는 고체와 액체의 중간 굳기를 뜻하는 용어로, 빵 반죽(dough)과 케이크 반죽의 중간에 위치하는 반죽을 가리킨다. ① 과실 페이스트 : 과실의 과육을 잘게 다져 체에 거르거나, 믹서에 돌려 부드러운 상태로 만든다. 이것을 불에 올려 놓고 설탕을 더해 조린다. 불에서 내리기 바로 전에 에센스나 알코올을 넣어 풍미를 내기도 하며 방부작용이 있는 설탕을 더한다. 가열한 결과 살균이 되었기 때문에 보존성이 크다. 무스, 아이스크림의 재료로 쓴다. ② 야채 페이스트 : 과실 페이스트처럼 야채를 부드러운 상태로 만든 것. ③ 견과류 페이스트 : 견과를 설탕과 섞어 잘게 부순다. 이 때 견과 자체에서 배어 나온 지방이 섞여 들어 부드러운 반죽이 된다. 아몬드 페이스트, 헤이즐넛 페이스트, 밤 페이스트, 프랄리네 페이스트가 여기에 속한다. 아몬드 페이스트는 마지팬(파트 다망드)과 같은 용어이다. ④육류 페이스트 : 고기, 생선, 내장을 갈아 이긴 것. 제과에서는 거의 쓰지 않는다.

페이스트리 菓 (영 Pastry 프 Pâtisserie) ①파이 반죽. 예를 들면 쇼트 페이스트, 스위트 페이스트, 퍼프 페이스트, 데니시 페이스트, 슈 페이스트가 그것이다. ②①의 반죽을 사용해서 구운 과자와 쇼트 브레드의 총칭. 타르트, 민스 파이, 슈과자, 밴버리 케이크, 팔미에, 알뤼메트 등이 여기에 속한다.

페이스트리 휠 機 (영 Pastry wheel 프 Roulette à pâte)
⇨파이 커터

페커 테스트 試 (영 Pekar test)
⇨밀가루의 페커 시험

페트 原 (영 Tallow 독 Fett) 페트는 독일어로 '동물의 지방(脂肪)'을 뜻한다. 영어로는 텔로라 하는데, 특히 연한 쇠기름(牛脂)은 올레오 오일(oil) 또는 올레오라 한다. 쇠기름은 스테아르산 60%, 팔미트산 6%, 올레산 34%으로 이루어져 있으며 옥소가(沃素價 : 요오드값) 38~46에 녹는점이 38℃이다. 이것은 빵, 케이크 작업 온도(18~24℃)와 맞지 않기 때문에 제과제빵에는 거의 쓰지 않고 요리에 사용한다. 그 대신 빵·과자에는 돼지기름인 라드를 쓴다. 마가린은 처음으로 쇠기름을 원료로 하여 만든 제품이다. 따라서 영국에서는 그 원료인 쇠기름을 올레오 마가린이라고 한다.

페퍼 原 (영 Pepper)
⇨후추

페퍼민트 原 (영 Peppermint)
⇨박하

페퍼쿠헨 菓 (독 Pfefferkuchen) 인공당밀이나 글루코오스(물엿)를 사용하여 만든 호니히쿠헨의 총칭. 호니히쿠헨* 제품은 천연의 꿀을 사용한다.

페하미터 試 (영 pH-meter) pH 측정시 사용하는 계측기. pH계(計)라고도 한다. 전극법에 따른 것으로서 용액의 pH에 대해 1차식으로 표현되는 전위(電位)가 생기는 원리를 이용한다. 전극에는 수소전극, 퀸히드론전극, 안티몬전극, 유리전극, 팔라듐전극 등이 있다. 이 중에서 퀸히드론전극이 널리 쓰이고 있다.

페하 정량법[-定量法] 試 (영 pH quantitative method) pH, 즉 수용액의 수소이온 농도*를 측정하여 수치로 나타내는 방법. 측정법으로는 지시약법(비색법), 전극법, pH 시험지법 등을 이용한다.

펙틴 原 (영 Pectin 프 Pectine 독 Pektin) 과실, 야채와 같이 고등 식물 세포벽에 있는 다당류(多糖類)의 하나. 특히 감귤류, 사과에 많다. 이것은 응고제로서 잼, 마멀레이드, 프루츠 젤리를 만들 때 젤리 상태로 굳히는 성분이다. 펙틴은 갈락토오스의 유도체인 갈락튜론산(galacturonic acid)이 기다란 사슬 모양으로 결합된 것으로, 수많은 메토옥소기 (CH_3O-)를 갖고 있다. 펙틴의 젤리화는 펙틴 분자의 메토옥소기에 의한 결합으로 그물 구조가 생겨 그 구조 속에 수분이 끼어든 결과이다. 시판되고 있는 가루 펙틴에는 사용목적에 따라 고메토옥소 펙틴(HM 펙틴)과 저메토옥소 펙틴(LM 펙틴)이 있다. HM 펙틴은 잼, 마멀레이드, 프루츠 젤리에 쓴다. 이것은 메토옥소기가 많고 산성(pH 3), 고농도(설탕 65%) 조건 하에서 젤리화한다. LM 펙틴은 메토옥소기가 적고 산, 설탕량에 영향을 받지 않는 대신 칼슘, 마그네슘 같은 무기질로써 젤리를 형성하므로 우유 넣은 젤리, 단맛과 신맛을 줄인 잼, 펙틴 젤리, 아이스크림, 무스에 쓴다. 젤리화에 필요한 펙틴의 농도는 0.5~1.5%, 많을수록 젤리는 단단해진다. 가루 펙틴은 물에 녹기 어렵지만 설탕의 일부와 혼합해서 물에 더하면 잘 녹는다. 이 때 설탕을 한꺼번에 많이 더하면 잘 녹지 않는다. 그리고 펙틴을 산으로만 가열하면 분해되어 젤리화시키는 힘이 약해진다. 그러므로 먼저 펙틴과 일부의 설탕에 물을 더해 가열하여 녹인 뒤 설탕을 마저 넣어 녹이고 마지막에 산을 더한다. 가열시간은 15분, 이보다 길면 젤리화시키는 힘이 약해진다. 가열한 뒤에는 바로 굳기 시작하므로 용기에 곧 옮긴다. 과실로 젤리를 만들 때는 펙틴 함유량이 많은 것을 골라 쓴다. 감귤류와 사과는 신맛이 강할수록 펙틴을 많이 갖고 있다. 덜 익은 것보다 알맞게 익은 것일수록 펙틴이 젤리 상태의 그물 구조를 잘 만드는 성질을 갖는다. 너무 푹 익은 것은 그물 구조가 파괴되어 젤리화하는 힘이 거의 없다. 따라서 신맛이 적은 과실, 덜 익은 것이나 너무 익은 것으로 잼, 젤리를 만들 때는 가루 펙틴을 보충한다.

펩신 生 (영, 프 Pepsin） 위액 속에 있는 단백질 분해 효소. 위 속으로 분비될 때는 비활성형인 펩시노겐(pepsinogen) 형태로 분비된다. 그리고 위 속에서 염산의 작용을 받아 그 분자의 일부가 떨어져 나가면서 남은 부분이 활성형인 펩신으로 바뀐다. 펩신은 극도의 산성 용액에서만 활성한다. 즉, pH 2인 위 속에서 단백질을 분해한다.

펩톤 化 (영 Peptone） 단백질을 효소 혹은 산, 알칼리로 가수분해할 때 생성되는 여러 종류의 펩티드 혼합물. 미생물 배양의 아미노산으로 널리 이용된다.

펩티드 化 (영 Peptide） 2개 이상의 아미노산이 펩티드 결합한 중합체. 결합한 개수에 따라 디펩티드(2개), 트리펩티드(3개), 테트라펩티드(4개)라고 하며 다수의 아미노산이 결합한 펩티드를 폴리펩티드라고 한다.

펩티드 결합[－結合] 化 (영 Peptide bond） 아미노산의 아미노기($-NH_2$)와 다른 아미노산의 카르복시기($-COOH$)에서 1분자의 물(H_2O)이 나오고 아미노산끼리 $-CONH-$로 연결된 결합. 펩티드, 단백질의 기본적인 결합 방법이다.

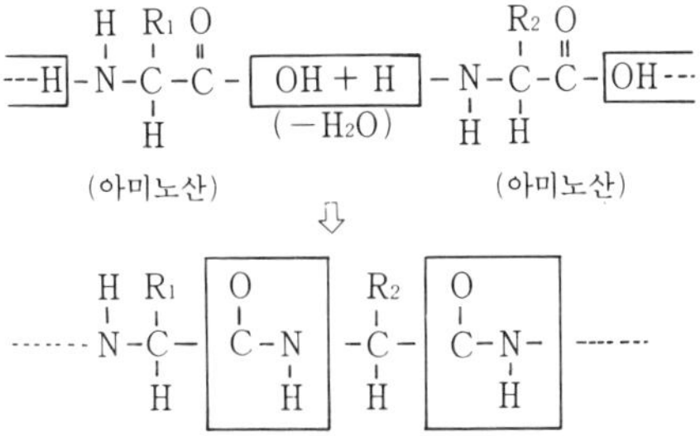

$-CONH$: 펩티드결합

편광[偏光] 物 (영 Polarized light） 보통 빛, 즉 자연광선은 그 진행방향에 수직인 방향으로 진동하는 파동이다. 이 진동방향을 일정 방향으로만 한정한 빛을 편광이라 한다. 자연광선이 전기석(石) 같은 특정 물질 속을 지나갈 때 편광이 된다. 또, 편광이 일정 물질에 대해서 갖는 성질(선광성, 旋光性)은 그 물질의 모양, 화학구조를 알려 준다.

편광계[偏光計] 試 (영 Polarimeter） 당, 비타민 같은 선광성(旋光性) 물질의 선광도*를 측정하는 장치. 이 장치를 쓰면 선광물질의 종류, 성질, 농도를 알 수 있다. 그리고 이와 같은 원리로 설탕 용액의 농도를 측정하는 것은 검당계(檢糖計)라 한다. →편광

편도[扁桃] 果 (영 Almond 프 Amande 독 Mandel）
⇨아몬드

포도[葡萄] 果 (영 Grape 프 Raisin 독 Trauben） 포도과(科)의 낙엽성 덩굴식물의 열매. 액과(液果)에 속하며, 8～10월에 익는다. 과피의 색은 검붉은 자주색에서 연두빛까지 다양하며 모양도 구형, 타원형, 방추형 등 가지가지이다. 과피의 색이 짙고

탱탱한 것이 좋다. 포도는 송이 윗부분이 가장 달고 아래로 내려갈수록 시다. 맨 아래의 포도알을 먹어서 맛이 좋으면 그 전체가 맛있다고 볼 수 있다. 포도알 전체에 흰 가루가 묻어 있는 것은 포도의 당분이 과피에 배어 나와 굳은 결과로서, 이 가루가 전체에 퍼져 있을수록 신선한 것이므로 물로 씻기만 하면 된다. 주스, 젤리, 셔벗, 잼, 콩포트를 만든다. 생것으로 케이크, 타르트에 장식할 때는 포도알이 큰 것을 쓴다. 과자, 요리용에 알맞은 품종은 캠버얼리, 머스캣 베일리 A, 네오 머스캣이다. 이들은 색·풍미·맛이 모두 좋다.

포도당[葡萄糖] 原 (영, 프 Glucose, Dextrose 독 Glykose, Dextrose) 글루코오스. 화학식은 $C_6H_{12}O_6$이다. 자연계에 널리 분포하고 있는 6탄당의 하나로 식물체에 많이 함유되어 있고, 특히 포도즙에 5%나 들어 있어 포도당이라는 이름이 붙었다. 정상인의 혈액 속에도 0.1% 가량 존재한다. 이렇게 포도당은 그 자체로 존재하기도 하지만, 주로 당류의 구성 성분으로 존재한다. 자당, 맥아당, 젖당, 녹말, 덱스트린, 글리코겐 같은 다당류는 포도당으로 이루어져 있다. 포도당은 감미도가 설탕의 75%이고, 이스트의 영양원으로서 자당(설탕)보다 낮다. 또한 포도당은 빵의 촉감, 결을 부드럽게 하고 오랫동안 촉촉함을 유지시킨다. 또한 빵의 유연성, 탄력성을 높여 주기 때문에 제빵시에 자주 사용되는 당류이다. 상품으로서는 정제 포도당, 함수결정(含水結晶) 포도당, 무수결정(無水結晶) 포도당 등이 있다.

포도상구균 식중독[葡萄狀球菌食中毒] 生 (영 Staphylococcus food poisoning) 포도상구균이 일으키는 식중독. 세균성 식중독이고 독소형에 속한다. 포도상구균의 독소가 퍼진 음식물을 먹으면 2~3시간 만에 발병, 구토·복통·설사 증세가 나타나지만 치사율은 낮다. 포도상구균은 열에 약하나 그 독소는 열에 강해 가열한 식품이라도 식중독을 일으킬 수 있다. 그러므로 포도상구균이 번식하지 않도록 식품을 냉장하고, 위생적으로 다루는 일이 급선무이다. 그리고 이 균은 피부 표면에 들러붙어 종기나 전염병을 일으키므로, 손가락이 화농(化膿)된 사람이 조리해서는 안된다.

포도주[葡萄酒] 原 (영 Wine 프 Vin 독 Wein) 포도나 포도즙을 발효시켜 만든 과실주. 영어로는 '와인', 프랑스어로는 '뱅'이라 한다. 포도의 단맛은 포도당이고, 과피에는 천연효모가 생식하고 있으므로 포도를 터뜨려 두면 자연 발효한다. 지금은 배양한 양질의 효모를 첨가한다. 포도주는 색에 따라 적포도주, 백포도주 그리고 그 중간색인 분홍빛의 뱅 로제(vin rosé)로 구분한다. 또, 순포도주와 특수포도주로 나눈다. 순포도주는 포도를 양조하기만 한 것으로, 주정도가 8~12도이다. 특수포도주는 발포성을 갖게 하거나, 브랜디를 더해 강화한 술이다. 샴페인(champágne), 셰리(sherry), 포트(port), 머디러(madeira)가 여기에 속한다. 포도주의 주산지는 프랑스, 이탈리아, 독일, 에스파냐, 포르투갈이다. 포도주는 그 자체로도 맛이 좋을 뿐 아니라, 빛깔과 향이 좋아 과자나 요리에 조미(調味)재료로서 필수적인 술이다. 흔히 독일 과자에는 독일 포도주를, 이탈리아 과자에는 이탈리아 포도주를 쓴다.

포르투갈빵 빵 (포 Pão de Pôrtugal) 라바다스가 대표적인 빵이다.
[만드는 법] ① 우유, 설탕, 꿀, 레몬 껍질 간 것, 시너먼, 소금을 한데 넣고 1시간 동안 가열한다. 끓기 시작하면 불을 줄여 은근한 불에서 다시 조린다 ② 슬라이스한 빵을 ①에 담근 뒤, 계란을 칠한다 ③②를 양면이 노랗게 될 때까지 튀겨서 30분간 식힌다. 설탕, 시너먼 등을 묻혀 먹는다.

포립[泡立] 技 거품내기의 일본식 한자말. 아와타테(泡立て：泡 거품＋立て 일으키기)에서 한자만을 딴 용어이다.

포스페이티드 플라워 原 (영 Phosphat-ed flour) 밀가루에 인산모노칼슘을 더한 가루. 인산모노칼슘은 강화제의 하나로서, 동물의 골격·치아에 그 성분을 보급하기 위해 쓴다.

포어타이크 菓 (독 Vorteig) 독일의 제과용어. 호니히쿠헨 반죽을 만들 때 꿀과 밀가루(강력·박력분)를 나무 통 또는 도기(陶器)에 담아 1~2개월 동안 재워 두는데 이것을 포어타이크라 한다.
→호니히쿠헨

포크 原 (영 Pork) 돼지고기. 포크는 라틴어인 포르쿠스(porcus : 돼지)→프랑스어인 포르크(porc)에서 온 용어이다. 이제는 돼지고기를 가리키는 용어가 되었다.

포크 커틀릿 其 (영 Pork cutlet)
⇨커틀릿

포타주 其 (영, 五 Potage) 진한 수프. 맑은 수프는 콩소메이다.
→수프, 콩소메

포테이토 原 (영 Potato)
⇨감자

포테이토 칩 菓 (영 Potato chip) 감자를 얇게 썰어 기름에 튀기고, 소금맛을 들인 것. 이것은 특히 맥주 안주로 좋은 스낵 식품이다.
〈제조공정〉 감자 → 물에 씻는다 → 싹을 베고 껍질을 벗긴다 → 1.6mm로 슬라이스 한다 → 물에 씻어 녹말, 당분을 없앤다 → 튀긴다(온도 170~180℃ 기름으로) → 기름 빼기 → 맛 들이기(플레이크 솔트 또는 글루탐산나트륨과 소금의 혼합물을 뿌린다) → 골라낸다 → 무게 달기 → 포장.

포트 와인 原 (영 Port wine 포 Porto) 포르투갈의 북부를 흐르는 두에로(Duero) 강 유역에서 생산되는 주정(酒精)강화 포도주. 포르투갈어의 정식 명칭은 비뇨 도 포르토(vinho do porto)이다. 두에로 강 유역에서 수확되는 포도를 원료로 한다. 이것이

발효하는 동안에 브랜디를 넣은 나무통에 옮겨 발효를 멈추게 한다. 그리고 냉장고에 넣어 숙성시킨다. 포트 와인에는 크게 4종류가 있다. 화이트 포트, 루비 포트, 토와니 포트, 빈테지 포트가 그것이다. 포트는 저장성이 좋은 술이다. 이것은 따뜻한 앙트르메와 수플레 소스, 무스, 치즈 케이크에 풍미를 낼 때 쓴다.

포포버 빵 (영 Popover) 팽창제를 넣지 않은 머핀*의 하나. 계란과 우유를 섞어 충분히 거품낸 뒤 밀가루(준강력분)를 넣고 부드러운 반죽을 만든다. 이것을 컵 케이크 틀에 담아, 높은 온도에서 굽는다. 공기(계란의 기포)와 수증기로 부풀기 때문에 팽창제를 넣지 않는다.

포피 시드 原 (영 Poppy seed) 양귀비씨.
⇨양귀비씨

포피 시드 볼 빵 (영 Poppy Seed Ball 헝 Makosgvbo) 헝가리에서 크리스마스 전날에 먹는 공 모양의 롤. 양귀비씨를 토핑한다.
[배합] 〈반죽〉 헝가리풍의 커피 케이크와 같다. 〈기타〉 버터 50g, 뜨거운물·양귀비씨·설탕 각 적당량.
[만드는 법] ①발효 반죽을 만든다 ②헤이즐넛만큼의 크기로 분할, 둥글리기한다 ③서로 들러붙지 않을 만큼 간격을 두고 철판에 늘어놓는다 ④②의 철판 위에서 30분간 휴지시킨 다음, 120℃ 오븐에서 1시간 굽는다 ⑤구워낸 빵에 뜨거운물을 부어 적신 다음 물기를 뺀다 ⑥냄비에 버터를 넣고 녹인다. 여기에 ⑤의 빵을 넣어 버터를 묻힌다 ⑦으깨어 부순 양귀비씨와, 같은 양의 설탕을 섞어 ⑥의 표면에 씌운다.

포화용액[飽和溶液] 物 化 (영 Saturated solution) 어떤 온도에서 용액이 유리용질(遊離溶質)과 함께 존재하면서, 그 용액과 용질이 평형상태를 이루고 있는 것. 예를 들어 소금은 20℃에서 100cc의 물에

36 g 까지 녹는다. 이 때 온도가 변화하지 않으면 소금은 더 이상 녹지 않는다. 이것이 20℃에서의 소금 포화용액이다.

포화증기[飽和蒸氣] 物 (영 Saturated vapor) 액체가 증발하는 도중, 일정 온도에서 그 증기와 액체가 평형상태를 이루어 증발을 멈춘다. 이 때의 증기를 포화증기라고 한다. 또, 포화증기가 나타내는 압력을 포화증기압이라 한다. 100℃에서 수증기의 포화증기압은 1기압(수은주 760mm)이다.

포화지방산[飽和脂肪酸] 化 (영 Saturated fatty acid) 이중결합이 없는 지방산. $C_4 \sim C_{24}$의 짝수개로, 사슬 모양의 구조가 많다. 보통의 동·식물유에는 C_{16}의 팔미트산과 C_{18}의 스테아르산이 많다. 탄소수가 증가할수록 물에 녹기 어려워 녹는점은 상승한다. 보통 C_{10} 이하의 지방산을 저급지방산이라 하는데, 이것은 대부분 휘발성이고 특이한 냄새가 난다.

폴라리미터 試 (영 Polarimeter) ⇨편광계

폴란드빵 빵 (영 Poland Bread) 폴란드는 독일과 러시아 사이에 존재하는 나라여서, 식문화 역시 양국의 영향을 함께 받았다. 대표적인 과자빵으로 파프카가 있는데 이것은 프랑스의 브리오슈보다 독일의 쿠글로프에 더 가깝다. 밀가루에 우유, 건포도를 배합한 이스트 반죽으로 만든다. 구워낸 빵에 찬물 또는 계란으로 녹인 퐁당을 발라 먹는다.

폴렌스케가[—價] 試 (영 Polenske value) 유지의 성분 중 물에 녹지 않는 지방산의 양을 숫자로 나타낸 값. 측정법은 5 g의 유지에서 얻을 수 있는 불용성 지방산을 중화하는 데 필요한 1/10의 수산화나트륨을 cm³로 나타낸다. 지방산에 물을 더해 증류하면 물에 녹는 것은 녹고, 녹지 않는 것은 증류수 안에 남는다. 이러한 증류수를 여과하면 두 지방산이 분리된다. 영국의 국립연구소가 정한 규격의 실험기구로 측정한 폴렌

스케가를 라이헤르트 마이슬가라고도 한다. ⇨라이헤르트 마이슬가

폴로네즈 菓 (프 Polonaise) 슬라이스한 브리오슈에 바바 오 럼처럼 시럽을 먹이고, 그 사이에 과일 설탕절임이나 크렘 파티시에르를 끼운 뒤 이탈리안 머랭으로 둥글게 감싸 구운 과자. 이것은 팔다 남은 브리오슈를 이용해 만드는 제품이다.

[배합] 〈브리오슈〉 중력분 1,000 g, 설탕 90 g, 소금 20 g, 버터 600 g, 계란 500 g, 생이스트 40 g, 우유 200cc. 〈파트 쉬크레〉 박력분 250 g, 버터 125 g, 분설탕 100 g, 소금 소량, 계란 1 개. 〈프뤼이 콩피〉 오렌지필·안젤리카·드레인드 체리·커런트·키르슈 각 적당량. 〈이탈리안 머랭〉 흰자 3 개, 설탕 200 g, 물 70cc. 〈시럽〉 설탕 200 g, 물 500cc, 레몬 1/3개, 오렌지 즙 1/4개 분량, 월계수잎 1 장, 키르슈 40cc. 〈기타〉 크렘 파티시에르·아몬드 슬라이스·분설탕 각 적당량.

[만드는 법] ① 파트 쉬크레*를 얇게 펴서 지름 6 ~ 7 cm의 둥근 형틀로 찍는다. 이것을 구워 놓는다 ② 미리 만들어 놓아 딱딱해진 브리오슈*를 3 장 잘라 따뜻한 시럽에 담근다 ③ ①의 시트 위에 ②의 브리오슈 1 장을 뒤집어 얹고 크렘 파티시에르*를 바른다 ④ 잘게 다져 키르슈에 담가 두었던 프뤼이 콩피*를 ③의 위에 뿌린다 ⑤ 나머지 ②의 브리오슈도 같은 방법으로 쌓아 올린다 ⑥ 주위에 이탈리안 머랭*을 바가지 엎어 놓은 것처럼 바른다. 아몬드 슬라이스를 붙이고 분설탕을 뿌린다 ⑦ 고온의 오븐에서 표면에 구운색이 살짝 들 정도로 굽는다.

폴리사커라이드 化 (영 Polysaccharide) ⇨다당류

폴보론 菓 (에 Polvoron) 에스파냐의 대표적인 과자. 원래 안달루시아(Andalusia) 지방의 쿠키로서 크리스마스 때부터 1월에 걸쳐서 만들어졌다. 그러나 지금은 언

제 어디서나 구할 수 있다. 폴로론의 특징은 밀가루를 갈색이 들도록 미리 구워 둔다는 점이다. 그 결과 밀가루의 글루텐이 없어져 연하고 바삭바삭한 과자가 만들어진다. 유지로는 라드(최근에는 버터 사용)를 쓴다. 각종 스파이스를 써서 독특한 풍미를 낸다.

[배합] 밀가루 500 g, 분설탕 250 g, 아몬드 가루 100 g, 시너먼·레몬 껍질 각 소량, 버터·쇼트닝 각 125 g, 계란 1개.

[만드는 법] ① 밀가루를 오븐에서 굽는다 ② 분설탕, 아몬드 가루, 시너먼, 레몬 껍질을 ①에 섞는다 ③ 버터, 쇼트닝을 섞는다 ④ 계란을 더해 섞는다 ⑤ 분설탕을 덧가루 삼아 뿌리면서 1.5~2cm 두께로 밀어 편다 ⑥ 윗면에 분설탕을 뿌리고 둥근 형틀로 찍어낸다 ⑦ 철판에 늘어놓고 약한불 오븐에서 굽는다.

폴카 菓 (영, 프 Polka) 원형의 푀이타주* 주위에 슈* 반죽을 놓고 구워 내어 크렘 파티시에르를 채우고 격자 무늬로 구운 색을 들인 케이크, 또는 소형 과자.

폼므 果 (프 Pomme) 사과의 프랑스어명.
⇨사과

폼므 오 푸르 菓 (프 Pommes au Four) 구이용 사과를 필요한 만큼 준비하여 물에 씻고, 이것을 껍질째 세로로 반 나누어 심지를 뺀 다음 구이 틀에 늘어놓는다. 사과 각각의 오목한 곳에 설탕을 채우고, 그 위에 버터 조각을 얹는다. 틀에 뜨거운물을 조금 붓고 오븐에 넣어, 뭉근한불에서 30분 동안 익힌다.

폼 타입 케이크 菓 (영 Foam Type Cake) 계란의 기포성을 충분히 살린 케이크의 총칭. 먼저 설탕과 계란을 거품낸 뒤 밀가루를 더해 만든다. 스펀지 케이크, 에인젤 케이크가 여기에 속한다. 이들 케이크를 만드는 법으로 공립법과 별립법('스펀지 케이크'항 참고)이 있다.

→배터 타입 케이크

퐁 뇌프 菓 (프 Pont-Neuf) 표면에 띠 반죽을 십자로 얹고, 잼과 분설탕을 장식한 소형 과자. 속칭 퐁누프. 퐁 뇌프란 '새로운 다리'라는 뜻으로, 파리의 센(Seine)강 중앙에 떠 있는 시테(Cite)섬을 가로지르는 다리이다. 그 모습이 십자이고, 그 모양을 따서 퐁 뇌프를 만들었다고 한다.

[배합] 〈푀이타주〉 강력분·박력분 각 250 g, 소금 10 g, 찬물 250~300cc, 버터 450 g. 〈슈 반죽〉 버터 80 g, 물 200cc, 소금 소량, 박력분 100 g, 계란 3~4개. 〈크렘 파티시에르〉 우유 250cc, 노른자 3개, 설탕 75 g, 밀가루 25 g, 바닐라 스틱 1/2개. 〈기타〉 분설탕·라즈베리 잼 각 적당량.

[만드는 법] ① 푀이타주*를 만든다. 강력분과 박력분을 섞고 여기에 소금과 찬물을 더해 한 덩어리로 뭉친다. 표면에 십자 모양의 칼집을 넣고, 젖은 수건을 덮어 냉장고에서 휴지시킨다 ② ①의 반죽으로 3겹 접어밀기 한다. 90도 돌려 늘여 펴고 휴지시킨다. 이와 같은 작업을 6번 되풀이한다 ③ 지름 5cm인 퐁포네트 틀에 ②의 푀이타주를 깐다 ④ 슈 반죽을 만든다. 냄비에 버터, 물, 소금을 넣고 불에 올린다. 끓으면 불에서 내리고, 체 친 박력분을 더해 재빠르게 섞는다 ⑤ ④가 한 덩어리로 뭉쳐지면 다시 가열하여 충분히 뜨거워졌을 때 볼(bowl)에 옮긴다. 여기에 계란을 3~4번에 나누어 넣고 섞는다 ⑥ 크렘 파티시에르를 기본 순서대로 만들어 ⑤의 슈 반죽과 섞는다. 이것을 ③의 푀이타주 위에 짜 놓는다 ⑦ ②의 푀이타주 조각으로 2~3mm 너비의 띠를 만들어 ⑥의 위에 십자로 걸친다. 180℃ 오븐에서 굽는다 ⑧ 표면에 분설탕을 뿌리고 대각선으로 라즈베리 잼을 짜 놓는다.

퐁당 原 (영, 프, 독 Fondant) 식힌 시럽을 교반하여, 설탕을 부분적으로 결정시켜 희고 뿌연 상태로 만든 것. 설탕을 물에 넣고 저으면 녹는다. 그 양이 일정량에 달하면 더 이상 녹지 않고 밑에 가라앉는다. 이 용액에 열을 가하면, 녹지 않고 침전해 있던 설탕이 녹기 시작한다. 이 상태를 불포화·포화·과포화 단계로 구분할 수 있다. 일정 농도 이상의 과포화 당액은 조건에 따라 설탕이 재결정화 한다. 퐁당은 바로 이러한 성질을 이용한 과자의 부재료이다. 이것이 처음 만들어진 시기는 19세기 초, 다른 과자에 미친 영향은 매우 크다. 에클레르의 초콜릿 퐁당, 프티 푸르·프티 가토·앙트르메의 윗면 처리, 웨딩 케이크의 아이싱 등 그 용도가 광범위하다. 영어로는 '폰던트', 일본어로는 '혼당'이라 한다.

[만드는 법] 설탕 10에 물 2를 더해 불에 올리고, 온도를 115℃까지 높인다. 그러면 설탕액의 농도는 87%에 가깝고 실처럼 늘어진다. 이것을 40℃로 급랭(急冷)하고 교반한다. 이미 설탕의 농도는 과포화상태이므로 교반에 의한 충격만으로도 결정이 만들어진다. 좋은 퐁당은 아주 작은 결정이 고르게 포함되어 있는 것이다. 이러한 퐁당을 만들기 위해서는 ① 조림온도를 정확히 지킨다. ② 끓는 동안에 냄비 벽에 결정이 생기기 쉬우므로 자주 떼어 낸다. ③ 열이 고르게 전달되도록 두꺼운 냄비를 사용한다. ④ 40℃까지 급랭한다. 천천히 식히면 결정이 커진다. ⑤ 교반은 대리석처럼 매끄러운 작업대 위에서 행해야 한다.

〈안정성〉 끓는점이 낮으면 퐁당의 수분이 많아져 엿처럼 늘어지기 쉽다. 반면 고온에서 결정화하면 결정이 커지고 매끄러움이 줄어든다. 공업적으로 만드는 퐁당은 안정성 확보를 위해 117℃까지 온도를 높이고 40℃보다 낮은 38℃에서 결정화시키며, 레시틴 같은 유화 안정제를 더한다.

〈숙성〉 결정화가 끝난 퐁당을 한나절 두어 숙성시키면 습기를 흡수해 매끄러운 상태가 된다. 숙성 보존할 때는 표면에 수분을 뿜어 주어 건조하지 않도록 한다. 퐁당은 고

형(固形)상태로 보존한다. 이것을 부드럽게 할 때는 먼저 손으로 비벼 푼 뒤 60℃에서 중탕한다. 이 때 온도를 더 높이면 결정이 커지고 품질이 떨어진다.

퐁당 슈거 原 (영 Fondant sugar) 설탕에 주석영, 레몬 즙과 같은 약산 그리고 물을 섞어 끓인 것. 이것을 식힌 뒤 거품을 내어 아이싱으로 쓴다.

퐁당 초콜릿 菓 (영 Fondant Chocolate) 퐁당을 센터로 하여 초콜릿을 입힌 것. 만드는 법은 리큐르 초콜릿과 같다. 단, 여기서는 리큐르 시럽 대신 색과 풍미를 낸 퐁당을 따뜻할 때 녹말가루 속에 붓는다. 퐁당이 굳으면 그 알을 꺼내어 가루를 털고 바닐라 커버추어에 담근다.

→봉봉 아 라 리쾨르

퐁슈 原 (영, 프 Punch) 럼과 시럽 또는 럼이나 브랜디에 홍차, 설탕, 향료를 더한 음료. 뜨거운 것과 셔벗 상태의 퐁슈가 있다. 예전에는 럼에 뜨거운물, 설탕(또는 벌꿀), 레몬(또는 오렌지), 생강(또는 계피·넛메그)을 함께 넣고, 뜨겁게 데워 마셨다. 이렇게 5 가지만 섞어 마시던 것이 시간이 흐름에 따라 향료의 가짓수가 늘어 이제 50가지에 달하고 있다. 또, 요즘은 갖가지 술도 섞는다. 영어로는 펀치라 한다.

퐁텐 菓 (영 Bay 프 Fontaine) 반죽을 만드는 첫 단계. 작업대 위에 또는 볼과 같은 용기에 왕관 모양으로 밀가루를 둘레쳐 놓는 일. 오목한 중앙에 설탕, 계란, 버터, 물 등의 배합 재료를 넣고 주위의 밀가루를 조금씩 끌어다 섞으며 반죽을 만든다.

퐁포네트 菓 (프 Pomponette) 작고 둥근 소형 과자. 보통 다음과 같이 만든 것을 퐁포네트라 한다. ① 파트 쉬크레*를 틀에 깔고 아몬드 가루, 레몬 껍질 간 것을 더해 살짝 섞은 머랭을 채워 구운 뒤, 표면에 잼을 발라 마무리 한 타르틀레트. ② 건포도를 넣은 바바* 반죽을 고리 모양으로 성형하여 굽고, 럼을 넣은 시럽에 담갔다 꺼

낸 다음, 드레인드 체리*를 장식한 것.

푀이타주 菓 (영 Puff pastry 프 Feui-lletage) 접기형 파이 반죽. 영어로는 퍼프 페이스트.

⇨파트 푀이테

표면장력[表面張力] 物 (영 Surface tension) 액체의 표면에는 그 면적을 될 수 있으면 좁히려는 힘이 있다. 이 힘을 표면 장력이라 한다. 이것은 액체 분자의 응집력 때문에 생기는 힘으로서, 액체의 종류에 따라 그 크기가 다른데, 에테르>알코올>기름>물>수은 순이다. 액체방울, 기포, 물속의 기름이 구형(球形)을 띠는 것은 표면 장력 때문에 생기는 현상이다.

푸딩 菓 (영 Pudding 프 Pudding, Pouding) 계란, 설탕, 우유 등을 섞고 중탕하면서 구운 것. 육류, 과실, 밀가루, 야채, 빵을 섞어 찌기도 한다. 푸딩의 종류, 만드는 법, 먹는 방법은 여러 가지이다.

푸딩 틀

〈푸딩 반죽〉 ① 계란, 설탕, 우유를 섞은 것. ② 빵, 건포도, 오렌지 필, 계란을 섞은 것. ③ 쌀, 타피오카를 섞은 것. ④ 다진 고기, 야채를 섞고 헝겊에 싸서 찐 것. ⑤ 초콜릿, 견과류를 더한 것 등이 있다.

〈만드는 법〉 ① 헝겊에 싸서 찐다. ② 삶거나 중탕으로 굽는다. ③ 젤라틴을 더해 식혀서 굳힌다.

〈먹는법〉 ① 식기 전에 먹어야 하는 것. ② 차게 식혀 먹어야 하는 것. ③ 소스나 크림을 곁들여 먹는 것이 있다.

푸딩은 영국에서 처음 만들어졌다고 한다. 항해중에 남은 빵 부스러기·밀가루·과실·계란 등, 있는 재료를 섞고 헝겊에 싸서 찐 것이 푸딩의 시초이다. 그 뒤 요리와 디저트로서 만들어졌고, 특히 영국의 어느 가정에서나 흔히 볼 수 있는 음식이 되었다. 양과자의 분야에 속하는 푸딩에는 커스터드 푸딩(Custard Pudding)을 비롯해 초콜릿 향을 낸 푸딩 오 쇼콜라(Pudding au Chocolat), 쌀을 사용한 푸딩 오 리(Pudding au Riz), 빵을 이용한 푸딩 오 뺑(Pudding au Pain), 건포도와 과일 설탕절임을 섞은 캐비닛 푸딩(Cabinet Pudding), 푸딩 색슨(Pudding Saxon)이 있다.

〈제조원리〉 푸딩 재료의 농도는 계란액 25~35, 젤라틴 3~4, 콘스타치 8~10이다. 한편 같은 농도에서도 주재료와 부재료로 인해 굳기가 달라진다. 계란은 소금기가 있으면 잘 굳고, 설탕에는 부드러워진다. 젤라틴은 산성액에서 부드러워진다. 계란의 응고 온도는 노른자 68℃, 흰자 72℃이다. 가열온도가 응고점에 가까우면 물과 섞인 상태에서 굳는다. 반면 가열 온도가 높으면 수분이 단백질과 유리되어 증발하고, 따라서 푸딩 속에 작은 구멍이 생긴다. 푸딩을 굳히는 방법은 2가지, 즉 가열하거나 식혀서 굳히는 방법이 있다(〈표〉 참고). 푸딩을 찔 때 찜통의 내부온도는 85~90℃가 표준이다. 오븐에서 익힐 때는 80~90℃의 물로 중탕하면서 굽는다. 녹말은 가열함에 따라 팽윤·호화한다. 녹말을 충분히 호화시키기 위해서는 푸딩 재료가 끓은 뒤 1~

〈표〉 푸딩 제조법

따뜻한 푸딩 (익혀 굳힌 푸딩)	1. 계란으로 굳힌다(오븐에서 익히기). 2. 밀가루로 굳힌다(찌기).
찬 푸딩 (식혀 굳힌 푸딩)	1. 젤라틴으로 굳힌다. 2. 콘스타치로 굳힌다.

2분 더 가열한다.

푸딩 오 쇼콜라 菓 (프 Pudding au Chocolat) 빵가루를 사용하고 초콜릿 풍미를 낸 푸딩.

[배합] 〈푸딩〉 버터·설탕·빵가루 각 100 g, 노른자 4개, 흰자 3개, 비터·스위트 초콜릿 각 37.5 g, 럼 10cc. 〈기타〉 녹인 버터·초콜릿 소스·초콜릿·배(설탕에 절인 것)·박하잎 각 적당량.

[만드는 법] ① 버터와 설탕 80 g 을 섞고, 설탕이 녹으면 계란액을 붓고 섞는다 ② 초콜릿 간 것과, 엷은 갈색의 빵가루를 ①에 넣는다. 계속해서 흰자에 설탕, 럼을 넣어 거품낸 것을 넣는다 ③ 버터칠한 틀에 8할까지 ②를 흘려 붓고, 160~170℃에서 40분간 중탕하며 굽는다 ④ 접시에 담고 초콜릿 소스(초콜릿·우유·생크림·버터를 섞은 소스)를 부은 뒤 배와 박하잎으로 장식한다.

푸딩 컵 機 (영 Pudding cup) 지름 60~70mm, 깊이 4.5~5.5mm인 컵. 경금속으로 만든 그릇으로, 푸딩을 만드는 데 이용한다.

푸른곰팡이속[—屬] 生 (영 Penicillium) 빗자루 모양의 분생자(分生子) 자루를 가진 곰팡이. 흔히 자낭균류인 누룩곰팡이목(目)에 포함시키지만, 엄밀히 따지면 자낭이 없는 것도 있으므로 불완전균류에 포함시키는 것이 더 정확하다. 토양, 공기, 곡류 등 자연계에 널리 분포하고 빛깔은 일정하지 않아 청록색, 초록색, 연두색, 갈색 등 여러 가지이다. 옛날에는 빵, 떡, 치즈, 과일이나 채소 등을 변질·부패시키고 독소를 생성하여 식품공업에 유해한 것으로 취급하였으나, 노타툼(P. notatum)이나 크리소게눔(P. chrysogenum)과 같이 페니실린을 생성하는 유용한 균이 발견되어 관심이 모아지고 있다.

푸르 세크 菓 (프 Four Sec) 건과자(乾菓子). 푸르는 '오븐', 세크는 '마른 것'을 가리키는 용어로서, 쿠키류의 총칭이다. 크기가 작은 것은 '작다'라는 뜻을 갖는 프티(petit)를 붙여 프티 푸르 세크라 한다.

푸르 포슈 菓 (프 Four poche 독 Eigelbmakrone) 한 입 크기의 과자. 짤주머니(poche)로 짜 내고 오븐(four)에서 구운 과자이다. 이것은 프랑스에서 한 입 크기의 과자로서 프티 푸르에 속하지만 독일에서는 견과 가공품이며 계란을 배합했다는 점에서 마카롱의 하나로 분류한다.

[만드는 법] ① 로마지팬에 흰자를 더하여 짜 내기 쉬운 굳기로 조절한다 ② ①을 모양 깍지 끼운 짤주머니에 채우고 여러 가지 모양으로 짜 낸다 ③ 원하는 드레인드 체리나 안젤리카를 얹어 장식한다 ④ 하룻밤 동안 말리고 센불 오븐에서 표면만 살짝 굽는다 ⑤ 양주를 뿌리거나 광택을 내기 위해 시럽을 바르기도 한다.

푸리 빵 (인 Puri) 인도의 통밀빵을 기름에 튀긴 것.

푸아르 果 (영 Pear 프 Poire 독 Birne) 배의 프랑스어명.
⇨배

푸아스 菓 (프 Fouace) 비스킷의 하나. 푸가스(fougasse)라고도 한다. ① 발효시키지 않고 구운 갈레트류. ② 프랑스 남부의 옛 지방인 프로방스(Provence)에서 크리스마스 때마다 굽는 브리오슈 반죽의 짠맛 나는 갈레트.

풀먼 브레드 빵 (영 Pullman Bread) 19세기 후반, 미국의 발명가 조지 풀먼(G. Pullman)이 고안한 기차와 모양이 비슷하다 하여 이름지어진 식빵. 뚜껑이 달린 식빵틀에 구운 네모 반듯한 모양의 빵이다. 샌드위치용으로 자주 사용하여 샌드위치용 식빵이라고도 한다.

[배합] 밀가루 100(강력 40·준강력 60), 물 60, 이스트 2.2, 소금 2, 설탕·쇼트닝·탈지분유 각 6, 맥아가루 0.5, 이스트 푸드 0.2~0.3.

[만드는 법] 직접법. 반죽 온도 28℃, 발효 시간 90분; 30분, 200℃에서 30~40분간 굽는다.

풀 프루프 技 (영 Full proof) 2 차발효, 파이널 프루프(final proof)라고도 한다. ⇨이차 발효

풀플레이버법 技 (영 Fullflavor process) 미국의 패터슨사(Patterson 社)에서 개발한 단시간 제빵법. 반죽을 2번 하며, 풍미에 중점을 둔 방법이다. 먼저 설탕, 소금을 뺀 나머지 재료를 섞어 가볍게 반죽하고 발효시킨다. 이 반죽에 설탕·소금을 넣고 한번 더 반죽하되 이 때는 충분히 반죽한다. →딜레이드 슈거법

품퍼니켈 빵 (독 Pumpernickel) 호밀빵의 하나. 굵게 빻은 호밀을 쓴다. 독일과, 프랑스의 알자스 지방에서 만들어진다.

풍미[風味] 其 (영 Flavor 프 Saveur) 식품의 향(aroma), 맛(taste)이 한데 어우러져 느껴지는 감각이다. 케이크의 배합 재료 중에서 코코아, 버터, 계란은 그 제품의 풍미를 더해 주는 것이다. ⇨플레이버

퓌레 原 (영 Puree 프 Purée 독 Püree) 야채, 과실을 익혀 부드럽게 한 뒤, 믹서에 갈고 체에 걸러낸 것. 특히 과실 퓌레는 과자 만드는 데에 빼 놓을 수 없는 것이다. 퓌레는 반죽이나 크림에 섞기 쉽다. 따라서 셔벗, 아이스크림, 무스, 바바루아 반죽에 섞는다. 케이크에 곁들이는 과실 소스의 기본재료로도 쓴다. 시판 중인 퓌레에는 냉동품, 병조림, 통조림이 있다. 과실 퓌레는 딸기, 라즈베리, 블루베리, 살구, 카시스, 망고, 키위, 서양배 등을 이용한다.

퓌이 다무르 菓 (프 Puits d'amour) 퓌이타주*를 이용한 과자. 퓌이타주로 부세*를 만들고 속에 커스터드 크림을 채운 뒤 그라뉴당을 뿌린다. 그리고 뜨겁게 달군 캐러멜라이저*를 대면 그라뉴당이 녹아 캐러멜로 되어 황금색을 띤다. 중세의 다리올의 뒤를 이은 것으로 알려져 있다.

퓨젤유[-油] 化 (영 Fusel oil) 당(糖)이 알코올 발효할 때 에틸 알코올과 함께 생기는 고급 알코올 혼합물. 주성분은 아밀 알코올이다. 퓨젤유는 약발효성 물질로서 다른 발효성 물질과 함께 빵 반죽 속에 생기거나 빵의 풍미를 더해 준다.

프라이 原 (영 Fry) 튀기는 일, 또는 튀겨낸 제품. 즉 튀김의 영어명이다. 프라이팬(fry pan)은 긴 손잡이가 달린 튀김용 그릇을 가리키는 용어이다.

프라이드 스콘 菓 (영 Fried Scones) [배합] 밀가루 1,000 g, 팽창제 55 g, 버터·설탕 각 125 g, 우유 250cc, 넛메그 소량.

[만드는 법] ① 팽창제와 밀가루를 체 쳐서 퐁텐* 한다. 오목한 곳에 다른 재료를 넣는다. 우유의 양을 필요한 만큼 조절하여 부드러운 반죽을 만든다 ②①의 반죽을 두께 12mm로 밀어 펴고 좁다랗게 자른다. 길이 8 cm, 너비 1 cm의 손가락 모양(또는 둥글게)을 만든다 ③②를 기름에 튀긴 뒤 시너먼으로 풍미를 낸 설탕을 묻힌다 ④③의 스콘이 식으면, 잘라 벌리고 그 속에 거품 낸 생크림을 채운다. 아이싱 슈거를 뿌린다.

프라잉 팻 原 (영 Frying fat) ⇨튀김기름

프라페 菓 (영 Frappé 프 Granité) 과일 시럽을 반쯤 얼린 것, 또는 곱게 부순 얼음에 리큐르를 부은 것.

프랄리네 原 (프 Praliné) ① 아몬드 또는 헤이즐넛에 조린 설탕(캐러멜)을 묻히고 부순 가루. 또, 이것을 페이스트 상태로 만든 것. 영어로는 프랄리네 페이스트, 독일어로는 프랄리네마세라고 한다. 아몬드만으로 만들거나 헤이즐넛만으로, 또는 아몬드·헤이즐넛을 반반씩 섞어 만든다. 프랄리네의 어원은 프랄린(Praline : 프랄랭의 여성형)이다. 루이 13~14세 당시, 플레시

프랄랭(Plessy Pralin, 1598~1674) 공작의 이름을 딴 명칭이다. 그 뒤 프랄리네로 정착하였다. ②프랄리네 풍미의 크림을 스펀지 시트 사이에 샌드한 과자. ③①의 프랄리네 또는 견과·과일을 심지로 삼아 만든 초콜릿 봉봉. 프랄린이라고도 한다.
다음은 ①의 프랄리네 만드는 방법이다.
[만드는 법] ① 설탕(100 g)을 센 불에 올리고, 갈색빛이 돌면 저으면서 녹인다 ② 짙은 캐러멜색이 들면 불을 줄인다 ③ 껍질 벗겨 볶은 아몬드(100 g)를 ②에 넣고 섞는다 ④ 대리석에 ③을 쏟아서 식힌다 ⑤ 굳으면 손으로 쪼개고 밀대로 두드려 부순다. 크림에 섞을 경우 더욱 곱게 부수어 체쳐 쓴다. 걸러지지 않은 덩어리는 다시 부수고 체 친다. 이러한 작업을 반복하여 고운 가루로 만든다. 한번에 많이 만들어 냉장 보관하면서 필요할 때마다 꺼내어 쓰면 편리하다.

프랄리네 菓 (독 Praline) 독일·스위스에서 일컫는 초콜릿 봉봉(한 입 크기의 초콜릿 과자)의 총칭. 아몬드와 설탕을 페이스트 상태로 만든 것은 프랄리네 마세이다. 한편 프랑스에서는 한 입 크기의 초콜릿 과자를 봉봉 오 쇼콜라라고 한다.

프랄리네 누아제트 菓 (프 Praliné Noisette) 누아제트의 영어 명칭은 헤이즐넛이다. 이 헤이즐넛으로 만든 프랄리네를 사용한 앙트르메 혹은 소형 과자(petit gâteau)에 붙이는 명칭이다.

프랑부아즈 菓 (영 Raspberry 프 Framboise 독 Himbeere) 나무딸기. →라즈베리

프랑스 과자의 굽기 시간 技 자동 온도 조절장치가 달려 있는 오븐으로 프랑스 과자를 구울 때 걸리는 시간은 아래의 〈표〉와 같다.

〈표〉 프랑스 과자의 표준 굽기 시간

과 자	시간(분)	온도(℃)
알뤼메트 루아얄(Allumettes Royales)	10	200
마리냥(Marignans), 바바(Babas)	10	220
비스퀴 아 라 퀴이예르(Biscuits à la Cuillère), 비스퀴 룰레(Biscuits Roulés)	10	175
샹피뇽(Champignons)	15	110
시가레트(Cigarettes), 랑그 드 샤(Langues de Chats)	10	180
콩베르사시옹(Conversations)-소형	15	200
콩베르사시옹(Conversations)-대형	25	175
브리오슈(Brioches)-소형	10	250
브리오슈 무슬린(Brioches Mousseline), 브리오슈 아 테트(Brioches à Tête)	30	200
크루아상(Croissants)	10	250
에클레르(Éclairs), 슈(Choux), 생토노레(Saint-Honoré)	15	200
뺑 드 라 메크(Pains de la Mecque)	15	200
파리 브레스트(Paris-Brest)	20	200
타르트 오 프뤼이(Tartes aux Fruit)	15	220
파트 쉬크레(Pâtes Sucrées), 사블레(Sablé), 플랑(Flan)	10	120
머랭(Meringues)	40	200
마들렌(Madeleines)	10	200
푀이테(Feuilletés)-소형	10	250
피티비에(Pithiviers), 샹피니(Champigny)	30	200
팔미에(Palmiers)	10	220
프로그레(Progrés)	20	110

프랑스 과자의 분류 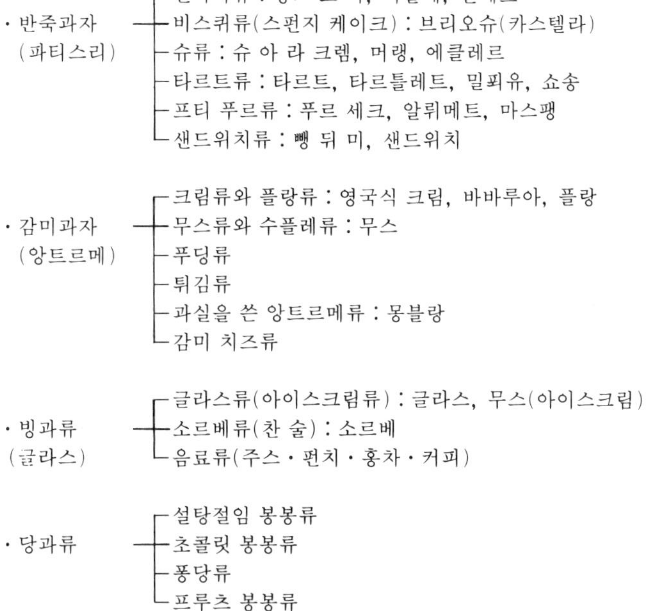

프랑스 빵 빵 (영 French Bread 프 Pain Française) 바삭바삭하고 황금색이 나며 구수한 빵. 고대 로마의 전통을 이어 받은 라틴풍의 빵이다.

〈종류〉 보통 껍질이 딱딱하고 긴 모양을 한 바게트를 프랑스빵이라 하는데, 이러한 바게트류에서 다음 5가지 기본 형태로 발전시켜 왔다.

① 밀가루와 물을 위주로 하여 만든 딱딱한 저배합(lean) 빵 : 바게트, 하드롤 등(뒷페이지 〈표〉 참고). ② 유지량이 많은 소프트 타입의 빵 : 브리오슈, 크루아상 등. ③ 모양이 크고 거친 빵. 일명 시골빵(Country Bread). ④ 두 번 구운 빵 : 비스코트. ⑤ 과자 빵류 : 사바랭, 바바.

〈특징〉 ① 딱딱하고 매끈한 겉모양, 섬세하고 윤이 나는 껍질, 기공이 많은 내부 조직이 특징이다. 껍질이 딱딱해서 씹으면 누룽지를 깨무는 맛과 같으나, 빵속은 부드럽고 폭신한 감촉과 쫄깃한 맛을 느낄 수 있다. 또, 바닥 부분은 바삭바삭하다. ② 쿠프 작업을 통해 구워 낸 빵의 표면이 능선을 이루어 매력적이다. 쿠프(coupe)란 굽기 직전에 반죽 표면에 면도날 같은 기구로 경사진 칼집을 내는 일로서, 이 칼집은 구워지면서 자연스럽고 보기 좋게 터진다.

〈주재료〉 ① 밀가루 ② 소금 ③ 물 ④ 이스트 ⑤ 개량제 ⑥ 기타(유지류·설탕·분유·계란·우유 등).

밀가루는 글루텐 함량 11~11.5%인 무표백 강력분이 좋다(무표백 중력분도 상관없다). 유럽이나 일본은 프랑스 빵 전용 밀가루를 생산·공급하고 있으나, 우리 나라는 아직 그렇지 못하므로 보통 강력분(글루텐량 13~13.5%) 70%에 박력분(글루텐량 8~9%) 30%의 비율로 혼합해서 사용한다. 물은 경

〈표〉 저배합(lean)빵의 종류

분류	명 칭	반죽-제품 (g)	길 이	특징·모양
긴모양	되리브르 (Deux-Livres)	1kg—850 g	54—55cm	
	파리지앵 (Parisien)	650—500	67—70	길고 통통한 빵
	바게트 (Baguette)	350—280	67—68	대표적인 프랑스 빵
	바타르 (Bâtard)	350—280	40	짧고 통통한 빵
	플뤼트 (Flûte)	250—200	62—63	바게트보다 가늘고 짧은 빵
	피셀 (Ficelle)	150—120	30	길고 가느다란 빵
둥근 모양	불 Boule	350—280	—	둥근 공 모양의 빵
	샹피뇽 (Champignon)	60—48	—	버섯 모양의 빵
	팡뒤 (Fendu)	350—280 50—40	—	
	타바티에르 (Tabatiére)	350—280 50—40	—	파이프용 담배 케이스 모양 빵
	쿠페 (Coupé)	150—120	—	

수(硬水)를 쓰고 60%를 배합한다. 소금은 정제염을 쓰고 1.8~2%를 배합한다. 이스트는 그다지 많은 당분을 필요로 하지 않는 생이스트를 사용하되 2~2.5%를 배합한다. 개량제는 산화제를 조금씩 사용하고 맥아 같은 계면활성제를 병용한다. 원래 전통적인 프랑스 빵은 개량제를 사용하지 않지만, 최근에는 조금씩 넣고 있다. 독일은 계면활성제, 이스트 푸드, 맥아 등을 병용하며 미국은 이스트 푸드를 쓴다.

〈제조법〉 ① 반죽 : 프랑스 빵 전용 믹서로는 저속에서 5분, 고속에서 10~15분 반죽한다. 단, 믹서의 RPM(revolutions per minute : 1분 회전수)에 따라 다른데 일반 믹서로는 저속 5분, 중속 10분으로 반죽한다. 반죽 온도는 18(냉동반죽)~27℃까지 가능하다. 지나치게 오래 반죽하면 빵의 부피는 좋지만, 속결과 풍미가 나빠진다. ② 1차 발효 : 반죽을 3~4배 크기의 용기에 넣고 젖은 헝겊이나 비닐을 덮어 2시간 발효시킨다. 그 사이에 1번 가스빼기한다. 가스빼기한 뒤 1시간 동안 계속해서 발효시킨다. 발효실 온도는 27℃, 습도는 75%가 알맞다. ③ 성형 : 용도에 맞춰 50~850 g 씩 분할한다. 전용 분할기를 쓰면 둥글리기는 할 필요가 없다. 직접 분할할 때는 너무 세게 둥글리기해서는 안되며 2~3회 접어 포개는 정도로 가볍게 처리한다. ④ 2차 발효 : 반죽 표면이 마르지 않도록 주의하고 90~95%까지 발효시킨다. 단, 지나치면 쿠프할 때 주저앉는 수가 있다. ⑤ 쿠프 : 45도 각도로 칼집을 낸다. 2개 이상일 때는 길이, 깊이, 간격을 서로 잘 맞춘다. 이 때 사용하는 기구는 쿠프 전용기, 면도날 등이다. ⑥ 굽기 : 프랑스 빵 전용 오븐에서(220~250℃, 15~50분간) 굽는다. 이 때 중요한 것은 수증기량의 조절이다. 수증기(steam)는 반죽을 오븐에 넣기 전에 한번 넣되, 만약 수증기량이 적다고 판단되면 그 뒤에라도 한번 더 넣는다. 수증기량이 많으면 쿠프의 터짐이 나쁘고 빵의 부피가 작으며 표면이 반질반질해진다. 그리고 겸용 오븐에서 구울 때는 성형된 빵을 넣고 3~5분 후 윗불을 넣어야 한다.

프랑스 케이크 제조용 기구 機 프랑스 케이크는 대부분 손으로 만들기 때문에 여러 가지 전용 기구가 필요하다. 1. 바생(bassine)─볼, 또는 볼 모양의 냄비. 계란을 거품내거나 잼을 조리는 데 이용하는 그릇. 2. 바르케트(barquette)─작은 배 모양의 용기. 3. 브리오슈 틀─① 브리오슈 아 테트(brioche à tête) : 가장자리가 물결 모양이고, 입구가 넓은 틀. ② 브리오슈 낭테르(brioche nanterre) : 바닥이 깊고 직사각형인 틀. ③ 브리오슈 무슬린(brioche mousseline) : 원통형의, 입구가 넓은 틀. 4. 브리오슈 아 트랑페(brioche à tremper)─디핑 포크(dipping fork). 초콜릿 코팅용 도구. 5 부두아르(boudoir)─비스퀴 아 라 퀴이예르처럼 길쭉한 과자를 한꺼번에 많이 구울 수 있는 철판. 6. 캉디수아르(candissoire)─속에 망이 쳐져 있는 직사각형의 용기. 7. 카스롤(casserole)─손잡이가 1개 붙은, 바닥이 평평한 냄비. 소스 팬(sauce pan), 스튜 팬(stew pan)이 있다. 8. 세르클(cercle)─바닥이 없는 둥근 틀. 9. 시누아(chinois)──금속제 체. 10. 콩슈(conche)─당과용 직사각형 배트. 11. 코른(corne)─스크레이퍼. 플라스틱제로 각진 것과 둥근 것이 있다. 12. 쿠프파트(coupe-pâte)─스크레이퍼. 스테인리스제로 손잡이 부분은 원통 모양이다. 13. 쿠토시(couteau-scie)─톱날 칼. 빵 자름용과

스테이크용이 있다. 14. 쿠토도피스(couteau-d'office)─프티 나이프. 15. 퀴드풀(cul-de-poule)─바닥이 반구형이고, 깊이가 깊은 볼(bowl). 흰자를 거품낼 때 사용한다. 16. 다리올(dariole)─입구가 바닥보다 조금 더 넓은 원통형의 작은 틀. 컵 케이크, 커스터드 푸딩에 이용한다. 17. 데쿠푸아르(découpoir)─초콜릿, 누가틴 등에 모양을 찍는 형틀. 18. 데쿠푸아르 아 데코르(decoupoir à décor)─하트, 클로버, 별 모양 등의 작은 형틀. 19. 당시메트르(densimètre)─비중계. 20. 에퀴무아르(écumoire)─망사 국자. 21. 두유(douille)─모양깍지. 22. 에바수아(èbauchoir)─파트 다망드의 세공용 주걱. 23. 거품기─① 푸에 아 블랑(fouet à blanc) : 계란 거품기. 철사 부분이 짧고 부드럽게 휘어진다. 손잡이는 목제. ② 푸에 아 크렘(fouet à crème) : 크림 거품기, 휘젓는 부분이 길고 단단하다. 손잡이는 금속제. 24. 구티에르(gouttière)─골이 파져 있는 틀. 25. 그리유(grille)─철망. 26. 물 아 봉브(moule à bombe)─바닥이 깊은 원뿔형 틀. 주로 빙과용으로 쓰인다. 27. 물 카레 아 로자스(moule carré à rosace)─바닥에 장미꽃이 새겨져 있는 정사각형 틀. 28. 고랑플로(gorenflot)─피에스 몽테(Pièce Montée)용 6 각형 틀. 29. 물 아 카사트(moule à cassate)─빙과용 원통형 틀. 30. 물 아 쇼콜라(moule à chocolat)─초콜릿 성형 틀. 31. 물 아 쿠글로프(moule à kouglof)─구겔호프 틀. 32. 망케 틀─① 물 아 망케 롱 위니(moule à manque rond uni) : 망케를 굽는 둥근 틀. ② 물 아 망케 카레(moule à manqué carrè) : 망케를 굽는 사각 틀. ③ 물 아 망케 롱 카늘레(moule à manqué rond cannelè) : 망케를 굽는 국화꽃 모양의 틀. 33. 물 아 뺑 드 미 롱(moule à pain de mie rond)─흰빵 틀. 직사각형이고, 뚜껑이 붙어 있다. 34. 물 아 파니에(moule à panier)─엿 세공용. 바구니 모양을 만들 때 이용. 35. 물 아

파르페(moule à parfait)―파르페용 틀. 사다리꼴 용기이다. 36. 물 아 타르트(moule à tarte)―타르트 틀. 37. 물 아 수플레(moule à soufflé)―수플레 틀. 38. 물 아 트루아 프레르(moule à trois frères)―트루아 프레르 틀. 구겔호프 틀과 비슷하나, 높이가 더 낮다. 39. 물 아 사바랭(moule à savarin)―사바랭 틀. 40. 팔레트(palette)―팔레트 나이프. 41. 파수아르(passoire)―거름용기. 과실·야채를 으깨거나 물기를 빼는 도구. 42. 피크 비트(pic vite)―피케 롤러. 43. 팽소(pinceau)―솔. 44. 팽스 아 타르트(pince à tarte)―핀셋. 타르트 반죽 가장자리에 모양을 내는 기구. 45. 플라크 아 푸르(plaque à four)―철판. 46. 플라크 아 로티르(plaque à rôtir)―중탕 냄비. 양쪽에 손잡이가 달린, 깊이가 얕은 직사각형 용기. 47. 푸알롱 아 쉬크르(poêlon à sucre)―쏟기 쉽도록 입구의 한쪽이 뾰족하게 좁아진 냄비. 설탕 조림에 이용한다. 48. 포슈(poche)―짤주머니. 49. 포슈아르(pochoir)―스텐슬. 모양이 찍혀 있는 판으로 무늬를 새기는 도구. 50. ① 룰로(rouleau) : 밀대. ② 룰로 카늘레(rouleau cannelé) : 세로로 가늘게 홈이 패인 밀대. ③ 룰로 쿠프 크루아상(rouleau coupe-croissant) : 크루아상용 커터. 양쪽에 손잡이가 달린 롤러식 커터이다. 51. 소푸드뢰즈(saupoudreuse)―양념통. 52. 스파튈(spatule)―스패튤러. 53. 타미(tamis)―눈이 굵은 체. 54. 투르티에르(tourtière)―테두리가 있는 원형의 철판. 55. 트리앙글(triangle)―삼각형의 팔레트 나이프.

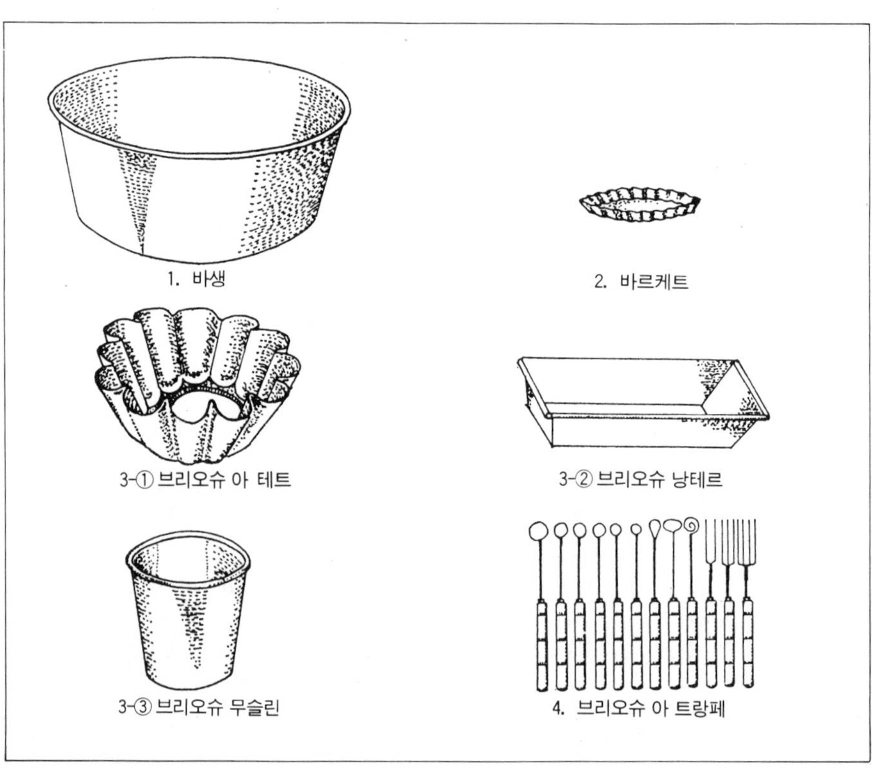

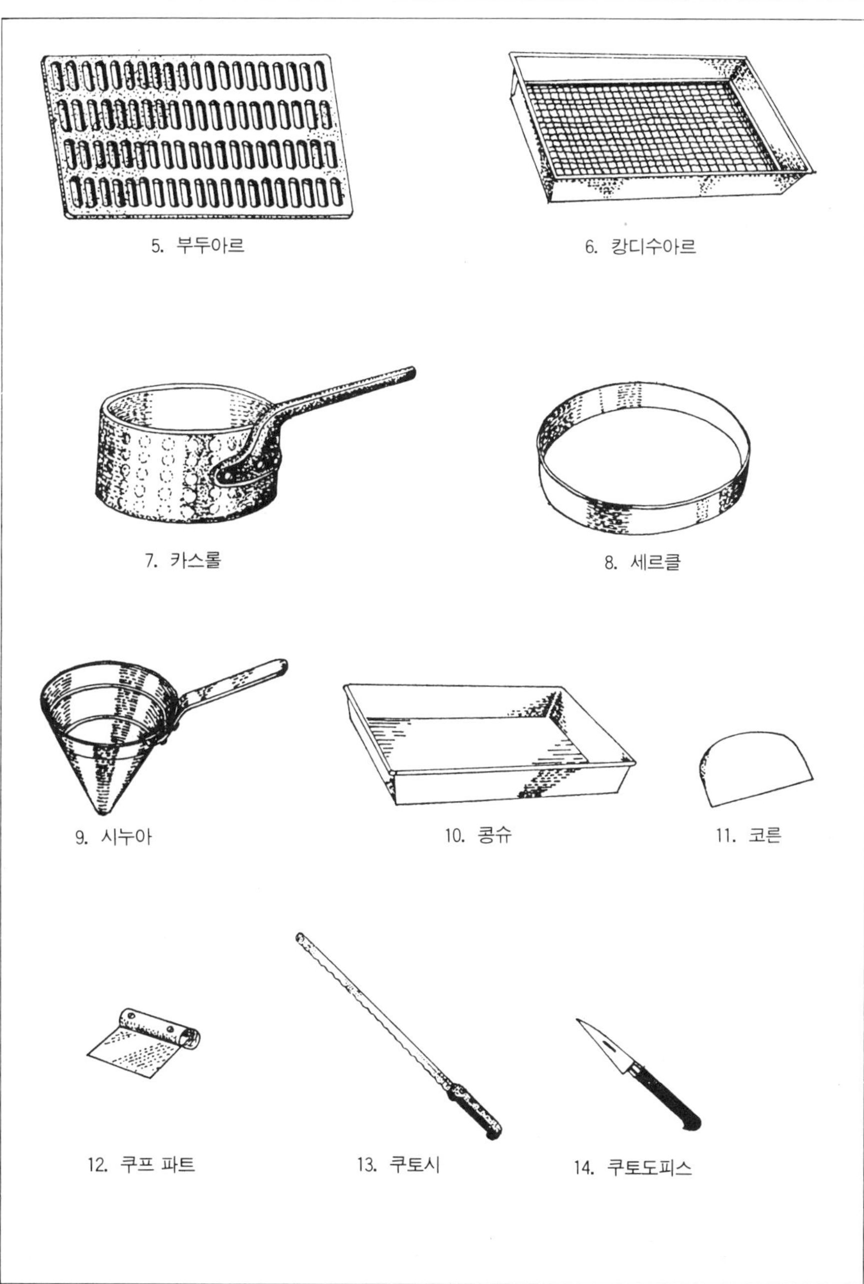

5. 부두아르
6. 캉디수아르
7. 카스롤
8. 세르클
9. 시누아
10. 콩슈
11. 코른
12. 쿠프 파트
13. 쿠토시
14. 쿠토도피스

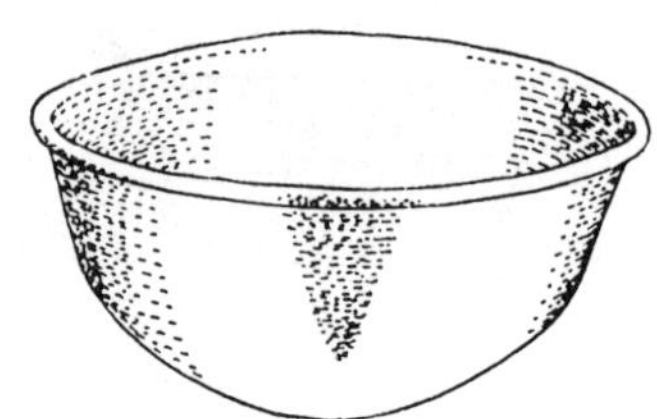

15. 퀴드풀

16. 다리올

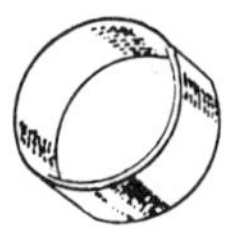  

17. 데쿠푸아르

18. 데쿠푸아르 아 데코르

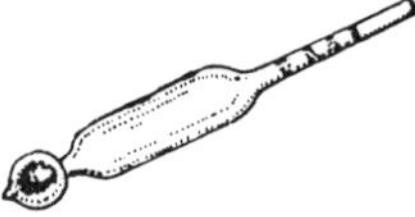

19. 당시메트르

20. 에퀴무아르

21. 두유

22. 에바수아

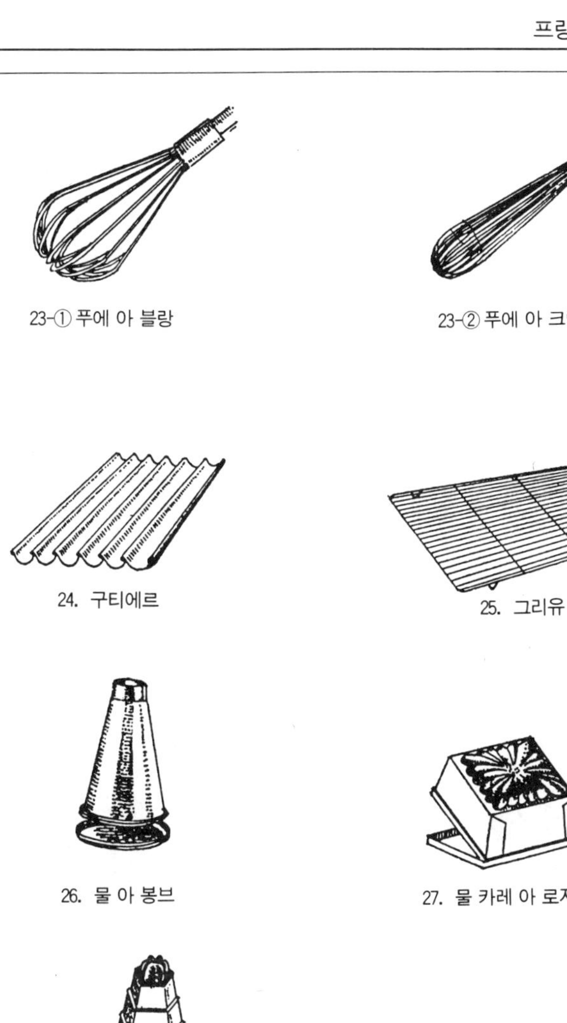

23-① 푸에 아 블랑
23-② 푸에 아 크렘
24. 구티에르
25. 그리유
26. 물 아 봉브
27. 물 카레 아 로자스
28. 고랑플로

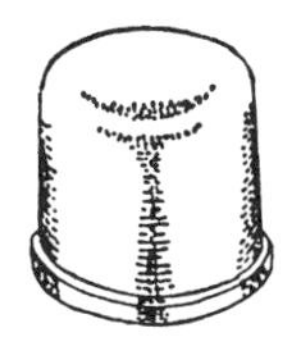

29. 물 아 카사트

30. 물 아 쇼콜라

31. 물 아 쿠글로프

32-① 물 아 망케 롱 위니

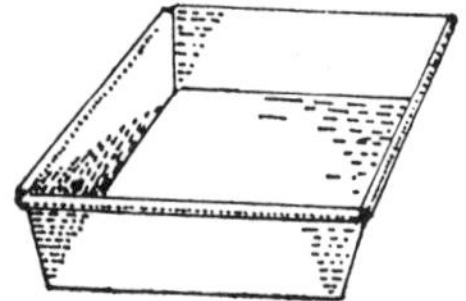

32-② 물 아 망케 카레

32-③ 물 아 망케 롱 카늘레

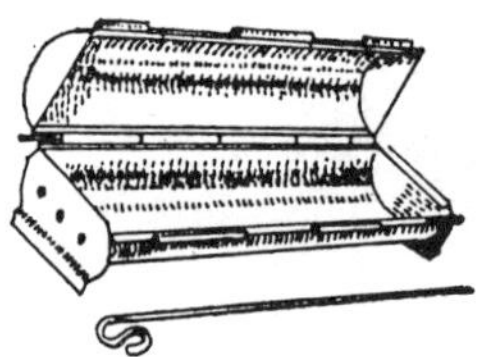

33. 물 아 뼁 드 미 롱

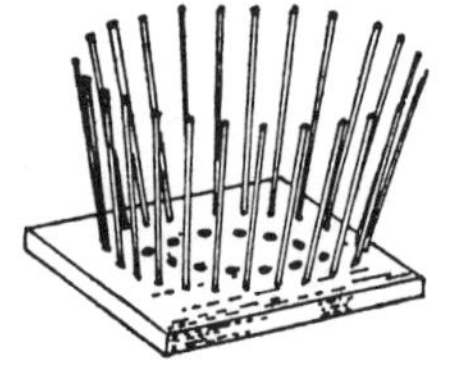

34. 물 아 파니에

35. 물 아 파르페

36. 물 아 타르트

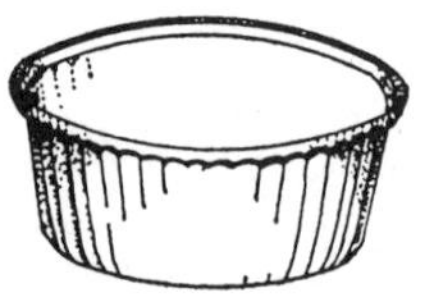

37. 물 아 수플레

38. 물 아 트루아 프레르

39. 물 아 사바랭
40. 팔레트
41. 파수아르
42. 피크 비트
43. 팽소
44. 팽스 아 타르트
45. 플라크 아 푸르
46. 플라크 아 로티르
47. 푸알롱 아 쉬크르
48. 포슈
49. 포슈아르

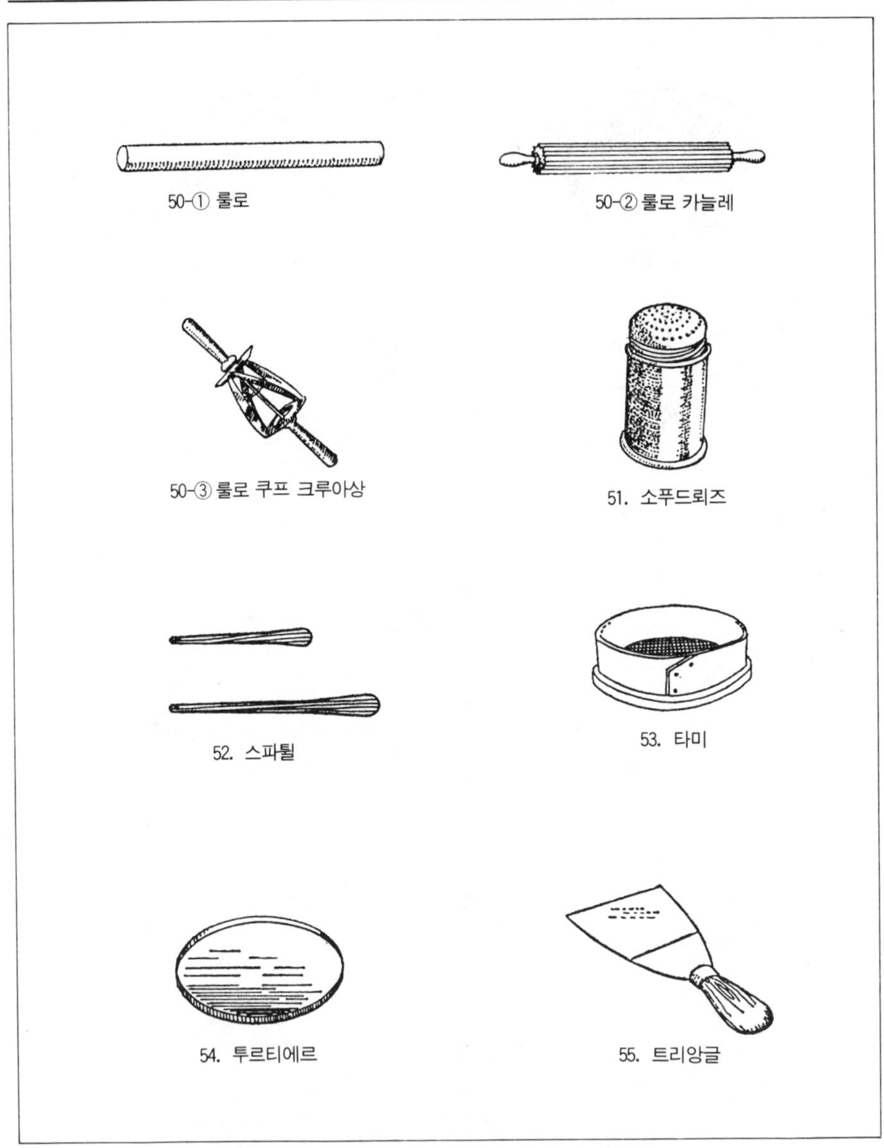

프랑지판 菓 (영, ㊉ Frangipane 독 Franchipankrem) 아몬드 가루와 버터 넣은 커스터드 크림을 섞은 것. 영국, 미국은 아몬드 크림(크렘 다망드)의 변형으로 취급, 간단히 아몬드 크림이라 부른다. 원칙적으로는 처음부터 배합을 정해 놓고 만들지만, 현실적으로 미리 만들어 둔 커스터드 크림과 아몬드 크림을 합쳐 만든다. 배합

비율은 50%씩이 기준이고, 기호에 따라 바꾼다. 이것도 아몬드 크림과 마찬가지로 꼭 가열하여 쓴다. ① 크렘 다망드와 크렘 파티시에르를 섞은 크림. 이것을 크렘 프랑지판*이라고도 한다. ② 우유, 설탕, 밀가루, 계란, 버터 그리고 마카롱이나 아몬드 가루를 섞은 것.

프랑크푸르터 크란츠 菓 (독 Frankfurter Krantz) 고리 모양으로 구워 낸 스펀지 시트 사이에 버터 크림과 라즈베리 잼을 샌드하고 크로캉을 묻힌 독일과자.
[**배합**] 〈스펀지 반죽〉계란 250 g, 노른자 2개, 설탕 150 g, 레몬 껍질·바닐라 에센스 각 소량, 박력분·고구마녹말 각 100 g, 버터 50 g. 〈버터 크림〉생크림(유지방 38%)·설탕 각 200 g, 계란 60 g, 발효 버터 300 g, 바닐라 에센스·소금 각 소량. 〈시럽〉럼·시럽(설탕 1 : 물 1) 각 100cc. 〈크로캉〉물엿 75 g, 설탕 750 g, 다진 아몬드 450 g. 〈기타〉드레인드 체리 6개, 버터 크림·피스타치오·라즈베리 잼·버터·비스퀴 크림·샐러드유 각 적당량.
[**만드는 법**] ① 스펀지 반죽을 만든다. 볼에 계란, 노른자, 설탕, 레몬 껍질, 바닐라 에센스를 넣고 중탕하면서 체온만큼 따뜻해질 때까지 휘젓는다 ② 중탕을 그치고 열을 식힌 뒤, 반죽을 거품기로 떠올렸을 때 띠처럼 흘러내릴 정도까지 거품낸다 ③ 박력분과 녹말을 ②에 더해 자르듯이 섞으면서 녹인 버터를 넣고 섞는다 ④ 지름이 24cm인 사바랭 틀에 버터를 바르고 비스퀴 크림을 붙인다. 여기에 ③의 스펀지 반죽을 흘려 넣고 180℃에서 굽는다 ⑤ ④를 식히고 4 장으로 슬라이스한다 ⑥ ⑤의 시트 1 장에 시럽을 바르고 버터 크림을 얇게 펴 바른다. 라즈베리 잼을 동심원으로 2 줄 가늘게 짜 놓는다 ⑦ ⑥을 되풀이하여 4 단을 포갠다. 표면에 얇게 버터 크림을 바르고, 종이 띠로 표면을 펴 준다. 식혀 굳힌다 ⑧ 크로캉을 만든다. 냄비에 물엿과 설탕의 일부를 넣고 불에 올린다. 설탕이 녹으면, 남은 설탕을 여러 번에 나누어 더해 녹인다 ⑨ 다진 아몬드를 오븐에 넣고 살짝 구워 말린다 ⑩ ⑧의 설탕에 캐러멜색이 들면 ⑨를 더해 나무 주걱으로 저어 섞는다 ⑪ 대리석에 샐러드유를 바르고, ⑩을 펼쳐서 식기 전에 밀대로 늘인다 ⑫ 굳으면 밀대로 부수고, 눈이 2 mm인 체에 거른다 ⑬ ⑦의 표면 전체에 버터 크림을 바르고, ⑫의 크로캉을 묻힌다 ⑭ ⑬에 12등분 표시를 하고 버터 크림을 짜 놓는다. 드레인드 체리*를 반 나누어 크림 위에 얹는다. 피스타치오를 잘게 다져 장식한다.

프레시 버터 原 (영 Fresh butter) 소금을 넣지 않고 만든 버터.

프레즈 果 (프 Fraise)
⇨딸기

프렌치 나이프 機 (영 French knife) 끝이 뾰족하고 구부러진 칼. 프랑스 빵 표면에 칼집을 낼 때 쓴다. 프랑스어로는 람 아 크로셰(lame á crochet)이다.

프렌치 드레싱 原 (영 French dressing)
⇨마요네즈

프렌치 롤 빵 (영 French Roll) 하드 롤의 하나.
[**배합**] 배합비는 다음과 같다.

재료＼배합비	중종(%)	본반죽(%)
밀가루	15.0	85.0
물	—	29.0
우 유	15.0	13.0
이스트	2.5	—
소 금	—	1.75
설 탕	—	1.75
쇼트닝	—	1.75

[**만드는 법**] 중종 반죽법으로 만든다. 중종은 22~24℃에서 1 시간 발효시키고, 본반죽은 25~26℃에서 45분간 발효시킨다. 218℃에서 20~25분간 굽는다. 가벼움을 주기 위해 흰자 3%를 더하기도 한다.

프렌치 머랭 菓 (프 Meringue française) 냉제 머랭. 프랑스어로는 므랭그 프랑세즈라 한다.
⇨냉제 머랭

프렌치 브레드 빵 (영 French Bread) 프랑스빵. 프랑스 이외의 나라에서 가리키는 것은 프랑스에서 만드는 빵과 약간 다른 의미를 가진다. 즉, 직접 구워 딱딱한 껍질의 빵을 프렌치 브레드라 한다.
⇨프랑스 빵

프렌치 크림 菓 (영 French Cream 프 Crème de Française) 퐁당에 향료, 색소를 넣고 둥글린 캔디.
[배합] 그라뉴당 300 g, 우유 130cc, 버터 15 g, 주석영 0.1 g 또는 초(醋) 15 g, 향료·색소·다진 견과류 각 적당량.
[만드는 법] ① 그라뉴당과 우유를 데운다 ② 끓으면 버터, 주석영을 넣고 113℃까지 가열한다 ③ 불에서 내려 40℃까지 식힌 다음 교반하여 퐁당을 만든다 ④ 250 g 의 퐁당에 향료와 색소를 넣고 섞는다(아래 〈표〉 참고) ⑤ ④를 둥글리고 나서 각각에 다진 견과류를 묻힌다.

프로그레 菓 (프 Progrès) 배합에 변화를 준 머랭의 하나. 거품낸 흰자, 설탕, 헤이즐넛 가루, 밀가루(또는 녹말)를 섞어 원반 모양으로 짜 내고 저온에서 굽는다. 각종 앙트르메, 케이크, 프티 가토의 시트로 이용한다. 쉬크세나 자포네와 같은 계열의 것이다. 다음은 2 장의 원반 프로그레 사이에 가나슈 크림을 샌드한 것이다.

[배합] 〈프로그레 반죽〉 아몬드 가루·헤이즐넛 가루 각 65 g, 분설탕 130 g, 박력분 25 g, 흰자 150 g, 설탕 50 g. 〈커피 가나슈 크림〉 인스턴트 커피 12 g, 생크림 250cc, 커버추어 310 g. 〈기타〉 버터·밀가루 각 적당량.
[만드는 법] ① 프로그레를 만든다. 아몬드 가루, 헤이즐넛 가루, 분설탕, 박력분을 섞는다 ② 흰자에 설탕을 더해 거품내어 단단한 머랭을 만든다 ③ ②에 ①을 더해 가볍게 섞는다 ④ 둥근 모양깍지를 끼운 짤주머니에 ③의 반죽을 넣고, 얇게 버터칠을 하고 밀가루를 뿌린 철판에 동심원으로 짜 놓는다. 160℃의 오븐에서 굽는다 ⑤ 커피 가나슈 크림을 만든다. 생크림과 인스턴트 커피를 냄비에 넣고 끓인다. 다진 커버추어를 더해 녹인다 ⑥ ⑤를 체에 거르고 식힌다 ⑦ ④의 프로그레 1 장을 세르클*에 깔고, ⑥의 커피 가나슈 크림을 짜 넣는다 ⑧ 2 장째의 프로그레를 평평한 쪽이 위로 가도록 하여 ⑦의 위에 포갠다. 표면에 ⑥의 크림을 얇게 바르고 냉장고에서 식혀 굳힌다 ⑨ ⑧의 주위를 살짝 데워 틀에서 빼낸다.
→쉬크세

프로마주 블랑 原 (프 Fromage blanc) 프랑스의 프레시 치즈*. 응유 효소를 더해 굳히고 가볍게 물을 뺀다. 신맛이 나는 새하얀 치즈이다. 디저트 과자에 이용한다.

프로비타민 化 (영 Provitamin) 생체 내에서 쉽게 비타민으로 변하여 이용할 수 있는 물질. 프로비타민에는 비타민 A의 선

〈표〉 프렌치 크림의 종류(퐁당 250 g)

명 칭	향 료	색 소	견 과 류	모 양
바닐라 크림	바닐라 10cc	—	호두	원형
오렌지 크림	오렌지 5cc	오렌지	피칸넛	원형
레몬 크림	레몬 5cc	노랑	코코넛	타원형
체리 크림	체리 2.5cc	빨강	아몬드	원형
스트로베리	딸기 5cc	빨강	캐슈넛	원형
커피	커피 10cc	—	초코 수플레	원형

500

구물질이 되는 프로비타민 A와, 비타민 D 의 선구물질이 되는 프로비타민 D가 있다. 프로비타민 A에는 β-카로틴 이외에 α-카로틴, γ-카로틴, 크립토크산틴(cryptoxanthin)이 있고, 프로비타민 D에는 에르고스테롤*(ergosterol)과 콜레칼시페롤(cholecalciferol)이 있다.
⇨카로틴

프로세스 치즈 原 (영 Process cheese) ⇨치즈

프로스팅 原 菓 (영 Frosting) ① 프로스티 아이싱. 서리(frosty)처럼 새하얀 아이싱이란 뜻으로, 로열 아이싱*과 워터 아이싱*을 가리키는 용어이다. ② 거품낸 흰자를 성형하지 않은 채 접시 위에 얹고 커스터드 슈거를 뿌린 뒤 낮은 온도에서 구운 것.

프로테아제 化 (영, 프, 독 Protease) 단백질이나 펩티드의 펩티드 결합을 가수분해하는 효소의 총칭. 단백질 분해효소라고도 한다. 펩신·트립신·키모트립신 등 수많은 예가 있다. 프로테아제가 밀가루의 단백질인 글루텐에 작용하면 단백질이 펩톤과 폴리펩티드로 분해되고, 이것은 다시 디펩티드와 아미노산으로 분해된다. 이스트는 이 효소를 갖고 있기 때문에, 빵 반죽은 발효함에 따라 글루텐이 분해 연화하여 숙성상태가 된다. 단, 발효가 너무 지나치면 반죽은 늘어진다. 이스트 푸드에 브롬산칼륨을 더하는 이유는 프로테아제의 글루텐 분해작용을 막기 위함이다.

프로테오스 化 (영 Proteose) 단백질이 산, 알칼리 또는 효소에 의해 부분적으로 가수분해되어 만들어지는 혼합물. 이것은 가열해도 응고하지 않는다. 유도 단백질의 하나로 알부모스(albumose)라고도 한다. 이보다 더 가수분해되어 분자가 작아진 형태가 펩톤*이다.

프로피온산염 [—鹽] 原 (영 Propionates) 곰팡이 방지제의 하나. 프로피온산의

염류(鹽類)로서 프로피온산칼슘과 프로피온산나트륨이 있다. 이들은 산성에서 프로피온산을 유리하는데, 바로 이 산이 세균(곰팡이·호기성 포자형성균)에 대한 항균력(抗菌力)을 갖는다. 그리고 프로피온산의 항균력은 산도(pH)가 낮을수록 크다. pH를 낮추고자 할 때는 pH 조정제인 제 1 인산칼슘, 젖산 또는 아세트산을 사용한다. 빵에는 프로피온산칼슘을 밀가루의 0.15~0.2% 만큼 첨가한다. 첨가방법은 배합재료를 반죽할 때 물에 녹여 쓴다. 단, 효모와 함께 물에 녹이면 효모의 작용이 약해지므로 따로 하는 것이 좋다. 그리고 방부효과를 높이기 위해 pH 조정제인 제 1 인산칼슘을 밀가루의 0.1% 첨가한다. 프로피온산나트륨은 염기성이어서 빵효모의 활성을 저지하므로 빵 반죽에 사용하지 않고 생과자에 사용한다. 생과자류에 칼슘염을 잘 사용하지 않는 이유는 칼슘염이 팽창제인 중조(탄산수소나트륨)와 반응하여 불용성인 탄산칼슘을 만들어 탄산 가스가 잘 발생되지 않기 때문이다. 칼슘염을 쓸 때는 중조의 양을 늘린다. 그리고 pH 조정제로 산도를 낮추면 빵에서와 마찬가지로 보존 효과가 높아진다. 보존료와 pH 조정제는 여러 과자의 재료를 배합할 때 첨가하고 반죽한다. 나트륨염의 첨가량(반죽당)은 생과자의 종류에 따라 다르다. 보존기간을 1~3일 연장하는 데에 필요한 첨가량은 다음과 같다.

데블스 푸드 케이크 ·················· 0.44%
초콜릿 케이크 ················· 0.33~0.44%
옐로 파운드 케이크 ··········· 0.12~0.19%
프루츠 케이크 ················ 0.09~0.33%
치즈 케이크 ·················· 0.12~0.19%
에인젤 푸드 케이크 ··········· 0.09~0.19%

프로피트롤 菓 (프 Profiterole) 작은 공 모양의 슈. 속에 치즈 크림, 퓌레를 채우거나 크렘 파티시에르, 샹티이, 잼을 충전한다. 아무것도 넣지 않은 것은 수프 넛(soup nut)이다.

[배합] 〈슈 반죽〉 박력분 50g, 강력분 100g, 버터 120g, 소금 소량, 물 135cc, 우유 250cc, 계란 4개. 〈커스터드 크림〉 우유 250cc, 박력분 30g, 그라뉴당 75g, 노른자 3개, 바닐라 스틱 1/2개. 〈기타〉 분설탕, 다진 아몬드 각 적당량.

[만드는 법] ① 슈 반죽을 만든다. 냄비에 버터, 물, 우유, 소금을 넣고 불에 올린다. 끓으면 내린다 ② 강력분과 박력분을 함께 체 쳐서 ①에 넣는다. 나무 국자로 빨리 저어 섞은 뒤 다시 불에 올려 저으면서 데운다 ③ 반죽이 냄비 바닥에서 떨어지면 불에서 내린다 ④ 계란을 풀어서 조금씩 더한다. 나무 국자를 들어 올렸을 때 천천히 반죽이 떨어질 정도로 되직하게 반죽한다 ⑤ ④의 반죽을 철판 위에 조그맣게 짜 놓고 아몬드를 뿌린 뒤 물을 뿜는다 ⑥ 230℃의 오븐에서 굽는다 ⑦ 커스터드 크림을 만든다. 냄비에 우유, 바닐라를 넣고 불에 올려 끓인다 ⑧ 볼(bowl)에 박력분, 그라뉴당, 노른자를 넣어 잘 섞은 다음 ⑦의 우유를 조금씩 넣으면서 섞는다 ⑨ ⑦을 모두 ⑧에 넣고 섞는다. 체에 걸러 냄비에 옮겨 넣고 불에 올린다. 이것을 타지 않도록 끓인다 ⑩ 커다란 사각 틀에 옮겨 식힌 뒤, 또 한번 체에 거른다 ⑪ ⑥의 슈가 식으면 반으로 자른다. 그 속에 ⑩의 크림을 가득 채우고, 접시에 담아 분설탕을 뿌린다. 커스터드 크림 대신 프랄리네 크림을 쓰고, 초콜릿 소스를 곁들이기도 한다.

프롤라민 化 (영 Prolamin) 알코올에 가용성인 단백질. 글루텔린(glutelin)과 함께 곡류에 널리 분포한다. 대표적인 것으로 글리아딘(말), 호르데인(보리), 제인(옥수수) 등이 있다. 아미노산인 프롤린(proline)을 많이 함유하고 있는 것이 특징이다.

프루트 原 (영, 프 Fruit 독 Frucht) 과실·과일. 프랑스어로는 프뤼이다. 프루트는 고대 프랑스어인 프뤼이에서, 프뤼이는 라틴어인 프룩툼(frùctum)에서 파생한

명칭이다. 과일을 배합해 만든 과자가 프루츠 케이크이고, 과일을 원료로 한 것이 잼이다.

프루츠 로프 빵 (영 Fruits Loaf) 레이즌, 아몬드 슬라이스, 레몬 필, 유지, 설탕을 섞은 발효 반죽을 파운드 틀에 구운 것. 스위트 도*를 가스빼기할 때에 반죽의 20~40%만큼의 과일을 첨가한다. 이것을 450g으로 분할·둥글리기하고 휴지시킨 뒤 원로프 모양으로 성형한다. 틀에 채워 발효시킨 다음, 200℃에서 40분간 굽고 식힌 뒤 아이싱*한다.

프루츠 롤 菓 (영 Fruits Roll) 스펀지 케이크를 응용한 것으로, 과실을 곁들인 롤이다.

[배합] 〈반죽〉 계란 100g, 설탕 100g, 밀가루 80g, 물 20cc. 〈기타〉 잼 50g, 체리 4개, 안젤리카 1/2개.

[만드는 법] ① 체리는 반 나누고, 안젤리카는 16등분한다 ② 보기 좋게 늘어놓고, 과일이 움직이지 않도록 하면서 반죽을 넣고 평평하게 고른다 ③ 철판을 2장 겹치고 180℃ 오븐에서 굽는다. 잼을 바르고 끝에서부터 만다 ④ 이음매를 밑으로 가게 하여 식히고 나서, 2cm 두께로 자른다. 과일은 파인애플, 레이즌, 오렌지 필, 레몬 필 어느 것이나 사용할 수 있다.

프루츠 버터 原 (영 Fruits butter) 과실을 0.5~0.6mm로 으깨어 설탕과 함께 조린 것. 언뜻 보기에는 잼과 비슷하지만, 이것은 잼보다 즙이 많고 당도가 더 낮다. 대개 여기에 스파이스를 넣는다.

프루츠 브레드 빵 (영 Fruits Bread) 과실을 반죽에 넣은 빵. 과실은 커런트, 설타너, 레이즌, 자두, 대추야자, 무화과, 필을 쓰는데 그 중에서도 설타너, 레이즌, 커런트를 많이 쓴다. 그리고 생과실보다 말린 것을 자주 이용한다. 프루츠 브레드의 특색은 설탕을 많이 쓰지 않는 점인데, 설탕을 너무 많이 쓰면 빵의 윗면이 타버린다. 이

것은 크리스마스 때 즐겨 먹는다.

프루츠 아이스크림 菓 (영 Fruits Icecream) 과실을 넣은 아이스크림. 여러 재료를 배합해 만든 아이스크림 반죽에 생과일 20%와 휘핑 크림*을 넣고 얼린다.

→아이스크림

프루츠 에인젤 케이크 菓 (영 Fruits Angel Cake) 과실을 배합해 만든 에인젤 케이크.

[배합] 〈반죽〉 흰자 180 g, 설탕 160 g, 밀가루 120 g, 콘스타치 30 g, 주석영 3 g, 소금 1 g, 바닐라 향 소량. 〈과실〉 체리 40 g, 오렌지 필 30 g, 레몬 필 30 g. 〈기타〉 분설탕 30 g.

[만드는 법] 에인젤 푸드 케이크와 같다. 과실로 레이즌과 땅콩을 쓰기도 한다. 또, 과실은 반죽 속에 넣거나 장식으로 올릴 수 있다.

⇨에인젤 푸드 케이크

프루츠 주스 原 (영 Fruit juice) 과일즙. 오렌지, 레몬, 사과 등의 과일즙과 딸기, 수박, 토마토, 멜론 등의 야채즙을 합쳐 프루츠 주스라 한다.

프루츠 케이크 菓 (영 Fruits Cake, plum Cake 프 Plum-cake 독 Fruchtkuchen, Englischer Fruchtkuchen) 다량의 과실, 특히 레이즌, 필 등을 배합해 만든 버터 케이크.

⇨버터 케이크

프루츠 페이스트 原 (영 Fruit paste) 프루츠 버터*를 더욱 농축시킨 것.

→페이스트

프루티드 아몬드 링 빵 (영 Fruited Almond Ring) 과일을 넣어 만든 식빵 반죽을 227 g 으로 분할·둥글리기한 뒤 2 차발효 시킨다. 이것을 20cm의 띠 모양으로 늘여서 고리를 만든다. 띠 끝에 물을 축여 잘 이어 붙인다. 계란을 바르고 얇게 자른 아몬드를 얹은 다음 발효시킨다. 193℃에서 구워내고, 신선한 레몬 즙을 곁들인 워터

아이싱을 묻힌다.

프루퍼 機 (영 Proofer)

⇨이차 발효실

프루프 技 (영 Proof) 벌크 발효를 뺀 나머지 발효 단계를 가리킨다. 즉 플로어타임, 벤치타임, 2 차 발효(final proof)를 통틀어 프루프라 한다.

→벌크 발효

프루핑 박스 機 (영 Proofing box) 분할·둥글리기한 반죽을 성형기에 넣기 전, 분할·둥글리기 단계에서 받은 충격을 회복시키기 위해 휴지시키는 상자. 프루핑 박스에는 나무 상자와 자동식 프루퍼가 있다. 나무 상자는 소규모 공장에서, 자동식 프루퍼는 대량생산 공장에서 이용한다.

→반죽 상자

프룩토오스 化 (영 Fructose)

⇨과당

프룬 果 (영, 프 Prune) 유럽 자두. 1 개에 20 g 으로 작고, 보라색인 과실이다. 껍질은 얇고, 과육은 팽팽하며 무기질을 많이 갖고 있다. 이것은 플럼*의 한 품종으로 말려 쓰기에 알맞다. 제과용으로 쓸 때에는 물이나 적포도주에 담가 불린 뒤 타르트에 충전하고 푸딩·아이스크림·콩포트·아몬드 반죽으로 싸는 당과자 등에 사용한다.

프뤼겔 菓 (독 Prügel) 독일 17세기의 과자. 유동 상태의 반죽을 회전 굴대에 발라 구운 것으로 슈피스쿠헨(Spießkuchen)이라고도 한다. 이것이 발전하여 오늘날의 바움쿠헨이 완성되었다고 한다.

→바움쿠헨

　　프뤼이 데기제 菓 (프 Fruit Déguisé)
파트 다망드(pâte d'amande : 아몬드 반죽)
등에 설탕옷을 입힌 데기제*. 홍차와 커피
등과 잘 어울리는 과자이다.
[**배합**] 〈파트 다망드〉 아몬드 가루 200 g,
설탕 200 g. 〈시럽〉 그라뉴당 1,250 g, 물
500cc. 〈기타〉 아몬드 맛 : 커피·꼬냑·볶
은 아몬드 각 적당량. 피스타치오 맛 : 파트
피스타슈(pâte pistache : 설탕과 피스타치오
를 섞어서 페이스트 상태로 만든 것)·키어
시·껍질 벗긴 피스타치오 각 적당량. 살구
맛 : 꼬냑·말린 살구(반으로 나눈 것) 각
적당량. 프룬 맛 : 키어시·말린 자두 각 적
당량.
[**만드는 법**] ① 파트 다망드를 만든다. 설
탕을 117℃까지 조려 아몬드 가루를 넣고
잘 섞는다 ② 상온에서 하루 정도 방치한 뒤
다시 잘 섞는다 ③②의 반죽을 4등분하여
각각에 여러 가지 맛을 들인다. 아몬드 맛
에는 커피와 꼬냑, 피스타치오 맛에는 파트
피스타슈와 키어시, 살구 맛에는 꼬냑, 프
룬 맛에는 키어시를 각각 섞는다 ④ 시럽을
만든다. 물을 끓이고 그라뉴당을 넣어 녹인
뒤 45℃까지 식힌다 ⑤③의 반죽을 각각 여
러 모양으로 만들어 철판에 나열하고 시럽
을 붓는다 ⑥40℃ 정도의 물에 ⑤를 하루
정도 방치한 뒤에 시럽을 제거하고 건조시
킨다 ⑦ 각각을 장식에 사용한다.
　　프뤼이 콩피 菓 (프 Fruit Confit) 과
실 설탕절임. 과실을 당액에 조려 식힌 다
음, 다시 전보다 당도를 높여 조린다. 이와
같은 작업을 몇 번 되풀이 하면, 과실의 모
양이 오므라들지 않으면서 충분히 당액을
먹은 과실 설탕절임이 된다. 종류에 따라
과육만을 조린 것, 껍질만을 조린 것, 통째
조린 것이 있다. 이들은 그대로 완성된 과
자이면서 각종 앙트르메, 구운 과자, 초콜
릿 과자 재료로도 쓰인다. 오렌지·레몬 필
('캔디드 프루츠'항 참고), 파인애플 콩피
, 드레인드 체리, 안젤리카 그리고 통째

의 파인애플과 오렌지가 있다.
　　프리 믹서 機 (영 Pre mixer) 미국의
연속제빵 장치에 달려 있는 혼합기. 반죽
속도는 30~120초이다.
　　프리 믹스 原 (영 Prepared mix) 밀가
루에 팽창제·설탕·분유를 섞은 것으로,
소비자가 물을 더해 굽기만 하면 되도록 만
든 조제 가루이다. 밀가루에 화학 팽창제와
소금만을 섞은 셀프 라이징 플라워*가 프
리믹스의 시초(1849년)이다.
　　프리저 機 (영 Freezer 프 Congélat-
eur 독 Gefrierschrank) 냉동고. 어는점
이하로 온도를 낮추어 냉동·저장할 수 있
는 기구이다. 냉기를 불어 넣어 급속히 온
도를 낮추는 쇼크 프리저(shock freezer : 급
속 냉동고)도 있다.
→냉동기
　　프리저브 原 (영 Preserve) 과일, 야
채를 설탕조림 한 것. 재료의 형태가 그대
로 남아 있는 잼을 가리킨다. 파이·타르트
의 충전물로 이용한다.
　　프리터 菓 (영 Fritter 프 Beignet)
튀김옷을 입혀 튀긴 과자. 또한 크림 퍼프
페이스트 속에 과일, 육류를 넣고 튀긴 소
형 케이크를 가리키기도 한다. 프랑스의 베
네*와 같다.
　　프토마인 生 (영 Ptomain) 동물 조
직, 특히 육류가 부패함에 따라 생기는 유
독성 분해산물의 총칭. 오르니틴의 분해산
물인 프로레신, 히스티딘의 분해산물인 히
스타민이 프토마인에 속한다. 프토마인은
아미노산에서 탄산이 이탈된 유독성 아민이
다.
　　프티 가토 菓 (프 Petits Gâteaux) 같
은 소형 과자라 해도 프티 푸르처럼 처음부
터 작게 만든 것이 아니라 크게 만들기 시
작한 과자를 작게 자른 것, 또는 한 사람 몫
의 크기로 만든 것이다. '가토'란 구워낸
반죽(비스퀴·제누아즈·푀이타주·사블
레·슈·쉬크세·머랭)에 과실, 크림, 초콜

릿, 퐁당 등의 여러 재료를 합쳐 만든 파티
스리(pâtisserie)이다. 프티 가토에 대해서
대형 과자 전체를 그로 가토(gros gâteau)라
한다. 즉, 그로 가토를 자르면 프티 가토가
된다. 그로 가토는 보통 크고 둥근 모양으
로 만들어 방사선으로 자른다. 따라서 단면
(斷面)이 보기 좋도록 만들어야 한다.

프티 그랭 原 (프 Petit grain) 오렌지
나무의 가지나 잎을 증류(蒸溜)시킨 에센
스. 이것은 쓴맛이 있어 단맛을 중화시킬
때 사용한다.

프티 나이프 機 (프 Petit couteau) 작
은 칼. 프랑스어인 프티와 영어인 나이프를
접속한 용어이다.
⇨나이프

프티 뵈르 菓 (프 Petits Beurres) 버
터를 넣은 네모꼴의 소형 비스킷.
[배합] 밀가루 752 g, 콘스타치 149 g, 설탕
454 g, 버터 347 g, 노른자 71 g, 우유
992cc, 소금 3.4 g, 암모니아계 팽창제 5.
4 g, 중조 5.4 g.
[만드는 법] ① 우유로 팽창제를 녹인다.
여기에 중조, 밀가루, 콘스타치를 섞는다
② 작업대 위에서 ①과 나머지 재료를 더해
페이스트 상태로 만든다 ③ ②의 반죽을 서
늘한 곳에 놓아둔다 ④ ③의 반죽을 얇게 늘
여 펴고 피케 롤러로 구멍을 낸다 ⑤ ④를
네모나게 잘라 철판에 얹고, 약한불 오븐에
서 바삭바삭해질 때까지 굽는다.

프티 불레 原 (프 Petit boulé) 설탕액
을 117℃까지 조린 시럽의 상태. 이 시럽을
찬물에 떨어뜨려 식힌 뒤 손가락으로 둥글
리면 탄력 있는 구슬 모양이 된다. 이러
한 상태의 시럽은 파트 다망드, 크렘 오 뵈
레, 머랭, 글라사주(glaçage : 덧씌우기)용
퐁당에 쓴다. 120℃로 조리면 불레(boulé),
130~135℃로 조리면 그랑 불레(grand boul-
é)가 된다. 그랑 불레는 단단한 구슬 상태
이다.

프티 뺑 빵 (프 Petits Pains) 프랑스

의 소형 빵의 총칭. 거의가 저배합빵(lean
bread : 짠맛이 나는 빵)이고, 표면에 칼집
이 1줄 나 있다.

프티알린 生 (영 Ptyalin) 침 속에 들
어 있는 탄수화물 가수분해 효소. 즉, 타액
속에 있는 아밀라아제로서, 녹말을 덱스트
린과 맥아당으로 분해한다.

프티 푸르 菓 (프 Petit Four) 한 입에
넣을 수 있는 소형 과자의 총칭. 프티(petit)
는 '작은', 푸르(four)는 '오븐'을 뜻한다.
즉 프티 푸르는 작게 구운 과자이다. 지금
은 구운 과자뿐 아니라 한 입에 들어가는
모든 과자를 가리킨다. 〈종류〉 ① 프티 푸
르 프레(petit four frais) : 신선한 과일과 크
림류를 중심으로 한 것. ② 프티 푸르 글라
세(petit four glacé) : 퐁당·초콜릿으로 표면
을 감싼 것. ③ 푸르 포슈(four poche) : 마지
팬을 짜 내어 구운 것. ④ 프뤼이 데기제(fr-
uit déguisé) : 과일·견과를 당액으로 감싸
거나 당액에 담가 설탕 결정을 입힌 것. ⑤
프티 푸르 세크(petit four sec) : 마른 과자.
쿠키류. ⑥ 프티 푸르 살레(petit four salé) :
소금맛 과자. ⑦ 파트 드 프뤼이(pâte de fr-
uits) : 과실을 페이스트 상태로 만들어 굳히
고 작게 잘라 설탕을 묻힌 것. 이들은 티타
임이나 파티에 빠뜨릴 수 없는 과자이다.

여러 가지 프티 푸르 틀

프티 푸르 틀을 쓰거나 독자적으로 모양을 만들기도 한다. 이것을 만들 때 중요한 것은 윗면에 장식하거나 속에 충전하는 것, 표면에 씌우는 재료가 모두 같아야 한다는 점이다.

프티 푸르 글라세 菓 (프 Petit Four Glacé) 글라세한(설탕옷을 입힌) 프티 푸르*. 파트 아 퐁세, 제누아즈류, 과실 등에 설탕옷을 입힌다. 설탕옷의 종류는 퐁당, 당액, 초콜릿, 젤리, 잼, 가나슈이다. 과실에 파트 다망드, 퐁당을 씌우고 그 전체에 당액을 묻힌 것을 프티 푸르 글라세 오 쉬크르(Petit Four Glacé au Sucre)라 한다. 전체에 투명한 광택이 난다. 여기서 과실은 그대로 쓰거나 시럽이나 양주에 절여 사용한다. 과실·견과류에 설탕을 입힌 것은 프뤼이 데기제(Fruits Déguisés)라 하는데, 이것도 프티 푸르 글라세에 포함시키는 수가 많다. 갖가지 모양을 뜬 제누아즈나 파트 쉬크레에 과실을 얹고 퐁당을 씌운 것이 가장 흔히 볼 수 있는 프티 푸르 글라세이다.

프티 푸르 세크 菓 (프 Petit Four Sec) 한두 번에 먹을 수 있을 만큼 작게 구운 건과자. 프티 푸르 글라세처럼 프티 푸르에 속한다. 네 변과 지름이 2~3cm인 것이 대부분이다. 로마지팬, 파트 푀이테, 사블레 반죽, 파트 아 퐁세, 머랭 반죽으로 만든다. 견과나 생과일을 얹은 것, 잼·초콜릿을 샌드한 것, 쿠키, 비스킷, 사블레, 랑그 드 샤 등 수없이 많은 종류가 있다. 보통은 그대로 먹지만 아이스크림 같은 빙과, 푸딩, 샐러드에 곁들이기도 한다. 특히 티 타임에 빼놓을 수 없는 과자이다.

플라보노이드 生 (영 Flavonoids) 노란색을 띤 흰색 색소. 식물계에 가장 널리 분포하는 색소로서, 플라본이 대표적이다. 양배추, 감자, 콜리플라워 등에 존재한다.

플라스터 機 (영 Plaster) 플라스터 몰드(plaster mold)의 줄임말. 석고로 만든 틀로서, 검 페이스트 세공에 사용한다.

플라스터슈타인 菓 (프 Pavé 독 Pflasterstein) 네모꼴의 과자. 호니히쿠헨 또는 레브쿠헨으로 만들고 퐁당으로 설탕옷을 입힌다.

플라스티크마세 菓 (독 Plastikmasse) 검 페이스트*와 비슷한 세공용 반죽. 쇼윈도에 장식하는, 아이스크림·토르테 등의 모조품 만드는 데에 이용한다. 흰자, 분설탕, 콘스타치, 물엿, 글리세린 등을 원료로 하여 만든다.

플라스틱 크림 原 (영 Plastic cream) 생크림을 원심분리하여 79~81% 정도의 유지방이 되도록 만든 크림. 실온에서 고체 상태이기에 붙여진 명칭이다. 아이스크림이나 버터의 원료로 쓰인다.

플라워 네일 機 (영 Flower nail) 로열 아이싱을 짜 내어 꽃을 만들고자 할 때 사용하는 금속 기구. 이것이 없으면 콜크에 긴 못을 끼어 써도 좋다. 파라핀 종이를 작게 잘라 콜크 위에 얹고, 이것을 돌리면서 로열 아이싱을 짜 내면 꽃 모양이 만들어진다. 꽃잎을 만들 때에는 다양한 모양깍지가 필요하다.

플라워 배터법 技 (영 Flour batter method) 배터 타입 케이크*의 반죽을 만드는 방법 중의 하나. 플라워 쇼트닝 배터법, 럽 인 메소드(rub-in method) 또는 블렌딩법(blending method)이라고도 한다. 밀가루와 지방을 섞어 휘저으면서 많은 공기를 포함시켜야 한다. 이 때 계란을 쓰는 이유는 반죽 속에 기포를 만들기 위함이다 ① 지방과 같은 양의 밀가루를 합쳐 섞는다 ② 볼(bowl)에 계란과 설탕 일부를 넣고 60~70% 까지 거품낸다 ③ ②를 조금씩 ①에 섞는다 ④ 나머지 설탕을 우유에 녹이고, 플레이버도 넣어 녹인다 ⑤ ④의 반을 ③에 넣고, 남은 밀가루도 넣고 섞는다 ⑥ ④의 나머지 반을 넣고 나무 주걱으로 젓는다. 필요하면 베이킹 파우더는 밀가루와 함께 체 친 뒤에 사용한다. 과일은 마지막에 넣는다.

플라워 밸브 機 (영 Flour valve) 밀가루를 트럭이나 화물차에서 저장고(상자)로 옮길 때, 또는 저장고에서 믹서로 옮길 때 쓰는, 파이프에 설치되어 있는 밀가루 조절판. 여기에는 유도 밸브, 개폐 밸브가 있다.

플라잉 스펀지 技 (영 Flying sponge) 짧은 시간(2시간 이내)에 발효를 끝낸 중종. 서둘러 빵을 만들어야 할 때 플라잉 스펀지를 사용한다. 이러한 중종을 사용하여 반죽하는 방법을 플라잉 스펀지법이라 한다. 이스트는 보통 때보다 많이 쓰고, 25℃에서 60~90분간 발효시킨 뒤 본반죽에 들어간다. 본반죽은 50분간 발효시키되, 더 줄이고 싶을 때에는 본반죽에도 이스트를 첨가한다.

플라잉 톱 빵 (영 Flying tops) 틀에서 구워 낸 빵의 윗부분이 아래와 떨어져 볼록하게 부푼 상태. 이와 같은 빵을 슬라이스하면 윗부분만이 부스러진다. 원인은 미숙성한 반죽, 또는 발효가 부족한 반죽을 그대로 구웠기 때문이다. 그리고 셸리 톱(shelly top)이란, 위와 같은 현상이 빵의 옆면에 생길 때를 가리킨다.

플랑 菓 (프 Flan) 틀에 과실을 늘어놓고 우유나 크림, 밀가루, 계란 등으로 만든 반죽을 채워 구운 것. 또, 틀에 파트 아퐁세*를 깔고 충전물을 넣어 구운 것도 플랑이라 한다. 플랑은 타르트와 구분하기 어렵다. 겉으로 보았을 때 둥근 모양이 플랑

플랑 틀

이고, 원형 이외에도 다른 모양을 갖춘 것이 타르트라고 구별하는 수밖에 없다. 깔개용 반죽으로는 파트 브리제, 파트 쉬크레와 같은 쇼트 페이스트류를 쓴다. 충전물로는 딸기, 사과, 체리, 살구 같은 과실 그리고 크림, 아몬드 페이스트를 쓴다.

플랑베 技 (프 Flamber) 재료에 알코올 음료, 즉 럼·브랜디·리큐르 등을 뿌리고 불을 피워 알코올 성분을 날려 보내는 일. 프루츠 소스, 크레프, 오믈렛 등에 이용한다. 알코올 성분을 날려 보내는 이유는 그 음료의 풍미만을 들이고 알코올 성분을 없애기 위함이다.

플랑 앙달루지 菓 (프 Flan Andalousie) 오렌지 풍미의 비스퀴에 사과 소테, 오렌지 슬라이스를 층층이 쌓은 플랑.
[배합] 〈파트 브리제〉 밀가루 400 g, 소금 2 g, 버터 250 g, 물 60cc. 〈사과 소테〉 사과 슬라이스 500 g, 시너먼·소금 각 소량, 레몬 즙 10cc, 버터 80 g, 설탕 120 g, 칼바도스 70cc. 〈비스퀴 오랑주〉 노른자 4개, 설탕 50 g, 오렌지 즙 13cc, 흰자 3개, 설탕 90 g, 밀가루 110 g, 녹인 버터 70 g, 〈기타〉 오렌지·나파주·레몬 즙·오렌지 리큐르·박하잎 각 적당량.
[만드는 법] ① 체 친 밀가루, 소금, 작게 자른 버터를 가볍게 섞는다. 여기에 찬물을 더해 살짝 반죽한다. 이 파트 브리제를 냉장고에서 휴지시킨 뒤 플랑 틀에 깐다 ② 사과를 소금물에 담갔다가 물기를 뺀다. 그리고 시너먼, 레몬 즙을 묻힌다 ③ 프라이팬에서 버터를 중불로 녹인다. 여기에 설탕과 준비된 ②를 더하고 하얗게 익으면 센불로 올린다. 이 때 칼바도스를 더한다. 이것을 식혀, 사과 소테를 마무리한다 ④ 비스퀴 오랑주를 만든다. 노른자, 설탕을 거품내고 오렌지 즙을 더한다. 머랭도 더해 섞고 체 친 밀가루, 녹인 버터를 더한다. ⑤ ④를 ①의 플랑 틀에 1/3 가량 흘려 넣고, 170℃의 오븐에서 굽는다 ⑥ 식힌 ⑤ 위에, 물기

를 뺀 ③을 깐다 ⑦오렌지 껍질을 벗기고 수평으로 얇게 잘라 ⑥의 윗면에 늘어놓는다 ⑧나파주*에 레몬 즙, 오렌지 리큐르 더한 것을 ⑦의 윗면에 바르고 박하잎을 장식한다.

플래시 히트 技 (영 Flash heat) 오븐에서 순간적으로 확 달아오른 고열(高熱). 내열(內熱) 또는 황열(荒熱)이라고도 한다. 오래 지속되는 열은 아니지만, 이러한 오븐에서 빵을 구우면 껍질만 타고 속이 익지 않는다. 플래시 히트는 벽돌 오븐에서 일어나기 쉽고, 오븐의 온도를 급속하게 올렸을 때도 나타난다.

플래팅 技 (영 Plaiting) 띠 모양의 반죽을 3개 이상 엮는 일.

플럼 原 (영 Plum) 서양 자두. 원산지는 페르시아, 소아시아이다. 여기서 그리스, 로마를 거쳐 유럽 전역에 퍼졌다. 플럼, 즉 서양자두 중의 한 품종이 프룬*이다. 프룬은 말려 쓰기에 알맞다. 말린 자두를 프랑스어로는 프뤼노라 한다.
⇨프룬

플럼 케이크 菓 (영 Plum Cake) 주로 크리스마스 데커레이션 케이크의 시트로 쓰는 케이크. 플럼(자두)을 넣은 케이크뿐만 아니라 레이즌, 과일 설탕절임, 럼주를 넣은 버터 케이크*도 플럼 케이크라 한다. 원래 영국의 전통적인 케이크 중의 하나였고, 이것이 프랑스에 전해져 반죽, 모양, 재료가 조금씩 바뀌게 되었다. ①영국식 플럼 케이크 : 슈거 배터법*으로 만든 버터 반죽에 럼에 담가 둔 레이즌, 과일 설탕절임을 더한다. 이것을 파운드 틀에 넣고 굽는다. 버터의 양이 많아 결이 곱고 묵직하며 보존성이 좋다. ②프랑스식 플럼 케이크 : 브랜디, 럼, 적포도주를 섞는다. 여기에 3가지의 레이즌(설타너·레이즌·커런트), 레몬 필, 오렌지 필, 견과류를 담근다. 또, 시너먼, 넛메그, 생강, 정향 같은 향신료를 더한다. 이것을 1개월 넘게 숙성시킨 뒤 버

터 반죽에 넣는다. 알코올 때문에 촉촉하고, 감칠맛 나는 케이크이다.
[**배합**] 버터 150 g , 설탕 150 g , 계란 150 g , 밀가루 200 g , 레몬·바닐라 각 3 cc, 레이즌 150 g , 체리 40 g , 오렌지 필·레몬 필 각 30 g , 아몬드 60 g , 럼 50cc. 과실류는 1개월쯤 양주에 담가 둔다.
[**만드는 법**] 버터 케이크*와 같다. 165℃에서 90분간 굽는다.

플럼 푸딩 菓 (영 Plum Pudding) 여러 가지 과일을 넣고 찐, 대표적인 크리스마용 푸딩.
[**배합**] 버터·밀가루·빵가루 각 50 g , 계란 2개, 팽창제 3 g , 우유 100cc. 〈민스 미트〉 조린 사과·레이즌 각 50 g , 오렌지 필·레몬 필·체리 각 10 g , 아몬드 20 g , 적설탕 30 g , 시너먼 5 g , 럼·포도주 각 25cc. 〈앙글레즈 소스〉 우유 120cc, 설탕 60 g , 노른자 2개, 바닐라 향 소량, 럼 5cc.
[**만드는 법**] ①밀가루에 팽창제를 섞어 체친다 ②버터를 잘라 ①과 섞는다 ③민스 미트* 재료를 잘게 썰어 설탕, 시너먼, 주류(酒類)에 담가 둔다(1개월) ④②와 민스미트, 그리고 계란, 우유를 섞는다 ④사바랭 틀에 기름을 바르고, ③의 혼합물을 넣어 1시간 동안 찐다 ⑤앙글레즈 소스*를 뿌린다.

플레이버 其 原 (영 Flavor 프 Saveur) 풍미(風味). 혀와 코로 느낄 수 있는 종합적인 감각, 그리고 이와 같은 복합적인 감각을 느끼도록 해 주는 원료를 가리키는 용어이다. 식품을 통해서 느끼는 플레이버는 배합원료·향료 때문에 생길 수 있고, 발효나 그 밖의 화학변화를 통해 생기기도 한다. 흰빵의 플레이버는 배합재료, 발효를 통해 생겨 나고 굽는 과정에서 완성된다.
→브레드 플레이버

플레이크 菓 (영 Flake) 곡식의 낱알을 으깨어 얇은 조각으로 만든 뒤, 기름에 튀긴 식품의 총칭. 대표적인 것이 콘 플레

이크이다.

플레인 번즈 〔빵〕 (영 Plain Buns)
[배합비] 강력분 40, 중력분 30, 박력분 30, 설탕 15, 소금 0.8, 쇼트닝 3, 이스트 2.5, 이스트 푸드 0.2, 우유 23, 물 25.
[만드는 법] 반죽법은 일반적인 방법(직접법 혹은 중종법)에 따른다. 반죽 온도 27℃, 발효 3시간~3시간 30분, 가스빼기하고 조금 휴지시킨 뒤 바로 40~50 g 으로 분할한다. 이것을 둥글려서 철판에 늘어놓는다. 발효시킨 뒤, 200℃ 오븐에서 20분간 굽는다.

플레인 비스킷 〔菓〕 (영 Plain Biscuit)
팬시 비스킷과는 달리, 특별한 모양을 만들거나 장식하지 않은 밋밋한 비스킷. 팬시 비스킷에 비해 설탕, 계란의 배합률이 낮고 아몬드, 마지팬, 머랭의 사용량이 적다. 대량 생산에 적합한 제품이다.
[배합] 밀가루 100, 녹말 0~20, 설탕 20~35, 지방 6~10, 물엿 4~10, 소금 0~0.5, 베이킹 파우더(또는 중조) 1~2.

플레인 케이크 〔菓〕 (영 Plain cake) 유지를 전혀 쓰지 않은 케이크. 주재료는 밀가루, 설탕, 계란이고 향료, 소금을 조금씩 더한다. 설탕의 일부는 물엿으로 바꾸기도 한다. 이에 반해 유지를 듬뿍 넣은 것이 버터 케이크이다.

플로랑탱 〔菓〕 (영 Florentine ㊉ Florentin 독 Florentiner) 생크림, 설탕, 꿀, 버터, 물엿, 아몬드 슬라이스, 오렌지 필, 과실 설탕절임을 배합하여 만든 얄팍한 프티 푸르 세크*. 발상지가 이탈리아인 아몬드 풍미의 과자이다. 플로랑탱은 이탈리아의 도시 '피렌체의'란 뜻이다. 피렌체 메디치가의 딸인 카트린(Catherine)이 프랑스의 앙리 2세(Henri Ⅱ)와 결혼하면서 갖고 온 과자 중의 하나이다. 플로랑탱 사블레와 플로랑탱 쇼콜라 2종류가 있다. 사블레 반죽이나 초콜릿 시트에 플로랑탱 반죽을 포갠다. 다음은 플로랑탱 쇼콜라 만드는 법이다.

[배합] 〈플로랑탱 반죽〉 생크림 175cc, 물엿 75 g, 설탕 150 g, 꿀 40 g, 버터, 오렌지 필 각 45 g, 아몬드 슬라이스 175 g, 아몬드 다진 것·드레인드 체리 각 25 g. 〈기타〉 초콜릿 적당량.
[만드는 법] ① 플로랑탱 반죽을 만든다. 먼저 생크림에 물엿, 설탕, 꿀을 더해 섞는다 ② 버터를 더하고 불에 올려 106℃까지 조린다 ③ 오렌지 필, 아몬드 슬라이스, 아몬드 다진 것, 드레인드 체리*를 넣고 섞는다 ④③의 플로랑탱 반죽을 철판에 조금씩 놓고 평평하게 펴서 굽는다 ⑤ 형틀로 모양을 찍어내고 안쪽에 초콜릿을 바른다. 물결모양의 날을 가진 나이프로 무늬를 새긴다.

플로어타임 〔技〕 (영 Floor time) 중종 반죽법에서 본반죽을 끝내고 분할하기 전에 발효시키는 공정. 또, 단시간법('단시간 발효'항 참고)에서 분할하기 전에 휴지시키는 일을 가리킨다. 발효시간은 10~30분. 예전에 빵 공장의 플로어(마룻바닥)에 발효 상자를 놓고 발효시켰다 해서 붙여진 이름이다. 비교적 짧은 발효이지만 반죽의 점착성을 줄이고 숙성 정도를 조절하기 위해 꼭 거쳐야 하는 공정이다. 이 때 그 시간이 너무 짧으면 반죽에 점착성이 남는다. 좋은 제품을 만들기 위해서는 충분히 반죽하고, 가수(加水)하며, 플로어타임을 약간 길게 잡는다.

플롱비에르 〔菓〕 (프 Plombières) 차가운 앙트르메*. 빙과로서 글라스 플롱비에라고도 한다. 프랄리네 페이스트를 넣은 아이스크림을 만들어 그릇에 소복히 담고 살구잼을 끼얹어 먹는다.

플룬더게베크 〔菓〕 (독 Plundergebäck) 데니시 페이스트리. 데니시 플룬더라고도 한다. 이것은 플룬더타이크*라는 발효 반죽으로 만든다.
⇨데니시 페이스트리

플룬더타이크 〔菓〕 (영 Danish paste 프

Pâte levé feuilletée ⑤ Plunderteig）
⇨데니시 페이스트, 파트 르베 푀이테

피그 菓 薬 （영 Fig） 무화과. 또는 무화과 모양의 프티 가토. 초록색으로 물들이고 얇게 늘인 마지팬으로 제누아즈·크림 등을 감싸 무화화처럼 성형한다. 충전물로 무화과 설탕조림을 쓰기도 한다.
⇨무화과

피그 벨 프랑스 菓 （프 Figue Belle France） 무화과 콩포트를 채운 타르틀레트.
[배합] 〈파트 쉬크레－1 개에 20 g 사용〉 버터 133 g, 설탕 67 g, 계란 1 개, 밀가루 200 g. 〈콩포트 드 피그〉 무화과 20개, 적포도주·물 각 500cc, 설탕 200 g, 레몬 슬라이스 1 개 분량. 〈젤리〉 포도주 시럽·적포도주 각 400cc, 판 젤라틴 80 g. 〈크렘 앙글레즈〉 노른자 2 개, 설탕 40 g, 우유 150cc, 판 젤라틴 8 g, 생크림 150cc, 키어시 5 cc. 〈기타〉 커버추어 적당량.
[만드는 법] ① 젤리를 만들어 틀에 바른다 ② 적포도주, 물, 설탕을 조린다. 레몬 슬라이스, 무화과를 넣고 계속 익혀, 콩포트 드 피그를 만든다 ③ ②의 물기를 빼고 ①의 속에 넣는다 ④ ③의 속에 크렘 앙글레즈*를 채운 뒤, 식혀 굳힌다 ⑤ 파트 쉬크레를 만들어 틀에 깔고 굽는다 ⑥ ⑤가 식으면 녹인 커버추어를 바른다. 그 위에 ④를 얹고 무화과 꼭지를 장식한다.

피낭시에 菓 （프 Financier） 아몬드 가루, 버터, 흰자, 설탕을 주재료로 한 버터 반죽을 장방형 틀(또는 바르케트 틀)에 넣어 구운 과자. 또 같은 재료로 만들되, 표면을 아몬드나 설탕절임 과일로 장식한 대형 과자도 피낭시에라 한다.
[배합] 〈반죽〉 흰자·상백당 각 250 g, 꿀 50 g, 아몬드 가루 100 g, 버터 250 g. 〈기타〉 틀에 바를 버터 적당량.
[만드는 법] ① 흰자를 가볍게 풀어 둔다 ② ①에 상백당과 꿀을 더해 섞는다 ③ 아몬드 가루와 박력분을 섞어 체 친다 ④ ③을 ②의

속에 넣고 섞는다 ⑤ 버터를 냄비에 넣고 녹인다. 조금 태워 향을 낸다 ⑥ ④에 ⑤를 더해 잘 섞는다 ⑦ 틀에 버터를 듬뿍 바르고, ⑤의 반죽을 짜 넣는다. 200℃ 오븐에서 굽는다.

피넛 原 （영 Peanut 프 Arachide 독 Erdnuß） 땅콩, 낙화생(落花生). 콩과 (科)의 식물로서, 원산지는 브라질이다. 땅콩의 주성분은 지방으로, 리놀레산 같은 양질의 불포화지방산을 포함한다. 이 밖에 단백질, 비타민 B_1·B_2·E를 포함하는 영양가 높은 식품이다. 그러나 땅콩은 산화하기 쉬우므로 밀폐 용기에 넣어, 서늘하고 어두운 곳에 보관한다. 땅콩은 녹인 초콜릿에 섞어 굳히거나 다져서 케이크 장식에 쓰고, 쿠키 반죽에 섞는다. 땅콩을 갈아 설탕, 소금을 더해 피넛 버터*나 피넛 크림을 만든다. 이것을 스펀지에 바르거나 샌드한다.

피넛 버터 原 （영 Peanut butter） 땅콩을 볶아 껍질을 벗기고 갈아 만든 페이스트. 피넛 버터는 샌드위치 같은 빵에 발라 먹고, 케이크의 재료로 쓴다.

피뇨리아 빵 （이 Pignoria） 이탈리아의 부활절용 빵. 피뇽(Pignon : 잣의 프랑스어명)을 배합하고, 구운 빵 표면에 헤이즐넛 가루와 피뇽을 장식한다.
[배합] 〈중종〉 밀가루 2,000 g, 이스트 50 g, 우유 1,000cc. 〈본반죽〉 맥아 20 g, 소금 30 g, 꿀 적당량, 설타너 400 g, 설탕 100 g, 흰자 300 g, 레몬 껍질·즙 각 1 개 분량, 잘게 썬 레몬 껍질·피뇽 각 100 g.

〈기타〉 피뇽·분설탕 각 적당량. 〈코팅 재료〉 헤이즐넛 40g, 설탕 50g, 흰자 75g. [만드는 법] ① 우유에 녹인 이스트를 밀가루와 섞어 120분간 발효시킨다 ② 꿀, 설탕, 소금, 맥아, 흰자를 함께 섞어 젓는다 ③ ②에 ①을 더해 반죽한다. 반죽이 거의 완성될 즈음 설타너, 레몬 즙·필, 피뇽을 더한다 ④ ③의 반죽을 60~120분간 발효시키면서 2~3회 가스빼기한다 ⑤ 100~1,000g으로 분할·둥글리기한 뒤, 벤치타임을 갖는다 ⑥ ⑤의 반죽 표면에 코팅 재료 섞은 것을 바른다. 피뇽을 얹고, 분설탕을 묻힌 뒤 중불 오븐에서 굽는다. 이 빵은 따로 칼집을 넣지 않지만, 굽는 동안 윗면이 저절로 터져 예쁘다.

피로그 菓 (영 Pirogue 러 Пирог) 반죽형 파이 반죽에 충전물을 채워 구운 러시아풍(風)의 과자. 고기·생선·야채·치즈 등을 충전하면 간단한 식사가 되고, 사과·잼 등을 이용하면 디저트가 된다. 파이 껍질은 밀가루 이외에 호밀가루로 만들며, 두께와 크기도 다양하게 할 수 있다. 모양에 따라 각각의 명칭이 있는데, 러시아풍의 고기만두인 피로슈키*가 한 예이다.

피로슈키 빵 (영 Piroshki) 러시아의 조리빵. 어원은 러시아어 Piroschki이다. 빵 반죽이나 파이 반죽에 조리한 충전물을 싸서, 굽거나 튀긴 빵이다. 충전물은 용철갑상어의 지느러미살, 쇠고기, 양고기, 닭고기, 계란, 버섯, 양배추, 치즈 등을 쓴다. →피로그

피망 原 (영 Sweet pepper 프 Piment) 가지과(科)의 1년초인 고추의 변종. 원산지는 남아메리카이다. 피망이라는 이름은 프랑스어인 piment에서 비롯, 일반적인 호칭이 되었다. 모양은 단타원형이고 꼭대기가 납작하다. 바닥은 오목하고 세로로 골이 패여 있다. 이것과 비슷한 것으로 피멘토가 있다. 피멘토는 고추를 뜻하는 에스파냐어인 피미엔토(pimiento)에서 유래했다. 에스파냐, 프랑스에서는 맵지 않고 약간 단맛이 나는 고추를 통틀어 피망이라 한다.

피멘토 原 (영 Pimento) ⇨피망

피스타슈 菓 (프 Pistache) 피스타치오로 풍미를 낸 크림과, 초콜릿으로 풍미를 낸 크림을 겹쳐 쌓은 과자.

[배합] 〈비스퀴 피스타슈〉 아몬드 가루 120g, 설탕 120g, 계란 3개, 피스타치오 페이스트 30g, 녹인 버터 30g, 머랭(흰자 4개＋설탕 25g). 〈초콜릿 크림〉 분설탕 50g, 크렘 푸에테* 250g, 비터 초콜릿 100g, 쿠앵트로 18cc. 〈피스타치오 크림〉 크렘 푸에테 500g, 분설탕 50g, 피스타치오 페이스트 38g, 삶은 오렌지 껍질 100g, 쿠앵트로 25cc, 판 젤라틴 7g. 〈기타〉 제비꽃 설탕절임·피스타치오 다진 것·크렘 샹티이 각 적당량.

[만드는 법] ① 비스퀴 피스타슈를 얇게 굽는다. 타원형 틀의 바닥에 깐다 ② 초콜릿 크림을 만들어 ①의 반까지 흘려 넣는다. 식혀서 굳힌 뒤, 비스퀴 피스타슈를 얹는다 ③ 피스타치오 크림을 만들어 ②의 속에 흘려 넣고, 식혀서 굳힌다 ④ 틀에서 빼낸 다음 표면에 다진 피스타치오를 뿌린다. 중앙에 크렘 샹티이를 짜고 제비꽃 설탕절임을 장식한다.

피스타치오 原 (영 Pistachio 프 Pistache 독 Pistazie) 옻나무과(科)의 낙엽교목에 열리는 열매. 중·서아시아가 원산이고, 4,000년 전부터 지중해 연안지역에서 재배해 왔다. 열매의 모양이 타원형이고, 길이가 1.5cm이다. 과육을 제거한 흰 내과피(內果皮)가 피스타치오넛이다. 이것은 은은한 단맛과 지방, 짠맛이 합쳐져 특유한 향이 난다. 보존성·가공적성·조리적성이 높다. 지방, 철, 비타민 B_1·B_2가 풍부하다. 아이스크림의 풍미를 위해 쓰고, 크루아상에 충전용으로 쓰인다. 특유의 녹색을 살려 케이크에 장식하기도 한다.

피스타치오

피스톨레 🅱 (프 Pistolet) 프랑스의 소형 저배합빵. 윗면에 틈이 벌어져 있고, 무게는 60~80g이다. 일반적인 프랑스 빵보다 약간 고배합의 반죽으로 만든다.
[만드는 법] ① 저배합 빵 반죽을 만든다 ② 50~80g으로 분할·둥글리기한 뒤 잠시 휴지시킨다 ③②의 반죽에 덧가루(호밀가루나 타피오카 녹말)를 뿌리고, 밀대로 눌러 중앙에 홈을 한 줄 낸다. 이 홈을 중심으로 하여 접어 포갠다. 그 이음매를 밑으로 가게 하여 발효시킨다. 발효에서부터 굽기까지의 절차는 프랑스 빵과 같다.
→프랑스 빵

피에스 몽테 🍰 (프 Pièce Montée 독 Aufsatz) 높이 쌓아 올린 대형 과자. 피에스는 '작은 조각'을, 몽테는 '쌓다'를 뜻한다. 크고 높게 쌓아 올린 장식 과자, 각종 과자(파티스리)를 조화시켜 만든 작품 등을 피에스 몽테라 한다. 여기에 쓰이는 과자는 파스티야주(검 페이스트), 누가, 초콜릿, 슈 등이다. 대표적인 작품으로 누가 시트에 당액을 묻힌 슈를 쌓아 올린 크로캉부슈가 있다.
→크로캉부슈

피에이치 🧪 (영 pH) 페하. 용액 1ℓ당 수소 이온(H^+)의 양을 그램 이온수로 나타낸 수치이다.
⇨수소 이온 농도

피자 🍰 (이 Pizza) 이탈리아의 발효 반죽을 깔개로 사용해 만든 파이*의 하나.
[배합] 〈반죽〉 밀가루 550g, 더운물 450cc 이상, 이스트 28g, 소금 10g, 쇼트닝 24g, 올리브유 소량. 〈충전물〉 보기 1 : 다진 소시지 225g, 올리브유 3 큰 스푼, 얇게 썬 서양 버섯(날 것)·토마토(껍질 벗겨 자른 것) 각 3개 분량. 보기 2 : 올리브유 100g, 얇게 자른 피자용 치즈 450g, 토마토 얇게 자른 것 9개 분량, 양파 다진 것 1개 분량.
[만드는 법] ① 볼(bowl)에 밀가루를 넣고 한가운데를 오목하게 한다. 그 속에 이스트를 녹인 물과 소금을 넣고 잘 섞는다 ② 쇼트닝을 녹여 ①에 더하고 부드러워질 때까지 반죽한다 ③②의 반죽에 올리브유를 조금 흘려 넣고 다시 2~3분간 반죽한다 ④ 사용할 틀의 크기에 맞춰 반죽을 얇게 편다 ⑤ 충전물을 만든다. 〈보기 1〉 소시지와 서양 버섯을 올리브유로 5 분 볶는다. 이것을 피자 파이 반죽에 얹고 토마토를 곁들인다. 〈보기 2〉 피자 파이 반죽의 표면에 올리브유를 바른다. 그 위에 토마토와 양파를 뿌리고 피자용 치즈로 전체를 덮는다 ⑥ 한번 더 올리브유를 바르고 218℃의 오븐에서 25분간 굽는다. 피자의 명칭은 충전물의 재료에 따라 달리 붙는다.

피치 🍎 (영 Peach)
⇨복숭아

피치 멜바 🍰 (영 Peach Melba 프 Pêche Melba) 복숭아를 곁들인 아이스크림.
⇨페슈 멜바

피칸넛 🌰 (영 Pecannut 프 Noix de pecane) 호두과(科)의 견과. 원산지는 아

메리카이다. 단백질·비타민·철·칼슘 성분이 많고 섬유질도 풍부하다. 지방은 불포화지방산이다. 표면이 매끄럽고 딱딱한 껍질에 싸여 있다. 과자에 쓸 때는 껍질을 벗기고 잘게 부수어 반죽에 섞는다. 버터에 볶으면 맛이 뛰어나다.

피케 技 (영 Docking, Make holes 프 Piquer 독 Löcher stechen) 빵·케이크 반죽의 표면에 작은 구멍을 뚫는 일. 피케 전용 롤러('피케 롤러'항 참고)가 있다. 흔히 비스킷·크래커 반죽, 깔개용 파이 반죽(파트 푀이테·파트 브리제 등)에 피케를 행한다. 그 이유는 굽는 동안 반죽이 부풀지 않도록 하기 위함이다.

피케 롤러 機 (영 Docker, Picker 프 Pique-vite 독 Locher) 피케*용 롤러. 도커('도킹'항 참고)라고도 한다. 롤러식이기 때문에 같은 간격으로 구멍을 낼 수 있다. 철제와 플라스틱제가 있다. 피케 롤러의 대용품으로 포크가 쓰인다.

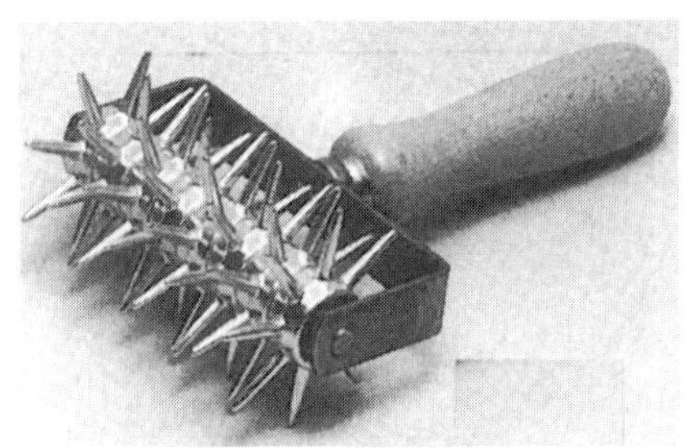
알루미늄제 피케 롤러

피크니크 菓 (프 Pique-nique) 제과용어. 가토 드 피크니크라 하고 보존성 있는 구운 과자를 총칭한다. 파운드·프루츠 케이크, 마들렌 등이 여기에 속한다. 생과자와 달리 소풍·나들이 때 갖고 가기에 편리한 과자라 해서 붙여진 명칭이다. 같은 뜻으로 가토 드 부아야주(Gâteau de voyage : 여행용 과자)라고도 한다.

피클 原 (영 Pickles 프 Cornichon au vinaigre 독 Pickles) 서양식 초절임. 피클은 야채를 과실 초(농도 : 1.2~1.8%)에 절여 보존성을 높인 것이다. 양배추·오이·양파·피망 피클이 있다.

피티비에 菓 (프 Pithiviers) 푀이타주 2장 사이에 크렘 다망드*를 샌드하고 구운 대형 과자. 표면에 풍차 모양의 무늬가 새겨져 있다. 프랑스 피티비에 시(市)의 명과이다.

[**배합**] 〈푀이타주〉 강력분·박력분 각 125g, 소금 5g, 찬물 125~150cc, 버터 225g. 〈크렘 다망드〉 버터·분설탕·계란·아몬드 가루 각 75g. 〈기타〉 계란·분설탕 각 적당량.

[**만드는 법**] ① 푀이타주*를 만든다. 이것을 반 나눠 각각 25×25cm 크기로 늘여 편다 ② 둥근 철판에 ①의 푀이타주 1장을 얹고, 중앙에 지름 18cm의 원형을 그려 넣는다. 그 원 안에 크렘 다망드를 짜 놓고, 볼록하게 다듬는다 ③②의 주위에 물을 바르고 남은 1장의 반죽을 45도 가량 비껴 덮는다. 크렘 다망드의 경계선을 손가락으로 눌러 반죽끼리 잘 붙도록 한다 ④ 지름 22cm 크기로 자른다. 표면에 계란칠을 하고 나서, 풍차 모양으로 얕게 선을 긋는다 ⑤ 200℃ 오븐에 넣고, 천천히 180℃로 낮추면서 50~60분간 굽는다. 다 구워지기 직전에 분설탕을 뿌리고 다시 오븐에 넣어 색을 들인다.

픽업 단계 技 (영 Pick-up stage) 반죽의 첫번째 단계.
⇨반죽하기

핀 機 (영 Pin 프 Rouleau 독 Stab) 가늘고 작은 밀대. 롤링 핀이라고도 하며, 반죽 덩어리에 오목한 무늬를 새기는 도구이다.

핀닝 技 (영 Pinning) 소형 과자 반죽이나 페이스트를 핀*으로 밀어 얇게 늘리는 작업.

핀셋 機 (영, 프 Pincette 독 Pinzette) 파이 반죽·마지팬의 가장자리를 집어 모양을 새기는 철제 집게. 파이용 가위 또는 파이용 핀셋이라고도 한다.

필 原 機 (영 Peel) ① 과실의 껍질을 깎는(벗기는) 일. ② 과자의 재료·장식에 자주 쓰는 오렌지 필, 레몬 필처럼 감귤류의 과실 껍질을 설탕절임 한 것. ③ 오븐 주걱. 빵, 케이크를 필 오븐*에 넣고 빼낼 때 쓰는 도구.

[오렌지 필 만드는 법] ① 오렌지 껍질을 아침 저녁으로 물을 갈아주면서, 3일 동안 담가 둔다 ② ①을 소금물에 데친다 ③ 시럽에 한나절 담갔다가 꺼내어 물기를 없앤다 ④ 이것을 보메(Baumé) 25도인 시럽에 담근다. 이와 같은 작업을 몇 번 되풀이하여 시럽을 충분히 배게 한 뒤 말린다.

필링 菓 (영 Filling) 빵, 케이크에 채우는 충전물. 그 종류는 ① 페이스트리 케이스에 전부 또는 일부를 싸서 굽는 것과 ② 커스터드 크림, 잼, 프루츠처럼 구워 낸 뒤에 충전할 수 있는 것 2가지가 있다.

필수아미노산[必須—酸] 化 (영 Essential amimo acid) 아미노산 중 체내에서 합성이 안되므로 음식을 통해서 섭취해야 하는 아미노산. 종류는 동물의 종류나 성장 시기에 따라 다르지만, 성인의 경우 이소류신, 류신, 리신, 페닐알라닌, 메티오닌, 트레오닌, 트립토판, 발린 등 8종이고, 유아인 경우 여기에 히스티딘이 첨가된다. →아미노산

필수지방산[必須脂肪酸] 化 (영 Essential fatty acid) 동물의 몸 속에서 합성되지는 않지만, 우리 몸에 꼭 필요한 지방산이다. 따라서 필수 지방산은 음식에서 섭취할 수밖에 없다. 리놀레산, 리놀렌산, 아라키돈산이 그것이며 이들을 통틀어 비타민 F라고 한다. 비타민 F는 성장촉진·피부영양에 도움을 주고, 혈액지질의 증가를 막아 동맥경화를 방지한다. 3가지 지방산 중에서 리놀레산은 일반적인 유지에 함유되어 있으므로, 보통의 지방을 섭취하면 지방산이 결핍되는 일은 없다.

필 오븐 機 (영 Peel oven) 대형 고정 오븐. 속이 깊어 손잡이가 긴 나무 주걱(peel)을 사용하여 반죽을 넣고, 완성제품을 빼내야 하는 오븐이다.

핑거 菓 (영 Fingers) 길다란 손가락 모양의 과자. 핑거 스펀지(비스퀴 아 라 퀴이예르*)가 대표적이다.

하드 롤 빵 (영 Hard Roll) 껍질이 바삭한 롤빵. 주로 강력분으로 반죽을 만들어 증기오븐에서 직접구이한다. 비엔나 롤, 프렌치 롤, 카이저 롤 등이 있다.
[배합] 〈표〉 참고.
[만드는 법] 반죽 온도 23~25℃, 발효시간 100;20분(또는 가스빼기 하지 않고 2시간), 분할 30~50 g 씩, 굽기 218~232℃에서 15~20분간.

〈표〉 하드 롤의 배합 재료와 비율

배합재료 \ 배합비	배합1 (%)	배합2 (%)
밀가루(빵용)	100.0	90.0
밀가루(케이크용)	—	10.0
물	43.0	56~58
우유	14.0	—
이스트	3.0	2.0
소금	1.75	1.75
설탕	1.75	1.0
쇼트닝	1.75	4.0
이스트 푸드	—	0.375
맥아 시럽	—	4.0

하면효모 [下面酵母] 生 (영 Bottom yeast) 설탕용액이 알코올 발효하면서 모두 밑으로 가라앉는 효모. 또한 발효가 끝났을 때 천천히 바닥에 가라앉는 효모를 말한다. 상면효모에 대응하는 용어이다.

하비스트 로프 菓 (영 Harvest Loaf) 영국의 전통적인 과자. 하비스트 브레드라고도 한다. 수확기에 행해지는, 신에게 감사를 드리는 축제 때 만드는 빵이다. 하비스트는 '수확·수확기'를 뜻하는 용어이다. 여러 가지 모양이 있다. 보통의 빵도 있고 특별한 틀을 써서 만드는 장식적인 대형 빵 그리고 엮은 무늬를 붙인 것도 있다. 장식

적인 빵은 보통 것보다 단단한 반죽으로 만든다.
[배합] 밀가루 2,000 g, 이스트 18 g, 설탕 10 g, 소금·분유 각 30 g, 물 900cc.
[만드는 법] ① 체친 밀가루, 소량의 물에 녹인 이스트, 설탕, 소금, 분유, 물을 더해 반죽한다 ② 발효시킨 뒤 원하는 모양으로 성형한다 ③ 노른자를 물에 풀어 표면에 바르고 중불 오븐에서 굽는다.

하스 브레드 빵 (영 Hearth Bread) 직접구이 빵. 즉 반죽을 오븐의 하스에 직접 얹어 구운 빵이다. 철판이나 틀을 사용하지 않고 구운 것으로서 프랑스 빵, 호밀빵 등 서구식 식빵이 여기에 속한다. 하스(hearth)는 빵·케이크를 구울 때 밑에서부터 열을 전달하는 오븐의 구움대(火床)이다.
→틴 브레드

하우 계수 [—係數] 試 (영 Haugh unit) 알부민 지표(albumin index)와 함께 계란의 신선도를 나타내는 계수. 계란을 깨뜨려서 흰자의 농도(하우 미터기로 잰다)와 계란의 무게로 계산한다. 이것은 미국의 하우(Haugh)라는 사람이 고안했다 하여 붙여진 명칭이다.

하우스 브로트 빵 (독 Haus Brot) 독일의 가정에서 자주 만들어 먹는 빵. 보통 호밀빵을 가리킨다.

하이델베레 쿠헨 菓 (독 Heidelbeere Kuchen) 블루베리를 충분히 사용한 독일 과자. 생크림을 곁들여 먹으면 훨씬 풍미가 높다.
[배합] 〈발효 반죽〉 우유 250cc, 생이스트 25 g, 중력분 400 g, 설탕 40 g, 소금 5 g, 노른자 1 개, 레몬 껍질 간 것 3 g, 시너먼 가루 소량, 녹인 버터 100 g. 〈바닐라 크

림〉 우유 250cc, 바닐라 스틱 1개, 노른자 3개, 설탕 60 g, 커스터드 가루 20 g. 〈기타〉 케이크 크림 400 g, 블루베리 1,500 g, 슈트로이젤* 400 g, 분설탕 적당량. [만드는 법] ① 발효 반죽을 만든다. 볼(bowl)에 따뜻한 우유를 담고 생이스트를 넣어 녹인다 ② 중력분을 체 쳐서, 그 중 250 g을 ①에 넣고 나무 주걱으로 섞은 뒤 30분간 발효시켜 중종을 만든다 ③ 남은 재료를 ②에 넣고 저속으로 2분간, 중속으로 2분간 반죽한다 ④ 반죽을 둥글려 30℃에서 약 1시간 발효시킨다 ⑤ ④의 반죽을 늘여펴서 철판(38×53cm)에 깔고, 32℃에서 30분간 발효시킨다 ⑥ 바닐라 크림을 넓게 펴 바르고 케이크 크림을 뿌린 뒤 블루베리를 나열한다. 그 위에 슈트로이젤(소보로)을 뿌린다 ⑦ 180℃의 오븐에 넣어 35분간 구운 뒤, 그대로 식힌다 ⑧ 분설탕을 뿌리고 적당한 크기로 자른다.

하이 레이쇼 쇼트닝 原 (영 High ratio shortenings) 유화력이 큰 고급 쇼트닝이다. 하이 레이쇼 플라워와 함께 반죽 속에 잘 분산시키면, 설탕의 양이 많을 때에도 가볍고 부드러우며 부서지지 않는 케이크를 만들 수 있다. 이것은 주로 식물성 기름에 수소를 첨가하고 8%의 모노글리세리드를 배합한 것이다.

하이 레이쇼 케이크 菓 (영 High ratio Cakes) 밀가루량에 비해 설탕과 수분의 양을 많이 배합해 만든 케이크이다. 이 때는 하이 레이쇼 플라워*와 전경화 쇼트닝*을 사용한다. 슬래브 케이크에 적당하다.

하이 레이쇼 플라워 原 (영 High ratio flour) 미국, 영국에서 만드는 하이 레이쇼 케이크용 밀가루. 이 밀가루는 글루텐량이 8~9%이고, 염소로 표백처리하여 산도는 pH 5.2이다.

→하이 레이쇼 케이크

하이 스피드 믹서 機 (영 High speed mixer)

⇨고속 믹서

하이 프로테인 플라워 原 (영 High protein flour)

⇨고단백 밀가루

하프 비터 機 (영 Half beater) 믹서의 교반 날개.

⇨비터

하프 퍼프 페이스트 菓 (영 Half puff paste) 퍼프 페이스트 중의 하나. 퍼프 페이스트를 유지의 사용량에 따라 나누면, ① 풀 퍼프 페이스트 ② 스리쿼터 퍼프 페이스트 ③ 하프 퍼프 페이스트이다. 풀 퍼프 페이스트는 밀가루와 유지를 1:1의 비율로 만든 최상의 반죽이다. 스리쿼터는 4:3의 비율로 만든 것이고, 하프는 2:1의 비율로 만든다. 보통 퍼프 페이스트라 하면 하프 퍼프 페이스트를 가리킨다.

→파이의 제조원리

한과[韓菓] 菓 한국 전통의 과자*. 과일(果)을 본뜬 과자라 하여 조과(造果)라고도 한다. 한과는 크게 떡(餠餌類)과 과정(菓飣)으로 나뉜다. 다음은 한과를 떡과 과정으로 나누어 나타낸 분류표이다.

1. 떡
- 찌는 떡 : 백편, 꿀편, 녹두편, 쑥편, 무시루떡, 팥시루떡, 상추시루떡, 백설기*, 쑥설기, 색떡, 호박떡, 콩찰떡, 두텁떡, 쇠머리떡, 잡과병, 석탄병 등
- 치는 떡 : 계피떡, 인절미*, 절편*
- 빚는 떡 : 찹쌀경단, 송편*, 수수 경단, 석이단자, 대추단자*, 쑥구리단자
- 지지는 떡 : 주악, 화전*, 수수부꾸미*, 찹쌀부꾸미
- 기타 : 약식*, 증편

2. 과정
- 유밀과 : 약과*, 매자과*, 만두과
- 유과류 : 강정*, 산자*, 빈사과
- 정과 : 도라지정과, 생강정과*, 연근정

　　　과, 유자정과, 인삼정과
─다식 : 송화다식, 녹말다식, 진말다식, 깨
　　　다식, 콩다식*, 밤다식
─숙실과 : 밤초*, 대추초, 율란, 조란*,
　　　생강란
─과편 : 앵두편, 살구편*, 오미자편
─엿강정 : 깨엿강정*, 콩엿강정, 백자편
→떡, 과정

한제[寒劑] 原 (영 Freezing mixture)
어떤 액체나 고체의 온도를 낮추기 위해 더
하는 재료. 용액의 응고점이 용매만의 응고
점보다 낮은 재료를 이용한 것이다. 예를
들어 얼음과 소금류를 혼합하면 얼음은 융
해하여 융해열을 흡수하고, 융해한 물에 녹
은 소금류는 열을 흡수하기 때문에 온도가
낮아진다. 즉 여기서 소금이 한제로 사용된
것인데, 보통 소금은 얼음을 0℃에서 -21℃
까지 낮출 수 있다.

한천[寒天] 原 (영, 프, 독 Agar-agar)
우뭇가사리를 비롯한 홍조류를 조려 녹인
뒤 동결·해동·건조시킨 것. 응고제의 하
나이다. 한천에는 자연 그대로의 날씨를 이
용해 동결·건조시킨 천연 한천과, 인공적
으로 동결·건조시킨 공업 한천이 있다.
〈성질〉① 한천의 응고력은 젤라틴의 10배
이다. ② 한천은 물에 담가 충분히 흡수·
팽윤시켜 녹이되, 농도가 낮을수록 녹기 쉬
우므로 물을 많이 더해 녹이고, 필요한 양
까지 가볍게 끓이면서 조린다. ③ 설탕은
한천이 녹자마자 바로 더한다. 왜냐하면 빨
리 더해 오래 가열해야 젤리의 강도를 높일
수 있기 때문이다. ④ 한천의 응고온도는
30℃ 전후이나, 한천의 농도·설탕의 첨가
량에 따라 다르다. 즉 한천의 농도가 높을
수록, 설탕 농도가 높을수록(단, 이 때는
한천의 농도가 일정해야 한다) 응고온도는
높아지고 굳기 쉬워진다. ⑤ 한천의 융해온
도는 80℃ 전후. 그러므로 실온에서 녹을
염려는 없다. ⑥ 한천은 산(酸)에 약하므로
젤리를 만들 때 신맛이 강한 과즙을 넣고
가열하면 잘 굳지 않는다. 따라서 한천에
신맛이 강한 과즙을 섞을 때는 한천액을 조
금 식힌 뒤에 더한다. ⑦ 한천 젤리를 2층,
3층으로 쌓을 때는 아랫부분이 다 굳기 전
에 윗부분에 한천액을 흘려 넣는다. 왜냐하
면 완전히 굳은 젤리 위에 포개면 잘 붙지
않기 때문이다. 윗부분의 한천액이 뜨거울
수록 아래와 잘 붙는다. ⑧ 이 밖에 한천액
은 타르트 표면에 발라 광택을 내거나, 케
이크 위에 장식한 과일을 고정시킬 때 쓴다.
〈이수현상〉 한천으로 만든 젤리를 가만히
두면 그 표면에 물기가 배어 나온다. 이것
을 이수(離水)라 한다. 이수는 한천 분자가
만든 그물 조직의 수축에 따라 밀려 나오는
물기이다. 이수현상은 한천의 농도가 낮을
수록, 온도가 높을수록 일어나기 쉽다. 설
탕을 많이 더한 젤리는 설탕이 수분을 흡수
하므로 이수가 적다.

천연의 실한천. 물에 담가 불린 뒤 가열하여 녹인다.

할리퀸 젤리 슬라이스 菓 (영 Harlequ-
in Jelly Slices) 갖가지 색의 젤리로 다채
로움을 연출한 케이크. 얇은 스펀지 5~6장
에 초콜릿 버터 크림을 샌드하고, 표면에
젤리를 바른 뒤, 젤리를 색색으로 썰어 전체
에 뿌린다.

할프게프로레네스 菓 (독 Halbgefrore-
nes) 교반·동결하지 않고 틀에 채워 얼린
아이스크림. 틀의 안벽에 아이스크림을 채
우고 중앙에 색다른 맛을 들인 크림 또는
파르페를 채워 얼린다. 입에 닿는 촉감이

매끄러운 빙과이다. 할프아이스라고도 한다.

함밀당[含蜜糖] 原 분밀당*과는 반대로 당밀과 함께 굳힌 설탕을 총칭한다. 당밀을 함유하고 있어 빛깔이 검고, 강한 단맛과 특유의 당밀 냄새가 난다. 무기질·비타민이 많아 순도가 낮고, 쓴맛이 있어 특수한 경우에만 사용한다. 대표적인 것으로 흑설탕과 적설탕이 있는데, 이 중 흑설탕은 사탕수수에서 짜 낸 즙액에 석회를 더해 중화시키고 불순물을 걸러 그대로 농축한 뒤 굳힌 것이다.

합성 색소[合成色素] 原 (영 Synthetic pigment)
⇨색소

합성 향료[合成香料] 原 (영 Synthetic flavor) 천연 향료에 대응하는 인조 향료. 천연의 정유(精油) 성분을 분석하여, 화학적으로 합성한다. 천연 향료는 향이 뛰어난 반면, 그 향이 너무 약하거나 열에 약한 것이 많다. 이러한 천연 향료를 보완하기 위해 합성 향료를 쓴다.

핫 도그 빵 (영 Hot Dog) 길고 가느다란 타원 모양의 소형 빵에 고기, 햄, 소시지, 치즈, 계란 프라이 등을 샌드한 조리 빵. 독일에서 처음 만들어져 미국에서 발달한 간이 음식으로, 따뜻하게 데워 판다. 특히 소시지를 끼운 핫 도그는 프랑크푸르트(frankfurt)라 한다.

핫 도그 롤 빵 (영 Hot Dog Roll)
[배합] 밀가루 100(빵용 60＋케이크용 40), 소금 1.5, 이스트 1.5, 쇼트닝 2, 설탕 4, 이스트 푸드 0.2, 물 52.
[만드는 법] 직접법으로, 조금 단단한 반죽을 만든다. 반죽 온도 25∼26℃, 발효시간 90분;30분. 이것을 200℃ 오븐에서 20분간 굽는다.

핫 머랭 菓 (영 Hot meringue) 온제 머랭, 스위스 머랭이라고도 한다.
⇨온제 머랭

핫 샌드위치 빵 (영 Hot Sandwich) 핫도그와 햄버거처럼 따뜻하게 익혀 먹는 것. 이 때 사용하는 빵은 샌드위치용 식빵이 아니라 소프트 롤, 번즈, 머핀 등이고 여기에 베이컨, 치즈, 햄, 치킨, 쇠고기, 계란 등을 끼워 먹는다.

핫 스펀지법 技 (영 Hot sponge method) 중종법 중의 하나. 냉동 스펀지법에 대응하는 말이다. 부재료인 설탕과 계란을 44℃까지 데워 거품내는 점이 특색이다.

핫 케이크 菓 (영 Hot Cake, Pancake 프 Pannequet, Crêpe) 팬케이크. 판케, 크레프가 여기에 속한다. 우리 나라에서 핫 케이크라 함은 일본식 팬케이크를 가리킨다. 일본식은 따로따로 구운 2장의 얇고 둥근 케이크를 겹쳐서, 시럽을 끼얹고 버터 조각을 올려 놓은 것이다. 그리고, 판케*나 크레프*는 프랑스식 팬케이크이다. 크레프는 밀가루에 계란과 우유를 섞어 얇고 둥글게 부친 것이고 판케는 크레프에 충전물을 발라 접어, 오븐에서 색을 들인 것이다.

핫 크로스 번즈 빵 (영 Hot Cross Buns) 윗면에 십자 모양을 새겨 구운 발효 과자. 고대인들은 생명의 근원을 태양이라 여기고 불(火)의 신(神)으로서 태양을 숭배하였다. 고대 바빌로니아의 배화교(拜火敎) 신자들은 둥근 십자를 문장(紋章)으로 삼고 여러 종교 의식에 사용하였다. 같은 맥락으로 보면 그리스 역시 보름달이 떠오르는 밤에 여신에게 음식물을 바치는 습관이 있었는데,이때 동그란 모양의 과자에 십자 표시를 하여 제단에 올렸다. 한편 그 맥을 이어 영국의 색슨족들도 봄이 도래함을 기뻐하며 봄의 여신에게 십자를 새긴 빵·과자를 바쳤다. 이 모양과 십자는 결국 기독교에 흡수되어 둥근 원은 영원을 뜻하고 십자는 기독교의 상징이 되었다. 핫 크로스 번즈도 이러한 종교적 색채를 반영한 과자로서 예로부터 주술적 의미를 담아 병 치료에 사용하였고, 또 굿 프라이데이(good friday : 부활절 전인 성금요일) 때 구워 배가 난파되지 않도록 기원하였다.

[배합] 〈중종〉 이스트 60 g , 우유 600cc, 설탕 30 g , 밀가루 125 g . 〈본반죽〉 밀가루 1, 125 g , 버터 175 g , 계란 120 g , 소금 7 g , 설탕 175 g , 건포도 350 g , 오렌지·레몬 필 125 g . 〈짜내기용 반죽〉 밀가루 350 g , 샐러드유 75cc, 물 300cc. 〈기타〉 시럽 적당량.

[만드는 법] ① 이스트를 우유에 녹이고 설탕, 밀가루와 섞어 발효시킨다 ② 밀가루와 버터를 섞고 계란, 소금, 설탕과 합쳐 ①에 섞는다 ③ 건포도, 오렌지·레몬 필을 다져 섞고 전체를 한 덩어리로 만든다 ④ 발효시켜 가스빼기하고 60 g 씩 분할, 둥글린다 ⑤ 철판에 늘어놓고 다시 발효시킨다 ⑥ 짜내기용 반죽을 만든다. 밀가루와 샐러드유를 섞고 물을 조금씩 더해 짤주머니에 넣는다 ⑦ ⑥을 ⑤의 표면에 십자(＋)로 짜 놓고 200~220℃의 오븐에서 굽는다. 식기 전에 시럽을 바른다.

핫 플라워 原 (영 Hot flour) 갓 제분을 끝낸 따뜻한 밀가루. 이 가루로 빵을 만들 때는 다음과 같은 점에 주의한다. ① 중종은 보통 때보다 흡수율을 2~3% 낮게 하여 된 반죽을 만든다. ② 반죽 온도는 겨울에 26℃, 여름에 24℃로 잡는다. ③ 발효온도는 26℃로 한다. ④ 이스트의 양은 밀가루량의 2.25%, 이스트 푸드 양은 밀가루량의 0.5%로 한다. ⑤ 반죽시간은 보통 때보다 1분 늘리고, 클린업 단계에서 3분 30초가 지나면 반죽을 끝낸다. ⑥ 플로어타임은 45분.

항산화제[抗酸化劑] 原 (영 Antioxidant) 안티옥시던트. 이것은 유지의 산패(酸敗)를 막거나, 그 속도를 늦추기 위해 이용한다. NDGA, BHA, BHT, 토코페롤(비타민 E), 프로필갤릭(몰식자산프로필, PG) 등이 여기에 속한다.

항온기[恒溫器] 機 (영, 프, 독 Ther-mostat) 서모스태트, 즉 실내나 용기 안의 온도를 일정하게 유지하는 자동 온도 조절 장치이다. 정온기(定溫器)라고도 한다. 온도 변화에 따라서 팽창 또는 변형하는 금속을 사용하여 실내·용기의 온도가 어느 점까지 상승 또는 하강하면 가열용 전류나 증기를 차단하게 되어 있다. 빵 공장이나 제과 공장에서 발효실이나 공장 안의 온도를 일정하게 유지하기 위해 꼭 필요한 도구이다.

핸드 리프트 트럭 機 (영 Hand-lift truck) 리프트로 들어 올려진 물건(팔레트째)을 그대로 옮겨 받아 운반하는 기구.
→팔레트

핼로윈 其 (영 Halloween) 10월 31일에 행하는 기독교의 만성제(萬聖祭)전야 행사이다.
⇨핼로윈 케이크

핼로윈 케이크 菓 (영 Halloween Cake) 만성제 전야(萬聖祭前夜), 어린이 파티 등에 내놓는 케이크. 핼로윈은 만성제*의 전야로서 갖가지 행사가 열린다. 북반구에서 보면 이 때가 농사일이 끝나는 즈음이기 때문에 수확제도 함께 겸한다. 한편, 미국의 핼로윈은 주로 어린이를 위해 파티를 여는 날로 되어 있다. 그 파티에 색다른 장식을 곁들인 레이어 케이크나 컵 케이크가 등장한다. 장식은 고양이 머리, 도깨비, 요정 등이다.

햄 原 (영 Ham 프 Jambon 독 Schinken) 돼지고기를 소금절임한 것. 특히 돼지의 뒷다리살을 소금절임하고 연기를 쐬어 말린다. 요즘은 뒷다리뿐만 아니라 어깨살로도 만드는데 이것을 숄더 햄(shoulder ham)이라 하고 등살로 만든 것은 로스 햄이라 한다. 고기생선햄은 생선살에 고기를 섞은 것이다. 햄, 소시지는 보존기간이 길어지면 먼저 색이 변하고 그 다음에는 세균이나 곰팡이가 펴 차츰 미끈미끈하며 끈적거린다. 그리고 나쁜 냄새가 나는데, 이것이

<표> 햄의 종류별, 저장 온도별 보존기간

종류 \ 저장온도	겨울		여름	
	냉장고 3~5℃	상온 15℃이하	냉장고 10~15℃	상온 25℃이하
로스햄, 본레스햄	30(일)	20(일)	15(일)	10(일)
프레스햄	25	15	10	5
소시지.	20	10	10	5
비엔나 소시지	5	3	2	1
진공포장 슬라이스	20	10	10	5
베이컨	90(일)		60(일)	
살라미(이탈리아식 소시지)	130		90	

썩은 증거이다. 썩지 않도록 하기 위해서는 가열·살균한다. 다음은 포장한 채 보존할 수 있는 기간이다(위의 <표> 참고).

　햄버거 빵 (영 Hamburger) ①일종의 샌드위치. 햄버거 번즈 또는 햄버거 롤이라고도 한다. 원형의 빵을 수평으로 이등분하여 속에 얇게 썬 햄버그스테이크(hamburgsteak)와 양파를 끼운 것이다. ②①의 햄버그스테이크를 일컫기도 한다. 햄버그스테이크는 다진 고기에 다진 양파, 빵가루, 계란 등의 부재료를 섞어서 조미한 뒤 원형으로 성형하여 튀긴 요리이다.

　향료[香料] 原 (영 Flavoring agent) 사람의 취신경(臭神經)을 자극하여 특유의 방향을 느끼게 함으로써 식욕을 증진시키는 첨가물(아래 <표> 참고). 향료는 성분에 따라 합성 향료와 천연 향료로, 가공 방법에 따라 수용성 향료·지용성 향료·유화 향료·가루 향료로 나눌 수 있다.

　<종류> 1. 성분에 따른 분류—① 합성 향료 : 정유(精油), 유지 제품 등으로 합성한 향료. 합성법에 따라 벤젠계, 인조 사향계, 테르펜계로 '나뉜다. 종류가 매우 많지만, 우리 나라는 68종만 지정하여 그 성분과 규격을 규정하고 있다.

　② 천연 향료 : 식물성 향료와 동물성 향료가 있으나 대부분 식물성 향료가 정유나 추출액 형태로 이용되고 있다('식물성 향료'

<표> 제과용 향료

계 통	종　　　　　류
프루츠계	오렌지, 레몬, 귤, 라임, 파인애플, 바나나, 딸기, 포도, 라즈베리, 복숭아, 사과, 살구, 체리, 자두, 패션프루츠(시계초 열매), 프루츠 믹스, 프루츠 펀치 등등.
너트·빈즈계	바닐라, 통카, 커피, 초콜릿(코코아), 콜라, 아몬드, 땅콩, 코코넛, 팥, 참깨 등등.
양주계	① 증류주의 향 : 브랜디(꼬냑), 칼바도스, 위스키, 진, 럼. ② 발효주의 향 : 와인(샴페인), 셰리, 시드르. ③ 리큐르향 : 베르뭇, 큐라소, 살구·체리 브랜디, 베네딕틴(benedictine), 샤르트뢰즈, 페퍼민트(박하유), 바이올렛(violet), 매실주.
스파이스계	생강(ginger), 정향(clove), 카더먼, 아니스, 코리앤더, 딜(dill), 스피어민트, 회향(fennel), 월계수잎, 올스파이스, 시너먼, 넛메그, 캐러웨이, 셀러리, 파슬리.
기타	홍차, 우유, 버터, 치즈, 발효유, 메이플, 캐러멜, 흑설탕, 송이버섯, 표고버섯, 새우, 섬게, 매실장아찌, 간장, 차조기.

항 참고).

2. 가공 방법에 따른 분류—① 수용성 향료 : 에센스. 물에 녹지 않는 유상(油狀)의 방향성분을 알코올, 글리세린, 물 등의 혼합 용액에 녹여 만든 것. 청량음료, 빙과에 이용한다. ② 지용성 향료 : 오일. 천연의 정유 또는 합성 향료를 배합한 것. 향이 날아가지 않는다. 캐러멜, 캔디, 비스킷에 이용한다. ③ 유화향료(乳化香料) : 유화제를 사용하여 향료를 물 속에 분산 유화시킨 것. 내열성이 있고 물에도 잘 섞여 수용성 향료나 지용성 향료 대신에 사용할 수 있다. ④ 가루 향료 : 유화 원료를 말려 가루로 만든 것. 가루 상태로는 향이 약해 느껴지지 않으나 입속, 물에서는 강한 향이 난다. 가루 식품용, 아이스크림, 제과용, 추잉 검에 쓰인다.
〈사용시 주의할 점〉 향료를 식품에 사용할 경우 ① 향 성분은 대부분 휘발성이므로 가열, 냉각한 뒤에 첨가할 것. ② 식품에 충분히 섞되, 식품에 맞는 종류를 택할 것. ③ 식품 중의 항산화제, 알코올이나 공기, 광선, 금속 등에 의해 변질할 수 있으므로 주의할 것. ④ 보존은 건조한 용기에 가득 채워 냉암소(冷暗所)에 보관할 것 등이다.

향쑥 原 (영 Tarragon 프 Estragon) 유럽 북부의 산악지방을 원산지로 하는 국화과(科)의 다년생 풀. 태러건이라고도 한다. 향기를 갖고 있어, 그 잎을 육회·생선회(膾), 기타 요리에 곁들이면 좋지 않은 냄새가 없어진다.

허니 原 (영 Honey)
⇨벌꿀

허니 브레드 빵 (영 Honey Bread)
[배합] 밀가루 100, 물 60, 소금 1.7, 이스트 2.7, 꿀 10, 탈지분유 3, 이스트 푸드 0. 1, 맥아 시럽 1.
[만드는 법] 직접법으로 반죽을 만든다. 반죽 온도 26~27℃, 발효 90분 ; 40분, 휴지시간은 조금 길게 하고, 원 로프* 틀에 넣고

200~210℃에서 20~22분간 굽는다.

허니 진저 케이크 菓 (영 Honey Ginger Cake, Gingerbread 프 Pain d'Épices) 꿀과 각종 스파이스를 배합해 넣은 진저 케이크*.
〈종류〉 1. 허니 진저 케이크
[배합] 버터 227 g, 적설탕 227 g, 꿀 454 g, 밀가루 681 g, 팽창제 10 g, 시너먼 가루 3.4 g, 생강가루 3.4 g, 우유 284cc, 계란 227 g. [만드는 법] ① 버터와 설탕을 섞는다. 계란을 조금씩 더한 뒤 꿀을 넣는다 ② 밀가루와 팽창제를 제외한 나머지 재료를 ①에 넣는다 ③ 밀가루와 팽창제를 섞어 ②에 더한다 ④ ③의 반죽을 물결 모양의 틀에 넣고 174℃에서 굽는다. 도중에 뒤집는다.
2. 디종 허니 케이크(Dijon Honey Cakes : 프랑스풍의 허니 진저 케이크)
[배합] 밀가루 709 g, 중조 7 g, 탄산암모늄 1.8 g, 아니스 열매 3.4 g, 레몬 유 7 g, 노른자 57 g, 꿀 567 g, 우유 85cc. [만드는 법] ① 꿀과 우유를 데워 식힌다 ② ①에 탄산암모늄을 넣고 젓는다 ③ ②와 나머지 재료를 함께 섞어 부드러운 반죽을 만든다 ④ ③의 반죽을 하룻밤 재워 둔 뒤 압연한다 ⑤ 기름칠한 나무 틀을 철판 위에 얹고, 그 속에 ④의 반죽을 넣는다. 표면에 우유를 바르고, 포크로 찍어 장식한다 ⑥ ⑤를 네모나게 잘라 나누고, 한가운데에 반 나눈 아몬드를 얹어, 176℃에서 굽는다 ⑦ ⑥을 식힌 뒤, 자른다. 취향에 따라 레몬 필이나 오렌지 필을 더해도 좋다.
3. 허니 스퀘어(Honey Squares)
[배합] 밀가루 1,361 g, 생강가루 36 g, 시너먼 가루 14 g, 넛메그 가루 7 g, 중조 28 g, 버터 227 g, 설탕 794 g, 꿀 454 g, 시럽 454cc, 다진 레몬 필 340 g.
[만드는 법] ① 밀가루, 중조, 스파이스를 섞고 다음에 버터를 섞는다 ② ①에 나머지 재료를 더해 부드러운 반죽을 만든다 ③ ②

의 반죽을 철판에 얹는다. 납작하게 누른 뒤, 피케 롤러*로 구멍을 낸다 ④176℃에서 구워 낸 다음, 식기 전에 아라비아 검 용액을 바르고, 네모나게 자른다.

허니 케이크 菓 (영 Honey Cake) 꿀을 사용한 케이크. 가장 일반적인 허니 케이크는 정향, 시너먼, 레몬 껍질, 아몬드를 더한 보존성이 높은 과자이다. 뉘른베르크의 레브쿠헨도 허니 케이크의 일종이다. 그리고 영국의 아바딘 허니 케이크, 허니 아몬드 케이크, 허니 월넛 케이크, 허니 비스킷, 허니 진저 케이크* 등이 유명하다. 한편 유럽 대륙에서 영국으로 건너간 것으로서 프랑스의 디종 허니 케이크('허니 진저 케이크'항 참고), 스위스의 허니 너츠 보트 등이 있다. 다음은 아바딘 허니 케이크 만드는 법이다.

[배합] 버터·설탕 각 680 g, 노른자 85 g, 꿀 113 g, 밀가루 1,360 g, 스파이스 가루 14 g, 시너먼 28 g, 넛메그 3.5 g, 우유 285cc.

[만드는 법] ①버터와 설탕을 섞고 노른자를 더한다 ②꿀을 더하고 밀가루, 스파이스 가루, 시너먼, 넛메그, 우유를 넣어 섞는다 ③틀에 흘려 붓고 190℃ 오븐에서 굽는다.

헤비 타입 케이크 菓 (영 Heavy type Cake) 묵직한 중량감이 있는 케이크. 라이터 타입(Lighter type)의 케이크에 대응하는 명칭이다. 프루츠 케이크, 파운드 케이크 등이 여기에 속한다.
→버터 케이크

헤이즐넛 原 (영 Hazelnut 프 Noisette 독 Haselnuß) 누아제트*. 자작나무과 (科)의 낙엽수인 개암나무 열매. 아시아, 유럽, 북아메리카에 널리 분포하며 주산지는 터키·에스파냐·이탈리아 즉, 지중해 연안 지역이다. 모양은 밤처럼 끝이 뾰족하고, 작고 둥글다. 과실은 지름 1~2cm이고 딱딱한 껍질에 싸여 있다. 지방이 많고, 향

긋한 향과 맛이 있다. 이것은 가볍게 볶으면 풍미가 더욱 강해진다. 헤이즐넛은 통째로 혹은 잘게 다져 장식한다. 페이스트로 만들어 크림과 섞거나, 프랄리네의 형태로 아이스크림, 수플레, 무스에 더하면 풍미를 높일 수 있다.

헤페타이크 菓 (영 Yeast dough 프 Pâte levé 독 Hefeteig) 발효 반죽.
[배합] 우유 600cc, 설탕 130 g, 노른자 4개, 이스트 80 g, 밀가루 1,000 g, 버터 150 g, 소금 8 g.
[만드는 법] ①우유를 데우고 설탕을 더해 녹인다 ②노른자를 더하고 이스트를 녹여 섞는다 ③밀가루를 더하고 버터, 소금을 넣고 반죽한다 ④반죽을 한 덩어리로 뭉쳐 10분간 발효시킨다 ⑤가스빼기하고 원하는 두께로 밀어 펴서 과자를 만든다.

헬스 브레드 빵 (영 Health Bread)
⇨건강빵

혐기성 세균[嫌氣性細菌] 生 (영 Anaerobic bacteria) 산소가 없는 환경에서 생활하는 세균. 무산소성 세균이라고도 한다. 파상풍균, 가스괴저균, 클로스트리듐 등이 있다. 한편 산소가 있고없음에 상관없이 번식하는 세균을 통성 혐기성 세균이라 한다. 대표적인 통성 혐기성 세균이 젖산균이다.
→세균

형지[型紙] 機 (영 Paper pattern, stencil 프 Silhouette, pochoir 독 Schablo-

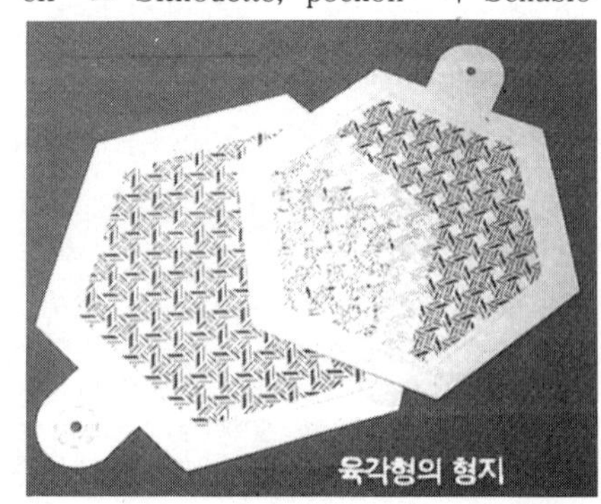

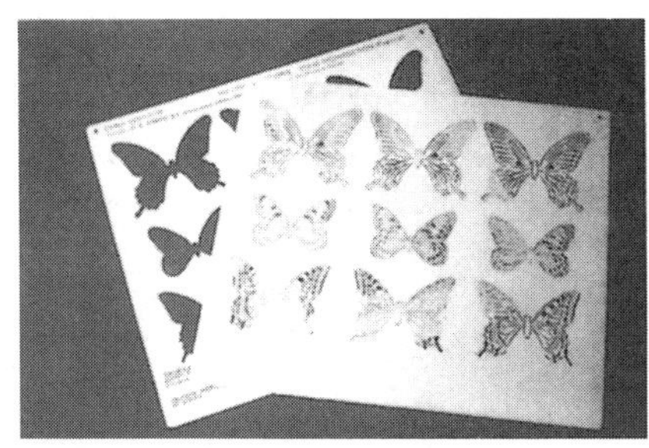
나비모양의 형지

ne) 두꺼운 종이에 무늬를 그려 잘라낸 것. 이것을 종이나 헝겊 위에 놓고, 잘린 부분에 크림·초콜릿 등을 스패튤러로 문질러 바르면 그 모양이 떠진다. 최근에는 종이보다 금속제와 플라스틱제가 더 많이 쓰인다. 무늬도 추상적인 것에서 구체적인 것까지 다양하다(위의 〈사진〉 참고).

형틀 機 (영 Cutter) 쿠키 반죽이나 비스킷 반죽 등을 여러 가지 모양으로 찍어내는 도구. 커터라고도 한다. 모양은 별 모양, 둥근 모양, 각진 모양, 마름모꼴 등 여러 가지가 있다. 재질은 알루미늄, 동판, 양철 등과 같이 녹슬지 않는 것이 좋다. 또,

구부려서 자유롭게 모양을 만들어 사용할 수 있는 것도 있다. 스프링을 장치한 것도 있으며, 손잡이 쪽에 고무 주머니를 달아서 찍어낸 반죽을 공기압으로 떨어뜨리는 형식의 것도 있다(아래 〈사진〉 참고).

호기성 세균[好氣性細菌] 生 (영 Aerobic bacteria) 발육에 산소가 꼭 필요한 세균. 산소성 세균이라고도 한다. 이와 반대로 산소를 필요로 하지 않는 세균을 혐기성 세균 또는 무산소성 세균이라 한다. 호기성 세균은 산소를 호흡해 섭취한 영양소를 산화하고, 이 때 얻어지는 에너지로 살아간다. 아세트산균, 결핵균, 백일해균이 여기에 속한다.
→세균

호니히쿠헨 菓 (독 Honigkuchen) 꿀을 넣은 건과자로 레브쿠헨*의 하나. 호니히는 '꿀'을 뜻한다. 꿀은 오랜 옛날부터 식용하였고 이것을 이용한 과자의 역사도 길다. 그러나 호니히쿠헨이라 불리며 과자로서 가까이 다가온 때는 중세이다. 감미료의 50% 이상을 천연의 꿀로 사용해야 하고, 팽창제로서 암모니아계 팽창제와 탄산칼륨을 첨가한다. 두껍게 구울 때에는 암모

각종 형틀

니아계 팽창제를 쓰지 않는다. 이 과자를 만드는 반죽을 호니히타이크 또는 호니히쿠 헨타이크라 부른다.

[배합] 꿀 500 g, 강력분·박력분 각 250 g, 코코아 10 g, 시너먼 5 g, 정향·넛메그· 아니스 각 2 g, 탄산칼륨·암모니아계 팽창제 각 6 g.

[만드는 법] ① 꿀을 80℃ 열로 녹여 식힌다 ② 강력분과 박력분을 함께 체 쳐서 ①의 꿀과 섞어 나무통이나 도기에 넣고 1~2개월 저장한다. 이 단계의 반죽을 포어타이크라 한다 ③ 코코아, 시너먼, 정향, 넛메그, 아니스를 섞어 ②의 반죽에 더한다 ④ 물에 녹인 탄산칼륨과 암모니아계 팽창제를 더한다 ⑤ 0.5~1cm 두께로 늘여 펴서 오븐에서 굽는다. 알맞은 크기로 잘라 먹는다.

호두 果 (영 Walnut 프 Noix 독 W-alnuß) 호두나무과(科)에 속하는 낙엽교목의 종자. 유럽, 아시아, 남북 아메리카에 분포한다. 한자로 호도(胡桃)라 쓰는 것은 이것이 옛날 호나라(서역땅)에서 중국으로 전해졌기 때문이다. 그것이 다시 우리 나라로 들어왔다. 오래 전부터 유럽에서 재배되었고, 고대 그리스·로마에서 호두는 다산(多産)의 상징이었다. 호두는 영양가가 높고, 리놀레산 같은 양질의 지방과 단백질을 갖고 있다. 이 밖에 비타민 B_1·B_2, 칼슘도 풍부하여 고혈압, 동맥경화, 변비에 효능이 있다. 양과자에 쓸 때는 열매 모양 그대로 케이크에 장식한다. 특히 커피맛을 들인 프랑스 과자에 잘 어울리는 재료이다. 호두를 다져 스펀지 반죽에 섞어 굽거나 초콜릿 크림, 아이스크림에 섞기도 한다.

호료[糊料] 原 (영 Thickners, Gelling agents) 식품의 점착성, 유화 안정성을 높이고 식품을 가공·보존하는 동안에 신선도와 형채를 유지시키며, 또 촉감을 향상시키기 위해 식품에 첨가하는 물질. 증점제(增粘劑), 농화제(濃化劑) 또는 겔화제라고도 한다. 이러한 성질을 가진 것은 천연물에도 많이 있다. 밀가루의 글루텐, 찹쌀의 아밀로펙틴, 과일의 펙틴, 해조류의 알긴산·한천, 우유의 카세인, 어류(魚類)의 젤라틴이 그 예이다. 그리고 녹말, 아라비아 검, 트래거캔스 고무 등도 호료로 사용할 수 있다. 현재 식품에 사용할 수 있도록 지정돼 있는 품목은 9종(〈표〉 참고)이다. 한편 천연품인 젤라틴, 아라비아 검, 구아 검(guar gum), 로커스트 빈 검(locust bean gum), 타마린드 검(tamarind gum), 펙틴, 카라긴

〈표〉 호료의 종류

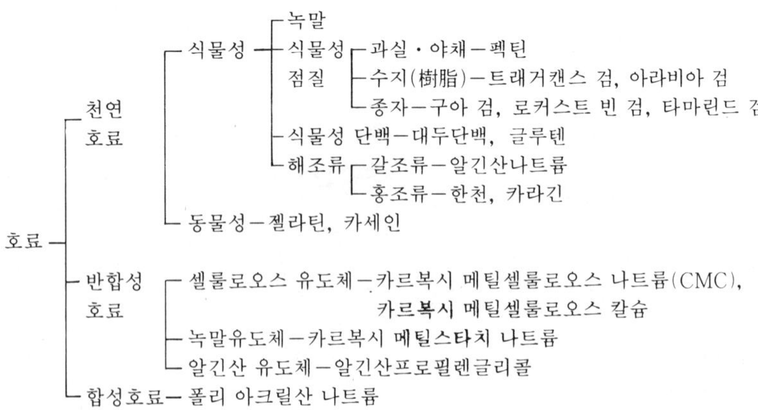

등은 지정품은 아니지만, 성분규격이 법으로 규정되어 있으므로 그 규격에 맞는 제품을 골라 식품에 사용할 수 있다. 이 중에서 알긴산나트륨은 아이싱, 파이핑 젤리, 아이스크림처럼 보형성(保形性)이 필요한 제품에 알맞다. 알긴산프로필렌글리콜은 마요네즈, 프렌치 드레싱, 유산균 음료, 셔벗에 사용한다.

호리존틀 믹서 機 (영 Horisontal mixer) ⇨수평 믹서

호모지나이저 機 (영 Homogenizer) 지방 균질기. 우유 속의 지방구(球)를 작고 고르게 부수는 기계. 이 기계를 거친 균질 우유는 지방구가 보통 우유의 1/5이고 단백질이 부드러워져, 소화가 잘 되고 맛이 진하며 그대로 두어도 크림이 분리되지 않는다. 이러한 균질 우유는 원심분리기를 쓰더라도 크림을 분리할 수 없다. 균질 우유의 맛이 진한 것은 지방구가 부서져 그 수가 엄청나게 늘어났기 때문이고, 그와 동시에 흡수표면이 커져 우유의 단백질이 지방구에 흡착되었기 때문이다.

호밀[胡—] 原 (영 Rye 프 Seigle 독 Roggen) 라이보리. 벼과(科)의 1년생 또는 월년초. 원산지는 카프카즈, 소아시아. 줄기 끝에 달리는 이삭은 밀보다 길고, 어긋나게 달려 있다. 여기에 영그는 호밀알은 푸른 갈색 또는 자줏빛을 띠고, 등쪽에 세로홈이 있다. 호밀은 맥류 중에서 냉대성 기후에 알맞고, 척박한 땅에서도 잘 자란다. 귀리 다음으로 세계 생산량 제 6 위를 차지하며, 주산지는 舊소련(세계 36%)이다. 그 밖에 폴란드·독일 등의 동유럽 여러 나라와 터키·미국·캐나다 등에서 재배 생산된다. 약간의 신맛이 나는 호밀은 정백·제분하여 흑빵을 만들고, 또 위스키의 원료로 쓴다. 그리고 호밀 맥아(麥芽)로는 보드카·맥주를 양조한다.

호밀가루 原 (영 Rye flour) 호밀을 제분한 가루. 주로 독일, 소련 또는 북유럽 등지에서 호밀빵의 주원료로 이용하는 가루이다.

〈반죽에 영향을 주는 호밀의 영양성분〉 ① 단백질 : 호밀가루의 단백질은 밀가루와 양적인 차이는 없으나 질(質)적인 차이가 있다. 특히 글루텐의 구성성분의 하나인 글루텔린이 매우 달라서 글루텐만을 따로 분리할 수가 없다. 따라서 호밀가루로 만든 반죽은 잘 부풀지 않고, 제품의 결은 곱고 치밀하다. 그러므로 이 단점을 보완하기 위해 밀가루를 섞어 만든다. ② 탄수화물 : 녹말, 헤미셀룰로오스, 덱스트린으로 이루어져 있으며 펙틴과 비슷한 고무물질이 다량 함유되어 있어 글루텐의 형성을 방해 한다. 왜냐하면 고무물질은 팽창력이 커서 글루텐의 수분 흡수를 방해하기 때문이다. 단, 젖산이나 아세트산으로 이 작용을 없앨 수 있다. 때문에 이스트 발효보다 노면 발효를 통해 만들어진 호밀빵이 질적으로 더 낫다. ③ 지방 : 주로 배아에 함유되어 있으며 주성분은 올레산, 팔미트산이다. 이 밖에도 인지질인 레시틴을 0.5% 함유하고 있다. 호밀의 지방은 저장시의 안정성이 중요하다. 왜냐하면 지방이 리파아제에 의해 분해되어 유리지방산을 만들면 단백질과 탄수화물의 성질도 달라지기 때문이다. 따라서 호밀의 저장은 주로 지방 함유량에 의해 결정된다. ④ 기타 : 칼륨과 인이 풍부하고, 영양가도 높으며 가격이 싸다.

〈종류〉 약 3종류로 나눌 수 있다. ① 곡류의 중심 부분을 빻은 것. 전분이 대부분이고 단백질이 적다. 라이트·호밀빵에 이용한다. ② 스트레이트 가루. 회분이 약 1% 인 담회색이다. 사워 호밀빵인 버라이어티용이다. ③ 클리어 가루에 해당한다. 회분은 약 2%이고, 단백질이 많다. 다크 호밀빵에 이용한다.

호밀빵 빵 (영 Rye Byead 프 Pain de Seigel 독 Roggen Brot) 흑빵. 정통 독일식 호밀빵(로겐 브로트)은 밀가루에 최고

90%의 호밀가루를 배합해 만들지만, 각 나라마다 배합량이 다르다. 미국식은 20~30%, 독일식은 30~50%, 러시아식은 50~75%이며, 보통은 10~30%를 섞어 만든다. 호밀빵을 중종법에 따라 만들면 다음과 같다.

[배합]

재료	배합 %	재료	배합 %
〈중　종〉		〈본반죽〉	
밀가루	40	밀가루	30
호밀가루	30	물	23
물	40	소금	2
이스트	3	설탕	4
쇼트닝	4	캐러웨이	0.5
사워종주)	7		
탈지분유	2		
이스트 푸드	0.25		

주) 사워종의 배합 : 호밀가루 100(%), 사워 밀크 175, 이스트 6. 온도 26.5℃, 발효 18~24시간.

[만드는 법] 〈중종〉 반죽 3분, 반죽 온도 33.5℃, 4시간 발효. 〈본반죽〉 반죽 6~8분, 반죽 온도 24.5℃, 15분간 발효.
→흑빵

호박 原 (영 Pumpkin) 원산지는 아메리카 대륙. 서양의 호박은 주름이 없다. 호박에는 비타민 A·B·C가 풍부하기 때문에 그대로 먹을 뿐 아니라 과자, 엿, 잼 등의 가공원료가 된다. 호박씨는 말려서 볶아 먹기도 하는데, 특히 중국요리에 마른안주로 사용한다.

호상[糊狀] 化
⇨호화

호스슈 빵 (영 Horseshoe) 말발굽 모양의 빵. 프랑스의 크루아상과 비슷한데, 그보다 더 구부러진 빵을 호스슈라 부른다.

호이로 機 (일 ホイロ) 일정하게 고온(高溫)을 유지할 수 있는 상자 또는 장소. 발효실, 특히 2차 발효실을 가리킨다. 건조 타입과 가습(加濕) 타입이 있으므로 용도에 맞춰 사용한다. 빵 반죽인 경우 이스트균의 발효를 촉진시켜야 하므로 가습 발효실이 좋고 리큐르 봉봉·프뤼이 데기제·파트 드 프뤼이 같이 건조시켜 설탕의 결정화를 목적으로 할 때는 건조 발효실이 좋다.

호정[糊精] 化 (영 Dextrin)
⇨덱스트린

호주 밀 原 (영 Australian wheat) 호주산(産) 밀은 거의 대부분이 흰밀로, 윤기있는 양질의 밀가루를 만들 수 있다. 수분은 보통 12%, 글루텐은 9.5%~11.5% 정도이다. 호주는 전체 밀 생산량이 세계 밀 생산량의 3~4% 가량이고, 수출량이 세계 밀 수출량의 14% 가량인 밀 수출국이다. 우리나라는 대부분의 밀을 미국에서 수입하지만, 최근 들어 호주 밀도 많이 수입하고 있다. 호주는 국토가 넓어 지방에 따라 여러 종류의 밀을 산출한다. 예를 들면 뉴사우스웨일스(New South Wales)의 밀은 단단한 경질밀이고, 빅토리아(Victoria)의 밀은 그것보다 약간 글루텐 함량이 적다. 그리고 남부산 밀은 제분성과 제빵성이 좋은 밀가루가 되며, 서부산 밀은 글루텐 함량이 적은 밀이 많아 정부가 품질을 관리한다. 호주 밀을 단백질 함량, 재질, 가공 적성 등에 따라 구분하면 다음과 같다. ① 우수 경질밀(Australian prime hard wheat) : 제빵용. ② 경질밀(Australian hard wheat) : 제빵용. ③ 표준흰밀(Australian standard white wheat) : 제면용. ④ 연질밀(Australian soft wheat) : 케이크용. ⑤ 일반밀(Australian general purpose) : 사료용. ⑥ (Australian feed wheat) : 사료용.

호퍼 機 (영 Hopper) 알갱이나 가루 재료를 운반하는 깔대기 모양의 장차. 빵 공장은 원·부재료 저장창고의 분할기, 성형기 윗부분에 호퍼를 갖추어 놓아야 한다.

호퍼 스케일 機 (영 Hopper scale) 곡식 낱알 또는 분말상태의 재료의 양을 재는 정량 저울. 회전수로써 누가량(累加量)을 알 수 있다. 본체는 호퍼이다.

호화[糊化] 化 녹말에 물을 더하고 열을 주었을 때, 팽윤하고 점성이 증가해 전체가 반투명한 콜로이드 상태로 되는 현상. 녹말은 아밀로펙틴과 아밀로오스가 얽힌 미셀 구조로 되어 있다. 이러한 녹말을 가수분해하면 미셀 구조가 느슨해져(팽윤현상) 결국에는 미셀이 바깥쪽에서부터 무너진다. 이와 같은 현상을 가리켜 호화라 한다. 녹말이 호화하면 반투명한 풀처럼 걸쭉해지는데 이 상태(糊狀)의 녹말이 알파 녹말이다.

〈호화조건〉 갖가지 녹말 식품이 호화하는 데에는 알맞은 온도와 수분량이 필요하다. 각 식품의 호화온도는 녹말의 종류에 따라 또 다르다(〈표〉 참고). 그리고 수분량에 따라서도 호화온도가 바뀐다. 즉, 수분량이 적으면 온도를 높여야 호화가 일어난다. 빵, 비스킷 등은 230℃의 높은 온도에서야 호화한다.

〈표〉 각종 식품에 따르는 호화온도

녹말 식품	개시~완료온도(℃)
옥수수(corn)	62~70
수수(grain sorghum)	68~78
보리(barely)	51.5~59.5
쌀(rice)	68~78
호밀(rye)	57~70
밀(wheat)	59.5~64
완두(pea)	57~70
고구마(sweet potato)	58~66
고구마(가열·수분 처리한 것)	65~77
감자(potato)	59~63
메밀(buckwheat)	69~71
타피오카(tapioca)	52~64

혼합[混合] 技 (영 Mixing) 제과에서 재료를 섞는 일. 섞는다는 행위는 같을지라도 재료의 성질에 따라 부르는 이름이 다르다. ① 혼합(混合) : 고체와 고체를, 고체에 액체 조금을 섞는 일. ② 교반(攪拌) : 액체와 액체, 액체와 고체를 섞는 일. ③ 거품내기(크리밍) : 액체에 또는 액체·고체의 혼합물 속에 기체를 섞는 일. 즉, 기체를 포함시키는 일. 4. 유화(乳化) : 기름과 물처럼, 서로 쉽게 섞이지 않는 두 물질을 섞는 일.

각각의 재료가 서로 섞일 수 있는 것은 분산(分散)의 원리를 통해서이다. 분산이란 한 물질의 입자가 다른 입자에 아주 가깝게 접근한 상태를 말한다. 여기서 입자란 작게는 분자(分子)에서부터 크게는 눈에 보이는 것까지 다 포함하는 개념이다. 이러한 분산작용을 이용해 섞는 동안 제각기 따로 놀던 재료들이 나름의 형체를 잃고 하나로 합쳐진다. 이렇게 되어 생겨난 물질이 반죽이다. 한 덩어리로 뭉쳐진 도(dough), 유동상태인 배터(batter)·페이스트(paste)가 바로 그것이다.

홀렌디셔 블레터타이크 菓 (프 Feuilletage rapide 독 Holländischer blätterteig) 속성으로 만드는 푀이타주. 밀가루와 버터를 섞고 접어밀기 하여 만든 반죽이다. ⇨ 푀이타주

홀리데이 프루츠 케이크 菓 (영 Holiday Fruits Cake) 레이즌, 설타너, 아몬드, 호두, 필, 체리, 파인애플 같은 과실을 많이 배합하여 만든 크리스마스 케이크. 하얗게 구워 낸 화이트 케이크, 꿀을 넣은 다크 프루츠 케이크, 메이플 시럽을 넣은 메이플 케이크, 민스 미트를 넣은 플럼 케이크 등이 여기에 속한다.

홀 휘트 브레드 빵 (영 Whole Wheat Bread) 통밀빵.
[배합] 뒷 페이지 〈표〉 참고.
[만드는 법] 중종법으로 만든다.
〈주의〉 ① 중종온도는 흰빵보다 조금 낮게 잡는다. ② 통밀빵의 팽창도는 흰빵보다 작으므로 작은 빵 틀로 굽거나, 반죽의 양을 늘린다. ③ 꿀을 더할 때는 설탕 대신 쓴다. ④ 홀 휘트 롤도 이 반죽으로 만든다.

〈표〉 홀 휘트 브레드의 배합

재　료	비율(%)	중량(22kg 당)
〈중　종〉		
통밀가루	70	15.4
물	45	9.9
이스트	2.5	0.55
쇼트닝	3	0.66
이스트 푸드	0.25	0.055
중량	120.75	26.565
반죽시간 4분	중종온도 24.5℃	발효시간 4시간 30분
〈본반죽〉		
통밀가루	30	6.6
물	20	4.4
소금	2	0.44
탈지분유	3	0.66
설탕	4	0.88
전체중량	179.75	39.545
반죽시간 8분	본반죽 25.5℃	발효시간 20분

홈 메이드 브레드 빵 (영 Home-made Bread)
⇨시카고 타입 브레드

홈 베이커리 其 (영 Home bakery) 빵·과자를 제조 판매하는 소규모 베이커리. 자기 고유의 전통을 갖고 독특한 맛과 개성을 지닌 곳으로서, 유럽 등지에는 몇대째 가업(家業)을 이어 오는 홈 베이커리가 많다.

홉 原 (영 Hop) 뽕나무과(科)에 속하는 다년생 만초(蔓草). 이 꽃에는 쓴맛이 강한 수지(樹脂)와 정유(精油)가 들어 있어, 이것으로 맥주의 쓴맛과 향을 낸다. 배양효모가 나오기 전에는 식빵 종(홉스종)을 만들기도 했다. 홉은 세균의 증식을 막고, 천연효모의 증식을 돕는다.

홉스종[一種] 빵 홉을 삶은 물로 발효시킨 종(種). 압착효모가 보급되기 전에 많이 쓰던 종이다. 홉스종으로 빵을 만들면 홉 특유의 향이 나고 강한 항균력을 갖는다. 항균력이라 함은 발효하는 동안에 제빵에 필요치 않는 미생물의 번식을 막는 힘을 뜻한다.

홍차[紅茶] 原 (영 Tea, Black tea 프 Thé noir 독 Schwarzer tee) 동백나무과(科)의 상록수 잎을 따 발효시켜, 차로 만든 발효차. 영국인들은 오래 전부터 홍차를 애프터눈 티(afternoon tea)라 하여 과자에 곁들여 먹고 있다. 생산량은 인도가 세계 제 1 위이고 그 다음이 스리랑카, 舊소련, 인도네시아, 중국 순이다. 홍차는 제과 재료로 바바루아, 무스, 젤리에 쓴다. 특히 홍차액에 설탕과 젤라틴을 넣고 굳힌 홍차 젤리는 손쉽게 만들 수 있고 색도 아름답다. 그 밖에 밀크 티·시너먼 티를 비롯하여 잼을 더한 러시안 티, 아이리시 위스키를 더한 아이리시 티가 있다.

화과자[和菓子] 菓 일본 고유의 과자 *. 옛 중국에서 그랬던 것처럼 일본 역시 과자(菓)와 과일(果)의 구분이 명확하지 않다가 중국·한반도의 과자를 받아들이기 시작한 나라 시대(奈良時代, 710~784년)에 비로소 과자가 제 영역을 얻었다. 일본의 과자는 각 시대마다 수입되어 오는 외래 과자의 영향을 받으면서 발달하였다. 즉 나라·헤이안(平安) 시대부터 가마쿠라 시대(鎌倉時代, 12세기 말~14세기 초)까지 중국과자(唐菓子 : 도가시)가, 무로마치 시대(室町時代, 14세기 초~16세기 중엽)가 끝나갈 무렵부터 난반가시(南蛮菓子)라 불리는 유럽 과자가 전래되었다. 이러한 과자가 일본식으로 정착·발전하여 에도 시대(江戸時代, 17세기~19세기 중엽)에 화과자로 자리

잡게 되었다. 화과자는 수분이 많고 적음에 따라 생과자, 반생과자, 건과자로 나눈다. 아래 〈표〉는 수분 함량에 따른 화과자의 분류이다.

화씨 [華氏] 物 (영 Fahrenheit) 1714년 독일의 파렌하이트(G. D. Fahrenheit)가 정한 것. 부호는 F이다.
⇨온도

화이트 데이 其 (영 White day) 2월

〈표〉 수분 함량에 따른 화과자의 분류

```
화과자(와가시·和菓子)
├─ 생과자(나마가시, 生菓子)
│   ├─ 무시가시*(蒸菓子 : 찜과자)-무시만주(蒸しまんじゅう), 무시요깡(蒸しようかん), 우이로*(ういろう)
│   ├─ 야키모노가시*(燒き物菓子 : 구움과자)-도라야키(どら燒き), 긴쓰바(金つば)
│   ├─ 모찌가시*(餅菓子 : 떡류)-다이후쿠(大福), 구사모찌(草餅), 가시와모찌(かしわ餅), 사쿠라모찌(桜餅), 우구이스모찌(うぐいす餅)
│   ├─ 나가시가시(流し菓子 : 틀에 흘려 부어 굳힌 과자)-미즈요깡(水ようかん)
│   ├─ 네리가시(練り菓子 : 앙꼬* 등에 설탕이나 물엿을 넣어 반죽한 과자)-네리키리*(練り切り), 네리요깡(練りようかん)
│   └─ 아게가시(揚げ菓子 : 튀김류)-튀김도넛
├─ 반생과자 (한나마가시, 半生菓子)
│   └─ 이시고로모(石衣), 모나카(最中), 스하마(すはま), 카스테라(カステラ), 긴교쿠토*(錦玉糖), 자쓰(茶通), 구리만주(くりまんじゅう)
└─ 건과자(히가시, 乾菓子)
    ├─ 우치모노가시·오시모노가시(打ち物菓子·押し物菓子 : 여러 가지 모양이 조각된 틀로 모양을 낸 과자)-라쿠간(洛雁), 시오가마(塩釜)
    ├─ 야키가시(燒き菓子)-센베(せんべい), 보로(ボーロ), 야츠하시(入つ橋)
    ├─ 가케모노가시(挂け物菓子 : 콩, 양귀비씨, 젤리 등을 센터로 하여 설탕옷을 입힌 과자)-가와리다마(かわり玉), 콘페토(金平糖)
    ├─ 아메가시(あめ菓子 : 엿과자)-아루헤토(有平糖), 지토세아메(千歳あめ), 우메보시아메(梅干しあめ)
    ├─ 베카(米菓 : 쌀과자)-시오센베(塩せんべい), 아라레(あられ)
    ├─ 오코시(おこし)
    ├─ 마메가시(豆菓子 : 콩과자)-이리마메(炒り豆), 고시키마메(五色豆), 마메이타(豆板)
    ├─ 아게가시(揚げ菓子)-가린토(かりんとう), 아라레·센베 튀김
    ├─ 설탕절임 과자-아마낫토(甘なっとう), 야채·과실 절임과자
    └─ 스낵과자-포테이토칩, 팝콘
```

14일의 발렌타인 데이*에 대응하여 제과업계가 주도하는 행사. 발렌타인 데이의 1개월 후인 3월 14일이 그 날이다. 1980년대부터 일본에서 시작되어 즉시 한국으로 건너왔다. 시작 동기는 발렌타인 데이 때 초콜릿이 폭발적으로 판매됨에 따라 캔디 업계가 자극받은 데서 비롯하였다. 이 행사는 '초콜릿의 답례는 캔디로'라는 선전 전략 아래 캔디 업계가 주도하였다. 그리고 이어서 마시맬로 업체가 '마시맬로 데이'란 이름을 붙여 참가하였다.

화이트 레브쿠헨 뉘른베르크 菓 (영 White Lebkuchen-Nürnberg)
[배합] 설탕 4,990 g, 계란 4,536 g, 암모니아계 팽창제 50 g, 탄산칼륨 43 g, 당밀 298 g, 시너먼 149 g, 정향 78 g, 카더먼 50 g, 메이스 28 g, 볶은 아몬드 1,758 g, 레몬 필 1,134 g, 제스트* 1,134 g, 밀가루 4,479 g, 레몬 껍질 간 것 5개 분량.
[만드는 법] ① 설탕과, 계란 1,474 g을 잘 젓는다 ② 거품이 일기 시작하면, 나머지 설탕을 더하고 한번 더 젓는다 ③ 암모니아계 팽창제*, 탄산칼륨, 당밀을 더해 잘 섞는다 ④ 스파이스류, 아몬드, 제스트, 강판에 간 레몬 껍질을 더한 다음 또 다시 젓고 나서 밀가루를 섞는다 ⑤ 와플에 ④의 반죽을 펴 바르고, 종이 3장 또는 베이킹 시트에 늘어 놓는다 ⑥⑤에 레몬 필, 아몬드를 장식한 뒤 말린다 ⑦2~3시간 뒤에 이것이 다 마르면 서늘한 곳으로 옮겨 놓았다가, 약한불 오븐에서 굽는다 ⑧구워 내자마자 뒤집어 식힌다.

화이트 마운틴 브레드 빵 (영 White Mountain Bread) 발효를 끝낸 반죽의 표면에 물을 묻힌 뒤, 밀가루(케이크용)를 뿌리고 깊이 1.5cm로 칼집을 내어 구운 빵. 모양은 둥글게 혹은 원 로프(山型)로 만든다. 둥근 모양은 칼집을 십자로 내고, 원 로프는 한가운데에 긴 칼집을 낸다. 빵 윗면에 밀가루가 그대로 하얗게 남아 있어 붙여진 명칭이다.

화이트 소스 原 (영 White sauce) 버터와 우유에 밀가루를 넣고 저으면서 끓이면, 이 때 밀가루가 호화하여 걸쭉한 소스가 만들어진다. 이것이 바로 화이트 소스이다. 이 소스는 그대로 여러 요리의 조미료로 쓰거나, 페이스트리의 충전물 조리에 이용한다. 또, 이것을 바탕으로 해서 갖가지 소스를 만들 수도 있다.

화전[花煎] 菓 지지는 떡의 하나. 찹쌀가루를 익반죽하여 둥글게 빚어 기름에 지져서 진달래 꽃이나 쑥갓 등으로 모양을 낸 전병(煎餠)이다.
[배합] 찹쌀가루 4컵, 소금 1작은술, 더운물 1/2컵, 기름 적당량, 진달래 꽃 30개, 대추 4개, 쑥갓 20 g, 꿀 1/2컵.
[만드는 법] ① 찹쌀을 깨끗이 씻어 물에 충분히 불린 뒤 빻아서 고운 체로 거른다 ② ①에 소금과 더운물을 섞어 만든 소금물로 익반죽하고 치대어 지름 6 cm 정도의 크기로 빚는다 ③ 진달래 꽃은 꽃술을 떼어 내고 물에 씻어 둔다 ④ 대추는 씨를 빼고 채썬다 ⑤ 쑥갓은 잎을 작게 뜯어 놓는다 ⑥ 팬에 기름을 두르고 ②를 지진다. 익어서 맑은 색이 나면 뒤집어서 진달래, 대추, 쑥갓 등을 붙여 모양을 낸다 ⑦ 잘 익혀서 꿀을 묻혀 낸다.

화학적 반죽법[化學的—法] 技 (영 Chemical dough development) 기계적 반죽법에 대해, 특수 화학약품을 써서 반죽의 숙성을 촉진하고 산화제로써 반죽을 안정시키는 반죽법이다. 이 방법에 따르면 발효시간이 단축된다.

화학조미료[化學調味料] 原 (영 Seasonings) 음식물의 감칠맛을 증진시키려는 목적으로 첨가하는 품질. 현재 허용되는 화학조미료는 13품목으로 그 사용량이 정해져 있지 않다(〈표〉 참고). 이들 품목 중에서 현재 화학조미료의 주종을 이루고 있는 것은 1909년 일본에서 발견된 L-글루탐산나트륨

〈표〉 허용 조미료

분　류	제　품　명
핵산계	5′-이노신산나트륨 5′-구아닐산나트륨 5′-리보뉴클레오티드나트륨 5′-리보뉴클레오티드칼슘
아미노산계	L-글루탐산나트륨 DL-알라닌 글리신
유기산계	D-주석산나트륨 DL-주석산나트륨 DL-말산나트륨 구연산나트륨 숙신산-2-나트륨 숙신산

이다.

환목기 機 (영 Rounder) 환목기(丸目機)는 일본식 한자어이다.
⇨라운더

환원제[還元劑] 原 (영 Reducing agents) 다른 물질에 환원을 일으키게 하는 물질. 따라서 환원제 자체는 산화되기 쉬운 물질이다. 여러 환원제 중 밀가루에 쓰이는 환원제는 시스틴, 글루타티온이다. 이들을 반죽에 넣으면 산화제와는 반대로, 글루텐을 연화시키고 빵의 부피를 줄인다.

황산[黃酸] 化 (영 Sulfuric acid) 화학식은 H_2SO_4. 순수한 황산은 무색이고, 점성이 있는 유상(油狀) 액체이다. 녹는점은 10.4℃, 비중은 1.84이다. 많은 유기물·무기물을 녹이며, 가열하면 290℃에서 분해하기 시작하여 삼산화황을 발생한다. 물과의 친화력이 강하여 각종 건조제, 탈수제로 이용된다.

황산아연[黃酸亞鉛] 化 (영 Zink sulfate) 화학식은 $ZnSO_4$. 아연을 황산으로 녹일 때 생기는 화합물로, 무색 결정체이고 물에 녹으며 살균작용이 있기 때문에 방부제, 안약 등으로 이용된다.

황설탕[黃雪糖] 原 (영 Brown sugar) 흰설탕과 흑설탕 중간의 갈색 결정. 삼온당, 브라운 슈거라고도 한다. 황설탕에 물을 더해 바짝 조린 용액은 약과, 약식, 캐러멜 등의 색소로 쓰인다.

황열[荒熱] 技 (영 Flash heat)
⇨플래시 히트

회른헨 롤 빵 (독 Hörnchen Roll) 유럽 어디에서나 볼 수 있는 뿔 모양의 롤 빵. 오스트리아의 킵펠*에 해당한다.

회분[灰分] 化 (영 Ash) 식품을 완전히 태웠을 때 남는 재. 보통은 550~600℃의 열로 10시간 정도 천천히 태우면 좋다. 재의 성분은 식품 중에 함유되어 있는 무기질과 거의 비슷하지만, 이외에도 탄소 일부가 있는 경우가 있으므로 무기질이라 하지 않고 회분이라 한다. 밀가루는 회분량에 따라 등급이 달라진다. 즉, 상급 밀가루는 회분 함량이 0.4%, 저급 밀가루는 1.0%이다.

회분 정량법[灰分定量法] 試 (영 Ash quantitative method) 식품에 포함되어 있는 무기질량을 측정하여 수치로 나타내는 방법. 시료를 550~600℃에서 태워 재로 만든 뒤, 재의 중량을 잰다. 회분은 식품을 태우고 남은 재를 말하고, 이것이 그 식품의 품질을 감정하는 지표가 된다.

회전대[回轉臺] 機 (영 Turn table 프 Plateau tournant 독 Drehplatt) 양과자를 장식할 때 필요한 도구. 구워낸 케이크, 파이를 올려놓고 돌리면서 크림, 초콜릿으로 코팅·장식할 수 있는 받침대이다.

회향[茴香] 原 (영 Fennel 프 Fenouil 독 Fenchel) 미나리과(科)의 다년초. 원산지는 남유럽. 한때 약용자원으로 재배되었다. 잎은 허브, 종자는 스파이스, 줄기는 야채로 이용되는 용도가 아주 넓은 식물이다. 줄기의 표면은 매끄럽고 속은 단단하며, 가지 끝에 노란색의 꽃이 밀집하여 핀 뒤 작은 씨앗이 맺힌다. 이 종자가 스파이스로 쓰이는 회향이다. 잎은 잘라서 생선요리에 넣는 허브 소스에 이용하고, 종자는 돼지고기나 비린내 나는 생선요리에 쓴다. 그리고 종자와 줄기를 말려 철판에 깔고 빵 반죽을 얹어 구우면 그 향이 밴다. 종자를 증류시켜 얻은 기름(회향유)에는 소화작용을 돕는 성질이 있어 소화제로 이용하고, 뜨거운물에 우려 눈의 염증 치료제로 이용하기도 한다.

회향의 종자

효모[**酵母**] 生 (영 Yeast 프 Levure 독 Hefe) 빵·맥주·포도주를 만드는 데 쓰는 미생물. 이스트라고도 한다. 곰팡이류에 속하지만, 균사가 없고 광합성 작용과 운동성이 없는 단세포 생물이다. 알코올 발효하며 대부분 출아(出芽) 번식한다. 빵 효모, 맥주 효모, 포도주 효모 등이 있는데 이 중 빵 효모는 빵 반죽 속에서 발효하여 알

〈표〉 온도에 따른 효모의 활성도

온도(℃)	가스 발생량(상대값)
18	59
30	100
39	89
44	82
47	78

코올과 탄산 가스를 발생시킨다. 이 가스가 반죽을 팽창시키고 빵의 조직을 만들며, 발효 결과 생긴 알코올·알데히드·케톤·유기산 등이 빵의 풍미를 결정한다(〈표〉 참고). 〈효모의 번식조건〉 ① 양분 : 당(糖), 질소, 무기질. ② 공기 : 효모는 호기성 미생물이기 때문에 산소가 필요하다. ③ 온도 : 27∼28℃. ④ 산도 : pH 5(약산성).

효모에는 여러 가지 효소, 즉 프로테아제·아밀라아제·말타아제·인베르타아제·치마아제가 있다. 이들 효소의 역할은 다음과 같다. ① 단백질→(프로테아제)→펩타드＋아미노산 ② 전분→(아밀라아제)→덱스트린＋맥아당 ③ 맥아당→(말타아제)→포도당＋포도당 ④ 자당→(인베르타아제)→전화당(포도당＋과당) ⑤ 당류→(치마아제)→알코올＋이산화탄소.

이와 같은 효소의 작용으로 효모는 알코올 발효를 한다. 따라서 효모를 술, 빵, 간장의 발효원으로 쓴다. 또한 비타민 B, 단백질, 글리코겐, 지방, 핵산이 풍부하여 영양제, 비타민제로 활용한다. 효모는 원래 땅속, 물속, 생물의 몸속 등 천연 자연에 존재한다. 이것이 야생(野生)효모이다. 그 중 발효성이 좋고, 품질이 안정된 식품을 만들 수 있는 효모를 골라 배양한다. 이것이 배양효모이다.

→압착효모

효소[**酵素**] 化 (영 Enzyme) 생물체 속에서 일어나는 화학반응에 촉매 역할을 하는 단백질. 모든 화학반응에 반응물질 외에도 적은 양의 촉매물질을 넣어 반응속도를 촉진시키듯, 생물체 속에서 일어나는 화학반응은 효소에 의해 촉진된다. 단, 무기반응의 촉매와는 달리 효소는 단백질이기 때문에 온도·pH·수분의 영향을 받는다. 그리고 효소는 아무 반응이나 비선택적으로 촉매하는 것이 아니고, 한 가지 효소는 한 가지 반응만을, 또는 아주 비슷한 몇 가지 반응만을 선택적으로 촉매하는 기질특이성

(基質特異性)을 갖고 있다. 기질이란 효소에 의해 반응속도가 커지는 물질, 즉 효소의 촉매작용을 받는 물질을 말한다. 효소는 기질특이성을 갖기 때문에 기질의 종류만큼 효소의 종류도 많다.
〈분류〉효소가 촉매하는 반응의 화학적 종류에 따라 분류하면 크게 6군으로 나뉜다. ① 제1군 산화환원효소 : 산화환원 반응에 관여하는 모든 효소를 포함. 식품 성분이 손실되고 변색되는 일에 관계한다. ② 제2군 전이효소 : 어떤 분자에서 기능기(機能基 : 화학반응에 관여하는 몇 개의 원자 집단)를 떼어 내 다른 분자에 옮겨주는 효소를 포함. 한 예가 알파 글루칸 포스포릴라아제(α-glucan phosphorylase)이다. 이 효소는 감자 저장중 당(糖)을 증가시켜 감자에 강한 단맛을 부여한다. ③ 제3군 가수분해효소 : 고분자를 가수분해*하여 저분자로 만드는 효소 포함. 소화효소*가 대표적이고 파파야의 파파인, 파인애플의 브로멜린 등이 있다. ④ 제4군 리아제(lyase) : 가수분해에 의하지 않으면서, 기질로부터 어떤 기(基 : 몇 개의 원자 집단)를 떼어 내어 기질분자에 이중결합을 남기거나 또는 이중결합에 어떤 기를 붙이는 효소. 한 예로 구연산에 작용하여 옥살로아세트산을 만드는 구연산 리아제를 들 수 있다. ⑤ 제5군 이성질화효소 : 기질 분자의 분자식은 변화시키지 않으면서 분자구조를 바꾸는 데에 관여하는 효소. 글루코오스를 프룩토오스로 만드는 글루코오스 이성질화효소가 그 예이다. ⑥ 제6군 리가아제(ligase) : ATP(아데노신삼인산), 또는 이와 비슷한 무리로부터 인산기(燐酸基)를 떼내면서, 이 때 발생하는 에너지를 이용하여 어떤 두 물질을 결합시키는 효소. 합성효소라고도 한다.
제빵용 밀에 들어 있는 효소 가운데에서 중요한 것은 탄수화물 분해효소인 아밀라아제와, 단백질 분해효소인 프로테아제이다.
→밀가루의 효소

효소 보조제[酵素補助劑] 原 (영 Enzyme secondary agent) 효소의 활성을 돕는 첨가제. 특히 밀가루의 제빵성을 높이는 보조제로 α-아밀라아제계와 프로테아제계가 있다.
① α-아밀라아제계 : 밀은, 잘 익으면, α-아밀라아제가 없어지고 β-아밀라아제가 글루텐에 싸여 비활성 효소로 된다. 이런 상태의 밀로 반죽을 만들면 비활성 효소를 싸고 있는 글루텐에 프로테아제가 작용하여 단백질 막을 분해한다. 그러면 비활성이던 β-아밀라아제가 활성하고, 그 힘이 2~3배로 커진다. 이 때 α-아밀라아제의 힘이 부족하므로 이것을 보충해 넣을 필요가 있다. α-아밀라아제를 많이 갖고 있는 것이 맥아이므로 그 보조제로서 맥아가루나 맥아 엑스를 반죽에 첨가한다. 그 결과 α-아밀라아제는 반죽 속에서 녹말을 분해하여 발효에 필요한 당(糖)을 만든다. 그리고 이스트의 가스 발생을 돕는다('밀가루의 효소'항 참고). ② 프로테아제계 : 프로테아제는 단백질 분해효소로서 반죽이 지나치게 단단해지지 않도록 한다. 이러한 역할을 하는 것이 산화제이고, 그 대표적인 것이 취소산칼륨(브롬산칼륨)이다. 이것으로 글루텐을 산화시키면 반죽의 항장력(抗張力 : 잡아당겼을때 견디는 힘)은 줄고 신전성이 커진다.

후추 原 (영 Pepper 프 Poivre 독 Pfeffer) 후추과(科)에 속하는 상록 덩굴식물인 후추나무의 열매. 원산지는 인도 남부지방. 후추는 맵고 향기로운 맛이 있어 향신료, 조미료, 구풍제(驅風劑), 건위제(健胃劑)로 쓰인다.

훅 機 (영 Hook) 빵 반죽용 반죽 날개. 훅의 모양은 Y·X·S·Z형이 대표적이고, 반죽 날개에는 훅 이외에 휘퍼, 비터가 있다.
→반죽 날개

훈제[燻製] 其 (영 Bloating) 소금에 절인 어패류나 수조육류를 훈연하여 건조시

키는 가공법 또는 그 가공식품. 훈연(燻煙)
하면, 연기의 타르(tar) 성분이 흡수되어 식
품에 독특한 맛과 향이 들며, 식품의 보존
성이 높아진다. 훈제에 적당한 고기는 돼지
고기이고, 생선은 정어리·청어·연어 등
이다. 또, 훈액(燻液)이라는 특수 액체에
식품을 담가 같은 효과를 낼 수도 있다.

훼이 原 (영 Whey 프 Petit lait) 유
장(乳漿). 우유나 탈지유를 산 또는 효소로
굳혀 응고물(커드, curd)을 제거했을 때 남
는 투명한 액체이다. 유청, 유정이라고도
한다. 이것은 거의 수분이고, 단백질·지
방·무기질·비타민이 조금 녹아 있다. 유
장은 치즈, 카세인을 만들 때 나오는 부산
물이다. 이것을 젖당(乳糖)의 원료로 쓰고,
훼이 치즈·훼이 버터·훼이 음료로 가공한
다. 종류로는 전유장(수분 93%), 농축 유
장(수분 55%), 건조유장(훼이 파우더, 수
분 4%)이 있다. 흔히 액체 상태인 유장은
보존, 운반하기 어려워 농축·건조시킨다.

훼이 파우더 原 (영 Whey powder)
⇨건조 유장

휘퍼 機 (영 Whipper) 믹서의 교반 날
개* 중의 하나. 휘퍼 이외에도 훅, 비터가
있다. 휘퍼는 많은 양의 계란이나 생크림을
믹서 볼에 넣고 거품내는 용구이다. 또, 손
으로 휘젓는 거품기를 가리키기도 한다.

휘프 技 (영 Whip) 계란, 크림을 거
품내는 일.

휘핑용 크림 原 (영 Whipping cream
독 Schlagsahne, Schlagobers, Sahn-
e) 거품낸 생크림. 거품내기에 알맞은 생
크림은 유지방이 30% 이상인 것이다. 일반
적으로 유지방 38% 이상의 생크림을 휘핑
크림이라 하는 이유는 여기에 있다. 프랑스
의 크렘 푸에테가 그것이다. 그리고 이 생
크림에 설탕을 더해 거품낸 것이 크렘 샹티
이*이다. 휘핑용 크림을 유지방의 농도에
따라 나누면 ① 유지방 30~36%인 묽은 크
림(light whipping cream)과, ② 36% 이상인

진한 크림(heavy whipping cream)으로 대별
된다.

〈휘핑 원리〉 거품 내기 전의 생크림은 물
속에 지방구가 유화 분산되어 있는 형태로
존재한다. 이것을 4~7℃에서 저으면 거품
이 일기 시작한다. 즉, 각각의 지방구가 인
지질 막에 싸여 있으면서 유화되어 있다가,
교반의 충격을 받으면 막이 파괴되어 지방
구끼리 모여 들러붙는다. 이 때 유지방량이
많고 지방구가 클수록 응집력이 크며, 또 5
~10℃의 저온에서 저어야 응집하기 쉽다.
그런데 휘핑 정도가 지나치면 지방구의 응
집이 심해져 버터처럼 단단해진다. 이렇게
되기 전에 교반을 멈추어야 한다.

휠 커터 機 (영 Wheel cutter 프 Roul-
ette à pâte)
⇨파이 커터

휩트 크림 原 (영 Whipped cream 프
Crème chantilly)
⇨크렘 샹티이

흑당밀[黑糖蜜] 原 (영 Molasses) 설
탕을 정제한 뒤에 남은 걸쭉한 액체. 비결
정성 설탕을 52~55%, 회분을 9~12% 포함
한 것으로서, 자극성 있는 맛이 난다. 이것
은 주로 가축의 사료, 이스트, 알코올의 제
조 등에 사용되며 식용으로는 별로 쓰이지
않는다. 한편 빵이나 케이크에 사용되는 시
판용 당밀도 있다. 설탕 약 70%와 회분 2~
4%를 포함한 황적색, 설탕 60~66%와 회
분 4~5%를 포함한 담황색, 설탕 56~60%
와 회분 5~7%를 포함한 적색 등이 그것이
다. 색이 진한 것은 주로 흑빵이나 당밀 케
이크 제조에 사용된다. 흑당밀은 비결정성
이며, 흡습성이 강하여 맛을 향상시키며 광
택을 증가시키는 효과가 있다.

흑빵 빵 (영 Black Bread) 빛깔이 검
은 빵의 총칭. 보통 호밀가루를 배합한 호
밀 빵을 가리키고, 그 밖에 밀겨를 섞거나
캐러멜, 당밀('흑당밀'항 참고) 등을 섞어
검게 만든 것도 흑빵이라 한다. 독일에서

만드는 정통 흑빵은 호밀가루에 물과 소금을 섞어 반죽한 뒤 보온하여 자연번식한 효모를 배양해서 만든다. 이 때 젖산균 따위가 들어가 산류를 만들므로, 위의 빵 반죽은 신맛이 나고 비로소 탄성을 갖는다. 즉, 글루텐이 적어 잘 부풀지 않는 호밀가루 반죽에 산이 들어가면 탄성이 생겨 잘 부풀고 독특한 풍미가 나는 것이다. 이러한 호밀가루의 특성 때문에 노면법(산성반죽법)이 발달했다.

→호밀빵

흑설탕[黑雪糖] 原 (영 Brown sugar 프 Sucre brut) 사탕수수에서 짜 낸 즙을 그대로 조린 흑갈색의 덩어리 설탕. 정제하지 않았기 때문에 밀당(蜜糖), 무기질, 각종 비타민이 포함되어 있다. 자당의 순도는 80~87%로 그다지 높지 않지만, 감칠맛이 있고 농후한 풍미를 갖는다. 흑설탕을 양과자의 재료로 쓰는 일은 거의 없다. 하지만 흑설탕 자체에 독특한 풍미가 있어, 단독으로 쓰이기도 한다.

히펜마세 菓 (독 Hippenmasse) 독일의 아이스 게베크(eisgebäck)용 반죽. 로마지팬을 밀가루, 설탕, 흰자와 섞어 얇게 펼치거나 짜 내어 굽는다. 묽은 반죽을 얇게 구웠기 때문에 갓 구워 내어 밀대 위에 대고 성형하기 쉽다. 롤 상태로 만 것은 히펜롤렌(Hippenrollen)이라 한다.

[배합] 마르치판로마세* 375 g, 흰자 적당량, 설탕 500 g, 밀가루 250 g.

[만드는 법] ① 마르치판로마세에 흰자를 소량 넣고 섞는다 ② 설탕을 더해 섞고 굳기를 조절하며 흰자를 더한다 ③ 체친 밀가루를 넣고 흐를 정도로 묽게 반죽을 만든다 ④ 체눈이 굵은 체에 거른다 ⑤ 철판에 오븐시트를 깔고 형지를 댄다. 그 위에 팔레트 나이프로 ④의 반죽을 바른다 ⑥ 형지를 떼어 내고 200℃ 오븐에서 굽는다.

찾 아 보 기

ㄱ

가나슈 ······························· 1
가닛밀 ······························· 1
가노코 ······························· 1
가당연유 ···························· 1
가당중종법 ························· 1
가든 파티 ··························· 1
가루유지 ···························· 1
가르니튀르 ························· 2
가소성 ······························· 2
가수분해 ···························· 2
가스 발생력 측정기기 ·········· 2
가스빼기 ···························· 2
가스 오븐 ··························· 2
가용성 녹말 ························ 2
가토 ································· 2
각설탕 ······························· 2
간장 ································· 3
갈락토오스 ························· 3
갈레트 ······························· 3
갈레트 데 루아 ···················· 3
갈레트 브르톤 ····················· 4
감 ··································· 4
감람나무 열매 ⇨ 올리브 ········· 329
감미 ································· 4
감미도 ······························· 4
감미료 ······························· 5
감염형 식중독 ····················· 5
감자 ································· 5
감자당 ⇨ 첨채당 ··········· 6, 384
강낭콩 ······························· 6
강력분 ······························· 6
강정 ································· 6
강화 ································· 7
강화빵 ······························· 7
강화식품 ···························· 7

강화제 ······························· 7
개량제 ⇨ 밀가루 개량제, 반죽 개량제 ···
································· 137, 161
거들 스콘 ··························· 9
거미줄곰팡이 ······················ 9
거품 ⇨ 거품기 ····················· 9
거품기 ······························· 9
거품내기 ···························· 9
거품형 케이크 ⇨ 폼 타입 케이크 ·· 10, 483
건강빵 ······························· 10
건부 ································· 10
건성유 ······························· 10
건습구 습도계 ····················· 10
건조과일 ···························· 10
건조기 ······························· 10
건조란 ······························· 10
건조 발효 ··························· 10
건조 사과 ··························· 11
건조실 ······························· 11
건조 유장 ··························· 11
건조 효모 ··························· 11
건지 고시 ··························· 11
건포도 ······························· 11
건포도 빵 ⇨ 레이즌 브레드 ······ 11, 92
검 ⇨ 고무 ······················ 11, 17
검당계 ······························· 11
검사용 기구 ························ 11
검페이스트 ⇨ 파스티야주 ······· 12, 459
겉보리 ······························· 12
게리베너타이크 ···················· 12
게바케네스 아이스 ················ 12
게초게너 추커 ····················· 12
겔 ··································· 12
겨자 ································· 12
견과 ································· 12
견과자 ······························· 13
결 ··································· 13
결정화 ······························· 13
결합수 ······························· 13
결혼식용 케이크 ⇨ 웨딩 케이크 ····· 338

536

경구전염병 ····················· 13
경도 정량법 ····················· 13
경수 ····························· 13
경지백당 ························· 13
경화유 ··························· 14
계란 ····························· 14
계량 스푼 ······················· 15
계량 컵 ·························· 15
계면활성제 ····················· 16
계피 ····························· 16
고결 방지제 ····················· 16
고구마 ··························· 16
고단백 밀가루 ··················· 17
고단백빵 ························· 17
고대 양과자 ····················· 17
고로케 ⇨ 크로켓 ················ 431
고무 ····························· 17
고배합빵 ························· 17
고속 믹서 ······················· 17
고정 오븐 ⇨ 필 오븐 ········· 18, 514
고주파 오븐 ····················· 18
고초균 ··························· 18
고프르 ··························· 18
고형분 ··························· 18
고형 크림 ······················· 18
골든 시럽 ······················· 18
골든 웨딩 케이크 ················ 18
골든 케이크 ····················· 19
골든 타트 ······················· 19
곰팡이 ··························· 19
곰팡이 방지제 ··················· 20
공립법 ··························· 20
공예과자 ························· 20
과당 ····························· 21
과발효 ··························· 21
과산화물가 ····················· 21
과실 ····························· 22
과실 음료 ······················· 23
과실 향료 ······················· 23
과열 증기 ······················· 23

과자 ····························· 23
과자의 실습 현상 ················ 26
과자의 흡습 현상 ················ 26
과정 ····························· 26
과편 ⇨ 과정 ····················· 26
광저기 ··························· 26
교반 ····························· 26
교반기 ··························· 26
교반 날개 ⇨ 반죽 날개 ············ 162
구겔호프 ⇨ 쿠글로프 ········· 27, 422
구다 ····························· 27
구르트 구겔호프 ················· 27
구스 ····························· 27
구연산 ··························· 27
구운빵의 비타민 손실 ············ 27
구운색 ··························· 27
구제르 ··························· 27
구즈베리 ························· 27
구페 ····························· 28
굽기 ····························· 28
굽기 손실 ······················· 29
굽기 온도 ······················· 29
귀리 ····························· 30
규히 ····························· 30
그라뉴당 ························· 30
그라니테 ························· 30
그라니테 리쾨르 "찰스톤 폴리즈" ······ 30
그라스미어 진저 브레드 ··········· 31
그라탱 ··························· 31
그라탱 오 바난 ··················· 31
그랑 마르니에 ··················· 31
그레너딘 시럽 ··················· 31
그레이엄 밀가루 ················· 31
그레이엄 브레드 ················· 32
그레이엄 비스킷 ················· 32
그레이엄 크래커 ················· 32
그레이프 ⇨ 포도 ················ 479
그레이프프루츠 ················· 32
그레인 ⇨ 결 ····················· 13
그레인 위스키 ⇨ 위스키 ········· 339

그로제유 ································· 32
그뤼에르 ································· 32
그리모 드 라 레뉘에르 ············· 32
그리시니 ································· 32
그리스 ··································· 33
그린피스 ································· 33
그릴 ····································· 33
그릴라게 ································· 33
그릴리렌 ································· 33
근대의 양과자 ························· 33
근세의 양과자 ························· 34
글라사주 ································· 34
글라세 ··································· 34
글라스 ··································· 34
글라스 루아얄 ························· 35
글라스 아 라 바니유 ················· 35
글라스 아 로 ·························· 35
글라스 오 프뤼이 ····················· 35
글레이즈 ································· 36
글로불린 ································· 36
글로스 ··································· 36
글로스터 라디 케이크 ··············· 36
글루코오스 ⇨ 포도당 ··············· 480
글루콘산 발효 ························· 36
글루테닌 ································· 36
글루텐 ··································· 36
글루텐 브레드 ························· 36
글루텐의 양과 질의 측정 ············· 37
글루텔린 ································· 37
글리세롤 ⇨ 글리세린 ··············· 37
글리세린 ································· 37
글레세린지방산 에스테르 ············· 37
글리아딘 ································· 37
글리코겐 ································· 37
글리코시드 ⇨ 배당체 ··············· 169
금귤 ····································· 38
금속계 포장재료 ······················· 38
금속 온도계 ⇨ 온도계 ······· 38, 328
급속동결 ································· 38
기계적 반죽법 ························· 38

기름 ⇨ 유지 ························· 341
기름칠 ··································· 38
기초대사 ································· 38
기포 ····································· 38
기포성 ··································· 39
기포제 ··································· 39
기하학적 모양 ························· 39
긴교쿠토 ································· 39
깨엿강정 ································· 39
꼬냑 ····································· 40
꿀 ······································· 40

나무딸기 ································· 41
나이프 ··································· 41
나파주 ··································· 41
나페 ····································· 41
나폴레옹 ································· 42
나폴리탱 ································· 42
낙산 ····································· 42
낙산균 ··································· 42
낙산발효 ································· 43
낙화생 ⇨ 피넛 ····················· 510
난방장치 ································· 43
난백 ⇨ 계란 ························· 14
난백계수 ································· 43
난황 ⇨ 계란 ························· 14
납프쿠헨 ································· 43
내발효성 ································· 43
내배유 ··································· 43
내상 ⇨ 결 ···························· 13
냄비 ····································· 43
냉각 ····································· 44
냉각 손실 ······························· 44
냉과 ····································· 44
냉동 ····································· 44
냉동 계란 ⇨ 동결란 ················· 73
냉동기 ··································· 45
냉동기에 의하지 않은 식품냉동 ········ 45

냉동 반죽 ···································· 45
냉동반죽법 ································· 46
냉동 빵 ······································ 46
냉동 식품 ··································· 46
냉동 조리식품 ····························· 47
냉장반죽법 ································· 47
냉제 머랭 ··································· 48
너츠 레브쿠헨 ···························· 48
너츠 볼 ······································ 48
너츠 브레드 ································ 48
너츠 비스킷 ································ 48
너츠 케이크 ································ 48
너츠 쿠키 ··································· 48
너츠 크래커 ································ 49
너츠 팬시 ··································· 49
너트 ⇨ 견과 ······························ 12
너트 드롭 쿠키 ···························· 49
넛메그 ······································ 49
네리키리 ··································· 49
노던 봄밀 ··································· 49
노르망드 ··································· 50
노르웨이 특수빵 ························· 50
노면법 ⇨ 산성반죽법 ················· 219
노즐 ⇨ 모양깍지 ························· 122
노크 백 ····································· 50
노타임 반죽법 ···························· 51
노펀치 반죽법 ···························· 51
노화 방지제 ································ 51
녹말 ··· 51
녹차 ··· 52
농축 우유 ⇨ 연유 ······················ 319
농파레유 ··································· 52
뇨키 ··· 52
누가 ··· 52
누가 드 파리 ······························ 53
누가 몽텔리마르 ························· 53
누가틴 ······································ 53
누룩 ··· 53
누룩곰팡이속 ····························· 53
누스 케메 ··································· 54

누스 크로칸트 ···························· 54
누아 ⇨ 견과, 호두 ·········· 54, 14, 524
누아제트 ··································· 54
누아제틴 ··································· 54
뉴매틱 컨베이어 ⇨ 컨베이어 ··· 54, 411
니더 ··· 54
니아신 ······································ 55

ㄷ

다당류 ······································ 56
다르투아 ··································· 56
다리올 ······································ 56
다식 ⇨ 과정 ······························ 26
다이어베틱 브레드 ······················ 56
다이어트 식품 ···························· 56
다쿠아즈 ··································· 56
다크 프루츠 케이크 ····················· 57
다테 믹서 ⇨ 수직 믹서 ················ 255
단과자빵 ··································· 57
단당류 ······································ 57
단백질 ······································ 58
단시간 발효 ································ 59
단위 ··· 59
단팥빵 ⇨ 앙금빵 ························ 308
담금질 ······································ 61
당과 原 ····································· 62
당과 薰 ····································· 62
당농도계 ··································· 62
당도 ⇨ 당농도계, 브릭스 도 ····· 62, 195
당도계 ⇨ 당농도계, 당도 ·············· 62
당밀 ··· 62
당밀 케이크 ································ 63
당액의 캐러멜화 ························· 63
당의 소금 첨가 효율 ···················· 63
당질 ··· 63
당초 무늬 ··································· 63
당화 ··· 64
당화력 ······································ 64
대두 ··· 64

대두분 ················· 65
대두유 ················· 65
대장균 ················· 65
대추 ··················· 65
대추단자 ··············· 65
대추야자 ··············· 66
대형 양과자의 종류 ······ 66
댐즌 ··················· 66
댐퍼 ··················· 66
더블 크림 ·············· 66
더비 비스킷 ············ 66
더치 러스크 ············ 66
더치 로프 ·············· 66
더치 마카룬 ············ 67
더치 케이크 ············ 67
더치 크런치 ············ 67
던디 케이크 ············ 67
덤플링 ················· 67
덧가루 ················· 67
데기제 ················· 68
데니시 링 ·············· 68
데니시 페이스트 ········· 68
데니시 페이스트리 ······· 68
데드 도 ················ 69
데블스 푸드 케이크 ······ 69
데세르 ················· 69
데즈디모너 ············· 69
데커레이션 ············· 69
데커레이션 케이크 ······· 70
데커레이트 ············· 70
덱스트로오스 당량 ······· 70
덱스트린 ··············· 70
덱스트린가 ············· 70
덴마크 빵 ·············· 70
델리커테슨 베이커리 ····· 70
도 ⇨ 반죽 ·········· 70, 160
도넛 ··················· 70
도넛 프라이어 ··········· 71
도레 ⇨ 워시 ········ 71, 336
도 리프트 ·············· 71

도미노 ················· 71
도 믹싱 ················ 71
도보스 토르테 ··········· 71
도 시터 ················ 71
도 컨디셔너 ⇨ 반죽 개량제 ······ 72, 161
도코더 ················· 72
도킹 ··················· 72
독소 ··················· 72
독소형 식중독 ··········· 72
독일빵 ················· 72
돌 오븐 ················ 73
돌체 ··················· 73
돌체 투티 프루티 ········ 73
동결란 ················· 73
동결 케이크 반죽 ········ 74
동물빵 ················· 74
된장 ··················· 74
두 메이커 ·············· 74
두 메이커법 ············ 74
두 번 반죽법 ··········· 74
두아 드 페 ············· 74
두유 ··················· 75
둘친 ··················· 75
둥글리기 ··············· 75
뒤발 ··················· 75
뒤셰스 ················· 75
듀럼밀 ················· 75
드라이 밀크 ⇨ 분유 ····· 190
드라이 솔트법 ··········· 75
드라이 아이스 ·········· 76
드라이어 ··············· 76
드라이 케이크 ·········· 76
드라제 ················· 76
드럼 몰더 ·············· 76
드레시렌 ··············· 76
드레싱 ················· 76
드레인드 체리 ·········· 76
드롭 ··················· 77
드롭스 ················· 77
드롭 케이크 ············ 77

드링크 믹서 ······················ 77
디너 ······························ 77
디디티 ···························· 77
디바이더 ⇨ 분할기 ·············· 190
디벨롭먼트 단계 ⇨ 반죽하기 ········· 163
디소르비톨 ························ 78
디아세틸 ·························· 78
디아스타아제 ⇨ 아밀라아제 ······ 78, 296
디저트 ···························· 78
디저트 스푼 ⇨ 스푼 ·············· 274
디저트용 소스 ····················· 79
디퍼 ······························ 79
디페너 ···························· 79
디포지터 ·························· 79
디프 프리즈 ······················ 79
디플로마트 ························ 79
디히드로초산 ····················· 80
딜레이드 슈거법 ·················· 80
딸기 ······························ 80
땅콩 ⇨ 피넛 ······················ 510
떡 ································ 80

락타아제 ·························· 84
락토오스 ⇨ 젖당 ·················· 364
람플라덴 ·························· 84
랑그 드 샤 ························ 84
래디시 ···························· 85
래크 ······························ 85
래크 오븐 ·························· 85
래핑 머신 ⇨ 자동 포장기 ·········· 353
러스크 ···························· 85
러시아 마카룬 ····················· 85
러시아 믹스 마카룬 ················· 85
러시아빵 ·························· 85
러시아 커스터드 ··················· 86
러시아풍 푸딩 ····················· 86
런던 티 케이크 ···················· 86
런천 ······························ 86
런치 ······························ 86
럼 ································ 86
레 ································ 87
레 다망드 ⇨ 아몬드 밀크 ··········· 294
레드 윈터 휘트 ···················· 87
레드 커런트 ······················ 87
레드 플라워 ······················ 87
레뤼켄 ···························· 87
레모네이드 ························ 88
레몬 ······························ 88
레몬 비스킷 ······················ 88
레몬 에센스 ······················ 88
레몬유 ···························· 88
레몬 커드 ·························· 88
레몬 케이크 ······················ 89
레몬 크림 ·························· 89
레몬 파이 ·························· 89
레몬 필 ···························· 89
레브쿠헨 ·························· 89
레시틴 ···························· 90
레시피 ⇨ 배합표 ·············· 90, 170
레이디 핑거 ⇨ 비스퀴 아 라 퀴이예르 ··
······························ 90, 200
레이어 케이크 ····················· 90

ㄹ

라드 ······························ 82
라 바렌 ··························· 82
라스티가이 ························ 82
라우트 비스킷 ····················· 82
라운더 ···························· 82
라이 사워 ·························· 82
라이스 ⇨ 쌀 ······················ 290
라이스 케이크 ····················· 83
라이스 푸딩 ······················ 83
라이터 타입 케이크 ················· 83
라이헤르트 마이슬가 ··············· 83
라임 ······························ 83
라즈베리 ·························· 83
라즈베리 키스 ····················· 84
라캉 ······························ 84
라 팔마 캉베르주 가토 ············· 84

레이즌 ……………………………… 90
레이즌 드롭 쿠키 ………………… 91
레이즌 브레드 …………………… 91
레이즌 슬라이스 ………………… 91
레이즌 케이크 …………………… 91
레인보 케이크 …………………… 91
레케를리 ⇨ 바젤러 레케를리 …… 91, 158
레케를리 아이싱 ………………… 91
레터스 …………………………… 91
렛 다운 단계 …………………… 91
로덴쿠헨 ⇨ 납프쿠헨 …………… 91, 43
로마세 …………………………… 92
로마지팬 ⇨ 마르치판로마세, 마지팬 …
……………………………… 105, 108
로셰 …………………………… 92
로 슈거 ⇨ 조당 ………………… 92, 370
로스 …………………………… 92
로스트 ………………………… 92
로열 아이싱 …………………… 92
로제트 ………………………… 92
로즈메리 ……………………… 92
로즈 오일 ……………………… 92
로즈 워터 ……………………… 92
로터리 오븐 …………………… 93
로티 …………………………… 93
로프 …………………………… 93
로프 브레드 …………………… 93
로프 케이크 …………………… 93
록 슈거 ………………………… 93
록 케이크 ……………………… 93
롤 …………………………… 93
롤러 …………………………… 93
롤링 머신 ⇨ 파이 롤러 ………… 93, 461
롤 샌드위치 …………………… 93
롤 센터 ………………………… 94
롤인 도 ………………………… 94
롤인용 쇼트닝 ………………… 94
롤 케이크 ……………………… 94
뢰펠비스크비트 ⇨ 레이디 핑거, 비스퀴
아 라 퀴이예르 ………………… 90, 200

뢰펠비스쿠비트마세 …………… 94
루쿨크렘 ……………………… 94
룰레 …………………………… 94
를리지외즈 …………………… 94
리믹스 메소드 ………………… 95
리버풀 번 로프 ………………… 95
리보플라빈 …………………… 96
리보핵산 ……………………… 96
리솔 …………………………… 96
리슐리외 ……………………… 96
리신 …………………………… 96
리 아 랭페라트리스 …………… 96
리치 브레드 …………………… 96
리케차 ………………………… 97
리코딩 도 믹서 ………………… 97
리코타 ………………………… 97
리큐르 ………………………… 97
리큐르 봉봉 ⇨ 봉봉 아 라 리쾨르 …… 186
리큐르 초콜릿 ⇨ 봉봉 아 라 리쾨르 ……
……………………………… 98, 186
리타더 ………………………… 98
리타드 도 ……………………… 98
리테일 베이커리 ……………… 99
리트머스 ……………………… 100
리파아제 ……………………… 100
리프트 ………………………… 100
리프트 카 ……………………… 100
린 브레드 ⇨ 저배합빵 ………… 359
린처 토르테 …………………… 100
린트너가 ……………………… 100
릴 오븐 ………………………… 100
링컨셔 플럼 로프 ……………… 100
링 쿠키 ………………………… 101

ㅁ

마가린 ………………………… 102
마니오크 ⇨ 카사바, 타피오카 … 400, 444
마들렌 ………………………… 102
마라스키노 …………………… 102

마로니에 ……………………… 102
마롱 ⇨ 밤 …………………… 168
마롱 글라세 ………………… 103
마롱 오 크렘 ………………… 103
마르멜로 ……………………… 104
마르졸렌 ……………………… 104
마르치판 ……………………… 104
마르치판로마세 ……………… 105
마르키즈 ……………………… 105
마르키즈 오 쇼콜라 ………… 105
마리냥 ………………………… 105
마리 앙투아네트 …………… 106
마멀레이드 …………………… 106
마무리 공정 ………………… 106
마블대 ………………………… 106
마블 스펀지 ………………… 106
마블 아이싱 ………………… 106
마블 제누아즈 ……………… 106
마블 케이크 ………………… 107
마세 …………………………… 107
마세도니아 …………………… 107
마세두안 ……………………… 107
마스카르포네 ………………… 107
마스케 ………………………… 107
마스팽 ………………………… 107
마시맬로 ……………………… 108
마요네즈 ……………………… 108
마일렌더타이크 ……………… 108
마조람 ………………………… 108
마지팬 ………………………… 108
마지팬 비스킷 ……………… 109
마지팬 세공 ………………… 109
마카롱 ………………………… 109
마카롱 리스 ………………… 110
마카룬 타트 ………………… 110
마카룬 페이스트 …………… 110
만다린 ………………………… 110
만다린 리큐르 ……………… 110
만델 ⇨ 아몬드 ……………… 293
만델마세 ……………………… 110

만델밀히 ⇨ 아몬드 밀크 …… 294
만델슈플리터 ………………… 111
만델아이바이스마세 ………… 111
만델 크렘 ⇨ 크렘 다망드 …… 111, 428
만델호니히슈니테 …………… 111
만성절 ………………………… 111
만주 …………………………… 111
말라코프 ……………………… 112
말타아제 ……………………… 112
말토오스 ⇨ 맥아당 ………… 114
말토오스가 …………………… 112
말트 ⇨ 맥아 ………………… 113
망고 …………………………… 112
망고스틴 ……………………… 112
망케 …………………………… 112
매니토바 밀 ………………… 113
매시 …………………………… 113
매자과 ………………………… 113
맥국 ⇨ 누룩 ………………… 55
맥아 …………………………… 113
맥아당 ………………………… 114
맥아 엑스 …………………… 114
맥아 엿 ……………………… 114
맥주 …………………………… 114
머디러 ………………………… 114
머디러 케이크 ……………… 114
머랭 …………………………… 115
머랭 록 ……………………… 115
머랭 비스킷 ………………… 115
머랭 세공 …………………… 115
머랭 셸 ……………………… 115
머랭 팬시 …………………… 115
머랭 핑거 …………………… 116
머스캣 ………………………… 116
머스터드 ⇨ 겨자 …………… 116, 12
머시룸 ………………………… 117
머시룸 롤 …………………… 117
머위 …………………………… 117
머캐더미어넛 ………………… 117
머캐더미어넛 쿠키 ………… 117

머튼 ··· 117
머핀 ··· 117
멀베리 ··· 118
메뉴 ··· 118
메도크 ··· 118
메디시널 ·· 118
메밀 ··· 118
메스실린더 ·· 118
메이드 오브 오너 ··································· 118
메이스 ··· 119
메이크 업 ··· 119
메이플 슈거 ⇨ 메이플 시럽 ··············· 119
메이플 시럽 ·· 119
메일라드 반응 ····································· 119
메주 뮤리에즈 ····································· 119
메주 콩 ··· 119
메탄 ··· 120
메티오닌 ·· 120
멜론 ··· 120
멜론빵 ··· 120
멜리렌 ··· 120
면실가루 ·· 120
면실유 ··· 120
면역성 ··· 120
멸균 ⇨ 살균 ··························· 121, 219
명반 ⇨ 백반 ··························· 121, 171
명자나무 열매 ⇨ 마르멜로 ············· 104
모나카 ··· 121
모노글리세리드 ···································· 121
모더리트 오븐 ····································· 121
모던 만주 ··· 121
모디파이드 라드 ··································· 122
모렌콥프 ·· 122
모세관현상 ·· 122
모스 비스킷 ·· 122
모양깍지 ·· 122
모자이크 쿠키 ····································· 123
모찌가시 ·· 123
모차르트 토르테 ··································· 123
모카빵 ··· 123

모카 스퀘어 ·· 124
모카 커피 ··· 124
모카 케이크 ·· 124
몬쿠헨 ··· 124
몰더 ⇨ 성형기 ··································· 233
몰드 ··· 124
몰라세스 ·· 124
몰트 ⇨ 맥아 ···························· 125, 113
몽모랑시 ·· 125
몽블랑 ··· 125
몽타녜 ··· 125
무교병 ··· 125
무기물 ··· 125
무기산 ··· 125
무기질 ··· 125
무기 푸드 ··· 126
무기 호흡 ··· 126
무단변속 믹서 ····································· 126
무당연유 ·· 126
무발효빵 ·· 126
무스 ··· 126
무스 글라세 ·· 127
무스 도랑주 ·· 127
무스 오 쇼콜라 ···································· 127
무스 오 코코 ······································· 127
무슬린 ··· 128
무시가시 ·· 128
무염 버터 ··· 128
무화과 ··· 128
문단 ⇨ 자봉 ······································· 354
물 原 ·· 128
물 機 ⇨ 틀 ······································· 453
물라주 ··· 129
물엿 ··· 129
물질대사 ·· 129
뮈르베게베크 ······································ 129
뮈르베타이크 ······································ 129
뮈스카드 ⇨ 넛메그 ···························· 49
므랭그 아 라 샹티이 ··························· 130
므리즈 ··· 130

미각 ················· 130
미국 강화 밀가루 ················· 130
미국밀 ················· 130
미국빵 ················· 131
미국식 식빵 ················· 131
미국식 제빵법 ················· 131
미국식 호밀빵 ················· 131
미국식 흰빵 ················· 131
미네랄 이스트 푸드 ⇨ 무기 푸드 ······ 126
미라벨 ················· 131
미루아르 ················· 132
미르티유 ⇨ 블루베리 ················· 197
미를리통 ················· 132
미생물 ················· 132
미생물의 생육온도 ················· 132
믹사트론 ················· 133
믹서 ················· 133
믹서 볼 ················· 133
믹서용 클리너 ················· 133
믹소그래프 ················· 133
믹싱 ················· 133
민스 미트 ················· 133
민스 파이 ················· 134
민트 ⇨ 박하 ················· 160
밀 1 ················· 134
밀 2 ················· 134
밀가루 ················· 134
밀가루 개량제 ················· 137
밀가루 구별법 ················· 138
밀가루 반죽물 ················· 138
밀가루의 당화력 ················· 138
밀가루의 무기질 ················· 138
밀가루의 발효시간 측정 ················· 138
밀가루의 비타민 ················· 138
밀가루의 색 ················· 139
밀가루의 소화흡수율 ················· 139
밀가루의 수분 ················· 139
밀가루의 숙성 ················· 139
밀가루의 습·건부량 측정법 ··········· 139
밀가루의 영양강화 ················· 139

밀가루의 인공표백 ················· 139
밀가루의 자연표백 ················· 140
밀가루의 제과 적성 ················· 140
밀가루의 지질 ················· 140
밀가루의 탄수화물 ················· 140
밀가루의 페커 시험 ················· 141
밀가루의 품질 측정법 ················· 141
밀가루의 품질 판단기준 ················· 143
밀가루의 회분 조성 ················· 143
밀가루의 효소 ················· 143
밀가루 저장 탱크 ················· 144
밀가루 혼합기 ················· 145
밀겨 ················· 145
밀 녹말 ················· 145
밀 녹말의 특성 ················· 146
밀 단백질 ················· 146
밀 단백질의 아미노산 조성 ··········· 147
밀대 ················· 147
밀배아가루 ················· 148
밀알의 구조 ················· 148
밀의 종류와 분류 ················· 148
밀크 ⇨ 우유 ················· 335
밀크 브레드 ················· 150
밀크 세이크 ················· 150
밀크 초콜릿 ⇨ 초콜릿 ················· 386
밀크 팻 ················· 150
밀푀유 ················· 150
밀히 크렘 ················· 150

ㅂ

바게트 ················· 152
바나나 ················· 152
바나나 에센스 ················· 152
바나나 케이크 ················· 152
바노크 ················· 152
바닐라 ················· 153
바닐라 슈거 ················· 153
바닐라 스틱 ⇨ 바닐라 ················· 153
바닐라 아이스크림 ⇨ 글라스 아 라

찾아보기(ㅂ)

바니유 ···················· 153, 35
바닐라 에센스 ···················· 153
바닐리에 크렘 ···················· 153
바닐린 ···················· 153
바라 브리스 ···················· 154
바르케트 ···················· 154
바르케트 오 스리즈 ···················· 154
바바 ···················· 154
바바루아 ···················· 155
바바루아 아 라 바니유 ···················· 155
바바루아, 푸딩, 젤리의 기본 배합 ···· 156
바슈랭 ···················· 156
바스 번즈 ···················· 156
바움쿠헨 ···················· 157
바움쿠헨 토르테 ···················· 157
바이러스 ···················· 158
바이글리 ···················· 158
바젤러 레케를리 ···················· 158
바크마세 ···················· 158
바텔 ···················· 158
바토 ···················· 159
바통 ···················· 159
박력분 ···················· 159
박스 엘리베이터 ···················· 160
박스 케이크 ···················· 160
박테리아 ⇨ 세균 ···················· 160, 233
박하 ···················· 160
박하뇌 ···················· 160
반죽 ···················· 160
반죽 개량제 ···················· 161
반죽기 ⇨ 니더 ···················· 54
반죽 날개 ···················· 162
반죽 냉각장치 ···················· 162
반죽 만들기 ···················· 162
반죽 상자 ···················· 163
반죽 온도 ···················· 163
반죽하기 ···················· 163
반죽형 파이 반죽 ···················· 164
반통 ···················· 164
발렌타인 데이 ···················· 164

발로리미터 ···················· 165
발리 ⇨ 보리 ···················· 165, 182
발삼 ···················· 165
발아 밀가루 ···················· 165
발효 ···················· 165
발효력과 가수량 ···················· 165
발효력과 당량 ···················· 166
발효력과 무·유기염류 ···················· 166
발효력과 소금 ···················· 167
발효력과 쇼트닝 ···················· 167
발효력과 이스트량 ···················· 167
발효 미생물 ···················· 167
발효 반죽 ···················· 167
발효 손실 ···················· 167
발효실 ···················· 168
발효정지 ···················· 168
밤 [栗] ···················· 168
밤 [빵] ···················· 168
밤 브랙 ···················· 168
밤초 ···················· 169
방충제 ···················· 169
배 ···················· 169
배그 ···················· 169
배그 클리너 ···················· 169
배당체 ···················· 169
배아 ···················· 169
배양효모 ···················· 169
배지 ···················· 169
배치 ···················· 170
배치 믹서 ···················· 170
배치 브레드 ···················· 170
배터 ···················· 170
배터 타입 케이크 ···················· 170
배트 ···················· 170
배튼버그 케이크 ···················· 170
배합표 ···················· 170
백반 ···················· 171
백설기 ···················· 171
백워드 도 ···················· 171
백퍼센트 중종법 ···················· 171

밴드 오븐 …………………………… 171
밴버리 케이크 ……………………… 171
뱁 …………………………………… 172
버라이어티 브레드 ………………… 172
버스데이 케이크 …………………… 172
버찌 ⇨ 체리 ………………………… 385
버킷 ………………………………… 172
버킷 컨베이어 ⇨ 컨베이어 ………… 411
버터 ………………………………… 172
버터 롤 ……………………………… 173
버터린 ……………………………… 173
버터 밀크 …………………………… 173
버터 볼 ……………………………… 173
버터 비스킷 ………………………… 173
버터 비터 ⇨ 비터 ………… 174, 202
버터 스카치 ………………………… 174
버터 스카치 비스킷 ………………… 174
버터 스펀지 케이크 ………………… 174
비터 케이크 ………………………… 174
버터 크림 …………………………… 175
버터 팻 ⇨ 밀크 팻 ………………… 150
버터플라이 케이크 ………………… 176
버터 플레이버 ……………………… 176
버터 플레이크 롤 …………………… 176
버티컬 믹서 ⇨ 수직 믹서 ………… 255
번 …………………………………… 176
번즈 ………………………………… 176
벌꿀 ………………………………… 177
벌꿀 주 ……………………………… 177
벌크 발효 ⇨ 일차 발효 …… 177, 351
베겐 ………………………………… 177
베네딕틴 …………………………… 177
베네 ………………………………… 177
베네 수플레 ⇨ 페 드 논 …………… 476
베라즈 롤 …………………………… 178
베르너 믹서 ………………………… 178
베르뭇 ……………………………… 178
베르미셀 …………………………… 178
베를리너 …………………………… 178
베를리너 테스트 …………………… 179

베를리너 판쿠헨 ⇨ 판쿠헨 …… 179, 470
베리 ………………………………… 179
베샤멜 소스 ………………………… 179
베어즈 클로 ………………………… 179
베이 리브 …………………………… 179
베이커리 …………………………… 179
베이커즈 초콜릿 …………………… 179
베이커 컴프레시미터 ……………… 180
베이컨 ……………………………… 180
베이크 오프 ………………………… 180
베이크트 아이스크림 ……………… 180
베이크트 알래스카 ………………… 181
베이킹 로스 ⇨ 굽기 손실 ………… 29
베이킹 시트 ………………………… 181
베이킹 타임 ⇨ 굽기 온도 ………… 29
베이킹 파우더 ……………………… 181
베티 ………………………………… 181
벤치 ………………………………… 181
벤치타임 …………………………… 181
벨지언 페이스트리 ⇨ 데니시 페이스트리
………………………………… 181, 68
벨트 컨베이어 ⇨ 컨베이어 ………… 411
별립법 ……………………………… 181
보드카 ……………………………… 182
보리 ………………………………… 182
보메 ………………………………… 182
보메도 ……………………………… 182
보메 비중계 ………………………… 182
보빌리에 …………………………… 182
보스턴 브라운 브레드 ……………… 182
보스턴 크림 파이 …………………… 182
보온병 ……………………………… 183
보위겔 ……………………………… 183
보일드 머랭 ⇨ 이탈리안 머랭 …… 183, 349
보일드 슈거 ………………………… 183
보일드 아이싱 ……………………… 183
보일드 에그 ………………………… 183
보존료 ……………………………… 183
보존식 ① …………………………… 184
보존식 ② …………………………… 184

보타이 …………………………………… 185
보텀 히트 ⇨ 아랫불 …………………… 293
보툴리누스 식중독 …………………… 185
복숭아 …………………………………… 185
복합지질 ………………………………… 185
볼 ………………………………………… 186
볼로 ……………………………………… 186
볼 로 방 ………………………………… 186
봉봉 ……………………………………… 186
봉봉 아 라 리쾨르 ……………………… 186
봉봉 오 쇼콜라 ………………………… 186
봉브 ……………………………………… 187
봉브 글라세 …………………………… 187
봉설탕 …………………………………… 187
뷔레 ……………………………………… 187
부뉴엘로 ………………………………… 187
부다페스터 룰라데 …………………… 187
부력실험 ………………………………… 188
부르봉 위스키 ………………………… 188
부셰 ⇨ 볼 로 방 ……………… 186, 188
부재료 …………………………………… 188
부터슈트로이젤 ⇨ 슈트로이젤 … 188, 261
부터 쿠헨 ……………………………… 188
부터 크렘 ⇨ 버터 크림 …………… 175
부패 ……………………………………… 189
부피 측정기 …………………………… 189
부활절 …………………………………… 189
분무기 ⇨ 스프레이 …………… 189, 274
분밀당 …………………………………… 189
분사기 …………………………………… 190
분설탕 …………………………………… 190
분유 ……………………………………… 190
분할 ……………………………………… 190
분할기 …………………………………… 190
불량제 …………………………………… 190
불연속 오븐 …………………………… 190
불포화 …………………………………… 191
불포화 지방산 ………………………… 191
뷔슈 드 노엘 …………………………… 191
뷔페 ……………………………………… 191

브라벤더 시험기 ……………………… 191
브라우니 ………………………………… 192
브라운 브레드 ………………………… 192
브라운 서브 롤 ………………………… 192
브라이멕 제빵법 ……………………… 192
브라질넛 ………………………………… 192
브란트마세 ⇨ 슈 …………… 193, 257
브랜디 …………………………………… 193
브레드 웨이퍼 ………………………… 193
브레드 플레이버 ……………………… 193
브레이드 롤 ⇨ 엮은빵 ………… 193, 318
브레이크 다운 단계 …………………… 193
브레첼 …………………………………… 193
브렉퍼스트 ……………………………… 194
브렉퍼스트 롤 ………………………… 194
브로트마세 ……………………………… 194
브롬산칼륨 ……………………………… 194
브뢰트헨 ………………………………… 194
브루법 …………………………………… 194
브뤼마세 ⇨ 슈 ………………………… 257
브리야 사바랭 ………………………… 194
브리오슈 ………………………………… 195
브리지 롤 ……………………………… 195
브릭스 도 ……………………………… 195
블랑망제 ………………………………… 195
블랑케트 ………………………………… 196
블랙베리 ………………………………… 196
블랙 티 ⇨ 홍차 ……………………… 528
블랙 푸딩 ……………………………… 196
블랜차드법 ……………………………… 196
블레이징 ………………………………… 197
블레터타이크 …………………………… 197
블렌드 …………………………………… 197
블로 ……………………………………… 197
블루베리 ………………………………… 197
블룸 ……………………………………… 197
블리니 …………………………………… 197
블리딩 …………………………………… 197
블리딩 브레드 ………………………… 197
블리스터 현상 ………………………… 197

블리츠쿠헨 ⇨ 에클레르 …………… 317
비교 확산 계수 ……………………… 198
비너마세 ……………………………… 198
비네그르 ……………………………… 198
비넨슈티히 …………………………… 198
비누화 ………………………………… 199
비누화값 ……………………………… 199
비등 …………………………………… 199
비버타이크 …………………………… 199
비색정량 ……………………………… 199
비스마르크 …………………………… 199
비스코초 ……………………………… 200
비스코텐 ⇨ 비스퀴 아 라 퀴이예르 … 200
비스코트 ……………………………… 200
비스퀴 ………………………………… 200
비스퀴 글라세 ……………………… 200
비스퀴 드 사부아 ………………… 200
비스퀴 아 라 퀴이예르 …………… 200
비스퀴 오 자망드 ………………… 201
비스크비트마세 …………………… 201
비스킷 ………………………………… 201
비 스팅 ⇨ 비넨슈티히 …………… 198
비엔나 롤 …………………………… 201
비엔나 버터 스펀지 ……………… 201
비엔나빵 …………………………… 201
비중 …………………………………… 202
비중계 ………………………………… 202
비즈 브레드 ………………………… 202
비타민 ………………………………… 202
비터 …………………………………… 202
비터 초콜릿 ………………………… 202
비트 …………………………………… 203
비트 슈거 ⇨ 첨채당 ………… 203, 384
비파 …………………………………… 203
비프 커틀릿 ………………………… 203
빅토리아 샌드위치 ⇨ 빅토리아 스펀지
……………………………………… 203
빅토리아 스콘 ……………………… 203
빅토리아 스펀지 …………………… 203
빈트마세 ……………………………… 203

빙과 ⇨ 글라스 ………………… 204, 34
빙당 …………………………………… 204
빙초산 ………………………………… 204
빵 ……………………………………… 204
빵가루 ………………………………… 204
빵나무 ………………………………… 205
빵 냉각 ……………………………… 205
빵 냉각기 …………………………… 205
빵 반죽의 물리성 ………………… 205
빵 반죽의 숙성 …………………… 205
빵속 ⇨ 크럼 ……………………… 427
빵용 믹서 ⇨ 믹서 ………………… 133
빵의 결점과 원인 ………………… 206
빵의 기공 …………………………… 207
빵의 노화 …………………………… 207
빵의 변질 …………………………… 208
빵의 분류 …………………………… 208
빵의 종류 …………………………… 209
빵의 종류에 따른 밀가루의 배합비율 · 209
빵의 평가항목 ……………………… 209
빵의 형상 …………………………… 209
빵틀 간격 …………………………… 209
빵 푸딩 ……………………………… 210
빵 효모 ……………………………… 210
뺑 데피스 …………………………… 210
뺑 드 라 메크 ……………………… 211

ㅅ

사고 …………………………………… 212
사과 …………………………………… 212
사모사 ………………………………… 212
사바랭 ………………………………… 212
사바용 소스 ⇨ 크렘 사바용 ……… 428
사바용 크림 ⇨ 크렘 사바용 ……… 428
사보이 스펀지 ⇨ 비스퀴 드 사부아 … 200
사보이 핑거 ………………………… 213
사부아 ………………………………… 213
사블레 ………………………………… 213
사선형 믹서 ………………………… 213

사순절 ·· 213
사워 도 ·· 214
사워 밀크 ··· 214
사워 분말 ··· 214
사워 크림 ··· 214
사이다 ·· 214
사이펀 ·· 215
사카린 ·· 215
사카린 나트륨 ···································· 215
사커 슬라이스 ···································· 215
사프란 ·· 215
산 ·· 216
산가 ·· 216
산면법 ⇨ 산성반죽법 ······················· 217
산미료 ·· 216
산성반죽 ⇨ 사워 도 ························· 214
산성반죽법 ··· 217
산성식품 ··· 217
산소빵 ·· 217
산·알칼리도 ······································· 217
산유 ⇨ 사워 밀크 ··························· 214
산자 ⇨ 강정 ····························· 217, 6
산초나무 ··· 217
산패 ·· 217
산화방지제 ··· 218
산화제 ·· 218
산화와 환원 ······································· 218
산화 효소 ··· 219
살구 ·· 219
살구편 ·· 219
살균 ·· 219
살균등 ·· 219
살균료 ·· 219
살랑보 ·· 220
살모넬라 식중독 ································· 220
삼봉형 식빵 ······································· 221
삼투 ·· 221
상추 ⇨ 레터스 ································· 91
새커리미터 ⇨ 검당계 ····················· 11
색소 ·· 221

샌드 ·· 221
샌드 비스킷 ······································· 2222
샌드위치 ··· 222
샌드위치용 빵 ···································· 222
샌드 케이크 ······································· 222
샐러드 ·· 222
샐러드 드레싱 ···································· 223
샐러드유 ··· 223
샐러리 ·· 223
샐리 런 ··· 224
생강 ·· 224
생강 정과 ··· 224
생 마르크 ··· 224
생 마지팬 ⇨ 마지팬, 마르치판 ·· 108, 104
생물가 ·· 225
생 미셀 ··· 225
생이스트 ⇨ 압착효모 ····················· 307
생일 케이크 ······································· 225
생지 ·· 225
생크림 ·· 225
생토노레 ··· 226
샤르트뢰즈 ··· 226
샤를로트 ··· 227
샤를로트 드 폼므 ······························ 227
샤를로트 오 마롱 ······························ 227
샤를로트 오 코코 ······························ 228
샤움마세 ⇨ 머랭 ···························· 115
샤움크렘 ⇨ 크렘 무슬린 ··············· 428
샴페인 ·· 228
샹보르 ·· 228
샹피니 ·· 229
서남아시아·북아프리카 빵 ············· 229
선광도 ·· 229
선샤인 케이크 ···································· 229
설타너 ·· 230
설타너 치즈 슬라이스 ······················ 230
설타너 케이크 ···································· 230
설탕 ·· 230
설탕용액의 끓는점 ···························· 231
설탕의 성질 ······································· 231

설탕절임 ····················· 232
설탕조림 ····················· 232
섬유소 ························ 232
섬유소 정량법 ················ 232
성형 ·························· 233
성형기 ························ 233
성형 머랭 ···················· 233
세공용 페이스트 ·············· 233
세균 ·························· 233
세균성 식중독 ················ 234
세르클 ························ 234
세몰리나 ····················· 234
세미프레도 알 사보이아르도 ··· 234
세바스토폴 ··················· 235
세븐 레이어 케이크 ··········· 235
세븐 시스터 ·················· 235
세이버리 ····················· 235
세인트 갈레르 비바를레 ······· 235
세인트 갤런 허니 케이크 ······ 235
센베 ·························· 236
센터 ·························· 236
센터피스 ····················· 236
셀로판 ························ 236
셀커크 바노크 ················ 236
셀프 라이징 플라워 ··········· 237
셈로 ·························· 237
셔벗 ·························· 237
셰리 ·························· 237
셰케 ·························· 237
셸 머랭 ······················ 237
셸톱 ·························· 238
소 ···························· 238
소검 ·························· 238
소금 ·························· 238
소금 농도계 ·················· 239
소다 ·························· 239
소다빵 ························ 239
소다 쿠키 ···················· 239
소다 크래커 ·················· 239
소당류 ························ 240

소르베 ························ 240
소르브산 ····················· 240
소르비탄지방산 에스테르 ······ 240
소보로 ························ 240
소보로 번즈 ·················· 241
소스 ·························· 241
소시지 ························ 241
소이 브레드 ·················· 241
소주 ·························· 242
소커 도 메소드 ⇨ 중면법 ······ 373
소테 ·························· 242
소포제 ························ 242
소프트 드링크 ················ 242
소프트 롤 ···················· 242
소프트 비스킷 ················ 242
소프트 아이스크림 ⇨ 아이스크림 ····· 300
소프트 커드 밀크 ············· 242
소형 케이크 ·················· 242
소화 ·························· 243
소화시간 ····················· 234
소화액 ························ 243
소화효소 ····················· 244
속성 퍼프 페이스트 ··········· 245
손가루 ⇨ 덧가루 ·········· 245, 67
손반죽 ························ 246
솔 ···························· 246
솔리드 팩 ···················· 238
솔트 ⇨ 소금 ················· 238
솔트 라이징 이스트 ··········· 246
솔트 롤 ······················ 246
솔트 스틱 ···················· 246
송편 ·························· 246
쇼송 ·························· 246
쇼케이스 ····················· 247
쇼콜라덴 룰라데 ·············· 247
쇼콜라덴마세 ················· 247
쇼트니스 ····················· 248
쇼트닝 ························ 248
쇼트닝가 ····················· 248
쇼트닝 크림 ·················· 248

쇼트 브레드 ····························· 248
쇼트 케이크 ····························· 249
쇼트 페이스트 ··························· 249
수동식 도넛 제조기 ··················· 250
수량계 ································· 250
수면계 ⇨ 수위계 ······················ 253
수박 ··································· 251
수분 정량법 ····························· 251
수분 조절제 ····························· 251
수산화나트륨 ··························· 252
수소 이온 농도 ························· 252
수수 ··································· 252
수수부꾸미 ····························· 252
수압기 ································· 252
수용성 비타민 ··························· 253
수위계 ································· 253
수은 ··································· 254
수은 온도계 ⇨ 온도계 ················· 328
수종 ··································· 254
수종법 ⇨ 아드미법 ············· 254, 292
수증기 ································· 254
수직 믹서 ····························· 255
수크라아제 ····························· 255
수크로오스 ⇨ 자당 ···················· 353
수평 믹서 ····························· 255
수프 ··································· 255
수플레 ································· 255
수플레 글라세 ··························· 256
수플레 아 로랑주 ······················ 256
수피르 드 논 ⇨ 페 드 논 ·············· 476
숙성 ··································· 257
숙실과 ⇨ 과정 ························· 26
순수 배양 ····························· 257
쉬르프리즈 ····························· 257
쉬크세 ································· 257
쉴탕 ··································· 257
슈 ····································· 257
슈거 ⇨ 설탕 ··························· 230
슈거 닥터 ····························· 258
슈거 도 ································· 258

슈거 배터법 ····························· 258
슈거 블룸 ····························· 258
슈거 파우더 ⇨ 분설탕 ················· 190
슈거 페이스트 ··························· 259
슈거 플라워 배터법 ···················· 259
슈네발렌 ································· 259
슈니테 ⇨ 트랑슈 ················· 259, 452
슈미제 ································· 259
슈 아 라 크렘 ··························· 259
슈 크림 ································· 260
슈톨렌 ································· 260
슈트 ··································· 261
슈트로이젤 ····························· 261
슈트로이젤 쿠헨 ························ 261
슈트루델 ································· 261
슈퍼 쇼트닝 ····························· 261
슈페쿨라치우스 ························ 261
슈프리츠 뮈르베타이크 ················ 261
슈프리츠쿠헨 ··························· 262
슈프링게를레 ··························· 262
슈피첼 ································· 262
슈핀추커 ································· 262
술라크 오버스 ··························· 263
스낵 ··································· 263
스냅 ··································· 263
스노 볼 ································· 263
스노 에그 ⇨ 외 아 라 네주 ······ 263, 331
스노 케이크 ····························· 263
스노 푸딩 ····························· 263
스리 데커 샌드위치 ···················· 263
스리즈 아 로 드 비 ···················· 263
스리지에 ································· 264
스미른 ⇨ 설타너 ················· 264, 230
스완 ··································· 264
스웨덴빵 ································· 264
스위스 롤 ····························· 264
스위스 머랭 ····························· 264
스위스빵 ································· 264
스위스 타르트 ··························· 265
스위트 도 ····························· 265

스위트 롤 …………………………… 266
스위트 밀 …………………………… 266
스위트 쇼트 페이스트 ……………… 266
스위트 초콜릿 ⇨ 초콜릿 ……… 266, 386
스위트 콘 …………………………… 266
스위트 포테이토 …………………… 266
스카치 뱁 …………………………… 267
스카치 번 …………………………… 267
스카치 위스키 ⇨ 위스키 ………… 267
스카치 케이크 ……………………… 267
스카치 퍼프 페이스트 ……………… 267
스코틀랜드 빵 ……………………… 268
스콘 ………………………………… 268
스쿠프 ……………………………… 268
스퀘어 ……………………………… 268
스크레이퍼 ………………………… 268
스크루 컨베이어 ⇨ 컨베이어 ……… 411
스키닝 ……………………………… 268
스타니슬라스 ……………………… 268
스타치 ⇨ 녹말 …………………… 51
스터핑 ……………………………… 269
스테아릴젖산칼슘 ………………… 269
스테판 ……………………………… 269
스텐슬 ⇨ 형지 …………………… 522
스텐슬 스펀지 팬시 ………………… 269
스트로베리 머랭 …………………… 269
스토커 ……………………………… 269
스토크 실험 ………………………… 269
스톡 시럽 …………………………… 269
스트라만 믹서 ……………………… 269
스트레이트 도 메소드 ⇨ 직접 반죽법 · 377
스트레이트 어웨이 몰더 …………… 270
스트로 ……………………………… 270
스트로베리 ⇨ 딸기 ………………… 80
스트로베리 쇼트 케이크 …………… 270
스트로베리 턴오버 ………………… 270
스틱 롤 ……………………………… 270
스파이스 …………………………… 270
스파이스 브레드 …………………… 270
스파이스 비스킷 …………………… 270

스파이시 스페큘라스 ……………… 271
스패니시 퍼프 ……………………… 271
스패튤러 …………………………… 271
스펀 슈거 …………………………… 271
스펀지 ……………………………… 271
스펀지 가토 ………………………… 271
스펀지 너츠 쿠키 …………………… 271
스펀지 도 메소드 ⇨ 중종 반죽법 …… 374
스펀지 드롭 ………………………… 271
스펀지 바 …………………………… 271
스펀지 케이크 ……………………… 272
스펀지 핑거 ………………………… 273
스페큘라스 돌 ……………………… 273
스페큘러티어스 …………………… 273
스푼 ………………………………… 274
스품 ………………………………… 274
스프레드 …………………………… 274
스프레이 …………………………… 274
스피리츠 …………………………… 274
슬라이서 …………………………… 275
슬라이스 …………………………… 275
슬라이스 래핑 머신 ………………… 275
슬래브 ……………………………… 275
슬래브 케이크 ……………………… 275
슬랫 컨베이어 ⇨ 컨베이어 ………… 411
슬로 오븐 …………………………… 276
습도 ………………………………… 276
습도계 ……………………………… 276
습부 ………………………………… 276
시가레트 …………………………… 276
시너먼 ……………………………… 276
시너먼 롤 …………………………… 277
시너먼 번즈 ………………………… 277
시너먼 오일 ⇨ 식물성 향료 ……… 282
시너먼 프루츠 브레드 ……………… 277
시누아 ……………………………… 278
시드르 ……………………………… 278
시드 이스트 ………………………… 278
시럽 ………………………………… 278
시루 ………………………………… 280

시루즈베리 비스킷 …………………… 280
시부스트 ……………………………… 280
시엠시 ………………………………… 280
시카고 타입 브레드 ………………… 280
시크너 ………………………………… 281
시크테 ………………………………… 281
시트론 ………………………………… 281
시폰 케이크 ………………………… 281
시폰 파이 …………………………… 281
식물성 유지 ………………………… 282
식물성 향료 ………………………… 282
식빵 …………………………………… 284
식염 ⇨ 소금 ………………………… 238
식용 유지 …………………………… 284
식중독 ………………………………… 284
식초 …………………………………… 284
식품별 영양소 함량 ………………… 285
식품위생법 …………………………… 285
식품의 가공·저장원리 ……………… 285
식품의 분류 ………………………… 285
식품의 성분 ………………………… 286
식품의 저온저장 …………………… 286
식품의 티티티 ……………………… 287
식품 첨가물 ………………………… 287
식품포장 ……………………………… 288
식품 포장용 플라스틱 ……………… 288
실루엣 ………………………………… 289
실버 케이크 ………………………… 289
실온 …………………………………… 289
실험구이 ……………………………… 289
심널 케이크 ………………………… 289
심온동결 ……………………………… 289
싱글 스테이지 메소드 ⇨ 올 인 메소드
…………………………………… 289, 330
쌀 ……………………………………… 290
쌀보리 ⇨ 보리 ……………… 290, 182
쑥 ……………………………………… 290

ㅇ

아나나 ⇨ 파인애플 …………… 291, 464
아나나 프랑부아즈 …………………… 291
아니스 ………………………………… 291
아니스유 ……………………………… 291
아니제트 ……………………………… 291
아드미법 ……………………………… 292
아라비아 검 ………………………… 292
아르장테 ……………………………… 292
아라크 ………………………………… 292
아란치아 ……………………………… 292
아랫불 ………………………………… 293
아로마 ………………………………… 293
아르마냑 ……………………………… 293
아르장테 ……………………………… 293
아마레토 ……………………………… 293
아망드 ⇨ 아몬드 …………………… 293
아망딘 ………………………………… 293
아몬드 ………………………………… 293
아몬드 디저트 케이크 ……………… 294
아몬드 링 …………………………… 294
아몬드 밀크 ………………………… 294
아몬드 비스킷 ……………………… 294
아몬드빵 ……………………………… 294
아몬드 스펀지 ⇨ 스펀지 케이크· 295, 272
아몬드 웨이퍼 ……………………… 295
아몬드 크레센트 …………………… 295
아몬드 크로캉 슬라이스 …………… 295
아몬드 크림 ⇨ 크렘 다망드 ……… 428
아몬드 타르트 ⇨ 타르트 아망딘 …… 441
아몬드 팬시 ………………………… 295
아몬드 페이스트 ⇨ 마지팬 …… 295, 108
아몬드 프티 푸르 …………………… 295
아미노산 ……………………………… 295
아미노산의 맛 ……………………… 296
아밀라아제 …………………………… 296
아밀로그래프 ………………………… 296
아밀로오스 …………………………… 297

아밀로펙틴 ···················· 297
아밀롭신 ···················· 297
아밀 부티레이트 ················ 297
아발 케이크 ·················· 297
아보카도 ···················· 297
아브리코 ⇨ 살구 ·············· 219
아브리코테 ·················· 298
아브리코틴 ·················· 298
아비스 ······················· 29
아세트산 ···················· 298
아세트산 발효 ················ 298
아스코르브산 ················· 298
아우프자츠 ·················· 298
아우플라우프 ⇨ 수플레 ········· 298, 255
아우플라우프크랍펜 ⇨ 슈프리츠쿠헨 ·
················· 298, 262
아이겔프마크로네 ·············· 298
아이바이스글라주르 ⇨ 로열 아이싱 ·· 299
아이스게베크 ················· 299
아이스 무스 ·················· 299
아이스 박스 ·················· 299
아이스 봄베 ⇨ 봉브 글라세 ······ 299, 187
아이스 봄브 ·················· 299
아이스 샤를로트 ··············· 299
아이스 수플레 ················ 299
아이스 캔디 ·················· 299
아이스크림 ·················· 300
아이스크림 믹스 ··············· 301
아이스크림 틀 ················ 301
아이스크림 파우더 ⇨ 아이스크림 믹스
················· 301
아이스 토르테 ················ 302
아이스 푸딩 ·················· 302
아이싱 ····················· 302
아이싱 슈거 ·················· 302
아일랜드 빵 ·················· 302
아카디 ····················· 302
아카시아 ···················· 302
아크롤레인 ·················· 302
아타 가루 ··················· 302

아토펙스 믹서 ················ 303
아파레유 ···················· 303
아프리카밀 ·················· 303
아프리코젠 쿠헨 ··············· 303
안자츠 ····················· 303
안전 밸브 ··················· 303
안정제 ····················· 303
안젤리카 ···················· 303
안초비 페이스트 ··············· 304
안토시아닌 ·················· 304
알긴산 ····················· 304
알루미늄박 포장 ··············· 304
알뤼메트 ···················· 304
알뤼메트 오 폼므 ·············· 304
알리손 빵 ··················· 305
알베오그래프 ················· 305
알부민 ····················· 305
알칼리 ····················· 305
알칼리성 식품 ················ 305
알코올 ····················· 305
알코올 발효 ·················· 305
알코올 온도계 ⇨ 온도계 ········· 328
알트도위체마세 ⇨ 비너마세 ······ 306, 198
알파 녹말 ··················· 306
암모니아계 팽창제 ·············· 306
암 플로법 ··················· 306
압생트 ····················· 306
압연 ······················ 307
압착효모 ···················· 307
압축계 ····················· 307
압펠 미트 침트 ··············· 307
압펠 슈트루델 ················ 308
압펠 임 슐라프로크 ············· 308
압형 ······················ 308
앙글레즈 소스 ⇨ 크렘 앙글레즈 ····· 429
앙금 ······················ 308
앙금빵 ····················· 308
앙꼬 ······················ 308
앙트레 ····················· 309
앙트르메 ···················· 309

애스픽 ·································· 309
애프터눈 티 팬시 ····················· 309
애플 ⇨ 사과 ·························· 212
애플 롤 ······························ 309
애플 버터 ···························· 309
애플 소스 케이크 ····················· 310
애플 슈거 ···························· 310
애플 슈트로이젤 슬라이스 ············· 310
애플 와인 ⇨ 시드르 ············ 310, 278
애플 타트 ···························· 310
애플 턴오버 ·························· 310
애플 파이 ···························· 310
액당 ································· 311
액종 ································· 311
액종법 ······························ 311
앵비베 ······························ 311
야생효모 ····························· 311
야자유 ······························ 311
야채 페이스트 ························ 311
야키모노가시 ························· 311
약과 ································· 312
약식 ································· 312
양건과자 ····························· 312
양귀비씨 ····························· 312
양반생과자 ·························· 313
양분 ································· 313
양생과자 ···························· 313
양주 ································· 313
양파 롤 ······························ 313
양파빵 ······························ 313
어린 반죽 ···························· 314
언로더 ······························ 314
얼음 ································· 314
업사이드 다운 케이크 ················· 314
업소용 마가린 ························ 314
에그 ⇨ 계란 ·························· 14
에그 노그 ···························· 314
에그 스펀지 ·························· 315
에담 ⇨ 치즈 ··················· 315, 394
에딘버러 빵 ·························· 315

에렙신 ······························ 315
에르고스테롤 ························· 315
에멘탈 ⇨ 치즈 ················· 315, 394
에멀션 ······························ 315
에센스 ······························ 315
에쇼데 ······························ 315
에스-780 ···························· 315
에스 케이 비 단위 ···················· 316
에스코피에 ··························· 316
에스테르 ····························· 316
에어 시프터 ·························· 316
에어 컨디셔닝 ························ 316
에어 컨베이어 ⇨ 컨베이어 ············ 411
에이프리콧 ⇨ 살구 ············· 316, 219
에이프리콧 브랜디 ···················· 316
에이프리콧 잼 ⇨ 잼 ·················· 358
에이프리콧 퓌레 ······················ 316
에인젤 크림 파이 ····················· 317
에인젤 틀 ···························· 317
에인젤 푸드 케이크 ··················· 317
에클레르 ····························· 317
에프 더블유 비 ······················· 317
에프 에이 오 ························· 317
에프 와이 반응형 실험법 ············· 318
에피파니 ····························· 318
엑스 ⇨ 익스트랙트 ·················· 349
엔자임 ⇨ 효소 ······················ 532
엥가디너 누스토르테 ················· 318
엥겔계수 ····························· 318
엮은빵 ······························ 318
연속반죽법 ··························· 319
연속 오븐 ···························· 319
연수 ⇨ 물 ··························· 128
연유 ································· 319
열량 ································· 320
열전도 ······························ 320
염기 ⇨ 산 ····················· 320, 216
염화칼슘 ····························· 320
엽록소 ······························ 320
엽산 ································· 320

엿 ························· 320
엿당 ⇨ 맥아당 ········· 114
엿세공 ······················ 320
영국빵 ····················· 321
영국식 라우트 비스킷 ········ 322
영국의 밀과 밀가루 ········· 322
영양가 ····················· 322
영양소 ····················· 322
옐로 케이크 ················ 322
오 드 비 ··················· 322
오랑주 쉬르프리즈 ·········· 322
오렌지 ····················· 322
오렌지 마카룬 비스킷 ········ 323
오렌지 스펀지 케이크 ········ 323
오렌지 케이크 ·············· 323
오렌지 크림 드롭 ··········· 323
오렌지 플라워 워터 ········· 324
오렌지 필 ·················· 324
오르 되브르 ················ 324
오르탕샤 ··················· 324
오믈레트 노르베지엔 ⇨ 베이크트 알래
스카 ··························· 181
오믈레트 쉬르프리즈 ⇨ 베이크트 알래
스카 ···················· 324, 181
오믈레트 오 프로마주 ········ 324
오믈렛 ····················· 324
오버 런 ···················· 324
오븐 ······················· 324
오븐 스프링 ················ 325
오븐 주걱 ⇨ 필 ············· 514
오븐 프레시 베이커리 ········ 325
오븐 피니시 케이크 ·········· 325
오블라트 ··················· 326
오셀로 ····················· 326
오스트리아 빵 ·············· 326
오스티 ····················· 326
오일 ⇨ 유지 ··············· 341
오일 스프레이 ·············· 326
오텔로마세 ················· 326
오트 ⇨ 귀리 ················ 30
오트밀 ····················· 326
오트밀 브레드 ·············· 326
오페라 ····················· 326
오픈 샌드위치 ·············· 327
오픈 포켓 번즈 ············· 327
옥수수빵 ··················· 327
옥스포드 라디 케이크 ········ 327
온도 ······················· 328
온도계 ····················· 328
온장고 ····················· 329
온제 머랭 ·················· 329
온주귤 ····················· 329
온 프레미스 ················ 329
올드 잉글리시 도 케이크 ····· 329
올레오 마가린 ⇨ 마가린 ····· 102
올리브 ····················· 329
올리브유 ··················· 330
올스파이스 ················· 330
올 인 메소드 ··············· 330
와인 ⇨ 포도주 ············· 480
와플 ······················· 330
와플 틀 ···················· 331
왁스 ······················· 331
완두 ······················· 331
완충제 ····················· 331
외 아 라 네주 ·············· 331
요구르트 ··················· 332
요깡 ······················· 333
요오드값 ··················· 333
요오드의 녹말 반응 ········· 333
요코 믹서 ⇨ 수평 믹서 ···· 333, 255
요크셔 티케이크 ············ 333
요크셔 파킨 ················ 333
요하니스베레 ⇨ 커런트 ···· 334, 408
용량 ······················· 334
용매 ⇨ 용해 ··············· 334
용액 ⇨ 용해 ··············· 334
용융 ⇨ 융해 ··············· 343
용해 ······················· 334
용해도 ····················· 334

용해열 ······························· 334
우무 ⇨ 한천 ······················ 334, 517
우뭇가사리 ⇨ 한천 ··············· 517
우블리 ······························· 334
우산형 라운더 ····················· 334
우스터 소스 ························· 334
우유 ································· 335
우유·유제품의 종류 ··············· 336
우이로 ······························· 336
우지 ································· 336
운반차 ······························· 336
워시 ································· 336
워터 롤 ······························· 337
워터 미터 ⇨ 수량계 ··············· 250
워터 아이스 ························· 337
워터 아이싱 ························· 337
원 로프 ······························· 337
원심분리기 ························· 337
월계수 ······························· 337
월넛 ⇨ 호두 ························· 524
월넛 머랭 타트 ····················· 337
월넛 케이크 ························· 338
웨딩 케이크 ························· 338
웨이퍼 ······························· 338
웨이퍼 페이퍼 ····················· 338
웰시 케이크 ························· 339
위스키 ······························· 339
위켄드 ······························· 340
위크 플라워 ⇨ 박력분 ············· 159
윈도 베이커리 ····················· 340
윈저 로프 ⇨ 코버그 ··············· 416
윌트셔 레이디 케이크 ············· 340
윗불 ································· 340
유과 ⇨ 강정 ······················ 340, 6
유기물 ······························· 340
유기산 ······························· 340
유기 푸드 ··························· 341
유리 지방산 ························· 341
유밀과 ⇨ 과정 ····················· 26
유자 ································· 341

유장 ⇨ 우유 ······················ 341, 335
유제품 ······························· 341
유지 ································· 341
유탁액 ⇨ 에멀션 ··················· 315
유화 ⇨ 에멀션 ····················· 315
유화제 ······························· 343
육두구 ······························· 343
율무 ································· 343
융점 ⇨ 융해 ························· 343
융해 ································· 343
은박구슬 ··························· 344
응고제 ······························· 344
응유 ································· 344
이당류 ······························· 344
이란빵 ······························· 344
이멀시파이어 ······················· 344
이산화탄소 ························· 344
이송기 ······························· 344
이스라엘빵 ························· 344
이스터 ⇨ 부활절 ··················· 189
이스터 브레드 ····················· 345
이스터 에그 ························· 345
이스터 케이크 ····················· 345
이스트 ⇨ 효모 ····················· 532
이스트 도넛 ························· 346
이스트의 발효력 실험법 ··········· 346
이스트 푸드 ························· 347
이스파다 ··························· 347
이오논 ······························· 347
이집트빵 ··························· 347
이차 발효 ··························· 347
이차 발효실 ························· 348
이크라 ······························· 348
이클즈 케이크 ····················· 348
이탈리아빵 ························· 349
이탈리안 머랭 ····················· 349
이탈리에니셔 빈트마세 ··········· 349
익스텐소그래프 ··················· 349
익스텐소미터 ⇨ 알베오그래프 ····· 305
익스트랙트 ························· 349

인 …………………………………… 350
인공 감미료 ⇨ 감미료 ……………… 5
인도빵 ………………………………… 350
인로버 ………………………………… 350
인리치 브레드 ⇨ 강화빵 …………… 7
인버트 슈거 ⇨ 전화당 ……………… 362
인베르타아제 ⇨ 전화당 ……… 350, 362
인산나트륨 …………………………… 350
인산칼슘 ……………………………… 350
인스턴트 식품 ……………………… 351
인스턴트 커피 ……………………… 351
인절미 ………………………………… 351
인젝터 ………………………………… 351
인톨레터 ……………………………… 351
일롱게이터 …………………………… 351
일차 발효 …………………………… 351
일차 발효실 ………………………… 352
일 플로탕트 ………………………… 352
입도 …………………………………… 352
잉글리시 머핀 ⇨ 머핀 ……… 352, 117

ㅈ

자 ……………………………………… 353
자네 아이스 ………………………… 353
자네 토르테 ………………………… 353
자당 …………………………………… 353
자당지방산 에스테르 ……………… 353
자동기록 온도계 …………………… 353
자동 밀가루 계량기 ………………… 353
자동 포장기 ………………………… 353
자두 ⇨ 프룬 ………………… 354, 503
자봉 …………………………………… 354
자연발효 ……………………………… 354
자연발효법 …………………………… 354
자유수 ………………………………… 354
자포네 ………………………………… 354
자허 토르테 ………………………… 355
작업대 ………………………………… 355
잔두야 ………………………………… 355
잔트 슈트라이펜 …………………… 356
잔트 쿠헨 …………………………… 356
잘루지 ………………………………… 356
잘츠부르거 토르테 ………………… 356
잘츠 슈탕겐 ………………………… 356
잠두 …………………………………… 357
장시간 발효법 ……………………… 357
장식인형 ……………………………… 357
장염비브리오 식중독 ……………… 357
재킷 …………………………………… 358
잼 ……………………………………… 358
잼 롤 케이크 ………………………… 359
잼빵 ⇨ 앙금빵 ……………… 359, 308
잼 퍼프 ……………………………… 359
쟁장브르 ⇨ 생강 …………………… 224
저배합빵 ……………………………… 359
저온살균 ……………………………… 359
저울 …………………………………… 359
저장해충 ……………………………… 359
저칼로리빵 …………………………… 359
저칼로리 식이 ……………………… 360
전경화 쇼트닝 ……………………… 360
전기 오븐 …………………………… 360
전기저항 온도계 ⇨ 온도계 ……… 328
전란 …………………………… 360, 328
전립분 ………………………………… 360
전분 ⇨ 녹말 ………………… 360, 51
전분당 ………………………………… 360
전염병 ………………………………… 360
전처리 ………………………………… 361
전화당 ………………………………… 362
절단기 ………………………………… 362
절단 포장기 ⇨ 슬라이스 래핑 머신 … 275
절편 …………………………………… 362
점블 …………………………………… 362
점성 …………………………………… 362
점성도 실험 ………………………… 363
정과 ⇨ 과정 ………………………… 26
정제당 ………………………………… 363
정향 …………………………………… 364

젖당 ································ 364
젖산균 ······························ 364
젖산발효 ···························· 364
제과실험 ···························· 364
제과용 밀가루 ···················· 365
제과용 첨가물 ···················· 365
제누아즈 ···························· 365
제분 ································ 366
제빵법의 종류 ···················· 367
제빵 보조제 ······················· 368
제빵실험 ···························· 368
제스트 ······························ 368
젤라틴 ······························ 368
젤라틴 스펀지 푸딩 ·············· 369
젤리 ································ 369
젤리 스펀지 케이크 ·············· 369
조 ·································· 369
조당 ································ 370
조란 ································ 370
조미료 ······························ 370
조해 ································ 370
조효소 ······························ 370
졸 ·································· 370
종 ·································· 370
종이 짤주머니 ···················· 370
주걱 ································ 370
주석산 ······························ 371
주석영 ······························ 371
주석 철판 ··························· 371
주스 ································ 371
주종 ································ 371
주현절 ······························ 372
중간발효 ···························· 372
중국빵 ······························ 372
중력분 ······························ 373
중면법 ······························ 373
중세의 양과자 ···················· 373
중유 오븐 ··························· 373
중조 ································ 373
중종 반죽법 ······················· 374

중탄산나트륨 ⇨ 중조 ············ 373
중탄산소다 ⇨ 중조 ·············· 373
중탕 ································ 374
중화과자 ···························· 374
즉제 빵 ···························· 374
즐레 ⇨ 젤리 ················ 374, 369
증기구이 ···························· 375
증기 오븐 ··························· 375
증류주 ······························ 375
지방산 ······························ 375
지속성 베이킹 파우더 ············ 375
지용성 비타민 ···················· 375
지질 ································ 375
지질의 정량법 ···················· 377
지친 반죽 ··························· 377
직접구이 ···························· 377
직접 반죽법 ······················· 377
진 ·································· 378
진저 ⇨ 생강 ······················ 224
진저 너츠 ··························· 378
진저 브레드 ······················· 379
진저 비스킷 ······················· 379
진저 에일 ··························· 379
진저 케이크 ······················· 379
질소계수 ···························· 379
짤주머니 ···························· 379
찐빵 ································ 380

ㅊ

차 ·································· 381
차당 ································ 381
차파티 ······························ 381
착색료 ······························ 381
찰라 ································ 383
찰 테스트 ··························· 383
참깨 ································ 383
창고 ································ 383
채종유 ······························ 384
천연 색소 ⇨ 색소 ················ 221

천연 향료 ···································· 384
철판 ··· 384
첨채당 ······································ 384
청량음료 ⇨ 소프트 드링크 ············ 242
체 ·· 384
체더 치즈 ·································· 385
체리 ·· 385
체리 미셸 ·································· 385
체리 브랜디 ······························ 386
체리 슬라이스 ···························· 386
체스트넛 ⇨ 밤 ··························· 168
체인 컨베이어 ⇨ 컨베이어 ············ 411
체커보드 샌드위치 ······················ 386
첼시 번즈 ·································· 386
초산 ⇨ 아세트산 ························ 298
초산발효 ⇨ 아세트산 발효 ············ 298
초콜릿 ······································ 386
초콜릿 레이즌 비스킷 ··················· 389
초콜릿 레이즌 케이크 ··················· 389
초콜릿 롤 쿠키 ···························· 389
초콜릿 마시맬로 롤 ······················ 389
초콜릿 메달 ······························ 390
초콜릿 버미셀리 ·························· 389
초콜릿 번즈 ······························ 390
초콜릿 벌룬 ······························ 390
초콜릿 봉봉 ⇨ 봉봉 오 쇼콜라 ········ 390
초콜릿 비스킷 반죽 ······················ 187
초콜릿 센터 ······························ 390
초콜릿 아몬드 머랭 ······················ 390
초콜릿용 포크 ···························· 390
초콜릿 자포네 슬라이스 ·················· 390
초콜릿 젤리 ······························ 391
초콜릿 젤리 타트 ························ 391
초콜릿 케이크 ···························· 391
초콜릿 쿠키 ······························ 391
초콜릿 크림 ······························ 391
초콜릿 크림 머랭 ························ 391
초콜릿 크림 슬라이스 ··················· 392
촐리우드 제빵법 ·························· 392
최종 발효 ⇨ 이차 발효 ·················· 347

추로 ·· 392
추로 드 마드릴레뇨 ······················ 392
추잉 검 ···································· 392
추커타이크 ······························· 392
출아법 ····································· 393
충전물 ⇨ 필링 ···················· 393, 514
취모타시그래프 ·························· 393
취소산칼륨 ⇨ 브롬산칼륨 ············ 194
츠비바크 ·································· 393
치겔 ⇨ 튀일 ···················· 393, 451
치마아제 ·································· 393
치즈 ·· 394
치즈 바 ···································· 394
치즈 뱁 ···································· 395
치즈빵 ····································· 395
치즈 스틱 ·································· 395
치즈 커드 ·································· 395
치즈 케이크 ······························ 395
치즈 크림 ·································· 396
치즈 파이 ·································· 396
치즈 필링 ·································· 396
치킨 ·· 396
치트로넨 룰라데 ·························· 396
치트로넨 마크로네 ······················ 397
침강가 ····································· 397
침강 실험법 ······························ 397
침강차 ····································· 397

ㅋ

카나디앵 ·································· 398
카나페 ····································· 398
카니발 ····································· 398
카더먼 ····································· 398
카라긴 ····································· 398
카라멜 ⇨ 캐러멜 ················ 398, 405
카라카스 케이크 ·························· 399
카레 가루 ·································· 399
카레빵 ····································· 399
카렘 ·· 399

카로티노이드 ················· 400
카로틴 ······················· 400
카르다몸 ⇨ 카더멈 ··········· 398
카르디날 ····················· 400
카르디날 슈니텐 ·············· 400
카르복시산 ··················· 400
카망베르 ⇨ 치즈 ······· 400, 394
카사바 ⇨ 타피오카 ····· 400, 444
카사타 ······················· 400
카세인 ······················· 401
카소나드 ····················· 401
카스텔라 ····················· 401
카스텔라의 제조원리 ·········· 402
카시스 ······················· 402
카시아 ⇨ 시너먼 ············· 276
카이저 롤 ···················· 402
카이저 쿠헨 ·················· 403
카첸충겐 ⇨ 랑그 드 샤 ······ 403, 84
카카오 ······················· 403
카카오 마스 ⇨ 카카오 페이스트 ······· 403
카카오 버터 ·················· 403
카카오 빈 ···················· 403
카카오 페이스트 ·············· 403
카탈라아제 ··················· 404
카트르 카르 ·················· 404
카트린 ⇨ 마카롱 ············· 109
카페테리아 ··················· 404
카프르 ······················· 404
칵테일 ······················· 404
칼륨 ························· 404
칼바도스 ····················· 404
칼빌 ························· 404
칼슘 ························· 404
칼테 샤움마세 ⇨ 스위스 머랭 ··· 405, 264
캅셀른 ······················· 405
캅셀 푀르 롤라데 ············· 405
캉디 ························· 405
캐나다 밀 ···················· 405
캐러멜 ······················· 405
캐러멜라이저 ················· 405

캐러멜 시럽 ·················· 405
캐러멜 프루츠 ················ 406
캐러멜화 ⇨ 설탕의 성질 ······ 231
캐러웨이 ····················· 406
캐비닛 발효 ·················· 406
캐비아 ······················· 406
캐슈넛 ······················· 406
캐츠 텅 ⇨ 랑그 드 샤 ········ 406, 84
캔디 ························· 406
캔디드 프루츠 ················ 407
커드 原 ······················ 407
커드 機 ······················ 407
커런트 ······················· 408
커민 ························· 408
커버추어 ····················· 408
커스터드 슈거 ················ 408
커스터드 크림 ⇨ 크렘 파티시에르 ·····
··············· 409, 430
커스터드 타트 ················ 409
커스터드 푸딩 ················ 409
커큐머 ······················· 409
커터 ⇨ 형틀 ·············· 409, 523
커틀릿 ······················· 409
커피 ························· 409
커피 롤 쿠키 ················· 410
커피 링 ····················· 410
커피 베이스 ·················· 410
커피 브레이크 ················ 410
커피 비스킷 ·················· 410
커피 빈즈 ···················· 410
커피 스펀지 케이크 ··········· 410
커피 언 ····················· 411
커피 제누아즈 ················ 411
커피 케이크 ·················· 411
커피 키스 ···················· 411
컨베이어 ····················· 411
컨테이너 ····················· 411
컨트롤 패널 ·················· 411
컴프레스트 이스트 ⇨ 압착효모 ······· 307
컵 케이크 ···················· 411

케이크 …………………………… 411
케이크 도넛 ……………………… 412
케이크 시트 ……………………… 412
케이크용 믹서 …………………… 413
케이크의 기공 …………………… 413
케이크의 반죽 온도 ……………… 413
케이크의 제조원리 ……………… 413
케이크 제조의 실패와 원인 ………… 413
케이크 쿨러 ……………………… 414
케인 슈거 ⇨ 설탕 ………… 414, 230
케제 ……………………………… 414
케제 자네 슈니텐 ………………… 415
케제 자네 토르테 ………………… 415
케제 쿠헨 ………………………… 415
케피르 …………………………… 415
켄트존 컬러 그레이더 …………… 415
코뉴코피어 ……………………… 415
코니시 크림 ……………………… 415
코니시 페이스트리 ……………… 415
코랭트 ⇨ 커런트 ………… 415, 408
코르네 …………………………… 415
코르네 틀 ………………………… 416
코리앤더 ………………………… 416
코버그 …………………………… 416
코코아 초콜릿 ⇨초콜릿 ………… 386
코코넛 오일 ⇨ 코코넛 ………… 416
코코아 …………………………… 417
코코아 버터 ⇨ 카카오 버터 ……… 403
코코아 초콜릿 …………………… 417
코키유 …………………………… 417
코키유 드 므랭그 ………………… 417
코튼 플레이크 …………………… 417
코티지 로프 ……………………… 417
코티지 치즈 ……………………… 418
코팅 ……………………………… 418
코팅 캔디 ………………………… 418
코펜하게너 ……………………… 418
코포 ……………………………… 418
코프라 ⇨ 코코넛 ………… 418, 416
코프라 오일 ⇨ 야자유 …………… 311

콘디토라이 ……………………… 418
콘디토르 ………………………… 418
콘 밀 ……………………………… 418
콘 브레드 ………………………… 418
콘 비프 …………………………… 419
콘스타치 ………………………… 419
콘 시럽 …………………………… 419
콘즈 ……………………………… 419
콘펙트 …………………………… 419
콘 플라워 ………………………… 419
콘 플라워 글레이즈 ……………… 419
콘 플레이크 ……………………… 420
콜드 머랭 ⇨ 냉제 머랭 ………… 48
콜드 체인 ………………………… 420
콜로이드 ………………………… 420
콜리플라워 ……………………… 420
콤 ………………………………… 420
콩그레스 타트 ⇨ 콩베르사시옹 …… 421
콩다식 …………………………… 420
콩베르사시옹 …………………… 421
콩소메 …………………………… 421
콩카세 …………………………… 421
콩포트 …………………………… 421
콩피 ……………………………… 421
콩피즈리 ………………………… 422
콩피튀르 ………………………… 422
쾨니히스쿠헨 …………………… 422
쿠글로프 ………………………… 422
쿠론 ……………………………… 422
쿠미스 …………………………… 422
쿠베르튀르 ⇨ 커버추어 ………… 408
쿠스쿠스 ………………………… 423
쿠앵트로 ………………………… 423
쿠제르 …………………………… 423
쿠크 ……………………………… 423
쿠키 ……………………………… 423
쿠페 ……………………………… 424
쿠프 菓 …………………………… 424
쿠프 技 …………………………… 424
쿠헨 ⇨ 케이크 …………… 424, 411

쿨리치 …………………………………… 424
쿼터 ……………………………………… 424
쿼르농스키 ……………………………… 424
쿼멜 ……………………………………… 424
퀸스 ⇨ 마르멜로 ……………………… 404
큐라소 …………………………………… 425
큐브 슈거 ⇨ 각설탕 …………………… 3
크내케브로트 …………………………… 425
크라클랭 ………………………………… 425
크란츠쿠헨 ……………………………… 425
크랍펜 …………………………………… 425
크래커 …………………………………… 426
크랙트 휘트 ……………………………… 426
크랙트 휘트 브레드 …………………… 426
크랜베리 ………………………………… 426
크러스트 ………………………………… 426
크런치즈 ………………………………… 427
크럼 ……………………………………… 427
크럼핏 …………………………………… 427
크레센트 ⇨ 크루아상 ………… 427, 432
크레졸 …………………………………… 427
크레프 ⇨ 핫 케이크 …………… 427, 518
크렌텐 브로트 ………………………… 428
크렘 ⇨ 크림 …………………………… 435
크렘 다망드 …………………………… 428
크렘 두블 ⇨ 더블 크림 ……………… 66
크렘 드 마롱 …………………………… 428
크렘 랑베르세 ⇨ 크렘 카라멜 … 428, 430
크렘 랑베르세 오 카라멜 …………… 428
크렘 무슬린 …………………………… 428
크렘 사바용 …………………………… 428
크렘 샹티이 …………………………… 429
크렘 슈니테 ⇨ 밀푀유 ……………… 150
크렘 앙글레즈 ………………………… 429
크렘 오 뵈르 ⇨ 버터 크림 ………… 175
크렘 오 뵈르 아 라 므랭그 ………… 430
크렘 카라멜 …………………………… 430
크렘 파티시에르 ……………………… 430
크렘 푸에테 …………………………… 430
크렘 프랑지판 ………………………… 431

크로스 그레인 몰더 …………………… 431
크로캉 …………………………………… 431
크로캉부슈 ……………………………… 431
크로캉트 ① ……………………………… 431
크로캉트 ② ……………………………… 431
크로케 …………………………………… 431
크로켓 …………………………………… 431
크로케트 오 마롱 ……………………… 432
크루아상 ………………………………… 432
크룰러 …………………………………… 432
크리밍 메소드 ⇨ 슈거 배터법 … 432, 258
크리밍성 ………………………………… 433
크리스마스 ……………………………… 433
크리스마스 빵 ………………………… 433
크리스마스 스타 ……………………… 433
크리스마스 스타 팬시 ………………… 433
크리스마스 요리 ……………………… 434
크리스마스 케이크 …………………… 434
크리스마스 푸딩 ⇨ 플럼 푸딩 … 434, 508
크리스털 프루츠 ……………………… 434
크리플 …………………………………… 435
크림 ……………………………………… 435
크림 번즈 ⇨ 슈 아 라 크렘 …… 436, 259
크림빵 …………………………………… 436
크림 아이싱 …………………………… 436
크림 오브 타르타르 ⇨ 주석영 ……… 371
크림 젤리 ……………………………… 436
크림 치즈 ……………………………… 436
크림 파우더 ⇨ 인산나트륨 …… 437, 350
크림 퍼프 ⇨ 슈 아 라 크렘 …… 437, 259
크림 페이스트 ………………………… 437
크림핑 …………………………………… 437
크바르크 토르테 ……………………… 437
클럽 롤 ………………………………… 437
클럽 샌드위치 ………………………… 437
클로렐라 ………………………………… 437
클로리네이션 …………………………… 437
클로버 롤 ……………………………… 437
클로브 ⇨ 정향 ………………………… 364
클로즈드 샌드위치 …………………… 437

클린업 단계 ······························ 437
키르슈 ································· 438
키르슈 토르테 ······················· 438
키스 ···································· 438
키어시 ································· 438
키어시 퐁포네트 ····················· 439
키예 ···································· 439
키위프루츠 ··························· 439
키첼 ···································· 439
키홀 ···································· 439
킵펠 ···································· 439
킵펠코흐 ······························ 439

ㅌ

타르타르산 ··························· 440
타르트 ································· 440
타르트 아 로랑주 ··················· 441
타르트 아망딘 ······················· 441
타르트 오 시트롱 ··················· 441
타르트 오 폼므 ····················· 442
타르트 올랑데즈 ····················· 442
타르틀레트 ··························· 443
타르틀레트 오 키위 ················· 443
타이방 ································· 443
타이크 ································· 444
타트 ⇨ 타르트 ··············· 444, 440
타틀릿 ⇨ 타르틀레트 ········· 444, 443
타피오카 ······························ 444
탁상용 슬라이서 ····················· 444
탄산소다 ······························ 444
탄산수 ································· 444
탄산수소나트륨 ⇨ 중조 ············· 373
탄성 ···································· 444
탄수화물 ······························ 444
탈수소 효소 ··························· 445
탈지대두 ······························ 445
탈지분유 ······························ 445
탈지유 ································· 445

탈탄산 효소 ··························· 445
탕 푸르 탕 ··························· 445
태러건 ⇨ 향쑥 ······················· 521
탱발 ···································· 446
터널 오븐 ····························· 446
터머릭 ································· 446
턴오버 ⇨ 쇼송 ················ 446, 246
턴테이블 ⇨ 회전대 ················· 531
털곰팡이 ······························ 446
테게베크 ······························ 446
테르펜 ································· 446
테이블 마가린 ⇨ 마가린 ······ 446, 102
테이블 스푼 ⇨ 계량 컵, 계량 스푼 ···· 15
테쿠헨 ································· 446
테푸르 ································· 446
템퍼링 ································· 446
토르타 다랑치오 ····················· 447
토르타 디 리소 ····················· 447
토르타 디 멜라 ····················· 447
토르타 마달레나 ····················· 448
토르테 ································· 448
토르토니 ······························ 448
토르티야 ······························ 448
토리하 ································· 448
토마토 ································· 448
토마토 보일드 ······················· 449
토마토 페이스트 ····················· 449
토마토 퓌레 ··························· 449
토스트 ································· 449
토페 ···································· 449
토피 ···································· 449
토핑 ···································· 449
톱펜 ···································· 449
통 ······································ 449
통조림 ································· 450
통카 ···································· 450
통키누아 ······························ 450
투르트 ································· 450
투티 프루티 ⇨ 플랑 ·········· 450, 507
투티 프루티 리솔 ··················· 450

튀김용 기름 ················· 451
튀일 ························· 451
튀일 오 자망드 ⇨ 튀일 ········· 451
튜브 ⇨ 짤주머니 ·············· 379
트라우 ⇨ 반죽 상자 ··········· 163
트라이앵글 ··················· 452
트라이플 ··················· 452
트랑슈 ····················· 452
트랑페 ····················· 452
트래거캔스 검 ················ 452
트레스 ⇨ 엮은빵 ········· 452, 318
트레이 ····················· 452
트레이 오븐 ················· 452
트루아 프레르 ··············· 452
트뤼프 ····················· 453
트리클레그래프 ·············· 453
트립신 ····················· 453
트웰프스 데이 케이크 ········· 453
트위스트 링 ················· 453
트위스트 브레드 ············· 453
틀 ························· 453
티라미 수 ··················· 455
티 브레드 ··················· 455
티 스푼 ⇨ 계량 컵, 계량 스푼 ········ 15
티아민 ····················· 455
티 케이크 ··················· 455
틴 브레드 ··················· 456

파나드 ····················· 457
파네토네 ··················· 457
파라크신터 ················· 457
파라트나 ··················· 457
파라핀 종이 ················· 457
파르메장 ··················· 458
파르미자노 레자노 ··········· 458
파르페 ····················· 458
파르페 아이싱 ··············· 458
파리나 ····················· 458

파리네 ····················· 458
파리 브레스트 ··············· 458
파리저 크렘 ················· 458
파리지앵 ··················· 459
파리지언 라우트 비스킷 ······· 459
파리지언 밤 ················· 459
파베 ······················· 459
파브르 ····················· 459
파스테테 ··················· 459
파스티야주 ················· 459
파스티유 ··················· 460
파스티체리아 ··············· 460
파스티체리아 미뇽 ··········· 460
파슬리 ····················· 460
파운드 케이크 ··············· 460
파이 ······················· 461
파이널 단계 ⇨ 반죽하기 ········ 461, 163
파이널 프루프 ⇨ 이차 발효 ········· 347
파이로미터 ················· 461
파이 롤러 ··················· 461
파이 반죽 ··················· 461
파이용 쇼트닝 ··············· 461
파이의 제조원리 ············· 462
파이 커터 ··················· 463
파이클렛 ⇨ 크럼핏 ········· 463, 427
파이 틴 ····················· 463
파이프식 전기오븐 ··········· 463
파이프 트럭 ················· 463
파이핑 튜브 ⇨ 모양깍지 ········· 122
파인 스타일 ················· 464
파인애플 ··················· 464
파인애플 크림 롤 ············· 464
파인애플 크림 케이크 ········· 464
파커 하우스 롤 ·············· 464
파크 ⇨ 부활절 ··········· 464, 189
파키스탄 밀 ················· 465
파킨 ······················· 465
파킨 슬래브 ················· 465
파테 ······················· 465
파트 ······················· 465

파트 다망드 ···················· 465
파트 드 프뤼이 ·················· 466
파트라스 커런트 ················ 466
파트 르베 ······················ 466
파트 르베 푀이테 ················ 466
파트 브리제 ···················· 467
파트 쉬크레 ···················· 467
파트 아 비스퀴 ·················· 467
파트 아 비스퀴 오 자망드 ········ 467
파트 아 퐁세 ⇨ 쇼트 페이스트 ········ 468
파트 푀이테 ···················· 468
파티시에 ······················ 468
파티스리 ······················ 468
파파게노 토르테 ················ 468
파파야 ························ 469
파프리카 ······················ 469
파피용 ························ 469
판도로 ························ 469
판케 ·························· 470
판쿠헨 ························ 470
판토텐산 ······················ 470
팔 ···························· 470
팔라친켄 ······················ 470
팔레트 ························ 470
팔레트 나이프 ·················· 470
팔로 ·························· 471
팔미에 ························ 471
팜유 ·························· 471
팜하우스 브레드 ················ 471
팜하우스 케이크 ················ 471
팝콘 ·························· 472
팡초네트 ······················ 472
패너리 퍼멘테이션 ·············· 472
패리노그래프 ·················· 472
패리노그램 ···················· 472
패션프루츠 ···················· 472
패스트 푸드 ···················· 472
패턴트 밀가루 ·················· 472
패티 셀 ······················ 472
팬 ⇨ 틀 ················ 473, 453

팬닝 ·························· 473
팬 롤 ·························· 473
팬 브레드 ⇨ 틴 브레드 ················ 456
팬시 ·························· 473
팬시 비스킷 ···················· 473
팬시 쿠키 ······················ 473
팬케이크 ⇨ 핫 케이크 ············ 473, 518
팻 ⇨ 유지 ······················ 341
팻 블룸 ························ 473
팽세 ·························· 473
팽창 ·························· 474
팽창제 ························ 474
팽창제와 밀가루의 배합비 ·············· 475
퍼멘테이션 ⇨ 발효 ·················· 165
퍼멘테이션 룸 ⇨ 일차 발효실 ········ 352
퍼멘토그래프 ·················· 475
퍼멘트 ⇨ 아드미법 ············ 475, 292
퍼시팬 ························ 475
퍼지 ·························· 476
퍼지 아이싱 ···················· 476
퍼프 페이스트 ·················· 476
펀치 ⇨ 퐁슈 ···················· 484
펀치 볼 ························ 476
펌프 ·························· 476
펌프킨 파이 ···················· 476
페널 ⇨ 회향 ···················· 531
페더 ·························· 476
페 드 논 ······················ 476
페브 ·························· 477
페셔 ·························· 477
페슈 ⇨ 복숭아 ················ 477, 185
페슈 멜바 ······················ 477
페어 ·························· 477
페이스트 ······················ 477
페이스트리 ···················· 478
페이스트리 휠 ⇨ 파이 커터 ········ 463
페커 테스트 ⇨ 밀가루의 페커 시험 ··· 141
페트 ·························· 478
페퍼 ⇨ 후추 ···················· 533
페퍼민트 ⇨ 박하 ················ 160

페퍼쿠헨 …………………………… 478	폼므 오 푸르 …………………………… 483
페하미터 …………………………… 478	폼 타입 케이크 ………………………… 483
페하 정량법 ……………………… 478	퐁 뇌프 ………………………………… 483
펙틴 ………………………………… 478	퐁당 …………………………………… 483
펩신 ………………………………… 479	퐁당 슈거 ……………………………… 484
펩톤 ………………………………… 479	퐁당 초콜릿 …………………………… 484
펩티드 ……………………………… 479	퐁슈 …………………………………… 484
펩티드 결합 ……………………… 479	퐁텐 …………………………………… 484
편광 ………………………………… 479	퐁포네트 ……………………………… 484
편광계 ……………………………… 479	푀이타주 ⇨ 파트 푀이테 ……… 485, 468
편도 ⇨ 아몬드 …………………… 293	표면장력 ……………………………… 485
포도 ………………………………… 479	푸딩 …………………………………… 485
포도당 ……………………………… 480	푸딩 오 쇼콜라 ………………………… 486
포도상구균 식중독 ……………… 480	푸딩 컵 ………………………………… 486
포도주 ……………………………… 480	푸른곰팡이속 ………………………… 486
포르투갈빵 ………………………… 480	푸르 세크 ……………………………… 486
포립 ………………………………… 480	푸르 포슈 ……………………………… 486
포스페이티드 플라워 …………… 481	푸리 …………………………………… 486
포어타이크 ………………………… 481	푸아르 ⇨ 배 ……………………… 486, 169
포크 ………………………………… 481	푸아스 ………………………………… 486
포크 커틀릿 ⇨ 커틀릿 ………… 409	풀먼 브레드 …………………………… 486
포타주 ……………………………… 481	풀 프루프 ⇨ 이차 발효 ………… 487, 347
포테이토 ⇨ 감자 ………………… 5	풀플레이버법 ………………………… 487
포테이토 칩 ……………………… 481	품퍼니켈 ……………………………… 487
포트 와인 ………………………… 481	풍미 ⇨ 플레이버 ………………… 487, 508
포포버 ……………………………… 481	퓌레 …………………………………… 487
포피 시드 ⇨ 양귀비씨 ………… 312	퓌이 다무르 …………………………… 487
포피 시드 볼 ……………………… 481	퓨젤유 ………………………………… 487
포화용액 …………………………… 481	프라이 ………………………………… 487
포화증기 …………………………… 482	프라이드 스콘 ………………………… 487
포화지방산 ………………………… 482	프라잉 팻 ⇨ 튀김 기름 ………… 451
폴라리미터 ⇨ 편광계 …………… 479	프라페 ………………………………… 487
폴란드빵 …………………………… 482	프랄리네 原 …………………………… 487
폴렌스케가 ⇨ 라이헤르트 마이슬가 ··	프랄리네 菓 …………………………… 488
482, 83	프랄리네 누아제트 …………………… 488
폴로네즈 …………………………… 482	프랑부아즈 …………………………… 488
폴리사커라이드 ⇨ 다당류 …… 56	프랑스 과자의 굽기시간 …………… 488
폴보론 ……………………………… 482	프랑스 과자의 분류 ………………… 489
폴카 ………………………………… 483	프랑스 빵 ……………………………… 489
폼므 ⇨ 사과 ……………………… 212	프랑스 케이크 제조용 기구 ………… 491

프랑지판 ···························· 498
프랑크푸르터 크란츠 ··············· 499
프레시 버터 ······················· 499
프레즈 ⇨ 딸기 ····················· 80
프렌치 나이프 ····················· 499
프렌치 드레싱 ⇨ 마요네즈 ·········· 108
프렌치 롤 ·························· 499
프렌치 머랭 ⇨ 냉제 머랭 ········· 500, 48
프렌치 브레드 ⇨ 프랑스 빵 ····· 500, 489
프렌치 크림 ······················· 500
프로그레 ·························· 500
프로마주 블랑 ····················· 500
프로 비타민 ⇨ 카로틴 ········· 500, 400
프로세스 치즈 ⇨ 치즈 ············· 394
프로스팅 ·························· 501
프로테아제 ························ 501
프로테오스 ························ 501
프로피온산염 ····················· 501
프로피트롤 ························ 501
프롤라민 ·························· 501
프루츠 ···························· 502
프루츠 로프 ······················ 502
프루츠 롤 ························· 502
프루츠 버터 ······················ 502
프루츠 브레드 ····················· 502
프루츠 아이스크림 ················· 503
프루츠 에인젤 케이크 ⇨ 에인젤 푸드
케이크 ······················ 503, 317
프루츠 주스 ······················ 503
프루츠 케이크 ⇨ 버터 케이크 ···· 503, 174
프루츠 페이스트 ··················· 503
프루티드 아몬드 링 ················ 503
프루퍼 ⇨ 이차 발효실 ············· 348
프루프 ··························· 503
프루핑 박스 ······················ 503
프룩토오스 ⇨ 과당 ················ 21
프룬 ····························· 503
프뤼겔 ··························· 503
프뤼이 데기제 ···················· 504
프뤼이 콩피 ······················ 504

프리 믹서 ························· 504
프리 믹스 ························· 504
프리저 ··························· 504
프리저브 ·························· 504
프리터 ··························· 504
프토마인 ·························· 504
프티 가토 ························· 504
프티 그랭 ························· 505
프티 나이프 ⇨ 나이프 ·········· 505, 41
프티 뵈르 ························· 505
프티 불레 ························· 505
프티 빵 ··························· 505
프티알린 ·························· 505
프티 푸르 ························· 505
프티 푸르 글라세 ·················· 506
프티 푸르 세크 ···················· 506
플라보노이드 ····················· 506
플라스터 ·························· 506
플라스터슈타인 ··················· 506
플라스티크마세 ··················· 506
플라스틱 크림 ····················· 506
플라워 네일 ······················ 506
플라워 배터법 ····················· 506
플라워 밸브 ······················ 507
플라잉 스펀지 ····················· 507
플라잉 톱 ························· 507
플랑 ····························· 507
플랑베 ··························· 507
플랑 앙달루지 ····················· 507
플래시 히트 ······················ 508
플래팅 ··························· 508
플럼 ⇨ 프룬 ··················· 508, 503
플럼 케이크 ······················ 508
플럼 푸딩 ························· 508
플레이버 ·························· 508
플레이크 ·························· 508
플레인 번즈 ······················ 509
플레인 비스킷 ····················· 509
플레인 케이크 ····················· 509
플로랑탱 ·························· 509

플로어타임 ………………………………… 509
플롱비에르 ………………………………… 509
플룬더게베크 ⇨ 데니시 페이스트리 ‥
…………………………………… 509, 68
플룬더타이크 ⇨ 데니시 페이스트, 파트
르베 푀이테 ……………………… 68, 466
피그 ⇨ 무화과 ………………… 510, 128
피그 벨 프랑스 …………………………… 510
피낭시에 …………………………………… 510
피닛 ………………………………………… 510
피닛 버터 ………………………………… 510
피뇨리아 …………………………………… 510
피로그 ……………………………………… 511
피로슈키 …………………………………… 511
피망 ………………………………………… 511
피멘토 ⇨ 피망 …………………………… 511
피스타슈 …………………………………… 511
피스타치오 ………………………………… 511
피스톨레 …………………………………… 512
피에스 몽테 ……………………………… 512
피에이치 ⇨ 수소 이온 농도 ‥‥‥ 512, 252
피자 ………………………………………… 512
피치 ⇨ 복숭아 …………………………… 185
피치 멜바 ⇨ 페슈 멜바 ………… 512, 477
피칸넛 ……………………………………… 512
피케 ………………………………………… 513
피케 롤러 ………………………………… 513
피크니크 …………………………………… 513
피클 ………………………………………… 513
피티비에 …………………………………… 513
픽업 단계 ⇨ 반죽하기 ………… 513, 163
핀 …………………………………………… 513
핀닝 ………………………………………… 513
핀셋 ………………………………………… 513
필 …………………………………………… 514
필링 ………………………………………… 514
필수아미노산 …………………………… 514
필수지방산 ……………………………… 514
필 오븐 …………………………………… 514
핑거 ………………………………………… 514

ㅎ

하드 롤 …………………………………… 515
하면효모 …………………………………… 515
하비스트 로프 …………………………… 515
하스 브레드 ……………………………… 515
하우계수 …………………………………… 515
하우스 브로트 …………………………… 515
하이델베레 쿠헨 ………………………… 515
하이 레이쇼 쇼트닝 …………………… 516
하이 레이쇼 케이크 …………………… 516
하이 레이쇼 플라워 …………………… 516
하이 스피드 믹서 ⇨ 고속 믹서 ……… 17
하이 프로테인 플라워 ⇨ 고단백 밀가루
…………………………………………… 17
하프 비터 ⇨ 비터 …………… 516, 202
하프 퍼프 페이스트 …………………… 516
한과 ………………………………………… 516
한제 ………………………………………… 517
한천 ………………………………………… 517
할리퀸 젤리 슬라이스 ………………… 517
할프게프로레네스 ……………………… 517
함밀당 ……………………………………… 518
합성 색소 ⇨ 색소 ……………………… 221
합성 향료 ………………………………… 518
핫 도그 …………………………………… 518
핫 도그 롤 ………………………………… 518
핫 머랭 ⇨ 온제 머랭 ………… 518, 329
핫 샌드위치 ……………………………… 518
핫 스펀지법 ……………………………… 518
핫 케이크 ………………………………… 518
핫 크로스 번즈 ………………………… 518
핫 플라워 ………………………………… 519
항산화제 …………………………………… 519
항온기 ……………………………………… 519
핸드 리프트 트럭 ……………………… 519
핼로윈 ⇨ 핼로윈 케이크 …………… 519
핼로윈 케이크 …………………………… 519
햄 …………………………………………… 519

햄버거 ·································· 520
향료 ······································ 520
향쑥 ······································ 521
허니 ⇨ 벌꿀 ······················ 177
허니 브레드 ························· 521
허니 진저 케이크 ················ 521
허니 케이크 ························· 522
헤비 타입 케이크 ················ 522
헤이즐넛 ······························ 522
헤페타이크 ·························· 522
헬스 브레드 ⇨ 건강빵 ········· 10
혐기성 세균 ························· 522
형지 ······································ 522
형틀 ······································ 523
호기성 세균 ························· 523
호니히쿠헨 ·························· 523
호두 ······································ 524
호료 ······································ 524
호리존틀 믹서 ⇨ 수평 믹서 ········· 255
호모지나이저 ······················ 525
호밀 ······································ 525
호밀가루 ······························ 525
호밀빵 ·································· 525
호박 ······································ 526
호상 ⇨ 호화 ······················ 527
호스 슈 ································· 526
호이로 ·································· 526
호정 ⇨ 덱스트린 ················ 70
호주 밀 ································· 526
호퍼 ······································ 526
호퍼 스케일 ························· 526
호화 ······································ 527
혼합 ······································ 527
홀렌디셔 블레터타이크 ⇨ 푀이타주···
································· 527, 485
홀리데이 프루츠 케이크 ·········· 527
홀 휘트 브레드 ···················· 527
홈 메이드 브레드 ⇨ 시카고 타입 브레드
································· 280
홈 베이커리 ························· 528

홉 ··· 528
홉스종 ·································· 528
홍차 ······································ 528
화과자 ·································· 528
화씨 ⇨ 온도 ··············· 529, 328
화이트데이 ·························· 529
화이트 레브쿠헨 뉘른베르크 ········· 530
화이트 마운틴 브레드 ············ 530
화이트 소스 ························· 530
화전 ······································ 530
화학적 반죽법 ······················ 530
화학조미료 ·························· 530
환목기 ⇨ 라운더 ··········· 531, 82
환원제 ·································· 531
황산 ······································ 531
황산아연 ······························ 531
황설탕 ·································· 531
황열 ⇨ 플래시 히트 ············ 508
회른헨 롤 ····························· 531
회분 ······································ 531
회분 정량법 ························· 531
회전대 ·································· 531
회향 ······································ 531
효모 ······································ 532
효소 ······································ 532
효소 보조제 ························· 533
후추 ······································ 533
훅 ··· 533
훈제 ······································ 533
훼이 ······································ 534
훼이 파우더 ⇨ 건조 유장 ········· 11
휘퍼 ······································ 534
휘프 ······································ 534
휘핑용 크림 ························· 534
휠 커터 ⇨ 파이 커터 ············ 463
휩트 크림 ⇨ 크렘 샹티이 ········· 429
흑당밀 ·································· 534
흑빵 ······································ 534
흑설탕 ·································· 535
히펜마세 ······························ 535

기타

앙토냉 카렘 ⇨ 카렘 ·················· 399
카트린 드 메디치 ⇨ 근세의 양과자, 마카롱
························· 34, 109

빵·과자 백과사전

초판 발행 | 1992년 10월 10일
　　8쇄 | 2021년 1월 4일
편　　저 | 파티시에 편집부
발 행 인 | 장상원
발 행 처 | (주)비앤씨월드
주　　소 | 서울시 강남구 선릉로132길 3-6
　　　　　서원빌딩 3층
전　　화 | (02)547-5233
F　A　X | (02)549-5235
출판등록 | 1994.1.21 제16-818호
가　　격 | 25,000원
I S B N | 89-88274-03-2-93570